Strategisches Management

W0048336

Strategisches Management

Eine Einführung

11., aktualisierte Auflage

Gerry Johnson
Richard Whittington
Kevan Scholes
Duncan Angwin
Patrick Regnér

Bibliografische Information der Deutschen Nationalbibliothek

Die Deutsche Nationalbibliothek verzeichnet diese Publikation in der Deutschen Nationalbibliografie; detaillierte bibliografische Daten sind im Internet über *http://dnb.dnb.de* abrufbar.

Die Informationen in diesem Buch werden ohne Rücksicht auf einen eventuellen Patentschutz veröffentlicht. Warennamen werden ohne Gewährleistung der freien Verwendbarkeit benutzt. Bei der Zusammenstellung von Texten und Abbildungen wurde mit größter Sorgfalt vorgegangen. Trotzdem können Fehler nicht ausgeschlossen werden. Verlag, Herausgeber und Autoren können für fehlerhafte Angaben und deren Folgen weder eine juristische Verantwortung noch irgendeine Haftung übernehmen. Für Verbesserungsvorschläge und Hinweise auf Fehler sind Verlag und Autor dankbar.

Alle Rechte vorbehalten, auch die der fotomechanischen Wiedergabe und der Speicherung in elektronischen Medien. Die gewerbliche Nutzung der in diesem Produkt gezeigten Modelle und Arbeiten ist nicht zulässig.

Fast alle Produktbezeichnungen und weitere Stichworte und sonstige Angaben, die in diesem Buch verwendet werden, sind als eingetragene Marken geschützt. Da es nicht möglich ist, in allen Fällen zeitnah zu ermitteln, ob ein Markenschutz besteht, wird das ®-Symbol in diesem Buch nicht verwendet.

Authorized translation from the English language edition of EXPLORING STRATEGY Text only 11/e, written by Duncan Angwin, Richard Whittington, Gerry Johnson, Kevan Scholes, Patrick Regner, published by arrangement with Pearson Education Limited, United Kingdom, Copyright Pearson Education Limited 2013, 2017. Education, Inc., publishing as Pearson, Copyright © 2018.

All rights reserved. No part of this book may be reproduced or transmitted in any form or by any means, electronic or mechanical, including photocopying, recording or by any information storage retrieval system, without permission from Pearson Education, Inc.

GERMAN language edition published by PEARSON DEUTSCHLAND GMBH, Copyright © 2018

10 9 8 7 6 5 4 3 2 1

22 21 20 19 18

LMU München
Universitätsbibliothek
FB Wirtschaftswissenschaften
und Statistik
Ausgesondert

ISBN 978-3-86894-324-5 (Buch)
ISBN 978-3-86326-811-4 (E-Book)

© 2018 by Pearson Deutschland GmbH
Lilienthalstr. 2, D-85399 Hallbergmoos
Alle Rechte vorbehalten
www.pearson.de
A part of Pearson plc worldwide

Programmleitung: Martin Milbradt, mmilbradt@pearson.de
Lektorat: Elisabeth Prümm, epruemm@pearson.de, Markus Stahmann, markus.stahmann@pearson.com
Korrektorat: Christian Schneider
Coverabbildung: lightwise/123rf.com
Herstellung: Claudia Bäurle, cbaeurle@pearson.de
Satz: Gerhard Alfes, mediaService, Siegen (www.mediaservice.tv)
Druck und Verarbeitung: Neografia, a.s., Martin-Priekopa

Printed in Slovakia

Inhaltsübersicht

Inhaltsverzeichnis

Kapitel 8   Unternehmensstrategie und Diversifikation   315

Kapitel 9   Internationale Strategie   361

Kapitel 15   Führung und strategischer Wandel   **597**

Kapitel 16   Strategisches Management in der Praxis   **635**

Willkommen zu EXPLORING STRATEGY

Strategie ist ein entscheidendes Thema. Dabei geht es um die Entwicklung, den Erfolg und Misserfolg aller Arten von Organisationen – von multinationalen Konzernen bis hin zu Startups, von gemeinnützigen Organisationen bis hin zu Regierungsbehörden. Die Strategie befasst sich mit den großen Fragen dieser Organisationen – wie sie wachsen, wie sie innovativ sind und wie sie sich verändern. Die Leser, also die Manager von heute und morgen, haben die Aufgabe, diese Strategien zu gestalten, umzusetzen und zu kommunizieren.

Unser wichtigstes Ziel, das wir mit diesem Buch erreichen möchten, ist es, dem Leser ein umfassendes Verständnis aller Themen und Instrumente rund um das Thema Strategie zu vermitteln. Wer den vorliegenden Text möglichst erfolgreich nutzen möchte, sollte es nicht versäumen,

- aktuelle Probleme aus brisanten Themengebieten wie Wettbewerb, Corporate Governance, Innovation und Entrepreneurship und Strategie in der Praxis zu untersuchen.
- unsere neue Rubrik „Quer-Denken" genau zu studieren, um sich so neue, interessante Perspektiven zu Kernthemen der Strategie zu erschließen.
- die „strategischen Perspektiven" einzusetzen, um wichtige Themen kritisch zu hinterfragen.
- sich einige der Literaturempfehlungen am Ende jedes Kapitels vorzunehmen. Sie wurden speziell ausgewählt und sind wertvolle Ergänzungen, die jedes Fachwissen bereichern.

Exploring Strategy soll dem Leser genau das geben, was er braucht: einen umfassenden Überblick über das Thema und einen Anreiz, dieses Thema erfolgreich in die Praxis umzusetzen.

Gerry Johnson
Richard Whittington
Kevan Scholes
Duncan Angwin
Patrick Regnér

Vorwort

Als bewährtes Autorenteam freuen wir uns sehr, Ihnen diese elfte Ausgabe von *Exploring Strategy* vorstellen zu dürfen. Angesichts von mittlerweile weit mehr als einer Million verkaufter Exemplare der früheren Auflagen sind wir überzeugt, dass wir ein bewährtes Produkt haben. Doch das Fachgebiet der Strategie verändert sich stetig. Für diese Auflage haben wir daher ein neues Kapitel hinzugefügt, jedes der übrigen Kapitel umfassend mit neuen Konzepten, Fällen und neuen Beispielen im gesamten Buch überarbeitet. An dieser Stelle möchten wir besonders auf vier der vorgenommenen Veränderungen aufmerksam machen sowie auch einige klassische Merkmale unseres Buches in Erinnerung rufen.

Die wesentlichen Veränderungen der elften Auflage sind:

- **Erweiterte Abdeckung des Makroumfeld:** Wir haben ein neues Kapitel über das Makroumfeld eingeführt, in welchem wir uns mit wichtigen Aspekten der Strategie beschäftigen können, die nicht direkt mit dem Markt zu tun haben, wie etwa Politik oder Regulierungsmaßnahmen. Zudem geben wir so den Studenten Analysetools an die Hand, um die Megatrends zu ergründen, die Organisationsstrategien der Zukunft bestimmen werden.

- **Neue Betrachtung von Geschäftsmodellen:** Wir haben eine neue Betrachtungsweise von Geschäftsmodellen entwickelt, ein Aspekt, der für alle Studenten angesichts der heutigen Startup-Kultur sehr wichtig ist, denn diese ist geprägt von vielen Existenzgründungen und schnellem technologischen Wandel.

- **Schwerpunkt Entrepreneurship:** Unternehmerische Chancen und Möglichkeiten werden für unsere Leser immer attraktiver – deshalb konzentrieren wir uns hier verstärkt auf das Thema Entrepreneurship und führen neues Material zu Gründungschancen und zum unternehmerischen Prozess ein.

- **Neue Rubrik: „Quer-Denken":** Am Ende jedes Kapitels präsentieren wir neues Material, das die Leser dazu anregen soll, Themen und Probleme aus einer neuen Perspektive zu betrachten, die über das gerade im Kapitel erworbene Wissen hinausgeht. Beispiele sind die Vorhersage von Umweltveränderungen mit Hilfe von Crowdsourcing oder die Analyse einer Branche mit nur einer von fünf Wettbewerbskräften.

Gleichzeitig bleibt es auch weiterhin unser Bestreben, den Lesern einen umfassenden und realitätsbezogenen Einblick in das Thema Strategie zu gewähren. Dabei haben wir uns insbesondere zwei Aspekten verschrieben:

- **Prozess:** Wir glauben, dass eine langfristig erfolgreiche Organisation nicht nur die wirtschaftliche Logik und Funktionsweise einer bestimmten Strategie beherrschen muss, sondern auch die menschlichen Prozesse dahinter. Daher betonen wir im gesamten Buch immer wieder die Bedeutung dieser menschlichen Aspekte und gehen insbesondere in *Teil III* auf die Prozesse der Strategieformulierung, -umsetzung und -veränderung ein.

- **Praxis:** Wir schließen unser Buch mit einem Kapitel über die Praxis der Strategie (*Kapitel 16*) ab, in dem wir vor allem auf die Praxis des strategischen Managements eingehen. Doch auch im gesamten übrigen Buch stellen wir strategische Konzepte und Techniken immer anhand praktischer Beispiele und Anwendungen und ohne lange abstrakte Erklärungen vor.

Viele Menschen haben uns bei der Entwicklung dieser neuen Auflage unterstützt. Jason Evans, Clive Kerridge und Steve Pyle waren federführend bei der Koordination und Auswahl der Fallstudien. Wir haben intensiv mit unserem Beratergremium zusammengearbeitet, das sich aus erfahrenen Nutzern und Lesern unseres Buches zusammensetzt. Viele andere, die wir zum Großteil anlässlich unseres jährlichen Workshops für Lehrer kennenlernen durften, lieferten uns außerdem immer wieder persönliche Vorschläge und Anregungen. Dieses Feedback war und ist für uns sehr wertvoll. Auch unsere Studenten und Kunden an der Universität Lancaster, der University Oxford, Oxford Brookes, der Stockholm School of Economics, Sheffield Hallam und an vielen anderen Instituten, an denen wir unterrichten, geben uns immer wieder Anreize für neue Ideen. Auch von unseren internationalen Kontakten, besonders in Irland, den Niederlanden, Dänemark, Schweden, Frankreich, Kanada, Australien, Neuseeland, Hongkong, Singapur und den USA können wir profitieren. Viele haben direkte Beiträge in Form von Fallstudien und Beispielen geleistet und werden natürlich im Buch erwähnt.

Schließlich danken wir allen Organisationen, die sich für die Erstellung von Fallstudien zur Verfügung gestellt haben. Wir hoffen, dass die Leser und Nutzer dieses Buches den Wunsch der beschriebenen Organisationen respektieren werden, diese bezüglich weiterer Informationen nicht direkt zu kontaktieren.

Gerry Johnson (*gerry.johnson@lancaster.ac.uk*)
Richard Whittington (*richard.whittington@sbs.ox.ac.uk*)
Kevan Scholes (*KScholes@scholes.u-net.com*)
Duncan Angwin (*dangwin@brookes.ac.uk*)
Patrick Regnér (*patrick.regner@bhs.se*)

Oktober 2016

Beratergremium

Besonderer Dank gebührt den folgenden Mitgliedern des Beratergremiums für ihre wertvollen Kommentare:

Mike Davies	University of Winchester
Alison De Moraes	Royal Holloway University of London
Dr. Maria Emmanouilidou	University of Kent
Dr. Andrew Jenkins	University of Huddersfiel
Adrian Myers	Oxford Brookes University
Sarah Owens	Swansea University
Nick Papageorgiadis	University of Liverpool
Adam Raman	Klingston University
Dr. Andrew Wild	Nottingham University
Steve Wood	Leeds Beckett University

Exploring Strategy

Die vorliegende 11. Ausgabe von *Exploring Strategy* basiert auf den bewährten Stärken unseres Lehrbuch-Bestsellers. Eine Reihe zusätzlicher Hilfestellungen und Ergänzungen wurden entwickelt, damit Lehrende und Studierende dieses Buch optimal nutzen können.

- **Herausragende pädagogische Gestaltung:** Jedes Kapitel enthält klar formulierte Lernziele und praktische Fragen, die sich auf reale Beispiele beziehen, sodass die Studenten Gelerntes leicht umsetzen und anwenden können.

- **Flexibler Einsatz:** Es kann individuell entschieden werden, ob die Fallstudien jedes Kapitels mit in die Arbeit einbezogen werden sollen oder nicht. Die Beispiele am Ende der Kapitel sowie die Kommentare und die strategischen Perspektiven gewähren einen tieferen Einblick in das komplexe und spannungsgeladene Thema Strategie.

Lehrende haben außerdem die Möglichkeit, den Lehrtext zusätzlich auf die eigenen Anforderungen abzustimmen:

- **Aktuelle Materialien:** Neben einem neuen Kapitel zu Fusionen, Übernahmen und Allianzen haben wir alle Kapitel überarbeitet, durch neue Forschungsergebnisse ergänzt und Verweise aktualisiert, sodass Sie schnell auf die neueste Forschung zugreifen können.

- **Anregung zum kritischen und innovativen Denken:** Nicht nur die strategischen Perspektiven, sondern auch die Beispiele am Ende jedes Kapitels sollen die Studenten zum kritischen Denken anregen, denn hier werden Forschungsergebnisse und Theorien zu den wichtigsten Themen des Kapitels präsentiert, die die Studenten hinterfragen sollen.

Unser „Drei-Kreise-Modell" – das die sich überlappenden Aspekte der strategischen Position, der strategischen Entscheidungen und der Strategie in Aktion darstellt – stellt überdies auch eine einfache lineare, sequenzielle Sichtweise des Strategieprozesses infrage.

Fallstudien und Beispiele: Eine große Vielzahl von Beispielen und Fallstudien sind neu und beziehen sich auf die Interessen sowie die alltäglichen Erfahrungen der Studenten. Die Mehrzahl dieser ist in dieser Auflage vollkommen neu; der Rest wurde umfassend überarbeitet. Schließlich haben wir diese Beispiele aus der ganzen Welt ausgewählt und verwenden auch Beispiele aus den öffentlichen und gemeinnützigen Sektoren, neben dem privaten Sektor.

Vorwort zur deutschen Auflage

Die positive Aufnahme der ersten beiden deutschen Übersetzungen des englischsprachigen Lehrbuches „Exploring Corporate Strategy" war der Anlass, auch die deutsche Ausgabe gemäß der 11. englischsprachigen Auflage zu aktualisieren.

Die bisherigen Charakteristika des Lehrbuches sind geblieben:

- Die sehr gute Eignung für die Lehre aufgrund der didaktischen Struktur und Aufbereitung;
- Über die Lehre hinausgehende Relevanz für die Praxis durch differenzierte Darstellungen und Analysen, die einen wissenschaftlichen Jargon vermeiden;
- Eine gelungene Kombination aus „theoretischen" (besser: allgemeingültigen) Darstellungen in Verbindung mit illustrativen aktuellen Praxisbeispielen zur besseren Verständlichkeit für die Zielgruppe;
- Die Mischung aus relevanten Konzepten des Faches und eigenen Entwicklungen der wissenschaftlich renommierten Autoren.

Die Aktualisierungen der Originalauflage wurden auch in die neue Deutsche Ausgabe übernommen. Länderspezifische Feinheiten, z.B. aufgrund unterschiedlicher rechtlicher Rahmenbedingungen, wurden angepasst, ohne dass der Lesefluss gestört wird.

Schließlich bleibt zu hoffen, dass die deutschen Leser auch weiterhin Neuerungen im deutschen Werk ebenso nutzbringend und mit persönlichem Gewinn aufgreifen, wie es Generationen von angelsächsischen Lesern schon seit langem tun.

Ingo Fischer (*ingo.fischer@hwr-berlin.de*)

Juni 2018

Zusatzmaterialien für Studierende und Dozenten in diesem Buch

Umfangreiches zusätzliches Material finden Sie auf unserer Website unter *www.pearson-studium.de*.

Für Dozenten:

- **Dozentenfolien:** Ein Satz PowerPoint-Folien, der Lehrende in der Vorbereitung und Arbeit mit dem Buch unterstützt.
- **Abbildungsfolien:** Alle Abbildungen aus dem Buch zum Download für den Einsatz in der Vorlesung.

Für Studenten:

- **Glossar** zum Buch

Die Autoren

Gerry Johnson, BA, PhD ist emeritierter Professor für strategisches Management an der *Lancaster University School of Management* und wissenschaftlicher Mitarbeiter des *UK Advanced Institute of Management Research* (AIM). Ebenso hat er an der *Strathclyde Business School*, der *Cranfield School of Management*, der *Manchester Business School* und der *Aston University* unterrichtet. Er ist Autor zahlreicher Bücher und seine Forschungsergebnisse werden in den namhaftesten Fachpublikationen weltweit veröffentlicht. Ebenso stellt er sein Fachwissen als beratender Redakteur des *Academy of Management Journal*, des *Strategic Management Journal* und des *Journal of Management Studies* zur Verfügung. Er ist Partner der Unternehmensberatung Strategy Explorers (siehe *www.strategyexplorers.com*), wo er mit Top-Managern an Themen der Strategieentwicklung und des strategischen Wandels arbeitet.

Richard Whittington, MA, MBA, PhD ist Professor für strategisches Management an der *Said Business School* und Millman Fellow des New College der *University of Oxford*. Er ist Autor und Co-Autor von neun Büchern und hat bisher zahlreiche Fachartikel veröffentlicht. Ebenso stellt er sein Fachwissen als beratender Redakteur von u.a. *Organizational Science, Organization Studies, Long Range Planning* und des *Strategic Management Journal* zur Verfügung. Lehrstühle oder Gastprofessuren hatte er an der Harvard Business School, dem HEC Paris, dem Imperial College London, der Universität von Toulouse und der University of Warwick. Er ist Partner bei Strategic Explorers und tätig in Ausbildung und Beratung, wobei er mit Organisationen in ganz Europa, den USA und Asien zusammenarbeitet (siehe *www.strategyexplorers.com*). Momentan konzentriert er seine Forschungsarbeit auf die Praxis der Strategie sowie internationales Management.

Kevan Scholes MA, PhD, DMS, CIMgt, FRSA ist Mitbegründer und -leiter des Unternehmens Scholes Associates, das sich auf strategisches Management spezialisiert hat. Er ist ebenso Gastprofessor für strategisches Management und ehemaliger Direktor der *Sheffield Business School* in Großbritannien. Er hat umfangreiche Erfahrungen bezüglich des Lehrens von Strategie mit Studenten in unterschiedlichen Semestern an mehreren Universitäten. Seine Arbeit zum Thema Unternehmensmanagement führte ihn zu Organisationen in den Bereichen Fertigung, Dienstleistung und öffentlicher Sektor. Auch außerhalb Großbritanniens war er regelmäßig tätig, u.a. in Irland, Australien und Neuseeland. Er arbeitet auch als Managementberater zahlreicher nationaler Körperschaften und ist Mitglied des Chartered Management Institute.

Duncan Angwin MA, MPhil, MBA, PhD, ist Professor für Strategie an der *Oxford Brookes Universität*. Er hat sechs Bücher und 38 Zeitschriftenartikel veröffentlicht und ist überdies in mehreren Redaktionskomitees tätig. Des Weiteren ist er Mitglied des Beirats des M&S Forschungszentrums, der *Cass Business School*, London und des Akademischen Beirats der ENPC Paris. Er ist international im Bereich der Ausbildung und Beratung von Führungskräften tätig. Der Fokus seiner aktuellen Forschung liegt auf Fusionen und Übernahmen, der Strategiepraxis und dem internationalen Management.

Patrick Regnér, BSc, MSc, PhD ist außerordentlicher Professor für Strategisches Management an der *Stockholm School of Economics*. Er ist in mehreren Redaktionskomitees tätig und hat eine Vielzahl von Artikeln in führenden wissenschaftlichen Zeitschriften veröffentlicht. Er verfügt über umfassende internationale Lehrerfahrungen im Bereich Strategie. Er führt bei Organisationen weltweit Schulungen und Beratungen für Führungskräfte durch. Seine Forschungsinteressen liegen in den Bereichen Strategieentwicklung und -veränderung sowie internationales Management.

Sie können die neuesten Kommentare der Autoren zu den in diesem Buch behandelten Aspekten der Strategie unter *https://twitter.com/ExploreStrategy* verfolgen.

Strategie: Einführung

1

ÜBERBLICK

Lernziele

Nach der Lektüre dieses Kapitels sollten Sie in der Lage sein,

- die Strategie eines Unternehmens in einem Strategischen Statement zusammenzufassen.

- zwischen den Begriffen Unternehmensgesamtstrategie, Geschäftsbereichsstrategie und Funktionsbereichsstrategie zu unterscheiden.

- die Schlüsselelemente der Strategie einer Organisation anhand des *Exploring Strategy Frameworks* zu verstehen.

- die unterschiedlichen Aufgaben der Strategiearbeit zu verstehen.

- die Bedeutung unterschiedlicher organisatorischer Rahmenbedingungen, akademischer Disziplinen und theoretischer Blickwinkel für die praktische strategische Analyse zu erkennen.

1.1   Einführung

Claudia, Junior Consultant einer führenden Unternehmensberatung, war gerade mit zwei erfahrenen Kollegen im Hauptsitz eines mittelgroßen Unternehmens eingetroffen, das sich bezüglich seiner nächsten strategischen Entscheidungen beraten lassen wollte. Zu Beginn des Meetings erklärte der CEO, in welchen Bereichen sein Unternehmen tätig sei und welche Erfolge in der Vergangenheit bereits auf den europäischen Märkten verbucht werden konnten. Allerdings seien vor kurzem neue, aggressive Konkurrenten auf den Markt gekommen und bedrohten aktuell die etablierte Organisation. Daher überlegte der Vorstand nun, auf globaler Ebene zu expandieren, und der CEO fragte die Unternehmensberater, wie man diese Aufgabe angehen könne. Sie empfahlen, eine systematische strategische Analyse der Situation durchzuführen – und Claudia wusste sofort, dass dies ihre Aufgabe sein würde. Sie musste relevante Daten zusammentragen und analysieren, um zu verstehen, was genau den bisherigen Erfolg des Unternehmens ausmachte. Außerdem galt es zu klären, welche Herausforderung die neue Konkurrenz darstellte und welche Chancen und Risiken das Unternehmensumfeld insgesamt bot. Sie wusste, dass sie sich an wichtige Führungskräfte des Unternehmens wenden konnte, um zu verstehen, welche Ressourcen, Prozesse und Menschen die aktuelle Strategie stützten und worauf man bei einer möglichen internationalen Expansion bauen könnte. Sie müsste überlegen, in welche Richtung das Unternehmen expandieren könnte, welche Expansionsmethoden sich am besten eignen würden und welche anderen strategischen Optionen noch offenstanden. Ihre Analyse würde dem CEO dann hoffentlich die nötigen Informationen an die Hand geben, um für sein Unternehmen die richtigen strategischen Entscheidungen zu treffen und gewinnbringend umzusetzen.

Das Problem, das der CEO hier den Unternehmensberatern vorstellt, ist ganz klar strategischer Natur. Es betrifft wichtige Entscheidungen, die die Zukunft seines Unternehmens prägen werden. Wie soll sich das Unternehmen beispielsweise zukünftig dem Wettbewerb mit neuen, aggressiven Marktteilnehmern stellen? Welche Wachstumschancen bieten sich der Organisation? Und wenn sich die globale Expansion wirklich als strategisch richtig erweist – welche Methode ist die richtige, um sie optimal umzusetzen? All diese Fragen sind von entscheidender Bedeutung für das Überleben und die Zukunft der Organisation.

Natürlich betreffen solche strategischen Fragen vor allem Unternehmer und Topmanager an der Spitze der Unternehmen, doch sie richten sich ebenso an andere Akteure. Denn beispielsweise auch die Manager der mittleren Führungsebenen müssen die strategische Ausrichtung ihres Unternehmens verstehen, um sich einerseits die Unterstützung der oberen Führungsebenen für ihre eigenen Initiativen zu sichern und um andererseits die Unternehmensstrategie denjenigen erklären zu können, für die sie verantwortlich sind. Jeder, der eine Laufbahn im Managementbereich anstrebt, muss darauf vorbereitet sein, mit potenziellen Arbeitgebern über Strategie zu diskutieren. Natürlich muss man sich auch – möglichst bevor man eine Arbeitsstelle antritt – davon überzeugen, dass die Strategie des neuen Arbeitgebers tragfähig ist. Auch für Spezialisten gibt es im Bereich Strategie einige Karrierechancen, so etwa als Strategieberater – wie Claudia –, als interne Strategieanalysten oder -planer. Dies sind oft gute Einstiegspositionen für ehrgeizige junge Manager.

Dieses Buch wählt eine breit angelegte Herangehensweise an das Thema Strategie. Es wird sowohl die ökonomische Seite als auch die menschliche Seite betrachtet, bei der es um die praktische Umsetzung von Strategie geht. Eigentlich ist dies ein „Erforschungsbuch", denn die reale Welt der Strategie hat nur selten klare Antworten parat. Geht es um Strategie, so ist es meist sinnvoll, mehrere Optionen zu untersuchen, wobei jede Option sorgfältig geprüft werden muss, bevor eine Entscheidung getroffen wird. Das Buch ist auch für Organisationen interessant, die ihre eigene Ausrichtung für die Zukunft überprüfen und festlegen müssen. Es richtet sich also gleichermaßen an große internationale Konzerne wie auch an kleine Start-up-Firmen. Es ist relevant für Organisationen der öffentlichen Hand, etwa Schulen oder Krankenhäuser, und für Non-Profit-Organisationen wie Sportvereine oder gemeinnützige Vereine. Strategie geht jede Organisation etwas an – und auch fast jeden Mitarbeiter.

Strategie

Die langfristige Ausrich-
tung einer Organisation

1.2   Was ist Strategie?

In diesem Buch wird **Strategie**[1] als die langfristige Ausrichtung einer Organisation verstanden. Beispielhaft sei Amazon genannt, das sich von einem Einzelhändler von Büchern zu einem breiten Anbieter von Internetdienstleistungen entwickelt. Oder Disney, die von Comics zu diversifizierter Unterhaltung fortgeschritten sind. Dieser Abschnitt befasst sich mit den praktischen Auswirkungen dieser Definition von Strategie, er unterscheidet zwischen den verschiedenen Ebenen der Strategie und erklärt, wie sich die Strategie eines Unternehmens in einem „strategischen Statement" zusammenfassen lässt.

1.2.1   Strategie definieren

Definiert man Strategie als langfristige Ausrichtung einer Organisation, so wählt man damit einen umfassenderen Ansatz als dies bei so manch anderer bedeutenden Definition von Strategie der Fall ist. ▶ *Abbildung 1.1* zeigt die Strategie-Definitionen verschiedener führender Strategie-Theoretiker: Alfred Chandler und Michael Porter, beide von der Harvard Business School, Peter Drucker von der Claremont University in Kalifornien und Henry Mintzberg von der McGill University in Kanada. Jede weist auf wichtige Elemente der Strategie hin. Chandler betont einen logischen Ablauf von der Festlegung von Zielen bis hin zur Einteilung der Ressourcen. Porter konzentriert sich auf bewusstes Wählen und den Wettbewerb. Drucker geht davon aus, dass eine Strategie einem Unternehmen hauptsächlich zu Gewinnen und Vorteilen verhelfen soll.[2] Mintzberg dagegen vertritt die Ansicht, dass eine Strategie weniger sicher ist, und verwendet das Wort „Muster", um die Tatsache zu berücksichtigen, dass Strategien nicht immer einem bewusst festgelegten Plan folgen, sondern sich auch ganz spontan entwickeln können. Manchmal ergibt sich eine Strategie aus einer Reihe aufeinanderfolgender Entscheidungen, die sich erst nach einer gewissen Zeit zu einem wahrnehmbaren Muster – oder eben einer Strategie – zusammenfügen.

In diesem Buch wird Strategie als langfristige Ausrichtung einer Organisation definiert. Dies hat zwei Vorteile. Zunächst kann diese langfristige Ausrichtung sowohl eine bewusste, logische Strategie beinhalten als auch eher nach und nach entwickelte strategische Muster. Zum anderen meint eine langfristige Ausrichtung einerseits Strategien, die sich auf Differenzierung und Wettbewerb konzentrieren, aber auch andererseits Strategien, die auf Kooperation und sogar Imitation setzen.

Die drei Charakteristika dieser Definition werden am Beispiel der Strategie von Tesla Motors anschaulich gezeigt (siehe *Beispiel 1.1*).

---

1   R. Whittington, „What Is Strategy – and Does it Matter?", *International Thomson*, 1993/2000 und M. E. Porter, „What is Strategy?", *Harvard Business Review*, November–Dezember 1996, S. 61–78.
2   T. Zenger, „What is the theory of your firm?", *Harvard Business Review*, Juni 2013, S. 72–80.

| Beispiel 1.1 | Tesla Motors: Die Zukunft ist elektrisch! |

Tesla Roadster
Jim West / Alamy Stock Photo

Der Tesla Roadster ist ein atemberaubend schneller Wagen – mit einem Unterschied. Die Räder drehen niemals durch, es gibt keine stotternde Traktionskontrolle und die Kraftübertragung wird auch nicht plötzlich gestoppt. Sobald man aufs Gaspedal tritt, schnellt die Drehmomentanzeige nach oben und das Auto beschleunigt von 0 auf 100 km/h in 3,2 Sekunden – und das fast lautlos, denn es fährt elektrisch.

Der Tesla Roadster ist das Aushängeschild von Tesla Motors. Dessen charismatischer Hauptgründer und Vorstandsvorsitzender ist Elon Musk, der bereits PayPal und SpaceEx mitgründete. Tesla wurde vor etwa zehn Jahren gestartet und ist schon jetzt ein gigantisches Unternehmen mit einer Marktkapitalisierung von 33 Mrd. $ und hohen Beliebtheitswerten. Man nennt es den „wichtigsten Autohersteller der Welt", und das Tesla Modell S das „beliebteste Fahrzeug der USA", das häufiger verkauft wird als die S-Klasse von Mercedes oder der 7er BMW. Wie kommt es, dass Tesla so unglaublich erfolgreich ist, wo doch die letzte erfolgreiche Firmengründung eines US-amerikanischen Autoherstellers mit Ford bereits ganze 111 Jahre her ist.

Die Idee zu Tesla kam von drei Ingenieuren aus dem Silicon Valley, die der globalen Erwärmung entgegenwirken wollten und nach alternativen Energiequellen für Autos suchten.

Mitbegründer Martin Eberhard fragte sich: „Wie viel der gesamten Energie, die aus der Erde kommt, sorgt dafür, dass mein Auto einen Kilometer fährt?" Und er beobachtete: „Wasserstoffbrennstoffzellen sind schrecklich – sie sind nicht effizienter als Gas. Elektroautos sind allem überlegen."[1] Dann entdeckte er einen grell gelben, rein elektrisch fahrenden zweisitzigen Kleinwagen, der keinerlei Emissionen produzierte, den „tzero", gebaut von AC Propulsion. Besonders die rasante Beschleunigung, die es mit einem Lamborghini aufnehmen konnte, inspirierte Eberhard, denn damit war klar, dass Elektroautos nicht unbedingt so lahm wie Golfwagen sein mussten.

Die Denkweise der Branche gab jedoch vor, dass Elektroautos niemals erfolgreich sein konnten. GM investierte 1 Mrd. $ in die Entwicklung des EV-1, der gleich darauf verschrottet wurde. Die Batterietechnologie hatte sich im Lauf der letzten 100 Jahre kaum verbessert. Eberhard aber erkannte, dass Lithiumionenbatterien anders waren – denn ihre Leistung verbesserte sich um sieben Prozent pro Jahr. Tesla brachte sich also in Stellung, um Technologiegeschichte zu schreiben.

Die Gründer hatten keinerlei Erfahrung im Automobilbau, wussten aber, dass die meisten Autohersteller mittlerweile fast alle Bereiche des Herstellungsprozesses an externe Firmen auslagerten – selbst das Design der Autos. Schnell fand man Partnerunternehmen, die zu einer Zusammenarbeit mit Tesla bereit waren, sodass das Unternehmen ohne eigene Produktionsstätten an den Start gehen konnte.[3] 2008 begann die Herstellung der ersten Autos. Der Geschäftsplan beschrieb den Roadster als „disruptive Technologie"[1] – ein hochwertiger Sportwagen mit günstigeren Preisen und geringerem Schadstoffausstoß als die Konkurrenz – und geringerem Ressourcenaufwand für unseren Planeten.

Teslas Strategie:

> *„Markteinstieg am oberen Ende, wo die Kunden bereit sind, einen hohen Preis zu bezahlen; daraufhin Marktdurchdringung nach unten so weit wie möglich, um das Verkaufsvolumen zu erhöhen und den Preis mit jedem erfolgreichen Modell weiter zu senken… Der gesamte freie Cashflow fließt zurück in F&E, um die Kosten zu senken und die Folgemodelle so schnell wie möglich auf den Markt zu bringen. Jeder, der den Tesla-Roadster-Sportwagen kauft, hilft mit bei der Finanzierung eines neuen, kostengünstigen Familienwagens."[2]*

Teslas Ziel war es, schadstofffreie elektrische Energiegewinnung mit ihrer Giga-Batteriefabrik zur Verfügung zu stellen, die im Einklang mit der Zielsetzung stand, „den Übergang von einer von Brennstoffen dominierten Wirtschaft hin zu einer Wirtschaft zu unterstützen, die auf Sonnenenergie und Strom basiert.[2] Im Jahr 2015 entstand die Firma Tesla Energy, die Batterien für Privathaushalte und Unternehmen verkaufte.

Edison erfand zwar nicht die Glühbirne, doch durch sein elektrisches System machte er sie erschwinglich und zugänglich.[3] Auch Tesla bietet ein Energiesystem an für eine ganze Welt aus Elektrofahrzeugen, Privathäusern, Unternehmen, die alle durch Batterien versorgt werden können.

Quellen: (1) E. Musk, The Secret Tesla Motors Master Plan (just between you and me), 2. August 2006; (2) D. Baer, The making of Tesla invention, betrayal, and the birth of the Roadster, Business Insider, 11. November 2014; (3) J. Suskewicz, Tesla's new strategy is over 100 years old, Harvard Business Review, Mai 2015.

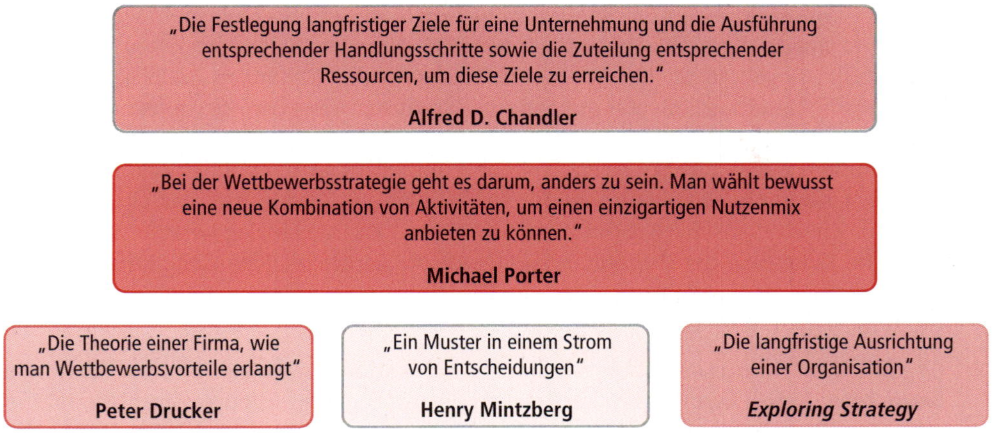

> „Die Festlegung langfristiger Ziele für eine Unternehmung und die Ausführung entsprechender Handlungsschritte sowie die Zuteilung entsprechender Ressourcen, um diese Ziele zu erreichen."
>
> **Alfred D. Chandler**

> „Bei der Wettbewerbsstrategie geht es darum, anders zu sein. Man wählt bewusst eine neue Kombination von Aktivitäten, um einen einzigartigen Nutzenmix anbieten zu können."
>
> **Michael Porter**

> „Die Theorie einer Firma, wie man Wettbewerbsvorteile erlangt"
>
> **Peter Drucker**

> „Ein Muster in einem Strom von Entscheidungen"
>
> **Henry Mintzberg**

> „Die langfristige Ausrichtung einer Organisation"
>
> *Exploring Strategy*

Abbildung 1.1: Definitionen von Strategie
Quelle: A. D. Chandler, „Strategy and Structure: Chapters in the History of American Enterprise", MIT Press, 1963, S. 13; M. E. Porter, „What is Strategy?", Harvard Business Review, 1996, November–Dezember, S. 60; H. Mintzberg, „Tracking Strategies: Towards a General Theory", Oxford University Press, 2007, S. 3.

Die drei Elemente dieser Definition von Strategie – Langfristigkeit, Ausrichtung und Organisation – können jeweils genauer betrachtet werden.

- *Langfristigkeit.* Strategien werden meist für einen Zeitraum von mehreren Jahren entwickelt, manche umspannen sogar zehn Jahre und mehr. Die Bedeutung einer langfristigen Perspektive auf eine Strategie wird besonders durch die „Drei-Horizonte-Analyse" in ▶ *Abbildung 1.2* klar. Die **Drei-Horizonte-Analyse** geht davon aus, dass jede Organisation sich als Betreiber von dreierlei Geschäftsaktivitäten sehen sollte, die jeweils durch ihre Zeithorizonte definiert werden.

  Drei-Horizonte-Analyse

  Sie geht davon aus, dass *jede* Organisation sich als Betreiber von dreierlei Aktivitäten sehen sollte, die jeweils durch ihre Zeithorizonte definiert werden.

- Aktivitäten des *Horizonts 1* beziehen sich hauptsächlich auf das aktuelle Kerngeschäft der Organisation. Sie müssen verteidigt und ausgebaut werden, jedoch geht man davon aus, dass sie der Organisation langfristig immer geringere oder sogar gar keine Gewinne mehr einbringen werden. Aktivitäten des *Horizonts 2* sind neue Geschäftsbereiche, die neue Gewinnchancen eröffnen sollen. Und schließlich gibt es tragfähige neue Chancen des *Horizonts 3*, die aber noch nicht konkret realisierbar sind. Beispielhaft für diesen Bereich sind etwa riskante Projekte der Abteilungen für Forschung und Entwicklung, Start-up-Aktivitäten, Pilotprodukte auf Testmärkten und Ähnliches. Bei Unternehmen aus schnelllebigen Branchen, wie etwa einem Autohersteller, können solche Aktivitäten des Horizonts 3 bereits nach wenigen Jahren Gewinne erwirtschaften. Anders bei einem pharmazeutischen Unternehmen, wo Forschung und auch Genehmigung für ein neues Medikament viele Jahre dauert: Hier kann der Zeitrahmen für den Horizont 3 zehn Jahre und länger betragen. Zwar können die Zeitrahmen stark voneinander abweichen, doch das Grundprinzip der Drei-Horizonte-Analyse bleibt immer gleich – ein Manager darf sich niemals nur auf die kurzfristigen Belange seiner aktuellen Aktivitäten beschränken. Wer strategisch denkt und handelt, treibt seinen Horizont 1 voran, verliert aber auch Horizont 2 und 3 nicht aus den Augen.

- *Strategische Ausrichtung.* Jede Strategie folgt im Laufe der Jahre einer langfristigen Ausrichtung. Diese ergibt sich manchmal erst nach und nach als logische Abfolge richtiger Entscheidungen. Meist aber versuchen Manager und Unternehmer, ihre Strategien an langfristigen *Zielen* auszurichten. Im privaten Sektor beziehen sich diese Ziele in der Regel auf die Gewinnmaximierung für die Aktionäre. Doch nicht immer sind es die Gewinne, die die strategische Richtung vorgeben. So setzen sich etwa Organisationen des öffentlichen Sektors sowie auch gemeinnützige Organisationen meist andere Ziele. Ein Sportverein möchte vielleicht in die nächsthöhere Liga aufsteigen. Und auch im privaten Sektor sind Gewinne nicht immer das einzige Kriterium für die strategische Ausrichtung. Für einen Familienbetrieb beispielsweise sind familiäre Ziele, wie die Weitergabe des Geschäfts an die nächste Generation, manchmal wichtiger als Gewinnmaximierung. Die Ziele, die hinter einer strategischen Ausrichtung stehen, müssen in jedem Fall genau untersucht und bedacht werden.

■ *Organisation.* In diesem Buch werden Organisationen nicht als separate Einheiten betrachtet. Eine Organisation umfasst viele interne und auch externe Beziehungen. Das liegt daran, dass Organisationen meist viele interne und externe Stakeholder haben, die auf die Organisation angewiesen sind und auf die die Organisation wiederum auch angewiesen ist. Eine Organisation besteht typischerweise aus vielen, vielen Menschen, die natürlich alle unterschiedliche, manchmal widersprüchliche und mehr oder weniger vernünftige Ansichten darüber haben, was getan werden sollte. Eine Strategie muss unbedingt diese verschiedenen Meinungen und Interessen berücksichtigen. Doch auch extern ist eine Organisation von wichtigen Beziehungen umgeben, etwa zu Zulieferern, Kunden, Geschäftspartnern, Kontrollbehörden und Investoren. Somit ist es auch wichtig, strategisch zu entscheiden, wo die *Grenzen* einer Organisation liegen: was sollte innerhalb einer Organisation bleiben und was kann extern gemacht werden und wie sollen die Beziehungen hierfür geführt werden.

Da es bei einer Strategie meistens darum geht, Menschen, Beziehungen und Ressourcen zu managen, wird dieses Thema manchmal auch als „strategisches Management" bezeichnet. Eine gute Strategie berücksichtigt die Praxis des Managements ebenso wie die strategische Analyse.

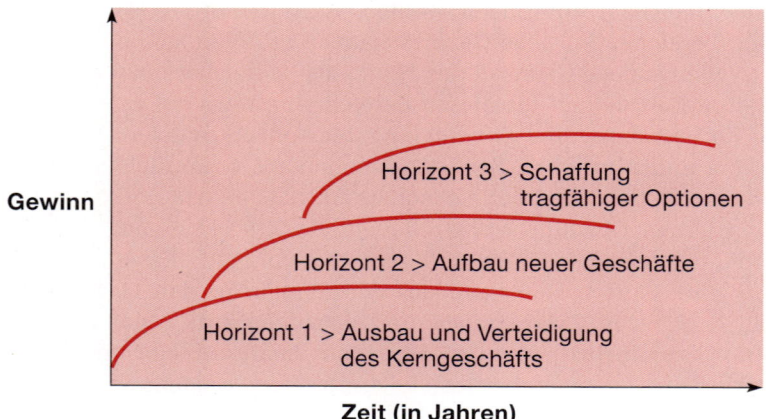

Abbildung 1.2: Die drei Horizonte der Strategie
Anmerkung: „Gewinn" auf der vertikalen Achse kann durch andere Ziele ersetzt werden; „Geschäft" kann sich auf jede Art von Aktivität beziehen; „Zeit" kann sich auf eine variierende Anzahl von Jahren beziehen.
Quelle: M. Baghai, S. Coley und D. White, The Alchemy of Growth, „Texere Publishers", 2000. Abbildung 1.1, S. 5.

1.2.2 Der Zweck der Strategie: Mission, Vision, Werte und Ziele

Wozu braucht man Strategien? Cynthia Montgomery[3] von der Harvard Universität ist der Meinung, dass die wichtigste Aufgabe eines Strategen darin besteht, einen klaren und motivierenden Zweck für eine Organisation zu definieren. Denn selbst für ein Unternehmen der Privatwirtschaft geht es hier nicht nur um Gewinnmaximierung. Nachhaltigkeit und Mitarbeitermotivation erfordern Zielsetzungen, die weit über den reinen Gewinn hinausgehen. Montgomery empfiehlt, den formulierten Zweck einer Organisation nach zwei verwandten Fragen auszurichten: wie schafft es die Organisation, etwas zu bewegen, und für wen bewegt sie etwas? Finden sich die Stakeholder einer Organisation in so formulierten Zielsetzungen wieder, können diese sehr motivierend sein. Die Forschungsarbeit von Jim Collins und Jerry Porras weist sogar darauf hin, dass der langfristige Erfolg vieler großer US-Konzerne – wie etwa Disney, General Electric oder 3M – zumindest teilweise klar formulierten Zielen, einem strategischen Statement, zugeschrieben werden kann.[4]

Ein Unternehmen wählt in der Regel vier Formen, seine Ziele zu definieren:

■ Ein **Unternehmensleitbild** soll Mitarbeitern und Stakeholdern ein klares Bild über den grundlegenden Zweck einer Organisation verschaffen. Oft wird dafür eine einfache Frage gestellt, die jedoch voller Herausforderungen steckt: Was ist unser Kerngeschäft? Bei der Beantwortung helfen wiederum zwei Fragen: „Was ginge verloren, gäbe es die Organisation nicht?" und „Wie schaffen wir es, etwas zu bewegen?" Collins und Porras[5] verwenden zwar nicht den Begriff Unternehmensleitbild, gehen aber davon aus, dass man die grundlegende Mission eines Unternehmens verstehen kann, wenn man zunächst genau beschreibt, was es tut. Dann geht man tiefer und fragt: „Warum tun wir das?" Als Beispiel führen sie Manager einer Kies- und Asphaltfirma an, die letztendlich zu dem Schluss kommen, ihre Mission sei es, das Leben der Menschen zu verbessern, indem sie die Qualität von Gebäuden verbessern. Das Leitbild der Universität von Southampton umfasst die Ausbildung der Studenten, die Entwicklung der nächsten Wissenschaftlergeneration sowie die Untersuchung sozialer Probleme.

Unternehmensleitbild

Es soll Mitarbeitern und Stakeholdern ein klares Bild über den grundlegenden Zweck einer Organisation verschaffen.

■ Ein **Vision Statement** befasst sich mit der Zukunft, die ein Unternehmen gestalten möchte. Eine Vision drückt meist ein Bestreben aus, das Begeisterung auslöst und die Leistungen beflügelt. Hier lautet die Frage also: Was wollen wir erreichen? Porras und Collins schlagen vor, dazu weiter zu fragen: Auf welche Erfolge und Leistungen möchten wir gerne in zwanzig Jahren zurückblicken können? Als Beispiel nennen sie Henry Fords ursprüngliche Vision aus den frühen Anfängen der Automobilproduktion: Jeder Mensch sollte die Möglichkeit haben, ein Automobil zu besitzen. Der schwedische Musikanbieter Spotify möchte „das weltweite Betriebssystem der Musik" werden, also eine universelle Plattform für die Musik, ebenso wie Microsoft eine universelle Plattform für Büro-Software ist.

Vision Statement

Es befasst sich mit der Zukunft, die ein Unternehmen gestalten möchte.

---

3 Cynthia A. Montgomery, „Putting leadership back into strategy", *Harvard Business Review*, Januar 2008, S. 54–60.
4 J. Collins und J. Porras, *Built to Last: Successful Habits of Visionary Companies*, Harper Business, 2002.
5 J. Collins und J. Porras, „Building your company's vision", *Harvard Business Review*, September–Oktober 1996, S. 65–77.

Statements über Unternehmenswerte

Sie kommunizieren die grundlegenden und dauerhaften wichtigsten Prinzipien, die die Strategie eines Unternehmens bestimmen und festlegen, wie es arbeitet und funktioniert.

■ **Statements über Unternehmenswerte** kommunizieren die grundlegenden und dauerhaften wichtigsten Prinzipien, die die Strategie eines Unternehmens bestimmen und festlegen, wie es arbeitet und funktioniert. So liest man etwa bei der neu gegründeten Holding Alphabet (vormals Google) Werte wie „man kann auch ohne Anzug ernsthaft arbeiten", „schnell ist besser als langsam" oder „tue nichts Böses". Solche Unternehmenswerte sollen vor allem langlebig und dauerhaft sein. Eine passende Frage wäre hier also: Verändern sich unsere Werte, wenn sich die Umstände ändern? Lautet die Antwort ja, sind sie nicht beständig genug. Allerdings fragen sich vor diesem Hintergrund auch viele Kritiker, ob Alphabet angesichts seines starken Wachstums und der ständigen Diversifizierung den wertvollen Satz „Tue nichts Böses." immer noch ernst nimmt (siehe Kapitel 13 und Fallstudie).

Ziele

Genau formulierte Ergebnisse, die erreicht werden sollen.

■ **Ziele** sind genau formulierte Ergebnisse, die erreicht werden sollen. Oft werden sie in konkreten finanziellen Größen ausgedrückt, etwa als Umsatz- bzw. Gewinnziel oder als Aktienwert in ein, zwei oder drei Jahren.[6] Auch marktbasierte Ziele sind oft gut in Zahlen auszudrücken, so etwa als Marktanteil, Verkaufszahlen etc. Manchmal kommt es bei einem Ziel auch auf die Grundlage des eigenen Wettbewerbsvorteils an: So legen Billigfluglinien wie Ryan Air Ziele für die Bodenzeiten ihrer Flugzeuge fest, denn das ist der Kern ihres Wettbewerbsvorteils. Auch umweltbezogene und soziale Ziele spielen für viele Unternehmen eine immer größere Rolle (siehe Abschnitt 5.4.1).

Zugegeben, Leitbilder, Visionen und Unternehmenswerte können manchmal nichtssagend und zu oberflächlich formuliert sein,[7] richtig eingesetzt bilden sie jedoch oft eine tragfähigere Basis für die Ausrichtung und Motivation als rein quantitative und messbare Zielsetzungen. Entscheidend ist, dass diese Formulierungen und Statements den jeweiligen Unternehmen wirklich etwas bedeuten.

1.2.3   Strategie-Statements

David Collins und Michael Rukstad[8] von der Harvard Business School gehen davon aus, dass alle Unternehmer und Manager in der Lage sein sollten, die Strategie ihres Unternehmens in einem Strategie-Statement zusammenzufassen.

Strategie-Statements

Sie sollten drei Hauptthemen haben: die grundlegenden Ziele, die eine Organisation verfolgt; die Reichweite der Organisationsaktivitäten und die besonderen Vorteile oder Fähigkeiten, über die die Organisation verfügt, um all dies zu erreichen.

Strategie-Statements sollten drei Hauptthemen haben: die grundlegenden Ziele (Leitbild, Vision oder Zielsetzungen), die eine Organisation verfolgt; die Reichweite der Organisationsaktivitäten und die besonderen Vorteile oder Fähigkeiten, über die die Organisation verfügt, um all dies zu erreichen.

Leitbild, Vision und Ziele wurden bereits in *Abschnitt 1.2.2* beschrieben, sodass wir uns an dieser Stelle auf die anderen beiden Themen, Reichweite und Vorteile, beziehen. Dies wird in *Beispiel 1.2* zusätzlich erläutert.

---

6   Sayan Chatterjee, „Core objectives: clarity in designing strategy", *California Management Review*, Band 47, Nr. 2 (2005), S. 33–49. J. Sillince, P. Jarzabkowski und D. Shaw, „Shaping strategic action through the rhetorical construction and exploitation of ambiguity", *Organisation Science*, Band 22, Nr. 2 (2011), S. 1–21.

7   B. Bartkus, M. Glassman und B. McAfee, „Mission statements: are they smoke and mirrors?", *Business Horizons*, Band 43, Nr. 6 (2000), S. 23–8.

8   D. Collins und M. Rukstad, „Can you say what your strategy is?", *Harvard Business Review*, April 2008, S. 63–73.

Beispiel 1.2   Strategische Statements

Sowohl der koreanische Telekommunikations-, Computer- und Fernsehriese Samsung Electronics als auch die Universität Southampton, eine führende britische Universität, veröffentlichen viel über ihre Strategien.

Samsung Electronics   Samsung verfolgt eine einfache Geschäftsphilosophie: Das Ziel unserer Mitarbeiter und Technologie ist es, erstklassige Produkte herzustellen, die zu einer besseren globalen Gesellschaft beitragen.

Unsere Mitarbeiter erfüllen diese Philosophie jeden Tag mit Leben. Unsere Führungskräfte suchen weltweit nach den besten Talenten und geben ihnen die Ressourcen, die sie benötigen, um die Besten in ihrem Bereich zu werden. Im Ergebnis dessen verfügen alle unsere Produkte – von Speicherchips, die Unternehmen bei der Speicherung entscheidender Kenntnisse unterstützen, bis hin zu Mobiltelefonen, die Menschen über Kontinente hinweg verbinden – über das Potenzial, das Leben der Menschen zu bereichern. Und genau darum geht es beim Aufbau einer besseren Weltgesellschaft.

Wie bereits mit dem neuen Motto ausgedrückt, lautet die Vision von Samsung Electronics für das nächste Jahrzehnt „Die Welt inspirieren, die Zukunft gestalten".

Diese neue Vision spiegelt das Engagement von Samsung Electronics wider, durch den Einsatz der drei Hauptstärken von Samsung zu inspirieren: „Neue Technologie", „Innovative Produkte" und „Kreative Lösungen". Im Rahmen seiner Vision hat Samsung das Ziel gefasst, 400 Mrd. $ Umsatz zu erzielen und bis 2020 weltweit eine der fünf führenden Marken zu werden. Dafür muss Samsung drei strategische Ansätze im Management verankern: „Kreativität", „Partnerschaft" und „Talent".

Wir bauen auf unseren bisherigen Leistungen auf und möchten in neue Gebiete vorstoßen, zu denen Gesundheitswesen, Medizin und Biotechnologie gehören. Samsung hat sich zum Ziel gesetzt, ein kreativer Marktführer in neuen Märkten und ein zukunftssicheres Top-Unternehmen zu werden.

Strategie der Southampton University

Die wichtigste Mission der Universität ist es, die Welt ein Stück weit zu verbessern. Sie ist eine außergewöhnliche Einrichtung, deren Mitglieder erstaunliche Dinge erreichen. Wir sind eine weltweit führende Universität, die sich sehr stark auf ihre Forschungsarbeit konzentriert. Wir bieten fundierte Bildung, sind für unsere Innovationen bekannt. Unsere Strategie konzentriert sich darauf, was wir für die Zukunft anstreben: unseren Ruf weiter zu verbessern und einfach besser zu sein als unsere Konkurrenten.

Wir möchten uns in der nationalen Rangliste (UK) auf Rang 10 verbessern und international unter die Top 100 kommen. Dadurch werden wir an Ansehen gewinnen, sodass wir uns im Ranking noch weiter verbessern können. Wenn wir in dem Ruf stehen, den Studenten eine erstklassige Ausbildung und eine herausragende Erfahrung bieten zu können, werden wir mehr Bewerbungen von den besten Anwärtern bekommen, unsere Forschung wird nachhaltig finanziell unterstützt werden und auch unsere ehemaligen Studenten werden uns weiter fördern. Dies möchten wir erreichen:

1   *Kollegialität:* herausragende Erfahrungen für alle Universitätsmitglieder, verbessertes Management, agiler Führungsstil und Risikobereitschaft

2   *Interne Qualität:* verbesserte Erfahrung für Studenten, Entwicklung qualitativ hochwertiger Systeme und Infrastruktur, bessere Anwendbarkeit von Forschungsarbeiten, neue strategische Partnerschaften, die uns mit mindestens fünf Millionen Pfund finanziell fördern, mehr internationale Studenten, bessere Vermittelbarkeit von Studenten auf dem Arbeitsmarkt und erstklassiges Personal

3   *Nationale und internationale Anerkennung:* verbessertes Ranking und bessere Reputation, verbesserte Ausbildungsqualität, Bildung einer internationalen Gemeinschaft ehemaliger Studenten, Abschluss bedeutender Forschungsprojekte

4   *Nachhaltigkeit:* Investitionsmöglichkeiten bieten, zuverlässiges Einkommen sichern, bessere Kosteneffizienz und Produktivität, mehr Einkünfte aus anderen Quellen.

Quellen: Bearbeitete Auszüge aus www.samsung.com und aus dem Strategieplan der Universität Southampton; www.southampton.ac.uk.

- ■ **Reichweite.** Dieser Begriff bezieht sich für ein Unternehmen auf drei Dimensionen: Kunden, geografische Lage und Ausmaß der internen Aktivitäten (vertikale Integration). Für eine Universität hat der Begriff der Reichweite dagegen nur zwei Dimensionen: welche akademischen Bereiche sollen abgedeckt werden (BWL, Ingenieurwesen etc.) sowie welche Aktivitäten werden intern abgewickelt (vertikal integriert) und welche werden nach außen verlagert und etwa an Fremdfirmen vergeben (z.B. die Verpflegung auf dem Campus).

- ■ **Vorteil.** Dieser Teil eines Strategie-Statements beschreibt, wie die Organisation die Ziele erreichen möchte, die sie sich in dem von ihr gewählten Bereich gesteckt hat. In einem wettbewerbsorientierten Umfeld sind damit immer Wettbewerbsvorteile gemeint: Wie kann zum Beispiel eine Organisation oder ein Sportverein angesichts der Konkurrenz von anderen Organisationen oder Clubs die gesetzten Ziele erreichen. Um ein bestimmtes Ziel zu erreichen, muss eine Organisation besser sein als andere, die das gleiche Ziel erreichen wollen. Im öffentlichen Sektor meint der Begriff Vorteil dagegen vielleicht einfach nur die Möglichkeiten und Fähigkeiten einer Organisation im Allgemeinen. Doch auch Organisationen der öffentlichen Hand müssen nicht selten unter Beweis stellen, dass ihre Fähigkeiten nicht nur angemessen sind, sondern die Leistungen anderer öffentlicher oder auch privater Unternehmen übertreffen.

Collins und Rukstad sind der Meinung, dass ein Strategie-Statement, das Ziele, Reichweite und Vorteile eines Unternehmens umfasst, nicht länger als 35 Wörter sein sollte. Ganz bewusst werden alle drei Themen präzise und knapp formuliert. Durch die Kürze kann man sich in einem solchen Statement auf das Wesentliche konzentrieren, sie sind leicht zu kommunizieren und zu verinnerlichen. Das Strategie-Statement des schwedischen Möbelhauses IKEA bringt es auf den Punkt: „Wir wollen das tägliche Leben für viele Menschen besser gestalten, indem wir eine große Auswahl gut durchdachter, funktionaler Einrichtungsgegenstände und Möbel zu Preisen anbieten, die so niedrig sind, dass möglichst viele Menschen sie sich leisten können." Natürlich können solche Strategie-Statements nicht immer vollständig eingehalten werden. Manchmal verändern sich Umfeld und Umstände in unvorhersehbarer Weise. Bis auf weiteres jedoch, können sie sowohl für Manager in ihrer Entscheidungsfindung als auch für Mitarbeiter ein wichtiger Leitfaden sein, der die Richtung ihres Unternehmens vorgibt. Die Frage, ob ein klares Strategie-Statement formuliert werden kann, ist eine effektive Prüfung der Managementkompetenzen in einem Unternehmen.

Strategie-Statements sind für die verschiedensten Unternehmen und Organisationen von Bedeutung. Ein kleines Start-up-Unternehmen etwa kann mithilfe eines guten Statements Investoren und Geldgeber von seiner Tragfähigkeit überzeugen. Und Organisationen der öffentlichen Hand brauchen Strategie-Statements nicht nur zur eigenen Orientierung, sondern auch als Bestärkung für Kunden, Geldgeber und Prüfungsorgane. Und auch Freiwilligenorganisationen müssen mit einem guten Strategie-Statement Helfer und Spender gewinnen und motivieren.

1.2.4 Die Ebenen der Strategie

Bisher haben wir uns nur auf eine Organisation als Ganzes konzentriert, doch innerhalb einer Organisation können mindestens drei verschiedene strategische Ebenen unterschieden werden.

■ Die **Unternehmensgesamtstrategie**, befasst sich mit der Reichweite und Ausrichtung der Organisation als Ganzes und damit, wie der Unternehmenswert für die verschiedenen Teile (Geschäftseinheiten) der Organisation erhöht werden kann. Eine solche Strategie könnte sich mit geografischer Marktabdeckung, der Vielfalt der Produkt- oder Dienstleistungspalette oder den Geschäftseinheiten befassen und die Frage beantworten, wie vorhandene Ressourcen auf die verschiedenen Unternehmensbereiche verteilt werden sollen. Es ist besonders wichtig, eine klare Unternehmensgesamtstrategie zu haben: Die Entscheidung, welche Geschäftsfelder das Unternehmen abdecken will, ist die *Basis* für andere strategische Entscheidungen, wie etwa Übernahmen oder Allianzen.

■ Die *Geschäftsbereichsstrategie* definiert, wie sich die verschiedenen Geschäftsbereiche innerhalb einer Unternehmensstrategie in ihrem jeweiligen Markt dem Wettbewerb stellen sollen (aus diesem Grund wird die Strategie in den Geschäftsbereichen auch oft „Wettbewerbsstrategie" genannt). Hier können entweder unabhängige Einzelunternehmen, z.B. Start-ups, oder auch einzelne „Geschäftseinheiten" eines großen Konzerns gemeint sein. Auf dieser Ebene geht es meist um Themen wie Preisstrategien, Innovation oder Abgrenzung, etwa durch höhere

Unternehmensgesamtstrategie

Die Unternehmensgesamtstrategie befasst sich mit dem Produkt- und Leistungsprogramm und den Zielen einer Organisation sowie damit, wie der Unternehmenswert für die verschiedenen Teile (Geschäftseinheiten) der Organisation erhöht werden kann.

Qualität oder einen bestimmten Vertriebskanal. Im öffentlichen Sektor entspricht diese strategische Ebene den Entscheidungen, wie einzelne Einheiten (etwa Kliniken oder Schulen) ihre Dienstleistungen mit dem größten Mehrwert anbieten können. Besonders dort, wo es mehrere einzelne Geschäftseinheiten innerhalb eines großen Konzerns gibt, ist es entscheidend, dass die Geschäftsbereichsstrategie mit der Unternehmensstrategie übereinstimmt.

■ Die ***Funktionsbereichsstrategien*** befassen sich damit, wie die Funktionseinheiten einer Organisation ihre Ressourcen, Prozesse und Mitarbeiter einsetzen, um die Unternehmens- und Geschäftsstrategien effektiv umzusetzen. Tatsächlich hängt der Erfolg einer Geschäftsstrategie in den meisten Organisationen zum Großteil von Entscheidungen oder Aktivitäten ab, die auf operativer Ebene getroffen werden oder erfolgen. Operative Entscheidungen müssen also eng an die Geschäftsbereichsstrategie gekoppelt werden, denn sie sind entscheidend für eine erfolgreiche strategische Umsetzung.

Eine effektive Verknüpfung der drei oben beschriebenen strategischen Ebenen ist von entscheidender Bedeutung – es kommt bei der Strategie also auch und vor allem auf die *Integration* an. Jede Ebene muss mit den anderen Ebenen in Einklang gebracht werden. Die Forderung nach Integration der einzelnen Ebenen gibt eine wichtige Eigenschaft der Strategie vor: Sie ist in der Regel *komplex* und erfordert ein umsichtiges und einfühlsames Management. Kaum eine Strategie ist einfach und simpel.

1.3   Das Exploring Strategy Framework

Exploring Strategy Framework

Das Modell umfasst das Verständnis der strategischen Position einer Organisation, die Beurteilung ihrer strategischen Wahlmöglichkeiten für die Zukunft und das Management der Strategie in Aktion.

Dieses Buch ist rund um einen dreiteiligen Bezugsrahmen aufgebaut, der die integrativen Aspekte strategischer Themen in den Vordergrund stellt. Das **Exploring Strategy Framework** umfasst das Verständnis der strategischen Position einer Organisation, die Beurteilung ihrer strategischen Wahlmöglichkeiten für die Zukunft und das Management der Strategie in Aktion.

▶ *Abbildung 1.3* zeigt diese drei Elemente und definiert grob den Inhalt dieses Buches. Gemeinsam bieten die drei Elemente eine praktische Vorlage für die Analyse einer strategischen Situation. Im Folgenden werden strategische Themen und Probleme vorgestellt, die sich aus jedem der oben genannten Elemente des Exploring Strategy Frameworks ergeben können. Zunächst einmal muss man allerdings verstehen, warum dieser Bezugsrahmen auf diese besondere Weise dargestellt wird.

▶ *Abbildung 1.3* hätte die drei Elemente des Frameworks auch in linearer Abfolge zeigen können – zunächst die strategische Position, dann die strategischen Wahlmöglichkeiten und zuletzt die Umwandlung von Strategie in Aktion. Diese logische Abfolge ergibt sich auch aus der Definition des Begriffs Strategie von Alfred Chandler (▶ *Abbildung 1.1*). Wie jedoch Henry Mintzberg erkannt hat, folgen in der Praxis diese strategischen Elemente nicht immer einer linearen Reihenfolge. Oft müssen Entscheidungen getroffen werden, bevor die strategische Position vollends klar ist. Und manchmal kann man eine strategische Position erst dann voll und ganz erkennen und verstehen, wenn man eine Strategie in Aktion ausprobiert hat. Das tatsächliche Feedback, das man erhält, nachdem man ein neues Produkt auf den Markt gebracht hat, legt oft viel klarer und deutlicher die eigene strategische Position offen als alle theoretischen Analysen, die im Vorfeld von Planungsabteilungen durchgeführt wurden.

Die ineinandergreifenden Kreise in ▶ *Abbildung 1.3* sollen verdeutlichen, dass Strategie eben nicht linearer Natur ist. Position, Wahlmöglichkeiten und Aktion sollten als eng verbundene Elemente gesehen werden, von denen in der Praxis keines Priorität gegenüber einem anderen hat. Nur aus Gründen der strukturellen Vereinfachung wurde dieses Thema auch in diesem Buch in verschiedene Abschnitte aufgegliedert. Die im Buch gegebene Abfolge soll nicht nahelegen, dass der Prozess des strategischen Managements genau diese Abfolge einhalten muss. Die drei Kreise überschneiden sich und beeinflussen sich gegenseitig. Die in späteren Kapiteln dargelegten Beispiele, wie sich strategisches Management in der Praxis zeigt, lassen darauf schließen, dass es in der Praxis beim Thema Strategie meist keine klare Abfolge gibt.

Das Exploring Strategy Framework bietet jedoch eine umfassende und anschauliche Vorlage für die Analyse einer Position, die Auswahl der gegebenen Möglichkeiten sowie die Umsetzung der gewählten Strategie in die Tat. In jedem der folgenden Kapitel werden grundlegende strategische Fragen gestellt, aber auch Konzepte und Methoden vorgestellt, um Antworten darauf zu finden. Wer diese Fragen und Antworten systematisch bearbeitet, erwirbt ein fundiertes Grundwissen für schlüssige und überzeugende strategische Empfehlungen.

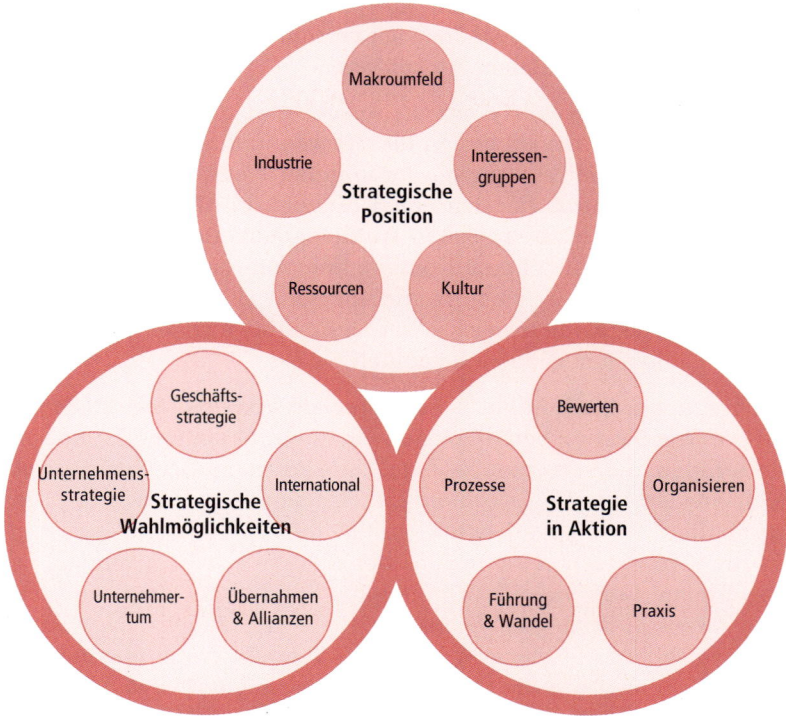

Abbildung 1.3: Das Exploring Strategy Framework

1.3.1 Die strategische Position

Strategische Position

Die strategische Position berücksichtigt, wie sich das Makroumfeld, das Branchenumfeld, die strategischen Fähigkeiten (Ressourcen und Kompetenzen) sowie die Erwartungen und Einflüsse der Interessengruppen einer Organisation auf ihre Strategie auswirken.

Die **strategische Position** berücksichtigt, wie sich das Makroumfeld, das Branchenumfeld, die strategischen Fähigkeiten (Ressourcen und Kompetenzen) sowie die Erwartungen und Einflüsse der Interessengruppen einer Organisation auf ihre Strategie auswirken. Die Fragen, die all dies aufwirft, sind wichtiger Bestandteil zukünftiger Strategien. Diese Themenbereiche werden in den ersten fünf Kapiteln von Teil I dieses Buchs behandelt.

- *Das Makroumfeld.* Die Organisation besteht innerhalb eines komplexen politischen, wirtschaftlichen, sozialen, technologischen, ökologischen und rechtlichen Umfelds. Dieses Makroumfeld verändert sich und ist für manche Organisationen komplexer als für andere. Zum Verständnis, wie dies die Organisation beeinflusst, muss man bestimmte historische und auf die Umwelt bezogene Auswirkungen ebenso wie erwartete oder potenzielle Veränderungen der Umfeldvariablen betrachten. Aus vielen dieser Variablen ergeben sich *Chancen*, andere bedeuten wiederum *Gefahren* für die Organisation – oder beides gleichzeitig. *Kapitel 2* erklärt, wie man mit der Komplexität eines sich verändernden Makroumfelds umgehen kann.

- *Das Branchenumfeld.* Auf Branchenebene sind es Konkurrenten, Zulieferer und Kunden, die eine Organisation immer wieder vor Herausforderungen stellen. Eine wichtige Frage lautet hier: Wie kann eine Organisation gut mit den Kräften ihrer Branche umgehen? Auch hier stellen sich verschiedenste **Chancen** und **Gefahren** dar. *Kapitel 3* gibt hierüber mehr Aufschluss.

- *Die strategischen Fähigkeiten einer Organisation*, also ihre *Ressourcen und Kompetenzen*. Dazu kann man am besten die *Stärken und Schwächen* einer Organisation betrachten (wo gibt es beispielsweise einen Wettbewerbsvorteil oder -nachteil?). Das Ziel besteht darin, sich einen Einblick in die internen Einflüsse und Beschränkungen auf die strategischen Wahlmöglichkeiten für die Zukunft zu verschaffen. Gewöhnlich bietet eine Kombination von Ressourcen und großer Kompetenz in bestimmten Bereichen (in diesem Buch als *Kernkompetenzen* bezeichnet) Vorteile, die der Konkurrenz schwer zu schaffen machen. In *Kapitel 4* werden strategische Fähigkeiten genauer behandelt.

- *Interessengruppen (Stakeholder).* Es gibt viele Akteure, die irgendwie an der Zukunft der Organisation beteiligt sind – nicht nur Eigentümer, sondern auch Mitarbeiter, Kunden, Zulieferer und andere. Die vierte wichtige Frage lautet also: Wie kann sich eine Organisation an einem gemeinsamen Ziel ausrichten? Die wichtigsten Stakeholder einer Organisation sollten ihre Ziele bestimmen. Daher ist es wichtig, die verschiedenen Interessen aller Akteure genau zu kennen. Hier kommt auch das Thema *Corporate Governance* ins Spiel, denn diese übersetzt Zielsetzung und Zweck in Strategie: Wem sollte die Organisation in der Hauptsache dienen und wie sollten die Manager dafür die Verantwortung übernehmen? Daraus ergeben sich Themen wie die *soziale Verantwortung* der Organisation sowie Fragen der *Ethik*. Das Kapitel erläutert, wie beide Varianten internationaler Führungssysteme sowie die *Machtkonfigurationen* innerhalb bestimmter Organisationen seine Zielsetzungen beeinflussen können. *Kapitel 5* befasst sich mit diesen Themen.

■ *Kultur.* Auch Organisationskulturen können die Strategie beeinflussen. Kulturelle Einflüsse können *organisationsintern*, *branchenspezifisch* oder *national* wirken. Historische Einflüsse können einen Lock-in-Effekt bei bestimmten strategischen Abläufen auslösen. Diese Einflüsse verursachen wiederum möglicherweise eine *strategische Drift*, sodass nötige Veränderungen nicht vorgenommen werden. Das Kapitel zeigt, wie Manager diese historischen und kulturellen Einflüsse auf die Strategie analysieren und angehen können. *Kapitel 6* zeigt, wie Manager die verschiedenen kulturellen Einflüsse analysieren, annehmen und manchmal zu ihrem Vorteil nutzen können.

1.3.2 Strategische Wahlmöglichkeiten

Strategische Wahlmöglichkeiten beschreiben verschiedene strategische Optionen bezüglich der Ausrichtung einer Strategie, aber auch bezüglich der Methoden, die bei der Umsetzung der Strategie zum Einsatz kommen. So könnte sich ein Unternehmen zum Beispiel zwischen verschiedenen Diversifikationsmöglichkeiten entscheiden müssen, beispielsweise durch den Eintritt in neue Märkte oder die Herstellung neuer Produkte. Zur Diversifizierung stehen verschiedene Methoden zur Verfügung. So könnte das Unternehmen selbst neue Produkte entwickeln oder eine Organisation übernehmen, die auf diesem Gebiet bereits aktiv ist. Typische Optionen und Methoden sind in *Teil II* dieses Buchs aufgeführt:

Strategische Wahlmöglichkeiten

Strategische Wahlmöglichkeiten beschreiben verschiedene strategische Optionen bezüglich der Ausrichtung einer Strategie, aber auch bezüglich der Methoden, die bei der Umsetzung der Strategie zum Einsatz kommen

■ *Geschäftsstrategie und Modelle.* Aus der Entscheidung, wie ein Unternehmen seinen Wettbewerb gestalten will, ergeben sich strategische Wahlmöglichkeiten auf dieser Ebene. Dabei geht es meist um Preisstrategien und Abgrenzungsstrategien sowie um Entscheidungen, wie mit Mitbewerbern konkurriert oder zusammengearbeitet werden soll. Diese Themen der Strategie auf Geschäftsbereichsebene sind in *Kapitel 7* abgedeckt.

■ *Gesamtunternehmerische Strategie und Diversifizierung.* Dies ist die höchste Ebene einer Organisation, auf der es in der Hauptsache um Reichweite oder Bandbreite einer Organisation geht. Dazu zählen Diversifizierungsfragen zur Produktpalette und der zu bedienenden Märkte. Die Gesamtunternehmensstrategie beschäftigt sich auch mit den Beziehungen zwischen den einzelnen Teilen einer Organisation und der Frage, wie die „Unternehmenszentrale" für diese Einzelteile Mehrwert schaffen kann. Diese Themen zur Rolle des Konzerns und seiner Schaffung von Mehrwert werden in *Kapitel 8* behandelt.

■ *Internationale Strategie.* Diese ist eine Form der Diversifizierung hin zu neuen geografischen Märkten. Sie ist oft mit mindestens ebenso vielen Herausforderungen verbunden wie andere Formen der Diversifizierung. *Kapitel 9* untersucht die Wahlmöglichkeiten von Unternehmen bezüglich der Priorität für bestimmte geografische Märkte sowie des Markteintritts durch Export, Lizenzierung, direkte Investition oder Akquisition.

■ *Entrepreneurship und Innovation.* Die meisten Organisationen müssen ständig *innovativ* sein, um ihr Überleben zu sichern. Auch das Entrepreneurship, die Schaffung einer neuen Organisation, ist ein innovativer Akt. *Kapitel 10* betrachtet Wahlmöglichkeiten in Bezug auf Innovation und Entrepreneurship und hilft bei der Wahl der richtigen Strategie.

- *Fusionen, Übernahmen und Kooperationen.* Organisationen müssen wählen, mit welchen *Methoden* sie ihre Strategien verfolgen. Viele Organisationen ziehen es vor, „organisch" zu wachsen, neue Geschäftsbereiche also mit eigenen Ressourcen aufzubauen. Andere Organisationen entwickeln sich durch Fusionen und Übernahmen und/oder strategische Kooperationen mit anderen Organisationen weiter. Diese Alternativen werden in *Kapitel 11* behandelt.

1.3.3   Strategie in Aktion

**Strategie-
implementierung**

Bei der Strategieimple-
mentierung geht es
darum, sicherzustellen,
dass Strategien auch tat-
sächlich in die Tat umge-
setzt werden.

Bei der **Strategieimplementierung** (Strategie in Aktion) geht es darum, sicherzustellen, dass ausgewählte Strategien auch tatsächlich in die Tat umgesetzt werden. Diese Themenbereiche werden in den fünf Kapiteln von *Teil III* wie folgt behandelt, wobei jeweils grundlegende Fragen beantwortet werden:

- *Strategische Leistung und deren Bewertung.* Manager müssen entscheiden, ob aktuelle und prognostizierte strategische Leistungen ausreichend sind und wie sie verbessert werden können. Sind die Optionen dazu angemessen, akzeptabel und machbar? In *Kapitel 12* werden eine Reihe von Techniken zur Bewertung der Unternehmensleistung und von strategischen Optionen vorgestellt.

- *Strategische Entwicklungsprozesse.* Die Strategien, die eine Organisation verfolgt, sind meist eine Mischung aus *beabsichtigten* und *emergenten* Strategien. Beabsichtigte Strategien sind das Ergebnis formeller strategischer Planung und Entscheidung, doch die tatsächlich verfolgte Strategie ergibt sich oft zum Teil auch aus anderen Faktoren wie etwa Initiativen von unten nach oben innerhalb der Organisation, schnelle Reaktionen auf unerwartete Chancen und Gefahren oder ist einfach purer Zufall. *Kapitel 13* untersucht sowohl beabsichtigte als auch emergente Faktoren einer strategischen Entwicklung.

- *Strukturierung.* Wenn eine Strategie fertig entworfen ist, muss die Organisation deren erfolgreiche Umsetzung in die Wege leiten. Dazu müssen jeweils spezifische Strukturen und Systeme konfiguriert werden. Hier lautet also die grundlegende Frage: Welche Strukturen und Systeme brauchen wir für unsere gewählte Strategie? *Kapitel 14* macht entsprechende Vorschläge und gibt Entscheidungshilfen.

- *Strategisches Management und Wandel.* Strategie ist in unserer dynamischen Welt unweigerlich von Veränderungen geprägt. Das Management von Veränderungen erfordert Führungsqualitäten, sowohl an der Spitze einer Organisation als auch auf niedrigeren Ebenen. Und da es unterschiedliche Führungsstile gibt, lautet hier die Frage: wie sollte eine Organisation mit anstehenden Wandlungsprozessen umgehen? *Kapitel 15* betrachtet die unterschiedlichen Themenbereiche zu diesem Punkt.

- *Praxis der Strategie. Kapitel 16* steigt in die tatsächlichen Prozesse strategischer Entwicklung und Veränderung ein und beleuchtet die einzelnen Aktivitäten im Detail – die *Menschen*, die an der Strategie beteiligt sind, die *Handlungen*, die sie ausführen müssen, sowie bestimmte *Methodiken*, derer sie sich bedienen. Diese praktischen Betrachtungen stellen einen guten Abschluss für dieses Buch dar und bieten ein gutes Rüstzeug für alle, die sich selbst einmal praktisch mit Strategie befassen werden.

Das Modell dieses Buchs, das *Exploring Strategy Framework*, bietet einen umfassenden Bezugsrahmen zur Analyse der Position der Organisation, der verschiedenen strategischen Wahlmöglichkeiten sowie deren Auswahl und Implementierung. In diesem Sinne umfassen die Kapitel eine Checkliste der fundamentalen Fragen einer Strategie (siehe ▶ *Tabelle 1.1*).

Auch zur Beantwortung von Fragen des eigenen, persönlichen Lebens kann das *Exploring Strategy Framework* angewendet werden. Wir alle müssen Entscheidungen treffen, die sich sehr langfristig auf unser Leben auswirken können. Ein Arbeitsuchender, der seine Karriere vorantreiben möchte, muss beispielsweise den Arbeitsmarkt genau analysieren und verstehen, muss seine Stärken und Schwächen abwägen, mehrere Möglichkeiten für neue Arbeitsstellen erarbeiten und dann entscheiden, welche Ziele er in seinem Berufsleben wirklich verwirklichen möchte. Daraufhin müssen die Optionen eingegrenzt und Bewerbungen geschrieben werden. Schließlich erfolgt das Angebot für eine neue Stelle. Tritt der Bewerber seine neue Stelle an, passt er seine Kenntnisse und sein Verhalten seiner neuen Rolle als Arbeitnehmer an. Wie in dem nicht-linearen, sich häufig überschneidenden Bezugsrahmen des *Exploring Strategy Frameworks* dargestellt, verändern sich durch die praktischen Arbeitserfahrungen die eigenen Ziele und strategischen Pläne nicht selten. Setzt man eine Karrierestrategie in die Tat um, führt das oft zu einem besseren Verständnis der eigenen Stärken und Schwächen und dadurch auch zu einer Verschiebung der Karriereziele.

Sechzehn grundlegende Fragen der Strategie		
Strategische Position	**Strategische Entscheidungen**	**Strategie in Aktion**
Welche Chancen und Bedrohungen bietet das Makroumfeld?	Wie sollten Geschäftsbereiche konkurrieren?	Sind die Strategien geeignet, akzeptabel und machbar?
Wie kann die Organisation am besten mit Kräften ihrer Branche umgehen?	Welche Geschäftsfelder sollen in das Portfolio aufgenommen werden?	Welche Art von Strategiefindungsprozess ist notwendig?
Wie stehen die Stakeholder der Organisation zu ihren Zielen?	Wo sollte die Organisation international in den Wettbewerb eintreten?	Welche organisationalen Strukturen und Systeme sind notwendig?
Welche Ressourcen und Fähigkeiten stützen die Strategie?	Hat die Organisation ein ausreichendes Maß an Innovationen?	Wie sollten die Unternehmen mit den notwendigen Veränderungen umgehen?
Wie passt die Kultur zur Strategie?	Sollte die Organisation andere Unternehmen aufkaufen, Allianzen bilden oder allein operieren?	Wer sollte im Strategieprozess was tun?

Tabelle 1.1: Die strategische Checkliste

1.4 Strategie als Arbeitsaufgabe

Aus diesem Buch ging bisher ganz eindeutig hervor, dass sich Manager aller Ebenen mehr oder weniger intensiv mit dem Thema Strategie befassen müssen. Natürlich ist es vor allem für das Topmanagement wichtig, doch die Festlegung und Umsetzung von Strategie ist nicht ihnen alleine vorbehalten. Manager der mittleren und unteren Führungsebenen müssen die durch die Unternehmensstrategie festgelegten Ziele umsetzen und erreichen sowie mit den dadurch entstehenden Einschränkungen umgehen. Sie müssen die Strategie auch ihren Mitarbeitern kommunizieren – und je besser diese Kommunikation funktioniert, umso besser werden auch die Leistungen des Teams ausfallen. Im Zuge der immer ausgeprägteren Dezentralisierung von Verantwortung innerhalb von Unternehmen wächst zudem die Bedeutung der mittleren und unteren Führungsebenen beim Thema Strategie. Gerade die Manager der unteren Führungsebene können wichtige Ideen und Feedback für die oberen Führungsetagen liefern, denn niemand ist näher am täglichen Arbeitsgeschehen als sie. Wer also eine Beförderung erreichen will, muss bereit und vor allem auch in der Lage sein, sich an der „strategischen Konversation" innerhalb seines Unternehmens zu beteiligen, also sich mit dem Topmanagement über die großen strategischen Probleme der Organisation auszutauschen.[9]

Strategie ist demnach für viele Manager Teil ihrer Arbeit. Es gibt aber auch auf dem privaten und öffentlichen Sektor Strategiespezialisten. Viele große Organisationen haben interne Planstellen für Strategieplaner und Analysten.[10] Der Bereich der strategischen Planung stellt für viele Leser dieses Buchs sicher einen möglichen Karriereweg dar und erfordert eine formale Ausbildung im Bereich Wirtschaft und/oder Management. Hilfreich ist dabei allerdings konkrete praktische Erfahrung im betrieblichen Bereich. Die Strategieberatung erfreute sich in den letzten Jahrzehnten stetig wachsender Beliebtheit. Die traditionellen Marktführer in diesem Metier, wie McKinsey & Co., die Boston Consulting Group und Bain, haben inzwischen von den allgemein ausgerichteten Beratungsunternehmen, wie Accenture, IBM Consulting und PwC, die nun auch Strategieberatung anbieten, Konkurrenz bekommen.[11] Auch hier sind Absolventen von wirtschaftlich geprägten Studiengängen gefragte Kandidaten für eine Laufbahn als Strategieberater, wie etwa Claudia aus unserem Beispiel vom Kapitelanfang.[12]

Die Interviews in *Beispiel 1.3* geben Einblicke in die verschiedenen Bereiche der Strategiearbeit von Managern und Spezialisten. Galina, Managerin einer internationalen Tochtergesellschaft, Chantal, eine Strategieberaterin, und Paul, der die Strategieabteilung einer Non-Profit-Organisation leitet, – sie alle haben unterschiedliche Erfahrungen im Bereich Strategie, doch es gibt auch Gemeinsamkeiten. Sie alle empfinden ihre Arbeit als anregend und lohnend. Die beiden Spezialisten, Chantal und Paul, verwenden anders als Galina mehr analytische Hilfsmittel wie etwa die Szenarienanalyse, die Sensitivitätsanalyse und Hypothesentests. Galina, die in ihren ersten Arbeitsjahren in Großbritannien einen strategischen Plan umsetzen musste, hatte sich sogleich den

---

9   F. Westley, „Middle Managers and Strategy: Microdynamics of Inclusion", *Strategic Management Journal*, Band 11, Nr. 5 (1990), S. 337–351.

10 Für Einblicke in die Aufgaben interner Strategen siehe D. Angwin, P. Paroutis und S. Mitson, „Connecting up Strategy: are strategy directors a missing link?", *California Management Review*, Band 51, Nr. 3 (2009).

11 Die großen Unternehmensberatungen verfügen über umfangreiche Informationen zum Thema Strategie und Karrierechancen; siehe *www.mckinsey.com*, *www.bcg.com*, *www.bain.com*.

12 Berufsberater der Universitäten können diesbezüglich über Karrierechancen informieren, siehe auch *www.vault.com*.

praktischen Herausforderungen der strategischen Planung zu stellen. Sie betont, wie wichtig es ist, flexibel zu sein und Managern einen „Gesamteindruck" der geplanten Strategie zu vermitteln, indem man sie direkt mit einbezieht. Doch auch für Chantal und Paul geht es um weitaus mehr als um die reine Analyse. Für Chantal ist es besonders wichtig, mit ihren Kunden an einem Strang zu ziehen, denn nur Einigkeit sorgt für eine gute Umsetzung einer neuen Strategie. Für Paul ist diese Umsetzung ebenfalls nicht selbstverständlich – er arbeitet auch nach Abgabe seiner Empfehlungen weiterhin eng mit den betreffenden Stakeholdern zusammen und muss sich beständig um ihre Unterstützung bemühen. Er sieht eine enge Verbindung zwischen einer Strategie und deren Umsetzung, denn diejenigen Mitarbeiter, die für die Umsetzung verantwortlich sind, müssen die Strategie gut verstehen, damit sie auch Wirkung zeigt. Umgekehrt müssen auch die Strategen die Herausforderungen der Umsetzung verstehen. Für Masoud ist das Thema Strategie ein wertvoller Karriereschritt, der seine möglichen nächsten Schritte in eine operative Rolle optimal vorbereitet.

Beim Thema Strategie geht es also nicht nur um abstrakte Organisationen – es bedeutet reale Arbeit für reale Mitarbeiter. Ein wichtiges Ziel dieses Buchs besteht darin, den Leser optimal auf diese Arbeit vorzubereiten.

Beispiel 1.3 **Strategien**

Strategien sind für Galina, Chantal und Paul ein wichtiger Bestandteil ihrer Arbeit.

Galina

Galina begann ihre Karriere im Bereich Marketing und wurde dann im Alter von 33 Jahren zur Geschäftsführerin der britischen Tochtergesellschaft eines russischen IT-Unternehmens. Sie entwickelt zum einen die Strategien für ihr Geschäft vor Ort, steht aber auch in regelmäßigem Kontakt zum Mutterkonzern in Moskau:

> *„Moskau interessiert sich für das Gesamtbild und nicht nur für Details. Das Interesse gilt der Zukunft des Unternehmens."*

Die ursprünglichen strategischen Pläne für das Tochterunternehmen mussten stark verändert werden:

> *„Als wir hier ankamen, hatten wir einige Ideen zum Thema Strategie im Kopf, mussten aber bald feststellen, dass die Realität ganz anders aussah. Unsere Strategie war zwar nicht völlig falsch, doch in der zweiten Phase mussten wir sie stark verändern: Wir mussten technische Voraussetzungen ändern und uns dem Markt anpassen. Nun befinden wir uns in der dritten Phase, haben die Grundlagen geschaffen und müssen uns auf Trends konzentrieren, um weiterzukommen und zur richtigen Zeit am richtigen Ort zu sein."*

Galina arbeitet eng zusammen mit ihrem Managementteam an ihrer Strategie und organisiert einmal jährlich einen Strategietag (siehe *Kapitel 16*):

> *„Wenn man die Menschen zusammenbringt, fällt es ihnen leichter, das Gesamtbild zu sehen und nicht nur die Teilbereiche, für die sie verantwortlich sind. Es ist sehr sinnvoll, all die verschiedenen Realitäten zusammenzubringen."*

Galina ist begeistert von ihrer strategischen Arbeit:

> *„Ich mag strategische Arbeit sehr. Das Aufregendste daran ist, sich vorzustellen, wo wir angefangen haben und wohin wir uns vielleicht noch entwickeln werden. Wir haben vor fünf Jahren in einem Pub begonnen und irgendwie haben wir es geschafft, unsere Hoffnungen in die Tat umzusetzen. Strategie ist ein Werkzeug zum Erfolg. Sie sagt dir, wie erfolgreich du warst und bist."*

Ihr Rat lautet:

> *„Man braucht immer eine Strategie – einen roten Faden im Kopf. Es ist aber auch wichtig, Feedback von den Märkten und den Kollegen anzunehmen. Man muss auch bereit sein, seine Strategie anzupassen: Die Anpassungen sind das Allerwichtigste."*

Chantal

Chantal ist Anfang 30 und arbeitet seit dem Abschluss ihres BWL-Studiums für eine der drei führenden internationalen Unternehmensberatungen in Paris. Ursprünglich wollte sie in den Beraterberuf, weil sie gerne Organisationen dabei helfen wollte, sich weiterzuentwickeln. Diese spezielle Beratungsfirma hat sie sich ausgesucht, weil …

> *„… ich bei den Vorstellungsgesprächen viel Spaß hatte und mich die Menschen inspirierten. Ich konnte mir gut vorstellen, mit diesen Themen und in diesem Team zu arbeiten."*

Ihr gefällt ihre Tätigkeit als strategische Beraterin:

> *„Ich löse gerne Probleme. Es ist ein bisschen wie die Arbeit an einem Kriminalfall: Man hat ein Problem und muss eine Lösung für das Unternehmen finden, damit es wachsen und sich verbessern kann."*

Die Arbeit ist intellektuell anspruchsvoll:

> *„Die Zeithorizonte sind kurz. Man muss seinen Fall in zwei bis drei Monaten gelöst haben und steht sehr unter Druck. Doch der beflügelt dich und hilft dir, auch selbst etwas Neues zu lernen. Ein Team besteht nur aus drei bis vier Mitarbeitern, also kommt es wirklich auf deinen Beitrag an, selbst wenn du noch Anfänger bist. Man arbeitet sehr eigenständig und leistet von Beginn an seinen Beitrag auf ziemlich hohem Niveau."*

In ihrer Arbeit geht es oft um finanzielle Modelle und Marktmodelle (siehe *Kapitel 3* und *12*), um Gespräche mit dem Kunden und um die enge Zusammenarbeit mit den Verantwortlichen im Kundenunternehmen selbst. Chantal erklärt:

> *„Als Berater verwendet man viel Zeit darauf, solide, auf Fakten basierende Argumente zu entwickeln, die dem Kunden helfen sollen, seine Geschäftsentscheidungen zu treffen. Man muss aber nicht nur Fakten sammeln, sondern auch mit den Menschen in Kontakt kommen. Sie müssen zustimmen. Man muss also eine Einigkeit schaffen, damit die erarbeiteten Empfehlungen auch unterstützt und durchgeführt werden."*

Chantal fasst den Reiz strategischer Beratung zusammen:

> *„Ich mag es, schnell zu arbeiten und viel Neues zu lernen. So hat man die Chance, seine Fähigkeiten zu verbessern. Ein Jahr Arbeit in der Unternehmensberatung ist wie zwei Jahre Arbeit in einem normalen Betrieb."*

Paul

Paul ist Anfang 40; der Brite arbeitet als Leiter der Strategie- und Planungsabteilung eines großen Krankenhauses in Saudi-Arabien. Er trägt die Verantwortung für Investitionen in Millionenhöhe.

> *„Bei uns ist eine rationale, lineare Analyse sehr wichtig. Wir erhalten eine Flut von Daten von vielen großen Beratungsfirmen und einflussreichen amerikanischen akademischen Beratern. Diese müssen wir sammeln und daraus relevante Vorhersagen und Trends ableiten. Ein wichtiger Teil unserer Arbeit ist auch die Erstellung entsprechender Dokumente für unsere Stakeholder. Dazu nutzen wir eine ganze Reihe strategischer Methoden, wie etwa statistische Analysen, Szenario-Analysen (siehe Kapitel 2), Sensitivitätsanalysen (siehe Kapitel 12), Hypothesenprüfung (siehe Kapitel 16), und führen auch viele interne Umfragen durch, um den Umsetzungsprozess zu überwachen."*

Paul ist immer wieder überrascht, wie viel Zeit und Mühe es erfordert, wichtige interne und externe Stakeholder seiner Organisation persönlich zu kontaktieren:

> *„Ich muss mich mit jedem Projektmanager und Direktor in Verbindung setzen. Viel wichtiger sind noch die politisch einflussreichen und wohlhabenden externen Stakeholder, die ständig umworben werden müssen."*

> *Paul gefällt an seiner Arbeit, dass er etwas verändern kann, indem er „die Wahrnehmung der Menschen verändert und einflussreiche Menschen dazu bringt, richtige und fundierte Entscheidungen zu treffen – anstatt sich hinter endlosen, nichtssagenden Komitees zu verstecken"* (siehe Kapitel 16).

Quelle: Interviews (anonymisiert)

1.5   Strategie als akademisches Forschungsfeld

Dieses Buch behandelt das Thema Strategie auf sehr umfassende Art und Weise und nimmt es sehr ernst. Um das ganze Ausmaß aller strategischen Themen zu verstehen, muss man offen sein für die Perspektiven und Einsichten vieler akademischer Disziplinen, wobei insbesondere Wirtschaftswissenschaften, Soziologie und Psychologie erwähnt werden sollten. Das Thema Strategie ernst zu nehmen, bedeutet auch, sich wo immer möglich der Forschungsergebnisse dieser Disziplinen zu bedienen. Dieses Buch möchte sich dem Thema Strategie auf beweisführender Basis annähern – daher auch die Verweise auf relevante Artikel und Bücher in den Fußnoten.[13]

Das Buch befasst sich zu gleichen Teilen mit den drei Bereichen von Strategie als akademischer Disziplin: *Strategiekontext*, *Strategieinhalt* und *Strategieprozess*. Jeder dieser Bereiche spielt eine wichtige Rolle und wird von Forschungsgrundlagen untermauert, deren charakteristische analytische Ansätze auch auf Strategien in der Praxis angewendet werden können. Was das *Expoloring-Strategy-Framework*-Modell (siehe ▶ *Abbildung 1.2*) betrifft, so bezieht sich der Kontext auf die Positionierung, der Inhalt auf die Wahlmöglichkeiten und der Prozess auf die Implementierung. ▶ *Abbildung 1.4* zeigt die drei Bereiche der Strategie sowie die drei dazugehörigen Forschungsgrundlagen. Diese sind in ungefährer historischer Reihenfolge aufgeführt. Die Pfeile sollen verdeutlichen, dass deren Entwicklung noch nicht beendet ist. Im Detail können die drei Bereiche und die charakteristischen analytischen Ansätze ihrer Forschungsgrundlagen wie folgt beschrieben werden:

Abbildung 1.4: Die drei Zweige der Strategie

■ *Strategiekontext* bezieht sich sowohl auf den internen wie auch auf den externen Kontext einer Organisation. Alle Organisationen müssen die Chancen und Gefahren ihres externen Umfelds berücksichtigen. Die *Branchenanalyse* kam als Forschungsgrundlage erstmals Anfang der 1980er-Jahre auf, als Michael Porter darlegte, wie die Instrumente aus dem Bereich der Wirtschaftswissenschaften auf die Bewertung der Attraktivität einzelner Branchen angewandt werden können.[14]

13 Für Einblicke in den gegenwärtigen Stand der Strategie als akademische Disziplin siehe H. Volberda, „Crisis in strategy: fragmentation, integration or synthesis", *European Management Review*, Band 1, Nr. 1 (2004), S. 35–42, und J. Mahoney und A. McGahan, „The field of strategic management within the evolving science of strategic organization", *Strategic Organization*, Band 5, Nr. 1 (2007), S. 79–99.
14 Siehe M. E. Porter, „The Five Competitive Forces that shape strategy", *Harvard Business Review*, Januar 2008, S. 57–91.

Ebenso nutzen *Kulturanalysten* seit den 1980er-Jahren soziologische Einblicke in menschliches Verhalten, um darauf hinzuweisen, wie wichtig ein gemeinsames kulturelles Verständnis geeigneter Handlungsweisen ist. Im internen Kontext zeigen Kulturanalysten auf, dass Strategien häufig von den organisationseigenen Kulturen beeinflusst werden. Im externen Kontext wird dargelegt, dass Strategien auf die Gegebenheiten der Branche oder auch auf nationale Kulturen abgestimmt werden müssen. Wissenschaftler, die sich mit der *ressourcenbasierten Sichtweise* befassen, konzentrieren sich auf den internen Kontext und suchen nach den einzigartigen Eigenschaften jeder Organisation.[15] Gemäß der ressourcenbasierten Sicht sollen die wirtschaftliche Analyse der Marktprobleme, die psychologische Analyse emotionaler Voreingenommenheiten und die soziologische Analyse von Organisationskulturen gemeinsam die individuellen Eigenschaften aufzeigen, die für eine Organisation einen Wettbewerbsvorteil oder -nachteil bedeuten.

■ *Strategieinhalt* bezieht sich auf den Inhalt (oder die Art und Weise) verschiedener Strategien und ihre Erfolgschancen. Hier geht es also vor allem um den Nutzen verschiedener strategischer Optionen. Wissenschaftler, die sich mit *Strategie und Erfolg* befassen, nutzen ursprünglich die wirtschaftliche Analyse, um den Erfolg unterschiedlicher Diversifikationsstrategien zu erklären. Dieses Forschungsgebiet ist auch heute noch der zentrale Punkt der Disziplin Strategie und befasst sich mit immer mehr Themen. So untersuchen Wissenschaftler dieses Fachgebiets heute verschiedene neue Innovationsstrategien, unterschiedliche Formen der Internationalisierung sowie all die komplexen Formen von Kooperationen und Netzwerkstrategien, die von modernen Organisationen eingesetzt werden. Diese Wissenschaftler unterziehen alle strategischen Optionen meist einer sehr genauen Prüfung. Ihr Ziel ist herauszufinden, welche Strategien unter welchen Bedingungen den größten Nutzen bringen. Dabei verweigern sie sich verallgemeinernden Aussagen darüber, was eine gute Strategie ausmacht.

■ Der *Strategieprozess* betrachtet – allgemein ausgedrückt –, wie Strategien formuliert und umgesetzt werden. Hier bietet die Forschung eine Reihe von Einblicken, die Managern bei den praktischen Prozessen des strategischen Managements helfen können.[16] Seit den 1960er-Jahren bedienen sich Wissenschaftler aus dem Bereich der *Strategieplanung* der Disziplinen Volkswirtschaftslehre und Management, um rationale und analytische Systeme zur Planung und Implementierung von Strategien zu entwerfen. Doch beim Thema Strategie geht es auch um Menschen: Seit den 1980er-Jahren weisen Wissenschaftler aus der Tradition von *Wahlmöglichkeiten und Wandel* darauf hin, wie die Psychologie der menschlichen Wahrnehmung und der Gefühle sowie die Soziologie politischer Gruppen und Interessen rationale Analysen unterwandern und beeinflussen.[17] Daher geben diese Wissenschaftler den Rat, die irrationale, ungeordnete Realität der Organisationen einfach zu akzeptieren und damit zu arbeiten, ohne zu versuchen, ihnen eine Rationalität aufzuzwingen. Wissenschaftler aus dem Bereich *Strategie als*

---

15 Die klassische Aussage der ressourcenbasierten Ansicht liefert J. Barney „firm resources and sustained competitive advantage", Journal of Management, Band 17, Nr. 1 (1991), S. 91–120.

16 Zwei neuere Sammlungen zu diesem Thema sind G. Szulanski, J. Porac und Y. Doz, „Strategy Process: Advances in Strategic Management", JAI Press, 2005 und S. Floyd, J. Roos, C. Jacobs und F. Kellermans, „Innovating Strategy Process", Blackwell, 2005.

17 Sonderausgabe *Strategic Management Journal*, Herausgeber T. Powell, D. Lovallo und S. Fox: „Behavioral strategy", Band 31, Nr. 13 (2011)

Praxis schließlich wenden seit kurzem mikrosoziologische Ansätze an, um die menschlichen Realitäten formaler und informaler strategischer Prozesse genau zu untersuchen.[18] Hier konzentriert man sich darauf, wie Menschen strategisch arbeiten, sowie auf die Bedeutung der richtigen Hilfsmittel und Kenntnisse.

Aus den oben beschriebenen Punkten sollte klar hervorgehen, dass das Studium der Strategie Perspektiven und Einsichten einer ganzen Reihe verschiedener akademischer Disziplinen mit einbezieht. Alle Themen müssen von verschiedenen Standpunkten aus betrachtet werden. Eine Strategie, die nur aus wirtschaftlichen Beweggründen ausgewählt wurde, kann von psychologischen und soziologischen Faktoren leicht zu Fall gebracht werden. Wird eine Strategie dagegen nur auf der Basis von Psychologie und emotionalem Enthusiasmus gewählt oder aus soziologischen Gründen kultureller Akzeptanz ausgesucht, so ist diese zum Scheitern verurteilt, wenn sie nicht auch wirtschaftlich tragfähig ist. Die weiter unten vorgestellten vier strategischen Perspektiven weisen ebenso darauf hin, dass eine Perspektive nur selten ausreicht, um eine gute Strategie zu wählen. Dazu muss man eine komplette Analyse aller wirtschaftlichen, psychologischen und soziologischen Aspekte durchführen.

1.6 Weitere Ansätze zur Strategieerkundung

Bisher haben wir betont, dass die strategischen Fragen normalerweise komplex sind und am besten von einer Reihe von Standpunkten aus betrachtet werden sollten. Allerdings gibt es keine einfache, universell gültige Regel für gute Strategien. In diesem Unterkapitel werden zwei Möglichkeiten für eine andere Erkundung der Strategie eingeführt: Dabei hängt eine vom Kontext und die andere von der Perspektive ab.

1.6.1 Erkundung von Strategie in verschiedenen Kontexten

Obwohl die grundlegenden Elemente des *Exploring-Strategy-Framework*-Modells unter den meisten Umständen relevant sind, unterscheidet sich deren Zusammenspiel je nach dem organisationalen Kontext. Sowohl Samsung als auch die Universität Southampton teilen einige grundlegende Aspekte im Hinblick darauf, wie sie im Wettbewerb bestehen wollen und welche Tätigkeiten sie in ihrem Portfolio haben sollten. Allerdings unterscheiden sich bei einem koreanischen Elektronikunternehmen und einer britischen Universität die Rolle des Staats, die Wahlfreiheit und die Fähigkeit zur Veränderung umfassend. Daher ist es bei der Anwendung des Modells hilfreich zu betrachten, welche Arten von Themen in dem betrachteten spezifischen Kontext wahrscheinlich besonders wichtig sind. Um diesen allgemeinen Punkt zu illustrieren, verdeutlicht dieser Abschnitt, wie Fragen, die sich aus dem Modell zur Strategieuntersuchung ergeben, sich in drei verschiedenen organisationalen Kontexten unterscheiden können:

■ *Kleinunternehmen.* Im Hinblick auf ihre Positionierung müssen Kleinunternehmen besonders auf ihre Umgebung achten, da sie gegenüber Veränderungen sehr anfällig sind. Bei Klein- und Familienunternehmen ist allerdings die wichtigste

---

18 Für neue Beispiele siehe die von P. Jarzabkowski, J. Balogun und D. Seidl herausgegebene Sonderausgabe „Strategizing: the challenge of a practice perspective", *Human Relations*, Band 60, Nr. 1 (2007) sowie R. Whittington und L. Cailluet, „The crafts of strategy", *Long Range Planning*, Band 41, Nr. 3 (2008).

Positionierungsfrage häufig die des strategischen Ziels: Dabei geht es nicht zwangsläufig nur um Gewinn, sondern es kann auch um Ziele wie Unabhängigkeit, Kontrolle durch die Familie, die Übergabe an die nächste Generation und eventuell sogar einen angenehmen Lebensstil gehen. Die Bandbreite strategischer Entscheidungen ist allerdings wahrscheinlich enger: So führt ein kleines Unternehmen nur selten eine Übernahme durch, wenngleich Kleinunternehmen durchaus entscheiden müssen, ob sie der Übernahme durch ein anderes Unternehmen zustimmen. Auch einige Aspekte der Umsetzung der Strategie unterscheiden sich. So beinhalten beispielsweise strategische Veränderungsprozesse nicht die gleichen Herausforderungen wie bei großen, komplexen Organisationen.

■ *Multinationale Unternehmen.* In diesem Kontext ist die Positionierung auf einem komplexen, globalen Markt besonders wichtig. Dabei kann jeder wichtige geografische Markt unter Umständen eine separate Analyse der wirtschaftlichen Rahmenbedingungen erfordern. Desgleichen entstehen durch die Tätigkeit in vielen verschiedenen Ländern kulturelle Positionierungsfragen: Unterschiede der nationalen Kultur implizieren auch verschiedene Anforderungen auf dem Markt sowie intern unterschiedliche Führungsstile. Strategische Entscheidungen werden wahrscheinlich durch internationale Strategiefragen im Hinblick darauf dominiert, welche geografischen Märkte bedient werden sollen. Der Umfang und die geografische Reichweite der meisten multinationalen Unternehmen legen wichtige Fragen im Hinblick auf die Umsetzung der Strategie, insbesondere solche zur organisationalen Struktur und zum strategischen Wandel, nahe.

■ *Öffentlicher Sektor und gemeinnützige Unternehmen.* In diesen Kontexten sind ebenfalls Positionierungsfragen für einen Wettbewerbsvorteil wichtig, allerdings haben sie noch einen anderen Aspekt: Wohltätige, gemeinnützige Organisationen konkurrieren normalerweise um Spendengelder, während Organisationen des öffentlichen Sektors, wie Schulen und Krankenhäuser, oft in Bereichen wie Qualität oder Leistungen konkurrieren. Der Positionierungsaspekt des Zwecks ist wahrscheinlich auch sehr wichtig. In Ermangelung eines klaren, fokussierten Ziels, wie dem Gewinn, kann der Zweck im öffentlichen Sektor und bei gemeinnützigen Organisationen unklar und strittig sein. Aspekte der strategischen Wahl sind unter Umständen enger als im privaten Sektor: So können beispielsweise Beschränkungen für die Diversifizierung bestehen. Aspekte der Umsetzung der Strategie müssen besonders beachtet werden, wobei Führung und Wandel normalerweise in großen Organisationen des öffentlichen Sektors eine besondere Herausforderung darstellen.

Kurz gesagt verändert sich der Fokus der Strategieanalyse wahrscheinlich in unterschiedlichen Kontexten, auch wenn sie auf den gleichen Grundprinzipien beruht. Wie im nächsten Abschnitt dargestellt wird, ist es daher oft hilfreich, Strategieprobleme aus verschiedenen Perspektiven zu betrachten.

1.6.2 Erkundung von Strategie aus verschiedenen Strategieperspektiven

Erkunden heißt, nach neuen und andersartigen Dingen zu suchen. Die Untersuchung der Strategie umfasst die Suche nach neuen Aspekten zu strategischen Problemen. Eine umfassende Bewertung der Strategie einer Organisation benötigt mehr als eine Perspektive. Wir führen die „Strategieperspektiven" als eindeutige, theoretisch informierte Möglichkeiten des Nachdenkens über die Strategie ein. *Die* **strategischen Perspektiven** *sind Möglichkeiten, strategische Aspekte anders zu betrachten, um zusätzliche Einblicke zu gewinnen.* Aus verschiedenen Blickwinkeln heraus ergeben sich neue Aspekte und neue Lösungen. Obwohl sich diese Perspektiven also aus akademischer Forschungsarbeit zum Thema Strategie ableiten, sollen sie gleichzeitig einen ganz praktischen Nutzen für die tägliche Arbeit mit Strategie haben. Die vier Perspektiven werden am Ende von *Teil I* umfassend beschrieben, nachdem der Leser die Möglichkeiten hatte, einige wesentliche strategische Konzepte zur Analyse der strategischen Position zu analysieren. Überdies kehren wir auch am Ende der *Teile II* und *III* in kurzen Anmerkungen noch einmal dazu zurück. Daher bildet dieser Abschnitt wie folgt eine kurze Einführung in die Perspektiven:

■ *Strategie als Gestaltung (Gestaltungsperspektive).* Dieser Ansatz geht davon aus, dass eine strategische Entwicklung ein logischer Prozess sein kann, in welchem die auf ein Unternehmen wirkenden Kräfte und Beschränkungen sorgfältig durch analytische und bewertende Techniken abgewogen werden, um dann eine klare strategische Richtung zu definieren. Daraus ergeben sich Bedingungen, die für eine sorgfältig geplante Strategieumsetzung sorgen. Die Gestaltungsperspektive gesteht meist dem Topmanagement die Führungsrolle bei der Strategie zu, wobei die mittleren und unteren Führungsebenen lediglich bei der Umsetzung Hilfestellung geben. Diese Sichtweise bezüglich der Entwicklung einer Strategie und deren Management ist wohl allgemein am weitesten verbreitet. Sie entspricht den klassischen Lehrmethoden.

■ *Strategie als Erfahrung (Erfahrungsperspektive).* Hier wird davon ausgegangen, dass zukünftige Strategien von Organisationen stark durch die Erfahrung ihrer Manager und Mitarbeiter geprägt werden. Strategien ergeben sich somit nicht primär aus einer klaren Analyse, sondern vielmehr aus Annahmen, die vorausgesetzt werden, und aus Handlungsweisen, die in der Unternehmenskultur von Organisationen verankert sind. Sofern es verschiedene Ansichten und Erwartungen innerhalb einer Organisation gibt, werden diese auch nicht nur durch rationale Prozesse verarbeitet, sondern durch individuelle Verhandlungsprozesse. Diese Sichtweise geht also davon aus, dass sich Strategien häufig in die gleiche Richtung weiterentwickeln, aus der sie ursprünglich stammten.

■ *Strategie als Varietät (Varietätsperspektive).*[19] Keine der bisher erwähnten Perspektiven ist besonders hilfreich für die Erklärung von Innovation. Gestaltungsansätze sind oft zu starr und funktionieren nur von oben nach unten, Erfahrungen sind zu sehr in der Vergangenheit verhaftet. Wie entstehen aber nun neue Ideen? Die Varietätsperspektive unterstreicht, wie wichtig es ist, in der Organisation und rund um sie herum Verschiedenheit zu fördern, denn aus ihr können sich völlig

Strategische Perspektiven

Die strategischen Perspektiven bieten vier verschiedene Sichtweisen auf Themen der Strategieentwicklung in Organisationen.

---

19   In früheren Ausgaben wurde diese Perspektive als „Ideenperspektive" bezeichnet.

neue Ideen entwickeln. Hier wird Strategie als etwas angesehen, das weniger von den oberen Unternehmensebenen geplant wurde, sondern vielmehr in der Organisation und rund um sie herum entstanden ist. Denn die Menschen reagieren auf ein unsicheres und sich veränderndes Umfeld mit einer ganzen Reihe von Initiativen. Neue Ideen können zwar schnell entstehen, doch müssen sie sich gegen andere Ideen und auch gegen das Streben nach Einhaltung bestehender Strategien durchsetzen.

■ *Strategie als Diskurs (Diskursperspektive)*. Diese Perspektive sieht die Sprache als Hauptbestandteil der Strategie. Manager verbringen einen Großteil ihrer Zeit mit Kommunikation. Daher ist auch die Beherrschung der Sprache der Strategie eine wichtige Ressource für Manager, die es ihnen ermöglicht, „objektive" strategische Analysen ihrer persönlichen Sichtweise anzupassen und Einfluss, Macht und Legitimierung zu erlangen. Wenn Manager eine Strategie durch die Diskursperspektive betrachten, achten sie ganz besonders auf die Sprache, in der sie strategische Probleme formulieren, strategische Vorschläge machen, Sachverhalte diskutieren und schließlich strategische Entscheidungen kommunizieren. Die Sprache der Strategie und die Konzepte, die dieser Sprache zugrunde liegen, können die strategische Agenda dahingehend beeinflussen, was diskutiert wird und wie dies geschieht. Auf die strategische Formulierung kommt es an.

Keine dieser Perspektiven wird die strategische Situation im vollen Umfang erfassen können. Die verschiedenen, oben beschriebenen Sichtweisen sollen lediglich eine Anregung sein, auch einmal die Perspektive und den Blickwinkel zu wechseln. So erkennt man vielleicht leichter, warum auf den ersten Blick logische strategische Schritte durch kulturelle Erfahrungen, unerwartete neue Ideen oder einen strategischen Diskurs dann doch nicht ausgeführt werden.

ZUSAMMENFASSUNG

■ Strategie ist die *langfristige Ausrichtung* einer Organisation.

■ Die Aufgabe einer Strategie ist es, Ziel und Zweck einer Organisation durch ihr *Leitbild*, ihre *Vision*, ihre *Werte* und *Zielsetzungen* zu definieren.

■ Ein *Strategie-Statement* sollte möglichst die *Ziele* einer Organisation festlegen, ebenso wie die *Reichweite* ihrer Aktivitäten und die *Vorteile* oder *Fähigkeiten*, die sie mitbringt.

■ Die *Gesamtunternehmensstrategie* befasst sich mit der allgemeinen Ausrichtung und Reichweite einer Organisation; *Strategie auf Geschäftsbereichsebene (oder Wettbewerbsstrategie)* befasst sich mit dem erfolgreichen Wettbewerb auf einem Markt. Auf der Ebene der *Funktionsbereichsstrategie* geht es darum, wie Ressourcen, Prozesse und Menschen die Strategien der höheren Ebenen erfolgreich umsetzen können.

- Das Modell *Exploring Strategy Framework* besteht aus drei Hauptelementen: die *strategische Position* verstehen, *strategische Wahlmöglichkeiten* nutzen und *Strategie erfolgreich in die Tat umsetzen*.

- Strategiearbeit wird von *Managern* auf allen Unternehmensebenen geleistet, doch auch Spezialisten wie *Strategieplaner* oder *Strategieberater* befassen sich mit diesem Thema.

- Forschungsarbeiten über *Kontext*, *Inhalte* und *Prozesse* von Strategien zeigen, inwieweit die analytischen Perspektiven der Wirtschaftswissenschaft, des Finanzwesens, der Soziologie und der Psychologie allesamt praktische Einblicke und Hilfestellungen geben können, die zur Lösung strategischer Probleme beitragen.

- Zwar sind die Grundlagen strategischer Arbeit immer gleich, die Strategien selbst variieren jedoch stark und werden zum Beispiel vom *organisatorischen Kontext* beeinflusst, je nachdem ob es sich um ein Kleinunternehmen, einen internationalen Konzern oder eine Non-Profit-Organisation handelt.

- Strategische Themen können aus einer Reihe verschiedener *Perspektiven* kritisch betrachtet werden, etwa aus der *Gestaltungs-*, der *Erfahrungs-*, der *Varietäts-* oder der *Diskursperspektive*.

Z U S A M M E N F A S S U N G

Literaturempfehlungen

Es ist immer sinnvoll, mehr zu einem interessanten Thema zu lesen. Zusätzlich zur in den Quellen angegebenen Fachliteratur empfehlen wir hier besonders:

- Zwei interessante Übersichten zum Thema strategisches Denken im Allgemeinen, die sich vor allem an Manager im Berufsleben richten, sind C. Montgomery, *The Strategist: Be the Leader your Business Needs*, Harper Business, 2012 und R. Rumelt, *Good Strategy/Bad Strategy: the Difference and Why it Matters*, Crown Business, 2011.

- Zwei aufschlussreiche Artikel über die Definition von Strategie sind M. Porter, What is Strategy?, *Harvard Business Review*, November-Dezember 1996, S. 61–78 und F. Fréry, The fundamental dimensions of strategy, *MIT Sloan Management Review*, Band 48, Nr. 1 (2006), S. 71–75.

- Aktuelle Entwicklungen in der strategischen Praxis finden sich vor allem in Wirtschaftsfachblättern wie der *Financial Times, Les Echos* und dem *Wall Street Journal*, sowie Fachjournalen wie *The Economist, L'Expansion* und *Manager-Magazin*. Auch die Internetseiten führender Strategieberatungsunternehmen sind sehr informativ: *www.mckinsey.com*, *www.bcg.com* und *www.bain.com*.

Fallstudie
Aufstieg eines Einhorns – Airbnb

Duncan Angwin

Airbnb Logo
Quelle: Russell Hart / Alamy Stock Photo

Ein Einhorn ist ein mystisches Wesen und wird seit der Antike als Pferd beschrieben, das ein langes, spitzes, spiralförmig gedrehtes Horn auf der Stirn trägt. Legenden zufolge sind Einhörner äußerst selten und zudem schwer zu zähmen. Die amerikanische Venture-Capital-Branche hat nun diesen Begriff für sich entdeckt, um Start-up-Unternehmen zu bezeichnen, deren Marktbewertung1 Mrd. $ (0,75 Mrd. €) übersteigt. Airbnb, gegründet 2007, war eines dieser seltenen und wertvollen Einhörner, denn bereits 2015 lag sein Marktwert bei 25 Mrd. $. Wie konnte dieses Start-up so schnell so erfolgreich werden?

Ursprünge

Die ursprünglichen Gründer von Airbnb, Joe Gebbia und Brian Chesky, lernten sich an der Rhode Island School of Design kennen. Fünf Jahre später, schlugen sich beide, nun 27 Jahre alt, mehr schlecht als recht durch, als in San Francisco eine Design-Konferenz stattfand. Alle Hotels waren schnell ausgebucht, also stellten sie eine einfache Website online, auf der Bilder ihres eigenen Lofts zu sehen waren. Auf dem Boden lagen drei Luft-

matratzen und sie versprachen ihren Gästen morgens ein selbst gemachtes Frühstück. Mit dieser Internetseite kamen die ersten zahlenden Gäste zu den beiden, der Preis für eine Übernachtung lag bei 80 $ pro Person. Schnell war ihnen klar, dass daraus etwas ganz Großes werden könnte. Beide wollten gerne als Unternehmer arbeiten und Brian hatte sogar schon etwas Erfahrung darin, denn er hatte ein Kissen für Menschen mit Rückenschmerzen entworfen und dafür eine Website gestaltet.[1] Am nächsten Tag begannen sie mit der Gestaltung ihrer neuen Website, *www.airbedandbreakfast.com*.

Ihre Zielgruppe waren zunächst Besucher von Konferenzen und Festivals in ganz Amerika. Interessierte Einheimische konnten ihre Zimmer zur Vermietung auf einer Website einstellen, die Nathan Bleckarczyk, ein Programmierer und ehemaliger Mitbewohner von Gebbia und Chesky, erstellt hatte. Im Sommer 2008 sollte Barack Obama bei der Nationalversammlung der demokratischen Partei in Denver eine Rede halten. 80.000 Besucher wurden erwartet und Joe und Brian gingen davon aus, dass die verfügbaren Hotels und Pensionen überfüllt sein würden. Sie beeilten sich, ihre Website rechtzeitig zu diesem Anlass fertigzustellen und konnten 800 neue Einträge in einer Woche verbuchen. Allerdings verdienten sie mit ihrer Idee kein Geld. Um zu überleben war wiederum ihr Unternehmergeist gefragt – sie kauften Müsli und Frühstücksflocken en gros und gestalteten Packungen mit „Obama's O's" und „Cap'n McCain", womit sie sich scherzhaft auf die beiden Präsidentschaftskandidaten dieses Jahres bezogen. Ihrer Website fügten sie dennoch bald eine Bezahlfunktion hinzu, sodass sie bis zu 15 % der Buchungssumme (3 % vom Gastgeber und 6 bis 12 % vom Gast) berechnen konnten. Ab April 2009 schrieben sie schwarze Zahlen.

Wachstum

Externe Geldmittel für ihr Start-up-Unternehmen zu gewinnen, war nicht leicht. Investoren betrachteten Gebbia und Cesky als reine Designer, die nicht in das traditionelle Start-up-Profil passten. Zudem glaubte kaum jemand, dass die Nachfrage nach privaten Übernachtungsmöglichkeiten auf Luftmatratzen sehr groß sein würde.

Trotzdem erhielt Airbnb im Jahr 2009 seine erste Finanzspritze in Höhe von 20.000 $ vom „Angel Investor" Paul Graham, Mitbegründer von Y Combinator (einem Mentorenprogramm für Start-ups). Graham war beeindruckt vom Einfallsreichtum und Mut der beiden Gründer. Das Unternehmen wurde in Airbnb umbenannt und es gab nun zusätzlich zur Website eine App, die Reiselustige und Gastfreundliche direkt zusammenbrachte, die ihre eigenen Wohnungen, Häuser oder Zimmer vermieten wollten. Weitere Investments folgten: Im November hatte Airbnb insgesamt weitere 7,2 Mio. $ gesammelt.

Damit konnte das Unternehmen sein weltweites Angebot auf 8.000 Städte ausdehnen, die Zahl der Mitarbeiter stieg auf 500 und das Unternehmen zog aus den vier Wänden der Gründer – wo die Mitarbeiter vom Badezimmer aus telefoniert und am Küchentisch Konferenzen abgehalten hatten – in großzügige Büroräume im Designer-Viertel von San Francisco um.

Im Jahr 2010 allerdings liefen die Buchungen im Raum New York nur schleppend. Joe und Brian buchten daraufhin Übernachtungen bei 24 Gastgebern vor Ort und flogen nach New York, um die Ursache ihres Problems zu ergründen. Bald fanden sie heraus, dass die Gastgeber ihre Zimmer und Wohnungen nicht gut genug im Internet präsentierten. Sofort mieteten sie sich eine Profikamera im Wert von 5.000 $ und schossen so viele Fotos wie möglich von den angebotenen Apartments in New York. Und plötzlich verdoppelten sich die Buchungszahlen dort. Ab diesem Zeitpunkt konnte jeder Gastgeber automatisch auf Wunsch einen professionellen Fotografen buchen. Dieser Schritt stellte sich als voller Erfolg heraus, denn schon 2012 arbeiteten bereits 20.000 Fotografen freiberuflich weltweit für Airbnb. Zudem stärkten die Fotos das Vertrauen der Bucher in die Zuverlässigkeit und Korrektheit der Angebote. Zudem führte das Unternehmen Airbnb Social Connections ein, ein System das die sozialen Kontakte der Nutzer über Facebook nutzt. Dort kann man sehen, ob Freunde schon einmal bei einem gewählten Gastgeber übernachtet haben oder mit diesem befreundet sind. Gäste können außerdem potenzielle Gastgeber gemäß neuer Kriterien, wie etwa der Alma Mater, auswählen. Auch dieser Schritt steigerte das Sicherheitsgefühl potenzieller Bucher.

Im Juli 2011 erhielt Airbnb weiteres frisches Kapital in Höhe von 112 Mio. $ Man expandierte durch ein Geschäft in Deutschland und die Übernahme des bis dahin größten Konkurrenten, des britischen Unternehmens Crashpadder. All dies geschah gerade noch rechtzeitig vor Beginn der olympischen Sommerspiele in London 2012. Airbnb-Zweigstellen eröffneten in Paris, Barcelona und Mailand. Airbnb wuchs explosionsartig und seine Marktbewertung lag im Jahr 2014 über der der Hotelgruppen Wyatt und Wyndham. Die Hilton Hotels verzeichneten weniger Buchungen als Airbnb (siehe Abbildung 1). Im Jahr 2016 lag der Marktwert des Unternehmens bei 25 Mrd. $ – weitaus höher als der Wert jeder anderen Hotelgruppe. Das Unternehmen rechtfertigte diese Bewertung folgendermaßen: Dividiert man das Verhältnis von Marktpreis (25 Mrd. $) zu Umsatz (der Schätzungen zufolge 2015 bei 900 Mio. $ liegt) – ein Verhältnis von 27,8 – durch die hohe jährliche Wachstumsrate von 113 %, so liegt der sich ergebende Wert für das Unternehmen in etwa auf gleichem Niveau wie der anderer Unternehmen der Branche.[2] Airbnb rechnet mit Einnahmen in Höhe von 10 Mrd. $ im Jahr 2020 – der Gewinn soll bei 3 Mrd. $ liegen.

Airbnb war für Gäste und Gastgeber besonders deshalb so attraktiv, weil dessen Angebote weitaus hochwertiger waren als die der Konkurrenten – z.B. Craigslist. Sie waren persönlicher gestaltet, enthielten genauere Beschreibungen und bessere Fotos, sodass Menschen, die Urlaubsdomizile suchten, sich gleich angesprochen fühlten. Zudem waren die über Airbnb angebotenen Zimmer persönlicher und preisgünstiger als vergleichbare Hotelzimmer.

Nach einem Aufenthalt in Paris schrieb ein Nutzer beispielsweise, sein Gastgeber habe eine Auswahl an Lebensmitteln im Kühlschrank gelassen und sogar eine Flasche Wein als Willkommensgruß in die Küche gestellt. Auch eine Liste mit Empfehlungen von Sehenswürdigkeiten, guten Restaurants und Einkaufsmöglichkeiten in der Nähe fand er in der Wohnung vor. Wer die Bleibe eines anderen Menschen bewohnt, fühlt sich gleich viel mehr Zuhause als jemand, der in einem anonymen Hotelzimmer absteigt.

Für viele junge Gäste und Gastgeber entsprach Airbnb außerdem der zeitgemäßen Kultur des Teilens, wie sie etwa Car Sharing vorgibt. Für die Gastgeber stellt das Vermieten eine willkommene Einnahmequelle dar, die hilft, die ständig steigenden Mietpreise in Großstädten zu finanzieren.

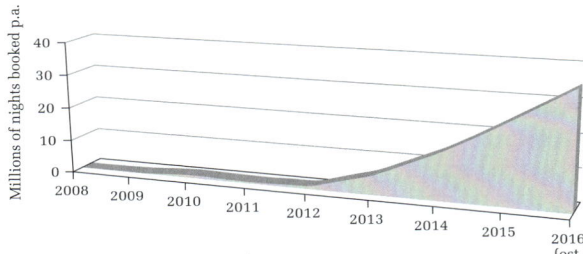

Buchungszahlen

Wachstumsmanagement

Firmengründer und CEO Brian Chesky schrieb im Jahr 2013 folgendes Memo an sein Management-Team.[3]:

„Hey Team,

unser nächstes Team Meeting befasst sich mit dem Thema „Zentrale Werte", die für den Aufbau unserer Kultur entscheidend sind. Mir kam die Idee, Euch vor diesem Meeting kurz zu beschreiben, warum unsere Unternehmenskultur für Joe, Nate (die Mitbegründer) und mich so wichtig ist.

… im Jahr 2012 luden wir Peter Thiel (einen wichtigen Investor) in unser Büro ein. Das war Ende letzten Jahres und wir saßen im Besprechungsraum „Berlin" zusammen und zeigten ihm einige Zahlen. Während unseres Gesprächs fragte ich

ihn, welchen wichtigsten Ratschlag er uns mit auf den weiteren Weg geben würde.

Er antwortete, „Versaut bloß die Firmenkultur nicht."

So einen Rat hatten wir mit Sicherheit nicht erwartet, schon gar nicht von einem Mann, der gerade dabei war, uns 150 Mio. $ zu geben. Ich bat ihn, das zu erklären. Er meinte, einer der Gründe, warum er in uns investieren wolle, sei unsere Kultur. Allerdings vertrat er die etwas zynische Ansicht, dass es praktisch unvermeidbar sei, die Kultur eines Unternehmens zu ruinieren, sobald es eine gewisse Größe erreicht habe."

Airbnb begann also, sich bewusster um seine Unternehmenskultur zu kümmern. Joe Gebbia etwa machte sich Sorgen, dass die Firma mit zunehmendem Wachstum immer weniger offen für Dialog und Kommunikation war. Um das zu ändern, führte er die Begriffe „Elefanten", „tote Fische" und „Kotze" ein. Gebbia erklärt: „Elefanten sind die großen Themen, die im Raum stehen, ohne dass jemand über sie spricht; tote Fische sind Dinge, die vor ein paar Jahren passiert sind, die die Mitarbeiter aber noch nicht verarbeitet haben; und „Kotze" bedeutet alles, worüber sich die Mitarbeiter einfach mal „auskotzen" müssen, d.h. es muss einfach jemand da sein, der zuhört."[4] Alle drei Inhalte müssen thematisiert werden. Auch führte Airbnb eine Reihe jährlicher Treffen ein, „One Airbnb" genannt, zu denen sie Mitarbeiter aus der ganzen Welt in ihren Hauptsitz nach San Francisco einluden. Bei diesen viertägigen Konferenzen hatte jeder Mitarbeiter die Gelegenheit, die Firmengründer persönlich kennenzulernen, über Strategie zu diskutieren und sich sowohl über ihre täglichen Aufgaben in der Arbeit als auch über private Hobbys auszutauschen. In jedem Büro rund um den Globus hat Airbnb sogenannte „ground control"-Mitarbeiter bestimmt, die dafür sorgen sollen, dass die Firmenkultur lebendig bleibt. Sie organisieren spontane Geburtstagsfeiern oder Firmenjubiläen. Zudem verfolgt Airbnb eine sehr strikte Einstellungspolitik, denn man möchte „Missionare und keine Söldner" einstellen.

Gleichzeitig stellten sich die Gründer Joe Gebbia, Brian Chesky und Nathan Blecharczyk erneut die Fragen: „Was ist unsere Mission? Welche große Idee gibt für Airbnb die Richtung vor?" Sie erinnern sich:

„Es stellte sich heraus, dass die Antwort direkt vor uns lag. Ursprünglich dachten alle, bei Airbnb ginge es darum, Häuser, Wohnungen und Zimmer zu vermieten. Tatsächlich geht es uns aber darum, ein Zuhause zu schaffen. Sehen Sie, ein Haus, das sind nur ein paar Zimmer mit vier Wänden, ein Zuhause dagegen ist ein Ort, an dem man sich wohl und willkommen fühlt. Und das Besondere an dieser internationalen Gemeinschaft ist eben, dass jeder zum ersten Mal überhaupt die Möglichkeit hat, sich überall auf der Welt wohl und willkommen zu fühlen."[5]

Airbnb 2016

Im Jahr 2016 verfügte Airbnb über mehr als 1,5 Mio. Angebote in 34.000 Städten und 192 Ländern. Die Gesamtzahl der Gäste lag bei 40 Mio. Jeder kann überall auf der Welt über Airbnb freien Wohnraum anbieten, vom WG-Zimmer bis zum Baumhaus, vom Schloss bis zur eigenen Insel in Fidschi. Die Preise pro Übernachtung reichen von 50 $ bis hin zu 2.000 $. Die Website von Airbnb wurde 2016 30 Mio. Mal pro Monat besucht. Die Wände der Büros in San Francisco waren mit riesigen Landkarten dekoriert, auf denen hunderte bunter Reißnägel Airbnbs Vorherrschaft auf der ganzen Welt überdeutlich zeigten. Das Unternehmen war so beliebt, dass alle zwei Sekunden über Airbnb eine Buchung stattfand.[6]

Mittlerweile konzentrierte sich Airbnb auf die Reise als Ganzes und wollte besonders typische lokale Erlebnisse und Erfahrungen vermitteln. Dieser Fokus auf die Gastfreundschaft bezog sich nicht nur darauf, wo man die Nacht verbrachte, sondern auch darauf, was man vor Ort unternehmen konnte und mit wem. Zu diesem Zweck wurde Airbnb Neighbourhoods eingeführt, Partnerschaften mit lokalen Restaurants, Bars und Coffeeshops gegründet, die guten Service und eine gemütliche Atmosphäre boten. Zudem kaufte man ein kleines Start-Up-Unternehmen auf, das Gäste

mit Einheimischen in Kontakt bringen sollte, die deren Fragen beantworten konnten. Auch ein Reinigungsservice wurde angeboten.

Für Hotels stellte Airbnb eine starke Konkurrenz dar, denn seine Preise lagen 30 bis 80 % unter den marktüblichen Hotelpreisen. In San Francisco mussten viele Hotels ihre Preise senken, um eine annehmbare Auslastung zu erhalten. Etablierte Unternehmen der Hotelbranche wehrten sich gegen Airbnb, indem man behauptete, deren Angebote seien gesundheitsgefährdend und gefährlich, da es diesbezüglich keinerlei Standards und Kontrollen der Unterkünfte gab. Zwar musste man eine offizielle Genehmigung haben, um sein Eigenheim für weniger als 30 Tage zu vermieten, doch viele Einwohner San Franciscos stellten ihre Häuser und Wohnungen ohne diese Genehmigung, also illegal, ins Netz. Ähnliche Probleme gab es in New York, wo ein „Hotelgesetz" verabschiedet wurde, welches die Vermietung des eigenen Zuhauses für weniger als 29 Tage verbot. Auch war nicht nachprüfbar, ob alle Gastgeber ihre Einkünfte aus Vermietungen ordnungsgemäß versteuerten.

2016 gestaltete Airbnb seine Website und Apps neu und fügte kleine Animationen und knalligere Bilder hinzu. Dies kam einem Markenwechsel gleich, der die Umstellung von einer reinen Vermietungsdienstleistung hin zu einer Lifestyle-Marke zeigen sollte. Airbnb wollte sein Logo auf einer Reihe verschiedenster Produkte, Häuser und Unternehmen platzieren, um so allen zu zeigen, dass deren Besitzer oder Betreiber ihre Firmenidee und Marke unterstützten. Und diese Markenumstellung kam keinen Tag zu früh, denn besonders in den USA formierte sich die Konkurrenz. Beispiele sind der Urlaubsvermietungsdienst HomeAway Inc. (der zu Expedia gehört), Roomorama, HouseTrip, Flipkey und Travel Advisor, die allesamt private Unterkünfte für Urlaubsgäste anbieten. Auch gibt es bereits Internetseiten, die eine Reihe von Anbietern auflisten, die alle Privatunterkünfte vermitteln. Trotzdem galt Airbnb als gefragtester Börseneinsteiger des Jahres 2016.

Quellen:

[1] *Salter, J. (2012), Airbnb The story behind the $ 1.3 bn room-letting website, The Telegraph, 7. September; Lee, A. (2013), Welcome to The Unicorn Club: learning from billion-dollar startups, TechCrunch, 2. November, https://techcrunch.com/2013/11/2/welcome-to-the-unicorn-club/.*

[2] *Das Verhältnis von Marktpreis zu Umsatz ergibt für Airbnb eine Zahl von 24,6 verglichen mit 19,2 für Marriott, 34,1 für Wyndham und 12,2 für Expedia (Gast Post: Why that crazy-high AirBnB valuation is fair, www.valuewalk.com, 1. Januar 2016)*

[3] *https://medium.com/@bchesky/dont-fuck-up-the-culture-597cde9ee9d4/#.5wd5kwtdm.*

[4] *B. Clune, How Airbnb is building its culture through belonging, Culture Zine.*

[5] *http://blog.airbnb.com/belong-anywhere/.*

[6] *Zach.com, Investing in resting: is Airbnb a top 2016 IPO Candidate?, 11. Dezember 2015.*

Fragen

1 Welches Strategie-Statement würden Sie für Airbnb formulieren? (Halten Sie sich dabei an das von Collins und Rukstad vorgegebene Limit von 35 Wörtern aus *Abschnitt 1.2.3*.)

2 Führen Sie eine „Drei-Horizonte-Analyse" (*Abschnitt 1.2.1*) für Airbnb durch und berücksichtigen Sie dabei sowohl bestehende als auch zukünftige Aktivitäten. Wie könnte eine solche Analyse die zukünftige strategische Ausrichtung des Unternehmens beeinflussen?

3 Identifizieren Sie unter Heranziehung der Schlagworte Umfeld, strategische Fähigkeit und strategischer Zweck aus *Abschnitt 1.3.1* wichtige Themen im Bereich Positionierung für Airbnb und klassifizieren Sie sie je nach ihrer Bedeutung.

4 Welche alternativen Strategien sehen Sie nach Beantwortung der vorangegangenen Fragen und unter Berücksichtigung von *Abschnitt 1.3.2* für Airbnb?

5 Die Umsetzung eines guten strategischen Gedankens in die Tat kann eine Herausforderung sein: Untersuchen Sie, wie Airbnb dies bewerkstelligt hat, und ziehen Sie dabei Elemente aus *Abschnitt 1.3.3* hinzu.

 Als Dozent finden Sie ausführliche **Lösungshinweise** zu den Fallaufgaben auf der Webseite zum Buch.

TEIL I

Die strategische Position

Dieser Teil erklärt:

- wie die Position einer Organisation im externen Umfeld analysiert werden kann – wobei sowohl das Makroumfeld als auch das Branchenumfeld berücksichtigt werden.

- wie die Bestimmungsfaktoren strategischer Fähigkeiten – Ressourcen, Kompetenzen und die Verbindungselemente zwischen beiden – analysiert werden können.

- wie die Zielsetzungen und Absichten einer Organisation verstanden werden können – dabei werden Themen wie Corporate Governance, Erwartungen der Stakeholder und Unternehmensethik berücksichtigt.

- welche Rolle Geschichte und Kultur bei der Bestimmung der Position einer Organisation spielen.

Einführung in Teil I

Dieser Teil des Buchs befasst sich mit der strategischen Position einer Organisation. Fünf Kapitel gliedern sich dabei um zwei Themenbereiche: Zunächst geht es um das strategische *Potenzial* einer Organisation, darum also, was sie leisten *kann*. Im Folgenden werden dann die strategischen Ambitionen einer Organisation betrachtet, also alles, was sie leisten und erreichen möchte – gewollt und manchmal auch ungewollt (siehe *Abbildung I.1*).

Das strategische Potenzial wird wie folgt thematisiert:

- *Kapitel 2* und *Kapitel 3* beschäftigen sich damit, wie unterschiedliche Umfelder zum einen zahlreiche Chancen und Möglichkeiten bieten können, andererseits aber auch Gefahren und Einschränkungen bergen.

- *Kapitel 4* erläutert, dass jede Organisation über ganz eigene strategische Fähigkeiten verfügt (Ressourcen und Kompetenzen) und wie diese Strategien begünstigen oder auch behindern können.

Die Ambitionen einer Organisation werden wie folgt beleuchtet:

- *Kapitel 5* befasst sich mit Ambitionen in Form von Zielvorstellungen der Stakeholder und Steuerungsmechanismen, die sicherstellen, dass diese Ziele auch erreicht werden.

- *Kapitel 6* schließlich untersucht, wie Geschichte und Kultur einer Organisation ihre Ambitionen mitgestalten können. Dies geschieht oft ganz selbstverständlich und lässt sich auch nur schwer ändern.

Ein entscheidendes strategisches Dilemma zieht sich sowohl durch *Kapitel 2* als auch durch *Kapitel 3* und *4*. Wie stark sollten sich Manager auf die externe Marktposition ihrer Organisation konzentrieren? Und wie viel Aufmerksamkeit sollten sie auf die Entwicklung interner Fähigkeiten richten? Viele Verfechter der externen Seite argumentieren, dass der Erfolg eines Unternehmens vor allem von seinen Umweltfaktoren abhängt: Strategische Überlegungen sollten sich vor allem damit befassen, sich attraktive Chancen auf dem Markt zu sichern. Befürworter der internen Seite gehen dagegen davon aus, dass es die besonderen strategischen Fähigkeiten einer Organisation sind, die deren Strategie bestimmen sollten. Nur daraus erwächst herausragende Leistung und damit ein entscheidender Vorteil. Hier müssen Manager genau abwägen. Investieren sie viel Zeit und Ressourcen in die Entwicklung ihrer externen Marktposition (etwa durch die Übernahme potenzieller Konkurrenten), bleiben weniger Zeit und Ressourcen für das Management der internen Fähigkeiten (beispielsweise die Förderung von Forschung und Entwicklung). Umgekehrt gilt natürlich das Gleiche.

Abbildung I.1: Strategische Position

Kapitel 5 und *6* werfen ein weiteres Grundproblem auf. In welchem Maß können die Ambitionen eines Managers für seine Organisation als frei oder eingeschränkt eingeschätzt werden? *Kapitel 5* erklärt, wie die Erwartungen von Investoren, Aufsichtsbehörden, Mitarbeitern und Kunden häufig Strategien beeinflussen können. Und *Kapitel 6* beschäftigt sich mit den Beschränkungen, die von der Geschichte und Kultur einer Organisation herrühren. Zudem sind sich viele Manager solcher Beschränkungen nur teilweise bewusst und laufen häufig Gefahr, die verborgenen Grenzen, an die ihre eigenen Ambitionen stoßen, zu unterschätzen.

Es ist von entscheidender Bedeutung, zu erfassen, wie frei ein Manager wirklich in der Wahl seiner Strategie ist. Nur so kann man das Thema des zweiten Teils dieses Buchs, die strategischen Wahlmöglichkeiten, wirklich verstehen. Doch zunächst liefert *Teil I* eine Grundlage für die Klärung aller Fragen rund um die strategische Position.

Das Umfeld

2

ÜBERBLICK

Lernziele

Nach der Lektüre dieses Kapitels sollten Sie in der Lage sein,

■ das große Makroumfeld einer Organisation in Bezug auf *politische*, *wirtschaftliche*, *soziale*, *technologische*, *ökologische* und *rechtliche* Faktoren (engl. Akronym PESTEL) zu analysieren.

■ verschiedene Ansätze zum Thema *Umfeldplanung* zu bewerten.

■ alternative *Szenarien* zu entwerfen, um auf mögliche Veränderungen des Umfelds zu reagieren.

2.1 Einführung

Das Umfeld einer Organisation verleiht dieser die Mittel, um zu überleben. Es bietet Chancen und birgt Gefahren. Und auch grundlegende Veränderungen des Umfelds beeinflussen Unternehmen nachhaltig: Langjährige Pay-TV-Sender wie etwa Sky oder Comcast müssen sich heute starken Konkurrenten des digitalen Zeitalters, etwa Amazon oder Netflix, stellen. Andere Unternehmen entwickelten sich innerhalb von nur wenigen Jahren zu internationalen Marktteilnehmern: die Alibaba Trading Company beispielsweise, deren massives Wachstum in nur zwei Jahrzehnten vor allem durch eine Kombination aus neuen Technologien, politischen und wirtschaftlichen Veränderungen in China und neuen internationalen Bestimmungen begünstigt wurde. Obwohl die Zukunft niemals genau vorhergesagt werden kann, ist es überlebenswichtig, dass Unternehmer und Manager ihr Umfeld sorgfältig analysieren, um Veränderungen zu erahnen und – wenn möglich – für sich zu nutzen.

Das Umfeld kann als eine Reihe von „Schichten" betrachtet werden, wie in ▶ *Abbildung 2.1* dargestellt. Dieses Kapitel konzentriert sich dabei vor allem auf das Makroumfeld, die äußerste Schicht in der Darstellung.

Makroumfeld

Das Makroumfeld setzt sich aus den umfassenden Umfeldfaktoren zusammen, die viele Organisationen, Branchen und Sektoren mehr oder weniger stark beeinflussen.

Das **Makroumfeld** setzt sich aus den umfassenden Umfeldfaktoren zusammen, die viele Organisationen, Branchen und Sektoren mehr oder weniger stark beeinflussen. So gehen die Einflüsse mancher Faktoren des Makroumfelds weit über einen Sektor oder eine Branche hinaus. Faktoren wie das Internet, der Klimawandel oder auch die Überalterung der Bevölkerung beispielsweise wirken sich auf eine Vielzahl von Aktivitäten von der Tourismusindustrie bis hin zur Landwirtschaft aus. Die *Branche oder der Sektor* bildet die nächste Schicht des allgemeinen Makroumfelds. Hier sind Unternehmen gemeint, die die gleiche Art von Produkten oder Dienstleistungen anbieten, etwa die Automobilbranche oder das Gesundheitswesen. Die dritte Schicht sind *Konkurrenten und Märkte*, die die Organisation direkt umschließen. Für ein Unternehmen wie Nissan sind damit etwa Konkurrenten wie Ford und Volkswagen gemeint; für ein Krankenhaus sind Konkurrenten andere vergleichbare Einrichtungen oder Patientengruppen. Dieses Kapitel beschäftigt sich vor allem mit dem Makroumfeld, während *Kapitel 3* Branchen und Sektoren analysiert und *Kapitel 4* und *Kapitel 5* vor allem die einzelne Organisation im Zentrum von ▶ *Abbildung 2.1* betrachtet.

Abbildung 2.1: Schichten des Unternehmensumfelds

Veränderungen des Makroumfelds erscheinen Managern oft zu groß, zu komplex oder zu unerwartet, um sie entsprechend berücksichtigen zu können. So kann es passieren, dass Veränderungen erst dann bemerkt werden, wenn es zu spät ist, entstehende Gefahren abzuwehren oder neue Chancen zu nutzen. Viele traditionelle Einzelhändler, Banken oder Zeitungshäuser reagierten oft nur schwerfällig auf die Neuerungen des Internets, Stahl- und Ölproduzenten unterschätzten die potenziellen Auswirkungen des allmählichen Wirtschaftswachstums in China. Zwar hegen manche Manager auch Vorurteile oder sind vielleicht nicht aktiv genug (siehe *Kapitel 5*), doch dieses Kapitel stellt einige analytische Hilfsmittel und Konzepte vor, die Unternehmen nutzen können, um Veränderungen im Makroumfeld frühzeitig zu erkennen. Es kommt vor allem darauf an, Gefahren zu minimieren und Chancen zu nutzen. Dieses Kapitel gliedert sich in drei Hauptteile:

- Die *PESTEL*-Faktoren analysieren alle Faktoren des Makroumfelds anhand von sechs wichtigen Aspekten: politisch, wirtschaftlich, gesellschaftlich, technologisch, ökologisch und rechtlich. Dabei werden sowohl marktbezogene als auch nicht marktbezogene Faktoren berücksichtigt.

- *Prognosen* sind Vorhersagen, die unterschiedlich genau und sicher sein können. Prognosen, die sich auf das Makroumfeld beziehen, basieren auf der PESTEL-Analyse und nutzen oft drei konzeptionelle Hilfsmittel: *Megatrends*, *Knickpunkte* und *schwache Signale*.

- Die *Szenario-Analyse* ist eine Methode, die plausible alternative Szenarien entwickelt, wie sich das Umfeld in Zukunft verändern könnte. Diese Analyse unterscheidet sich von einer Prognose, weil sie Vorhersagen über die Zukunft vermeidet. Sie ist eher damit befasst, über verschiedene Möglichkeiten des Umfeldwandels zu *lernen*.

Die Struktur dieses Kapitel ist in ▶ *Abbildung 2.2* nochmals zusammengefasst.

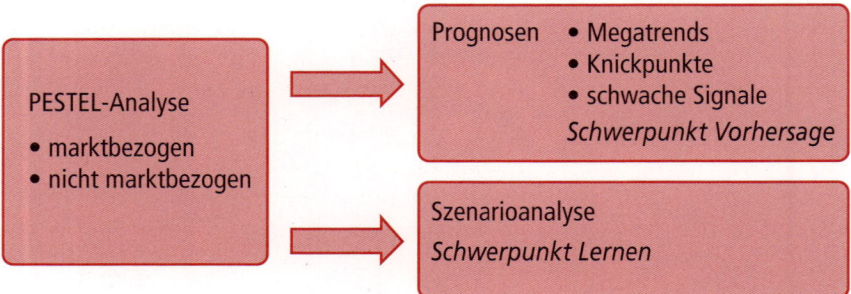

Abbildung 2.2: Analyse des Makroumfelds

2.2   Die PESTEL-Analyse

In diesem Abschnitt wird ein wichtiges Konzept zur Analyse des weit gefassten Makroumfelds einer Organisation eingeführt: die PESTEL-Analyse. PESTEL bietet einen breit gefächerten Überblick und sowohl die Prognoseerstellung als auch die Szenario-Analyse bauen darauf auf.

PESTEL-Analyse

Die PESTEL-Analyse differenziert sechs Gruppen von Einflussfaktoren des Makroumfelds: politische, wirtschaftliche, soziale, technologische, ökologische und rechtliche Faktoren.

Die **PESTEL-Analyse** ist eine von verschiedenen Analysen (einschließlich der gleichartigen „PEST"- und „STEEPLE"-Analysen), die Einflussfaktoren in bestimmte Schlüsseltypen einteilen.[1] Dabei unterstreicht PESTEL insbesondere sechs Einflussfaktoren: politische, wirtschaftliche, soziale, technologische, ökologische und rechtliche Faktoren. Diese Bandbreite an Faktoren verdeutlicht, dass das Umfeld nicht nur wirtschaftliche Kräfte umfasst: Es gibt auch ein wichtiges, nicht vom Markt geprägtes Umfeld. Daher müssen Organisationen sowohl Marktaspekte als auch nicht vom Markt geprägte Aspekte der Strategie berücksichtigen.[2]

- Das *Marktumfeld* besteht vor allem aus Zulieferern, Kunden und Konkurrenten. Mit all diesen Marktteilnehmern finden meist wirtschaftliche Interaktionen statt. Es besteht ein Wettbewerb um Ressourcen, Einnahmen und Gewinne. Strategisch gesehen stehen Preisbildung und Innovation im Vordergrund. Dieses Marktumfeld wird in *Kapitel 3* detailliert besprochen, doch auch in diesem Kapitel werden Themen wie Wirtschaftszyklen (*Abschnitt 2.2.2*) angesprochen.

- Das *nicht marktbezogene Umfeld* meint hauptsächlich soziale, politische, rechtliche und ökologische Faktoren, wobei natürlich auch wirtschaftliche Faktoren eine Rolle spielen können. Wichtige Akteure dieses Umfelds sind nicht nur Unterneh-

---

1   PESTEL ist die Ausweitung der PEST-Analyse (politisch, wirtschaftlich, sozial und technologisch) und befasst sich außerdem stärker mit Umweltfaktoren und rechtlichen Aspekten. Die PEST-Analyse wird mitunter auch als STEP-Analyse bezeichnet, während die PESTEL-Analyse manchmal als PESTLE-Analyse bezeichnet sowie mitunter zur Berücksichtigung ethischer Fragen auch auf STEEPLE erweitert wird. Für eine Anwendung der PEST-Analyse auf die Welt der Wirtschaftsuniversitäten, die auch für PESTEL relevant ist, siehe H. Thomas, „An analysis of the environment and competitive dynamics of management education", *Journal of Management Development*, Band 26, Nr. 1 (2007), S. 9–21.

2   D. Bach und D. Allen, „What every CEO needs to know about nonmarket strategies", *Sloan Management Review*, Band 51, Nr. 3 (2010), S. 41–48 sowie J. Doh, T. Lawton und T. Rajwani, „Advancing nonmarket strategy research: institutional perspectives in a changing world", *Academy of Management Perspectives*, August (2012), S. 23–38.

men, sondern auch Nicht-Regierungs-Organisationen, Politiker, Regierungsbehörden, Marktregulierer, politische Aktivisten sowie die Medien. In diesem Umfeld müssen sich Organisationen vor allem eine gute Reputation aufbauen, Netzwerke schaffen, um einflussreich und legitimiert zu sein. Lobbyarbeit, Networking und gemeinsame Projekte aller Art sind hier wichtige Strategien.

In den folgenden Abschnitten wird jedes Element der PESTEL-Analyse einzeln behandelt, wobei jeweils wichtige analytische Konzepte und Hilfsmittel angeboten werden. Auch in *Beispiel 2.1* wird veranschaulicht, wie verschiedene PESTEL-Faktoren zusammenwirken können.

2.2.1 Politik

Das politische Element der PESTEL-Analyse betont die Rolle des Staats und anderer politischer Kräfte. Bei der politischen Analyse gibt es zwei wichtige Schritte: Zunächst gilt es festzustellen, wie wichtig politische Faktoren sind, und danach folgt eine politische Risikoanalyse. ▶ *Abbildung 2.3* zeigt eine Matrix, die zwei Variablen unterscheidet, die beide dazu beitragen können, die Bedeutung politischer Faktoren zu erkennen:

- Der *Staat* ist in vielen Ländern als direkter ökonomischer Akteur wichtig, beispielsweise als potenzieller Kunde, Lieferant oder Eigentümer von Unternehmen.

- Die *Zivilgesellschaft* umfasst eine ganze Reihe verschiedener Organisationen, die sich mit politischen Themen auseinandersetzen. Beispiele hierfür sind Lobbyisten, soziale und auch traditionelle Medien.

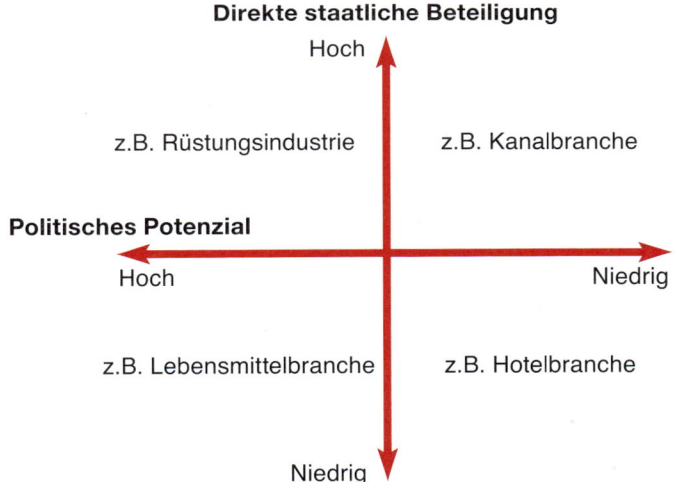

Abbildung 2.3: Das politische Umfeld

Die Verteidigungsindustrie beispielsweise agiert in einem hochgradig politischen Umfeld. Rüstungsunternehmen müssen mit einem stark involvierten Staat umgehen, der nicht selten selbst Eigentümer von wesentlichen Unternehmen ist. Doch die Branche muss sich auch mit politischen Gruppen auseinandersetzen, die sich gegen Waffenhandel engagieren. Unternehmen der Nahrungsmittelbranche dagegen sind oft

Privatunternehmen und operieren auf privatwirtschaftlichen Märkten, sind aber gleichzeitig auch einem hohen politischen Druck durch Gruppierungen ausgesetzt, die sich für fairen Handel, Arbeitnehmerrechte und Gesundheit einsetzen. Wasserstraßen und Kanäle befinden sich oft im Eigentum des Staats, sind aber heute üblicherweise nicht politisch sensibel. Branchen können ihre Positionen allerdings auch schnell verändern: So gerieten Firmen wie Apple und Facebook ganz plötzlich politisch und auch gesellschaftlich unter Druck, als Details über deren umfassende Internetüberwachung und Datensammlung öffentlich bekannt wurden.

Organisationen, die sich in einem politisch sensiblen Umfeld bewegen, müssen eine politische Risikoanalyse durchführen, die alle Gefahren und Chancen beleuchtet, welche sich aus einem möglichen politischen Wandel ergeben könnten. Es gibt zwei wesentliche Dimensionen bei einer solchen Analyse:[3]

Die *Makro-Mikro-Dimension*. Die Makro-Dimension des politischen Risikos bezieht sich auf Risiken, die von ganzen Ländern ausgehen – wie etwa China, Frankreich oder Nigeria. Viele spezialisierte Organisationen veröffentlichen vergleichende Rankings des politischen Risikos einzelner Länder. Westeuropäische Länder findet man meist im unteren Bereich solcher Rankings, denn selbst wenn sich hier nach einer Wahl vielleicht die Regierung ändert, bringt das keine wesentlichen Veränderungen mit sich. Länder des mittleren Ostens dagegen werden in den Rankings über makropolitisches Risiko weit oben geführt, denn hier kann ein Regierungswechsel plötzliche und radikale Folgen haben.[4] Doch auch die Mikro-Dimension des politischen Risikos ist von Bedeutung, denn sie meint das spezifische Risiko, das von einzelnen Organisationen oder Branchen innerhalb eines Landes ausgeht. Es ist wichtig, zwischen dem makro-politischen Risiko und dem spezifischen Risiko auf Mikro-Ebene zu unterscheiden. Auf Makro-Ebene wird beispielsweise das politische Risiko im Land China als mittelhoch eingestuft, während für einige japanische Firmen, die dort tätig sind, das Mikro-Risiko durchaus höher und variabler ist. Viele chinesische Verbraucher hegen starke Vorurteile gegen Japan und japanische Autohersteller werden immer wieder zu Zielscheiben für nationalistische Boykott-Aktionen.

Die *Intern-Extern-Dimension*. Die interne Dimension des politischen Risikos bezieht sich auf Faktoren, die innerhalb eines Landes entstehen, wie etwa Veränderungen in der Regierung oder Druck von nationalen Interessengruppen. Diese können relativ leicht überwacht werden, denn man muss vor allem zu Wahlterminen wachsam sein. Es gibt jedoch auch externe politische Risiken, die sich aus Ereignissen ergeben, die außerhalb eines Landes stattfinden. Beispielsweise wirkt sich ein Rückgang des Ölpreises aufgrund interner politischer Entwicklungen in Saudi-Arabien sicherlich wirtschaftlich und politisch gesehen negativ auf andere Öl produzierende Länder wie Russland oder Venezuela aus. Andererseits können sich fallende Ölpreise durchaus auch politisch positiv auswirken – in Ländern nämlich, die Energie importieren, wie etwa Indien oder Japan. Eine externe politische Risikoanalyse beinhaltet eine genaue Untersuchung wirtschaftlicher, politischer und anderer Verbindungen zwischen verschiedenen Ländern.

---

3   I. Alon und T. Herbert, „A stranger in a strange land: micro political risk and the multinational firm", *Business Horizons*, Band 52, Nr. 2 (2009), S. 127–37; J. Jakobsen, Old problems remain, new ones crop up; political risk in the 21st century, *Business Horizons*, Band 53, Nr. 5 (2010), S. 481–90.
4   Die Versicherungsgesellschaft Aon oder auch Wirtschaftsmedien wie etwa the Economic Intelligence Unit und Euromoney veröffentlichen regelmäßig Rankings über das politische Risiko einzelner Länder.

Beispiel 2.1   PESTEL für BP

Im Jahr 2016 sah sich die internationale Ölindustrie mit einem immer schwieriger werdenden Makro-Umfeld konfrontiert.

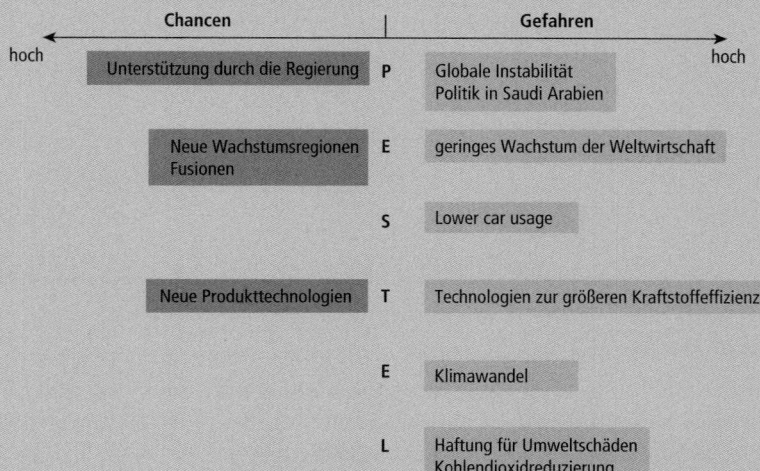

Eine PESTEL-Analyse kann mithilfe veröffentlichter Quellen durchgeführt werden (z.B. Jahresberichte von Firmen, Zeitungsartikel, Prüfberichte). Ein anderer Weg ist die direkte Diskussion mit Managern, Kunden, Zulieferern, Beratern, Regierungsvertretern und Analysten. Wichtig ist dabei, nicht nur auf die Manager eines Unternehmens zu setzen, die in ihrer Sichtweise eingeschränkt sein könnten. Eine PESTEL-Analyse der internationalen Ölindustrie, die 2016 auf Basis veröffentlichter Quellen durchgeführt wurde, zeigt, dass die Gefahren eindeutig die Chancen überwiegen. In der Abbildung oben wird das Ausmaß der Chancen und Risiken für jede der PESTEL-Dimensionen anhand der Länge der jeweiligen Balken angezeigt. Hier sieht man auf den ersten Blick, dass auf der Gefahrenseite mehr und längere Balken auftauchen.

Politisch: Die fehlende globale Stabilität bedeutet Gefahr für Angebot und Vertrieb, vor allem angesichts der Spannungen in Öl produzierenden Regionen wie Russland und dem mittleren Osten, sowie auch in großen Ölabnehmer-Regionen wie etwa dem Südchinesischen Meer. Kurzfristig wurden die Preise durch die Politik Saudi-Arabiens gedrückt, die die produzierte Ölmenge hoch halten wollte, obwohl die Nachfrage sank: Als Folge hatten sich die Preise im Laufe des Jahres 2015 halbiert. Die wichtigste Chance stellten verschiedene Regierungsmaßnahmen dar, die vor allem die Schieferöl-Produktion in China stützen sollten.

Wirtschaftlich: In den Jahren 2014 und 2015 verzeichneten viele Länder ein negatives Wirtschaftswachstum – und auch die Prognose für 2016 stellte sich nur verhalten positiver dar. Wachstumsregionen wie Indien und Afrika boten jedoch immer noch neue Chancen und die westlichen Ölfirmen reduzierten ihre Kosten durch Fusionen.

Technologisch: Effizientere Autos ließen ebenso die Nachfrage nach Öl sinken – seit den 1980er-Jahren verbesserte sich die Zahl der durchschnittlich gefahrenen Kilometer pro Gallone Benzin um 40 %. Positiv ist zu verzeichnen, dass neue Technologien den Ölproduzenten auch Chancen eröffneten, ihre Kosten zu senken, z.B. durch die Nutzung digitaler Sensoren.

Ökologisch: Der Klimawandel brachte indirekte politische und auch rechtliche Gefahren mit sich, sorgte aber auch für direkte Gefahren, denn die globale Erwärmung veränderte die Nachfragestrukturen und bedrohte auch die vorhandene Infrastruktur durch immer extremere Wetterkapriolen.

Rechtlich: Viele Ölkonzerne mussten höhere Strafgebühren wegen Umweltverschmutzung bezahlen: Die Deepwater-Horizon-Katastrophe etwa kostete BP Strafgebühren von 14 Mrd. €. Und globale Abkommen wie etwa der Klimagipfel von Paris 2015 brachten neue Maßnahmen und Regelungen für den Klimaschutz hervor.

2.2.2 Wirtschaft

Das Makro-Umfeld wird auch von makroökonomischen Faktoren beeinflusst, wie Wechselkurse, Konjunkturzyklen und unterschiedliche Wirtschaftswachstumsraten auf der Welt. Es ist für Unternehmen wichtig zu verstehen, wie die Märkte durch die Prosperität der Volkswirtschaft insgesamt beeinflusst werden. Manager sollten dabei im Auge behalten, wie Wechselkurse Import- und Exportmärkte beeinträchtigen. Besonders für Unternehmen mit hohem Schuldenstand sind Zinssätze wichtig. Es gibt viele öffentlich zugängliche Quellen für Wirtschaftsprognosen, die dabei helfen können, die Entwicklung entscheidender wirtschaftlicher Indikatoren zu verfolgen. Allerdings sind auch diese nicht zu 100 % verlässlich, denn es kommt immer wieder zu plötzlichen wirtschaftlichen Bewegungen, sogenannten Wirtschaftsschocks.[5]

Ein entscheidendes Konzept für die Analyse makroökonomischer Trends ist der *Wirtschaftszyklus*. Obwohl plötzliche Wirtschaftsschocks immer möglich sind, unterliegen wirtschaftliche Wachstumsraten der grundlegenden Tendenz, in bestimmten Zyklen zu steigen und zu fallen. Diese Zyklen stehen auch mit anderen Wirtschaftszahlen in Verbindung. So folgt auf eine starke Verlangsamung des Wirtschaftswachstums oft ein Rückgang der Leitzinssätze und Wechselkurse. Wer sich dessen bewusst ist, dass die Wirtschaft immer einem Zyklus unterworfen ist, dem ist auch eines klar: Wirtschaftliche Hochphasen halten nicht für immer an und andererseits geht es nach einem Wirtschaftstief immer irgendwann wieder bergauf. Entscheidend ist es, die zyklischen Wendepunkte so früh wie möglich zu erkennen.

Im Allgemeinen besteht ein Wirtschaftszyklus aus drei Sub-Zyklen, die in ihrer Länge variieren können und alle nach den Wirtschaftswissenschaftlern benannt wurden, die sie definierten:[6]

---

5   Makroökonomische Prognosen finden sich unter *www.oecd.org/eco/outlook; www.imf.org/external; www.worldbank.org.*

6   Siehe B. de Groot und P.H. Franses, „Stability through cycles", *Technological Forecasting and Social Change*, Band 75, Nr. 3 (2008), S. 301–11; Wirtschaftswissenschaftler weisen häufig auch auf den 50 Jahre anhaltenden Kondatieff „Innovations"-Zyklus hin; aus diesem Blickwinkel befindet sich die Weltwirtschaft noch immer im Aufschwung des internetbasierten Innovationszyklus.

■ Der *Kitchin- oder Lagerbestand-Zyklus* ist der kürzeste dieser Zyklen, denn von einem Wendepunkt zum nächsten erstreckt er sich über drei bis vier Jahre. Dieser kurze Zyklus wird vom Bedürfnis der Unternehmen bestimmt, ihre Lagerbestände an Rohstoffen und Einzelteilen aufzustocken, nachdem sich die Wirtschaft von einer Rezession erholt hat. Diese Aufstockung treibt das Wirtschaftswachstum für etwa ein weiteres Jahr voran, dieser Effekt verschwindet allerdings, sobald die Firmen aufhören, ihre Lagerbestände weiter auszubauen. Schwächt sich das Wirtschaftswachstum daraufhin wieder ab, bauen viele Firmen ihre Lagerbestände eher ab, kaufen also weniger ein, und verstärken damit zusätzlich den Negativtrend. Der Wendepunkt eines Kitchin-Zyklus ist erreicht, wenn alle Lager leer sind und die Firmen das Wirtschaftswachstum durch ein erneutes Auffüllen der Bestände wieder befeuern.

■ Der *Juglar- oder Investitions-Zyklus* ist ein mittelfristiger Zyklus, der sich meist über sieben bis elf Jahre erstreckt. Hier bestimmt ein Ausbau der Investitionen, z.B. Maschinen und Betriebsausstattung, den Rhythmus. Es kommt zu einem Juglar-Abschwung, sobald alle Unternehmen einer Volkswirtschaft ihre Investitionen getätigt haben und keine weiteren betrieblichen Investitionen nötig sind, bis es wieder zu Abnutzungen und Beschädigungen kommt. Damit geht die entsprechende Nachfrage drastisch zurück. Es kommt erst dann zu einem Wendepunkt, wenn die Unternehmen gezwungen sind, neue Investitionen zu tätigen.

■ Der *Kuznets- oder Infrastruktur-Zyklus* dauert mit 15 bis 25 Jahren am längsten. Diese Zyklen folgen der Lebensdauer von Investitionen in die Infrastruktur, z.B. in Wohnungs- und Straßenbau. Kuznets-Zyklen werden durch einen starken Anstieg der Infrastruktur-Investitionen ausgelöst, die dann wieder rückläufig sind, wenn der Bedarf an Infrastruktur gedeckt ist, eine Phase, die meist etwa zehn Jahre anhält. Der zyklische Aufschwung kommt, wenn die Infrastruktur nicht mehr zeitgemäß oder bedarfsgerecht ist und neue Investitionen nötig werden.

Diese drei Sub-Zyklen bestimmen gemeinsam die allgemeinen Zyklen des Wirtschaftswachstums. So zeigt Jahr 1 in ▶ *Abbildung 2.4* gleichzeitige Tiefpunkte bei allen drei Zyklen: Kitchin, Juglar und Kuznets. Für das Wirtschaftswachstum dürfte dies also ein eher schlechtes Jahr sein. In Jahr 8 dagegen sind der Kitchin- und Juglar-Zyklus eher niedrig, während der Kuznets-Zyklus auf ein Hoch zusteuert. Dieses Jahr dürfte also wesentlich besser laufen, was das Wirtschaftswachstum anbetrifft.

Manager, die langfristige strategische Entscheidungen treffen müssen, sollten sich auch mit den verschiedenen Wirtschaftszyklen beschäftigen. So könnte es etwa verlockend klingen, nach einigen Jahren des Wirtschaftswachstums große Summen in den Ausbau neuer Kapazitäten zu investieren. Kommt es allerdings rasch zu einem Abschwung, werden diese neuen Kapazitäten vielleicht gar nicht gebraucht. Andererseits werden viele Firmen nach zwei oder drei Jahren des Abschwungs übervorsichtig, was neue Investitionen betrifft. Erholt sich die Wirtschaft aber in den folgenden Jahren wieder, so könnten Konkurrenten, die frühzeitig in neue Kapazitäten oder Innovationen investiert haben, diesen Vorteil nutzen, während übervorsichtige Firmen den Anschluss verlieren. Wenn man das wirtschaftliche Umfeld untersucht, darf man also keinesfalls davon ausgehen, dass sich aktuelle Wirtschaftswachstumsraten auf Dauer fortsetzen werden.

Manche Branchen werden von den unterschiedlichen Zyklusbewegungen besonders in Mitleidenschaft gezogen. Hier einige Beispiele:

- In *Branchen mit beliebig verschiebbaren Ausgaben* können Käufer ihre geplanten Investitionen leicht um ein oder zwei Jahre verschieben, was diese Branchen sehr zyklus-anfällig macht. So sind Autohersteller, Restaurantbetreiber oder auch Bauunternehmen betroffen, denn hier können die Kunden ihre Ausgaben nach eigenem Ermessen einschränken oder zurückstellen. Nach einer Phase der Zurückhaltung kann man jedoch davon ausgehen, dass sich neue Nachfrage aufbaut, die schließlich auch wieder den Markt belebt.

- *Branchen mit hohen Fixkosten* wie etwa Fluggesellschaften, Hotels oder die Stahlherstellung leiden sehr unter einer Rezession, denn durch hohe Fixkosten für Ausstattung und Arbeitskräfte entsteht leicht ein Wettbewerb um den niedrigsten Preis, um so vorhandene Kapazitäten maximal auszulasten, wenn die Nachfrage gering ist. So könnte eine Fluglinie in Zeiten rückläufiger Nachfrage versuchen, ihre Plätze einfach dadurch zu füllen, dass sie immer billigere Ticketpreise anbietet. Folgen die Konkurrenten diesem Beispiel, beschert der daraus resultierende Preiskrieg allen Fluggesellschaften geringere Gewinne.

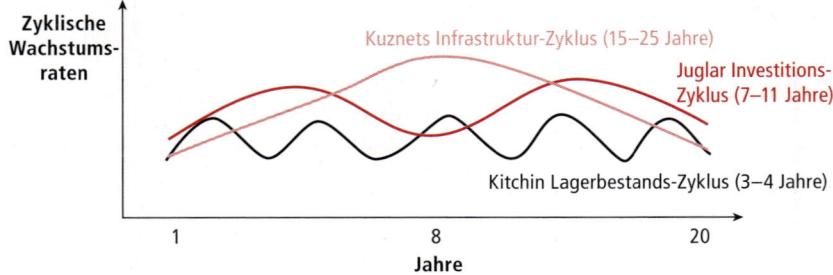

Abbildung 2.4: Wirtschaftszyklen

2.2.3   Gesellschaft

Die *gesellschaftlichen* oder sozialen Elemente des Makro-Umfelds haben in mindestens zweierlei Hinsicht großen Einfluss auf alle Organisationen. Zunächst können sie mit beeinflussen, wie genau sich in einer bestimmten Wirtschaftsphase Nachfrage und Angebot gestalten. Und auch die Innovationsbereitschaft, die Macht und die Effizienz einer Organisation werden durch die Gesellschaft bestimmt, in der sie agiert.

Zunächst gibt es eine Reihe wichtiger Aspekte des sozialen Umfelds, die Angebot und Nachfrage mitgestalten können. Zur Analyse dieser Aspekte dienen die folgenden vier Überschriften:

- *Demografie.* Die alternde Bevölkerung in vielen westlichen Ländern schafft für den öffentlichen und den privaten Sektor zahlreiche Chancen, aber auch Gefahren. Zum einen steigt die Nachfrage nach speziellen Dienstleistungen für ältere Menschen, andererseits aber sinkt das Angebot an jungen Arbeitskräften, die diese Nachfrage abdecken können.

■ *Verteilung.* Verändert sich die Vermögensverteilung innerhalb der Gesellschaft, so beeinflusst das die relative Größe der Märkte. Durch die Konzentration des Vermögens auf die Eliten, wie sie in den letzten 20 Jahren zu beobachten war, schränkten sich die Nachfrage und der Konsum in manchen Bereichen der mittleren Gesellschaftsschichten ein. Der Markt für bestimmte Luxusgüter wiederum wurde dadurch vergrößert.

■ *Geografie.* Branchen und Märkte sind oft in bestimmten Regionen stärker als in anderen. In Großbritannien war das Wirtschaftswachstum in den vergangenen Jahrzehnten im Raum London immer größer als im Rest des Landes. Zudem bilden viele branchengleiche Unternehmen in bestimmten Regionen gerne Cluster: So gibt es im kalifornischen Silicon Valley besonders viele Wissenschaftler und Ingenieure[7] (siehe auch *Kapitel 10*).

■ *Kultur.* Auch wenn sich kulturelle Ansichten und Einstellungen ändern, kann das strategische Probleme nach sich ziehen. So stellen zum Beispiel neu aufkommende ethische Bedenken bisher übliche und akzeptierte Strategien der Banken in Frage. Wenn sich die Kultur verändert, geht das nicht selten mit einer demografischen Veränderung einher. So verändert die „digitale Generation", also alle, die nach den 1980er-Jahren geboren sind und somit von Kindheit an von digitalen Technologien umgeben waren, die Erwartungen an Medien, Konsum und Bildung.

Ein zweiter wichtiger sozialer Aspekt der Makro-Umgebung sind die Netzwerke von Organisationen, denn sie wirken sich in erheblichem Maß auf deren Innovationsverhalten, Machtposition und Effektivität aus. Solche Netzwerke werden häufig auch als „Organisationsfelder" bezeichnet.[8] Ein **Organisationsfeld** ist eine Gemeinschaft von Organisationen, die häufiger miteinander interagieren als mit anderen Organisationen außerhalb ihres Felds.

Solche Organisationsfelder sind zum Teil *wirtschaftlich* geprägt, denn sie bestehen auch aus konkurrierenden Organisationen innerhalb derselben Branche. Und auch Kunden und Zulieferer gehören dazu (siehe *Kapitel 3*). Das Konzept der Organisationsfelder betont aber auch die *sozialen* Interaktionen mit anderen Organisationen und Akteuren, die für die Branche wichtig sind. Hier sind zum Beispiel politische Organisationen, wie etwa Regierungen oder bestimmte Interessengruppen gemeint, genauso wie Rechtsträger, etwa Regulierungsbehörden, aber auch andere soziale Gruppen wie Berufsverbände und Gewerkschaften. Auch einzelne besonders einflussreiche Personen wie zum Beispiel Politiker können innerhalb eines Organisationsfelds zu Hauptakteuren werden.

Netzwerke und Organisationsfelder können mithilfe von *Soziogrammen* analysiert werden, die alle potenziell wichtigen sozialen (und wirtschaftlichen) Verbindungen erfassen und darstellen.[9] Für ein neues High-Tech-Unternehmen beispielsweise

Organisationsfeld

Ein Organisationsfeld ist eine Gemeinschaft von Organisationen, die häufiger miteinander interagieren als mit anderen Organisationen außerhalb ihres Felds.

---

7   M. E. Porter, „Clusters and the new economics of competition", *Harvard Business Review*, Band 76, Nr. 6 (1997), S. 77–90.

8   R. Suddaby, K. D. Elsbach, R. Greenwood, J. W. Meyer und T. B. Zilber, „Organisations and their institutional environments – bringing meaning, values and culture back in: Introduction to the special research forum", *Academy of Management Journal*, Band 53, Nr. 6 (2010), S. 1234–40. Siehe auch G. Johnson und R. Greenwood, Institutional theory and strategy in Mr. Jenkins und V. Ambrosini (eds.), *Strategic Management: a multiple perspective approach*, V. Palgrave 3. Auflage, 2015.

9   R. S. Burt, M. Kilduff und S. Tasselli, „Social network analysis: foundations and frontiers on advantage", *Annual Review of Psychology*, Band 64 (2013), S. 527–47.

bestehen wichtige Netzwerkverbindungen etwa zu Universitäten, starken etablierten Firmen und einflussreichen Risikokapitalgebern. Soziogramme können dazu beitragen, die Wirksamkeit bestehender Netzwerke einzuschätzen und herauszufinden, wer innerhalb des Netzwerks die größte Macht und das größte Innovationspotenzial besitzt. Drei Konzepte erleichtern das Verständnis von Wirksamkeit, Macht und Innovationspotenzial:

- Eine *hohe Netzwerkdichte* verstärkt meist die Wirksamkeit eines Netzwerks. Damit ist die Anzahl der Verbindungen zwischen den einzelnen Netzwerkteilnehmern gemeint. Je mehr Verbindungen und Austausch es gibt, desto schneller können Informationen und neue Ideen zwischen den Netzwerkteilnehmern ausgetauscht werden – und damit steigt die Wirksamkeit. Jeder spricht mit jedem, sodass kein Teilnehmer von potenziell wichtigen Informationen isoliert bleibt.

- Auf einer Position als *zentrale Drehscheibe* ist eine bestimmte Organisation dafür zuständig, viele andere Netzwerker miteinander in Kontakt zu bringen. Solche Organisationen im Zentrum sind sehr mächtig, denn die anderen Teilnehmer verlassen sich auf sie und sind ein Stück weit von ihnen abhängig. Auch Innovationen entstehen häufig im Zentrum, denn die Organisation an der Drehscheibe kann Ideen aus dem gesamten Netzwerk sammeln und erfährt Neuigkeiten früher als alle anderen.

- Manche Organisationen nehmen auch eine *Vermittlerstellung* ein und bringen Organisationsgruppen in Kontakt, die ansonsten getrennt bleiben würden. Auch solche Vermittler haben einen Innovationsvorteil, denn sie können die wertvollsten Informationen einer Gruppe mit den wertvollsten Informationen einer anderen Gruppe zusammenbringen. Als Bindeglied zwischen beiden Gruppen können sie die kombinierten Informationen vor allen anderen nutzen.

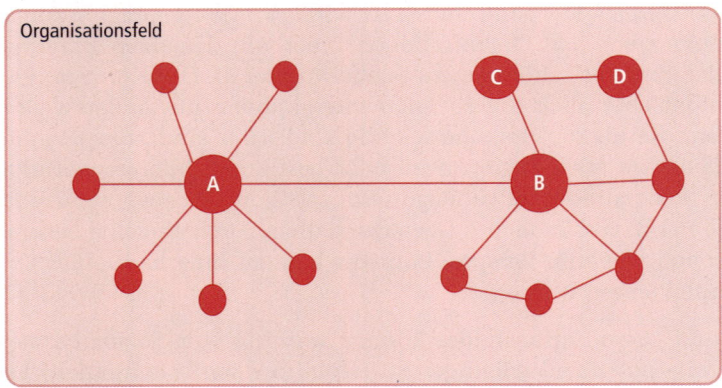

A ist eine wichtigere Drehscheibe als B; A und B sind beide Vermittler; Bs unmittelbares Netzwerk ist dichter als As Netzwerk.

Abbildung 2.5: Soziogramm sozialer Netzwerke innerhalb eines Organisationsfelds

▶ *Abbildung 2.5* zeigt ein Soziogramm aus zwei Netzwerken um zwei Organisationen, A und B. Beide Netzwerke zusammen ergeben ein gemeinsames Organisationsfeld, das aber aus zwei unterschiedlichen Gruppen besteht. Da beide Organisationen A und B diese Gruppen miteinander verbinden, kann man sie als Vermittler sehen.

Organisation A fungiert zudem als zentrale Drehscheibe innerhalb ihres Netzwerks, denn sie ist mit sieben anderen Unternehmen verbunden, darunter auch Organisation B. Auch Organisation B agiert als Drehscheibe, ist aber nur mit fünf anderen Organisationen direkt verbunden. Um mit Organisation D in Kontakt zu kommen, muss es erst Organisation C kontaktieren. Da Organisation B über weniger direkte Verbindungen verfügt, lässt sich aus dem Soziogramm ableiten, dass sie gegenüber Organisation A innerhalb des Organisationsfelds einen Nachteil hat, was Macht und Innovationspotenzial betrifft. Andererseits verfügt Organisation B aufgrund ihrer Position als Vermittler und Drehscheibe über mehr Macht und Innovationspotenzial als Organisation C. Und obwohl Organisation B vielleicht gegenüber Organisation A im Nachteil ist, könnte es durchaus sein, dass das Netzwerk um B vergleichsweise effektiver und mächtiger ist als das Netzwerk um A, denn es ist dichter und verfügt über mehr gegenseitige Verbindungen. Dadurch können Informationen schneller untereinander ausgetauscht werden und müssen nicht immer erst über die zentrale Drehscheibe laufen. So gesehen verfügt Organisation B zwar für sich allein über weniger Macht als Organisation A, gemeinsam mit dem gesamten Netzwerk könnte sie aber durchaus stärker und effektiver agieren.

Soziogramme lassen sich sowohl für einzelne wichtige Personen als auch für ganze Organisationen erstellen: Einzelpersonen sind oft ohnehin das Bindeglied zwischen Organisationen. Persönliche Netzwerke sind in vielen Bereichen wichtig, z.B. das Netzwerk ehemaliger Berater der bedeutenden Unternehmensberatung McKinsey & Co oder Netzwerke für Führungskräfte oder die *interpersonalen* Netzwerke, die in China weit verbreitet sind.

Manche Organisationsfelder kann man als richtiggehende „kleine Welten" beschreiben.[10] *Kleine Welten* entstehen dann, wenn die große Mehrheit der Mitglieder eines Netzwerks eng miteinander verbunden sind und entweder nur einen Schritt voneinander entfernt sind (wie C von B in ▶ *Abbildung 2.5*) oder aber nur wenige Schritte entfernt liegen (wie D von B). Innerhalb solcher kleinen Welten werden die einzelnen Mitglieder oft geschützt und können effektiv arbeiten, denn die Dichte ist hier sehr hoch. Organisationen, die außerhalb liegen (etwa aus dem Ausland), werden es dagegen schwer haben, Zugang zu solchen Netzwerken zu bekommen, wenn ihnen kein Insider dabei hilft. Kleine Welten kommen vor allem dort vor, wo sich die Wirtschaftsaktivitäten geografisch konzentrieren oder soziale Eliten einen gemeinsamen Hintergrund haben.

2.2.4 Technologie

Weitere wichtige Elemente innerhalb des Makroumfelds sind Technologien, wie etwa das Internet, Nanotechnologie oder neue Materialien, deren Einfluss weit über einzelne Branchen hinausgehen kann. Das Beispiel des Internet-Streamings zeigt, dass neue Technologien für manche Organisationen neue Chancen und Möglichkeiten eröffnen können (z.B. für Spotify oder YouTube), während andere dadurch mit neuen Gefahren kämpfen müssen (z.B. traditionelle Musikfirmen und Fernsehstationen).

---

10 M. A. Sytch, A. Taraynowicz und R. Gulati, „Towards a theory of extended contact: the incentives and opportunities of bridging across network communities", *Organization Science*, Band 23, Nr. 6 (2012), S. 1658–81.

Kapitel 10 befasst sich mit besonderen Strategien im Zusammenhang mit innovativen neuen Technologien.

Doch auch an dieser Stelle ist es wichtig, über die technologische Analyse des Makro-Umfelds zu sprechen, um mögliche neue Chancen für Innovationen zu entdecken. Es gibt fünf wichtige Indikatoren für innovative Aktivitäten:[11]

- *Budgets für Forschung und Entwicklung.* Innovative Firmen, Branchen und Länder zeichnen sich durch hohe Ausgaben für die Forschung aus, was sich aus den Jahresberichten oder Regierungsstatistiken ablesen lässt.

- *Neue Patentierungen.* Unternehmen, die viele neue Technologien patentieren lassen, sind in nationalen Patentregistern verzeichnet.

- *Zitierungsanalysen.* Wie wichtig Patente und wissenschaftliche Veröffentlichungen über neue Technologien sind, kann man daran ablesen, wie häufig diese von anderen Organisationen zitiert werden.

- *Ankündigung neuer Produkte.* Meist veröffentlichen Organisationen Ankündigungen über neue Produkte in eigenen Pressemitteilungen oder anderen medialen Formaten.

- *Medienabdeckung.* Spezialisierte Technologiemedien und Branchenliteratur beschäftig sich immer mit den neuesten Technologien, die gerade oder in naher Zukunft auf den Markt kommen. Auch in manchen sozialen Medien ist darüber zu lesen.

Es hängt zwar sehr stark vom jeweiligen Unternehmen, Sektor oder Land ab, wie stark deren innovative Aktivitäten von den oben genannten Indikatoren angezeigt werden, doch in der Regel sind sie sehr hilfreich bei der Aufdeckung von Bereichen, in denen ein schneller technologischer Wandel stattfindet. Auch helfen sie festzustellen, wo sich gerade neue Technologien entwickeln. Eine Analyse des neuen Materials Graphen beispielsweise (das nur ein Atom dick, aber trotzdem sehr stabil und flexibel ist) ergibt, dass sich die Anzahl der jährlich veröffentlichten wissenschaftlichen Berichte darüber zwischen 2010 und 2014 vervierfacht hat. Das zeigt klar, dass Graphen auch in Zukunft bedeutsam sein wird. Welche Region aber vorne liegt beim Thema Technologie, das ist nicht ganz klar. In Westeuropa werden 34 % aller wissenschaftlichen Artikel veröffentlicht, doch nur 9 % aller neuen Patente angemeldet. In China werden 40 % aller Patente angemeldet und Samsung ist mit Abstand die Firma mit den meisten Patentanmeldungen. Was die Anwendung von Kohlenstoff-Innovationen betrifft, werden die meisten Patente hierzu in den Bereichen Elektronik und Verbundstoffe eingereicht.[12]

Viele Organisationen veröffentlichen auch Strategiepläne zum Thema Technologie, die den Weg ihrer Branche in die Zukunft vorzeichnen.[13] Technologische Strategie-

---

11 J. Hagedoorn und M. Cloodt, „Measuring innovative performance: is there an advantage in using multiple indicators?", *Research Policy*, Band 32, Nr. 8 (2003), S. 1365–79.
12 A. C, Ferrari, F. Bonaccorso, V. Falko, K. S. Nowoselow, S. Roche, P. Boggid und S. Borini, „Science and technology roadmap for grapheme, related two-dimensional crystals and hybrid systems", *Nanoscale*, Band 7, Nr. 11 (2015), S. 4598–810.
13 J. H. Lee, H. I. Kim und R. Phaal, „An analysis of factors improving technology roadmap credibility: a communications theory assessment of roadmapping processes", *Technology Forecasting and Social Change*, Band 79, Nr. 2 (2012), S. 263–80.

pläne entwerfen die zukünftige Nachfrage für verschiedene Produkte und Dienstleistungen, zeigen alternative Technologien auf, die diese Nachfrage erfüllen sollen, wählen die vielversprechendste dieser Alternativen aus und weisen auf einem Zeitplan aus, wie lange ihre Entwicklung dauert. Sie sind also gute Indikatoren für zukünftige technologische Entwicklungen. ▶ *Abbildung 2.6* zeigt einen vereinfachten Technologie-Strategieplan für die Anwendungsbereiche von Graphen in der Elektronik, sowohl in Bauteilen und Schaltkreisen als auch in elektronischen Systemen. Dieser Plan geht davon aus, dass im Jahr 2018 Versuche an lebenden Tieren und Versuchspersonen durchgeführt werden, die die Wirkung von Graphen-Bauteilen testen sollen. Produkte wie Drogentests und hochempfindliche Sensoren sollen dementsprechend etwa 2020 auf den Markt kommen. Ein solcher Strategieplan wirkt sich weit über die Elektronikbranche hinaus aus und beeinflusst nicht nur den Pharmasektor, sondern alle Bereiche, in denen es darauf ankommt, Produkteigenschaften genau zu erfassen, vom Einzelhandel bis zur Logistik.

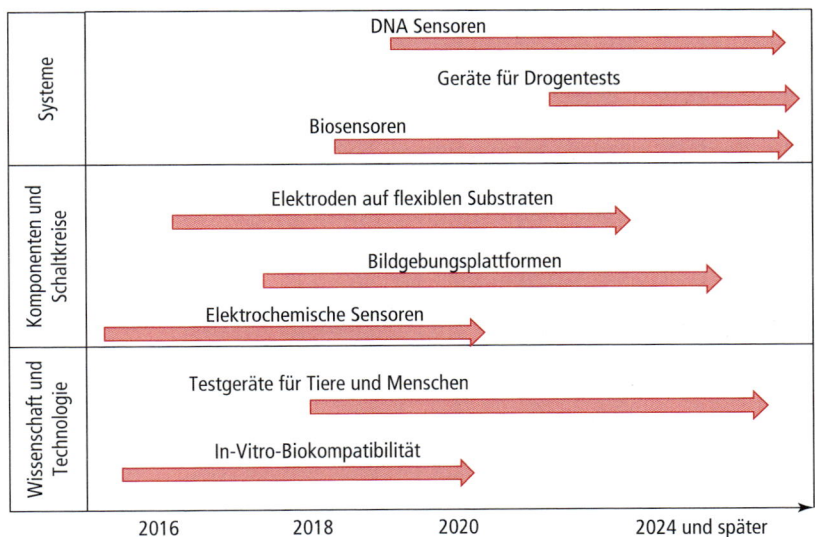

Abbildung 2.6: Technologie-Strategieplan für Graphen in der Elektronik

Quelle: Vereinfacht aus: A. Ferrari, Science and technology roadmap for graphene, Nanoscale, Band 7, (2015), S. 4598–810 (Abbildung 121, S. 4759)

2.2.5 Ökologie

Innerhalb der PESTEL-Analyse steht die Ökologie speziell für „grüne" Umweltfragen, wie Verschmutzung, Abfall und Klimawandel. Außerdem können Umweltbestimmungen zu zusätzlichen Kosten führen, beispielsweise für den Umweltschutz. Sie können aber auch eine Quelle neuer Chancen sein. So entwickelten sich beispielsweise neue Unternehmen im Bereich des Recyclings von Mobiltelefonen. In diesem Bereich müssen sich Unternehmen vor allem drei Herausforderungen stellen:[14]

---

14 S. L. Hart und G. Dowell, „A natural-resource-based view of the firm: fifteen years after", *Journal of Management*, Band 37, Nr. 5 (2010), S. 1464–79.

- *Verpflichtungen im Zusammenhang mit direkter Verschmutzung* stellen eine klare Herausforderung dar, nicht zuletzt deswegen, weil es längst nicht mehr nur darum geht, „am Ende den Dreck wegzuräumen", also etwa Abfallprodukte sicher zu entsorgen. Heute kommt es vor allem darauf an, von Anfang an, so wenige Schadstoffe wie möglich zu produzieren. Zulieferung, Herstellung und Vertrieb in Form von sauberen Prozessen abzuwickeln, ist immer besser, als sich am Ende um viele Abfallstoffe und Verschmutzung kümmern zu müssen.

- Der Begriff *Produktverantwortung* bezeichnet die Lösung ökologischer Problemstellungen innerhalb der gesamten Wertschöpfungskette einer Organisation und innerhalb des gesamten Lebenszyklus eines Produkts. Ein Unternehmen muss hier beispielsweise die Verantwortung übernehmen für ökologische Beeinträchtigungen, die durch seine Zulieferer oder auch seine Endkunden entstehen. Und auch was am Ende des Lebenszyklus eines Produkts passiert, fällt in den Verantwortungsbereich der Organisation. So sind Autohersteller inzwischen auch für Recycling und sichere Entsorgung von alten Fahrzeugen zuständig.

- Das Kriterium der *nachhaltigen Entwicklung* gewinnt immer mehr an Bedeutung und meint längst nicht mehr nur die Minimierung von Umweltschäden, sondern auch die Frage, ob ein Produkt oder eine Dienstleistung in Zukunft unbefristet weiterproduziert werden kann. Dieses Nachhaltigkeitskriterium schränkt die übermäßige Ausbeutung besonderer Rohstoffe, etwa aus Entwicklungsländern, ein und wirft oft Fragen der sozialen Verantwortung gegenüber bestimmten sozialen Gruppen auf.

Bewertet man das Makro-Umfeld aus ökologischer Sicht, so müssen alle drei Aspekte, direkte Verschmutzung, Verantwortung und auch Nachhaltigkeit, genau bedacht werden.

Wie wichtig diese ökologischen Kriterien für ein bestimmtes Unternehmen sind, hängt von drei kontextbedingten Faktoren ab, die unterschiedlich starken Druck auf das Unternehmen ausüben können. Zwei dieser Faktoren ergeben sich direkt aus dem Makroumfeld:

- *Ökologisch.* Je wichtiger ökologische Gesichtspunkte für ein Unternehmen sind, desto höher ist auch der Druck, der von ihnen ausgeht: So muss sich ein Chemiekonzern sicher mehr Gedanken über die Umwelt machen als eine Schule. Es gibt allerdings auch drei weniger offensichtliche Aspekte zu bedenken. Zunächst werden ökologische Probleme umso dringlicher, je *nachweislicher* sie sind. Je geringer die Zweifel über das Phänomen der globalen Erwärmung wurden, desto höher wurde der Druck auf die Unternehmen, etwas dagegen zu tun. Auch die *Sichtbarkeit* spielt hier eine Rolle. Die Luftverschmutzung durch Flugzeuge ist beispielsweise ein zentraleres Thema als die Verunreinigung der Meere durch den Schiffsverkehr, denn Flugzeuge sind für die Bevölkerung präsenter als Schiffe weit draußen auf den Ozeanen. Zudem ist entscheidend, wie stark ein Thema mit *Gefühlen* behaftet ist: Die Gefährdung der Eisbären erregt mehr Aufmerksamkeit als die Gefährdung der Hyänen.

- *Organisationsfeld.* Die Dringlichkeit ökologischer Probleme hängt nicht nur von ihrer eigenen Beschaffenheit ab. Wie stark der Druck ist, der deshalb auf eine Organisation wirkt, hängt auch davon ab, wie diese Probleme mit dem Organisationsfeld insgesamt in Beziehung stehen. Wird ein Organisationsfeld von starken Kontrollorganen oder aktiven Interessengruppen bestimmt, so steigt die Dringlichkeit von Umweltproblemen. Dies ist auch der Fall, wenn die Unternehmen innerhalb eines Organisationsfelds eng miteinander verbunden sind und ein reger Austausch besteht: Schließlich ist es innerhalb eines dichten Netzwerks schwieriger, Fehlverhalten zu verschleiern, und auch der Druck, ökologische Grenzwerte einzuhalten, ist höher.

- *Interne Organisation.* Die persönlichen Werte der Führungsriege einer Organisation wirken sich natürlich auch darauf aus, wie stark man sich für ökologische Probleme zuständig fühlt. Auch die Effizienz und Wirksamkeit von Managementsystemen spielt hier eine Rolle, denn Verhaltensweisen, die die Lösung ökologischer Probleme begünstigen, müssen entsprechend überwacht und gefördert werden.

Selbst wenn ökologische Problemstellungen Unternehmen stark unter Druck setzen können, so gibt es doch auch wichtige Motive für eine Organisation, solche Probleme zu lösen. Wie ▶ *Abbildung 2.7* zeigt, kann der Druck, der vom jeweiligen Kontext der Problematik herrührt, eine ganze Reihe wichtiger Motive ansprechen. Grundsätzlich ist natürlich immer ein gewisser Sinn für ökologische *Verantwortung* vorhanden: Die persönlichen Werte der Führungskräfte einer Organisation fördern also in der Regel ökologische Initiativen und bei den Produktionssystemen wird versucht, Umweltverschmutzung zu reduzieren. Doch auch die *Legitimität* kann ein angestrebtes Motiv sein, denn wer die Regeln einhält und bei Überwachungsorganen gut abschneidet, hat auch bei Kunden einen besseren Ruf. Und schließlich kann auch die *Wettbewerbsfähigkeit* steigen, wenn man sich um ökologische Probleme kümmert. Wer etwa im Produktionsprozess möglichst wenig Abfallstoffe produziert, spart auch Kosten. Zudem sind grüne Produkte auf dem Markt attraktiv und bringen häufig einen höheren Preis.

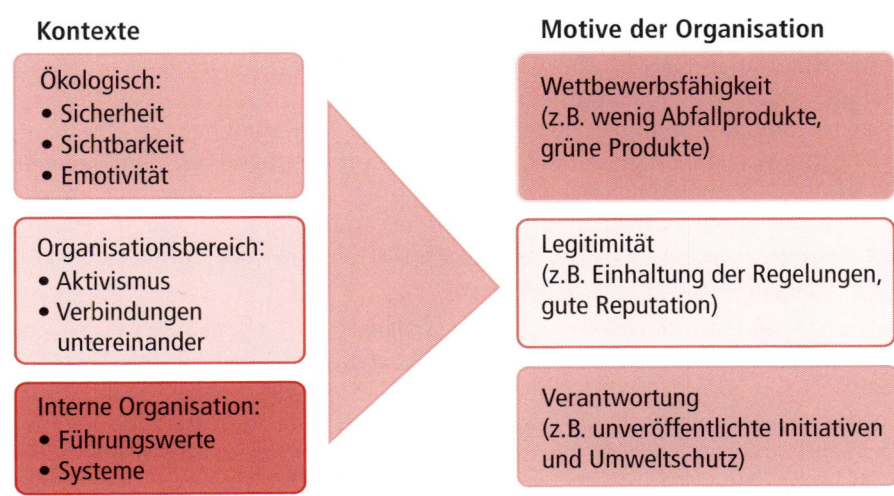

Abbildung 2.7: Kontext und Motiv für ökologische Themen

2.2.6   Recht und Gesetz

Das letzte Element der PESTEL-Analyse des Makro-Umfelds bezieht sich auf rechtliche Aspekte. Hier gibt es eine Vielzahl von Themen: Arbeitsrecht, Umweltschutz, Verbraucherschutz, Steuergesetze und Offenlegungspflichten. Dazu kommen noch Gesetze zum Thema Eigentum, Wettbewerb und Corporate Governance. In den letzten Jahren entstanden durch die Lockerung von rechtlichen Beschränkungen und durch die Deregulierung viele neue Chancen, etwa für Billigfluglinien. Gesetze können aber andererseits auch Hindernisse für Unternehmen darstellen.

Rechtliche Belange bilden einen wichtigen Teil des *institutionellen Umfelds* einer Organisation, wobei hier sowohl die formalen als auch die informellen „Spielregeln" gemeint sind.[15] Dieses Konzept des institutionellen Umfelds legt nahe, dass es für eine PESTEL-Analyse durchaus sinnvoll sein kann, nicht nur die offiziellen Rechte und Gesetze zu berücksichtigen, sondern auch auf eher informelle Normen zu achten. Dies sind erwartete („normale") Verhaltensmuster, die nicht ignoriert werden können. Weit über geltendes Recht hinaus, gibt es also ziemlich ausdrückliche und wirkungsvolle Normen etwa, was den Schutz und Respekt der Umwelt anbelangt. Organisationen, die diese Normen nicht beachten, riskieren dementsprechend, den Zorn von Kunden und Mitarbeitern gleichermaßen auf sich zu ziehen – völlig ungeachtet der rechtlichen Situation.

Formale und informelle Gesetze und Regeln der einzelnen Länder unterscheiden sich stark voneinander und definieren somit auch sehr unterschiedliche institutionelle Umfelder, ein Phänomen, das manchmal als „Variationen des Kapitalismus" bezeichnet wird.[16] Diese *Variationen des Kapitalismus* beeinflussen die Art und Weise, wie in einem bestimmten Umfeld agiert wird und Unternehmen geführt werden – und damit auch die Erfolgschancen für Insider und Outsider. Natürlich gibt es in jedem Land ganz eigene Ausprägungen, doch drei allgemeine Variationen des Kapitalismus können in jedem Fall unterschieden werden:

Eine *freie Marktwirtschaft* existiert in einem Umfeld, in dem sowohl die formalen als auch die informellen Regeln und Gesetze den Wettbewerb zwischen Unternehmen begünstigen, aggressive Firmenübernahmen zulassen und freie Verhandlungen zwischen Arbeitnehmern und Arbeitgebern erlauben. Unternehmen in einer solchen freien Marktwirtschaft finanzieren sich meist durch Geschäfte auf den Finanzmärkten, es gibt viele unabhängige Unternehmer oder aber Aktiengesellschaften. Hier kommt es nicht selten zu radikalen Innovationen und es gibt zahlreiche Kontakte zu internationalen Unternehmen. Die Volkswirtschaften der USA und Großbritanniens kommen diesem Modell am nächsten.

In einer *koordinierten Marktwirtschaft* ist das Handeln der einzelnen Unternehmen stärker aufeinander abgestimmt, was zum Beispiel durch Industrieverbände und ähn-

---

15   J. Cantwell, J. H. Dunning und S. M. Lundan, „An evolutionary approach to understanding international business activity: the co-evolution of NMEs and the institutional environment", *Journal of International Business Studies*, Band 41, Nr. 4 (2010), S. 567–86.

16   M. A. Witt und G. Redding, „Asian business systems: institutional comparison, clusters, and implications for varieties of capitalism and business systems theory", *Socio-Economic-Review*, Band 11, Nr. 2 (2013), S. 265–300; R. M. Schneider und M. Paunescu, „Changing varieties of capitalism and revealed comparative advantages from 1990 to 2005: a test of the Hall and Soskice claims", *Socio-Economic Review*, Band 10, Nr. 4 (2012), S. 731–53.

liche Organe begünstigt wird. So werden feindliche Übernahmen durch rechtliche und normative Einschränkungen unterbunden, während einvernehmliche und gemeinsame Beschlüsse und Abkommen andererseits unterstützt und gefördert werden. Unternehmen in dieser Form der Marktwirtschaft finanzieren sich meist über Bankkredite und befinden sich häufig in Familienbesitz. Innovationen werden dauerhaft und langfristig gefördert, und da es dichte koordinierende Netzwerke gibt, können internationale Firmen in solchen Marktwirtschaften nicht so leicht Fuß fassen. Länder, die diesem Modell am ehesten entsprechen, sind Deutschland und Japan.

In einer *entwicklungspolitischen Marktwirtschaft* spielt der Staat eine große Rolle, denn er besitzt oder beeinflusst zumindest stark alle Unternehmen, die für die nationale wirtschaftliche Entwicklung wichtig sind. Häufig ermutigt die Regierung – sowohl auf dem formalen als auch auf dem informellen Weg – Unternehmen des privaten Sektors, sich mit staatlichen Behörden und Entscheidungsträgern abzustimmen. Auch alle Arbeitsverhältnisse sind in hohem Maß staatlich reguliert. Wichtigste Finanzierungsquellen sind die oft staatlichen Banken. Zwar werden Infrastrukturprojekte und kapitalintensive Initiativen langfristig gefördert, doch haben internationale Unternehmen oft das Nachsehen. Obwohl jede der nachstehend genannten Volkswirtschaften ganz eigene Eigenschaften aufweist, zeigen doch sowohl Brasilien als auch China und Indien Aspekte der entwicklungspolitischen Marktwirtschaft.

Eine Analyse des Makro-Umfelds eines bestimmten Lands sollte also auch die lokale Variation des Kapitalismus berücksichtigen und darauf eingehen, inwieweit dort bestimmte Unternehmen und Strategien gefördert werden.

2.2.7 Die Hauptantriebskräfte des Wandels

Es wurden nun eine ganze Reihe verschiedener Konzepte für die Analyse jedes PESTEL-Faktors vorgestellt und erklärt, besonders auf der Makro-Ebene. Es ist nachvollziehbar, dass die Analyse all dieser Faktoren und deren Wechselbeziehungen zu langen und komplexen Listen führen kann. Um also nicht von der Fülle der vorhandenen Details überwältigt zu werden, ist es wichtig, beizeiten etwas Abstand zu nehmen und die *wichtigsten Antriebskräfte des Wandels* zu identifizieren.

Diese **Hauptantriebskräfte des Wandels** sind die Umfeldfaktoren, welche Branchen und Sektoren sowie auch die dort angewendeten Strategien wahrscheinlich am meisten beeinflussen.

Hauptantriebskräfte des Wandels

Die Hauptantriebskräfte des Wandels sind die Umfeldfaktoren, welche Branchen und Sektoren sowie auch die dort angewendeten Strategien wahrscheinlich am meisten beeinflussen.

Diese Hauptantriebskräfte setzen also die Faktoren des Makro-Umfelds auf der Ebene der einzelnen Branche oder des einzelnen Sektors um. Die Tatsache, dass aufgrund der aktuellen sozialen und rechtlichen Veränderungen das Autofahren immer unattraktiver wird, könnte sich etwa auf Supermärkte viel stärker auswirken als auf Banken für Privatkunden. Kann ein Manager die Hauptantriebskräfte des Wandels in seiner eigenen Branche identifizieren, so hilft ihm das, sich bei der PESTEL-Analyse auf genau die Faktoren zu konzentrieren, die für ihn entscheidend sind und am dringlichsten behandelt werden müssen. Andernfalls sind Manager nicht in der Lage, richtige strategische Entscheidungen zu treffen, die effektive Wirkung zeigen. Im oben genannten Beispiel könnte dies bedeuten, dass die Supermarktkette auf die geringere Nutzung von Autos reagiert, indem sie einige Filialen, die weit außerhalb liegen, schließt und dafür in kleinere neue Läden in den Stadtzentren investiert. Es ist immer wichtig, dass die Strategen eines Unternehmens jede einzelne der Hauptantriebskräfte des Wandels genau unter die Lupe nehmen, um jederzeit Gefahren zu minimieren und, wenn möglich, Chancen zu nutzen.

2.3 Prognosen

Prognosen

Prognosen lassen sich gemäß drei unterschiedlichen Ansätzen stellen, die auf verschiedenen Graden der Sicherheit beruhen: punktgenaue Vorhersage, Vorhersage eines Bereichs und Vorhersage alternativer Zukunftsszenarien. Im Folgenden werden diese drei Ansätze genau erklärt und außerdem wichtige Konzepte eingeführt, die dazu beitragen können, einen zukünftigen Wandel besser vorherzusagen.

Prognosen über zukünftige Bedingungen und Auswirkungen spielen eigentlich bei allen strategischen Entscheidungen eine zentrale Rolle. Wird etwa ein Anstieg der Nachfrage prognostiziert (Bedingung), so entscheidet sich der zuständige Manager für eine Investition in neue Kapazitäten, denn er erwartet sich davon eine Umsatzsteigerung (Auswirkung). Die Faktoren der PESTEL-Analyse fließen in diese Prognosen mit ein, indem etwa zukünftige Wirtschaftszyklen aufgezeichnet werden können oder neue Technologien bereits genau eingeplant sind. Genaue Vorhersagen sind allerdings bekanntermaßen sehr schwer zu treffen. Schließlich ist es ein wichtiger strategischer Schachzug eines Managers, seine Konkurrenten zu überraschen. Deshalb lassen sich **Prognosen** gemäß drei unterschiedlichen Ansätzen stellen, die auf verschiedenen Graden der Sicherheit beruhen: punktgenaue Vorhersage, Vorhersage eines Bereichs und Vorhersage alternativer Zukunftsszenarien.

2.3.1 Ansätze zur Prognostizierung

Die drei verschiedenen Ansätze zur Prognostizierung werden nun erklärt und in ▶ *Abbildung 2.8* dargestellt.[17]

- Bei der *punktgenauen Vorhersage* sind sich die Unternehmen so sicher bezüglich der zukünftigen Entwicklung, dass sie sich bei ihren Prognosen auf einen einzigen Punkt oder eine genaue Zahl festlegen, wie in ▶ *Abbildung 2.8 (i)* zu sehen ist. So könnte eine Firma etwa vorhersagen, dass die Bevölkerung auf einem Markt in den nächsten zwei Jahren um genau 5 % steigen wird. Diese Art der Prognose setzt einen hohen Grad an Sicherheit voraus. Besonders demografische Entwicklungen (z.B. die Überalterung der Gesellschaft) eignen sich für solche punktgenauen Prognosen – zumindest kurzfristig gesehen. Und für Unternehmen sind sie sehr attraktiv, denn sie lassen sich leicht auf Budgetzahlen übertragen: eine einzige gezielte Umsatzprognose kann Manager motivieren und sie gleichzeitig in die Verantwortung nehmen.

- Umfasst die *Vorhersage einen größeren Bereich*, so sind sich die betroffenen Organisationen weniger sicher, denn hier sind mehrere Auswirkungen möglich. Diese verschiedenen Auswirkungen können unterschiedlich wahrscheinlich sein, wobei eine mögliche Entwicklung eindeutig als am wahrscheinlichsten eingestuft wird (in ▶ *Abbildung 2.8 (ii)* der Bereich in der dunkelsten Farbe). Darum herum sind die möglichen Ergebnisse von innen nach außen immer unwahrscheinlicher (immer heller dargestellt). Solche Prognosen werden oft als sogenannte „Fächer-Diagramme" dargestellt, denn der Fächer an Möglichkeiten wird immer breiter, je weiter die Prognose in die Zukunft reicht. Volkswirtschaftliche Zahlen wie z.B.

---

17 U. Haran und D. A. Moore, „A better way to forecast", *California Management Review*, Band 57, Nr. (2014), S. 5–15; H. Courtney, J. Kirkland und P. Viguerie, „Strategy under uncertainty", *Harvard Business Review*, Band 75, Nr. 6 (1997), S. 67–79.

Zinssätze oder Wirtschaftswachstumsraten werden häufig auf diese Weise prognostiziert.

■ Noch unsicherer ist meist die *Vorhersage unterschiedlicher Zukunftsszenarien*, denn hier werden mehrere mögliche, aber komplett verschiedene Entwicklungen prognostiziert. Hier verläuft der Wahrscheinlichkeitsgrad nicht geradlinig abnehmend, sondern die Szenarien sind nicht kontinuierlich – entweder sie treten ein oder eben nicht, mit entsprechend radikal unterschiedlichen Konsequenzen (siehe ▶ *Abbildung 2.8(iii)*). Solche Alternativen könnten sich etwa durch unterschiedliche politische Entscheidungen ergeben. In einem Land, das zum Beispiel über den Austritt aus einer Währungsunion entscheidet (etwa dem Euroraum), könnte Ergebnis A die Auswirkungen auf Wachstum und Arbeitslosigkeit beschreiben, wenn die Entscheidung für den Verbleib in der Währungsunion fällt. Ergebnis B wiederum zeigt die Folgen bei einem Ausstieg und Ergebnis C könnte die Folgen zeigen, wenn sich das Land für eine Lösung entscheidet, die in Richtung B geht, aber die Einführung von Handelsbarrieren noch einschließt. Es ist auch möglich, diese unterschiedlichen Szenarien mit einer prozentualen Wahrscheinlichkeit zu versehen. So könnte in unserem Beispiel Ergebnis A mit 40-prozentiger Wahrscheinlichkeit und Ergebnis B und C mit jeweils 30-prozentiger Wahrscheinlichkeit eintreten. Solche alternativen Entwicklungsmöglichkeiten werden oft bei der Szenario-Analyse entworfen (siehe *Abschnitt 2.4*), nicht jedoch als einzelne Prognosen.

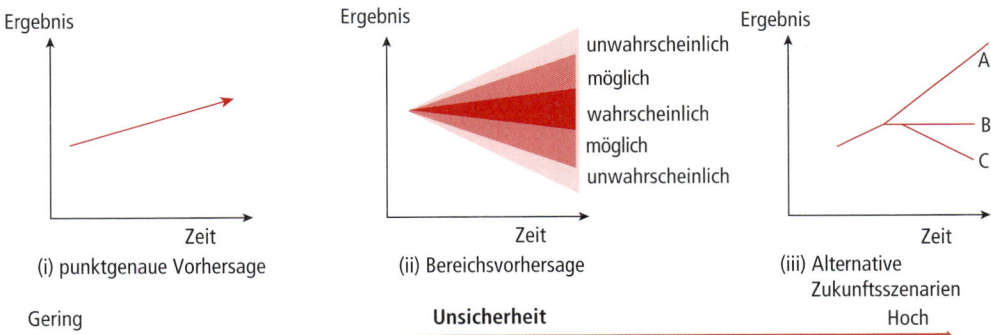

Abbildung 2.8: Prognosen bei unsicheren Bedingungen

Bei der Erstellung von Prognosen ist es immer hilfreich, die Richtung der Veränderungen im Auge zu behalten. Manager müssen prüfen, ob ihre Vorhersagen mit den allgemeinen und wichtigsten Trends übereinstimmen, Wendepunkte dürfen nicht verpasst werden. Drei Konzepte können helfen, sich auf die wesentlichen Trends zu konzentrieren und Wendepunkte zu erkennen, bevor sie sich auf bereits bestehende Prognosen auswirken:

■ *Megatrends* sind umfassende soziale, wirtschaftliche, politische, ökologische oder technologische Veränderungen, die sich typischerweise langsam entwickeln, die aber viele andere Tätigkeiten und Sichtweisen – mitunter sogar über Jahrzehnte – beeinflussen.[18] Ein Megatrend prägt typischerweise andere Trends. So beeinflusst

---

18 R. A. Slaughter, „Looking for the real megatrends", Futures, Oktober (1993), S. 823–849.

beispielsweise der Megatrend der alternden Bevölkerung in den westlichen Gesellschaften auch andere Trends im Bereich der sozialen Betreuung, der Ausgaben für den privaten Konsum und des Wohnens. Der Megatrend zu schnellem Wirtschaftswachstum in Asien treibt die Beschäftigung sowie die Rohstoffpreise weltweit an. Dies verdeutlicht, dass die Identifikation von großen Megatrends wichtig ist, da diese so viele andere Aspekte beeinflussen.

■ *Wendepunkte* sind Momente, in denen Trends ihre Richtung wechseln, indem sie beispielsweise scharf nach oben oder unten abknicken.[19] So kann beispielsweise Schwarzafrika nach Jahrzehnten der Stagnation oder sogar Verschlechterung unter Umständen zu Beginn des einundzwanzigsten Jahrhunderts einen Wendepunkt im Hinblick auf sein Wirtschaftswachstum mit der Hoffnung auf erhebliche Zuwächse im Laufe der nächsten etwa zehn Jahre erreicht haben. Auch der Einzelhandel in den Innenstädten hat eventuell einen Wendepunkt erreicht, wobei die Zunahme des Online-Geschäfts und der Einkaufszentren außerhalb der Städte zu einem erheblichen Rückgang der Geschäfte in den Innenstädten der hochentwickelten Volkswirtschaften geführt hat. Daher ist es augenscheinlich wichtig, den Wendepunkt in dem Moment zu erkennen, in dem der Trend zu wechseln beginnt, um neue Chancen frühzeitig zu nutzen oder sobald wie möglich Maßnahmen gegen einen eskalierenden Rückgang zu ergreifen.

■ *Schwache Signale* sind fortgeschrittene Zeichen zukünftiger Tendenzen, die bei der Identifikation von Wendepunkten besonders hilfreich sind.[20] Normalerweise handelt es sich bei diesen schwachen Signalen um unstrukturierte und fragmentierte Informationen, die von Beobachtern als „seltsam" wahrgenommen werden. Ein schwaches Signal für die im Jahr 2008 beginnende weltweite Finanzkrise war die ansteigende Anzahl ausfallender Hypotheken in Kalifornien im Jahr zuvor. Ein frühes schwaches Signal für den aktuellen Erfolg asiatischer Wirtschaftshochschulen war die erste Aufnahme der Hong Kong University of Science and Technology in die Financial-Times-Rangliste der 50 besten internationalen Wirtschaftshochschulen in den ersten Jahren nach der Jahrtausendwende. Dabei ist es wichtig, „aufmerksam" gegenüber schwachen Signalen zu sein. Allerdings besteht hier auch die Gefahr des Rauschens, von dem beständigen Strom isolierter und zufälliger Informationen ohne strategische Bedeutung überflutet zu werden. Einige Anzeichen für tatsächlich bedeutungsvolle schwache Signale (im Gegensatz zum Rauschen) sind: Die Wiederholung des Signals und das Entstehen einer Art Muster, vehemente Meinungsverschiedenheiten unter Experten über die Bedeutung des Signals sowie ein unerwarteter Ausfall bei etwas, das in der Vergangenheit sehr zuverlässig funktioniert hat.

---

19 A. Grove, „Only the Paranoid Survive", *Profile Books*, 1998.
20 S. Mendonca, G. Caroso und J. Caraca, „The strategic strength of weak signals", *Futures*, 44 (2012), S. 218–228, und P. Schoemaker und G. Day, „How to make sense of weak signals", *Sloan Management Review*, Band 50, Nr. 3 (2009), S. 81–89.

2.4   Szenario-Analyse

Szenarien sind detaillierte und plausible Sichtweisen darüber, wie sich das Makro-Umfeld in Zukunft verändern könnte – besonders langfristig gesehen. Szenarien sind also keine Strategien, sondern mögliche alternative Umfelder, mit denen sich Strategien auseinandersetzen müssen. Solche Analysen werden häufig bei großer Unsicherheit eingesetzt, wenn sich zum Beispiel ein Umfeld in ganz verschiedene Richtungen entwickeln könnte.[21] Die Szenario-Analyse unterscheidet sich dabei ganz eindeutig von alternativen Zukunftsvoraussagen (*Abschnitt 2.3.1*), denn hier werden keine Alternativen mit detailgenauen, genau berechneten Möglichkeiten entwickelt. Bei der Szenario-Analyse reichen die Szenarien meist zu weit in die Zukunft, um Wahrscheinlichkeitsberechnungen zu erlauben. Bei den unterschiedlichen Szenarien geht es hier mehr ums Lernen als ums Vorhersagen. Sie werden genutzt, um zu ermitteln, wie die verschiedenen Umfeldfaktoren miteinander in Beziehung stehen, sodass Manager allen möglichen zukünftigen Entwicklungen offen gegenüberstehen können. Selbst ein Szenario, das wenig wahrscheinlich ist, kann das Verständnis und das Wissen eines Managers bereichern und schärfen, auch wenn es nie eintrifft.

Szenarien

Szenarien sind detaillierte und plausible Sichtweisen darüber, wie sich das Makro-Umfeld einer Organisation in Zukunft verändern könnte – besonders langfristig gesehen.

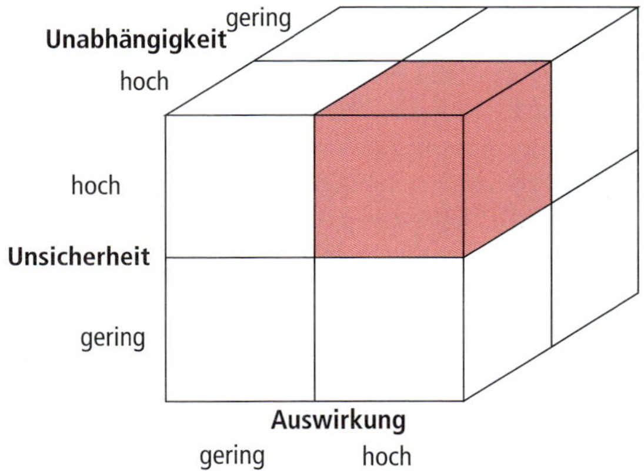

Auswahl von Hauptantriebskräften in den Bereichen starke Auswirkung, hohe Unsicherheit, hohe Unabhängigkeit

Abbildung 2.9: Der Szenario-Würfel: Auswahl-Matrix für die Hauptantriebskräfte für Szenarien

Beispiel 2.2 zeigt eine Szenarienplanung eines IT-Unternehmens bis ins Jahr 2030. Die Autoren berücksichtigen allerdings bei ihrer Analyse nicht unzählige Faktoren, sondern konzentrieren sich auf zwei Hauptantriebskräfte, die (i) große potenzielle Auswirkungen haben, (ii) unsicher und (iii) im Wesentlichen voneinander unabhängig sind (siehe ▶ *Abbildung 2.9*). Diese beiden Antriebskräfte sind das Ausmaß, in

---

21 Für eine Abhandlung über die Szenarienplanung in der Praxis siehe R. Ramirez, R. Ostermann und D. Gronquist, „Scenarios and early warnings as dynamic capabilities to frame managerial attention", *Technological Forecasting and Strategic Change*, Band 80 (2013), S. 825–838. Dazu, wie sich Szenarienplanung mit anderen Formen der Umfeldanalyse, z.B. PESTEL, kombinieren lässt, siehe G. Burt, G. Wright, R. Bradfield und K. van der Heijden, „The role of scenario planning in exploring the environment in view of the limitations of PEST and its derivatives", *International Studies of Management and Organization*, Band 36, Nr. 3 (2006), S. 50–76. Für die Gittermethode siehe auch R. Ramirez und A. Wilkinson, „Rethinking the 2 x 2 scenario method: grid or frame?", *Technological Forecasting and Social Change*, Band 86 (2014), S. 254–64.

dem die Vernetzung der Welt fortschreitet, und die Geschwindigkeit, mit der sich die Gesellschaft und die Mode verändern. Beide Antriebskräfte können sich in der Zukunft verschieden entwickeln, sodass sich vier in sich stimmige Szenarien für die nächsten fünfzehn Jahre entwerfen lassen. Die Autoren sagen nicht voraus, dass sich ein bestimmtes Szenario wahrscheinlich gegen die anderen durchsetzen wird. Sie sprechen auch nicht über relative Wahrscheinlichkeiten. Solche Vorhersagen würden Diskussionen und Lernprozesse im Keim ersticken, während Wahrscheinlichkeiten eine unberechtigte Genauigkeit vortäuschen würden.

Wenngleich viele Möglichkeiten für die Durchführung von Szenario-Analysen bestehen, werden häufig fünf grundlegende Schritte befolgt (zusammengefasst in ▶ *Abbildung 2.10*):[22]

- Die *Bestimmung des Szenario-Umfangs* bildet einen wichtigen ersten Schritt. Der Umfang bezieht sich auf den Gegenstand der Szenario-Analyse und die Zeitspanne. So können Szenario-Analysen beispielsweise für eine ganze Branche weltweit bzw. für bestimmte geografische Regionen oder Märkte durchgeführt werden. Während Unternehmen normalerweise Szenarien für Branchen oder Märkte erstellen, führen Staaten häufig Szenario-Analysen für Länder, Regionen oder Sektoren (wie beispielsweise die Zukunft des Gesundheitswesens oder der akademischen Ausbildung) durch. Dabei kann die Zeitspanne von Szenarien von circa einem Jahrzehnt (wie in *Beispiel 2.2*) bis zu nur drei oder fünf Jahre in die Zukunft reichen. Die angemessene Zeitspanne wird dabei zum Teil durch die erwartete Laufzeit der Investitionen bestimmt. In der Energiewirtschaft, wo beispielsweise Ölfelder eine Laufzeit von mehreren Jahrzehnten haben, erstrecken sich Szenarien häufig über 20 oder mehr Jahre.

- Als Nächstes folgt die *Bestimmung der wesentlichen Antriebskräfte*. Hier kann die PESTEL-Analyse eingesetzt werden, um Aspekte aufzudecken, die wahrscheinlich wesentliche Auswirkungen auf die Zukunft der Branche, der Region oder des Markts haben. In der Modebranche reichen diese Antriebskräfte von der Demografie bis hin zur Technologie. Allerdings legt der Szenario-Würfel nahe, dass auch zwei weitere Kriterien relevant sind. So ist beispielsweise in der Ölbranche politische Stabilität in den ölproduzierenden Ländern ein großer Unsicherheitsfaktor, während die Fähigkeit, mithilfe neuer Abbaumethoden große neue Ölfelder zu entwickeln, einen weiteren Unsicherheitsfaktor darstellt. Diese könnten als wesentliche Antriebskräfte für die Szenarienanalyse ausgewählt werden, da beide unsicher sind und die regionale Stabilität nicht eng mit dem technologischen Fortschritt korreliert.

- *Entwicklung von „Szenario-Geschichten"*: Wie beim Film sind Szenarien im Wesentlichen Geschichten. Nach der Auswahl gegensätzlicher Antriebskräfte für Veränderungen ist es notwendig, plausible Geschichten, die sowohl wesentliche Antriebskräfte als auch andere Faktoren beinhalten, zu einem kohärenten Ganzen zu verweben. Daher bringt in *Beispiel 2.2* das „Techno-Chic"-Szenario eine globalere und stärker integrierte Kultur durchgängig mit einer hohen Geschwindigkeit sozialen, technischen und wirtschaftlichen Wandels zusammen. Allerdings

---

22   Auf der Grundlage von P. Schoemaker, „Scenario planning: a tool for strategic thinking", *Sloan Management Review*, Band 36 (1995), S. 25–34.

würde der Abschluss der Geschichte des „Techno-Chics" auch die Aufnahme anderer einheitlicher Faktoren beinhalten. Dazu gehören beispielsweise die schnelle Entwicklung in China und Indien, wo geringere Kosten durch technische Entwicklung als Quelle von Vorteilen verdrängt werden, freie Märkte, die schnelles Wachstum und internationalen Handel ermöglichen, sowie die Entstehung einer Unterschicht, deren billige Arbeitskraft und veraltete technische Fähigkeiten nicht mehr benötigt werden.

- Die *Bestimmung der Auswirkungen* alternativer Szenarien auf Organisationen bildet die nächste wichtige Phase der Szenario-Entwicklung. So könnte der „Techno-Chic" für viele traditionelle Modemarken und Einzelhändler, die nicht mit der Hi-Tech-Bekleidung und dem Vertrieb Schritt halten können, sehr negative Auswirkungen haben. Andererseits könnte die „Community-Couture" eine Stärkung lokaler handwerklicher Produzenten zur Folge haben. Dabei ist es für ein Unternehmen wichtig, für jedes plausible Szenario eine Prüfung der Robustheit durchzuführen sowie *Notfallpläne* für deren Eintreten zu entwickeln.

- *Einrichtung von Frühwarnsystemen:* Nach dem Entwurf der verschiedenen Szenarien sollten die Organisationen Indikatoren bestimmen, die unter Umständen als Frühwarnindikatoren für die endgültige Richtung der Umfeldveränderungen genutzt werden können. Gleichzeitig sollten Systeme zu deren Überwachung umgesetzt werden. Eine effektive Überwachung gut gewählter Indikatoren sollte umgehende und angemessene Reaktionen ermöglichen. In *Beispiel 2.2* könnten die Indikatoren für einen Trend zur „Entschleunigung" einen geringen Anstieg der Löhne sowie Zunahmen der religiösen Betätigung umfassen.

Da Diskussion und Lernprozess beim Entwerfen verschiedener Szenarien so wichtig und wertvoll sind und da sich die einzelnen Szenarien mit so großen Unsicherheiten befassen, raten manche Experten den Managern davon ab, genau drei verschiedene Szenarien zu entwerfen. Denn dadurch gerät man leicht in die Unterscheidung „optimistisch", „mittel", „pessimistisch". Ein Manager konzentriert sich dann automatisch auf das mittlere Szenario und vernachlässigt die anderen beiden, sodass auch der Lernprozess und die Alternativplanungen reduziert werden. Es ist also immer besser, entweder zwei oder vier Szenarien zu haben, damit sich keine eindeutige Mitte ergibt. Es kommt nicht darauf an, dass alle Szenarien sich erfüllen: Der Wert besteht einfach darin, verschiedene Möglichkeiten in Erwägung zu ziehen, durchzudenken und entsprechend zu planen.

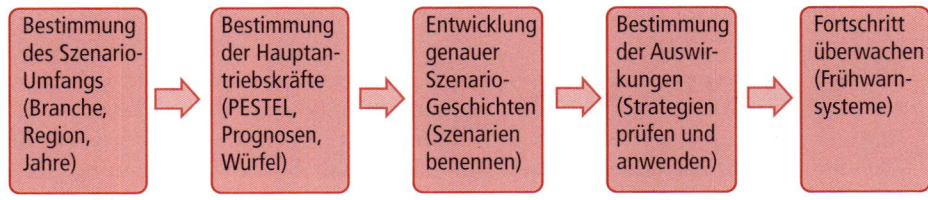

Abbildung 2.10: Der Szenario-Prozess

Beispiel 2.2   Datatopia?

Im Jahr 2014 veröffentlichte Gartner, ein führendes IT-Unternehmen, einen umfangreichen Bericht über vier Szenarien der IT-Entwicklung bis 2030.

Gartner hatte eine zunehmende Digitalisierung von Produkten und Dienstleistungen weltweit festgestellt und wollte die alternativen Auswirkungen dieser Veränderungen prüfen. Also sammelte das Unternehmen via Crowdsourcing Ideen für zukünftige Szenarien und erhielt 132 Vorschläge von Freiwilligen aus aller Welt. Die darin am häufigsten verwendeten Begriffe wurden zunächst mithilfe einer Word Cloud analysiert – Begriffe wie „Privatsphäre", „Vertrauen" und „Personalisierung" waren darin am häufigsten vertreten. Als Nächstes wurde eine Form der PESTEL-Analyse herangezogen, um angestellte Vermutungen und getroffene Annahmen anhand von verschiedenen Faktoren zusammenzufassen – so entstanden die Gruppen „utopisch" (positiv) und „dystopisch" (negativ). Schließlich leitete Gartner aus dieser Vorarbeit zwei grundlegende Dimensionen für die Szenaro-Analyse ab:

1. Inwieweit würde die Welt „verbunden" oder aber „von Konflikten geprägt" sein. In einer verbundenen Welt könnten Technologien reibungslos miteinander interagieren und Ziele wären aufeinander abgestimmt. In einer Welt, die von Konflikten geprägt wäre, würden Technologien häufig eingesetzt, um sich gegenseitig zu blockieren, und Ziele wären konträr.

2. Inwieweit würde die Welt „gesteuert" werden oder „Amok laufen". In einer gesteuerten, kontrollierten Welt könnte die Gesellschaft bestimmen, in welche Richtung sich die technologische Entwicklung bewegt. In einer Welt, die Amok läuft, wäre der technologische Fortschritt längst außer Kontrolle geraten.

Aufgrund dieser Dimensionen ergaben sich vier Szenarien, die in der Abbildung unten zusammengefasst dargestellt sind. Im Folgenden werden sie kurz beschrieben.

1. 1.*Society, Inc.* führt die gegenwärtige Entwicklung in der Welt fort – große Konzerne und Regierungen kontrollieren große Datenmengen über Einzelpersonen. Überwachung wird zur Norm, es gibt keine Privatsphäre mehr. Alle Daten und Informationen von Organisationen und Privatpersonen werden reguliert (unabhängige Speichermedien wie etwa USB-Sticks könnten sogar verboten werden).

2. *Zauberlehrling.* Der Name dieses Szenarios leitet sich von der gleichnamigen Geschichte Walt Disneys ab, in der Besen zum Leben erwachen, dann aber außer Kontrolle geraten. Technologien können miteinander kommunizieren, sodass die Identität bestimmter Personen leicht festzustellen ist. Die Regulierung der Datennutzung wird immer mehr zum zentralen Inhalt der Profitgenerierung großer Unternehmen.

3. *Digitaler Wilder Westen.* Hier sorgt die öffentliche Aufregung über Datenmiss-brauch für die Entwicklung neuer Technologien zum Schutz des Einzelnen, z.B. die intensive Nutzung von Verschlüsselungen. Firmen erheben Gebühren für den Schutz der Privatsphäre – eine Form von Schutzgeld.

4. *Datatopia* ist ein utopisches Szenario, in dem die Probleme fehlender Privatsphäre durch neue Technologien gelöst werden, z.B. durch die Fragmentierung gespei-cherter Daten nach dem Zufallsprinzip. Zur Reintegration der Daten wird ein per-sönlicher Schlüssel benötigt. Urheberrechte schützen alle Daten und Informatio-nen. Alle Aktivitäten – von der Stromversorgung bis hin zum Parken des Autos – sind vernetzt.

Quelle: Adaptiert von Gartner Inc., „Last Call for Datatopia. Boarding Now! Four future scenarios on the role of information and technology in society, business and personal life, 2030", 2014.

	Konfliktbeladen	Verbunden
Kontrolle	Society Inc. „Was auch immer"	Datatopia "Streben nach Kreativität"
Amok	Digitaler Wilder Westen „Naturzustand"	Zauberlehrling „Beherrscht von Maschinen"

Quelle: Adaptiert von Gartner Inc. (2014), S. 6.

Quer-Denken

Vorhersagen aus der Menge

Brauchen wir überhaupt noch Experten, um Vorhersagen zu erstellen?

Meist sehen wir Prognosen als das Werk einer kleinen Gruppe von Experten. Aber es geht auch anders. Prognosen können auch „aus der Menge" kommen, d.h. sie basieren auf dem gemeinsamen Urteil vieler unterschiedlicher Menschen. Grundsätzlich gibt es zwei Möglichkeiten, dieses „Wissen der Massen" für Vorhersagen zu nutzen: Prognosemärkte und internetbasierte Medienanalysen.

Vorhersagemärkte werden so entworfen, dass sich die weit verstreuten Informationen vieler, vieler Teilnehmer zu Werten zusammenfassen lassen (z.B. zu Marktpreisen oder Wettquoten). Diese Werte können dann genutzt werden, um Vorhersagen über bestimmte zukünftige Ereignisse zu treffen.[23] Ein Beispiel ist der Iowa Electronic Market (IEM), der Prognosen über den Ausgang der Präsidentschaftswahlen in den USA erstellt. Jeder Marktteilnehmer kauft einen Kontrakt, für den ein Dollar ausgezahlt wird, wenn z.B. ein Kandidat der Demokraten die Wahl gewinnt. Je mehr Geld die Marktteilnehmer bereit sind, für diesen Kontrakt zu bezahlen, desto höher ist die Wahrscheinlichkeit, dass tatsächlich ein Demokrat die Wahl gewinnen wird. Google nutzt ähnliche Prognosemärkte, um den Erfolg möglicher neuer Produkte vorherzusagen: Sind viele Mitarbeiter des Unternehmens bereit, auf den Erfolg des Produkts zu wetten, so wird es eher ein Erfolg. Die Wetteinsätze der Mitarbeiter sind wahrscheinlich zuverlässiger als die vom Eigeninteresse bestimmten Prognosen der Produktentwickler.

Auch Internetmedien wie Twitter und Google können Prognosen liefern, denn sie können die Inputdaten von Tausenden von Nutzern analysieren. So untersucht etwa Google Trends, wie häufig Google-Nutzer im Netz nach Grippesymptomen suchen, um Grippeepidemien vorherzusagen. Andere analysieren die Mischung positiver und negativer Kommentare normaler Nutzer auf Twitter, um zu prognostizieren, ob es auf den Finanzmärkten aufwärts oder abwärts gehen wird.[24] Daten, die preisgeben, woran Menschen interessiert sind oder wie sie sich fühlen, geben wertvolle Einblicke in mögliche zukünftige Entwicklungen.

---

23 G. Tziralis und I. Tatsiopoulos, „prediction markets: an extended literature review", *Journal of Prediction Markets*, Band 1, Nr. 1 (2012), S. 75–91 und K. Matzler, C. Grabher, J. Huber und Füller, J., „Predicting new product success with prediction markets in online communities", *R&D Management*, Band 43, Nr. 5 (2013), S. 420–32.

24 P. Wlodarczak, „An approach for big data technologies in social media mining", *Journal of Art Media and Technology*, Band 1, Nr. 1 (2015), S. 61–66.

Z U S A M M E N F A S S U N G

■ Umwelteinflüsse können als Schichten rund um eine Organisation verstanden werden, wobei das *Makro-Umfeld* die äußerste Schicht, *Branche oder Sektor* die mittlere Schicht und *strategische Gruppen* und *Marktsegmente* die innere Schicht bilden.

■ Das Makro-Umfeld lässt sich anhand der *PESTEL-Faktoren* analysieren – Politik, Wirtschaft, Gesellschaft, Technologie, Ökologie sowie Recht und Gesetz.

■ Trends im Makro-Umfeld können *prognostiziert* werden, wobei unterschiedliche Grade der Sicherheit entscheidend sind. Diese Prognosen reichen von der punktgenauen Vorhersage bis hin zu unterschiedlichen Szenarien.

■ Die PESTEL-Analyse hilft dabei, die *Hauptantriebskräfte des Wandels* zu identifizieren, die Manager bei ihren strategischen Entscheidungen berücksichtigen müssen. Alternative *Szenarien* können entsprechend der Entwicklung dieser Hauptantriebskräfte entworfen werden.

Z U S A M M E N F A S S U N G

Literaturempfehlungen

■ Einen Überblick über Techniken zur Erstellung von Prognosen bieten P. Tetlock und D. Gardner, *Superforecasting: The art and science of prediction*, Crown, 2015. Ansätze dazu, wie sich Umfelder verändern, liefert K. van der Heijden, *Scenarios: The art of strategic conversation*, 2. Ausgabe, Wiley, 2005 sowie R. Ramirez, J. W. Selsky und K. van der Heijden, *Business Planning for Turbulent Times: New methods for applying scenarios*, Taylor & Francis, 2010.

■ Eine Sammlung akademischer Artikel zu den neuesten Meinungen über PEST, Szenarien und ähnliche Aspekte ist die Sonderausgabe der *International Studies of Management and Organization*, Band 36, Nr. 3 (2006), herausgegeben von Peter McKiernan.

Fallstudie
Alibaba – das Krokodil aus dem Fluss Yangtse

Im Mai 2015 bekam die Alibaba Group – Chinas größtes E-Commerce-Unternehmen – einen neuen CEO. Daniel Zhang war 43 Jahre alt und hatte eine Karriere bei den Wirtschaftsprüfern Arthur Andersen und PwC hinter sich, bevor er 2007 zu Alibaba kam. Zhangs Erfahrung in internationalen Unternehmen spiegelte sich in einer seiner frühen Aussagen wider: „Wir müssen unbedingt global aktiv werden", sagte er während einer firmenweiten Strategiesitzung. „Wir werden ein globales Team zusammenstellen und firmenweit globale Denkweisen etablieren, um unser Ziel zu erreichen, global zu kaufen und global zu verkaufen."

Zhangs Ernennung zum CEO kam zu einer schwierigen Zeit. Alibaba hatte im September 2014 den bisher größten Börsengang an der New Yorker Börse (New York Stock Exchange) hinter sich gebracht – die Gesamtbewertung lag bei stolzen 173,3 Mrd. €. Doch im ersten Quartal 2015 waren die Gewinne des Unternehmens nur noch halb so hoch wie im Vorjahreszeitraum. Der Aktienkurs des Konzerns war entsprechend verglichen mit dem Höchststand nach dem Börsengang um ein Drittel gefallen. Zhangs Vorgänger war daraufhin nach nur zwei Jahren als CEO entlassen worden.

Zhang wurde von Jack Ma ernannt, der Alibaba erst 16 Jahre zuvor gegründet hatte. Die Firma begann als Chinas erstes Business-to-Business-Portal, das chinesische Fertigungsunternehmen mit internationalen Käufern zusammenbrachte. Seit seiner Gründung war das Unternehmen in viele Richtungen gewachsen. 1688.com wurde für den B2B-Handel innerhalb Chinas gegründet. Taobao Marketplace richtet sich an Kleinunternehmen und Privatkunden. Tmall.com bietet elektronische Verkaufsplattformen an, um Firmen wie Nike, Burberry und Decathlon die Möglichkeit zu geben, Kunden in China zu erreichen. Juhuasuan bietet tagesaktuell neue Angebote für alles vom Spielzeugauto bis zum Laptop. Zudem gibt es noch Alipay, das effektiv von Ma persönlich kontrolliert wird und als das konzernweite Äquivalent zu PayPal funktioniert. 75 % aller Transaktionen des Konzerns werden über Alipay abgewickelt. Alibaba ermöglicht jedem Kunden, fast alles zum Verkauf anzubieten: Amerikanische Sicherheitsdienste betreiben sogar eine sogenannte Sting Operation über Alibaba, um Händler zu erwischen, die illegal Uran an den Iran verkaufen. Alibaba beherrschte Anfang 2015 nahezu 80 % des chinesischen Internetmarkts – des größten Markts weltweit. Und auch in Brasilien und Russland war man stark vertreten. Der internationale Internethandel machte im Jahr 2015 fast 10 % des Gesamtumsatzes von 8,2 Mrd. € aus (siehe ▶ Tabelle 1).

	2010	2011	2012	2013	2014	2015
Alibaba Konzern Umsatz (in Mrd. Yuan)	6,7	11,9	20,0	34,5	52,5	76,2
Chinesisches BIP (in Bio. Yuan)	40,4	48,4	53,4	58,8	63,6	66,8
Chinesischer E-Commerce Markt (in Bio. Yuan)	4,6	6,4	8,1	10,5	13,4	16,2
Anteil der Chinesen mit Internetzugang (in %)	34,3	38,3	42,4	45,8	49,3	51,3

Tabelle 1: Wichtige statistische Zahlen

Alibaba war von Anfang an international geprägt. Firmengründer Jack Ma hatte seine Berufslaufbahn als Englischlehrer in der Stadt Hangzhou unweit von Shanghai begonnen. Bereits 2000 konnte Ma sowohl die führende US-amerikanische Investmentbank Goldman Sachs als auch den japanischen Giganten SoftBank davon überzeugen, in sein Unternehmen zu investieren. 2005 hatte die damals aufstrebende Internetfirma Yahoo fast 25 % des Alibaba-Konzerns aufgekauft. Nach dem Börsengang 2014 hielt SoftBank noch immer 32,4 % der Aktien, Yahoos Anteil lag bei 15 %. Im Aufsichtsrat des Konzerns saßen der Yahoo-Gründer Jerry Yang, Masayoshi Son, Gründer der Soft-Bank, und Michael Evans, ehemaliger Vizepräsident von Goldman Sachs. Und dennoch stand Jack Ma westlichen Investoren mit ambivalenten Gefühlen gegenüber: „Sollen die Investoren der Wall Street uns doch verfluchen, wenn ihnen danach ist!" So rief Ma seinen Mitarbeitern bei einer Versammlung zu: „Wir bleiben unserem Konzept treu: Zuerst kommen die Kunden, dann die Mitarbeiter und erst an dritter Stelle die Investoren!"

Genau genommen sind ausländische Investoren keine direkten Anteilseigner des Alibaba-Konzerns: Sie besitzen Aktien einer Mantelgesellschaft – einer sogenannten „Variable Interest Entity" (VIE), die einen vertraglich festgelegten Anspruch auf bestimmte Gewinnanteile von Alibaba hat. Diese VIE-Struktur ist ein durchaus übliches Muster, durch welches im Westen börsennotierte Firmen aus China die strengen gesetzlichen Vorgaben aus Peking bezüglich ausländischem Eigentum umgehen können. Allerdings könnte die chinesische Regierung dieses Schlupfloch jederzeit schließen. Zudem haben ausländische Investoren in diesem System kaum Regressansprüche im Fall eines Fehlverhaltens chinesischer Manager. Ironischerweise war es gerade Jack Ma von Alibaba, der in den bisher spektakulärsten Streitfall um eine VIE verwickelt war. 2011 trennte er eigenmächtig Alipay vom Rest des Konzerns ab, ohne die Zustimmung des Aufsichtsrats einzuholen. Ma gab dazu an, neue chinesische Gesetze hätten ihn zu diesem Schritt gezwungen. Yahoo wurde von der Abspaltung erst fünf Wochen nach deren Vollzug informiert.

Alibabas Verhältnis zur chinesischen Regierung lässt sich nur schwer einschätzen. Jack Ma besteht darauf, nie Kredite oder Investitionen der Regierung oder einer ihrer Banken angenommen zu haben. Er hatte sich stattdessen an ausländische Investoren und Banken gewandt. Angesichts der Tatsache, dass ein Drittel der unternehmerischen Aktivitäten des Konzerns mit staatlichen Unternehmen stattfindet, ist ein enger Kontakt des E-Commerce-Giganten mit der chinesischen Regierung unvermeidlich. Ma erklärte seine Philosophie folgendermaßen: „Versuche immer, eine Liebesbeziehung zur Regierung zu führen, aber heirate sie nie." Der Alibaba-Konzern baute seine politischen Beziehungen nach und nach auf. Tung Chee-hwa, erster Chief Executive der Sonderverwaltungszone Hongkong nach deren Rückgabe an China, war Mitglied des Unternehmensvorstands. Zudem wird Alibaba von mehreren sogenannten „Prinzchen", den Sprösslingen wichtiger politischer Persönlichkeiten, finanziell gefördert. Zu diesen einflussreichen Investoren zählen z.B. Winston Wen, Sohn eines ehemaligen chinesischen Premierministers, Alvin Jiang, Enkel eines ehemaligen chinesischen Präsidenten, He Jinlei, Sohn eines ehemaligen Mitglieds des Politbüros und einer leitenden Managerin der staatlichen Chinese Development Bank, und Jeffrey Zang, Sohn eines ehemaligen Vizepräsidenten und einer leitenden Managerin des chinesischen Vermögensfonds Citic Capital.

Angesichts der umfassenden Kampagne des chinesischen Präsidenten Xi Jinping, der sowohl politische als auch wirtschaftliche Reformen anstrebt, gibt es keinerlei Garantie dafür, dass Alibaba seine dominante Stellung auf seinem Heimatmarkt behalten wird. 2015 wurde der ältere Bruder des „Prinzchen"-Investors He Jinlei wegen Verdachts auf Korruption unter Hausarrest gestellt. Anfang des Jahres war außerdem ein Untersuchungsbericht des chinesischen Staatsministeriums für Industrie und Handel veröffentlicht worden, der den Handel mit gefälschten Produkten und betrügerische Angebote auf der Taobao-Website des Konzerns aufdeckte, was zu einem Rückgang des Alibaba-Aktienkurses um 10 % führte. Jack Ma kommentierte seine Beziehung zu den chinesischen Behörden so: „Meine Person gab während der letzten beiden Jahre nicht nur immer wieder Anlass zu Kontroversen und Streitigkeiten – diese werden in letzter Zeit immer größer und heftiger." Er fuhr fort: „Auch ich war manchmal verwirrt und fragte mich, wie alles so weit kommen konnte?" Schließlich versprach Ma dennoch, seine Internetseite zu säubern. Und trotzdem wurden nur einige Monate später gefälschte Apple-Uhren auf Taobao zum Kauf angeboten, noch bevor die Originalprodukte in den USA auf den Markt kamen.

Die Reformprogramme von Präsident Xi Jinping waren zum Teil eine Reaktion auf die wirtschaftliche Lage Chinas. Nach drei Jahrzehnten mit zweistelligem Wirtschaftswachstum hatte sich das Wachstum im Land auf gegenwärtig 7 % pro Jahr verlangsamt. Im weltweiten Vergleich sind solche Wachstumsraten mehr als respektabel. Hinzu kamen noch die wachsenden Bedenken in China bezüglich der steigenden Umweltbelastung, weshalb Präsident Xi nur allzu bereitwillig die Expansion der Unternehmen beschränkte, die die größte Umweltverschmutzung verursachten: die Produzenten von Zement, Kohle und Stahl. Gleichzeitig förderte die Regierung die Branche des E-Commerce als Schlüsselindustrie für zukünftiges Wirtschaftswachstum.

Dennoch gab es Anlass zur Sorge. Viele lokale Behörden und Unternehmen hatten in Erwartung eines stärkeren Wachstums hohe Kredite aufgenommen und nun wuchs die Angst vor einer Überschuldung. Manche Experten warnten bereits vor einem drohenden Finanz-Crash. Auch war abzusehen, dass sich Chinas Wachstumsrate nur schwer würde erholen können, denn die Überalterung der Gesellschaft wurde immer spürbarer und es fehlten die traditionell zahlreichen jungen Arbeiter aus den ländlichen Gebieten: Um das Jahr 2015 schrumpfte die arbeitende Bevölkerung um durchschnittlich etwa drei Millionen Arbeiter pro Jahr. Zwar hatte die Regierung schon 2013 die berühmt-berüchtigte Ein-Kind-Politik gelockert – dennoch zögern viele chinesische Eltern noch heute, mehr Kinder zu bekommen, denn die Kosten für Wohnraum und eine gute Ausbildung sind gerade in den Städten enorm hoch. Prognosen zufolge wird bis Anfang der 2030er-Jahre etwa ein Viertel der chinesischen Bevölkerung über 65 Jahre alt sein (in Großbritannien sind es gerade einmal 17 %). Das langsamere Wirtschaftswachstum in China spiegelt sich auch in einer verlangsamten Wachstumsrate des E-Commerce-Markts wieder (siehe *Tabelle 1*).

Gleichzeitig muss sich Alibaba immer mehr Konkurrenten stellen. Vor zehn Jahren konnte der Konzern einen Angriff des amerikanischen Rivalen eBay mit einem harten Preiskrieg auf dem chinesischen Markt abwehren. Damals hatte Jack Ma verkündet: „eBay ist wie ein Hai im Ozean, wir aber sind das Krokodil im Fluss Yangtse. Wenn wir im Ozean kämpfen, werden wir verlieren, im Fluss aber werden wir immer die Gewinner sein." Eine Kombination aus kulturellen, sprachlichen und regulativen Barrieren hatte dazu geführt, dass Internetfirmen aus dem Westen auf dem chinesischen Markt bisher nicht recht hatten Fuß fassen können: Googles Marktanteil lag bei nur 10 % und Amazon entschied sich schließlich dafür, sich auf Alibabas TMall listen zu lassen, nachdem man zehn Jahre lang erfolglos versucht hatte, eine eigene Unternehmung in China zu starten.

Jetzt aber sieht sich der unangefochtene Marktführer Alibaba ernsthafter lokaler Konkurrenz durch die aggressive Firma JD.com gegenüber. Während Alibaba immer noch mit der in China sehr unzuverlässigen Post zusammenarbeitet, um die Produkte an die Kunden liefern zu lassen, tut es JD.com Amazon gleich und investiert in eigene Vertriebszentren und Auslieferungsdienstleister. Dadurch kann JD.com seinen Kunden in 43 Städten zusichern, dass ihre Bestellung noch am gleichen Tag geliefert wird. Zudem ist JD.com technologisch gut aufgestellt, um von der zunehmenden Verlagerung des E-Commerce auf das mobile Smartphone profitieren zu können. Tencent, Chinas größtes Unternehmen im Bereich soziale Netzwerke und Online-Spiele, kaufte 15 % der Firmenanteile von JD.com auf – dadurch erhielt Alibabas Herausforderer Zugang zu den über 400 Millionen Nutzern von Tencents WeChat Telefon-Messaging-App. Über WeChat können Nutzer mit ihren Smartphone-Kameras die Barcodes von Produkten einscannen, um dann über JD.com direkt einen Kauf zu tätigen. Auch Alibaba ist bemüht, auf dem Smartphone-E-Commerce-Markt Fuß zu fassen – Anfang 2015 wurden bereits die Hälfte aller Alibaba-Umsätze in China via Smartphone getätigt, das entspricht einer Verdopplung des Smartphone-Anteils im Vergleich zum Vorjahr. Allerdings sind die Bildschirmgrößen der Smartphones für Werbekunden eher unattraktiv, was Alibabas traditionelles PC-basiertes Geschäftsmodell erheblich ins Wanken bringt. Entsprechend lag die Wachstumsrate von JD.com im Geschäftsjahr bis Anfang 2015 doppelt so hoch wie bei Alibaba. Zwar liegt das Umsatzvolumen von JD.com noch bei lediglich 15 % des Umsatzvolumens von Alibaba, doch Firmengründer und -chef Richard Liu hat es sich zum öffentlich verkündeten Ziel gemacht, Alibaba an der Branchenspitze abzulösen: „Dieser Wettbewerb stärkt beide Unternehmen. Mir macht es Spaß, mich zu messen."

Alibabas neuer CEO Daniel Zhang sah sich also Anfang 2015 mit vielen neuen Chancen, aber auch mit einer Reihe von Herausforderungen und Gefahren konfrontiert. Die angestrebte Strategie in Richtung einer Globalisierung nahm allerdings bereits Fahrt auf. Alibabas internationales Flaggschiff AliExpress war in Russland rasch zum Marktführer aufgestiegen und hielt in Brasilien einen stabilen dritten Platz auf dem Markt. Auf beiden Märkten waren die lokalen Nutzer begeistert, über Alibaba direkt auf die preisgünstigen chinesischen Waren zugreifen zu können. Ein nächstes Ziel ist nun der US-amerikanische Markt, der zweitgrößte nach China. Nun wagt sich das Yangtse-Krokodil doch in den Ozean, um den Hai anzugreifen.

Quellen: China Daily, 8. und 13. Mai 2015; eMarketer, 23. Dezember 2014; Financial Times, 16. Juni und 9. September 2014; South China Morning Post, 12. Februar 2015; Washington Post, 23. November 2014. Mit Dank an Mariya Eranova und Robert Wright für ihre Kommentare zu einer früheren Version dieser Fallstudie.

Fragen

1 Führen Sie eine PESTEL-Analyse von Alibaba zum Zeitpunkt dieser Fallstudie durch. Bewerten Sie dabei das Gleichgewicht zwischen Chancen und Risiken und beziehen Sie sich dazu auf ▶ *Abbildung 2.1.*

2 Zeichnen Sie ein einfaches Soziogramm von Alibabas Netzwerk (siehe *Abschnitt 2.2.3* und ▶ *Abbildung 2.5*). Erklären Sie, warum dieses Netzwerk hilfreich sein könnte.

 Als Dozent finden Sie ausführliche **Lösungshinweise** zu den Fallaufgaben auf der Webseite zum Buch.

Branchen- und Sektorenanalyse

3

ÜBERBLICK

Lernziele

Nach der Lektüre dieses Kapitels sollten Sie in der Lage sein,

- die *Competitive-Five-Forces*-Analyse nach Porter zu nutzen, um Branchen und Sektoren zu analysieren: Wettbewerb, Gefahr von Neueinsteigern, Macht von Kunden und Zulieferern.

- auf Basis der fünf Wettbewerbskräfte und des Konzepts *komplementärer Produkte* und *Netzwerkeffekte* die *Attraktivität einer Branche* zu definieren und Wege für das Management zu finden.

- verschiedene *Branchenarten* zu verstehen und zu erkennen, wie sich Branchen im Rahmen von *Lebenszyklen* entwickeln und verändern, und zu begreifen, wie man eine dynamische Five-Forces-Analyse durch vergleichende *Branchenstrukturanalysen* erreichen kann.

- strategische und kompetitive Positionen im Hinblick auf *strategische Gruppen*, *Marktsegmente* und die *strategische Leinwand* zu analysieren.

- diese verschiedenen Konzepte zusammen mit den in *Kapitel 2* vorgestellten Techniken zu nutzen, um *Gefahren und Chancen* in der eigenen Branche und auf dem Markt zu erkennen.

3.1 Einführung

Das vorangegangene Kapitel beschäftigte sich mit dem Einfluss der Kräfte des Makroumfelds auf Erfolg oder Misserfolg von Unternehmensstrategien. Doch die Auswirkungen dieser allgemeinen Faktoren zeigen sich meist im unmittelbaren Unternehmensumfeld, indem sich die Wettbewerbskräfte, die um eine Organisation herum herrschen, verschieben. Hier kommt es für die meisten Organisationen vor allem auf den Wettbewerb innerhalb ihrer Branche oder ihres Sektors an – und darauf konzentriert sich dieses Kapitel. Die Strategie des Unternehmens Samsung beispielsweise hängt sehr stark von der Smartphone-Branche ab: Die Strategien der Konkurrenz müssen ebenso bedacht werden wie die Bedürfnisse der Kunden und das Angebot an Einzelteilen für die Verarbeitung, z.B. Mikrochips. Auch ein Krankenhaus muss alle Akteure in seinem Umfeld berücksichtigen, vom Kranken bis hin zu den Vertretern der Pharmaindustrie. Also ist es für einen Manager absolut unerlässlich, sich sehr intensiv mit seiner Branche und den darin agierenden Teilnehmern zu befassen, denn nur so kann er sich auf eine erfolgversprechende Strategie festlegen.

Branche

Eine Branche wird durch eine Gruppe von Unternehmen gebildet, die dasselbe Kernprodukt oder dieselbe Kerndienstleistung anbieten.

Hier geht es also vor allem um die mittlere Schicht von ▶ *Abbildung 2.1*, der **Branche** und/oder dem Sektor, deren Akteure mitentscheiden über den langfristigen Erfolg und das Überleben einer Organisation. Die Wirtschaftstheorie definiert eine *Branche* als „eine Gruppe von Unternehmen, die dasselbe Kernprodukt oder dieselbe Kerndienstleistung anbieten".[1] Beispiele sind die Automobilindustrie oder die Luftfahrt. Dieses Verständnis der Branche kann auch auf öffentliche Dienste ausgeweitet wer-

---

1   M. E. Porter, „Competitive Strategy: Techniques for Analyzing Industries and Competitors", *Free Press*, 1980, S. 5.

den, hier spricht man aber eher von einem *Sektor*. Auch in den Bereichen Sozial-dienste, Gesundheitswesen und Bildung gibt es viele Lieferanten der gleichen Dienst-leistungen, die um Ressourcen konkurrieren. Branchen und Sektoren setzen sich häufig aus mehreren einzelnen Märkten oder Marktsegmenten zusammen.

Ein **Markt** ist eine Gruppe von Käufern bestimmter gleicher Kernprodukte oder Kern-dienstleistungen (z.B. ein bestimmter geografischer Markt). Die Automobilindustrie etwa hat also einen Markt in Nordamerika, in Europa und in Asien.

Markt

Ein Markt ist eine Gruppe von Käufern bestimmter gleicher Kernprodukte oder Kerndienstleistun-gen (z.B. ein bestimmter geografischer Markt).

Dieses Kapitel befasst sich mit den folgenden drei Hauptthemen und bietet verschie-dene Werkzeuge und Konzepte an, Branchen und Sektoren besser zu verstehen:

■ Die Industrieanalyse untersucht mithilfe des Bezugsrahmens der *Competitive Five Forces* fünf wichtige Kräfte, die in einer Branche wirken: Konkurrenten, Kunden, potenzielle Neueinsteiger, Zulieferer und Substitute. Zwei weitere Faktoren sind *Komplementärprodukte* und *Netzwerkeffekte*. Gemeinsam betrachtet bieten diese Kräfte und Faktoren einen Einblick in die Attraktivität und die Wettbewerbsstrate-gien innerhalb einer Branche.

■ Grundlegende Branchenstrukturen und -dynamiken, wie etwa die Entwicklung *branchentypischer Lebenszyklen*, könnten Veränderungen bei den fünf Kräften bewirken, was wiederum durch eine *komparative Analyse der Five-Forces* unter-sucht werden kann.

■ Gruppen von Konkurrenten und Segmente bilden sich aus, wie etwa strategische Gruppen, Gruppen von Organisationen mit ähnlichen Strategien, Gruppen von Kunden mit ähnlichen Bedürfnissen. Richtet man den Fokus auf diesen Aspekt, so verschärft dies das Verständnis für den Wettbewerb innerhalb einer Branche, eines Sektors.

All diese Themen sind in ▶ *Abbildung 3.1* zusammengefasst.

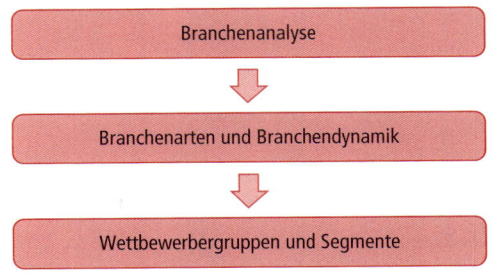

Abbildung 3.1: Umfelder von Branchen und Sektoren: die wichtigsten Themen

3.2 Wettbewerbskräfte

Branchen unterscheiden sich stark im Hinblick auf ihre Attraktivität, die daran gemessen wird, wie leicht es den teilnehmenden Unternehmen fällt, hohe Gewinne zu erzielen. Dabei bildet der Umfang des (tatsächlichen oder potenziellen) Wettbe-werbs eine wesentliche Determinante der Profitabilität. Ist der Wettbewerb gering und besteht nur ein geringes Risiko neuer Wettbewerber, sollten die Unternehmen normalerweise gute Gewinne erwarten. Die Profitabilität einzelner Branchen kann also stark schwanken: die Pharmaindustrie hat in letzter Zeit überdurchschnittliche Gewinne erzielt, während es den Fluglinien eher schlecht erging.[2]

Five-Forces-Bezugsrahmen

Der Five-Forces-Bezugsrahmen analysiert die Attraktivität einer Branche oder eines Industriesektors auf Basis von Wettbewerbskräften.

Porters **Five-Forces-Bezugsrahmen**[3] trägt zur Bestimmung der Attraktivität einer Branche im Hinblick auf fünf Wettbewerbskräfte bei: (i) die Markteintrittsgefahr, (ii) die Gefahr von Substituten, (iii) die Macht der Käufer, (iv) die Macht der Zulieferer und (v) das Ausmaß der Rivalität zwischen Wettbewerbern. Die *Five Forces* bestimmen die Struktur einer Branche (siehe ▶ *Abbildung 3.2*), die normalerweise relativ stabil ist. Für Porter ist eine attraktive Branchenstruktur eine Struktur, die ein gutes Gewinnpotenzial bietet. Die grundlegende Botschaft ist, dass Branchen bei stark ausgeprägten Five Forces für den Wettbewerb nicht attraktiv sind. Durch die Kombination aus übermäßiger Rivalität zwischen Wettbewerbern, mächtigen Käufern und Lieferanten sowie der Gefahr von Substituten oder neu in den Markt eintretenden Wettbewerbern gerät die Rentabilität unter Druck.

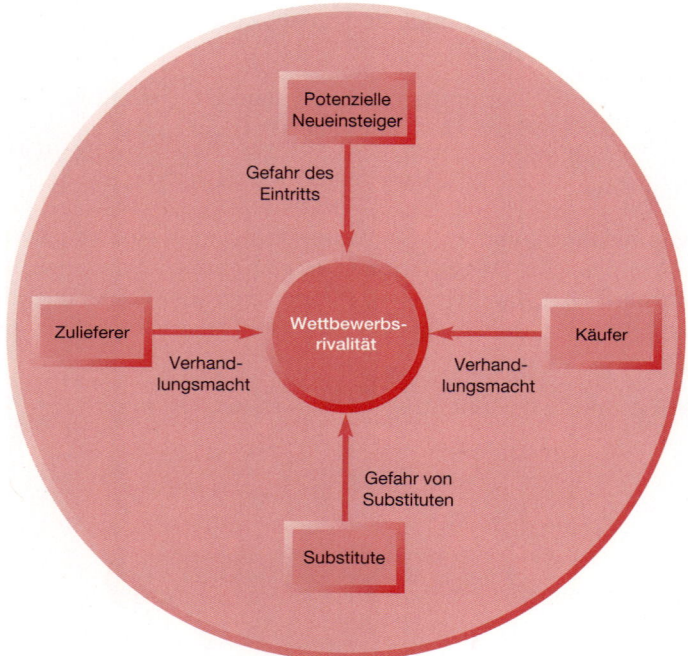

Abbildung 3.2: Der Five-Forces-Bezugsrahmen
Quelle: Angepasst aus „Competitive Strategy: Techniques for Analyzing Industries and Competitors", The Free Press, Michael E. Porter, Urheberrecht Ó 1980, 1998 The Free Press. Alle Rechte vorbehalten.

---

2 Siehe Fußnote 1 sowie M. Porter, „The five competitive forces that shape strategy", *Harvard Business Review*, Band 86, Nr. 1 (2008), S. 58–77 und G. Yip, T. M. Devinney und G. Johnson, „Measuring long-term superior performance: The UK's long-term superior performers 1984–2003", *Long Range Planning*, Band 42, Nr. 3, (2009), S. 390–413. Siehe auch *www.damodaran.com* zu variierender Profitabilität in unterschiedlichen Regionen.

3 Porter, Fußnote 5, Kapitel 1. C. Christensen, „The past and future of competitive advantage", *Sloan Management Review*, Band 42, Nr. 2 (2001), S. 105–109 liefert eine interessante Kritik und Neuerungen zu einigen der Faktoren, die dem Porter-Modell zugrunde liegen. Ein kritischer Überblick über Porters Ansatz ist auch enthalten in R. Huggins and H. Izushi (Hrsg.), „Competition, Competitive Advantage, and Clusters: The Ideas of Michael Porter", *Oxford University Press* (2011).

Bei der ursprünglichen Entwicklung des Modells dachte man zwar an Unternehmen, doch die Analyse einer Branchenstruktur mittels des Modells der Five Forces ist für die meisten Organisationen ebenso sinnvoll. Sie kann ein sinnvoller Ausgangspunkt für eine strategische Analyse auch dort sein, wo Gewinnkriterien nicht zutreffen. Im öffentlichen Sektor ist es wichtig zu verstehen, wie mächtige Lieferanten die Kosten in die Höhe treiben können. Bei Wohlfahrtsorganisationen ist es wichtig, eine übermäßige Rivalität innerhalb des gleichen Markts zu vermeiden. Überdies können die Five Forces, nachdem das Maß der Attraktivität der Branche bestimmt worden ist, einen Maßnahmenplan für die verschiedenen kritischen Aspekte festlegen, beispielsweise im Hinblick auf die Frage, was Wettbewerber tun können, um eine übermäßige Rivalität in einer bestimmten Branche zu kontrollieren.

Im weiteren Verlauf dieses Abschnitts werden alle Five Forces genauer erläutert. *Beispiel 3.3* ganz am Ende des Abschnitts fasst die Branchen- und Sektorenanalyse nochmals zusammen und gibt einen Überblick über deren einzelne Schritte.

3.2.1 Wettbewerbsrivalität

Im Zentrum der Five-Forces-Analyse steht die Rivalität zwischen den bestehenden Akteuren – den bestehenden Organisationen in einer Branche. Je mehr Wettbewerbsrivalität besteht, umso schwerer haben es etablierte Unternehmen in einer Branche. **Wettbewerber** sind Organisationen mit ähnlichen Produkten oder Dienstleistungen, die die gleichen Kundengruppen ansprechen (also keine Substitute anbieten). In der europäischen Luftfahrtbranche sind Air France und British Airways Rivalen, Hochgeschwindigkeitszüge dagegen sind Substitute. Das Ausmaß der Wettbewerbsrivalität innerhalb einer Branche oder eines Sektors wird tendenziell durch fünf Faktoren definiert:

Wettbewerber

Die Wettbewerbsstrategie befasst sich mit der Art und Weise, in der eine Geschäftseinheit Wettbewerbsvorteile in ihrem Markt realisieren kann.

- *Gleichgewicht der Konkurrenten.* Wenn eine Vielzahl an Wettbewerbern existiert oder sie in etwa gleich groß sind, besteht die Gefahr eines sehr intensiven Wettbewerbs, denn ein Konkurrent möchte die anderen, beispielsweise durch aggressive Preissenkungen, dominieren. Umgekehrt gibt es häufig in weniger hart umkämpften Branchen eine oder zwei dominante Organisationen, die von den kleineren Vertretern der Branche meist nicht direkt herausgefordert werden. (Diese konzentrieren sich beispielsweise auf Marktnischen, um nicht die Aufmerksamkeit der großen Konkurrenten auf sich zu ziehen.)

- *Wachstumsrate der Branche.* Wächst eine Branche sehr stark, so kann auch eine Organisation mit dem Markt wachsen. Stagniert das Wachstum aber oder ist es gar rückläufig, geht das Wachstum eines Wettbewerbers immer auf Kosten eines anderen Wettbewerbers und trifft auf harte Gegenwehr. Oft herrschen daher auf Märkten mit geringen Wachstumsraten ein harter Preiskampf und geringe Rentabilität. Der *Lebenszyklus einer Branche* beeinflusst ihre Wachstumsraten und somit auch die dort herrschenden Wettbewerbsbedingungen, siehe *Abschnitt 3.4.2*.

- *Hohe Fixkosten.* Große Rivalität herrscht meist auch in Branchen mit hohen Fixkosten, die sich etwa durch hohen Investitions- oder Kapitalbedarf oder großen Forschungsaufwand ergeben. Die Unternehmen bemühen sich, ihre Produktionskosten pro Stück zu senken, indem sie in größeren Mengen produzieren: Dazu senken sie häufig ihre Preise und bringen so die Konkurrenz dazu, es ihnen nachzumachen, sodass es letztendlich zu einem Preiskrieg kommt, unter dem alle

Beteiligten leiden. Ähnliches gilt, wenn eine Produktionssteigerung nur in großen Stückzahlen erfolgen kann (wie etwa bei der Herstellung von Chemikalien oder Glas), denn in einem solchen Fall entsteht durch das betroffene Unternehmen kurzfristig eine Überkapazität in der gesamten Branche, was wiederum zu verstärktem Wettbewerb durch die Auslastung der Kapazität führt.

■ *Hohe Austrittsbarrieren.* Gibt es in einer Branche hohe Austrittsbarrieren – etwa durch Schließungen oder Investitionsabbau – so steigt dadurch meist die Rivalität. Dies gilt besonders in rückläufigen Branchen. Überschüssige Kapazitäten sind die Folge, also kämpfen die etablierten Unternehmen darum, ihren Marktanteil zu halten. Für solche hohen Austrittsbarrieren kann es viele Gründe geben, etwa hohe Redundanzkosten oder teure Investitionen in spezielle Vermögenswerte wie Fabriken und Maschinen, die andere Unternehmen nicht kaufen würden.

■ *Geringe Differenzierung.* Auf einem Rohstoffmarkt, wo Güter und Dienstleistungen sich kaum gegeneinander abgrenzen lassen, steigt die Rivalität, denn die Kunden können sehr leicht von einem Konkurrenten zum anderen wechseln, sodass der einzig mögliche Wettbewerb über den Preis betrieben werden kann.

3.2.2   Die Markteintrittsgefahr

Eintrittsbarrieren

Eintrittsbarrieren sind Faktoren, die von Unternehmen, die neu auf einen Markt eintreten, überwunden werden müssen, damit sie dort wettbewerbsfähig sein können.

Wie leicht ein branchenfremdes Unternehmen in eine Branche einsteigen kann, beeinflusst natürlich den Wettbewerb in dieser Branche. Die Markteintrittsgefahr hängt vom Ausmaß und von der Höhe der **Eintrittsbarrieren** ab. Dies sind Faktoren, die von Unternehmen, die neu auf einen Markt eintreten, überwunden werden müssen, damit sie dort wettbewerbsfähig sein können. Hohe Eintrittsbarrieren sind ein Vorteil für bereits bestehende Konkurrenten, denn sie schützen sie vor Neuankömmlingen. Fünf typische Barrieren für den Markteintritt sind:

■ *Größe und Erfahrung.* In manchen Branchen sind *Größenvorteile* von extremer Bedeutung, so etwa bei der Herstellung von Autos oder in der Werbung für schnelllebige Konsumgüter. Hat ein etabliertes Unternehmen einmal hohe Produktionszahlen erreicht, wird es für Neueinsteiger sehr teuer, nachzuziehen. Zudem bleiben die Stückkosten solange hoch, bis ein ähnliches Produktionsvolumen erreicht ist. Dieser Größenvorteil verstärkt sich noch, wenn der Markteintritt hohe *Investitionen erfordert* wie etwa Forschungskosten in der pharmazeutischen Industrie oder eine gute Kapitaldecke in der Automobilbranche. Eintrittsbarrieren ergeben sich auch durch die Auswirkungen der *Erfahrungskurve*, die etablierten Unternehmen einen Kostenvorteil verschafft, da sie bereits gelernt haben, effizienter als ein unerfahrener Neueinsteiger zu handeln (siehe *Abschnitt 7.2.1*). Bis ein neues Unternehmen mit der Zeit ähnliche Erfahrungen gesammelt hat, werden seine Produktionskosten wahrscheinlich höher sein.

■ *Zugang zu Zulieferern und Vertriebskanälen.* In manchen Branchen besitzen die Hersteller die Kontrolle über ihre Zulieferer und/oder Vertriebskanäle. Manchmal geschieht dies durch direktes Eigentum (vertikale Integration), manchmal einfach durch die Loyalität von Kunden oder Zulieferern. In einigen Branchen haben Neueinsteiger diese Hürde überwunden, indem sie bestimmte Vertriebskanäle umgingen und ihre Produkte über das Internet direkt an den Kunden verkauften (z.B. Dell Computer und Amazon).

- *Zu erwartende Vergeltungsmaßnahmen.* Wenn ein Unternehmen, das über einen Markteintritt nachdenkt, davon ausgeht, dass die Vergeltungsmaßnahmen eines bestehenden Unternehmens den Eintritt verhindern oder ihn zu kostspielig machen würden, dann stellt dies ebenfalls eine Eintrittsbarriere dar. Solche Vergeltungsmaßnahmen könnten ein Preiskrieg oder eine aggressive Marketingaktion sein. Allein das Wissen, dass etablierte Unternehmen bereit sind, zurückzuschlagen, reicht häufig schon als Eintrittsbarriere aus.

- *Gesetzgebung oder Handlungen des Staates.* Rechtliche Beschränkungen des Markteintritts reichen vom Patentschutz (etwa bei pharmazeutischen Produkten), über Marktregulierungen (etwa durch Rentenverkäufe) bis hin zum direkten Eingreifen des Staats (etwa durch Zölle). Fallen solche staatlichen Schutzmaßnahmen weg, sind bestehende Unternehmen natürlich durch Neueinsteiger angreifbar, so wie dies bei der Deregulierung der Luftfahrtindustrie der Fall war.

- *Vorteile etablierter Marktteilnehmer.* Etablierte Unternehmen können gegenüber Neueinsteigern Kosten- und Qualitätsvorteile haben, denn sie haben vielleicht bevorzugten Zugang zu wichtigen Technologien, Rohstoffquellen und geografischen Regionen oder sie besitzen einen bekannten Markennamen. Der Markt für medizinische Instrumente etwa wird durch viele Patente geschützt und Coca Cola und Pepsi haben ihre Marken über die letzten Jahrzehnte in beispielloser Art und Weise definiert und etabliert.

Beispiel 3.1	Bröckelnde Barrieren im Bankenwesen?

Traditionell sind die Eintrittsbarrieren ins Bankgeschäft für Privatkunden sehr hoch – doch die Anzeichen häufen sich, dass manche dieser Hürden gefährlich wackeln.

Die hohen Eintrittsbarrieren ins Bankgeschäft beziehen sich auf zwei wirtschaftliche Kategorien. Zunächst sind da die *strukturellen Barrieren*, die durch die Grundbedingungen der Branche vorgegeben werden. Im Bankwesen sind das Größenvorteile, Netzwerkeffekte und Regulierung. Letztere ist besonders signifikant, denn zum Schutz der Sicherheit und Stabilität des Finanzsektors bestehen hohe regulative Hürden. Zum Zweiten könnten etablierte Banken gezielt strategische Barrieren fördern, um Konkurrenten abzuschrecken oder zu vertreiben. Dazu werden etwa Preise künstlich niedrig gehalten oder extrem viel Geld für Produkt- und Markenwerbung ausgegeben. Auch strukturbezogene regulative Barrieren könnten in dieser Branche als strategisch definiert werden, denn etablierte Institute unterstützen diese, um sich eigene Vorteile zu sichern und Konkurrenten fernzuhalten.

In Großbritannien führten derlei Barrieren zu einer Dominanz der „Big Five": HSBC, Barclays, Royal Bank of Scotland, Lloyds und Santander. Auch in anderen Ländern sieht es ähnlich aus. So dominiert auch in Kanada eine „Big Five"-Gruppe, in Spanien und den Niederlanden sind es „Big Three" und in Schweden dominieren „Big Four."

Lange Zeit schien es so, als würden die zuständigen Behörden als Reaktion darauf ihre Eintrittsbarrieren senken, um mehr Wettbewerb zu ermöglichen, doch nach der Finanzkrise des Jahres 2008 wurden die Regeln erneut verschärft. Das Dilemma der Aufsichtsbehörden besteht darin, dass sie zwei teilweise widersprüchliche Ziele verfolgen müssen: Zum einen gilt es, die Stabilität des Finanzwesens zu sichern, indem Kapitalanforderungen für Banken erhöht werden. Zum anderen sollen aber auch die Dienstleistungen für die Kunden effizienter und umfangreicher werden – was wiederum nur durch mehr Wettbewerb geschehen kann. Um dieses zweite Ziel zu erreichen, bemühen sich nun die zuständigen Behörden, Neueinsteiger für den Bankensektor zu gewinnen, indem sie ihnen helfen, einen Zugang zum Markt zu erhalten, ohne die bestehenden Barrieren komplett einzureißen. So gibt es etwa in Großbritannien den Vorschlag, die Banken sollten ihre Beteiligungsquoten an den wichtigsten Bezahlsystemen des Landes senken, wie Hannah Nixon, Leiterin der britischen Behörde zur Regulierung von Bezahlsystemen, bestätigt:

> *„Die Branche muss sich grundlegend verändern, damit neue Banken ermutigt werden, in einen offenen und transparenten Wettbewerb um Preise, Dienstleistungen und Innovationen einzusteigen."*

Die britische Finanzaufsichtsbehörde gründete sogar eine Start-Up Unit, um neuen Banken den Markteintritt zu erleichtern, wie Andrew Bailey, der ehemalige CEO der Prudential Regulation Authority, erklärt:

> *„Die neue Bank Start-Up Unit führt unsere Bemühungen fort, die Eintrittsbarrieren für mögliche Neueinsteiger auf dem Bankensektor zu senken. Seit April 2013 können wir nun bereits zwölf neue Banken zulassen."*

Es bleibt abzuwarten, ob der Wettbewerb zunehmen wird, doch die Pläne der Aufsichtsbehörden werden nun von einer neuen Sorte potenzieller Konkurrenten beflügelt, die sich als sehr mächtig erweisen könnte. Unterstützt von neuen IT-Technologien, von Software und mobilem Banking haben sich über 100 sogenannte „FinTech"-Start-ups entwickelt, wie ein Bericht von Deloitte bestätigt:

> *„Neue, agile und bisher noch nicht regulierte Unternehmen entstehen und verändern die Rolle der traditionellen Banken als Finanzmittler."*

Zwar versuchen auch die etablierten Banken auf diesen „FinTech"-Zug aufzuspringen, doch dominieren werden sie diesen Bereich vermutlich nie. Anders als die aufblühenden FinTech-Start-ups sind sie in diesem Fall diejenigen, die von den bestehenden Eintrittsbarrieren behindert werden, wie es in dem Bericht weiter heißt:

> *„Durch die bestehende Regulierung werden Wachstum und Innovation erschwert; und auch althergebrachte Strategien, lange bestehende Infrastrukturen und Denkweisen verhindern, dass die etablierten Marktteilnehmer aggressiv auf diese Bedrohung reagieren."*

Quellen: E. Robinson, BloombergBusiness, 16. Februar 2016; H. Jones, Reuters, 25. Februar 2016; Financial Conduct Authority, 20. Januar 2016; J. Cumbo, Financial Times, 6. Dezember 2015; FCA, 25. Februar 2016; Deloitte, Digital disruption: threats and opportunities for retail financial services, 2014.

3.2.3 „Die Gefahr von Substituten

Substitute sind Produkte oder Dienstleistungen, die ähnliche Nutzen liefern wie die Produkte und Dienstleistungen der eigenen Branche, aber durch einen anderen Prozess entstehen. So ist Aluminium ein Substitut für Stahl bei Automobilen, Tablets sind Substitute für Laptops und Wohlfahrtsorganisationen können Substitute für öffentliche Dienste sein. Manager konzentrieren sich oft auf die Konkurrenz aus der eigenen Branche und vernachlässigen die Gefahr von Substituten. Substitute können die Nachfrage nach einer bestimmten „Produktklasse" reduzieren, wenn die Verbraucher auf Alternativen umsteigen. Das kann sogar so weit gehen, dass bestimmte Produktklassen obsolet werden. Damit aber der Substitutionseffekt wirkt, ist ein tatsächliches Umsteigen auf andere Produkte eigentlich gar nicht nötig. Schon das Risiko der Substitution sorgt für eine Deckelung der Preise innerhalb einer Branche. Obwohl also der Eurostar keine direkte Konkurrenz durch andere Zugverbindungen zwischen London und Paris hat, werden die Kosten, die für eine Fahrt verlangt werden können, dennoch letztendlich durch die Preise von Verbindungsflügen zwischen beiden Städten gedeckt. Zwei wichtige Punkte gilt es in Bezug auf Substitute zu bedenken:

> **Substitute**
>
> Substitute können die Nachfrage nach einer bestimmten Produktart senken, wenn Konsumenten zu den Alternativprodukten wechseln.

- *Das Preis-Leistungs-Verhältnis* ist ein wichtiger Faktor bei der Gefahr von Substitution. Ein Substitut ist immer noch eine wirkungsvolle Bedrohung, selbst wenn es teurer ist, solange es einen Leistungsvorteil bietet, den die Verbraucher wertschätzen. So ist Aluminium zwar teurer als Stahl, sein Vorteil für die Herstellung mancher Fahrzeugteile besteht jedoch darin, relativ leicht und korrosionsbeständig zu sein. Es kommt eben nicht nur auf den Preis allein, sondern auch auf das Preis-Leistungs-Verhältnis an.

- *Branchenexterne Effekte* sind der Kern des Substitutionskonzepts. Substitute kommen von außerhalb der in der Branche etablierten Unternehmen und dürfen nicht mit der Bedrohung von Konkurrenten innerhalb der Branche verwechselt werden. Der Wert des Substitutionskonzepts besteht darin, dass Manager dazu gezwungen werden, über ihre eigene Branche hinauszuschauen und auch weiter entfernte Gefahren und Beschränkungen zu bedenken. Je mehr Substitutionsgefahr besteht, desto unattraktiver ist meist die betroffene Branche.

3.2.4 Die Macht der Käufer

Käufer sind die unmittelbaren Kunden der Organisation, nicht notwendigerweise deren ultimative Kunden. Wenn die Käufer Macht haben, können sie niedrigere Preise verlangen oder Verbesserungen des Produkts oder der Dienstleistung mit der Folge geringerer Gewinne.

Die *Macht der Käufer* ist meist unter den folgenden drei Bedingungen am größten:

- *Konzentrierte Käufer*. Wenn nur einige wenige Großkunden für den Großteil des Umsatzes verantwortlich sind, so steigt die Käufermacht. Dies gilt in vielen europäischen Ländern für Grundnahrungsmittel wie Milch, denn hier bestimmen meist nur einige wenige Einzelhändler den Markt. Wenn ein einziges Produkt oder eine Dienstleistung einen hohen Anteil der gesamten Einkäufe der Käufer ausmacht, so wächst ihre Macht ebenfalls. Denn dann ist es wahrscheinlicher, dass sie viele Produkte vergleichen, um den besten Preis zu bekommen, und dass sie die Preise der Hersteller eher drücken, als sie dies bei weniger wichtigen Produkten tun würden.

■ *Geringe Umstellungskosten.* Wenn Käufer leicht von einem Zulieferer zu einem anderen wechseln können, haben sie eine starke Verhandlungsposition und können die Preise der Zulieferer drücken. Meist sind die Umstellungskosten bei kaum differenzierten Produkten wie Stahl eher gering.

■ *Die Gefahr der Käuferkonkurrenz.* Verfügt der Käufer selbst über bestimmte Ausstattungen oder Betriebsanlagen oder hat er die Möglichkeit, eine solche Ausrüstung zu erwerben, so besitzt er meist mehr Verhandlungsmacht gegenüber dem Zulieferer. Denn dann kann er androhen, die Arbeit des Zulieferers selbst durchzuführen. Dies wird *rückwärtige vertikale Integration* (siehe *Abschnitt 8.5*) genannt, denn damit bewegt man sich zurück zum Ursprung der gelieferten Produkte. Dazu kommt es, wenn etwa keine zufriedenstellende Einigung über Preise und Qualität zwischen Käufer und Zulieferer erzielt werden kann. So haben zum Beispiel einige Glashersteller gegenüber ihren Kunden an Macht verloren, als einige große Fensterhersteller beschlossen, eigenes Glas zu produzieren.

■ *Geringe Käufergewinne und Qualitätsauswirkungen.* Für kommerzielle Käufer gibt es zwei weitere Faktoren, die ihre Preissensibilität steigern und sie deshalb gefährlicher machen: Zum einen ist dies der Fall, wenn erstens die Käufergruppe unrentabel arbeitet und unter Druck steht, die Einkaufskosten zu reduzieren, und wenn zweitens das zugekaufte Produkt nur geringe Auswirkungen auf die Qualität des Produkts oder der Dienstleistung des Käufers hat.

Hier ist es sehr wichtig, den Begriff der *Käufer* vom Begriff des *Endverbrauchers* abzugrenzen. So sind für Unternehmen wie Procter & Gamble oder Unilever Käufer in der Regel Einzelhändler wie etwa Carrefour oder Tesco und nicht die Endverbraucher. Carrefour und Tesco besitzen viel mehr Verhandlungsmacht als jeder einfache Verbraucher. Die hohe Kaufkraft solcher Supermärkte ist zu einem strategischen Aspekt für die entsprechenden Zulieferer geworden. Es ist häufig hilfreich, strategische Kunden, mächtige Käufer (wie zum Beispiel die Einzelhändler), zu definieren, auf die sich die Strategie hauptsächlich orientieren sollte. Im öffentlichen Sektor ist der strategische Kunde normalerweise der Geldgeber und nicht der Nutzer von Dienstleistungen, während bei einem Pharmaunternehmen der strategische Kunde nicht der Patient, sondern das Krankenhaus ist.

3.2.5   Die Macht der Zulieferer

Zulieferer

Zulieferer versorgen die Organisation mit dem, was sie zur Herstellung ihrer Produkte oder Dienstleistungen benötigt, unter anderem Arbeitskräfte oder finanzielle Ressourcen.

Zulieferer versorgen die Organisation mit dem, was sie zur Herstellung ihrer Produkte oder Dienstleistungen benötigt. Dies kann sowohl Treibstoff, Rohstoffe und Ausrüstung als auch Arbeitskraft und Finanzmittel beinhalten. Die Faktoren, die die Macht der Zulieferer stärken, entsprechen denen für die Käufermacht. Also ist die *Macht der Zulieferer* unter folgenden Bedingungen meist sehr groß:

■ *Konzentrierte Zulieferer.* Wenn nur einige wenige Produzenten die Zulieferung dominieren, haben diese Zulieferer mehr Macht über die Käufer. Die Eisenerzindustrie ist jetzt konzentriert und befindet sich in den Händen von drei Produzenten, sodass die Stahlfirmen, die stark fragmentiert sind, in einer sehr schlechten Verhandlungsposition für diesen wichtigen Rohstoff sind.

■ *Hohe Umstellungskosten.* Wenn es sehr teuer oder umständlich ist, den Zulieferer zu wechseln, steigt die Abhängigkeit des Käufers und es schwächt somit seine Position. Microsoft ist ein mächtiger Anbieter, denn hier sind die Umstellungskosten auf ein anderes Betriebssystem enorm hoch. Die Käufer sind bereit, einen Aufpreis zu zahlen, um Probleme zu vermeiden, und Microsoft weiß das.

■ *Die Gefahr der Zuliefererkonkurrenz.* Zulieferer verfügen über mehr Macht, wenn sie Kunden ausschließen können, die als Zwischenhändler agieren. So konnten zum Beispiel Fluglinien harte Verträge mit Reisebüros aushandeln, denn die Zunahme von Online-Buchungen eröffnete ihnen einen direkten Zugang zum Kunden. Dies wird *vorwärts gerichtete vertikale Integration* genannt, denn damit bewegt man sich weiter auf den Endverbraucher zu.

■ *Differenzierte Produkte.* Sind die Produkte oder Dienstleistungen stark differenziert, so steigert das die Macht der Zulieferer. Obwohl beispielsweise Discountmärkte wie etwa Walmart sehr mächtig sind, haben auch Zulieferer, die über starke Marken wie Gilette von P&G verfügen, eine hohe Verhandlungsmacht. Zudem steigt die Macht der Zulieferer, wenn es wenige oder gar keine Substitute gibt, wie etwa für Piloten in der Luftfahrtbranche.

Die meisten Organisationen haben viele Zulieferer, daher muss man sich in der Analyse auf die wichtigsten Zulieferer oder Zuliefererarten konzentrieren. Verfügen sie über große Macht, können Zulieferer die gesamten potenziellen Gewinne ihrer Käufer für sich beanspruchen, einfach indem sie ihre Preise erhöhen. So ist es vielen Fußballstars gelungen, ihre Honorare in astronomische Höhen zu treiben, während die führenden Fußballvereine – ihre „Käufer" – um Finanzmittel kämpfen müssen.

3.2.6 Komplementoren und Netzwerkeffekte

Der Five-Forces-Bezugsrahmen muss behutsam verwendet werden und ist, selbst auf Branchenebene, nicht unbedingt vollständig. Einige Analysten sprechen von einer „sechsten Kraft", Organisationen nämlich, die komplementäre Produkte oder Dienstleistungen liefern. Solche **Komplementoren** sind Unternehmen, von denen Kunden komplementäre Produkte erwerben, die zusammen mehr wert sind als einzeln.

So sind McAfee Virenschutz und Microsoft insofern Komplementoren, als die Windows-Software für den Kunden attraktiver ist, wenn sie geschützt ist. Selbst konkurrierende Fluggesellschaften können zueinander komplementär sein, weil es für einen Zulieferer wie Boeing attraktiver ist, bestimmte Investitionen für zwei anstatt einen Kunden auszuführen. Daraus ergibt sich eine erhebliche Verschiebung der Perspektive. Während Porters Five-Forces-Bezugsrahmen alle Organisationen als Konkurrenten um ihren Anteil vom „Branchenkuchen" darstellt, könnten Komplementoren zusammenarbeiten und so sogar den Wert des gesamten Kuchens steigern.[4] Wenn

Komplementoren

Komplementoren sind Unternehmen, von denen Kunden komplementäre Produkte erwerben, die zusammen mehr wert sind als einzeln.

---

4 Für Abhandlungen über den Bedarf eines kollaborativen Wettbewerbsansatzes sowie eines Ansatzes nach Porter für die Branchenanalyse siehe J. Burton, „Composite strategy: the combination of collaboration and competition", *Journal of General Management*, Band 21, Nr. 1 (1995), S. 3–28, und R. ul-Haq, „Alliances and Co-evolution: Insights from the Banking Sector", *Palgrave Macmillan*, 2005.

Wertnetz

Ein Wertnetz ist eine Darstellung von Organisationen in einem Geschäftsumfeld, das Chancen für eine wertschöpfende Kooperation sowie den Wettbewerb beschreibt

Microsoft und McAfee sich gegenseitig über ihre technologischen Entwicklungen informieren, erhöhen sie den Wert beider Produkte.[5] Möglichkeiten für eine Kooperation können durch ein **Wertnetz** (eine Darstellung von Organisationen in einem Geschäftsumfeld, das Chancen für eine wertschöpfende Kooperation sowie den Wettbewerb beschreibt) verdeutlicht werden. In ▶ *Abbildung 3.3* ist Sony ein Komplementor, Zulieferer und Wettbewerber für den iPod von Apple. Sony und Apple haben sowohl ein Interesse an der Kooperation als auch am Wettbewerb.

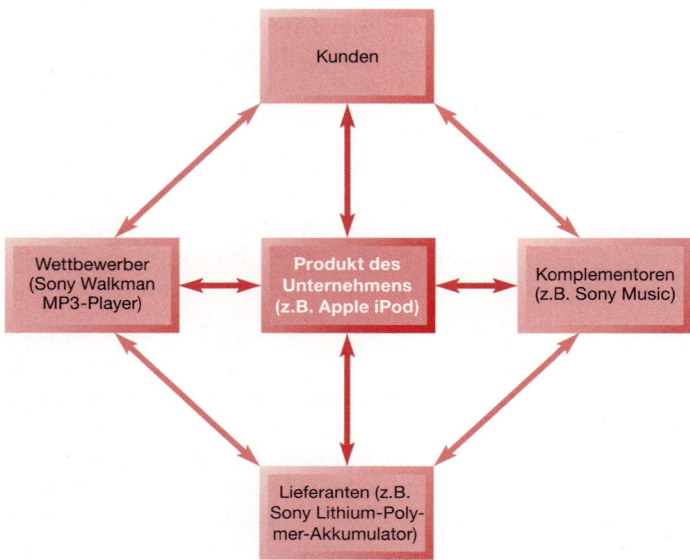

* Eine Organisation ist ein Komplementor, wenn:
 (i) Kunden dem Produkt einen höheren Wert beimessen, wenn sie auch über das Produkt der anderen Organisation verfügen, verglichen mit einer Situation, in der sie das Produkt allein haben (z.B. Würstchen und Senf).
 (ii) es für die Lieferanten gegenüber einer Situation, in dem sie nur ihr Unternehmen beliefern, attraktiver ist, sie mit Ressourcen zu versorgen, wenn es auch die andere Organisation versorgt (Fluggesellschaften und Boeing).

Hinweis: Organisationen können mehr als eine Rolle spielen. So ist Sony Music (das Label von AC/DC und Sade usw.) auch ein Komplementor für den Apple iPod, Sony liefert auch die Akkus für den iPod und ist mit seinen eigenen MP3-Playern auch ein Wettbewerber.

Abbildung 3.3: Das Wertnetz
Quelle: Nachdruck mit Erlaubnis des Harvard Business Review. Aus ‚The Right Game‘ von A. Brandenburger und B. Nalebuff, Juli–August 1996, S. 57–64. Urheberrecht Ó 1996, Harvard Business School Publishing Corporation. Alle Rechte vorbehalten.

5 Siehe K. Walley, Cooperation: „an introduction to the subject and an agenda for research", *International Studies of Management and Organization*, Band 37, Nr. 2 (2017) S. 11–31; siehe auch D. Yoffie und M. Kwak, „With friends like these", *Harvard Business Review*, Band 84, Nr. 9 (2006), S. 88–98.

Die Kunden könnten jedoch ein Produkt nicht nur dann eher schätzen, wenn es wie oben beschrieben dazu ein Komplementärprodukt gibt. Es kann auch von Bedeutung sein, ob andere Kunden das gleiche Produkt nutzen. Ist dies der Fall, weist das betreffende Produkt oder die betreffende Dienstleistung **Netzwerkeffekte** oder Netzexternalitäten auf. In einer Branche kommt es zu Netzwerkeffekten, wenn ein Kunde eines Produkts oder einer Dienstleistung für andere Kunden eine positive Wirkung auf den Wert dieses Produkts hat.

> **Netzwerkeffekte**
>
> Es kommt zu Netzwerkeffekten, wenn ein Kunde eines Produkts oder einer Dienstleistung für andere Kunden eine positive Wirkung auf den Wert dieses Produkts hat.

Das bedeutet: je mehr Kunden das Produkt nutzen, desto besser für alle Beteiligten des Netzwerks.[6] So steigt z.B. der Wert der Internet-Versteigerungsplattform eBay für einen Kunden, wenn das Netzwerk aus anderen Käufern und Verkäufern wächst. Je mehr Produkte auf der Seite angeboten werden, desto besser für den Kunden – und genau das macht eBay attraktiver für die Nutzer als kleinere Konkurrenten. Auch für Facebook sind diese Netzwerkeffekte enorm wichtig (siehe *Beispiel 3.2*). Sind solche Effekte in einer Branche vorhanden, müssen sie ebenso sorgfältig analysiert werden, wie die Kräfte des Five-Forces-Bezugsrahmens, um die Struktur genau zu verstehen und dann die richtige strategische Position zu wählen.[7] Bei Hardware und Software für Computer wird die Anzahl der User in einem Netzwerk häufig auch als „installierte Basis" bezeichnet.

In manchen Branchen gehen Komplementoren und Netzwerkeffekte Hand in Hand. So funktioniert beides etwa auf dem Markt für Smartphones und Tablets in zwei Schritten: Zunächst sind App-Anbieter Komplementoren zu Apple, denn iPhones und iPads werden für die Kunden umso attraktiver, je mehr Apps es dafür gibt. Und wenn wiederum diese Produkte für immer mehr Kunden attraktiv sind, wächst das Netzwerk und der Wert für den User steigt dadurch zusätzlich. Für Apple sorgen also die komplementären App-Anbieter für mehr User und fördern damit gleichzeitig den Netzwerkeffekt, der die Popularität weiter erhöht.

Sowohl Komplementoren als auch Netzwerkeffekte können Lock-Ins verursachen.

Zu einem **strategischen Lock-In** kommt es, wenn Nutzer von einem Zulieferer abhängig werden und keinen anderen Zulieferer wählen können, ohne dass es zu erheblichen Umstellungskosten kommt.[8] Dieser Aspekt ist besonders für Unternehmen mit einer Differenzierungsstrategie sehr wertvoll. Wenn Kunden auf einen Zulieferer angewiesen sind, kann dieser sein Preisniveau weit oberhalb seiner Kosten ansetzen. So konnten Kunden, die Musik über Apples iTunes gekauft hatten, diese ursprünglich nur über Apples eigenes iPhone hören. Wechselte man zu einem Gerät von Sony, bedeutete das gleichzeitig den Verlust aller bisher über iTunes gekauften Musikstücke. Auch Netzwerkeffekte können einen Lock-In verursachen, denn wenn immer mehr Nutzer das gleiche Produkt oder die gleiche Technologie nutzen, wird es immer kostspieliger, dies zu ändern. Manchmal ist der Erfolg einzelner Unternehmen in ihrer Branche so groß, dass sie einen eigenen Branchenstandard festlegen, den sie

> **Strategisches Lock-In**
>
> Zu einem strategischen Lock-In kommt es, wenn Nutzer von einem Zulieferer abhängig werden und keinen anderen Zulieferer wählen können, ohne dass es zu erheblichen Umstellungskosten kommt.

---

6 Siehe D.P. McIntyre und M. Subramaniam, Strategy in network industries: a review and research agenda, *Journal of Management* (2009), S. 1–24. Siehe auch C. Shapiro und H.R. Varian, *Information Rules: a Strategic Guide to the Network Economy*, Harvard Business Press, 213.

7 H. Halaburda und F. Oberholzer-Gee, „The limits of scale", *Harvard Business Review*, April 2014, S. 95–99.

8 W.B. Arthur, „Increasing returns and the new world of business", *Harvard Business Review*, Juli–August (1996), S. 100–109. Siehe auch A. Hax und D. Wild, „The Delta Model – discovering new sources of profitability in a networked economy", *European Management Journal*, Band 19, Nr. 4 (2001), S. 379–91.

selbst kontrollieren können. Das Windows-Betriebssystem von Microsoft ist ein Beispiel hierfür, denn es beherrscht 90 % des Markts. Will ein Unternehmen das Betriebssystem wechseln, müsste es alle Mitarbeiter neu schulen und alle Daten auf das neue System übertragen, wodurch mit Sicherheit Kommunikationsprobleme mit anderen Netzwerkmitgliedern, die bei Windows bleiben, entstehen würden.

Beispiel 3.2   **Facebooks Netzwerk-Angst**

Angesichts seiner übergroßen Dominanz müsste Facebook eigentlich vor nichts Angst haben. Doch viel zu viele soziale Netzwerke sind nach einem kometenhaften Aufstieg sehr schnell sehr tief gefallen.

Laut einer Umfrage des Statistik-Portals Statista ist Facebook mit 1,5 Mrd. Nutzern nicht nur das weltweit größte soziale Netzwerk, es kontrolliert auch das zweit-, dritt- und siebtgrößte Netzwerk: WhatsApp (900 Mio. Nutzer), Facebook Messenger (800 Mio. Nutzer) und Instagram (400 Mio. Nutzer). Was Netzwerkeffekte betrifft, ist Facebook allen anderen meilenweit voraus, so scheint es. Und die Umstellungskosten sind für Nutzer, die zu anderen sozialen Netzwerken wechseln wollen enorm hoch. Denn wer Hunderte von Freunden gesammelt und sein ganzes Leben mit Posts und Fotos archiviert hat, der wechselt nicht einfach das Netzwerk, weil es mal was Neues gibt.

Und trotzdem – obwohl Facebook so klar in Führung liegt –, zeigt die Geschichte, dass es bisher kein soziales Netzwerk geschafft hat, seine dominante Position langfristig zu halten. Friendster leistete 2002 Pionierarbeit, drei Jahre vor Facebook, und gewann innerhalb nur eines Jahres über drei Millionen Nutzer. Zu seinen Hochzeiten zählte das erste soziale Netzwerk sogar Zehntausende Mitglieder. Bald wurde es jedoch von MySpace abgelöst, das mit neuen, hippen Features, wie etwa Musik und Musikvideos, noch mehr und noch jüngere Nutzer anzog. Mit über 75 Mio. Mitgliedern war MySpace im Jahr 2008 das größte soziale Netzwerk der USA und lag damit konstant vor dem Konkurrenten Facebook. Bald brachte Facebook jedoch wieder neue Features auf den Markt und wurde damit vor allem für Teenager interessant, was bei MySpace wiederum zu Verlusten führte. All dies zeigt, dass soziale Netzwerke in Rekordzeit Millionen neuer Nutzer hinzugewinnen, diese aber ebenso schnell auch wieder verlieren können, was zu einem Wachstumsstopp und schließlich unweigerlich zum Zusammenbruch führt. Geht man in der Geschichte des Internets noch weiter zurück, stößt man auf weitere derartige Zusammenbrüche von Firmen, die mindestens so ambitioniert waren wie Facebook: BBS, CompuServe, AOL etc.

Facebook-Gründer und CEO Mark Zuckerberg hat diese Gefahr jedoch erkannt und entsprechende Maßnahmen ergriffen. Instagram kaufte er im Jahr 2012, als der Online-Dienst gerade dabei war, zur größten Internet-Plattform zum Teilen von Fotos aufzusteigen. Viele junge Nutzer posteten ihre Bilder eher dort als auf den eigenen Facebook-Seiten. Der nächste Kauf war WhatsApp, der größte Instant-Messaging-Dienst weltweit. Zuckerberg kaufte WhatsApp 2014, als viele junge Nutzer ihre Aktivitäten immer mehr auf mobile Plattformen verlegten.

Um den Konkurrenten LinkedIn abzuwehren, wurde zudem „Facebook at Work" gegründet. Nicht einmal Google ist es bisher gelungen, Facebook vom Thron der sozialen Netzwerke zu stoßen. Googles erster Vorstoß in die Welt der sozialen Netzwerke war Buzz, ein Dienst, der auf Gmail basierte, aber nie genug Nutzer gewinnen konnte. Viele Facebook-Nutzer probierten den nächsten und größeren Versuch von Google aus, fanden aber schnell heraus, dass nicht viele ihrer Facebook-Freunde mitzogen. Also kehrten sie zu Facebook zurück und Google Plus wurde – obwohl es noch existiert – zum nächsten großen Flop.

Facebook bleibt bis dato unangefochten an der Spitze und hat vielleicht sogar aus den Erfahrungen seiner früheren Konkurrenten und Mitstreiter gelernt. Angesichts seiner gegenwärtigen Bewertung, wird Facebook wahrscheinlich weiterhin in der Lage sein, defensiv andere Firmen aufzukaufen, sobald seine User sich für andere konkurrierende Plattformen, Inhalte oder Medien interessieren – Snapchat ist hier ein Beispiel. Doch wie lange kann das gutgehen? Immer wieder wird das Durchhaltevermögen von Facebook in Frage gestellt und immer wieder machen Übernahmegerüchte die Runde. Mark Zuckerberg, so berichtet das Magazin Forbes, sieht diese jedoch nur als Ansporn, die Machtposition von Facebook weiter auszubauen:

Es klingt zwar pervers, aber ich werde lieber von den Leuten unterschätzt. Dadurch erhalten wir mehr Schlagkraft und können unsere Nutzer mit unseren Deals viel mehr überraschen und begeistern.

Quellen: Statista 2016; R. Waters, Financial Times, 29. Januar 2016; J. Gapper, Financial Times, 12. April 2015; J. Bercovici, Forbes, 11. September 2012; A. Liu, digitaltrends.com, 5. August 2014; R. Waters, Financial Times, 21. Februar 2014 und J. Gapper, Financial Times, 3. Oktober 2013.

3.2.7 Bestimmung der Branche

Der erste Schritt einer Branchenanalyse ist immer die Bestimmung der Branche, wobei mehrere Aspekte bedacht werden müssen. Zunächst ist es wichtig, die Bestimmung nicht zu allgemein, aber auch nicht zu eng festzulegen. Denkt z.B. ein Geschäftsmann darüber nach, in Stockholm ein Taxiunternehmen zu gründen, wäre eine Branchendefinition „Personentransport" zu ungenau, während die Definition „Personentaxis im Stadtzentrum von Stockholm" wiederum viel zu eng gefasst wäre. Folgt man der erstgenannten Bestimmung, so kämen so viele Akteure ins Spiel, dass die Analyse nichtssagend wäre, während man bei der zweiten Definition Gefahr liefe, wichtige Konkurrenten unberücksichtigt zu lassen (etwa Taxifirmen aus den Vororten).

Des Weiteren muss die allgemeine Wertschöpfungskette der Branche bedacht werden. Verschiedene Branchen operieren meist auch in unterschiedlichen Bereichen der Wertschöpfungskette und müssen demnach auch einzeln untersucht werden (siehe *Abschnitt 4.4.2*). So liefert die Eisenerzindustrie (mit Firmen wie Vale, Rio Tinto und BHP Billiton) etwa an die Stahlindustrie (z.B. an Mittal Steel und Tata Steel). Diese Unternehmen wiederum liefern ihre Produkte an Firmen aus unterschiedlichen Branchen, darunter Automobilhersteller und Baufirmen. Diese drei Stufen der allgemeinen Wertschöpfungskette müssen auf jeden Fall separat untersucht werden.

Drittens können die meisten Branchen auf unterschiedlichen Ebenen analysiert werden, etwa in unterschiedlichen Regionen oder Märkten oder sogar im Hinblick auf unterschiedliche Produkt- oder Dienstleistungssegmente innerhalb der Branche (siehe *Abschnitt 3.4.2*). Die Luftfahrtindustrie beispielsweise gliedert sich in verschiedene geografische Märkte (Europa, China etc.) und verfügt zudem über verschiedene Dienstleistungssegmente (z.B. Urlaubsflüge, Geschäftsreisen und Frachtflüge). Auf jedem dieser Märkte und in jedem dieser Segmente wirken vermutlich andere Wettbewerbskräfte. Michael Porter hat hier seine ganz eigene Faustregel entwickelt und geht davon aus, dass man es bei der Analyse mit unterschiedlichen Branchen zu tun hat, sobald sich auch nur eine seiner definierten Wettbewerbskräfte von den anderen unterscheidet oder sobald es sehr große Unterschiede bei den Wettbewerbskräften gibt.[9] Kurz gesagt ist es wichtig zu überlegen, ob ein Markt national, regional oder global ausgerichtet ist (siehe *Abschnitt 9.4*) und ob sich seine Produkt- und Dienstleistungssegmente unterscheiden.

Große Konzerne organisieren sich häufig anhand verschiedener Märkte und Segmente und betrachten folglich jedes dieser Elemente separat. Der schwedische Gerätehersteller Electrolux etwa ordnet seine wichtigsten Haushaltsgeräte (Kühlschränke, Waschmaschinen etc.) nach regionalen, geografischen Märkten, hat aber gleichzeitig zwei globale Geschäftssegmente (Kleingeräte und Profigeräte) – all diese werden getrennt analysiert. Manchmal gibt es aber auch keine eindeutige oder ideale Möglichkeit, eine Branche derartig einzugrenzen. In diesem Fall ist es wichtig, die Branche klar gegen andere abzugrenzen und genau festzulegen, wer innerhalb und wer außerhalb der Branche agiert. In besonders schwierigen Fällen müssen vielleicht sogar entweder enger gefasste Definitionen für mehr Genauigkeit oder auch allgemeinere Definitionen ausprobiert werden, damit keine wichtigen Akteure übersehen werden.

3.2.8   Auswirkungen der Five-Forces-Analyse

Das Five-Forces-Modell bietet nützliche Einblicke in Bezug auf die Kräfte, die im Branchen- oder Sektorenumfeld einer Organisation wirken. Es ist jedoch wichtig, das Modell nicht nur zur einfachen Auflistung der Five Forces zu nutzen. Im Grunde kommt es vielmehr auf eine Bewertung der Attraktivität einer Branche an. Jede Analyse sollte also mit der Beurteilung abschließen, ob in einer Branche gute Wettbewerbsbedingungen herrschen oder nicht. An dieser Stelle ist wichtig anzumerken, dass bereits eine erheblich nachteilige Kraft ausreichen kann, um die Attraktivität der Branche insgesamt zu beeinträchtigen. Beispielsweise können mächtige Käufer sämtliche potenziellen Gewinne einer ansonsten attraktiven Branchenstruktur abschöpfen, indem sie die Preise nach unten drücken.

---

9   Siehe J. Margretta, *Understanding Michael Porter: The Essential Guide to Competition and Strategy*, Harvard Business Review Press, 2012.

Als Nächstes sollte die Analyse dazu anregen, die Auswirkungen dieser Kräfte zu untersuchen. Diese sind zum Beispiel:

■ *In welchen Branchen sollte man einsteigen (oder aus welchen aussteigen)?* Der grundlegende Zweck des Five-Forces-Modells besteht darin, die relative Attraktivität verschiedener Branchen zu ermitteln. Wirken die Kräfte nur schwach, handelt es sich um eine attraktive Branche. Manager sollten in Branchen investieren, in denen die Five Forces zu ihren Gunsten wirken, und sich aus Branchen zurückziehen oder diejenigen ganz vermeiden, wo sich die Kräfte negativ auf ihre Organisation auswirken. Mitunter wählen Unternehmen Märkte, weil die Markteintrittsschranken niedrig sind: Aber sofern diese Schranken wahrscheinlich nicht schnell angehoben werden, ist es der falsche Grund für einen Markteintritt. Man muss sich klar darüber sein, dass nur eine wichtige negative Kraft ausreichen kann, um die gesamte Branche unattraktiv zu machen. *Kapitel 8* geht auf diese *strategischen Wahlmöglichkeiten* und Investitionsentscheidungen genauer ein.

■ *Wie geht man mit den Five Forces um?* Branchenstrukturen sind nicht immer fest verankert, sondern können oft durch gezieltes strategisches Management beeinflusst werden. So können Organisationen beispielsweise Eintrittsbarrieren errichten, indem sie ihre Werbebudgets erhöhen und so die Loyalität der Kunden steigern. Sie können Konkurrenten aufkaufen und dadurch den Wettbewerb entschärfen und ihre Macht über Käufer oder Zulieferer ausbauen. Branchenstrukturen lassen sich also auf vielerlei Weise beeinflussen. Dies alles gehört zum Thema *Wettbewerbsstrategien* und wird in *Kapitel 7* näher betrachtet.

■ *Wie unterscheiden sich die Auswirkungen auf die einzelnen Konkurrenten?* Veränderungen der Branchenstruktur haben nicht auf alle Konkurrenten die gleiche Wirkung, gleichgültig ob sie spontan oder geplant geschehen. Wenn Eintrittsbarrieren aufgrund höherer Ausgaben für Forschung und Entwicklung oder für Werbung geschaffen werden, kann dies es kleineren Konkurrenten in der Branche unmöglich machen, mit den Großen mitzuhalten, sodass sie schließlich ausgeschlossen werden. Ebenso schadet wachsende Zulieferermacht besonders den kleinen Wettbewerbern. Hier hilft eine Analyse der strategischen Gruppen (siehe *Abschnitt 3.4.1*).

Obwohl die Five-Forces-Analyse ursprünglich aus dem privaten Sektor kommt, lässt sie sich auch sehr wohl auf Organisationen der öffentlichen Hand anwenden. So können die Five Forces etwa genutzt werden, um das Angebot an Dienstleistungen zu steuern oder den Fokus auf wichtige Bereiche zu lenken. Es kann sich lohnen, die Managementinitiative von einem Bereich mit vielen einzelnen und sich überschneidenden Dienstleistungen (wie etwa Sozialarbeit, Bewährungshilfe oder Bildung) auf ein Gebiet zu verlagern, in dem weniger Wettbewerb herrscht und wo sich die Organisationen stärker gegeneinander abheben. Ebenso könnten Strategien entwickelt werden, um die Abhängigkeit von besonders mächtigen und teuren Zulieferern wie etwa Energielieferanten oder von Kompetenzen, an denen ein besonderer Mangel besteht, zu mindern.

Beispiel 3.3   Schritte der Branchenanalyse

Vor und nach der Betrachtung der fünf Wettbewerbskräfte gibt es bei der Branchenanalyse einige wichtige Schritte

Emily möchte einen Coffee Shop eröffnen und vielleicht sogar mehrere Filialen gründen. Folgende Schritte und Fragestellungen muss sie dabei beachten:

1 **Klare Definition der Branche.** Haben es alle Akteure der Branche mit denselben Käufern, Zulieferern, Eintrittsbarrieren und Substituten zu tun?

    – *Vertikale Ausrichtung:* Welche Phase der Branchenwertschöpfungskette?

    – *Produkt- oder Dienstleistungsausrichtung:* Welche Produkte oder Dienstleistungen? Welche davon sind Teil anderer, fremder Branchen? Welche Segmente?

    – *Geografische Ausrichtung:* lokaler, nationaler, regionaler oder globaler Wettbewerb?

Emily sollte daran denken, dass in vielen Unternehmen und Branchen Kaffee serviert und verkauft wird. Damit sind nicht nur Cafés und andere Coffee Shops gemeint, sondern auch Fast-Food-Ketten, Kioske und Restaurants. Wichtig ist auch, ob Emily ihr Geschäft in einer ländlichen Gegend oder in der Stadt eröffnen will.

2 **Definition aller Akteure der fünf Wettbewerbskräfte und – falls zutreffend – Identifizierung verschiedener Untergruppen.** Welches sind die …

    – Konkurrenten, die sich denselben Wettbewerbskräften stellen müssen (siehe Punkt 1 oben)?

    – Käufer und Käufergruppen (z.B. Endverbraucher vs. Zwischenhändler, Einzelkunden vs. Organisationen)?

    – Zulieferer und Zulieferergruppen (verschiedene Kategorien)?

    – potenziellen Neueinsteiger?

    – Substitute?

Wenn es eine klare Industriedefinition gibt, dürfte es relativ einfach sein, die Akteure für jede der Wettbewerbskräfte zu identifizieren, doch Emily muss auch bedenken, dass es Untergruppen geben könnte. Zulieferer beispielsweise liefern ja nicht nur Inputs wie etwa Kaffeebohnen, sondern auch der Standort und Mitarbeiter sind hier mit abgedeckt.

3 **Festlegung der zugrunde liegenden Faktoren und die Gesamtstärke jeder der Five Forces.**

    – Welche zugrunde liegenden Kräfte gibt es bei jeder der Five Forces? Warum?

    – Welche Wettbewerbskräfte sind stark? Welche schwach? Warum?

Für Emily sind wahrscheinlich nicht alle zugrunde liegenden Faktoren der Checkliste der Five Forces gleichermaßen relevant. Beim Thema Käufer etwa geht es vor allem darum, in welchem Maß die Produkte und Preise standardisiert sind.

4 **Bewertung der Struktur und der Attraktivität der gesamten Branche.**

- Wie attraktiv ist die Industrie? Warum?

- Welche sind die wichtigsten Wettbewerbskräfte? Welche bestimmen die Rentabilität?

- Sind profitablere Konkurrenten in Bezug auf die fünf Kräfte besser positioniert?

Für Emily wirken mehrere der Kräfte recht stark, für die Profitabilität sind manche aber bedeutender als andere. Zudem sind einige Konkurrenten, wie etwa große Kaffeehaus-Ketten, besser positioniert.

5 **Bewertung aktueller und zukünftiger Veränderungen für jede der Wettbewerbskräfte.**

- Welche potenziellen positiven/negativen Veränderungen gibt es?

- Verändern Markteinsteiger und/oder Konkurrenten die Branchenstruktur auf irgendeine Weise?

Emily muss beispielsweise bedenken, wie sich die Zahl der Coffee-Shop-Ketten in den letzten Jahren entwickelt hat und ob Bäckereien inzwischen die Qualität ihres Kaffees gesteigert haben. Vielleicht zeichnen sich auch mögliche Veränderungen bei Verbrauchertrends und Branchenwachstum ab.

6 **Festlegung der Geschäftspositionierung in Bezug auf die fünf Wettbewerbskräfte.** Ist es möglich, …

- mögliche schwächere Kräfte zu nutzen?

- starke Kräfte zu neutralisieren?

- Veränderungen der Branche irgendwie für sich zu nutzen?

- die Branchenstruktur zum eigenen Vorteil zu beeinflussen oder zu verändern?

Emily sollte zu diesem Zweck ein Konzept entwickeln, das eine bestimmte Kundengruppe anzieht, auch wenn die Auswahl an Coffee Shops in der Stadt sehr groß ist. Dadurch ließen sich Gefahren durch Konkurrenten zum Teil neutralisieren und es könnte eine gewisse Kundenloyalität entstehen.

Quellen: M. E. Porter, The five competitive forces that shape strategy, Harvard Business Review, Band 86, Nr. 1 (2008), S. 58–77; J. Margretta, Understanding Michael Porter: The Essential Guide to Competition and Strategy; Harvard Business Review Press, 2012.

3.3 Branchenarten und Branchendynamik

Das Five-Forces-Modell ist in jeder Branche das bekannteste Analyse-Werkzeug und muss deshalb behutsam verwendet werden. Zunächst müssen die verschiedenen Branchenarten und deren grundlegende wirtschaftliche Merkmale untersucht werden. Zum Zweiten geht es um die Branchenstruktur, die zwar häufig stabil ist, sich aber in manchen Zeiten auch verändern und wandeln kann.

3.3.1 Branchenarten

Das Modell der Five Forces fußt auf der Wirtschaftstheorie[10] und dient auch zur Identifikation der wichtigsten Branchenarten und -strukturen. Das Spektrum reicht von stark konsolidierten Branchen mit einem oder einigen wenigen Firmen mit hoher Profitabilität bis hin zu zersplitterten Branchen mit bis zu tausend Akteuren, die wenig profitabel sind (siehe ▶ *Tabelle 3.1*). In der Praxis sind die meisten Branchen eher Mischformen dieser beiden Extreme, doch es ist trotzdem hilfreich, diese beiden theoretischen Kategorien zu kennen, um die Attraktivität verschiedener Branchen zu vergleichen und bestimmte wiederkehrende Wettbewerbsmuster zu erkennen. Drei grundlegende Arten sind:

Monopole. Ein Monopol in Reinform ist eine Branche, in der nur ein Unternehmen ein einzigartiges Produkt anbietet, sodass es keinerlei Konkurrenzkampf gibt. Da die Käufer keine Wahlmöglichkeit zwischen verschiedenen Anbietern haben, verfügt der Monopolist über eine potenziell sehr hohe Macht über Kunden und Zulieferer. Dies kann sehr gewinnbringend sein. Doch auch die Position des dominanten Anbieters auf dem Markt kann einer Firma Monopolmacht verleihen: So hat etwa Google mit einem US-Marktanteil von 65 % bei den Online-Suchmaschinen ganz klar die Macht, die Preise für Internetwerbung zu bestimmen. Manche Unternehmen erlangen durch Größenvorteile eine monopolartige Stellung: Wasserversorgungsunternehmen sind in bestimmten Regionen häufig Monopolisten, da es für kleinere Konkurrenten einfach unwirtschaftlich ist, in den Markt einzusteigen. Anderen Firmen verhelfen Netzwerkeffekte zur Monopolstellung, wenn ihr Produkt allein dadurch an Wert gewinnt, weil es viele andere Kunden auch nutzen: Facebook und Microsoft Office sind nur deshalb so mächtig, weil beide so viele Nutzer gewinnen können.[11] Im *Beispiel 3.2* wird die Dominanz von Facebook verdeutlicht.

Oligopole. Bei einem Oligopol wird eine Branche nur von einigen wenigen Unternehmen dominiert, sodass hier oft wenig Konkurrenzkampf besteht, die Gefahr von Neueinsteigern gering und die Macht über Käufer und Zulieferer groß ist. Gibt es nur wenige Akteure, so wirkt sich das Handeln eines einzelnen Unternehmens sehr stark auf die anderen aus: deshalb müssen alle sehr genau darauf achten, was die anderen Marktteilnehmer tun. Der Markt für Eisenerz etwa ist ein Oligopol, das von Vale, Rio Tinto und BHP Billiton dominiert wird. In der Theorie können Oligopole sehr profitabel sein, doch alles hängt davon ab, wie stark sich die einzelnen Akteure bekämpfen, ob es Substitute gibt und wie sich die Nachfrage auf dem Markt entwickelt. Oligopolistische Unternehmen sind sehr stark daran interessiert, den Wettbewerb untereinander zu minimieren, um gegenüber Käufern und Zulieferern gemeinsam mächtig auftreten zu können.[12] Gibt es nur zwei konkurrierende Unternehmen wie etwa Airbus und Boeing als Hersteller von Flugzeugen, so spricht man von einem *Duopol*.

---

10   Siehe J. Lipczynski, J. Wilson und J. Goddard, *Industrial Organization: Competition, Strategy, Policy*, Prentice Hall/Financial Times, 2009.

11   D. McIntyre und M. Subramarian, „Strategy in network industries: a review and research agenda", *Journal of Management*, Band 35 (2009), S. 1494–512.

12   Siehe Lipczynski, Wilson und Goddard, Fußnote 10.

Branchen mit perfektem Wettbewerb. Von einem perfekten Wettbewerb spricht man, wenn die Eintrittsbarrieren niedrig sind, es zahllose gleiche Konkurrenzfirmen gibt, die alle ähnliche oder nahezu identische Produkte herstellen, und Informationen über Preise, Produkte und Konkurrenten für alle gleichermaßen zugänglich sind. Hier konzentriert sich der Konkurrenzkampf vor allem auf den Preis, da die angebotenen Produkte sehr ähnlich sind und sich die Konkurrenten meist keine teuren Innovationen oder Marketingkampagnen leisten können, um sich von den Rivalen abzuheben. Unter diesen Bedingungen gelingt es den Firmen nicht, mehr Gewinne zu erzielen als zum Überleben notwendig ist. In der Landwirtschaft kommt man einem perfekten Wettbewerb oft recht nahe (z.B. auf dem Markt für Kartoffeln, Äpfel, Zwiebeln etc.). Doch es gibt kaum einen Markt, der wirklich den perfekten Wettbewerb aufweist. Fast immer gibt es kleinere Einschränkungen – z.B. sind die angebotenen Produkte in gewissem Maß verschieden oder Informationen sind nicht immer frei zugänglich. Dienstleistungsmärkte mit vielen kleineren Unternehmen sind hierfür ein Beispiel, wie etwa Restaurants, Bars, Friseure etc., aber auch die Märkte für Shampoo, Zahnpasta und Frühstücksflocken.[13]

Manche Experten gehen davon aus, dass es in bestimmten Branchen auch zu einem *übermäßigen Konkurrenzkampf* kommen kann. Hier interagieren die Konkurrenten so häufig und aggressiv, dass es zu einem dauerhaften Ungleichgewicht und Wandel kommt.[14] Die Akteure investieren meist stark in teure Marketingkampagnen, waghalsige Innovationen und aggressive Preissenkungen, was sich alles negativ auf ihre Gewinne auswirkt. Oft kommt es in einer oligopolistischen Branche zu einem solchen übermäßigen Wettbewerb. *Abschnitt 7.3.1* geht darauf weiter ein.

Branchenstrukturen verändern sich mit der Zeit, und eine Branche kann sich je nach Makro-Umfeld und Reifegrad von einer zu einer anderen Art wandeln. All das wirkt sich natürlich entsprechend auf die Kraft des Wettbewerbs aus. Der nächste Abschnitt befasst sich mit dieser Branchendynamik.

Branchenstruktur	Merkmale	Bedrohung durch die fünf Wettbewerbskräfte
Monopol	Ein Unternehmen Oft einzigartiges Produkt Sehr hohe Eintrittsbarrieren	Sehr gering
Oligopol	Wenige Konkurrenten Unterschiede bei Produkten möglich Hohe Eintrittsbarrieren	Unterschiedlich
Perfekter Wettbewerb	Viele Konkurrenten Sehr ähnliche Produkte Geringe Eintrittsbarrieren	Sehr hoch

Tabelle 3.1: Branchenarten

---

13 Experten nennen diese Märkte „monopolistischen Wettbewerb", da hier ein Unternehmen immer eine Nische für sich schaffen kann, in der es eine gewisse Monopolmacht erreichen kann.

14 She R. D'Aveni, *Hpyercompetition: Managing the Dynamics of Strategic Maneuvering,* Free Press, 1994, S. 2.

3.3.2   Die Dynamik einer Branchenstruktur

Die Analyse einer Branchenstruktur kann leicht zu statisch geraten, schließlich bedeutet Struktur meist gleichzeitig Stabilität.[15] Aus den vorhergehenden Abschnitten ergibt sich jedoch die Frage, wie sich Wettbewerbskräfte *im Laufe der Zeit* verändern. Oft ist es z.B. schwierig, Branchen gegeneinander abzugrenzen, da sich die Grenzen ständig verändern. So unterliegen viele Branchen, besonders im High-Tech-Bereich, einer Konvergenz, d.h. vormals voneinander getrennte Branchen beginnen sich allmählich zu überlappen in Bezug auf ihre Aktivitäten, Technologien, Produkte und Kunden.[16] Der technologische Fortschritt brachte beispielsweise eine Konvergenz zwischen der Telefon- und der Fotobranche hervor, denn immer mehr Handys verfügen über Kameras und Videofunktionen. So wurde der Kamerahersteller Kodak durch Mobiltelefonhersteller wie Apple oder Samsung in die Insolvenz getrieben.

Es ist sehr wahrscheinlich, dass die Hauptantriebskräfte des Wandels eine Branchenstruktur verändern, und eine Analyse verschiedener Szenarien kann dabei helfen, die sich daraus ergebenden Auswirkungen zu verstehen (siehe *Abschnitt 3.4*). Dieser Abschnitt befasst sich mit zwei weiteren Herangehensweisen an das Verständnis veränderbarer Branchenstruktur: das Konzept des *Branchenlebenszyklus* und die *komparative Five-Forces-Analyse*.

Beispiel 3.4	**Konsolidierungen im britischen Wohlfahrtssektor**

Durch die Konsolidierung des britischen Wohlfahrtssektors und der betroffenen öffentlichen Organisationen könnten sich deren Effizienz und Dienstleistungen verbessern.

Der Wohlfahrtssektor ist im Vereinigten Königreich stark zersplittert und besteht aus über 180.000 Einzelorganisationen, die sich oft um ähnliche Belange kümmern. So gibt es 700 Einrichtungen für Blinde, 900 weitere, die sich um Militärangehörige kümmern, 500 Tierschutzorganisationen etc. Sie alle konkurrieren um dieselben Spenden und Finanzmittel und es wird die Kritik laut, dass dies zu fragwürdigen Methoden des Spendensammelns geführt hat und dass Verwaltung und operatives Geschäft mancher Organisationen mehr als veraltet sind. Eine Umstrukturierung und Konsolidierung der Branche ist daher dringend erforderlich, um sie effektiver zu machen und die Dienstleistungen zu verbessern. Die Charity Commission, die zuständige Behörde für Wohlfahrtsorganisationen in England und Wales, bestätigt das in einem Bericht:

> *„Manche Menschen glauben, dass es zu viele Wohltätigkeitsorganisationen gibt, die um zu wenig Gelder konkurrieren. Ein wesentlicher Anteil des Aufwands könnte eingespart werden, wenn mehr Organisationen ihre Ressourcen zusammenlegen und zusammenarbeiten."*[1]

---

15   Es gibt eine gute Diskussion über die statische Natur des Porter-Modells und anderer Einschränkungen bei M. Grundy, „Rethinking and reinventing Michael Porter's five forces model", *Strategic Change*, Band 15 (2006), S. 213–229.

16   Siehe beispielsweise A. Malhotra und A. Gupta, „An investigation of firms' responses to industry convergence", *Academy of Management Proceedings*, 2001, G1–6.

Die Konsolidierung der Branche hat inzwischen begonnen, gemäß einem Bericht[2] sind 2014/15 bei Fusionen von 129 Wohlfahrtsorganisationen bereits 132 Mio. € an Kapitel transferiert worden, um neue Organisationen zu bilden. Bisher kam es vor allem zu vielen kleineren Zusammenschlüssen, doch auch einige große Deals wurden ausgehandelt. So übernahm etwa die Organisation Addaction (die sich vor allem um Alkohol- und Drogenabhängige kümmert) die Organisation KCA, die Behandlungen für psychisch Kranke anbietet. Außerdem schlossen sich die Breast Cancer Campaign und Breakthrough Breast Cancer zusammen. Viele kleine Verbände werden zudem durch ihre finanzielle Notlage aufgrund des überlaufenen Sektors geradezu dazu gezwungen, sich mit anderen zusammenzutun. Doch trotz all dieser Aktivitäten befindet sich die Konsolidierung noch immer in einer frühen Phase, so berichtet der *Good Merger Index* (2013/14):

> *Das sich abzeichnende Bild zeigt einige wenige große Fusionen und vergleichsweise viele kleine, lokal geprägte Zusammenschlüsse.*[2]

Richard Litchfield, der für die *Charity Times* schreibt, kommentiert:

> *„Es zeigt sich, dass die Verantwortlichen noch nicht proaktiv über mögliche Fusionen nachdenken und ihrer Organisation nicht genug Raum für strategische Zukunftsüberlegungen geben. Sie sollten einen objektiven Blick für die Position ihrer Organisation in einer immer volatileren Branche entwickeln und im besten Interesse der Nutznießer planen – können wir unsere Reichweite und unseren Einfluss maximieren, indem wir uns mit anderen zusammentun? Oder können wir bessere Dienste leisten, wenn wir Verantwortung abgeben?"*[3]

Auch der öffentliche Sektor verändert sich, die Effizienz wächst und Dienstleistungen werden verbessert. Aus einer wichtigen Fusion ging im Jahr 2013 der gemeinsame Scottish Fire and Rescue Service hervor, was eine Ersparnis von 13 Mio. britischen Pfund bedeutete.[4] Dieser neue schottische Dienstleister entstand aus den früheren acht eigenständigen Behörden zur Feuerbekämpfung. Auch im britischen Gesundheitswesen kam es zu massiven Konsolidierungsmaßnahmen. So wurden etwa aus ehemals 25 Treuhandgesellschaften im Bereich der mentalen Gesundheit heute zehn Organisationen, die zudem eng miteinander vernetzt sind.

Doch diese Konsolidierungen werfen auch Probleme auf, denn ebenso wie auf dem privaten Sektor kommt es auch hier zu Integrationsschwierigkeiten. Doch auch andere Formen der Zusammenarbeit bieten gute Chancen, die Effizienz zu steigern. So werden etwa Einrichtungen gemeinsam genutzt, Verwaltungsaufgaben kombiniert und Dienstleistungen an Kunden gemeinsam übernommen.

Quellen: (1) „RS 4a – Collaborative working and mergers: Summary", http://www.charity-commission.gov.uk/publications/rs4a.asp; (2)The Good Merger Index, Eastside Primetimers, 2014/15 und 2013/14; (3) R. Litchfield, Charity Times, Trustees need more Help looking at Mergers, 13. November 2015; (4) Fire and Rescue Collaboration, Grant Thornton, 26. März 2014.

Der Branchenlebenszyklus

Der Einfluss der Five Forces variiert meist in Abhängigkeit von der jeweiligen Phase des Branchenlebenszyklus. Dieser Begriff beinhaltet, dass eine Branche in ihrer Entwicklung meist klein beginnt, dann eine Phase raschen Wachstums erlebt (das Gegenstück zur Adoleszenz im menschlichen Lebenszyklus), die schließlich in einer Periode der „Marktbereinigung" gipfelt. In den letzten beiden Phasen des Zyklus zeigt sich zunächst ein geringes oder gar Nullwachstum („Reife"), bevor schließlich die Phase des Rückgangs („Alter") einsetzt. Aus jeder dieser Phasen ergeben sich Auswirkungen auf die Five Forces.[17]

In der *Entwicklungsphase* wird noch experimentiert. Meist gibt es einige wenige Akteure auf dem Markt, die nur in geringem Maße miteinander konkurrieren und stark voneinander abgegrenzte Produkte anbieten. Die Five Forces wirken häufig nur schwach, doch auch die Gewinne fallen aufgrund hoher Investitionsanforderungen oft mager aus. In der nächsten Phase herrscht starkes Wachstum und geringe Rivalität, denn der Markt bietet genügend Chancen für jeden. Käufer möchten sich vielleicht schnell große Vorräte sichern, sind dadurch nicht sehr anspruchsvoll und verringern so ihre eigene Macht. Ein Nachteil dieser Wachstumsphase besteht darin, dass meist nur geringe Eintrittsbarrieren vorhanden sind, da die bestehenden Konkurrenten noch klein sind und bisher weder viele Erfahrungen gesammelt noch die Loyalität ihrer Kunden erworben haben. Ein weiterer potenzieller Nachteil liegt in der Macht der Zulieferer, wenn Komponenten oder Material knapp werden, die die schnell wachsenden Unternehmen für ihre Expansion brauchen. Die Phase der *Marktbereinigung* beginnt, sobald sich das Wachstum verlangsamt, sodass der zunehmende Wettbewerb die Schwächsten der Neueinsteiger vom Markt vertreibt. In der *Reifephase* werden die Eintrittsbarrieren meist höher, da alle Vertriebskanäle kontrolliert werden und Größenvorteile sowie die Vorteile der Erfahrungskurve ins Spiel kommen. Produkte oder Dienstleistungen werden oft standardisiert. Käufer werden mächtiger, denn der Reiz des Neuen ist verschwunden und es fällt ihnen leichter, zwischen den Anbietern zu wechseln. Für große Unternehmen kommt es typischerweise hauptsächlich auf den Marktanteil an, denn ist dieser groß, schützt er sie vor der Macht der Käufer und bietet einen Wettbewerbsvorteil bei den Kosten. In der Phase des *Rückgangs* kann es schließlich zu extremer Rivalität kommen, besonders dort, wo es hohe Austrittsbarrieren gibt, denn sinkende Umsatzzahlen zwingen die verbleibenden Konkurrenten zu einem harten gegenseitigen Kampf. Allerdings können die verbleibenden Unternehmen in der Phase des Rückgangs trotzdem noch rentabel sein, wenn sie durch den Austritt von Wettbewerbern eine monopolistische Position erreichen. ▶ *Abbildung 3.4* fasst einige der Bedingungen der verschiedenen Phasen des Lebenszyklus nochmals zusammen.

---

17 Eine klassische akademische Übersicht des Branchenlebenszyklus liefert S. Klepper, „Industry life cycles", *Industrial and Corporate Change*, Band 6, Nr. 1 (1996), S. 119–143, siehe auch A. McGahan, „How industries evolve", *Business Strategy Review*, Band 11, Nr. 3 (2000), S. 1–16.

Dennoch darf man nicht zu sehr an die Unvermeidbarkeit der verschiedenen Lebens-phasen glauben. So folgen die Phasen nicht unbedingt immer in gleicher Reihenfolge aufeinander. Die Länge der Wachstumsphasen variiert erheblich je nach Branche und oft verursacht eine Innovation eine Beschleunigung der Reifephase. So durchlief die Telefonbranche, die sich ein Jahrhundert lang auf Festnetztelefone stützte, durch die Einführung von Handys und Internettelefonie ihre Reifephase in Rekordzeit. Anita McGahan warnt vor der „Reifementalität", die viele Manager selbstzufrieden werden lässt, sodass sie auf neue Konkurrenz zu spät reagieren.[18] Denn auch in einer reifen Branche geht es nicht immer nur um das Warten auf den Abstieg. Obwohl ein stetiges Fortschreiten durch die einzelnen Lebensphasen nicht unvermeidlich ist, erinnert das Konzept des Lebenszyklus den Manager dennoch daran, dass sich Bedingungen im Laufe der Zeit ändern. Besonders in sich schnell verändernden Branchen muss die Five-Forces-Analyse regelmäßig überarbeitet werden.

Abbildung 3.4: Der Branchenlebenszyklus

Komparative Branchenstrukturanalysen

Der Begriff „Branchenlebenszyklus" weist verstärkt darauf hin, dass es sehr sinnvoll ist, eine Branchenstrukturanalyse dynamisch zu gestalten. Ein effektives Mittel hier-für ist ein Vergleich der Five Forces im Laufe der Zeit mittels eines einfachen „Radar-schemas".

---

18   A. McGahan, „How industries evolve", *Business Strategy Review*, Band 11, Nr. 3 (2000), S. 1–16.

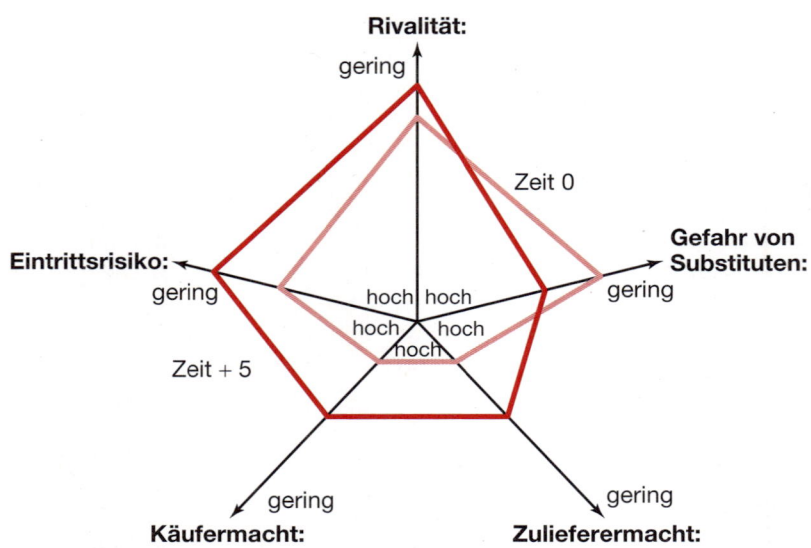

Abbildung 3.5: Komparative Branchenstrukturanalyse

▶ *Abbildung 3.5* bietet einen Bezugsrahmen zur Zusammenfassung der Wirkung jeder der Five Forces, die auf fünf Achsen dargestellt sind. Je weiter man sich auf den Achsen nach außen bewegt, umso mehr nimmt die jeweilige Kraft ab. Ist die Wirkung der Kräfte gering, so ist die von den Linien zwischen den Achsen umschlossene Fläche groß. Ist die Wirkung der Kräfte groß, ist diese Fläche entsprechend klein. Je größer die Fläche, umso größer ist demnach auch das Gewinnpotenzial. In ▶ *Abbildung 3.5* herrscht in der abgebildeten Branche zum Zeitpunkt 0 (verdeutlicht durch die hellroten Linien) relativ geringe Rivalität (nur wenige Konkurrenten) und die Gefahr der Substitution ist gering. Das Risiko, Neueinsteiger anzuziehen, ist mäßig hoch, doch sind sowohl die Macht der Käufer als auch die Macht der Zulieferer relativ hoch. Insgesamt kann die Attraktivität der Branche für eine Neuinvestition als mäßig eingeschätzt werden.

Angesichts der Tatsache, dass sich Branchen dynamisch entwickeln, muss ein Manager aber auch, eventuell mithilfe der Szenario-Analyse, in die Zukunft blicken: In diesem Fall geht der Blick fünf Jahre in die Zukunft, was durch die hellroten Linien in ▶ *Abbildung 3.5* verdeutlicht wird. Hier sehen die Manager einen gewissen Anstieg des Substitutionsrisikos voraus (vielleicht entwickeln sich neue Technologien). Andererseits sagen sie auch voraus, dass die Gefahr des Markteintritts neuer Unternehmen zurückgeht, wobei die Macht von Käufern und Verkäufern ebenfalls rückläufig sein wird. Auch die Rivalität sinkt weiter. Dieses sieht wie der klassische Fall einer Branche aus, in der einige wenige Unternehmen mit der Zeit den Markt dominieren. Die von den dunkelroten Linien umschlossene Fläche ist groß, was auf eine relativ attraktive Branche hindeutet. Für ein Unternehmen, das zuversichtlich ist, solch eine dominante Position einzunehmen, kann sich eine Investition durchaus lohnen.

Vergleicht man die Five Forces über einen bestimmten Zeitraum hinweg mithilfe eines solchen Radarschemas, so kann man dadurch den dynamischen Aspekt der Branchenanalyse erfassen. Ähnliche Schemata können zur Analyse von Diversifikationsentscheidungen (*Kapitel 8*) herangezogen werden. Hier lassen sich unterschiedliche Branchen, wo ein Markteintritt möglich ist, bezüglich ihrer Attraktivität vergleichen. Die Linien stellen natürlich nur ungefähre Werte dar, denn sie fassen die vielen einzelnen Elemente, die jede der Kräfte ausmachen, zu einem Gesamtwert zusammen. Ist die Wirkung einer der Kräfte besonders negativ, so fällt auf, dass die positive Einschätzung auf den anderen vier Achsen dadurch zunichte gemacht werden kann: So kann eine Branche, in der Rivalität, Substitutionsgefahr, Eintrittsbarrieren und Zulieferermacht gering sind, dennoch unattraktiv sein, wenn mächtige Käufer stark reduzierte Preise erzwingen können. Beachtet man die oben genannten Einschränkungen, so kann ein solches Radarschema dennoch sowohl für eine erste als auch für eine finale, detailliertere Analyse ein nützliches Hilfsmittel sein.

3.4 Konkurrenten und Märkte

Vielleicht ist eine Analyse der Branche oder des Sektors zu allgemein angelegt, um genaue Einblicke in die Konkurrenzsituation zu gewährleisten. Die Five Forces können sich auch unterschiedlich auf verschiedene Marktteilnehmer auswirken. So sind Ford und Porsche beispielsweise in derselben Branche aktiv (Automobile), dabei jedoch unterschiedlich positioniert. Schon die Käufer- und Zulieferermacht sind für beide sehr verschieden. Also ist es oft sinnvoll, die verschiedenen Elemente voneinander zu trennen. In vielen Branchen gibt es eine Reihe von Unternehmen, die jeweils über ganz verschiedene Fähigkeiten verfügen und auf unterschiedlichen Ebenen konkurrieren. Diese Unterschiede der Konkurrenten können mit dem Begriff der *strategischen Gruppen* erfasst werden. Auch zwischen Kunden kann es erhebliche Unterschiede geben. Diese können über die Unterscheidung zwischen *strategischen Kunden* und Endkunden und über die Unterscheidung verschiedener *Marktsegmente* erfasst werden. Sowohl tatsächliche als auch potenzielle Unterschiede zwischen Wettbewerbern können mithilfe der Strategieleinwand und dem „Blue Ocean"-Ansatz, dem letzten Thema dieses Kapitels, analysiert werden.

3.4.1 Strategische Gruppen

Strategische Gruppen[19] sind Organisationen innerhalb einer Branche oder eines Sektors, die ähnliche Eigenschaften aufweisen, ähnliche Strategien verfolgen oder in ähnlicher Weise miteinander konkurrieren. Diese Eigenschaften unterscheiden sich von den Eigenschaften anderer strategischer Gruppen derselben Branche. So bilden im Lebensmitteleinzelhandel Supermärkte, Delikatessengeschäfte und Tante-Emma-Läden jeweils eigene strategische Gruppen. Es gibt viele verschiedene Eigenschaften, anhand derer sich strategische Gruppen unterscheiden lassen. Sie können jedoch in zwei Gruppen eingeteilt werden (siehe ▶ *Abbildung 3.6*):[20] Zunächst geht es um die *Reichweite* der Aktivitäten einer Organisation (z.B. Produktpalette, geografische Marktabdeckung, Reichweite der Vertriebskanäle). Die zweite Gruppe definiert sich

Strategische Gruppen

Strategische Gruppen sind Organisationen innerhalb einer Branche oder eines Sektors, die ähnliche Eigenschaften aufweisen, ähnliche Strategien verfolgen oder in ähnlicher Weise miteinander konkurrieren.

---

19 Für eine Übersicht über die Forschungsarbeiten zu strategischen Gruppen siehe G. Leask und D. Parker, „Strategic Groups, competitive groups and performance in the UK pharmaceutical industry", *Strategic Management Journal,* Band 28, Nr. 7 (2007), S. 723–45 und W. Desarbo, R. Grewal sowie R. Wang, „Dynamic strategic groups: deriving spatial evolutionary paths", *Strategic Management Journal*, Band 30, Nr. 8 (2009), S. 1420–39.

20 Diese Eigenschaften basieren auf Porter, Fußnote 4.

durch den Einsatz der Ressourcen (z.B. Marken, Marketingausgaben und das Ausmaß der vertikalen Integration). Zum Verständnis, welche dieser Eigenschaften für bestimmte Branchen eine besonders große Rolle spielen, muss man die Geschichte und Entwicklung sowie die im Umfeld wirkenden Kräfte dieser Branche verstehen.

Strategische Gruppen können anhand zweidimensionaler Graphen dargestellt werden. So kann eine Achse die Reichweite der Produktpalette abbilden, während die andere die Marketingausgaben darstellt. Eine Methode zur Festlegung der entscheidenden Dimensionen für die Darstellung strategischer Gruppen ist die Identifizierung der erfolgreichsten Unternehmen (gemessen an deren Größe oder Rentabilität) innerhalb einer Branche. Diese können dann mit wenig erfolgreichen Unternehmen verglichen werden. Eigenschaften, die alle erfolgreichen Unternehmen, nicht aber die erfolglosen Unternehmen gemeinsam haben, sind für die Abbildung der strategischen Gruppen meist sehr wichtig. So können die rentabelsten Unternehmen einer Branche etwa eine kleine Produktpalette und gleichzeitig hohe Marketingausgaben haben, während die weniger erfolgreichen Firmen umgekehrt eine große Palette und geringere Ausgaben aufweisen. In diesem Fall sind Produktpalette und Marketingausgaben die beiden relevanten Dimensionen für die Darstellung. Eine mögliche Empfehlung für eine weniger rentable Firma könnte also lauten, die Produktpalette zu reduzieren und gleichzeitig mehr für das Marketing auszugeben.

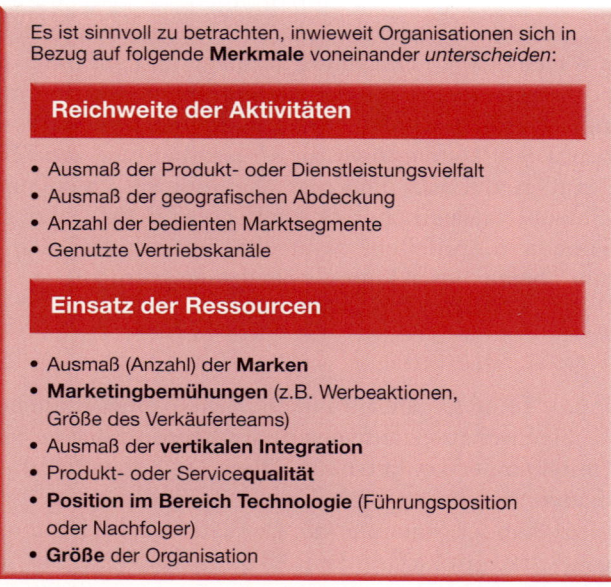

Abbildung 3.6: Einige Charakteristika zur Bestimmung strategischer Gruppen

In ▶ *Abbildung 3.7* werden strategische Gruppen unter den indischen Pharmaunternehmen dargestellt, wobei die Intensität von Forschung und Entwicklung (F&E als Prozentsatz des Umsatzes) und der internationale Fokus (Exporte und im Ausland eingetragene Patente) die Achsen der Karte definieren. Diese beiden Achsen erklären einen hohen Anteil der Schwankung der Rentabilität zwischen den Gruppen. Die rentabelste Gruppe umfasst die entstehenden globalen Unternehmen (11,3 % durchschnittliche Umsatzrentabilität) mit hoher F&E-Intensität und einem starken internationalen Fokus. Andererseits gibt die Gruppe der Exploiter nur wenig für Forschung und Entwicklung aus, konzentriert sich auf Binnenmärkte und erzielt nur eine durchschnittliche Umsatzrendite von 2,0 %.

Dieses strategische Gruppenkonzept ist in mindestens drei Aspekten hilfreich:

- *Zum Verständnis des Wettbewerbs.* Manager können sich auf ihre direkten Konkurrenten innerhalb ihrer jeweiligen strategischen Gruppe konzentrieren und müssen nicht die gesamte Branche mit einbeziehen. Außerdem können sie die Dimensionen bestimmen, die sie am ehesten von den anderen Gruppen unterscheiden und die so die Basis für ihren relativen Erfolg oder Misserfolg darstellen. Diese Dimensionen können sie dann ins Zentrum ihrer Handlungen stellen.

- *Zur Analyse strategischer Möglichkeiten.* Grafische Darstellungen strategischer Gruppen können die attraktivsten „strategischen Freiräume" innerhalb einer Branche aufzeigen. Einige dieser Freiräume sind vielleicht „weiße Flecken", die wenig besetzt sind. Solche weißen Flecken könnten ungenutzte Chancen darstellen. Andererseits könnten sie sich auch zu „schwarzen Löchern" entwickeln, die unmöglich zu nutzen sind und jedem Neueinsteiger Schaden zufügen. Die Darstellung einer strategischen Gruppe ist lediglich die erste Stufe einer Analyse. Weiße Flecken müssen sorgfältig geprüft werden, denn nicht alle sind wirkliche strategische Freiräume.

- *Zur Analyse von Mobilitätsbarrieren.* Natürlich ist es mit Kosten verbunden, sich außerhalb seiner strategischen Gruppe zu bewegen, um bestehende Chancen auszunutzen. Oft sind dazu schwierige Entscheidungen und knappe Ressourcen notwendig. Ein Merkmal strategischer Gruppen sind folglich „Mobilitätsbarrieren", die die Bewegung von einer strategischen Gruppe zur anderen behindern. Sie haben Ähnlichkeit mit den Eintrittsbarrieren des Five-Forces-Modells.

Obwohl der Wechsel von der Exploiter-Gruppe auf dem indischen Pharmaziemarkt zur Gruppe der sich entwickelnden globalen Unternehmen im Hinblick auf die Gewinne sehr attraktiv scheinen mag, erfordert er wahrscheinlich sehr erhebliche finanzielle Investitionen und ausgeprägte unternehmerische Fähigkeiten. Der Wechsel in die Gruppe der sich entwickelnden globalen Unternehmen wird nicht einfach. Wie auch bei den Markteintrittsschranken ist es gut, in einer erfolgreichen, durch starke Mobilitätsschranken geschützten strategischen Gruppe zu sein, um eine Nachahmung zu verhindern.

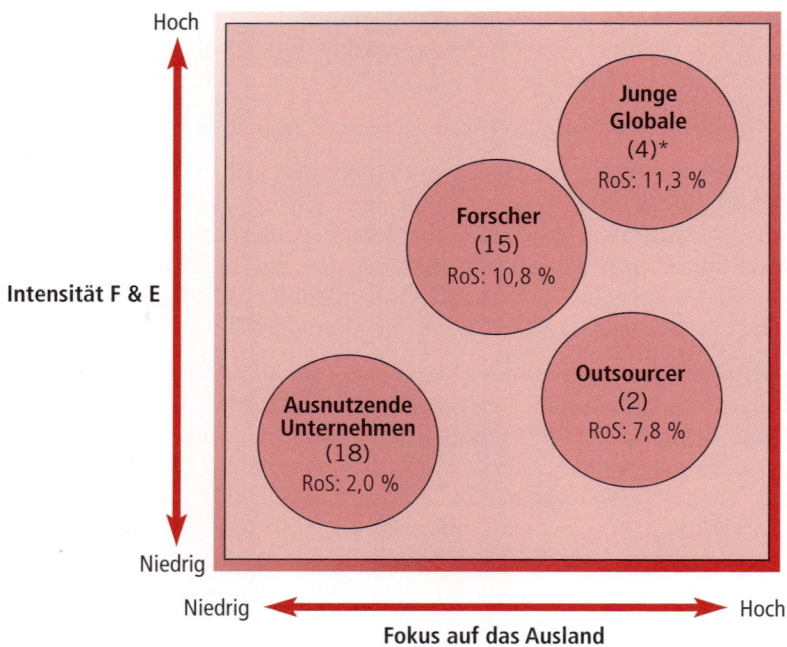

Hoch

Intensität F & E

Niedrig

Niedrig ← Fokus auf das Ausland → Hoch

Junge Globale (4)* RoS: 11,3 %

Forscher (15) RoS: 10,8 %

Outsourcer (2) RoS: 7,8 %

Ausnutzende Unternehmen (18) RoS: 2,0 %

* Klammern: Anzahl der Firmen in Gruppe
RoS: Durchschnittliche Gruppenumsatzrendite

Abbildung 3.7: Strategische Gruppen in der indischen Pharmaziebranche

3.4.2   Marktsegmente

Marktsegmente

Ein Marktsegment wird durch eine Kunden-gruppe mit ähnlichen Bedürfnissen gebildet, die sich von den Bedürfnis-sen der Kunden in ande-ren Teilen des Markts unterscheiden.

Das oben eingeführte Konzept der strategischen Gruppen hilft uns, Ähnlichkeiten und Unterschiede der Charakteristika der Wettbewerber zu verstehen – jenen Organi-sationen also, die tatsächliche oder potenzielle Konkurrenten darstellen. Das Konzept der **Marktsegmente** dagegen konzentriert sich auf die unterschiedlichen Bedürfnisse der Kunden. Ein Marktsegment[21] wird durch eine Kundengruppe mit ähnlichen Bedürfnissen gebildet, die sich von den Bedürfnissen der Kunden in anderen Teilen des Markts unterscheiden. Sofern diese Kundengruppen relativ klein sind, werden solche Marktsegmente häufig als „Nischen" bezeichnet. Die Vorherrschaft in einem Marktsegment oder einer Nische kann aus den gleichen Gründen sehr wertvoll sein, aus denen die Vorherrschaft in einer Branche nach der Argumentation der Five Forces wertvoll sein kann.

---

21   Eine nützliche Abhandlung zur Segmentierung in Bezug auf Wettbewerbsstrategien ist zu finden bei M. E. Porter, „Competitive Advantage", *Free Press*, 1985, Kapitel 7. Siehe auch die Abhandlung über Markt-segmentierung in P. Kotler, G. Armstrong, J. Saunders und V. Wong, „Principles of Marketing", 3rd Euro-pean edition, *FT/Prentice Hall*, 2002, Kapitel 9.

Faktortyp	Verbrauchermärkte	Industrie-/Organisations-märkte
Eigenschaften von Personen/Organisationen	Alter, Geschlecht, ethnische Zugehörigkeit Einkommen Familiengröße Phase des Lebenszyklus Standort Lebensstil	Branche Standort Größe Technologie Rentabilität Management
Kauf-/Nutzungssituation	Einkaufsgröße Markentreue Nutzungszweck Einkaufsverhalten Bedeutung des Einkaufs Auswahlkriterien	Anwendung Bedeutung des Einkaufs Volumen Häufigkeit des Einkaufs Einkaufsverfahren Auswahlkriterien Vertriebskanal
Bedürfnisse und Präferenzen der Nutzer im Hinblick auf Produkteigenschaften	Produktähnlichkeit Preispräferenz Markenpräferenz Gewünschte Eigenschaften Qualität	Leistungsanforderungen Unterstützung von Zulieferern Markenpräferenzen Gewünschte Eigenschaften Qualität Serviceanforderungen

Tabelle 3.2: Einige Grundlagen der Marktsegmentierung

Die Segmentierung sollte die Strategie[22] einer Organisation widerspiegeln und Strategien, die auf Marktsegmenten beruhen, müssen die Kundenbedürfnisse stets im Blick behalten. Zwei Aspekte sind bei der Marktsegmentanalyse besonders wichtig, daher gilt:

- *Unterschiedliche Bedürfnisse der Kunden:* Die Konzentration auf die Kundenbedürfnisse, die sich deutlich von den typischen Kundenbedürfnissen auf dem Markt unterscheiden, ist eine Möglichkeit, eine langfristige Segmentstrategie aufzubauen. Die Bedürfnisse der Kunden unterscheiden sich aus einer ganzen Reihe von Gründen, von denen einige in ▶ *Tabelle 3.2* aufgeführt werden. Theoretisch könnte jeder dieser Faktoren zur Identifizierung eines Marktsegments herangezogen werden. In der Praxis ist es aber wichtig zu überlegen, welche Grundlagen für die Festlegung von Segmenten auf einem bestimmten Markt am wichtigsten sind. Auf Zulieferermärkten wird eine Segmentierung beispielsweise oft anhand einer Klassifizierung nach Käuferbranchen vorgenommen: Stahlproduzenten können die Unterteilung beispielsweise nach Automobilbranche, Verpackungsbranche und Baubranche vornehmen. Andererseits könnte eine Segmentierung nach Käuferverhalten (etwa Direktkauf im Gegensatz zu Kauf über Dritte, z.B. Zwischenhändler) oder nach Kaufwert (etwa Großeinkäufer im Vergleich zu Käufern, die häufig geringe Mengen kaufen) für einige Märkte geeigneter sein. Die Fähigkeit, ein hochgradig charakteristisches Segment zu bedienen, das andere Unternehmen nur schwer bedienen können, bildet oft die Grundlage für eine sichere langfristige Strategie.

---

22 Siehe D. Yankelovich und D. Meer, „Rediscovering market segmentation", *Harvard Business Review*, Februar 2006, S. 73–80.

■ Überdies kann auch *die Spezialisierung* in einem Marktsegment eine wichtige Grundlage für eine erfolgreiche Segmentierungsstrategie bilden. Die Organisationen, die die meisten Erfahrungen bei der Betreuung eines bestimmten Marktsegments erworben haben, sollten nicht nur geringere Kosten ausweisen, sondern auch Beziehungen aufgebaut haben, die für andere schwer anzugreifen sind. Erfahrungen und Beziehungen schützen wahrscheinlich eine dominante Position in einem bestimmten Segment. Allerdings fällt es spezialisierten Produzenten unter Umständen gerade deshalb sehr schwer, auf einer breiteren Grundlage zu konkurrieren, weil die Kunden in verschiedenen Segmenten verschiedene Dinge wertschätzen. So ist es beispielsweise unwahrscheinlich, dass es einer kleinen lokalen Brauerei, die mit den großen Marken auf der Grundlage der Tatsache konkurriert, dass sie den lokalen Geschmack erfüllt, leicht fallen wird, andere Segmente zu bedienen, in denen andere Geschmackspräferenzen bestehen, die Skalenanforderungen größer und die Vertriebskanäle komplexer sind.

3.4.3   Kritische Erfolgsfaktoren und die Blue-Ocean-Strategie

Jede Umfeldanalyse sollte auch ein Verständnis der Wettbewerber umfassen. Wie die Five-Forces-Analyse nach Porter unterstreicht, umfasst eine Reduzierung der Rivalität in einer Branche das Finden differenzierter Positionen durch die Wettbewerber auf dem Markt. W. Chan Kim und Renée Mauborgne bei INSEAD stellen zwei Konzepte vor, die zum Verständnis der relativen Positionierung von Wettbewerbern im Umfeld beitragen: der Strategie-Canvas und „Blue Oceans".[23]

Strategie-Canvas

Strategie-Canvas vergleicht Wettbewerber nach ihrer Leistung zu Schlüsselfaktoren für den Erfolg zur Entwicklung von Strategien auf der Grundlage der Schaffung neuer Markträume.

Ein **Strategie-Canvas** vergleicht die Leistung verschiedener Konkurrenten anhand wichtiger Erfolgsfaktoren, um so das Ausmaß der Differenzierung zu bestimmen. ▶ *Abbildung 3.8* zeigt einen Strategie-Canvas, der drei Hersteller von technischen Teilen darstellt. Dabei werden die folgenden drei Merkmale hervorgehoben:

Kritische Erfolgsfaktoren

Kritische Erfolgsfaktoren (KEF) sind Produkteigenschaften, die von einer Kundengruppe als besonders wichtig eingeschätzt werden, weshalb eine Organisation diesbezüglich besonders gute Leistungen erbringen muss, um die Konkurrenz zu übertreffen.

■ **Kritische Erfolgsfaktoren** (KEF) sind Produkteigenschaften, die von einer Kundengruppe entweder als besonders wichtig eingeschätzt werden oder einen erheblichen Kostenvorteil bieten. Daher sind diese Faktoren meist Ursache eines Wettbewerbsvorteils oder auch -nachteils. ▶ *Abbildung 3.8* zeigt fünf bestehende kritische Erfolgsfaktoren auf dem Markt für technische Teile (Kosten, Kundendienst, zuverlässige Lieferung, technische Qualität und Testeinrichtungen). Erwähnenswert ist, dass es zusätzlich einen sechsten kritischen Erfolgsfaktor gibt, nämlich das Angebot einer Designberatung. Dieser wird im Rahmen der dritten Unterüberschrift, der Nutzeninnovation, genauer behandelt.

■ *Nutzenkurven* stellen grafisch dar, wie die Kunden die relativen Leistungen der Konkurrenten bezüglich der kritischen Erfolgsfaktoren wahrnehmen. In ▶ *Abbildung 3.8* erbringen die Unternehmen A und B gute Leistungen in Bezug auf Kosten, Kundendienst, Zuverlässigkeit und Qualität, während die Leistungen bei den Testeinrichtungen weniger gut sind. Designberatung wird überhaupt nicht angeboten. Sie sind wenig differenziert und nehmen einen Raum im Markt ein, in dem Gewinne eventuell aufgrund einer übermäßigen Rivalität zwischen den beiden schwer zu erzielen sind. Die Nutzenkurve von Unternehmen C ist völlig anders und zeigt einen „Nutzeninnovator".

---

23   W. C. Kim und R. Mauborgne, *Blue Ocean Strategy*, Boston Harvard Business School Press, 2005.

- *Nutzeninnovation* ist die Schaffung neuer Markträume durch herausragende Leistungen bei bestehenden Erfolgsfaktoren, bei denen die Konkurrenz schlecht abschneidet, und/oder durch die Schaffung neuer kritischer Erfolgsfaktoren, die bisher unerkannte Kundenwünsche erfüllen. In ▶ *Abbildung 3.8* ist Unternehmen C also ein „Wertinnovator" im doppelten Sinn. Zum einen erbringt es herausragende Leistungen bezüglich bestehender Kundenbedürfnisse, indem es Testeinrichtungen für Kunden anbietet. Zum anderen wird ein neuer, hochgeschätzter Designservice angeboten, der Kunden dahingehend berät, wie sie ihre Einzelteile integrieren können, um bessere Produkte herzustellen.

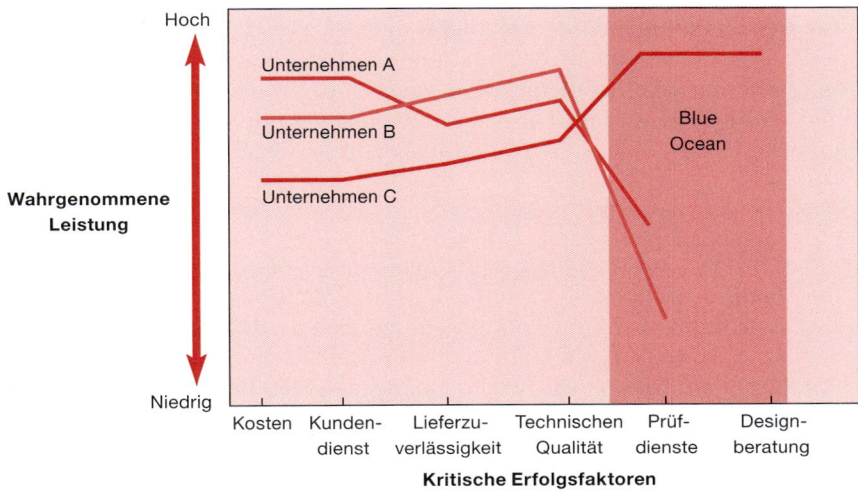

Anmerkung: Anstelle des Preises werden zur Sicherung der Konsistenz
der Wertkurven die Kosten verwendet.

Abbildung 3.8: Strategie--Canvas für Hersteller technischer Komponenten

Quelle: Entwickelt aus W. C. Kim and R. Mauborgne, „Blue Ocean Strategy", Harvard Business School Press, 2005.

Ein Nutzeninnovator ist ein Unternehmen, das in „Blue Oceans" konkurriert. **Blue Oceans** sind neue Markträume, in denen der Wettbewerb minimiert ist.[24] Blue Oceans stehen im Gegensatz zu „Red Oceans", wo alle Branchen bereits vollständig definiert sind und reger Wettbewerb herrscht. Blue Oceans erinnern an die Weite des Meeres. Red Oceans stehen dagegen für blutigen Konkurrenzkampf und „rote Zahlen", also finanzielle Verluste. Somit ist das Konzept der Blue Oceans hilfreich für die Bestimmung potenzieller Räume im Umfeld mit wenig Wettbewerb. Diese Blue Oceans sind *strategische Lücken* im Markt.

Die von Unternehmen C angewandte Strategie in ▶ *Abbildung 3.8* verdeutlicht zwei wichtige Prinzipien der Blue-Ocean-Denkweise: *Konzentration* und *Divergenz*. Unternehmen C konzentriert zum einen seine Bemühungen auf lediglich zwei Faktoren (Tests und Designdienstleistung), während bezüglich der anderen kritischen Erfolgsfaktoren nur ausreichende Leistungen erzielt werden, wo die Konkurrenz bereits

Blue Oceans

Blue Oceans sind neue Markträume, in denen *Konkurrenz minimiert wird.

---

24 W. C. Kim and R. Mauborgne, „How Strategy shapes structure", *Harvard Business Review*, September 2009, S. 79–80.

Höchstleistungen bringt. Zum anderen hat das Unternehmen eine Wertkurve für sich geschaffen, die signifikant von den Wertkurven seiner Konkurrenten abweicht, sodass in den Bereichen Tests und Designservice eine erhebliche strategische Lücke, oder ein Blue Ocean, entsteht. Dies ist sehr gewitzt, denn Unternehmen C würde erhebliche Summen investieren müssen, um die Konkurrenten A und B dort zu schlagen, wo diese bereits Höchstleistungen erbringen. Zudem würden sich daraus wahrscheinlich nur geringe Vorteile ergeben, da die meisten Kunden bereits sehr zufrieden sind. Unternehmen A und B in den Bereichen Kosten, Lieferung, Kundendienst oder Qualität herauszufordern, entspräche einer Red-Ocean-Strategie. Weitaus sinnvoller ist es dagegen, sich auf Bereiche zu konzentrieren, wo große Lücken geschaffen werden können. Unternehmen C hat sehr wenig Konkurrenz, wenn es um die Kunden geht, denen gute Testausrüstung und Designberatung wichtig sind. Folglich kann es hier auch hohe Preise verlangen. Die Aufgabe für Unternehmen A und B besteht nun darin, für sich selbst strategische Lücken zu finden.

3.5   Chancen und Risiken

Die oben beschriebenen Konzepte und Rahmenwerke sollen das Verständnis der Faktoren im Makro-, Branchen- und Konkurrenz-/Marktumfeld einer Organisation erleichtern. Es kommt aber vor allem darauf an, welche *Schlussfolgerungen* aus diesem Verständnis gezogen werden, die dann die strategischen Entscheidungen lenken. Daher besteht der nächste Schritt darin, aus der Umfeldanalyse spezifische strategische Chancen und Gefahren für die Organisation abzuleiten. Eine Identifikation dieser Chancen und Gefahren ist sehr wertvoll in Bezug auf die strategischen Wahlmöglichkeiten für die Zukunft (das Thema von *Kapitel 7* bis *11*). Chancen und Gefahren sind eine Hälfte der SWOT-Analyse (engl. Akronym für *Strengths* (Stärken), *Weaknesses* (Schwächen), *Opportunities* (Chancen) und *Threats* (Gefahren), die die strategischen Formulierungen vieler Unternehmen prägt; siehe *Kapitel 4*). Eine strategisch richtige Reaktion auf das Umfeld soll erkannte Gefahren mindern und die besten Chancen nutzen.

Die Techniken und Konzepte in diesem Kapitel sollen einen Beitrag zur Identifizierung von Umfeldrisiken und -chancen leisten:

■ Die *PESTEL*-Analyse des Makroumfelds kann Risiken und Chancen aufzeigen, die durch technologische Änderungen oder Verschiebungen der Demographie auf dem Markt oder vergleichbare Faktoren entstehen.

■ Die Identifikation von *wichtigen Veränderungskräften* kann zur Erstellung von verschiedenen stärker bedrohlichen bis günstigeren Szenarien und zu entsprechenden Managementdiskussionen beitragen.

■ Die *Five-Forces-Analyse nach Porter* kann beispielsweise einen Anstieg oder Rückgang der Markteintrittsschranken oder Chancen für die Reduzierung der Rivalität in der Branche, zum Beispiel durch die Übernahme von Wettbewerbern, aufzeigen.

■ Der Ansatz der *Blue Oceans* zeigt auf, wo Unternehmen neue Marträume schaffen können. Alternativ kann er dazu beitragen, Erfolgsfaktoren zu identifizieren, die neu eintretende Unternehmen angreifen könnten, um „Blue Oceans" in „Red Oceans" zu verwandeln.

Auch wenn alle diese Methoden und Konzepte wichtige Instrumente für das Verstehen von Umfeldern sind, ist es wichtig zu erkennen, dass jede Analyse wahrscheinlich in gewissem Maße subjektiv ist. Unternehmen und Manager tragen oft Scheuklappen im Hinblick auf das, was sie sehen und priorisieren. Techniken und Konzepte können hilfreich dabei sein, bestehende Annahmen in Frage zu stellen und einen breiteren Kontext zu unterstützen, sie können aber wahrscheinlich die menschliche Subjektivität und Voreingenommenheit nicht vollkommen überwinden.

Quer-Denken

Aus fünf Kräften wird eine Kraft

Eine neue Sichtweise des Wettbewerbs konzentriert sich darauf, wie Werte neu geschaffen und bewahrt werden.

Ein neues „Wertschöpfungsmodell", das auf der Spieltheorie basiert, könnte schon bald Michael Porters Modell der Five Forces verdrängen.[25] Die Stärke der von ihm definierten fünf Wettbewerbskräfte entscheidet über die Erfolgschancen eines Unternehmens. Das neue Modell konzentriert sich eher darauf, dass die Erfolgsaussichten eines Unternehmens davon abhängen, wie es zusammen mit seinen Zulieferern und Kunden Werte schafft. Alle Marktteilnehmer konkurrieren dann um einen Teil dieses Werts, wobei nur *eine einzige Wettbewerbskraft* ausschlaggebend ist, über die jeder Akteur verfügt.

Im Unterschied zu Porters Modell geht es hier eher darum, wie Akteure gemeinsam Werte schaffen. Dabei bilden das Unternehmen, seine Zulieferer und Kunden ein *Wertnetzwerk* aus Transkationen, das Werte schafft, die dann unter allen Akteuren aufgeteilt werden. Sie alle konkurrieren also um ihren Anteil an dem geschaffenen Mehrwert und haben dafür nur jeweils eine einzige Wettbewerbskraft zur Verfügung: Zulieferer konkurrieren um Firmen und umgekehrt, Firmen konkurrieren um Kunden und umgekehrt. So möchte eine Firma beispielsweise mit bestimmten Zulieferern und Kunden interagieren, um Werte zu schaffen, doch sie möchte gleichzeitig einen möglichst großen Anteil dieses Mehrwerts für sich gewinnen. Wie stark die Wettbewerbskraft jedes einzelnen Akteurs ist, hängt also davon ab, mit wie vielen anderen Akteuren dieser neue Werte schaffen *könnte*. Hat eine Firma beispielsweise viele verschiedene Zulieferer und Kunden, mit denen sie neue Werte schaffen könnte, so steigt ihre Wettbewerbskraft, denn sie kann ja damit drohen, mit anderen Partnern zu agieren, und so einen größeren Anteil des Mehrwerts für sich aushandeln. Das bedeutet, dass in diesem Modell die Schaffung und die Nutzung neuer Werte miteinander verbunden sind. Je mehr Werte eine Firma mit verschiedenen Kunden und Zulieferern schaffen kann, desto mehr davon kann sie auch für sich nutzen.

---

25 M. D. Ryall, „The new dynamics of competition", *Harvard Business Review*, Band 91, Nr. 60 (2013), S. 80–87.

ZUSAMMENFASSUNG

- Der Umwelteinfluss, der eine Organisation am unmittelbarsten betrifft, ist deren *Branche oder Sektor* (die mittlere Schicht der *Abbildung 2.1*).

- Branchen und Sektoren können mittels der *Five Forces nach Porter* analysiert werden – Eintrittsbarrieren, Substitute, Käufermacht, Zulieferermacht und Rivalität. Zusammen entscheiden sie über die Attraktivität einer Branche oder eines Sektors.

- Branchen und Sektoren sind dynamisch und ihre Veränderungen können anhand von *Branchenlebenszyklus* und *vergleichenden Radarschemata der Five Forces* analysiert werden.

- Innerhalb einer Branche kann die *Analyse der strategischen Gruppe und des Marktsegments* helfen, strategische Lücken oder auch Chancen aufzudecken (die innere Schicht der *Abbildung 2.1*).

- Strategien der *Blue Oceans* bieten eine Möglichkeit, *Red Oceans* zu vermeiden, wo größere Rivalität und eine geringe Rentabilität herrschen, diese können mithilfe des *strategischen Canvas* analysiert werden.

ZUSAMMENFASSUNG

Literaturempfehlungen

- Der Klassiker zur Branchenanalyse ist M. E. Porter, Competitive Strategy, Free Press, 1980. Eine aktuelle Ansicht wird gegeben in M. E. Porter, The five competitive forces that shape strategy, *Harvard Business Review*, Band 86, Nr. 1 (2008), S. 58–77.

- Eine grundlegende Diskussion, wie Porters Five Forces anzuwenden sind, liefert J. Magretta, *Understanding Michael Porter: The essential Guide to Competition and Strategy*, Harvard Business Review Press, 2012.

- Eine einflussreiche Adaption der Grundideen Porters ist W. C. Kim und R. Mauborgne, „Blue Ocean Strategy: How to Create Uncontested Market Space and Make Competition Irrelevant", *Harvard Business School Press*, 2005.

Fallstudie
Globale Kräfte und die Werbebranche

Peter Cardwell

Dieser Fall befasst sich mit der globalen Werbebranche, die mit erheblichen strategischen Dilemmata konfrontiert wird. Diese sind auf den Anstieg der Verbraucherausgaben in Entwicklungsländern zurückzuführen. Ebenso auf technische Konvergenz und den Druck der großen Werbetreibenden für eine ergebnisorientierte Vergütung.

Im zweiten Jahrzehnt dieses Jahrtausends wurden die Werbeagenturen mit einer Reihe unerwarteter Herausforderungen konfrontiert. Traditionelle Märkte und Methoden in der Branche, die sich im Wesentlichen nach dem Anstieg der Kaufkraft der Verbraucher im zwanzigsten Jahrhundert in Nordamerika und Westeuropa entwickelten, wurden dramatisch neu bewertet.

Mit dem Eintritt neuer Suchmaschinen wie Google und Yahoo! als Rivalen um Werbeetats wurde die Branche den bahnbrechenden neuen Kräften der sogenannten „digitalen Revolution" ausgesetzt. Sich verändernde Muster auf den globalen Verbrauchermärkten hatten Auswirkungen sowohl auf die Branchendynamik als auch die Struktur. Für traditionelle Werbeagenturen ausgegebene Etats wurden im Zuge der Intensivierung der Branchenrivalität reduziert.

Überblick über die Werbebranche

Traditionell besteht das Geschäftsziel von Werbeagenturen darin, ein spezifisches Publikum im Namen der Auftraggeber mit einer Botschaft anzusprechen, die die Kunden ermutigt, ein Produkt oder eine Dienstleistung auszuprobieren und schließlich auch zu kaufen. Dies erfolgt im Wesentlichen durch die Kommunikation des Markenkonzepts über Medienkanäle. Marken ermöglichen es den Kunden, zwischen Produkten und Dienstleistungen zu differenzieren. Dabei besteht die Aufgabe der Werbeagentur darin, die Marke so zu positionieren, dass sie mit Funktionen und Eigenschaften verbunden ist, denen die Zielkunden einen hohen Wert beimessen. Diese Marken können Verbrauchermarken (Coca Cola, Nike und Mercedes-Benz) oder Business-to-Business-(B2B)-Marken (z.B. IBM, Airbus Industries und KPMG) sein. Einige Marken sprechen sowohl Verbraucher als auch Unternehmen an (z.B. Microsoft und Apple).

Neben privatwirtschaftlichen Markenunternehmen investieren auch Staaten hohe Summe in die Werbung für Dienstleistungen des öffentlichen Sektors, wie Gesundheitsversorgung und Ausbildung, oder in die Beeinflussung des Verhaltens von Einzelpersonen (wie z.B. „Kein Alkohol am Steuer"). So hatte beispielswiese die britische Regierung 2012 einen Werbeetat von 285 Mio. £ (325 €). Wohlfahrtsorganisationen, politische Gruppen, religiöse Gruppen und andere gemeinnützige Organisationen nutzen ebenfalls die Werbebranche, um Gelder für ihre Organisationen einzuwerben oder das Bewusstsein für bestimmte Fragen zu erhöhen. Zusammen machen diese ungefähr 3 % der Werbeausgaben aus.

Werbung wird normalerweise durch eine im Auftrag des Kundenunternehmens handelnde Werbeagentur in ausgewählten Medien (Fernsehen, Presse, Radio, Internet usw.) platziert: Daher werden diese Unternehmen als „Agenten" bezeichnet. Das Kundenunternehmen beauftragt die Werbeagentur, ihre Kenntnisse, Fertigkeiten, Kreativität und Erfahrung für die Entwicklung von Werbung und Vermarktung einzusetzen, damit der Verbrauch der Kundenmarken gestärkt wird. Dabei wurde den Kunden traditionell die Zeit für die Erstellung der Werbung plus einer Provision je nach den Medien und den im Auftrag der Kunden eingekauften Dienstleistungen in Rechnung gestellt. Allerdings haben in den letzten Jahren große Werbekunden, wie Coca Cola und Procter & Gamble, dieses Vergütungsmodell gegen ein auf dem „Wert" oder den Ergebnissen beruhendes Modell eingetauscht, das auf einer Anzahl von Maßgrößen, einschließlich des Anstiegs von Umsatz und Marktanteil, beruht.

Wachstum in der Werbebranche

Die für die Werbung ausgegebenen Summen haben sich über die letzten zwei Jahrzehnte drastisch erhöht und wurden 2015 in den USA auf mehr als 180 Mrd. $ (166 Mrd. €) sowie auf 569 Mrd. $ weltweit geschätzt. Obwohl es während der Jahre der Rezession zu einem Rückgang gekommen ist, wird prognostiziert, dass die Werbeausgaben im Jahr 2019 mehr als 719 Mrd. $ betragen werden. Im Zeitraum 2014 bis 2015 stieg der Dow-Jones-Aktienindex für den Sektor der amerikanischen Medienagenturen (dessen größte Mitglieder die führenden Werbeagenturen sind) um 15 % stärker als der Durchschnitt der New Yorker Börse (Quellen: *bigcharts.com* und *dowjones.com*).

Die Branche verschiebt ihren Fokus, da durch die Schwellenländer Erlöse in geografischen Regionen erzielt werden, die vor fünf oder zehn Jahren unbedeutend waren, wie beispielsweise die BRICS-Staaten sowie der Nahe Osten und Nordafrika. Diese Verschiebung hat zur Entstehung von Agenturen geführt, die sich auf islamisches Marketing spezialisiert haben, das durch eine starke ethische Verantwortung gegenüber den Kunden gekennzeichnet ist. Trends für die Zukunft deuten auf die starke Entwicklung von Verbrauchermarken in Regionen der Welt hin, in denen anspruchsvolle Kunden mit Markenbewusstsein in der Minderheit sind (siehe ▶ *Tabelle 1*).

Im Hinblick auf die Branchen sind drei der zehn weltweit größten Werbekunden Automobilhersteller. Allerdings halten die beiden großen Produzenten von fmcg (fast-moving consumer goods, schnelllebige Konsumgüter), Procter & Gamble und Unilever, die ersten beiden Ränge bei den weltweiten Werbeausgaben. Überdies gehören zu den 20 weltweit größten Werbekunden auch das Gesundheitswesen und die Kosmetikbranche, Telekommunikationsunternehmen, Lebensmittel- und Getränkehersteller, Einzelhändler und die Unterhaltungsbranche. Die 100 größten Werbekunden machen beinahe 50 % der gemessenen globalen Werbewirtschaft aus.

Wettbewerb in der Werbebranche

Agenturen existieren in allen Größen und reichen von Kleinstunternehmen mit ein oder zwei Mitarbeitern (die sich zur Ausführung der meisten Funktionen größtenteils auf freie Mitarbeiter stützen) über kleine bis mittlere Unternehmen, große unabhängige Firmen bis hin zu internationalen Konglomeraten mit mehreren Agenturen und mehr als 150.000 Mitarbeitern. Die Branche hat eine Phase der Konzentration durch Übernahmen durchlaufen, in der Konglomerate mit mehreren Agenturen, wie die in ▶ *Tabelle 2* aufgeführten, entstanden sind. Diese Konglomerate haben ihren Hauptsitz im Wesentlichen in London, New York und Paris, sind aber weltweit tätig.

	2011	2012	2013	2014	2015	2014	2015
Nordamerika	164.516	169.277	175.024	183.075	191.130	169.277	175.024
Westeuropa	107.520	111.300	114.712	119.531	124.790	111.300	114.712
Asien-Pazifik	113.345	122.000	130.711	137.639	145.695	122.000	130.711
Mittel- und Osteuropa	29.243	32.284	35.514	36.691	37.305	32.284	35.514
Lateinamerika	31.673	34.082	36.836	38.530	39.226	34.082	36.836
Afrika/Naher Osten/Rest der Welt	24.150	25.941	28.044	29.334	30.625	25.941	28.044
Welt	**470.447**	**494.884**	**520.841**	**544.800**	**568.771**	**494.884**	**520.841**

Tabelle 1: Globale Werbeausgaben nach Region. (in Mio. $, Währungsumrechnung zu Durchschnittskursen aus 2011) *Quelle: Zenith, Januar 2016.*

Name der Gruppe	Umsatz	Gewinn vor Zinsen und Steuern	Mitarbeiter	Marken der Werbeagentur
WPP (UK)	11,5 Mrd. £	1,662 Mrd. £	190.000	JWT, Grey, Ogilvy, Y&R
Omnicom (USA)	15,32 Mrd. $	1,944 Mrd. $	74.000	BBDO, DDB, TBWA
Publicis Group (Frankreich)	7,2 Mrd. €	829 Mio. €	77.000	Leo Burnett, Saatchi & Saatchi, Publicis, BBH
IPG (USA)	7,54 Mrd. $	788 Mio. $	48.700	McCann Erickson, FCB, Lowe & Partners
Havas Worldwide (Frankreich)	1,865 Mrd. €	263 Mio. €	11.186	Havas Conseil

Tabelle 2: Die fünf größten Agenturkonglomerate: 2014, nach Umsatz, Gewinn vor Zinsen und Steuern, Mitarbeiterzahl und Agenturmarken *Quelle: Omnicom, WPP, Publicis Group, IPG, Havas.*

Große Konglomerate mit mehreren Agenturen konkurrieren auf der Grundlage der Qualität ihrer Kreativteams (indiziert durch Branchenauszeichnungen), der Fähigkeiten zum kostengünstigeren Einkauf von Medien, der Marktkenntnisse, der globalen Präsenz sowie der Breite und des Umfangs ihrer Dienstleistungen. Einige Agenturgruppen sind vertikal integriert und bieten daher Marketingleistungen mit höherer Marge an. Omnicom hat über seine Diversified Agency Services Druckdienste und Telemarketing-/Kundenpflegeunternehmen erworben. Andere Agenturgruppen sind weniger oder stärker vertikal integriert.

Mittelgroße und kleinere Einzelagenturen konkurrieren über die Erbringung von Mehrwertdiensten durch detaillierte Kenntnisse spezifischer Marktsektoren, spezialisierter, beispielsweise digitaler, Dienste und durch den Aufbau eines Rufs für innovative und bahnbrechende, kreative Werbe-/Marketingkampagnen. Allerdings stützen sich diese Agenturen unter Umständen stärker auf kreative Lieferanten, wie beispielsweise die Agentur Adam + Eve, die aus Young & Rubicam ausgegründet wurde. Kleinere Spezialagenturen werden wiederum häufig von den großen Agenturkonglomeraten übernommen, die damit spezifische Ressourcen einkaufen wollen, um neue Sektoren oder Märkte zu öffnen oder bestehenden Kunden zusätzliche Dienste anzubieten. Dies trifft beispielsweise auf die Übernahme eines Mehrheits-anteils an der kleineren Konzept- und Innovationsagentur AKQA durch WPP für 540 Mio. $ als „Vorbereitung auf eine digitale Zukunft" zu.

In den letzten Jahren hat sich in dieser Branche ein neuer Wettbewerb entwickelt, bei dem Suchmaschinen wie Google, Yahoo! und Microsoft Bing beginnen, ihre Fähigkeit zur Interaktion mit Millionen potenziellen Kunden von Markenprodukten sowie zur Sammlung von Informationen über diese auszunutzen.

Sir Martin Sorrell, der CEO von WPP, dem größten Werbe- und Marketingdienstleistungskonzern der Welt, wies darauf hin, dass Google über die Beziehungen seines Unternehmens mit den größten traditionellen Medienkonzernen, wie Fernsehen, Zeitungen und Zeitschriften, in Konkurrenz steht und unter Umständen sogar zum Konkurrenten für die Beziehungen mit den WPP-Kunden wird. Die WPP-Gruppe hat 2015 mehr als 4 Mrd. $ bei Google und 1 Mrd. $ bei Facebook ausgegeben. Sorrell bezeichnet Google als „Freind" – eine Kombination aus „Freund" und „Feind". Google ist insofern ein Freund, als dass das Unternehmen WPP die Platzierung von gezielter Werbung auf der Grundlage der Google-Analytik gestattet, und ein Feind, insoweit es diese Analytik nicht mit der Agentur teilt und im Hinblick auf Erkenntnisse des Kunden sowie die traditionell von WPP erstellte Werbung zum Wettbewerber wird.

Mit der Entwicklung des Internets und der Suchmaschinenwerbung entstand eine neue Art interaktiver digitaler Medienagenturen. So etablierte sich beispielsweise AKQA im digitalen Raum, bevor die traditionellen Werbeagenturen sich dem Internet vollständig geöffnet hatten. Diese Agenturen unterscheiden sich durch das Angebot einer Mischung aus Webdesign/-entwicklung, Suchmaschinenmarketing, Internetwerbung/-marketing und E-Business-/E-Commerce-Beratung. Sie werden als „Agenturen" bezeichnet, weil sie digitale Medienkampagnen erstellen und Medienkäufe für Werbung im Auftrag von Kunden auf Social Networking und Community Sites, wie beispielsweise Facebook, YouTube, Instagram und anderen digitalen Medien umsetzen.

Die digitalen und mobilen Medien-Werbeetats steigen schneller als bei anderen traditionellen Werbemedien, da Suchmaschinen wie Google oder auch Facebook Einnahmen aus bezahlten Suchergebnissen generieren, während Werbekunden feststellen, dass gezielte Online-Werbung äußerst effektiv ist (siehe ▶ *Tabelle 3*). Mitte des Jahres 2015 hatte Google einen Marktanteil von 55 % an den 81,6 Mrd. $, die für Online-Werbung weltweit ausgegeben wurden, wobei auch Facebook seinen Anteil steigern konnte.

Ausgaben für Internetwerbung auf mobilen Geräten auf Seiten wie YouTube, Pinterest und Twitter wachsen weiter und so wird diese Art der Werbung auch für die Marketingagenturen immer wichtiger. Die Verlagerung der Werbung auf mobile Medien wird vor allem durch die sich verändernden Kundenbedürfnisse beeinflusst. Für 2019 wird prognostiziert, dass dieser Teil der Medienwerbung über 28 % des gesamten Medien-Werbemarkts der USA ausmachen wird (siehe ▶ *Tabelle 4*).

Die drastischen Veränderungen in der Werbebranche zu Beginn des einundzwanzigsten Jahrhunderts begannen mit dem Internet. Viele Branchenexperten glauben, dass die Konvergenz von Internet, Fernsehen, Smartphones, Tablets und Laptop-Computern unvermeidlich ist, was wiederum weitere große Auswirkungen auf die Werbebranche hat.

Faktoren, die bis heute Wettbewerbsvorteile darstellten, werden zukünftig unter Umständen nicht mehr für einen Wettbewerbsvorteil relevant. Traditionell hat diese Branche das Konzept der Kreativität als wesentlichen Unterscheidungsfaktor zwischen den Besten und den Mittelmäßigen gesehen. Und häufig standen im Zentrum dieser Kreativität Einzelpersonen. Mit dem Aufkommen von Google, Yahoo!, Facebook und Bing, die die Medien beeinflussen und verändern, über die Werbebotschaften vermittelt werden, ergab sich die Schlüsselfrage, ob die Kreativität zukünftig im Hinblick auf die Bandbreite der Leistungen und die globale Reichweite mehr oder weniger wichtig sein wird.

	2011	2012	2013	2014	2015	2013	2010	2013	2011	2012	2013
Zeitungen	93.019	92.300	91.908	90.070	88.268	91.908	94.199	91.908	93.019	92.300	91.908
Zeitschriften	42.644	42.372	42.300	40.185	39.391	42.300	43.184	42.300	42.644	42.372	42.300
Fernsehen	191.198	202.380	213.878	210.670	210.459	213.878	180.280	213.878	191.198	202.380	213.878
Radio	32.580	33.815	35.054	34.457	34.130	35.054	31.979	35.054	32.580	33.815	35.054
Kino	2.393	2.538	2.681	2.767	2.850	2.681	2.258	2.681	2.393	2.538	2.681
Außenwerbung	30.945	32.821	34.554	28.120	36.143	36.324	29.319	34.554	30.945	32.821	34.554
Internet	70.518	80.672	91.516	54.209	130.019	165.543	61.884	91.516	70.518	80.672	91.516
Gesamt	**463.297**	**486.898**	**511.891**	**422.629**	**544.311**	**567.956**	**443.103**	**511.891**	**463.297**	**486.898**	**511.891**

Tabelle 3: Werbeausgaben nach Medien (in Mio. $, Währungsumstellung zu Durchschnittskursen des Jahres 2011)
Anmerkung: Die Gesamtausgaben in *Tabelle 3* sind niedriger als in *Tabelle 1*, da diese Tabelle Werbeausgaben für einige wenige Länder umfasst, in denen diese Ausgaben nicht nach Medien aufgeschlüsselt werden.
Quelle: Zenith, September 2015.

	2015	2016	2017	2018	2019
Werbeausgaben auf mobilen Geräten (in Mrd. US-$)	31,59	43,60	52,76	61,20	69,15
%-Veränderung	65,00 %	38,00 %	21,00 %	16,00 %	13,00 %
% der digitalen Werbeausgaben	53,00 %	63,40 %	68,20 %	70,70 %	72,00 %
% der gesamten Medien-Werbeausgaben	17,30 %	22,70 %	26,20 %	28,80 %	31,00 %

Tabelle 4: Werbeausgaben auf mobilen Geräten in den USA 2015 bis 2019
Quelle: eMarketer.com

Quellen und Referenzen: Zenith, September 2012; www.zenithoptimedia.co.uk; Advertising Age; Omnicom Group, http://www.omnicomgroup.com; WPP Group http://www.wpp.com; Publicis, http://www.publicisgroup.com; Interpublic Group of Companies, http://www.interpublic.com; Havas Conseils, http://www.havas.com/havs-dyn/en/; MyStrategyExperience: the Strategy Simulation designed for Exploring Strategy, http://heuk.pearson.com/simulations/mystrategyexperience.html.

Fragen

1 Führen Sie eine Five-Forces-Analyse der Werbebranche 2015 durch. Wo liegt die Stärke der fünf Kräfte und welche grundlegenden Faktoren bewirken dies? Wo liegt die Attraktivität der Branche?

2 Wie verändert sich die Branche? Welche Kräfte wirken sich negativer oder positiver auf die Werbeagenturen aus?

 Als Dozent finden Sie ausführliche **Lösungshinweise** zu den Fallaufgaben auf der Webseite zum Buch.

Ressourcen und Kompetenzen

4

ÜBERBLICK

Lernziele

Nach der Lektüre dieses Kapitels sollten Sie in der Lage sein,

- *Ressourcen und Kompetenzen* einer Organisation zu identifizieren und deren Verbindungen mit den Strategien dieser Organisation zu erkennen.

- zu analysieren, wie Ressourcen und Fähigkeiten einen nachhaltigen Wettbewerbsvorteil basierend auf ihrem *Wert*, ihrer *Seltenheit*, ihrer *Unnachahmlichkeit* und *organisationaler Unterstützung* (VRIO) bieten können.

- Ressourcen und Fähigkeiten mittels *VRIO-Analyse*, *Benchmarking*, *Wertkettenanalyse*, *Aktivitätsübersicht* und *SWOT-Analyse* zu identifizieren.

- zu beurteilen, wie ein Manager die Kompetenzen und Ressourcen seiner Organisation entwickeln kann.

4.1 Einführung

Kapitel 2 und *3* haben die Bedeutung des externen Umfelds einer Organisation betont, aber auch gezeigt, wie dieses sowohl strategische Chancen als auch Gefahren verursachen kann. Allerdings spielt für die Strategie nicht nur das externe Umfeld eine Rolle. So stehen beispielsweise die Hersteller von Limousinen in der gleichen Branche und innerhalb des gleichen technologischen Umfelds, aber mit deutlich unterschiedlichem Erfolg im Wettbewerb. Hier ist BMW vergleichsweise erfolgreich, während es für Ford und Chrysler schwieriger gewesen ist, ihre jeweilige Wettbewerbsposition zu behaupten. Wieder andere Hersteller, wie Rover im Vereinigten Königreich oder Saab in Schweden, haben das Geschäft aufgegeben (wobei die Marken als solche von anderen übernommen wurden). Hier sind es nicht so sehr die Charakteristika des Umfelds, welche die Ergebnisunterschiede erklären, sondern die Differenzen in den unternehmensspezifischen strategischen Fähigkeiten im Sinne der ihnen zur Verfügung stehenden Ressourcen und Kompetenzen. Dieses Kapitel befasst sich mit der Bedeutung dieser strategischen Fähigkeiten.

Ressourcenorientierter Ansatz

Der ressourcenorientierte Ansatz der Strategie erklärt die Wettbewerbsvorteile und die überlegene Leistung einer Organisation durch deren besondere Fähigkeiten und Ressourcen

Die wesentlichen in diesem Kapitel behandelten Aspekte werden in ▶ *Abbildung 4.1* zusammengefasst. Es gibt zwei wichtige Konzepte zu diesem Thema. Zunächst einmal sind Organisationen nicht identisch, sondern haben verschiedene Fähigkeiten; sie sind also diesbezüglich „heterogen". Zum Zweiten kann es für eine Organisation schwierig sein, die Fähigkeiten einer anderen zu erlangen oder zu kopieren. Für die Manager heißt dies, dass sie verstehen müssen, inwieweit sich ihre Organisation von anderen so unterscheidet, dass es ihnen Wettbewerbsvorteile und überlegene Leistung ermöglicht. Diese Konzepte basieren auf einem von Jay Barney an der Ohio State University entwickelten sogenannten **ressourcenorientierten Ansatz** der Strategie.[1]

---

1 B. Wernerfelt, „A resource-based view of the firm", *Strategic Management Journal*, Band 5, Nr. 2 (1984), S. 171–80. Jay Barney, „Firm resources and sustained competitive advantage", *Journal of Management*, Band 17, Nr. 1 (1991), S. 99–120. J. Barney, D.J. Ketchen Jr. und M. Wright, „The future of resource-based theory: revitalization or decline?", *Journal of Management*, Band 37, Nr. 5 (2011), S. 1299–315 und J. Barney und D. Clark, „Resource-Based Theory: Creating and Sustaining Competitive Advantage", *Oxford University Press*, 2007.

Er erklärt die Wettbewerbsvorteile und die überlegene Leistung einer Organisation durch deren besondere Fähigkeiten und Ressourcen. Das Kapitel besteht aus vier weiteren Abschnitten:

- *Abschnitt 4.2* befasst sich mit den *Grundlagen strategischer Fähigkeit und Ressourcen* und behandelt die Unterscheidung zwischen *Schwellenressourcen* und -*kompetenzen*, die nötig sind, um auf einem Markt wettbewerbsfähig zu sein, und *unverwechselbaren Ressourcen und Fähigkeiten*, die Grundlage sein können für Wettbewerbsvorteile und herausragende Leistungen.

- *Abschnitt 4.3* erklärt, wie unverwechselbare Ressourcen und Kompetenzen dazu beitragen können, einen *nachhaltigen Wettbewerbsvorteil* zu erlangen (für den öffentlichen Sektor geht es hier darum, wie eine Organisation über einen längeren Zeitraum hinweg konstant hohe Leistungen erbringen kann). Insbesondere wird auf die Bedeutung von *V-Value, R-Rarity, I-Inimitability und O-Organizational support* eingegangen.

- *Abschnitt 4.4* befasst sich mit unterschiedlichen Möglichkeiten, um Ressourcen und Fähigkeiten zu identifizieren. Dazu dienen unter anderem die *VRIO-Analyse, Wertkettenanalyse und Benchmarking*. Abschließend wird der Einsatz der SWOT-Analyse als Basis für eine Zusammenschau aller Erkenntnisse aus den verschiedenen Umfeldanalysen dargestellt (erklärt in *Kapitel 2* und *3*).

- *Abschnitt 4.5* schließlich befasst sich mit wichtigen Themen in Bezug auf *dynamische Fähigkeiten* und analysiert, wie Ressourcen und Fähigkeiten gemanagt und entwickelt werden können.

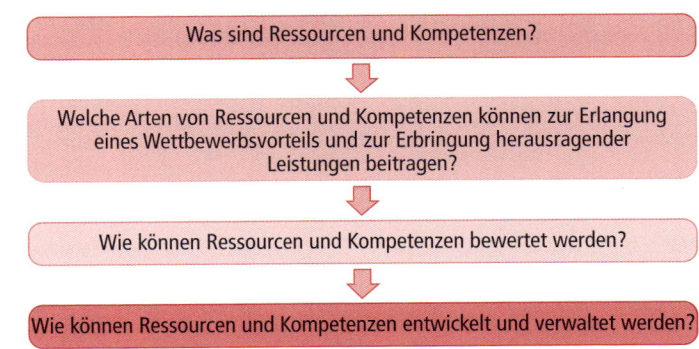

Abbildung 4.1: Ressourcen und Kompetenzen: die wichtigsten Themen

4.2 Grundlagen von Ressourcen und Kompetenzen

Ressourcen und Kompetenzen

Ressourcen und Kompetenzen einer Organisation tragen dazu bei, dass sie langfristig überlebt und sich einen möglichen Wettbewerbsvorteil sichern kann.

Verschiedene Autoren, Manager und Berater verwenden unterschiedliche Begriffe und Konzepte für die Erklärung der Bedeutung von Ressourcen und Kompetenzen. Angesichts dieser Unterschiede ist es wichtig zu verstehen, wie diese Konzepte hier verwendet werden. Insgesamt gesehen tragen die **Ressourcen und Kompetenzen** einer Organisation dazu bei, dass sie langfristig überlebt und sich einen möglichen Wettbewerbsvorteil sichern kann. Allerdings müssen wir, um die strategische Fähigkeit zu verstehen und zu managen, deren Komponenten sowie die Eigenschaften dieser Komponenten kennen.[2]

4.2.1 Ressourcen und Kompetenzen

Materielle Ressourcen

Materielle/tangible Ressourcen sind die physisch fassbaren Ressourcen einer Organisation wie etwa Fabriken, Personal und Finanzen.

Ressourcen sind die Vermögenswerte, die eine Organisation hat oder über die sie verfügen kann. Kompetenzen sind die Fähigkeiten, diese zu nutzen und einzusetzen (in früheren Ausgaben wurde der Begriff „strategische Fähigkeiten" verwendet, wobei beide Begriffe dasselbe bezeichnen).[3] Kurz gesagt sind Ressourcen das, *„was wir haben"* (Nomen), während Kompetenzen beschreiben, *„was wir gut können"* (Verben). Andere Autoren verwenden den Begriff der *immateriellen Ressourcen* als Oberbegriff für Fähigkeiten, aber auch immaterielle Werte wie etwa Markennamen. Dagegen sind **materielle Ressourcen** abzugrenzen.

Ressourcen: was wir haben (Nomen), z.B.		Kompetenzen: was wir gut können (Verben), z.B.
Maschinen, Gebäude, Rohstoffe, Patente, Datenbanken, Computersysteme	Physisch	Fähigkeit, Kapazitäten voll zu nutzen, effizient, produktiv und flexibel zu sein und gute Werbung zu machen.
Bilanz, Cashflow, Geldgeber	Finanziell	Fähigkeit, Gelder zu sammeln, Cashflows zu verwalten, Kreditgeber und -nehmer zu betreuen.
Manager, Mitarbeiter, Partner, Lieferanten, Kunden	Human	Fähigkeit, Erfahrungen zu sammeln und zu nutzen, Wissen einzusetzen, Beziehungen aufzubauen, innovativ zu sein und andere zu motivieren.

Tabelle 4.1: Ressourcen und Kompetenzen

---

2   Sie Raphael Amit und J.H. Paul Schoenmaker, „Strategic assets and organizational rent", *Strategic Management Journal*, Band 14 (1993), S. 33–46 und Jay Barneys Buch: *Gaining and Sustaining Competitive Advantage*, Addison-Wesley, 1997.

3   Gary Hamel und C.K. Prahalad machten den Begriff der „Kernkompetenzen" in den frühen 1990ern bekannt und bezogen sich dabei auf die einzigartigen Fähigkeiten einer Organisation. Siehe G. Hamel und C.K. Prahalad, „The core competence of the corporation", *Harvard Business Review*, Band 68, Nr. 3 (1990), S. 79–91. Es wird aber darauf hingewiesen, dass heute eher der Begriff „Fähigkeiten" als der Begriff „Kompetenzen" gebräuchlich ist.

Wie ▶ *Tabelle 4.1* zeigt, besteht normalerweise eine Verbindung zwischen Ressourcen und Fähigkeiten. Natürlich sind Ressourcen wichtig. Doch was ein Unternehmen tut – wie es diese Ressourcen einsetzt und anwendet –, ist von mindestens ebenso großer Bedeutung wie die Ressourcen selbst. Modernste Maschinen, wertvolles Wissen oder Markenimage wären sinnlos, würden sie nicht effektiv eingesetzt. Die Effizienz und Effektivität physischer und finanzieller Ressourcen oder der Mitarbeiter in einer Organisation hängen nicht nur von deren bloßer Existenz ab, sondern davon, wie damit umgegangen wird, wie die Mitarbeiter kooperieren, wie gut sie sich anpassen können, ob sie innovativ sind, ob gute Beziehungen zu Kunden und Zulieferern herrschen und ob Erfahrungen und Lerneffekte genutzt werden. ▶ *Abbildung 4.1* zeigt beispielhaft, wie Führungskräfte die Bedeutung der Ressourcen und Kompetenzen ihrer jeweiligen Organisation beschreiben.

Beispiel 4.1   Ressourcen und Kompetenzen

Führungskräfte verschiedener Organisationen legen Wert auf unterschiedliche Ressourcen und Kompetenzen.

Das australische Rote Kreuz

Die Vision, das Leben benachteiligter Menschen zu verbessern, erfordert wichtige Fähigkeiten, so stellt es das australische Rote Kreuz in seinem Strategieplan „Strategy 2015" dar. „Unsere Fähigkeiten sind besonders wichtig, um unsere übergreifende Strategie durchzusetzen, ein Rotes Kreuz zu schaffen", so schreibt CEO Robert Tickner. Das Rote Kreuz in Australien unterscheidet zwischen Fachkompetenz und Verhaltenskompetenz. Ersteres bezieht sich auf Fachkenntnisse und umfasst etwa Finanzmanagement, Entwicklung einer Gemeinschaft, Sozialarbeit oder IT-Kenntnisse. Unter Verhaltenskompetenz versteht das Rote Kreuz Verhaltensweisen, die es von seinen Mitarbeitern erwartet, damit diese die Ziele der Organisation erfolgreich erreichen. Und genau in diese Formen der Kompetenz möchte die Organisation zukünftig verstärkt investieren – und zwar nicht nur für ihre Mitarbeiter, sondern auch für alle ihre Unterstützer wie etwa Mitglieder, Außenstellen, freiwillige Helfer oder Spender. So wird zum Beispiel darauf Wert gelegt, dass die Mitarbeiterschaft sehr vielfältig und unterschiedlich ist, ebenso wie die Unterstützerbasis. Auf die Einbindung „junger Leute", „Vertreter der Ureinwohner Australiens oder Bewohner der Torres Strait Islands oder anderer Menschen mit unterschiedlichem kulturellen und linguistischem Hintergrund" wird besonders Wert gelegt. Man sucht Menschen, die engagiert, dynamisch und innovativ sind – und motiviert, um die Ziele und Visionen der Organisation zu verwirklichen.[1]

Das Royal Opera House in London

Tony Hall, Leiter des *Royal Opera House* in London:

> *„'Weltklasse' ist weder ein nichtssagender noch ein zu prahlerischer Anspruch. Im Zusammenhang mit unserem Haus bezieht sich der Begriff auf die Qualität unserer Mitarbeiter, auf das Niveau unserer Produktionen und auf die Vielfältigkeit unserer Arbeit und unserer Initiativen. Einzigartig? Ein 'Ja' ganz ohne Zurückhaltung. Wir lassen uns nicht gerne Etiketten wie 'Elite' anheften, denn das hat den offensichtlich negativen Beigeschmack der Exklusivität. Dennoch möchte ich, dass die Menschen hier zuallererst den Eindruck gewinnen, dass wir tatsächlich elitär sind, nämlich aufgrund der Tatsache, dass wir die besten Sänger, Tänzer, Regisseure, Designer, das beste Orchester, den besten Chor und auch das beste Team hinter der Bühne und in der Verwaltung haben. Außerdem gelingt es uns auch, ein größtmögliches und völlig verschiedenartiges Publikum zu erreichen."*[2]

Infosys

Das indische Unternehmen Infosys gehört zu den weltweiten Marktführern in den Bereichen Informationstechnologie, Outsourcing und Beratung. Es wird als eines der global bekanntesten Unternehmen mit beinahe 150.000 Mitarbeitern auf der ganzen Welt geführt. Dabei hat sich das Unternehmen von der Erbringung von Outsourcing-Dienstleistungen, wie Call-Centern und dem Back-Office-IT-Betrieb, zum Angebot von IT-Infrastrukturmanagement, Systemintegrationsdienstleistungen und IT-Beratung entwickelt.

Heute unternimmt das Unternehmen mit seiner „Infosys 3.0 Strategie" einen weiteren Schritt in Richtung des Angebots von noch weiter entwickelten Produkten und Dienstleistungen – ein Schritt, der neue Ressourcen und Fähigkeiten erfordert.[3] Der CEO von Infosys, S. D. Shibulal: „Wir investieren weiterhin gezielt in die Kompetenzen unserer Organisation."[4]

Dabei betont die neue Strategie Innovation und legt den Fokus auf höherwertige Software. Dazu ist die Innovationsfähigkeit wie auf der Webseite angegeben von zentraler Bedeutung: „Die Grundlage unsere Innovationsfähigkeit liegt in unserem integralen Labornetz – Infosys Labs – und der neuen Denkweise, die unsere mehr als 600 Forscher beisteuern."[5] Daher erfordert die neue Strategie Personal- und Ausbildungsfähigkeiten, einschließlich der Fähigkeit, neue, hochqualifizierte Ingenieure einzustellen, zu beschäftigen, weiterzubilden und zu halten. Srikantan Moorthy, Senior Vice President und Geschäftsführer, erklärt dies so: „Wir stellen momentan neue Experten in den Bereichen Cloud, Mobilität, Nachhaltigkeit und Produktentwicklung ein und entwickeln diese Talente weiter. Überdies liegt ein wichtiger Fokus auf den beratenden Fähigkeiten. All dies entspricht unserer Infosys Strategie 3.0. Wir legen großen Wert auf kontinuierliches Lernen und das Teilen von Wissen."[6]

Quellen: (1) Australian Red Cross Capability Framework 2015; (2) Jahresbericht 2005/2006, S. 11, (3) Financial Times, 12. August 2012; (4) Infosys Jahresbericht 2011/2012; (5) http://www.infosys.com; (6) SkillingIndia, 26. September 2012.

4.2.2 Schwellenkompetenzen und einzigartige Kompetenzen

Man muss unterscheiden zwischen Ressourcen und Kompetenzen, die eine Organisation lediglich am Leben halten, und solchen, die ihr einen Wettbewerbsvorteil und wirklich überlegene Leistungen verschaffen. **Schwellenkompetenzen** bezeichnen diejenigen Fähigkeiten, die eine Organisation mindestens besitzen muss, um die notwendigen Voraussetzungen für die Aufnahme des Wettbewerbs in einem Markt zu erfüllen. Dies können *Schwellenressourcen* sein, um die Mindestanforderungen der Kunden zu erfüllen. So bedeutet die steigende Nachfrage der modernen vielseitigen Einzelhändler an ihre Zulieferer, dass diese Zulieferer über eine recht komplexe IT-Infrastruktur verfügen müssen, um einfach nur die Chance zu haben, den Anforderungen der Einzelhändler gerecht zu werden. Dies können aber auch *Schwellenkompetenzen* sein, die erforderlich sind, um Ressourcen so einzusetzen, dass die Anforderungen der Kunden befriedigt und besondere Strategien unterstützt werden. Die Einzelhändler erwarten nicht einfach nur, dass ihre Zulieferer die nötige IT-Infrastruktur vorweisen können, sie müssen sie auch effektiv nutzen, um das erwartete Serviceniveau anbieten zu können.

Aus der Identifikation und dem Management der Schwellenkompetenzen ergeben sich mindestens zwei wesentliche Herausforderungen:

- Das *Schwellenniveau für Fähigkeiten* ändert sich mit der Veränderung bedeutender Erfolgsfaktoren (siehe *Abschnitt 3.4.3*) durch die Aktivitäten von Konkurrenten und neuen Marktteilnehmern. Um bei dem oben begonnenen Beispiel zu bleiben: Die Zulieferer wichtiger Einzelhändler haben vor zehn Jahren noch nicht dieselbe IT- und Logistikausstattung benötigt, wie dies heute der Fall ist. Doch das Bedürfnis der Einzelhändler, Kosten zu sparen, effizienter zu arbeiten und die Verfügbarkeit ihrer Waren jederzeit garantieren zu können, bedeutet, dass auch ihre Erwartungen an die Zulieferer im Laufe dieses Zeitraums erheblich gestiegen sind und immer noch steigen. Daher müssen auch die Zulieferer ihre Ressourcen und Kompetenzen bezüglich ihrer Logistik beständig überprüfen und verbessern, um im Geschäft zu bleiben.

- Vielleicht müssen in anderen Bereichen *ausgleichende Zugeständnisse* gemacht werden, um die Schwellenfähigkeiten zu erlangen, die für verschiedene Kunden erforderlich sind. So fällt es beispielsweise manchen Unternehmen schwer, sowohl in Marktsegmenten aktiv zu sein, die große Mengen an Standardprodukten erfordern, als auch in Marktsegmenten, auf denen hochwertige Spezialprodukte nachgefragt werden. Im ersten Fall sind meist Fabriken mit hoher Kapazität und schnellen Produktionsraten sowie standardisierte hocheffiziente Systeme und günstige Arbeitskräfte erforderlich, während für den zweiten Fall gut ausgebildete Arbeitskräfte, flexibel arbeitende Fabriken und innovative Fähigkeiten benötigt werden. Die Gefahr besteht darin, dass eine Organisation für keines der beiden Marktsegmente die erforderlichen Schwellenfähigkeiten erlangen könnte.

Schwellenfähigkeiten sind zwar durchaus wichtig, sorgen allein für sich genommen aber noch nicht für einen Wettbewerbsvorteil und sind auch keine Basis für überdurchschnittliche Leistungen. Dazu benötigt eine Organisation unverwechselbare und einzigartige Fähigkeiten (Kompetenzen und Ressourcen), die für Konkurrenten schwer zu imitieren sind. Dafür könnten **einzigartige Kompetenzen** verantwortlich sein, die die entscheidende Basis für den Wettbewerbsvorteil darstellen und die von

Schwellenkompetenzen

Schwellenkompetenzen bezeichnen diejenigen Fähigkeiten, die eine Organisation mindestens besitzen muss, um die notwendigen Voraussetzungen für die Aufnahme des Wettbewerbs in einem Markt zu erfüllen.

Einzigartige Kompetenzen

Einzigartige Kompetenzen sind diejenigen Ressourcen und Kompetenzen, welche die entscheidende Basis für einen Wettbewerbsvorteil bilden und von anderen Unternehmen weder einfach erlangt noch imitiert werden können.

anderen weder erlangt noch imitiert werden können – ein gut etablierter Marken-name ist hier ein gutes Beispiel für eine *einzigartige Ressource*. Wahrscheinlicher noch ist es aber, dass eine Organisation einen Wettbewerbsvorteil erlangt, weil sie über *einzigartige Kompetenzen* verfügt, also Dinge auf eine Art und Weise erledigt, die einzigartig ist und effektiv eingesetzt wird, um die Kundenzufriedenheit zu stei-gern. Solche einzigartigen Kompetenzen können wiederum von Konkurrenten nicht oder nur sehr schwer erworben oder imitiert werden. Apple beispielsweise verfügt mit seinen mobilen Technologien und dem mächtigen Markennamen über einzigar-tige Ressourcen und überdies kann es auf einzigartige Kompetenzen im Bereich Design und Verständnis für Kundenverhalten zählen.

Kernkompetenzen

Kernkompetenzen sind die Fertigkeit

Gary Hamel und C. K. Prahalad gehen davon aus, dass einzigartige Kompetenzen meist deswegen so einzigartig sind und bleiben, weil sie aus einem ganzen *Bündel* an sich ergänzenden Fähigkeiten und/oder Technologien bestehen und nicht nur eine einzelne Fähigkeit für sich steht. Diese Art der Kompetenzen bezeichnen beide als **Kernkompetenzen** und setzten den Fokus dabei auf die Verbindung besonderer Kom-petenzen, Ressourcen und Aktivitäten.[4] Im oben genannten Beispiel von Apple ist es also die Kombination aus Ressourcen und Kompetenzen, die diese einzigarten oder Kernkompetenzen nach Hamel und Prahalad darstellt. Der nun folgende *Abschnitt 4.3* dieses Kapitels befasst sich ausführlicher mit einzigartigen Ressourcen und *Abschnitt 4.3.3* behandelt die Bedeutung von Verbindungen und Kombinationen.

4.3 Einzigartige Ressourcen und Kompetenzen als Basis eines Wettbewerbsvorteils

Wie weiter oben erklärt, bilden bestimmte Fähigkeiten einer Organisation die Grund-lage eines nachhaltigen Wettbewerbsvorteils und herausragender wirtschaftlicher Leistung. In diesem Abschnitt werden vier wichtige Kriterien vorgestellt, die zur Bewertung von Fähigkeiten herangezogen werden können. Dabei geht es in der Hauptsache darum, ob sie Grundlage eines Wettbewerbsvorteils sind: **V**alue (Wert), **R**arity (Seltenheit), **I**nimitability (unvollständige Imitierbarkeit) und **O**rganisational Support (organisationale Unterstützung) – oder **VRIO**.[5] Diese vier grundlegenden Kri-terien sowie die Fragen, die sie abdecken, werden in ▶ *Abbildung 4.2* illustriert.

V	**Value** (Wert): Sind Ressourcen und Kompetenzen vorhanden, denen die Kunden einen Wert beimessen und die es der Organisation ermöglichen, auf Chancen oder Risiken aus dem Umfeld zu reagieren?
R	**Rarity** (Seltenheit): Sind Ressourcen und Kompetenzen vorhanden, die keine (oder nur wenige) Wettbewerber besitzen?
I	**Inimitability** (Nicht-Imitierbarkeit): Ist der Aufbau oder die Nachahmung von Ressourcen und Kompetenzen für Wettbewerber schwierig oder teuer?
O	**Organisational Support** (Organisationale Unterstützung): Ist die Organisation für die Nutzung der Ressourcen und Kompetenzen angemessen aufgestellt?

Abbildung 4.2: VRIO

4   Gary Hamel und C.K. Prahalad, „The core competence of the corporation", *Harvard Business Review*, Band 68, Nr. 3 (1990), S. 79–91.
5   Jay Barney, *Gaining and Sustaining Competitive Advantage*, Addison-Wesley, 1997.

4.3.1 V-Value: Der Wert von Ressourcen und Kompetenzen

Wertvolle Ressourcen und Kompetenzen schaffen Produkte oder Dienstleistungen, die für Kunden von Nutzen sind und es der Organisation ermöglichen, auf Chancen und Gefahren aus dem Umfeld zu reagieren. Dabei sind drei Bestandteile zu nennen:

- *Chancen nutzen und Gefahren neutralisieren.* Der grundlegende Punkt dabei ist, dass die Fähigkeiten, um wertvoll zu sein, das Potenzial bieten müssen, sich den Herausforderungen und Chancen zu stellen, die das Umfeld der Organisation bereithält. Dies legt eine wichtige Komplementarität zum externen Umfeld einer Organisation nahe (*Kapitel 2* und *3*). Fähigkeiten sind wertvoll, wenn sie sich mit Herausforderungen und/oder Chancen beschäftigen und verglichen mit einer Situation, in der die Organisation nicht über diese Fähigkeiten verfügt, höhere Erlöse oder niedrigere Kosten oder beides erzielen. So senken beispielsweise die kostenbewusste Unternehmenskultur, Größe und die komplexe Konfiguration von miteinander verknüpften Tätigkeiten bei IKEA verglichen mit Wettbewerbern die Kosten und das Unternehmen greift die Chancen preisgünstiger Möbel auf, die Wettbewerber nicht berücksichtigen.

- *Nutzen für den Kunden.* Dieser Punkt erscheint vielleicht zu offensichtlich, doch in der Praxis wird er allzu oft ignoriert oder kaum beachtet. So kann es sein, dass sich ein Manager auf Fähigkeiten konzentrieren möchte, die *er* für wertvoll erachtet, die aber die kritischen Erfolgsfaktoren der Kunden (siehe *Abschnitt 3.4.3*) keineswegs erfüllen. Vielleicht sehen Manager aber auch eine bestimmte Fähigkeit einfach nur deshalb als wertvoll an, weil nur ihr Unternehmen diese besitzt, selbst wenn die Kunden diese Fähigkeit nicht für wertvoll erachten. Doch es ist keineswegs allein für sich genommen ein Wettbewerbsvorteil, wenn man über einzigartige Fähigkeiten verfügt.

- *Kosten.* Die Kosten, die das Produkt oder die Dienstleistung verursachen, müssen es dem Unternehmen ermöglichen, trotzdem den daraus erwarteten Gewinn zu erzielen. Es besteht immer die Gefahr, dass die Kosten für die Entwicklung oder den Erwerb der benötigten Fähigkeiten, um das zu liefern, was Kunden wirklich wertschätzen, so hoch sind, dass das resultierende Produkt oder die Dienstleistung nicht rentabel sind.

Manager müssen sich also genau überlegen, welche Aktivitäten ihrer Organisation für die Erbringung dieses Nutzens besonders wichtig und welche weniger wichtig sind. Die Wertkettenanalyse und die grafische Darstellung aller Aktivitäten, die in den *Abschnitten 4.4.2* und *4.4.3* erklärt werden, können hier hilfreich sein.

4.3.2 R-Rarity: Seltenheit

Fähigkeiten, die wertvoll, aber unter Wettbewerbern verbreitet sind, bilden wahrscheinlich keine Quelle eines Wettbewerbsvorteils. Verfügen konkurrierende Organisationen über ähnliche Fähigkeiten, so können sie auf strategische Initiativen des Rivalen schnell reagieren. Dies geschieht immer wieder im Rahmen des Wettbewerbs zwischen Autoherstellern, die in ihre Fahrzeuge mehr Extras einbauen. Sobald sich zeigt, dass diese Sonderausstattungen von Kunden geschätzt werden, werden sie von einem Großteil aller Hersteller angeboten, die alle meist die gleichen Technologien nutzen.

Wertvolle Ressourcen und Kompetenzen

Wertvolle Ressourcen und Kompetenzen schaffen Produkte oder Dienstleistungen, die für Kunden von Nutzen sind und es der Organisation ermöglichen, auf Chancen und Gefahren aus dem Umfeld zu reagieren.

Seltene Ressourcen und Kompetenzen

Seltene Ressourcen und Kompetenzen sind solche, über die nur eine oder sehr wenige Organisationen verfügen

Seltene Ressourcen und Kompetenzen dagegen sind solche, *über die nur eine oder sehr wenige Organisationen verfügen.* In diesem Fall kann ein gegebener Wettbewerbsvorteil länger vorhalten. So kann ein Unternehmen beispielsweise über patentierte Produkte verfügen, die einen Wettbewerbsvorteil gewähren. Dienstleistungsunternehmen können seltene Ressourcen in Form von intellektuellem Kapital besitzen, also etwa besonders begabte Mitarbeiter haben. Einige Bibliotheken nennen einzigartige Büchersammlungen ihr Eigen, die es sonst nirgendwo gibt. Ein Unternehmen kann eine sehr starke Marke haben. Auch die gute Lage eines Einzelhandelsgeschäfts kann ausschlaggebend sein. In Bezug auf Kompetenzen kann eine Organisation über einzigartige Fähigkeiten verfügen, die sich im Laufe der Zeit entwickelt haben, oder sie kann besondere Beziehungen zu Kunden oder Zulieferern aufgebaut haben, die der Konkurrenz fehlen. Allerdings kann die Annahme, dass seltene Ressourcen und Fähigkeiten auch selten bleiben, gefährlich sein. Daher ist es unter Umständen notwendig, auch andere Grundlagen der Nachhaltigkeit zu betrachten.

4.3.3   I-Imitability: Nicht-Imitierbarkeit

Nicht-imitierbare Ressourcen und Kompetenzen

Nicht-imitierbare Ressourcen und Kompetenzen können von Konkurrenten nur schwer oder zu hohen Kosten nachgeahmt, erlangt oder substituiert werden.

Es sollte mittlerweile klar geworden sein, dass die Suche nach strategischen Fähigkeiten, die einen nachhaltigen Wettbewerbsvorteil gewähren, nicht leicht ist. Es ist wichtig, dass die betreffenden Ressourcen und Kompetenzen für die Kunden wertvoll und auch relativ selten sind, doch das reicht vielleicht nicht aus. Ein nachhaltiger Wettbewerbsvorteil basiert auch auf **nicht-imitierbaren Ressourcen und Kompetenzen**, d.h. auf Fähigkeiten, die Konkurrenten nur schwer oder zu hohen Kosten nachahmen, erlangen oder substituieren können. Wenn eine Organisation aufgrund ihrer speziellen Marketing- und Verkaufsfähigkeiten einen Wettbewerbsvorteil hat, kann sie diesen nur aufrechterhalten, wenn Wettbewerber diesen nicht für sich selbst imitieren, erlangen oder substituieren können oder wenn die dazu nötigen Kosten jegliche erzielten Gewinne übersteigen würden. Oft sind dabei die Barrieren für die Nachahmung tief in der Organisation, in Verbindungen zwischen Tätigkeiten, Fähigkeiten und Menschen, verankert.

Dies soll zwar keine Verallgemeinerung sein, doch ist es zumindest ungewöhnlich, dass sich der Wettbewerbsvorteil einer Organisation auf besondere materielle Vermögenswerte zurückführen lässt, denn diese können mit der Zeit meist imitiert oder gekauft werden (wobei allerdings wichtige geografische Lagen, bestimmte Rohstoffressourcen, Marken usw. Ausnahmen bilden können). Ein solcher Vorteil ergibt sich dagegen oft daraus, wie die vorhandenen Ressourcen bezüglich der Aktivitäten einer Organisation eingesetzt werden – er basiert also anders ausgedrückt auf Kompetenzen.[6] So wird wie oben angedeutet ein Computersystem allein die Wettbewerbsposition eines Unternehmens nicht verbessern, denn die Konkurrenz kann wahrscheinlich auf dem freien Markt ein ganz ähnliches System kaufen. Die Fähigkeiten dagegen, die nötig sind, um ein solches System zu entwickeln, zu verwalten und optimal zu nutzen, können viel schwerer und teurer zu imitieren sein. Verglichen mit Sachwerten und Patenten umfassen Kompetenzen tendenziell mehr immaterielle Schranken der Nachahmung. Dabei umfassen sie häufig *Verknüpfungen*, die Tätigkei-

---

6   Siehe dazu auch die Metastudie von S. L. Newbert, „Empirical research on the resource based view of the firm: an assessment and suggestions for future research", *Strategic Management Journal*, 28, S. 121–146, 2007.

ten, Fähigkeiten, Kenntnisse und Personen sowohl innerhalb als auch außerhalb der Organisation auf ganz eigene und doch wechselseitig kompatible Art und Weise miteinander verbinden. Durch diese Verbindungen kann die Nachahmung von Fähigkeiten für Wettbewerber besonders schwer werden. Dafür gibt es drei Hauptgründe. Diese werden in ▶ *Abbildung 4.3* zusammengefasst und im Folgenden noch einmal kurz dargestellt.

Abbildung 4.3: Kriterien für die Nicht-Imitierbarkeit von Ressourcen und Kompetenzen

Komplexität

Die Ressourcen und Kompetenzen einer Organisation können aufgrund ihrer Komplexität und des Bestehens von Verknüpfungen schwer imitierbar sein. Dafür kann es zwei Hauptgründe geben:

- *Interne Verknüpfungen*. Besonderer Wert für den Kunden könnte daraus entstehen, dass sich Aktivitäten und Prozesse miteinander verknüpfen lassen, was in *Abschnitt 4.4.3* näher erläutert wird. Doch auch wenn ein Konkurrent über eine solche bildliche Abbildung verfügt, ist es aufgrund der zahlreichen Interaktionen zwischen eng verknüpften Tätigkeiten und Entscheidungen unwahrscheinlich, dass er sie in ihrer ganzen Komplexität reproduzieren kann.[7] Dies liegt nicht nur an der Komplexität an sich, sondern auch daran, dass diese sich über einen langen Zeitraum hinweg aufgrund von Gewohnheiten und Praktiken entwickelt hat und für die betreffende Organisation spezifisch ist. So haben Unternehmen wie IKEA und Ryanair trotz der Verfügbarkeit zahlloser Fallstudien, Artikel und Berichte über ihren Erfolg immer noch Wettbewerbsvorteile.

- *Externe Verknüpfung*. Organisationen können es anderen erschweren, ihre Grundlagen für einen Wettbewerbsvorteil nachzuahmen oder zu erwerben, indem sie mit den Kunden oder Partnern zusammen Aktivitäten entwickeln, die zu einer Abhängigkeit von der Organisation führen. Dies wird manchmal als *Co-Speziali-*

---

7 Für eine Erklärung des Beitrags komplexer Fähigkeiten und Strategien zur Nicht-Nachahmbarkeit siehe J. W. Rivkin, „Imitation of complex strategies", *Management Science*, Band 46, Nr. 6 (2000), S. 824–844.

sierung bezeichnet. So gab etwa ein Hersteller von industriellem Schmierstoff sein Konzept auf, seine Produkte einfach nur zu verkaufen. Stattdessen einigte man sich mit dem Kunden darauf, die Schmierstoffe auch an Ort und Stelle beim Kunden anzuwenden und aufzubringen. Dazu wurden feste Ziele für Kosteneinsparungen vereinbart. Je effizienter der Schmierstoff eingesetzt wurde, desto mehr profitierten beide Seiten.

Kausale Mehrdeutigkeit[8]

Ein weiterer Grund für die schwierige und teure Nachahmbarkeit von Kompetenzen besteht darin, dass es Konkurrenten schwerfällt, die Ursachen und Wirkungen, die den Vorteil einer Organisation ausmachen, genau zu erkennen. Dies nennt man *kausale Mehrdeutigkeit*, die in zwei Formen auftreten kann:[9]

- *Charakteristische Mehrdeutigkeit* – hier ist die Bedeutung der Eigenschaft selbst schwer zu erkennen und zu verstehen, vielleicht weil sie auf stillschweigendem Wissen basiert oder in der Organisationskultur verwurzelt ist. So zeigt sich beispielsweise das Fachwissen der Einkäufer eines erfolgreichen Modehauses wahrscheinlich an den hohen Umsätzen, die mit den jedes Jahr neu gekauften Waren erzielt werden. Dennoch ist es sehr schwierig zu verstehen, was genau diese Fachkenntnisse ausmacht. Und so wird es für die Konkurrenz schwer, diese zu imitieren.

- *Mehrdeutigkeit bei den Verknüpfungen* – hier können Konkurrenten nicht erkennen, welche Aktivitäten und Prozesse voneinander abhängen, um Verknüpfungen zu schaffen, die charakteristische Kompetenzen entstehen lassen. Die Fachkenntnisse der Modeeinkäufer beschränken sich höchstwahrscheinlich nicht auf eine Person oder auf nur eine Funktion. Im Gegenteil gibt es sicherlich ein ganzes Netzwerk aus Zulieferern und Intelligenzverknüpfungen für das Marktverständnis und auch Verbindungen zu Modeschöpfern. In manchen Organisationen geben die Manager sogar zu, dass nicht einmal sie selbst alle Verknüpfungen ganz durchschauen, die für ihre Kunden wertvoll sind. Ist dies der Fall, so ist es natürlich für die Konkurrenz erst recht schwierig, diese zu verstehen.

Kultur und Geschichte

Kompetenzen, die komplexe soziale Interaktionen und Beziehungen zwischen Personen innerhalb einer Organisation umfassen, können für Wettbewerber in der systematischen Nachahmung und Steuerung schwierig und teuer sein. So können Kompetenzen beispielsweise fester Bestandteil einer Unternehmenskultur werden. Die Koordination verschiedener Aktivitäten geschieht „natürlich", weil die Mitwirkenden ihre Rolle im Gesamtbild kennen oder einige Dinge einfach ganz selbstverständlich auf eine bestimmte Art und Weise durchgeführt werden. Dies können wir bei

---

8   Die wegweisende Abhandlung über kausale Doppeldeutigkeit stammt von S. Lippman und R. Rumelt, „Uncertain imitability: an analysis of interfirm differences in efficiency under competition", *Bell Journal of Economics*, Band 13 (1982), S. 418–438. Für eine Zusammenfassung und Prüfung der Forschung zur kausalen Doppeldeutigkeit siehe A. W. King, „Disentangling interfirm and intrafirm causal ambiguity: a conceptual model of causal ambiguity and sustainable competitive advantage", *Academy of Management Review*, Band 32, Nr. 1 (2007), S. 156–178.

9   Die Unterscheidung zwischen charakteristischer Mehrdeutigkeit und Verknüpfungsmehrdeutigkeit wird genau erklärt bei A. W. King und C. P. Zeithaml, „Competencies and firm performance: examining the causal ambiguity paradox", *Strategic Management Journal*, Band 22, Nr. 1 (2001), S. 75–99.

sehr erfolgreichen Sportmannschaften beobachten oder auch in Teams, in denen viele unterschiedliche Fachleute zusammenarbeiten wie etwa in einem Theater. Ein anderes Beispiel ist ein Unternehmen, das verschiedenste Aktivitäten integriert, um seine Kunden optimal zu bedienen. Die Tatsache, dass solche Kompetenzen oft förmlich in einer Unternehmenskultur eingebettet sind, ergibt sich häufig aus der Wahrscheinlichkeit, dass sie sich über lange Zeit hinweg und in eine ganz bestimmte Richtung entwickeln konnten. Die Ursprünge und die Geschichte der Entwicklung solcher Kompetenzen wird als *Pfadabhängigkeit*[10] bezeichnet. Sie treffen speziell auf ein Unternehmen zu und können nicht imitiert werden (siehe auch *Abschnitt 6.2.1*). Wie in *Kapitel 6* erklärt, besteht aber auch hier die Gefahr, dass die kulturelle Einbettung dieser über Jahre hinweg entwickelten Kompetenzen so vollständig geschieht, dass diese sich nicht mehr ändern lassen und zu Rigiditäten werden.

4.3.4 O-Organisationale Unterstützung

Aus der Wertschöpfung von Kunden und dem Besitz von Fähigkeiten, die selten und schwer nachzuahmen sind, erwächst das Potenzial für einen Wettbewerbsvorteil. Allerdings muss die Organisation auch passend aufgestellt sein, um diese Fähigkeiten zu unterstützen, einschließlich angemessener organisatorischer Prozesse und Systeme. Dies impliziert, dass zur vollständigen Ausnutzung der Fähigkeiten die Struktur einer Organisation sowie die formellen und informellen Unternehmenssteuerungssysteme deren Nutzung unterstützen und ermöglichen müssen (siehe *Abschnitt 14.1* und *14.2* für eine weitere Erörterung der organisatorischen Struktur und Systeme). Die Frage der organisatorischen Unterstützung wirkt als Anpassungsfaktor. Denn einige der potenziellen Wettbewerbsvorteile können verloren gehen, wenn die Organisation nicht so aufgestellt ist, dass sie wertvolle und/oder seltene und/oder nicht nachahmbare Fähigkeiten vollständig nutzen kann. Die unterstützenden Fähigkeiten werden auch als *komplementäre Fähigkeiten* bezeichnet, da sie allein häufig für einen Wettbewerbsvorteil nicht ausreichen, aber für die Nutzung anderer Fähigkeiten, die einen Wettbewerbsvorteil bilden, nützlich und effektiv sein können.[11] Kurz gesagt kann, selbst wenn eine Organisation über wertvolle, seltene und nicht nachahmbare Fähigkeiten verfügt, ein Teil des potenziellen Wettbewerbsvorteils unter Umständen nicht realisiert werden, wenn die Organisation nicht über die zu deren vollständiger Ausnutzung notwendigen organisatorischen Vorkehrungen verfügt.

Zusammengefasst und vor dem Hintergrund des ressourcenorientierten Ansatzes müssen Manager überlegen, ob ihre Organisation über strategische Fähigkeiten verfügt, die ihnen einen nachhaltigen Wettbewerbsvorteil verschaffen. Dazu muss bedacht werden, wie und in welchem Ausmaß Fähigkeiten vorliegen, die (i) für Käufer wertvoll, (ii) selten und (iii) nicht imitierbar sind sowie (iv) durch die Organisation unterstützt werden. *Beispiel 4.2* zeigt die Herausforderungen, denen sich die Internet-Firma Groupon stellen muss, um diese Kriterien zu erfüllen.

---

10 Für eine umfassendere Diskussion der Pfadabhängigkeit im Zusammenhang mit strategischer Fähigkeit siehe D. Holbrook, W. Cohen, D. Hounshell und S. Klepper, „The nature, sources and consequences of firm differences in the early history of the semiconductor industry", *Strategic Management Journal*, Band 21, Nr. 10–11 (2000), S. 1017–1042.

11 Für eine umfassende Erörterung von komplementären Vermögenswerten und Fähigkeiten siehe D. Teece, „Profiting from technological innovation", *Research Policy*, Band 15, Nr. 6 (1986), S. 285–305.

Beispiel 4.2	Groupon und die ehrlichste Form der Schmeichelei

Wenn ein Unternehmen eine neue Marktnische entdeckt, muss es sicherstellen, dass seine strategischen Fähigkeiten zum Gelingen beitragen und von der Organisation unterstützt werden.

Das in Chicago ansässige Unternehmen Groupon wurde 2008 von Andrew Mason mit dem Konzept gegründet, Abonnenten täglich Angebote von Gutscheinen mit hohen Rabatten für lokale Restaurants, Theater und Kurbäder usw. per E-Mail zu schicken. Groupon verkauft einen Gutschein für ein Produkt und behält bis zur Hälfte der Erlöse, wobei ein erheblicher Rabatt auf den üblichen Preis des Produkts gewährt wird. Im Gegenzug erhöht Groupon die Nachfrage der Kunden, die die E-Mails des Unternehmens erhalten. Dies sorgt für mehr Kontakt mit lokalen Unternehmern sowie mehr Geschäft für diese. Das Unternehmen wurde bald zum am schnellsten wachsenden Internetunternehmen aller Zeiten und zum Riesen in der Daily-Deal-Branche. Im Jahr 2010 lehnte Groupon ein Übernahmeangebot von 6 Mrd. $ (3,5 Mrd. €) ab und ging stattdessen mit einem Erlös von 10 Mrd. $ im November 2011 an die Börse.

Während die Kunden den täglichen Angeboten von Groupon einen hohen Wert beimaßen – das Unternehmen expandierte schnell in mehr als 40 Länder –, gab es ebenso schnell Hunderte und später sogar Tausende Nachahmerunternehmen weltweit. Die Investoren begannen, das Geschäftsmodell von Groupon in Frage zu stellen, und waren verunsichert im Hinblick darauf, inwieweit das Unternehmen über seltene und nicht nachahmbare strategische Fähigkeiten verfügte. Im Jahr 2012 bestritt der CEO Andrew Mason im *Wall Street Journal* (WSJ), dass das Modell einfach zu replizieren sei:

> *„Es gibt Beweise. Es gibt mehr als 2000 direkte Nachahmer des Groupon-Geschäftsmodells. Allerdings gibt es genauso viele Beweise dafür, dass die Barrieren für den Erfolg enorm hoch sind, denn von all diesen Wettbewerbern ist nur eine Handvoll auch im entferntesten Sinne relevant."*

Dies konnte die Investoren trotzdem nicht beruhigen und die Aktien des Online-Gutscheinverkäufers fielen prompt um 80 % auf ein Rekordtief. Daher bleibt die Frage bestehen – inwieweit waren die Fähigkeiten von Groupon selten und nicht nachahmbar? Ein wichtiger, seltener und wahrscheinlich schwer nachzuahmender Vermögenswert von Groupon bestand in dem beeindruckenden Kundenstamm von mehr als 50 Mio. Kunden. Je mehr Kunden, desto besser die Angebote. Daher würden die Kunden eher zu Groupon als zu den Wettbewerbern gehen und für die Wettbewerber würden die Kosten der Kundengewinnung steigen. Kritiker argumentierten allerdings, dass andere Unternehmen, wie Facebook, Google und Amazon, sogar einen noch breiteren Kundenstamm haben und unter Umständen sogar Wettbewerber werden könnten. In seiner Verteidigung der Wettbewerbsfähigkeit von Groupon betonte der CEO im *WSJ*, dass es nicht bloß der Versand täglicher E-Mails ist, sondern dass auch eine ganze Reihe von Aspekten zusammenwirken müssen und die Wettbewerber von Groupon zur Nachahmung die gesamte „operative Komplexität" replizieren müssten:

„Man übersieht die operative Komplexität. Wir haben 10.000 Mitarbeiter in 46 Ländern. Wir haben Tausende von Verkäufern, die jeden Tag mit Zehntausenden Händlern sprechen. Das kann man nicht einfach so aufbauen."

Eine weitere, von Andrew Mason betonte Ressource war die fortschrittliche Technologieplattform von Groupon, die dem Unternehmen die „gezieltere Ansprache von Kunden ermöglicht und ihnen für sie relevantere Angebote zur Verfügung stellt". Allerdings wurde ein Teil dieser Plattform durch Übernahmen erworben – eine Möglichkeit, für die sich auch Wettbewerber entscheiden könnten.

Wenn Nachahmung die höchste Form der Schmeichelei ist, dann hat Groupon viel Schmeichelei erfahren. Allerdings sind viele der Nachahmer wieder aus dem Geschäft ausgetreten und Groupon hat auch viele ernsthaftere Konkurrenten zurückgedrängt. Aber das Unternehmen steht weiterhin unter erheblichem Druck. Im Februar 2013 wurde der Unternehmensgründer und CEO Andrew Mason zum Rücktritt gezwungen, sein Nachfolger wurde Eric Lefkofsky. Obwohl sich Amazon und viele weitere Nachahmer aus seinem Markt zurückzogen, fiel es dem neuen CEO schwer, überzeugend zu erklären, wie Groupon sich auch zukünftig erfolgreich gegen Imitation wehren würde, und das Unternehmen musste sich aus mehreren internationalen Märkten zurückziehen. Im November 2015 übernahm Lefkofsky wieder seine alte Aufgabe als Vorstandsvorsitzender und wurde von Rich Williams abgelöst, der bemerkte:

„Meine wichtigste Aufgabe als CEO sehe ich darin, unser Potential für langfristiges Wachstum freizusetzen, indem ich zeige, was das neue Groupon-Unternehmen alles zu bieten hat."

Quellen: Groupon Shares crumble after company names new CEO, 3. November 2015, Forbes; Groupon Names Rich Williams CEO, 3. November 2015, Wall Street Journal; All Things Digital, 2. November 2012, Wall Street Journal: http://allthingsd.com/20121102/groupon-shares-dive-to-new-low-a-year-after-the-ipo/Financial Times, 14. Mai 2012; Financial Times, 2. März 2013; Wall Street Journal, 31. Januar 2012.

4.3.5 Organisationales Wissen als Basis eines Wettbewerbsvorteils

Ein gutes Beispiel dafür, wie sich Ressourcen und Kompetenzen zu einem Wettbewerbsvorteil für eine Organisation verbinden können, ist das **organisationale Wissen**.[12] Dabei handelt es sich um die kollektive Erfahrung, die durch Systeme, Routinen und den Austausch innerhalb der Organisation angesammelt wird. Dieser Begriff ist eng verwandt mit dem der Kompetenzen, die bisher in diesem Buch behandelt wurden.

Organisationales Wissen

Organisationales Wissen ist die kollektive Erfahrung, die durch Systeme, Routinen und den Austausch innerhalb der Organisation angesammelt wird.

---

12 B. Kogut und U. Zander, „Knowledge of the firm, combinative capabilities and the replication of technology", *Organizational Science*, Band 3, Nr. 3 (1992), S. 383–97. Siehe auch I. Nonaka und H. Takeuchi, *The Knowledge-creating Company*, Oxford University Press, 1995. Und Mark Easterby-Smith und Isabel Prieto, „Dynamic capabilities and knowledge management: an integrative vole for learning", *British Journal of Management*, Band 19 (2008), S. 235–49.

Es gibt verschiedene Gründe, warum organisationales Wissen heute als so wichtig gilt. Da Organisationen immer komplexer und größer werden, wird der Austausch des Wissens der Mitarbeiter immer mehr zur Herausforderung. Zum Zweiten gibt es heute Informationssysteme, die einen solchen Wissensaustausch immer besser ermöglichen. Und zum dritten ist es, wie bereits in diesem Kapitel erwähnt, weniger wahrscheinlich, dass Organisationen durch ihre materiellen Ressourcen einen Wettbewerbsvorteil erzielen werden. Viel häufiger entsteht dieser aus der Art und Weise, wie Dinge getan werden, und aus der akkumulierten Erfahrung. Das Wissen darüber, wie Dinge basierend auf dieser Erfahrung getan werden, ist also von entscheidender Bedeutung.

Explizites und implizites organisationales Wissen. Organisationales Wissen kann in vielerlei Formen vorliegen. Nonaka und Takeuchi[13] unterscheiden zwischen zwei Arten des Wissens. *Explizites Wissen* ist kodifiziert und „objektives" Wissen wird auf formelle, systematische Art und Weise vermittelt. Es könnte sogar in Form einer kodifizierten Informationsressource wie einem Systemhandbuch vorliegen. *Implizites Wissen* dagegen ist persönlich, kontextspezifisch und dadurch schwer zu formalisieren und zu kommunizieren. Für den Einzelnen erfordert organisationale Kompetenz meist beide Wissensarten. Ein Fahranfänger wendet zum Beispiel ausdrückliches Wissen an, das er wahrscheinlich von einem Fahrlehrer gelernt hat, und entwickelt dadurch allmählich eigene Kenntnisse über das Autofahren. Das stillschweigende Wissen, das man zum Autofahren benötigt, kommt jedoch erst allmählich durch die Fahrpraxis. Je formeller und systematischer ein Wissenssystem ist, desto größer ist allerdings auch die *Gefahr der Imitation*, weshalb dieses Wissen auch in Bezug auf die Wettbewerbsstrategie umso wertloser ist. Kann das Wissen kodifiziert werden, ist die Gefahr der Imitation größer. Ein nicht imitierbarer Wettbewerbsvorteil liegt viel eher dort vor, wo Einzelpersonen oder Personengruppen über das relevante Wissen verfügen.[14]

Diese Beobachtungen weisen ganz deutlich auf die Verbindungen zwischen organisationalem Wissen und anderen in diesem Buch behandelten Themen hin. Organisationales Wissen kann zwar von Nutzen sein, muss sich aber mit einem sich verändernden Umfeld ebenfalls entwickeln. So gesehen sind organisationales Wissen und Lernprozesse eng miteinander verwandt. Beide Konzepte müssen nun in Bezug auf dynamische Fähigkeiten betrachtet werden, die sich immer neuen Bedingungen anpassen müssen. Die Verbindungen zwischen Wissen, Erfahrung und sozialer Interaktion müssen auch zu den kulturellen Aspekten der Strategie in Bezug gesetzt werden, auf die in *Kapitel 5* näher eingegangen wird.

---

13 Siehe Fußnote 12.
14 Siehe S. Gabriel, Exploring internal stickiness, *Strategic Management Journal*, Band 17, Nr. 2 (1996), S. 27–43 und D. Leonard und S. Sensiper, „The role of tacit knowledge in group innovation", *California Management Review*, Band 40, Nr. 3 (1998), S. 112–32.

4.4 Die Diagnose von Ressourcen und Kompetenzen

Bisher befasste sich dieses Kapitel mit Erklärungen zum Thema strategische Fähigkeiten und verwandten Begriffen. Dieser Abschnitt geht nun darauf ein, wie strategische Fähigkeiten erkannt werden können. Denn es ist von zentraler Bedeutung, dass Manager die strategischen Fähigkeiten ihrer Organisation erkennen und mithilfe der verschiedenen hier vorgestellten Instrumente richtig analysieren können. Ansonsten besteht die Gefahr, dass sie die falschen Entscheidungen treffen.

4.4.1 Die VRIO-Analyse

Wer versteht, wie wichtig Ressourcen und Kompetenzen für eine Organisation sind, der ist sich auch dessen bewusst, dass es manchmal schwierig sein kann, zu ergründen, wo genau die Grundlage für den so entscheidenden Wettbewerbsvorteil liegt. Die strikten Kriterien der oben beschriebenen VRIO-Elemente (siehe *Abschnitt 4.3*) können ideal als Instrument eingesetzt werden, um zu analysieren, ob und welche Ressourcen und Fähigkeiten eine Organisation besitzt, mit denen sie einen Wettbewerbsvorteil erreichen und auch erhalten kann. Eine **VRIO-Analyse** hilft also dabei, zu bewerten, ob, wie und in welchem Umfang eine Organisation oder ein Unternehmen über Ressourcen und Kompetenzen verfügt, die (i) wertvoll, (ii) selten, (iii) nicht imitierbar und (iv) von der Organisation gefördert sind.

▶ *Tabelle 4.2* fasst die VRIO-Analyse der Fähigkeiten zusammen und zeigt auch deren additiven Effekt auf. Ressourcen und Kompetenzen stellen eine umso dauerhaftere und tragfähigere Basis für einen Wettbewerbsvorteil dar, je mehr der Kriterien sie erfüllen. Diese Analyse kann auf verschiedene Funktionen einer Organisation angewendet werden (IT, Fertigung, Einkauf, Marketing etc.) oder sich auf einzelne Ressourcen und Fähigkeiten konzentrieren (siehe ▶ *Abbildung 4.1*). Ein weiterer Ansatz setzt darauf, verschiedene Bereiche der Wertkette zu analysieren (siehe *Abschnitt 4.4.2* unten).

Manchmal kann es auch eine Herausforderung sein, die genaue Wettbewerbsimplikation zu definieren, beispielsweise wenn eine Ressource oder Fähigkeit an der Grenze liegt zwischen einem nachhaltigen und einem nur vorübergehenden Wettbewerbsvorteil (siehe dazu *Beispiel 4.2*). Für einen Manager ist es allerdings immer von größter Wichtigkeit, zwischen einem vorübergehenden und eben einem dauerhaften Wettbewerbsvorteil beziehungsweise zwischen Wettbewerbsgleichheit und Wettbewerbsnachteilen unterscheiden zu können (siehe ▶ *Tabelle 4.2*). Ist es schwierig zu definieren, ob eine Funktion, Fähigkeit oder Ressource Basis für einen nachhaltigen Wettbewerbsvorteil ist, kann es hilfreich sein, diese in ihre einzelnen Bestandteile zu zerlegen. So könnte etwa die Fertigung eines Unternehmens insgesamt gesehen keinen Wettbewerbsvorteil darstellen, während die Teilbereiche Produktdesign und Produktentwicklung durchaus einen Vorteil bieten.

4.4.2 Die Wertkette und das Wertnetzwerk

Die **Wertkette** beschreibt die Kategorien von Aktivitäten in und rund um eine Organisation herum, die zusammen ein Produkt oder eine Dienstleistung erschaffen. Die meisten Organisationen sind überdies Teil eines **Wertsystem**, also einer Kombination

VRIO-Analyse

Eine VRIO-Analyse hilft also dabei zu bewerten, ob, wie und in welchem Umfang eine Organisation oder ein Unternehmen über Ressourcen und Kompetenzen verfügt, die (i) wertvoll, (ii) selten, (iii) nicht imitierbar und (iv) von der Organisation gefördert sind.

Wertkette

Eine Wertkette beschreibt die Kategorien von Aktivitäten innerhalb und um eine Organisation herum, die zusammen Produkte oder Dienstleistungen erschaffen.

Wertsystem

Ein Wertsystem ist eine Kombination aus interorganisatorischen Verbindungen und Beziehungen, die zur Schaffung eines Produkts oder einer Dienstleistung nötig sind.

aus interorganisatorischen Verbindungen und Beziehungen, die zur Schaffung eines Produkts oder einer Dienstleistung nötig sind.

Beide sind hilfreich für das Verständnis der strategischen Position einer Organisation und zur Lokalisierung wertvoller Ressourcen und Kompetenzen.

| Ist die Fähigkeit … | | | | |
wertvoll?	selten?	nicht nachahmbar?	von der Organisation unterstützt?	Auswirkungen auf den Wettbewerb
Nein	–	–	Nein	Wettbewerbsnachteil
Ja	Nein	–		Wettbewerbliche Parität
Ja	Ja	Nein		Zeitweiliger Wettbewerbsvorteil
Ja	Ja	Ja	Ja	Dauerhafter Wettbewerbsvorteil

Tabelle 4.2: Der VRIO-Rahmen
Quelle: Adaptiert von J. B. Barney und W. S. Hesterly, „Strategic Management and Competitive Advantage", Pearson Education, 2012.

Wertkette

Will eine Organisation einen Wettbewerbsvorteil erlangen, indem sie ihren Kunden Werte liefert, müssen die Manager verstehen, welche Aktivitäten ihrer Organisation für die Schaffung von Werten besonders wichtig sind. Der Kernpunkt ist, dass Strategen mithilfe der Wertkette eine Organisation anhand ihrer Aktivitäten analysieren können. ▶ *Abbildung 4.4* stellt die Wertkette dar, wie sie von Michael Porter entwickelt wurde.[15]

Primäraktivitäten

Primäraktivitäten sind direkt mit der Erzeugung oder Lieferung eines Produkts oder einer Dienstleistung befasst.

Primäraktivitäten sind direkt mit der Erzeugung oder Auslieferung eines Produkts oder einer Dienstleistung befasst. Für den Hersteller eines Produkts sind dies zum Beispiel:

■ *Interne Logistik* befasst sich mit dem Erhalt, der Lagerung und der Verteilung von Inputs für die Herstellung eines Produkts oder einer Dienstleistung, z.B. Materialverwaltung, Lagerbestandskontrolle, Transport etc.

■ *Operationen* wandeln diese Ressourcen in das endgültige Produkt oder die endgültige Dienstleistung um: Handhabung der Maschinen, Verpackung, Montage, Tests etc.

■ *Externe Logistik* nimmt das fertige Produkt oder die Dienstleistung auf, lagert sie und liefert sie an den Kunden aus. Darunter fallen Lagerverwaltung, Materialverwaltung, Vertrieb etc.

15 M. E. Porter, Competitive Advantage, Free Press, 1985.

- *Marketing und Verkauf* stellen die Mittel zur Verfügung, durch welche Kunden/ Nutzer auf das Produkt oder die Dienstleistung aufmerksam gemacht werden und wodurch sie diese kaufen können. Dazu zählen Verkaufsverwaltung, Werbung und Verkauf.

- *Services* umfassen alle Aktivitäten, die den Wert von Produkt oder Dienstleistung steigern oder stabil halten, wie etwa Installation, Reparatur, Ausbildung und Ersatzteile.

Abbildung 4.4: Die Wertkette innerhalb einer Organisation

Quelle: Anpassung mit Genehmigung von The Free Press, a Division of Simon & Schuster, Inc., aus „Competitive Advantage: Creating and Sustaining Superior Performance" von Michael E. Porter. Urheberrecht 1985, 1998 Michael E. Porter. Alle Rechte vorbehalten.

Jede dieser Gruppen von Primäraktivitäten ist mit **unterstützenden Aktivitäten** verbunden. Diese tragen zur Verbesserung der Effektivität oder Effizienz der Primäraktivitäten bei:

- *Beschaffung.* Die *Prozesse*, die in vielen Teilen der Organisation ablaufen, um die verschiedenen Inputs für die Primäraktivitäten zu erlangen.

- *Entwicklung von Technologien.* Jede Wert schaffende Aktivität basiert auf einer Technologie, auch wenn diese nur aus Know-how besteht. Manche Technologien stehen in direkter Verbindung zu einem Produkt (z.B. F&E, Produktdesign) oder zu den damit verbundenen Prozessen (z.B. Prozessentwicklung) oder zu einer bestimmten Ressource (z.B. Verbesserung der Rohstoffe).

- *Personalmanagement.* Dieser Bereich durchzieht alle Primäraktivitäten. Er befasst sich mit Aktivitäten wie Neueinstellungen, Betreuung, Ausbildung, Weiterentwicklung und Vergütung der Mitarbeiter einer Organisation.

- *Infrastruktur.* Das formale System für Planung, Finanzwesen, Qualitätskontrolle, Informationsmanagement und die Strukturen einer Organisation.

Unterstützende Aktivitäten

Unterstützende Aktivitäten tragen zur Verbesserung der Effektivität oder Effizienz von Primäraktivitäten bei.

Die Wertkette kann bei der Analyse der strategischen Position einer Organisation in dreierlei Hinsicht von Nutzen sein:

- *Für allgemeine Beschreibungen von Aktivitäten*, die Manager erkennen lassen können, ob an einer bestimmten Stelle der Wertkette eine Ballung von Aktivitäten vorliegt, die für den Kunden Vorteile bringen. Ein Unternehmen könnte beispielsweise im Bereich externe Logistik in Verbindung mit den Aktivitäten für Marketing und Verkauf und unterstützt von neu entwickelten Technologien besonders gute Leistung erbringen. Operationen und die interne Logistik dagegen könnten weniger erfolgreich ablaufen.

- Für die Analyse der Wettbewerbsposition einer Organisation mittels der *VRIO-Analyse* für einzelne Aktivitäten und Funktionen der Wertkette *(siehe Abschnitt 4.4.2)*.

- In Bezug auf *Kosten und Wert der Aktivitäten einer Organisation.* Dazu könnten folgende Schritte unternommen werden:

  - *Identifizierung unterschiedlicher Gruppen von Wertaktivitäten.* ▶ *Abbildung 4.4* könnte hier als allgemeine Basis dienen, aufgrund derer eine spezifische Wertkette für eine Organisation entwickelt werden könnte. Wichtige Fragen sind hier, (i) welche unterschiedlichen Aktivitätskategorien die Abläufe der Organisation am besten beschreiben und (ii) welche dieser Kategorien am wichtigsten sind für die Umsetzung der Strategie und die Erlangung eines Wettbewerbsvorteils. Für einen bekannten Pharmakonzern etwa sind Marketing sowie Forschung und Entwicklung mit Sicherheit von zentraler Bedeutung.

  - *Bewertung der relativen Bedeutung der Aktivitätskosten intern.* Welche Aktivitäten verursachen im Betrieb die höchsten Kosten? Sind diese für die Organisation auch von höchster Bedeutung? Welche Aktivitäten sorgen für den höchsten Wertzuwachs des Endprodukts oder der endgültigen Dienstleistung? Es könnte auch wichtig sein zu analysieren, welche Aktivitätskategorien miteinander verbunden sind und ob es unabhängige Aktivitäten gibt.

  - *Bewertung der relativen Bedeutung der Aktivitäten extern.* Was ergibt ein Vergleich von Wert und Kosten eigener Aktivitäten mit ähnlichen Aktivitäten der Konkurrenz? Obwohl z.B. BP und Shell beide global agierende Ölfirmen sind, unterscheiden sie sich erheblich in Bezug auf ihre Wertkettenaktivitäten. Während BP den Konkurrenten traditionell im Bereich Ölförderung übertrumpft, trifft das Gegenteil für die Bereiche Raffinierung und Marketing zu.

  - *Identifizierung von Kosten, die reduziert werden können.* Stellt man die Wertkette einer Organisation richtig dar, so können einige wichtige Fragen bezüglich ihrer Kostenstruktur und der hier verfolgten Strategie gestellt werden. Sind etwa die Kosten zu rechtfertigen angesichts der Bedeutung der betreffenden Elemente innerhalb der Wertkette? Können Kosten irgendwo reduziert werden, ohne dass der Wert für den Kunden leidet? Können Aktivitäten fremdvergeben werden (siehe *Abschnitt 8.5.2*), z.B. solche, die relativ unabhängig sind? Können Größenvorteile effektiver genutzt werden, etwa durch Zentralisierung?

Das Wertsystem

Eine einzelne Organisation betreibt meist nicht alle Aktivitäten vom Design bis hin zur Auslieferung des fertigen Produkts. Meist liegt eine Spezialisierung auf bestimmte Bereiche vor, sodass jede Organisation Teil eines größeren *Wertsystems* ist, das aus mehreren interagierenden Organisationen besteht. Daraus ergeben sich mehrere Fragen, die mit dem Verständnis der Wertkette zu tun haben:

- Die Entscheidung, bestimmte Aktivitäten oder Teile *selbst zu machen, zu kaufen oder deren Herstellung nach außen zu vergeben,* ist von großer Bedeutung: Welche Aktivitäten müssen unbedingt Teil der internen Wertkette bleiben, da sie für die Erlangung eines Wettbewerbsvorteils entscheidend sind? Vielleicht gibt es auch Aktivitäten, die für sich genommen keinen Wettbewerbsvorteil generieren, die die Organisation aber dennoch selbst kontrollieren muss, um ihren Wettbewerbsvorteil an einer anderen Stelle der Wertkette nutzen zu können. Auch Kosten können nicht nur innerhalb der internen Wertkette analysiert, sondern auch über das gesamte Wertsystem hinweg verfolgt werden. Werden bestimmte Aktivitäten kostengünstiger, wenn sie von anderen Organisationen geleistet werden, ohne dass sich das negativ auswirkt, ist es natürlich sinnvoller, diese Aktivitäten an andere Firmen innerhalb des Systems fremd zu vergeben.

- *Welche Aktivitäten und Kosten-/Preisstrukturen prägen das Wertsystem?* Es ist sehr wichtig, das gesamte Wertsystem und seine Beziehung zur Wertkette einer Organisation genau zu verstehen, denn wenn sich das Umfeld der Organisation verändert, müssen eventuell auch Aktivitäten ausgelagert oder aber integriert werden, je nachdem, wie sich dies auf die Kosten- und Preisstruktur auswirkt. Je mehr Aktivitäten ein Unternehmen nach außen abgibt, desto größer ist sein Einfluss auf Leistung und Ergebnis anderer Organisationen innerhalb ihres Wertsystems. Diese Fähigkeit allein kann schon Grundlage eines Wettbewerbsvorteils sein. Die Qualität eines Herds oder eines Fernsehers wird beispielsweise nicht nur von den Aktivitäten des Herstellers selbst beeinflusst, sondern auch von der Qualität der Einzelteile des Zulieferers und der Leistung des Vertriebsunternehmens.

- *Wo sind die Gewinnreservoire?*[16] **Gewinnreservoire** bezeichnen die unterschiedlichen Gewinnpotenziale, die an verschiedenen Stellen der Wertschöpfungskette erzielbar sind. Einige Teile eines Wertnetzwerks können aufgrund des unterschiedlich intensiven Wettbewerbs schon von Natur aus gewinnbringender sein als andere. In der Computerindustrie war zum Beispiel der Markt für Mikroprozessoren und Software immer schon rentabler als der Markt für Hardware. Die strategische Frage lautet nun, ob es möglich ist, sich auf das Gebiet mit dem größten Gewinnpotenzial zu konzentrieren. Hier muss sehr vorsichtig vorgegangen werden. Es ist eine Sache, ein solches Potenzial zu erkennen. Auf diesem Gebiet mit den Fähigkeiten der Organisation erfolgreich zu sein, ist hingegen eine ganz andere Sache. So erkannten in den 1990er-Jahren etwa viele Autohersteller, dass auf dem Gebiet der Dienstleistungen, z.B. bei der Autovermietung und -finanzierung, viel größere Gewinne zu erzielen waren als bei der Herstellung. Doch ihnen fehlten die relevanten Kompetenzen, um in diesen Bereichen erfolgreich zu sein.

Gewinnreservoire

Gewinnreservoire bezeichnen die unterschiedlichen Gewinnpotenziale, die an verschiedenen Stellen der Wertschöpfungskette erzielbar sind.

---

16 O. Gadiesh und J. L. Gilbert, „Profit pools: a fresh look at strategy", *Harvard Business Review*, Band, Nr. 3 (1998), S. 139-47.

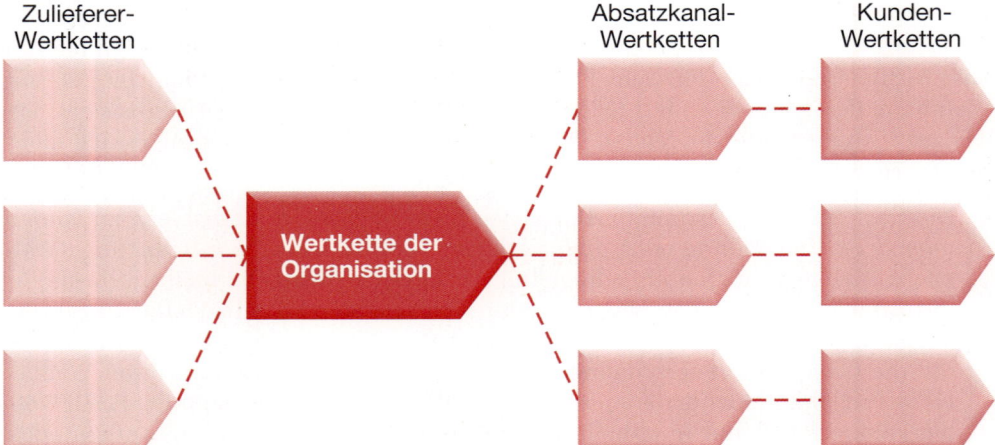

Abbildung 4.5: Das Wertsystem

Quelle: Adaptiert mit Erlaubnis von The Free Press, einer Abteilung von Simon & Schuster, Inc., aus Competitive Advantage: Creating and Sustaining Superior Performance von Michael E. Porter, Copyright ā1985, 1998 von Michael E. Porter. Alle Rechte vorbehalten.

■ *Kooperationen*. Wer könnte im Wertnetzwerk der beste Partner sein? Und welche *Beziehungen* sollte man zu jedem Partner entwickeln? Sollten sie zum Beispiel als Zulieferer oder eher als Allianzpartner angesehen werden (siehe *Abschnitt 11.4*)? Manche Unternehmen konnten von engeren Beziehungen zu Zulieferern profitieren, denn sie kooperierten auch in Bereichen wie Marktintelligenz, Produktdesign und F&E.

4.4.3 Aktivitätssysteme

Bisher wurde vor allem darauf eingegangen, dass alle Organisationen über eine Reihe von Ressourcen und Kompetenzen verfügen, dass deren Zusammenspiel und Konfiguration sich aber von Organisation zu Organisation unterscheidet. Diese variable Konfiguration ist es, die eine Organisation und deren Strategie mehr oder weniger einzigartig macht. Für einen Strategen ist es also von größter Bedeutung, diesen Zusammenhang zu verstehen.

Die VRIO- und auch die Wertkettenanalyse können hier gute Dienste leisten, doch das Verständnis der detaillierteren Aktivitätssysteme einer Organisation kann hier noch wirksamer sein. Wie die Diskussion in *Abschnitt 4.3* ergab, zeigt sich die Art und Weise, wie Ressourcen in den Betriebsabläufen einer Organisation genutzt werden, schlussendlich in den Aktivitäten, die diese Organisation vornimmt. Diese Aktivitäten müssen also genau definiert werden und es muss klar sein, wie und warum sie für den Kunden wertvoll sind, wie sie zusammen funktionieren und wie sie sich von den Aktivitäten der Konkurrenz unterscheiden.

Eine Reihe von Autoren,[17] einschließlich Michael Porter, haben über die Bedeutung der Abbildung von Aktivitätssystemen geschrieben und gezeigt, wie dies möglich wäre. Dabei bildet die Identifizierung dessen, was Porter als „strategische Themen höherer Ordnung" bezeichnet, den Ausgangspunkt. Praktisch handelt es sich dabei um die Art und Weise, in der eine Organisation die kritischen Erfolgsfaktoren erfüllt, die in der Branche bestimmend sind. Der nächste Schritt besteht darin, die Aktivitätsgruppen zu bestimmen, die jedem dieser Themen zugrunde liegen, und zu ermitteln, wie diese zusammenpassen oder nicht. Dies führt zu einer Abbildung der Organisation im Hinblick auf Aktivitätssysteme wie in ▶ *Abbildung 4.6* dargestellt. Hier wird eine Übersicht der Aktivitätssysteme für die skandinavische strategische Kommunikationsberatung Geelmuyden.Kiese gezeigt.[18] Das wesentliche, übergeordnete Thema, auf dem der Erfolg des Unternehmens beruht, sind seine im Laufe der Jahre aufgebauten Kenntnisse darüber, wie eine effektive Kommunikation das „Machtgefüge im Entscheidungsfindungsprozess" beeinflussen kann. Wie allerdings ▶ *Abbildung 4.6* zeigt, ist dieses zentrale Thema mit anderen, übergeordneten strategischen Themen (dargestellt als Rechtecke) verbunden, denen jeweils eine Gruppe flankierender Maßnahmen (dargestellt als Ovale) zugrunde liegt:

- Das Unternehmen versucht, auf *strategischer Ebene* mit den Kunden zu arbeiten, und weist den Klienten eine höhere Priorität zu, bei denen diese Arbeit einen besonders hohen Stellenwert hat. Hier setzt das Unternehmen seine eigene interne, auf der Grundlage jahrelanger Erfahrung entwickelte Methodik ein und überprüft die übernommenen Aufträge systematisch sowohl intern als auch auf der Grundlage von Kundenumfragen.

- Das Unternehmen vertritt eine klare Haltung zur *Integrität der Kommunikation*. Es empfiehlt in jedem Fall offene Kommunikation anstatt der Zurückhaltung von Informationen und arbeitet nur mit Klienten zusammen, die diese Prinzipien akzeptieren. Häufig vertritt das Unternehmen diese Haltung bei kontroversen und öffentlich diskutierten Fragen.

- Die Mitarbeiter erhalten ein hohes Maß an *Freiheit*, allerdings verbunden mit einigen absoluten Kriterien der *Verantwortung*. So gelten strenge Regeln für den Umgang mit vertraulichen Informationen der Klienten und im Fall des Bruchs dieser Regeln gibt es strenge Strafen.

- Die *Einstellung* neuer Mitarbeiter beruht auf der Prämisse der Sicherung dieser Verantwortung. Dies erfolgt weitgehend auf der Grundlage von Werten wie Offenheit und Integrität, aber auch Humor. Dabei liegt das Augenmerk tendenziell auf der Einstellung junger Mitarbeiter und deren Weiterentwicklung. Geelmuyden.Kiese hat gelernt, dass es seine Dienstleistungen so besser erbringen kann als durch die Einstellung bereits etablierter, bekannter Berater. In Verbindung mit dem Mentorensystem für die Kompetenzentwicklung junger Mitarbeiter ist das Unternehmen deshalb überzeugt, dass es jungen Kommunikationsberatern in Skandinavien die besten Lernangebote bietet.

- Darüber hinaus bietet Geelmuyden.Kiese auch starke *finanzielle Anreize* für herausragende Leistungen innerhalb des Unternehmens. Dies umfasst die Anerkennung für die Entwicklung von jungem Personal, aber das System beruht auch auf der internen Bewertung von Führungsqualitäten und Leistung.

---

17 Siehe M. Porter, „What is strategy?", *Harvard Business Review*, November–December (1996), S. 61–78; N. Siggelkow. „Evolution towards fit", *Administrative Science Quarterly*, Band 47, Nr. 1 (2002), S. 125–59 und M. Porter und N. Siggelkow, „Contextuality within activity systems and sustainability of competitive advantage", *Academy of Management Perspectives*, Band 22, Nr. 2 (2008), S. 34–56.

18 Björn Haugstad, *Strategy as the intentional Structuration of Practice: Translation of formal Strategies into Strategies in Practice*, vorgelegt an der Said Business School, University of Oxford, 2009.

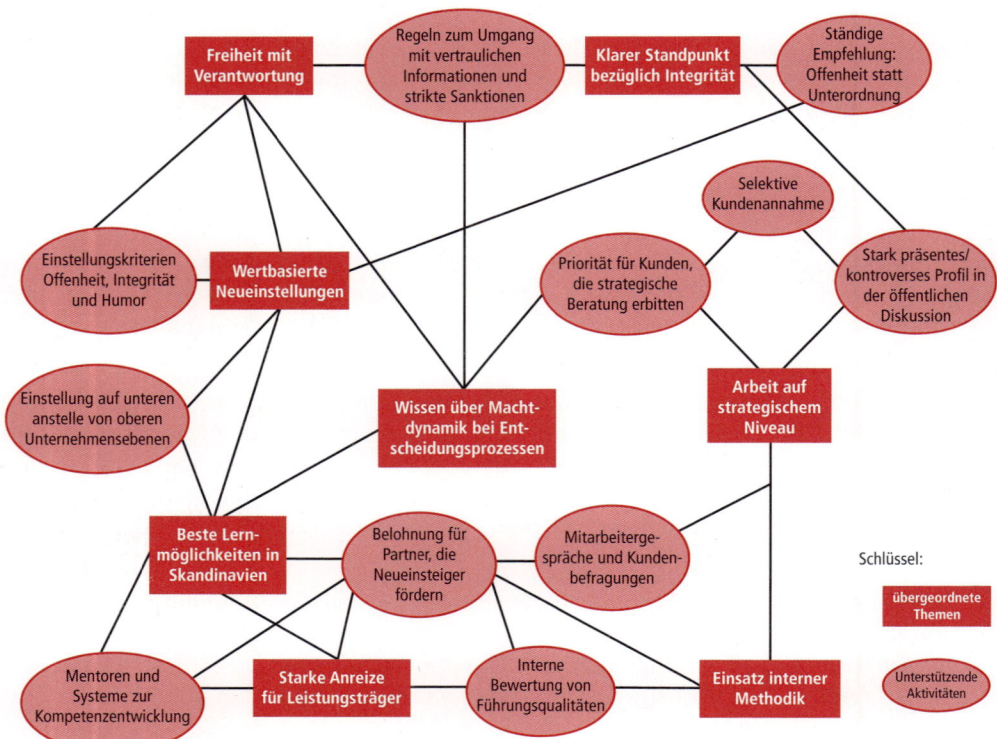

Abbildung 4.6: Aktivitätssysteme bei Geelmuyden.Kiese

Dabei sind an dieser Stelle vier Punkte zu betonen:

■ *Beziehung zur Wertschöpfungskette.* Die verschiedenen, in einer Aktivitätsübersicht abgebildeten Tätigkeiten können auch als Bestandteile der Wertschöpfungskette gesehen werden. Die interne Methodik ist tatsächlich Bestandteil der Tätigkeit von Geelmuyden.Kiese: Die Einstellungspraxis ist Bestandteil des Personalmanagements des Unternehmens, seine Haltung zu Integrität und Offenheit anstelle der Zurückhaltung von Informationen des Serviceangebots und so weiter. Dabei unterstützt die Abbildung von Aktivitätssystemen ein besseres Verständnis der Komplexität strategischer Fähigkeiten, was für die Bestimmung und Nutzung der Grundlagen für Wettbewerbsvorteile wichtig ist.

■ *Bedeutung von Verbindungen und Passung.* Eine Aktivitätssystemübersicht zeigt auf, wie wichtig es ist, dass verschiedene, für die Kunden wertschöpfende Tätigkeiten in die gleiche Richtung gehen und sich unterstützen und nicht im Widerspruch zueinander stehen. Daher müssen wir verstehen, (i) wie die verschiedenen Aktivitäten zueinander passen und sich gegenseitig unterstützen sowie (ii) wie sie extern den Bedürfnissen der Kunden entsprechen. Dies hat zwei Implikationen:

– die *Gefahr bruchstückhafter Veränderungen* oder Manipulationen solcher Systeme, die unter Umständen die Vorteile bestehender Verbindungen beeinträchtigen können,

– die daraus resultierende *Herausforderung der Bewältigung von Veränderungen*. Wenn Veränderungen notwendig sind, lautet die Folgerung, dass eine Veränderung eines Teils des Systems beinahe unweigerlich Auswirkungen auf andere Teile haben wird – oder anders formuliert, dass Veränderungen wahrscheinlich für das ganze System gemanagt werden müssen.

■ *Verhältnis zu VRIO.* Die Verbindungen und Passung können die Grundlagen eines dauerhaften Wettbewerbsvorteils bilden. Kombiniert können sie für die Kunden *wertvoll*, wirklich charakteristisch und damit *selten* sein. Überdies können einzelne Komponenten, selbst wenn sie vergleichsweise leicht zu imitieren sind, kombiniert die Komplexität sowie die in der Geschichte und der Kultur verwurzelte kausale Ambiguität bilden, die sie *unnachahmlich* macht. Schließlich kann es Aktivitäten im System geben, die selbst keinen Wettbewerbsvorteil bilden, aber *organisationale Unterstützung* für andere Tätigkeiten bieten, die einen solchen Vorteil liefern.

■ *Überflüssige Aktivitäten.* Folgende Fragen sind wichtig: Gibt es Aktivitäten, die zur Verfolgung einer bestimmten Strategie nicht notwendig sind? Oder welchen Beitrag leisten die Aktivitäten zur Wertschöpfung? Wenn die Aktivitäten keinen solchen Betrag leisten, warum werden sie dann von der Organisation verfolgt? Unabhängig davon, ob Ryanair Aktivitätsübersichten verwendet oder nicht, hat diese Fluggesellschaft systematisch viele Aktivitäten identifiziert und abgeschafft, die andere Fluggesellschaften gewöhnlich bieten.

4.4.4 Benchmarking

Mithilfe von *Benchmarking* kann man verstehen, wie eine Organisation im Vergleich zu anderen arbeitet und funktioniert.[19] In der Regel werden hier Organisationen verglichen, die in der gleichen oder in ähnlichen Branchen aktiv sind – Konkurrenten eben. Viele Benchmarking-Prozesse konzentrieren sich auf Endprodukte und Dienstleistungen, doch manche berücksichtigen auch die Ressourcen und Kompetenzen der Organisationen.

Beim Thema Benchmarking gibt es verschiedene Ansätze:

■ *Branchen-/Sektorenbenchmarking.* Auch ein Vergleich mit der Leistung anderer Organisationen der gleichen Branchen oder ein Vergleich verschiedener öffentlicher Organisationen, die die gleiche Dienstleistung anbieten, kann Erkenntnisse über eigene Leistungsstandards gewähren, wenn man verschiedene Leistungsindikatoren anwendet. Einige Organisationen der öffentlichen Hand haben tatsächlich auf die Tatsache reagiert, dass es in ihrem Bereich strategische Gruppen gibt (siehe *Abschnitt 4.4.2*), indem sie nur Vergleiche mit ähnlichen Organisationen und nicht mit allen angestellt haben. So trennen beispielsweise kommunale Behörden und Polizeidienststellen zwischen „ländlich" und „städtisch" und stimmen ihr Benchmarking und ihre Referenzgrößen darauf ab. Eine allgemeingültige Gefahr beim Vergleich von Branchennormen (ob nun im privaten oder im öffentlichen Sektor) besteht aber darin, dass ja auch die gesamte Branche schlechte Leistungen

---

19 Siehe R. Camp, *Benchmarking: the Search for Industry Best Practices that lead to Superior Performance*, Quality Press, 2006.

erbringt und negativ abschneiden kann im Wettbewerb mit anderen Branchen, die die Kundenbedürfnisse anders und besser befriedigen können.

■ *Klassenbesten-Benchmarking.* Diese Form des Benchmarking vergleicht die Leistung einer Organisation mit der Leistung des „Klassenbesten" – gleichgültig aus welcher Branche dieser kommt. So sollen die Beschränkungen des oben genannten Ansatzes überwunden werden. Dadurch kann auch die Einstellung eines Managers infrage gestellt werden, dass akzeptable Verbesserungen der Leistung durch eine schrittweise Veränderung von Ressourcen oder Kompetenzen erreicht werden können. So kann sich eine grundlegendere Überlegung über die Verbesserung organisationaler Kompetenzen ergeben. Southwest Airlines beispielsweise konnte Zeit fürs Auftanken einsparen, indem man vergleichbare Abläufe bei den Boxenstopps der Formel Eins analysierte.[20]

Die Bedeutung des Benchmarking liegt also nicht so sehr in der detailgenauen „Mechanik" der Vergleiche, sondern darin, wie sich diese Vergleiche auf organisationales Verhalten auswirken können. Man kann diese Technik als Prozess verstehen, der einem Unternehmen neuen Schwung für Verbesserungen und Veränderungen verleiht. Doch auch hier gibt es Gefahren:

■ *Oberflächliche Vergleiche.* Vergleicht man beim Benchmarking lediglich die Produktionsergebnisse, so werden dadurch nicht direkt die Gründe dafür identifiziert, warum eine bestimmte relative Leistung basierend auf den vorhandenen Ressourcen und Kompetenzen erzielt wird. So könnte Benchmarking z.B. zeigen, dass ein Unternehmen schlechtere Ergebnisse beim Kundendienst erzielt als ein anderes, die Gründe dafür werden aber nicht deutlich.

■ *Wettbewerbsgleichheit als bestmögliches Ziel.* Benchmarking kann Organisationen dabei helfen, in ähnlicher Weise ihre Fähigkeiten zu entwickeln und Werte zu schaffen, wie ihre Konkurrenten dies tun. Die beste Leistung, die man von diesem Ansatz erwarten darf, ist Gleichstand mit der Konkurrenz. Für Organisationen mit Wettbewerbsnachteilen kann dies zwar sehr gut sein, wer jedoch einen Wettbewerbsvorteil erlangen will, muss sich weiterentwickeln und eigene, einzigartige Ressourcen und Kompetenzen entwickeln.

4.4.5 Stärken/Schwächen- und Chancen/Risiken (SWOT)[21]

Die wichtigsten strategischen Botschaften aus dem Unternehmensumfeld (*Kapitel 2 und 3*) und aus diesem Kapitel können in Form einer Darstellung der Stärken, Schwächen, Chancen und Risiken einer Organisation (englisches Akronym: SWOT) zusammengefasst werden. Eine **SWOT** (Stärken/Schwächen und Chance/Risiken) fasst die wichtigsten Aspekte aus dem Unternehmensumfeld und der Ressourcen und Kompe-

SWOT

Eine SWOT (Stärken/ Schwächen und Chancen/ Risiken) fasst die wichtigsten Aspekte aus dem Unternehmensumfeld und der Analyse der strategischen Ressourcen und Kompetenzen einer Organisation zusammen, die den wahrscheinlich größten Einfluss auf die Strategieentwicklung haben.

---

20 Siehe A. Murdoch, „Lateral benchmarking, or what Formula One taught an airline", *Management Today*, (November 1997), S. 64–7.
21 Siehe zum Beispiel S. Tilles, „Making strategy explicit", in I. Ansoff (ed.), *Business Strategy*, Penguin 1968. Siehe auch T. Jacobs, J. Shepherd und G. Johnson, relevantes Kapitel in V. Ambrosini (ed.) *Exploring Techniques of Strategy Analysis and Evaluation*, Prentice Hall, 1998. Auch T. Hill und R. Westbrook, „SWOT analysis: it's time for a product recall", *Long Range Planing*, Band 30, Nr. 1 (1997), S. 46–52. Eine aktuellere Analyse liefern M.M. Helms und J. Nixon, „Exploring SWOT analysis – where are we now? A review of academic research from the last decade", *Journal of Strategy and Management*, Band 3, Nr. 3, 2010, S. 215–51.

tenzen einer Organisation zusammen, die den wahrscheinlich größten Einfluss auf die Strategieentwicklung haben. Diese Analyse kann auch als Basis dienen, um strategische Optionen zu erkennen und zukünftige Handlungsweisen zu bewerten.

Hier besteht das Ziel darin, zu erkennen, inwieweit Stärken und Schwächen für die Veränderungen des Unternehmensumfelds relevant sind oder inwieweit sie damit umgehen können. Soll aber die strategische Fähigkeit einer Organisation erkannt werden – um auf dieses Kapitel Bezug zu nehmen –, muss man bedenken, dass diese Analyse niemals absolut, sondern relativ zu verstehen ist. Sie ist also nur sinnvoll, wenn sie komparativ durchgeführt wird – wenn Stärken, Schwächen, Chancen und Risiken im Vergleich zu Konkurrenten analysiert werden. *Beispiel 4.3* zeigt die SWOT-Analyse eines Pharmaunternehmens (Pharmacare). Hier wird davon ausgegangen, dass die wichtigsten Einflüsse aus dem Umfeld in Analysen ermittelt wurden, die in *Kapitel 2* und *3* erklärt wurden, und dass wichtige Stärken und Schwächen mittels der in diesem Kapitel erklärten Analysetechniken identifiziert wurden. Um es Managern zu ermöglichen, die Beziehungen zwischen Einflüssen aus dem Umfeld und den Stärken und Schwächen ihrer Organisation einzuschätzen, wird eine Bewertungsskala (von plus 5 bis minus 5) benutzt. Positive Werte (+) bedeuten, dass die Stärken einer Organisation dazu beitragen können, dass sie aus einer umfeldbedingten Veränderung Vorteile ziehen oder ein daraus entstehendes Problem bewältigen kann oder dass eine Schwäche durch eine solche Veränderung ausgeglichen wird. Ein negativer Wert (–) zeigt an, dass eine Stärke vermindert wird oder eine Schwäche die Organisation davon abhält, Probleme, die sich aus diesen umfeldbedingten Veränderungen ergeben, zu bewältigen.

Der Aktienkurs von Pharmacare war immer weiter gefallen, denn die Investoren zeigten sich besorgt, dass die starke Marktposition des Unternehmens in Gefahr sei. Eine Fusion, die sich als problematisch erwies, verschlimmerte die Situation zusätzlich. Der pharmazeutische Markt veränderte sich, neue Geschäftspraktiken entstanden, denn es gab neue Technologien. Man wollte Medikamente zu niedrigeren Preisen anbieten und die Politik suchte nach Mitteln und Wegen, um mit den explodierenden Kosten für das Gesundheitswesen und dem immer mündigeren Patienten umzugehen. Konnte Pharmacare mithalten? Eine strategische Analyse der Firmenposition (▶ *Tabelle 1*) bestätigte die Stärken flexibler Verkäufer, eines bekannten Markennamens und einer neuen Gesundheitsabteilung. Es gab jedoch auch große Schwächen, nämlich ein relatives Versagen im Bereich billiger Medikamente, im Bereich Informations- und Kommunikationstechnologie (ICT) und die Unfähigkeit, mit den immer besser informierten Anwendern umzugehen. Als man den Einfluss von Umfeldfaktoren auf die Konkurrenz untersuchte (▶ *Tabelle 2*), zeigte sich, dass Pharmacare immer noch besser aufgestellt war als sein traditioneller Konkurrent (Unternehmen W), doch war es auch potenziell angreifbar durch sich verändernde Dynamiken in der allgemeinen Branchenstruktur durch Nischenunternehmen (X und Y).

Eine SWOT kann helfen, sich auf die Wahlmöglichkeiten der Zukunft zu konzentrieren und darauf, inwieweit eine Organisation diese strategischen Entscheidungen umsetzen kann. Es bestehen jedoch zwei große Risiken:

- Eine SWOT kann *lange Listen* von augenscheinlichen Stärken, Schwächen, Chancen und Risiken ergeben, wobei aber verloren geht, welche Punkte wirklich wichtig und welche von weniger großer Bedeutung sind. Also kommt es darauf an, Prioritäten zu setzen. Drei Hauptregeln können hier helfen. Wie oben angedeutet, sollte man sich auf Stärken und Schwächen konzentrieren, die die eigene Organisation von anderen unterscheidet, während Bereiche, in denen man gleich ist, vernachlässigt werden können. Zum Zweiten sind besonders die Gefahren und Chancen wichtig, die für die jeweilige Organisation und/oder Branche relevant sind – allgemeingültige Faktoren sind weniger von Bedeutung. Und zum Dritten sollte man seine Ergebnisse immer zusammenfassen und konkrete Schlüsse ziehen.

■ Eine *Zusammenfassung, kein Ersatz.* Die SWOT ist ein interessantes und ziemlich einfaches Instrument. Es eignet sich auch zur Zusammenfassung anderer Analyseergebnisse (siehe *Kapitel 2* und *3*). Sie kann aber kein Ersatz für eine gründliche Analyse sein. Setzt man alleine die SWOT ein, so ergeben sich daraus zwei Gefahren: Gibt es keine ausführlichere Analyse, so richten sich Manager oft nach vorgefassten und voreingenommenen Ansichten. Und zum Zweiten fehlt hier wieder die nötige Genauigkeit. Werden nur sehr allgemein formulierte Stärken formuliert, liefert das noch lange nicht die Gründe, warum diese Stärken vorhanden sind.

Die SWOT kann auch dabei helfen, zukünftige Entscheidungen zu bewerten und die jeweiligen Strategien darauf auszurichten. Die in ▶ *Abbildung 4.7* dargestellte TOWS-Matrix ist hier sehr nützlich.[22] Dabei kann jeder Bereich der TOWS-Matrix genutzt werden, um Optionen zu definieren, die sich aus einer bestimmten Kombination von internen Faktoren (Stärken und Schwächen) und externen Faktoren (Chancen und Risiken) ergeben. So ergeben sich etwa aus dem Matrix-Bereich oben links Optionen, bei denen die Stärken einer Organisation genutzt werden sollen, um Chancen zu nutzen. Für Pharmacare könnte das zum Beispiel bedeuten, das Verkaufspersonal zu schulen, um mit den Veränderungen im Medikamentenkauf besser umgehen zu können. Im Bereich rechts unten in der Matrix geht es dagegen darum, Optionen zu definieren, die Schwächen minimieren und gleichzeitig Gefahren von außen vermeiden. Für Pharmacare könnte das heißen, ihre ICT-Systeme weiterzuentwickeln, um ihre mündigen Patienten besser informieren zu können.

		interne Faktoren	
		Stärken (S)	**Schwächen (W)**
externe Faktoren	**Chancen (O)**	**SO Strategische Optionen** Hier sollten Optionen definiert werden, die Stärken nutzen, um Chancen zu ergreifen	**WO Strategische Optionen** Hier sollten Optionen definiert werden, die Chancen nutze, um Schwächen zu überwinden
	Gefahren (T)	**ST Strategische Optionen** Hier sollten Optionen definiert werden, die Stärken nutzen, um Gefahren zu vermeiden.	**WT Strategische Optionen** Hier sollten Optionen definiert werden, die Schwächen minimieren und Gefahren vermeiden

Abbildung 4.7: Die TOWS-Matrix

---

22 Siehe H. Weihrich, „The TOWS Matrix – a tool for situational analysis", *Long Range Planning,* April 1982, S. 54–66.

Beispiel 4.3	SWOT-Analyse von Pharmacare

Eine SWOT-Analyse untersucht die Beziehung zwischen Einflüssen aus dem Umfeld und den strategischen Fähigkeiten einer Organisation im Vergleich zu deren Konkurrenten.

	Umfeldveränderung (Chancen und Gefahren)					
	Einschränkungen im Gesundheitswesen	Komplexe und sich verändernde Kaufstrukturen	Gesteigerte Integration des Gesundheitswesens	Informierte Patienten	+	−
Stärken						
Flexible Verkäufer	+3	+5	+2	+2	+12	0
Größenvorteile	0	0	+3	+3	+6	0
Starker Markenname	+1	+3	0	−1	+4	−1
Abteilung zur Ausbildung im Bereich Gesundheitswesen	+3	+3	+4	+5	+15	0
Schwächen						
Eingeschränkte Kompetenzen in Biotechnologie und Genetik	−1	0	−4	−3	0	−8
Immer geringere F&E-Produktivität	−3	−2	−1	−2	0	−8
Schwache ICT-Kompetenz	−3	−2	−5	−5	0	−15
Übermäßiges Vertrauen in erfolgreiche Produkte	−2	−1	−3	−1	0	−7
Ergebnisse der Umfeldeinflüsse	+7 / −9	+11 / −5	+9 / −14	+10 / −12		

Tabelle 1: SWOT-Analyse von Pharmacare

	Umfeldveränderung (Chancen und Risiken)				
	Einschränkungen im Gesundheitswesen	**Komplexe und sich verändernde Kaufstrukturen**	**Gesteigerte Integration des Gesundheitswesens**	**Informierte Patienten**	**Einfluss insgesamt**
Pharmacare Großes internationales Unternehmen mit sinkendem Aktienkurs, geringer Forschungsproduktivität und viel Bürokratie nach Megafusion	−2 Unternehmen hat zu kämpfen, um neuen Regulatoren der Einschränkungen im Gesundheitswesen die Kosteneffizienz neuer Medikamente zu beweisen	+6 Bekannte Marke, flexibles Verkaufspersonal gepaart mit einer neuen Abteilung zur Ausbildung im Gesundheitswesen schafft positive Synergien	−4 Schwache ICT und fehlende Integration nach der Fusion. Dadurch sind Vertrieb, Forschung und Verwaltung allesamt geschwächt	−2 Unternehmen muss sich noch an den durch das Internet gestärkten und besser informierten Patienten gewöhnen	−2 Sinkende Leistung verstärkt durch die Fusion
Unternehmen W Großes Pharmaunternehmen mit unausgewogener Reaktion auf den Wandel, verliert Einfluss in neuen Wettbewerbsbereichen	−4 Konzentration auf althergebrachten Verkaufsstil durch Werbeaktionen anstelle den Ärzten zu helfen, die Kosten durch Medikamente zu drosseln	−4 Traditionell eingestelltes Verkaufspersonal ohne Hilfe vom Marketing, das auf nationale Unterschiede nicht eingehen kann	0 Allianzen mit Ausstattungsherstellern ohne jedoch zu sehr daran zu arbeiten, den gegenseitigen Nutzen von Medikamenten und neuen Operationstechniken zu zeigen	+4 Neueinstellungen in der ITC-Abteilung arbeiten an einer ganz neuen Integration des Patienten über alle Funktionen hinweg	−4 Das gesamte Unternehmen muss modernisiert werden
Unternehmen X Partnerschaft zwischen einer gemeinnützigen Einrichtung, die von Menschen mit Erfahrung im Bereich Risikokapital geführt wird und führenden Krankenhaus-Genetikern	+3 Potenziell in der Lage, schnelle Fortschritte im Bereich Erbkrankheiten zu liefern	+2 Möglicherweise in der Lage diese durch innovative, kosteneffektive Medikamente zu umgehen	+2 Innovative Medikamente können dazu beitragen, das Gesundheitswesen zu integrieren, weil Patienten zuhause bleiben können	+3 Patienten kämpfen dort um Behandlungsfortschritte, wo in jüngster Zeit keine Verbesserungen erzielt wurden	+10 Könnte Grundlage eines neuen Geschäftsmodells zur Entdeckung neuer Medikamente sein – muss sich aber erst bewähren
Unternehmen Y Entwickelt nur Medikamente für seltene Krankheiten	+3 Partnerschaft mit großem Pharmakonzern ermöglicht die Entwicklung von Medikamenten, die vom Konzern entdeckt wurden, die dieser aber nicht wirtschaftlich weiterverfolgen kann	0 Konzentration auf kleine Marktsegmente, dadurch nicht so anfällig für die allgemeine Marktstruktur. Doch der innovative Ansatz kann auch riskant sein	+2 Innovative Nutzung des Internets, um zu zeigen, warum die Weiterentwicklung von Produkten, die nur bei sehr seltenen Erkrankungen von Nutzen sind, trotzdem lohnend ist	+1 Kostenfreie Call Center für Patienten mit seltenen Erkrankungen: Unternehmen und Patienten verfolgen gesetzte Leitlinien mit großer Leidenschaft	+6 Neuer Ansatz, kann sowohl als riskant als auch als der Gewinner angesehen werden – oder als beides!

Tabelle 2: SWOT-Analysen der Konkurrenten
Quelle: Zusammengestellt von Jill Shepherd, Segal Graduate School of Business, Simon Fraser University, Vancouver, Canada.

4.5 Dynamische Kompetenzen

Wenn strategische Fähigkeiten die Grundlage für einen langfristigen Erfolg legen sollen, dürfen sie nicht statisch sein – sie müssen sich verändern können. David Teece, Wirtschaftswissenschaftler an der Universität Berkeley, hat das Konzept der **dynamischen Fähigkeiten** eingeführt, mit denen er das Können *einer Organisation bezeichnet, ihre strategischen Fähigkeiten so zu erneuern und zu verändern, dass die Anforderungen eines sich verändernden Umfelds erfüllt werden.*[23] Er argumentiert dabei, dass die für einen effizienten Betrieb notwendigen Fähigkeiten, wie der Besitz bestimmter Sachwerte, Kostenkontrolle, Aufrechterhaltung der Qualität, Bestandsoptimierung usw., wahrscheinlich nicht ausreichen, um eine hohe Leistung aufrechtzuerhalten.[24] Durch diese „gewöhnlichen Fähigkeiten" sind Unternehmen heute erfolgreich und erzielen durch die Produktion und den Verkauf eines ähnlichen Produkts oder einer ähnlichen Dienstleistung an ähnliche Kunden Einnahmen im Lauf der Zeit. Sie stellen aber wahrscheinlich nicht das langfristige Überleben sicher bzw. ermöglichen langfristig keinen Wettbewerbsvorteil.[25]

Mit anderen Worten bestätigt Teece die Gefahr, dass Kompetenzen und Ressourcen, die die Grundlage für den Erfolg gebildet haben, im Laufe der Zeit durch Wettbewerber imitiert, in der Branche zum Standard oder bei einer Änderung des Umfelds überflüssig werden können. Daraus ergibt sich die wichtige Schlussfolgerung, dass sich Kompetenzen und Ressourcen verändern müssen, um im Laufe der Zeit effektiv zu bleiben: Sie dürfen nicht statisch sein. Dynamische Fähigkeiten sind auf diesen strategischen Wandel ausgerichtet. Sie sind insoweit dynamisch, da sie die bestehenden betrieblichen Fähigkeiten einer Organisation formen oder diese erweitern oder modifizieren können. Teece postuliert die folgenden drei generischen Typen dynamischer Fähigkeiten:

- *Erkennung neuer Chancen:* Das Erkennen neuer Chancen impliziert, dass Organisationen Möglichkeiten im Hinblick auf verschiedene Märkte und Technologien beobachten, absuchen und untersuchen. Typische Aktivitäten in diesem Bereich umfassen die Forschung und Entwicklung sowie die Untersuchung der Kundenbedürfnisse. So haben beispielsweise Unternehmen im Bereich der PC-Betriebssysteme, wie Microsoft, eindeutig die aus Tablets und Smartphones erwachsenden Chancen und Risiken erkannt.

- *Nutzung von Chancen:* Nachdem eine Chance erkannt worden ist, muss sie ergriffen und mit neuen Produkten oder Dienstleistungen, Verfahren, Aktivitäten usw.

Dynamische Kompetenzen

Dynamische Kompetenzen bezeichnen die Fähigkeiten einer Organisation, ihre strategischen Fähigkeiten so zu erneuern und neu zu definieren, dass sie den Anforderungen eines sich verändernden Umfelds gerecht werden.

23 Siehe I. Bareto, „Dynamic capabilities: a review of past research and an agenda for the future", *Journal of Management*, Band 36, Nr. 1 (2010), S. 256–80. C. L. Wang und P. K. Ahmed, „Dynamic capabilities: a review and research agenda", *International Journal of Management Reviews*, Band 9, Nr. 1 (2007), S. 31–52. Und V. Ambrosini und C. Bowman, „What are dynamic capabilities and are they a useful construct in strategic management?", *International Journal of Management Reviews*, Band 11, Nr. 1 (2009), S. 29–49. Auch C. Helfat, S. Finkelstein, W. Mitchell, M. Peteraf, H. Singh, D. Teece und S. Winter, *Dynamic Capabilities: Unterstanding Strategic Change in Organizations*, Blackwell Publishing 2007.

24 D. J. Teece, G. Pisano und A. Shuen, „Dynamic capabilities and strategic management", *Strategic Management Journal*, Band 18, Nr. 7 (1997), S. 509–34. Sein aktuelleres Buch ist *Dynamic Capabilities and Strategic Management – Organizing for innovation and growth*, Oxford University Press, 2009.

25 Zum Unterschied zwischen „normalen" (oder operationalen) und dynamischen Fähigkeiten siehe Sid Winter, „Understandic dynamic capabilities", *Strategic Management Journal*, Band 24, Nr. 1 (2003), S. 991–5 und David J. Teece, „The foundations of enterprise performance: dynamic and ordinary capabilities in an (economic) theory of firms", *The Academy of Management Perspectives*, Band 28, Nr. 4 (2014), S. 328–52.

genutzt werden. So hat beispielsweise Microsoft begonnen, die Chancen durch die Entwicklung eines eigenen Tablet-Computers und entsprechender Software sowie die Übernahme des Mobiltelefonunternehmens Nokia zu nutzen.

■ *Rekonfigurieren:* Die Nutzung einer Chance kann unter Umständen die Erneuerung und Rekonfiguration organisationaler Fähigkeiten und Investitionen in Technologien, Fertigung, Märkte usw. erfordern. So erforderte beispielsweise der Microsofts Vorstoß in das Segment der Tablets und Smartphones erhebliche Änderungen der aktuellen strategischen Fähigkeiten. Das Unternehmen muss einige seiner alten Fähigkeiten aufgeben sowie neue Fähigkeiten erwerben bzw. aufbauen und neu miteinander kombinieren.

Diese oben dargestellte Sichtweise dynamischer Fähigkeiten bezieht sich direkt auf die Struktur dieses Buchs: strategische Position, strategische Entscheidungen und Strategie im Einsatz (siehe *Abbildung 1.3*). Fähigkeiten zum Erkennen von Chancen haben mit einem Verständnis der strategischen Position einer Organisation zu tun, während sich das Ergreifen von Chancen auf das Fällen strategischer Entscheidungen bezieht und sich die Rekonfiguration mit der Umsetzung von Strategien beschäftigt. *Beispiel 4.4* vermittelt einen Überblick über die dynamischen Fähigkeiten im Kontext von Mobiltelefonen, zeigt aber gleichzeitig, dass diese kein Erfolgsgarant sind.

Beispiel 4.4	**Dynamische Kompetenzen (und Rigiditäten) bei Mobiltelefongesellschaften**

Dynamische Kompetenzen können Unternehmen dabei helfen, Chancen zu erkennen und zu ergreifen sowie betriebliche Fähigkeiten in sich verändernden Umgebungen zu rekonfigurieren.

Unternehmen in der Mobiltelefonbranche haben ihre dynamischen Fähigkeiten zur Anpassung an Umweltveränderungen und zur Marktbeherrschung genutzt. Sie haben neue Chancen erkannt und bewertet (Wahrnehmung), diese Chancen mit neuen Produkten genutzt (Chancen ergreifen) und ihre Fähigkeiten erneuert sowie entsprechend eingesetzt (Rekonfigurieren). Dies wird in der Tabelle verdeutlicht.

Den Pionieren der Mobiltelefonbranche, Ericsson und Motorola, ist es gelungen, einen vollkommen neuen Mobiltelefonmarkt zu erkennen und zu erkunden. Sie konnten den Markt durch die Kombination und den erneuten Einsatz von Telekommunikations- und Funkressourcen befriedigen und Wert abschöpfen. Allerdings blieben sie diesen frühen Mobiltelefonressourcen verhaftet und wurden von Nokia überholt. Nokia identifizierte neue Chancen, nachdem das Unternehmen erkannt hatte, dass das sperrige Design und die Funktionalität der Mobiltelefone nicht mehr zum Markt passten, der sich zu einem Massen- und Modemarkt entwickelt hatte.

Das Unternehmen ergriff und nutzte diese neuen Chancen, indem es auf der Grundlage von Design- und Verbraucherverhaltensressourcen besseres Design und bessere Funktionalitäten bot.

Und schließlich gelang es Apple mit seinen langjährigen Erfahrungen im Bereich Verbraucherprodukte noch weitere Chancen zu entwickeln. Das Unternehmen erkannte, dass die meisten Telefone, sogar die neuen Smartphones immer noch über eine komplexe und nicht intuitive Benutzeroberfläche mit begrenzten Multimediafunktionalitäten verfügten. Apple adressierte dies durch die Einführung eines Smartphones mit einer verbesserten Multimediaplattform sowie mit einer intuitiven und einfachen Benutzeroberfläche, welche kombiniert wurde mit ergänzenden Diensten wie dem App Store und dem iTunes Music Store. Dazu nutzte Apple eine Neukombination des früheren Designs, der früheren Oberfläche sowie der Verbraucherverhaltensressourcen sowie der (für sie) neuen Mobiltelefonressourcen.

Auch wenn die dynamischen Ressourcen der Mobiltelefongesellschaften ihnen die Anpassung erleichtert haben, sind sie keine Garantie dafür, dass der Vorteil dauerhaft aufrechterhalten werden kann, wenn die von ihnen entwickelten betrieblichen Ressourcen im Zuge der weiteren Veränderung von Märkten und Technologien zu Rigiditäten werden. Wenn dynamische Ressourcen Rigiditäten nicht erkennen und reduzieren können, entwickeln sich unter Umständen im Laufe der Zeit Wettbewerber mit angemesseneren dynamischen Ressourcen für die sich beständig verändernde Umwelt.

Unternehmen	Ungefährer Zeitraum	Produkt	Erkennen	Ergreifen	Rekonfigurieren–
Ericsson (vorwiegend in Europa) Motorola (vorwiegend in den USA)	Mitte der 1980er bis später 1990er	Mobiltelefone	Bedarf an Mobiltelefonen: Stationäre Telefone bieten keine Mobilität	Entwicklung der ersten Mobiltelefonsysteme und -geräte	Schaffung eines neuen Mobiltelefonmarkts Erwerb und Aufbau von Mobiltelefonressourcen und -kompetenzen
Nokia	Späte 1990er bis Anfang 2000er	Mobiltelefone mit verbessertem Design und Funktionalität	Bedarf an gut gestalteten und modernen Mobiltelefonen: Bestehende Mobiltelefone ähnelten den ursprünglichen Autotelefonen und behielten ihr sperriges Design und Funktionalität	Aufrüstung der Mobiltelefone zur Verbesserung von Design, Mode und Funktionalität	Eintritt in den Mobiltelefonmarkt Erwerb und Aufbau von Mobiltelefonressourcen und -kompetenzen Aufbau von Design- und Marketingressourcen und -kompetenzen
Apple	Späte 2000er	Mobiltelefone oder Smartphones mit perfektioniertem Design, Funktionalität und Schnittstelle	Bedarf an Smartphones mit Multimediafunktionalität: Vorhandene Smartphones ähnelten den ursprünglichen Autotelefonen und behielten ihr sperriges Design und Funktionalität	Upgrade des Mobiltelefons auf eine intuitive Oberfläche und Multimediafunktionalitäten mit dem App Store und iTunes	Eintritt in den Mobiltelefonmarkt Erwerb von Mobiltelefonressourcen und deren Neukombination mit den bestehenden Design- und Oberflächenressourcen Zusammenarbeit mit der Musik- und Telefon-App-Branche

Die Entwicklung neuer Produkte bildet ein typisches Beispiel einer dynamischen Fähigkeit und die strategische Planung ein weiteres. Beide umfassen Aktivitäten, mit denen Chancen erkannt und ergriffen werden können und mit denen Fähigkeiten rekonfiguriert werden sollen. Die schnelle Steigerung der Anzahl an Filialen von Einzelhandelsketten wie Starbucks bildet ein weiteres Beispiel einer dynamischen Fähigkeit, da sie die operativen Fähigkeiten erweitert.[26] Dynamische Fähigkeiten können auch die Form relativ formeller organisationaler Systeme haben, wie Systeme zur Reorganisation,[27] Personalrekrutierung und Managemententwicklung oder die Kooperation mit anderen Unternehmen über Allianzen und Übernahmen, über die neue Fähigkeiten gelernt und entwickelt werden.[28]

Wie Teece allerdings bestätigt, haben dynamische Fähigkeiten wahrscheinlich „Mikrogrundlagen"[29] im Verhalten von Menschen in Organisationen, wie beispielsweise der Art und Weise, wie Entscheidungen getroffen werden, in persönlichen Beziehungen sowie unternehmerischen und intuitiven Fähigkeiten. Damit liegt der Fokus auf dem Verhalten und der Bedeutung von Ansichten, sozialen Beziehungen und Erfahrungen im Management von Fähigkeiten, das am Ende dieses Kapitels erörtert wird.[30]

Kurz gesagt umfassen strategische Fähigkeiten sowohl operative Fähigkeiten als auch dynamische Fähigkeiten, die bei Änderungen des Umfelds operative Fähigkeiten verändern können. Da sich allerdings die dynamischen Fähigkeiten darauf konzentrieren, Lösungen zu finden, die über die aktuellen operativen Fähigkeiten hinausgehen, besteht zwischen den beiden ein Trade-off sowie ein Spannungsfeld, das die Erzielung eines optimalen Gleichgewichts zwischen ihnen in einer einzelnen Organisation oder Einheit erschweren kann. Dies wird mitunter als Trade-off zwischen Erkundung neuer und Nutzung vorhandener Fähigkeiten beschrieben, der in *Kapitel 15* detaillierter erörtert wird.

Wie oben beschrieben können dynamische Fähigkeiten in unterschiedlichen Formen auftreten und dementsprechend gibt es viele Möglichkeiten, wie Manager Ressourcen und Fähigkeiten schaffen, ausweiten und aufwerten können.[31]

---

26 Siehe S. G. Winter, „Understanding dynamic capabilities", *Strategic Management Journal*, Band 24, Nr. 10 (2003), S. 991–5.

27 Siehe G. Stephane und R. Whittington, „Reconfiguration, restructuring and firm performance: dynamic capabilities and environmental dynamism", *Strategic Management Journal*, online und zukünftig erscheinend, 2016.

28 Siehe K. M. Eisenhardt und J. A. Martin, „Dynamic capabilities: what are they?", *Strategic Management Journal*, Band 21, Nr. 10/11 (2000), S. 1105–21.

29 Siehe G. Gavetti, „Cognition and hierarchy: rethinking microfoundations of capabilities development", *Organization Science*, Band 16 (2005), S. 599–617; eine Übersicht liefern J. B. Barney und T. Felin, „What are microfoundations?", *Academy of Management Perspectives*, Band 27, Nr. 2 (2013), S. 138–55.

30 Siehe P. Renger, „Relating strategy as practice to the resource-based view, capabilities perspectives and the micro-foundations approach", D. Golsorkhi, L. Rouleau, D. Seidl und E. Vaara (eds.), in *Cambridge Handbook of Strategy-as-Practice*, London, Cambridge University Press, 2015, S. 301–316.

31 Siehe J. Teece, „Explicating dynamic capabilities: the nature and microfoundations of (sustainable) enterprise performance", *Strategic Management Journal*, Band 28, Nr. 1 (2007), S. 1319–50.

Quer-Denken

Mikrogrundlagen von Kompetenzen

Eine neue Sichtweise stellt die Individuen hinter den Kompetenzen in den Mittelpunkt

Aus der Diskussion über dynamische Fähigkeiten (siehe *Abschnitt 4.5*) ging klar hervor, dass die Basis für diese Fähigkeiten von den Mikrogrundlagen des menschlichen Verhaltens gebildet wird. Strategie ist also ganz tief im Denken und Handeln jedes einzelnen Menschen verankert. Aus dieser Perspektive betrachtet, liegt der Schwerpunkt ganz und gar nicht auf den Ressourcen und Kompetenzen einer Organisation, sondern vielmehr auf ihren Mitarbeitern. Es geht darum, wie die Entscheidungen und das Handeln der Manager sich auf die Mitarbeiter auswirken und so deren Ressourcen und Fähigkeiten formen und gestalten.[32]

Dieser alternative Ansatz der Mikrogrundlagen konzentriert sich also auf die Mitarbeiter, ihre sozialen Interaktionen und die daraus erwachsenden oder geprägten Ressourcen und Kompetenzen. Ausgangspunkt sind hier eben nicht die Ressourcen und Fähigkeiten, sondern die Überzeugungen, Vorlieben, Interessen und Handlungen jedes einzelnen Organisationsmitglieds. Wichtig sind zentrale Figuren innerhalb eines Unternehmens, besonders die Manager, und damit auch deren Ambitionen, Kompetenzen und soziale Netzwerke. Denn es sind die Entscheidungen genau dieser Schlüsselfiguren, die über Fähigkeiten, Strategie und Leistung eines Unternehmens bestimmen.

Folgt man diesem Ansatz der Mikrogrundlagen, so heißt das auch, dass ein Manager die Ressourcen und Kompetenzen seiner Organisation nicht als selbstverständlich ansehen sollte. Stattdessen sollte er sich genau überlegen, wie seine eigenen Handlungen, Fähigkeiten und Entscheidungen diese weiterentwickeln und verändern können. Dementsprechend richtet sich die Strategie einer Organisation vornehmlich an den Fähigkeiten jedes einzelnen Managers aus und betrachtet nicht nur das Unternehmen als Ganzes. Dabei muss allerdings auch betont werden, dass der Einfluss eines einzelnen Managers auf die Ressourcen und Kompetenzen seiner Organisation begrenzt ist. Zum einen entwickeln sich diese oft über sehr lange Zeiträume hinweg (siehe *Kapitel 13*) und überdauern so einen einzelnen Manager oder CEO bei weitem. Zum anderen werden Urteilsvermögen und Leistungsfähigkeit eines Managers häufig von kognitiver und psychologischer Voreingenommenheit eingeschränkt (siehe *Kapitel 16*).

---

32 J. B. Barney und T. Felin, „What are microfoundations?", *Academy of Management Perspective*, Band 27, Nr. 2 (2013), S. 138–55.

Z U S A M M E N F A S S U N G

- Ein Unternehmen, das auf dem Markt überleben will, muss *Schwellenkompetenzen* besitzen. Diese müssen zudem *einzigartig* sein, wenn ein Wettbewerbsvorteil erlangt werden soll.

- Um einzigartig zu sein und einen nachhaltigen Wettbewerbsvorteil zu erreichen, müssen die Ressourcen und Kompetenzen einer Organisation die *VRIO-Kriterien* erfüllen (d.h. *wertvoll, selten, nicht imitierbar und von der Organisation gefördert* sein).

- Instrumente zur Überprüfung von Kompetenzen und Ressourcen einer Organisation sind unter anderem:
  - die *VRIO-Analyse*, die untersucht, ob die Fähigkeiten einen Wettbewerbsvorteil bringen,
  - die Analyse der *Wertkette* und des *Wertsystems*, um zu verstehen, wie Wert für den Kunden kreiert und weiterentwickelt wird,
  - *Aktivitätssysteme*, die detaillierter Aktivitäten analysieren, die Grundlage eines Wettbewerbsvorteils sind,
  - die *SWOT-Analyse*, die das Verständnis für die Stärken und Schwächen, die Chancen und Gefahren für eine Organisation schärft,
  - *Benchmarking*, das einen Vergleich der relativen Leistungen von Organisationen ermöglicht.

- Wenn sich das Unternehmensumfeld verändert, müssen auch Manager ihre Ressourcen und Kompetenzen entsprechend anpassen, was auf Basis von *dynamischen Kompetenzen* erfolgen kann.

Z U S A M M E N F A S S U N G

Literaturempfehlungen

- Für ein Verständnis des ressourcenorientierten Ansatzes eines Unternehmens gibt es eine frühe, vielzitierte Abhandlung von Jay Barney, „Firm ressources and sustained competitive advantage", *Journal of Management*, Band 17 (1991), S. 99–120. Einen Überblick über die Forschung zum ressourcenorientierten Ansatz bieten Jay B. Barney, David J. Ketchen Jr. und Mike Wright, „The future of resource-based theory: revitalization or decline?", *Journal of Management*, Band 37, Nr. 5 (2011), S. 1299–1315.

- C. Helfat, S. Finkelstein, W. Mitchell, M. Peteraf, H. Singh, D. Teece und S. Winter haben ein umfassendes Werk zu dynamischen Fähigkeiten geschrieben, „Dynamic Capabilities: Understanding Strategic Chance in Organisations", *Blackwell Publishing*, 2007. Für eine Erörterung der Mikrogrundlagen und dynamischen Fähigkeiten siehe „Explicating dynamic capabilities: the nature and microfoundations of (sustainable) enterprise performance", *Strategic Management Journal*, Band 28, S. 1319–1350 (2007).

- Für eine kritische Diskussion zu Nutzen und Missbrauch der SWOT-Analyse siehe T. Hill und R. Westbrook, „SWOT analysis: it's time for a product recall", *Long Range Planning*, Band 30, Nr. 1 (1997), S. 46–52.

Fallstudie
Rocket Internet – wird der Nachahmer nachgeahmt?

Einführung

Rocket Internet ist ein sehr erfolgreicher Start-up-Inkubator und eine Kapitalbeteiligungsgesellschaft mit Sitz in Berlin. Das Unternehmen gründet, entwickelt und finanziert E-Commerce und anderen Online-Einzelhandel. Weltweit hat das Unternehmen 25 Niederlassungen mit mehr als 700 Mitarbeitern und weiteren 15.000 Mitarbeitern in den Portfoliounternehmen. Rocket Internet hat zur Gründung und Markteinführung von mehr als 100 Start-up-Unternehmen beigetragen und ist momentan in mehr als 70 Portfoliounternehmen in über 100 Ländern aktiv.

Das Unternehmen wurde von den Brüdern Alexander, Oliver und Marc Samwer gegründet. Nachdem sie Ende der 1990er-Jahre ins Silicon-Valley gegangen waren, ließen sie sich von der kalifornischen Unternehmenskultur und insbesondere eBay inspirieren. Die Brüder boten eBay die Gründung einer deutschen Version des Online-Auktionshauses an, erhielten aber keine Antwort von eBay. Stattdessen gründeten sie ihr eigenes eBay-Nachahmerunternehmen Alando und passten es den deutschen Bedingungen an. Einen Monat später wurde es von eBay für 50 Mio. $ übernommen. Dies war ihr erster großer Online-Erfolg, sollte aber bei weitem nicht der letzte bleiben.

Als Nächstes riefen die Brüder Jamba ins Leben, eine Plattform für Mobilfunk-Inhalte, die 2004 prompt für 273 Mio. $ an das Netzwerkunternehmen VeriSign verkauft wurde. Mittlerweile sind die drei Brüder Experten im Identifizieren vielversprechender Geschäftsmodelle, die sie imitieren und international schneller ausbauen als das Original. Dieses Geschäftsmodell ist die Grundlage für Rocket Internet, gegründet 2007, dessen Aktienwert in Deutschland im Jahr 2014 bei 8,2 Mrd. $ lag. Einige ihrer Neugründungen wurden inzwischen von der Firma aufgekauft, die die Originalidee gehabt hatte (siehe *Tabelle 1*). Zwei der vielversprechendsten Projekte nach Alando waren CityDeal, das an das amerikanische Pendant Groupon verkauft wurde, und eDarling, verkauft an eHarmony, ebenfalls aus den USA.

Häufig wird die Strategie von Rocket Internet als reine Nachahmerei ohne eigene Ideen kritisiert – manche Kritiker werfen dem Unternehmen sogar Betrug vor. Eine Frage ist und bleibt aber interessant: Wenn Rocket Internet mit seiner Strategie des reinen Nachahmens so unglaublich erfolgreich ist – warum ist dann noch niemand auf die Idee gekommen, Rocket Internet zu imitieren? Im Magazin *Wired* verteidigt Firmengründer Oliver Samwer das Unternehmensmodell:[1]

Betrachten wir doch die Realität. Wie viele Autohersteller gibt es auf dem Markt? Wie viele Hersteller von Waschmaschinen? Interessiert es irgendjemanden, dass der Elektronik-Discounter Best Buy aus den USA zuerst vom britischen Unternehmen Dixons und dieses dann von der Kette Media Markt aus Deutschland kopiert wurde? Nein, man spricht über Media Markt. Und über Dixons. Und über Best Buy. Was ist der Unterschied? Ist das nicht alles dasselbe?

Finanzen und Expertenteams

Rocket Internet verfügt über starke finanzielle Unterstützung durch seinen globalen Hauptinvestor Kinnevik, ein schwedisches Investmentunternehmen, das einen Geschäftsanteil von 14 % hält. Viele andere Investoren investieren direkt in die Start-ups und in die späteren Entwicklungsstufen. Zu diesen gehören die amerikanische Investmentbank J. P. Morgan. Für die Zusammenarbeit mit den Investoren und die Strukturierung der Finanzlösungen hat Rocket Internet ein Team aus Finanzexperten, die in der Firmenzentrale in Berlin arbeiten.

Während Rocket Internet über die finanziellen Fähigkeiten verfügt, die ein Start-up-Inkubator und eine Kapitalbeteiligungsgesellschaft benötigen, entwickelt es auch die Konzepte für neue Unternehmen, liefert die notwendigen Technologieplattformen und kombiniert verschiedene Fähigkeiten, die für die Gründung neuer Unternehmen notwendig sind. Insgesamt arbeiten ungefähr 250 Experten in der Unternehmenszentrale in Berlin. Diese Experten gehören zu verschiedenen Expertenteams. Insgesamt ist die technische Planung, einschließlich der IT-Software, Programmierung und Webdesignfähigkeiten natürlich von grundlegender Bedeutung für die Produktentwicklung. Daher arbeiten in der Firmenzentrale ungefähr 200 Ingenieure, die Zugang zu hochmodernen Technologien und Tools haben.

Außerdem gibt es noch mehrere andere Expertenteams, insbesondere im Bereich Marketing, Kundenmanagement, Kundenbeziehungsmanagement und Online-Marketing. Andere Bereiche umfassen Operations, Business Intelligence und Personalmanagement. Abgesehen von diesem Expertenwissen hat Rocket Internet auch ein Global-Venture-Development-Programm, das eine weltweit agierende, mobile Task Force mit unternehmerischen Talenten umfasst, die auf allen internationalen Märkten weiteres Know-how erbringen können. Diese Task Force umfasst Projektentwickler mit funktionalen Fähigkeiten in den Bereichen der Produktentwicklung, Lieferantenmanagement, Betrieb und Online-Marketing. Dabei wechseln die Mitglieder der Task Force alle vier bis sechs Monate in ein neues Projekt in einem anderen Teil der Welt.

Firma	Gegründet	Geschäftsbereich	Käufer	Gegründet	Preis, in Mio. $	Transaktionsdatum
Alando	1999	Online-Marktplatz	eBay	1995	50	1999
Cember.net	2005	Online Business Netzwerk	Xing	2003	6,4	2008
eDarling	2009	Online Dating	eHarmony	1998	30%-Anteil*	2010
GratisPay	2009	Virtuelle Währung für Onlinespiele	SponsorPay	2009	n/a	2010
CityDeal	2009	Discountangebote für den Endverbraucher	Groupon	2008	126**	2010
Viversum	2003	Online Astrologie	Questico	2000	n/a	2010

*Mit der Option, mehr zu kaufen ** beinhaltet einen Anteil an Groupon
Quelle: Attack of the clones, The Economist, 6. August 2011, Copyright The Economist Newspaper Limited, London 2011.

175

Personalmanagement und Kultur

Die Personalabteilung sorgt nicht nur regelmäßig für personelle Unterstützung für Rocket Internet, sondern stellt auch Spezialisten für die Expertenteams und das Global-Development-Programm und nicht zuletzt die Gründer der Unternehmen ein. Auf der Grundlage des vom Silicon Valley inspirierten Unternehmergeists wird dabei persönliche Motivation stärker betont als gute Noten. Die Leiterin der Personalabteilung, Vera Termühlen, erklärte dies wie folgt gegenüber VentureVillage.com:[2]

„Im Großen und Ganzen spielt es keine Rolle, ob ein Bewerber von einer Eliteuniversität kommt. Im Bereich der globalen Projektentwicklung suchen wir Bewerber, die aktiv sind, erstklassige Leistungen erzielen und über analytische Fähigkeiten verfügen, sich als Entrepreneurs beschreiben, eine Leidenschaft für die Online-Start-up-Branche haben und bereit sind, international, oft an exotischen Orten wie den Philippinen oder in Nigeria zu arbeiten."

Die Mitbegründer und Geschäftsführer der einzelnen Unternehmen etablieren den gesamten Betrieb, bauen das Team für das betreffende Unternehmen auf und entwickeln das Geschäft. Sie agieren dabei als Unternehmer und halten auch einen Anteil an dem Unternehmen. Ihre Einstellung ist für das Unternehmen von zentraler Bedeutung und Rocket Internet stellt normalerweise außergewöhnliche, ehrgeizige Absolventen auf der MBA-Stufe mit hohen analytischen Fähigkeiten aus den Regionen ein, in denen das betreffende Unternehmen gegründet wird. Alexander Kudlich, Vorstandsmitglied von Rocket Internet, erklärt dies wie folgt:[3]

„Wir suchen die Kandidaten, die das Gute an dem Geschäftsmodell erkennen, das logische Grundprinzip verstehen und sehen, was eine große Möglichkeit ist. Manchmal sagen wir, dass wir nach analytischen Unternehmern und nicht nach Zufallsmilliardären suchen."

Das Unternehmen legt nicht nur großen Wert auf Sachkompetenz, sondern auch auf eine „enge kulturelle Verbindung mit Rocket Internet". Rocket Internet hat eine intensive unternehmerische Arbeitskultur, die stark leistungsgetrieben ist und hohen Druck, lange Arbeitszeiten (häufig von 9:00 bis 23:00 Uhr) und geringe Arbeitsplatzsicherheit umfasst. Auch wenn dies für einige attraktiv scheint, wird diese Kultur auch als zu schwierig und aggressiv kritisiert. Alexander Kudlich, Vorstandsmitglied von Rocket Internet, äußert sich wie folgt zur Unternehmenskultur:[3]

„Ich würde unsere Kultur als sehr fokussiert beschreiben, wir haben sehr junge Teams – das Durchschnittsalter liegt unter 30. Es gibt keinen Ort, an dem sie mehr Freiheit finden und so viel Verantwortung übernehmen können, wie sie wollen. Das Einzige, was wir im Gegenzug fordern, ist Eigenverantwortung."

Bestimmung von Geschäftsmodellen und Ausführung

Während einige der Fähigkeiten von Rocket Internet auch unter den anderen Start-up-Inkubatoren in Berlin und sogar unter Start-up-Inkubatoren in ganz Europa weit verbreitet sind, ist das Unternehmen verglichen mit den meisten dieser eher ein internationaler Venture Builder. Kompetenzen werden innerhalb des gesamten Portfolios von Unternehmen global geteilt und die beste Praxis wird über die verschiedenen Geschäftsmodelle (von Online-Mode bis hin zu Zahlungen, Geschäften und sozialen Netzwerken) hinweg angewandt. Verglichen mit vielen anderen Inkubatoren hat die Unternehmenszentrale eine zentrale Funktion. Auch wenn Unternehmer eingestellt werden, um die einzelnen Unternehmen zu leiten, wird die Gesamtstrategie für Rocket Internet im Wesentlichen in der Firmenzentrale entwickelt. Dies trifft insbesondere auf die Identifizierung neuer Ideen, Konzepte und Geschäftsmodelle zu. Die vier Geschäftsführer in der Zentrale leiten die Suche nach und die Identifikation von innovativen und erprobten Online- und mobilen, transaktionsbasierten Geschäftsmodellen, die international skalierbar sind. Florian Heinemann, ehemaliger Geschäftsführer, erklärt in *Wired*: „Wir betrachten bestehende Geschäftsmodelle sehr analytisch und versuchen im Wesentlichen zu bestimmen, ob ein Modell zu unserer Kompetenz passt und ausreichend groß ist, dass es sich für uns lohnt, es auszuprobieren."

Ein anderer wesentlicher Aspekt des zentralisierten Modells von Rocket Internet liegt in der Geschwindigkeit, mit der das Unternehmen neuartige Geschäftsmodelle international an den Start bringen kann. Darin unterscheidet sich das Unternehmen von vielen ähnlichen US-amerikanischen, aber auch europäischen Unternehmen. Rocket Internet verfügt über eine internationale Infrastruktur und ein internationales Vertriebsnetz, das Unternehmen international in nur wenigen Monaten aufbauen kann. Dabei hat das Unternehmen seine Fähigkeit, Geschäftsmodelle zu multiplizieren, wiederholt mit verschiedenen Arten von Online-Geschäftsmodellen unter Beweis gestellt. Geschäftsführer Alexander Kudlich erklärte das gegenüber dem *Wall Street Journal* so:[3]

„Nachdem wir ein Geschäftsmodell identifiziert haben, können wir innerhalb einiger Wochen mit unseren zentralen Teams eine Plattform aufbauen. Zwischenzeitlich wird für die lokalen Rocket-Niederlassungen das Personal eingestellt oder abgeordnet, das die Ausführung vor Ort übernimmt – Das ermöglicht uns die hohe Geschwindigkeit – die Kombination aus dem Zugriff auf die besten Talente in jedem Land kombiniert mit dem hochgradig standardisierten oder modularen Ansatz für die Plattform und die Systeme, die durch unsere Zentrale ausgerollt werden.“

Kurz dargestellt spezialisiert sich Rocket Internet eher auf die Ausführung als auf Innovation. So verteidigt die Geschäftsführung auch das Geschäftsmodell, wenn das Unternehmen beschuldigt wird, einfach nur Klone zu produzieren. Oliver Samwer sagte dazu, dass sie eher „ausführende“ als „bahnbrechende Unternehmer“ seien.[4] Und Geschäftsführer Alexander Kudlich erklärte gegenüber dem *Inc. Magazine*: „Was ist schwerer: Die Idee für den Online-Verkauf von Schuhen zu entwickeln oder der Aufbau einer Lieferkette und eines Lagers in Indonesien? Ideen sind wichtig. Aber andere Dinge sind noch wichtiger.“[5]

Paradoxerweise behält das Unternehmen Rocket Internet , das selbst so oft auf den Ideen anderer aufbaut, seine eigenen Ideen lieber für sich, wie Marc Samwer gegenüber der *New York Times* darlegte: „Wir sprechen wirklich nicht gern über unsere Investitionen, da unsere Erfolgsbilanz andere ermutigt, konkurrierende Webseiten einzurichten … Ideen verbreiten sich heute extrem schnell.“[6]

Die Zukunft

Der Erfolg von Rocket Internet geht weiter. Zalando, das Unternehmen, das zunächst das Online-Schuhgeschäft von Zappos (mittlerweile Teil von Amazon) in den USA nachahmte, hat zwischenzeitlich in den Bereich Bekleidung und Schmuck expandiert. Der Umsatz steigt schnell: Im Jahr 2014 beliefen sich die Jahreseinnahmen auf 2,5 Mrd. \$–, der Gewinn lag bei 94 Mio. \$ Unter dem Schirm der Global Fashion Group wurden zudem weitere Modemarken ins Leben gerufen: Dafiti (Lateinamerika), Jabong (Indien), Lamoda (Russland), Namshi (Naher Osten) und Zalora (Südostasien und Australien). Nach dem Börsengang des Konzerns beklagten einige Investoren, die Firma sei inzwischen zu komplex geworden, um sie analysieren und verstehen zu können. Doch Oliver Samwer beschreibt sein Unternehmen in der Financial Times als „Killer Cocktail“, das unter anderem von der firmeneigenen urheberrechtlich geschützten Software, einzigartigen Trainingsprogrammen und der sachlich geprägten, objektiven Firmenkultur profitiert. Er fügt hinzu: „Ich denke nicht, dass wir für einige öffentliche Anleger unser erfolgreiches Geschäftsmodell ändern müssen.“[7]

Allerdings zieht Rocket Internet mittlerweile selbst Nachahmer an. Eines der Unternehmen ist Wimdu, ein Nachahmer des American Airbnb, das es Besitzern privater Häuser und Wohnungen ermöglicht, ihre Immobilien als Ferienunterkünfte anzubieten. Allerdings ist Airbnb schnell eine Partnerschaft mit einem anderen Berliner Inkubator, Springstar, eingegangen. Danach wurde Airbnb weltweit ausgerollt. In ähnlicher Art und Weise reagierte das ursprüngliche Unternehmen schnell, als Rocket Internet mit Bamarang Fab.com, eine Webseite für Designerangebote, nachgeahmt hat. Fab übernahm Casacanda, eine parallele europäische Webseite und führte einen internationalen Relaunch als Fab durch. Infolgedessen musste Rocket Internet Bamarang einstellen. Überdies wird Rocket Internet sogar mit Nachahmern aus dem eigenen inneren Kreis konfrontiert: Zwei der Geschäftsführer haben gemeinsam mit anderen früheren Mitarbeitern das Unternehmen verlassen und den Berliner Inkubator „Project A Ventures" gegründet. Und auch auf internationaler Ebene gibt es immer mehr Konkurrenz, darunter die The Hut Group aus Großbritannien. Es gibt also Anzeichen dafür, dass Rocket Internet letztendlich doch selbst nachgeahmt werden könnte.

Wesentliche Quellen: G. Wiesman, Zalando to set foot in seven new countries, Financial Times, 26. März 2012; T. Bradshaw, Facebook backers to take stake in Zalando, Financial Times, 2. Februar 2012, R. Levine, The kopy kat kids, Cimmoney.com, 2. Oktober 2007, The Economist, Attack of the clones, 6. August 2011 und Launching into the unknown, 4. Oktober 2014.

[1] *M. Cowan, Inside the clone factory, Wired UK, 2. März 2012; www.economist.com/node/2152534*

[2] *J. Kaczmarek, An inside look at Rocket Internet, VentureVillage.com, 18. November 2012.*

[3] *B. Rooney, Rocket Internet leads the clone war, Wall Street Journal, 14. Mai 2012.*

[4] *C. Winter, How three Germans are cloning the web, Bloomberg, 1. März 2012.*

[5] *M. Chafkin, Lessons from the world's most ruthless competitor, Inc. Magazine, 29. Mai 2012.*

[6] *T. Crampton, German brothers break the mold, International Herald Tribune, 3. Dezember 2006.*

[7] *S. Gordon und D. McCrum, Rocket Internet: waiting for the lift-off, Financial Times, 19. Oktober 2015.*

Fragen

1 Analysieren Sie mithilfe der in diesem Kapitel eingeführten analytischen Hilfsmittel die Ressourcen und Kompetenzen von Rocket Internet auf der Grundlage der Daten aus der Fallstudie (sowie jeglicher anderer verfügbarer Quellen):

    a) Über welche Ressourcen und Kompetenzen verfügt das Unternehmen?

    b) Wie gestalten sich die Schwellen-, einzigartigen und dynamischen Kompetenzen?

1 Führen Sie auf der Grundlage Ihrer anfänglichen Analyse sowie Ihrer Antworten zu Aufgabe 1 eine VRIO-Analyse für Rocket Internet durch. Zu welcher Schlussfolgerung gelangen Sie? Inwieweit verfügt Rocket Internet über Ressourcen und Kompetenzen mit einem langfristigen Wettbewerbsvorteil?

2 Welche Bedeutung haben die Samwer-Brüder? Was würde passieren, wenn sie das Unternehmen verlassen oder verkaufen?

 Als Dozent finden Sie ausführliche **Lösungshinweise** zu den Fallaufgaben auf der Webseite zum Buch.

Interessengruppen und Governance

5

ÜBERBLICK

Lernziele

Nach der Lektüre dieses Kapitels sollten Sie in der Lage sein,

- eine *Interessengruppenanalyse* durchzuführen, um so den Einfluss unterschiedlicher Interessengruppen (Stakeholder) in Bezug auf ihre *Macht* und ihre *Interessen* identifizieren zu können.

- die strategische Bedeutung verschiedener *Eigentumsmodelle* für die Strategie einer Organisation zu analysieren.

- die Auswirkungen des *Shareholder-* und des *Stakeholder-Modells* der Corporate Governance auf den strategischen Zweck zu bewerten.

- die Konzepte der *sozialen Unternehmensverantwortung* und der *persönlichen Ethik* miteinander in Beziehung zu setzen.

5.1   Einführung

Die Kontroversen um FIFA-Präsident Sepp Blatter, die 2015 den Weltfußballverband erschütterten, zeigten massive Probleme im Bereich Corporate Governance und Stakeholder-Management auf. Blatters langjährige Strategie, den Fußball außerhalb der traditionell fußballbegeisterten Länder Westeuropas und Südamerikas weiterzubringen, hatte ihm die Unterstützung vieler afrikanischer, asiatischer und karibischer Länder gesichert, sodass er zum fünften Mal in Folge zum Präsident der FIFA gewählt wurde. Durch Blatters Initiative war Fußball in diesen Ländern immer populärer geworden und hatte sich weit verbreitet, doch Gerüchte über Korruption innerhalb der FIFA, ebenso wie die Vergabe der Fußballweltmeisterschaft an Russland und Katar, schadeten dem Image des Spiels. Mächtige Sponsoren der Weltmeisterschaft wie Coca Cola, Visa und McDonald's setzten die FIFA unter Druck. Einen Monat nach seiner Wiederwahl gab Sepp Blatter seinen Rücktritt vom Amt des FIFA-Präsidenten bekannt.

Bei der FIFA konnten einzelne *Interessengruppen* wie z.B. Coca Cola effektiv früher getroffene Entscheidungen anderer Interessengruppen rückgängig machen, obwohl diese Entscheidungen sogar aufgrund der etablierten, formellen Steuerungsmechanismen getroffen worden waren. Als Folge der Ereignisse wurde nun auch die Strategie in Frage gestellt, den Fußball in vormals vernachlässigten Ländern voranzubringen. Dieses Kapitel befasst sich mit der Bedeutung unterschiedlicher Interessengruppen (Stakeholder) einer Organisation – darunter Eigentümer, Mitarbeiter, Kunden, Zulieferer und Kommunen – sowie mit der Rolle formeller Steuerungsmechanismen – im Fall der FIFA die gewählten Amtsträger –, die diese Interessengruppen vertreten. Das Kapitel schließt mit einer Diskussion über *Ethik*, ein wichtiges Thema bei der Strategie der FIFA.

Die drei Themenbereiche Interessengruppen, Governance-Strukturen und Ethik erinnern an das Thema des *Organisationszwecks* und wie dieser sich in Mission, Vision, Werten und Zielen eines Unternehmens widerspiegelt. Die Wünsche wichtiger Interessengruppen sollten den Zweck einer Organisation definieren, formelle Governance-

Strukturen sowie ethische Gesichtspunkte sollten dann diesen Zweck in eine konkrete Strategie übertragen. ▶ *Abbildung 5.1* zeigt die Reihenfolge: Eine Strategie beginnt bei den Interessengruppen, deren Wünsche dann mittels Governance-Strukturen und ethischen Grundsätzen entwickelt und schließlich in die Tat umgesetzt werden.

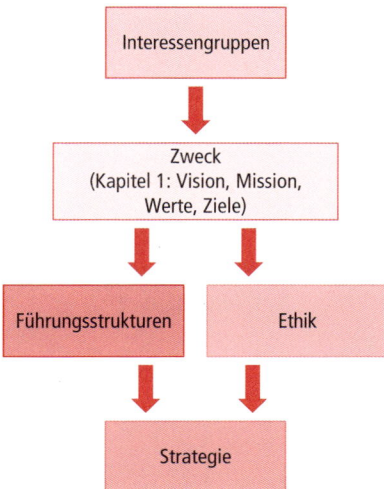

Abbildung 5.1: Interessengruppen, Führung und Ethik

5.2 Interessengruppen

Strategische Entscheidungen werden von den Erwartungen der Interessengruppen[1] einer Organisation beeinflusst. Alle Interessengruppen haben in irgendeiner Form ein *Interesse* daran, wie sich die Organisation in Zukunft weiterentwickelt. Formeller ausgedrückt sind **Interessengruppen (Stakeholder)** diejenigen Einzelpersonen oder Gruppen, die von der Organisation abhängig sind, um eigene Ziele zu erreichen, und von denen wiederum auch die Organisation abhängig ist. Diese Interessengruppen können sehr unterschiedlich sein: Beispiele sind Eigentümer, Kunden, Zulieferer, Mitarbeiter und lokale Kommunen. Die Interessengruppen der FIFA sind zum Beispiel ebenso junge afrikanische Fußballspieler, die von Zuschüssen für ihre Trainingseinrichtungen profitieren, wie auch große Sponsoren wie z.B. Coca Cola, die ihre Gewinne durch die Zusammenarbeit mit der FIFA steigern. Ein Manager muss also alle Interessengruppen berücksichtigen, von denen seine Organisation abhängig ist. Allerdings können die Anforderungen und Anliegen der verschiedenen Gruppen sehr weit voneinander abweichen, besonders kurzfristig gesehen. So kann der Wunsch nach Gewinnmaximierung der Eigentümer sich negativ auf das Bedürfnis der Kunden nach hoher Qualität und auf das Bedürfnis der Mitarbeiter nach guten

Interessengruppen (Stakeholder)

Interessengruppen (Stakeholder) sind diejenigen Einzelpersonen oder Gruppen, die von der Organisation abhängig sind, um eigene Ziele zu erreichen, und von denen wiederum auch die Organisation abhängig ist.

---

1   R. E. Freeman, *Strategic Management: A Stakeholder Approach*, Cambridge University Press, 2010 (neue Auflage). Siehe auch L. Bidhan, A. Parmar, und R. E. Freeman, „Stakeholder theory: the state of the art", *Academy of Management Annals*, Band 4, Nr. 1 (2010), S. 403–45. A. Mendelow, *Proceedings of the 2nd International Conference on Information Systems*, Cambridge, MA, 1991. Siehe auch Graham Kenny, „From the stakeholder viewpoint: designing measurable objectives", *Journal of Business Strategy*, Band 33, Nr. 6 (2012), S. 40–6.

Arbeitsbedingungen auswirken. Manager müssen also unbedingt verstehen, wer die wichtigen Interessengruppen ihrer Organisation sind, was diese wollen und welche davon den größten Einfluss auf die Organisation haben. Dieser Abschnitt gibt eine allgemeine Definition und Beschreibung von Interessengruppen, führt dann die Macht-Interessen-Matrix ein und konzentriert sich schließlich auf die Eigentümer, die zumeist eine der wichtigsten Interessengruppen darstellen.

5.2.1 Verschiedene Kategorien von Interessengruppen

Es ist sinnvoll, Interessengruppen in fünf Kategorien einzuteilen, je nachdem, welche Beziehung sie zu einer Organisation haben und wie sie demnach Erfolg oder Misserfolg einer Strategie beeinflussen können (siehe ▶ *Abbildung 5.2*).

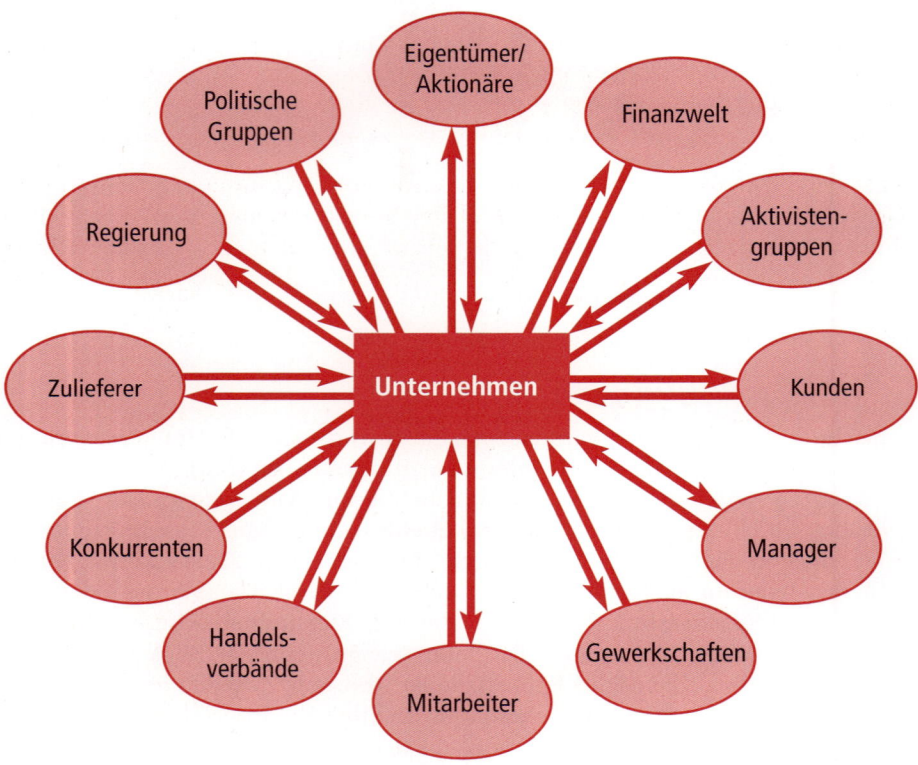

Abbildung 5.2: Interessengruppen einer großen Organisation

- *Wirtschaftliche Interessengruppen*, darunter Zulieferer, Konkurrenten, Vertrieb, Banken und Eigentümer (Aktionäre).

- *Soziale/politische Interessengruppen* wie politisch Verantwortliche und Regierungsbehörden, die die „soziale Legitimität" einer Strategie beeinflussen.

- *Technologische Interessengruppen* wie wichtige Nutzer, Aufsichtsbehörden und Anbieter von Komplementärprodukten oder -dienstleistungen (z.B. Apps für Mobiltelefone oder Smartphones).

- *Lokale Kommunen*, die von dem beeinflusst werden, was eine Organisation tut. Beispielsweise Menschen, die in der Nähe einer Fabrik leben, oder sogar die Gesellschaft an sich. Diese Interessengruppen haben normalerweise keine formelle Beziehung zu der Organisation, können aber natürlich auch Maßnahmen zur Beeinflussung der Organisation ergreifen (z.B. über Lobbyarbeit oder Aktivismus).

- *Interne Interessengruppen*, z.B. spezialisierte Abteilungen, Zweigstellen und Fabriken oder auch Mitarbeiter auf verschiedenen Ebenen der Unternehmenshierarchie.

Der Einfluss dieser unterschiedlichen Interessengruppen variiert oft in verschiedenen Situationen. Die „technologische" Gruppe hat beispielsweise einen ganz entscheidenden Einfluss auf Strategien zur Einführung neuer Produkte, während die „soziale/politische" Gruppe meist im öffentlichen Bereich sehr viel Mitspracherecht hat.

Einzelne Personen können mehr als nur einer Interessengruppe angehören und solche Gruppen können sich in Abhängigkeit vom jeweils anstehenden Thema oder der jeweiligen Strategie unterschiedlich positionieren. Natürlich können externe Interessengruppen versuchen, die Strategie einer Organisation durch ihre Verbindungen zu internen Interessengruppen zu beeinflussen. So können Kunden beispielsweise Druck auf Verkaufsmanager ausüben, damit diese ihre Interessen innerhalb der Organisation vertreten.

Da die Erwartungen der verschiedenen Interessengruppen voneinander abweichen, sind auch Konflikte bezüglich der Wichtigkeit und Attraktivität vieler strategischer Aspekte vorprogrammiert. In den meisten Situationen müssen Kompromisse gefunden werden. ▶ *Tabelle 5.1* zeigt einige der typischen Erwartungshaltungen von Interessengruppen und auch ihr Konfliktpotenzial.

Aus diesen Gründen ist das Interessengruppenkonzept sehr wertvoll für das Verständnis des politischen Zusammenhangs, innerhalb dessen Strategien entwickelt werden. Ein wichtiger Aspekt bei der Strategieauswahl ist die Beachtung der Erwartungen und Einflüsse der Interessengruppen, wie in *Kapitel 12* näher erläutert wird. Auch das Konzept des Stakeholder Mapping kann hier sehr hilfreich sein.

- Um wachsen zu können, müssen unter Umständen kurzfristige Rentabilität, Cashflow und Lohnniveau eingeschränkt werden.

- Eine kurzfristige Ausrichtung kann den Karriereplänen der Manager dienlich sein, aber Investitionen in langfristige Projekte verhindern.

- Wenn Familienunternehmen wachsen, können die Besitzer die Kontrolle verlieren, sofern sie professionelle Manager von außen benennen müssen.

- Neue Entwicklungen könnten zusätzliche finanzielle Mittel durch die Ausgabe neuer Aktien oder durch Kreditaufnahme erfordern. In beiden Fällen wird die finanzielle Unabhängigkeit eingeschränkt.

- Die Gründung einer Aktiengesellschaft erfordert mehr Offenheit und Verantwortlichkeit von den Managern.

- Kosteneffizienz durch Kapitalinvestitionen kann den Verlust von Arbeitsplätzen bedeuten.

- Der Eintritt in Massenmärkte kann Qualitätseinbußen zur Folge haben.

- Im öffentlichen Bereich besteht ein häufiger Konflikt zwischen der Massenvorsorge und spezialisierten Dienstleistungen (z.B. Kontrolluntersuchungen beim Zahnarzt versus Herztransplantationen).

- In großen internationalen Organisationen kann es zu Konflikten kommen, weil eine Niederlassung sowohl ihrem Mutterkonzern als auch ihrem Gastgeberland gegenüber Verpflichtungen hat.

Tabelle 5.1: Einige häufige Interessenkonflikte

5.2.2   Stakeholder Mapping[2]

Stakeholder-Mapping

Stakeholder-Mapping identifiziert die Erwartungen sowie die Macht der Stakeholder und trägt zu einem Verständnis der politischen Prioritäten bei.

Da es oft so viele verschiedene Interessengruppen (Stakeholder) gibt, ist es sinnvoll, diese gemäß ihrem Einfluss auf die strategischen Entscheidungen einer Organisation einzuteilen. **Stakeholder-Mapping** (die Bewertung von Interessengruppen) identifiziert die Interessen und die Macht der Interessengruppen und hilft, politische Prioritäten zu verstehen. Dabei geht man davon aus, dass sich eine Organisation aus *politischen Koalitionen* verschiedener Stakeholder zusammensetzt, die alle über unterschiedlich viel Macht verfügen und den verschiedenen Problemen unterschiedlich viel Aufmerksamkeit entgegenbringen.[3]

Diese beiden Dimensionen bilden die Grundlage für die Macht-Aufmerksamkeits-Matrix, dargestellt in ▶ *Abbildung 5.3*. Darin werden Interessengruppen bezüglich ihrer Macht und bezüglich ihrer Aufmerksamkeit für die Unterstützung oder Ablehnung einer bestimmten Strategie klassifiziert. Natürlich kann die Position einzelner Stakeholder innerhalb der Matrix bei jedem Thema oder Problem variieren, je nachdem, wie stark hier Macht und Aufmerksamkeit sind.

---

2   D. Walker, L. Bourne und A. Shelley, „Influence, stakeholder mapping and visualization", *Construction Management and Economics*, Band 26, Nr. 6 (2008), S. 645–58. Siehe auch D. A. Shepherd, J. S. McMullen und W. Ocasio, „Is that an opportunity? An attention model of top managers' opportunity beliefs for strategic action", *Strategic Management Journal* (2016), DOI: 10.1002/smj.2499

3   W. Ocasio, „Aggention to attention", Organization Science, Band 22, Nr. 5 (2011), S. 1268–96.

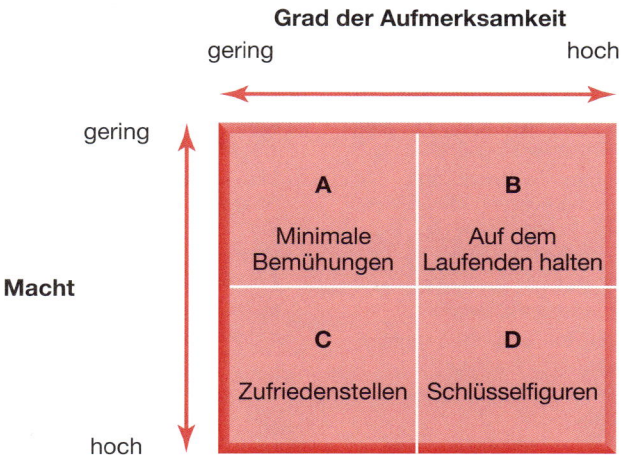

Abbildung 5.3: Stakeholder Mapping: die Macht-Aufmerksamkeits-Matrix
Quelle: Adaptiert von R. Newcombe, From client to project stakeholders: a stakeholder mapping approach, Construction Management and Economics, Band 21, Nr. 8 (2003), S. 841–8.

Macht[4]

Wer eine gute Strategie entwerfen will, muss verstehen, welche Interessengruppen die größte Macht haben.

In diesem Zusammenhang bedeutet **Macht** die Fähigkeit eines Einzelnen oder einer Gruppe, andere zu überzeugen, zu überreden oder zu zwingen, bestimmten Handlungsweisen zu folgen. ▶ *Tabelle 5.2* zeigt, dass es unterschiedlichste Machtquellen gibt. Sie leitet sich nicht nur aus der Position innerhalb der Unternehmenshierarchie oder von formalen Führungsstrukturen ab. Auch die Kontrolle über bestimmte Ressourcen und Know-how kann eine Rolle spielen. Es gibt viele verschiedene Quellen der Macht. Einerseits leiten Einzelne oder Gruppen Macht aus ihrer Position innerhalb der Organisation ab durch die Kontrolle, die sie über bestimmte Ressourcen und Know-how haben oder durch formale Governance-Strukturen.

Da es bei der Ausübung von Macht also nicht (nur) um die formale Position oder den Rang einer Person geht, ist es sinnvoll, verschiedene *Machtindikatoren* genauer zu betrachten. Diese sind unter anderem: der Status einer Einzelperson oder einer Gruppe (etwa aufgrund einer guten Reputation); der Einfluss auf Ressourcen (etwa das Budgetvolumen); die Repräsentanz in Machtpositionen oder einflussreichen Gremien; die Symbole der Macht (z.B. die Größe des Büros, Titel). Bei externen Stakeholdern ist ein wichtiger Indikator die Ressourcenabhängigkeit, also die Abhängigkeit von großen Aktionären, Geldgebern, Kunden oder Zulieferern. Dabei sollte man bedenken, wie leicht es einem Zulieferer, einem Geldgeber oder Kunden der Organisation fallen würde, auf einen anderen Anbieter umzusteigen, oder wie leicht die eigene Organisation z.B. den Zulieferer oder Geldgeber wechseln könnte.

Macht

Macht ist die Fähigkeit eines Einzelnen oder einer Gruppe, andere zu überzeugen, zu überreden oder zu zwingen, bestimmten Handlungsweisen zu folgen.

---

4   D. Buchanan und R. Badham, *Power, Politics and Organisational Change: Winning the Turf Game*, Sage, 1999.

Machtquellen	
Innerhalb von Organisationen	**Für externe Interessengruppen**
• Hierarchie (formale Macht), z.B. autokratische Entscheidungsfindung • Einfluss (informelle Macht), z.B. charismatische Führungsqualitäten • Kontrolle über strategische Ressourcen z.B. strategische Produkte • Verfügung über Wissen und Fähigkeiten z.B. Computerspezialisten • Kontrolle des menschlichen Umfelds z.B. Verhandlungsgeschick • Beteiligung an der Umsetzung von Strategien z.B. durch Entscheidungsfreiheit	• Kontrolle über strategische Ressourcen z.B. Material, Arbeitskräfte, Geld • Beteiligung an der Umsetzung von Strategien z.B. Vertriebsstellen, Vertreter • Verfügung über Wissen und Fähigkeiten z.B. Subunternehmer, Partner • Interne Verbindungen z.B. informeller Einfluss

Machtindikatoren	
Innerhalb von Organisationen	**Für externe Interessengruppen**
• Status • Anspruch auf Ressourcen • Repräsentanz • Symbole	• Status • Abhängigkeit von Ressourcen • Aushandeln von Vereinbarungen • Symbole

Tabelle 5.2: Machtquellen und Machtindikatoren

Aufmerksamkeit

Ebenso wichtig wie die Macht ist die Aufmerksamkeit.[5] Die Interessengruppen verwenden unterschiedlich viel Aufmerksamkeit auf die verschiedenen Themenbereiche und Probleme innerhalb einer Organisation. Selbst sehr mächtige Gruppen interessieren sich nicht für alle Themen. So haben viele Unternehmen z.B. institutionelle Anleger (z.B. Pensionsfonds) als Hauptinvestoren, da diese aber an vielen verschiedenen Unternehmen beteiligt sind, kümmern sie sich wahrscheinlich nicht im Detail um die Strategie jeder einzelnen Organisation.

Will man die Aufmerksamkeit der verschiedenen Interessengruppen klassifizieren, helfen diese drei Kriterien:

■ *Bedeutung.* Interessengruppen widmen den Themen besonders viel Aufmerksamkeit, die für sie von entscheidender Bedeutung sind. Für Aktionäre beispielsweise spielen Themen wie Gesundheit und Sicherheit am Arbeitsplatz eine eher untergeordnete Rolle, für die Mitarbeiter dagegen kommt es genau darauf an.

■ *Kommunikationswege.* Dort, wo der Informationsfluss und -austausch gut funktioniert, konzentriert sich auch die Aufmerksamkeit. So werden z.B. sogenannte „Strategie-Tage", zu denen ein CEO die Teilhaber einlädt, immer beliebter. Auf

---

5 W. Ocasio, „Attention to attention", *Organization Science*, Band 22, Nr. 5 (2011), S. 1286–96. Siehe auch Kapitel 16.

diese Weise wird es möglich, dass die Eigner direkt über die Strategie ihres Unternehmens diskutieren können.[6] Wenn die Kommunikationswege nicht offen sind, wird es schwierig für die Stakeholder, selbst für sie entscheidende Themen aufmerksam zu verfolgen. So interessieren sich viele Interessengruppen (z.B. Kirche oder politische Gruppierungen) sehr stark für die Arbeitsbedingungen im Ausland, doch konkrete Informationen darüber gibt es kaum.

- *Kognitive Kapazität.* Oft fehlt den Interessengruppen aber auch die Kapazität, alle vorhandenen Informationen zu berücksichtigen. Manche Kommunikationskanäle funktionieren so gut, dass die Vertreter der verschiedenen Interessengruppen von der Informationsflut regelrecht überwältigt werden. So haben institutionelle Anleger theoretisch Zugang zu detaillierten Informationen über die genaue Strategie jedes einzelnen Unternehmens, an dem sie beteiligt sind, konzentrieren sich aber notgedrungen auf einfache Messgrößen, wie etwa die prognostizierten Finanzerträge.

Um die Funktionsweise der Macht-Aufmerksamkeits-Matrix aufzuzeigen, versetzen wir uns in die Lage eines Unternehmens, dessen Manager ihre Strategien so formulieren möchten, dass die Interessengruppen die strategische Notwendigkeit akzeptieren. Unter diesen Voraussetzungen zeigt die Matrix in ihren vier Quadranten, welches Verhältnis diese Organisation typischerweise zu verschiedenen Interessengruppen aufbaut. Bei der Gruppe der *Schlüsselfiguren* (Quadrant D) ist die Akzeptanz einer Strategie natürlich besonders wichtig. Dies könnten zum Beispiel die Investoren sein, doch es könnte sich dabei auch um bestimmte Einzelpersonen oder Körperschaften handeln, die viel Macht besitzen – etwa ein Haupteigner in einem Familienunternehmen oder eine Regierungsbehörde, die Geldgeber einer öffentlichen Organisation ist. Die schwierigsten Probleme ergeben sich oft im Zusammenhang mit Interessengruppen in Quadrant C. Obwohl sich diese im Allgemeinen eher passiv verhalten, kann sich eine katastrophale Situation ergeben, wenn ihr Interesse unterschätzt wird und sie sich plötzlich *neu positionieren*, zu Quadrant D wechseln und dort die Übernahme neuer Strategien vereiteln. Zu dieser Kategorie können institutionelle Anleger wie etwa Pensionsfonds oder Versicherungsunternehmen gehören. Sie zeigen zunächst wenig Interesse, bis die Aktienkurse allmählich fallen, verschaffen sich dann jedoch in den Führungsetagen sehr lautstark Gehör.

Ähnlich verhält es sich mit der Berücksichtigung der Interessengruppenerwartungen aus Quadrant B, wie etwa öffentliche Interessengruppen, durch die Weitergabe von Informationen. Es kann sehr wichtig sein, solche Interessengruppen auf seiner Seite zu wissen, denn sie können zu bedeutenden Verbündeten werden, wenn es um die Beeinflussung der Meinung wichtigerer Interessengruppen geht, zum Beispiel durch die *Bildung von Lobbys*.

Die Macht-Aufmerksamkeits-Matrix eignet sich auch gut dafür, potenzielle Koalitionen von Stakeholdern für oder gegen bestimmte Entscheidungen auszuloten. Wer mögliche Unterstützer seiner Strategie hinter sich versammeln oder auch mögliche Gegner außer Gefecht setzen kann, macht einen großen Schritt in Richtung eines strategischen Wandels (siehe *Kapitel 15*). Ein Kernpunkt der strategischen Arbeit ist es

---

6   R. Whittington, B. Yakis-Douglas und K. Ahn, „Cheap talk? Strategy presentations as a form of impression management", *Strategic Management Journal* (2016), DOI: 1.1002/smj.2482.

also, die richtigen Koalitionen der Interessengruppen zu bilden. Dabei kann das Instrument des Stakeholder Mapping auf dreierlei Art und Weise helfen:

- Identifikation der wichtigsten *Blockierer* und *Unterstützer* einer Strategie und Entwicklung einer geeigneten Reaktion

- Die *Repositionierung* bestimmter Interessengruppen ist wünschenswert und auch machbar: Dadurch kann z.B. der Einfluss einer einzelnen Schlüsselfigur verringert werden. Oder man kann sicherstellen, dass es mehrere Interessengruppen gibt, die eine bestimmte Strategie unterstützen (besonders im öffentlichen Sektor ist dies wichtig).

- *Aufrechterhaltung* des Aufmerksamkeitsniveaus oder der Machtposition bestimmter wichtiger Stakeholder kann ausschlaggebend sein für den Erfolg einer Strategie (z.B. die Unterstützung durch mächtige Kunden oder Lieferanten).

5.2.3 Eigentümer

Die Eigentümer einer Organisation sind meist sehr wichtige Stakeholder bei strategischen Entscheidungen. Ihre Macht und Aufmerksamkeit können jedoch variieren, je nachdem, welches Eigentumsmodell vorliegt.

Hier gibt es zahllose Möglichkeiten, wie Eigentum genau aussieht – und die Grenzen sind fließend.[7] Trotzdem ist es hilfreich, vier verschiedene Eigentumsmodelle gegeneinander abzugrenzen, denn alle wirken sich unterschiedlich auf die Strategie aus. ▶ *Abbildung 5.4* klassifiziert diese vier Modelle anhand von zwei Achsen. Die horizontale Achse beschreibt die vorherrschenden Auswahlmethoden des Managements, von ausschließlich *professionell* (hier werden Manager aufgrund ihrer Berufserfahrung und ihres Fachwissens eingestellt) bis hin zu ausschließlich *persönlich* (hier werden Manager aufgrund ihrer persönlichen Beziehungen zu den Eigentümern beschäftigt). Die vertikale Achse zeigt auf, wie stark der Zweck der Organisation auf *Gewinn* ausgerichtet ist – entweder als ausschließliches Ziel oder aber lediglich als *ein Teil des Gesamtmotivs*. In jedem Fall bewegen sich die Organisationen entlang der Achsen, manchmal kommt es sogar vor, dass eine Organisation nicht dem typischen Verhalten entspricht, das ihr Eigentumsmodell eigentlich vorgibt. Trotzdem handeln Organisationen mit bestimmten Eigentumsmodellen häufig in ähnlicher Art und Weise.

---

7 Siehe z.B. N. Nordqist und L. Melin, „Entrepreneurial families and family firms", *Entrepreneurship and Regional Development*, Band 22, Nr. 3–4 (2010), S. 211–39.

Abbildung 5.4: Eigentum, Management und Ausrichtung

Folgende vier Eigentumsmodelle werden hier vorgestellt.

■ *Börsennotierte Unternehmen* (meist Aktiengesellschaften) sind in vielen Volkswirtschaften die wichtigste Eigentumsform, so etwa in den USA, Nordeuropa, Japan und vielen anderen. Die Aktien, also Anteile, dieser Unternehmen werden an Börsen öffentlich gehandelt, können also von der Öffentlichkeit gekauft und verkauft werden, entweder als Einzelinvestoren oder häufiger noch als institutionelle Anleger wie Pensionsfonds, Banken oder Versicherungen. Für gewöhnlich leiten die Eigentümer solche Organisationen nicht selbst, sondern übertragen diese Aufgabe an professionelle Manager. So gesehen geben die Eigentümer, also die Aktionäre, einen Teil ihrer Macht auf und reduzieren ihre Aufmerksamkeit. Allerdings ist es das primäre Ziel der Manager, den Eigentümern einen Finanzertrag zu liefern – schließlich ist das der Hauptgrund, warum Aktien überhaupt gekauft werden. Sind die Aktionäre mit dem erzielten Finanzertrag nicht zufrieden, können sie entweder ihre Anteile verkaufen oder versuchen, das Management auszutauschen. In Bezug auf ▶ *Abbildung 5.4* heißt das also, dass Aktiengesellschaften sehr stark gewinnorientiert sind. Die Gewinnmaximierung ist jedoch für kaum ein Unternehmen leicht zu erreichen. Oft gilt es eine Gratwanderung zwischen kurzfristigen Gewinnen und dem langfristigen Überleben zu meistern. Sicherlich verbessert man kurzfristig die Gewinne, wenn man Forschungsetats kürzt oder loyale Kunden finanziell ausnutzt, doch langfristig leidet ein Unternehmen unter solchen Handlungsweisen. Daher kann auch bei börsennotierten Unternehmen der Fokus auf Gewinnmaximierung schwanken.

- *Staatliche Unternehmen* befinden sich vollständig oder zu mindestens über 50 % im Eigentum nationaler oder auch regionaler Regierungen. In vielen Entwicklungsländern sind diese Unternehmen besonders wichtig: In China werden über 80 % des Börsenmarktwerts staatlichen Organisationen zugerechnet, in Russland sind es 60 %, in Brasilien 40 %.[8] Die zunehmende Privatisierung wirkt dem in vielen Industrieländern entgegen, doch quasi-privatisierte Behörden (wie etwa Krankenhaus-Trusts oder Schulakademien in Großbritannien) operieren ganz ähnlich. In staatlichen Organisationen delegieren Politiker in der Regel die alltäglichen Führungsaufgaben an professionelle Manager, achten aber aufmerksamer auf wichtige strategische Entscheidungen. Auch staatliche Unternehmen müssen Gewinne oder Überschüsse erzielen, um neue Investitionen zu finanzieren und Finanzreserven aufzubauen, doch sie verfolgen meist zusätzlich andere Ziele, die mit staatlichen Maßnahmen und Entscheidungen zusammenhängen. So ist etwa für die staatlichen Unternehmen Chinas immer ein wichtiges Ziel, den Zugang zu Rohstoffen und Energie in Übersee zu sichern – wofür man gern auf einen Teil der möglichen Gewinne verzichtet.

- *Unternehmergesellschaften* sind Unternehmen, die von ihren Gründern besessen und kontrolliert werden. Die Gründer sind hier meist sehr einflussreich, da sie als Eigentümer einen hohen Respekt genießen und meist auch über fundiertes Fachwissen in ihrer Branche verfügen. Lakshmi Mittal beispielsweise ist und bleibt Vorstandsvorsitzender und CEO des von ihm gegründeten Unternehmen Arcelor Mittal, des größten Stahlproduzenten der Welt. Mark Zuckerberg ist immer noch CEO von Facebook, das er 2004 gründete. Je mehr solche Unternehmergesellschaften allerdings wachsen, desto größer wird die Wahrscheinlichkeit, dass professionelle Manager von außen hinzugezogen und auch externe Investoren angeworben werden, um neue Investitionen zu finanzieren. In der Regel sind diese Unternehmen sehr stark auf die Gewinnmaximierung fokussiert, um überleben und wachsen zu können. Doch manchen Unternehmer verfolgen auch noch andere Ziele.[9] So kommt es den Gründern von Twitter seit jeher vor allem auf die Steigerung ihrer Nutzerzahlen an – aus dieser Nutzerbasis möglichst viel Kapital zu schlagen, tritt als Ziel eher in den Hintergrund.

- *Familienunternehmen* sind meist seit Generationen im Familienbesitz. Stirbt der Gründer oder tritt er zurück, kommt sein Nachfolger aus der nächsten Familiengeneration. Viele Familienunternehmen sind kleine und mittelständische Betriebe, doch es gibt auch große Beispiele: Ford, Fiat, Samsung und Walmart, der größte Einzelhändler der Welt, befinden sich alle in Familienbesitz und diese Familien nehmen auch auf die Unternehmensführung großen Einfluss. Häufig behält die Familie die Mehrheit der Anteile, der Rest wird zum Verkauf an der Börse freigegeben. So ist die Hälfte aller börsennotierten Firmen auf den zehn größten asiatischen Finanzmärkten effektiv mehrheitlich in Familienbesitz.[10] Manchmal fehlen den Familienmitgliedern allerdings Fachwissen und Neigung, um sich ausrei-

---

8   *The Economist*, „The rise of state capitalism (21. Januar 2012)" und G. Bruton, M. Peng, D. Ahstrand, C. Stan und K. Xu, „State-owned enterprises around the world as hybrid organisations", *Academy of Management Perspectives*, Band 20, Nr. 2 (2005), S. 11–32.

9   Siehe R. Rumelt, „Theory, strategy and entrepreneurship", *Handbook of Entrepreneurship Research*, Band 2, (2005), S. 11–32.

10   Credit Suisse, *Asian Family Business Report 2011: Key Trends, Economic Contribution and Performance*, Singapur, 2011.

chend mit Strategie zu befassen. Daher werden hier oft professionelle Manager von außen geholt, auch wenn die Unternehmenskontrolle in Familienhand bleibt. So ist der CEO von Ford zwar kein Mitglied der Familie, Vorstandsvorsitzender ist aber William Ford Jr. Für Familienbetriebe sind die wichtigsten Ziele oft die gesicherte Weitergabe des Unternehmens an die nächste Generation und die Sicherstellung des langfristigen Überlebens der Firma. Die Gewinnmaximierung steht dagegen oft zurück, denn eine darauf ausgerichtete Strategie erfordert meist riskante Investitionen und/oder externe Finanzierung. So kommt es bei einem Familienunternehmen eher zu einer Diversifizierung in viele kleine Betriebe, die vielen Familienmitgliedern die Möglichkeit gibt, mit einzusteigen, während ein Engagement für ein großes Unternehmen oft zu viel Risiko bedeutet.[11]

Natürlich gibt es neben den oben beschriebenen Eigentumsmodellen noch andere Varianten, die für eine Volkswirtschaft auch eine Rolle spielen können.[12] *Gemeinnützige Organisationen* wie etwa Mozilla (*Beispiel 5.1*) befinden sich meist im Eigentum einer gemeinnützigen Stiftung: auch sie müssen Überschüsse erwirtschaften, um Investitionen zu finanzieren und sich ein Finanzpolster zu schaffen, doch ihre Ziele sind vornehmlich sozialer Natur. *Partnerschaften*, Organisationen, deren Eigentümer erfahrene Mitarbeiter (die Partner) sind, kommen im Bereich professioneller Dienstleistungen wie Rechtsberatung und Buchhaltung häufig vor. Zudem ist es möglich, dass alle Mitarbeiter Eigentümer ihres Unternehmens sind. Bekannte Beispiele hierfür sind W.L. Gore & Associates, berühmt für das Material Gore-Tex, sowie die spanische Mondragon Kooperative mit 75.000 Mitarbeitern sowie John Lewis, eines der größten Einzelhandelsunternehmen Großbritanniens. Oft ist es den Unternehmen mit den oben genannten Eigentümermodellen nur eingeschränkt möglich, externe Finanzmittel zu bekommen, sodass ihre Strategien meist konservativer ausfallen.

---

11 I. Le Bretton-Miller, D. Miller and R. H. Lester, „Stewardship or agency? A social embeddedness reconciliation of conduct and performance in Public family businesses", *Organization Science*, Band 22, Nr. 3 (2011), S. 704–21.

12 The Ownership Commission, *Plurality, Stewardship and Engagement*, London, 2012.

Natürlich muss sich jeder Manager genau darüber im Klaren sein, wie das Eigentumsmodell des eigenen Unternehmens sich auf die Strategie auswirkt: Schließlich sieht die strategische Ausrichtung eines staatlichen Unternehmens nach wie vor ganz anders aus als die Strategien einer börsennotierten Aktiengesellschaft. Doch auch die Eigentumsmodelle anderer Unternehmen im eigenen Umfeld sind wichtig, z.B. die von Konkurrenten oder Partnerfirmen. Denn bei allen bestimmt das Eigentumsmodell die Strategie – oft auf sehr unkonventionelle Art und Weise. Wer die Beziehung von Eigentumsmodell und Strategie nicht versteht, kann leicht überrascht werden, wenn Konkurrenten oder Partner plötzlich ganz andere Prioritäten setzen. So wurden staatliche Bergbauunternehmen aus westlichen Ländern schon häufig von chinesischen Staatsunternehmen unterboten, wenn es um die Rechte der Gewinnung internationaler Rohstoffe ging, da diese sich um jeden Preis den Zugang zu Rohstoffen sichern wollten.

Beispiel 5.1   **Firefox ist ausgebrannt**

Reicht das Engagement der Freiwilligen-Armee der Mozilla Foundation aus, um den Firefox Browser zu retten?

Die Mozilla Foundation ist eine gemeinnützige Organisation, die in den 1990er-Jahren aus dem alten Webbrowser-Unternehmen Netscape entstand. Das bekannteste Produkt von Mozilla ist der Open-Source-Webbrowser Firefox, der im Wesentlichen kostenlos von einer Gruppe freiwilliger Softwareentwickler erstellt worden ist, die sich dem Ideal des offenen Internets verschrieben haben. Viertausend Freiwillige („Mozillians") arbeiteten 2003 an der Entwicklung des ersten Browsers mit – all ihre Namen sind auf dem drei Meter hohen Monolithen verewigt, der vor dem Mozilla-Gebäude in San Francisco aufgestellt wurde.

Die Mission von Mozilla ist im „Manifesto" des Unternehmens zusammengefasst:

> *„Das Internet ist eine globale und öffentliche Ressource, die offen und zugänglich bleiben muss – Die Menschen müssen das Internet und ihr eigenes Erlebnis darin gestalten können."*

Meist lässt Mozilla seine Innovationen nicht durch Patente schützen. Alle freiwilligen Mitarbeiter treffen sich einmal jährlich beim sogenannten MozFest in London, um sich auszutauschen und neue Ideen für ein offenes Netz zu entwickeln. Anfang 2016 arbeiteten 10.500 Freiwillige weltweit für Mozilla. Durch internationale Telefonkonferenzen können sie an wöchentlichen „all hands meetings" teilnehmen. Außerdem gibt es viele Spender (Einzelpersonen ebenso wie gemeinnützige Organisationen: die MacArthur Foundation spendete 2014 über 1,5 Mio. €). Die Stiftung beschäftigt zudem 250 bezahlte Mitarbeiter.

Die gemeinnützige Mozilla-Stiftung wird von sechs Direktoren geleitet, die von den Direktoren selbst aus der Gemeinschaft ausgewählt werden. Eigentümer der Stiftung ist wiederum die Mozilla Corporation, die die verschiedenen Mozilla-Produkte direkt verwaltet und über eine sehr konventionelle Unternehmensstruktur inklusive CEO verfügt. Im Jahr 2014 kam es zur Krise, als der neue CEO Brendan Eich zurücktreten musste. Grund waren Proteste von Freiwilligen und Spendern gegen seine öffentlichen Äußerungen gegen die Ehe homosexueller und lesbischer Paare.

Doch auch wirtschaftlich muss sich Mozilla einer Herausforderung stellen. Der Großteil der Einnahmen der Stiftung stammt aus Partnerschaften mit Internet-suchmaschinen (z.B. Yahoo und Baidu), die dafür bezahlen, die Standard-Such-maschine des Firefox Browsers zu sein. Mozilla bietet ihnen Zugang zu 500 Mio. Nutzern weltweit. Allerdings verliert der Firefox Browser rasant an Marktanteil. 2009 lag der Anteil von Firefox noch bei 30 % des Markts weltweit, 2016 waren es nur noch knapp 10 %.

Ein schwerwiegendes Problem stellt für Mozilla der Umstieg vom Desktop Computer auf mobile, internetfähige Geräte dar. Denn die beiden wichtigsten Betriebssysteme für diese Geräte, iOS von Apple und Android von Google haben eigene Browser und eng verknüpfte Anwendungen. Viele Entwickler interessieren sich mittlerweile mehr dafür, Apps für diese Betriebssysteme zu entwickeln, anstatt sich mit dem veralteten Browser von Mozilla zu beschäftigen.Mozilla reagierte auf diese Entwicklung im Jahr 2012 und brachte ein eigenes Firefox Betriebssystem für Smartphones auf den Markt. Damit wollte man eine kostengünstigere Alternative zu Android und iOS bieten. Freiwillige Helfer des spanischen Mobilfunkanbieters Telefonica boten ihre Hilfe an, um das neue Firefox-Betriebssystem auf den lateinamerikanischen Markt zu bringen, ein Designer aus Berlin entwarf ein sehr markantes Schriftbild, ein in Amsterdam lebender Spanier integrierte die Wisch-Funktion und ein Kanadier schuf über 600 einzigartige Emojis. Man verhandelte über Partnerschaften mit Chip-Herstellern wie etwa Qualcomm oder dem südkoreanischen Handset-Hersteller LG. Auch Mobilfunkanbieter aus Südamerika, Asien, Osteuropa und Afrika wurden ins Boot geholt. Das neue Smartphone kam 2013 auf den Markt.

Allerdings gab es für das Smartphone mit dem Firefox-Betriebssystem nur sehr wenige Apps: Die Philosophie des offenen, freien Internets bot den App-Entwicklern keine Anreize. WhatsApp startete erst 2015 auf dem Firefox Smartphone. Viele Standard-Internetseiten wie Yelp oder LinkedIn erzielten nur schlechte Ergebnisse. Schließlich überrumpelte Google Firefox damit, die Preise für Android für die Hersteller seiner Handsets plötzlich drastisch zu senken. 2015 war der weltweite Marktanteil des Firefox-Betriebssystems auf unter 1 % gesunken. 2016 gab Mozilla schließlich bekannt, man werde das eigene Betriebssystem vom Markt nehmen, um vorhandene Ressourcen stattdessen mehr auf das „Internet der Dinge" auszurichten.

Quellen: www.mozilla.org; www.technologyreview.com/s/537661/firefox-maker-battles-to-save-the-internet-and-itself/.

5.3 Corporate Governance

Da die Eigentümer eines Unternehmens unterschiedlich viel Macht ausüben und unterschiedlich viel Aufmerksamkeit aufwenden und sich dementsprechend häufig auf professionelle Manager verlassen, kommen Themen der Corporate Governance, also der Unternehmensführung, ins Spiel.[13]

---

13 R. Monks und N. Minow (eds.), *Corporate Governance*, 4. Ausgabe, Blackwell, 2008. Siehe auch Ruth Aguilera und Gregory Jackson, „The cross-national diversity of corporate governance: dimensions and determinants", *Academy of Management Review*, Band 28, Nr. 3 (2003) S. 447–65.

Corporate Governance

Corporate Governance befasst sich mit den Kontrollstrukturen und -systemen, mittels derer Manager an diejenigen berichten müssen, die einen legitimen Einfluss auf die Organisation haben.

Corporate Governance befasst sich mit den Kontrollstrukturen und -systemen, mittels derer Manager an diejenigen berichten müssen, die einen legitimen Einfluss auf die Organisation haben.[14]

Wichtige Stakeholder sind in diesem Zusammenhang natürlich die Eigentümer, doch auch andere Gruppen, wie etwa Arbeitnehmervertreter, spielen eine zentrale Rolle. Die Verbindung zwischen den Interessen der Stakeholder und dem Handeln des Managements ist ein entscheidender Bestandteil der Strategie. Funktioniert die Corporate Governance nicht richtig, kann das zu katastrophalen strategischen Entscheidungen führen, die sogar die komplette Zerstörung eines Unternehmens bewirken können: Im Jahr 2014 verschwand Portugals zweitgrößte Bank, Banco Espírito Sanctu, völlig von der Bildfläche, nachdem finanzielle Unregelmäßigkeiten und ein Verlust von 5 Mrd. € entdeckt wurde.

5.3.1   Die Stufen der Corporate Governance

Stufen der Corporate Governance

Die Stufen der Corporate Governance beleuchten die Rollen und Beziehungen verschiedener Gruppen, die alle an der Führung einer Organisation beteiligt sind.

Die **Stufen der Corporate Governance** beleuchten die Rollen und Beziehungen verschiedener Gruppen, die alle an der Führung einer Organisation beteiligt sind. In einem kleinen Familienbetrieb sind diese Stufen recht einfach: Es gibt Eigner, die gleichzeitig Familienmitglieder sind, es gibt einen Vorstand, dem einige Familienmitglieder angehören, und es gibt Manager, unter denen einige sicher auch zur Familie gehören. Hier existieren also nur drei Stufen. ▶ *Abbildung 5.5* zeigt die typischen Stufen einer großen, an der Börse notierten Organisation. Hier sorgt die Größe der Organisation dafür, dass es weitere Ebenen des internen Managements gibt. Aufgrund der Börsennotierung kommen außerdem mehrere Ebenen für Aktionäre hinzu. Einzelinvestoren (die endgültigen Nutznießer) investieren oft in Form von kollektiven Investmentfonds, etwa Investmentgesellschaften oder Pensionsfonds, in Aktiengesellschaften. Diese Fonds wiederum investieren dann im Namen der Investoren in eine Reihe von Unternehmen. Solche Fonds gewinnen immer mehr an Bedeutung. Im Jahr 2006 befanden sich 50 % des Firmenkapitals amerikanischer Aktiengesellschaften in der Hand von Fonds (1970 waren es lediglich 19 %). In Großbritannien lag dieser Anteil sogar bei 70 % (25 % im Jahr 1963). Auch in anderen europäischen Ländern sind ähnliche Trends zu beobachten. Meist werden Fonds von Fondsverwaltern betrieben und kontrolliert, wobei die täglichen Investitionen von Investmentmanagern durchgeführt werden. Es ist also gut möglich, dass die endgültigen Nutznießer gar nicht wissen, an welchen Unternehmen sie beteiligt sind, sodass sie auch keine Möglichkeit haben, auf den Vorstand dieser Unternehmen direkt Einfluss zu nehmen.

Die Beziehungen innerhalb solcher Stufen der Corporate Governance können mithilfe des *Principal-Agent-Modells* verstanden werden.[15] In diesem Fall werden die Agenten von den Prinzipalen bezahlt, damit diese in ihrem Auftrag handeln, ebenso wie Hausbesitzer einen Makler mit dem Verkauf ihres Hauses beauftragen. In ▶ *Abbildung 5.5* sind die Nutznießer die endgültigen Prinzipale und die Fondsverwalter sind

---

14   Diese Definition basiert – in adaptierter Form – auf S. Jacoby, „Corporate governance and society", *Challenge*, Band 48, Nr. 4 (2005), S. 69–87.

15   Das Principal-Agent-Modell ist Teil der Agency-Theorie, welche sich innerhalb der Disziplin der Mikroökonomie entwickelt hat, heute aber, wie hier beschrieben, auch im Bereich Management häufig herangezogen wird. Zwei wichtige Literaturhinweise sind K. Eisenhardt, „Agency theory: an assessment and review", *Academy of Management Review*, Band 14, Nr. 1 (1989), S. 57–74; J.-J. Laffont und D. Martimort, „The Theory of Incentives: The Principal-Agent Model", *Princeton University Press*, 2002.

ihre Agenten, die eine gute Rendite für deren Investitionen erzielen müssen. Auf den unteren Stufen sind auch die geschäftsführenden Direktoren oder Vorstände von Unternehmen Prinzipale und die an sie berichtenden Manager der oberen Führungsebenen sind hier die Agenten. Zwischen den ultimativen Prinzipalen und den Managern am Ende gibt es viele Agentenschichten, wobei der Berichtsmechanismus zwischen den Schichten jeweils zur Unvollkommenheit neigt.

Berichte/Handlungen

Nutznießer

Eingeschränkte Berichte

Fondsverwalter

Berichte über die Performance der Investitionen

Investment-manager

Berichte von Investmentanalysten
Unternehmensinformationen
Kauf und Verkauf von Aktien

Board/Aufsichtsrat

Budgets/Ziele
Qualitatives Berichtswesen

Geschäfts-führende Direkto-ren/Vorstand

Budgets/Ziele
Qualitatives Berichtswesen

Manager der oberen Führungs-ebene

Budgets/vereinfachte Ziele
Betriebsberichte

Manager niedrigerer Führungsebenen

Abbildung 5.5: Die Stufen der Corporate Governance eines Unternehmens: typische Berichtsstrukturen
Quelle: Anpassung aus David Pitt-Watson, Hermes Fund Management.

Die Principal-Agent-Theorie nimmt an, dass Agenten nur dann gewissenhaft für Prinzipale arbeiten, wenn es sorgfältig ausgewählte, angemessene Anreize gibt. Aus ▶ *Abbildung 5.5* geht jedoch hervor, dass in großen Organisationen die geschäftsführende Direktoren/Vorstandsmitglieder und andere Manager, die für Strategie zuständig sind, oft sehr weit vom endgültigen Nutznießer der Unternehmensleistung entfernt sind. Unter solchen Umständen gibt es drei Risiken:

- *Wissens-Ungleichgewicht.* Meist wissen Agenten mehr über notwendige Handlungen innerhalb der Organisation als Prinzipale. Schließlich sind es eben die Agenten, die die tägliche Arbeit leisten und auch wegen ihrer einschlägigen Berufserfahrung eingestellt wurden.

- *Grenzen der Kontrolle.* Für Prinzipale ist es sehr schwierig, die Leistungen ihrer Agenten genau zu überwachen. Dieser Aspekt wird verstärkt, da Prinzipale in der Regel in vielen verschiedenen Bereichen Investitionen haben und ihre Aufmerksamkeit somit stark aufteilen müssen.

- *Fehlausrichtung von Anreizen.* Sind die Interessen der Agenten nicht ganz genau auf die Interessen der Prinzipale abgestimmt, kommt es zwangsläufig dazu, dass Agenten eigene Ziele verfolgen, die für sie lohnenswerter sind. Prinzipale führen zwar vielleicht Bonussysteme als Anreize für die von ihnen gewünschten Leistungen ein, doch Agenten können diese Systeme für sich nutzen. Sie könnten beispielsweise ihr Fachwissen einsetzen, um Bonusziele mit den Prinzipalen auszuhandeln, die in Wahrheit aber viel zu leicht zu erreichen sind.

Die Principal-Agent-Theorie betont daher besonders, wie wichtig es ist, dass die Prinzipale über genügend Wissen verfügen, dass es effektive Kontrollmechanismen und durchdachte Incentive-Programme gibt, um so sicherzustellen, dass in großen Organisationen und Konzernen tatsächlich die Zwecke und Ziele verfolgt werden, die von den Eigentümern festgelegt wurden. *Beispiel 5.2* fragt nach, welche Veränderungen dem von Skandalen gebeutelten Unternehmen Toshiba helfen könnten, weitere Fehler bei der Unternehmensführung zu vermeiden.

Beispiel 5.2 **Skandal bei Toshiba: alles nur Schönfärberei**

Weil um jeden Preis die Gewinnziele erfüllt werden mussten, fälschte der Großkonzern aus Japan seine Bücher.

Toshiba ist einer der größten Konzerne Japans und auf den verschiedensten Märkten aktiv: Informationstechnologie, Stromversorgung, Elektroteile, Unterhaltungselektronik, medizinische Geräte, Büroausstattung, Beleuchtungssysteme und Logistik. 2015 lag die Verteilung von Toshibas Aktionären etwa zu gleichen Teilen bei Investoren aus dem Ausland, Einzelinvestoren aus Japan und japanischen Finanzinstituten. Größter Investor mit knapp 5 % des gesamten Aktienvolumens war die Master Trust Bank of Japan, ein großes auf Asset Management spezialisiertes Institut, das Teil des Großkonzerns Mitsubishi Trust and Banking Corporation und der Nippon Life Insurance ist.

Toshiba schien ein Vorzeigemodell guter Corporate Governance zu sein. Als eine der ersten Firmen hatte Toshiba schon entsprechende Corporate-Governance-Reformen eingeleitet. Zunächst wurden 2001 drei externe Direktoren eingestellt, die die formale Autorität besaßen, Top-Manager zu ernennen und ein Kontrollkomitee zur Überwachung des Managements einzusetzen, 2013 landete Toshibas Corporate-Governance-System auf Rang neun einer Liste aller 120 börsennotierten japanischen Unternehmen, die vom Corporate Governance Network, einer gemeinnützigen Organisation zusammengestellt worden war.

Eine der größten Anwaltskanzleien Japans, Mori Hamada & Matsumoto, veröffentlichte sogar eine Fallstudie über Toshiba als Musterbeispiel für gute Unternehmensführung.

Anfang 2015 allerdings, bat Seiya Shimaoka, interner Wirtschaftsprüfer bei Toshiba, erstmals den Leiter des Kontrollkomitees Makoto Kubo, die Bücher von Toshibas Laptop-Geschäft zu überprüfen. Kubo weigerte sich, genauer nachzuforschen und warnte nur, Toshiba würde dadurch die Meldefrist für seine Umsätze versäumen. Bald wurde jedoch deutlich, dass die Gewinne aus dem Laptop-Geschäft von Toshiba um ein Vielfaches zu hoch ausgewiesen wurden. Tatsächlich war der einzige wirklich gewinnbringende Geschäftsbereich des Unternehmens die Herstellung von Halbleitern – in allen anderen Bereichen war es seit Jahren zu einer Überzeichnung der Gewinne gekommen. Die Summe der zu viel ausgewiesenen Gewinne belief sich insgesamt auf stolze 900 Mio. €

Schnell wurde klar, dass der Leiter des Kontrollkomitees schon seit 2008 von der Überzeichnung der Gewinne gewusst hatte – damals war das Unternehmen nach der globalen Finanzkrise erstmals unter Druck geraten. Der Zusammenbruch des Atomkraftgeschäfts von Toshiba im Jahr 2011 in Folge des Tsunamis und des Atomkraftwerkunfalls in Fukushima führte zu weiteren Fehlmeldungen in erheblichem Umfang. Die langjährige Geschäftsleitung war entschlossen, die hochgesteckten finanziellen Ziele der einzelnen Geschäftsbereiche zu erreichen. Ein unabhängiger Ausschuss, der den Finanzskandal bei Toshiba untersuchte, erklärte dazu:

> *„Bei Toshiba herrschte eine Unternehmenskultur vor, in der niemand gegen die Wünsche der obersten Führungsriege aufbegehren konnte – Wurden ihnen also von den Top-Managern „Herausforderungen" gestellt, so fälschten Bereichsleiter, Abteilungsleiter und Mitarbeiter beständig Zahlen und Rechnungen, um die von oben festgelegten Ziele erreichen zu können."*

Nachdem klar geworden war, dass die Meldung überzeichneter Gewinne dem Management seit Jahren bekannt gewesen war, wurde im September 2015 eine ganze Reihe Manager entlassen. Hsiao Tanaka, CEO, und Makoto Kubo, Leiter des Kontrollkomitees bei Toshiba, traten beide zurück. Zwei weitere langjährige Aufsichtsratsmitglieder traten ebenfalls zurück, ein ehemaliger CEO und ein ehemaliger Präsident des Unternehmens. Der Aktienkurs der Firma, der auf die Nachricht der überzeichneten Gewinne hin um 20 % gefallen war, erholte sich daraufhin etwas. Die Zahlen wurden korrigiert und Toshiba musste Ende 2015 Verluste in Höhe von 4,5 Mrd. $ ausweisen sowie 6.800 Stellen abbauen. Kleininvestoren aus Japan gaben an, Toshibas Führungsriege wegen ihrer Verluste verklagen zu wollen. Die zuständige Aufsichtsbehörde belegte Ernst&Young, das für Toshiba zuständige Wirtschaftsprüfungsunternehmen, wegen seiner Versäumnisse mit einem Bußgeld in Höhe von 17 Mio. $.

Quellen: BBC News, 21. Juli 2015 und 21. Dezember 2015; Financial Times, 21. Juli 2015.

5.3.2 Verschiedene Governance-Strukturen

Oft wird ein Unternehmen von einem Vorstand oder einer Geschäftsführung geleitet. Die gesetzlich festgelegte Hauptverantwortung dieses Vorstands liegt darin, sicherzustellen, dass eine Organisation die Wünsche und Anforderungen der wichtigsten Interessengruppen erfüllt. Wer diese wichtigsten Interessengruppen sind, ist jedoch ganz unterschiedlich. In einigen Teilen der Welt sind dies auf dem privaten Sektor ganz klar die Aktionäre, anderswo gibt es aber eine breitere und differenziertere Interessengruppenbasis. Im öffentlichen Sektor ist die Leitung einer Organisation dem politischen Arm der Regierung verantwortlich – meist durch eine zwischengelagerte „Agentur" wie etwa eine staatliche Finanzbehörde. Diese Unterschiede führen auch zu Unterschieden in der Art und Weise, wie Unternehmen operieren, wie die Zielsetzungen einer Organisation gelagert sind und wie Strategien entwickelt werden. Auch die Rolle und Zusammensetzung der Vorstände variieren stark.

Auf allgemeinster Ebene gibt es zwei Governance-Strukturen": das Aktionärsmodell (oder Shareholder-Modell) und das Stakeholder-Modell.[16] In verschiedenen Teilen der Welt sind diese beiden Modelle mehr oder weniger weit verbreitet.

Das Shareholder-Modell der Unternehmensführung

Hier stehen die Aktionäre ganz legitim an erster Stelle, was das Vermögen angeht, das von Unternehmen erzeugt wird. Befürworter argumentieren, dass eine Maximierung des Shareholder Value auch anderen Interessengruppen von Nutzen ist. Der Aktienbesitz ist diversifiziert, jedoch wird ein großer Anteil der Aktien von Finanzinstituten gehalten. Der Aktienhandel stellt – zumindest im Prinzip – einen regulierenden Mechanismus der Maximierung des Shareholder Value dar, denn unzufriedene Aktionäre können ihre Aktien jederzeit verkaufen, sodass der Aktienkurs sinken und die Gefahr von Übernahmen erfolgloser Unternehmen steigen würde.

Gute Beispiele für das Shareholder-Modell sind die Volkswirtschaften der USA und Großbritanniens. Unternehmen in den USA haben meist eine einschichtige Board-Struktur, wobei die Mehrheit der Mitglieder nicht am Management beteiligt ist. Dieser Schwerpunkt auf externen Mitgliedern soll die Unabhängigkeit des Vorstands stärken und ihm seine wichtigste Aufgabe, im Namen der Aktionäre die Handlungen des Unternehmens zu beaufsichtigen, erleichtern. Doch natürlich birgt dies auch Probleme. Denn der Vorstandschef spielt häufig eine zentrale Rolle bei der Auswahl der externen Vorstandsmitglieder, was die gewünschte Unabhängigkeit sehr infrage stellt. Außerdem kann es sein, dass externe Mitglieder nicht ausreichend Zeit haben oder die Probleme des Unternehmens nicht wirklich kennen.[17]

---

16 Innerhalb dieser weit gefassten Klassifizierung gibt es weitere Modelle. Das marktorientierte System, das langfristige Investorensystem (A. Murphy und K. Topyan, „Corporate governance: a critical survey of key concepts, issues, and recent reforms in the US", *Employee Responsibility and Rights Journal*, Band 17, Nr. 2 (2005), S. 75–89) ist dem Aktionärsmodell ähnlich, da es Ansichten wie den diversifizierten Aktienbesitz und Übernahmen als Mechanismus der Unternehmenskontrolle unterstützt. Das System langfristiger Investoren und das Rhein-Modell (M. Albert, „Capitalism against Capitalism", *Whurr Publishers*, 1992) ähneln dem Interessengruppenmodell mit einer Philosophie der einvernehmlichen Arbeit am Erfolg der Gruppe mit Merkmalen wie der direkten Mitsprache der Interessengruppen im Vorstand und Gewerkschaften, die sich die Macht mit dem Management teilen.

17 Aus einer Umfrage von Korn/Ferry International Survey zitiert von K. Keasey, S. Thompson und M. Wright, „Corporate Governance: Accountability, Enterprise and International Comparisons", *Wiley*, 2005.

Auch in Großbritannien ist die Board-Struktur einschichtig, wobei die Ämter des Vorstandschefs und des Firmenchefs meist getrennt sind. Der Vorsitzende des Boards ist dabei meist ein firmenexternes Mitglied. Der Anteil der am Management beteiligten Mitglieder des Vorstands liegt bei großen Unternehmen üblicherweise zwischen einem Drittel und der Hälfte der Mitglieder insgesamt. Das Board spielt eine zentrale Rolle und muss das Unternehmen zum einen voranbringen, zum anderen aber auch im Namen der Aktionäre beaufsichtigen.

Es gibt Argumente für und gegen das Shareholder-Modell. Die *positiven Argumente* lauten:

- *Vorteile für Investoren.* Im Vergleich zum Stakeholder-Modell erzielen die Investoren hier höhere Renditen. Auch können sie durch eine Diversifizierung ihres Aktienbesitzes auf dem Aktienmarkt, wo Aktien schnell ge- und verkauft werden können, ihr Risiko senken.

- *Vorteile für die Wirtschaft.* Da es das System den Aktionären erleichtert, höhere Risiken einzugehen, ist es wahrscheinlicher, dass dadurch Wirtschaftswachstum, Entrepreneurship und Innovation gefördert werden. Investoren lassen sich leichter darauf ein, mehr Geld zu geben, wenn sie durch Diversifizierung ihr Risiko senken und gegebenenfalls ihre Aktien schnell wieder verkaufen können.

- *Vorteile für das Management.* Die Trennung von Eigentum und Management sorgt dafür, dass strategische Entscheidungen sich objektiver auf die potenziell unterschiedlichen Anforderungen und Beschränkungen von Finanz-, Arbeits- und Verbrauchermärkten einstellen können. Diversifizierter Aktienbesitz bedeutet auch, dass kein einzelner Aktionär Unternehmensentscheidungen kontrollieren kann, vorausgesetzt, das Unternehmen ist erfolgreich.

Einige der *Gegenargumente* sind:

- *Nachteile für Investoren.* Diversifizierter Aktienbesitz verhindert eine genaue Überwachung des Managements. Das könnte zur Folge haben, dass Manager einen Teil des Shareholder Value zugunsten ihrer eigenen Interessen opfern. So könnten Firmenchefs danach streben, durch Fusionen, die keinen Mehrwert bringen, ihr eigenes Ego und Image zu stärken.

- *Nachteile für die Wirtschaft – das Risiko der kurzfristigen Ausrichtung.* Fehlende Kontrolle des Managements kann dazu führen, dass Manager Entscheidungen treffen, die ihre eigene Karriere vorantreiben (etwa durch eine Beförderung). Dies und die Gefahr von Übernahmen kann Manager dazu bringen, sich auf Kosten langfristiger Projekte nur auf kurzfristige Gewinne zu konzentrieren.[18]

- *Die Reputation des Unternehmens und die Gier der Top-Manager.* Fehlende Kontrolle der Manager macht es Top-Managern möglich, sich hohe Leistungsvergütungen in Form von Gehältern, Boni und Aktienoptionen auszubezahlen. Manager in den USA verfügen über ein 531-mal höheres Einkommen als ihre Angestellten. In Japan dagegen sind Managementgehälter nur etwa zehnmal so hoch wie normale Gehälter.[19]

---

18 Siehe Keasey *et al.* (reference 17) und ebenso J. A. McCahery, P. Moerland, T. Raijmakers und L. Renneboog, „Corporate Governance Regimes: Convergence and diversity", *Oxford University Press*, 2002.
19 Siehe S. Jacoby (2005) (siehe Fußnote 2).

Das Stakeholder-Modell der Unternehmensführung

Ein alternatives Modell der Unternehmensführung ist das Stakeholder-Modell. Es basiert auf dem Prinzip, dass Vermögen von einer Vielzahl an Interessengruppen erzeugt, bewahrt und verteilt wird. Dazu gehören natürlich die Aktionäre, aber auch andere Investoren wie etwa Banken sowie Mitarbeiter oder deren Gewerkschaftsvertreter. So gesehen muss sich das Management auf viele Interessengruppen einstellen, die selbst auch in offiziellen Gremien vertreten sein können (siehe *Beispiel 5.3* über Volkswagen).

Die *Vorteile* des Stakeholder-Modells sind:

- *Vorteile für Interessengruppen.* Zum einen wird argumentiert, dass die vielfältigen Interessen der Interessengruppen hier berücksichtigt werden. Außerdem verhindere der große Einfluss der Mitarbeiter ganz besonders risikoreiche Entscheidungen und Investitionen, denn die Mitarbeiter sind ganz und gar von ihrer Organisation abhängig und müssten sonst fürchten, ihre Arbeitsstelle zu verlieren.

- *Vorteile für Investoren.* Ein vielleicht ironisch anmutendes Argument lautet, dass es gerade Blockinvestitionen sind, die vielerlei wirtschaftliche Vorteile haben. So kann das Management unter Umständen genauer überwacht werden und die großen Investoren haben besseren Zugang zu firmeninternen Informationen. Verfügen nur wenige Blockinvestoren über Macht und Einfluss, so kann im Falle von Fehlentscheidungen des Managements auch schneller eingegriffen werden.

- *Langfristige Ausrichtung.* Ein weiteres Argument lautet, dass große Investoren – Banken oder andere Firmen beispielsweise – ihre Investitionen als etwas Langfristiges ansehen, sodass der Druck kurzfristiger Erfolge sinkt[20] und eine langfristig gute Leistung mehr in den Vordergrund tritt. Dies kann langfristig gesehen sogar zu höheren Erträgen für die Aktionäre führen.

Doch es gibt auch *Argumente, die gegen das Stakeholder-Modell sprechen*:

- *Nachteile für das Management.* Eine zu genaue Überwachung kann zu übermäßiger Einmischung führen, sodass sich Entscheidungsprozesse verlangsamen und das Management bei wichtigen Entscheidungen seine Objektivität verliert.

- *Nachteile für Investoren.* Wenn Aktionäre weniger Druck ausüben können, werden langfristige Investitionen in Projekte vorgenommen, deren Renditen unter den Markterwartungen liegen.

- *Nachteile für die Wirtschaft.* Es gibt weniger Alternativen zur Finanzmittelbeschaffung, sodass die Wachstumsmöglichkeiten und die Möglichkeiten unternehmerischer Tätigkeit und innovativer Projekte begrenzt sind.

Das Stakeholder-Modell berücksichtigt die Tatsache, dass alle Organisationen innerhalb eines komplexen Netzwerks an Beziehungen agieren, die nicht nur auf wirtschaftliche Belange ausgerichtet sind. Wie in *Kapitel 2* beschrieben, bewegen sich Organisationen innerhalb von *Organisationsfeldern*, in denen es neben dem reinen

---

20 Die zu kurzfristige Ausrichtung ist ein Problem mit anglo-amerikanischer Tradition und steht dem Rhein-Modell gegenüber, das in Deutschland, der Schweiz, den Beneluxländern und anderen nordeuropäischen Ländern weiter verbreitet ist. Siehe M. Albert, „The Rhine model of capitalism: an investigation", in W. Nicoll, D. Norburn und R. Schoenberg (Hrsg.), „Perspectives on European Business", *Whurr Publishers*, 1995.

Gewinn auch auf *Legitimität* ankommt.[21] Legitimität bedeutet hier in der Regel mehr als reine Gesetzestreue, es geht auch darum, die Normen angemessenen Verhaltens zu befolgen, die von den Mitgliedern des institutionellen Umfelds der Organisation vorgegeben werden (z.B. Regierungen, Aufsichtsbehörden, Gewerkschaften und Kunden, aber auch Aktionäre). Legitimität ist ein allumfassendes Konzept, das sowohl Gewinnorientierung als auch ethisches Verhalten und Fairness gegenüber allen Interessengruppen beinhaltet. Selbst für eine Organisation, die nicht ausdrücklich gemäß dem Stakeholder-Modell agiert, ist es meist wichtig, dass ihre Strategien legitim sind, d.h. die Erwartungen aller wichtigen Interessengruppen bezüglich angemessenen Verhaltens erfüllen. Natürlich müssen sich auch Unternehmen, die dem Shareholder-Modell folgen, um Legitimität bemühen, wenn sie Ärger mit Aufsichtsbehörden, verärgerten Kunden und unmotivierten Mitarbeitern vermeiden wollen.

5.3.3 Wie Führungs- und Kontrollgremien Strategie beeinflussen

Natürlich ist die Rolle des Vorstands ein zentrales Thema der Unternehmensführung. Da dieser letztendlich die gesamte Verantwortung für Erfolg und Misserfolg eines Unternehmens trägt, muss sich auch der Vorstand mit dem Thema Strategie auseinandersetzen.

Beim angelsächsisch-geprägten Shareholder-Modell gibt es in der Regel eine einstufige Struktur – im Kontrollgremium eines Unternehmens (Board) sitzen eine Reihe von externen Mitgliedern, die keine direkte Führungsverantwortung haben, aber im Namen der Aktionäre Kontrolle ausübt. Die Tatsache, dass diese Mitglieder von außerhalb des Unternehmens kommen, soll für mehr Unabhängigkeit sorgen und die Interessen der Aktionäre optimal schützen.

Beim Stakeholder-Modell kann es auch zu einer zweistufigen Struktur des Kontrollorgans kommen. So muss es in Deutschland in Unternehmen mit mehr als 500 Mitarbeitern einerseits einen Aufsichtsrat und andererseits einen Vorstand geben (siehe Volkswagen, *Beispiel 5.3*). Der Aufsichtsrat vertritt die Interessen der verschiedenen Stakeholder (z.B. der Mitarbeiter, der Banken und auch der Aktionäre). Gemeinsam mit den Managern ist der Vorstand für die strategische Planung und die operative Führung des Unternehmens zuständig – sehr wichtige Entscheidungen, wie etwa Fusionen oder Übernahmen erfordern zusätzlich die Zustimmung des Aufsichtsrats.

Zwei Themen sind hier von besonderer Bedeutung:

- Das strategische Management kann voll und ganz *an das Management delegiert* werden – wobei das Board lediglich über Vorhaben und Entscheidungen informiert wird und diese genehmigt. Hier erfordert die „Verwalterrolle" des Boards Prozesse zur Sicherstellung, dass die Zielsetzungen der Organisation und ihre Strategien nicht auf Kosten anderer Interessengruppen – insbesondere der Eigentümer – vom Management „vereinnahmt" werden. Der Enron-Fall ist hier ein extremes Beispiel.

- Das Board kann sich *mit dem Management zusammen in den strategischen Managementprozess einbringen*. Dies birgt jedoch zahlreiche praktische Probleme

---

21 R. Greenwood, M. Raynard, F. Kodeih, E. Micelotta und M. Lounsbury, „Institutional complexity and organisational responses", *Academy of Management Annuals*, Band 5, Nr. 1 (2011), S. 317–71.

wie etwa die verfügbare Zeit und das verfügbare Wissen (besonders) der externen Boardmitglieder, um diese Aufgabe optimal erfüllen zu können. Solche Probleme lassen sich besonders in wohltätigen oder gemeinnützigen öffentlichen Organisationen beobachten, deren Führungsgremien und Verwaltungen sich ganz der guten Sache verschrieben haben und gerne aktiv werden möchten, aber nur wenig konkretes Wissen mitbringen.

In den Richtlinien, die immer häufiger von Regierungen[22] festgelegt oder auch von Beobachtern befürwortet werden, um sicherzustellen, dass Boards im Interesse ihrer Aktionäre und Nutznießer handeln, tauchen immer wieder ähnliche Themen auf:

- Boards müssen möglichst *„unabhängig" vom Management* eines Unternehmens arbeiten. Die Rolle der externen Boardmitglieder, die nicht direkt am Management beteiligt sind, wird also immer wichtiger.

- Boards müssen *in der Lage sein, die Aktivitäten der Manager genau zu überwachen.* Die kollektive Erfahrung des Boards, seine Ausbildung und die ihm zur Verfügung stehenden Informationen sind also von zentraler Bedeutung.

- Boardmitglieder müssen ausreichend *Zeit* haben, ihre Aufgaben angemessen zu erfüllen. Also gilt es auch zu bedenken, ob die Anzahl der Board-Mitgliedschaften, die eine Einzelperson innehaben kann, begrenzt werden soll.

- Am meisten kommt es jedoch auf das *Verhalten des Boards* und seiner Mitglieder an,[23] gleichgültig welche strukturellen Vereinbarungen getroffen wurden. Wichtig sind etwa Respekt, Vertrauen, „konstruktive Reibung" zwischen den Boardmitgliedern, ein fließendes Rollenverständnis, die Verantwortung des Einzelnen und der Gruppe sowie die Bewertung der Leistungen der einzelnen Mitglieder und des gesamten Vorstands.

Beispiel 5.3   **Führungskrise bei Volkswagen?**

Im Frühjahr 2015 wurde die Welt Zeuge einer Führungskrise bei einem der größten Autohersteller der Welt. Im Herbst folgte der große Skandal.
Die Volkswagen-Gruppe wurde 1937 gegründet, um den berühmten ersten VW Käfer zu bauen, den der geniale Ingenieur Ferdinand Porsche entworfen hatte. Das Automobil-Unternehmen der Familie Porsche hielt einen Firmenanteil, der bis zum Jahr 2009 schließlich auf 50,7 % angewachsen war. In diesem Jahr festigte VW diese Geschäftsbeziehung noch weiter, indem es einer Übernahme der Firma Porsche zustimmte. So entstand der weltweit zweitgrößte Automobil-Konzern. Dem Bundesland Niedersachsen, in dem das große VW-Werk Wolfsburg liegt, gehört ein Firmenanteil von 20 %. Externe Investoren halten dagegen nur 12 % der Firmenanteile.

---

22 In den USA: der Sarbanes-Oxley Act (2002). In Großbritannien: D. Higgs, „Review of the role and effectiveness of nonexecutive directors", *Ministerium für Handel und Industrie*, 2003.

23 Siehe D. Norburn, B. Boyd, M. Fox und M. Muth, „International corporate governance reform", *European Business Journal*, Band 12, Nr. 3 (2000), S. 116–133, und J. Sonnenfeld, „What makes great boards great", *Harvard Business Review*, Band 80, Nr. 9 (2002), S. 106–113.

Die Führungskrise im Frühjahr 2015 drehte sich hauptsächlich um ein Mitglied der Familie Porsche: Ferdinand Piëch. Von 1993 bis 2002 war Piëch Vorstandsvorsitzender von VW gewesen und übernahm danach den Posten des Aufsichtsratsvorsitzenden. Piëch war ein Cousin von Wolfgang Porsche, der auch im Aufsichtsrat saß. Piëchs Ehefrau, die früher als Erzieherin gearbeitet hatte, war ebenso ein Mitglied des Aufsichtsrats wie auch zwei seiner Nichten. Die Hälfte der 20 Aufsichtsratsmitglieder sind Arbeitnehmervertreter, zwei Mitglieder sind Vertreter der Landesregierung Niedersachsens, 17 Mitglieder sind Deutsche oder Österreicher, ein Mitglied vertrat eine schwedische Bank und zwei weitere vertraten die Interessen des Staates Katar.

Seit 2007 gab es Differenzen zwischen Piëch und dem damaligen Vorstandsvorsitzenden von VW Martin Winterkorn bezüglich der Strategie und der Leistungen des Unternehmens. Bei seiner Ernennung zum CEO hatte Winterkorn „seine" „Strategie 2018" verkündet, die darauf abzielte, VW bis zum Jahr 2018 zum größten Autohersteller der Welt zu machen. Winterkorn hatte es geschafft, die Firmenumsätze um über 50 % zu steigern und die Autos der Volkswagengruppe konnten unter seiner Leitung fünf Mal in Folge die Auszeichnung World Car of the Year gewinnen. Trotzdem war Piëch in dieser Zeit angeblich enttäuscht über zu geringe Gewinnmargen, sinkende Verkaufszahlen in den USA und die gescheiterte Entwicklung eines preisgünstigen Automodells für China. Der Streit wurde zunächst hinter verschlossenen Türen ausgetragen, doch schließlich triumphierte Winterkorn und Piëch musste Ende April seinen Hut nehmen.

Martin Winterkorn, der sich bei diesem Streit durchgesetzt hatte, signalisierte nun, er wolle die bisherigen internen Querelen hinter sich lassen:

> „Es wurde viel geschrieben über unsere angeblichen Probleme und dringend notwendige Verbesserungen … doch lassen Sie sich davon nicht täuschen. Wir wissen genau, was zu tun ist, – und wir haben schon vor geraumer Zeit damit begonnen. Der Aufsichtsrat hat uns bei jedem Schritt unseres Weges unterstützt."

Im September 2015 jedoch, gab die US-Umweltbehörde EPA bekannt, Volkswagen habe gegen das US-Gesetz gegen Luftverschmutzung, den Clean Air Act verstoßen. Man hatte herausgefunden, dass VW seine Dieselmotoren mit einer sogenannten „Abschalteinrichtung" ausgestattet hatte. Mithilfe dieses Mechanismus konnten die Motoren während eines regulären Testlaufs die niedrigen Höchstgrenzen für den Stickoxid-Ausstoß einhalten. Im tatsächlichen Alltagsgebrauch dagegen stießen die Fahrzeuge bis zu 40 Mal mehr Stickoxid aus. Stickoxid ist ein Luftschadstoff mit gravierender Wirkung, der Studien zufolge sogar potenziell tödliche Erkrankungen wie Emphyseme oder Bronchitis verursachen kann. Zwischen 2009 und 2015 stattete VW etwa 11 Mio. seiner Fahrzeuge weltweit mit dieser Abschalteinrichtung aus. Schätzungen zufolge könnten sich die Gesamtkosten durch Rechtsklagen, Umrüstung betroffener Fahrzeuge und behördliche Geldbußen auf insgesamt 24 Mrd. € belaufen.

Einige Tage nach der Bekanntmachung der EPA trat Martin Winterkorn als CEO zurück. Zwar gab er an, von der Installation der Abschaltmechanismen nichts gewusst zu haben, dennoch war er die letztendlich verantwortliche Führungskraft bei VW gewesen. Man warf ihm vor, durch seine aggressive Expansionsstrategie übermäßige Risikobereitschaft begünstigt und eine Firmenkultur geschaffen zu haben, in der jeder den Blick nur nach innen und auf die eigenen Belange richtete. Volkswagen gab bekannt, Hans Dieter Pötsch übernehme den Posten des Aufsichtsratsvorsitzenden (der seit dem Rücktritt Piëchs im April unbesetzt war). Pötsch war seit 2003 Finanzchef bei VW gewesen. Nachfolger von Winterkorn wurde Matthias Müller, der seine gesamte berufliche Laufbahn bei VW verbracht hatte.

Quellen: Financial Times, 26. April 2015; 5. Mai 2015 und 4. Oktober 2015.

5.4 Unternehmensethik und soziale Verantwortung[24]

Der Diskussion über Corporate Governance liegt das Thema zugrunde, das schon in der Einführung behandelt wurde. Besteht die Zielsetzung einer Organisation und ihrer Strategie darin, einer wichtigen Interessengruppe wie etwa den Aktionären zu nützen, oder soll sie einem größeren Kreis an Interessengruppen dienen? Daraus ergibt sich wiederum die Frage, welche Erwartungen die Gesellschaft an eine Organisation hat und wie diese sich auf deren Zwecke auswirken. Immer mehr Staaten und Regierungen vertreten die Meinung, dass diese Erwartungen nicht allein durch die Festlegung von Regeln erfüllt werden können. Hier kommt außerdem das Thema der Wirtschaftsethik ins Spiel, die auf zwei verschiedenen Ebenen existiert:

- Auf *makroökonomischer Ebene* gibt es Themen, die sich auf die Rolle von Unternehmen und anderen Organisationen innerhalb der Gesellschaft beziehen. Die Erwartungen hierzu reichen von einer freien Unternehmenskultur im Laissez-faire-Stil auf der einen Seite bis hin zu genauen, engmaschigen Vorgaben aus der Gesellschaft auf der anderen Seite. Bei der grundlegenden ethischen Einstellung einer Organisation geht es um ihre *soziale Verantwortung.*

- Auf der *Ebene des Einzelnen* bezieht sich Unternehmensethik auf das Verhalten und die Handlungen von Einzelpersonen innerhalb einer Organisation. Dieses Thema ist für das Management von Organisationen allgemein von großer Bedeutung, hier wird darauf aber in Bezug auf die Rolle der Manager innerhalb des strategischen Managementprozesses eingegangen.

---

24 Immer wieder gibt es neue Literatur zum Thema Unternehmensethik. Nützliche Einblicke hierzu gewähren P. Werhane und R. E. Freeman, „Business ethics: the state of the art", *International Journal of Management Research*, Band 1, Nr. 1 (1999), S. 1–16. Dies ist eine gute Zusammenfassung der jüngsten Veröffentlichungen zur Wirtschaftsethik. Aktive Manager können sich auch B. Kelley, „Ethics at Work", *Gower*, 1999 zuwenden. Hier sind viele in diesem Abschnitt behandelte Themen abgedeckt und auch die Richtlinien des Institute of Management über ethisches Management werden behandelt. Siehe auch M. T. Brown, „Corporate Integrity: Rethinking organizational ethics and leadership", *Cambridge University Press*, 2005.

5.4.1 Corporate Social Responsibility – die soziale Verantwortung eines Unternehmens

Das Regelwerk des Umfelds und die Governance-Struktur einer Organisation legen ihre Mindestverpflichtungen gegenüber ihren Interessengruppen fest.

Die **soziale Verantwortung eines Unternehmens** *(Corporate social responsibility)* bezieht sich auf die Art und Weise, in welcher eine Organisation über ihre rechtlich festgelegten Mindestverpflichtungen gegenüber ihren Interessengruppen hinausgeht. Die rechtlichen Regelwerke, innerhalb derer Organisationen agieren, achten die Rechte verschiedener Interessengruppen in sehr unterschiedlichem Maß. *Vertraglich gebundene Interessengruppen* wie Kunden, Zulieferer oder Mitarbeiter haben beispielsweise eine Rechtsbeziehung zu einer Organisation, wohingegen *allgemeine Interessengruppen* – lokale Gemeinden, Konsumenten (im Allgemeinen) oder andere Interessengruppen – nicht unter dem Schutz des Gesetzes stehen.[25] Die soziale Verantwortung der Unternehmen ist für diese allgemeinen Interessengruppen von besonderer Bedeutung.

> **Soziale Verantwortung eines Unternehmens**
>
> Die soziale Verantwortung eines Unternehmens (corporate social responsibility) bezieht sich auf die Art und Weise, in welcher eine Organisation über ihre rechtlich festgelegten Mindestverpflichtungen gegenüber ihren Interessengruppen hinausgeht.

Verschiedene Organisationen nehmen bezüglich ihrer sozialen Verantwortung sehr unterschiedliche Haltungen ein. Diese verschiedenen Haltungen werden auch dadurch reflektiert, wie sie das Management einer solchen Verantwortung handhaben. ▶ *Abbildung 5.6* zeigt vier Stereotypen, um diese Unterschiede zu verdeutlichen. Die Liste der berücksichtigten Interessen der Interessengruppen wird hier von Position zu Position immer umfassender und auch die Bandbreite der Kriterien, die zur Bewertung von Leistung und Strategien herangezogen wird, wird immer größer. Die darauffolgende Diskussion erklärt, wie sich diese Haltungen in den Aktivitäten von Unternehmen widerspiegeln.[26]

Die *Laissez-faire-Position* stellt eine extreme Haltung dar, denn hier vertreten die Organisationen die Ansicht, dass die einzige Verantwortung eines Unternehmens darin besteht, die kurzfristigen Interessen der Aktionäre zu berücksichtigen und „Gewinn zu machen, Steuern zu bezahlen und Arbeitsplätze zur Verfügung zu stellen".[27] Es obliegt der Regierung, durch Gesetzgebung und Regulierung Beschränkungen festzulegen, die die Gesellschaft den Unternehmen in ihrem Streben nach wirtschaftlicher Effizienz nach eigenem Ermessen auferlegt. Die Organisationen halten sich an dieses Mindestmaß an Verpflichtungen – mehr aber auch nicht. Erwartet man von den Unternehmen, soziale Pflichten zu übernehmen, die über dieses Mindestmaß hinausgehen, so kann das im Extremfall die Autorität des Staates untergraben.

---

25 J. Charkham, „Corporate governance lessons from abroad", *European Business Journal*, Band 4, Nr. 2 (1992), S. 8–16.

26 Basierend auf einer Forschungsarbeit des Center for Corporate Citizenship at the Boston College, dargestellt in P. Mirvis und B. Googins, „Stages of corporate citizenship", *California Management Review*, Band 48, Nr. 2 (2006), S. 104–126.

27 Als Zusammenfassung der Argumentation Milton Friedmans wird oft zitiert: M. Friedman, „The social responsibility of business is to increase its profits", *New York Times Magazine*, 13. September (1970).

	Laissez-faire	Aufgeklärtes Selbstinteresse	Forum für Interaktionen der Interessengruppen	Gestalter der Gesellschaft
Grundprinzip	Gesetzeskonformität: Gewinn machen, Steuern zahlen und Arbeitsplätze anbieten	Vernünftiger Geschäftssinn	Nachhaltigkeit oder dreifacher Endgewinn	Veränderung von Markt und Gesellschaft
Führungsstil	Dezentral	Unterstützend	Sich einsetzend	Visionär
Management	Verantwortung beim mittleren Management	Systeme sorgen für optimale Umsetzung	Verantwortung beim Vorstand: Überwachung innerhalb der gesamten Organisation	Verantwortung liegt bei jedem Einzelnen innerhalb der gesamten Organisation
Verhalten	Defensiv gegenüber Druck von außen	Reaktiv gegenüber Druck von außen	Proaktiv	Definierend
Beziehung zu Interessengruppen	Einseitig	Interaktiv	Partnerschaft	Allianzen zwischen mehreren Organisationen

Abbildung 5.6: Positionen bezüglich der sozialen Verantwortung von Unternehmen

Diese Position kann von Führungskräften bezogen werden, die ideologisch von ihr überzeugt sind, oder von kleineren Unternehmen, die keine ausreichenden Ressourcen besitzen, um mehr als die Mindestanforderungen zu erfüllen. Aktivitäten für das Allgemeinwohl der Gesellschaft werden im Hinblick auf die Verbesserung der Rentabilität gerechtfertigt.[28] Eine solche Situation liegt vor, wenn einem Unternehmen beispielsweise soziale Verpflichtungen als Voraussetzung für die Erlangung neuer Verträge (wenn etwa von Zulieferern an Organisationen der öffentlichen Hand eine Personalpolitik der Chancengleichheit verlangt wird) oder zur Verteidigung seines guten Rufs auferlegt wurden. Die Verantwortung für solche Entscheidungen liegt typischerweise bei den Managern der mittleren Führungsebene oder Abteilungsleitern und nicht bei den obersten Führungskräften, denn diese sehen diese Rolle nicht als Teil ihrer Aufgabe. Die Beziehungen zu den Interessengruppen sind hier höchstwahrscheinlich eher einseitig und nicht interaktiv. Natürlich besteht bei dieser Einstellung die Gefahr, dass die Gesellschaft von den Unternehmen etwas ganz anderes erwartet. Tatsächlich steigen die Erwartungen der Gesellschaft an große Organisationen und es zeigt sich, dass sich die Firmenchefs dessen durchaus bewusst sind und auch die Ansicht teilen, dass Organisationen in sozialen Belangen aktiver sein sollten.[29]

---

28   Siehe A. McWilliams und D. Seigel, „Corporate social responsibility: a theory of the firm perspective", *Academy of Management Review*, Band 26 (2001), S. 117–127.

29   Siehe „The State of Corporate Citizenship in the US: A view from inside", *2003–2004*, Center for Corporate Citizenship, *Boston College*; auch dargelegt in Mirvis und Googins, Fußnote 31.

Das *aufgeklärte Selbstinteresse* ist geprägt vom Erkennen des *langfristigen finanziellen Nutzens für den Aktionär* durch gut gemanagte Beziehungen zu anderen Interessengruppen. Die Rechtfertigung für soziales Handeln liegt darin, dass es auch wirtschaftlich gesehen sinnvoll ist. Die *Reputation*[30] einer Organisation ist entscheidend für ihren langfristigen finanziellen Erfolg und es muss ein Geschäftsplan für eine aktivere Haltung in Bezug auf soziale Belange entwickelt werden, um zum Beispiel neue Mitarbeiter gewinnen und halten zu können. Hier können philanthropische Aktionen[31] einer Organisation oder ihr Handeln für das Gemeinwohl durchaus als vernünftige Investition gesehen werden, die mit anderen Investitions- oder Werbeausgaben vergleichbar ist. Die finanzielle Förderung wichtiger Sport- oder Kunstveranstaltungen ist hier als Beispiel zu nennen. Außerdem ist es wichtig, fragwürdige Marketingaktionen zu meiden, damit es auf diesem Gebiet keine zusätzlichen gesetzlichen Regelungen geben muss. Manager vertreten die Ansicht, dass eine Organisation nicht nur ihren Aktionären verantwortlich ist, sondern auch für die *Beziehungen zu* anderen Interessengruppen Verantwortung trägt (zu unterscheiden von der direkten *Verantwortung für* andere Interessengruppen). Die Kommunikation mit verschiedenen Interessengruppen ist in dieser Position sicherlich intensiver als bei Organisationen, die sich dem Laissez-faire-Stil verschrieben haben. Hier ist es durchaus möglich, dass Organisationen auch Systeme und Richtlinien einführen, um die Einhaltung bewährter Methoden zu gewährleisten (z.B. die Umweltnorm ISO 14.000, den Schutz der Menschenrechte im internationalen Geschäft) und ihre Leistungen in Bezug auf soziale Verantwortung zu überwachen. Auch das Top-Management könnte in diesem Themenbereich eine größere Rolle spielen, zumindest indem es sein Unternehmen aktiv in seiner sozialen Rolle unterstützt.

Ein Forum für die Interaktion mit Interessengruppen[32] berücksichtigt ausdrücklich die Interessen und Erwartungen vieler verschiedener Interessengruppen – nicht nur diejenigen der Aktionäre – als Einflussfaktoren auf Organisationszweck und -strategie. Hier lautet das Argument, dass die Leistung einer Organisation auf vielseitigere Weise gemessen werden sollte als nur durch ihre Zahlen. Unternehmen, die diese Haltung einnehmen, könnten wirtschaftlich unrentable Geschäftsbereiche halten, um Arbeitsplätze zu sichern. Sie könnten von der Herstellung und dem Verkauf „antisozialer" Produkte Abstand nehmen und für das Gemeinwohl finanzielle Einbußen in Kauf nehmen. Einige Finanzdienstleister bieten ihren Investoren auch sozial verantwortungsvolle Investmentprodukte an. Diese enthalten nur Beteiligungen an Organisationen, deren Aktivitäten hohe soziale Standards erfüllen.

---

30 Siehe S. Macleod, „Why worry about CSR?", *Strategic Communication Management*, Aug./Sept. (2001), S. 8–9.

31 Siehe M. Porter und M. Kramer, „The competitive advantage of corporate philanthropy", *Harvard Business Review*, Band 80, Nr. 12 (2002), S. 56–68.

32 H. Hummels, „Organizing ethics: a stakeholder debate", *Journal of Business Ethics*, Band 17, Nr. 13 (1998), S. 1403–1419.

Hier gibt es allerdings Probleme bezüglich des Gleichgewichts der Interessen verschiedener Interessengruppen. Viele Organisationen des öffentlichen Sektors positionieren sich zu Recht in diesem Bereich, da sie eine große Vielzahl an Erwartungen erfüllen müssen. Diese große Vielfalt kann außerdem oft nur unzureichend in Form von eindeutigen Leistungsmesszahlen berücksichtigt werden. Außerdem vertreten viele kleine Familienbetriebe aufgrund ihrer Arbeitsweise diese Haltung. Sie bringen ihre eigenen Interessen mit den Interessen ihrer Mitarbeiter und den Interessen der lokalen Gemeinschaft in Einklang, selbst wenn dies zu einer Einschränkung ihrer strategischen Wahlmöglichkeiten führt (z.B. Produktionsverlagerung ins Ausland oder heimische Produktion). Solche Organisationen brauchen zwangsläufig länger, um neue Strategien zu entwickeln, denn sie müssen diese in umfassender Weise mit vielen Interessengruppen abstimmen und schwierige Kompromisse zwischen widersprüchlichen Interessen der Interessengruppen erzielen.

Im Rahmen einer Balanced Scorecard können Unternehmen Ziele entwerfen, die soziale Verantwortung innerhalb des operativen Geschäfts berücksichtigen, und sie aktiv und in koordinierter Weise verfolgen. Es wird erwartet, dass sich eine solche Unternehmensposition auch im Verhalten der einzelnen Mitarbeiter innerhalb des Unternehmens widerspiegelt.

Für *Gestalter der Gesellschaft* sind finanzielle Belange nur zweitrangig oder werden sogar als einschränkend empfunden. Bei ihnen handelt es sich um visionäre Aktivisten, die die Gesellschaft und ihre Werte verändern möchten. Ein solches Unternehmen könnte genau zu diesem Zweck gegründet worden sein, wie dies etwa bei The Body Shop der Fall ist. Die soziale Verantwortung ist hier die eigentliche *Daseinsberechtigung* des Unternehmens. Es kann seinen strategischen Zweck darin sehen, „die Spielregeln zu verändern", was ihm durchaus von Nutzen sein kann, was es aber hauptsächlich zum Wohl der Gesellschaft tut (siehe *Kapitel 10* und „Quer-Denken" am Ende dieses Kapitels).

▶ *Abbildung 5.7* stellt einige Fragen zusammen, die sich ein Unternehmen bezüglich seiner sozialen Verantwortung stellen muss.

Sollten Organisationen verantwortlich sein für ...

INTERNE ASPEKTE

Das Wohlergehen der Mitarbeiter
... Krankenversicherung, Hilfe bei der Eigenheimfinanzierung, langes Fehlen wegen Krankheit, Hilfe für Angehörigen, etc.?

Arbeitsbedingungen
... sichere Arbeitsplätze, bessere Arbeitsverhältnisse, soziale und Sporteinrichtungen, Lohnniveau über Mindestlohn, Weiterbildung und Entwicklung?

Strukturierung der Arbeitsaufgaben
... Gestaltung der Aufgaben, sodass die Mitarbeiter zufrieden sind und nicht nur wirtschaftliche Effizienz beachtet wird? (Dazu gehören auch Aspekte des Gleichgewichts zwischen Arbeit und Freizeit.)

Geistiges Eigentum
... Anerkennung des privaten Wissens einzelner Mitarbeiter, ohne auf Unternehmenseigentum zu pochen?

EXTERNE ASPEKTE

Umweltaspekte
... Reduzierung der Umweltverschmutzung auf Werte unterhalb gesetzlich vorgeschriebener Grenzen, wenn Konkurrenten dies nicht tun?
... Energiesparen?

Produkte
... Gefahren aufgrund des sorglosen Umgangs mit Produkten durch den Verbraucher?

Märkte und Marketing
... sich gegen den Verkauf in bestimmten Märkten entscheiden?
... Marketingstandards?

Zulieferer
... „faire" Handelsbedingungen?
... Zulieferer auf die schwarze Liste setzen?

Beschäftigung
... positive Diskriminierung zugunsten von Minderheiten?
... Arbeitsplatzerhaltung?

Aktivitäten für die Gemeinschaft
... Unterstützung lokaler Ereignisse und lokaler Sozialprojekte

Menschenrechte
... Beachtung der Menschenrechte in Bezug auf Kinder, Arbeit, die Rechte von Mitarbeitern, Gewerkschaften und unterdrückender politischer Regime? Sowohl direkt als auch in der Auswahl der Märkte, Zulieferer und Partner?

Abbildung 5.7: Einige Fragen zur sozialen Verantwortung von Unternehmen

Beispiel 5.4   **Die Nachhaltigkeitsstrategie von H&M**

Die schwedische Bekleidungseinzelhandelskette H&M verfolgt eigenen Angaben zufolge eine Strategie, die Gewinne, Umweltverbesserungen und Vorteile für die Arbeitnehmer bietet.

H&M ist, knapp hinter Inditex (dem Eigentümer der Kette Zara), die zweitgrößte Bekleidungseinzelhandelskette der Welt. Das in 44 Ländern operierende Unternehmen hat weltweit 2.500 Geschäfte und verkauft circa 550 Mio. Bekleidungsstücke pro Jahr. Damit ist das Unternehmen traditionell einer der Marktführer im Bereich der sogenannten „Fast-Fashion", dem Einzelhandel billiger Modeartikel, die nur einige wenige Male getragen werden sollen, bevor sie entsorgt werden.

Die Modebranche ist unersättlich. Mittlerweile gibt es 30 bis 50 trendgetriebene Modesaisons pro Jahr. 80 Mrd. Kleidungsstücke werden weltweit pro Jahr aus neuen Rohstoffen hergestellt. Weltweit arbeiten 40 Mio. Menschen in der Herstellung von Bekleidung – hauptsächlich im Bereich der Fast-Fashion. Ein Textilarbeiter in Bangladesch, einem Hauptlieferanten, verdient monatlich 40 $. Die Herstellung einer Unterhose in einem Ausbeutungsbetrieb in der dritten Welt kostet ungefähr einen Eurocent. Daher ist die Fast-Fashion ins Visier internationaler Kampagnen wie der „Clean Clothes Campaign" gerückt.

2012 organisierte die Clean-Clothes-Campaign Massenkampagnen in Form von „Faint-ins" in bekannten Geschäften wie Gap, Zara und H&M in ganz Europa, bei denen die Demonstranten so taten, als würden sie in Ohnmacht fallen, um die Aufmerksamkeit darauf zu lenken, dass die unterernährten Arbeiterinnen häufig bei der Arbeit in den Bekleidungsfabriken der dritten Welt zusammenbrechen. Ein Sprecher der Organisation Clean Clothes erklärte dazu: „Die menschlichen Kosten, die daraus entstehen, dass Unternehmen wie H&M und Zara nur Hungerlöhne zahlen, zeigen sich darin, dass Hunderte Arbeiter bzw. Arbeiterinnen aufgrund von Erschöpfung und Unterernährung ohnmächtig werden – Seit Jahrzehnten finden die globalen Modemarken Ausreden dafür, warum sie keine existenzsichernden Löhne zahlen. Aber das ist keine Wahl, die man hat, sondern eine dringende Notwendigkeit – Sich hinter – den Verhaltenskodizes der Unternehmen zu verstecken, ist einfach nicht mehr akzeptabel."

Im Jahr 2012 brachte H&M seine neue Modelinie „Conscious" heraus, bei der ein hoher Anteil recycelter Materialien sowie umweltfreundlichere Rohmaterialien wie Hanf zum Einsatz kommen. Auf der Webseite des Unternehmens wurde die Motivation dafür wie folgt erklärt: „Unsere Vision besteht darin, dass alle Geschäftsbereiche so betrieben werden sollen, dass sie im Hinblick auf soziale und Umweltaspekte nachhaltig sind." Diese Maßnahme wurde vom Nachhaltigkeitsbericht mit beeindruckenden Statistiken begleitet: So wurden beispielsweise im Jahr 2011 2,5 Mio. Paar Schuhe unter Nutzung von wasserbasierten Lösungsmitteln mit geringeren Auswirkungen auf die Umwelt hergestellt und H&M war überdies der größte Nutzer von biologisch angebauter Baumwolle weltweit.

Lucy Singh, Journalistin beim *Guardian*, fragte die Leiterin der Abteilung Nachhaltigkeit H&M, Helena Helmersson, ob sie Garantien für die Nachhaltigkeit der Produkte des Unternehmens über seine Produktpaletten hinweg geben könnte. Und Helmersson beantwortete dies wie folgt:

> *„Ich glaube nicht, dass „Garantie" das richtige Wort ist. Viele Leute wollen Garantien: „Können Sie die Arbeitsbedingungen garantieren? Können Sie garantieren, dass keine Chemikalien zum Einsatz kommen?" Natürlich können wir das nicht, da wir ein so großes Unternehmen sind, das unter sehr schwierigen Bedingungen arbeitet. Was ich allerdings sagen kann ist, dass wir unter Einsatz vieler Ressourcen und mit einer klaren Vorgabe zu dem, was wir tun sollen, das Bestmögliche tun. Wir arbeiten wirklich hart – Dabei ist zu bedenken, dass H&M selbst keinerlei Fabriken besitzt. Wir sind da in gewissem Maße abhängig von den Lieferanten – dadurch ist eine vollständige Kontrolle unmöglich."*

Zwischen 2006 und 2012 ist der Aktienkurs von H&M um mehr als ein Drittel – und damit deutlich mehr als der Stockholmer Aktienindex – gestiegen. Auch der Umsatz ist um ein Drittel gestiegen und der gesamte Betriebsgewinn nach Steuern belief sich während dieses Zeitraums auf beinahe 98 Mrd. SEK (11 Mrd. €). Die Rendite auf das eingesetzte Kapital betrug zum Jahresende 2011 47,1 %.

Hauptquellen: Guardian, 7. April 2012; Ecouterre, 21. September 2012, www.hm.com; H&M Conscious Actions and Sustainability Report, 2011.

5.4.2 Die Rolle von Einzelpersonen und Managern

Ethische Aspekte ergeben sich auf individueller wie auch auf gesamtunternehmerischer Ebene und können Einzelpersonen und Manager vor schwierige Probleme stellen. Hier ergeben sich Fragen bezüglich der Verantwortung eines Einzelnen, der glaubt, die Strategien seiner Organisation seien unethisch (z.B. die Handelspraktiken) oder würden die legitimen Interessen einer oder mehrerer Interessengruppen nicht in angemessener Weise vertreten. Sollte diese Person die Firma verlassen, da deren Werte nicht mit den eigenen Werten übereinstimmen? Oder ist es angemessen, *die sozialen Missstände aufzudecken*[33] und relevante Informationen an externe Organe wie Aufsichtsbehörden oder die Presse weiterzugeben?

Angesichts der Tatsache, dass Strategieentwicklung ein hochgradig politischer Prozess sein kann, der sich stark auf die Karrieren der beteiligten Personen auswirken kann, fällt es manchen Managern mitunter schwer, Integrität zu erlangen und zu bewahren. Außerdem können sich Konflikte ergeben, denn Strategien, die im besten Interesse der Manager liegen, müssen nicht unbedingt im besten langfristigen Interesse ihrer Organisationen und der Aktionäre liegen. Einige Organisationen wie etwa Texas Instruments legen ausdrücklich formulierte Richtlinien fest, die ihre Mitarbei-

---

33 Siehe: T. D. Miethe, „Tough Choices in Exposing Fraud, Waste and Abuse on the Job", Westview Press, 1999; G. Vinten, „Whistleblowing: Subversion or corporate citizenship?", Paul Chapman, 1994; R. Larmer, „Whistleblowing and employee loyalty", *Journal of Business Ethics*, Band 11, Nr. 2 (1992), S. 125–128.

ter befolgen müssen (siehe ▶ *Abbildung 5.8*). So besteht vielleicht die größte Herausforderung für einen Manager darin, ein ausgeprägtes Bewusstsein für sein eigenes Verhalten bezüglich der oben angesprochenen Aspekte zu entwickeln.[34] Dies kann sehr schwierig werden, denn dazu muss er zu oft tief verwurzelten und kaum hinterfragten Annahmen auf Abstand gehen, die Teil der Unternehmenskultur sind – ein Kernpunkt des nächsten Kapitels.

Fragen	Angemessene Antworten
Ist die Aktion legal?	Falls nein, sofort abbrechen.
Entspricht sie unseren Werten?	Falls nein, abbrechen.
Wirst du dich schlecht fühlen, wenn du so handelst?	Frage dein eigenes Gewissen, ob du damit leben kannst.
Wie würde das in den Zeitungen aussehen?	Frage dich, ob du so handeln würdest, wenn es morgen öffentlich würde.
Wenn du weißt, dass es falsch ist ...	Tu es nicht.
Wenn du dir nicht sicher bist ...	Frage nach.
	Und frage so lange, bis du eine Antwort bekommst.

Abbildung 5.8: Ethische Richtlinien (basierend auf dem Ansatz von Texas Instruments zur Wirtschaftsethik)

---

34 M. R. Banaji, M. H. Bazerman und D. Chugh, „How (UN)ethical are you?", *Harvard Business Review*, Band 81, Nr. 12 (2003), S. 56–64.

Quer-Denken

Benefit Corporations

Immer mehr Start-ups wählen neue Unternehmensformen, um Gewinnstreben und soziale Verantwortung miteinander zu verbinden.

Viele Unternehmer glauben nicht mehr daran, dass die Gewinnorientierung eines regulären Unternehmens mit wichtigen sozialen Zielen vereinbar ist. In den USA sind die Leiter eines Unternehmens sogar gesetzlich dazu verpflichtet, für ihre Investoren Gewinne zu maximieren. In der Regel gewähren die Investoren der Unternehmensführung einen gewissen Freiraum zur Verfolgung sozialer Ziele – besonders wenn dadurch die Attraktivität ihres Unternehmens für Kunden und Mitarbeiter gesteigert wird. In schlechten Zeiten allerdings neigen Investoren dazu, alles abzuschaffen, was nicht direkt zum Firmenergebnis beiträgt.

Eine neue Möglichkeit für gemeinnützige Organisationen (*Abschnitt 5.3.2*) besteht darin, als „Benefit Corporation" (gemeinwohlorientiertes Unternehmen) zu firmieren. Solche Gesellschaften unterstützen gemeinnützige Projekte, weil sie sich nicht nur verpflichtet haben, wirtschaftlich erfolgreich zu sein, sondern auch das Allgemeinwohl zu steigern, indem sie z.B. für mehr Nachhaltigkeit beim Umweltschutz eintreten. Sind die Zeiten wirtschaftlich schlecht, sind Gewinnorientierung und soziales Engagement immer noch gleichrangige Ziele, so sieht es die Rechtsform eines solchen Unternehmens vor.[35]

Anders als bei einer typischen gemeinnützigen Organisation ist bei einer Benefit Corporation also die Kapitalbeschaffung von Investoren erlaubt – und sie ist zudem verpflichtet, zur Steigerung des Allgemeinwohls beizutragen. In den USA wurden bisher bereits 30.000 neue Unternehmen mit der Rechtsform der Benefit Corporation registriert. Führende Beispiele sind etwa der trendige Brillenhersteller Warby Parker, der Brillen an Bedürftige spendet, oder Patagonia, Hersteller von Outdoor-Bekleidung, der sich für den Umweltschutz stark macht.

Allerdings hat eine Benefit Corporation auch Nachteile. Jede Corporation muss ausführliche Berichte darüber offenlegen, wie sie zur Steigerung des Allgemeinwohls beigetragen hat. Investoren müssen potenziell geringe Renditen in Kauf nehmen und könnten Gefahr laufen, ihre Investitionen zu verlieren, wenn die Corporation an ein anderes Unternehmen verkauft wird. Gibt es weniger finanzielle Unterstützung durch Investoren, so können auch die Corporations weniger soziale Projekte unterstützten.

---

35 J. E. Hasler, „Contracting for good how benefit corporations empower investors and redefine shareholder value", *Virginia Law Review*, Band 100, Nr. 6 (2014), S. 1279–1322.

- Verschiedene *Interessengruppen* beeinflussen durch ihre Erwartungen die Zielsetzung und Strategie einer Organisation in unterschiedlicher Weise, je nachdem, wie viel Aufmerksamkeit und Macht sie jeweils haben und aufwenden. Manager können den Einfluss verschiedener Interessengruppen mithilfe einer *Interessengruppenanalyse* einschätzen.

- Der Einfluss einiger wichtiger Interessengruppen wird formell innerhalb der *Governance-Struktur* einer Organisation dargestellt. Dies kann in Form *einzelner Stufen von Corporate Governance* geschehen, die die Verbindungen zwischen den endgültigen Nutznießern und den Managern der Organisation aufzeigen.

- Es gibt zwei allgemeine Governance-Struktursysteme: das *Shareholder-Modell* und das *Stakeholder-Modell,* die allerdings international variieren können.

- Je nachdem, wie Organisationen ihre Rolle in der Gesellschaft wahrnehmen, können sie unterschiedliche Haltungen zur *sozialen Unternehmensverantwortung* einnehmen. Doch auch einzelne Manager können sich *ethischen Dilemmata* gegenübersehen, die sich auf den Zweck ihrer Organisation oder die von ihr gewählten Aktivitäten beziehen.

Z U S A M M E N F A S S U N G

Literaturempfehlungen

- Einen guten Überblick über wichtige Konzepte, sowohl im Bereich der Corporate Governance als auch im Bereich der sozialen Unternehmensverantwortung, bieten S. Benn und D. Bolton in „Key Concepts in Corporate Responsibility", Sage, 2011.

- Speziell für die Corporate Governance bietet B. Tricker, „Corporate Governance Principles, Policies and Practices", 2. Auflage, *Oxford University Press*, 2012 einen führenden Leitfaden.

- Für eine umfassende Darstellung der sozialen Unternehmensverantwortung siehe A. Crane, A. McWilliams, D. Matten und D. Siegel, „The Oxford Handbook of Corporate Social Responsibility", *Oxford University Press*, 2009.

Fallstudie
Partner in der Getränkeindustrie: die indische United Breweries Holdings Ltd.

Im Jahr 2015 stand die United Breweries Holdings Ltd. (UBHL), eines der mächtigsten und dynamischsten Konglomerate in Indien, am Rande des Zerfalls. In den vorangegangenen drei Jahren war das Unternehmen gezwungen gewesen, seine Firmenanteile an verschiedenen indischen Großkonzernen erheblich zu reduzieren, darunter Indiens größte Brauerei United Breweries, Indiens größter Spirituosenhersteller United Spirits, sowie MCF, ein großer Produzent von Chemikalien und Dünger. Vijay Mallya, Hauptaktionär und Vorstandsvorsitzender von UBHL, kämpfte um die letzten Überreste seiner Macht. In seinem Kerngeschäft, Spirituosen und Brauerei, war er nun abhängig von Partnerschaften mit zwei Großkonzernen aus der westlichen Welt, Heineken und Diageo. Und während die Beziehungen zu Heineken freundschaftlich waren, herrschte mit Diageo erbitterter Krieg.

Der König der guten Zeiten

Vijay Mallya hatte im Alter von 28 Jahren durch eine Erbschaft nach dem Tod seines Vaters 1983 die Kontrolle über UBHL erlangt. Sein Vater selbst hatte das ursprüngliche Kerngeschäft, die United Breweries, zum Zeitpunkt der indischen Unabhängigkeit 1947 vom britischen Management übernommen und daraus ein vielfältiges sowie komplexes Konglomerat aus Tochterunternehmen aufgebaut. Vijay Mallya verbrachte die ersten Jahre seiner Leitung von UBHL damit, nicht zum Kerngeschäft gehörende Unternehmen zu veräußern und das Gewirr von Tochterunternehmen in eine klarere, auf kohärenten Geschäftsbereichen beruhende Abteilungsstruktur zu überführen. UBHL wuchs schnell und im Jahr 2007 stand Vijay Mallya mit einem geschätzten Vermögen von 1,5 Mrd. $ (ca. 1,2 Mrd. €) an 664. Stelle der *Forbes*-Liste der reichsten Menschen der Welt.

Zu Beginn des zweiten Jahrzehnts des neuen Jahrhunderts verkaufte UBHL circa 60 % der Spirituosen und 50 % des Biers in Indien. Der Konzern war in vier Hauptgeschäftsbereiche unterteilt, die jeweils signifikante externe Aktionäre hatten: So war beispielsweise die niederländische Brauerei Heineken ein wichtiger Aktionär im Geschäftsbereich Brauerei. Dabei war allerdings die effektive Kontrolle jedes Geschäftsbereichs durch Mallya dadurch gewährleistet, dass UBHL die Position des größten Aktionärs – wenngleich nicht zwangsläufig die des Mehrheitsaktionärs – innehatte (siehe *Abbildung 1*). Durch diese Regelung wurde die Kontrolle maximiert, während die Kapitalverpflichtungen reduziert wurden. Mallyas Gesamtkontrolle über die Muttergesellschaft UBHL wurde durch die Dominanz der stimmberechtigten Anteile der Klasse A gesichert, während indische sowie internationale institutionelle Aktionäre die überwältigende Mehrheit der nichtstimmberechtigten Anteile der Klasse B hielten.

Obwohl er offensichtlich ein kluger Geschäftsmann war, hatte Mallya auch eine extravagante Seite. Als Anspielung auf den Namen seiner berühmtesten Biermarke, Kingfisher, beschrieb er sich oft als „King of the Good Times" – den „König der guten Zeiten". Er umgab sich gern mit schönen Fotomodellen und Schauspielerinnen und der alljährliche Kingfisher-Kalender war in Indien für Fotos knapp bekleideter Frauen berühmt. Mallya besaß mehrere teure Jachten und eine Flotte von Luxusoldtimern. Im Jahr 2008 kauften Mallya und ein Geschäftspartner ein Formel-1-Rennteam und tauften es auf den Namen „Force India" um.

Aus einem ähnlich patriotischen Motiv erfolgte auch der Kauf des Schwerts des großen indischen Anführers Tipu Sultan, das im 18. Jahrhundert in die Hände der Briten gefallen war, sowie seine großzügige Unterstützung der Rückführung einiger der wenigen erhaltenen Gegenstände aus dem Besitz von Mahatma Gandhi, dem Anführer der indischen Freiheitsbewegung. Mallyas persönliche Popularität zeigte sich auch in seiner Wahl in das Oberhaus des indischen Parlaments.

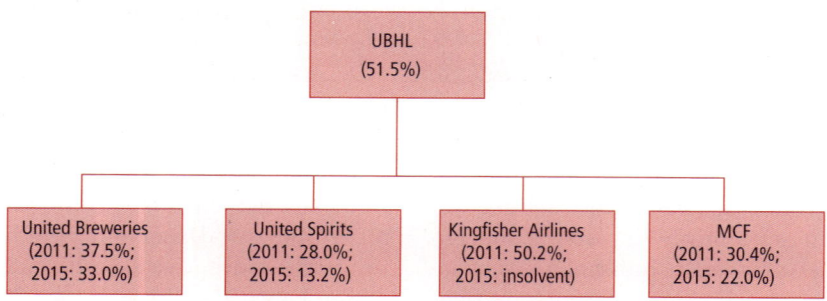

As of 2015, Vijay Mallya and associates controlled 51.5 per cent of UBHL.
Shares in each of the principal businesses owned directly by UBHL or by Mallya and associates
indicated in brackets, respectively for 2011 and 2015.

Abbildung 1: United Breweries Holdings Ltd., wichtigste Geschäftsbereiche 2011

Allerdings war es Mallyas Extravaganz im Geschäftsleben, die UBHL an den Rand des Untergangs bringen sollte.

Internationalisierung und Diversifizierung

Die erste von zwei fatalen extravaganten Maßnahmen war die von Mallya durchgeführte Diversifizierung in die Welt der Fliegerei. Um den 18. Geburtstag seines Sohnes zu feiern, brachte Mallya 2005 Kingfisher Airlines an den Start, an der er 50,2 % der Anteile hielt. Zunächst schien es, als sei dies ein kluger Schachzug gewesen: Die indische Flugbranche wuchs und wurde dereguliert. Mallya brachte die neue Fluggesellschaft mit einem glanzvollen Start auf den Markt. Er bewarb das bessere Essen und das hübsche weibliche Personal, indem er erklärte, dass es bei der Kingfisher Airline weder Business noch Economy Class, sondern eine eigene K-Class geben würde – ein eher teurer Kompromiss. Im Jahr 2008 zahlte Kingfisher einen überteuerten Preis für die erste indische Billigfluggesellschaft, Deccan Airlines. Die fusionierte Fluggesellschaft verfügte über mehr als 100 Flugzeuge, 300 Flüge pro Tag sowie 7.000 Mitarbeiter und hatte einen Binnenmarktanteil von ungefähr 30 %. Aufgrund der Geschichte von Deccan konnte Kingfisher auch internationale Flugverbindungen aufnehmen und platzierte dazu einen Auftrag für das neue A380-Großraumflugzeug. Mallya, mit langem Haar und Bart, trat Versuchen, ihn mit einem anderen schillernden Chef einer Fluggesellschaft, Richard Branson von Virgin, zu vergleichen, nicht entgegen.

Leider brachte die Binnenderegulierung auch ein Übermaß an Wettbewerb auf dem Markt der indischen Fluggesellschaften mit sich. Gleichzeitig stiegen die Treibstoffpreise und die überfüllten Flughäfen verlangten höhere Landegebühren. Kingfisher machte während seiner gesamten Geschichte niemals Gewinn. Im Jahr 2012 war Kingfisher gezwungen, bis auf 15 alle seine Flugzeuge am Boden zu lassen. Flughäfen und Treibstofflieferanten waren nicht bezahlt worden und die meisten Mitarbeiter, einschließlich der Piloten, erhielten sieben Monate lang kein Gehalt. Die Gesamtschulden und -verluste von Kingfisher beliefen sich auf ungefähr 4,5 Mrd. $. Obwohl Kingfisher zu diesem Zeitpunkt bereits offiziell aus der Gruppe ausgegliedert worden war und UBHL gezwungen war, seinen Anteil auf ungefähr 12 % zu reduzieren, bürgte die Holdinggesellschaft noch immer für 2,2 Mrd. $ der Schulden der Fluggesellschaft.

Die Übernahme des führenden schottischen Whiskyunternehmens Whyte & Mackay bildete den zweiten extravaganten Schritt auf die internationalen Märkte. Das UBHL-Unternehmen United Spirits brauchte Zugang zu echten schottischen Whiskymarken, da zunehmend anspruchsvolle indische Kunden qualitativ hochwertigere Spirituosen als die traditionell in Indien hergestellten wollten. Konkurrenten wie Diageo, mit einem Marktanteil von ungefähr einem Drittel des weltweiten Whiskymarkts und Besitzer der weltweit führenden Marke Johnnie Walker, standen im Verdacht, ihre Lieferungen an United Spirits absichtlich zu reduzieren, um ihre eigenen Positionen in Indien aufzubauen.

Durch die Übernahme von Whyte & Mackay erhielt United Spirits die Kontrolle über mehr als 140 altehrwürdige, allesamt schottische Whiskymarken und United Spirits wurde damit zum drittgrößten Spirituosenhersteller der Welt nach Diageo und Pernod Ricard.

Allerdings hatte Mallya mehr für Whyte & Mackay bezahlt, als er sich eigentlich leisten konnte: Für United Spirits blieben Schulden von 1,1 Mrd. $. Im Jahr 2009 war Whyte & Mackay gezwungen, ungefähr 15 % der Arbeitsplätze abzubauen. In den folgenden Jahren gab es Schwierigkeiten mit der Organisation des US-amerikanischen Exportgeschäfts. Gleichzeitig ergaben sich Spannungen durch den Versuch von United Spirits, billige indische Spirituosen auf dem europäischen Markt zu verkaufen. Eine im Jahr 2013 eingegangene Partnerschaft mit dem weltgrößten Spirituosenproduzenten Diageo, führte zudem zu Bedenken seitens der Aufsichtsbehörden bezüglich einer zu großen Machtstellung auf dem Markt. UBHL brauchte dringend eine Finanzspritze und verkaufte 2014 schließlich Whyte & MacKay an den philippinischen Getränkekonzern Alliance für nur 430 Mio. £.

Rettung aus dem Ausland?

Der Verkauf von Whyte & MacKay war rückblickend der erste von vielen weiteren Verkäufen. Im Laufe des Jahres 2014 veräußerte Mallya einen Großteil seiner Firmenanteile am Chemiekonzern MCF – übrig blieb ein Anteil von lediglich 22 %. Die wichtigsten Geschäfte wurden allerdings mit Diageo abgeschlossen, das 2014 die Aktienmehrheit an United Spirits hielt, sowie mit dem langjährigen Geschäftspartner Heineken, der im Jahr 2015 43 % der Firmenanteile an United Breweries hielt, während UBHL nur noch 33 % der Aktien gehörten.

Der niederländische Bierhersteller Heineken war erstmals 2009 eine Partnerschaft mit United Breweries eingegangen und hatte damals 37,7 % der Aktien übernommen. Heineken sah Indien als langfristigen Wachstumsmarkt – hier lebten 700 Mio. Menschen unter 30 Jahren und der Trend ging eindeutig hin zu hochwertigen Bieren wie eben Heineken. United Breweries bot Heineken erstklassige Vertriebskanäle und fundiertes Wissen über lokale Märkte, während die Niederländer wiederum neue Biermarken und Fachwissen über Marketing und Herstellung zu bieten hatten. Heineken ist die einzige weltweit agierende Brauerei, die sich immer noch in Familienbesitz befindet. Ein führender Manager von United Breweries gab 2015 an, das Verhältnis zwischen dem indischen und dem holländischen Konzern sei „großartig."

„Ich glaube, Heineken und UBHL respektieren sich gegenseitig. Zwischen Heinekens Chef Jean-Francois van Boxmeer und Vijay Mallya stimmt die Chemie – und das gilt auch für die gesamte Familie Heineken."

2015 war Mallya Gast der Feier zum 61. Geburtstag von Charlene de Carvalho-Heineken, Hauptaktionärin und zehntreichste Frau der Welt.

„Man muss verstehen, dass die Führung eines Unternehmens für alkoholische Getränke in 28 Städten in Indien keine einfache Aufgabe für einen relativ neuen Akteur (wie Diageo) ist. Sie werden mich brauchen, um ihr Geschäft effektiv zu betreiben und die Kontrolle des Geschäfts ist dabei ein Aspekt."

Diageo dagegen, eine Aktiengesellschaft mit Sitz in London, hatte ein schwierigeres Verhältnis zu UBHL. Das ursprüngliche Geschäft, das beide Unternehmen 2013 miteinander abgeschlossen hatten, war sehr komplex und überließ Mallya einen Großteil der Kontrolle. Diageo kaufte 19,3 % der bestehenden Anteile an United Spirits aus Mallyas persönlichen Beständen, gleichzeitig gab United Spirits neue Anteile an Diageo aus, die sich auf insgesamt 10 % der vergrößerten Eigenkapitalbasis beliefen. So verfügte Diageo also schließlich über einen Gesamtanteil von 27 % an United Spirits. Zusätzlich gab Diageo allerdings noch ein offenes Kaufangebot an alle externen Aktionäre von United Spirits ab, denn man wollte Diageos Anteil an United Spirits auf insgesamt 53,4 % steigern. Dieses Geschäft kostete Diageo nahezu 1,9 Mrd. $. Der Preis bewertete United Spirits mit dem Zwanzigfachen der Jahresgewinne (vor Zinsen, Steuern und Abschreibungen) und damit ungefähr ein Drittel höher als bei Übernahmen im internationalen Getränkegeschäft üblich.

Mallya beschrieb das Geschäft als „Win-Win-Lösung". Diageo würde die einzigartigen Vertriebskanäle von United Spirits für seine äußerst bekannten Marken wie etwa Captain Morgan Rum, Johnnie Walker Whiskey und Smirnoff Wodka nutzen können und UBHL könnte seine diversen Schulden abbauen. Mallya selbst hätte auch weiterhin noch die Kontrolle über 13,5 % des aufgestockten Aktienkapitals und behielt weiter die Position des Vorstandsvorsitzenden von United Spirits inne. Mallya beharrte gegenüber den Medien:

„Ich habe nicht das Familiensilber oder die Kronjuwelen verkauft. Ich habe sie nur verschönert – Wenn Sie den Eindruck haben, dass ich die Kontrolle abgegeben habe und den Platz geräumt habe, dann ist das nicht richtig."

Die wesentliche Sorge von Diageo als großem multinationalen Unternehmen lag in dem Kontakt mit dem etwas idiosynkratischen Vijya Mallya. Im Jahr 2011 war aufgrund der Bestechung von Regierungsbeamten in Indien, Thailand und Südkorea durch die amerikanische Wertpapier- und Börsenaufsichtsbehörde eine Geldstrafe von 15 Mio. $ gegen Diageo verhängt worden. Das Unternehmen hatte die Zusage abgegeben, derartige korrupte Praktiken zu unterlassen und riskierte im Wiederholungsfall noch weitaus höhere Strafen. Selbst als Minderheitspartner würde Diageo für jegliche Korruption bei United Spirits haften. Mallya allerdings wolle die Kontrolle behalten. Er erklärte dazu gegenüber der Zeitung Indian Business Standard:

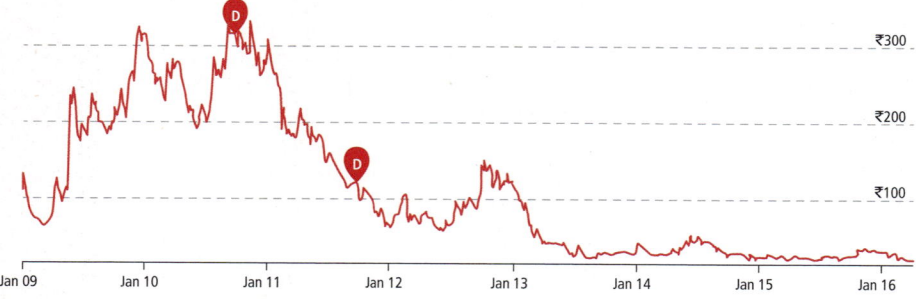

Abbildung 2: UBHL Aktienkurs 2009–2016 (in Rupien)
Quelle: www.moneycontrol.com, 21. April 2016 („D" steht für Dividendenzahlung).

Wesentliche Quellen: Business Standard, 27. September 2012; India Business Journal, 6. November 2012; Financial Times, 9. November 2012; Times of India, 11. November 2012 und 12. Juli 2015.

Fragen

1 Betrachten Sie die Governance-Kette, die von den verschiedenen Aktionären von UBHL zu den Managern der Hauptunternehmen führt, unter besonderer Bezugnahme auf United Spirits. Warum könnte es in dieser Kette zu Störungen der Verantwortlichkeit und der Kontrolle kommen?

2 Klassifizieren Sie die verschiedenen in diesem Fall diskutierten wesentlichen Stakeholder (wirtschaftlich, sozial/politisch, technisch und regional). Mit welchen Risiken werden die wesentlichen Interessengruppen (einschließlich Diageo) konfrontiert.

 Als Dozent finden Sie ausführliche **Lösungshinweise** zu den Fallaufgaben auf der Webseite zum Buch.

Geschichte und Kultur

6

ÜBERBLICK

Lernziele

Nach der Lektüre dieses Kapitels sollten Sie in der Lage sein,

- zu analysieren, wie die *historische Entwicklung* die strategische Position einer Organisation beeinflusst, besonders durch die *Pfadabhängigkeit*.

- verschiedene Arten von Kulturen zu unterscheiden, *national-geografisch*, auf *Bereichsebene* und auf *Organisationsebene*.

- mithilfe des *kulturellen Netzes* die Einflüsse einer *Organisationskultur* auf deren Strategie zu analysieren.

- Organisationen zu identifizieren, die Erfahrungen mit der *strategischen Drift* gemacht haben, und die Symptome der strategischen Drift zu erkennen.

6.1   Einführung

In den vorangegangenen Kapiteln wurden die wichtigen Einflüsse des Umfelds, der organisatorischen Fähigkeiten und der Erwartungen der Interessengruppen auf die Entwicklung der Strategie betrachtet. Diese Faktoren sind zwar ohne Zweifel von entscheidender Bedeutung, doch es besteht auch die Gefahr, dass Manager nur die Entwicklungen aus jüngster Zeit in Betracht ziehen, ohne zu verstehen, wie diese entstanden sind oder wie die Vergangenheit die Strategien von heute und morgen beeinflusst. Viele Organisationen blicken auf eine lange Geschichte zurück. Der große japanische Mitsui-Konzern wurde bereits im 17. Jahrhundert gegründet. Daimler-Chrysler entstand im 19. Jahrhundert und seine Werte und Designprinzipien sind nachweislich sehr konstant geblieben. Manager des britischen Einzelhandelsunternehmens Sailsbury's beziehen sich immer noch auf die Gründungsprinzipien der Familie Sailsbury aus dem 19. Jahrhundert. All diese historischen Entwicklungen sind also tief in der Organisationskultur verwurzelt und beeinflussen strategische Entscheidungen und Optionen. Manchmal kann das kulturelle und geschichtliche Erbe eines Unternehmens einen einzigartigen Vorteil darstellen, in anderen Fällen kann die Geschichte einer Organisation auch dringend notwendige Veränderungen verhindern. Das Thema dieses Kapitels ist es also, klarzustellen, dass die strategische Position einer Organisation historische und kulturelle Wurzeln hat und dass ein Verständnis dieser Wurzeln Managern helfen kann, zukünftige Strategien für ihre Organisation zu entwickeln. (Zusammenfassung in ▶ *Abbildung 6.1*)

Das Kapitel beginnt mit der Geschichte und deren Analyse und Einfluss auf die Strategie einer Organisation. Die Geschichte einer Organisation bestimmt ihre Kultur – daher werden im nächsten Abschnitt kulturelle Aspekte der Organisation untersucht. Es wird besonders darauf eingegangen, wie kulturelle Einflüsse auf geografischer, institutioneller und organisationaler Ebene die aktuellen und zukünftigen Strategien bestimmen. Dieser Abschnitt befasst sich auch damit, wie Unternehmenskultur analysiert werden kann. Im letzten Abschnitt des Kapitels wird das Phänomen der *strategischen Drift* erklärt. Sie ist eine häufige Folge historischer und kultureller Einflüsse, die für Manager sehr schwer zu korrigieren ist. Die Rubrik „Quer-Denken" schließlich führt in die Konflikte und vielfältigen Aspekte der *institutionellen Logik* ein.

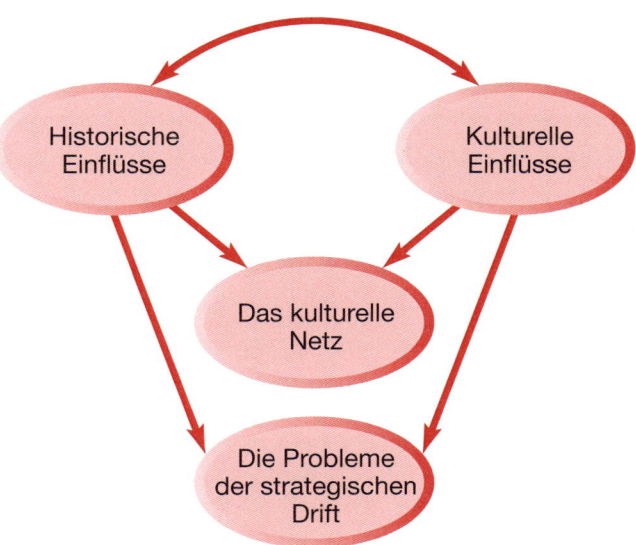

Abbildung 6.1: Der Einfluss von Kultur und Geschichte

Das Thema dieses Kapitels ist also die Bedeutung von Geschichte und Kultur für die Strategie. Ein Verständnis für Geschichte ist wichtig für die Analyse des Umfelds, besonders in Bezug auf Wirtschaftszyklen (*Kapitel 2*) und Branchenlebenszyklen (*Kapitel 3*). Und auch für die Kompetenzen und Ressourcen einer Organisation (*Kapitel 4*) spielen Kultur und Geschichte eine Rolle. Die Macht und Aufmerksamkeit verschiedener Interessengruppen (*Kapitel 5*) hat ebenso historische Ursprünge. Auch die Entwicklung einer Strategie (*Kapitel 12*) und die Herausforderungen eines strategischen Wandels (*Kapitel 15*) lassen sich durch die Geschichte einer Organisation erklären

6.2 Warum ist die historische Entwicklung wichtig?

In diesem Abschnitt wird zuerst das Konzept der Pfadabhängigkeit erklärt, denn sie veranschaulicht, wie die Geschichte eine Organisation im Laufe der Zeit formen kann. Zudem werden die positiven Aspekte der Geschichte hervorgehoben, denn schließlich kann sie auch eine wertvolle Managementressource sein. Abschließend werden einige Möglichkeiten vorgestellt, wie die Geschichte einer Organisation analysiert werden kann.

6.2.1 Pfadabhängigkeit

Hilfreich bei der Betrachtung von Bedeutung und Einfluss der Geschichte sind auch das Konzept der **Pfadabhängigkeit** und der damit verbundene Begriff des historischen Lock-in-Effekts. *Pfadabhängigkeit* bedeutet, dass durch frühe Ereignisse und Entscheidungen Maßnahmenpfade geprägt wurden, welche einen bleibenden Einfluss auf nachfolgende Ereignisse und Entscheidungen besitzen.[1] Das bedeutet, dass Organisationsstrategien historisch geprägt sein können. Bildhaft könnte man Pfad-

Pfadabhängigkeit

Pfadabhängigkeit bedeutet, dass durch frühe Ereignisse und Entscheidungen bestimmte Entwicklungspfade geprägt werden, welche einen bleibenden Einfluss auf nachfolgende Ereignisse und Entscheidungen besitzen.

---

1   W. B. Arthur, „Competing technologies, increasing returns and lock in by historical events", Economic Journal, Band 99 (1989), S. 116–131.

abhängigkeit auch als Fahrspuren bezeichnen, die die Räder vorüberfahrender Fahrzeuge im Laufe der Zeit in der Erde hinterlassen haben. Je mehr Fahrzeuge durchfahren, desto tiefer werden diese Fahrrinnen. Die in der Vergangenheit eingeschlagenen Wege bestimmen also auch die zukünftige Richtung einer Organisation.

Beispiele hierzu beziehen sich oft auf den Bereich Technologie. In vielen Fällen lässt sich die Technologie, die wir verwenden, viel eher durch Pfadabhängigkeit erklären als durch ihre Optimierung. Ein berühmtes Beispiel bezieht sich auf die Anordnung der Tasten auf einer Schreibmaschine, wie sie in vielen Ländern üblich ist: QWERTY. Diese Anordnung stammt ursprünglich aus dem 19. Jahrhundert und hat zwei wesentliche Gründe. Zum einen kamen sich dadurch beim schnellen Tippen auf einer mechanischen Schreibmaschine die Tasten nicht so leicht in die Quere. Zum anderen machte man es dadurch den Vertretern damals leichter, die Maschinen sehr schnell präsentieren zu können, denn alle Buchstaben des Worts „typewriter" (engl. für Schreibmaschine) waren in der obersten Zeile zu finden. Zwar gibt es durchaus bessere Anordnungen, doch auf vielen Tastaturen steht nach über 150 Jahren immer noch QWERTY – und das, obwohl die mechanische Schreibmaschine längst durch den PC abgelöst wurde.[2] Es gibt noch unzählige weitere Beispiele, von Technologien in Kernkraftwerken bis hin zu Videorekordern. Frühe Entscheidungen und Festlegungen determinieren im Laufe der Jahre durch weit verbreitete, wiederholte Anwendung durch Zulieferer und Nutzer etwas (Lock-in), weil diese wiederum, basierend auf diesen Technologien, ihre eigenen Systeme konstruieren.

Bei der Pfadabhängigkeit geht es nicht nur um Technologie. Sie bezieht sich auch auf jede Verhaltensweise, die ihren Ursprung in der Vergangenheit hat und zu einem festgefahrenen Verhaltensmuster wird. Geht es um Organisationen und deren Strategien, so zeigt sich dieses Phänomen meist in der Entwicklung von Routineabläufen, die durch Hardware und Technologie in Form von Systemen für Verkauf, Marketing, Neueinstellungen, Buchhaltung etc. unterstützt werden.[3] Solche Routineabläufe werden auch oft in viel umfangreicherem Maß „institutionalisiert" als die Organisation selbst. Ein gutes Beispiel hierfür sind Buchhaltungssysteme. Hier kam es auf verschiedenen Ebenen zum Lock-in-Effekt, wobei ganze Netzwerke mit einbezogen wurden, die festlegten, was Mitarbeiter taten, mit wem sie innerhalb und außerhalb ihrer Organisation interagierten, nach welchen Standards und an welchen Systemen sie ausgebildet wurden und welche Objekte und Technologien sie nutzten. All dies entwickelte sich über einen langen Zeitraum hinweg und die verschiedenen Bereiche verstärkten sich gegenseitig, wie ▶ *Abbildung 6.2* zeigt. Wie bei QWERTY wird die „Richtigkeit" oder zumindest die Unvermeidbarkeit solcher Systeme gern als selbstverständlich hingenommen. Sie beeinflussen auch Entscheidungsfindungen in nicht unerheblichem Maß und so nicht zuletzt strategische Entwicklungen und Wahlmöglichkeiten. Historische Buchhaltungssysteme bleiben bestehen, obwohl immer mehr Experten, darunter Buchhalter und andere,[4] auf schwerwiegende Mängel in diesen Systemen hinweisen, wie z.B. das Unvermögen solcher Buchhaltungssysteme, geeignete Messwerte für die Faktoren zu liefern, die den Marktwert eines Unternehmens ausmachen.

---

2 P. A. David, „Clio and the economics of QWERTY", Economic History, Band 75, Nr. 2 (1985). S. 332–337.
3 Siehe I. Greener, „Theorizing path dependency: how does history come to matter in organizations?", *Management Decision*, Band 40, Nr. 6 (2002), S. 614–619.
4 Die größten Buchhaltungsunternehmen der Welt fordern seit langem eine radikale Reform: „Big four in call for real time accounts", *Financial Times*, 8 November (2006), S. 1.

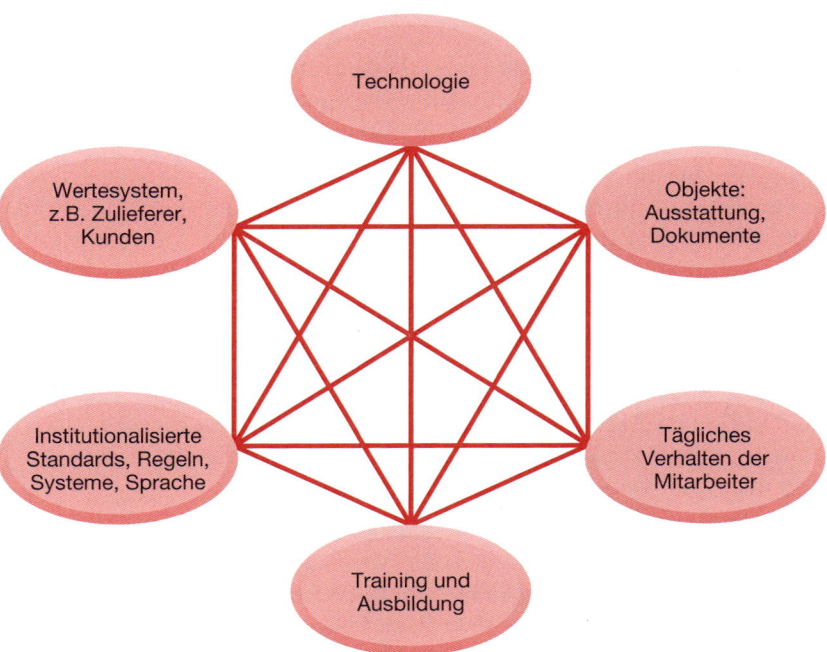

Abbildung 6.2: Pfadabhängigkeit und Lock-in

Die Pfadabhängigkeit untermauert die Bedeutung von drei entscheidenden Aspekten einer Strategie:

- *Umfassender Wandel.* Aufgrund des Systems der sich selbst verstärkenden Elemente ist es nahezu unmöglich, nur einen Aspekt einer Strategie zu verändern, ohne die anderen anzupassen. Für eine Fluggesellschaft wäre es beispielsweise ineffizient und zudem hochgradig gefährlich, von Boeing auf Airbus-Flugzeuge umzusteigen, ohne gleichzeitig die Ausbildung der Piloten und das Wartungssystem anzupassen.

- *Konservativismus.* Da sich selbst verstärkende Elemente dafür sorgen können, dass ein ansonsten fehlerhafter Ansatz einigermaßen gut funktioniert, lohnt es sich oft finanziell nicht, alles zu verändern, um dadurch eine geringfügige Leistungsverbesserung eines einzelnen Elements zu erzielen. So bleibt man in Indien, Japan und Großbritannien beim Linksverkehr, obwohl es für die Importeure und Exporteure von Fahrzeugen mit Sicherheit Kostenvorteile bringen würde, sich dem weltweit vorherrschenden Rechtsverkehr anzupassen.

- *Pfadkreation.* Da sich anfängliche Entscheidungen (wie etwa die Aufnahme des Flugbetriebs mit Maschinen von Boeing) sehr langfristig auswirken können, müssen Manager unbedingt erkennen, dass eine Entscheidung, die sie zu Beginn einer Unternehmung oder einer Initiative treffen, zu einem langfristigen Lock-in-Effekt führen kann. Apples ursprüngliche Investition in grafische Fähigkeiten für seine Computer der 1980er-Jahre und Microsofts Entscheidung aus dem gleichen Zeitraum, sich eher auf die Nutzer der Textverarbeitung zu konzentrieren, spiegeln sich heute noch bezüglich der Marktposition beider Unternehmen wider.

6.2.2 Geschichte als Ressource

Zwar sorgt ein historisch bedingter Lock-in oft für Inflexibilität, die Geschichte einer Organisation kann aber auch eine nützliche Management-Ressource sein. Es gibt mindestens drei Wege, wie Manager Geschichte für sich nutzen können:[5]

- *Aus der Vergangenheit lernen.* Die Analyse der aktuellen strategischen Position einer Organisation in Bezug auf ihre Vergangenheit kann wichtige Erkenntnisse bringen. Gab es zum Beispiel früher Trends oder Zyklen, die sich eventuell wiederholen könnten? Die Baubranche etwa erlebt ein regelmäßiges Muster aus Auf- und Abschwüngen. Hier sollten Manager also nicht davon ausgehen, dass momentan gute Zeiten für immer bleiben werden. Und wie reagierten Konkurrenten auf strategische Entscheidungen in der Vergangenheit? Die Konsumgüterhersteller Procter&Gamble und Unilever blicken auf eine fast 100-jährige Geschichte zurück, die beständig von Aktion und Reaktion geprägt war. Aus dieser Geschichte können die heutigen Manager viel lernen – und sogar vorhersagen, wie ihre Rivalen auf den nächsten strategischen Schritt reagieren werden.

- *Aufbau von Fähigkeiten.* Im BMW-Museum in München findet sich ein Zitat: „Wer für die Zukunft entwerfen will, muss die Vergangenheit durchblättern."[6] Zwar zeigt das Museum natürlich die Geschichte von BMW, es wird aber auch verdeutlicht, wie aus den Lektionen der Vergangenheit neue Ideen und Innovationen entstehen können. Die Abteilung Innovation und Technologie des Unternehmens befindet sich sogar direkt neben dem Museum und den Archiven von BMW. Innovation kann auf mindestens zweierlei Arten auf historischen Fähigkeiten aufbauen. Zunächst sind in einem Umfeld sich verändernder Technologie Unternehmen, die über jahrelange Erfahrungen und Fähigkeiten verfügen, die diesen Veränderungen am meisten entsprechen, viel eher in der Lage, Innovationen hervorzubringen als solche Unternehmen, die dies nicht besitzen.[7] Es könnte auch sein, dass es neue Wissenskombinationen gibt, wenn sich Fähigkeiten in verwandten Technologiebereichen entwickeln und in innovativer Weise als neue technologische Chancen übernommen werden. So wurden über die Art der Weiterleitung von Gasen neue Lichtsysteme entwickelt.[8]

- *Legitimierung von Strategie und Wandel.* Die Geschichte kann auch eine Rechtfertigung liefern für bestimmte Strategien oder Veränderungen. Die Chefin des Technologiekonzerns Hewlett Packard, Carly Fiorina, beispielsweise legitimierte ihre Strategie, indem sie sie als „Regeln für die Garage" formulierte. Damit bezog sie sich auf die berühmten Ursprünge der Firma in der Garage von Dave Packard.[9] Vergangene

5   Siehe J. T. Seaman Jr. und G. D. Smith, „Your company's history as a leadership tool", *Harvard Business Review*, Dezember 2012, S. 1–10.
6   Dieses Zitat von André Malraux sowie die Geschichte des BMW-Museums wurden von Mary Rose zur Verfügung gestellt.
7   Siehe Holbrook *et al.*, Fußnote 12.
8   Private Korrespondenz mit Mary Rose, der Unternehmenshistorikerin, die nahelegt, dass „dies eine Verbindung zu Schumpeter darstellt, der von einer Grenzüberschreitung sprach, die sich auf Sektoren, auf Technologien oder darauf beziehen kann, dass sich mit neuen Kenntnissen alte Anwendungsweisen von Technologien weiterentwickeln können".
9   S. Paroutis, M. Mckeown und S. Collinson, „Building castles from sand: unlocking CEO mythopoetical behaviour in Hewlett Packard from 1978 to 2005", *Business History*, Band 55, Nr. 7 (2013), S. 1200–27. Siehe auch O. Brunninge, „Using history in organization: how managers make purposeful reference to history in strategy processes", *Journal of Organizational Change Management*, Band 22, Nr. 1 (2009), S. 8–26.

Erfolge aufgrund eines strategischen Wandels können auch als Beweise für das Potenzial einer Organisation herangezogen werden, Wandel und Innovation erfolgreich zu meistern, um zukünftige Wandlungsprozesse zu erleichtern.

6.2.3 Analyse der historischen Entwicklung

Wie können nun Manager also eine historische, strategische Analyse ihrer Organisation durchführen? Dies kann auf vielerlei Weisen geschehen:[10]

- *Chronologische Analyse.* Zuallererst bedeutet dies, eine Chronologie der wichtigsten Ereignisse zu erstellen, die Veränderungen im Unternehmensumfeld aufzuzeigen – besonders auf den Märkten – und zu verdeutlichen, wie sich die Strategie des Unternehmens entsprechend verändert hat und welche Konsequenzen dies hat – nicht nur finanzieller Natur. Einige Unternehmen haben dies sehr viel intensiver betrieben und ausführliche Unternehmensbiografien erstellen lassen. Dies sind vielleicht nur PR-Aktionen, doch die besseren dieser Zusammenstellungen sind tatsächlich ernsthafte Dokumentationen der Geschichte.[11] Zumindest kann ein solch historischer Blickwinkel heutige Manager für die oben erwähnten Fragen sensibler machen.

- *Zyklische Einflüsse.* Gibt es Hinweise auf zyklische Einflüsse? Natürlich zeigen sich diese in Form von Wirtschaftszyklen, jedoch auch in Form von Zyklen der Branchenaktivität. So gibt es beispielsweise Perioden hoher Übernahmeaktivitäten und andere, in denen eher ausgegliedert wird. Wer versteht, wann diese Zyklen auftreten und wie sich die Kräfte von Branche und Markt währenddessen verändern können, kann auch fundierte Entscheidungen darüber treffen, ob sich gewählte Strategien mit diesen Zyklen oder ihnen entgegengesetzt entwickeln sollten.

- *Eckpfeiler.* Viele sehen Geschichte als ständigen Fluss von Ereignissen, doch manche dieser Ereignisse können zu ganz bestimmten Zeiten für eine Organisation von entscheidender Bedeutung sein – also sogenannte Eckpfeiler darstellen. Dies könnten besonders bedeutende Ereignisse sein, die vielleicht einen historischen Wandel oder eine wichtige strategische Entscheidung einer Organisation betreffen. Oder es könnten Maßnahmen sein, die der Unternehmensgründer oder andere mächtige Führungskräfte festgelegt haben. Große Erfolge oder Misserfolge zählen genauso dazu wie wichtige Zeitabschnitte, die bestimmte Erkenntnisse gebracht haben oder den Managern als besonders relevant erscheinen. Solche Eckpfeiler können schon viele Jahre zurückliegen und sich dennoch stark auf gegenwärtige Strategien und strategisches Denken auswirken oder zukünftige Strategien stark einschränken. Dies kann natürlich auch von Vorteil sein, denn dadurch entsteht eine klare strategische Richtung, die zu der im vorangegangenen Kapitel erläuterten Vision des Unternehmens beitragen kann. Andererseits können solche Eckpfeiler auch Barrieren sein, die verhindern, dass bestehende Strategien kritisch hinterfragt werden. Ein berühm-

---

10 Siehe auch D. J. Jeremy, „Business history and strategy", in A. Pettigrew, H. Thomas und R. Whittington (Hrsg.), „Handbook of Strategy and Management", *Sage*, 2002. S. 436–460.

11 Gute Beispiele solcher Unternehmensbiografien siehe bei G. Jones, „Renewing Unilever: Transformation and Tradition", *Oxford University Press*, 2005; R. Fitzgerald, „Rowntrees and the Marketing Revolution", *1862–1969, Cambridge University Press*, 1995; T. R. Gourvish, „British Railways 1948–73", *Cambridge University Press*, 1986.

tes Beispiel ist Henry Fords Maxime: „Sie können jede Farbe haben, vorausgesetzt sie ist schwarz." Dieser Satz war Jahrzehnte lang Sinnbild für Massenproduktion und geringe Vielfalt in der Autoindustrie. Gegenwärtig wird die Gesundheitspolitik der Regierung (und der Opposition) in Großbritannien durch das historische Mantra behindert, dass Gesundheitsvorsorge „bei Lieferung kostenfrei" sein soll, obwohl das ganz klar unmöglich ist. Eine Werbekampagne von Apple aus dem Jahr 1984 sprach eine deutliche Sprache gegen IBM: In dem Werbespot, der zur besten Sendezeit lief, schleuderte eine junge Athletin einen wuchtigen Vorschlaghammer auf ein düsteres Fernsehbild von *Big Brother*. Damit bezog man sich eindeutig auf das damals dominante Unternehmen IBM.

■ *Historische Erzählungen.* Wie sprechen die Mitarbeiter einer Organisation über deren Geschichte und erklären sie? Um die Grundlagen für die Strategie einer Organisation zu verstehen, wird ein neuer Vorstandschef oder auch ein externer Berater meist zunächst eine gewisse Zeit damit verbringen, mit den Mitarbeitern zu sprechen, denn dadurch gewinnt er Einblicke in deren persönliche Wahrnehmung der Geschichte.[12] Wie sprechen sie über ihre Organisation, wie sehen sie sie heute und früher, beziehen sie sich auf Eckpfeiler oder Grundlagen des Erfolgs? Und was sind wiederum die Auswirkungen auf zukünftige Strategieentwicklungen? Lassen die Äußerungen der Mitarbeiter darauf schließen, dass die historischen Fähigkeiten der Organisation auch heute noch für bestimmte Märkte und Kunden relevant sind, dass die Organisation zu Innovation und Wandel fähig ist oder so tief in der Vergangenheit verwurzelt ist, dass eine strategische Drift droht?

Geschichte ist also wichtig, weil sie aktuelle Strategien positiv oder negativ beeinflusst. Wie hier bereits erwähnt, gibt es Mittel und Wege, die historischen Entwicklungen zu analysieren. Nicht immer ist es jedoch leicht, Verbindungen zur Organisation herzustellen, wie sie heute besteht. Und nun wird es wichtig, die Kultur einer Organisation zu verstehen. Die aktuelle Kultur einer Organisation ist zu einem Großteil ein Vermächtnis ihrer Geschichte. Die Geschichte wird in der Unternehmenskultur „eingekapselt".[13] Versteht man also die Kultur einer Organisation, so ist dies ein Mittel, um auch die historischen Einflüsse zu begreifen, die, wie wir bereits gesehen haben, sehr stark sein können. Im nächsten Abschnitt wird erklärt, was Kultur ist und wie sie analysiert werden kann.

6.3 Was ist Kultur und warum ist sie wichtig?

Es gibt viele Definitionen für den Begriff „Kultur". Edgar Schein definiert Organisationskultur genauer als die „grundlegenden *Annahmen und Werte*, die alle Mitarbeiter einer Organisation teilen; sie wirken im Unterbewusstsein und definieren ganz grundlegend und unhinterfragt, wie eine Organisation sich selbst und ihr Umfeld sieht".[14] In Bezug hierzu stehen Handlungsweisen, die nicht hinterfragt werden, Rou-

---

12 Walsh und Ungson weisen darauf hin, dass das „Gedächtnis einer Organisation" vielerlei Formen hat, darunter gemeinsame Interpretationen und individuelle Erinnerungen. Siehe J. P. Walsh und G. R. Ungson, „Organizational memory", *Academy of Management Review*, Band 16, Nr. 1 (1991), S. 57–91.

13 Dieses Zitat stammt von S. Finkelstein, „Why smart executives fail: four case histories of how people learn the wrong lessons from history", *Business History*, Band 48, Nr. 2 (2006), S. 153–170.

14 Diese Definition stammt von E. Schein, „Organisational Culture and Leadership", 2. Auflage, *Jossey-Bass*, 1997, S. 6.

tineabläufe, die sich im Laufe der Zeit etablieren. Mit anderen Worten geht es bei der Kultur um Dinge, die als selbstverständlich hingenommen werden, die aber dennoch dazu beitragen, wie Gruppen auf aktuelle Probleme reagieren, denen sie sich stellen müssen. Demnach beeinflusst die Kultur Entwicklung und Wandel organisatorischer Strategien in erheblichem Maß.

Wie ▶ *Abbildung 6.3* zeigt, existieren kulturelle Einflüsse auf verschiedensten Ebenen: die Ebenen Geografie, Wirkungsfeld und Organisation werden hier genauer definiert. Alle wirken sich auf die Entscheidungen und Handlungen jedes einzelnen Managers aus.

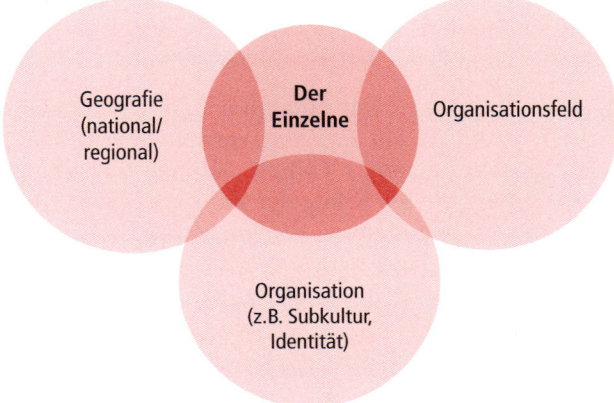

Abbildung 6.3: Kulturelle Rahmenwerke

6.3.1 Nationale und regionale Kulturen

Viele Autoren, der bekannteste von ihnen ist wohl Geert Hofstede, haben gezeigt, wie sich Meinungen und Einstellungen über Arbeit, Autorität, Gleichheit und andere wichtige Faktoren von Land zu Land oder sogar von Region zu Region unterscheiden. Solche Unterschiede entstanden durch mächtige kulturelle Kräfte, die seit Jahrhunderten in Bereichen wie Geschichte, Religion und sogar Klima wirken. Hofstede untersuchte kulturelle Unterschiede zwischen den Ländern Süd- und Nordeuropas innerhalb der Grenzen des Römischen Reichs vor 2000 Jahren.[15]

Gemäß Hofstedes Analyse gibt es mindestens vier Hauptdimensionen, in denen sich nationale Kulturen unterscheiden:

- *Machtdistanz,* bezogen auf die Beziehung zwischen Autoritäten und Akzeptanz von Ungleichheit. In Hofstedes Studien und den Studien seiner Kollegen zeigte sich, dass in vielen asiatischen Ländern eine große Machtdistanz herrscht, was dazu führt, dass der Managementstil recht autoritär ist. In Australien dagegen ist die Machtdistanz gering und der Führungsstil demokratisch.

---

15 Siehe G. Hofstede, *Culture's Consequences*, Sage, 2nd edn, 2001 und M. Minkov und G. Hofstede, „The evolution of Hofstede's doctrine", *Cross Cultural Management: An International Journal*, Band 18, Nr. 1 (2011), S. 10–20.

- *Individualismus-Kollektivismus,* bezogen auf die Beziehungen zwischen dem Einzelnen und der Gruppe. Hofstede fand heraus, dass einige nationale Kulturen stark individualistisch geprägt sind, so etwa die USA. Viele Kulturen Südamerikas sind dagegen eher kollektivistisch ausgerichtet, hier setzt man mehr auf Teamarbeit.

- *Langfristige Orientierung,* bezogen auf die Zukunftsorientierung, die für Strategien sehr wichtig ist. Hofstede geht davon aus, dass viele asiatische Kulturen eher langfristig orientiert sind. Kulturen in Nordamerika und Afrika dagegen sind eher kurzfristig ausgelegt.

- *Vermeidung von Unsicherheit,* bezogen auf die Toleranz von Unsicherheit und Mehrdeutigkeit. Nach Hofstedes Analyse herrscht in Japan eine relativ geringe Toleranz von Unsicherheiten. Die chinesische Kultur dagegen scheint pragmatischer zu sein, hier werden Unsicherheiten eher akzeptiert.

International agierende Organisationen müssen solche Unterschiede verstehen und mit ihnen umgehen können, da sie in Form verschiedener Standards, Werte und Erwartungen in verschiedenen Ländern Gestalt annehmen können.[16] So wurde etwa der Versuch von Euro Disney, seinen Erfolg der amerikanischen Disney-Vergnügungsparks in Europa zu kopieren, in den französischen Medien als „kultureller Imperialismus" betitelt und gestaltet sich eher schwierig. Zwischen 1999 und 2005 sanken die Besucherzahlen jährlich um 0,3 %.

Auch *subnationale* (meist regionale) Kulturen können von großer Bedeutung sein. So können selbst in einem kleinen und geschlossenen Land wie Großbritannien etwa Meinungen über einige Aspekte des Beschäftigungsverhältnisses und der Zuliefererbeziehungen auf regionaler Ebene voneinander abweichen. In anderen europäischen Ländern sind die Unterschiede noch viel größer (etwa zwischen Nord- und Süditalien). Auch kann es zwischen städtischen und ländlichen Gebieten zu Abweichungen kommen.

6.3.2   Das organisationale Wirkungsfeld[17]

Rezept

Ein Rezept besteht aus einer Gruppe von auf Organisationszwecke bezogenen Annahmen, Normen und Routinen, die alle Organisationen innerhalb eines organisationalen Felds teilen, sowie aus gemeinsamen Überzeugungen wie Organisationen geführt werden sollten.

Wie in *Kapitel 2* bereits definiert, ist ein Organisationsfeld eine Gemeinschaft von Organisationen, die häufiger untereinander als mit anderen Unternehmen außerhalb des Felds interagieren und die ein gemeinsames Wertesystem entwickelt haben. Solche Organisationen können die gleiche Technologie nutzen, sie können nach den gleichen Regeln operieren oder gleiche Ausbildungs- und Trainingsprogramme haben. Ein wichtiges Merkmal eines Organisationsfelds ist, dass es sich nicht nur auf wirtschaftliche Transaktionen beschränkt, sondern auch gemeinsame Überzeugungen, Annahmen und Normen umfasst.

16   Siehe zum kulturübergreifenden Management auch R. Lewis, „When Cultures Collide: Managing successfully across cultures", 2. Auflage, *Brealey*, 2000, eine praktische Anleitung für Manager. Das Buch liefert Einblicke in nationale Kulturen, Geschäftsdialoge und Führungsstile. Siehe auch S. Schneider und J.-L. Barsoux, „Managing Across Cultures", 2. Auflage, *Financial Times/Prentice Hall*, 2003. T. Jackson, „Management ethics and corporate policy: a cross-cultural comparison", *Journal of Management Studies*, Band 37, Nr. 3 (2000), S. 349–370, betrachtet, wie nationale Kulturen Managementethik beeinflussen und liefert so ein nützliches Bindeglied zu *Kapitel 4.3* dieses Buchs.

17   Eine wertvolle Übersicht der Forschungsarbeiten zu diesem Thema liefern T. Dacin, J. Goodstein und R. Scott, „Institutional theory and institutional change: introduction to the special research forum", *Academy of Management Journal*, Band 45, Nr. 1 (2002), S. 45–57. Für eine allgemeinere Übersicht siehe G. Johnson und R. Greenwood, „Institutional theory and strategy", in Mark Jenkins and V. Ambrosini (Hrsg.), „Strategic Management: A Multiple-Perspective Approach", *Palgrave*, 2007.

So gibt es beispielsweise im „organisationalen Wirkungsfeld Justiz" viele Organisationen wie Rechtsanwaltskanzleien, Polizei, Gerichte, Gefängnisse und Bewährungseinrichtungen. Sie alle haben unterschiedliche Aufgaben und ihre detaillierten Vorgaben, wie Gerechtigkeit erzielt werden soll, weichen voneinander ab. Dennoch haben sie sich alle dem Prinzip verschrieben, dass Gerechtigkeit eine gute Sache ist, die sich zu erlangen lohnt. Dadurch arbeiten sie häufig zusammen, haben ein gemeinsames Verständnis und eine gemeinsame Sprache für auftretende Probleme entwickelt und nutzen gemeinsame Routineabläufe oder übernehmen rasch Routinehandlungen anderer Berufsgruppen ihres Felds. Auch in anderen Organisationsfeldern ist ein solches gemeinsames Rezept üblich, etwa im Bereich Wirtschaftsprüfung und in vielen anderen Branchen.

Das Organisationsfeld ist mitverantwortlich dafür, wie Manager ihre eigenen Aktivitäten bewerten, wie sie strategische Optionen definieren und entscheiden, was angemessen ist. Drei Konzepte sind hier hilfreich:

- *Kategorisierung*. Wie die Mitglieder eines Organisationsfelds sich selbst und ihre Aktivitäten kategorisieren (oder einteilen), wirkt sich sehr auf ihr Handeln aus.[18] Stuft man ein Handy zuallererst als mobilen Computer oder aber als modisches Accessoire und eben nicht als Telefon ein, so verändert das die gesamte Strategie. Im Laufe der Zeit einigen sich die Mitglieder eines Organisationsfelds in der Regel auf ein vorherrschendes Einteilungsschema. So gab es in den Anfängen der Automobilindustrie noch die konkurrierenden Kategorien „pferdelose Kutsche" und „Automobil". Die Tatsache, dass man sich schließlich auf den Begriff „Automobil" einigte, trug auch dazu bei, die weitere Entwicklung der Branche zu prägen.

- *Rezepte*. Aufgrund ihrer gemeinsamen Kultur, denken und handeln die Organisationen innerhalb eines Organisationsfelds meist auch auf die gleiche Weise, sie entwickeln gemeinsame **Rezepte**. Sie haben also eine Reihe von auf Organisationszwecke bezogenen Annahmen, Normen und Routinen, die alle Organisationen innerhalb eines organisationalen Felds teilen, sowie gemeinsame Überzeugungen, wie Organisationen geführt werden sollten.[19] Eigentlich ist ein Rezept das „gemeinsame Wissen" darüber, was am besten funktioniert. In der englischen Premier League, der höchsten Fußball-Liga des Landes, gilt das „talent-basierte" Rezept als Standard. Jedes Jahr wetteifern die Fußballclubs darum, die besten Spieler für ihr Team zu gewinnen, denn sie sind überzeugt, dass es die einzelnen herausragenden Talente sind, die den Erfolg bringen. Ein alternatives Rezept wird häufig in der deutschen Fußball-Bundesliga praktiziert. Hier wird ein Team über einen langen Zeitraum hinweg von Trainern betreut und aufgebaut, um gemeinsamen Teamgeist zu entwickeln.

---

18 Siehe J. F. Porac, H. Thomas und C. Baden-Fuller, „Competitive groups as cognitive communities: the case of Scottish knitwear manufacturers revisited", *Journal of Management Studies*, Band 48, Nr. 3 (2011), S. 646–64. Siehe auch F.F. Suarez, S. Grodal und A. Gotsopoulos, „Perfect timing? Dominant category, dominant design and the window of opportunity for firm entry", *Strategic Management Journal*, Band 36, Nr. 3 (2015), S. 437–48.

19 Der Begriff „Rezept" wurde eingeführt von J. C. Spender, *Industry Recipes: the Nature and Sources of Management Judgement*, Blackwell, 1989. Siehe auch P. McNamara, S.I. Peck und A. Sasson, „Competing business models, value creation and appropriation in English football", *Long Range Planning*, Band 46, Nr. 61 (2013), S. 475–487.

■ *Legitimität.* Haben sich Kategorien und Rezepte im Laufe der Zeit so verfestigt, dass sie zur Institution geworden sind, geben sie schließlich die einzige Möglichkeit vor, wie gehandelt und gedacht werden muss. **Legitimität** bezieht sich darauf, inwieweit die innerhalb eines organisationalen Wirkungsfelds bestehenden Erwartungen in Bezug auf Grundannahmen, Verhaltensweisen und Strategien erfüllt werden. Organisationen, die sich konform zu geltenden, legitimierten Normen innerhalb ihres Organisationsfelds verhalten, sichern sich so Unterstützung und öffentliche Akzeptanz, und steigern so wiederum die eigene Legitimität. Diese Strategie zu verändern, könnte riskant sein, da wichtige Interessengruppen (wie etwa Kunden oder Banken) damit nicht einverstanden sein könnten. Also neigen viele Organisationen dazu, sich gegenseitig zu *imitieren*. Zwar gibt es natürlich Unterschiede zwischen den Strategien einzelner Unternehmen, diese bewegen sich aber meist innerhalb der Grenzen der Legitimität.[20] Das Konzept der Legitimität kann erklären, warum z.B. Universitäten oder Unternehmensberatungen meist ähnliche Strategien verfolgen und ähnliche Bewerber einstellen.

6.3.3   Organisationskultur

Edgar Schein definiert Organisationskultur als „grundlegende Annahmen und Überzeugungen, die die Mitglieder einer Organisation teilen. Diese wirken unbewusst und definieren grundlegend, wie eine Organisation sich selbst und ihr Umfeld sieht."[21]

Organisationskultur

Organisationskultur sind also die als gegeben hingenommenen Annahmen und Überzeugungen der Organisationsmitglieder.

Organisationskultur sind also die als gegeben hingenommenen Annahmen und Überzeugungen der Organisationsmitglieder. Sie hilft ihnen, die Organisation und ihr Umfeld zu verstehen und prägt so ihre Reaktion auf auftretende Probleme.

Oft wird die Kultur einer Organisation als ein aus vier Schichten bestehendes System verstanden[22] (siehe ▶ *Abbildung 6.4*):

■ *Werte* sind in einer Organisation oft leicht zu identifizieren und liegen auch oft als schriftliche Aussage über Leitbild, Ziele und Strategien der Organisation vor (siehe *Kapitel 1*). Allerdings können sie eher vage formuliert sein, etwa „Dienst an der Gesellschaft" oder „Gewährleistung der Gleichberechtigung am Arbeitsplatz".

■ *Überzeugungen* sind zwar spezifischer, können aber auch meist aus der Art und Weise abgeleitet werden, wie die Mitarbeiter über die Probleme ihrer Organisation sprechen. Ein Beispiel ist die Überzeugung, dass die Firma mit bestimmten Ländern keine Geschäftsbeziehungen haben sollte oder dass professionelle Mitarbeiter ihre Aktivitäten nicht von Managern bewerten lassen sollten.

20 D. Deephouse, „To be different or to be the same? It's a question (and theory) of strategic balance", *Strategic Management Journal*, Band 20, Nr. 2 (1999), S. 147–166.
21 E. Schein, „Organisation Culture and Leadership", 3. Auflage, *Jossey-Bass*, 2004, S. 6.
22 E. Schein, „Organisation Culture and Leadership", 2. Auflage, *Jossey-Bass*, 1997 und A. Brown, „Organisational Culture", *FT/Prentice Hall*, 1998 sind von Nutzen für das Verständnis der Beziehung zwischen Organisationskultur und Strategie. Für eine sinnvolle Kritik des Konzepts der Organisationskultur siehe M. Alvesson, „Understanding Organizational Culture", *Sage*, 2002.

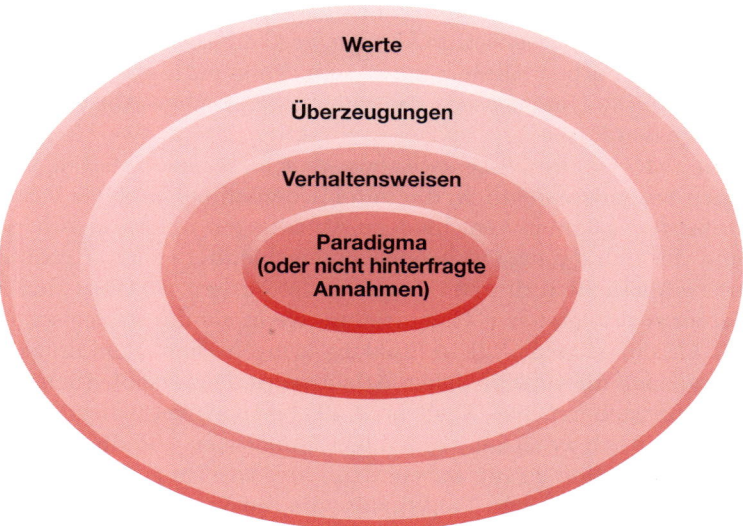

Abbildung 6.4: Kultur in vier Schichten

■ *Verhaltensweisen* beziehen sich auf tägliche Geschäftsprozesse und können von Menschen innerhalb und außerhalb der Organisation wahrgenommen werden. Dazu zählen Routineabläufe, Organisations- und Kontrollstrukturen, aber auch „weichere" Themen, etwa symbolische Handlungen (siehe *Abschnitt 6.3.4* unten). Diese Verhaltensweisen können sich zu festgefahrenen Abläufen entwickeln, „die wir hier so machen." So können sie entweder Basis für nicht imitierbare strategische Fähigkeiten werden (siehe *Abschnitt 4.3.3*) oder sich zu schwer überwindbaren Hindernissen entwickeln, die einen strategischen Wandel behindern (siehe *Kapitel 15*).

■ *Als gegeben hingenommene Annahmen* sind der Kern einer Organisationskultur. Dies sind die Aspekte des Organisationslebens, die für die Mitarbeiter schwer zu benennen und zu erklären sind. Hier werden sie als Paradigma der Organisation beschrieben. Ein **Paradigma** beschreibt eine Gruppe von Annahmen, welche von den meisten Mitgliedern einer Organisation geteilt werden und die sie unhinterfragt als gegeben hinnehmen. Damit eine Organisation effektiv operieren kann, muss es allgemein akzeptierte Annahmen geben. Wie oben erwähnt, entstehen diese aus *kollektiven Erfahrungen*, ohne die die Menschen in verschiedenen Situationen „ihre Welt neu erfinden" müssten. Das Paradigma kann erfolgreiche Strategien untermauern, indem es eine Grundlage für das gemeinsame Verständnis liefert. Es kann aber auch zum Problem werden, wenn zum Beispiel ein radikaler strategischer Wandel nötig ist (siehe *Kapitel 15*) oder wenn Unternehmen fusionieren wollen und herausfinden, dass sie nicht kompatibel sind. Die Bedeutung des Paradigmas wird in *Abschnitt 6.3.4* noch näher erläutert.

Paradigma

Ein Paradigma beschreibt eine Gruppe von Annahmen, welche von den meisten Mitgliedern einer Organisation geteilt werden und die sie unhinterfragt als gegeben hinnehmen.

Das Konzept der Kultur impliziert Kohärenz, was auch den häufig gebrauchten Ausdruck „Unternehmenskultur" erklärt. *Beispiel 6.1* über die Brauerei AB InBev zeichnet ein Bild von einem Unternehmen, in dem hart daran gearbeitet wird, eine kohärente Unternehmenskultur zu schaffen. Allerdings gibt es mindestens zwei Möglichkeiten, Kulturen in der Praxis zu unterscheiden.

Subkulturen in Unternehmen. Ebenso wie nationale Kulturen sich aus verschiedenen regionalen Kulturen zusammensetzen können, so kann es auch innerhalb einer Organisation Subkulturen geben. Diese können sich direkt auf die Organisationsstruktur beziehen, etwa auf die Unterschiede zwischen geografischen Abteilungen innerhalb einer internationalen Firma oder zwischen Funktionen wie etwa Finanzwesen, Marketing und Betrieb. Unterschiede zwischen verschiedenen Abteilungen werden in Organisationen besonders deutlich, die durch Übernahmen anderer Firmen gewachsen sind. Außerdem könnten verschiedene Abteilungen unterschiedliche Strategien verfolgen und die sich daraus ergebenden unterschiedlichen Marktpositionierungen könnten unterschiedliche Kulturen erfordern oder fördern. So ist es auch ein wichtiges Merkmal einer erfolgreichen Organisation, wenn sie die strategische Positionierung und die Organisationskultur in Einklang bringen kann. Funktionsunterschiede können sich auch auf die verschiedenen Arbeitsweisen unterschiedlicher Funktionen beziehen. In Unternehmen wie Shell oder BP beispielsweise liegen solche Unterschiede wahrscheinlich zwischen denjenigen Funktionen vor, die mit den Anfangsprozessen der Exploration zu tun haben, denn hier wird in Zeithorizonten von Jahrzehnten gerechnet, und solchen Funktionen, die die Vermarktung und den Vertrieb betreffen, denn hier geht es eher um kürzere, vom Markt bestimmte Zeithorizonte. Dies ist wohl auch einer der Gründe, warum sowohl Shell als auch BP so sehr darauf bedacht sind, eine Unternehmenskultur zu schaffen, die solche funktionalen Grenzen überwindet.

Identität der Organisation. Die Kultur einer Organisation deckt eine Vielzahl von Aspekten ab, so etwa wie diese ihr Umfeld bewertet, doch ein anderer wichtiger Aspekt ist, wie die Organisation sich selbst wahrnimmt.

Identität einer Organisation

Die Identität einer Organisation bezieht sich darauf, wie sie sich selbst als Organisation sieht und versteht.

Die **Identität einer Organisation** bezieht sich darauf, wie sie sich selbst als Organisation sieht und versteht.[23] Manager und Unternehmer versuchen häufig, die Identität ihrer Organisation zu manipulieren, denn sie ist von entscheidender Bedeutung wenn es um die Einstellung und Schulung neuer Mitarbeiter und den Umgang mit Kunden und Aufsichtsbehörden geht. Aussagen über die Identität einer Organisation finden sich oft an zentraler Stelle auf deren Website und anderen offiziellen Veröffentlichungen. So vollzog die dänische Brauerei Carlsberg ganz bewusst eine Veränderung ihrer öffentlich bekundeten Identität von einer traditionellen Brauerei hin zu einem schnell reagierenden, flexiblen Hersteller von Konsumgütern. Auch für eine Start-up-Unternehmen ist es wichtig, eine plausible Identität vorweisen zu können: Bei Kunden und Investoren kommen vor allem die Firmen gut an, die sich klar als nächste Generation ihrer Branche definieren können und nicht einfach einen „me too"-Ansatz wählen.

---

23 M. J. Hatch, M. Schultz und A.-M. Skow, „Organizational identity and culture in the context of managed change: transformation in the Carlsberg Group", 2009–2013, *Academy of Management Discoveries*, Band 1, Nr. 1 (2015), S. 56–87; T. Wry, M. Lounsbury und M. A. Glynn, „Legitimating nascent collective identities: coordinating cultural entrepreneurship", *Organization Science*, Band 22, Nr. 2 (2011), S. 449–63.

Beispiel 6.1	Traum. Menschen. Kultur

Für „Brito", Chef der größten Brauerei der Welt, ist „Kultur" eines der drei wichtigsten Schlagworte.

Der etwas schwerfällige Name der Brauerei AB InBev zeigt die Art und Weise auf, wie dieses Unternehmen gewachsen ist. Ursprünglich entstand es im Jahr 1999 aus der Fusion der beiden brasilianischen Brauereien Antarctica (gegründet 1880) und Brahma (gegründet 1886). Das neue entstandene Unternehmen „AmBev" fusionierte 2004 mit der belgischen Brauerei InterBrew und es entstand InBev. 2014 übernahm man schließlich den US-amerikanischen Großkonzern Anheuser-Busch. So war AB InBev 2015 zur größten Brauerei der Welt geworden mit Hauptsitz in Belgien und einem globalen Marktanteil von 25 %. Führende Marken der Brauerei waren Beck's, Budweiser, Corona und Stella Artois. AB InBev beschäftigte 155.000 Menschen in 25 Ländern. Und das Unternehmen hatte ein Auge auf einen seiner letzten großen Rivalen geworfen, die südafrikanische Brauerei SAB-Miller, die man übernehmen wollte.

CEO von AB InBev war der Brasilianer Carlos Brito, der von allen nur „Brito" genannt wurde. Die Finanzierung seines Studiums mit MBA-Abschluss an der Stanford University hatte er sich von dem ehemaligen brasilianischen Tennisprofi und Großinvestor Jorge Paolo Lemann erbettelt. Nach Abschluss seines Studiums stieg er bei Brahma ein, einer Brauerei, die Lemann gerade erst gekauft hatte. Im Jahr 2004 war Brito zum CEO von AmBev aufgestiegen. Nach der Fusion mit InterBrew spielte er zwar zunächst nur die zweite Geige, doch schon 2005 – im Alter von 45 – wurde er zum CEO der neu gegründeten Firma InBev.

Britos drei Schlagworte, die alle Führungskräfte in seinem Unternehmen immer wieder wiederholen, lauten: „Traum. Menschen. Kultur." Für AB InBev möchte er eine sehr intensive Organisationskultur schaffen. Er selbst ist meist über die Hälfte des Jahres geschäftlich unterwegs. Er sagt von sich selbst, er habe keine Hobbys, abgesehen von einer halbstündigen Einheit auf dem Laufband jeden Tag. Er und sein Top-Team fliegen Economy Class und steigen in Mittelklassehotels ab. Alle führenden Manager haben ihren Schreibtisch in Großraumbüros.

Leman (der einen Firmenanteil von 12,5 % hält) beschreibt die Unternehmenskultur bei AB InBev so:

> „Man ist immer am Rennen, immer am Limit. Jeder arbeitet sehr hart und wird ständig beurteilt. Entweder man mag das oder eben nicht."

Es wird eine Budgetplanung auf Nullbasis praktiziert und alle Budgets werden zu Beginn des Jahres ausführlich geplant und verhandelt. Kosten und Leistung werden engmaschig überwacht. Nach der Übernahme von Anheuser-Busch entließ Brito 1.400 Mitarbeiter, darunter auch die gesamte Führungsriege aus den USA. Britos Kommentar dazu:

> *„Manche waren so reich, dass es ihnen sowieso egal war; manche waren zu alt, um noch richtig arbeiten zu können; und andere passten nicht in unsere Unternehmenskultur."*

Die Leistungen jedes einzelnen Mitarbeiters können jederzeit von allen anderen eingesehen werden und auch die Manager müssen sich einem lückenlosen Feedback-System stellen. Laut einem Insider-Witz muss jeder, der befördert werden will, zuerst drei Menschen umbringen.

Doch wer gute Leistung bringt, wird auch reich belohnt und steigt schnell auf. Junge Manager bleiben oft weniger als zwei oder drei Jahre auf dem gleichen Posten. Sie werden versetzt, sobald sie beginnen, sich zu wohl zu fühlen. Im Jahr 2014 bewarben sich über 100.000 Hochschulabsolventen für 147 offene Stellen. Brito spricht jedes Jahr persönlich mit allen neuen Trainees immer auf der Suche nach frischen Talenten. Und alle werden von ihm ermutigt, „große Träume" zu haben. Luiz Fernando Edmond, der den gesamten Vertriebsbereich des Unternehmens leitet, war Teilnehmer des ersten Trainee-Programms der Firma 1990 in Brasilien. Er sagt:

> *„Als ich hierher kam, hatte ich nichts. Wenn man hart arbeitet, sich auf seine Leistung konzentriert, gut mit Menschen zusammenarbeitet, die Richtigen zusammenbringt und auch mal bessere Leute befördert, dann hat man eine Chance, einmal CEO des Unternehmens zu werden."*

Quellen: Fortune, 15. August 2013; Financial Times, 15. und 16. Juni 2015.

6.3.4 Der Einfluss der Kultur auf die Strategie

Mark Fields, Präsident der Ford Motor Company, stellte 2006 die inzwischen berühmt gewordene These auf, dass „die Kultur die Strategie zum Frühstück verspeist", womit er verdeutlichen wollte, wie wichtig die Unternehmenskultur für die Strategie ist. Das bedeutet jedoch nicht, dass eine Strategie vollkommen irrelevant ist: Die Kultur sollte als *Teil* der Strategie gesehen werden, als etwas, das einen Wettbewerbsvorteil bringen könnte und – zumindest teilweise – angepasst und verändert werden kann.

Die Auswirkungen der Kultur auf die Strategie sind in ▶ *Abbildung 6.5* dargestellt.[24] Manager, die sich veranlasst sehen zu handeln, z.B. aufgrund nachlassender Unternehmensleistung, werden zunächst versuchen, die Umsetzung der bestehenden Strategie zu verbessern (*Schritt 1*). Dazu könnten sie versuchen, die Kosten zu senken, die Effizienz zu steigern, strengere Kontrollen einzuführen oder Routineabläufe zu verbessern. Zeigen all diese Schritte keine Wirkung, so kann es zu einem Strategiewechsel kommen, der sich aber noch im Rahmen der bestehenden Unternehmenskultur bewegt (*Schritt 2*). Manager könnten beispielsweise versuchen, den Markt für ihre Produkte oder Dienstleistungen auszuweiten, wobei potenzielle neue Kunden ihren

---

24 ▶ *Abbildung 6.5* ist adaptiert vom Original in P. Grinyer und J. C. Spender, „Turnaround: Managerial Recipes for Strategic Success", *Associated British Press*, (1979) S. 203.

bestehenden Kunden sehr ähnlich sein werden. Daher werden sie neue Projekte, die in diese Richtung gehen, in ähnlicher Weise angehen, wie sie es bereits gewohnt sind. Anders ausgedrückt, selbst wenn Manager vom Verstand her wissen, dass sie sich verändern müssen, und sogar wissen, wie dies technologisch möglich wäre, fühlen sie sich doch durch pfadabhängige organisatorische Routineabläufe und Annahmen oder politische Prozesse erheblich eingeschränkt, wie dies in *Beispiel 6.2* bei Kodak wohl der Fall ist. Dies geschieht oft, wenn versucht wird, hochbürokratische Organisationen zu verändern, damit diese sich mehr am Kunden orientieren. Selbst wenn die Mitarbeiter vom Verstand her akzeptieren, dass sich die Organisation ändern und weniger Wert legen muss auf die Einhaltung seit langem geltender Regeln, Routineabläufe und Berichtbeziehungen, tun sie nichts dergleichen. Es stimmt also nicht, dass vernünftige Argumente in jedem Fall fest verankerte Annahmen verändern können, die auf über viele Jahre gesammelter kollektiver Erfahrung basieren. Der Leser denke nur an seine eigenen Erfahrungen damit, andere überzeugen zu wollen, die eigene religiöse Glaubensausrichtung oder die Anhängerschaft zu bestimmten Sportvereinen kritisch zu überdenken. Strategische Veränderungen, die einen grundlegenden Wandel der Unternehmenskultur mit sich bringen (*Schritt 3*), sind sehr selten und geschehen meist erst dann, wenn sich dramatische Hinweise auf die Redundanz der Kultur zeigen und die Organisation sich in einer finanziellen Krise befindet oder schon erheblich an Marktanteil verloren hat.

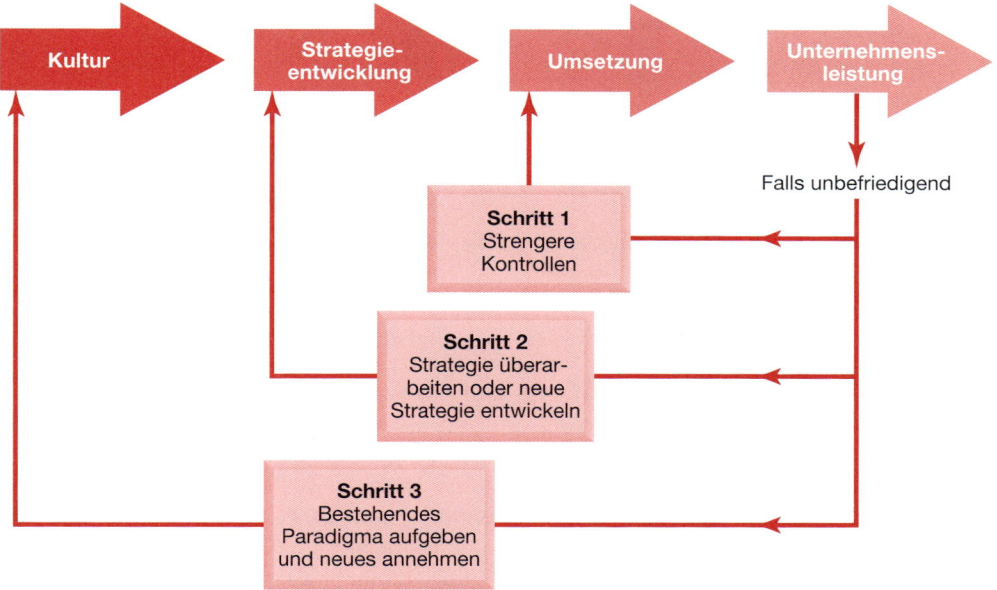

Abbildung 6.5: Der Einfluss von Kultur auf die Strategieentwicklung
Quelle: Anpassung aus P. Gringer and J.-C. Spender, „Turnaround: Managerial Recipes for Strategic Success", Associated Business Press, 1979, S. 203.

6.3.5 Eine Analyse der Kultur: das kulturelle Netz

Kulturelles Netz

Das kulturelle Netz einer Organisation bezeichnet die physischen, symbolischen und Verhaltensmanifestationen einer Kultur.

Um sowohl die Kultur selbst als auch ihre Auswirkungen zu verstehen, muss man in der Lage sein, diese zu analysieren. Mithilfe des **kulturellen Netzes**[25] wird dies möglich (siehe ▶ *Abbildung 6.6*). Es bezeichnet die physischen, symbolischen und Verhaltensmanifestationen einer Kultur, die durch unhinterfragte und als gegeben angenommene Annahmen oder Denkmuster geprägt werden und diese prägen. Hier handelt es sich eigentlich nur um die inneren beiden Ovale in ▶ *Abbildung 6.4*. Das kulturelle Netz kann dabei helfen, Kultur in jedem der oben erwähnten Rahmenwerke zu verstehen, wird aber am häufigsten auf gesamtorganisatorischer oder auf funktionaler Ebene (siehe ▶ *Abbildung 6.3*) eingesetzt.[26] Das kulturelle Netz besteht aus folgenden Elementen:

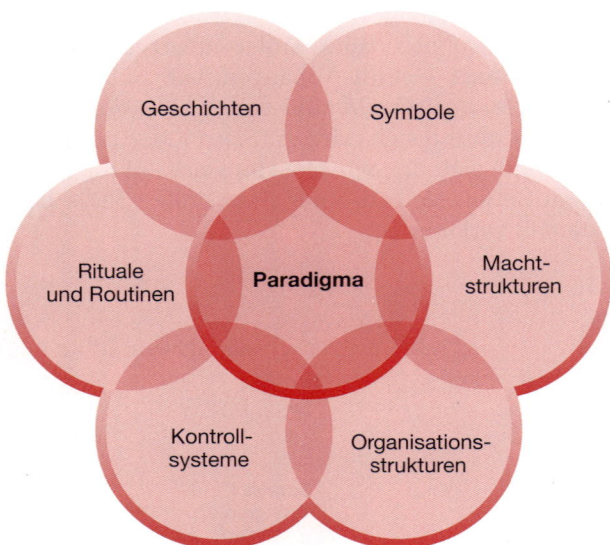

Abbildung 6.6: Das kulturelle Netz einer Organisation

■ Im Innersten befindet sich ein *Paradigma*, wie in ▶ *Abbildung 6.6* zu sehen. Die als gegeben hingenommenen Annahmen und Überzeugungen dieses Paradigmas sind eigentlich die *kollektive Erfahrung*, die auf eine Situation angewendet wird, um diese zu begreifen und eine geeignete Handlungsweise festzulegen. Die Annahmen des Paradigmas können sehr grundlegender Natur sein. So scheint es etwa ganz selbstverständlich, dass die Kernannahmen eines Zeitungsverlags die zentrale Bedeutung von Nachrichten und Berichterstattung betreffen. Aus strategischer Sicht gesehen sind Zeitungen für ihre Einkünfte immer stärker auf Werbeeinnahmen angewiesen und so könnte ihre Strategie auch direkt darauf ausgerichtet sein. Im Paradigma einer gemeinnützigen Organisation geht es vielleicht um gute Werke für

---

25 Eine umfassendere Erklärung des kulturellen Netzes ist zu finden bei G. Johnson, „Strategic Change and the Management Process", *Blackwell*, 1987 und „Managing strategic change: strategy, culture and action", *Long Range Planning*, Band 25, Nr. 1 (1992), S. 28–36. Außerdem entsteht zurzeit G. Johnson und A. McCann, „Changing Strategy: Changing Culture", *FT Publications*.

26 Eine praktische Erklärung zur Darstellung des kulturellen Netzes ist zu finden bei G. Johnson, „Mapping and re-mapping organisational culture", in V. Ambrosini mit G. Johnson und K. Scholes (Hrsg.), „Exploring Techniques of Analysis and Evaluation in Strategic Management", *Prentice Hall*, 1998.

die Bedürftigen, dies kann aber nur erreicht werden, wenn die Organisation es schafft, auf effektive Weise viel Geld zu sammeln. Es ist also wichtig zu verstehen, wie ein Paradigma aussieht und wie es die Debatte über Strategien beeinflusst. Das Problem besteht allerdings darin, dass es schwierig sein kann, solche Paradigmen zu identifizieren, besonders wenn man selbst Teil der Organisation ist, da meist über solche Themen nicht gesprochen wird. Für außenstehende Beobachter kann es dagegen relativ leicht sein, solche Paradigmen zu isolieren, indem sie einfach zuhören und zuschauen, wie die Mitarbeiter handeln und was ihnen wichtig ist. Insider dagegen könnten damit ihre Probleme haben, denn sie sind ja selbst Teil der Unternehmenskultur. Eine Möglichkeit für interne Mitarbeiter, eigene als gegeben hingenommene Annahmen zu erkennen, besteht darin, sich anfangs auf andere Aspekte des kulturellen Netzes zu konzentrieren, die sich mit sichtbaren Manifestationen der Unternehmenskultur befassen. Und diese anderen Aspekte wiederum verstärken meist die Annahmen des Paradigmas.

- **Routinen** bezeichnen die eingespielten täglichen Arbeitsabläufe. Diese können eine lange Geschichte haben und sogar mehreren Organisationen gemeinsam sein. Im besten Fall sorgen sie dafür, dass eine Organisation reibungslos funktioniert, und verleihen ihr eine ganz eigene organisatorische Kompetenz. Sie können aber auch für eine Selbstverständlichkeit der Abläufe stehen, die wiederum schwer zu verändern ist.

  Routinen

  Routinen bezeichnen die eingespielten, alltäglichen Arbeitsabläufe.

- Die **Rituale** einer Organisation sind Aktivitäten oder Ereignisse, die das betonen, hervorheben oder verstärken, was in einer Kultur besonders wichtig ist. Beispiele hierfür sind Trainingsprogramme, Einstellungsgremien, Beförderungs- und Bewertungsprozesse, Verkaufskonferenzen etc. Ein Extrembeispiel sind hier natürlich auch die ritualisierten Trainingsmethoden neuer Militärrekruten, die sie auf die in Konfliktsituationen nötige Disziplin vorbereiten sollen. Rituale können aber auch informelle Aktivitäten sein, etwa das gemeinsame Glas Bier in der Kneipe nach der Arbeit oder der Tratsch am Kopierer.

  Rituale

  Rituale sind Aktivitäten oder Ereignisse, die das betonen, hervorheben oder verstärken, was in einer Kultur besonders wichtig ist.

- Die *Geschichten*,[27] die Mitglieder einer Organisation einander, Außenstehenden oder neuen Kollegen etc. erzählen, können dazu beitragen, die Gegenwart Teil der Unternehmenskultur werden zu lassen, und weisen auch auf wichtige Ereignisse und Personen innerhalb der Organisation hin. Oft drehen sich solche Geschichten um Erfolge, Katastrophen, Helden, Schurken und Außenseiter (die von der Norm abweichen). Durch sie erfährt man, was in einer Organisation wichtig ist.

- **Symbole** sind Objekte, Ereignisse, Handlungen oder Menschen, die über ihren funktionalen Zweck hinaus eine besondere Bedeutung vermitteln, pflegen oder erzeugen. So haben etwa Büros, die Gestaltung von Büros, Autos und Titel einerseits einen funktionalen Zweck, sind aber auch typische Signale für Status und Hierarchie. Bestimmte Menschen stehen vielleicht für wichtige Aspekte innerhalb einer Organisation oder für historische Wendepunkte. Auch die Sprache, die in einer Organisation verwendet wird, kann vieles aufdecken, besonders in Bezug auf die Kunden. So beschrieb der Leiter einer Verbraucherschutzorganisation in Australien seine Kunden einmal als „Nörgler". In einem großen britischen Lehrkrankenhaus

  Symbole

  Symbole sind Objekte, Ereignisse, Handlungen oder Menschen, die über ihren funktionalen Zweck hinaus eine besondere Bedeutung vermitteln, pflegen oder erzeugen.

---

27 Siehe A. L. Wilkins, „Organisational stories as symbols which control the organisation", in L. R. Pondy, P. J. Frost, G. Morgan und T. C. Dandridge (Hrsg.), „Organisational Symbolism", *JAI Press*, 1983.

wurden die Patienten von Beratern als „klinisches Material" bezeichnet. Solche Beispiele klingen zwar amüsant, zeigen aber doch tiefliegende Annahmen über Kunden (oder Patienten), die einen wesentlichen Einfluss auf die gewählten Strategien einer Organisation haben können. Auch wenn Symbole im kulturellen Netz separat aufgeführt werden, sollte man immer bedenken, dass viele Elemente dieses Netzes symbolisch sind. So haben Routineabläufe, Kontroll- und Belohnungssysteme nicht nur eine funktionale, sondern auch eine symbolische Bedeutung.

- *Machtstrukturen.* Die mächtigsten Gruppierungen innerhalb einer Organisation sind meist eng mit den Kernannahmen und -überzeugungen verbunden. In Unternehmen, die eine strategische Drift miterleben, gibt es oft mächtige Führungskräfte, die eine enge Verbindung mit seit langem bestehenden Abläufen haben. Für eine Machtanalyse sind die in *Kapitel 5 (Abschnitt 5.2.2)* gegebenen Anleitungen sehr nützlich.

- *Die Organisationsstruktur* spiegelt die Machtverhältnisse in einer Organisation wider und zeigt wichtige Rollen und Beziehungen auf. Formal hierarchische, mechanisierte Strukturen können darauf hinweisen, dass strategische Entscheidungen allein der obersten Führungsebene vorbehalten sind und dass alle anderen einfach „Anweisungen befolgen". Sehr lockere Strukturen (wie in *Kapitel 14* beschrieben) können dagegen bedeuten, dass Zusammenarbeit weniger wichtig ist als Konkurrenz und so weiter.

- *Kontrollsysteme*, Messwerte und Belohnungssysteme betonen alle Aspekte, die es in einer Organisation unbedingt zu überwachen gilt. So wird Organisationen der öffentlichen Hand oft vorgeworfen, sie kümmerten sich mehr um die Verwaltung ihrer Finanzmittel als um die Qualität ihrer Dienstleistungen. Dies spiegelt sich in ihren Arbeitsabläufen wider, bei denen es mehr darum geht, Ausgaben richtig zu verbuchen als die Qualität der Dienstleistungen zu verbessern. Individuelle Bonussysteme für jeden einzelnen Mitarbeiter, die sich etwa auf das Verkaufsvolumen beziehen, stehen für eine Kultur der Individualität und des internen Wettbewerbs und zeigen deutlich die Bedeutung des Verkaufsvolumens im Gegensatz zu Teamwork und der Betonung von Qualität.

6.3.6   Die Durchführung einer Kulturanalyse

Soll eine Kulturanalyse einer Organisation durchgeführt werden, so gibt es einige wichtige Punkte zu beachten:

- *Welche Fragen müssen gestellt werden?* ▶ *Abbildung 6.7* zeigt einige Fragen, die dazu beitragen können, die Organisationskultur mithilfe des kulturellen Netzes zu verstehen.

- *Aussagen über kulturelle Werte.* Immer mehr Organisationen veröffentlichen oft sehr sorgfältig formulierte Aussagen über ihre Werte, Überzeugungen und Zwecke – zum Beispiel in ihren Jahresberichten, Leitbildern oder Unternehmensplänen. Daraus erwächst das Risiko, dass solche Aussagen als sinnvolle und präzise Beschreibungen der Organisationskultur wahrgenommen werden. Doch dies trifft in den meisten Fällen bestenfalls nur teilweise zu und ist schlimmstenfalls sehr irreführend. Das soll nicht heißen, dass hier eine bewusste Täuschung vorliegt, aber die

Aussagen über die Werte und Überzeugungen geben häufig nur die Bestrebungen einzelner Interessengruppen (z.B. des CEO) wieder und sind keine genauen Beschreibungen der eigentlichen Kultur. So könnte ein Außenstehender aus den öffentlichen Aussagen der Polizei über ihre Zwecke und Prioritäten erschließen, dass deren Herangehensweise an die verschiedenen Aspekte der Polizeiarbeit – Verfolgung von Straftätern, Verbrechensverhütung und Einsatz für das Gemeinwohl – sehr ausgewogen ist. Eine genauere Analyse kann jedoch sehr schnell ergeben, dass es (kulturell gesehen) nur eine einzig wahre Aufgabe der Polizei gibt, die Verfolgung von Straftätern nämlich. Alle anderen Aufgaben (Verbrechensverhütung, Förderung des Gemeinwohls) spielen dagegen nur eine untergeordnete Rolle.

Geschichten
- Welche Kernüberzeugungen spiegeln Geschichten wider?
- Welche Geschichten werden häufig, z.B. Neueinsteigern, erzählt?
- Wie spiegeln diese Geschichten Grundannahmen und -überzeugungen wider?
- Von welchen Normen weichen Querdenker ab?

Symbole
- Mit welchen Objekten, Ereignissen oder Menschen identifizieren sich Mitglieder einer Organisation besonders?
- Worauf beziehen sich diese in der Geschichte der Organisation?
- Welche Aspekte der Strategie werden in der Öffentlichkeit betont?

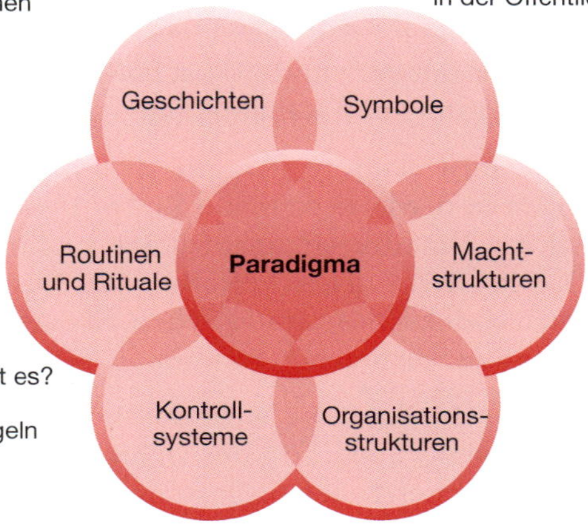

Routinen und Rituale
- Welche Routinen werden betont?
- Welche sind in der Geschichte verankert?
- Welche Verhaltensweise unterstützen Routinen?
- Welche Schlüsselrituale gibt es?
- Welche Annahmen und Grundüberzeugungen spiegeln sie wider?
- Was betonen Schulungsprogramme?
- Wie leicht können Rituale/Routinen verändert werden?

Machtstrukturen
- Wo liegt die Macht? Zu den Indikatoren gehören:
  a. Status
  b. Beanspruchung von Ressourcen
  c. Machtsymbole
- Wer sorgt dafür, dass Maßnahmen umgesetzt werden?
- Wer verhindert, dass Maßnahmen umgesetzt werden?

Kontrollsysteme
- Was wird am engmaschigsten überwacht/kontrolliert?
- Werden Belohnungen oder Bestrafungen betont?
- Sind die Kontrollen in der Geschichte oder aktuellen Strategien verankert?

Organisationsstrukturen
- Welche formellen *und* informellen Strukturen gibt es?
- Wie starr sind die Strukturen?
- Unterstützen die Strukturen Zusammenarbeit oder Wettbewerb?

Übergreifende Fragen
- Welche (wenigen) grundlegenden Annahmen bilden den Antworten auf diese Fragen zufolge das Paradigma?
- Wie würden Sie die dominante Kultur beschreiben?
- Wie leicht kann dies geändert werden?
- Wie und inwieweit sind die Aspekte des Netzes miteinander verflochten und verstärken sich gegenseitig?

Abbildung 6.7: Das kulturelle Netz und einige relevante Fragestellungen

- *Die Zusammenfassung.* Die detaillierte „Landkarte", die durch die Darstellung des kulturellen Netzes entstanden ist, ist eine reichhaltige Informationsquelle bezüglich der Organisationskultur, doch sie eignet sich vor allem zur Beschreibung der Kultur, wie sie die gesammelten Informationen vermitteln. Manchmal können dazu sehr plakative Bezeichnungen herangezogen werden. So fassten etwa die Manager, die eine Kulturanalyse des britischen staatlichen Gesundheitsdienstes (NHS) durchführten, ihre Behörde als „staatlichen Krankheitsdienst" zusammen. Natürlich ist diese Herangehensweise sehr simpel und unwissenschaftlich, doch sie kann sehr viel dazu beitragen, dass die Mitglieder einer Organisation diese sehen, wie sie wirklich ist. Denn ein solches Gesamtbild ist oft aus der Fülle der Details des kulturellen Netzes nicht sofort ersichtlich. Dieser Ansatz hilft den Mitarbeitern auch zu verstehen, dass die Kultur die gewählten Strategien beeinflusst. So würde ein „staatlicher Krankheitsdienst" ganz klar Strategien bevorzugen, die darauf abzielen, spektakuläre Heilungsverfahren für kranke Menschen zu entwickeln, während Strategien zur Vorsorge und Vorbeugung von Krankheiten auf der Strecke bleiben würden. Diejenigen, die Strategien zur Vorsorge und Vorbeugung vorziehen würden, müssen also verstehen, dass sie für deren Durchsetzung erst eine Kultur verändern müssen. Außerdem müssen sie sich im Klaren darüber sein, dass eine solche Veränderung unter Umständen mehr erfordert als rein rationale Prozesse wie Neuplanung und Neuzuteilung von Ressourcen.

Wenn Manager Strategien entwickeln wollen, die sich von denen der Vergangenheit unterscheiden, müssen sie in der Lage sein, die Kultur ihrer Organisation, die ja die aktuelle Strategie stützt, zu hinterfragen, anzufechten und eventuell auch zu verändern. Die in diesem Kapitel vorgestellte kulturelle Analyse ist vor diesem Hintergrund auch für Themenbereiche des strategischen Managements sinnvoll, die in anderen Teilen dieses Buchs angesprochen werden:

- *Strategische Fähigkeiten.* In *Kapitel 4* wird deutlich, dass historisch verankerte Fähigkeiten in den meisten Fällen Teil der Organisationskultur sind. Eine Kulturanalyse stellt daher eine ergänzende Basis für die Analyse der strategischen Fähigkeiten dar. Eine solche Fähigkeitenanalyse sollte sich im Grunde ausführlich mit der Kultur einer Organisation befassen und dabei besonderen Wert auf Routinen, Kontrollsysteme und tägliche Arbeitsabläufe legen, die höchstwahrscheinlich auf der Grundlage als gegeben hingenommener Annahmen ablaufen.

- *Strategieentwicklung.* Versteht ein Manager die Kultur seiner Organisation, so sensibilisiert ihn dies für den positiven oder negativen Einfluss historischer und kultureller Aspekte auf zukünftige Strategien. Dies bezieht sich auf die Diskussion zur Strategieentwicklung in *Kapitel 13*.

- *Das Management des strategischen Wandels.* Eine Analyse der Kultur stellt auch eine Grundlage für das Management des strategischen Wandels dar, denn sie veranschaulicht die bestehende Kultur, die einer gewünschten Strategie gegenübergestellt werden kann. So können Einblicke gewonnen werden, was die Umsetzung dieser Strategie behindern könnte und welche Veränderungen nötig sind. Dieses Thema wird in *Kapitel 15* ausführlicher behandelt.

■ *Kultur und Erfahrung.* Wiederholt wurde in diesem Abschnitt auf die Rolle der Kultur als Sinn gebendes Element einer Organisation eingegangen. Dies wurde im Kommentar zur Erfahrungsperspektive genauer betrachtet und stellt eine sinnvolle Möglichkeit zur Betrachtung vieler Aspekte der Strategie dar (siehe die Kommentare im gesamten Buch).

6.4 Strategische Drift

Der Einfluss der Geschichte und Kultur einer Organisation auf deren strategische Ausrichtung zeigt sich in dem in ▶ *Abbildung 6.8* dargestellten Muster der Strategieentwicklung. Die **strategische Drift**[28] beschreibt die Tendenz einer Strategie, sich inkrementell auf der Basis historischer und kultureller Einflüsse fortzuentwickeln, ohne jedoch mit dem sich verändernden Umfeld Schritt halten zu können. *Beispiel 6.2* erklärt die strategische Drift anhand des Unternehmens Kodak. Es ist sehr wichtig, die Gründe und Konsequenzen der strategischen Drift zu verstehen, nicht nur, weil sie häufig vorkommt, sondern auch weil sie eine Erklärung dafür liefert, warum die Strategieentwicklung und Leistung viele Organisationen irgendwann zu stagnieren scheint. Außerdem werden durch sie einige wichtige Herausforderungen für Manager aufgezeigt, aus denen sich wiederum viel lernen lässt.

> **Strategische Drift**
>
> Strategische Drift beschreibt die Tendenz einer Strategie, sich inkrementell auf der Basis historischer und kultureller Einflüsse fortzuentwickeln, ohne jedoch mit dem sich verändernden Umfeld Schritt halten zu können.

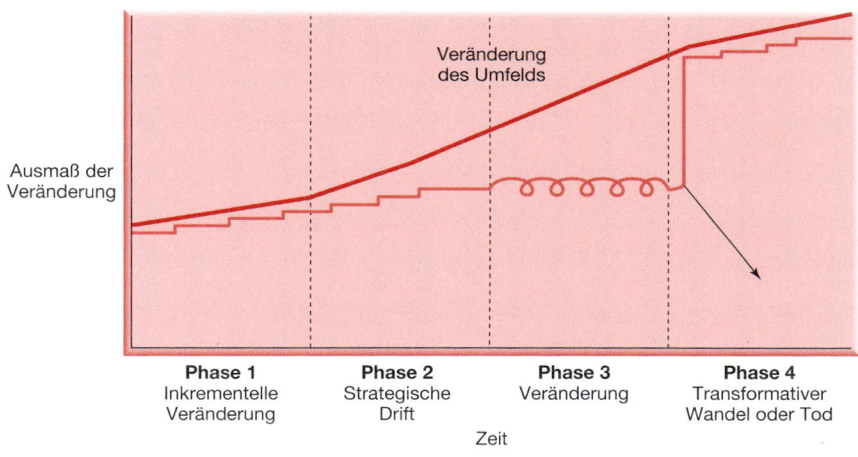

Abbildung 6.8: Strategische Drift

28 Für eine Erklärung der strategischen Drift siehe G. Johnson, „Rethinking incrementalism", *Strategic Management Journal*, Band 9 (1988), S. 75–91 und „Managing strategic change – strategy, culture and action", *Long Range Planning*, Band 25, Nr. 1 (1992), S. 28–36. Siehe auch E. Romanelli und M. L. Tushman, „Organizational transformation as punctuated equilibrium: an empirical test", *Academy of Management Journal*, Band 7, Nr. 5 (1994), S. 1141–1166. Sie erklären die Tendenz einer Strategie, sich Schritt für Schritt mit periodischen transformativen Veränderungen zu entwickeln.

▶ *Abbildung 6.8* zeigt die vier Phasen des Prozesses der strategischen Drift, die letztendlich entweder zum Tod der Organisation oder zu einem transformatorischen Wandel führen können:

- Die *inkrementelle strategische Veränderung* ist die erste Phase, in der kleine Veränderungen stattfinden. In vielen Organisationen gibt es lange Perioden ohne wesentliche Veränderungen, in denen auch die etablierten Strategien im Wesentlichen gleich bleiben. Denn wenn sich das Umfeld nur langsam verändert (wie in ▶ *Abbildung 6.8* in dieser Phase dargestellt), ist kein radikaler Wandel nötig. Verändert sich das Umfeld kaum, so können Manager auch mit einer Reihe kleinerer Reaktionen auf eine Veränderung experimentieren, um dann abzuwarten, welcher Weg der richtige ist.

- Zu einer *strategischen Drift* kommt es, sobald sich das Umfeld schneller verändert, als die darin agierende Organisation. Phase zwei in ▶ *Abbildung 6.8* zeigt, wie sich die Veränderungen im Umfeld beschleunigen. Die Organisation allerdings verändert sich immer noch nur inkrementell, was zu einer wachsenden Kluft zwischen Umfeld und Organisation in Bezug auf Veränderung führt.

- Phase drei ist von *Veränderung* geprägt, die durch sich verschlechternde Leistungen ausgelöst wird. Denn die Kluft zwischen Organisation und Umfeld wächst. In dieser Phase können sich Strategien verändern, auch wenn die Richtung meist noch nicht klar ist. Vielleicht gibt es interne Auseinandersetzungen zwischen verschiedenen Managern, die sich uneinig darüber sind, welche neue Strategie man verfolgen sollte. Solche Auseinandersetzungen basieren nicht selten auf unterschiedlichen Meinungen darüber, ob altbewährte Fähigkeiten nach wie vor einen Wettbewerbsvorteil bringen oder eventuell mittlerweile redundant geworden sind.

- *Transformation oder Tod* ist die letzte Phase in ▶ *Abbildung 6.8*. Wenn sich die Situation zuspitzt, gibt es zwei Möglichkeiten: (a) die Organisation kann zugrunde gehen, entweder durch Konkurs – wie im Fall von Kodak 2012 – oder durch die Übernahme durch ein anderes Unternehmen oder (b) die Organisation kann einen Prozess des *transformativen Wandels* durchlaufen. Ein solcher Wandel könnte in Form mehrerer Veränderungen geschehen, die sich auf die Strategie der Organisation beziehen, so können sich z.B. das gesamte Geschäftsmodell (siehe *Abschnitt 7.4*) oder das Topmanagement der Organisation und vielleicht auch ihre Struktur verändern.

Beispiel 6.2	Kodak: Niedergang und Sturz eines Marktführers

Kenntnisse des technologischen und Marktwandels können unter Umständen zur Vermeidung einer strategischen Drift nicht ausreichen.

Im zwanzigsten Jahrhundert war Kodak, Hersteller von Fotofilmen und Kameras, eine der wertvollsten Marken der Welt. Das in Rochester im Staat New York ansässige Unternehmen hatte im Jahr 1976 einen Anteil von 90 % der Filmverkäufe sowie einen Anteil von 85 % bei den Kameraverkäufen in den USA. Im Jahr 1996 belief sich der Umsatz in den USA auf 16 Mrd. $, während die Gewinne im Jahr 1999 $ 2,5 Mrd. betrugen. Das für seine innovative Technologie und sein Marketing bekannte Unternehmen hatte bis zum Jahr 1975 bereits die Digitalkameratechnologie entwickelt, brachte die Digitalkameras aber erst Ende der 1990er-Jahre auf den Markt – als es bereits zu spät war.

Bis zum Jahr 2011 war das traditionelle Fotografiegeschäft zunächst durch Digitalkameras und danach durch Smartphones beinahe vollständig erodiert. Der Umsatz betrug nur noch $ 6 Mrd., das Unternehmen machte Verluste, der Aktienkurs war abgestürzt und im Jahr 2012 meldete Kodak Konkurs an. Wie konnte Kodak eine solch grundlegende Verschiebung auf dem Markt verpassen?

Laut Steve Sasson, dem Ingenieur, der die erste Digitalkamera erfunden hatte, war die Reaktion auf seine Erfindung bei Kodak ablehnend, da es sich um filmlose Fotografie handelte. Es gab ähnliche Reaktionen auf frühe interne Analyseberichte zur digitalen Technik: „Larry Matteson, früher Führungskraft bei Kodak, erinnert sich daran, dass er 1979 einen Bericht geschrieben hat, in dem er relativ genau darlegte, wie verschiedene Teile des Markts von Film auf die digitale Technik wechseln würden, beginnend mit den Aufklärungsaktivitäten des Staats, dann weiter mit der professionellen Fotografie und schließlich bis hin zum Massenmarkt – alles bis zum Jahr 2010."[1] Ein weiterer interner Bericht aus den frühen 1980er-Jahren kam zu der Schlussfolgerung, dass die digitale Technologie die Kamerabranche in ungefähr zehn Jahren übernehmen würde – zehn Jahre, in denen Kodak an einer Lösung arbeiten könnte.

Die Reaktion von Kodak bestand darin, das Filmgeschäft zu verbessern. So brachte Kodak beispielsweise 1996 ein Filmsystem unter Verwendung der digitalen Technologie auf den Markt, das den Benutzern eine Vorschau der gemachten Bilder ermöglichte und die Anzahl der benötigten Abzüge angab. Das System floppte.

Es waren die Führungskräfte aus der Filmabteilung, die den stärksten Einfluss hatten, und sie waren zu optimistisch im Hinblick auf die Markenstärke von Kodak. Außerdem verkannten sie die Geschwindigkeit der Veränderung der Kaufpräferenzen der Verbraucher. So glaubten sie beispielsweise, dass die Menschen auf sich schnell entwickelnden Märkten, wie China, viel Filme kaufen würden, aber viele ohne Kamera wechselten gleich auf eine Digitalkamera. Überdies war die Gewinnmarge bei Digitalkameras verglichen mit Film winzig und es bestand echte Angst vor einer Kannibalisierung der Produkte. Rosabeth Moss Kanter von der Harvard Business School verwies auch auf die Kultur von Kodak: „Die Arbeit in einer Stadt, in der es nur ein Unternehmen gab, hat dabei auch nicht geholfen … Die Chefs von Kodak in Rochester haben nur selten viel Kritik gehört …" Darüber hinaus „hatten die Führungskräfte die falsche Vorstellung perfekter Produkte, anstelle den Hi-Tech-Ansatz zu verfolgen, der da lautet: Bau es, bring es auf den Markt, reparier es."[1] Und sie bewegten sich auch langsam: „Selbst als Kodak beschlossen hatte zu diversifizieren, dauerte es Jahre, bis die erste Übernahme erfolgt war."[1] Auch die Versuche von Kodak, durch die Entwicklung der Tausenden von den Forschern des Unternehmens zur Verwendung im Film entwickelten Chemikalien für den Medikamentenmarkt zu diversifizieren, schlugen fehl.

Im Jahr 1989 musste der Vorstand von Kodak einen neuen CEO wählen. Dabei musste die Entscheidung zwischen Kay R. Whitmore, einem langjährigen leitenden Angestellten im traditionellen Filmgeschäft, und Phil Samper, der eher im Bereich der digitalen Technologie tätig war, getroffen werden. Der Vorstand wählte Whitmore, der darauf beharrte, dass Kodak näher an seinen Kerngeschäftsbereichen in Film- und Fotochemikalien bleiben würde.[2]

Noch 2007 erklärte ein Kodak-Marketingvideo, dass „Kodak zurück sei" und „nicht mehr mit Digital herumspielen würde".[3]

Quellen: [1] The Economist, „The last Kodak moment?", 14. Januar 2012, [2] New York Times, 9. Dezember 1989, Chunka Mui, „How Kodak failed", [3] Forbes, 18. Januar 2012.

Das Phänomen der strategischen Drift ist häufig zu beobachten. Die Unternehmensberatung McKinsey & Co. weist darauf hin, dass die meisten Unternehmen „denselben Geschäftsbereichen Jahr für Jahr immer dieselben Ressourcen zuordnen.[29]" Meist muss die Leistung erst drastisch nachlassen, damit ein transformativer Wandel ausgelöst wird: Eine Studie über 215 große britische Unternehmen, die den Zeitraum zwischen 1983 und 2003 abdeckte, ergab, dass nur vier der untersuchten Unternehmen innerhalb dieser 20 Jahre sowohl dauerhaft gute Leistungen erbracht als auch einen transformativen Wandel hinter sich gebracht hatten.[30] Es gibt drei wichtige Gründe, die eine strategische Drift sehr schwierig machen:

■ *Unsicherheit.* Kommt es zu einer strategischen Drift, so ist dies meist zunächst nicht erkennbar. In den *Kapiteln 2* und *3* wurden Möglichkeiten erläutert, das

---

29   S. Hall, D. Lovallo und R. Musters, „How to put your money where your strategy is", *McKinsey Quarterly* (März 2012)
30   Siehe G. Yip, T. Devinney und G. Johnson, „Measuring long-term superior performance: the UK's longterm superior performers 1984–2003", *Long-Range Planning*, Band 43, Nr. 3 (2009) S. 390–413.

Umfeld zu analysieren, doch solche Analysen sind in den seltensten Fällen völlig schlüssig und eindeutig. Manager brauchen Zeit, um Richtung und Bedeutung von Wandlungsprozessen innerhalb ihres Organisationsumfelds richtig zu deuten. Manche Veränderungen sind vielleicht nur vorübergehender Natur, wenn es sich zum Beispiel um Auswirkungen eines zyklischen Abschwungs handelt, dem bald ein Aufschwung folgen wird. Rückblickend sind wichtige Umwälzungen und Veränderungen leichter zu erkennen – während sie sich vollziehen, bleiben sie oft unbemerkt.

- *Pfadabhängigkeit und Lock-in.* In *Abschnitt 6.2* wurde bereits beschrieben, dass Organisationen aufgrund ihrer jahrelangen Geschichte auf Strategien festgelegt sein können, die sich kurzfristig nur schwer verändern lassen. So kann es schwierig sein, bestimmte Fähigkeiten, die jahrzehntelang mit einem Wettbewerbsvorteil verbunden waren, aufzugeben, um dafür neue, noch unerprobte Fähigkeiten zu entwickeln. Veraltete Fähigkeiten können sich in diesem Sinne von *Kernkompetenzen* zu *Kernrigiditäten* entwickeln.[31] Ebenso kann es Managern schwerfallen, Beziehungen zu wichtigen Kunden, Zulieferern oder auch Mitarbeitern aufzugeben, die sich über Jahre hinweg aufgebaut haben, um dafür neue – vielleicht noch unsichere – Chancen zu nutzen.

- *Kulturelle Verankerung.* Wie in *Abschnitt 6.3* beschrieben, kann sich die Organisationskultur sehr stark auf die gewählte Strategie auswirken. Viele als gegeben hingenommene Annahmen können Manager für bestimmte Themen und Probleme blind machen: Die Identität einer Organisation kann die Sicht auf Chancen und Gefahren im Organisationsumfeld trüben. Leistungsmaßstäbe, die seit Jahren Bestandteil etablierter Kontrollsysteme sind, können einen notwendigen Wandel verhindern. In der Anfangsphase einer strategischen Drift kann es durchaus sein, dass die Verkaufszahlen noch stabil bleiben, weil viele Kunden loyal sind oder es lange Wartelisten für Bestellungen gibt. Und die Gewinne werden vielleicht einfach durch Kostenreduzierungen oder unbezahlte Überstunden der Mitarbeiter gestützt.

- *Mächtige Menschen* innerhalb der Organisation, deren Fähigkeiten und Machtposition auf der etablierten Strategie beruhen, wehren sich in der Regel erfolgreich gegen einen Wandel. Dieses Thema wird in *Kapitel 15* näher betrachtet.

---

31 Siehe D. Leonard-Barton, „Core capabilities and core rigidities: a paradox in managing new product development", *Strategic Management Journal*, Band 13 (1992), S. 111–25.

Quer-Denken

Institutionelle Logik versus Organisationskultur

Die institutionelle Logik einer Organisation kann die Organisationskultur ebenso schädigen wie auch inspirieren.

Als institutionelle Logik bezeichnet man bestimmte praktische Abläufe, Annahmen, Werte und Überzeugungen, die menschliche Wahrnehmungen und Verhaltensweisen im Rahmen bestimmter (meist gesellschaftlicher) Bereiche prägen.[32] Einfacher ausgedrückt wird die Art und Weise wie wir denken und uns verhalten von den ungeschriebenen Gesetzen der Gesellschaft bestimmt, in der wir leben. Diese Gesetze und Regeln sind in verschiedene Bereiche eingeteilt: So gibt es in jeder Gesellschaft Regeln über die Verhaltensweisen in den Bereichen Arbeitswelt, Familie und nationale Politik. Gleichgültig in welchem dieser Bereiche wir uns bewegen, sind wir uns jedoch immer sämtlicher Regeln unserer Gesellschaft bewusst.

Dieser Begriff der institutionellen Logik stammt aus der Tradition der institutionellen Theorie, die im Zusammenhang mit dem Konzept der Organisationsfelder steht. Besonderer Wert wird dabei auf legitimes Verhalten gelegt (siehe *Abschnitt 6.3.2*). Auf das Konzept der Organisationskultur wirkt sich dieser Begriff auf mindestens zweierlei Weise sehr drastisch aus. Zum einen kann eine Organisationskultur niemals nur auf sich bezogen, quasi autark sein, sie wird immer von externer Logik beeinflusst – manchmal sogar verzerrt – werden. Und zum zweiten ist eine Organisationskultur nie völlig kohärent und einheitlich, es gibt immer pluralistische Tendenzen, die ebenso von externen gesellschaftlichen Einflüssen, wie etwa der Familie herrühren.

Der Ansatz der institutionellen Logik will sagen, dass Unternehmensentscheidungen eben in der Regel keine reinen Unternehmensentscheidungen sind. Zuständigkeiten und Verantwortlichkeiten innerhalb einer Familie bestimmen mit über ein Familienunternehmen. Berufsethik und fachliche Standards spielen in einer Rechtsanwaltskanzlei eine große Rolle. Patriotismus oder nationale Kulturen prägen regionale strategische Entscheidungen eines multinationalen Konzerns. Diese pluralistische Logik kann natürlich zu Konflikten führen. Sie kann aber für manche Organisationen auch eine Quelle der Inspiration sein: Ein guter Familienzusammenhalt oder eine starke Berufsethik können eine Organisationskultur ungemein stärken.

---

32 M. L. Besharow und W. K. Smith, „Multiple institutional logics in organizations: explaining their varied nature and implications", *Academy of Management Review*, Band 39, Nr. 3 (2014), S. 364–81; siehe auch M. Smets, T. Morris und R. Greenwood, „From practice to field: a multilevel model of practice-driven institutional change", *Academy of Management Journal*, Band 55, Nr. 4 (2012), S. 877–904.

Z U S A M M E N F A S S U N G

- Historische, *pfadabhängige* Prozesse spielen für Erfolg oder Misserfolg einer Organisation eine wichtige Rolle und müssen vom Management verstanden werden. Es gibt historische Analysen, die zur Aufdeckung solcher Einflüsse eingesetzt werden können.

- *Kulturelle und institutionelle Einflüsse* beeinflussen und behindern die Strategieentwicklung einer Organisation.

- *Organisationskultur* besteht aus den grundlegenden Annahmen und Überzeugungen, die die Mitglieder der Organisation gemeinsam haben.

- Die sieben Elemente des *kulturellen Netzes* sind hilfreich für die Analyse von Organisationskulturen und ihrer Verbindung zur Strategie.

- Historische und kulturelle Einflüsse können zu *strategischer Drift* führen, wenn sich die Strategie inkrementell auf der Grundlage solcher Einflüsse entwickelt und nicht mit einer sich verändernden Umwelt Schritt halten kann.

Z U S A M M E N F A S S U N G

Literaturempfehlungen

- Für eine historische Perspektive der Strategie siehe Manuel Hensmans, Gerry Johnson und George Yip, „Strategic Transformation: Changing while Winning", *Palgrave Macmillan* 2013 (zusammengefasst in G. Johnson, G. Yip und M. Hensmans, „Achieving successful strategic transformation", *MIT Sloan Managament Review*, Band 53, Nr. 3 (2012), S. 25–32) und John T. Seaman Jr. sowie George David Smith, „Your company's history as a leadership tool", *Harvard Business Review* (Dezember 2012), S. 1–10.

- Für eine Zusammenfassung und eine anschauliche Erklärung der institutionellen Theorie siehe Gerry Johnson und Royston Greenwood, „Institutional theory and strategy", in Mark Jenkins und V. Ambrosini (Hrsg.), „Strategic Management: A Multiple-Perspective Approach", *Palgrave*, 2007.

- Für eine umfassende und kritische Erklärung der Organisationskultur siehe Mats Alvesson, „Understanding Organizational Culture", 2. Auflage, *Sage*, 2012.

Fallstudie
Kulturschock bei der Barclays Bank

Die Barclays Bank ist eine international tätige Privatkunden- und Investmentbank mit Sitz in London. Sie ist eine der zehn größten Banken weltweit und beschäftigt 130.000 Mitarbeiter. Zwischen 2011 und 2015 wurde sie von vier unterschiedlichen Männern geleitet: dem aggressiven Investmentbanker Robert Diamond („Diamond Bob"), dem Reformer „Saint" Antony Jenkins, dem ehemaligen Versicherungs-Titan John „Mack the Knife" McFarlange, und schließlich James („Jes") Staley, einem weiteren Investmentbanker aus den USA.

Wurzeln in der Kultur der Quäker

Die Ursprünge der Barclays Bank reichen bis ins Jahr 1690 zurück. Ihre erste Geschäftsadresse war ein Haus in der Lombard Street – im Herzen des Londoner Finanzviertels – das als Zeichen einen schwarzen Adler mit gespreizten Flügeln hatte. Bis heute hat sich dieses Bild als Firmenlogo gehalten. Die Gründerfamilien kamen aus der religiösen Bewegung der Quäker, die Schlichtheit, Pazifismus und hohe moralische Standards betonte. Und ihre Nachfahren hielten noch Mitte des 20. Jahrhunderts wichtige Führungspositionen im Unternehmen. Gestärkt durch verschiedene Fusionen wuchs Barclays zu einer der vier größten Banken in Großbritannien. Die *Financial Times* bemerkte dazu:

„Die Bank ähnelte in vielerlei Hinsicht einem Club und, wie so oft bei den britischen Clubs, funktionierte die ganze Sache trotz ihrer Fehler überraschend gut... Tatsächlich war das Unternehmen während der Nachkriegsära die innovativste der britischen Clearingbanken. Im Jahr 1967 installierte die Bank den ersten Bankautomaten der Welt... Überdies entwickelte Barclays auch die erste Plastikbankkarte, die Barclaycard, die noch immer außerordentlich erfolgreich ist."

Seit Beginn des 19. Jahrhunderts hatte Barclays Wechsel anderer Banken für die Reinvestition in Unternehmen akzeptiert – eine frühe Form des Investmentbanking. Das Interesse am Investmentbanking erhielt nach dem Urknall von 1986, der

Liberalisierung des Londoner Börsenmarkts, erhebliche Impulse. Barclays führte Übernahmen, einschließlich der des führenden Börsenmaklerunternehmens de Zoete Wedd, durch. Das neu entstandene Unternehmen war das Herzstück der großen Investmentbank. Wie andere Investmentbanken, die sich am Aktienhandel beteiligten, hatte Barclays allerdings große Schwierigkeiten bei der Verbindung des konventionellen und des Investmentbankgeschäfts in ein kohärentes Modell. Die *Financial Times* formulierte dies so:

„Das Hauptproblem war die Kultur. Wie Michael Lewis, Autor von Liar's Poker, einem Kommentar zur Wall Street der 1980er-Jahre, es einmal einprägsam formulierte, war ein Geschäftsbanker jemand, der eine Frau, einen Kombi, 2,2 Kinder und einen Hund hatte, der ihm bei der Rückkehr von der Arbeit um 18:00 Uhr seine Hausschuhe brachte. Ein Investmentbanker war im Gegensatz dazu ein ganz anderer Typ, ein Mitglied einer überlegenen Rasse von Experten für den Abschluss von Geschäften. Er verfügte über riesiges, beinahe unvorstellbares Talent und entsprechenden Ehrgeiz. Wenn er einen Hund hatte, dann einen der knurrte. Außerdem hätte er zwei kleine rote Sportwagen – eigentlich wollte er aber vier haben. Und um die zu bekommen, zeigte er für einen Anzugträger eine überraschend hohe Bereitschaft, Ärger zu machen."

Der Bereich des Investmentbankings war berüchtigt für harte Arbeit und exzessives Feiern. So arbeiteten Investmentbanker oft die ganze Nacht durch oder erweckten zumindest den Anschein – es gibt Geschichten darüber, dass die Banker Anzüge mit zwei Jacketts hatten, damit sie eines über der Bürostuhllehne hängen lassen konnten, um den Eindruck zu erwecken, dass sie noch bei der Arbeit im Büro waren. Außerdem herrschte eine „Wir schaffen das"-Mentalität vor, die beispielsweise eine eintägige Reise nach Australien für eine einstündige Besprechung rechtfertigte. Für Flüge, Unterhaltung oder Unterkunft wurden keine Kosten gescheut, sofern ein großes Geschäft abgeschlossen wurde.

Überdies gab es auch viele sichtbare Ausschweifungen, wenn beispielsweise Händler Tausende Pfund pro Nacht in Champagner-Bars ausgaben.

Lange Arbeitszeiten und hoher Druck förderten meist die Loyalität innerhalb des Teams und führten dazu, dass sich ein Teamleiter eher mit seinem Team identifizierte als mit der Bank, für die er letztendlich arbeitete.

Diamond Bob

Der US-amerikanische Investmentbanker Bob Diamond kam 1996 zu Barclays, nachdem er sich bereits einen Namen als erfolgreicher Broker bei einigen führenden Banken in den USA gemacht hatte. Ab dem Jahr 2000 wurde Diamonds Einfluss bei Barclays immer größer, und schließlich übernahm er die Leitung des Bereichs Investmentbanking. Ein ehemaliger Mitarbeiter aus dem Investmentbereich, der für die BBC-Sendung *Panorama* interviewt wurde, gab an, Bob Diamond habe „bei Barclays Wall-Street-Methoden" eingeführt:

„Jeder war ein Einzelkämpfer ... es ging nur darum, immer noch größere Geschäfte abzuschließen und bereit zu sein, für super Gewinne extreme Risiken einzugehen. Dafür gab es für den Broker sehr großzügige Boni."

Im Jahr 2008 war Diamond verantwortlich für den Kauf der maroden Wall-Street-Investmentbank Lehman Brothers. Zudem förderte er auch den viel kritisierten Geschäftsbereich der „Steuerplanung" auf dem strukturierten Kapitalmarkt, den viele als Mittel zur Steuerumgehung ansahen. 2010 arbeiteten nur 100 Mitarbeiter in diesem Bereich, der aber Gewinne in Höhe von 1,5 Mrd. € pro Jahr generierte. Bob Diamond schaffte es außerdem, den Geschäftsbereich Aktienhandel der Bank zu einem wichtigen Gewinnträger auszubauen, der 2011 immerhin 58 % von Barclays Gesamtgewinn vor Steuern erwirtschaftete. Danach gab man Diamond den Spitznamen „Diamond Bob", was sich sowohl auf seine geschäftlichen Erfolge als auch

auf einen recht glamourösen Lebensstil bezog, denn privat zählte Diamond unter anderem Mick Jagger von den Rolling Stones zu seinen Freunden.

Ebenfalls im Jahr 2011 wurde Diamond für seine Erfolge belohnt, denn man ernannte ihn zum CEO der gesamten Bank. Doch es zeigten sich auch erste Probleme. Es gab Untersuchungen bezüglich möglicher Fehlverkäufe von Restschuldversicherungen durch die Vertriebsbank. Untersucht wurden auch Manipulationen des zwischen Banken üblichen Kreditzinses Libor innerhalb der Investmentbank. Händlern von Barclays wurde vorgeworfen, die Strompreise in Kalifornien manipuliert zu haben. Und ein mysteriöses Rettungspaket, das unter anderem Kapital aus Katar enthielt, kam auch auf den Prüfstand. Barclays wurde dafür kritisiert, seinen Mitarbeitern auch nach der Finanzkrise von 2008/2009 überhöhte Boni zu zahlen. Die BBC-Sendung *Panorama* berechnete, dass die Zahlungen an Aktionäre 2010/2011 1,4 Mrd. £ betragen hatten, während an die Mitarbeiter Boni in Höhe von 6 Mrd. £ ausgezahlt worden waren. Und auch die Aktivitäten der Bank zur Steuerminimierung wurden scharf kritisiert, besonders angesichts der überhöhten Vergütung für Bob Diamond, die Schätzungen zufolge zwischen 2007 und 2012 etwa 120 Mio. £ betrug. Barclays Ruf war ruiniert. 2012 trat Bob Diamond als CEO zurück.

Saint Antony

Antony Jenkins wurde im August 2012 zum neuen CEO von Barclays ernannt. Seine Karriere bei der Bank hatte er bereits Anfang der 1980er-Jahre im Vertriebsbereich in Großbritannien begonnen. Danach hatte er einige Jahre für die Citigroup gearbeitet. 2006 kehrte er als Leiter des Geschäftsbereichs Kreditkarten zu Barclays zurück und wurde schließlich 2009 zum Leiter des Vertriebsgeschäfts ernannt. Jenkins war kein Investmentbanker und gab an, er sei entschlossen, Barclays Ruf reinzuwaschen.

Jenkins beauftragte den bekannten Finanzanwalt Anthony Salz mit der Überprüfung von Barclays Unternehmenskultur. In seinem Bericht hieß es:

„Wir glauben, dass die Geschäftspraktiken, für die Barclays zu Recht kritisiert wurde, vor allem durch dessen Unternehmenskultur zustande gekommen sind, die auf einem unsicheren Fundament stand. Es gab keinen Gemeinschaftssinn und auch kein gemeinsames Ziel in einer Gruppe von Mitarbeitern, die in weniger als 20 Jahren erheblich gewachsen ist und sich immer wieder verändert hat. Zudem gab es in der Bank keinerlei klar formulierte und von allen verstandene gemeinsame Werte – also gab es natürlich auch keine gemeinsamen Richtlinien darüber, wie man sich im Alltagsgeschäft verhalten sollte. Und folglich konnte sich auch keine einheitliche Unternehmenskultur entwickeln."

Der Bericht des Finanzanwalts ergab, dass das Vergütungssystem, besonders im Bereich der Investmentbank, für viele der bestehenden Probleme verantwortlich war:

„Die meisten der Probleme mit der Vergütung betreffen den Bereich Investment… Unsere Interviews zeigten eindeutig, dass das Vergütungssystem dazu beitrug, dass einige der Mitarbeiter der Meinung waren, die allgemeinen Regeln würden für sie nicht gelten. Einige der Investmentbanker schienen irgendwie ihr gesundes Augenmaß und auch ein Stück weit die Bodenhaftung verloren zu haben… Überhöhte Vergütungen verzerren zwangsläufig die Unternehmenskultur und ziehen Mitarbeiter an, die ihren persönlichen Erfolg an der Höhe ihres Entgelts messen… Viele der Befragten beschrieben ihre Kultur als von Anspruchsdenken geprägt."

Anthony Jenkins nahm die Kritik ernst, die Salz in seinem Bericht äußerte. In einem internen Memo von Jenkins an alle Barclays-Mitarbeiter hieß es dazu:

„Über einen Zeitraum von beinahe 20 Jahren ist das Bankwesen zu aggressiv geworden, der Fokus liegt zu sehr auf der kurzen Frist, die Verbindung zu den Bedürfnissen der Kunden und Mandanten

– sowie der Gesellschaft insgesamt – ist verloren gegangen. Bei Barclays sind wir gegenüber solchen Fehlern nicht immun … Die Leistungsbewertung wird nicht nur darauf abzielen, was wir tun, sondern auch wie wir es tun. Wir dürfen niemals wieder in eine Lage geraten, in der wir Mitarbeiter dafür belohnen, dass sie für die Bank Geld auf unethische oder nicht mit unseren Werten zu vereinbarende Art und Weise verdienen."

Danach sollte das Barclays-Personal im Hinblick auf die Bedeutung der fünf Kernwerte geschult werden: Respekt, Integrität, Dienstleistung, Spitzenleistungen und Verantwortung. Jenkins bekam in seiner Bank von nun an den Beinamen „Saint Anthony". Stets trug er blütenweiße Hemden und Krawatten in der Firmenfarbe Blau. Um ein Zeichen zu setzen, verzichtete Jenkins nach dem ersten Jahr als CEO auf den ihm zustehenden Bonus von 2,75 Mio. £ Und er machte seinen Mitarbeitern klar, dass jeder, dem die neue Firmenkultur nicht gefiel, besser das Unternehmen verlassen sollte.

In seiner ersten strategischen Überprüfung untersuchte Jenkins die Leistung und den Ruf von Barclays 75 Geschäftsbereichen, mit dem Ergebnis dass 39 Unternehmensbereiche sich in einem guten Zustand befanden, 15 eine gewisse Aufmerksamkeit brauchten, 17 zur Vermeidung einer Schließung oder eines Verkaufs erhebliche Aufmerksamkeit benötigten und 4 definitiv geschlossen oder verkauft werden würden. Eine dieser Einheiten war der der Steuervermeidung dienende Geschäftsbereich Strukturierte Kapitalmärkte. Der Bereich Investmentbanking würde allerdings mit nur geringfügigen vorgeschlagenen Änderungen erhalten bleiben.

Dennoch versprach Jenkins das Vergütungsniveau im Bereich Investmentbanking auf einen Prozentsatz um 35 % des Gesamteinkommens zu senken. Im Laufe des Jahres 2014 jedoch begannen Konkurrenten, immer mehr Leistungsträger von Barclays abzuwerben. Jenkins warnte öffentlich vor einer „Todesspirale", wenn das Vergütungsniveau nicht dem der Konkurrenz entspräche. Also stieg der Entgeltprozentsatz wieder von 39,6 auf 43,2 %.

Mack the Knife

Im Mai 2015 übernahm John McFarlane den Posten des Aufsichtsratsvorsitzenden von Barclay, nachdem sein Vorgänger in den Ruhestand gegangen war. McFarlane hatte seinen Beinamen „Mack the Knife" bekommen, als er innerhalb nur einiger Wochen nach seiner Ankunft bei dem großen Versicherungsunternehmen Aviva seinen damaligen CEO abgelöst hatte. Auch bei Barclays entwickelten sich die Dinge schnell, als die Vorstandsmitglieder sich im Juni außerhalb des Unternehmens in einem exklusiven Landhotel in der Nähe von Bath zusammensetzten.

Die Investmentbanker waren schon lange unzufrieden mit Jenkins. Das letzte Ärgernis war in ihren Augen ein Brief gewesen, den Jenkins anlässlich des 325. Jahrestages der Bankgründung an alle Mitarbeiter gesandt hatte. Darin wurde nämlich mit keinem Wort der Bereich Investmentbanking erwähnt. Während des Treffens in Bath traten die Differenzen zwischen Jenkins und den Investmentbankern bezüglich der Unternehmensstrategie der nächsten fünf Jahre offen zutage. McFarlane schlug sich größtenteils auf die Seite der Investmentbanker. In Absprache mit den anwesenden nicht-exekutiven Aufsichtsratsmitgliedern entschied McFarlane schließlich, Jenkins zu entlassen und erklärte sich selbst zu dessen Nachfolger. McFarlane leitete keine großen Reformen oder Veränderungen bezüglich der Unternehmensstrategie ein, doch er verschrieb sich mehr der praktischen Umsetzung aller Pläne. Er erklärte, Barclays habe erst die Hälfte des kulturellen Wandlungsprozesses bewältigt, fügte aber im gleichen Atemzug hinzu: „Was wir jetzt wirklich brauchen ist ein dynamischer, leistungsorientierter Ansatz." Er versprach den Kurswert der Barclays Aktie in drei bis vier Jahren zu verdoppeln.

Die Staley-Strategie

James Staley wurde Ende 2014 zum CEO von Barclay, nachdem McFarlane zu seinem Posten als nicht-exekutiver Aufsichtsratsvorsitzenden zurückgekehrt war. Mit Ausnahme eines kurzen Abstechers zu einem Hedgefonds hatte Staley nahezu seine gesamte berufliche Karriere bei JPMorgan verbracht, der größten Bank der USA mit einem Investmentbanking-Bereich, der seit dem späten 19. Jahrhundert mächtig und einflussreich war. Schnell holte Staley dann auch ehemalige Kollegen von JPMorgan als Chief Operating Officer und Chief Risk Officer zu Barclays.

Im März präsentierte Staley Aktionären und Analysten seine erste strategische Übersicht. Er sagte zu, die internationalen Geschäfte zu vereinfachen, was unter anderem den Verkauf einer großen afrikanischen Vertriebsbank und kleinerer internationaler Investmentbanking-Unternehmungen bedeutete. Um die finanzielle Lage der Bank zu stärken, senkte er die Dividendenausschüttungen der nächsten beiden Jahre um 50 %. Diese Nachricht ließ den Kurs der Barclays Aktie um 8 % fallen. Barclays Marktbewertung lag nur gut halb so hoch wie im Jahr 2014.

Quellen: Barclays Bank, Salz Review: an Independent Review of Barclay' s Business Practices, April 2013, Financial Times, 6. Juli 2012, 12. Februar 2012, 12. Juli 2013, 10. Juli 2015, 1. März 2016; Guardian, 28. Juni 2012; Panorama: Inside Barclay' s Banking on Bonuses, 11. Februar 2013; Telegraph, 17. Januar 2013.

Fragen

1 Analysieren Sie die Unternehmenskultur der Barclays Bank in Bezug auf die Elemente des kulturellen Netzes (*Abschnitt 6.3.5*).

2 Der Reformer Antony Jenkins hätte die Quaker-Vergangenheit der Barclays Bank als Ressource für den Wandel einsetzen können (siehe *Abschnitt 6.2.2*). Was wären die Vor- und Nachteile dieses Ansatzes gewesen?

 Als Dozent finden Sie ausführliche **Lösungshinweise** zu den Fallaufgaben auf der Webseite zum Buch.

Kommentar zu Teil I: Die strategische Position

In den letzten fünf Kapiteln wurde eine große Vielzahl von Strategiekonzepten und -perspektiven vorgestellt. Einige davon verfolgen einen ökonomischen Fokus, wie beispielsweise die „Five-Forces-Analyse" in *Kapitel 2* und *3*. Andere sind stärker soziologisch geprägt, wie beispielsweise die Betonung der Legitimität in den *Kapitel 2* und *5*. In einigen Konzepten und Perspektiven werden die Innovationschancen betont, wie beispielsweise bei der Strategieeinwand in *Kapitel 3*. Wieder andere betonen den Konservativismus in Organisationen, zum Beispiel die strategische Drift und die organisationale Kultur in *Kapitel 6*. Im Allgemeinen wird in den Kapiteln eine Objektivität in der Analyse angenommen, aber Aspekte wie das Principal-Agent-Problem in *Kapitel 5* warnen vor dem Umfang divergierender politischer Interessen in Organisationen, während auch die organisationale Kultur eine Quelle von Verzerrungen sein kann. Was daher aus diesen Kapiteln klar sein sollte ist, dass es viele verschiedene Sichtweisen der Strategie gibt. Die Strategieperspektiven bieten vier grundlegende Ansätze zur Untersuchung strategischer Themen, die jeweils die speziellen Konzepte und Bezugsrahmen betonen sowie jeweils charakteristische Auswirkungen auf die Praxis haben.

Die vier Strategieperspektiven lauten wie folgt:

- **Die Gestaltungsperspektive sieht die Strategieentwicklung als logischen Prozess der Analyse und Bewertung.** Dies ist die häufigste Sichtweise zur Entwicklung sowie zum Umgang mit Strategie. Sie unterstützt eine objektive Analyse durch die Verwendung formaler Konzepte und Bezugsrahmen.

- **Die Erfahrungsperspektive sieht die Strategieentwicklung als Ergebnis der für selbstverständlich gehaltenen Annahmen sowie Handlungsweisen von Menschen.** Da Strategien von Menschen ausgewählt und umgesetzt werden, spielen auch ihre Erfahrungen eine Rolle. Die Strategie aus der Erfahrungsperspektive stellt die Menschen, die Kultur und die Geschichte in den Mittelpunkt der Strategieentwicklung.

- **Bei der Vielfaltsperspektive[33] wird die Strategie als Herausprudeln von Ideen aus der Vielzahl von Personen in und um Organisationen gesehen.** Auch Topmanager können nicht alles über ihre Organisationen und Märkte wissen. Nach der Vielfaltsperspektive kann sich die Strategie nicht nur an der Unternehmensspitze, sondern auch an der Peripherie sowie der Basis der Organisation entwickeln.

- **Die Diskursperspektive beschreibt die Sprache als wichtig sowohl für das Verständnis und die Veränderung der Strategie als auch die Macht und Identität der Manager.** Die Manager verwenden Sprache immer zur Verfolgung ihrer Ziele. Bei dieser Perspektive können durch die Analyse des Diskurses von Managern versteckte Bedeutungen und politische Interessen aufgedeckt werden.

Die Untersuchung der Strategie mithilfe dieser vier Perspektiven ist hilfreich, da sie alle verschiedene Fragen aufwerfen und verschiedene Einsichten ermöglichen. Dazu können wir beispielsweise an alltägliche Diskussionen denken. Es ist nicht ungewöhnlich, dass Äußerungen wie die folgende dabei fallen: „Aber was ist, wenn wir die Sache einmal so betrachten?" Wenn wir nur eine Sichtweise verfolgen, kann dies zu einem

---

33   In früheren Auflagen wurde die Vielfaltsperspektive als Ideenperspektive bezeichnet.

teilweisen und eventuell verzerrten Verständnis führen. Durch die Betrachtung einer Frage von einer anderen Perspektive aus können wir uns ein umfassenderes Bild machen und erzielen damit neue und andere Einsichten. So beispielsweise, ob eine vorgeschlagene Strategie das Ergebnis einer objektiven Analyse ist oder ob sie eher die persönliche Erfahrung des Vorschlagenden oder politisches Eigeninteresse widerspiegelt. Überdies können die Perspektiven auch verschiedene Optionen oder Lösungen für strategische Probleme bieten. So beispielsweise für die Frage, ob sich Organisationen bei der Schaffung neuer Strategien nur auf Spitzenmanager stützen sollen oder ob davon auszugehen ist, dass sich die zukünftige Strategie aus Initiativen und Experimenten an der Basis der Organisation entwickelt. Somit kann ein auf mehreren Perspektiven beruhender Ansatz zur Strategie den Managern und Studenten dabei helfen, eine große Vielzahl an Themen und Reaktionen zu berücksichtigen.

Im verbleibenden Teil des vorliegenden Kommentars werden die vier Perspektiven detailliert erklärt. Dabei wird insbesondere verglichen, in welchem Zusammenhang jede dieser mit den folgenden drei Schlüsseldimensionen des strategischen Managements steht:

- *Rationalität:* die Frage, inwieweit die Entwicklung der Strategie rational geführt wird. Die Gestaltungsperspektive beruht auf der Annahme einer hohen Rationalität, während dies in den anderen Perspektiven in Frage gestellt wird.

- *Innovation:* die Frage, inwieweit die Strategie wahrscheinlich innovative, veränderungsorientierte Organisationen hervorbringt oder alternativ dazu Erfahrungen der Vergangenheit und bestehende Machtstrukturen konsolidiert.

- *Legitimität:* die Frage, inwieweit die Strategieanalyse und der Diskurs den Erwartungen der wesentlichen Stakeholder entsprechen und damit die Macht der Manager sowie die Identitäten in Organisationen verstärkt.

Der vorliegende Kommentar schließt mit einem kurzen Fallbeispiel von Nokia, das verdeutlicht, wie die vier Perspektiven eingesetzt werden können, um die Strategie eines realen Unternehmens zu untersuchen. An späterer Stelle dieses Buchs wird es noch kürzere Kommentare geben, die die Leser dabei unterstützen, die in den *Teilen II* und *III* betonten Konzepte und Bezugsrahmen zu reflektieren. Allerdings bezieht sich dieser Kommentar im Wesentlichen auf das in den ersten fünf Kapiteln dieses Buchs enthaltene Material.

Gestaltungsperspektive

Die Gestaltungsperspektive beschwört das Bild des Strategen als distanziertem Konstrukteur herauf, der genaue Entwürfe zeichnet, die von den unschönen Realitäten der Maßnahme weit entfernt sind. Im Hinblick auf die drei wesentlichen Dimensionen betont die Gestaltungsperspektive daher die rationale Analyse und Entscheidungsfindung (siehe ▶ *Abbildung K.1*).[34] Aufgrund des offenen Bekenntnisses zur Optimierung der Leistung von Organisationen ist die Gestaltungsperspektive tendenziell in höchstem Maße legitim – insbesondere für Eigentümer und Regulatoren. Dabei zählt die rationale Analyse, nicht Leidenschaft oder Intuitionen. Allerdings läuft dieses Engagement für trockene Analysen mitunter der Innovation zuwider.

---

34 Eine nützliche Darstellung der Prinzipien rationaler Entscheidungsfindung findet sich in J. G. March, „A Primer on Decision Making: How Decisions Happen", *Simon & Schuster*, 1994, Kapitel 1, Limited liability, S. 1–35.

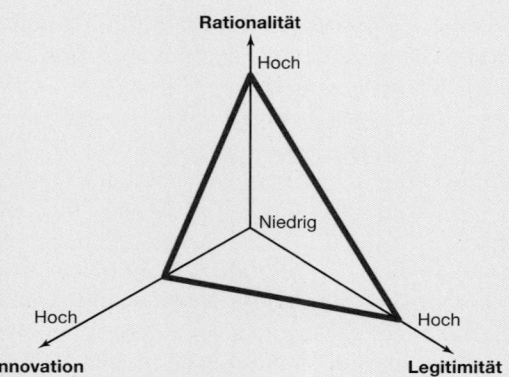

Abbildung K.1: Gestaltungsperspektive

Die Gestaltungsperspektive wird weitgehend mit Strategietheoretikern wie dem früheren Strategieplaner der Lockheed Corporation Igor Ansoff oder dem in Wirtschaftswissenschaften ausgebildeten Professor der Harvard Business School Michael Porter assoziiert.[35] Diese Perspektive hat ihren Ursprung in den Erwartungen traditioneller Wirtschaftswissenschaftler im Hinblick auf vollkommene Informationen und den rationalen Agenten und wird weiter durch Methoden der Managementlehre zur Ressourcenoptimierung beeinflusst. Die Gestaltungsperspektive wird häufig auch in Lehrbüchern von Lehrern, ja sogar von Managern, verwendet, um Strategie zu erklären. Die Gestaltungsperspektive beschreibt die folgenden drei Annahmen darüber, wie strategische Entscheidungen getroffen werden:

- *Die systematische Analyse ist von entscheidender Bedeutung.* Obwohl es viele Faktoren gibt, die die Leistung einer Organisation beeinflussen, kann eine sorgfältige Analyse dazu beitragen, die wichtigsten Aspekte zu identifizieren. Bei dieser Perspektive bilden die Berechnung der Attraktivität einer Branche mithilfe der „Five Forces" von Porter (siehe *Kapitel 3*) und die Identifizierung strategischer Fähigkeiten unter Verwendung der Kriterien Wert, Seltenheit, Unnachahmlichkeit und Nicht-Substituierbarkeit (*Kapitel 4*) Standardverfahren für die Schätzung der zukünftigen Leistung.

- *Vor einer Aktivität kommt die Analyse.* Bei der Gestaltungsperspektive wird die Strategie im Allgemeinen als linearer Prozess gesehen. Entscheidungen über die Strategie sind von der Umsetzung getrennt und gehen dieser voraus. Von diesem Standpunkt aus betrachtet, bildet die Umweltanalyse – beispielsweise die Prognose von Branchenlebenszyklen oder die Planung von Szenarien (*Kapitel 2* und *3*) – den entscheidenden ersten Schritt der Strategiefindung.

- *Die Ziele sollten klar sein.* Eine rationale Analyse und Entscheidungsfindung brauchen eindeutige Kriterien, mit denen die Optionen bewertet werden. Die Missionen und Visionen (*Kapitel 1*) sollten im Voraus so genau wie möglich mit wenig Spielraum für Anpassungen im Fall der Identifizierung neuer Chancen oder Beschränkungen während des Prozesses festgelegt werden.

---

35 Eine Einführung in Ansoffs Denkweise bietet Moussetis, „Ansoff revisted", *Journal of Management History*, Band 17, Nr. 1 (2011), S. 102–125. R. Porter erörtert seinen Ansatz in N. Argyres und A. McGahan, „An interview with Michael Porter", *Academy of Management Executive*, Band 16, Nr. 2 (2002), S. 43–52.

Diese Annahmen der Gestaltungsperspektive im Hinblick darauf, wie Entscheidungen gefällt werden sollten, sind wiederum mit zwei wesentlichen Sichtweisen der Art von Organisationen verbunden:

■ *Organisationen sind Hierarchien.* Es liegt in der Verantwortung der Unternehmensführung, das Schicksal der Organisation zu planen. Die Verantwortung des Rests der Organisation liegt einfach darin, die an der Unternehmensspitze beschlossene Strategie umzusetzen.

■ *Organisationen funktionieren mechanisch.* Dieser hierarchische Ansatz impliziert eine Sichtweise von Organisationen als konstruierte Systeme oder sogar als Maschinen. Durch das Bedienen der richtigen organisationalen Stellhebel sollten vorhersehbare Ergebnisse erzielt werden. Principal-Agent-Probleme können durch die angemessene Gestaltung von Anreizen (*Kapitel 5*) gesteuert werden. Selbst organisationale Kulturen (*Kapitel 6*) lassen sich von oben gestalten.

Auswirkungen

Die Gestaltungsperspektive hat sowohl für Manager als auch für Studenten praktische Auswirkungen. Von der Gestaltungsperspektive aus betrachtet, lohnt es sich, umfangreiche Zeit für eine formelle Analyse – insbesondere wirtschaftswissenschaftliche Formen der Analyse – zu investieren. Die formelle strategische Planung und finanzielle Berechnungen sind wesentliche Bestandteile des Ansatzes der Entwicklungsperspektive. Aber selbst wenn strategische Pläne nicht immer zu den erwarteten Ergebnissen führen, gibt es zwei weitere Gründe für die Wahl der Entwicklungsperspektive:

■ *Umgang mit Komplexität und Unsicherheit.* Die Gestaltungsperspektive bietet eine Möglichkeit der rationalen, logischen und strukturierten Erörterung komplexer und unsicherer Aspekte. Selbst wenn es bei der rationalen Analyse mitunter zur Übervereinfachung oder zur Vermittlung einer unangemessenen Präzision kommt, ist dies normalerweise besser, als zu der Schlussfolgerung zu gelangen, dass alles einfach zu kompliziert für jede Art Plan oder Berechnung ist. Strategie ist mehr als nur Rätselraten.

■ *Erfüllung der Stakeholder-Erwartungen.* Neben dem reinen analytischen Wert eines Gestaltungsansatzes erwarten wichtige Stakeholder (siehe *Kapitel 5*), wie Banken, Finanzanalysten, Investoren und Mitarbeiter, typischerweise die Einführung rationaler Verfahren. Für diese Beobachter ist die Analyse in höchstem Maße legitim. Daher ist die Wahl des Ansatzes der Entwicklungsperspektive ein wichtiges Mittel, die Unterstützung und das Vertrauen wichtiger interner und externe Akteure zu erwerben.

Der Einsatz von Techniken der rationalen Strategieanalyse kann überdies auch Auswirkungen in Bezug auf die Macht von Managern und die persönliche Identität haben. Diese Nebenwirkungen werden weiter im Zusammenhang mit der Diskursperspektive erörtert.

Zusammenfassend lässt sich formulieren, dass die Gestaltungsperspektive dazu beiträgt, den potenziellen Wert der systemischen Analyse, von schrittweisen Abläufen und der sorgfältigen Planung von organisationalen Zielen und Systemen zu unterstreichen. Allerdings hat die Gestaltungsperspektive ihre Grenze. So unterschätzt eine enggefasste Gestaltungsperspektive tendenziell die positive Rolle von Intuition und Erfahrung, den Raum für ungeplante Initiativen bzw. Initiativen von unten nach oben sowie die Machtwirkungen der Strategieanalyse. Verschiedene Perspektiven können hilfreiche Einblicke in diese anderen Elemente der Strategieentwicklung gewähren.

Strategie als Erfahrung

Bei der Erfahrungsperspektive wird die Strategie weniger als Ergebnis einer objektiven Analyse auf einem weißen Blatt Papier, sondern mehr als Resultat der Vorerfahrungen der Manager der Organisation gesehen. Geschichte und Kultur spielen dabei eine Rolle. Die Strategie wird durch die individuellen und kollektiven, für selbstverständlich erachteten Annahmen und Vorgehensweisen der betreffenden Personen beeinflusst. Wie in ▶ *Abbildung K.2* dargestellt, betont die Erfahrungsperspektive deshalb die Rationalität weniger als die Gestaltungsperspektive. Überdies weist sie auch niedrige Erwartungen im Hinblick auf Innovation und Wandel auf. Legitimität ist wichtig, aber sie wird im Hinblick auf persönliche Erfahrungen oder organisationale Routinen und die entsprechende Kultur anstelle einer einfachen Betonung der Analyse und „der Tatsachen" definiert.

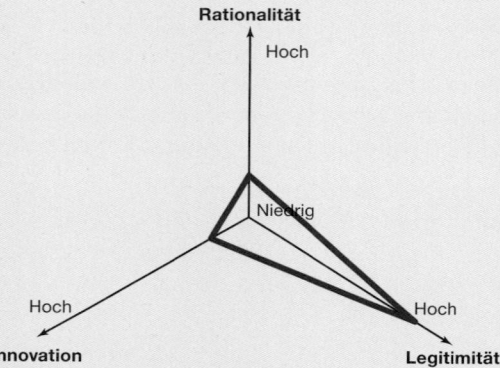

Abbildung K.2: Die Erfahrungsperspektive

Die Erfahrungsperspektive beruht auf einem erheblichen Maß an Forschung darüber, wie Strategien sich tatsächlich in der realen Welt entwickeln. Bereits in den 1950er-Jahren entwickelte der Nobelpreisträger Herbert Simon die Verhaltenstheorie des Unternehmens auf der Grundlage des tatsächlichen Verhaltens von Managern.[36] Die Verhaltenstheorie des Unternehmens unterstreicht für die rationale Analyse in der Praxis zwei Arten von Problemen:

■ *Externe Beschränkungen:* Die Verhaltenstheorie verweist auf reale Beschränkungen der Rationalität: So ist es beispielsweise beinahe unmöglich, alle für eine umfassende Analyse notwendigen Informationen zu erhalten. Eine genaue Prognose bei einer unsicheren Zukunft ist schwierig und es bestehen zeitliche und Kostengrenzen für die Durchführung einer vollständigen Analyse. Unter diesen

36 Eine aktualisierte Darstellung der Verhaltenstheorie des Unternehmens findet sich in G. Gavetti, D. Levinthal und W. Ocasio, „The Behavioral Theory of the Firm: assessment and prospects", *Academy of Management Annals,* Band 6, Nr. 1 (2012), S. 1–40. Einen Kontrast zur traditionellen Volkswirtschaftslehre finden wir in M. Augier, „The early evolution of the foundations for behavioral organization theory and strategy", *European Management Journal*, Band 28, (2012), S. 84–102.

Umständen geben sich die Manager bei der Analyse strategischer Optionen häufig zufrieden: Anders formuliert akzeptieren sie angemessene Lösungen anstelle des rationalen Optimums.

■ *Interne psychologische Beschränkungen:* Die Verhaltenstheorie unterstreicht, dass Manager eine „begrenzte Rationalität" – menschliche Grenzen der intellektuellen Fähigkeiten zur Informationsverarbeitung und Durchführung von Analysen – aufweisen. Überdies sind sie auch anfällig für eine „kognitive Voreingenommenheit": Mit anderen Worten, die Manager sind im Hinblick auf die Aufmerksamkeit, die sie bestimmten Themen widmen, selektiv und bevorzugen häufig automatisch bestimmte Lösungen gegenüber anderen.

Die kognitive Voreingenommenheit beruht häufig auf den – sowohl individuellen als auch kollektiven – Erfahrungen der Manager:

■ Die *individuelle Erfahrung* kann insbesondere die für selbstverständlich gehaltenen Annahmen von Managern beeinflussen im Hinblick darauf, was wichtig ist und welche Arten von Maßnahmen am besten funktionieren. Dabei bilden Bildung und Ausbildung einflussreiche Quellen der Erfahrung. So sehen beispielsweise Buchhalter die Dinge tendenziell anders als Ingenieure. Manager mit einem MBA-Abschluss werden häufig bezichtigt, übermäßig analytische Ansätze zur Problemlösung zu bevorzugen. Eine andere Art der maßgeblichen individuellen Erfahrung ist die persönliche Laufbahn. So würde es beispielsweise einem Manager, der seine Karriere in der traditionellen Fernsehbranche (z.B. bei der britischen BBC oder der ARD in Deutschland) gemacht hat, es unter Umständen schwierig finden, neue Internetmedienkanäle (wie YouTube) als wahrhafte Konkurrenten zu sehen. Unterschiede der individuellen Erfahrungen innerhalb einer Organisation können zu Debatten und Verhandlungen zwischen Managern mit divergierenden Ansichten darüber führen, was wichtig ist und was getan werden sollte. Das Stakeholder Mapping (*Kapitel 5*) der Kompetenzen und Interessen verschiedener Manager kann für die Lösung divergierender Ansichten hilfreich sein.

■ Die *kollektive Erfahrung* bildet tendenziell Gewohnheitsmuster des Denkens und Handelns aus, die sich in Standardlösungen für strategische Themen niederschlagen können. Eine Art der kollektiven Erfahrung ist in der organisationalen Kultur verkörpert, wie in *Kapitel 6* ausgeführt. Eine andere Art der kollektiven Erfahrung spiegelt sich in der nationalen Kultur wider: So sehen unter Umständen chinesische und amerikanische Manager die Welt ganz unterschiedlich. Eine dritte Art der kollektiven Erfahrung ist in „Branchenlösungen" verkörpert, die auf Jahren der regelmäßigen Interaktion zwischen bestehenden Wettbewerbern beruhen: So entwickeln beispielsweise Manager in der Bekleidungsindustrie im Laufe der Zeit die Überzeugung, dass Stil für den Erfolg wichtig ist, obwohl neue Ideen von außerhalb der Branche implizieren, dass zukünftig Technologien die Quelle eines Wettbewerbsvorteils sein können. Im Gegensatz zur individuellen Erfahrung stellt die kollektive Erfahrung tendenziell die Debatte in Managementteams und es wird schwer, den Konsens in Frage zu stellen. Eine Folge dessen kann die „strategische Drift" sein, wobei selbst bei einem Wandel in der Umwelt jeder einverstanden ist, einfach wie gehabt weiterzumachen.

Auswirkungen

Die Erfahrungsperspektive hat erhebliche Auswirkungen auf die Strategie. Zunächst ergeben sich zwei wichtige Warnungen:

- *Die Analyse ist typischerweise in gewissem Maße voreingenommen:* Alle Manager – und sogar Studenten – bringen ihre eigenen spezifischen Erfahrungen in jegliche Art von strategischen Fragen ein. Dabei ist es sehr schwer, eine Situation so zu analysieren, als würde sie sich auf einem unbeschriebenen Blatt entwickeln. Deshalb sollte Behauptungen der vollständigen Objektivität misstraut werden und man sollte immer fragen, woher die betreffenden Personen kommen.

- *Achten Sie auf unangemessenen Konservativismus:* Erfahrungen führen wahrscheinlich zu routinierten Antworten – selbst auf neue Probleme. Erprobte Lösungen werden zu häufig eingesetzt, Manager gewinnen aufgrund ihrer Erfolge in der Vergangenheit Macht. Dabei sind „Pfadabhängigkeit" und „Lock-in" dauerhafte Risiken. Daher können Organisationen letztlich wie alte Generäle erscheinen, die immer noch im letzten Krieg kämpfen.

Andererseits bietet die Erfahrungsperspektive auch einige praktische Ratschläge:

- *Die Analyse kann mehr kosten, als sie wert ist:* Da gute Informationen nur schwer und teuer ermittelt werden können und da die Analyse zu viel Zeit in Anspruch nehmen kann, ist es mitunter vernünftig, einfach die Informationssuche und -analyse abzukürzen. Je nach der Verfügbarkeit von Informationen und der Fähigkeit, diese zu analysieren, ist es ab einem gewissen Punkt unter Umständen vernünftig, einfach die Analyse zu beenden.

- *Die Erfahrung kann ausreichend Orientierung bieten:* Wenn die Analyse keine vollkommenen Antworten liefert, kann sich die Nutzung von Faustregeln oder des Instinkts als mindestens genauso effektiv erweisen. Manchmal ist eine schnelle, halbwegs richtige Antwort besser als eine analytische Antwort, die nur geringfügig besser, aber viel langsamer ist.

- *Stellen Sie den Konsens in Frage:* Auch wenn die etablierten Faustregeln effektiv sein können, ist es manchmal notwendig, den Konsens in einer Organisation in Frage zu stellen. Wie in *Kapitel 16* dargestellt, bildet „Gruppendenken" ein Risiko. Es ist hilfreich, eine Diversität der Sichtweisen innerhalb einer Organisation beispielsweise über die nicht geschäftsführenden Mitglieder der Geschäftsleitung oder durch das Hinzuziehen neuer Führungskräfte von außerhalb der Organisation oder die Förderung der Beteiligung aller Mitarbeiter, wie beispielsweise durch „Jamming", zu unterstützen.

Strategie als Vielfalt

Das Maß, zu dem die Gestaltungs- und Erfahrungsperspektiven zur Erklärung der Innovation beitragen, ist eher begrenzt. Die Vielfaltsperspektive betont dagegen Innovation und Wandel. Wie allerdings in ▶ *Abbildung K.3* dargestellt, misst die Vielfaltsperspektive der rationalen Analyse einen geringen Wert bei und verleiht tendenziell den scheinbar legitimen Aspekten in einer Organisation nur wenig Bedeutung. Von der Perspektive der Vielfalt aus gesehen werden Strategien als etwas gesehen, das sich aus den verschiedenen Ideen ergibt, die aus der Vielfalt innerhalb und außerhalb von Organisationen hervorsprudeln.

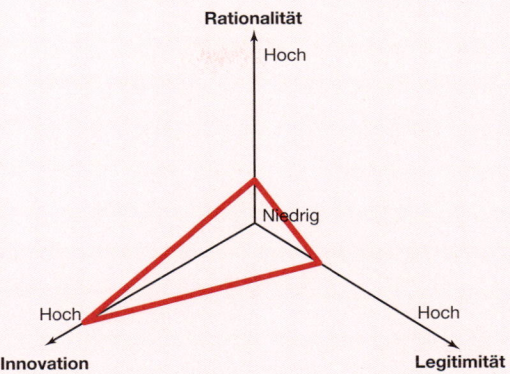

Abbildung K.3: Die Vielfaltsperspektive

Die Vielfaltsperspektive beruht auf zwei theoretischen Perspektiven aus den Naturwissenschaften, die beide die Spontanität betonen. Als Erstes ist dabei die *Evolutionstheorie* zu erwähnen, nach der sich Naturphänomene durch einen darwinschen Prozess der Vielfalt, Auswahl und Bewahrung entwickeln.[37] Verschiedene genetische Mutationen tauchen als mehr oder weniger zufällige Experimente auf: Einige Variationen werden durch ihre Umwelt als erfolgreich ausgewählt und diese erfolgreichen Variationen können aufgrund ihrer guten Anpassung an ihre Umgebung langfristig erhalten werden. Der zweite Aspekt ist die *Komplexitätstheorie*, bei der die Phänomene von komplexen, dynamischen Interaktionen gekennzeichnet sind, aus denen sich überraschend stabile Ordnungsmuster ergeben können.[38] Ein Beispiel dafür ist, wie Hunderte Vögel sich als kohäsiver Schwarm bewegen können, augenscheinlich ohne dass ein Vogel die Kontrolle hat. Sowohl bei der Evolutions- als auch bei der Komplexitätstheorie führt die Vielfalt in Form vieler Experimente oder Interaktionen zu kohärenten oder effektiven Ergebnissen. Diese Ergebnisse werden spontan mit nur wenig Anweisungen von oben nach unten generiert.

Wenn wir nun von der Natur zur Strategie wechseln, zeigt sich, dass bei der Vielfaltsperspektive die bewusste Entscheidungsfindung der Gestaltungsperspektive weniger Gewicht erhält. Desgleichen steht die Betonung der Spontanität im Gegensatz zum Konservativismus der Erfahrungsperspektive. Bei menschlichen Organisationen funktionieren die drei Elemente der Evolutionstheorie wie folgt:

- ■ *Vielfalt:* Organisationen und deren Umgebungen bieten potenziell eine reiche „Ökologie" für die Entstehung verschiedener Ideen und Initiativen. Es gibt viele verschiedene Arten von Menschen und viele verschiedene Arten von Umständen. Vertriebsmitarbeiter, die eng mit den Kunden zusammenarbeiten, können unter Umständen neue Chancen genauso gut identifizieren wie die Spitzenmanager in der Firmenzentrale. Da die Menschen in der gesamten Organisation mit ihrer Umgebung interagieren, kommen neue Ideen oft auch von der Basis der Hierarchie und nicht nur von oben.[39] Der Komplexitätstheoretiker Bill McKelvey

---

37 W. P. Barnett und R. Burgelman, „Evolutionary perspectives on strategy", *Strategic Management Journal*, Band 17, S1 (2007), S. 233–236.
38 P. Anderson, A. Meyer, K. M. Eisenhardt, K. Carley und A. Pettigrew, „Introduction to the special issue: applications of complexity theory to organization science", *Organization Science*, Band, Nr. 3 (1999), S. 233–236.

bezeichnet dies als „verteilte Intelligenz" einer Organisation.[40] Vielfalt kann sich sogar aus offensichtlichen Fehlern entwickeln, genau wie sich Genmutationen aus unvollkommenen Genen ergeben. Ein berühmtes Beispiel dafür sind Post-it-Notes, die entstanden, als „mangelhafter" Klebstoff auf Papier aufgetragen wurde, der zu einem semi-permanenten Klebstoff führte, für den der Forscher ein Marktpotenzial erkannte.

■ *Auswahl:* In der Natur ist die Auswahl „blind", sie wird durch die Anpassung an die Umwelt anstelle bewusster Intervention bestimmt. In Organisationen kann die Auswahl beinahe genauso blind erfolgen, da Strategien danach ausgewählt werden, wie gut sie den vorherrschenden Kulturen oder den Standardanlagekriterien entsprechen. Bei dieser Sichtweise gibt es innerhalb von Organisationen ein „internes Ökosystem", bei dem Ideen und Initiativen auf der Grundlage ihrer internen Anpassung gegen Wettbewerberideen und -initiativen gewinnen.[41] Ein gutes Konzept kann unabhängig von seinen Gesamtvorteilen scheitern, weil es die bestehenden Auswahlkriterien nicht erfüllt: So kann ein Unternehmen beispielsweise unter Umständen Standardkriterien zum Kapitalertrag anwenden, die nach den aktuellen realen Kapitalkosten veraltet sind (siehe *Kapitel 12* zur Strategiebewertung). Andererseits können, wie bei der Komplexitätstheorie, die Ideen neuen Schwung erhalten, wenn sie positives Feedback bekommen: Die Unterstützung einer wichtigen Gruppe von Akteuren kann in einem eskalierenden Prozess die Unterstützung weiterer Akteure nach sich ziehen und so weiter. Somit können Selektionsmechanismen selbstverstärkend sein und den Durchfluss sowohl guter als auch schlechter Ideen beschleunigen.

■ *Retention:* Neben Auswahlprozessen gibt es auch Prozesse der Retention. Retention bezeichnet die Aufbewahrung und Reproduktion ausgewählter Variationen im Laufe der Zeit.[42] Es kann zu Retention kommen, wenn bestimmte Richtlinien oder Präfenzen in der Organisation verankert werden. Die Retention kann dabei durch die Einführung formeller Verfahren erzielt werden: beispielsweise Arbeitsplatzbeschreibungen, Buchhaltungs- und Kontrollsysteme, Managementinformationssysteme, Schulungs- und Organisationsstrukturen. Häufig erfolgt dies durch informellere Prozesse der Routinisierung, bei denen die einfache Wiederholung bestimmter routinemäßiger Verhaltensweisen schließlich zur Prägung solcher Routinen in der Kultur und den Fähigkeiten von Organisationen führen.

---

39 Siehe G. Johnson und A. S. Huff, „Everyday innovation/everyday strategy", in G. Hamel, G. K. Prahalad, H. Thomas und D. O'Neal (Hrsg.), *Strategic Flexibility – Managing in a Turbulent Environment*, Wiley, 1998, S. 13–27. Patrick Regnér zeigt auch auf, wie sich neue strategische Richtungen aus der Peripherie von Organisationen angesichts von Widerstand aus der Mitte entwickeln können, siehe „Strategy creation in the periphery: inductive versus deductive strategy making", *Journal of Management Studies*, Band 40, Nr. 1 (2003), S. 57–82.

40 Bill McKelvey, Komplexitätstheoretiker, argumentiert, dass die Vielfalt innerhalb dieser verteilten Intelligenz wächst, weil einzelne Manager danach streben, sich besser über ihre Umgebung zu informieren; siehe B. McKelvey, „Simple rules for improving corporate IQ: basic lessons from complexity science", in P. Andriani und G. Passiante (Hrsg.), „Complexity, Theory and the Management of Networks", *Imperial College Press*, 2004.

41 R. Burgelman und A. Grove, „Let chaos reign, then reign in chaos – repeatedly: managing strategic dynamics for corporate longevity", *Strategic Management Journal*, Band 28, Nr. 10 (2007), S. 965–969.

42 B. McKelvey und S. Brown, „Competing on the edge: strategy as structured chaos", *Long Range Planning*, Band 31, Nr. 5 (1998), S. 786–789.

Auswirkungen

Eine wesentliche Erkenntnis aus der Vielfaltsperspektive ist, dass Manager sich vor der Annahme hüten müssen, dass sie die Entwicklung und Einführung neuer Ideen vollständig kontrollieren können. Allerdings gibt es eine Reihe von Dingen, die Manager tun können, um Initiativen zu unterstützen und eine unangemessene Unterdrückung neuer Ideen zu vermeiden. Gleichzeitig zeigt die Vielfaltsperspektive sowohl den Managern als auch den Studenten charakteristische Quellen der Innovation in Organisationen auf. An dieser Stelle seien drei wichtige Auswirkungen herausgestellt:

- *Entwicklungen berücksichtigen:* Anstelle einer bewussten Gestaltung entstehen Strategien häufig von der Basis und der Peripherie von Organisationen aus und entwickeln im Laufe der Zeit Kohärenz. Wie in *Kapitel 1* dargestellt, ist die von Henry Mintzberg formulierte Definition der Strategie als sich entwickelndes „Muster" anstelle einer ausdrücklichen Erklärung hochgradig relevant. Manager und Studenten sollten daher formulierten Visionen und Missionen (*Kapitel 1*) nicht zwangsläufig vertrauen, sondern sich vielmehr ansehen, was tatsächlich passiert – insbesondere vor Ort. Die Zukunft einer Organisation kann sich durchaus an einem Punkt weit außerhalb der formellen Initiativen der Firmenzentrale entwickeln.

- *Unterstützung von Interaktion, Experimenten und Wandel:* Vom Standpunkt der Vielfaltsperspektive aus betrachtet, können Organisationen durchaus zu stabil und geordnet sein. Um Vielfalt zu generieren, sollten Manager potenziell störende Interaktionen über die internen und externen Grenzen der Organisation hinaus unterstützen: Abteilungsüberschreitende Initiativen sind intern wichtig, während die Kommunikation mit Kunden, Lieferanten, Partnern und Innovatoren extern umfangreich sein sollte. So unterstützt Google Experimente, indem das Unternehmen den Mitarbeitern 20 % ihrer Zeit zur Verfolgung ihrer eigenen Projekte gewährt. Komplexitätstheoretiker verordnen regelmäßigen Wandel, um am dynamischen „Rand des Chaos", dem empfindlichen Gleichgewichtspunkt zu bleiben, in dem Organisationen sich weder in übermäßiger Stabilität einrichten noch in zerstörerisches Chaos umkippen.[43]

- *Einhaltung der Regeln:* Wenn Strategien tendenziell nach deren Anpassung an etablierte organisationale Kulturen oder Investitionskriterien eingeführt werden, dann müssen Manager der Schaffung des Kontexts für eine Strategie mindestens genauso viel Aufmerksamkeit widmen wie den individuellen strategischen Entscheidungen. Wie oben erwähnt, sollten die Manager dazu einen die Interaktion, Experimente und Wandel unterstützenden Kontext schaffen. Aber sie sollten besonders auf die Auswahl- und Retentionsregeln achten, durch die sich Strategien entwickeln können. Unter Bezugnahme auf die Komplexitätstheorie unterstützt Kathy Eisenhardt die Gestaltung „einfacher Regeln", klarer Richtlinien für die Strategieauswahl und -retention.[44] So wählt beispielsweise das Filmstudio Miramax nur Filme aus, die sich um ein zentrales menschliches Thema (z.B.

---

43 K. M. Eisenhardt und S. Brown, „Competing on the edge: strategy as structured chaos", *Long Range Planning*, Band 31, Nr. 5 (1998), S. 786–789.

44 C. B. Bingham und K. M. Eisenhardt, „Rational heuristics: the „simple rules" that strategists learn from process experience", *Strategic Management Journal*, Band 32, Nr. 13 (2011), S. 1437–1464.

Liebe) drehen, mit einer attraktiven Hauptfigur, die nicht frei von Fehlern ist, und die eine klare Handlung haben. Die dänische Hörgerätefirma Oticon führt keine Projekte weiter, bei denen ein wichtiges Teammitglied sich für den Wechsel von dem betreffenden Projekt in ein anderes entscheidet.

Strategie als Diskurs

Beim Management geht es in vielerlei Hinsicht um Diskurs. Manager verbringen 75 % ihrer Zeit mit der Kommunikation: So sammeln sie beispielsweise Informationen, überzeugen andere oder verfolgen Entscheidungen nach.[45] Insbesondere die Strategie hat hohe diskursive Komponenten, die sowohl aus Gesprächen als auch aus Text bestehen. Die Strategie wird in Besprechungen erörtert, in förmlichen Plänen niedergeschrieben, in Geschäftsberichten und Erklärungen gegenüber den Medien erläutert, in Power-Point-Präsentationen dargestellt und den Mitarbeitern kommuniziert.[46] Die Diskursperspektive erkennt diese diskursive Komponente als für die Strategie von zentraler Bedeutung an. Hierbei ist, wie in ▶ *Abbildung K.4* dargestellt, die Legitimität des Diskurses besonders wichtig. Allerdings kann die Bedeutung der Legitimität sowohl der objektiven Rationalität als auch der organisationalen Innovation entgegenwirken.

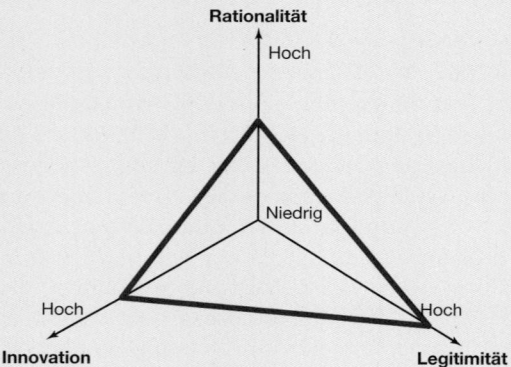

Abbildung K.4: Die Diskursperspektive

Die Arbeit des französischen Philosophen Michel Foucault bildet einen wichtigen Einfluss auf die Diskursperspektive. Foucault betont die subtilen Effekte, die die Sprache auf das Verständnis, die Macht und persönliche Identitäten haben kann. So zeigt er beispielsweise auf, wie die sich verändernden wissenschaftlichen Diskurse im siebzehnten und achtzehnten Jahrhundert den Wahnsinn zu einer Krankheit anstelle einer natürlichen Dummheit umgedeutet haben.[47] Der Wahnsinnige hatte damit eine neue Identität – als medizinisch Kranker – und unterlag damit einer neuen Macht, den Ärzten, denen die Aufgabe oblag, ihn zu heilen. Die Vertreter der Diskursperspektive sind ähnlich sensibel im Hinblick darauf, wie der Strategiediskurs das Verständnis beeinflussen, persönliche Identitäten verändern und Macht verbreiten kann.

---

45 H. Mintzberg, „The Nature of Managerial Work", *Harper & Row*, 1973.
46 Siehe A. Spee und P. Jrzabkowski, „Strategic planning as communicative process", *Organization Studies*, Band 32, Nr. 9 (2011), S. 1217–1245. Siehe auch W. Küpers, S. Mantere und M. Statler, „Strategy as storytelling: a phenomenological collaboration", *Journal of Management Inquiry*, Band 22, Nr. 1 (2013), S. 83–100.
47 M. Foucault, „Discipline and Punish", *Vintage*, 1995.

Diese drei Effekte des Strategiediskurses werden wie folgt erforscht:

- *Beeinflussung des Verständnisses:* Die Sprache der Strategie weist Eigenschaften auf, die sie für andere überzeugend macht.[48] Ihre Konzepte und Fachbegriffe haben in vielen Organisationen eine hohe Legitimität. Hier zeigt die Diskursperspektive die Gestaltungsperspektive in anderem Licht. Die Legitimität des Strategiediskurses verleiht dem analytischen Apparat der Gestaltungsperspektive eine Überzeugungskraft, die häufig die technische Effektivität der Analyse selbst übersteigt. Durch die Verwendung etablierter Techniken, wie der „Five-Forces"-Analyse von Porter (*Kapitel 3*) oder moderner Konzepte wie der „Blue-Ocean"-Strategie (*Kapitel 3*), kann die Autorität strategischer Empfehlungen gesteigert werden. Die Fähigkeit, inspirierende Visionen und Leitbilder (*Kapitel 1*) zu schreiben, kann zur Motivierung einer ganzen Organisation beitragen. Die Rechtfertigung des strategischen Wandels durch die radikale Rhetorik des Hyperwettbewerbs (*Kapitel 3*) oder störender Innovation (*Kapitel 10*) kann radikalen Handlungen Legitimität verleihen, die andernfalls als unverhältnismäßig abgelehnt werden würden. Mit anderen Worten ausgedrückt, setzen Manager die Rhetorik der Strategie und die scheinbare „Richtigkeit" der Strategiekonzepte ein, um andere davon zu überzeugen, dass sie ihnen folgen sollen.

- *Definieren von Identitäten:* Die Frage, wie Manager über die Strategie sprechen, positioniert sie auch in ihrer Beziehung zu anderen, entweder durch ihre eigene bewusste Wahl oder als Ergebnis dessen, wie sie wahrgenommen werden.[49] Der Diskurs beeinflusst damit die Identität und Legitimität von Managern als „Strategen". Die Fähigkeit zur Nutzung der rationalen, analytischen Sprache der Gestaltungsperspektive unterstützt die Definition von Managern als legitime Teilnehmer im Strategieprozess. Mitunter können natürlich verschiedene Arten der diskursiven Identität angemessen sein. So kann in einigen Kontexten die Sprache des heroischen Anführers (*Kapitel 15*) oder des innovativen Unternehmers (*Kapitel 10*) unter Umständen mehr Unterstützung für die Identität des Entscheiders bieten als die des rationalen Analysten. Unabhängig von der genauen Identität beeinflussen die in den Strategiediskurs eingebauten Annahmen wahrscheinlich das Verhalten. Beispielsweise priorisieren untergeordnete Manager und Angestellte, die den Strategiediskurs der Wettbewerbsfähigkeit und Leistung als Teil ihrer Identitäten verinnerlicht haben, diese Werte in ihrer alltäglichen Arbeit, ordnen sie in gewissem Maße den administrativen und professionellen Werten (wie dem Aktienkapital oder der Sorgfalt) unter, die andernfalls in ihren Rollen wichtig sein können.

- *Machtinstrument:* Hier wird Strategie mit Macht und Kontrolle verbunden.[50] Durch das Verständnis bzw. das scheinbare Verständnis der Konzepte der Strategie positionieren Spitzenmanager oder Strategieexperten sich so, dass sie über die Kenntnisse zum Umgang mit den wirklich schwierigen Problemen verfügen, mit denen das Unternehmen konfrontiert wird. Der Besitz solcher Kenntnisse gibt ihnen Macht über andere, die solches Wissen nicht haben. Der Diskurs der Gestal-

---

48 D. Barry und M. Elmes, „Strategy retold: toward a narrative view of strategic discourse", *Academy of Management Review*, Band 22, Nr. 2 (1997).

49 S. Mantere und E. Vaara, „On the problem of participation in strategy: a critical discursive perspective", *Organization Science*, Band 19, Nr. 2 (2008), S. 341–358.

50 C. Hardy und R. Thomas, „Strategy, discourse and practice: the intensification of power", *Journal of Management Studies*, Band 51, Nr. 2 (2014), S. 320–348.

tungsperspektive mit dem Bekenntnis zu anspruchsvollen Formen der technischen Analyse kann besonders elitär und exklusiv sein. Somit bietet die Beherrschung der diskursiven Sprache der Gestaltungsperspektive einen politischen sowie einen analytischen Vorteil. Gleichzeitig erhöht die Verinnerlichung des Strategiediskurses durch die Mitarbeiter deren Bereitschaft, die Strategie einzuhalten: Sie sehen die Verfolgung der Strategie als natürlichen Bestandteil ihrer Rolle an. In diesem Sinne ist der Diskurs mit Macht verbunden, wenn er Anhänger anzieht sowie selbstreproduzierend und selbstverstärkend ist. Insoweit als der Strategiediskurs den Interessen der Mächtigen dient, kann er unter Umständen Innovation und Wandel und die objektive rationale Analyse aus dem Gesichtspunkt der Organisation insgesamt unterstützen.

Auswirkungen

Die Diskursperspektive legt die Bedeutung des Anscheins sowie der Realität rationaler Argumente nahe. Bei der Diskursperspektive müssen Strategien gerechtfertigt und nicht einfach nur korrekt sein. Darüber hinaus trägt der Strategiediskurs zur Definition der Frage bei, wer die Identität des berechtigten Teilnehmers bei der strategischen Entscheidungsfindung innehat und den letztendlich getroffenen Entscheidungen Macht verleiht. Die grundlegende Lehre, die Manager und Studenten daraus ziehen können, lautet, dass die Sprache der Strategie wichtig ist.

Die Auswirkungen der Diskursperspektive haben sowohl instrumentelle als auch kritische Aspekte:

- *Der Strategiediskurs sollte geschickt eingesetzt werden:* Der richtige Diskurs kann bestimmten Strategien oder einzelnen Mitarbeitern in einer Organisation Legitimität verleihen. Dieser Diskurs muss besonderen Kontexten und Umständen entsprechen. Die Rechtfertigung einer Strategie gegenüber einem potenziellen Investor kann eine logische, hochgradig quantitative, finanzielle Falldarstellung erfordern, während die Erklärung der gleichen Strategie gegenüber den Mitarbeitern die Betonung der Auswirkungen auf Arbeitsplatzsicherheit und Karriereentwicklung beinhalten kann. Bei einigen Organisationen bildet der analytische Diskurs der Gestaltungsperspektive einen berechtigten Erklärungsmodus, während in anderen Organisationen der Verweis auf technische oder professionelle Werte unter Umständen effektiver ist. Darin liegt der instrumentelle Wert der Diskursperspektive: Die Verwendung der richtigen Sprache spielt sowohl für die Erklärung als auch für die Durchsetzung der Strategie und für die Beteiligung an Strategiediskussionen überhaupt eine Rolle.

- *Der Strategiediskurs sollte mit Vorsicht behandelt werden:* Genauso wie der Strategiediskurs instrumentell eingesetzt werden kann, sollten Manager und Studenten bereit sein, eine kritische Perspektive gegenüber einem solchen Diskurs einzunehmen. Werden die Konzepte und Rahmen als Deckmantel dafür eingesetzt, dass bestimmte Personen oder Gruppen in einer Organisation ihre eigene Macht und ihre eigenen Interessen vorantreiben? Werden die Stärken und Schwächen, Chancen und Risiken (*Kapitel 4*) geheimnisumwittert dargestellt oder übertrieben? Sind die grandiosen Ambitionen aus den Visionen und Leitbildern nur leere Worte (*Kapitel 1*)? Die Sicht der Strategie als Diskurs kann dazu führen, dass Konzepte, Ideen und Rhetorik, die ansonsten für selbstverständlich erachtet werden, angemessen in Frage gestellt werden. Die Diskursperspektive ermutigt Manager und Studenten dazu, die oberflächliche Sprache der Strategie zu durchschauen, um die tieferen, darunterliegenden Interessen und Motive aufzudecken. Die Vertreter der Diskursperspektive sind von Natur aus skeptisch.

Schlussfolgerung

Die Kernannahmen und die Schlüsselauswirkungen der vier Perspektiven der Gestaltung, Erfahrung, Vielfalt und des Diskurses werden in ▶ *Tabelle K.1* zusammengefasst. Dies bildet keine umfassende Liste, sondern kristallisiert die charakteristischen Perspektiven jedes dieser Ansätze heraus. Tatsächlich stellt der vorliegende Kommentar insgesamt nur eine Einführung dar und der interessierte Leser kann jede dieser Perspektiven selbst weiterverfolgen. Überdies umfasst jede der hier vorgestellten Perspektiven selbst noch mehrere weitere Perspektiven. So baut beispielsweise die Vielfaltsperspektive sowohl auf der Evolutionstheorie als auch auf der Komplexitätstheorie auf, die jeweils charakteristische eigene Aspekte aufweisen. Daher gibt es innerhalb dieser Perspektiven noch feiner strukturierte Einblicke zu entdecken. Die Fußnoten zu diesem Kommentar sollen eine tiefer gehende Untersuchung der verschiedenen Perspektiven ermöglichen. Darüber hinaus sind ganze Bücher verfügbar, die mehrere Perspektiven der Strategien darstellen – von den vier verschiedenen, von Richard Whittington vertretenen Perspektiven bis zu den zehn Perspektiven von Henry Mintzberg und seinen Ko-Autoren sowie sogar bis hin zu den dreizehn „Abbildern" in der Sammlung von Steven Cummings und David Wilson.[51]

Strategie als				
	Gestaltung	**Erfahrung**	**Vielfalt**	**Diskurs**
Strategie entwickelt sich durch …	einen logischen Prozess der Analyse und Bewertung	die Erfahrungen, Annahmen und für selbstverständlich erachtete Handlungsweisen von Individuen	die aus der Vielzahl der Individuen in und um Organisationen hervorgehenden Ideen	Manager, die über die von ihnen verwendete Sprache Einfluss, Macht und Legitimität gewinnen wollen
Annahmen über Organisationen	mechanistische, hierarchische, rationale Systeme	auf Erfahrungen, Legitimität und vergangenen Erfolgen beruhende Kulturen	komplexe, diverse und spontane Systeme	durch Diskurs beeinflusste Bereiche der Macht und des Einflusses
Rolle der Führungsspitze	strategische Entscheider	Umsetzung ihrer Erfahrungen	Kontext schaffen	sprachliche Manipulatoren

Tabelle K.1: Zusammenfassung der Strategieperspektiven

---

51 R. Whittington, *What is Strategy – and Does it Matter?*, Thompson, 2000; H. Mintzberg, B. Ahlstrand und J. Lampel, „Strategy Safari", *Prentice Hall*, 1998; S. Cummings und D. Wilson, „Images of Strategy", *Sage*, 2003.

	Strategie als			
	Gestaltung	**Erfahrung**	**Vielfalt**	**Diskurs**
Wesentliche Aus-wirkungen	Durchführung einer sorgfältigen und tiefgreifenden Analyse strategischer Fragen	Erkenntnis, dass die Erfahrungen der Menschen von zentraler Bedeutung sind, aber auch in Frage gestellt werden müssen	Suche nach Ideen von der Basis und der Peripherie der Organisation	Durchschauen der Strategiesprache zur Aufdeckung verborgener Annahmen und Interessen

Tabelle K.1: Zusammenfassung der Strategieperspektiven (Fortsetzung)

Allerdings lautet die zusammenfassende Botschaft aller vier Perspektiven wie folgt: Bei der Betrachtung eines Themas wie der Strategie ist es oft hilfreich, mehr als eine Perspektive zu verfolgen. Die rationale Analyse der Gestaltungsperspektive ist unter Umständen nicht ausreichend. Die Erfahrungsperspektive kann eingesetzt werden, um die Quellen einer unbewussten Voreingenommenheit zu betrachten, während die Vielfaltsperspektive gewählt werden kann, um sensibel gegenüber spontanen Initiativen von der Basis oder der Peripherie aus zu sein. Überdies ermöglicht es die Interpretation der Strategiesprache durch die Diskursperspektive, skeptisch zu bleiben. Weil diese Perspektiven so wichtig sind, werden wir in den Kommentaren am Ende der *Teile II* und *III* dieses Buchs wieder auf sie zurückkommen. Überdies sollten Studenten im Laufe ihres Studiums die Themen der Strategie mit offenen Augen für unterschiedliche Standpunkte betrachten. Als Übung dazu kann das folgende, kurze Fallbeispiel zu Nokia von den vier verschiedenen Strategieperspektiven aus betrachtet werden.

248Fallstudie
Nokia aus den verschiedenen Perspektiven betrachtet

Abbildung 6.9: Stephen Elop und Steve Ballmer
Quelle: ZUMA Press, Inc. / Alamy Stock Photo

Im Jahr 2012 steckte Nokia in einer Krise. Es hatte die Führung auf dem weltweiten Mobiltelefonmarkt an Samsung abgeben müssen und der Aktienkurs betrug nur noch 10 % des Spitzenwerts, der nur fünf Jahre zuvor erzielt worden war. Allerdings erinnerte der CEO des Unternehmens Stephen Elop die Mitarbeiter und Investoren an die Geschichte des Unternehmens. Nokia hatte schon in der Vergangenheit Krisen und Übergänge durchlaufen. Und Elop beharrte darauf, dass ihm dies erneut gelingen würde.

Nokia war 1865 als finnische Papier- und Zellstoffmühle gegründet worden. Das Unternehmen begann erst 1966, seine moderne Form zu entwickeln, nachdem es mit Finnish Rubber Works und Finnish Cable Works fusionierte und ein Konglomerat mit Geschäftsbereichen von Gummistiefeln bis hin zu Aluminiumteilen gebildet hatte. Finnish Cable Works hatte 1960 in einer Ecke des Hauptwerks eine kleine Elektronikabteilung gegründet. Aus dieser Elektronikabteilung gingen wiederum verschiedene Unternehmen hervor, einschließlich eines 1979 durch ein Joint Venture

gegründeten Mobilfunkgeschäftsbereichs mit Salora, einem anderen finnischen Unternehmen,.

Während der 1980er-Jahre verpflichtete sich Nokia einer aktiven – insbesondere internationalen – Diversifizierungsstrategie. Es wurden Unternehmen in der Fernseh- und Computerbranche übernommen und Salora selbst wurde 1984 übernommen. Im Jahr 1987 identifizierte ein internationales Strategieplanungsdokument einer Portfolio-Matrix der Boston Consulting Group (siehe *Kapitel 7*) mehr als 30 strategische Geschäftsbereiche, wobei die Mobiltelefonie als eines von mehreren investitionsreifen „Star-Unternehmen" identifiziert wurde.

Allerdings geriet Nokia in der Folge in große Schwierigkeiten. Der Vorstandsvorsitzende und CEO beging 1988 Selbstmord und viele seiner Industriemärkte wurden durch den Zusammenbruch der Sowjetunion stark beeinträchtigt. Es gab eine Phase der Verluste und des Chaos in der Unternehmensspitze, aus der schließlich ein neuer CEO, Jorma Ollila, hervorging. Ollila war erst 1985, nach den Anfängen seiner Karriere bei der amerikanischen Investmentbank Citibank, zu Nokia gekommen. Seit 1990 war er Leiter des Mobiltelefonbereichs, der damals nur 10 % des Gesamtumsatzes von Nokia ausmachte.

Bei seiner Ernennung zum CEO hatte Ollila Kontinuität versprochen. Tatsächlich konzentrierte sich das Unternehmen schnell auf Mobiltelefone. Im Jahr 1996 machten Mobiltelefone 60 % des Umsatzes von Nokia aus, zwei Jahre später war Nokia bereits das größte Mobiltelefonunternehmen der Welt. Andere Unternehmen wurden veräußert, sodass bald die Telekommunikationsnetzwerke und das (2007 mit Siemens fusionierte) Infrastrukturgeschäft die einzigen signifikanten Geschäftsbereiche von Nokia bildeten.

Das Telefongeschäft von Nokia florierte mehr als zehn Jahre lang – bis zu zwei einschneidenden Ereignissen – erstens der Einführung des Apple iPhones im Jahr 2007 sowie zweitens der Einführung des Google-Android-Betriebssystems im Jahr 2009, das von Firmen wie HTC und Samsung unterstützt wurde. Im gleichen Zeitraum begannen chinesische Hersteller, die Position von Nokia im Bereich der Billigtelefone, insbesondere auf den Entwicklungsmärkten, anzugreifen. Im Jahr 2010 reagierte Nokia auf den zunehmenden Druck mit der Ernennung des ersten nicht finnischen CEO, des Kanadiers Stephen Elop.

Elop kam von Microsoft, einem anderen Unternehmen, das auf dem Telefonmarkt zu kämpfen hatte. Allerdings ist er persönlich für die Microsoft-Office-Produktgeschäfte verantwortlich gewesen. Der neue CEO begann eine umfassende strategische Prüfung: „An meinem ersten Arbeitstag schickte ich an alle Mitarbeiter eine E-Mail und fragte sie:[1] Was muss sich Ihrer Meinung nach ändern? Was sollte ich Ihrer Meinung nach ändern bzw. was sollte ich nicht ändern? Von welchen Aspekten befürchten Sie, da sie mir entgehen

könnten?" Ein Schlüsselthema, mit dem er und sein Managementteam während des ersten Jahres zu kämpfen hatten, war die Frage, ob Nokia mit seinem eigenen Betriebssystem weitermachen sollte. Betriebssysteme sind in der Entwicklung und Aufrechterhaltung äußerst teuer und müssen auch für externe Softwareentwickler attraktiv sein, um ein wettbewerbsfähiges Portfolio von Apps sicherzustellen. Innerhalb einiger weniger Monate hatten Elop und sein Team beschlossen, das eigene Nokia-Betriebssystem aufzugeben.

Es standen zwei alternative Betriebssysteme zur Verfügung: das Produkt von Google und das Produkt von Microsoft. Elop tendierte zu Microsoft. Seine Argumentation ging dahin, dass das Microsoft-Produkt das schwächere der beiden war und daher Nokia mehr brauchte als Google. Überdies hatte Nokia auch Bedenken, einfach nur ein weiterer Android-Telefonhersteller zu sein, der auf der gleichen Basis wie HTC oder Samsung im Wettbewerb steht.

Im Februar 2011 verschickte Elop das später als „brennende Plattform" berühmt gewordene Memo an alle Mitarbeiter. Darin verglich er Nokia mit einem Arbeiter auf einer brennenden Bohrinsel, der nur durch den Sprung ins Meer überleben konnte. Nokia war zu langsam gewesen und musste nun einen dramatischen Schritt tun. Elop erklärte seinen Mitarbeitern: „Wir haben Benzin auf unsere eigene brennende Plattform geschüttet. Ich glaube, es fehlte uns an Verantwortung und Führungsstärke, um die Firma auszurichten und durch diese schwierigen Zeiten zu führen.

Wir hatten eine Reihe von Fehlschlägen. Es ist uns nicht gelungen, Innovationen schnell genug auf den Markt zu bringen. Wir kooperieren intern nicht. Nokia – unsere Plattform – brennt." Mehrere Tage später erklärte er gegenüber der Welt, dass er Nokias eigenes Betriebssystem zugunsten des Microsoft-Betriebssystems aufgeben würde, und besiegelte diese Entscheidung mit einem öffentlichen Handschlag mit seinem alten Chef Steve Ballmer, dem CEO von Microsoft. Ein leitender Manager von Google kommentierte die Allianz zwischen Nokia und Microsoft wie folgt: „Zwei Truthähne ergeben noch keinen Adler."

Die ersten Telefone von Nokia mit dem neuen Betriebssystem waren nicht sofort erfolgreich und die Verluste von Nokia wuchsen. Im Frühjahr 2012 beschrieb Stephen Elop Nokia unter Verweis auf den berühmten finnischen Langstreckenläufer Lasse Virén, der 1972 in einem Rennen gestürzt war, aber trotzdem gewann, die Situation wie folgt: „Wie Virén sind wir wieder aufgestanden, sind zurück auf der Strecke und laufen wieder." Aber der Aktienkurs von Nokia betrug immer noch nur ein Fünftel des ursprünglichen Preises zum Zeitpunkt der Bekanntgabe der Allianz. Es wurde vielfach spekuliert, dass Nokia als unabhängiges Unternehmen überhaupt nicht überleben würde. Tatsächlich gab Nokia im Sommer 2013 bekannt, dass das Mobiltelefongeschäft an Microsoft verkauft werden und auch Stephen Elop zu seinem früheren Arbeitgeber zurückkehren würde. Er war mittlerweile zum führenden Kandidaten für die Nachfolge von Steve Ballmer als CEO von Microsoft insgesamt geworden.

Hauptquellen: J. Aspara, J. A. Lamberg, A. Laukia und H. Tikkanen, „Strategic management of business model transformation: lessons from Nokia", Management Decision, Band 49, Nr. 4 (2011), S. 622–647; Financial Times, 9. Februar 2011, 11. April 2011 und 3. Mai 2012.

Fragen

1 Wie können Sie die Gestaltungsperspektive, die Erfahrungsperspektive und die Vielfaltsperspektive verwenden, um die Entwicklung des Mobiltelefongeschäfts von Nokia zu begründen?

2 Wie können Sie die Gestaltungsperspektive und die Erfahrungsperspektive verwenden, um Stephen Elops Einführung des Microsoft-Betriebssystems zu erklären?

3 Kommentieren Sie die Veränderung in Stephen Elops Ausdrucksweise aus der Diskursperspektive.

TEIL II

Strategische Wahlmöglichkeiten

Dieser Teil erklärt strategische Wahlmöglichkeiten in Bezug darauf:

- in welcher Beziehung Organisationen im Hinblick auf ihre Wettbewerbsstrategie zu ihren Konkurrenten stehen.

- wie breit und diversifiziert Organisationen im Hinblick auf ihre Unternehmensportfolios aufgestellt sein sollten.

- wie weit die internationale Expansion eines Unternehmens gehen sollte.

- wie Organisationen entstehen und innovativ tätig sind.

- wie Organisationen ihre Strategie durch organische Entwicklung, Übernahmen oder strategische Allianzen verfolgen.

Einführung in Teil II

Dieser Teil des Buchs befasst sich mit den strategischen Wahlmöglichkeiten oder Optionen, die einer Organisation potenziell zur Verfügung stehen, um auf die Themen rund um die Positionierung, die in *Teil I* erläutert wurde, zu reagieren. Es gibt drei übergeordnete Wahlmöglichkeiten, wie *Abbildung II.1* zeigt. Diese sind:

- *Wahlmöglichkeiten, wie ein Unternehmen seine Geschäftsbereiche in Bezug auf seine Konkurrenten positioniert.* Dabei geht es darum zu entscheiden, wie man auf dem Markt seinen Wettbewerb gestalten soll. Sollte sich ein Unternehmen beispielsweise eher auf die Kosten oder auf eine Differenzierung als Wettbewerbsvorteil konzentrieren? Oder liegt der Schlüssel für einen Vorteil vielleicht darin, flexibler und reaktionsschneller zu sein als die Konkurrenz? Es könnte aber auch sein, dass ein kooperativer Ansatz mit den Konkurrenten besser geeignet ist. Solche Fragen sowie auch Überlegungen zu Unternehmensmodellen werden in *Kapitel 7* näher betrachtet.

- Wahlmöglichkeiten bezüglich der *strategischen Ausrichtung*: Auf welche Produkte, Branchen und Märkte sollte sich ein Unternehmen konzentrieren. Ist es ratsam, sich auf einige wenige Produkte und/oder Märkte zu beschränken? Oder sollte die Ausrichtung breiter angelegt sein mit einem hohen Maß an Diversifizierung? Sollte man lieber neue Produkte entwickeln oder sich auf neue Märkte vorwagen? Diese Fragen beziehen sich auf die übergeordnete Unternehmensstrategie, die in *Kapitel 8* behandelt wird. *Kapitel 9* befasst sich mit internationaler Strategie, Innovation und Unternehmertum sind das Thema von *Kapitel 10*.

- Wahlmöglichkeiten bezüglich der *Methoden, die zur Verfolgung einer Strategie* angewandt werden. Sollten diese Strategien, gleichgültig wie sie aussehen, durch organisches Wachstum oder eher durch Firmenübernahmen oder durch strategische Allianzen mit anderen Unternehmen umgesetzt werden? Diese und andere Fragen werden in *Kapitel 11* beantwortet.

Die Themenstellungen dieser Kapitel bieten ein Rahmenwerk, das eine große Bandbreite an strategischen Wahlmöglichkeiten umfasst. Allerdings ist an dieser Stelle auch eine kleine Warnung angebracht:

Strategische Wahlmöglichkeiten stehen auch in Bezug zur Analyse der strategischen Position. Teil I dieses Buchs stellte Möglichkeiten vor, wie Strategen das Umfeld ihrer Organisation verstehen (*Kapitel 2*), wie sie die in ihrer Branche wirkenden Kräfte identifizieren und verstehen (*Kapitel 3*), wie sie Ressourcen und Fähigkeiten ausbauen (*Kapitel 4*), wie sie den Erwartungen ihrer Interessengruppen gerecht werden (*Kapitel 5*) und wie sie den historischen Kontext ihrer Organisation mit allen seinen Chancen und Gefahren berücksichtigen können (*Kapitel 6*). Untersucht man alle diese Themen, so schafft man sich dadurch eine Grundlage für die Beschäftigung mit den strategischen Wahlmöglichkeiten. Das Exploring Strategy Framework (*Abbildung 1.3*) zeigt allerdings deutlich, dass sich die Themenbereiche Position, Wahlmöglichkeiten und Handeln überschneiden. Beschäftigt man sich also mit den in *Teil II* vorgestellten Wahlmöglichkeiten, so wird man immer wieder auch die vorangegangenen Analysen zum Thema strategische Position berücksichtigen müssen. Und in ähnlicher Weise kann das Potenzial mancher Wahlmöglichkeiten erst im Handeln (*Teil III*) voll erschlossen werden.

Zentrale strategische Themen. Natürlich hat eine Organisation auch Wahlmöglichkeiten, die sich auf ihre strategische Position beziehen. Dabei ist es jedoch wichtig, dass die Analyse der strategischen Position vor allem die zentralen strategischen Themen in den Vordergrund stellt und sie von den vielen anderen Themen und Fragen unterscheidet, die im Zusammenhang mit der strategischen Positionierung sonst noch auftauchen. Eine Analyse sollte keine langen Listen einzelner Beobachtungen ergeben, ohne festzulegen, welches die wirklich zentralen Fragestellungen sind. Dafür gibt es allerdings kein einfaches „strategisches Werkzeug". Vielmehr bedarf es zur Identifizierung der zentralen strategischen Themen viel Erfahrung, fundierte, abwägende Beurteilungen und vor allem Diskussionen, da Manager meist in Gruppen arbeiten. Die hier vorgestellten analytischen Instrumente können zwar hilfreich sein, sind aber kein Ersatz für das eigene Urteilsvermögen.

Abbildung II.1: Strategische Wahlmöglichkeiten

Geschäftsstrategien und -modelle

7

ÜBERBLICK

Lernziele

Nach der Lektüre dieses Kapitels sollten Sie in der Lage sein,

- Geschäftsstrategien in Bezug auf generische Strategien der Kostenführerschaft, der Differenzierung, des Fokus und die Hybridstrategie einzuordnen.

- Strategien zu identifizieren, die für die Bedingungen eines Hyperwettbewerbs geeignet sind.

- die Vorteile einer Zusammenarbeit im Bereich der Geschäftsstrategie zu bewerten.

- Prinzipien der Spieltheorie auf die Geschäftsstrategie anzuwenden.

- Komponenten eines Geschäftsmodells zu identifizieren und anzuwenden: Wertgenerierung, Konfiguration und Abschöpfung.

7.1   Einführung

In diesem Kapitel geht es um zwei grundlegende strategische Wahlmöglichkeiten: Welche Geschäftsstrategie und welches Geschäftsmodell sollte ein Unternehmen, eine Geschäftseinheit oder jede andere Organisation auf ihrem Markt wählen? Die Frage nach der Geschäftsstrategie ist eine ganz grundlegende – sowohl für kleine, unabhängige Unternehmen als auch für einzelne Geschäftsbereiche, die gemeinsam einen großen Konzern bilden. Bei dieser Strategie geht es vor allem um den Wettbewerb innerhalb des Markts: Ein Restaurant beispielsweise muss entscheiden, wie Speisekarte, Innenausstattung und Preise gestaltet werden sollen im Hinblick auf die Konkurrenten am lokalen Markt. Und auch ein großer, diversifizierter Konzern setzt sich in der Regel aus vielen dezentralisierten „strategischen Geschäftsbereichen" zusammen, die auf unterschiedliche Produkte oder Märkte spezialisiert sind.

Strategischer Geschäftsbereich (SGB)

Ein strategischer Geschäftsbereich (SGB) liefert Güter oder Dienstleistungen für ein bestimmtes Tätigkeitsfeld.

Ein **strategischer Geschäftsbereich (SGB)** liefert Güter oder Dienstleistungen für ein bestimmtes Tätigkeitsfeld (manchmal werden die SGBs als „Divisionen" oder „Profit Center" bezeichnet). So muss etwa der für Speiseeis zuständige SGB bei Nestlé entscheiden, wie er am besten gegen kleinere und lokale Betriebe konkurrieren kann, die ihr Eis selbst herstellen und sich immer neue, ausgefallene Geschmacksrichtungen einfallen lassen. Kundenorientierung, Vertriebskanäle und Preisstrategien spielen hier eine zentrale Rolle. Bei diesen strategischen Entscheidungen geht es also keineswegs darum, ob Nestlé einen Geschäftsbereich Speiseeis betreiben sollte oder nicht. Das ist eine Frage der Unternehmensstrategie als Ganzes, die in *Kapitel 8* erläutert wird.

Eine weitere wichtige Wahlmöglichkeit bezieht sich darauf, den Zusammenhang zu erkennen zwischen der Wertschöpfung für den Kunden und für andere Akteure, den Aktivitäten einer Organisation, die diesen Wert schaffen und der Art und Weise, wie die Organisation und andere Interessengruppen daraus wiederum Wert für sich gewinnen können – ein *Geschäftsmodell*. Amazon beispielsweise war ein Vorreiter des Geschäftsmodells Internethandel, das dem traditionellen Einzelhandel Konkurrenz macht. Dazu mussten die Kundenangebote verändert, Aktivitäten und Einnahmestrukturen neu definiert und Kosten im Vergleich zum Einzelhandel neu berechnet werden. Im Laufe der Zeit etablierten sich aber einige Geschäftsmodelle und viele andere Einzelhändler stiegen in den Online-Verkauf ein. Das zeigt, dass Organisationen überlegen müssen, auf welches Geschäftsmodell sie setzen wollen – ein neues oder ein bereits etabliertes.

Geschäftsstrategien und Geschäftsmodelle sind aber nicht nur auf dem privaten Sektor relevant. Gemeinnützige und öffentliche Organisationen stehen auch miteinander in Konkurrenz – etwa bei Geldmitteln von Spendern – und haben Geschäftsmodelle. Schulen etwa konkurrieren miteinander in Bezug auf gute Prüfungsergebnisse, für Krankenhäuser geht es dagegen um Wartezeiten, Überlebenszahlen nach Behandlungen etc. Also müssen Organisationen in diesem Sektor ebenfalls bedenken, welchen Wert sie für wen neu kreieren und wie ihre Aktivitäten innerhalb des gewählten Geschäftsmodells genau dazu beitragen. Obwohl einige Details im öffentlichen und privaten Sektor sich durchaus unterscheiden können, sind doch die grundlegenden Prinzipien der Geschäftsstrategie und des Geschäftsmodells für beide gleichermaßen relevant. Denn nur sehr wenige Organisationen können es sich leisten, wesentlich schlechtere Leistungen zu bringen als andere vergleichbare Organisationen. Die meisten müssen angesichts wichtiger Wettbewerbsvariablen wie Kosten, Preis und Qualität Entscheidungen treffen.

▶ *Abbildung 7.1* zeigt die drei Hauptthemen im Zusammenhang mit Geschäftsstrategien, die die Struktur für das rechtliche Kapitel vorgeben:

■ *Generische Wettbewerbsstrategien*, wie etwa Kostenführerschaft, Differenzierung, Fokus- und Hybridstrategien.

■ *Interaktive Strategien*, die auf der Idee generischer Strategien aufbauen und Interaktionen mit Konkurrenten beinhalten, besonders im *hyperkompetitiven Umfeld*. Sowohl *kooperative Strategien* als auch die *Spieltheorie* werden hier abgedeckt.

■ *Geschäftsmodelle* und deren drei Hauptkomponenten *Wertschöpfung, Wertkonfiguration und Wertabschöpfung*.

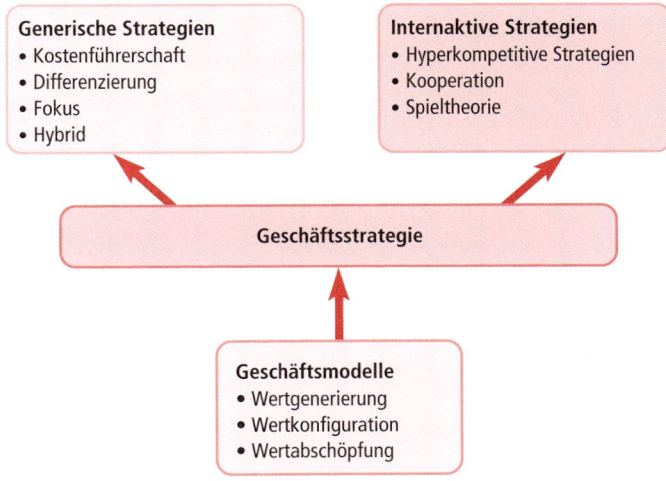

Abbildung 7.1: Geschäftsstrategie

7.2 Generische Wettbewerbsstrategien

**Wettbewerbs-
strategien**

Die Wettbewerbsstrate-
gie befasst sich mit der
Art und Weise, in der eine
Geschäftseinheit Wettbe-
werbsvorteile in ihrem
Markt realisieren kann.

Wettbewerbsvorteil

Wie ein strategischer
Geschäftsbereich für
seine Nutzer einen Wert
schöpft, der höher als die
Lieferkosten sowie die
Kosten konkurrierender
strategischer Geschäftsbereiche ist.

Thema dieses Abschnitts sind **Wettbewerbsstrategien**, wobei die Kooperation insbesondere in *Abschnitt Geschäftsmodelle* behandelt werden soll. Eine Wettbewerbsstrategie befasst sich mit der Art und Weise, in der eine Geschäftseinheit Wettbewerbsvorteile in ihrem Markt realisieren kann. Daher umfasst die Wettbewerbsstrategie
Themen wie Kosten, Produkteigenschaften und Markenbildung. Beim **Wettbewerbsvorteil** wiederum geht es darum, wie eine strategische Geschäftseinheit für ihre
Kunden Nutzen schafft, der einerseits größer als die Kosten der Herstellung ist und
andererseits auch den Nutzen von Wettbewerbern übersteigt. Wettbewerbsvorteilen
sollten Wettbewerbsstrategien zugrunde liegen. Dabei haben Wettbewerbsvorteile
zwei wichtige Eigenschaften: Um überhaupt *wettbewerbsfähig* zu sein, muss die
Geschäftseinheit sicherstellen, dass die Kunden einen ausreichenden Nutzen bzw.
Wert wahrnehmen, damit sie bereit sind, mehr als die Kosten der Bereitstellung zu
bezahlen. Um einen *Vorteil* zu haben, muss die Geschäftseinheit in der Lage sein,
einen größeren Nutzen anzubieten als die Wettbewerber. Fehlt ein Wettbewerbsvorteil, ist die Wettbewerbsstrategie der Geschäftseinheit immer anfällig gegenüber Wettbewerbern mit besseren Produkten oder niedrigeren Preisen.

Michael Porter[1] argumentiert, dass es zwei grundlegende Wege gibt, um einen Wettbewerbsvorteil zu erzielen. Ein Geschäftsbereich kann strukturell niedrigere Kosten
als seine Wettbewerber haben. Oder er kann über Produkte oder Dienstleistungen verfügen, die sich von den Produkten der Wettbewerber so unterscheiden, dass die Kunden ihnen einen solchen Nutzen bzw. Wert beimessen, sodass der Geschäftsbereich
höhere Preise verlangen kann. Im Rahmen der Festlegung von Wettbewerbsstrategien
fügt Porter eine weitere Dimension hinzu, die sich auf die Kundengruppe bezieht, die
das Unternehmen ansprechen möchte. Unternehmen können entscheiden, sich auf
enge Kundensegmente, wie beispielsweise eine bestimmte demografische Gruppe
wie den Jugendmarkt, zu konzentrieren. Alternativ dazu können sie sich für eine
breite Kundengruppe entscheiden und Kunden über eine ganze Reihe von Eigenschaften wie Alter, Vermögen oder geografische Lage ansprechen.

Durch Porters Unterscheidungen zwischen Kosten, Differenzierung und Umfang des
Kundensegments werden eine Reihe „generischer" Strategien (mit anderen Worten
grundlegende Strategietypen, die in vielen Arten von Geschäftssituationen gelten)
definiert. Diese drei generischen Strategien werden in ▶ *Abbildung 7.2* illustriert. In
der oberen linken Ecke wird eine Strategie der Kostenführerschaft, z.B. durch Einzelhändler wie Primark auf dem britischen Markt für Damenbekleidung, dargestellt. Primark will große Skaleneffekte und eine hohe Kostendisziplin nutzen, um eine große
Bandbreite an Kundinnen mit hinreichend modischer Bekleidung zu einem günsti-
gen Preis anzusprechen. Die Läden von Monsoon verfolgen eine Strategie der *Differenzierung*, bei der Frauen aus einer Vielzahl von Altersgruppen zu erheblich höheren Preisen Kleidung mit einem künstlerischen Stil („Boho-Schick") angeboten wird.
Die dritte generische Strategie ist die *Konzentration*, die einen engen Wettbewerbsbe-
reich umfasst. Porter unterscheidet zwischen der Kostenkonzentration und der Diffe-
renzierungskonzentration. Aber für ihn ist der begrenzte Umfang ein so charakteristisches Grundprinzip, dass diese beiden einfach Variationen zum gleichen
Grundthema der Begrenztheit sind. So spricht beispielsweise Evans nur Frauen an,

---

1   M. Porter, „Competitive Advantage", *Free Press*, 1985.

die größere Kleidungsgrößen tragen, und erzielt durch eine Strategie der Konzentration auf die Differenzierung einen höheren Preis für seine Produkte (die von Beth Ditto bekannt gemacht wurden). Andererseits sprechen die Bekleidungslinien der großen Supermärkte Einkäufer an, die einfach preiswerte Standardbekleidung für die Familie kaufen wollen. Sie verfolgen damit eine Strategie der *Kostenkonzentration*. Im verbleibenden Teil dieses Abschnitts werden diese drei generischen Strategien detaillierter erörtert.

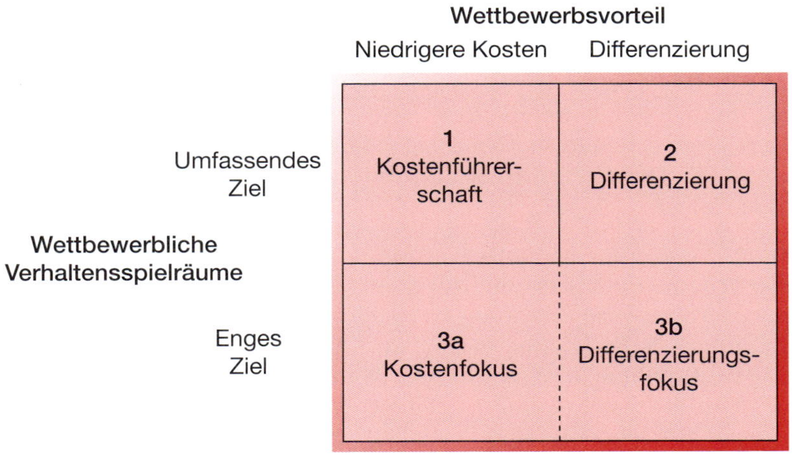

Abbildung 7.2: Drei generische Strategien
Quelle: Anpassung mit Genehmigung von The Free Press, a Division of Simon & Schuster, Inc., aus „Competitive Advantage: Creating and Sustaining Superior Performance" von Michael E. Porter. ā Urheberrecht 1985, 1998 Michael E. Porter. Alle Rechte vorbehalten.

7.2.1 Kostenführerschaft

Eine **Strategie der Kostenführerschaft** bedeutet, dass das Unternehmen die Organisation mit den niedrigsten Kosten in einem Tätigkeitsbereich ist. Für Ryanair etwa steht die Kostenminimierung im Zentrum der Strategie: Es wird nur ein einziger Flugzeugtyp eingesetzt, über 90 Prozent der Flugtickets werden online verkauft und die Personalkosten sind die zweitgeringsten in Europa. Es gibt vier wesentliche *kostentreibende* Faktoren, die wie folgt zur Erzielung der Kostenführerschaft beitragen können:

Kostenführer-strategie

Kostenführerstrategie bezeichnet eine Strategie, bei der das Unternehmen die Organisation mit den niedrigsten Kosten in einem Tätigkeitsbereich ist.

- *Inputkosten* sind oft sehr wichtig, beispielsweise für Arbeit oder Rohstoffe. Viele Unternehmen streben Wettbewerbsvorteile dadurch an, dass sie arbeitsintensive Aktivitäten in Ländern mit geringen Arbeitskosten ansiedeln. Zu den Beispielen dafür gehören Service-Callcenter in Indien oder Fertigungsstandorte in China. Überdies können auch Standorte in der Nähe der Rohstoffquellen vorteilhaft sein, wie beispielsweise im Fall des brasilianischen Stahlproduzenten CSN, der von seiner eigenen lokalen Eisenerzproduktion profitiert.

- *Skaleneffekte* erklären, dass sich durch die Erhöhung der Menge normalerweise die durchschnittlichen Betriebskosten für einen bestimmten Zeitraum, wie beispielsweise einen Monat oder ein Jahr, verringern. Skaleneffekte sind wichtig bei hohen Fixkosten. Dabei sind Fixkosten die Kosten, die für ein Outputniveau notwendig sind: Beispielsweise muss ein Pharmaunternehmen normalerweise umfassende Forschung und Entwicklung durchführen, bevor auch nur eine einzige Tablette produziert wird. Aus der Verteilung dieser Fixkosten über hohe Outputniveaus ergeben sich Skalenvorteile: Die durchschnittlichen Kosten für ein teures F&E-Projekt halbieren sich, wenn der Output sich von einer auf zwei Millionen Einheiten verdoppelt. Überdies werden die Inputkosten auch durch Skaleneffekte im Einkauf reduziert. So sind beispielsweise die großen Fluggesellschaften in der Lage, erhebliche Rabatte bei den Flugzeugherstellern auszuhandeln. Für den Kostenführer ist es wichtig, das der *minimalen, effizienten Größenordnung* entsprechende Outputniveau zu erreichen. Hierbei ist zu beachten, dass auch *negative Skaleneffekte* möglich sind. Hohe Outputvolumen, die Überstundenzuschläge für die Arbeiter erfordern oder eine Vernachlässigung der Ausrüstungswartung involvieren, können schnell sehr teuer werden. Daher verläuft die Kurve der Skaleneffekte, wie in ▶ *Abbildung 7.3* dargestellt, typischerweise etwas u-förmig, wobei die Durchschnittskosten pro Einheit tatsächlich über einen bestimmten Punkt steigen.

■ *Erfahrung*[2] kann eine wesentliche Quelle der Kosteneffizienz sein. Die *Erfahrungskurve* impliziert, dass die mit jeder Outputeinheit von einer Organisation gewonnene kumulierte Erfahrung zu Reduzierungen der Stückkosten führt (siehe ▶ *Abbildung 7.3*). So können beispielsweise bei vielen elektronischen Bauteilen bei jeder Verdopplung der kumulierten Volumina die Stückkosten um bis zu 95 % sinken. Überdies besteht keine zeitliche Grenze: Es gilt einfach, dass eine Organisation umso effizienter in einer Tätigkeit wird, je mehr Erfahrung sie bei dieser sammelt. Diese Effizienzen lassen sich im Wesentlichen in zwei Gruppen einteilen: Erstens ergeben sich Steigerungen der Arbeitsproduktivität, wenn das Personal einfach lernt, im Laufe der Zeit mit weniger Kosten zu arbeiten (dies bildet den spezifischen *Lernkurveneffekt*). Zweitens werden Kosten durch effizientere Abläufe oder Geräte eingespart, wenn die Erfahrung zeigt, was am besten funktioniert. Die Erfahrungskurve hat drei wichtige Auswirkungen auf die Geschäftsstrategie. Erstens ist die Zeitplanung des Eintritts in einen Markt wichtig: Unternehmen, die frühzeitig in einen Markt eintreten, verfügen über Erfahrungen, die später eintretende Unternehmen noch nicht haben, und erzielen damit einen Vorteil. Zweitens ist es wichtig, einen Marktanteil zu gewinnen und zu halten, da Unternehmen mit einem höheren Marktanteil einfach aufgrund ihrer größeren Volumina über größere „kumulierte Erfahrungen" verfügen. Letztlich gilt, obwohl die Erfahrungsgewinne typischerweise am Anfang wie in der steilen Anfangskurve in ▶ *Abbildung 7.3* dargestellt am höchsten sind, dass sich die Verbesserungen normalerweise im Lauf der Zeit fortsetzen. Theoretisch sind die Möglichkeiten zur Kostenreduzierung unbegrenzt. In ▶ *Abbildung 7.3* werden die Erfahrungskurve und die Skaleneffekte verglichen, um den diesbezüglichen Unterschied zu unterstreichen. Anders als im Fall der Kurve der Skaleneffekte, bei der über einen bestimmten Punkt hinaus negative Skaleneffekte entstehen, impliziert die Erfahrungskurve im schlimmsten Fall ein Abflachen der Rate der Kostensenkung. Kosteneinsparungen aufgrund der akkumulierten Erfahrungen sind kontinuierlich möglich.

---

2   P. Conley, „Experience Curves as a Planning Tool", als Broschüre von der Boston Consulting Group erhältlich. Siehe auch A. C. Hax und N. S. Majluf, in R. G. Dyson (Hrsg.), „Strategic Planning Models: Models and Analytical Techniques", *Wiley*, 1990.

- Auch die *Produkt-/Prozessgestaltung* beeinflusst die Kosten. Effizienz kann von Anfang an eingebaut werden. Beispielsweise können sich die Ingenieure entscheiden, ein Produkt aus billigen Standardbauteilen oder aus teuren Spezialbauteilen herzustellen. Genauso können Organisationen sich entscheiden, mit Kunden ausschließlich über billige, webbasierte Methoden und nicht per Telefon oder in Ladenlokalen zu kommunizieren. Überdies können Organisationen ihre Angebote auch so gestalten, dass sie die wichtigsten Kundenbedürfnisse erfüllen und Kosten einsparen, indem sie andere ignorieren. Bei der Gestaltung eines Produkts oder einer Dienstleistung ist es wichtig, die Kosten des gesamten *Produktzyklus* (mit anderen Worten sämtliche Kosten für den Kunden, nicht nur für den Kauf, sondern auch die nachfolgende Nutzung und Wartung) zu erkennen. Auf dem Markt für Fotokopierer hat Canon beispielsweise durch die Entwicklung eines Kopierers, der erheblich weniger Wartung benötigte, den Vorteil von Xerox, der auf Service und einem Support-Netzwerk beruhte, ausgeglichen.

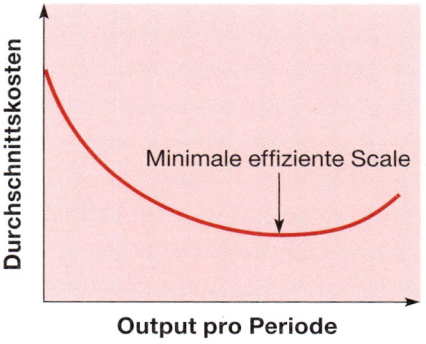 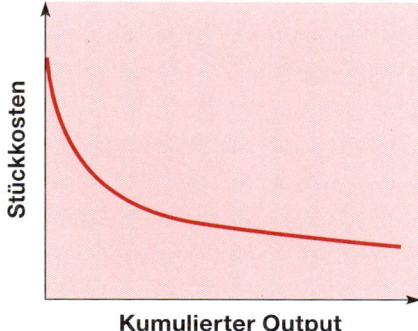

Abbildung 7.3: Skaleneffekte und die Erfahrungskurve

Porter unterstreicht zwei hohe Anforderungen an kostenbasierte Strategien. Als Erstes besagt das Prinzip des Wettbewerbsvorteils, dass die Kostenstruktur eines Unternehmens auf den *niedrigsten Kosten* beruhen muss (d.h. niedriger als die Kosten aller Wettbewerber). Bereits die zweitniedrigste Kostenstruktur impliziert einen Wettbewerbsnachteil gegenüber jemandem. Für Wettbewerber mit höheren Kosten als der Kostenführer besteht immer sowie insbesondere bei einem Marktabschwung das Risiko, im Preis unterboten zu werden. Für Unternehmen, die auf der Basis von Kosten konkurrieren, ist es immer sicherer, im Hinblick auf die Kosten nicht der Zweite oder Dritte zu sein.

Porters zweite Anforderung besteht darin, dass niedrigere Kosten nicht unter vollständiger Vernachlässigung der Qualität verfolgt werden sollten. Um seine Produkte oder Dienstleistungen zu verkaufen, muss der Kostenführer in der Lage sein, die Marktstandards zu erfüllen. So müssen beispielsweise chinesische Produzenten von Billigautos, die auf westliche Märkte exportieren wollen, nicht nur billige Fahrzeuge anbieten, sondern auch Fahrzeuge, die die ausreichenden Normen im Hinblick auf Stil, Wartungsnetz, Zuverlässigkeit, Wiederverkaufswert und andere wichtige Eigenschaften erfüllen. Für Kostenführer bestehen hier zwei Optionen:

- *Parität* (mit anderen Worten: Gleichstand) mit Wettbewerbern im Hinblick auf Produkt- oder Dienstleistungseigenschaften, denen die Kunden einen hohen Wert beimessen. Parität ermöglicht es dem Kostenführer, die gleichen Preise wie der durchschnittliche Wettbewerber auf dem Markt zu verlangen und den Kostenvorteil vollständig in zusätzliche Gewinne umzuwandeln (wie in der zweiten Spalte in ▶ *Abbildung 7.4*. So kann der brasilianische Stahlproduzent CSN mit seinen billigen Eisenerzquellen den durchschnittlichen Preis für seinen Stahl verlangen und die Kostendifferenz als höheren Gewinn verbuchen.

- *Nähe* zu den Wettbewerbern im Hinblick auf Eigenschaften. Wenn ein Wettbewerber im Hinblick auf Produkt- oder Dienstleistungseigenschaften den anderen Wettbewerbern hinreichend nah ist, sind für die Kunden unter Umständen nur geringe Preisreduzierungen notwendig, um sie für die geringfügig niedrigere Qualität zu entschädigen. Wie in der dritten Spalte in ▶ *Abbildung 7.4* dargestellt, erzielt der annähernde Kostenführer immer noch bessere Gewinne als der durchschnittliche Wettbewerber, weil der niedrigere Preis nur einen Teil des Kostenvorteils aufbraucht. Diese Strategie der annähernden Kostenführerschaft kann die Option bilden, die beispielsweise von chinesischen Autoherstellern auf Exportmärkten gewählt wird.

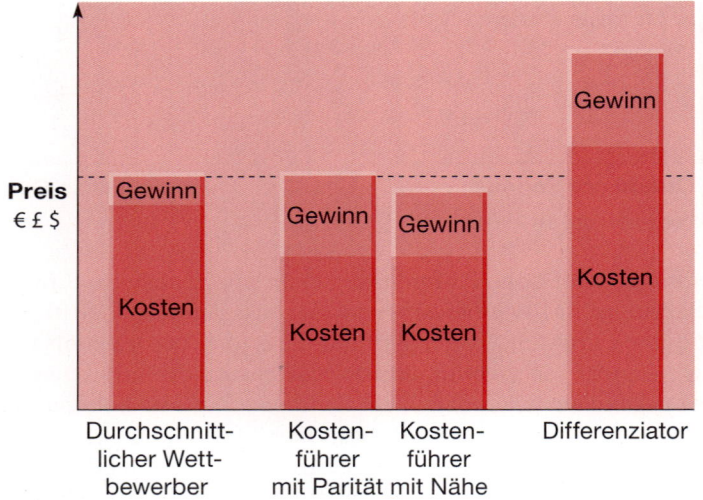

Abbildung 7.4: Kosten, Preise und Gewinne bei generischen Strategien

7.2.2 Differenzierungsstrategien

Differenzierung

Differenzierung umfasst in einigen Bereichen einen einzigartigen Charakter, dem die Kunden einen so hohen Wert beimessen, dass dies einen Preisaufschlag gestattet.

Für Porter bildet die Differenzierung die Hauptalternative zur Kostenführerschaft.[3] **Differenzierung** beinhaltet die Einzigartigkeit im Hinblick auf eine Dimension, der die Kunden einen Wert beimessen, der einen Preisaufschlag rechtfertigt. Die relevanten Differenzierungspunkte unterscheiden sich von Markt zu Markt. Auch innerhalb jedes einzelnen Markts können die Unternehmen im Hinblick auf verschiedene

---

3 B. Sharp und J. Dawes, „What is differentiation and how does it work?", Journal of Marketing Management, Band 17, Nr. 7/8 (2001), S. 739–759, untersucht die Beziehung zwischen Differenzierung und Rentabilität.

Dimensionen differenzieren. So können beispielsweise die Wettbewerber im Beklei-
dungshandel im Hinblick auf Größe des Geschäfts, Standorte oder Mode differenzieren. Bei Autos können die Wettbewerber wiederum nach Sicherheit, Stil oder Treib-
stoffeffizienz differenzieren. Sofern es viele unterschiedliche Aspekte gibt, denen die
Kunden einen Nutzen beimessen, können auf einem Markt viele verschiedene Arten
von Differenzierungsstrategien umgesetzt werden. So differenzieren beispielsweise
im oberen Segment des Fahrzeugmarkts BMW und Mercedes auf unterschiedliche
Art und Weise: BMW hat typischerweise ein sportlicheres Image, während Mercedes
eher mit konservativen Werten assoziiert wird. Kurz gesagt, gibt es eine Vielzahl an
Aspekten, die bei der Wahl einer Differenzierungsstrategie berücksichtigt werden
müssen. Drei davon sind im Folgenden genauer erklärt:

Eigenschaften von Produkten und Dienstleistungen. Bestimmte Eigenschaften von Produkten können für den Kunden besser und wertvoller sein als die vergleichbaren Konkurrenzprodukte. So bietet etwa der Dyson Staubsauger mit seiner einzigartigen Technologie
dem Kunden eine bessere Saugleistung als alle Konkurrenzprodukte. Die Möglichkeiten
für Produktdifferenzierungen sind geradezu endlos und hängen von der Kreativität einer
Organisation ab. Unterschiede können sich z.B. auf Farbe, Design, Geschwindigkeit, Stil,
Geschmack etc. eines Produkts beziehen. Andere Staubsaugerhersteller könnten etwa auf
Basis von Bedienerfreundlichkeit oder Design differenzieren und sich nicht auf die
Saugleistung konzentrieren. Auch Produktinnovation kann eine Grundlage für Differenzierung sein. Apple ist in der Lage, für immer neue Produkte von seinen Kunden erheb-
lich höhere Preise zu verlangen als die Konkurrenz, indem es auf hochwertiges Design
und neueste Technologien setzt. Beispiele sind der iPod, das iPhone und das iPad.

Will man eine Basis für eine Differenzierungsstrategie schaffen, ist es von entscheidender Bedeutung, festzulegen, auf welchen Kundentyp das eigene Produkt zugeschnitten sein soll. Wie in *Abschnitt 3.4.2* beschrieben, ist dies nicht immer leicht
und eindeutig. Für eine Tageszeitung beispielsweise können die Kunden sowohl die
Leser sein (die die Zeitung kaufen und dafür bezahlen) als auch Werbekunden (die
für Werbeanzeigen bezahlen) oder aber beide. Es kann eine durchaus wertvolle
Grundlage für eine erfolgreiche Differenzierung sein, wenn man eine klare Kunden-
priorität festlegen kann. Auch ist es wichtig, die Angebote der Konkurrenz zu berücksichtigen, bevor man eine eigene Differenzierungsstrategie entwirft, und eine strategische Leinwand kann dabei helfen (siehe *Abschnitt 3.4.3*)

Kundenbeziehungen. Neben den sehr greifbaren Unterschieden von Produkt- und
Dienstleistungsmerkmalen, kann zur Differenzierung auch die Beziehung zwischen der
Organisation und dem Kunden genutzt werden. Dabei kommt es häufig darauf an, wie
ein Produkt vom Kunden wahrgenommen wird. Durch gute *Kundenbetreuung* und
schnelle Reaktion auf Kundenwünsche kann dieser wahrgenommene Wert gesteigert
werden. Vertrieb, Bezahlung und Kundendienst spielen hier eine große Rolle. Zalando
etwa, Europas führender Onlinehändler für Mode und Schuhe, bietet nicht nur kostenlose Lieferung, sondern auch kostenlosen Umtausch und Ratenzahlung an. Auch die
genaue *Anpassung* eines Produkts an die Wünsche des Kunden kann Grundlage für
eine Differenzierungsstrategie sein. Beispiele sind etwa Sportschuhe oder Autos, aber
auch Produkte für Firmenkunden wie etwa spezielle Softwarepakete. Die deutsche
Firma SAP verkauft nicht nur standardisierte Softwarelösungen, sondern bietet auch
speziell auf den Kunden zugeschnittene Programme an. Und schließlich können auch
Marketing und Reputation Grundlagen für eine Differenzierungsstrategie sein, wobei

auch emotionale und psychologische Aspekte mit eingeschlossen sind. So kann Starbucks nicht nur höhere Preise für seine Produkte verlangen, weil die angebotenen Getränke hochwertig sind, sondern auch weil Ambiente und Image des Unternehmens dies untermauern. Überhaupt ist das Markenimage besonders für Produkte wichtig, die ansonsten schwer zu differenzieren sind. Für Coca Cola etwa ist Markenname und Image entscheidend zur Abgrenzung von der Konkurrenz.

Komplementärprodukte. Auch die Verbindung zu anderen Produkten kann bei der Differenzierung helfen. So kann der wahrgenommene Wert mancher Produkte erheblich gesteigert werden, wenn sie mit anderen Produkten oder Dienstleistungen kombiniert werden (siehe *Abschnitt 3.2.6*). So hat Apple den komplementären Dienst iTunes als kostenloses Angebot für seine Kunden geschaffen und grenzt sich und seine Produkte damit so erfolgreich ab, dass es sogar einen erhöhten Produktpreis verlangen kann. Eine Möglichkeit zur Differenzierung ist also die Schaffung eines Mehrwerts für den Kunden durch die Kombination zweier Produkte oder die Bündelung von mehreren Produkten und/oder Dienstleistungen.

Für eine erfolgreiche Differenzierungsstrategie gibt es eine wichtige Bedingung. Die Differenzierung gestattet höhere Preise – allerdings hat auch das normalerweise einen Preis. Um einen Punkt der wertvollen Differenzierung zu erreichen, sind normalerweise zusätzliche Investitionen nötig, z.B. in Forschung und Entwicklung, Markenbildung oder die Qualität des Personals. Das differenzierende Unternehmen muss daher davon ausgehen, dass seine Kosten höher sein werden als die seiner durchschnittlichen Wettbewerber. Aber das differenzierende Unternehmen muss, wie in der vierten Spalte von ▶ *Abbildung 7.47* dargestellt, sicherstellen, dass die zusätzlichen Kosten der Differenzierung das Umsatzplus nicht übersteigen. Zusätzliche Kosten können sich leicht anhäufen, ohne dass die Kunden dem einen ausreichenden Wert beimessen. Die historischen Niederlagen der im britischen Eigentum stehenden Luxusautomobilunternehmen Rolls-Royce und Bentley gegen die Oberklassefahrzeuge von Mercedes waren zumindest teilweise auf die aufwendige Handfertigung von Holz- und Lederinnenausstattungen zurückzuführen, deren vollständige Kosten selbst wohlhabende Kunden nicht zu zahlen bereit waren. Genau wie Kostenführer die Qualität nicht vernachlässigen sollten, sollten auch differenzierende Unternehmen genau auf die Kosten achten, insbesondere in Bereichen, die für ihre Quellen der Differenzierung irrelevant sind. So scheint wie in *Beispiel 7.1* dargestellt die Differenzierungsstrategie von Volvo auf dem indischen Busmarkt auch die Berücksichtigung der Kosten umfasst zu haben.

Beispiel 7.1　　　**Volvos neue Busse für Indien**

Volvos Strategie ist es, Busse für nahezu das Vierfache des gängigen Marktpreises zu verkaufen.

Der Markt für Busse in Indien wurde lange Zeit von zwei einheimischen Unternehmen dominiert, beides Tochtergesellschaften großer indischer Mischkonzerne: Tata Motors und Ashok Leyland. Beide Firmen stellten seit Jahrzehnten die gleichen einfachen Fahrzeuge her. Grundlage war ein LKW-Fahrgestell mit einem einfachen Bus-Oberbau. Die verwendeten Motoren leisteten magere 110–120 PS und röhrten laut, wenn sie ihre schwere Fracht die steilen indischen Berge hinauf hievten. Der Motor saß vorne unter der Haube und die Hitze, die er während der Fahrt entwickelte, strömte ungehindert durch den ganzen Bus. Offene Fenster ersetzten die Klimaanlage, sodass auch Staub und Straßenlärm zu den Fahrgästen drangen. Die Stoßdämpfer waren bestenfalls altmodisch und sorgten für eine unruhige Fahrt auf den löchrigen Straßen des Landes. Gepäck wurde meist einfach auf das Dach des Busses geschnallt, wo es schnell dreckig wurde und leicht gestohlen werden konnte. Aber immerhin waren diese Busse billig – sie kosteten die lokalen Transportgesellschaften gerade einmal 1,2 Mio. Rs (15.000 €).

1997 entschloss sich der schwedische Autohersteller Volvo, mit eigenen Bussen mit einem Verkaufspreis von 4 Mio. Rs – fast viermal so teuer wie die einheimische Konkurrenz – auf den indischen Markt zu gehen. Akash Passey, Volvos erster indischer Angestellter, beauftragte eine Unternehmensberatung damit, die Erfolgsaussichten für diese Geschäftsidee zu prüfen. Die Beratungsfirma riet Volvo, die Finger von diesem Markt zu lassen. Passey zur Financial Times: „Meine Antwort war einfach – ich nahm ihren Bericht und warf ihn in den am nächsten stehenden Papierkorb." Passey brachte die teuren Luxus-Busse 2001 auf den indischen Markt.

Passey nutzte die Jahre vorher zur Entwicklung einer ganz besonderen Strategie. Sein Grundprodukt war erstklassig ausgerüstet. Volvos Standardmotoren hatten 240–250 PS und befanden sich im hinteren Teil des Busses, um so eine schnellere und ruhigere Fahrt zu gewährleisten. Auch eine Klimaanlage gehörte selbstverständlich zur Grundausstattung. Durch die Position des Motors und das verwendete, speziell für Busse gebaute Fahrgestell wurde der Innenraum des Busses geräumiger und man konnte Gepäck ebenfalls im Bus verstauen. Passey war sich aber schnell im Klaren darüber, dass all dies nicht ausreichen würde. Der Financial Times gegenüber sagte er: „Man musste sehr viel tun, um mit dem gewöhnlichen Geschäftsmodell zu brechen."

Volvo bot Wartungs- und Kundendienste nach dem Kauf der Busse an, sodass sich die Lebensdauer der Busse von drei auf zehn Jahre erhöhte. Außerdem waren die Transportgesellschaften so nicht mehr auf die eigenen teuren Werkstätten angewiesen. Die Fahrer erhielten kostenloses Fahrtraining, fuhren dadurch sicherer und achteten auch mehr auf ihre Busse. Volvo warb für die Vorteile seiner Busse direkt beim Kunden, indem es Kinowerbung schaltete, und konzentrierte sich nicht nur auf die Transportgesellschaften. Um den Markt anzukurbeln, stellte Volvo ausgewählten Transportfirmen ca. 20 Fahrzeuge zu einem extrem niedrigen Preis zur Verfügung. Volvo-Mitarbeiter waren in der Anfangszeit bei jeder Fahrt dabei, sodass sie ihre Firma beim kleinsten Problem sofort informieren konnten. Volvo schickte dann umgehend seine Ingenieure. Da die Busse nun schneller und zuverlässiger fuhren und die Fahrt bequemer wurde, konnten die Transportgesellschaften auch höhere Preise verlangen. Eine Fahrt in einem Volvo-Bus kostete bald 35 % mehr.

Geschäftsleute und Angehörige der Mittelklasse waren begeistert von den Volvo-Bussen. Nach einer schnelleren und bequemeren Fahrt kamen sie ausgeruht an ihrem Zielort an und sparten unter Umständen sogar die Kosten für eine Übernachtung. Mittlerweile stellten auch Tata und Ashok Leyland eigene Luxusbusse her, und auch Mercedes und Isuzu folgten Volvo auf den indischen Markt. Und dennoch ist der Satz „Nimm einen Volvo" in Indien mittlerweile zum Synonym für eine Reise im Luxusbus geworden, so wie man hierzulande das Wort „Tempo" für jede Marke Papiertaschentücher verwendet.

2008 eröffnete Volvo ein neues, hochmodernes Produktionswerk für Busse in Bangalore, das nach weiteren Investitionen im Jahr 2012 seine jährliche Kapazität auf 1.500 Busse verdoppelte. Dies ist Volvos produktivstes Werk weltweit – für die Fertigstellung eines Busses werden nur 20 bis 25 Tage benötigt – und schon drei Jahre später konnte man mit dem Export von Bussen nach Europa beginnen. Auch 2016 setzte Volvo seine einzigartige Strategie fort und fertigte und verkaufte als erster Bushersteller Indiens Hybridbusse, die sowohl über einen batteriebetriebenen Elektromotor als auch über einen Dieselmotor verfügten.

Quellen: Adaptiert von J. Leahy, „Volvo takes a lead in India", Financial Times 31. August 2009; M. Lalatendu, Hybrid Volvo bus for Navi Mumbai, The Hindu, 15. Februar 2016.

7.2.3   Fokusstrategien

Fokusstrategie

Fokussierungsstrategie zielt auf ein enges Segment des Tätigkeitsbereichs ab und passt die Produkte oder Dienstleistungen individuell an die Bedürfnisse dieses speziellen Segments an, während andere Aspekte ausgeschlossen werden.

Porter bestimmt den Fokus als dritte generische Strategie, die auf der Reichweite des Wettbewerbs beruht. Eine **Fokusstrategie** zielt auf ein enges Segment oder einen engen Bereich von Aktivitäten ab und stimmt ihre Produkte oder Dienstleistungen auf die Bedürfnisse des speziellen Segments ab, schließt dabei andere aber aus. Fokusstrategien gibt es in zwei Varianten, je nach den zugrunde liegenden Quellen des Wettbewerbsvorteils – Kosten oder Differenzierung. In der Luftfahrtbranche verfolgt Ryanair eine *Kostenfokusstrategie*, bei der preisbewusste Urlauber angesprochen werden, die keine Anschlussflüge benötigen. Auf dem lokalen Markt für Waschmittel verfolgt das belgische Unternehmen Ecover eine *Diffenzierungsfokusstrategie*, mit der es aufgrund seiner ökologischen Reinigungsprodukte gegenüber seinen Wettbewerbern einen Preisaufschlag erzielt.

Das die Fokusstrategie wählende Unternehmen erzielt einen Wettbewerbsvorteil, indem es sich genauer seinen Zielsegmenten widmet, bei denen es besser ist als andere Unternehmen, die versuchen, eine größere Bandbreit von Segmenten abzudecken. Die Bedienung einer großen Bandbreite von Segmenten kann Nachteile im Hinblick auf Koordinierung, Kompromisse oder mangelnde Flexibilität mit sich bringen. Fokusstrategien können Schwachpunkte umfassender Kostenführer und differenzierender Unternehmen aufzeigen:

- Unternehmen mit einem *Kostenfokus* identifizieren Bereiche, in denen umfassendere kostenbasierte Strategien aufgrund der aus dem Versuch der Erfüllung einer großen Vielfalt an Bedürfnissen entstehenden zusätzlichen Kosten fehlschlagen. So hat beispielsweise im britischen Lebensmitteleinzelhandel Iceland Foods eine kostenbasierte Strategie, die sich auf tiefgekühlte und gekühlte Lebensmittel konzentriert, wodurch Kosten gegenüber allgemeinen Lebensmitteldiscountmärkten wie Aldi gesenkt werden, die die gesamte Komplexität aus frischen Lebens- und Nahrungsmitteln sowie ihren jeweils eigenen tiefgekühlten und gekühlten Lebensmittelprodukten aufweisen.

- Unternehmen mit einem *Differenzierungsfokus* suchen nach spezifischen Bedürfnissen, die breiter aufgestellte Differenzierer nicht so gut bedienen. Die Konzentration auf ein spezielles Bedürfnis trägt zum Aufbau spezialisierter Kenntnisse und Technologien bei, erhöht das Engagement für den Service und kann den Wiedererkennungswert der Marke sowie die Kundenbindung verbessern. So dominiert beispielsweise ARM Holdings den Weltmarkt für Mobiltelefonchips, obwohl das Unternehmen nur einen Bruchteil der Größe der führenden Hersteller von Mikroprozessoren AMD und Intel aufweist, die überdies Chips für eine große Bandbreite von Computern herstellen.

Erfolgreiche Fokusstrategien hängen von mindestens drei Schlüsselfaktoren ab:

- *Charakteristische Segmentbedürfnisse.* Fokusstrategien hängen davon ab, dass charakteristische Segmentbedürfnisse bestehen. Wenn der eigene Charakter des Segments unterlaufen wird, wird es schwerer, das Segment gegen breiter aufgestellte Wettbewerber zu verteidigen. Als beispielsweise die Grenzen zwischen von allgemeinen Verbrauchern verwendeten Smartphones und Smartphones für Geschäftsleute begannen zu verschwimmen, wurde es für Apple einfacher, die einst von den BlackBerry-Geschäftstelefonen dominierte, charakteristische Nische anzugreifen.

- *Charakteristische Segmentwertschöpfungsketten.* Die Fokusstrategien werden gestärkt, wenn sie über charakteristische Wertschöpfungsketten verfügen, die für Wettbewerber schwer oder teuer nachzuvollziehen sind. Wenn sich die Produktionsprozesse und Vertriebskanäle stark ähneln, ist es für ein breit aufgestelltes, differenzierendes Unternehmen leicht, ein spezialisiertes Produkt zu geringeren Kosten durch seine eigene standardisierte Wertschöpfungskette zu bringen, als ein Wettbewerber, der Fokusstrategien verfolgt. Im Waschmittelbereich kann Procter & Gamble nicht leicht auf Ecover reagieren, da die Erzielung der gleichen Umweltfreundlichkeit die Umstellung der Einkaufs- und Produktionsprozesse umfassen würde.

■ *Lebensfähige Segmentökonomie.* Segmente können leicht zu klein werden, um wirtschaftlich zu arbeiten, wenn sich die Bedingungen von Angebot und Nachfrage verändern. So sind beispielsweise durch sich verändernde Skaleneffekte und einen größeren Wettbewerb die traditionellen Kaufhäuser mit ihren größeren Produktpaletten von Haushaltswaren bis hin zu Bekleidung aus den Stadtzentren vieler kleinerer Städte verschwunden.

7.2.4 Hybridstrategie

Porter postuliert, dass Manager zu einer klaren Entscheidung zwischen den generischen Strategien der Kostenführerschaft, Differenzierung und der Konzentration kommen sollten. Ihm zufolge wäre es nicht klug, diese Entscheidung zu umgehen. Wie bereits erklärt, kann der Wettbewerber mit den niedrigsten Kosten immer den Wettbewerber mit den zweitniedrigsten Kosten unterbieten. Für ein Unternehmen, das durch niedrige Kosten einen Vorteil erreichen will, macht es daher keinen Sinn, durch halbherzige Differenzierungsversuche zusätzliche Kosten anzuhäufen. Für ein Unternehmen, das die Differenzierung verfolgt, ist es unsinnig, Einsparungen vorzunehmen, die die Grundlage der Differenzierung gefährden. Für ein Unternehmen, das eine Fokusstrategie verfolgt, ist es gefährlich, sich außerhalb des ursprünglichen spezialisierten Elements zu bewegen, weil an eine Gruppe von Kunden angepasste Produkte oder Dienstleistungen wahrscheinlich unangemessene Kosten oder Eigenschaften für die neuen Zielkunden hätten. Dies war beispielsweise das Problem für Blackberry, als das Unternehmen versuchte, seine sicheren Mobiltelefone für Geschäftsleute auf den größeren Verbrauchermarkt zu bringen, auf dem die Verfügbarkeit von Apps wichtiger war als die geschäftliche Notwendigkeit der Verschlüsselung von E-Mails. Porters Argument war, dass Manager am besten auswählen sollten, welche generische Strategie sie verfolgen, um sich dann streng daran zu halten. Ansonsten besteht die Gefahr, *zwischen allen Stühlen* zu sitzen und keine Strategie gut umzusetzen.

Allerdings ist Porters Argument für rein generische Strategien umstritten.[4] So ist beispielsweise die Meinung vertreten worden, dass die Kritik gegen die Kombination generischer Strategien eine in der westlichen Kultur vorherrschende Präferenz für duale Gegensätze widerspiegelt, im Gegensatz zur fernöstlichen Bereitschaft, Ausgleich und Synthese anzustreben. So war es Singapore Airlines möglich, Strategien der Service-Differenzierung und niedrigerer Kosten auf eine Art und Weise zu kombinieren, die westlichen Fluggesellschaften schwerfällt. Und auch Porter selbst bestätigt, dass es Umstände gibt, unter denen die Strategien kombiniert werden können:[5]

■ *Organisationale Trennung:* Ein Unternehmen kann separate strategische Geschäftsbereiche gründen, die jeweils verschiedene generische Strategien verfolgen und verschiedene Kostenstrukturen aufweisen. Die Herausforderung besteht allerdings darin, negative Effekte eines Geschäftsbereichs auf einen anderen zu vermeiden. So

---

4 Siehe beispielsweise D. Miller, „The generic strategy trap", *Journal of Business Strategy*, Band 13, Nr. 1 (1992) S. 37–42 und S. Thornhill und R. White, „Strategy purity; a multi-industry evaluation of pure vs. hybrid business strategies", *Strategic Management Journal*, Band, 28, Nr. 5 (2007), S. 553–561; Heracleous L. und Wirtz K., „Singapore Airlines' balancing act", *Harvard Business Review*, Juli–August (2010), S. 141–151.
5 C. Markides und C. Charitou, „Competing with dual business models: a contingency approach", *Academy of Management Executive*, Band 18, Nr. 3 (2004), S. 22–36.

hat ein Unternehmen, das hauptsächlich differenzierte Strategien verfolgt, wahrscheinlich hohe Kosten für den Firmensitz, die auch Geschäftsbereiche mit niedrigen Kosten tragen müssen. Andererseits kann ein billiger Kostenführer den Markenwert eines anderen Geschäftsbereichs, der die Differenzierung anstrebt, schädigen. Aufgrund dieser Art von Trade-off kann es sehr schwierig sein, innerhalb einer Gruppe verbundener Unternehmen verschiedene generische Strategien zu verfolgen. So hatte die führende europäische Fluggesellschaft Lufthansa trotz des Erfolgs von Singapore Airlines Schwierigkeiten, ihre preiswerten Tochterunternehmen Germanwings und (die mittlerweile verkaufte) BMI mit ihrem traditionell stärker serviceorientierten Kerngeschäft zu verbinden.

- *Technologische oder Managementinnovationen:* Mitunter ermöglichen technische Innovationen radikale Verbesserungen sowohl im Hinblick auf Kosten als auch auf Qualität. Durch den Online-Einzelhandel sinken die Kosten des Verkaufs von Büchern, während gleichzeitig auch die Differenzierung durch eine größere Produktpalette und eine bessere Beratung durch Online-Buchkritiken gesteigert wird. Überdies können auch Managementinnovationen zu simultanen Verbesserungen führen. Die Einführung des Total Quality Managements durch die japanischen Automobilhersteller hat zur Reduzierung von Fehlern an der Produktionslinie geführt, durch die einerseits die Produktionskosten reduziert und andererseits die Fahrzeugzuverlässigkeit, ein Punkt der erfolgreichen Differenzierung, verbessert wurden.

- *Wettbewerbsfehler:* Sofern auch Wettbewerber zwischen den Stühlen sitzen, besteht weniger Wettbewerbsdruck, den Wettbewerbsnachteil zu überwinden. Desgleichen gilt, wenn ein Unternehmen einen bestimmten Markt dominiert, dass der Wettbewerbsdruck hin zur Konsistenz mit einer einzigen Wettbewerbsstrategie niedriger ist.

7.2.5 Die strategische Uhr

Die strategische Uhr bietet einen anderen Ansatz zu den generischen Strategien (siehe ▶ *Abbildung 7.5*), der mehr Raum für hybride Strategien lässt.[6] Die strategische Uhr verfügt über zwei charakteristische Eigenschaften. Als Erstes konzentriert sie sich auf die Preise für die Kunden anstatt auf Kosten für die Organisation: Da Preise stärker sichtbar sind als Kosten, kann die strategische Uhr im Vergleich mit Wettbewerbern leichter verwendet werden. Zweitens gestattet das runde Design der Uhr kontinuierlichere Entscheidungen als der von Michael Porter beschriebene starke Kontrast zwischen Kostenführerschaft und Differenzierung: Es gibt eine vollständige Palette von inkrementellen Anpassungen, die zwischen der 7:00-Uhr-Position am unteren Ende der Niedrigpreisstrategie und der 2:00-Uhr-Position am unteren Ende der Differenzierungsstrategie möglich sind. Organisationen können entlang der gesamten Uhr „wandern", wenn sie ihre Preisbildung und Vorteile anpassen.

---

6   Siehe D. Faulkner und C. Bowman, „The Essence of Competitive Strategy", Prentice Hall, 1995.

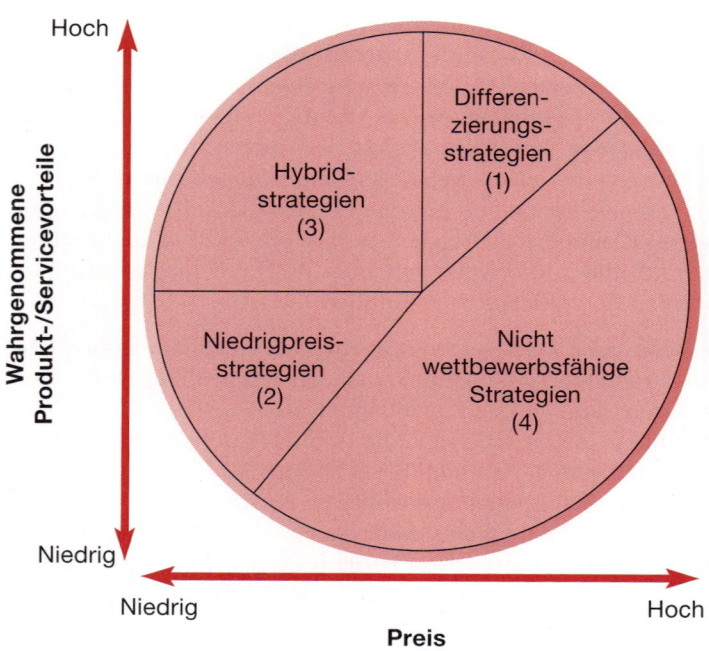

Abbildung 7.5: Die strategische Uhr
Quelle: Beruht auf D. Faulkner und C. Bowman, „The Essence of Competitive Strategy", Prentice Hall, 1995.

Die strategische Uhr identifiziert drei Bereiche machbarer Strategien sowie einen Bereich, der wahrscheinlich zum Misserfolg führt:

■ *Differenzierung* (Bereich 1): Diese Zone umfasst eine Reihe machbarer Strategien, die auf hohen Wahrnehmungen von Produkt- oder Servicevorteilen unter den Kunden aufbauen. Nahe bei der 12-Uhr-Position liegt eine Strategie der *Differenzierung ohne Preisaufschlag*. Die Differenzierung ohne Preisaufschlag kombiniert hohe wahrgenommene Vorteile und moderate Preise, die typischerweise eingesetzt werden, um einen Marktanteil zu gewinnen. Wenn hohe Vorteile auch relativ hohe Kosten beinhalten, wäre diese moderate Preisstrategie nur kurzfristig aufrechtzuerhalten. Nachdem ein größerer Marktanteil erreicht worden ist, wäre es logisch, zu einer Differenzierung mit Preisaufschlag zu wechseln, die näher bei 1 Uhr oder 2 Uhr liegt. Der Wechsel auf die 2-Uhr-Position beinhaltet wahrscheinlich eine Fokusstrategie nach Porter. Eine solche fokussierte Differenzierungsstrategie zielt auf eine Nische ab, bei der die höheren Preise und reduzierten Vorteile, beispielsweise aufgrund fehlenden Wettbewerbs in einem bestimmten geografischen Bereich, aufrechterhalten werden können.

■ *Niedriger Preis* (Bereich 2): Dieser Bereich gestattet verschiedene Kombinationen niedrigerer Preise und einen niedrigen wahrgenommenen Nutzen. Nahe der 9-Uhr-Position würde mit einer standardmäßigen *Niedrigpreisstrategie*, bei der niedrige Preise mit angemessenem Nutzen (auf gleicher Ebene mit den Wettbewerbern) kombiniert werden, ein Marktanteil gewonnen werden. Um nachhaltig zu sein, muss diese Strategie durch einen Kostenvorteil unterstützt werden, beispielsweise über Skalenvorteile durch einen gesteigerten Marktanteil,. Ohne einen solchen Kostenvorteil werden letztendlich Leistungskürzungen oder Preissteigerungen notwendig. Eine Variante der standardmäßigen Niedrigpreisstrategie ist die „No frills"-Strategie, nahe der 7-Uhr-Position. Diese Strategien, die auf jeglichen Schnickschnack verzichten, umfassen sowohl niedrigen Nutzen als auch niedrige Preise, wie im Fall von Billigfluggesellschaften wie Ryanair (die sogar vorgeschlagen hat, für die Benutzung der Flugzeugtoiletten eine Gebühr zu verlangen).

- *Hybridstrategie* (Bereich 3): Eine charakteristische Eigenschaft der strategischen Uhr ist der Raum, den sie zwischen Niedrigpreis- und Differenzierungsstrategien gewährt.[7] Hybridstrategien umfassen sowohl niedrigere Preise als Differenzierungsstrategien als auch höhere Nutzen als Niedrigpreisstrategien. Hybridstrategien werden häufig eingesetzt, um aggressiv um einen höheren Marktanteil zu kämpfen. Sie können sich auch als hilfreich erweisen, um beispielsweise im Ausland in einen neuen Markt einzutreten. Selbst bei Innovationen mit hohen Vorteilen kann es sinnvoll sein, den Preis anfänglich niedrig zu halten, um Effizienzen auf der Erfahrungskurve oder Netzwerkeffekte aufzubauen (siehe *Abschnitt 3.2.6*). Einige Unternehmen halten Hybridstrategien über lange Zeiträume aufrecht: so beispielsweise IKEA, das Skalenvorteile einsetzt, um relativ niedrige Preise mit differenziertem schwedischen Design zu kombinieren (siehe Fallbeispiel am Ende des Kapitels).

- *Nicht wettbewerbsfähige Strategien* (Bereich 4): Die letzte Gruppe von Strategien umfasst einen Bereich nicht-plausibler Strategien mit geringen Nutzen und hohen Preisen. Sofern Unternehmen nicht über einen außergewöhnlichen strategischen Lock-in verfügen, werden die Kunden diese Kombinationen schnell ablehnen. Typischerweise führen derartige Strategien zum Scheitern.

Die Konzentration der strategischen Uhr auf den Preis und die Bandbreite der inkrementellen Änderungen der Strategie bieten eine dynamischere Sichtweise der Strategie als Porters generische Strategien. Hier sind die Organisationen nicht auf eine Kosten- oder Differenzierungsstrategie relativ festgelegt, sondern sie können sich um die Uhr bewegen. So kann eine Organisation beispielsweise mit einer *Niedrigpreisstrategie* beginnen, um einen Marktanteil zu gewinnen, anschließend auf eine höherpreisige *Strategie der Differenzierung mit einem Preisaufschlag* wechseln, um Gewinne zu erzielen, und dann wieder auf eine *Hybridstrategie* zurückwechseln, um sich gegen neu in den Markt eintretende Unternehmen zu verteidigen. Allerdings erinnern die generischen Strategien von Porter die Manager daran, dass die Kosten von entscheidender Bedeutung sind. Sofern eine Organisation nicht über einen sicheren Kostenvorteil (wie beispielsweise Skaleneffekte) verfügt, kann eine Hybridstrategie aus hohen wahrgenommenen Nutzen und niedrigen Preisen wahrscheinlich nicht lange aufrechterhalten werden.

7.3   Interaktive Strategien

Generische Strategien müssen immer auch im Hinblick auf die Strategien der Konkurrenz ausgewählt und dementsprechend angepasst werden. Wenn alle anderen Unternehmen auf dem Markt um die Kostenführerschaft konkurrieren, ist es vielleicht ratsam, eine Differenzierungsstrategie anzustreben. Also kommt es zu einer

---

7   Zur empirischen Bestätigung der Vorteile einer hybriden Strategie siehe E. Pertusa-Ortega, J. Molina-Azorín und E. Claver-Cortés, „Competitive strategies and form performance: a comparative analysis of pure, hybrid and „stuck-in-the-middle strategies in Spanish firms"; *British Journal of Management*, Band 20, Nr. 4 (2008), S. 508–523.

Interaktion zwischen der eigenen Geschäftsstrategie und der der Konkurrenz. Im Folgenden werden zunächst die eigenen Strategien unter Berücksichtigung der Handlungen der Konkurrenz betrachtet, wobei es besonders um den Hyperwettbewerb geht. Daraufhin wird die Option der Kooperation beleuchtet sowie schließlich die Spieltheorie, die Manager dabei unterstützt, zwischen verstärktem Wettbewerb und mehr Kooperation zu wählen.

7.3.1   Interaktive Preis- und Qualitätsstrategien

Richard D'Aveni stellt die Interaktionen mit den Konkurrenten dar in Bezug auf die Bewegung der Variablen Preis (auf der vertikalen y-Achse) und empfundene Qualität (auf der horizontalen x-Achse), ähnlich der strategischen Uhr (siehe ▶ *Abbildung 7.6*).[8] Auch wenn D'Aveni seine Analyse auf ein sehr dynamisches Umfeld anwendet, das er als „Hyperwettbewerb" beschreibt (siehe *Abschnitt 3.3.1*), kann diese Logik doch auf jedwede Art des Wettbewerbs angewandt werden.

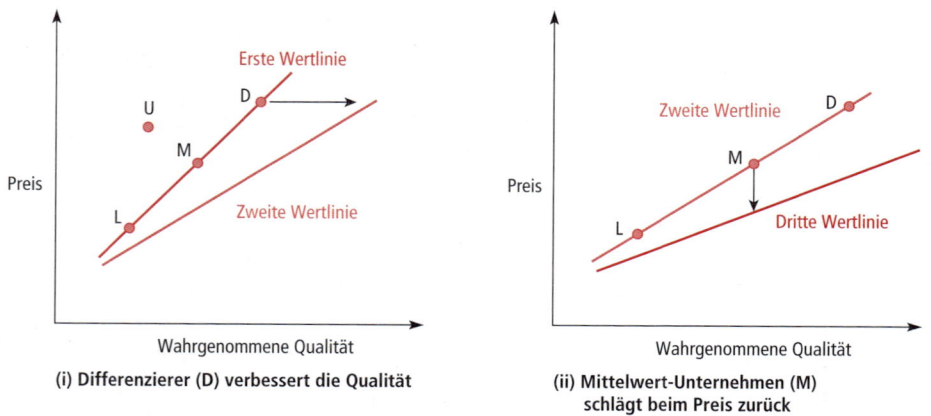

Abbildung 7.6: Interaktive Preis- und Qualitätsstrategien
Hinweis: die Achsen entsprechen nicht unbedingt einer linearen Skala
Quelle: Adaptiert mit Genehmigung von The Free Press, eine Abteilung von Simon & Schuster, Inc., aus Hypercompetition: Managing the Dynamics of Strategic Maneuvering von Richard D' Aveni mit Robert Gunther, Copyright 1994 von Richard D' Aveni. Alle Rechte vorbehalten.

▶ *Abbildung 7.6* zeigt verschiedene konkurrierende Organisationen, die entweder auf geringe Preise, hohe Qualität oder eine Kombination aus beidem setzen. Grafik (i) zeigt zunächst eine „erste Wertlinie", die verschiedene Kompromisse in Bezug auf Preis und wahrgenommene Qualität zeigt, die alle für die Kunden akzeptabel sind. Fima L, die die Kostenführerschaft innehat, bietet eine relativ geringe wahrgenommene Qualität, doch die Kunden akzeptieren dies aufgrund des geringen Preises. Auch wenn die relativen Positionen der Unternehmen auf dem Graphen nicht exakt zu verstehen sind, könnte beispielsweise bei der Branche der Autohersteller diese Kostenführerschaft von einigen Fahrzeugen von Hyundai eingenommen werden. Der Differenzierer (D) verlangt einen höheren Preis, bietet aber auch sehr viel bessere Qualität. Das könnte Mercedes sein. Zwischen diesen beiden Positionen gibt es eine

---

8   R. D'Aveni, „Hypercompetition: Managing the Dynamics of Strategic Manewering", Free Press 1994.

ganze Reihe vollkommen akzeptabler Kombinationen, wobei das Mittelwert-Unternehmen (M) eine Kombination aus vernünftigen Preisen bei vernünftiger Qualität bietet, was Ford sein könnte. Die Strategie von M liegt auf der ersten Wertlinie und ist daher zum gegenwärtigen Standpunkt vollkommen tragfähig. Unternehmen U andererseits ist nicht wettbewerbsfähig – es fällt hinter die Wertlinie zurück. Sein Preis liegt über dem von M, doch seine Qualität ist schlechter. Das Dilemma von U ist typisch für ein Unternehmen, welches „in der Mitte feststeckt", wie Michael Porter es ausdrückt. U bietet keinen akzeptablen Wert mehr und muss sich schnell zurück auf die Wertlinie bewegen, um nicht endgültig zu scheitern.

Auf jedem Markt können die Konkurrenten und ihre Aktionen oder Reaktionen anhand der beiden Achsen für Preis und wahrgenommenen Wert dargestellt werden. In Grafik (i) in ▶ *Abbildung 7.6* handelt der Differenzierer beispielsweise sehr aggressiv, indem er seine Qualität massiv verbessert, den Preis aber stabil hält. Diese Qualitätsverbesserung verschiebt die Erwartungen der Kunden bezüglich Qualität auf dem gesamten Markt nach rechts. Diese veränderten Erwartungen sind als neue zweite Wertlinie (in grün) dargestellt. Wenn man sich nun an der zweiten Wertlinie orientiert, muss sogar Unternehmen L, das die Kostenführerschaft innehat, eventuell seine Qualität etwas verbessern oder die Preise noch ein wenig senken. Doch Unternehmen M in der Mitte befindet sich in der größten Gefahr. Denn um die zweite Wertlinie zu erreichen, muss M entweder seine Qualität erheblich steigern, ohne die Preise zu erhöhen, oder massive Preissenkungen durchführen. Natürlich funktioniert auch eine Kombination beider Maßnahmen.

Das Mittelwert-Unternehmen M hat aber auch die Möglichkeit, aggressiv zu reagieren. Wenn M über die nötigen Fähigkeiten verfügt, könnte es die Wertlinie noch weiter nach außen drücken. Für Differenzierer D wäre eine dritte Linie durchaus überraschend, die noch anspruchsvoller in Bezug auf Qualität und Preis ist. Der Ausgangspunkt in Grafik (ii) der ▶ *Abbildung 7.6* zeigt, dass die drei Unternehmen D, L und M erfolgreich die zweite Wertlinie erreicht haben. Das nicht wettbewerbsfähige Unternehmen U ist vom Markt verschwunden. Der nächste Schritt von M besteht nun darin, diese Wertlinie wiederum zu überschreiten, indem es seine Preise radikal senkt, die neuen Qualitätsstandards aber beibehält. Dadurch verändern sich wiederum die Erwartungen der Kunden und es entsteht eine dritte Wertlinie (in rot). Nun befindet sich Differenzierer D in größter Gefahr zurückzufallen und muss nun schwierige Entscheidungen in Bezug auf Preis und Qualität seiner Produkte treffen.

Stellt man Aktionen und Reaktionen auf diese Weise dar, so werden die Dynamik und interaktive Natur von Geschäftsstrategien besonders betont. Wirtschaftlich tragfähige Positionen entlang der Wertlinie sind immer in Gefahr, überholt zu werden, wenn sich Konkurrenten entweder abwärts (in Bezug auf den Preis) oder nach außen (in Bezug auf die Qualität) bewegen. Die generischen Strategien der Kostenführerschaft und der Differenzierung dürfen also nicht als statische Positionen angesehen werden, sondern sind nichts anderes als dynamische Zwischenstadien entlang der Achsen von Preis und Qualität.

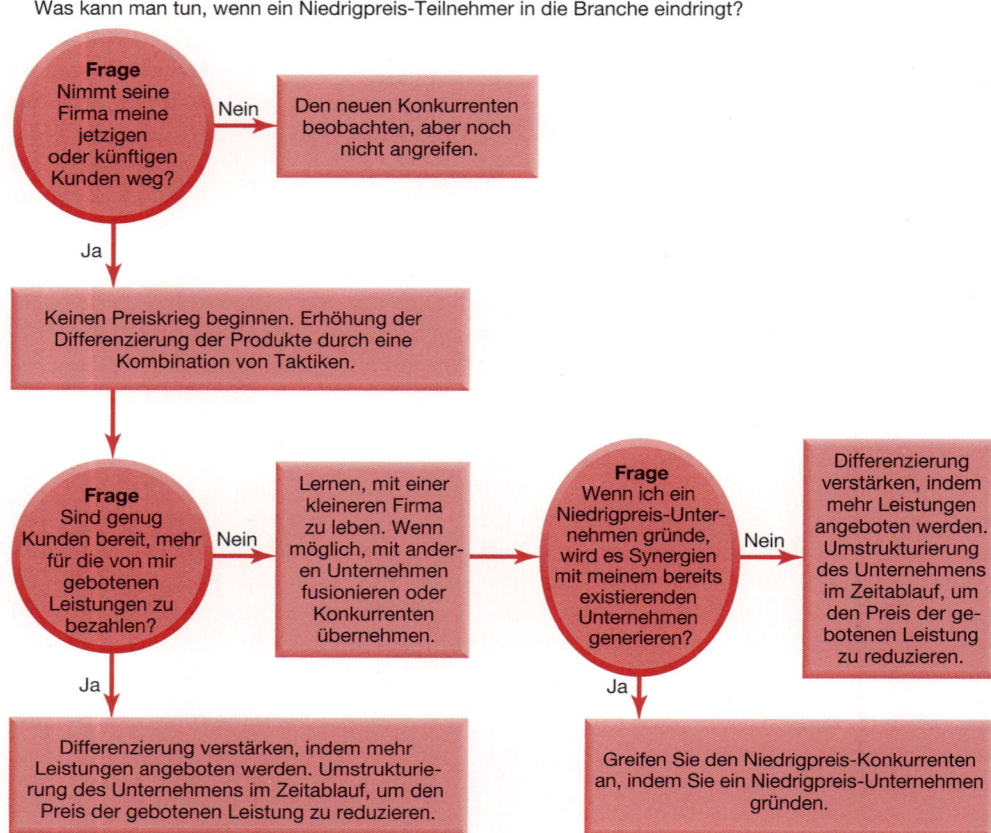

Was kann man tun, wenn ein Niedrigpreis-Teilnehmer in die Branche eindringt?

Frage
Nimmt seine Firma meine jetzigen oder künftigen Kunden weg?

Nein → Den neuen Konkurrenten beobachten, aber noch nicht angreifen.

Ja ↓

Keinen Preiskrieg beginnen. Erhöhung der Differenzierung der Produkte durch eine Kombination von Taktiken.

Frage
Sind genug Kunden bereit, mehr für die von mir gebotenen Leistungen zu bezahlen?

Nein → Lernen, mit einer kleineren Firma zu leben. Wenn möglich, mit anderen Unternehmen fusionieren oder Konkurrenten übernehmen.

Frage
Wenn ich ein Niedrigpreis-Unternehmen gründe, wird es Synergien mit meinem bereits existierenden Unternehmen generieren?

Nein → Differenzierung verstärken, indem mehr Leistungen angeboten werden. Umstrukturierung des Unternehmens im Zeitablauf, um den Preis der gebotenen Leistung zu reduzieren.

Ja ↓ Differenzierung verstärken, indem mehr Leistungen angeboten werden. Umstrukturierung des Unternehmens im Zeitablauf, um den Preis der gebotenen Leistung zu reduzieren.

Ja ↓ Greifen Sie den Niedrigpreis-Konkurrenten an, indem Sie ein Niedrigpreis-Unternehmen gründen.

Abbildung 7.7: Reaktion auf Konkurrenten mit niedrigen Kosten
Quellen: Financial Times, 25. Mai 2009; smartmoney.com, 23. Juli 2012; Globe and Mail, 8. November 2011.

Ein detaillierteres Beispiel der Abfolge möglicher Entscheidungen und Optionen im Zusammenhang mit Wettbewerbssituationen zeigt ▶ *Abbildung 7.7*.[9] Hier wird ein Unternehmen von einem Niedrigpreiskonkurrenten bedroht. Ein Beispiel könnte ein hochpreisiger Produzent aus der westlichen Welt sein, der von einem billigeren Importeur aus Asien attackiert wird. Er muss drei wichtige Entscheidungen treffen:

- *Risikobewertung.* Zunächst muss das bedrohte Unternehmen entscheiden, ob das bestehende Risiko erheblich ist oder nicht. Heißt die Antwort ja, sollte das hochpreisige Unternehmen nicht automatisch mit einer Anpassung seiner Preise reagieren, denn mit der bestehenden Kostenstruktur wird es einen Preiskrieg wahrscheinlich verlieren. Die Reaktion muss gut durchdacht sein.

- *Differenzierung als Reaktion.* Ist der Kundenstamm groß genug, so kann das hochpreisige Unternehmen neue Möglichkeiten der Differenzierung anstreben. Das westliche Unternehmen aus dem Beispiel könnte etwa seine lokale Nähe zum Kunden nutzen und eine bessere, persönlichere Kundenbetreuung anbieten. Doch

---

9   Diese Analyse basiert auf N. Kumar, „Strategies to fight low cost rivals", Harvard Business Review, Band 84, Nr. 12 (2006), S. 104–13.

gleichzeitig müssen unnötige Kosten eliminiert werden. Denn wenn die Differenzierungsstrategie nicht funktioniert, muss eine radikalere Kostenlösung gesucht werden.

■ *Kostenreaktion.* Eine Fusion mit anderen hochpreisigen Organisationen könnte dazu beitragen, die Kosten zu senken und so das Preisniveau durch Größenvorteile anzugleichen. Bestehen Synergieeffekte mit einem kostengünstigeren Unternehmen, könnte dies eine vielversprechende Basis für eine aggressive Gegenreaktion in Bezug auf die Kosten sein. Wenn es allerdings weder die Möglichkeit der Differenzierung noch der Nutzung von Synergieeffekten gibt, wird das bestehende Unternehmen früher oder später aus dem Markt ausscheiden müssen. Für das westliche Unternehmen aus dem Beispiel gibt es noch die Möglichkeit, die Produktion an kostengünstigere Organisationen fremdzuvergeben und nur das eigene Design und den Markennamen zu behalten.

Auch ein Unternehmen mit niedrigen Preisen muss natürlich entsprechende Entscheidungen treffen, wenn es von einem Differenzierer bedroht wird. Als Apple sein teures iPhone auf den Markt brachte, mussten sich etablierte Smartphone-Hersteller zunächst entscheiden, ob Apple als langfristig bedrohlich eingestuft werden muss. Daraufhin mussten sie überlegen, inwieweit sie entweder ihre Produkte dem iPhone angleichen sollten oder aber die Preisspanne zwischen ihrem Produkt und dem iPhone zu vergrößern sei.

Richard D'Aveni zufolge sind diese Abfolgen von Aktionen und Reaktionen ständiges Merkmal eines hyperkompetitiven Umfelds. Wie in *Abschnitt 3.3.1* aufgezeigt, beschreibt der Hyperwettbewerb Märkte, auf denen ein beständiges Ungleichgewicht und dauernder Wandel herrscht. Unter diesen Bedingungen kann es oft nicht mehr möglich sein, eine tragfähige Position mit Wettbewerbsvorteil anzustreben. Wer auf einem solchen Markt langfristige Nachhaltigkeit anstrebt, könnte sich sogar mögliche Wettbewerbsvorteile zerstören, denn dadurch wird man unflexibler und reagiert langsamer. Hier ist es entscheidend, schneller zu sein als die Konkurrenz.

Erfolgreiche Wettbewerbsinteraktion im Hyperwettbewerb erfordert also Schnelligkeit und Initiative – Defensive ist hier fehl am Platz. Richard D'Aveni betont vier wichtige Prinzipien: Zunächst muss ein Unternehmen willens sein, die Basis eines eigenen veralteten Wettbewerbsvorteils komplett zu zerstören. Zweitens kann eine Reihe kleiner Aktionen einen temporären Vorteil schaffen. Drittens können Überraschungseffekte, Unvorhersehbarkeit und sogar scheinbare Unvernunft manchmal wichtig sein. Zuletzt könnte eine Organisation bestimmte Schritte signalisieren, sich dann aber in eine ganz andere Richtung bewegen (siehe *Abschnitt 7.3.3* über die Spieltheorie).

7.3.2 Kooperative Strategie

Bisher lag der Schwerpunkt auf Wettbewerb und Wettbewerbsvorteil. Die Ausführungen des vorangegangenen Textabschnitts haben jedoch gezeigt, dass Wettbewerb manchmal eskalieren kann, sodass er für alle Beteiligten gefährlich wird. Also kann es im eigenen Interesse der Organisationen liegen, den Wettbewerb einzuschränken. Zudem wird ein Vorteil nicht immer nur durch Wettbewerb erreicht. Auch durch die Kooperation von Organisationen kann ein Vorteil erreicht oder Wettbewerb vermieden werden. Eine Kooperation zwischen potenziellen Wettbewerbern kann explizit stattfinden und durch formale Kooperationsabkommen festgelegt sein. Sie kann aber auch stillschweigend vollzogen werden in Form von gegenseitigem Verständnis und Verständigung untereinander. Natürlich müssen Organisationen jegliche Form der illegalen Kooperation vermeiden und dennoch kann eine legitime Geschäftsstrategie nicht nur kompetitive, sondern auch kollaborative Elemente enthalten.[10] *Stillschweigende Kollusion*, bei der sich Unternehmen auf eine bestimmte Strategie einigen, ohne dass zwischen ihnen explizite Kommunikation darüber stattgefunden hat, ist nichts Ungewöhnliches: Beispiel ist die allgemeine Vermeidung eines Preiswettbewerbs. Günstige Bedingungen für eine solche Kooperation bieten Branchen mit wenigen Konkurrenten, homogenen Produkten und hohen Eintrittsbarrieren.

▶ *Abbildung 7.8* illustriert verschiedene Vorteile von Unternehmenskooperationen.

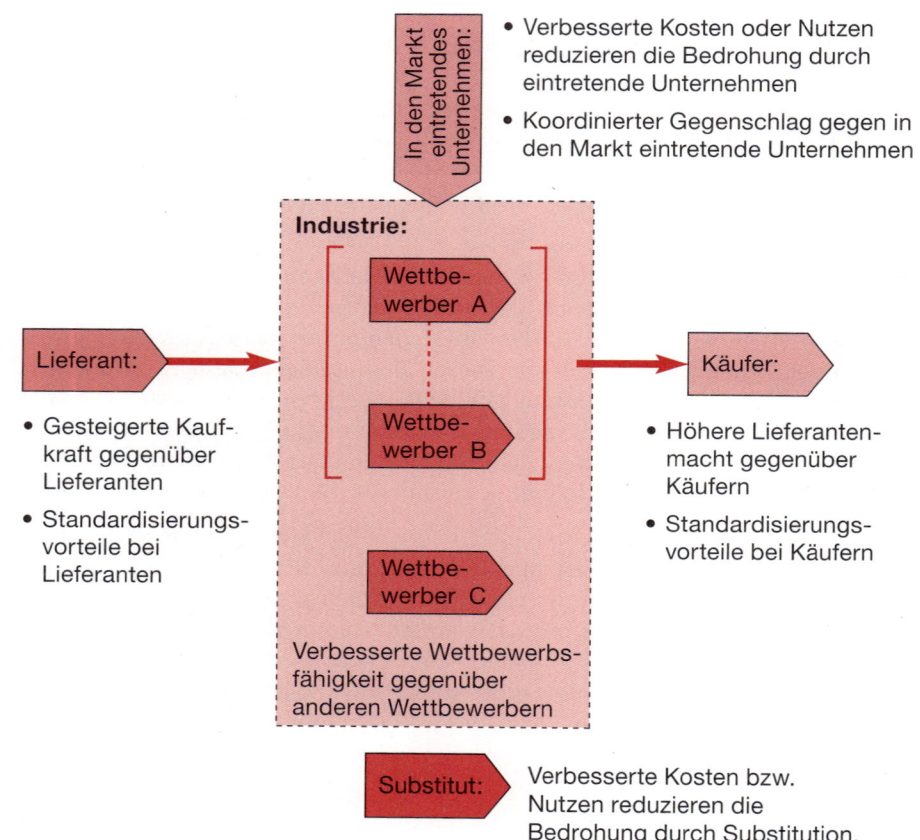

Abbildung 7.8: Kooperation mit Wettbewerbern
Quelle: Angepasst übernommen aus „Competitive Strategy: Techniques for Analysing Industries and Competitors", The Free Press, von Michael E. Porter. Urheberrecht Ó 1980, 1998 The Free Press. Alle Rechte vorbehalten.

---

10 Nützliche Literatur über kollaborative Strategien stammen von Y. Doz und G. Hamel, „Alliance Advantage: The Art of Creating Value through Partnering", Harvard Business School Press, 1998; C. Hutham, „Creating Collaborative Advantage", Sage 1996 und D. Faulkner, „Strategic Alliances: Cooperating to Compete", McGraw-Hill, 1995.

▶ *Abbildung 7.8* zeigt verschiedene Vorteile der Kooperation zwischen Unternehmen im Rahmen der fünf Kräfte des Michael Porter: Käufer, Zulieferer, Konkurrenten, Neueinsteiger und Substitute (siehe *Abschnitt 3.2*). Wichtige Vorteile sind:

■ *Kooperation zur Stärkung der Zulieferermacht.* In der Raumfahrtindustrie könnten Komponentenhersteller versuchen, enge Bindungen zu Kunden aufzubauen. Es ist zwar schwer, einen akkreditierten Lieferantenstatus zu erreichen, aber ist er einmal erreicht, kann dies die Vertriebsstärke erheblich erhöhen. Dies ist auch bei Forschungs- und Entwicklungsaktivitäten hilfreich sowie bei der Reduzierung des Lagerbestands und der gemeinsamen Planung zur Entwicklung neuer Produkte.

■ *Kooperation zur Erhöhung der Käufermacht.* Die Stärke und Rentabilität pharmazeutischer Unternehmen wurde durch die Fragmentierung der Käufer, einzelne Ärzte und Krankenhäuser, gefördert. Viele Regierungen haben deshalb eine Kooperation zwischen den Käufern der Arzneimittel und zentralisierte Arzneimittelagenturen gefördert oder gefordert, was zu einer koordinierteren Kaufkraft geführt hat.

■ *Kooperationen, um Eintrittsbarrieren aufzubauen oder Substitutionen zu vermeiden.* Angesichts eines drohenden Markteintritts oder Alternativprodukten könnten Unternehmen eines Industriezweigs zusammenarbeiten, um gemeinsam in Forschung und Entwicklung oder Marketing zu investieren. Wirtschaftsverbände können die generischen Eigenschaften einer Branche wie Sicherheitsstandards oder technische Spezifikationen fördern, um Innovationen zu beschleunigen und der Möglichkeit der Substitution zuvorzukommen.

■ *Kooperation, um Marktzugang und Wettbewerbsmacht zu gewinnen.* Organisationen, die sich über ihre traditionellen Grenzen hinaus entwickeln möchten (zum Beispiel geografische Expansion), könnten mit anderen kooperieren, um Eintrittsmöglichkeiten in neue Märkte zu gewinnen. Auch für den Erwerb lokaler Marktkenntnisse kann die Kooperation mit lokalen Betreibern erforderlich sein. In einigen Ländern fordern Regierungen eine solche Kooperation. Kooperationen können auch bei der Entwicklung der erforderlichen Infrastruktur wie etwa Vertriebskanäle, Informationssysteme oder Forschungs- und Entwicklungsaktivitäten hilfreich sein. Eine Kooperation kann auch notwendig sein, weil Käufer lieber mit lokalen Managern als mit ausländischen Managern verhandeln. Insbesondere in Hi-Tech- oder Hyperwettbewerbssituationen gibt es eine zunehmende Auflösung (oder Entflechtung) von Wertketten, da auf jeder Stufe dieser Ketten innovativer Wettbewerb herrscht. Unter solchen Umständen entsteht auch eine zunehmende Notwendigkeit kooperativer Strategien zwischen Wettbewerbern, um den Kunden einheitliche Lösungen anzubieten.[11]

---

11 Dieser Fall der Kooperation in Hi-Tech-Industrien wird von V. Kapur, J. Peters und S. Berman in „High tech 2005: the horizontal, hypercompetitive future", *Strategy and Leadership*, Band 31, Nr. 2 (2003), S. 34–47 erörtert und dargestellt.

7.3.3 Spieltheorie

Die Spieltheorie[12] liefert wichtige Einblicke in die Interaktionen zwischen Konkurrenten. Der Begriff „Spiel" bezieht sich dabei auf die Abfolge strategischer Aktionen und Reaktionen der Konkurrenten – etwa wie beim Schachspiel. Die **Spieltheorie** bringt ein Unternehmen dazu, wahrscheinliche Handlungen der Konkurrenz und deren Auswirkungen auf die eigene Strategie zu berücksichtigen. Dabei betrachten die Wissenschaftler insbesondere zwei Arten von Interaktionen. Zunächst geht es darum, wie die *Reaktion eines Konkurrenten* auf einen bestimmten strategischen Schritt die ursprünglichen Annahmen, die zu diesem Schritt führten, verändern könnten. Die Herausforderung eines Konkurrenten in einem Bereich beispielsweise kann ihn dazu bringen, in einem ganz anderen Bereich zu reagieren. Und auch die *strategischen Signale* spielen eine große Rolle, die einem Konkurrenten durch bestimmte Handlungen vermittelt werden könnten. Diese könnten etwa zu sehr aggressiven Verteidigungsmaßnahmen führen. Angesichts einer Spirale aus möglichen Angriffen und Gegenangriffen raten Verfechter der Spieltheorie meist eher zu einem kooperativen Ansatz als zu einem harten Konkurrenzkampf.

Von besonderer Relevanz ist die Spieltheorie, wenn *gegenseitige Abhängigkeit* besteht. Der Schritt eines Wettbewerbers veranlasst eine Reaktion eines anderen und das Resultat der Wahlmöglichkeit eines Wettbewerbers hängt von den Wahlmöglichkeiten eines anderen ab. Wettbewerber sind sich über solche gegenseitigen Abhängigkeiten und die Schritte von Konkurrenten mehr oder weniger im Klaren.

Ausgehend von diesen Annahmen gibt es zwei Prinzipien, die die Entwicklung erfolgreicher Wettbewerbsstrategien leiten:

- *Sich gedanklich in den Wettbewerber hineinversetzen.* Strategen sollten sich in die Position des Konkurrenten versetzen und sich rational überlegen, welche Schritte Konkurrenten unternehmen könnten, und vor diesem Hintergrund ihre Strategie wählen. Sie müssen das Spiel der anderen kennen, um das eigene zu planen.

- *„Vorwärts denken und rückwirkend begründen."* Strategien sollten auf der Grundlage möglicher strategischer Schritte von Konkurrenten entschieden werden. Die Spieltheorie betont die Bedeutung der Wettbewerbsdynamik am Markt.

Die *mathematische Spieltheorie,* eine Lesart der Spieltheorie, kommt dort zum Einsatz, wo es eine begrenzte Zahl an klar definierten Ergebnissen gibt und wo die Werte, die mit jedem dieser Ergebnisse verbunden sind, eindeutig quantifiziert werden können. Eines der berühmtesten Beispiele für die mathematische Spieltheorie ist das *Gefangenendilemma.* Für die Wissenschaft gibt es zahlreiche Situationen, in denen die strategischen Entscheidungen von Managern dem Dilemma zweier Gefangenen ähneln, die gemeinsam angeklagt sind, eine Straftat begangen zu haben. Sie werden in getrennten Zellen gefangen gehalten, haben keine Möglichkeit miteinander zu kommunizieren und werden getrennt voneinander befragt. Sie müssen sich entscheiden, entweder den anderen zu unterstützen, indem sie sich weigern, den Vernehmungsbeamten Informationen preiszugeben, oder einen eigenen Vorteil zu erreichen,

Spieltheorie

Die Spieltheorie bringt ein Unternehmen dazu, wahrscheinliche Handlungen der Konkurrenz und deren Auswirkungen auf die eigene Strategie zu berücksichtigen.

---

12 Lesematerial zur Spieltheorie siehe A. K. Dixit und B. J. Nalebuff, „Thinking Strategically", W. W. Norton, 1991; A. Brandenburger und B. Nalebuff, „Co-opetition", Profile Books, 1997; R. McCain, „Game Theory: A Non-Technical Introduction to the Analysis of Strategy", *South Western*, 2003 und für eine Zusammenfassung S. Regan, „Game theory perspective", M. Jenkins und V. Ambrosini (Hrsg.), „Advanced Strategic Management: A Multi-Perspective Approach", 2. Auflage, *Palgrave Macmillan*, 2007, S. 83–101.

indem sie den anderen verraten. Hier wird die gleiche Situation in Bezug auf eine in ▶ *Abbildung 7.9* dargestellte Wettbewerbssituation erklärt. Es geht um zwei Unternehmen, die sich entscheiden müssen, ob sie offen konkurrieren oder bei der Entwicklung einer neuen Marktchance zusammenarbeiten sollen. Sie wissen, dass im Fall einer Kooperation die Kosten für das Projekt viel geringer wären und der Ertrag höher und auch früher zu realisieren sein würde als im Fall eines Wettbewerbs. Die angenommene Amortisation der Kooperation wird im unteren rechten Quadranten von ▶ *Abbildung 7.9* dargestellt. Es gibt jedoch auch Gründe, diese Kooperation nicht einzugehen. Jede Partei weiß beispielsweise, dass sie einen noch höheren Ertrag erreichen würde, wenn sie versuchen würde, eine dominante Position auf dem neuen Markt zu erreichen, falls die andere Partei dies nicht versuchen würde (repräsentiert in den Quadranten oben rechts und unten links). So könnten sie versucht sein, dies zu tun, da sie befürchten, dass sonst ihr Rivale es tut. Im Fall einer Kooperation könnten sie auch befürchten, dass der andere nach den anfänglichen gemeinsamen Investitionen beginnt, den Markt zu dominieren und einen unverhältnismäßigen Vorteil erhält. Oder sie misstrauen sich gegenseitig. Es ist daher wahrscheinlich, dass sich die beiden Parteien gegen eine Kooperation entscheiden, um sicherzustellen, dass der andere keinen Vorteil erzielt. Dies könnte bedeuten, dass der Ertrag der Investitionen, die für die Entwicklung des Markts benötigt wurden, für beide geringer ausfällt, als wenn sie kooperiert hätten. Dies wird im oben linken Quadranten dargestellt.

		Konkurrent A	
		Nicht kooperieren	Kooperieren
Konkurrent B	Nicht kooperieren	B = 5 A = 5	B = 12 A = 2
	Kooperieren	B = 2 A = 12	B = 9 A = 9

Abbildung 7.9: Das Gefangenendilemma

Dies ist ein Beispiel für die von Theoretikern als dominant bezeichnete Strategie. Eine **dominante Strategie** ist eine Strategie, die bessere Ergebnisse als andere Strategien liefert, was auch immer die Konkurrenz tut. Im Beispiel des Gefangenendilemmas wäre eine Kooperation der Konkurrenten besser. Tanzt einer der Konkurrenten jedoch aus der Reihe, leidet der andere darunter. Die vorherrschende Strategie ist daher, nicht zu kooperieren. Ein allgemeiner Grundsatz besagt, dass es sinnvoll ist, eine dominante Strategie zu verfolgen, wenn es eine solche gibt. Auch wenn es sein kann, dass das eine geringere Amortisation als im optimalen Fall bedeuten würde, so ist es doch besser, als gegenüber dem Wettbewerber zu verlieren.

Dominante Strategie

Eine dominante Strategie ist eine Strategie, die bessere Ergebnisse als andere Strategien liefert, was auch immer die Konkurrenz tut.

In der Praxis ist das Resultat, bei dem beide Seiten verlieren, nicht wahrscheinlich, wenn es eine begrenzte Anzahl von Konkurrenten gibt, die sich im Lauf der Zeit gegenseitig beeinflussen, da sie lernen, einander zu verstehen und sich anzupassen. Etwas Ähnliches geschieht, wenn sich mehrere Wettbewerber um eine Position in einem fragmentierten Markt drängen. Während es zum Beispiel logisch erscheinen würde, dass unter diesen Umständen alle Konkurrenten die Preise auf einem relativ hohen Stand halten, erwartet keiner vom anderen, dass dies eingehalten wird, was zu Preiskriegen führt.

7.4 Geschäftsmodelle

Die Idee des Geschäftsmodells wird angesichts von immer mehr Internetunternehmen wie Airbnb, Spotify und Uber immer beliebter. Diese erobern mit ihren neuen Modellen die Geschäftswelt. Besonders sinnvoll sind solche Modelle, wenn komplexere Beziehungen erklärt werden müssen, die Werte und Gewinne für mehr Interessengruppen generieren als lediglich für den Käufer und den Verkäufer. Also darf das Konzept des Geschäftsmodells auch bei einer Beleuchtung des Themas Strategie nicht mehr fehlen. Aufbauend auf der Arbeit von David Teece unterscheidet dieses Kapitel sorgfältig zwischen Geschäftsmodell und Geschäftsstrategie.[13]

Geschäftsmodell

Ein Geschäftsmodell beschreibt ein Nutzenversprechen für Kunden und andere Teilnehmer, eine Anordnung von Aktivitäten, die diesen Nutzen erbringen sowie die damit verbundenen Einnahmen- und Kostenstrukturen.

Ein **Geschäftsmodell** beschreibt ein Nutzenversprechen für Kunden und andere Teilnehmer, eine Anordnung von Aktivitäten, die diesen Nutzen erbringen, sowie die damit verbundenen Einnahmen- und Kostenstrukturen.[14] Wenn Unternehmer in den letzten Jahren mit neuen Geschäftsmodellen in etablierte Branchen und Märkte eingedrungen sind, veränderten sich dadurch häufig Wettbewerb und Dynamik auf ganz radikale Weise. Die neuen Modelle beinhalten meist sehr viel komplexere wechselseitige Beziehungen als traditionelle Modelle und schaffen dadurch Werte auch für andere Marktteilnehmer außer den Kunden. Gewinne werden nicht nur für den Verkäufer, sondern auch für andere Teilnehmer generiert. Das zeigt, dass sowohl Unternehmer als auch Manager, deren Organisation von neuen Start-ups bedroht sind, das Konzept des Geschäftsmodells verstehen müssen. *Beispiel 7.2* beschreibt, wie das Geschäftsmodell von Uber die Taxibranche weltweit revolutionierte. Im Folgenden werden zunächst drei wesentliche Elemente von Geschäftsmodellen diskutiert und schließlich werden einige typische Modell-Muster vorgestellt.

7.4.1 Wertgenerierung, Wertkonfiguration und Wertabschöpfung

Geschäftsmodelle beschreiben Transaktionen und Beziehungen zwischen unterschiedlichen Parteien und können am einfachsten anhand von drei Komponenten erklärt werden, die alle miteinander verwoben sind (siehe ▶ *Abbildung 7.10*).[15] Die erste betont die *Wertgenerierung*; hier werden die Bedürfnisse und Probleme eines bestimmten Kundensegments aber auch anderer Teilnehmer angesprochen. Die zweite Komponente ist die *Wertkonfiguration* der Ressourcen und Aktivitäten, die

---

13 Siehe D.J. Teece, „Business models, business strategy and innovation", *Long Range Planning*, Band 43, Nr. 2 (2010), S. 172–94; J. Margretta, Why business models matter, *Harvard Business Review*, Mai 2002, S. 86–92; C. Zott und A. Raphael, „The fit between product market strategy and business model: implications for firm performance", *Strategic Management Journal*, Band 29, Nr. 1 (2008), S. 1–26 und H. Chesbrough und R. S. Rosenbloom, „The role of the business model in capturing value from innovation: evidence from Xerox Corporation's technology spin-off companies", *Industrial and Corporate Change*, Band 11, Nr. 2 (2002), S. 529–55.

14 In früheren Ausgaben wurde der erste Teil dieser Definition, das Leistungsversprechen, weniger betont als das Arrangement aus Aktivitäten und die Einnahmen- und Kostenstrukturen. (Geschäftsmodelle wurden bisher in *Kapitel 9* näher behandelt.)

15 Siehe C. Zott, A. Rapael und L. Massa, „The business model: recent developments and future research", *Journal of Management*, Band 37, Nr. 4 (2011), S. 1019–42 und A. Osterwalder, Y. Pinneur und C. Tucci, „Clarifying business models: origins, present and future of the concept", *Communications of AIS*, Band 16, Artikel 1 (2005). Siehe auch R. J. Arend, „The business model: present and future – beyond a skeumorph", *Strategic Organization*, Band 11, Nr. 4 (2013), S. 390–402; C. Baden-Fuller und V. Mangematin, „Business models: a challenging agenda", *Strategic Organization*, Band 11, Nr. 4 (2013), S. 418–27 und C. Zott und A. Raphael, „The business model: a theoretically anchored robust construct for strategic analysis", *Strategic Organization*, Band 11, Nr. 4 (2013), S. 403–11.

diesen Wert generieren. Und die Komponente der *Wertabschöpfung* erklärt Einnahmenströme und Kostenstrukturen, die es der Organisation und anderen Interessengruppen ermöglichen, einen Teil des gesamten generierten Werts für sich abzuschöpfen.[16]

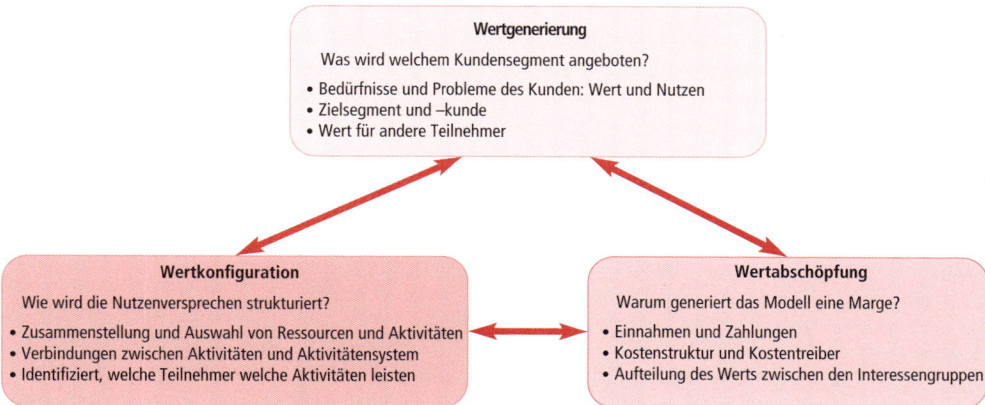

Abbildung 7.10: Komponenten eines Geschäftsmodells

Beispiel 7.2   **Ubers allgegenwärtiges Geschäftsmodell**

Der jederzeit abrufbare Transportdienst, der die Taxibranche revolutionierte

Mit einem Marktwert von 37,5 Mrd. € ist Uber auf dem besten Wege, das weltweit dominierende Transportunternehmen zu werden – und das ohne ein einziges Fahrzeug zu besitzen. Seit der Firmengründung 2009 in San Francisco expandierte das Unternehmen schnell in über 60 Länder und 340 Städte rund um die Welt. Uber zählt heute 4.000 Mitarbeiter, pro Monat kommen etwa 50.000 Partnerfahrer hinzu und täglich finden eine Million Fahrten statt. Das Unternehmen wächst in rasantem Tempo und erhielt bisher Finanzmittel in Höhe von 10 Mrd. $. CEO und Mitbegründer Travis Kalacik gibt an, Uber verdopple sich alle sechs Monate.

Das Herz von Ubers Geschäftsmodell ist seine Smartphone-App. Kunden laden die App herunter, richten ein Konto ein und hinterlegen ihre Kreditkartendaten. Mit einem Klick können sie dann ein Auto anfordern, der nächstgelegene Fahrer wird sofort informiert und kann die Fahrt annehmen oder ablehnen. Lehnt er ab, wird umgehend ein anderer Fahrer in der Nähe informiert. Der Kunde kann die geschätzte Ankunftszeit des Fahrzeugs sowie dessen Entfernung jederzeit über die App mitverfolgen. Auch die Bezahlung erfolgt via App an Uber und zu einem späteren Zeitpunkt an den Fahrer. Zudem hat der Kunde die Möglichkeit, den Fahrer zu bewerten – und umgekehrt auch der Fahrer seinen Kunden.

---

16   Siehe auch O. Gassmann, K. Frankenberger und M. Csik, *The Business Model Navigator*, Pearson, 2014.

Mithilfe der Uber-App können die Kunden den Taxidienst suchen, buchen, bezahlen und bewerten. Uber bietet einen praktischen, zuverlässigen und schnellen Taxidienst an, entweder im Luxus- oder im normalen Bereich, wobei die Preise jeweils geringer sind als die herkömmlicher Limousinen-Verleihfirmen oder auch herkömmlicher Taxiunternehmen. Für die Fahrer bedeutet Uber eine zusätzliche Einnahmequelle mit flexiblen Arbeitszeiten. Auch die Möglichkeit der gegenseitigen Bewertung ist ein wichtiger Unterschied zu herkömmlichen Fahrdiensten. Kunden können so Fahrer mit schlechten Bewertungen meiden – und umgekehrt können Fahrer Kunden mit schlechter Bewertung ablehnen.

Ubers grundlegende Ressourcen sind also vor allem seine technologische Plattform mit der Firmen-App – sie besitzen weder eigene Fahrzeuge noch beschäftigen sie eigene Fahrer. Die Fahrer nutzen ihre eigenen Autos und arbeiten freiberuflich – sie bewerben sich also bei Uber. Uber hat seine Aktivitäten genau darauf abgestimmt, Kunden mit den nächstgelegenen Fahrern möglichst schnell zusammenzubringen. Zusätzlich zu dieser Funktion kann über die App auch bezahlt werden, die Position der Taxis kann überprüft und die Bewertung vorgenommen werden. Uber strukturiert also seinen Wert für Kunden und auch Fahrer durch die Entwicklung ausgeklügelter Software und Algorithmen, die die Verbindung zwischen Kunde und Fahrer, die Preisbildung und auch die Bewertung optimieren

Uber schöpft einen eigenen Wertanteil ab, indem es in der Regel einen Anteil von 20 % des Fahrpreises für sich behält. Dadurch schafft das Unternehmen nicht nur eine Gewinnmarge für sich, sondern deckt damit auch die eigenen Ausgaben für Forschung und Entwicklung, Technologie, Marketing, lokale Infrastruktur und Gehälter für Angestellte.

Auch wenn dieses Geschäftsmodell durchaus erfolgreich ist, gibt es doch die eine oder andere Herausforderung. In einigen europäischen Städten muss sich Uber mit starken regulatorischen Widerständen auseinandersetzen und musste sich bereits aus manchen Märkten zurückziehen. Zudem drängen immer mehr Konkurrenten auf den Markt, die ihr Geschäftsmodell ähnlich wie Uber gestalten. In den USA ist Lyft ein solcher Konkurrent, in China liegt Didi Kuaidi sogar vor Uber. CEO Travis Kalanick erklärt dazu:

„In den USA erwirtschaften wir Gewinne; doch in China verlieren wir über eine Milliarde Dollar pro Jahr."

Quellen: M. Ahmed, Uber: Backseat driver, Financial Times, 16. September 2015; A. Damodaran, A disruptive cab ride to riches: The Uber payoff, Forbes, 6. October 2014; J. Narvey, Travis Kalanick speaks out: Uber' s CEO on risk, regulation, and women in tech, Betakit, 16. Februar 2016.

Das Geschäftsmodell des Unterkunftsvermittlers Airbnb aus San Francisco beispielsweise *generiert Wert* zum einen für die Kunden, die eine Unterkunft mieten, und zum anderen für die Gastgeber, die ihre Bleibe zum Vermieten anbieten. Die Website von Airbnb bietet eine praktische Plattform für den Austausch von Aktivitäten zwischen Mieter und Vermieter. Diese Aktivitäten werden durch die Website *gestaltet*, denn die Gastgeber führen ihre Wohnungen und Häuser dort auf, präsentieren Bilder und Beschreibungen, sodass die Kunden aus einem breiten Angebot von Unterkünften auswählen können. Zudem gibt es ein Bewertungssystem für Unterkünfte und auch Gäste, sodass Erfahrungswerte gesammelt und Betrug vorgebeugt werden kann. Und schließlich *schöpfen* sowohl die Gastgeber als auch Airbnb *Wert ab* aus diesem Geschäftsmodell. Die Gastgeber werden von den Gästen bezahlt und Airbnb erhält eine Provision von 6 bis 12 %. All dies weist Manager und Unternehmer auf drei wesentliche und miteinander verwobene Merkmale eines Geschäftsmodells hin:

- *Wertgenerierung.* Ein wichtiger Teil eines Geschäftsmodells beschreibt, was angeboten wird und wie demnach Werte für die verschiedenen beteiligten Parteien generiert werden: Kunden, Partner und andere Teilnehmer. Hier geht es hauptsächlich darum, welches Kundensegment das Zielsegment ist, wie die Bedürfnisse dieser Kunden erfüllt und ihre Probleme gelöst werden können, aber auch, wie Werte für andere Parteien generiert werden können.

- *Wertkonfiguration.* Ein zweiter Bestandteil erklärt, wie die verschiedenen miteinander verbundenen Ressourcen und Aktivitäten in der Wertkette das Leistungsversprechen unterstützen können, etwa Technologie, Ausstattung, Einrichtungen, Marken, Managementprozesse etc. (Infos zur Wertkette in *Abschnitt 4.4.2*). Diese Faktoren sind Teil eines Aktivitätssystems, das nicht nur erklärt, welche Aktivitäten Werte generieren, sondern auch, wie diese miteinander in Verbindung stehen und welche Parteien sie ausführen (Infos zu Aktivitätensystemen in *Abschnitt 4.4.3*). Ein solches System konzentriert sich natürlich vor allem auf die Organisation selbst, kann aber auch Aktivitäten enthalten, die von Kunden, Partnern und anderen Parteien außerhalb der Organisation ausgeführt werden.[17]

- *Wertabschöpfung.* Ein Geschäftsmodell beschreibt auch die Kostenstruktur der Ressourcen und Aktivitäten sowie den Einnahmenfluss von Kunden und anderen Parteien. Zudem zeigt dieser Bestandteil, wie die neu geschaffenen Werte zwischen der Organisation und anderen Interessengruppen aufgeteilt werden. Für ein Unternehmen beschreibt dieser letzte Teil also auch, wie Gewinne gemacht werden, während es für eine gemeinnützige Organisation oder auch eine Organisation der öffentlichen Hand nicht vorrangig um Gewinn geht.[18]

---

17 Zu Aktivitätensystemen in Geschäftsmodellen siehe C. Zott und A. Raphael, „Business model design: an activity system perspective", *Long Range Planning*, Band 43, Nr. 2 (2010), S. 216–26 und R. Casadesus-Masanell und J. E. Ricart, „From strategy to business models and onto tactics", *Long Range Planning*, Band 43, Nr. 2 (2010), S. 195–215.

18 Siehe B. Cohen und J. Kietzmann, „Ride on! Mobility usiness models for the sharing economy", *Organization & Environment*, Band 27, Nr. 3 (2014); S. 279–96.

Hier muss besonders auf zwei Punkte hingewiesen werden:

■ Zunächst wird ein Geschäftsmodell, steht es erst einmal fest und hat sich etabliert, häufig als selbstverständlich hingenommen. Bestehen Geschäftsmodelle also über einen längeren Zeitraum hinweg und werden zum Standard, werden sie kaum noch hinterfragt. Bis zu dem Zeitpunkt als Airbnb und andere Firmen ihre neuen Dienstleistungen anboten, dachte kaum jemand über das angestammte Geschäftsmodell des Hotelgewerbes nach. Vielleicht gab es bereits vorher Versuche, einzelne Komponenten des traditionellen Modells zu verändern und zum Beispiel den Wert für den Kunden durch Differenzierung zu steigern, das Gesamtmodell blieb jedoch unverändert und auch die Beziehungen zwischen den einzelnen Teilnehmern änderten sich nicht wirklich. Geschäftsmodelle werden also häufig institutionalisiert und sind somit Bestandteil und Merkmal einer Branche (siehe *Abschnitt 6.3.2*)

■ Obwohl Konkurrenten sehr wohl das gleiche Geschäftsmodell nutzen können, unterscheidet sich doch ihre jeweilige Geschäftsstrategie in der Regel erheblich. Walmart etwa nutzt als klassischer Discount-Einzelhändler das gleiche Modell wie viele andere Konkurrenten, verfolgt aber eine ganz eigene Strategie der geringen Kosten. Und auch Airbnb nutzt das gleiche Modell wie etwa Wimdu und andere Anbieter. Doch mit seinem weitreichenden Angebot von nahezu einer Million Unterkünften in 34.000 Städten in 200 Ländern lässt Airbnb jeden Konkurrenten hinter sich. Aufgrund dieser Vielfalt bevorzugen sowohl Kunden als auch Gastgeber in der Regel Airbnb. Hinzu kommt, dass die Netzwerk-Effekte für Airbnb immer größer werden, je mehr Kunden und auch Gastgeber das Angebot des Unternehmens nutzen (siehe *Abschnitt 3.2.6* über Netzwerkeffekte).

7.4.2 Schemata für Geschäftsmodelle

Obwohl sich in vielen Branchen bestimmte Geschäftsmodelle häufig im Laufe der Zeit etablieren und als Institution angesehen werden, nutzen die jeweiligen Unternehmen sie doch für den eigenen Wettbewerbsvorteil. Neueinsteiger wenden oft auch neue Geschäftsmodelle an, um sich erfolgreich von den etablierten Firmen abgrenzen zu können. Dell beispielsweise stieg vor vielen Jahren in den Markt für PCs und Laptops ein und nutzte ein völlig neues Geschäftsmodell.

Anstatt den Umweg über Groß- und Einzelhandel zu gehen, wie es die Konkurrenten HP, IBM und andere taten, verkaufte Dell seine Geräte direkt an den Kunden. Manager müssen also unbedingt wissen, auf welcher Art von Geschäftsmodell ihr Unternehmen aufgebaut ist und wie es sich von den Modellen der Konkurrenz unterscheidet. Allerdings soll darauf hingewiesen werden, dass Geschäftsmodelle meist unterschiedlich genau und detailliert beschrieben werden. So werden manchmal nur ein oder zwei Bestandteile eines Modells in den Vordergrund gerückt, etwa die Art der Wertabschöpfung. Natürlich gibt es zahlreiche Geschäftsmodelle, drei der typischsten Modelle sind dabei Folgende:

■ *Razor and Blade.* Dies ist vielleicht das bekannteste Modellschema, wobei der Fokus hier ganz klar auf der Komponente der Wertabschöpfung liegt. Dadurch wird es zu einem Einnahmenmodell. Es baut auf Gillettes klassischem Geschäftsmodell auf, seine Rasierapparate zu einem sehr geringen Preis anzubieten, während die dazu gehörigen Ersatzklingen relativ teuer sind. Dieses Modell, zwei technisch zusammengehörende Artikel separat zu verkaufen, ist weit verbreitet. Ein weiteres Beispiel sind Mobilfunkanbieter, die ihren Kunden günstige oder sogar ganz kostenfreie Smartphones anbieten, die dann aber an einen relativ teuren Vertrag gebunden sind, der zudem eine Laufzeit von mindestens zwei Jahren hat. In anderen Branchen sind es Wartung, Kundendienst und Ersatzteile, die teuer sind, während das Grundprodukt eine relativ geringe Gewinnmarge aufweist. Drucker und die zugehörigen Druckerpatronen sind hier ein gutes Beispiel.

- *Freemium.* Die Bezeichnung für dieses Modellschema setzt sich aus den englischen Wörtern „free" (gratis) und „premium" zusammen und wird vor allem von Online-Unternehmen angewandt. Sie bieten eine Basisversion ihres Produkts oder ihrer Dienstleistung gratis an, um einen möglichst großen Kundenstamm aufzubauen und schließlich einen Teil dieser Kunden überzeugen zu können, zusätzlich ein Premium-Produkt käuflich zu erwerben. Diese zahlenden Kunden generieren Einnahmen für das Unternehmen. Zwar ist ihr Anteil im Verhältnis zum gesamten Kundenstamm meist relativ klein, reicht für den Anbieter aber aus und kann zudem genutzt werden, um weitere zahlende Kunden anzuwerben. Der Foto-Sharing-Dienst Flickr von Yahoo nutzt dieses Geschäftsmodell. Flickr bietet als Basis-Dienstleistung das Hochladen und Teilen von Fotos gratis an und generiert Wert für sich durch zusätzliche Dienstleistungen wie etwa das Speichern von Fotos gegen eine Abo-Gebühr. Flickr nutzt auch thematisch abgestimmte Werbung sowie Kooperationen mit Einzelhandelsketten und anderen Fotodienstleistern, um zusätzliche Einnahmen zu generieren. Das Ziel des Freemium-Modells ist allerdings nicht nur die Gewinnung von Premium-Kunden, sondern die Schaffung eines möglichst großen Kundenstamms, denn der Wert der angebotenen Dienstleistung steigt mit der Zahl der Nutzer durch die entstehenden Netzwerkeffekte (siehe *Abschnitt 3.2.6*).

- *Vielseitige Plattformen.* Dieses Modellschema bringt zwei oder mehr verschiedene, aber miteinander in Beziehung stehende Kundengruppen auf einer Plattform zusammen. Sie sind deshalb miteinander verbunden, weil die Plattform für jede Kundengruppe nur dann wertvoll ist, wenn die andere Kundengruppe auch anwesend ist. Es gibt viele unterschiedliche Unternehmen und Märkte, die dieses Geschäftsmodell nutzen, wobei Spielkonsolen für Videospiele ein gutes Beispiel sind. Die Spieler stehen auf der einen Seite der Plattform und bevorzugen natürlich Konsolen, die ihnen eine große Vielfalt an Spielen bieten. Damit werden sie von der Gruppe auf der anderen Seite der Plattform abhängig, den Spieleentwicklern, die wiederum Plattformen bevorzugen, auf denen die Anzahl der Kunden groß genug ist, damit sie ihre Entwicklungskosten für die Spiele decken können. Dieses Beispiel zeigt, dass der Wert der Plattform für beide Gruppen steigt, je mehr Kunden sie von beiden Seiten nutzen. Auch Internetsuchmaschinen wie etwa Google setzen auf ein ähnliches Modell. Für sie sind die beiden Seiten der Plattform zum einen die Kunden, die Suchbegriffe eingeben, und zum anderen die Werbekunden, die ihre Anzeigen auf der Website platzieren. Je mehr Kunden die Suchmaschine nutzen, desto besser für die Werbekunden und desto besser auch für Google, das seine Suchergebnisse immer besser gestalten kann – was sich wiederum positiv für die suchenden Kunden auswirkt.

Quer-Denken

Kurzlebiger statt nachhaltiger Vorteil

Zweifler stellen in Frage, ob in der heutigen schnelllebigen Welt ein nachhaltiger Wettbewerbsvorteil überhaupt noch möglich ist.

In *Abschnitt 7.4.1* hieß es, in einem Umfeld des Hyperwettbewerbs könne es zuweilen unmöglich sein, eine Geschäftsstrategie festzulegen, die einen nachhaltigen Wettbewerbsvorteil bieten würde. Einige Experten sind sogar der Meinung, die Ära der Nachhaltigkeit sei im Bereich des Wettbewerbs ganz beendet, da es in den meisten Branchen heute dafür zu turbulent zugehe. Sie sind der Ansicht, dass die Handlungen von Konkurrenten und Kunden mittlerweile zu unvorhersehbar geworden sind, um darauf eine langfristige Strategie aufzubauen. Unternehmen mit starken, langlebigen Marktpositionen wie IKEA, GE und Unilever werden dabei als Ausnahmen gesehen. Folgt man dieser Ansicht, so ist es also Ressourcenverschwendung, in die Erlangung eines dauerhaften Wettbewerbsvorteils zu investieren – besser sei eine Investition in eine Reihe *kurzlebiger Vorteile*.[19]

In der jetzigen neuen Ära müssen Manager demnach ständig neue strategische Initiativen starten und ein Portfolio verschiedener vorübergehender Wettbewerbsvorteile überblicken. Solche Vorteile sollten sie als kurzlebig und einem Lebenszyklus unterworfen ansehen. Jeder Wettbewerbsvorteil hat eine Startphase, in der eine neue Chance aufgetan und Ressourcen eingesetzt werden, um diese zu nutzen. Danach folgt die Aufbauphase – hier werden die Produktionskapazitäten voll ausgeschöpft, was wiederum in die Phase der Verwertung mündet, in der Marktanteile gewonnen und Gewinne gemacht werden. Und schließlich folgt die unvermeidliche Phase der Erosion, wenn Konkurrenten nachziehen und den Wettbewerbsvorteil schwächen. Dadurch kann das Unternehmen früher oder später gezwungen werden, seine Strategie aufzugeben. Dadurch wiederum werden Ressourcen frei, um etwas Neues zu wagen. Selbst wenn jeder Vorteil nur von kurzer Dauer ist, so kann doch ein Portfolio aus mehreren verschiedenen Vorteilen sich immer irgendwo positiv auswirken. Wenn Manager also beständig neue Initiativen starten und so viele kurzlebige Vorteile nutzen, können sie so immer noch ihre Konkurrenten ausstechen.

---

19   R. Gunther McGrath, „Transient advantage", *Harvard Business Review*, Band 91, Nr. 6 (2013), S. 62–70.

Z U S A M M E N F A S S U N G

- Die Geschäftsstrategie befasst sich mit der Erlangung eines Wettbewerbsvorteils auf dem Markt auf der *Ebene des Geschäftsbereichs* und nicht auf *gesamtunternehmerischer Ebene*.

- Porters Rahmenwerk sowie die Strategische Uhr definieren verschiedene *generische Strategien*, darunter *Kostenführerschaft*, *Differenzierung*, *Fokus*- und *Hybrid*-Strategien.

- Bei einem *Hyperwettbewerb* ist es schwierig, einen nachhaltigen Wettbewerbsvorteil zu erlangen, und alle Konkurrenten müssen sehr genau auf Aktionen und Reaktionen auf dem Markt achten.

- *Kooperative Strategien* können Alternativen zu kompetitiven Strategien bieten oder auch parallel dazu laufen.

- Die *Spieltheorie* bringt Manager dazu, sich in ihre Konkurrenten hineinzuversetzen, vorwärts zu denken und rückwärts zu argumentieren.

- Ein *Geschäftsmodell* beschreibt die Geschäftslogik eines Unternehmens und umfasst die Bereiche *Wertgenerierung*, *Wertkonfiguration* und *Wertabschöpfung*.

Z U S A M M E N F A S S U N G

Literaturempfehlungen

- Die Grundlagen der generischen Wettbewerbsstrategien sind in den Schriften von Michael Porter enthalten, zu denen „Competitive Strategy" (1980) und „Competitive Advantage" (1985) gehören, die beide von *Free Press* veröffentlicht wurden.

- Hyperwettbewerb und die damit verbundenen Bedingungen werden von Richard D'Aveni in „Hypercompetitive Rivalries: Competing in highly dynamic environments", *Free Press*, 1995 erläutert.

- Es ist viel über Spieltheorie geschrieben worden, aber ein Großteil davon ist für den Laien schwer verständlich. Ausnahmen bilden die Bücher von R. McCain, „Game Theory: a Non-technical Introduction to the Analysis of Strategy", South Western 2003 und P. Ghenawat, Games Businesses Play, *MIT Press*, 1998.

- Über das Thema Geschäftsmodelle gibt es wesentlich weniger Literatur, doch eine Einführung mit einer langen Liste verschiedener Modelle findet sich bei O. Gassman, K. Frankenberger und M. Csik, *The Business Model Navigator*, Pearson 2014.

Fallstudie
Der IKEA-Ansatz

Ein Fallbeispiel von Kevan Scholes*

„Unser Geschäftsmodell besteht darin, eine große Auswahl an durchdachten, funktionellen Einrichtungsgegenständen zu Preisen anzubieten, die so gering sind, dass sich möglichst viele Menschen diese leisten können."[1]

Das war die Überschrift des Jahresabschlussberichts von IKEA vom 31. August 2015.[1] Hier wurde von einem Anstieg der Einnahmen um 11,2 % auf 32,7 Mrd. € berichtet,[2] die Gewinne lagen laut dem Bericht bei 3,5 Mrd. € und der Marktanteil wuchs in den meisten Märkten. IKEA war damit mit 375 Märkten und etwa 9.500 Produkten in 28 Ländern weiterhin der weltweit größte Einrichtungskonzern.[3]

Der Einrichtungsmarkt

Ende des ersten Jahrzehnts des neuen Jahrtausends war der Einrichtungsmarkt[4] weltweit ein riesiger Markt mit Einzelhandelsumsätzen von mehr als 600 Mrd. $ für Artikel wie Möbel, Heimtextilien und Bodenbeläge. Mehr als 50 % dieser Umsätze wurden in Einrichtungshäusern erzielt. In ▶ *Tabelle 1* werden der geografische Umfang des Markts und der Umsatz von IKEA nach Regionen verglichen.

	Europa (incl. Russland)	Amerika	Asien/Pazifik
% des Weltmarkts[5]	52	29	19
% des IKEA-Umsatzes[6]	72	18	10

Tabelle 1: Verteilung des weltweiten Markts und IKEA-Umsätze nach Regionen

Die IKEA-Wettbewerber

Der Einrichtungsmarkt war hochgradig fragmentiert, wobei der Wettbewerb eher lokal als global war. In jeder Region, in der IKEA Geschäfte hatte, wurde man typischerweise mit Wettbewerbern verschiedener Art konfrontiert:

- Multinationale Möbeleinzelhändler (wie IKEA), die allerdings alle deutlich kleiner als IKEA waren. Dazu gehörten das dänische Unternehmen Jysk (Umsatz: ungefähr 2,9 Mrd. €).

- Unternehmen, die sich nur auf einen Teil der Möbelpalette konzentrierten und in mehreren Ländern operierten, wie zum Beispiel das deutsche Unternehmen Alno im Küchensegment.

- Branchenübergreifende Möbeleinzelhändler, deren Umsätze im Wesentlichen in einem Land erzielt werden, wie z.B. DFS im Vereinigten Königreich. Der US-amerikanische Markt wurde von solchen Akteuren dominiert (z.B. Bed, Bath & Beyond Inc. mit Erlösen von 12 Mrd. $).

- Nicht spezialisierte Unternehmen, die Möbel als Bestandteil einer größeren Produktpalette führten. Im Vereinigten Königreich war das größte Unternehmen dieser Art die Home Retail Group, deren Tochter Argos über ihr Netz aus ungefähr 840 Geschäften sowie im Online-Geschäft ungefähr 53.000 allgemeine Produkte vertreibt. Trotz dieses eher allgemeinen Angebots war Argos das größte Unternehmen im Bereich Möbeleinzelhandel im Vereinigten Königreich. Allgemeine Baumarktunternehmen, wie z.B. Kingfisher (durch B&Q im Vereinigten Königreich und Castorama in Frankreich) versuchten, einen größeren Anteil am unteren Ende des Möbelmarkts zu erfassen.

* Dieses Fallbeispiel wurde von Kevan Scholes, emeritierter Professor für strategisches Management an der Sheffield Business School, erstellt. Es soll als Grundlage für die Erörterung im Unterricht dienen und gibt kein Beispiel für gutes oder schlechtes Management. © Kevan Scholes, 2016. Dieses Beispiel darf ohne Genehmigung nicht reproduziert oder zitiert werden.

■ Kleine und/oder spezialisierte Einzelhändler und/oder Hersteller. Diese beherrschten einen Großteil des Markts in Europa.

Im Jahr 2014 lag das Umsatzvolumen des britischen Markts bei geschätzten 10,2 Mrd. £[7] – IKEAs Anteil daran lag bei 1,7 Mrd. £ (16,7 %).

Der IKEA-Ansatz

IKEA wurde 1943 von Ingvar Kamprad in der schwedischen Kleinstadt Älmhult gegründet. Allerdings wurde das erste große Geschäft erst 1958 eröffnet. Der Erfolg des Unternehmens

beruht allerdings auf dem mittlerweile legendären IKEA-Geschäftsmodell – das in seinen frühen Jahren in der Möbelbranche revolutionär gewesen ist (siehe ▶ *Tabelle 2*). Die grundlegende Geschäftsphilosophie von Kamprad umfasst die Verbesserung des Alltagslebens der Menschen durch die Fertigung kostengünstigerer Produkte. Dies wurde durch erhebliche Reduzierungen (20 % und mehr) der Verkaufspreise gegenüber den Wettbewerbern erzielt, die wiederum aggressive Kostenreduzierungen bei IKEA notwendig machten.

Element des Geschäftsmodells	Traditioneller Möbeleinzelhändler	IKEA
Design	Traditionell	Modern (schwedisch)
Zielhaushalte	Älter, etabliert	Familien mit Kindern
Stil des Geschäfts	Kleine Spezialgeschäfte	Alle Einrichtungsgegenstände in großen Geschäften
Standort	Stadtzentrum	Außerhalb
Produktfokus	Einzelne Artikel	Ganze Zimmereinrichtungen
Marketing	Werbung	Katalog (kostenlos; 213 Mio. Exemplare in 32 Sprachen im Jahr 2015)
Preis	Hoch	Niedrig
Produktmontage	Fertig montiert	„flaches Paket" zur Selbstmontage
Beschaffung	Lokal	Global
Marke	Hersteller	IKEA
Finanzieller Fokus	Bruttomarge	Umsatzerlöse
Gemeinkosten	Oft hoch	Einfach – keine Sonderleistungen

Tabelle 2: Das „umgekehrte" Geschäftsmodell von IKEA

Erfolgsgründe

In seinem 2011 veröffentlichten Buch „The IKEA Edge[8] " erörterte Anders Dahlvig die Gründe für den Erfolg von IKEA vor, während und nach seiner dortigen Zeit als CEO (1999–2009). Seiner Meinung nach beruhte der Erfolg von IKEA auf fünf klaren Kriterien:

1. Design, Funktion und Qualität zu niedrigen Preisen; 2. Einzigartiges (skandinavisches) Design; 3. Inspiration, Ideen und vollständige Lösungen; 4. Alles an einem Ort; 5. „Ein Tagesausflug", das Einkaufserlebnis – Man kann durchaus sagen, dass diese Kriterien denen der meisten Unternehmen ähneln. Meiner Meinung nach liegt der Unterschied darin, dass es IKEA viel besser als anderen Einzelhändlern gelingt, diese Kundenbedürfnisse zu erfüllen – Die meisten Wettbewerber konzentrieren sich auf eines oder maximal zwei dieser Kundenbedürfnisse. Geschäfte in den Hauptgeschäftsstraßen konzentrieren sich auf das Design und Inspiration. Außerhalb der Städte gelegene, preiswerte Einzelhandelsunternehmen konzentrieren sich auf den Preis. Kaufhäuser konzentrieren sich auf die Auswahl. Die tatsächliche Stärke von IKEA liegt allerdings in der Kombination aller fünf.[9]

Die Wettbewerbsstrategie von IKEA

Dahlvig erklärte den IKEA-Wettbewerbsansatz:

„Man kann sich entscheiden, die Produktpalette eines Unternehmens auf die Märkte anzupassen, auf denen man operiert, oder man kann sich entscheiden, die Präferenzen des Markts hin zur eigenen Palette und zum eigenen Stil zu verschieben. IKEA hat sich für Letzteres entschieden. Dadurch kann das Unternehmen ein einzigartiges und charakteristisches Profil aufrechterhalten. Allerdings ist dies der schwierigere Weg.[10] *... Ein wesentliches Verständnis der Situation des Kunden zu Hause bildet die Grundlage für die IKEA-Produktentwicklung*[11] *– Für die meisten Konkurrenten bedeutet der niedrigste Preis anscheinend einen Unterschied von fünf bis 10 % zum Preis eines vergleichbaren Produkts. IKEA ist immer mindestens 20 %*

günstiger als die Konkurrenz – manchmal liegt der Preisunterschied sogar bei bis zu 50 %.".[12]

Management der Wertschöpfungskette

Dahlvig erklärte, dass die Strategie von IKEA im Wesentlichen „Design" und Kontrolle über die umfassendere Wertschöpfungskette von IKEA im Detail erfordert:

„Das Geheimnis liegt in der Kontrolle und Koordinierung der gesamten Wertschöpfungskette aus Rohstoff, Produktion und Produktpalettenentwicklung bis hin zum Vertrieb in Geschäften. Die meisten anderen im Einzelhandelssektor tätigen Unternehmen haben entweder die Kontrolle über das Einzelhandelssegment (Geschäfte und Vertrieb) oder über das Produktgestaltungs- und Produktionssegment. Durch die vertikale Integration wird das Unternehmen verglichen mit den meisten anderen komplex, da es sowohl Produktion, Produktpalettenentwicklung, Vertrieb als auch Geschäfte besitzt."[13] *– Dies umfasste die Rückwärtsintegration durch die Erweiterung der Aktivitäten von Swedwood (den Produktionsarm von IKEA) über die Möbelwerke hinaus in die Kontrolle der Rohstoffe, Sägewerke, Plattenlieferanten und Bauteilfabriken hinein."*[14]

Globale Expansion

Im Jahr 1999 betrieb IKEA 158 Geschäfte in 29 Ländern mit einem Umsatz in Höhe von 7,6 Mrd. € Trotz der starken globalen Position von IKEA war Dahlvig der Ansicht, dass es viele Möglichkeiten sowie eine hohe Notwendigkeit für Verbesserungen gibt. Bisher wuchs das Unternehmen durch eine Verbreiterung des Angebots mit begrenztem Marktanteil, während man nun weiter in die Tiefe gehen wollte und sich auf bereits bestehende Märkte konzentrieren wollte.[15]

Er erklärte seine Argumentation wie folgt:

„Warum ist die Veränderung notwendig? Als Erstes waren wir durch den sich verändernden Charakter des Wettbewerbs dazu gezwungen. Über viele Jahre hinweg war der Wettbewerb sehr fragmentiert und lokal geprägt. Allerdings haben viele

der sehr großen Einzelhandelsunternehmen ihre Strategie geändert. Ausgehend von der lokalen Position zogen sie die globale Expansion, nicht zuletzt in den aufstrebenden Märkten in China, Russland und Osteuropa, in Erwägung. Überdies haben sie auch ihre Produktpalette erweitert und von Lebensmitteln oder traditionellen Baumarktprodukten hin zu mehr Einrichtungsgegenständen gewechselt. Dabei handelt es sich um große Unternehmen mit deutlich mehr Kraft als die traditionellen Wettbewerber von IKEA. Sie verfügten sowohl über die finanziellen Ressourcen als auch die operative Einzelhandelskompetenz wie IKEA. Eine Möglichkeit, sie vom Eintritt in den Einrichtungsmarkt abzuhalten, bestand darin, die Preise aggressiv zu senken und die Präsenz des Unternehmens mit mehr Geschäften auf allen lokalen Märkten in den Ländern zu erhöhen, in denen IKEA bereits operiert. Dabei war die Marktführung auf jedem Markt das Ziel. Ein weiterer Grund für die Strategieverschiebung bestand in der Kosteneffizienz. Die Steigerung der Umsätze in bestehenden Geschäften bildet die kosteneffizienteste Möglichkeit, das Unternehmen auszubauen.“[16]

China und Indien

Rund 70 % aller IKEA-Märkte befinden sich nach wie vor in Europa und die Expansion nach Asien war ein strategisch wichtiger Schritt. Das Unternehmen hatte aber bereits verstanden, dass aufstrebende Märkte durchaus eine Herausforderung darstellen konnten. Mikael Ydholm, Leiter der Forschungsabteilung bemerkte dazu:

„Je weiter wir uns von unserer Kultur entfernen, desto mehr müssen wir neu lernen und verstehen und uns anpassen.“[17]

IKEA hat 1998 sein erstes Geschäft in China eröffnet, heute ist China der am schnellsten wachsende Markt des Unternehmens. Acht der zehn größten Märkte befinden sich hier. Der chinesische Markt erwies sich allerdings als besondere Herausforderung für ein Unternehmen, das durch Standardisierung weltweit erfolgreich geworden war.[18] Die Hauptprobleme lagen darin, dass die IKEA-Produkte auf den sich entwickelnden Märkten im Vergleich zu lokalen Wettbewerbern teuer waren und

dass die Einkaufserwartungen auf kleinen, lokalen Geschäften und persönlichem Service beruhten. Daher war auf Seiten von IKEA zwangsläufig ein gewisses Maß an Flexibilität im Ansatz erforderlich. So präsentierte sich das Unternehmen beispielsweise als exklusiver westeuropäischer Innenarchitekturexperte – beliebt bei jüngeren, wohlhabenden Städtern. Die Läden waren überdies kleiner als bei IKEA üblich und lagen typischerweise näher am Stadtzentrum. Da das Heimwerken in China nicht so weit verbreitet war, bot IKEA auch die Anlieferung und den Aufbau der Möbel an. Kataloge waren nur in den Läden verfügbar. Entscheidend war, dass die Läden beinahe 50 % lokal beschaffen durften (verglichen mit einem Unternehmensdurchschnitt von circa 25 %), um die Preise wettbewerbsfähig halten zu können.

Diese Erfahrungen sollten sich auch als hilfreich erweisen, als IKEA in den indischen Markt eintrat. Im Jahr 2012 wurde bekanntgegeben, dass IKEA für die Eröffnung von 25 Geschäften über einen Zeitraum von 15 bis 20 Jahren 1,5 Mrd. € investieren würde.[19] 2017 eröffnete der erste Markt in Hyderabad. Doch auch Indien erwies sich als neue Herausforderung, denn ein Drittel der Ware, die in den IKEA-Märkten vertrieben wird, muss im Land selbst produziert werden. Und IKEA hatte massive Probleme damit, Produzenten zu finden, die ihren strikten Anforderungen bezüglich sozialer, unternehmerischer Verantwortung gerecht werden konnten.

Eine neue Unternehmensführung

2009 folgte Michael Ohlsson Dahlvig nach – nachdem er bereits 30 Jahre für IKEA gearbeitet hatte. Er wiederum wurde 2013 von einem weiteren „Insider“ abgelöst – Peter Agnefjäll (nach 18 Jahren bei IKEA).

Trotz extrem anspruchsvoller wirtschaftlicher Bedingungen nach der globalen Finanzkrise im Jahr 2008, war IKEA weiterhin sehr erfolgreich: Die Einnahmen lagen bei 21,8 Mrd. € in 2009, bei 27,6 Mrd. € in 2012 und bei 32,7 Mrd. € in 2015. Für 2020 lag die Prognose bei 50 Mrd. € weltweit. Allerdings veränderte sich der Markt zusehends, während IKEA weiter expandierte – bis 2015 stieg die Anzahl der IKEA-Länder auf 43.

Wachsen und mehr Kunden erreichen

Zwar blieb das bewährte IKEA-Modell weiterhin das Herzstück der Unternehmensstrategie, doch im Jahresbericht 2015[20] erklärte die Firma, wie sie neue Herausforderungen angehen wolle:

„Wir wollen für unsere Kunden noch leichter erreichbar sein. Wir müssen also hart daran arbeiten, um es allen Menschen leichter zu machen, bei uns einzukaufen, wo und wann sie möchten – ob in unseren Märkten, den neuen Einkaufszentren, online oder per App.

Einkaufszentren
Wir betreiben 40 Einkaufszentren und 25 Ladenparks (in 14 Ländern) – 25 weitere solcher Projekte sind in Planung. In unseren familienfreundlichen Einkaufszentren ist ein IKEA-Markt eine der Hauptattraktionen.

Online
Onlineumsätze durch unsere Website und Apps überstiegen im Finanzjahr 2015 1 Mrd. €. (IKEA.com registrierte 1,9 Mrd. Besucher und unsere Katalog-App wurde 54 Mio. Mal angeklickt – in beiden Fällen ein Anstieg von etwa 20 % gegenüber 2014.) Gegenwärtig können Kunden in 13 der 28 Länder, in denen IKEA präsent ist, auch online einkaufen. Aktuell prüfen wir, wie wir die Mittel und Wege verbessern können, unsere Kunden über unsere Produkte zu informieren und zu inspirieren. Unsere Website, der Katalog und die App sind hier unser Fokus.

Kauf- und Abhol-Punkte
Unsere drei neuen Kauf- und Abhol-Punkte in Spanien, Norwegen und Finnland ermöglichen es unseren Kunden, ausgewählte Produkte aus unserem Sortiment anzusehen und zu kaufen. Zudem können zuvor bestellte Waren hier abgeholt werden.“

Auf der Grundlage ihres einzigartigen Modells sowie auch den aktuellen Neuerungen, die oben beschrieben wurden, befindet sich IKEA weiterhin als Marktführer auf einem Siegeszug rund um die Welt. CEO Peter Agnefjäll bestätigt das:

„Unsere Vision treibt uns voran: Wir möchten möglichst vielen Menschen den Alltag leichter und schöner gestalten. Das motiviert uns – das sehen wir als unsere Aufgabe an – Wir fühlen uns also fast verpflichtet, weiter zu wachsen.“[21]

Quellen:

[1] IKEA Group Jahresendbericht Finanzjahr 2015 von der IKEA Website (www.ikea.com)

[2] Die genannten Einnahmen setzen sich aus 31.9 Mrd. € Umsatz und 0,8 Mrd. € Mieteinnahmen von Ladengeschäften zusammen.

[3] IKEA war in 43 Ländern präsent, wenn man Einzelhändler, Vertrieb und Produktion berücksichtigt.

[4] Die Informationen in diesem Abschnitt stammen von der IKEA-Webseite 2015 sowie aus dem DataMonitor-Bericht zum Global Home Furnishings Retail Industry Profile (Referenzcode: 0199-2243, Veröffentlichungsdatum: April 2008).

[5] 2008

[6] 2015

[7] British Furniture Manufacturers (www.bfm.org.uk)

[8] Anders Dahlvig, „The IKEA Edge, McGraw-Hill", 2011.

[9] Siehe Fußnote 8, S. 62.

[10] Siehe Fußnote 8, S. 63.

[11] Siehe Fußnote 8, S. 63.

[12] Siehe Fußnote 8, S. 74.

[13] Siehe Fußnote 8, S. 75.

[14] Siehe Fußnote 8, S. 83.

[15] Siehe Fußnote 8, S. 120.

[16] Siehe Fußnote 8, S. 123.

[17] B. Kowitt, How Ikea took over the world, Fortune, 15. März 2015.

[18] U. Johansson und A. Thelander, „A standardised approach to the world? IKEA in China", International Journal of Quality and Service Sciences, Band 1, Nr. 2 (2009), S. 199–219.

[19] N. Bose und M. Williams, Ikea to enter India, invest 1.5 bln euros in stores, Reuters, 23. Juni 2012.

[20] Siehe Fußnote 1.

[21] Siehe Fußnote 17.

Fragen

1 Bestimmen Sie, wo (in seinem Wertschöpfungsnetzwerk) und wie IKEA die Kostenführerschaft erreicht hat.

2 Bestimmen Sie, wie IKEA eine Differenzierung gegenüber seinen Wettbewerbern erreicht hat.

3 Erklären Sie, wie IKEA sicherzustellen versucht, dass seine „Hybridstrategie" nachhaltig bleibt und dass es nicht zwischen den Stühlen sitzt.

4 Wie würden Sie das Geschäftsmodell von IKEA im Hinblick auf Wertgenerierung, Wertkonfiguration und Wertabschöpfung erklären?

 Als Dozent finden Sie ausführliche **Lösungshinweise** zu den Fallaufgaben auf der Webseite zum Buch.

Unternehmensstrategie und Diversifikation

8

ÜBERBLICK

Lernziele

Nach der Lektüre dieses Kapitels sollten Sie in der Lage sein,

■ alternative strategische Ausrichtungen zu identifizieren, darunter *Marktdurch-dringung*, *Produktentwicklung*, *Marktentwicklung* und *Diversifikation*.

■ verschiedene Diversifikationsstrategien zu unterscheiden (verbundene und nicht verbundene Diversifikation) und Gründe zu identifizieren, unter denen diese Strategien am besten funktionieren.

■ die relativen Vorteile der *vertikalen Integration* und des *Outsourcings* zu bewerten.

■ die Art und Weise zu analysieren, wie eine *Unternehmenszentrale* den Wert ihres Portfolios an Geschäftsbereichen steigern oder zerstören kann.

■ *Geschäftsbereichsportfolios* zu analysieren und zu beurteilen, wo sich eine Investition lohnt und wo nicht.

8.1 Einführung

Kapitel 7 beschäftigte sich mit der *Wettbewerbsstrategie*, also damit, wie ein einzelner Geschäftsbereich auf einem gegebenen Markt wettbewerbsfähig sein kann, z.B. durch Kostenführerschaft oder Differenzierung. Eine Organisation kann sich aber auch dafür entscheiden, neue Produkte und auch Märkte für sich zu erschließen. (siehe *Abbildung II.1* in *Teil II*). So begann etwa die Tata Group, eines der größten Unternehmen Indiens, als reine Handelsorganisation und wurde bald darauf auch in den Bereichen Hotelgewerbe und Textilien aktiv. Bis heute hat Tata seine Diversifikation fortgesetzt und umfasst mittlerweile auch die Bereiche Stahlproduktion, Motoren, Unternehmensberatung, Technologie, Teeanbau, Chemie, Energie und Kommunikation. Wenn sich Unternehmen neuen Geschäftsbereichen zuwenden, beziehen sich ihre Strategien auch nicht mehr nur auf die Ebene der einzelnen Geschäftsbereiche, und sie müssen auch die Wahlmöglichkeiten auf Gesamtunternehmensebene berücksichtigen, die mit dem Management vieler unterschiedlicher Unternehmensbereiche und Märkte einhergehen. Strategien auf Gesamtunternehmensebene beschäftigen sich damit, in welchen Bereichen man sich engagieren sollte, was wiederum beeinflusst, in welche Richtung sich ein Unternehmen in nächster Zukunft bewegt und wie vorhandene Ressourcen effizient auf die verschiedenen Aktivitäten verteilt werden können. Für Tata lautet die strategische Frage, ob noch weitere Geschäftsbereiche hinzugefügt werden sollten, ob man sich aus manchen Bereichen lieber zurückziehen sollte und wieweit in den vorhandenen Bereichen Integration betrieben werden sollte. Auch große gemeinnützige Organisationen oder Gesellschaften der öffentlichen Hand müssen solche Entscheidungen treffen. Wie breit sollte die Organisation aufgestellt sein? Das Thema „Reichweite" ist für die *Unternehmensstrategie* von entscheidender Bedeutung (siehe ▶ *Abbildung 8.1*).

Bei der Reichweite geht es darum, in welchem Maß eine Organisation Diversifikation betreiben sollte, wobei hier zwei Dimensionen entscheidend sind: Produkte und

Märkte. Das Anfangsbeispiel zeigt, dass eine Organisation ihre Reichweite durch die Erschließung neuer Märkte oder durch die Inklusion neuer Produkte steigern kann, die nichts mit den aktuellen Produkten zu tun haben. *Abschnitt 8.2* stellt ein klassisches Produkt-Markt-System vor, das diese Kategorien nutzt, um unterschiedliche Wachstumsausrichtungen einer Organisation aufzuzeigen. Einer Organisation stehen also verschiedene *Diversifikationsstrategien* offen, die sich auf neue Produkte und/oder neue Märkte beziehen können. Die Antriebskräfte für solche Diversifikationen werden in *Abschnitt 8.3* diskutiert, darunter stärkere Marktmacht, weniger Risiko und die Ausnutzung verbesserter interner Prozesse. *Abschnitt 8.4* befasst sich danach mit den Auswirkungen der Diversifikation auf die Leistung einer Organisation.

Die *vertikale Integration* stellt eine weitere Möglichkeit für ein Unternehmen dar, seine Reichweite zu steigern (siehe *Abschnitt 8.5*). Auf diesem Weg kann es als interner Zulieferer oder Kunde auftreten (so wie z.B. ein Ölkonzern, der sein Benzin an die firmeneigenen Tankstellen liefert). Dabei kann sich eine Organisation dafür entscheiden, manche Aktivitäten *auszulagern* – also zu „dis-integrieren", indem eine vormals interne Aktivität an einen externen Anbieter vergeben wird. Das kann die Effizienz des Unternehmens steigern. Die Reichweite einer Organisation kann also durch Wachstum oder Kontraktion angepasst werden.

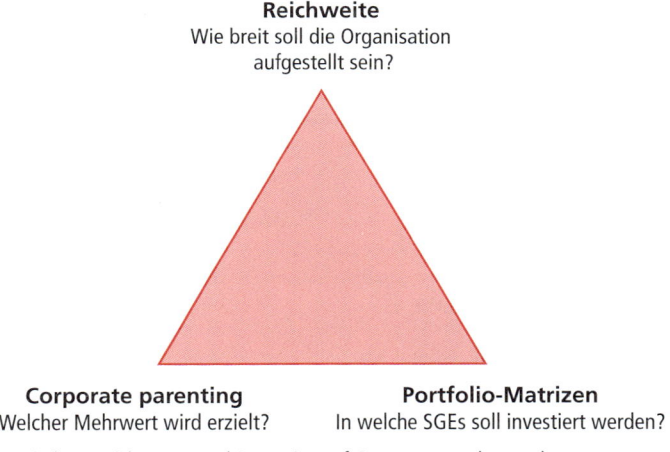

Reichweite
Wie breit soll die Organisation
aufgestellt sein?

Corporate parenting
Welcher Mehrwert wird erzielt?

Portfolio-Matrizen
In welche SGEs soll investiert werden?

Abbildung 8.1: Strategische Ausrichtungen und Strategien auf Gesamtunternehmensebene

Diversifizierte Unternehmen, die in unterschiedlichen Bereichen tätig sind, verfügen über zahlreiche strategische Geschäftseinheiten (SGEs), die alle eigene Strategien zu ihren eigenen Produkten und Märkten verfolgen, für die sie in Bezug auf Erfolge und Misserfolge auch selbst die Verantwortung übernehmen müssen. Mithilfe der SGEs können große Konzerne also ihre jeweiligen Geschäftsstrategien den unterschiedlichen Bedürfnissen der einzelnen externen Märkte anpassen, die sie bedienen. Und dennoch muss die Unternehmenszentrale die Auswahl der SGEs steuern und Grenzen setzen, was etwa die geografische Ausdehnung oder auch die verfügbare Kapazität betrifft, um so Mehrwert für den gesamten Konzern zu generieren.[1] Dieser Mehr-

---

1 Siehe M. Goold und A. Campbell, „Designing Effective Organizations: How to Create Structured Networks", *Jossey-Bass*, 2002. Auch K. Eisenhardt und S. Brown, „Patching", *Harvard Business Review*, Band 77, Nr. 3 (1999), S. 72.

wert, den die Zentrale für die einzelnen SGEs generiert, sowie der Entwurf des Konzern-Portfolios wird als **Parenting Advantage** bezeichnet (siehe *Abschnitt 8.6*). Ist eine Konzernzentrale gut darin, ihr Portfolio effizient zu gestalten und zu verwalten, verschafft ihr das einen Wettbewerbsvorteil gegenüber anderen Konzernen, auch wenn es darum geht, neue Unternehmen zu übernehmen oder zu fusionieren. Doch wie genau generieren die Entscheidungen, Aktivitäten und Ressourcen einer Unternehmenszentrale Mehrwert für einzelne SGEs? Wie die Rubrik „Quer-Denken" am Ende des Kapitels zeigen wird, gibt es durchaus auch Skeptiker, die die Fähigkeiten einer Unternehmenszentrale diesbezüglich in Frage stellen.

Um entscheiden zu können, in welche Branchen und Geschäftsbereiche eine Organisation investieren sollte und welche man besser verlassen sollte, muss die Zentrale einschätzen können, ob das bestehende *Portfolio* unter der Leitung der Zentrale mehr wert ist, als es die einzelnen SGEs für sich allein wären. In *Abschnitt 8.7* werden Portfolio-Matrizen vorgestellt, die für solche Entscheidungen hilfreich sein können.

Doch dieses Kapitel befasst sich nicht nur mit großen Unternehmen und Konzernen. Auch kleine Firmen können aus mehreren Geschäftseinheiten bestehen. So könnte eine lokal agierende Baufirma zum einen Aufträge für kommunale Behörden ausführen, zum anderen für Industriekunden und auch für Privatkunden arbeiten. Und dies sind nicht nur unterschiedliche Marktsegmente, sondern auch die Arbeitsweise und die erforderlichen Fähigkeiten für einen Wettbewerbserfolg sind wohl in jedem Fall verschieden. Zudem muss der Firmenchef entscheiden, wie viel Geld und Arbeitskraft er in jeden einzelnen dieser Bereiche investieren sollte. Und auch Organisationen der öffentlichen Hand, wie etwa kommunale Behörden oder Kliniken, bieten unterschiedlichste Dienstleistungen an, die in gewisser Weise den einzelnen SGEs eines Privatunternehmens entsprechen. Im öffentlichen Sektor sind Entscheidungen der Zentrale besonders in Bezug auf die Setzung der richtigen Grenzen relevant. Privatisierung und verstärktes Outsourcing kann in diesem Zusammenhang auch als Reaktion auf das Unvermögen öffentlicher Organisationen angesehen werden, ausreichend Mehrwert generiert zu haben.

8.2 Strategische Ausrichtungen

Eine wichtige Strategie auf Unternehmensebene bezieht sich darauf, in welchen Bereichen eine Organisation wachsen sollte.

Die Produkt-/Markt-**Wachstumsmatrix** nach Ansoff[2] ist eine einfache Methode, die vier grundlegenden Ausrichtungen der strategischen Entwicklung darzustellen, siehe ▶ *Abbildung 8.2*. Ein Unternehmen beginnt meist mit seinen bestehenden Produkten und Märkten links oben in Quadrant A,. Der Matrix folgend hat das Unternehmen nun die Wahl, seine bestehenden Märkte weiter zu *durchdringen* (und somit in Quadrant A zu bleiben), *neue Produkte* für bestehende Märkte zu *entwickeln* (und sich somit nach rechts in Quadrant B zu bewegen), bestehende Produkte auf *neuen Märkten* anzubieten (eine Bewegung nach unten in Quadrant C) oder den radikalsten Schritt in Richtung einer vollständigen **Diversifikation** zu machen, d.h. völlig neue Märkte und neue Produkte zu erschließen (Quadrant D).

Die Erschließung neuer Produkte oder Dienstleistungen, die mit den bestehenden Geschäftseinheiten in Verbindung stehen, kann auch als **verbundene Diversifikation** bezeichnet werden. Eine Organisation kann also zwischen zwei unterschiedlichen Strategien einer verbundenen Diversifikation entlang der beiden Ansoff-Achsen wählen: entweder die Bewegung in Quadrant B und damit die Entwicklung *neuer Produkte* für die bestehenden Märkte oder die Bewegung in Quadrant C und damit die Einführung bereits bestehender Produkte in *neue Märkte*. In beiden Fällen gilt, dass der Grad der Diversifikation steigt, je weiter man sich entlang der beiden Achsen nach außen bewegt. Alternativ kann eine Organisation auch auf beiden Achsen gleichzeitig nach außen folgen, womit sie eine *konglomerate Diversifikationsstrategie* mit ganz neuen Märkten und völlig neuen Produkten (Quadrant D) betreibt.

Eine **konglomerate (nicht verbundene) Diversifikation** bedeutet also die Aufnahme neuer Produkte oder Dienstleistungen, die keinerlei Verbindung zu bereits bestehenden Geschäftsbereichen haben.

---

2   Dies ist eine Erweiterung der Produkt/Markt-Matrix: siehe I. Ansoff, „Corporate Strategy", *Penguin*, 1988, Kapitel 6. Diese Ansoff-Matrix wurde später zu der unten aufgezeigten Matrix weiterentwickelt:

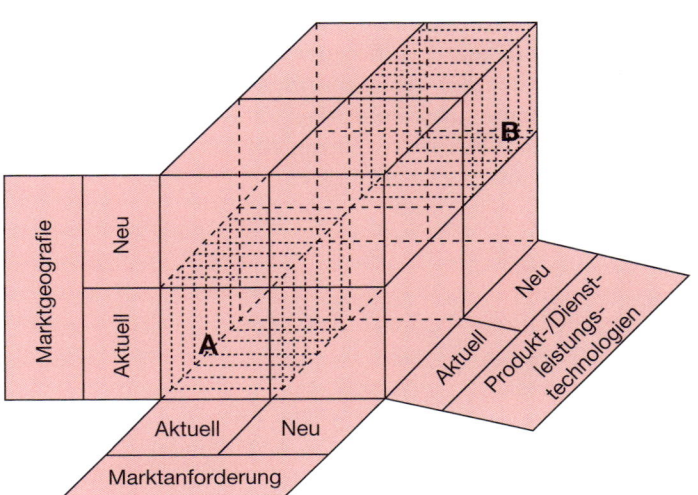

Wachstumsmatrix

Die Produkt-/Markt-Wachstumsmatrix nach Ansoff ist eine einfache Methode, die vier grundlegenden Ausrichtungen der strategischen Entwicklung darzustellen.

Diversifikation

Diversifikation bedeutet, neue Märkte und neue Produkte zu erschließen.

Verbundene Diversifikation

Die Erschließung neuer Produkte oder Dienstleistungen, die mit den bestehenden Geschäftseinheiten in Verbindung stehen, kann auch als verbundene Diversifikation bezeichnet werden.

Konglomerate (nicht verbundene) Diversifikation

Eine konglomerate (nicht verbundene) Diversifikation bedeutet die Aufnahme neuer Produkte oder Dienstleistungen, die keinerlei Verbindung zu bereits bestehenden Geschäftsbereichen haben.

Die Achsen der Ansoff-Matrix können auch sehr effektiv für ein Brainstorming zu strategischen Optionen verwendet werden, um zu prüfen, ob alle vier Optionsrichtungen beachtet wurden. *Beispiel 8.1* illustriert dies anhand der Entwicklung einer Organisation. Im nächsten Abschnitt wird jeder der vier wichtigsten Ausrichtungen nach Ansoff genauer betrachtet. *Abschnitt 8.5* widmet sich dann der zusätzlichen Option der *vertikalen Integration*.

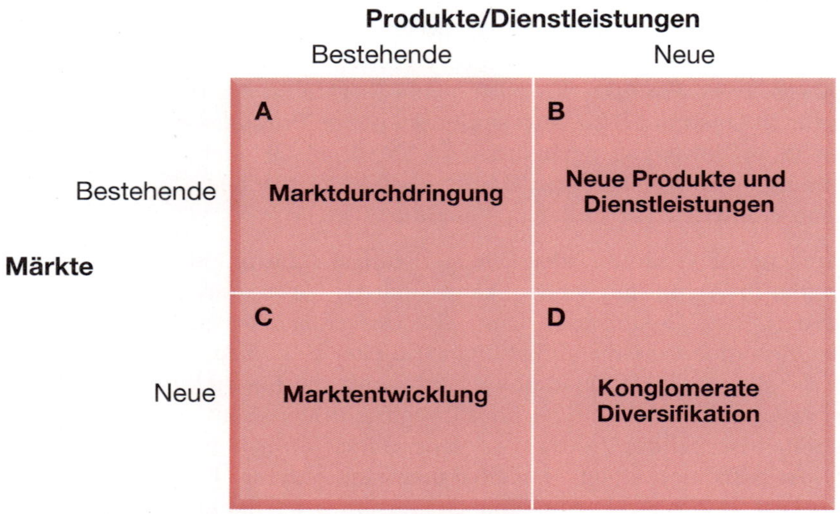

Produkte/Dienstleistungen

	Bestehende	Neue
Bestehende	**A** **Marktdurchdringung**	**B** **Neue Produkte und Dienstleistungen**
Neue	**C** **Marktentwicklung**	**D** **Konglomerate Diversifikation**

Märkte

Abbildung 8.2: Strategische Ausrichtungen (Ansoff-Matrix)

Quelle: Anpassung aus H. I. Ansoff, „Corporate Strategy", Penguin, 1988, Kapitel 6. Ansoff stellte ursprünglich eine Matrix mit vier separaten Feldern auf. Allerdings beinhalten die strategischen Richtungen in der Praxis eher kontinuierliche Achsen. Die Ansoff-Matrix an sich wurde später entwickelt ? siehe Fußnote 2.

8.2.1   Marktdurchdringung

Marktdurchdringung

Marktdurchdringung findet statt, wenn eine Organisation ihren Marktanteil ausweitet.

Die weitere **Marktdurchdringung**, die der Organisation eine Ausweitung ihres Marktanteils mittels ihrer bestehenden Produktpalette ermöglicht, ist auf den ersten Blick die offensichtlichste aller strategischen Ausrichtungen. Sie baut auf bereits existierenden strategischen Fähigkeiten auf, sodass sich die Organisation nicht in bisher unbekanntes, neues Territorium vorwagen muss. Die Ausrichtung der Organisation bleibt unverändert. Außerdem bedeutet ein größerer Marktanteil auch mehr Macht gegenüber Käufern und Zulieferern (in Bezug auf das Five-Forces-Modell), mehr Größenvorteile und Vorteile auf der Erfahrungskurve.

Beispiel 8.1 — Wandel in der Gemeinde durch eine Bäckerei

Wie die Diversifizierung von Greyston eine angeschlagene Gemeinde verändert.

Die Greyston Bakery, die wahrscheinlich am besten bekannt ist für die Brownies aus der berühmten Ben-and-Jerry's-Eiscreme, gehört zur Greyston Foundation – einem integrierten Netzwerk mit einem Wert von 15 Mio. $ (9 Mio. £ bzw. 11,25 Mio. €), das sowohl aus gewinnorientierten als auch aus gemeinnützigen Organisationen besteht. Die Stiftung bietet eine große Vielzahl an Dienstleistungen, von denen die lokale Gemeinde profitiert.

Die Bäckerei wurde 1982 von einer Zen-buddhistischen Meditationsgruppe in einer armen Gegend von Yonkers, New York gegründet, in der die Gründer Arbeitsplätze für Menschen aus der Gemeinde schaffen wollten, für die nur schwer Arbeitsplätze zu finden waren – Obdachlose, Menschen mit Lücken im Lebenslauf, Vorstrafen sowie Drogenproblemen. Dazu setzte die Gruppe radikal eine „offene Einstellungsmethode" ein, die bis heute verwendet wird und bei der jeder, der sich für einen Arbeitsplatz bewirbt, nach dem Windhundverfahren die Möglichkeit bekommt zu arbeiten. Die Arbeitnehmer müssen allerdings drei Monate lang rechtzeitig zur Arbeit erscheinen, die Aufgabe erfüllen und erhalten dann automatisch eine Festanstellung. Senior Vice President David Rome erklärt dazu: „Wir beurteilen die Menschen auf der Grundlage ihrer Leistung im Betrieb und nicht nach ihrem Hintergrund." Anfänglich besteht eine hohe Fluktuation, aber die durchschnittliche Beschäftigungsdauer beträgt ungefähr drei Jahre. Überdies betrachtet Greyston es als Erfolg, wenn ein Mitarbeiter zu einem neuen Arbeitsplatz wechselt, an dem er seine Fähigkeiten einsetzen kann. CEO Julius Walls führt dazu aus: „Das Unternehmen bietet seinen Mitarbeitern Chancen und Ressourcen, damit diese nicht nur am Arbeitsplatz, sondern auch in ihrem Privatleben erfolgreich sein können. Wir stellen Menschen nicht dazu ein, Kekse zu backen, sondern wir backen Kekse, damit wir Menschen einstellen können."

Im Zuge der Expansion des Unternehmens wurde deutlich, dass die Schaffung von Arbeitsplätzen in der Gemeinde allein nicht genug war. Daher wurde 1991 in Zusammenarbeit mit staatlichen Behörden das Greyston Family Inn eröffnet, um Obdachlosen eine dauerhafte Unterkunft zu bieten. Momentan gibt es hier drei Gebäude mit insgesamt 50 Wohneinheiten. Außerdem wurde eine Kindertagesstätte mit einem Hortangebot am Nachmittag gegründet, da eines der wichtigsten Anliegen für berufstätige Eltern in der Gemeinde darin bestand, die bei öffentlichen Schulen bestehende Lücke in der Betreuung zu füllen. 1992 wurden die Greyston Health Services gegründet, um bedürftige Menschen, die mit HIV/AIDS infiziert sind, zu unterstützen, und 1997 wurde das Issan House mit 35 dauerhaften Wohneinheiten für Menschen mit HIV/AIDS, psychischen Erkrankungen oder Suchtproblemen eingerichtet. Zu weiteren Projekten gehört das Greyston-Garden-Projekt, fünf von der Gemeinde verwaltete Gärten auf verwahrlosten Grundstücken, sowie ein technisches Ausbildungszentrum.

2011 wurde ein lokales Bäckereigeschäft/Café eröffnet und 2012 wurde mit der Unterstützung der Immobilienabteilung der Stiftung eine neue Bäckerei für 10 Mio. $ im Rahmen eines Public-Private-Partnership-Projekts mit der Stadt auf einem seit langem brachliegenden Gelände errichtet.

Die Stiftung fungiert als Dachorganisation für alle Greyston-Organisationen, erbringt zentrale Leistungen in den Bereichen Management, Mittelbeschaffung, Immobilienentwicklung sowie Planung. Mittlerweile umfasst sie vier in Wechsel-beziehungen stehende Organisationen: die Bäckerei, den Gesundheitsdienst, die Kinder- und Familienprogramme sowie die Immobilienentwicklung. Die soziale Mission der Stiftung, d.h. die Unterstützung einkommensschwacher Menschen auf dem Weg zur Selbstständigkeit sowie die Verwandlung der Gemeinde, werden mit der geschäftlichen Zusammenarbeit verbunden, um so kontinuierliches Wachstum zu ermöglichen.

Im Jahr 2012 feierte die Greyston Bakery ihren 30. Jahrestag und erhielt dazu ein wunderbares Geschenk vom Staat New York: Sie wurde eine Benefit Corporation, eine Art gemeinnütziges Unternehmen. Dies ermöglichte es Greyston, höhere Standards im Hinblick auf den Unternehmenszweck, die Verantwortung und Transparenz nachzuweisen. Der CEO der Stiftung Steven Brown sagte dazu: „De facto waren wir schon lange bevor der Begriff geprägt wurde, eine Benefit Corporation. Wir sind für eine viel größere Gemeinde tätig und diese Gemeinde hat einen Anteil an dem, was wir tun. Das Ausmaß, in dem wir Wert schöpfen und Chancen schaffen können, ist für viele in der Gemeinde der Weg aus ihrer Not-lage." Seit damals ist Greyston weiterhin gewachsen und konnte neue Wohnanla-gen für einheimische Arbeiterfamilien eröffnen.

Quellen: www.greyston.com; http://1596994. Sites: myregisteredsite.com/livepoints/lp52.html#face:Huffington Post, 9. Dezember 2012; http://www.youtube.com/watch?v=2WLzV7JfVSc.

Organisationen, die eine höhere Marktdurchdringung erreichen möchten, müssen sich jedoch zwei Herausforderungen stellen:

- *Vergeltungsschläge durch Wettbewerber.* Betrachtet man das Five-Forces-Modell (siehe *Abschnitt 3.2*), so verstärkt eine höhere Marktdurchdringung höchstwahr-scheinlich die Konkurrenz innerhalb der Branche, denn andere Wettbewerber auf dem Markt verteidigen ihre Marktanteile. Ein heftigerer Wettbewerb kann zu Preiskriegen oder aggressiven Marketingkampagnen führen, die die Unternehmen teurer kommen, als es jegliche Ausweitung des Marktanteils wert ist. Die Risiken eines aggressiven Vergeltungsschlags sind größer auf Märkten mit geringem Wachstum, denn hier geht eine Ausweitung des Marktanteils viel stärker auf Kos-ten anderer Wettbewerber. Wenn das Risiko eines Vergeltungsschlags besteht, brauchen Unternehmen strategische Fähigkeiten, die ihnen einen klaren Wettbe-werbsvorteil verleihen. Auf Märkten mit geringem oder negativem Wachstum kann es daher viel effektiver sein, einfach andere Konkurrenten zu übernehmen. Einige Unternehmen sind auf diese Weise rasch gewachsen. In der Stahlindustrie etwa stieg die indische Firma LNM (Mittal) zwischen 2001 und 2009 zum welt-weit größten Stahlproduzenten auf, indem sie andere Stahlkonzerne weltweit auf-kaufte. Firmenübernahmen können die Rivalität auf dem Markt effektiv vermindern, indem man die Zahl der unabhängigen Konkurrenten reduziert und sie unter einem Dach konsolidiert.

- *Rechtliche Beschränkungen.* Eine größere Marktdurchdringung kann behördliche Wettbewerbshüter auf den Plan rufen, die eine zu große Marktmacht befürchten. Die Kartellbehörden der meisten Länder haben das Recht, mächtigen Unternehmen Beschränkungen aufzuerlegen oder Fusionen und Übernahmen zu verhindern, die zu einem solchen Machtausbau führen würden. Die Kartellbehörde Großbritanniens, die Competition Commission, kann jede Fusion oder Übernahme untersuchen, bei der das neu entstehende Unternehmen einen Marktanteil von über 25 % erlangen würde. Diese Übernahme/Fusion kann dann entweder verhindert werden oder es werden Maßnahmen ergriffen, um die Marktmacht zu schmälern. Die Europäische Kommission überblickt den gesamten europäischen Markt und kann in ähnlicher Weise intervenieren. Als sich beispielsweise Gaz de France und Suez, zwei Versorgungsunternehmen mit dominanter Marktstellung in Frankreich und Belgien, 2006 entschlossen, zu fusionieren, bestand die Europäische Kommission darauf, dass beide Unternehmen ihre Marktmacht reduzierten, indem sie ihre Tochtergesellschaften abstießen und ihre Netzwerke für Konkurrenten öffneten.[3]

8.2.2 Produktentwicklung

Produktentwicklung liegt vor, wenn Organisationen modifizierte oder neue Produkte (oder Dienstleistungen) auf bestehenden Märkten anbieten. Dies ist eine eingeschränkte Erweiterung der Reichweite einer Organisation. In der Praxis erfordert selbst die Marktdurchdringung ein gewisses Maß an Produktentwicklung, doch hier geht es um mehr Innovation. Für Sony bedeutete eine solche Produktentwicklung die Weiterentwicklung des Walkman als tragbares Musiksystem zur Wiedergabe von Kassetten über die Wiedergabe von CDs hin zu MP3-Systemen. Im Grunde bleiben die Märkte gleich, doch die angebotenen Technologien sind völlig neu. Im Fall des Walkman hatte Sony wahrscheinlich keine Wahl und musste diese Weiterentwicklung in Angriff nehmen. Doch in manchen Fällen kann Produktentwicklung auch hochgradig teuer und riskant sein. Dafür gibt es mindestens zwei Gründe:

Produktentwicklung

Produktentwicklung liegt vor, wenn Organisationen modifizierte oder neue Produkte auf bestehenden Märkten anbieten.

- *Neue Ressourcen und Kompetenzen.* Bei der Produktentwicklung geht es häufig darum, sich neue Technologien anzueignen, mit denen die Organisation bisher noch nicht vertraut ist. So begannen viele Banken nach dem Jahr 2000 damit, Online-Banking anzubieten, erlitten aber viele Rückschläge, da die dafür nötigen neuen Technologien sich so radikal von der üblichen Art und Weise unterschieden, wie sie ihre Dienstleistungen bisher in ihren Filialen anboten. Oft hing der Erfolg von der Bereitschaft ab, sich neue technologische und das Marketing betreffende Fähigkeiten anzueignen, wozu oft die Hilfe spezialisierter IT- und E-Commerce-Berater notwendig war.[4] Also erfordert Produktentwicklung meist hohe Investitionen und birgt das Risiko von Fehlschlägen.

---

3   Zur Berechtigung der Europäischen Kommission zum Eingriff in den Wettbewerb siehe *http://ec.europa.eu/comm/competition*; zur britischen Kartellbehörde Competition Commission siehe *http://www.competitioncommission.org.uk/*.

■ *Risiken beim Projektmanagement.* Auch auf vertrautem Terrain bergen Projekte der Produktentwicklung viele Risiken, etwa in Bezug auf zeitliche Verzögerungen und höhere Kosten aufgrund von höherer Komplexität und sich verändernden Spezifikationen. Ein berühmtes Beispiel aus jüngerer Zeit ist der 11 € Mrd. teure Airbus A380, dessen Auslieferung sich Mitte der 2000er-Jahre aufgrund von Produktionsfehlern um zwei Jahre verzögerte. Airbus hatte zwar bereits einige Entwicklungsprojekte neuer Flugzeugtypen geleitet, das hohe Maß der speziellen Anpassung jedes einzelnen Flugzeugs an die Wünsche der jeweiligen Kunden sowie die damit verbundene fehlende Kompatibilität der computergestützten Design-Software gestalteten das Projekt jedoch so komplex, dass das Management-Team der Firma diesem nicht mehr gewachsen war.

Strategien zur Produktentwicklung werden in *Kapitel 10* nochmals aufgegriffen.

8.2.3 Marktentwicklung

Marktentwicklung

Marktentwicklung findet statt, wenn bereits existierende Produkte auf neuen Märkten angeboten werden.

Ist die Strategie der Produktentwicklung zu riskant und zu teuer, so bietet sich als Alternative die Marktentwicklung an. **Marktentwicklung** findet statt, wenn bereits existierende Produkte auf neuen Märkten angeboten werden. Auch hier ist die Ausweitung der Reichweite des Unternehmens eingeschränkt. Und auch hier muss ein gewisses Maß an Produktentwicklung vorliegen, selbst wenn es nur um Verpackung oder Kundendienst geht. Dennoch ist und bleibt die Marktentwicklung eine Form der verbundenen Diversifikation und kann zwei Formen annehmen:

■ *Neue Nutzer.* Ein Beispiel aus diesem Bereich ist Aluminium, das ursprünglich zur Herstellung von Verpackungsmaterial und Besteckteilen genutzt wurde, mittlerweile aber auch bei der Produktion von Flugzeugen und Autos Verwendung findet.

■ *Neue Regionen.* Das wichtigste Beispiel hier ist die Internationalisierung, doch auch die Ausweitung eines kleinen Einzelhandelsunternehmens mit Standorten in neuen Städten fällt in diese Kategorie.

In jedem Fall ist es besonders wichtig, dass sich Strategien zur Marktentwicklung auf Produkte und Dienstleistungen stützen, die die *kritischen Erfolgsfaktoren* neuer Märkte erfüllen (siehe *Abschnitt 3.4.3*). Strategien, die nur darauf abzielen, traditionelle Produkte oder Dienstleistungen einfach unverändert auf neuen Märkten anzubieten, sind meist zum Scheitern verurteilt. Außerdem gibt es bei der Marktentwicklung ähnliche Probleme wie bei der Produktentwicklung. Den zuständigen Teams fehlen häufig die richtigen strategischen Fähigkeiten in Bezug auf Marketing. Auch ein guter Markenname fehlt häufig, um auf einem Markt mit neuen Kunden erfolgreich zu sein. Auf der Seite des Managements besteht die Herausforderung darin, die verschiedenen Nutzer und Regionen, die alle unterschiedliche Anforderungen mit sich bringen können, richtig zu koordinieren. Die internationale Marktstrategie wird in *Kapitel 9* näher betrachtet.

---

4   Siehe zum Beispiel J. Huang, M. Enesi und R. Galliers, „Opportunities to learn from failure with electronic commerce: a case study of electronic banking", *Journal of Information Technology*, Band 18, Nr. 1 (2003), S. 17–27.

8.2.4 Konglomerate Diversifikation

Die **konglomerate oder unverbundene Diversifikation** bezeichnet eine Strategie, welche die Marktabdeckung und das Produktprogramm einer Organisation ausweitet (Quadrant D in ▶ *Abbildung 8.2*). So gesehen vergrößert sich dadurch die Reichweite einer Organisation erheblich. Tatsächlich aber ist eine konglomerate Diversifikation oft nicht so extrem, wie dies der streng definierte Quadrant der Ansoff-Matrix nahelegt. Quadrant D steht für eine unverbundene oder Mischkonzerndiversifikation, doch ein Großteil der in der Praxis stattfindenden Diversifikationen baut auf bereits bestehenden Märkten und Produkten auf. Oft beinhalten Marktdurchdringung und Produktentwicklung einige Anpassungen von Produkten oder Märkten, die auch als Diversifikationen verstanden werden können. Hier kommt es auf das Ausmaß der Veränderung an.

Dennoch geht aus der Ansoff-Matrix klar hervor, dass eine Organisation umso mehr Neues lernen muss, je weiter sie sich von ihrem Ausgangspunkt bestehender Märkte und Produkte entfernt. Eine Diversifikation ist nur eine Richtung, in die sich eine Organisation entwickeln kann, und muss immer im Zusammenhang mit mehreren Alternativen gesehen werden.

Durch die konglomerate (unverbundene) Diversifikation geht eine Organisation sowohl über ihre bestehenden Märkte als auch ihre bestehenden Produkte hinaus. In diesem Sinn erhöht sie die Reichweite der Organisation dramatisch. Konglomerate Diversifikationsstrategien können Wert schöpfen, da Geschäftseinheiten davon profitieren, Bestandteil einer größeren Gruppe zu sein. Dadurch können Verbraucher größeres Vertrauen in die Produkte und Dienstleistungen einer Geschäfteinheit als zuvor aufbauen. Überdies reduziert eine größere Menge auch die Kosten der Finanzierung. Allerdings vertrauen viele Beobachter solchen Strategien häufig nicht, da es keine offensichtlichen Möglichkeiten für die Zusammenarbeit zwischen den Geschäftseinheiten zur Schöpfung zusätzlicher Werte gegenüber Unternehmen gibt, die weiter fokussiert arbeiten. Darüber hinaus entstehen häufig zusätzliche bürokratische Kosten durch die Manager in der Firmenzentrale, die die Geschäftseinheiten kontrollieren. Aus diesem Grund können die Aktienkurse von Konglomeraten durch einen sogenannten „Konglomeratsabschlag" sinken (mit anderen Worten, sie erzielen eine niedrigere Bewertung als die kombinierten einzelnen beteiligten Geschäftsbereiche). So wurden 2012 Aktien des französischen Konglomerats Vivendi mit umfassenden Beteiligungen im Bereich Mobiltelefonie und Medien 25 % niedriger als im Vorjahr gehandelt, wobei der Liquidationswert auf mindestens den doppelten Betrag des Aktienwerts geschätzt wurde. Bei einer Aktionärsversammlung im Juni auf Korsika heizte das leitende Management Spekulationen an, als erklärt wurde, dass auch Diskussionen darüber, ob Geschäftsbereiche abgespalten oder einige Vermögenswerte verkauft werden sollten, „kein Tabu" seien.

Allerdings ist es wichtig zu erkennen, dass der Unterschied zwischen verbundener und konglomerater (unverbundener) Diversifikation häufig graduell ist. Beziehungen, die unter Umständen bei der verbundenen Diversifizierung wertvoll schienen, erweisen sich dabei eventuell als weniger wertvoll als erwartet. Daher ist es großen Wirtschaftsprüfungsunternehmen oft schwergefallen, ihre Fähigkeiten und Kundenkontakte, die sie durch die Wirtschaftsprüfungstätigkeit entwickelt haben, in effektives Beratungsgeschäft umzusetzen. Desgleichen kann sich die Bedeutung von Beziehungen im Laufe der Zeit verändern, wenn sich Technologien oder Märkte verändern.

Konglomerate Diversifikation

Konglomerate Diversifikation bezeichnet eine Strategie, welche die Marktabdeckung und das Produktprogramm einer Organisation ausweitet.

8.3 Gründe für eine Diversifikation

Man kann sich aus vielerlei Gründen für eine Diversifikation entscheiden, die mehr oder weniger Mehrwert schaffen können.[5] Die Steigerung der Größe einer Organisation ist allein für sich genommen selten ein guter Grund für eine Diversifikation, denn es kommt vor allem auf gewinnbringendes Wachstum an. Im öffentlichen Sektor dagegen kann Wachstum häufig nur eine Form der Hierarchiebildung sein. Daher muss man die Entscheidung für oder gegen eine Diversifikation mit viel Umsicht treffen.

Vier mögliche Gründe für eine Diversifikation, die für eine Steigerung des Unternehmenswerts sorgen können, sind folgende:

Verbundvorteile

Verbundvorteile können genutzt werden, wenn die bestehenden Ressourcen und Fähigkeiten einer Organisation auf neue Märkte, Produkte oder Dienstleistungen übertragen werden.

■ *Verbundvorteile* (economies of scope) können genutzt werden, wenn die bestehenden Ressourcen und Kompetenzen einer Organisation auf neue Märkte, Produkte oder Dienstleistung übertragen werden. Dies wird als **Verbundvorteile** – im Gegensatz zu Größenvorteilen – bezeichnet.[6] Verfügt ein Unternehmen über ungenutzte Ressourcen und Kompetenzen, die nicht gewinnbringend an andere potenzielle Nutzer verkauft werden können, so kann es sinnvoll sein, diese Ressourcen und Kompetenzen in Form einer Diversifikation zu nutzen. Es können Einsparungen und Vorteile erlangt werden, indem die Reichweite der Organisation vergrößert wird. So verfügen viele Universitäten beispielsweise über umfangreiche Ressourcen in Form von Studentenwohnheimen, die sie ihren Studenten zur Verfügung stellen müssen, aber in den langen Semesterferien ungenutzt bleiben. Dieser Wohnraum wird effektiver genutzt, wenn die Universitäten ihre Aktivitäten ausweiten und ihn in Ferienzeiten an Konferenzteilnehmer und Touristen vermieten. Die Verbundvorteile können sich auf *materielle* Ressourcen wie etwa Studentenwohnheime und auch auf *immaterielle* Ressourcen und Kompetenzen wie Markennamen und Mitarbeiterfähigkeiten beziehen.

■ Die *Fähigkeiten der Unternehmenszentrale,* auf neue Märkte, Produkte oder Dienstleistungen *auszuweiten,* kann Grundlage für weitere Gewinne sein. Dies ist eine Erweiterung des oben genannten Aspekts der Anwendung bestehender Kompetenzen auf neue Bereiche. Dieser Punkt betont jedoch Fähigkeiten der Unternehmenszentrale, die üblicherweise leicht vernachlässigt werden. Manager aus der Unternehmenszentrale können meist sehr kompetent eine Reihe verschiedener Produkte und Dienstleistungen managen, die sich sogar auf Unternehmen ausdehnen, die auf operativer Ebene keine gemeinsamen Ressourcen nutzen. C. K. Prahalad und R. Bettis haben diese Fähigkeiten der Unternehmenszentrale als „*dominante Logik* des übergeordneten Managements" oder kurz als „dominante Logik" beschrieben.[7] So schließt der französische Konzern LVMH eine Reihe ganz verschiedener Unternehmen mit ein – vom Champagnerproduzenten über Mode-

---

5   Für Abhandlungen über die Herausforderungen zur Wahrung von Wachstum und Diversifikation siehe A. Campbell und R. Parks, *The Growth Gamble*, Nicholas Brearly, 2005, und D. Laurie, Y. Doz und C. Sheer, „Creating new growth platforms", *Harvard Business Review*, Band 84, Nr. 5 (2006), S. 80–90.

6   Siehe zu diesem Thema D. J. Teece, „Towards an economic theory of the multi-product firm", *Journal of Economic Behavior and Organization*, Band 3 (1982), S. 39–63.

7   Siehe C. K. Prahalad und R. Bettis, „The dominant logic: a new link between diversity and performance", *Strategic Management Journal*, Band 6, Nr. 1 (1986), S. 485–501 und R. Bettis und C. K. Prahalad, „The dominant logic: retrospective and extension", *Strategic Management Journal*, Band 16, Nr. 1 (1995), S. 5–15.

und Parfümmarken bis hin zu Finanzmedien –, die alle nur wenig gemeinsame operative Ressourcen oder Kompetenzen nutzen. LVMH steigert den Unternehmenswert dieser spezialisierten Firmen, indem es seine Fähigkeiten der Unternehmenszentrale beisteuert – etwa die Unterstützung klassischer Marken und den Aufbau hochkreativer Mitarbeiter. Solche Fähigkeiten sind für jedes einzelne Unternehmen relevant.

■ *Nutzung verbesserter interner Prozesse.* Interne Prozesse innerhalb eines diversifizierten Konzerns sind meist effizienter als externe Prozesse auf dem freien Markt. Dies gilt besonders dort, wo externe Kapital- und Arbeitsmärkte noch nicht gut funktionieren, wie etwa in vielen Entwicklungsländern. Unter solchen Umständen können gut organisierte Konglomerate sehr sinnvoll sein, selbst wenn die einzelnen Geschäftsbereiche keine direkten Verbindungen miteinander haben. In China gibt es beispielsweise viele Konglomerate, da dort interne Ressourcen ideal genutzt, Manager bestens gefördert und Netzwerke optimal verwendet werden können. Einzelne Unternehmen könnten angesichts der fehlerbehafteten chinesischen Märkte solches nie leisten. So besitzt Chinas größtes privates Konglomerat, die Fosum Group, Stahlwerke, Pharmaunternehmen und auch den größten Einzelhändler des Landes, Yuyuan Tourist Mart.[8]

■ Eine *Steigerung der Marktmacht* kann entstehen, wenn ein Konzern eine große Vielfalt an verschiedenen Unternehmen umfasst. Hat ein Unternehmen viele Einzelbereiche, so kann es sich erlauben, eine Tochtergesellschaft mit den Überschüssen einer anderen zu subventionieren – etwas, das Konkurrenten nicht vermögen. Dadurch kann ein Unternehmen für die unterstützte Tochtergesellschaft einen Wettbewerbsvorteil erlangen, was langfristig gesehen andere Wettbewerber aus dem Markt verdrängt und der zurückbleibenden Organisation eine Monopolstellung sichert, sodass hohe Gewinne garantiert sind. Diese Angst bewog auch die Europäische Kommission im Jahr 2001 dazu, das 43 Mrd. $ (37 Mrd. €) schwere Übernahmeangebot, das General Electric für die Firma Honeywell (einen Hersteller von elektronischen Steuersystemen) abgegeben hatte, abzulehnen. General Electric hätte mit dieser Übernahme seine Düsentriebwerke mit der Flugelektronik von Honeywell zu einem billigen Gesamtpaket schnüren können, mit dem konkurrierende Motorenbauer niemals hätten mithalten können. Da viele Flugzeugbauer und Fluggesellschaften immer häufiger nach dem billigen Gesamtpaket verlangt hätten, hätte das das Aus für alle anderen Konkurrenten bedeutet. Somit hätte General Electric die alleinige Marktmacht besessen und – ohne die Bedrohung durch Konkurrenz – seine Preise beliebig wählen können.

---

8 Siehe C. Markides, „Corporate strategy: the role of the centre", in A. Pettigrew, H. Thomas und R. Whittington (eds.), *Handbook of Strategy and Management*, Sage, 2002. Siehe auch A. Delios, N. Zhou und W. W. Xu. „Ownership structure and the diversification and performance of publicly-listed companies in China", *Business Horizons*, Band 51, Nr. 6 (2008), S. 802–21. Siehe M. C. Mayer, C. Stadler und J. Hautz, „The relationship between product and international diversification: the role of experience", *Strategic Management Journal*, Band 36, Nr. 10 (2015), S. 1458–68.

6

Synergien

Durch Synergien entsteht Nutzen, wenn Aktivitäten oder Vermögenswerte gemeinsam effektiver sind als einzeln.

Dort wo durch Diversifikation Mehrwert entsteht, finden sogenannte **Synergien** statt.[9] Damit ist gemeint, dass Aktivitäten oder Vermögenswerte gemeinsam effektiver sind als einzeln (die berühmte Gleichung 2 + 2 = 5). So wären ein Filmproduzent und ein Musiklabel synergetisch, wenn sie gemeinsam erfolgreicher wären als jeder einzeln für sich. Allerdings sind Synergien in der Praxis oft schwieriger auszumachen und umzusetzen, als es Manager gern zugeben.[10]

Manche Antriebskräfte für eine Diversifikation können allerdings auch als negative Synergien verstanden werden – es werden also Werte zerstört. Drei Beispiele folgen.

- *Reaktion auf einen schrumpfenden Markt* – dies ist ein häufig genannter, aber dennoch zweifelhafter Grund für eine Diversifikation. Man kann argumentieren, dass die Diversifikation der Firma Microsoft in den Bereich Computerspiele mit der Xbox – deren Startkosten allein im Bereich Marketing bei stolzen 500 Mio. $ lagen – eine Reaktion auf das sich verlangsamende Wachstum ihres Kerngeschäfts Software war. Vielen Aktionären wäre es allerdings sicherlich lieber gewesen, das in die Xbox investierte Geld wieder ausbezahlt zu bekommen. So hätte man Sony und Nintendo das Feld der Computerspiele überlassen, während Microsoft sich in Würde verkleinert hätte. Microsoft verteidigt allerdings seine verschiedenen Diversifikationen als notwendige Reaktionen auf die Konvergenz der Elektronik mit den Computermedien.

- Die *Risikostreuung* über eine Reihe verschiedener Geschäftsbereiche ist eine weitere häufig angeführte Rechtfertigung einer Diversifikation. Die konventionelle Finanztheorie ist jedoch mehr als skeptisch, was den Erfolg einer solchen Risikostreuung betrifft. Hier wird argumentiert, dass Investoren eine viel effektivere Diversifikation ihrer Risiken erreichen können, wenn sie in ein vielfältiges Portfolio aus ganz unterschiedlichen Unternehmen investieren. Manager schätzen vielleicht die Sicherheit diversifizierter Geschäftsbereiche, Investoren jedoch legen weniger Wert darauf, dass jedes der Unternehmen, in das sie investiert haben, in sich ebenfalls diversifiziert ist. Sie würden es vorziehen, wenn sich die Manager so gut wie möglich auf ihr Kerngeschäft konzentrieren würden. Auf der anderen Seite kann es für Privatunternehmen, in denen die Eigentümer einen Großteil ihrer Vermögenswerte investiert haben, durchaus sinnvoll sein, das Risiko auf eine Reihe unterschiedlicher Aktivitäten zu verteilen, sodass das ganze Unternehmen nicht untergeht, wenn ein Geschäftsbereich in Schwierigkeiten steckt.

- Die *Erwartungen des Managements* können manchmal eine unangemessene Diversifikation veranlassen. Es wird argumentiert, dass die Manager britischer Banken, wie der Royal Bank of Scotland (die einmal die fünftgrößte Bank der Welt war) und HBOS (der größte Baufinanzierer in Großbritannien), während des ersten Jahrzehnts nach der Jahrtausendwende Strategien exzessiven Wachstums und exzessiver Diversifikation unterstützt haben. Hieraus erwuchsen den Managern kurzfristige Vorteile in Form von Boni und Prestige. Die Tatsache, dass sie sich damit allerdings außerhalb ihres Kompetenzbereichs bewegten, führte in die finanzielle Katastrophe, zur Verstaatlichung von RBS und der Übernahme des Konkurrenten von HBOS, der Lloyds Bank.

9   M. Goold und A. Campbell, „Desperately seeking synergy", *Harvard Business Review*, Band 76, Nr. 2 (1998), S. 131–145.

10   A. Pehrson, „Business relatedness and performance: a study of managerial perceptions", *Strategic Management Journal*, Band 27, Nr. 3 (2006), S. 265–82. Siehe auch F. Nefke und M. Henning, Skill relatedness and firm diversification, *Strategic Management Journal*, Band 34, Nr. 3, (2013), S. 297–316.

8.4 Diversifikation und Unternehmenserfolg

Da die meisten großen Konzerne heute diversifiziert sind, aber eine solche Diversifizierung auch manchmal im Selbstinteresse der Manager liegen kann, haben viele Wissenschaftler und auch politische Entscheidungsträger Schwierigkeiten damit, eindeutig festzulegen, ob diversifizierte Unternehmen nun tatsächlich bessere Leistungen erbringen als nicht diversifizierte Unternehmen. Schließlich wäre es höchst beunruhigend, wenn große Konzerne die Diversifikation wählten, nur um das Risiko für die Manager zu streuen, um die Arbeitsplätze der Manager auch in Zeiten des Rückgangs zu sichern oder um kurzfristige Vorteile für das Management zu schaffen, wie im Fall der UB Group.

Wissenschaftliche Studien zum Thema Diversifikation konzentrieren sich in den meisten Fällen auf deren Vorteile. Firmen, die eine *verbundene Diversifikation* betreiben, schneiden meist besser ab als solche, die weiterhin *spezialisiert* bleiben oder aber eine *konglomerate Diversifikation* betreiben.[11] Das Verhältnis von Diversifikation und Erfolg folgt also einer umgekehrten U-Kurve, wie in ▶ *Abbildung 8.3* dargestellt. Daraus lässt sich ableiten, dass ein gewisses Maß an Diversifikation gut ist – aber nicht zu viel.

Diese Studien über Unternehmenserfolge ergeben allerdings immer nur statistische Durchschnittswerte. Einige Strategien verbundener Diversifikation schlagen fehl wie im Beispiel der vertikal integrierenden Autohersteller, während einige Mischkonzerne erfolgreich sind wie etwa LVMH. Die Argumentation gegen die unverbundene Diversifikation ist nicht eindeutig und effektive dominante Logik sowie besondere nationale Umstände können sich durchaus positiv auswirken. Die easyGroup zum Beispiel ist in den Bereichen Flugzeuge, Pizza, Autos und Fitnessstudios aktiv und konzentriert ihre dominante Logik klar auf die Innovation von Geschäftsmodellen in entwickelten, „reifen" Branchen. Aus diesen Erfolgsstudien lässt sich insgesamt ableiten, dass, obwohl die verbundene Diversifikation im Durchschnitt bessere Ergebnisse bringt als die unverbundene, jegliche Diversifikationsstrategie genauestens auf jeweilige spezifische Vorteile geprüft werden muss.

---

11 L. E. Palich, L. B. Cardinal und C. Miller, „Curvilinearity in the diversification-performance linkage: an examination of over three decades of research", *Strategic Management Journal*, Band 21 (2000), S. 155–174. Die Beziehung des umgekehrten U ist der Konsens dieser Wissenschaftler, obwohl viele Studien dem widersprechen, da sich besonders im Laufe der Zeit und im Ländervergleich Abweichungen ergeben. Für neue kontextsensitive Studien siehe M. Mayer und R. Whittington, „Diversification in context: a cross national and cross temporal extension", *Strategic Management Journal*, Band 24 (2003), S. 773–781 und A. Chakrabarti, K. Singh und I. Mahmood, „Diversification and performance: evidence from East Asian firms", *Strategic Management Journal*, Band 28 (2007), S. 101–120.

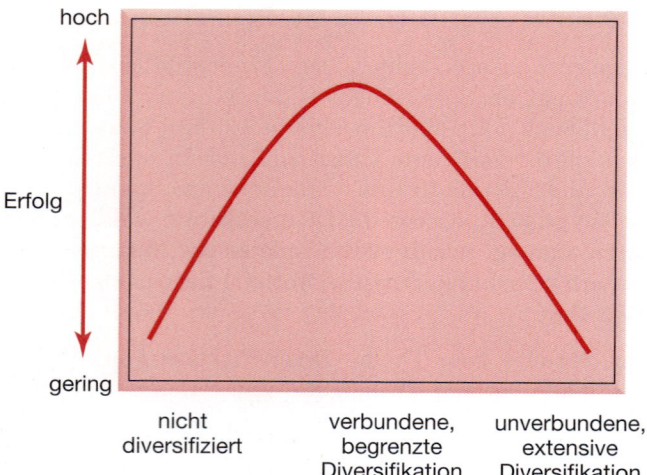

Abbildung 8.3: Diversifikation und Erfolg

8.5 Vertikale Integration

Vertikale Integration

Die vertikale Integration bezeichnet die Aufnahme von Tätigkeiten, durch die eine Organisation ihr eigener Lieferant oder Kunde wird.

Neben der Diversifikation kann die vertikale Integration eine andere Richtung der Unternehmensstrategie bilden. Die **vertikale Integration** beschreibt die Aufnahme von Tätigkeiten, in denen die Organisation ihr eigener Lieferant oder Kunde wird. Daher umfasst sie die Tätigkeit auf einer anderen Ebene des Wertschöpfungsnetzwerks. In diesem Abschnitt werden sowohl die vertikale Integration als auch die vertikale Desintegration, insbesondere durch Outsourcing, behandelt.

8.5.1 Vorwärts- und Rückwärtsintegration

Die vertikale Integration kann in eine von zwei möglichen Richtungen gehen:

■ *Rückwärtsintegration* bezieht sich auf die Bewegung hin zu Aktivitäten, die sich mit den Inputs für das aktuelle Geschäft des Unternehmens beschäftigen (d.h. die im Wertschöpfungsnetzwerk weiter zurückliegen). So wäre beispielsweise der Erwerb eines Zulieferers durch einen Automobilhersteller ein Schritt der Rückwärtsintegration

■ *Vorwärtsintegration* bezieht sich auf die Bewegung hin zu Aktivitäten, die sich mit den Outputs des aktuellen Geschäfts eines Unternehmens beschäftigen (d.h. die im Wertschöpfungsnetzwerk weiter vorn liegen). Bei einem Automobilhersteller kann die Vorwärtsintegration beispielsweise in den Bereich Automobilhandel, Reparaturen und Service gehen.

Damit kann man die vertikale Integration wie eine Diversifikation zur Erweiterung der Unternehmensaktivitäten verstehen. Der Unterschied liegt dabei darin, dass hier Aktivitäten entlang desselben Wertschöpfungsnetzwerks zusammengebracht werden, während die Diversifikation normalerweise mehr oder weniger unterschiedliche Wertnetzwerke umfasst. Da allerdings die Realisierung von Synergien das Zusammenbringen verschiedener Wertnetzwerke umfasst, wird die Diversifizierung (insbesondere die verbundene Diversifizierung) mitunter als *horizontale Integration* beschrieben. So könnte beispielsweise ein in PKW, LKW und Busse diversifiziertes Unternehmen Vorteile aus der Integration bestimmter Aspekte der verschiedenen Konstruktions- und Bauteilbeschaffungsprozesse ziehen. Die Beziehung zwischen der horizontalen Integration und der vertikalen Integration wird in ▶ *Abbildung 8.4* dargestellt.

Dabei wird die vertikale Integration häufig vorgezogen, da damit ein größerer Teil der Gewinne in einem Wertschöpfungsnetzwerk „abgeschöpft" werden kann. Der Automobilhersteller erzielt auch die Gewinne des Einzelhändlers. Allerdings müssen dabei zwei Gefahren berücksichtigt werden: Erstens erfordert die vertikale Integration Investitionen. Dabei sind teure Investitionen in Tätigkeiten, die weniger rentabel als das ursprüngliche Kerngeschäft sind, allerdings für die Aktionäre unattraktiv, da sie die *durchschnittliche* oder gesamte Kapitalrendite reduzieren. Zweitens umfasst die vertikale Integration, selbst wenn durch das Wertschöpfungsnetz ein gewisses Maß an Verbindung besteht, wahrscheinlich unterschiedliche strategische Fähigkeiten. Daher haben Automobilhersteller, die sich für eine Vorwärtsintegration in Automobilservice und -reparatur entschieden haben, festgestellt, dass die Verwaltung von Netzwerken von Servicestationen sich deutlich von der Leitung großer Fertigungswerke unterscheidet. Aufgrund eines zunehmenden Bewusstseins sowohl für die Risiken der Verwässerung der Gesamtkapitalrenditen als auch der besonderen Fähigkeiten, die in verschiedenen Stufen des Wertschöpfungsnetzwerks notwendig sind, haben sich in den letzten Jahren viele Unternehmen dazu entschieden, vertikal zu desintegrieren.

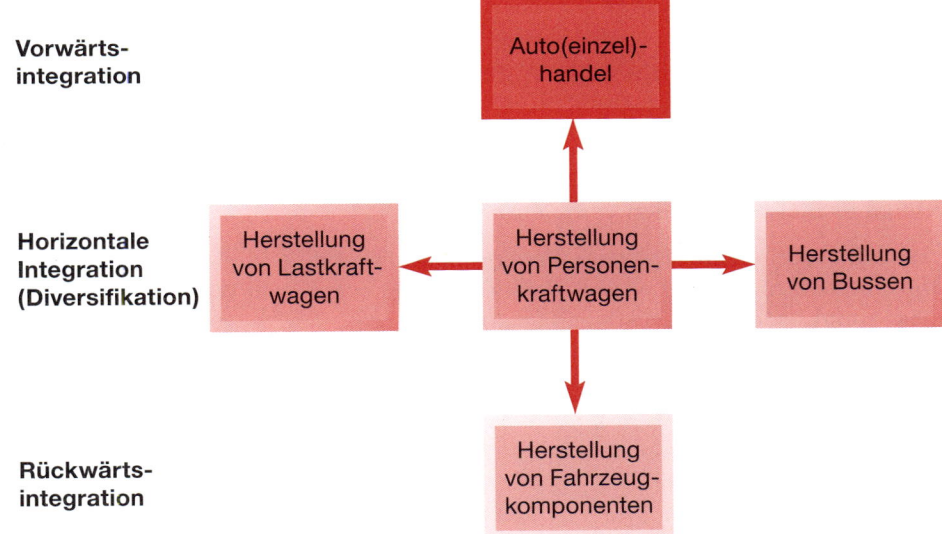

Abbildung 8.4: Diversifikations- und Integrationsoptionen: Beispiel Automobilhersteller

8.5.2 Integration oder Outsourcing?

Outsourcing

Outsourcing bezeichnet die Fremdvergabe von ursprünglich intern ausgeführten Tätigkeiten an externe Lieferanten.

Wenn ein Teil eines vertikal integrierten Geschäfts keinen Wert für das Gesamtgeschäft generiert, kann er durch Outsourcing oder Fremdvergabe ersetzt werden. **Outsourcing** ist der Prozess, durch den zuvor intern ausgeführte Tätigkeiten an externe Lieferanten fremdvergeben werden. Outsourcing kann sich auf die Fremdvergabe von Bauteilen in der Fertigung beziehen. Heute kommt es allerdings besonders häufig in Dienstleistungsbereichen vor, wie der Informationstechnologie, Kunden-Callcenter und Personalmanagement. Das Hauptargument für das Outsourcing an Speziallieferanten beruht auf strategischen Fähigkeiten. Spezialisten für eine bestimmte Tätigkeit verfügen wahrscheinlich über bessere Fähigkeiten als eine Organisation, für die diese Tätigkeit kein zentraler Teil ihres Geschäfts ist. So ist beispielsweise ein spezialisierter IT-Auftragnehmer normalerweise besser im Bereich IT aufgestellt als die IT-Abteilung eines Stahlunternehmens.

Allerdings argumentierte der Nobelpreisträger für Wirtschaftswissenschaften Oliver Williamson, dass die Entscheidung für die Integration oder das Outsourcing mehr als nur relative Fähigkeiten beinhaltet. Sein *Bezugsrahmen für Transaktionskosten* hilft bei der Analyse der relativen Kosten und Vorteile des internen oder externen Managements von Tätigkeiten.[12] Im Zuge der Bewertung der Frage, ob eine Tätigkeit integriert oder outgesourct werden soll, warnt er vor der Unterschätzung der langfristigen Kosten des *Opportunismus* durch externe Auftragnehmer. Diese nutzen wahrscheinlich langfristig ihre Position aus und reduzieren entweder ihre Qualitätsstandards oder setzen höhere Preise durch. In den folgenden Fällen gelingt es meist nicht, den Opportunismus der Auftragnehmer mithilfe guter Marktbeziehungen zu kontrollieren:

- wenn es *wenige Alternativen* zum Auftragnehmer gibt und es schwierig ist, andere Angebote zu finden;

- wenn das Produkt oder die Dienstleistung *komplex und veränderlich* ist und es damit unmöglich ist, dieses Produkt bzw. diese Dienstleistung vollständig in einem rechtsverbindlichen Vertrag festzulegen;

- wenn Investitionen in *spezielle Vermögenswerte* getätigt worden sind, von denen die Unterauftragnehmer wissen, dass sie nur einen geringen Wert haben, wenn sie das Produkt oder die Dienstleistung zurückhalten.

Sowohl die Argumentation zu Kernfähigkeiten als auch zu Transaktionskosten hat die Outsourcing-Entscheidung der Royal Bank of Scotland zum Thema Outsourcing beeinflusst, siehe dazu *Beispiel 8.2*.

---

12 Für eine Erörterung und Fallbeispiele zur relativen Unterstützung durch den Ansatz der Transaktionskosten und Fähigkeiten siehe R. McIvor, „How the transaction cost and resource-based theories of the firm inform outsourcing evalution", *Journal of Operations Management*, Band 27, Nr. 1 (2009), S. 45–63. Siehe auch T. Holcomb und M. Hitt, „Toward a model of strategic outsourcing", *Journal of Operations Management*, Band 25, Nr. 2 (2007), S. 464–481.

| Beispiel 8.2 | „Aus den Augen, aus dem Sinn"? Outsourcing bei der Royal Bank of Scotland |

Im Jahr 2012 durchlief die Royal Bank of Scotland (RBS) eine schwere Krise, als die Kunden kein Bargeld abheben konnten. War dies die Folge von Outsourcing?

Im Juni 2012 wurde die RBS mit schwerwiegenden Problemen konfrontiert, als 10 Mio. Privat- und Geschäftskunden feststellen mussten, dass sie keinen Zugriff auf ihr Bargeld hatten. Dies war für die Bank hochgradig rufschädigend und hätte zu erheblichen Verlusten bestehender Kunden führen können. Das Problem lag in der fehlerhaften Aktualisierung der kritischen CA-7-Software, die Batchverarbeitungssysteme für Privatkundentransaktionen steuert. Das System, das allgemein als „sehr weit verbreitetes und zuverlässiges Produkt gilt, verarbeitet über Nacht Konten über Tausende Arbeitsschritte", wie z.B. Geldautomatentransaktionen, Gehaltsüberweisungen usw. und endet mit der Aktualisierung der Kontostammdaten mit dem endgültigen Saldo. Bei dem als riesiges Jenga-Spiel (das Turmspiel mit verschachtelten Holzquadern) beschriebenen System sind alle Transaktionen miteinander verbunden, sodass sie der Reihe nach verarbeitet werden müssen. Das heißt, die Batchverarbeitung für Dienstag muss vor der für Mittwoch erfolgen, um beispielsweise zu vermeiden, dass jemand benachteiligt wird, von dessen Konto am Mittwoch eine hohe Abbuchung vorgenommen wird, durch die das Konto überzogen wird, die allerdings durch am Dienstag eingehende Gelder abgedeckt werden würde. Bei der Aktualisierung der CA-7-Software wurden Dateien gelöscht oder so beschädigt, dass die Stammkopie drei Nächte lang falsch war — was bedeutete, dass Millionen Transaktionen nicht verarbeitet wurden. Die RBS-Filialen mussten ihre Geschäftszeiten verlängern, um Kunden im Hinblick auf ihre Konten zu beruhigen.

Die Gewerkschaften argumentierten, dass diese Katastrophe auf die Auslagerung britischer IT-Arbeitsplätze nach Indien zurückzuführen war. „RBS verfügt über 40 Jahre Erfahrung mit diesem System und im Allgemeinen machen Banken nicht solche Fehler", bemerkte ein Bankmitarbeiter. Allerdings baute sich durch die allgemeine Bankenkrise Druck auf die Banken auf, ihre Kosten zu senken. Die Royal Bank of Scotland, die unter der Bankenkrise erheblich gelitten hat, musste Tausende britischer Mitarbeiter entlassen und verlagerte die Arbeitsplätze nach Chennai in Indien. Ein früherer Mitarbeiter beschwerte sich: „Wir mussten 10 bis 20 Jahre Erfahrung mit den Großrechnern an Leute abgeben, die außerhalb eines Museums noch niemals etwas von einem Großrechner gehört hatten ...".

Das Offshore-Outsourcing galt einst als Retter der britischen IT-Abteilungen, da es die Reduzierung von Kosten ohne Beeinträchtigung der Qualität ermöglichte. Tausende britische IT-Arbeitsplätze wurden im Namen der „Effizienz" gestrichen und viele davon wurden zu viel niedrigeren Löhnen nach Indien ausgelagert. Tatsächlich inserierte die RBS im Februar 2012, dass die Bank dringend Diplom-Informatiker mit mehreren Jahren Erfahrung im Umgang mit CA-7 suche.

Allerdings erreichte die Fluktuationsrate beim Personal in Indien 2012 einen Rekordstand und Mitarbeiter wechselten die Arbeitsplätze sehr schnell für nur wenig höhere Gehälter, wodurch nur unzureichend Zeit für angemessenes interkulturelles Training verblieb. Zur gleichen Zeit befand sich das Vereinigte Königreich in einer Rezession und durch den sinkenden Wert des britischen Pfunds reduzierte sich die Lohnungleichheit zwischen Indien und dem Vereinigten Königreich.

Die Probleme der Royal Bank of Scotland waren nicht ungewöhnlich, da es auch bei anderen Banken zum Verlust privater Daten und in einigen Fällen sogar zu Straftaten kam. Auch die in spanischem Besitz befindliche Santander UK – eine aus Abbey National Alliance & Leicester und Bradley & Bingley gegründete Bank – musste feststellen, dass ausgelagerte IT-Systeme für diese Banken nicht vertrauenswürdig waren. Daher entschied sich diese Bank als erste der großen britischen Finanzinstitute, ihre Callcenter und Software aus Indien in das Vereinigte Königreich zurückzuholen, um ihren Kundenstamm zu sichern. Ana Botin, die Vorstandsvorsitzende von Santander UK, erklärte, dass dieser Schritt „der wichtigste Faktor im Hinblick auf die Kundenzufriedenheit mit der Bank war". Dieses „Insourcing" strategischer Vermögenswerte warf die Frage auf, ob es sich Unternehmen leisten können, im Hinblick auf strategische Vermögenswerte den Ansatz „aus den Augen, aus dem Sinn" zu verfolgen.

Quellen: Guardian, 25. Juni 2012; http://www.hrzone.co.uk/topic/business-life_style/shoring-new-shoring-call-centres-com-back-uk/112654.

Dieser Bezugsrahmen zu Transaktionskosten legt nahe, dass die Kosten des Opportunismus die Vorteile der Fremdvergabe an Organisationen mit überlegenen strategischen Fähigkeiten übersteigen können. So besitzen beispielsweise Bergbauunternehmen in entlegenen Gebieten im australischen Outback normalerweise Unterkünfte für ihre Arbeiter und betreiben diese selbst. Durch die Isolation entstehen spezifische Vermögenswerte (die Unterkunft ist nichts wert, wenn die Mine geschlossen wird) und ein Mangel an Alternativen (die nächste Stadt ist unter Umständen hundert Meilen entfernt). Demzufolge gäbe es für beide Parteien hohe Risiken, wenn die Bergbaugesellschaft die Unterkünfte als Unterauftrag an ein unabhängiges Unternehmen vergibt, das sich auf Mitarbeiterunterkünfte spezialisiert. Daher legt die Transaktionskostenökonomie Folgendes nahe: Wenn es wenige alternative Lieferanten gibt, die Tätigkeiten komplex sind und sich wahrscheinlich verändern bzw. wenn erhebliche Investitionen in spezifische Vermögenswerte notwendig sind, ist die vertikale Integration wahrscheinlich besser als das Outsourcing.

Zusammengefasst beruht die Entscheidung für die Integration oder die Vergabe von Unteraufträgen auf dem Gleichgewicht zwischen zwei charakteristischen Faktoren:

■ *Relative strategische Fähigkeiten:* Verfügt der Unterauftragnehmer über das Potenzial, die Arbeit erheblich besser zu erbringen?

■ *Gefahr des Opportunismus:* Wird der Unterauftragnehmer die Beziehung wahrscheinlich im Laufe der Zeit ausnutzen?

8.6 Wertschöpfung und die Unternehmenszentrale

Angesichts der zweifelhaften Vorteile von Strategien, die in Richtung einer Misch-konzerndiversifikation gehen, ist ganz klar, dass einige Unternehmenszentralen kei-nerlei Mehrwert generieren. Im Jahr 2006 entschlossen sich zwei große US-Mischkon-zerne, Tyco und Cendant, freiwillig zu einer Aufspaltung ihrer Konzerne, denn sie hatten erkannt, dass ihre Tochtergesellschaften getrennt voneinander ihren Wert bes-ser steigern konnten als unter dem Management der Zentrale. Auch auf dem öffentli-chen Sektor wird Organisationen wie etwa Schulen oder Krankenhäusern von ihren Zentralverwaltungen immer mehr Freiraum gewährt, da Unabhängigkeit allgemein als effektiver angesehen wird. Einige Theoretiker stellen sogar den Begriff der Strate-gie auf Gesamtunternehmensebene als solchen infrage. Dieser Abschnitt befasst sich damit, wie Unternehmenszentralen sowohl Mehrwert generieren als auch zerstören können. Außerdem werden drei verschiedene Ansätze des zentralen Managements betrachtet, die effektiv sein können.

8.6.1 Die Schaffung und Zerstörung von Unternehmenswert durch die Aktivitäten der Unternehmenszentrale[13]

Jede Unternehmenszentrale muss zeigen, dass der Mehrwert, den sie generiert, die Kosten, die sie verursacht, übersteigt. Dies gilt sowohl für Unternehmen des privaten wie des öffentlichen Sektors. Für öffentliche Organisationen kommt es häufig zu einer Privatisierung oder zum Outsourcing, wenn sie es nicht schaffen, eine positive Bilanz zu erwirtschaften. Unternehmen, deren Aktien frei an der Börse gehandelt werden, sehen sich noch einer weiteren Herausforderung ausgesetzt. Sie müssen auch demonstrieren, dass sie den Unternehmenswert weiter steigern können als dies irgendeine konkurrierende Unternehmenszentrale vermögen würde. Schaffen sie dies nicht, so kommt es höchstwahrscheinlich zu einer feindlichen Übernahme oder zu einer Aufspaltung. Konkurrenten, die der Meinung sind, sie könnten den Unterneh-menswert der einzelnen Unternehmensbereiche noch weiter steigern, können ein Angebot zur Übernahme der Unternehmensaktien abgeben mit der Erwartung, die Geschäfte entweder erfolgreicher zu betreiben oder die Unternehmen an andere mög-liche Konzernzentralen zu verkaufen. Ist das Angebot des Konkurrenten vielverspre-chender und glaubhafter als die Aktivitäten der gegenwärtigen Zentrale, so werden es die Aktionäre annehmen – auf Kosten des aktuellen Managements.

In diesem Sinne findet hier der Wettbewerb zwischen den einzelnen Unterneh-menszentralen statt, die um das Recht kämpfen, Geschäftsbereiche zu besitzen und zu verwalten. Auf diesem wettbewerbsintensiven Markt müssen Unternehmenszent-ralen unter Beweis stellen, dass sie einen Vorteil bieten können, ebenso wie Unter-nehmenseinheiten zeigen müssen, dass sie einen Wettbewerbsvorteil haben. Die Zen-tralen müssen zeigen, dass sie die beste Leistung für die ihnen unterstellten Geschäftsbereiche erbringen können. Sie benötigen also eine klare Vorstellung davon, wie sie den Unternehmenswert steigern können. In der Praxis können aber viele ihrer Aktivitäten Unternehmenswerte auch zerstören und nicht nur steigern.

---

13 Für eine gute Abhandlung über die Rolle der Unternehmenszentrale siehe Markides in Fußnote 11. Eine neuere empirische Studie über Hauptsitze von Unternehmen ist D. Collis, D. Young und M. Goold, „The size, structure and performance of corporate headquarters", *Strategic Management Journal*, Band 28, Nr. 4 (2007), S. 383–406.

Aktivitäten, die Unternehmenswert generieren[14]

Es gibt fünf Arten von Aktivitäten, über die eine Unternehmenszentrale Mehrwert generieren kann:

- *Visionen.* Die Unternehmenszentrale kann ihren Geschäftseinheiten eine klare Vision oder eine *strategische Intention* vorgeben.[15] Diese Vision sollte zur Anleitung und Motivation des Managers der Geschäfteinheit dienen, um so den Erfolg des gesamten Konzerns durch einen Einsatz für einen gemeinsamen Zweck zu maximieren. Außerdem sollte die Vision für die Interessengruppen ein *klares Bild nach außen* vermitteln und aussagen, worum es der Organisation als Ganzes geht. Dadurch können sich Aktionäre sicher sein, dass eine diversifizierte Strategie tatsächlich sinnvoll ist.[16] Schließlich stellt eine klare Vision auch eine *Disziplinierung* der Unternehmenszentrale dar, die sich so nicht auf unangebrachte Aktivitäten verlegt oder unnötige Kosten in Kauf nimmt.

- *Betreuer und Wegbereiter.* Die Unternehmenszentrale kann die Geschäftsbereichsleiter bei der *Entwicklung strategischer Fähigkeiten* unterstützen, indem sie diese betreut, sodass sie ihre Fertigkeiten und ihr Selbstvertrauen stärken können. Sie kann auch Kommunikation und die gemeinsame Nutzung von Wissen der Geschäftsbereiche untereinander auf den Weg bringen.

- *Synergieeffekte.* Die Zentrale kann für eine bessere Zusammenarbeit und einen reibungslosen Wissensaustausch der einzelnen Bereiche sorgen und damit Synergien ermöglichen. Dieses Ziel kann durch Anreize, Belohnungen und entsprechende Vergütungssysteme gefördert werden.

- *Zentrale Dienste und Ressourcen.* Natürlich stellt die Zentrale Geldmittel für Investitionen zur Verfügung. Sie kann aber auch zentrale Dienste anbieten wie etwa Finanzverwaltung oder Beratung in Steuer- und Personalfragen – zwei Bereiche, die im Fall einer Zentralisierung *ausreichende Größenvorteile* bieten können, um effektiv zu sein und für die Bildung *relevanten Fachwissens* sorgen können. Zentralisierte Dienste sorgen oft auch für eine größere *Hebelwirkung*: So wird die Verhandlungsposition des Unternehmens gestärkt, wenn der Einkauf gemeinsamer Inputs wie etwa Strom einzelner Geschäftsbereiche zusammengelegt wird. Diese Hebelwirkung kann bei *Verhandlungen* mit externen Organisationen, z.B. Regierungsbehörden oder anderen Unternehmen, wichtig sein, wenn es etwa um die Bildung von Allianzen geht. Die Zentrale kann abschließend auch eine wichtige Rolle spielen, wenn es um das Management von Fachwissen innerhalb des gesamten Konzerns geht, indem zum Beispiel Manager immer wieder in andere

---

14 M. Goold, A. Campbell und M. Alexander, „Corporate Level Strategy", *Wiley*, 1994, befasst sich mit dem Vermögen von Unternehmenszentralen, Mehrwert zu schaffen und zu zerstören.

15 Für eine Diskussion über die Rolle einer klaren Mission siehe A. Campbell, M. Devine und D. Young, „A Sense of Mission", *Hutchinson Business*, 1990. G. Hamel und C. K. Prahalad argumentieren in Kapitel 6 ihres Buchs „Competing for the Future", *Harvard Business School Press*, 1994, dass sich Leitbilder auf die Klarheit der „strategischen Intention" nur unzureichend auswirken. Diese ist höchstwahrscheinlich eine kurze, aber klare Aussage, die sich mehr auf die strategische Ausrichtung konzentriert (sie verwenden das Wort „Schicksal") als darauf, wie diese strategische Ausrichtung erreicht werden kann. Siehe auch Hamel und Prahalad über strategische Intention in *Harvard Business Review*, Band 67, Nr. 3 (1989), S. 63–76.

16 T. Zenger, „Strategy: the uniqueness challenge", *Harvard Business Review*, November 2013, S. 52–8.

Geschäftsbereiche *transferiert* werden oder indem gemeinsame *Systeme für den Austausch von Wissen* geschaffen werden.

■ *Interventionen*. Schließlich kann die Unternehmenszentrale auch in die Aktivitäten ihrer einzelnen Geschäftsbereiche eingreifen, um eine angemessene Leistung sicherzustellen. Dazu sollte die Zentrale in der Lage sein, die Leistungen jedes Geschäftsbereichs genau zu *überwachen* und ihre *Leistungen zu verbessern*, indem entweder schwache Manager ersetzt werden oder Hilfestellung bei einer Veränderung der Geschäftsaktivitäten geleistet wird. Die Zentrale kann auch die strategischen Ambitionen einzelner *Bereiche infrage stellen oder unterstützen*, sodass Bereiche, deren Leistungen zufriedenstellend sind, dazu ermutigt werden, sich noch weiter zu steigern.

Aktivitäten, die Unternehmenswert zerstören

Es gibt aber auch drei Arten, wie eine Unternehmenszentrale unbeabsichtigt Unternehmenswert zerstören kann:

■ *Verursachung zusätzlicher Managementkosten*. Mitarbeiter und Ausstattung der Unternehmenszentrale sind ein sehr teurer Posten. In der Zentrale arbeiten meist die am besten bezahlten Führungskräfte und hier gibt es auch die luxuriösesten Büros. Die einzelnen Geschäftsbereiche sind es aber, die die Einnahmen generieren müssen, um dies zu finanzieren. Sind die zusätzlichen Kosten höher als der von der Zentrale geschaffene Mehrwert, dann zerstören die Manager der Zentrale Unternehmenswert.

■ *Steigerung der bürokratischen Komplexität*. Zusätzlich zu direkten finanziellen Mehrkosten verursachen zusätzliche Managementebenen und der zusätzliche Koordinationsbedarf auch mehr „bürokratischen Nebel" für die Organisation. Dadurch verlangsamen sich Reaktionszeiten des Managements, denn zwischen den einzelnen Geschäftseinheiten müssen immer wieder Kompromisse gesucht werden.

■ *Verschleierung der finanziellen Leistung*. Eine Gefahr innerhalb einer großen, diversifizierten Firma besteht darin, dass die schwachen Leistungen erfolgloser Geschäftsbereiche verschleiert werden können. Schwache Geschäftseinheiten können von stärkeren finanziert werden. Die Möglichkeit, intern schwache Leistungen zu verstecken, vermindert den Anreiz für die Leiter von Geschäftseinheiten, so hart wie möglich zu arbeiten, um gute Leistungen zu erzielen – sie haben ja ein Sicherheitsnetz in Form ihrer Zentrale. Auch extern können Aktionäre und Finanzanalysten die Leistungen einzelner Geschäftsbereiche nur sehr schwer bewerten. Die Aktienkurse diversifizierter Unternehmen werden oft abgewertet, da Aktionäre die klare Durchschaubarkeit von Einzelunternehmen bevorzugen, wo schwache Leistungen nicht versteckt werden können.[17]

Die genannten Risiken geben den Unternehmenszentralen einen klaren Weg vor, um keine Unternehmenswerte zu zerstören. Sie sollten ihre Kosten immer im Auge behalten, was sowohl den finanziellen als auch den bürokratischen Aufwand betrifft, und sicherstellen, dass diese nur so hoch liegen, wie es zur Verfolgung ihrer gesamt-

---

17 E. Zuckerman, „Focusing the corporate product: securities analysts and de-diversification", *Administrative Science Quarterly*, Band 45, Nr. 3 (2000), S. 591–619.

unternehmerischen Strategie unbedingt erforderlich ist. Sie sollten auch mit allen Mitteln eine finanzielle Transparenz fördern, sodass die einzelnen Unternehmensbereiche immer den Druck verspüren, beste Leistungen zu erbringen. So können Aktionäre darauf vertrauen, dass es keine versteckten Katastrophen gibt.

Alles in allem gibt es für Unternehmenszentralen viele Möglichkeiten, den Unternehmenswert zu steigern. Natürlich ist es schwierig, sie alle zu nutzen, und manche sind auch miteinander nicht vereinbar. So wird eine Zentrale, die oft von oben her in die Aktivitäten ihrer Geschäftsbereiche eingreift, von diesen eher nicht als hilfreicher Förderer und Wegbereiter gesehen. Die Geschäftseinheitsleiter werden sich also eher darauf konzentrieren, die Leistung ihres eigenen Geschäftsbereichs zu steigern, und sich weniger um Kooperationen mit anderen Managern ihrer Ebene kümmern, um dem Konzern als Ganzes damit zu nützen. Aus diesen Gründen nehmen Unternehmenszentralen häufig eine von drei Rollen ein, die jede für sich kohärent, aber von den anderen zu unterscheiden ist.[18] Diese drei Rollen sind in ▶ *Abbildung 8.5* zusammengefasst.

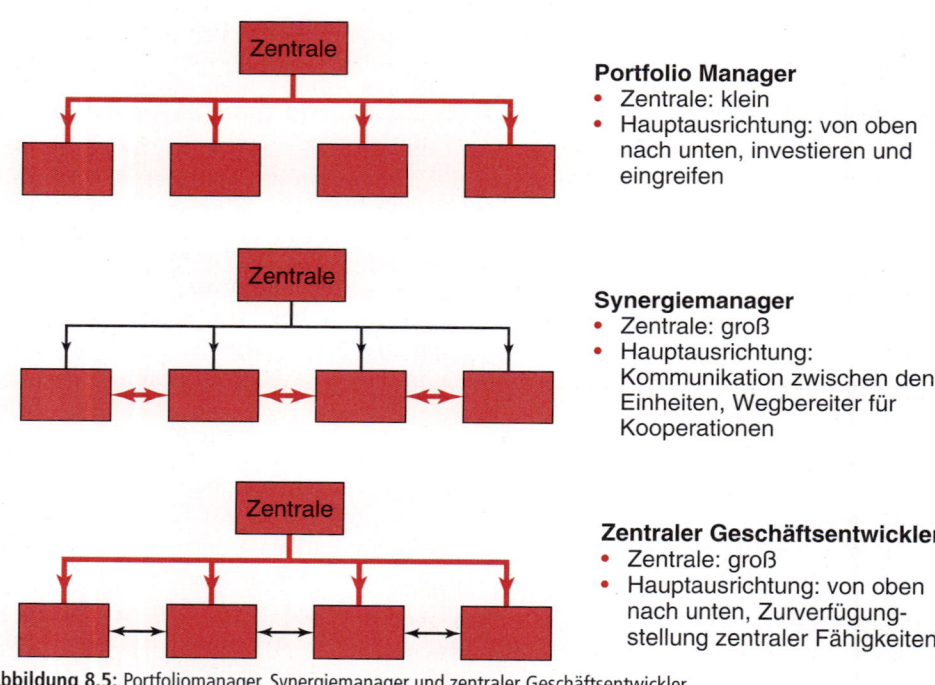

Portfolio Manager
- Zentrale: klein
- Hauptausrichtung: von oben nach unten, investieren und eingreifen

Synergiemanager
- Zentrale: groß
- Hauptausrichtung: Kommunikation zwischen den Einheiten, Wegbereiter für Kooperationen

Zentraler Geschäftsentwickler
- Zentrale: groß
- Hauptausrichtung: von oben nach unten, Zurverfügungstellung zentraler Fähigkeiten

Abbildung 8.5: Portfoliomanager, Synergiemanager und zentraler Geschäftsentwickler

---

18 Die ersten beiden hier erwähnten Rollen basieren auf einer Veröffentlichung von M. Porter, „From competitive advantage to corporate strategy", *Harvard Business Review*, Band 65, Nr. 3 (1987), S. 43–59.

8.6.2 Der Portfolio-Manager

Der Portfolio-Manager agiert auf eine Art und Weise als aktiver Investor, wie es Aktionäre aufgrund ihrer Vielzahl und ihres fehlenden Fachwissens nicht können. Als **Portfolio-Manager** handelt eine Unternehmenszentrale also, wenn sie, wie ein Agent des Kapitalmarkts und der Aktionäre agiert, um dadurch mehr Werte aus den einzelnen Geschäftsbereichen zu extrahieren, als diese es alleine könnten. Die Rolle des Portfolio-Managers besteht darin, unterbewertete Vermögenswerte oder Unternehmen zu identifizieren und zu übernehmen, um sie dann zu verbessern. Dies könnte er unter anderem durch die Übernahme anderer Unternehmen erreichen, wobei dann schwache Bereiche abgestoßen und andere Bereiche mit Erfolgspotenzial durch Eingreifen von oben verbessert werden. In solchen Konzernen geht es weniger um die Verbundenheit (siehe *Abschnitt 8.2*) der einzelnen Bereiche innerhalb des Portfolios, sondern hier wird typischerweise eine Mischkonzernstrategie verfolgt. Ein Portfolio-Manager kümmert sich nicht im Detail um die Routineabläufe innerhalb der einzelnen Unternehmensbereiche, er greift nur über einen kurzen Zeitraum hinweg ein, um eine Leistungssteigerung zu erzielen. In Bezug auf die oben genannten Aktivitäten zur Steigerung des Unternehmenswerts konzentriert sich der Portfolio-Manager darauf, einzugreifen und Finanzmittel zur Verfügung zu stellen (oder abzuziehen).

Portfolio-Manager streben danach, die Kosten der Zentrale gering zu halten, indem zum Beispiel nur wenige Mitarbeiter beschäftigt werden, die nur wenig zentrale Dienste bieten. So wird den Managern der einzelnen Geschäftsbereiche viel Selbstverantwortung übertragen. Die Zentrale setzt diesen Managern klare finanzielle Ziele und bietet hohe Boni, wenn diese erreicht werden. Im Gegenzug kann ein Nichterreichen dieser Ziele schnell zum Verlust des Arbeitsplatzes führen. Solche Portfolio-Manager können so natürlich eine relativ große Anzahl einzelner Geschäftsbereiche betreuen, denn sie kümmern sich nicht um die Strategien des Tagesgeschäfts. Stattdessen greifen sie von oben ein, setzen finanzielle Ziele, entscheiden zentral über die Zukunft der einzelnen Bereiche und stellen dementsprechend Geldmittel zur Verfügung oder eben nicht.

Einige Experten vertreten die Meinung, dass die Tage solcher Portfolio-Manager gezählt sind. Die Verbesserung der Finanzmärkte sorgt dafür, dass die Gelegenheiten, billig in Unternehmen mit schwacher Leistung einzusteigen, immer rarer werden. Einige Portfolio-Manager halten dennoch die Stellung – und das sehr erfolgreich. Private-Equity-Unternehmen wie etwa Apax Partners oder Blackstone stellen eine neue Möglichkeit dar, im Stil eines Portfolio-Managers aufzutreten. Sie investieren meist in lose zusammengehaltene Portfolios, verbessern die jeweiligen Unternehmen und stoßen diese wieder ab. Im Jahr 2016 beispielsweise besaß Blackstone, deren Vermögenswerte sich auf 300 Mrd. $ beliefen, Firmen aus den Bereichen Energie, Immobilien, Wasseraufbereitung, Kameraproduktion, Bankwesen und Samenaufbereitung. Mehr als 616.000 Mitarbeiter weltweit waren für diese Unternehmen tätig. *Beispiel 8.3* beschreibt auch die Herangehensweise von Warren Buffet als Portfolio-Manager bei Berkshire Hathaway.

Portfolio-Manager

Der Portfolio-Manager agiert auf eine Weise als aktiver Investor, wie es Aktionäre aufgrund ihrer Vielzahl und ihres fehlenden Fachwissens nicht können.

Beispiel 8.3	Berkshire Hathaway Inc.: „Wir ernten, was wir säen."

Von der Herausforderung, ein hochgradig diversifiziertes Firmenportfolio für die Aktionäre zu führen.

Der 85-jährige Milliardär Warren Buffet, CEO und Vorstandsvorsitzender von Berkshire Hathaway, hat ein kleines brachliegendes Textilgeschäft der 1960er-Jahre in einen gigantischen Mischkonzern verwandelt, der 2015 ganze 356 Mrd. $ (274 Mrd. €) wert war. Die einzelnen Bereiche des Konzerns sind höchst vielfältig und umfassen alles von Versicherungsunternehmen (GEICO, General Re, NRG) über Teppiche, Baumaterialien, Bekleidungs- und Schuhherstellung bis hin zu Einzelhandelsunternehmen und dem Privatflugservice NetJets. Überdies hält das Unternehmen auch erhebliche langfristige Minderheitsanteile an Unternehmen wie Coca Cola und General Electric. Und Buffet ist auch weiterhin äußerst aktiv und kaufte 2009 BNSF, das zweitgrößte Eisenbahnunternehmen in den USA für 34 Mrd. $, 2011 das Spezialchemikalienunternehmen Lubrizol für 9 Mrd. $ und 2013 Heinz für 23,3 Mrd. $. 2015 schließlich übernahm Buffet noch Precision Castparts, einen maroden Hersteller von Flugzeugteilen, dessen Einnahmen und Gewinne rückläufig waren, zu einem Preis von 37 Mrd. $ Allerdings merkte Buffet damals an, es werde aufgrund der Größe seines Unternehmens Berkshire Hathaway immer schwieriger, vielversprechende Chancen aufzutun – etwa wie bei der „Elefantenjagd".

Der Geschäftsbericht von Berkshire Hathaway gewährt einen Einblick in Denkweise und Management des Unternehmens. Warren Buffet erklärt, wie er und sein Stellvertreter Charlie Munger ihre Geschäfte betreiben:

> *„Charlie Munger und ich sehen unsere Aktionäre als teilhabende Partner und uns selbst als Partner, die für das Management zuständig sind. (Aufgrund der Größe unserer Beteiligungen halten wir auch die Kontrollmehrheit – in guten wie in schlechten Tagen.) Wir sehen nicht das Unternehmen als letztendlichen Eigentümer unserer Vermögenswerte an, sondern betrachten es vielmehr als eine Art Vermittler, durch den unsere Aktionäre die Vermögenswerte halten – Unser langfristiges wirtschaftliches Ziel – ist es, die durchschnittliche jährliche Zuwachsrate an inhärentem Unternehmenswert pro Aktie gerechnet zu maximieren. Wir messen die wirtschaftliche Bedeutung oder den Erfolg von Berkshire nicht an seiner Größe; wir betrachten immer den Fortschritt jeder einzelnen Aktie. – Im Einklang mit der Eigentümerorientierung halten die meisten unserer Direktoren einen großen Teil ihres Eigenkapitals beim Unternehmen. Wir ernten also, was wir säen."*

Berkshire hat eine klar definierte „dominante Logik":

> „Charlie und ich meiden Unternehmen, deren Zukunft wir nicht ein-
> schätzen können, auch wenn deren Produkte sehr interessant sind. In
> der Vergangenheit war besonderer Scharfsinn notwendig, um das
> sagenhafte Wachstum in Branchen, wie der Automobilindustrie (im
> Jahr 1910), der Luftfahrtindustrie (1930) und der Herstellung von
> Fernsehern (1950) vorherzusehen. Aber in deren Zukunft gab es dann
> auch eine Wettbewerbsdynamik, durch die beinahe alle Unterneh-
> men, die in diese Branchen eingetreten sind, dezimiert wurden. Und
> selbst die überlebenden Unternehmen erlitten dabei Verluste. Allein
> die Tatsache, dass Charlie und ich tatsächlich ein enormes Wachstum
> für eine Branche in der Zukunft sehen, heißt nicht, dass wir auch
> beurteilen können, wie sich deren Gewinnmargen und Kapitalrendite
> entwickeln, wenn eine Vielzahl von Wettbewerbern um die Vorherr-
> schaft kämpfen. Bei Berkshire halten wir an Unternehmen fest, deren
> Gewinnsituation über Jahrzehnte hinweg hinreichend vorhersehbar
> scheint. Und selbst so machen wir noch viele Fehler."

Dann erklärt Buffet, wie das Management der Tochtergesellschaften aussieht:

> „Wir vergeben die gesamte schwere Arbeit an die Manager unserer
> Tochtergesellschaften. Wir delegieren so weit als möglich: Obwohl
> Berkshire etwa 340.000 Mitarbeiter hat, arbeiten nur 25 davon in der
> Unternehmenszentrale. Charlie und ich kümmern uns vorwiegend um
> Kapitalzuteilungen und um die Betreuung unserer wichtigsten Mana-
> ger. Die meisten dieser Manager sind am glücklichsten, wenn sie ihre
> Geschäfte in Alleinverantwortung führen können, und das ermögli-
> chen wir ihnen auch. Sie sind also für alle operativen Entscheidungen
> sowie für die Zuleitung des von ihnen erwirtschafteten überschüssigen
> Kapitals an die Zentrale selbst verantwortlich. Da sie dieses Über-
> schusskapital an uns senden, werden sie nicht von den verschiedens-
> ten Verlockungen abgelenkt, die sich auftun würden, wenn sie auch
> für den Einsatz des Kapitals, das ihr Geschäft abwirft, selbst verant-
> wortlich wären. Außerdem ergeben sich für Charlie und mich viel
> umfangreichere Investitionsmöglichkeiten für diese Gelder, als sie
> unsere Manager in ihrer jeweiligen Branche vorfinden würden.

Anlässlich des 50. Firmenjubiläums von Berkshire Hathaway ließen zahlreiche
Finanzexperten die erstaunliche Erfolgsgeschichte des Unternehmens Revue passieren. Sein Partner Munger bezeichnet Buffets genialen Investitionsinstinkt als
„merkwürdig intensive und ansteckende Hingabe an Aktionäre und Medien."
Viele möchten nichts lieber als die Erfolgsformel genau zu kennen und zu durchschauen, die Berkshire Hathaway seit so langer Zeit so erfolgreich macht. Denn
auch im Jahr 2016 sind die Finanzmittel des Konzerns schier unerschöpflich.
Sollte der alternde Milliardär und Investor also sein Gewehr laden und wieder auf
Elefantenjagd gehen?

*Quellen: Berkshire Hathaway Owner' s Manual, http://brkshr.com/owners.html; http://www.berkshirehathaway.com/
letters/2009!tr.pdf*

8.6.3 Der Synergiemanager

Synergiemanager

Mit Synergie- managern strebt die Unternehmenszentrale danach, den Wert ihrer Geschäftseinheiten durch die Realisierung von Synergien innerhalb der Organisation zu steigern.

Das Erlangen einer Synergie wird oft als eigentliche Daseinsberechtigung einer Unternehmenszentrale gesehen.[19] Und im Fall einer verbundenen Diversifikation liegen meist die vielfältigsten Synergien vor. In Bezug auf Aktivitäten, die Unternehmenswert schaffen, konzentriert sich ein **Synergiemanager** auf dreierlei Aspekte: Er definiert eine Vision als gemeinsamen Unternehmenszweck; er ist Wegbereiter für die Kooperation der Geschäftsbereiche untereinander; und er stellt zentrale Dienstleistungen und Ressourcen zur Verfügung. Bei Apple dient beispielsweise Steve Jobs Vision seiner PCs als digitale Zentrale eines neuen digitalen Lebensstils als Leitlinie für die Manager von iMac, iTunes und iPod, sodass eine nahtlose Verbindung zwischen allen neu entwickelten Produkten und Dienstleistungen möglich wird. Das Ergebnis ist ein gesteigerter Unternehmenswert aufgrund eines verbesserten Kundenerlebnisses. Der amerikanische Großkonzern GE ermöglicht eine Kooperation durch verstärkte Investitionen in Trainingsaktivitäten für Manager. So wird es einfacher für diese, Wert schaffendes Wissen untereinander auszutauschen. Ein Metallhersteller, der durch Diversifikation sowohl im Bereich Stahl- als auch im Bereich Aluminiumproduktion aktiv ist, könnte seine Energieversorgung zentral gestalten und so durch seine stärkere Verhandlungsposition bei den Zulieferern Synergieeffekte erzielen.

Die Probleme, die eine Erlangung solcher Synergien mit sich bringt, sind denen sehr ähnlich, die bei der Erlangung von Vorteilen aufgrund einer Verbundenheit eine Rolle spielen. Drei dieser Probleme sollen hier nochmals aufgegriffen werden:

■ *Übermäßige Kosten.* Die Vorteile, die durch die gemeinsame Nutzung von Wissen und Ressourcen und durch Kooperation entstehen, müssen die Kosten überwiegen, die für eine solche Integration nötig sind – wobei ausdrücklich sowohl die finanziellen Kosten als auch die Opportunitätskosten gemeint sind. Das Management synergetischer Beziehungen bringt meist teure Investitionen an Managementzeit mit sich.

■ *Überwindung eigener Interessen.* Die Manager der einzelnen Unternehmensbereiche müssen zur Kooperation bereit sein. Besonders dort, wo Manager reich entlohnt werden, wenn die Leistungen ihrer eigenen Geschäftsbereiche positiv ausfallen, fehlt ihnen meist die Motivation dazu, ihre Zeit und Ressourcen für das gemeinsame Ziel zu opfern.

■ *Illusorische Synergien.* Der Wert, den bestimmte Fähigkeiten oder Ressourcen für andere Unternehmen haben können, wird leicht überschätzt. Dies ist besonders häufig der Fall, wenn die Unternehmenszentrale ein neues Projekt oder die Übernahme eines neuen Unternehmens rechtfertigen möchte. Vorher hoch gepriesene Synergien erweisen sich oft als illusorisch, wenn Manager sie tatsächlich in die Tat umsetzen müssen.

Die Tatsache, dass viele Unternehmen letztendlich nicht in der Lage sind, aus ihren einzelnen Geschäftsbereichen die erwarteten Synergieeffekte abzuleiten, hat dazu geführt, dass der gesamte Bereich der Synergien mit zunehmender Skepsis betrachtet wird. Vorteile aus Synergien sind nicht so einfach zu erlangen, wie es zunächst scheint. So hat es sich für Daimler-Chrysler als sehr schwierig erwiesen, die verspro-

---

19 Siehe A. Campbell und K. Luchs, „Strategic Synergy", *Butterworth–Heinemann*, 1992.

chenen Synergien aus dem Zusammenschluss der Luxusautomarke Mercedes und der Marke für den Massenmarkt Chrysler zu realisieren. Dennoch ist und bleibt das Thema Synergie sehr wichtig, was die Strategie auf Gesamtunternehmensebene betrifft.

8.6.4 Der zentrale Geschäftsentwickler[20]

Als **zentraler Geschäftsentwickler** *(parental developer)* strebt die Unternehmenszentrale danach, ihre eigenen Kompetenzen als Dachorganisation so einzusetzen, dass diese den Wert der Geschäftseinheiten steigern. Dabei geht es nicht in erster Linie darum, wie die Zentrale Vorteile *innerhalb* der Geschäftseinheiten generieren oder Fähigkeiten zwischen diesen transferieren kann, wie dies beim Management von Synergien der Fall ist. Der zentrale Geschäftsentwickler konzentriert sich stattdessen auf eigene Kompetenzen oder Ressourcen, die *von oben nach unten* weitergegeben werden können, um so das Potenzial der einzelnen Geschäftsbereiche zu steigern. So könnte eine Zentrale beispielsweise über einen wertvollen Markennamen (wie im Fall von Virgin) oder über spezielle Fähigkeiten im Bereich Finanzmanagement oder Produktentwicklung verfügen. Existieren solche zentralen Fähigkeiten, müssen die jeweiligen Manager eine *Chance zur Weitergabe* identifizieren. Dies kann ein Geschäftsbereich sein, der seinem Potenzial momentan nicht gerecht wird, der durch die Weitergabe der Fähigkeiten der Zentrale (Markenname, Produktentwicklung etc.) jedoch verbessert werden könnte. Solche Chancen ergeben sich demnach häufiger im Fall einer verbundenen als im Fall einer unverbundenen Diversifikation. Außerdem werden dabei häufig Manager und andere Ressourcen innerhalb verschiedener Geschäftsbereiche „getauscht". Wichtige Aktivitäten der Zentrale zur Steigerung des Unternehmenswerts sind hier die Zurverfügungstellung zentraler Dienste und Ressourcen. So kann ein Hersteller von Konsumgütern eine klare Richtlinie durch die Zentrale vorgeben, was Branding und Vertrieb angeht, ein Technologieunternehmen dagegen verfügt vielleicht über ein großes zentrales F&E-Labor.

Zentraler Geschäftsentwickler

Als zentraler Geschäftsentwickler (parental developer) strebt die Unternehmenszentrale danach, ihre eigenen Kompetenzen als Dachorganisation so einzusetzen, dass sie den Wert der Geschäftseinheiten steigern.

Basiert das Management einer Organisation aber auf dem Grundsatz des zentralen Geschäftsentwicklers, so ergeben sich daraus mindestens zwei Herausforderungen:

- *Die Ausrichtung der Zentrale.* Jede Zentrale muss ihre einzigartigen, wertschöpfenden Fähigkeiten klar und ehrlich definieren. Dabei müssen sich die Führungskräfte immer fragen, was andere besser können als sie selbst. Ihre Zeit und Energie sollten sie dann vor allem auf solche Aktivitäten fokussieren, mit denen sie tatsächlich Mehrwert generieren können. Andere zentrale Dienstleistungen sollten ohne Zögern an Spezialisten fremdvergeben werden, die diese besser beherrschen.

- *Das Problem der „Kronjuwelen".* Einige diversifizierte Unternehmen haben Geschäftseinheiten in ihrem Portfolio, die zwar erfolgreich sind, zu denen die Zentrale aber wenig an Wert beiträgt. Diese können zu sogenannten „Kronjuwelen" werden, an denen die Zentrale besonders hängt. Die Logik des Ansatzes eines zentralen Geschäftsentwicklers besteht jedoch darin, dass die Zentrale für solche Geschäftsbereiche nur Kosten verursacht und daher Unternehmenswert zerstört.

---

20 Der Ansatz des zentralen Geschäftsentwicklers wird ausführlich erklärt bei Goold *et al.*, Fußnote 15.

Daher sollten zentrale Unternehmensentwickler Geschäftseinheiten, zu deren Wertsteigerung sie nichts beitragen, abstoßen[21], selbst wenn es sich um sehr rentable Einheiten handelt. Die Geldmittel, die aus dem Verkauf rentabler Unternehmen entstehen, können in andere Teile des Unternehmens investiert werden, zu deren Wertsteigerung die Zentrale beiträgt.

8.7   Portfolio-Matrizen

Die Diskussion in *Abschnitt 8.4* befasste sich damit, welche Ansätze eine Unternehmenszentrale beim Management einer Organisation mit mehreren Geschäftsbereichen verfolgen kann. Dieser Abschnitt stellt Modelle vor, mittels derer die Manager die verschiedenen Bestandteile ihres Portfolios auf verschiedene Weise verwalten, Unternehmensbereiche hinzufügen oder abstoßen können.[22] Jedes Model misst den folgenden drei Kriterien mehr oder weniger Bedeutung zu:

- die *Ausgewogenheit* des Portfolios, z.B. in Bezug auf dessen Märkte und die Anforderungen des Konzerns,

- die *Attraktivität* der Geschäftsbereiche in Bezug darauf, wie erfolgreich sie individuell betrachtet sind und wie rentabel ihre Märkte und Branchen wahrscheinlich sein werden,

- die *Kompatibilität* der einzelnen Geschäftsbereiche in Bezug auf potenzielle Synergien und das Ausmaß, in dem sich die Unternehmenszentrale um diese kümmern kann.

8.7.1   Die Marktwachstums- bzw. Marktanteilsmatrix (oder BCG-Matrix)[23]

Eine der am häufigsten eingesetzten und am längsten genutzten Methoden, um die Ausgewogenheit eines Geschäftsbereichsportfolios einzuordnen, ist die Boston Consulting Group-**BCG-Matrix** (siehe ▶ *Abbildung 8.6*).

BCG-Matrix

Bei der BCG-Matrix sind Marktwachstum und Marktanteil die entscheidenden Variablen zur Bestimmung von Attraktivität und Ausgewogenheit eines Portfolios.

Hier sind Marktwachstum und Marktanteil die entscheidenden Variablen zur Bestimmung von Attraktivität und Ausgewogenheit. Ein hoher Marktanteil und ein starkes Wachstum sind natürlich am attraktivsten. Die BCG-Matrix mahnt aber auch an, dass ein starkes Wachstum hohe Investitionen erfordert, um z.B. Kapazitäten zu erhöhen oder Marken zu entwickeln. Das Geschäftsbereichsportfolio muss also ausgewogen sein, sodass es einige Bereiche mit geringem Wachstum gibt, die einen ausreichend großen Überschuss erwirtschaften, um den Investitionsbedarf der Bereiche mit starkem Wachstum zu finanzieren.

---

21   J. Xia und S. Li, „The divestiture of acquired subunits: a resource dependence approach", *Strategic Management Journal*, Band 34, Nr. 2 (2013), S. 131–48.

22   M. Nippa, U. Pidua und H. Rubner, „corporate portfolio management: appraising four decades of academic research", *Academy of Management Perspectives*, Band 25, Nr. 4, (2011), S. 50–66.

23   Für eine ausführlichere Diskussion des Einsatzes der Marktwachstums-/Marktanteilsanalyse siehe A. C. Hax und N. S Majluf, „The use of the growth-share matrix in strategic planning", *Interfaces*, Band 13, Nr. 1 (1992), S. 40–46 und D. Faulkner, „Portfolio matrices", in V. Ambrosini (ed.), „Exploring Techniques of Analysis and Evaluation in Strategic Management", *Prentice Hall*, 1998; für eine Erklärung der Entstehung der BCG-Matrix siehe B. D. Henderson, „Henderson on Corporate Strategy", *Abt Books*, 1979.

Die beiden Achsen der Matrix (Wachstum und Marktanteil) definieren vier Unternehmensarten:

- Ein *Star* ist eine Geschäftseinheit mit hohem Marktanteil in einem wachsenden Markt. Diese Geschäftseinheit könnte viel Geld ausgeben, um ihrem Wachstum standzuhalten, wobei aber der hohe Marktanteil ausreichende Gewinne abwerfen dürfte, sodass sich dieser Bereich in Bezug auf seinen Investitionsbedarf selbst tragen kann.

- Ein *Fragezeichen* (oder Problemkind) bezeichnet eine Geschäftseinheit in einem wachsenden Markt, die keinen hohen Marktanteil besitzt. Die Entwicklung eines solchen Fragezeichens zu einem Star mit hohem Marktanteil erfordert hohe Investitionen. Viele Fragezeichen können nicht auf diese Weise weiterentwickelt werden, weshalb die BCG-Matrix Unternehmenszentralen den Rat gibt, mehrere gleichzeitig zu unterstützen. Es ist wichtig, darauf zu achten, dass sich zumindest einige der Fragezeichen zu Stars entwickeln, denn die gegenwärtigen Stars werden irgendwann zu Cash Cows und können sogar zu Dogs absteigen.

- Eine *Cash Cow* ist eine Geschäftseinheit auf einem reifen Markt, die einen hohen Marktanteil aufweist. Da für sie das Wachstum jedoch gering ist, ist auch der Investitionsbedarf gering, wohingegen der hohe Marktanteil meist dafür sorgt, dass die Geschäftseinheit rentabel wirtschaftet. Eine Cash Cow sollte also Geld einbringen, das zur Finanzierung der Fragezeichen benötigt wird.

- *Dogs* sind Geschäftseinheiten mit einem geringen Marktanteil auf stagnierenden oder rückläufigen Märkten und somit die schlimmste aller Kombinationen. Sie können ein Fass ohne Boden für Investitionen sein und einen unverhältnismäßig großen Anteil der Zeit und der Ressourcen der gesamten Firma in Anspruch nehmen. Die BCG-Matrix empfiehlt daher Verkauf oder Schließung.

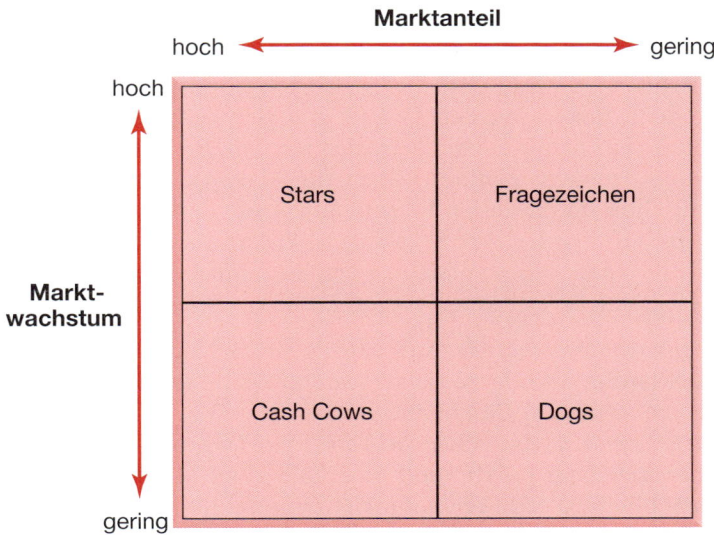

Abbildung 8.6: Die Marktwachstums-/Marktanteilsmatrix (oder BCG-Matrix)

Die BCG-Matrix hat mehrere Vorteile. Sie bietet eine gute Möglichkeit, die verschiedenen Anforderungen und Potenziale aller Geschäftseinheiten des Unternehmensportfolios zu visualisieren. Sie warnt Unternehmenszentralen auch bezüglich des Finanzierungsbedarfs eines ansonsten sehr wünschenswerten Portfolios wachstumsstarker Bereiche. Sie dient den Zentralen außerdem als Erinnerung, dass ihre Stars irgendwann untergehen. Und schließlich wirkt sie auch disziplinierend für die Manager der einzelnen Geschäftsbereiche, denn sie unterstreicht die Tatsache, dass es die Unternehmenszentrale ist, die letztendlich die überschüssigen Ressourcen vereinnahmt, die diese erwirtschaften. Ebenso kann die Zentrale demnach diese Ressourcen so einsetzen, dass sie für den Konzern als Ganzes am effektivsten sind. Cash Cows sollten ihre Gewinne also nicht horten. Außerdem geht es beim Thema überschüssige Ressourcen nicht immer nur um Geldmittel. Eine Unternehmenszentrale kann auch beschließen, Manager von Geschäftseinheiten von langsam wachsenden Cash Cows oder Dogs abzuziehen und anderswo einzusetzen, wo sie dringender gebraucht werden.

Die BCG-Matrix birgt aber auch mindestens vier potenzielle Probleme:

- *Vage Definitionen.* Es kann sehr schwer zu entscheiden sein, was viel oder wenig Wachstum im Einzelfall bedeutet. Auch viele Manager definieren ihren eigenen Marktanteil oft gerne als „hoch", indem einfach der Markt wiederum sehr eng begrenzt wird (und beispielsweise relevante internationale Märkte ignoriert werden).

- *Annahmen über den Kapitalmarkt.* Die Vorgabe, dass eine Unternehmenszentrale ein ausgewogenes Portfolio braucht, um sich aus internen Quellen (Cash Cows) finanzieren zu können, geht davon aus, dass kein Kapital auf externen Märkten beschafft werden kann, etwa durch die Ausgabe von Aktien oder durch Kredite. Wichtiger ist eine solche Vorgabe in Ländern mit unterentwickelten Kapitalmärkten oder für Privatunternehmen, die ihre Abhängigkeit von externen Aktionären oder Banken möglichst gering halten wollen.

- *„Tierfeindlichkeit".* Sowohl Cash Cows als auch Dogs werden nicht sehr pfleglich behandelt, denn Erstere werden einfach nur gemolken, während Letztere sogar terminiert oder aus dem Konzern geworfen werden. Eine solche Behandlung kann zu *Motivationsproblemen* führen, denn die Manager dieser Geschäftseinheiten sehen wenig Sinn darin, vollen Einsatz zu zeigen. Außerdem besteht die Gefahr der *sich selbst erfüllenden Prophezeiung.* Cash Cows werden sogar noch schneller zu Dogs, als die Matrix dies vorsieht, wenn sie einfach nur gemolken werden und man ihnen jegliche Investitionen vorenthält.

- *Verbindungen werden ignoriert.* Außerdem geht man bei der Vorgabe, dass ein Dog ganz einfach terminiert oder verkauft werden kann, davon aus, dass es *keinerlei Bindungen zu anderen Geschäftsbereichen* des Portfolios gibt, deren Erfolg zumindest teilweise davon abhängen kann, den Dog am Leben zu halten. Dieser Ansatz gegenüber Dogs funktioniert innerhalb eines Mischkonzerns besser, denn hier haben Schließung oder Verkauf meist keinerlei Einfluss auf das restliche Portfolio.

8.7.2 Die Directional Policy Matrix (oder GE-McKinsey-Matrix)

Eine weitere Methode zur Bewertung eines Portfolios ist die *Directional Policy Matrix*,[24] die Geschäftsbereiche in solche mit guten Zukunftsaussichten und solche mit weniger guten Zukunftsaussichten einteilt. Ursprünglich wurde diese Matrix von Beratern der Firma McKinsey & Co. entwickelt, um den amerikanischen Mischkonzern General Electric beim Management seiner Geschäftsbereiche zu unterstützen. In dieser Matrix werden strategische Geschäftseinheiten danach positioniert, (i) wie attraktiv der jeweilige Markt ist, auf dem sie aktiv sind, und (ii) welche Wettbewerbsstärken sie auf diesem Markt besitzen. Die Attraktivität kann dabei mithilfe der PESTEL- oder der Five-Forces-Analyse bewertet werden. Die Stärke der einzelnen Geschäftseinheiten ergibt sich aus einer Wettbewerberanalyse (etwa der strategischen Leinwand), siehe *Abschnitt 3.4.3*. Einige Analysten wählen auch die grafische Darstellung, um die Größe des Markts für die Aktivitäten einer Geschäftseinheit zu verdeutlichen. Auch der Marktanteil dieser Geschäftseinheit kann so dargestellt werden (siehe ▶ *Abbildung 8.7*). So werden sich die Manager des Unternehmens, dessen Portfolio in ▶ *Abbildung 8.7* dargestellt ist, sicher darüber Sorgen machen, dass ihr Marktanteil auf dem größten und attraktivsten Markt relativ gering ist, während ihre größte Stärke auf einem Markt liegt, der langfristig gesehen eher weniger attraktiv ist.

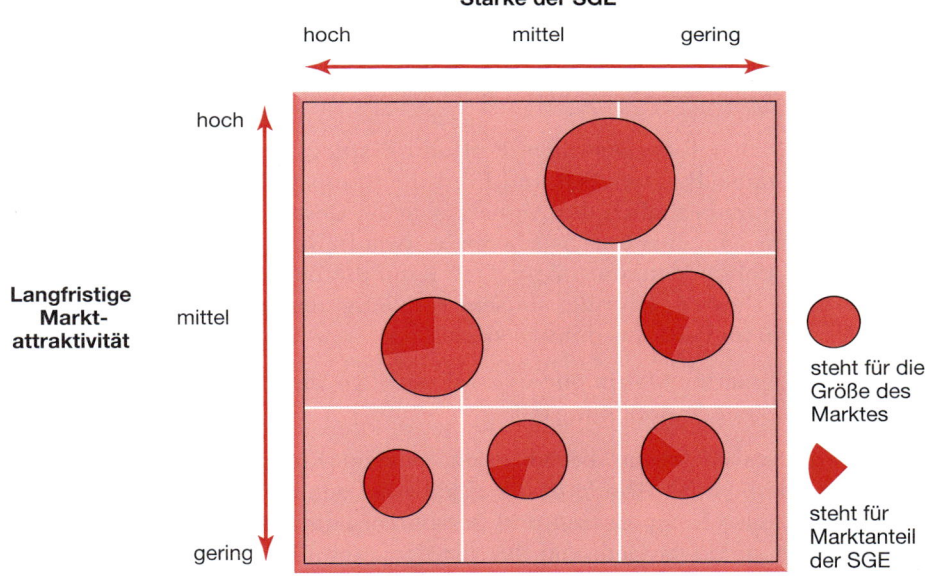

Abbildung 8.7: Die normale Entscheidungsmatrix (GE-McKinsey-Matrix)

Die Matrix hilft auch bei der Auswahl einer geeigneten Strategie auf Gesamtunternehmensebene, denn sie positioniert die Geschäftseinheiten genau. Daraus ergibt sich, dass vorwiegend in die Einheiten mit dem höchsten Wachstumspotenzial und den größten Stärken investiert werden sollte, um deren Wachstum zu fördern. Die schwächsten Einheiten auf dem am wenigsten attraktiven Markt sollten dagegen

---

24 A. Hax und N. Majluf, „The use of the industry attractiveness-business strength matrix in strategic planning", in R. Dyson (Hrsg.), „Strategic Planning: Models and analytical techniques", *Wiley*, 1990.

abgestoßen oder „ausgeschlachtet" werden (d.h., man sollte aus ihnen vor dem Verkauf so viel Geld wie möglich herausholen).

Die Directional Policy Matrix ist komplexer als die BCG-Matrix. Doch sie bietet auch zwei Vorteile. Zunächst wird – anders als in den vier Quadranten der BCG-Matrix – in den neun Zellen dieser Matrix die Möglichkeit eines schwierigen Mittelwegs berücksichtigt. Auf diesem Gebiet müssen Manager sehr vorsichtig und selektiv vorgehen. So betrachtet ist die Directional Policy Matrix weniger mechanisch als die BCG-Matrix und fördert eine offene Debatte über die weniger offensichtlichen Fälle. Außerdem basieren die beiden Achsen der Directional Policy Matrix nicht einfach nur auf Messgrößen (also auf Marktwachstum und Marktanteil). Die Stärken einer Geschäftseinheit können sich aus vielen anderen Faktoren ableiten als nur aus ihrem Marktanteil, ebenso beruht die Attraktivität einer Branche nicht nur auf deren Wachstumsrate. Andererseits birgt auch diese Matrix einige der Probleme der BCG-Matrix, insbesondere in Bezug auf zu vage Definitionen, Annahmen über den Kapitalmarkt, Motivation und sich selbst erfüllende Prophezeiungen. Insgesamt gesehen hilft sie Matrix-Managern aber sehr wohl dabei, ihre Investitionen in Bereichen zu tätigen, die sich auch auszahlen.

Bisher wurde lediglich die logische Zusammensetzung von Portfolios betrachtet in Bezug auf ihre Ausgewogenheit und Attraktivität. Der nächste Ansatz befasst sich mit der Kompatibilität dieses Portfolios mit den besonderen Fähigkeiten der Unternehmenszentrale.

8.7.3 Die Parenting-Matrix

Die Parenting-Matrix (oder Ashridge Portfolio Display) wurde von Michael Goold und Andrew Campbell entwickelt und führt die Kompatibilität mit der Zentrale als wichtiges Kriterium bezüglich der Aufnahme neuer Geschäftsbereiche in das Portfolio ein.[25] Es kann sein, dass Geschäftsbereiche zwar in Bezug auf die BCG-Matrix und die Directional Policy Matrix attraktiv sind. Kann die Zentrale aber deren Unternehmenswert nicht steigern, so sollte sie sehr sorgfältig überlegen, ob eine Übernahme oder ein Verbleib im Portfolio sinnvoll sind.

Innerhalb der Parenting-Matrix gibt es zwei wichtige Dimensionen in Bezug auf die Kompatibilität (siehe ▶ *Abbildung 8.8*:

- *Gefühl*. Dieses Kriterium bezieht sich auf die Kompatibilität der *kritischen Erfolgsfaktoren* (siehe *Abschnitt 3.4.3*) jeder einzelnen Geschäfteinheit und der Fähigkeiten (also Kompetenzen und Ressourcen) der Unternehmenszentrale. Hat die Zentrale anders ausgedrückt das richtige „Gefühl" oder Verständnis für den Geschäftsbereich, um den sie sich kümmern möchte?

- *Nutzen*. Hier wird die Kompatibilität der *Chancen zur Weitergabe* oder der Bedürfnisse der einzelnen Geschäftsbereiche und der Fähigkeiten der Zentrale geprüft. Chancen zur Weitergabe beziehen sich dabei auf die positiven Seiten, auf Bereiche also, in denen die Zentrale z.B. nützliches Fachwissen an ihre Geschäftseinheiten weitergeben kann, die dann davon profitieren. Damit dieser Nutzen

---

25 Die Diskussion in diesem Abschnitt basiert auf M. Goold, A. Campbell und M. Alexander, „Corporate Level Strategy", *Wiley*, 1994. Hier wird eine exzellente Basis für das Verständnis der Probleme von Unternehmenszentralen vorgestellt.

auch realisiert werden kann, muss die Zentrale natürlich auch über die richtigen Fähigkeiten zur Weitergabe verfügen.

Wie wichtig diese beiden Dimensionen der Kompatibilität sind, zeigt sich folgendermaßen: Es leuchtet ein, dass eine Unternehmenszentrale Geschäftsbereiche meiden sollte, für die ihr das richtige *Gefühl* fehlt. Weniger offensichtlich ist dagegen, dass auch der *Nutzen* unbedingt gegeben sein muss. Denn dadurch werden Geschäftsbereiche kritisch betrachtet, für die die Zentrale sehr wohl ein gutes Gefühl hat. Geschäftsbereiche, für die ein gutes Gefühl vorhanden ist, zu denen aber wenig Nutzen beigetragen werden kann, sollten entweder mit großer Distanz geführt oder verkauft werden.

▶ *Abbildung 8.8* zeigt vier verschiedene Arten von Geschäftsbereichen, die anhand dieser beiden Dimensionen (Gefühl und Nutzen) kategorisiert werden:

- *Kernland-Einheiten* sind Geschäftsbereiche, die die Zentrale gut versteht und deren Wert sie langfristig steigern kann. Sie sollten im Zentrum zukünftiger Strategien stehen.

- *Ballast-Einheiten* versteht die Zentrale zwar gut, sie kann aber nur wenig zusätzlichen Nutzen beitragen. Sie wären höchstwahrscheinlich als unabhängige Unternehmen mindestens ebenso erfolgreich. Wenn sie nicht verkauft werden, sollte man ihnen so wenig Konzernbürokratie wie möglich aufbürden.

- *Wertfallen-Einheiten* sind sehr gefährlich. Auf den ersten Blick erscheinen sie attraktiv, denn es sind Chancen für eine Wertsteigerung gegeben (z.B. durch eine Verbesserung des Marketings), doch der Schein trügt, denn der Zentrale fehlt das richtige Gefühl und so richtet sie meist mehr Schaden an (d.h. sie übermittelt die falschen Marketingfähigkeiten) als sie nützt. Sollen solche Wertfallen zu Kernland-Einheiten werden, so muss die Zentrale sich neue Fähigkeiten aneignen. Daher kann es leichter sein, solche Einheiten an andere Konzerne zu verkaufen, die deren Wert steigern können und für eine solche Chance einen hohen Preis zahlen werden.

- *Andersartige Einheiten* sind klare Fehlschläge. Sie bieten wenige Chancen für die Weitergabe relevanter Fähigkeiten und der Zentrale fehlt ohnehin jegliches Verständnis für sie. Ein Ausstieg ist hier also in jedem Fall die beste Strategie.

Dieser Ansatz zur Betrachtung von Unternehmensportfolios konzentriert sich ganz klar darauf, wie die Zentrale den einzelnen Einheiten nützen kann. Hierfür sind sorgfältige Analysen sowohl der Fähigkeiten der Zentrale als auch des Bedarfs der Geschäftseinheiten nötig, was eine Weitergabe zentraler Fähigkeiten angeht. Die Parenting-Matrix kann also bei schwierigen Entscheidungen behilflich sein, wo entweder ein gutes Gefühl oder viele Chancen zur Weitergabe die Unternehmenszentrale dazu verleiten, Geschäftsbereiche zu übernehmen oder zu halten. Eine Zentrale sollte sich immer auf tatsächliche oder potenzielle Kernland-Einheiten konzentrieren, wo Gefühl und Nutzen jeweils hoch sind.

Das Konzept der Kompatibilität ist auch für Organisationen des öffentlichen Sektors relevant. Daraus lässt sich ableiten, dass Manager des öffentlichen Sektors nur diejenigen Dienstleistungen und Aktivitäten direkt kontrollieren sollten, für die sie über spezialisierte Managementkenntnisse verfügen. Andere Bereiche sollten fremdvergeben oder als unabhängige Organisationen ausgegliedert werden.

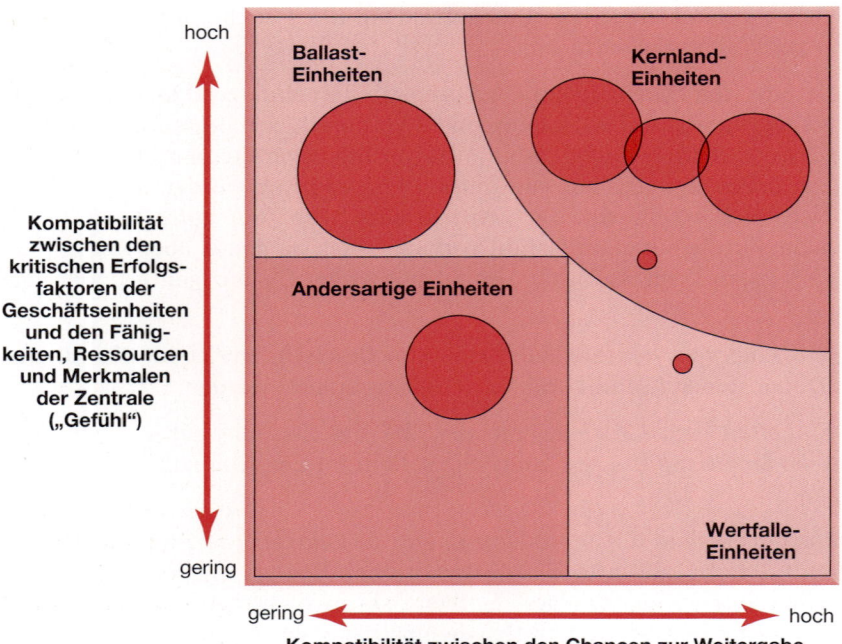

hoch

gering

Kompatibilität
zwischen den
kritischen Erfolgs-
faktoren der
Geschäftseinheiten
und den Fähig-
keiten, Ressourcen
und Merkmalen
der Zentrale
(„Gefühl")

Ballast-
Einheiten

Kernland-
Einheiten

Andersartige Einheiten

Wertfalle-
Einheiten

gering ← → hoch

**Kompatibilität zwischen den Chancen zur Weitergabe
für die Geschäftseinheiten und und den Fähigkeiten,
Ressourcen und Merkmalen der Zentrale („Nutzen")**

Abbildung 8.8: Die Parenting-Matrix: das Ashridge Portfolio Display
Quelle: Anpassung aus M. Goold, A. Campbell und M. Alexander, „Corporate Level Strategy", Wiley, 1994.

Quer-Denken

Eine Strategie für das gesamte Unternehmen ist vergebene Liebesmühe.

Brauchen wir wirklich Strategien auf Gesamtunternehmensebene?

In diesem Kapitel wurde zwar immer wieder argumentiert, dass durch eine Strategie auf Gesamtunternehmensebene durchaus neuer Wert für die einzelnen Geschäftseinheiten generiert werden kann (siehe *Abschnitt 8.6.1*). In einem Artikel der *Harvard Business Review* stellt Frank Vermeulen diese Position allerdings grundsätzlich in Frage, indem er hinterfragt: „Generieren Unternehmenszentralen tatsächlich Mehrwert?"[26] Auch andere Kommentatoren äußern besorgt, dass die Aktivitäten der Zentrale nicht den erwarteten Mehrwert bringen.[27]

26 E. Vermeulen, „Corporate strategy is a fool's errand", *Harvard Business Review*, March 2013.
27 S. Kunisch, G. Müller-Stewens und A. Campbell, „Why corporate functions stumbles", *Harvard Business Review*, December 2014.

Auch wenn die heutigen Großkonzerne sich scheinbar größtenteils aus miteinander verbundenen Geschäftseinheiten zusammensetzen, operieren die einzelnen Bereiche doch meist völlig unabhängig voneinander.[28] Zudem weist ein Drittel der größten Konzerne in Nordamerika und Europa steigende Anzahlen an Unternehmensfunktionen aus, die alle mehr und mehr Einfluss auf die jeweiligen Konzerne haben. Trotzdem häufen sich gleichzeitig Beschwerden bezüglich der Leistung dieser Funktionsbereiche.[29]

Solche verschiedenartigen Unternehmensbereiche unter einem Dach entstehen, wenn ein Konzern sich in verschiedene, ursprünglich angrenzende Bereiche ausbreitet, die dann jeweils wiederum eigene Strategien, Managementteams und Finanzbetreuung benötigen. Daraufhin versucht das zentrale Management, Synergien zwischen den einzelnen Bereichen zu finden: Zusammenarbeit wird gefördert, um möglichst viel Mehrwert zu generieren, wie von der zentralen Finanzabteilung gefordert. Ergeben sich dagegen keine Synergien, so leitet die Zentrale einfach ein bunt gemischtes Portfolio. Die alternative Sichtweise sieht vor, dass solche Unternehmensbereiche abgestoßen werden sollten, da Investoren in ihren eigenen Portfolios selbst für Diversifizierung sorgen können. Auch können die Gelder für teure Unternehmenszentralen so gespart werden.

Natürlich haben Unternehmenszentralen und ihre Manager gewisse Vorteile gegenüber externen Investoren, denn sie haben ein besseres und umfassenderes Verständnis für ihre Geschäftsbereiche. Auch lassen sie sich nicht so leicht von geschönten Zahlen und charismatischen Geschäftsbereichsleitern täuschen. Und sie können als übergeordnetes Kontrollorgan agieren und sicherstellen, dass die Gelder der Aktionäre klug angelegt werden, dass die gewählten Strategien sinnvoll und dass die Positionen in den Bereichsleitungen mit fähigen Mitarbeitern besetzt sind. Vielleicht ist all dies aber auch nur leeres Gerede, das in Wahrheit ein reines Portfolio-Management verschleiern soll. Oder aber die Zentrale unternimmt damit einen echten Versuch, eine zentrale Unternehmensstrategie zu entwerfen, die funktionsübergreifende Synergien und Kooperation proklamiert, die in Wahrheit aber nur eine teure Illusion sind, denn Mehrwert wird dadurch nicht generiert.

Ist Letzteres der Fall, sollte sich die Zentrale in Zukunft aus den strategischen Entscheidungen der einzelnen Bereiche heraushalten. Agiert die Zentrale aber lediglich als Portfolio-Manager, so können das externe Investoren effizienter tun. So gesehen ist eine Strategie auf Gesamtunternehmensebene also immer vergebene Liebesmühe.

---

28 Vermeulen (siehe Fußnote 26).
29 Kunisch (siehe Fußnote 27).

Z U S A M M E N F A S S U N G

- Viele Konzerne bestehen aus mehreren, manchmal sehr vielen Geschäftseinheiten. Die Strategie auf Gesamtunternehmensebene bezieht sich auf Entscheidungen und Handlungen, die den einzelnen Geschäftseinheiten übergeordnet sind. Sie befasst sich mit Wahlmöglichkeiten bezüglich der Reichweite der Organisation.

- Bei der *organisationalen Reichweite* wird häufig zwischen der *verbundenen* und der *konglomeraten* Diversifikation unterschieden.

- Unternehmenszentralen können nach einer Wertsteigerung streben, indem sie verschiedene Rollen übernehmen: *Portfolio-Manager*, *Synergiemanager* und *zentraler Unternehmensentwickler*.

- Es gibt verschiedene Portfolio-Modelle, die einer Zentrale Hilfestellung beim Management ihrer Geschäftseinheiten geben können. Die gängigsten unter ihnen sind: die *BCG-Matrix*, die *Directional Policy Matrix* und die *Parenting-Matrix*.

- Neben der *Diversifizierung* sollten *Divestment* und *Outsourcing* insbesondere angesichts der relativen strategischen Fähigkeiten und der Transaktionskosten von *Opportunismus* in Betracht gezogen werden.

Z U S A M M E N F A S S U N G

Literaturempfehlungen

- Eine sehr zugängliche Diskussion über strategische Ausrichtung bieten A. Campbell und R. Park, „The Growth Gamble: When leaders should bet on big new businesses", *Nicholas Brealey*, 2005.

- M. Goold und K. Luchs, „Why diversify: four decades of management thinking', in D. Faulkner und A. Campbell (Hrsg.), „The Oxford Handbook of Strategy", Band 2, *Oxford University Press*, S. 18–42, bietet einen umfassenden Überblick über die Diversifikationsoptionen im Laufe der Zeit.

- L. Capron und W. Mitchell, *Build, Borrow or Buy: solving the growth dilemma*, Harvard Business Press, 2012, bietet eine gute Zusammenfassung aller Argumente für und gegen die verschiedenen Formen des Wachstums.

- Ein guter Überblick über den aktuellen Stand der Forschung über das Portfolio-Management findet sich bei M. Nippa, U. Pidua und H. Rubner, „Corporate portfolio management: appraising four decades of academic research", *Academy of Management Perspectives*, November 2011, S. 50–66.

Fallstudie
Virgin – ist die Marke mehr als nur Richard Branson?

Eine Fallstudie von Marianne Sweet[1]

Einführung

Die Virgin Group ist ein hochgradig diversifiziertes Unternehmen mit einer breiten Palette an Geschäften wie Mobiltelefonie, Finanzdienstleistungen, Fluglinien, Fernbahnen, Musik, Reiseveranstaltern und Gesundheitswesen. Mittlerweile ist Virgin zu einem der größten Privatunternehmen Großbritanniens angewachsen und beschäftigt etwa 50.000 Mitarbeiter rund um die Welt. Die Jahreseinnahmen überschreiten mittlerweile 18 Mrd. €. Nach Angaben des Centre for Brand Analysis rangierte Virgin im Jahr 2015 auf Platz drei der bekanntesten Markennamen Großbritanniens nach British Airways und Apple.

Sir Richard Branson, charismatischer Gründer von Virgin und einer der reichsten und bekanntesten Unternehmer im Vereinigten Königreich, leitet die Unternehmensgruppe. Seit der Gründung des Unternehmens war Richard Branson eine wichtige Persönlichkeit für das Wachstum des Unternehmens und ist dies bis heute geblieben. Sein extravaganter Stil und sein Talent für Publicity schaffen Interesse und Bewusstsein, die es Virgin ermöglicht haben, ein Markenimage aufzubauen, von dem die Gruppe glaubt, dass es für jedes Unternehmen mit dem Namen „Virgin" Wert schöpft.

Mittlerweile fragen sich die Investoren allerdings, inwieweit der Erfolg von Virgin eher auf das unternehmerische Charisma von Branson als auf die Struktur und das Geschäftsmodell des Konzerns zurückzuführen ist, die ebenso wie die Strategie des Unternehmens nicht allgemein bekannt sind. Folglich fragen sich immer mehr Investoren, wie es um die Nachhaltigkeit des Unternehmens steht, sollte sich Branson aus dem Konzern zurückziehen. Die Konzernzentrale beschreibt sich als führende internationale Investment Group. Doch generiert sie Mehrwert für das diversifizierte Portfolio an SGEs? Und ist das Portfolio an sich sinnvoll?

Ursprünge und Aktivitäten

Branson gründete seine erste Firma, eine Schülerzeitschrift, nachdem er im Alter von 15 Jahren die Schule abgebrochen hatte. Virgin wurde dann 1970 von dem damals gerade 20-Jährigen als Plattenversandfirma gegründet. Dies ermöglichte es ihm, die Preise der Einzelhändler in den Stadtzentren zu unterbieten, und das Unternehmen wuchs schnell. 1971 eröffnete Richard Branson ein Geschäft in der Oxford Street, dem er als Ausdruck seiner Jugendlichkeit und Naivität den Namen „Virgin Records" gab.

Eine weitere Expansion folgte in Form einer rückwärts gerichteten Integration, als Branson 1973 mit der Veröffentlichung des Hit-Albums „Tubular Bells" des damals noch unbekannten Musikers Mike Oldfield in die Musikbranche einstieg. „Tubular Bells" wurde prompt zum Welthit. Virgin Records nutzte auch die Kontroverse für sich, die entstand als die „Punkrockband" Sex Pistols unter Vertrag genommen wurde, die mit ihrem groben Protestverhalten viel Publicity brachte. Von Anfang an standen also Risikobereitschaft, Optimismus, Respektlosigkeit und Publicity für die Philosophie von Branson, mit der er eine weltweit erfolgreiche Marke aufbaute.

Der „rote Faden", der sich durch diese vielfältige Ansammlung unterschiedlicher Unternehmen zieht und sie vereint, sind die Grundwerte der Marke Virgin – hier von der Virgin Group selbst so formuliert: Kundenorientierung mit einem angemessenen Preis-Leistungs-Verhältnis, Qualität, Spaß und Innovation.[1]

---

1   Marianne Sweet leitet das Unternehmen Damselfly Communications Limited und lehrt zudem in den Bereichen Unternehmertum und Management an der Universität von Gloucestershire in Großbritannien. Diese Fallstudie bezieht auch Materialien und Quellen früherer Fallstudien über Virgin mit ein, die in früheren Ausgaben dieses Buchs veröffentlicht wurden und ursprünglich von Urmilla Lawson geschrieben und von Aidan McQueen und John Treciockas aktualisiert wurden.

Branson ist keineswegs risikoscheu, doch ein wichtiger Teil seiner Unternehmensphilosophie sieht die „Absicherung gegen etwaige Nachteile" vor, das heißt, mögliche Verluste werden immer minimiert, bevor eine neue Unternehmung gestartet wird. Diese Lektion hatte Branson mit 15 Jahren von seinem Vater gelernt. Dieser hatte seinem Sohn erlaubt, seine Schulausbildung abzubrechen, um sein Schülermagazin zu gründen, allerdings nur dann, wenn er es schaffte, Verkaufserlöse von 4.000 £ zu erreichen, die die Werbekosten deckten.[2]

Dieser Teil seiner Philosophie war wieder sehr sichtbar, als Richard Branson 1984 von einem amerikanischen Rechtsanwalt dazu inspiriert wurde, eine preiswerte transatlantische Fluggesellschaft – Virgin Atlantic – zu gründen. Diese Flugstrecken wurden von British Airways dominiert und damit begann eine langanhaltende Rivalität. Als es Virgin Atlantic 1991 gelang, Landerechte am Flughafen Heathrow zu erhalten, verstärkte sich diese Rivalität bis hin zu einer „Kampagne schmutziger Tricks" von British Airways gegenüber Virgin Atlantic. Das darauffolgende Gerichtsverfahren, das Virgin gewann, war ein erbitterter Kampf und wurde sehr öffentlich in den Medien ausgetragen, die Branson und Virgin häufig als Außenseiter darstellten, die sich gegen Unterdrücker auflehnten und es mit dem Establishment des „big business" aufnahmen.

Branson musste einige schwierige Entscheidungen treffen, um seine aufstrebende Fluglinie zu stützen. Virgin Records war zu diesem Zeitpunkt ein florierendes Unternehmen, und so entschied Branson, es zu verkaufen, um so auf sichere Weise neue Finanzmittel zu erhalten. „Wenn wir beide Unternehmen weitergeführt hätten, hätten wir beide aufs Spiel gesetzt. Damals sah es danach aus, dass wir Virgin Atlantic hätten schließen müssen, was 2.500 Menschen ihren Job gekostet und unseren guten Ruf ruiniert hätte. Durch den Verkauf von Virgin Records behielten beide Firmen ihre starke Position." So erklärte Branson seine Entscheidung in einem seiner Virgin Blogs.[3]

Also wurde Virgin Records für 500 Mio. £ an EMI verkauft. Die Gruppe ging dann mit 35 % seiner Virgin-Unternehmen an die Londoner Börse und die NASDAQ. Allerdings blieb diese Situation nicht lange bestehen, da die Persönlichkeit Bransons nicht mit der Rechenschaftspflicht des Vorstandsvorsitzenden eines börsennotierten Unternehmens vereinbar war. 1988 kaufte er die Anteile der externen Aktionäre zurück und überführte die Gruppe wieder in Privatbesitz.

Als nun wieder privates Unternehmen wuchs die Gruppe durch eine Mischung aus Übernahmen, Joint Ventures und neu gegründeten Unternehmen schnell. Im Laufe der Jahre lenkte Branson als Vorsitzender der Virgin Group die Geschicke von bisher etwa 500 verschiedenen Firmen.

Viele der neuen Geschäftsinitiativen sind allerdings für Außenstehende schwer nachvollziehbar und scheinen nur auf die Launen von Richard Branson zurückzuführen zu sein. Doch für Branson selbst waren alle seine Entscheidungen durchaus logisch. „Stellen Sie sich vor, die Welt bestünde aus nur einem einzigen Land – so macht es viel mehr Spaß, Geschäfte zu machen." So kommentierte er einmal.[4] Seit den frühen 1990er-Jahren, als die Gruppe im Wesentlichen in den Bereichen Reisen/Urlaub und Musik operierte, expandierte sie in eine große Bandbreite von Unternehmen. (Anhang 1 zeigt eine Auswahl neuer Unternehmungen und wichtiger Ereignisse.) So hat die Virgin Group wiederholt gezeigt, dass sie sehr gut darin ist, genau die richtigen strategischen Möglichkeiten und Chancen zu identifizieren – die sich meist aus brandneuen Innovationen oder aber aus Gesetzesänderungen ergeben –, um dann daraus marktwirtschaftlich Kapital zu schlagen.

Wachstum von Virgin

Beispielsweise ermöglichte die Entwicklung digitaler Technologien es Virgin, die Einzelhandelsaktivitäten in den Online-Verkauf von Musik sowie vielen anderen Produkten, einschließlich Autos, Finanzprodukte und Wein, auszubauen. Überdies führten der Beginn der mobilen Kommunikation und die Deregulierung des Telekommunikationssektors im Vereinigten Königreich zur Gründung von Virgin Mobile.

Die Deregulierung der Eisenbahnen im Vereinigten Königreich wiederum bot Virgin die Möglichkeit zur Gründung von Virgin Rail, einem Unternehmen, das den Eisenbahntransport von Personen an der Westküste Englands anbot. 2014 kam es dann zu einem Joint Venture mit Stagecoach, sodass man auch Franchisenehmer der East Coast Line zwischen London und Schottland werden konnte.

Im Jahr 2012 kaufte Virgin Northern Rock, einen mittelgroßen britischen Baufinanzierer, vom Staat (der das in Schieflage geratene Unternehmen während der Finanzkrise 2007 verstaatlicht hatte). Durch diesen Schritt erhielt Virgin einen viel größeren Anteil am Finanzdienstleistungsmarkt – einem Wachstumsmarkt. 2014 schließlich ging Virgin Money in London an die Börse.

Und natürlich ist Branson auch für seine Abenteuerlust bekannt. Ebenfalls 2012 brachte er Virgin Galactic an den Start, ein Unternehmen, das Passagierflüge ins Weltall anbieten sollte. Dieses neue Projekt kommentierte Richard Branson wie folgt: „Virgin ist ein mutiges Unternehmen, da ich Abenteurer sowie Unternehmer bin." Zwar erlitt Virgin Galactic 2014 einen herben Rückschlag, als eine der Testmaschinen abstürzte, doch schon im Folgejahr konnte das Unternehmen einen 4,7 Mio. $ schweren Vertrag mit der NASA an Land ziehen, der den Auftrag enthielt, mehr als ein Duzend Satelliten an Bord der Virgin-eigenen LauncherOne ins All zu bringen.

Und wieder profitierte die Virgin Group von einer Deregulierung – diesmal im Gesundheitswesen Großbritanniens – und erwarb einen Anteil von 75 % an Assura Medical – 2012 wurde das Unternehmen in Virgin Care umbenannt. Seit damals hat sich Virgin Care zu einem der Marktführer im Gesundheitssektor entwickelt und unterschrieb beispielsweise 2012 einen Fünf-Jahres-Vertrag mit der britischen Gesundheitsbehörde NHS als Anbieter für Gesundheitsschutz und -vorsorge in der englischen Region Surrey. Auf der Virgin-Care-Website konnte man daraufhin angeben, über 230 Gesundheitsdienstleistungen für den NHS anzubieten. Auch stand dort zu lesen, dass seit 2006 bereits über vier Millionen Menschen durch Virgin Care medizinisch versorgt worden waren.

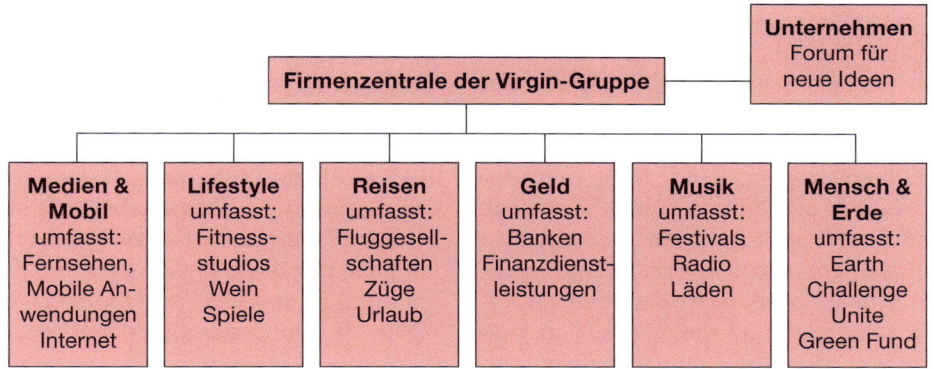

Abbildung 1: Unternehmensstruktur der Virgin-Gruppe

Die Unternehmenslogik

Im Jahr 2016 beschrieb die Virgin Group sich selbst als führenden internationalen Investmentkonzern und als eine der weltweit bekanntesten und angesehensten Marken. Zwar stellt die Gruppe kein Organigramm zur Verfügung, aber es hat sich eine erkennbare Klassifizierung von Unternehmen innerhalb von sechs Kategorien gezeigt (siehe Abbildung). Die aktiven Gesellschaften selbst sind sämtlich separate Organisationen, die selbstständig finanziert werden.

Bransons Ansatz besteht darin, dass jedes dieser Unternehmen innerhalb des ersten Jahres erfolgreich sein oder den Markt verlassen muss. Im Jahr 2013 startete Virgin Atlantic eine britische Fluglinie, die nur Inlandsflüge bediente, Little Red. Sie verband London Heathrow mit Edinburgh, Aberdeen und Manchester. Nach nur 18 Monaten wurde sie jedoch wieder aufgelöst und Branson gab zur Begründung an, das Unternehmen habe zwar den Kunden gute Dienste geleistet, die „Gewinnchancen" seien jedoch „minimal" gewesen.

Virgin sucht nach Marktchancen, mit denen der Konzern glaubt, einen Wettbewerbsvorteil erreichen zu können. Dabei handelt es sich meist um Märkte, auf denen das bestehende Preis-Leistungs-Verhältnis für die Kunden nicht stimmt, wie etwa Kosmetik, Hochzeitsplanung, Fitnessclubs, Fluglinien und Textilien. Die Marke Virgin gilt so allgemein als sehr kundenorientiert. Sie genießt den Ruf, hohe Qualität, hervorragenden Kundendienst, Innovation und einen hohen Spaßfaktor zu bieten und obendrein noch gegen das Establishment zu arbeiten.

Virgin besitzt eine Mischung aus privaten und börsennotierten Unternehmen sowie verschiedenen neugegründeten kleinen Unternehmen und sehr großen Firmen. Jedes Unternehmen ist dabei klar abgegrenzt, sodass Darlehensgeber eines Unternehmens keine Ansprüche an den Vermögenswerten eines anderen Unternehmens haben und die Ergebnisse nicht konsolidiert werden. Und jedes einzelne Unternehmen könnte sehr unterschiedliche strategische Ziele verfolgen. Für die größeren Start-ups geht es hauptsächlich um die strategische Eroberung neuer Märkte. Andere haben vor allem den Zweck, neue Manager zu schulen und weiterzubringen. Und bei wieder anderen liegt das Hauptaugenmerk darauf, den guten Ruf und den Bekanntheitsgrad der Virgin Group in der Öffentlichkeit zu erhalten.

Keines der Unternehmen ist in der Gruppe mit minimalen Managementebenen und ohne jegliche Bürokratie einer anderen Organisation unterstellt bzw. es wird auch keines durch eine solche kontrolliert. Dies spiegelt Richard Bransons Geringschätzung von Hierarchien und seine Vorliebe für Formlosigkeit und individuelle Verantwortung der Mitarbeiter wider. Die Unternehmen werden durch ein komplexes Netzwerk aus Beziehungen zwischen Mutter- und Tochtergesellschaften, die auch die Holdinggesellschaften umfassen, miteinander verbunden. Die höchste dieser Holdinggesellschaften ist auf den Britischen Jungferninseln, einer Steueroase, registriert. Die Gruppe ist überzeugt davon, dass diese Trennung der Unternehmen es möglich macht, den unternehmerischen Geist wachzuhalten.

Den Managern jedes Unternehmens wird, sobald das Unternehmen läuft, größtmögliche Eigenständigkeit gewährt. Dies verkörpert das Ethos von Branson, Geschäfte mit den Menschen im Fokus zu entwickeln und aufzubauen. Den Managern wird vertraut, sie haben ein hohes Maß an Verantwortung und finanzielle Anreize, die Millionäre aus ihnen machen können. Auch ist Branson überzeugt davon, dass das Vertrauen und die Eigenverantwortung, die er seinen Managern für ihre tägliche Arbeit überträgt, es ihm ermöglicht, selbst ein agilerer Unternehmer zu sein und sich ganz der Suche nach neuen Chancen zu widmen, die seine Marke weiter nach vorne bringen. Er umgibt sich mit Menschen, die seine Ideen in die Tat umsetzen können.

„Den besten Rat, den ich den Managern eines Unternehmens mitgeben kann, lautet: Findet jemanden, der eure Firma besser leiten kann, als ihr es selbst könntet." So äußerte sich Branson 2015 in einem Interview mit dem Fachblatt Business Insider UK. „Das macht Euch frei, sodass Ihr Euch auf das große Ganze konzentrieren könnt. Ich habe mir diese Freiheit genommen und nur so konnte ich große Pläne schmieden und Virgin in vielen verschiedenen Bereichen voranbringen."[2]

Virgin ist einerseits dafür bekannt, risikofreudig jeden neuen Markt zu erobern. Andererseits weiß man auch, wie pragmatisch Branson einen möglichen Marktausstieg handhabt. Kein Unternehmen ist ihm so wichtig und wertvoll, dass er nicht hinterfragt, ob es seinen Platz im Portfolio weiterhin verdient. Die zugrunde liegende Logik hat Branson selbst treffend zusammengefasst: „Geschäftschancen sind wie Busse ... es kommt immer wieder ein neuer"[5]

Im Jahr 2016, als Virgin America verkauft wurde, schrieb Branson: „2007, als die Fluglinie startete, waren 60 % der Branche konsolidiert. Heute kontrollieren die vier Mega-Fluggesellschaften über 80 % des US-amerikanischen Markts. Die Konsolidierung ist ein Trend, den traurigerweise niemand aufhalten kann."[6] Im Jahr 2015 entschied die Gruppe, ein weiteres großes Stammunternehmen des Konzerns zu verkaufen: 80 % der Fitnesscenter-Kette Virgin Active gingen an den südafrikanischen Milliardär Christo Wiese.[7] Virgins offizielle Stellungnahme zu diesem Verkauf: „Unsere Investmentstrategie sieht den Aufbau großer Unternehmen vor. Manchmal bedeutet das, mithilfe von externem Kapital durch den Verkauf von Unternehmensanteilen an Partner, diesen Aufbau schneller voranzutreiben."[8]

Die Zukunft

In Interviews erwähnt Richard Branson zwar seinen möglichen Rückzug nicht, betont aber, dass das Unternehmen sorgfältig darauf ausgerichtet wurde, auch ohne ihn fortgeführt zu werden. Inzwischen konzentriert er seine Zeit und Energie hauptsächlich auf Virgin Unite – eine gemeinnützige Stiftung, die vor allem Aktivitäten zum Schutz der Umwelt und zur Unterstützung Bedürftiger fördert. Beobachter sind sich über die Art des Geschäftsmodells der Gruppe nach wie vor uneinig: einige sehen den Konzern als Private-Equity-Organisation, auch wenn viele ihrer Unternehmen Start-ups sind, während andere sie als Risikokapitalorganisation mit eigener Marke wahrnehmen (während die Gruppe ihre eigenen Geschäfte entwickelt). Andere sind wiederum der Ansicht, dass es sich um einen Mischkonzern handelt. Einige Kritiker sind der Meinung, die Marke Virgin sei übermäßig ausgedehnt worden.

Es ist schwierig, die finanzielle Lage des Konzerns als Ganzes zu erfassen, da er aus so vielen unabhängig operierenden Unternehmen besteht und es keine konsolidierten Konten gibt. Branson bestätigte, er sei an Wachstum und nicht an kurzfristigen Gewinnen interessiert, und er wolle Unternehmen langfristig aufbauen. Der Fokus liegt darauf, die Rendite auf das Eigenkapital der Virgin Group zu maximieren durch starke finanzielle Hebelwirkung und die Hilfe von Partnerunternehmen. Die finanzielle Lage des Konzerns stellt sich immer wieder höchst unterschiedlich dar: Im Jahr 2014 meldete Virgin Money einen statutatorischen Gewinn von 34 Mio. £ vor Steuern, Virgin Australia dagegen gab im gleichen Jahr Verluste von 356 Mio. AU $ (245 Mio. €) nach Steuern an. Ein Sprecher von Virgin Care sagte 2015, das Unternehmen könne bisher noch nicht „rentabel" wirtschaften und die Aktionäre investierten noch immer in das Wachstum der Firma.

Branson fordert noch immer, wie eh und je, seine Kritiker immer neu heraus. Ist die Marke Virgin stark genug zu überleben, wenn er abtritt? Wird der Konzern das überleben? „Die Marke Virgin ist kein Produkt, für viele ist sie eine Lebenseinstellung und ein Lebensstil", erklärte Branson 2012 in einem Interview für Economia. „Bei dieser Lebenseistellung geht es darum, den Kunden das Leben schöner und wertvoller zu gestalten und ihnen Spaß am Leben zu vermitteln. Eine Marke gehört aber letztendlich den Kunden. Ein Unternehmen kann seinen Markennahmen zwar durch sein Handeln und sein Verhalten beeinflussen, doch das einzig Wichtige ist am Ende, was die Kunden von der Marke halten."[9]

Quellen:

[1] *http://ww.virgin-atlantic.com/tridion/images/companyoverviewnov_tcm4-426059.pdf*

[2] *http://uk.businessinsider.com/how-richard-branson-maintains-the-virgin-group-2015-2?r=US&IR=T*

[3] *https://www.virgin.com/entrepreneur/richard-branson-how-to-find-the-right-funding-for-your-business*

[4] *https://www.virgin.com/entrepreneur/six-things-we-learnt-business-adventure-la*

[5] *https://www.virgin.com/richard-branson/opportunity-missed*

[6] *https://www.virgin.com/richard-branson/virgin-america*

[7] *http://www.bloomberg.com/news/articles/2015-04-16/brait-agrees-to-buy-80-of-virgin-active-for-about-1-billion*

[8] *http://www.theguardian.com/business/2015/arp/16/virgin-active-stake-sold-to-south-africas-brait*

[9] *http://econcomia.icaew.com/people/november-2012/out-of-this-world*

Fragen

1 Welche verschiedenen strategischen Ausrichtungen hat Virgin im Laufe der Zeit, die die Fallstudie beschreibt, eingeschlagen (nutzen Sie ▶ *Abbildung 8.2* als Hinweis)?

2 Welche Rolle der Unternehmenszentrale (wie in ▶ *Abbildung 8.5* definiert) beschreibt die Virgin Group am besten? Begründen Sie Ihre Antwort.

3 Wie trägt die Virgin Group als Unternehmenszentrale zur Wertsteigerung ihrer Be-

standteile bei? Inwiefern sind diese Fähigkeiten für die verschiedenen Unternehmen der Gruppe relevant?

4 Wie sollte die zukünftige Unternehmensstrategie aussehen? (Und wie wichtig ist die Person Richard Branson für diese Strategie?)

 Als Dozent finden Sie ausführliche **Lösungshinweise** zu den Fallaufgaben auf der Webseite zum Buch.

Anhang 1

1970	Richard Branson gründet das Unternehmen Virgin als Schallplattenversandgeschäft.
1971	Erstes Virgin-Schallplattengeschäft eröffnet.
1977	Virgin-Schallplattenlabel gegründet.
1984	Virgin Atlantic, eine Langstreckenfluggesellschaft, wird gegründet.
1985	Virgin Holidays wird gegründet.
1986	Virgin Group PLC wird gegründet.
1987	Virgin Records America wird gegründet.
1988–90	Virgin Megastores werden in Top-Lagen in Europa, den USA und Japan eröffnet. Branson privatisiert die Virgin Group PLC zu 248 Mio. £.
1991	Durch die Fusion von Virgin Books und WH Allen PLC wird Virgin Publishing gegründet. Virgin Games wird gegründet.
1992	Virgin Records wird für 510 Mio. £ verkauft.
1993	Virgin Games geht als Virgin Interactive Entertainment PLC an die Börse. Virgin Radio geht auf Sendung.
1994	Virgin Retail erwirbt die Ladenkette Our Price.
1996	Virgin Net, ein Internetanbieter, wird gegründet.
1997	Virgin Trains wird für das Franchise der Eisenbahn an der Westküste Großbritanniens gegründet. Virgin Cosmetics wird mit vier Flagshipstores eröffnet. Virgin Radio wird für 87 Mio. £ verkauft.
1999	Virgin Mobile wird in einem Joint Venture mit der Deutschen Telekom gegründet. Virgin Health gründet ein Netzwerk aus Fitnesscentern. Virgin Cinemas wird für 215 Mio. £ verkauft. 49 % von Virgin Atlantic werden für 500 Mio. £ an Singapore Airlines verkauft.

Tabelle 1: Strategische Entwicklungen der Virgin-Gruppe von 1970 bis 2016
Quelle: Beruht auf www.virgin.com.

2000	Virgin Mobile führt einen US-amerikanischen Mobiltelefondienst ein (JV mit Sprint). Virgin Blue wird gegründet (Billigfluggesellschaft in Australien). Virgin Cars wird für den Online-Handel gegründet.
2001	50 % von Virgin Blue werden verkauft.
2004	Virgin Digital wird für den Online-Verkauf von Musik gegründet. Virgin Unite, eine gemeinnützige Stiftung, wird gegründet.
2006	Virgin Media wird in einer Partnerschaft mit NTL Telewest eingeführt. Virgin Fuel wird gegründet. Virgin Cars wird geschlossen.
2007	Der letzte der Virgin Megastores (125) wird verkauft. Die Fluggesellschaft Virgin America gestartet. Die Initiativen „Virgin Earth Challenge" und „World Citizen" werden gestartet.
2009	Virgin Green Fund wird gestartet.
2010	Virgin Hotels wird gestartet. Virgin Racing wird gestartet (Formel Eins). Virgin Gaming wird gestartet. Virgin Produced wird gestartet (Film- und Fernsehproduktionsgesellschaft). Virgin Money erwirbt den Church House Trust, um eine britische Banklizenz zu erhalten. Die Virgin Group erwirbt Mehrheitsanteile an Assura Medical.
2011	Virgin Cosmetics und Virgin Money (USA) werden geschlossen. Virgin Active erwirbt Esporta für 80 Mio. £. Virgin Unite gründet das Branson's Centre for Entrepreneurship.
2012	Assura Medical erhält mit Virgin Care einen neuen Markennamen. Virgin Care unterschreibt einen Vertrag über 500 Mio. £ bezüglich der Übernahme von Surrey Care Services, Teil des NHS Surrey.
2013	Virgin Money übernimmt Northern Rock für etwa 1 Mrd. £. Virgin Media wird an Liberty Global verkauft.
2014	Virgin Money geht an die Börse. Das Joint Venture von Virgin und Stagecoach übernimmt Franchise für East Coast Mainland Railway. Ein Raumschiff von Virgin Galactic stürzt ab.
2015	Virgin Active verkauft 80 % seiner Anteile. Virgin Galactic erhält einen NASA-Vertrag über 1,8 Mrd. £.
2016	Virgin America wird für 1,8 Mrd. £ an Alaska Air verkauft. Branson stellt das neue Touristen-Raumfahrzeug von Virgin Galactic vor.

Tabelle 1: Strategische Entwicklungen der Virgin-Gruppe von 1970 bis 2016 (Fortsetzung)
Quelle: Beruht auf www.virgin.com.

Internationale Strategie

9

ÜBERBLICK

Lernziele

Nach der Lektüre dieses Kapitels sollten Sie in der Lage sein,

- das Potenzial und die Antriebskräfte verschiedener Märkte für die *Internationalisierung* zu beurteilen.

- Quellen eines Wettbewerbsvorteils in einer internationalen Strategie zu identifizieren, sowohl durch globale Beschaffung als auch durch die Ausnutzung *lokaler Faktoren*.

- den Unterschied zwischen *globaler Integration* und *lokaler Reaktionsfähigkeit* zu erkennen sowie die vier Hauptarten der internationalen Strategie zu unterscheiden.

- *Märkte* in Bezug auf Neueintritt oder Expansion anhand der Kriterien Attraktivität, kulturelle und andere Formen der Distanz sowie Risiko eines Vergeltungsschlags der Konkurrenz *zu bewerten*.

- die relativen Vorteile verschiedener *Markteintrittsformen* zu beurteilen, darunter Joint Ventures, Lizenzierung und direkte Auslandsinvestition.

9.1 Einführung

Im letzten Kapitel wurde Marktentwicklung anhand der Ansoff-Matrix als Strategie vorgestellt (siehe *Abschnitt 8.2.3*). Dieses Kapitel konzentriert sich auf eine spezifische, aber wichtige Form der Marktentwicklung: auf die Einbeziehung verschiedener geografischer Märkte. Aus dieser Form der Internationalisierung ergeben sich Wahlmöglichkeiten bezüglich der Länder, in denen man am Wettbewerb teilnehmen möchte, inwieweit das Angebot an Produkten oder Dienstleistungen einer Organisation modifiziert werden soll und wie grenzüberschreitendes Management gestaltet werden soll. Solche Fragen sind heute für eine ganze Reihe von Organisationen von Bedeutung. Natürlich sind da zum einen die großen traditionellen internationalen Konzerne wie Nestlé, Toyota oder McDonald's. In den letzten Jahren tauchen aber auch immer mehr international agierende Konzerne aus aufstrebenden Volkswirtschaften wie Russland, Brasilien, Indien und China auf. Und auch mehr und mehr kleinere, zumeist Internet-basierte Unternehmen sind von Anfang an international aktiv. Auch auf Organisationen der öffentlichen Hand kommen Entscheidungen über Zusammenarbeit, Ausgliederung oder sogar internationale Konkurrenz zu. Die Gesetze der Europäischen Union schreiben Organisationen des öffentlichen Sektors z.B. vor, auch Angebote von internationalen Anbietern zu berücksichtigen.

▶ *Abbildung 9.1* setzt das Thema internationale Strategie ins Zentrum des Kapitels.

Abbildung 9.1: Internationale Strategie: fünf Hauptthemen

In diesem Kapitel werden die folgenden wichtigen Aspekte im Zusammenhang mit internationaler Strategie untersucht:

- *Antriebskräfte der Internationalisierung.* Beispiele hierfür sind Marktnachfrage, potenzielle Kostenvorteile, Druck durch die Regierung und der Zwang, auf Aktionen der Konkurrenz reagieren zu müssen. Angesichts der hohen Risiken und Kosten einer internationalen Strategie, müssen Manager genau wissen, ob die Antriebskräfte für eine solche Strategie stark genug sind, um einen solchen Schritt überhaupt zu rechtfertigen.

- *Geografische und firmenspezifische Vorteile.* Solche firmenspezifischen Vorteile sind etwa einzigartige Ressourcen oder Fähigkeiten, über die nur ein einziges Unternehmen verfügt, wie in *Kapitel 4* besprochen. Geografische Vorteile können sich sowohl aufgrund des Standorts des ursprünglichen Unternehmens als auch durch die internationale Ausrichtung ihres Wertesystems ergeben. Manager müssen diese Quellen für mögliche Wettbewerbsvorteile genau prüfen: Gibt es keine derartigen Vorteile, ist eine internationale Strategie häufig zum Scheitern verurteilt.

- *Internationale Strategie.* Sind Antriebskräfte und strategische Vorteile in ausreichendem Maß gegeben, so eröffnen sich eine ganze Reihe verschiedener strategischer Herangehensweisen an eine Internationalisierung – von einem einfachen Export bis hin zu sehr komplexen internationalen Aktivitäten.

- *Marktauswahl.* Hat man sich für eine internationale Ausrichtung entschieden, so lautet die nächste Frage, welche Länder und Märkte dafür ausgewählt und welche gemieden werden sollten. Hier müssen unter anderem wirtschaftliche, regulative, politische und kulturelle Unterschiede bedacht werden.

- *Markteintrittsformen.* Und sobald die geeigneten Märkte und Länder ausgewählt wurden, muss das Management bestimmen, wie sie in jeden einzelnen Markt eintreten wollen. Exporte sind wieder ein einfacher Ausgangspunkt, doch andere Alternativen sind Joint Ventures, direkte Auslandsinvestition und Lizenzierung.

Das Kapitel betrachtet die internationale Strategie mit einer gewissen Vorsicht. Zwar liegt die „Globalisierung" voll im Trend, doch gleichzeitig werden lokale und regionale Werte häufig groß geschrieben.[1] Daher unterscheidet dieses Kapitel zwischen internationaler und globaler Strategie und betrachtet auch die Auswirkungen einer zunehmenden Internationalisierung auf die finanzielle Leistung eines Unternehmens.[2]

Internationale Strategie

Die internationale Strategie bezeichnet eine Reihe von Optionen für Aktionen außerhalb des Ursprungslandes einer Organisation.

Globale Strategie

Die globale Strategie zeichnet sich durch eine stark ausgeprägte Koordination extensiver Aktivitäten aus, die auf viele verschiedene Länder rund um die Welt verteilt sind.

Die **internationale Strategie** bezeichnet eine Reihe von Optionen für Aktionen außerhalb des Ursprungslands einer Organisation. Die globale Strategie dagegen ist nur eine Form der internationalen Strategie.

Die **globale Strategie** zeichnet sich durch eine stark ausgeprägte Koordination extensiver Aktivitäten aus, die auf viele verschiedene Länder rund um die Welt verteilt sind.

9.2 Antriebskräfte der Internationalisierung

Es gibt viele allgemeine Faktoren, die zu immer mehr Internationalisierung führen. Die Beschränkungen des internationalen Handels und internationaler Investitionen sowie die Einschränkungen bei der Migration sind heute allesamt wesentlich geringer als noch vor einigen Jahrzehnten. Internationale Regelwerke und Organisationsstrukturen haben sich verbessert, sodass Auslandsinvestitionen und -handel weniger Risiken bergen. Verbesserungen im Bereich der Kommunikation – von billigeren Flügen bis hin zum Internet – erleichtern die Mobilität und die Verbreitung neuer Ideen weltweit. Und auch der Erfolg neuer starker Wirtschaftsräume, der sogenannten BRIC-Staaten – Brasilien, Russland, Indien und China – sorgt für neue Chancen und Herausforderungen für die internationale Geschäftswelt.[3]

Diese Trends der Internationalisierung weisen jedoch nicht alle in dieselbe Richtung. Auch gelten sie nicht für alle Branchen. So wird die Migration zwischen bestimmten Ländern heutzutage wieder schwieriger. Dank Internet und billiger Flugreisen können im Ausland Arbeitende leichter mit ihrer heimischen Kultur in Kontakt bleiben – so kommt es oft nicht zu einer globalen Vermischung aller Meinungen und Ideen. Viele sogenannte multinationale Unternehmen konzentrieren sich in Wahrheit auf ganz bestimmte einzelne Märkte wie etwa Nordamerika und Westeuropa oder haben ein sehr begrenztes Netzwerk an internationalen Verbindungen, etwa Zuliefer- und

---

1   Siehe dazu auch M. Alexander und H. Korine, „Why you shouldn't go global", *Harvard Business Review*, Dezember 2008, S. 70–77.
2   Siehe auch P. Ghemawat, „Distance still matters", *Harvard Business Review*, September 2001, S. 137–47.
3   T. Friedman, „The World is Flat: the Globalized World in the Twenty First Century", *Penguin*, 2006 und P. Rivoli, „The Travels of a T-Shirt in the Global Economy: an Economist Examines the Markets", Power and Politics of World Trade, *Wiley*, 2006.

Auslagerungsabkommen mit einem oder zwei weiteren Ländern. Auch die Bedürfnisse der Verbraucher lassen sich je nach Markt und Produkt mehr oder weniger leicht standardisieren – man vergleiche nur einmal PC-Betriebssysteme mit verschiedenen Schokoladensorten. Manager müssen sich also kurz gesagt vor „globalem Geschwätz" hüten, das die wirtschaftliche Integration zu einer einzigen homogenisierten Wettbewerbswelt schamlos übertreibt.[4]

Angesichts der Komplexität der Internationalisierung sollte einer Internationalisierung eine sorgfältige Analyse aktueller Trends auf den relevanten Märkten vorausgehen. George Yips System der „Antriebskräfte der Globalisierung" liefert die Basis für eine solche Analyse. Im Rahmen dieses Buchs können diese Antriebskräfte aber eher als „Kräfte der Internationalisierung" betrachtet werden. Das Potenzial für eine internationale Strategie wird bestimmt durch Marktkräfte, Kostenkräfte, staatliche Kräfte und Wettbewerbskräfte. (siehe ▶ *Abbildung 9.2*).[5] Also kann man die von Yip zusammengestellten Antriebskräfte einfach als „Antriebskräfte der Internationalisierung" verstehen. Es gibt folgende vier Kräfte:

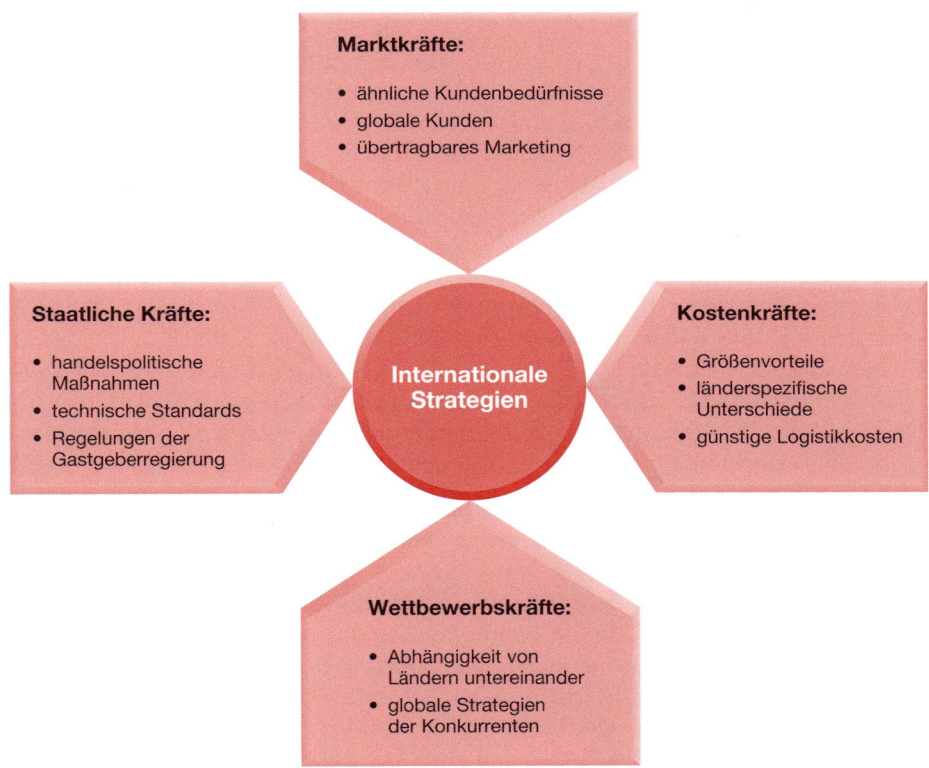

Marktkräfte:
- ähnliche Kundenbedürfnisse
- globale Kunden
- übertragbares Marketing

Staatliche Kräfte:
- handelspolitische Maßnahmen
- technische Standards
- Regelungen der Gastgeberregierung

Internationale Strategien

Kostenkräfte:
- Größenvorteile
- länderspezifische Unterschiede
- günstige Logistikkosten

Wettbewerbskräfte:
- Abhängigkeit von Ländern untereinander
- globale Strategien der Konkurrenten

Abbildung 9.2: Antriebskräfte der Internationalisierung
Quelle: Anpassung aus G. Yip, „Total Global Strategy II", Financial Times Prentice Hall, 2003, Kapitel 2.

---

4   Siehe T. Levitt, „The globalisation of markets", *Harvard Business Review*, Mai–Juni 1983, S. 92–102; S..P. Douglas und Y. Wind, „The myth of globalization", *Columbia Journal of World Business*, Band 22, Nr. 4, (1987), S. 19–29; A. Rugnan und A. Verbeke, „A new perspective on the regional and global strategies of multinational service firms", *Management International Review*, Band 48, Nr. 4 (2008), S. 397–411.
5   G. S. Yip und G. T. Hult, „Total Global Strategy", *Pearson*, 2012.

■ *Marktkräfte.* Ein Faktor, der die Internationalisierung klar erleichtert, ist die Standardisierung der Märkte. Diese Kraft besteht aus drei Komponenten. Zunächst ist hier das Vorliegen *ähnlicher Kundenbedürfnisse und -wünsche* zu nennen: Die Tatsache, dass die Verbraucher in den meisten Ländern ein Verlangen nach schnellen und einfachen Krediten haben, sorgte für den weltweiten Erfolg einiger Kreditkartenunternehmen wie etwa Visa. Zum Zweiten gibt es den *globalen Kunden*: So sind die Hersteller von Autoteilen inzwischen noch internationaler geworden, denn ihre Kunden wie etwa Toyota oder Ford sind ebenfalls international aktiv und brauchen standardisierte Teile für all ihre Fabriken rund um die Welt. Und schließlich sorgt *übertragbares Marketing* für eine Globalisierung der Märkte: Marken wie Coca Cola werden in ganz ähnlicher Weise überall auf der Welt erfolgreich vermarktet.

■ *Kostenkräfte.* Durch Internationalisierung können Kosten gesenkt werden. Auch hier gibt es drei wesentliche Elemente. Zunächst kann ein größeres Produktionsvolumen, das über den Bedarf des nationalen Markts hinausgeht, für *Größenvorteile* sowohl im Bereich Produktion als auch im Bereich Einkauf sorgen. Unternehmen aus kleineren Ländern wie etwa Holland oder die Schweiz neigen daher dazu, schneller international aktiv zu werden als Unternehmen aus den USA, die über einen großen Heimatmarkt verfügen. Größenvorteile sind besonders in Branchen mit hohen Produktentwicklungskosten von Bedeutung. Ein Beispiel ist die Flugzeugindustrie, wo die ursprünglichen Kosten über das große Volumen internationaler Märkte verteilt werden müssen. Zum Zweiten wird Internationalisierung dort gefördert, wo Unternehmen von *länderspezifischen Unterschieden* profitieren können. Es ist also durchaus sinnvoll, die Produktion von Textilien nach China oder Afrika zu verlagern, wo die Arbeitskraft immer noch vergleichsweise billig ist. Designerarbeiten sind dagegen besser in Städten wie Mailand, New York, Paris oder London aufgehoben, wo viel Fachwissen über Mode vorhanden ist. Das dritte Element ist eine *vorteilhafte Logistik*, d.h. die Transportkosten von Gütern oder Dienstleistungen über Grenzen hinweg im Verhältnis zu deren Endwert. Aus dieser Sicht lassen sich Mikrochips leicht international produzieren, während das bei sperrigen Gegenständen wie etwa montierten Möbelstücken schon schwieriger ist.

■ *Staatliche Kräfte.* Es gibt drei Hauptfaktoren, die die Internationalisierung erleichtern. Zunächst haben eine *Reduzierung der Handels- und Investitionsbeschränkungen* die Internationalisierung beschleunigt. Im Laufe der letzten Jahrzehnte haben viele Regierungen die Beschränkungen in Bezug auf Kapital- und Güterverkehr reduziert. Dabei spielte die Welthandelsorganisation WTO eine große Rolle.[6] Auch regionale wirtschaftliche Partnerschaften mit dem Zweck der Integration haben sich ähnlich ausgewirkt, Beispiele hierfür sind die Europäische Union (EU), das Nordamerikanische Freihandelsabkommen (NAFTA) oder etwa die Vereinigung Südostasiatischer Nationen (ASEAN). Keine Regierung lässt allerdings völlige wirtschaftliche Offenheit zu, wobei die Einschränkungen meist je nach Branche sehr unterschiedlich sind. Landwirtschaft oder auch High-Tech sind hier eher sensible und stark geschützte Branchen. Zum Zweiten spielen die *Liberalisierung und die Öffnung der Märkte* in vielen Ländern eine große Rolle für die Förde-

---

6   Aussagekräftige branchenspezifische Daten über Trends zur Offenheit gegenüber Handel und Investitionen sind auf der Internetseite der Welthandelsorganisation *www.wto.org* zu finden.

rung internationaler Investitionen. Vorreiter im Bereich Wirtschaftsreformen waren China und Russland, inzwischen folgen aber auch viele Länder in Asien, Südamerika und Afrika diesem Beispiel. Ein dritter wichtiger Faktor ist die *technologische Standardisierung*. Kompatible technische Systeme erleichtern Unternehmen den Zugang zu verschiedenen Märkten, denn dann sind nicht länger immer unterschiedliche lokale Produkte und Technologien erforderlich.

- *Wettbewerbskräfte.* Diese beziehen sich speziell auf die Globalisierung als eine integrierte weltweite Strategie und nicht auf einfachere internationale Strategien. Solche Kräfte haben zwei Elemente. Zum einen erhöht die *Abhängigkeit* der einzelnen Länderaktivitäten untereinander den Druck für eine globale Koordination. So muss ein Unternehmen mit einem Werk in Mexiko, das sowohl den amerikanischen als auch den japanischen Markt beliefert, seine Aktivitäten an allen drei Orten sorgfältig koordinieren: Schnellen die Umsatzzahlen in einem Land nach oben oder gibt es in einem anderen einen wirtschaftlichen Niedergang, so wirkt sich das auch erheblich auf die anderen Länder aus. Das zweite Element bezieht sich unmittelbar auf die Strategien der Konkurrenten. Gibt es *globalisierte Konkurrenten*, so steigt dadurch der Druck, auch eine globale Strategie zu verfolgen, denn Konkurrenten könnten die Gewinne aus einem Land dazu verwenden, ihre Aktivitäten anderswo zu finanzieren. Ein Unternehmen mit einer locker strukturierten internationalen Strategie bietet globalisierten Konkurrenten eine Angriffsfläche, denn es ist nicht in der Lage, seine Tochterunternehmen in den verschiedenen Ländern zu unterstützen, wenn sie ins Visier eines zielgerichteten, gut koordinierten und finanzierten Konkurrenzunternehmens geraten. Die Gefahr besteht darin, dass sich so betroffene Unternehmen allmählich aus den diesbezüglich gefährlichen Ländern zurückziehen, sodass die ursprünglich gewählte Strategie der Größenvorteile immer mehr ausgehöhlt wird.[7]

Die wichtigste Erkenntnis aus Yips Kräftesystem besteht darin, dass das Potenzial verschiedener Branchen für eine Internationalisierung sehr variabel ist. Es gibt viele verschiedene Faktoren, die diese begünstigen oder beeinträchtigen können. Ein wichtiger Schritt zur Entwicklung einer Internationalisierungsstrategie besteht in der realistischen Einschätzung des tatsächlichen Potenzials für eine Internationalisierung in der jeweiligen Branche.

9.3 Geografische Quellen für Wettbewerbsvorteile

Wird ein Unternehmen auf einem neuen, fremden Markt aktiv, so beginnt es meist mit einem erheblichen Nachteil gegenüber bereits etablierten, lokalen Konkurrenten. Denn sie verfügen über ein fundierteres Wissen über ihren Markt, sind den Kunden bereits bekannt, können auf gute Beziehungen zu ihren Zulieferern zurückgreifen etc.[8] Ein ausländischer Neuankömmling muss also erhebliche firmenspezifische Wettbewerbsvorteile mitbringen, um den ursprünglichen Vorteilen der lokalen Unter-

---

7   G. Hamel und C. K. Prahalad, „Do you really have a global strategy?", *Harvard Business Review*, Band 63, Nr. 4 (1985), S. 139–148.

8   Siehe W. Henisz und A. Swaminathan, „Introduction: institutions and international business", *Journal of International Business Studies*, Band 39, Nr. 4 (2008), S. 537–539 und L. Eden und S. R. Miller, „Distance matters: liability of foreignness, institutional distance and ownership strategy", *Advances in International Management*, Band 16 (2004), S. 187–221.

nehmen etwas entgegensetzen zu können. Das Scheitern der britischen Supermarktkette Tesco in den USA ist ein Beispiel hierfür. Nach sieben Jahren und Investitionen in Höhe von etwa 1 Mrd. £ (1,2 Mrd. €) musste sich Tesco schließlich vom US-amerikanischen Markt zurückziehen. Anders als in Großbritannien fehlte Tesco dort der entscheidende Wettbewerbsvorteil gegenüber der starken einheimischen Konkurrenz. Wer international erfolgreich sein will, muss also auf den nachhaltigen Wettbewerbsvorteilen aufbauen, die in den *Kapiteln 4* und *7* besprochen wurden. Darunter fallen etwa die einzigartigen Stärken eines Unternehmens in Bezug auf seine Ressourcen und Fähigkeiten. Zum einen sind also diese *firmenspezifischen Vorteile* wichtig, doch ein Wettbewerbsvorteil im internationalen Kontext hängt auch stark von *länderspezifischen oder geografischen Vorteilen* ab.[9]

Wie aus der vorangegangenen Diskussion über die Kostenkräfte der internationalen Strategie deutlich hervorgeht, stellt der Standort verschiedener Aktivitäten eine wichtige Grundlage für einen potenziellen Vorteil dar und ist eines der entscheidenden Merkmale einer internationalen Strategie im Vergleich zu anderen Diversifikationsstrategien. Wie Bruce Kogut erklärt, kann eine Organisation die Zusammensetzung ihrer *Wertkette und ihres Wertnetzwerks*[10] verbessern, indem sie länderspezifische Unterschiede nutzt (siehe *Abschnitt 4.4.2*). Hier bieten sich zwei grundlegende Chancen: Die Nutzung bestimmter *Standortvorteile*, oft im Heimatland des Unternehmens, sowie Auslagerungsvorteile im Ausland im Rahmen eines *internationalen Wertnetzwerks*.

9.3.1   Standortvorteil: Der Porter-Diamant[11]

Porters Diamant

Der Porter-Diamant behauptet, dass es besondere Gründe gibt, warum manche Staaten wettbewerbsfähiger sind als andere und warum einige Branchen innerhalb eines Staats wettbewerbsfähiger sind als andere.

Länder und Regionen – und damit auch die Organisationen, die dort ursprünglich beheimatet sind, profitieren oft von speziellen standortbedingten Wettbewerbsvorteilen, die erheblich und außerdem schwer zu imitieren sein können. Beispiele für solche sehr dauerhaft wirkenden Vorteile sind die Schweizer und ihre Privatbanken, die Italiener und ihre Leder- und Pelzmode und die Taiwanesen und ihre Laptop-Computer. Mithilfe von Michael **Porters Diamant** lässt sich erklären, warum einige Nationen in bestimmten Branchen viele Unternehmen mit einem erheblichen Wettbewerbsvorteil hervorbringen (siehe ▶ *Abbildung 9.3*). Das Ausmaß des nationalen Vorteils variiert von Branche zu Branche.

Der Porter-Diamant legt nahe, dass es vier miteinander verbundene Faktoren gibt, die den nationalen oder heimischen Vorteil in bestimmten Branchen bestimmen. (Diese vier Faktoren lassen zusammen einen diamantförmigen Körper entstehen.) Die vier Bedingungen für einen standortbedingten Vorteil lauten wie folgt:

- *Faktorbedingungen.* Diese beziehen sich auf „Produktionsfaktoren", die in die Produktion einer Ware oder Dienstleistung einfließen (z.B. Rohstoffe, Land und

9   Siehe A. M. Rugman, *The Regional Multinational: MNEs and global strategic management*, Cambridge University Press, 2005; A. Rugman und A. Verbeke, „Location, competitiveness and the multinational enterprise", in A. M. Rugman (eds.), *Oxford Handbook of International Business*, Oxford University Press, 2008, S. 150–177 und A. Verbeke, *International Business Strategy*, Cambridge University Press, 2009.

10   B. Kogut, „Designing global strategies: comparative and competitive value added changes", *Sloan Management Review*, Band 27 (1985), S. 15–28.

11   M. Porter, „The Competitive Advantage of Nations", *Macmillan*, 1990.

Arbeit). Vorteile bezüglich der Faktorbedingungen auf nationaler Ebene können für nationale Unternehmen auf internationalen Märkten zu allgemeinen Wettbewerbsvorteilen führen. So bieten die sprachlichen Fähigkeiten der Schweizer ihnen einen beachtlichen Vorteil für ihre Bankenbranche. Billige Energie ist traditionell für die nordamerikanische Aluminiumproduktion von Vorteil.

- *Bedingungen der heimischen Nachfrage.* Heimische Kunden und ihre Besonderheiten können ebenso einen Wettbewerbsvorteil bedeuten. Sind die Kunden zuhause anspruchsvoll und erwarten viel, so schult dies das betreffende Unternehmen auch für den ausländischen Markt. So boten die hohen Erwartungen, die japanische Kunden an elektrische und elektronische Geräte hatten, einen wichtigen Antrieb für die betreffenden Branchen in Japan, der so zu deren globaler Dominanz auf den Märkten führte. Anspruchsvolle Kunden in Frankreich und Italien verschaffen den Modefirmen dieser Länder seit Jahrzehnten eine Spitzenposition auf dem Modemarkt.

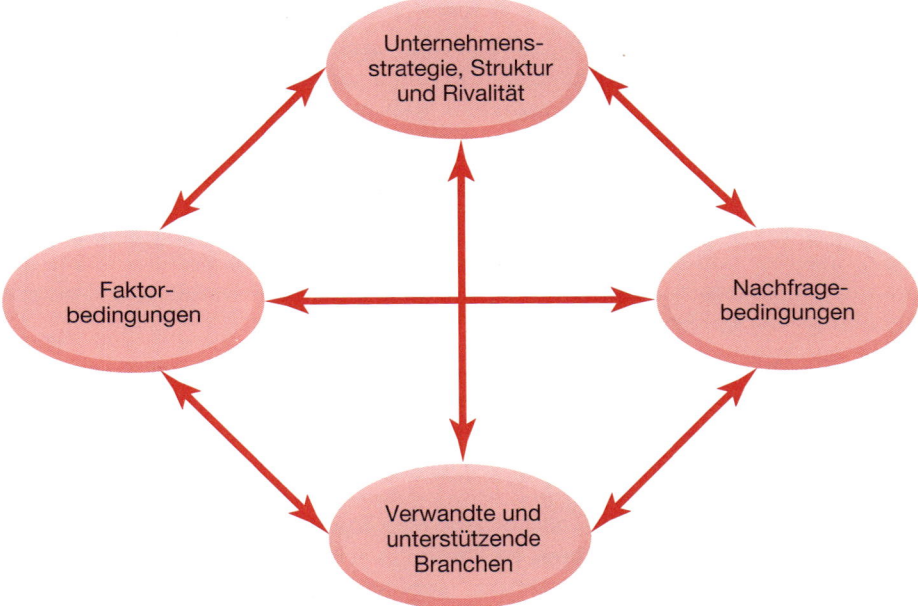

Abbildung 9.3: Der Porter-Diamant – die bestimmenden Faktoren eines nationalen Vorteils
Quelle: Anpassung mit Genehmigung von The Free Press, a Division of Simon & Schuster, Inc., aus „The Competitive Advantage of Nations", Michael E. Porter. Urheberrecht 1990, 1998 Michael E. Porter. Alle Rechte vorbehalten.

- *Verwandte und unterstützende Branchen.* Lokale „Cluster" aus verwandten und sich gegenseitig unterstützenden Branchen können eine wichtige Grundlage für einen Wettbewerbsvorteil sein. Diese Cluster sind oft regionaler Natur, sodass persönliche Kontakte leicht herzustellen und zu halten sind. So haben sich in Norditalien beispielsweise die Lederschuhbranche, die Branche für Maschinen zur Lederbearbeitung und die dazugehörigen Designunternehmen alle in der gleichen Region angesiedelt, um sich gegenseitig zu nutzen. Im Silicon Valley hat sich ein Cluster aus Hardware-, Software-, Forschungs- und Risikokapitalunternehmen gebildet, die zusammen eine sehr fruchtbare High-Tech-Gemeinschaft sind.

■ *Unternehmensstrategie, Branchenstruktur und Rivalität.* Die typischen Strategien, Branchenstrukturen und Rivalitäten in verschiedenen Ländern können auch Basis eines Wettbewerbsvorteils sein. Die Strategie deutscher Firmen, in technisches Fachwissen zu investieren, verleiht ihnen einen charakteristischen Vorteil in der Maschinenbaubranche und erzeugt einen großen Wissenspool. Ist die lokale Branchenstruktur vom Wettbewerb geprägt, ist auch das hilfreich, denn lokale Unternehmen, die zuhause eine zu dominante Stellung innehaben, können selbstgefällig werden und so international ihren Vorteil einbüßen. Eine gewisse Rivalität zuhause kann also durchaus von Vorteil sein. So basiert der langfristige Erfolg der japanischen Autoindustrie zum Teil darauf, dass einige nationale Unternehmen vom Staat gefördert werden (anders als in Großbritannien, wo sie alle zu einem Großunternehmen zusammengeschlossen wurden). Auch die Pharmaindustrie in der Schweiz verdankt ihren Erfolg teilweise der Tatsache, dass jede Firma mit mehreren starken lokalen Rivalen zu kämpfen hatte.

Der Porter-Diamant unterstreicht die Umfeldbedingungen und Strukturattribute von Ländern und ihren Regionen, die deren Wettbewerbsvorteil ausmachen. Er wird von Regierungen eingesetzt, die den Wettbewerbsvorteil ihrer lokalen Industriezweige fördern wollen. Das Argument, dass sich Rivalität durchaus positiv auswirken kann, führte in viele Ländern zu einem radikalen Kurswechsel in der Politik. So bewegte man sich weg vom Protektionismus heimischer Branchen in Richtung einer Förderung des Wettbewerbs. Regierungen können heimische Industrien auch unterstützen, indem sie Sicherheitsstandards oder Grenzwerte für die Umweltbelastung erhöhen (d.h. anspruchsvolle Nachfragebedingungen schaffen). Auch Kooperationen zwischen Zulieferern und Käufern auf nationaler Ebene können gefördert werden, um so in bestimmten Regionen für die Bildung von Clustern aus verwandten und unterstützenden Industriezweigen zu sorgen.

Für einzelne Organisationen besteht der Wert des Porter-Diamanten darin, dass er eine Aussage darüber ermöglicht, inwieweit die Organisation auf heimische Vorteile bauen kann, um auch global einen Wettbewerbsvorteil zu erlangen. Um überdies mit lokalen Konkurrenten mithalten zu können, müssen Organisationen, die neu auf den Markt kommen wollen, die in ▶ *Abbildung 9.3* erklärten Bedingungen sorgfältig analysieren und prüfen. So profitieren holländische Brauereien wie z.B. Heineken von ihrer frühen globalen Ausrichtung, da ihr heimischer Markt zum einen von sehr anspruchsvollen Kunden geprägt war und zum anderen wenig Platz für den Anbau der benötigten Rohstoffe bot. Der italienische Bekleidungshersteller Benetton erzielte weltweiten Erfolg, indem er seine heimischen Erfahrungen mit einem Netzwerk aus weitgehend unabhängigen, oft kleinen Familienbetrieben nutzte, um sein Netzwerk an Franchise-Läden aufzubauen. Bevor Manager eine Strategie zur Internationalisierung entwickeln, sollten sie also zunächst Grundlagen für einen allgemeinen nationalen Vorteil ausfindig machen, um die individuellen Grundlagen für die eigenen Vorteile ihrer Organisation zu untermauern.

9.3.2 Das internationale Wertnetzwerk

Die Grundlagen eines geografischen Wettbewerbsvorteils müssen jedoch nicht immer nur vom Heimatmarkt kommen. Je mehr Unternehmen international aktiv werden, desto weniger Bedeutung kommt ihrem Ursprungsland zu, wenn es um den entscheidenden Wettbewerbsvorteil geht. Für Firmen, die ihre Umsätze überwiegend im Ausland erzielen, wie etwa der Telekommunikationskonzern Ericsson, der sogar 95 % seiner Umsätze außerhalb von Schweden erzielt, wird die Konfiguration ihrer internationalen Umfelder mindestens genauso wichtig wie ihr lokales Umfeld. Auch die Wertkette (siehe *Abschnitt 4.4.2*) muss für solche Unternehmen also international konfiguriert werden. Hier können die unterschiedlichen Fähigkeiten, Ressourcen und Kosten in verschiedenen Ländern systematisch genutzt werden, um jedes Element der Wertkette genau dort zu platzieren, wo es am effektivsten und effizientesten ausgeführt werden kann, Dies kann sowohl durch Auslandsdirektinvestitionen und Joint Ventures als auch durch **globale Beschaffung** erreicht werden, d.h. durch den Einkauf von Dienstleistungen und Komponenten bei den geeignetsten Zulieferern auf der ganzen Welt, gleichgültig, wo sie sich befinden. So rekrutiert der britische staatliche Gesundheitsdienst medizinisches Fachpersonal aus dem Ausland, um ein Defizit an heimischem Fachwissen und Fähigkeiten auszugleichen. Und auch kleinere Unternehmen können von einem umfangreichen System an Zulieferern, Kunden und Vertriebskanälen profitieren, wie in *Beispiel 9.1* erläutert.

Globale Beschaffung

Globale Beschaffung bezeichnet den Einkauf von Dienstleistungen und Komponenten bei den geeignetsten Zulieferern auf der ganzen Welt, gleichgültig, wo sie sich befinden.

Es können verschiedene standortbezogene Vorteile identifiziert werden:

- *Kostenvorteile* schließen beispielsweise Arbeitskosten, Transport- und Kommunikationskosten sowie Steuer- und Investitionsanreize mit ein. Arbeitskosten sind hier von besonderer Bedeutung. So verlagern amerikanische und europäische Firmen die Programmierung ihrer Software mehr und mehr nach Indien, denn dort belaufen sich die Kosten für einen Softwareprogrammierer nur etwa auf ein Viertel des Gehalts, das ein amerikanischer Angestellter mit entsprechendem Fachwissen erhalten würde. Doch auch in Indien sind die Löhne gestiegen, sodass dort ansässige IT-Firmen schon damit begonnen haben, ihre Aktivitäten in Länder mit noch geringeren Kosten zu verlagern, beispielsweise Thailand oder Vietnam.

- *Einzigartige Fähigkeiten* können es einer Firma ermöglichen, ihren Wettbewerbsvorteil auszubauen. Nach und nach werden wertschöpfende und innovative Aktivitäten geografisch verbreitet und auf mehrere Kompetenzzentren innerhalb eines globalen Konzerns verteilt.[12] So betreibt etwa das führende europäische Pharmaunternehmen GSK Forschungslabors in Boston und dem sogenannten Research Triangle in North Carolina, um so Arbeits- und Forschungsgemeinschaften mit wichtigen Universitäten und Krankenhäusern in diesen Gegenden aufzubauen. Also geht es bei der Internationalisierung nicht nur um die Nutzung vorhandener Fähigkeiten auf neuen nationalen Märkten, sondern um die Entwicklung und Förderung neuer strategischer Fähigkeiten, die sich in anderen Regionen der Welt bieten.

---

12 J. A. Cantwell, „The globalization of technology: what remains of the product life cycle model?", Cambridge *Journal of Economics*, Band 19, Nr. 1 (1995), S. 155–74; A. Rugman und A. Verbeke (siehe Fußnote 9).

■ *Nationale Markteigenschaften* können es Organisationen ermöglichen, voneinander abgegrenzte Produkte anzubieten, die an verschiedene Marktsegmente gerichtet sind. Der amerikanische Gitarrenhersteller Gibson komplementiert seine in den USA hergestellten Produkte mit oft ähnlichen, aber günstigeren Alternativen, die in Korea unter dem Markennamen Epiphone produziert werden. Aufgrund der amerikanischen Musiktradition profitieren die teureren Gibson-Produkte aber immer noch vom Ruf der Marke und der Kennzeichnung „Made in USA".

Beispiel 9.1	**Das internationale „Joint Effort Enterprise"**

Für Blue Skies bedeutet internationale Strategie mehr als nur Gewinn.

Blue Skies spezialisiert sich auf die Produktion frisch geschnittener Früchte und Saftprodukte aus einem Netzwerk von Fabriken in Afrika und Südamerika. Das Unternehmen beliefert mehr als zwölf große europäische Einzelhändler, einschließlich Waitrose im Vereinigten Königreich, Albert Heijn in den Niederlanden sowie Monoprix in Frankreich. Es besitzt Fabriken in Ghana, Ägypten, Südafrika und Brasilien. Das größte dieser Werke liegt in Ghana, beschäftigt mehr als 1.500 Menschen und beschafft Obst von mehr als 100 kleinen bis mittelgroßen Landwirtschaftsbetrieben. Blue Skies glaubt an die Wertschöpfung an der Quelle. Dazu werden die Rohstoffe innerhalb des Herkunftslands verarbeitet, anstatt sie nach Übersee zu verschiffen und dort zu verarbeiten. Dadurch bleiben bis zu 70 % des Werts des Endprodukts im Herkunftsland, während dies bei einer Verarbeitung im Ausland nur auf 15 % des Werts zutrifft.

Blue Skies arbeitet innerhalb eines selbst entwickelten Rahmens, der als „Joint Effort Enterprise" (JEE) bezeichnet wird. Dabei handelt es sich um ihr Modell für ein nachhaltiges Unternehmen, allerdings wurde dieses Modell nicht eingeführt, um auf den zunehmenden Hype um das Thema „Nachhaltigkeit" zu reagieren. Es handelt sich vielmehr um eine Reihe von Prinzipien aus der Gründung des Geschäfts im Jahr 1998, mit denen das Überleben der Gesellschaft sichergestellt werden sollte. Das IEE besteht im Wesentlichen aus drei Aspekten: eine vielfältige Gesellschaft, eine Kultur des Respekts und das Streben nach Gewinn. Letzteres darf allerdings nicht auf Kosten aller anderen Aspekte geschehen. Blue Skies ist überzeugt, dass dieses Modell sicherstellt, dass das Unternehmen die besten Mitarbeiter halten kann und die Ressourcen schützt, auf die es sich stützt, sodass das Unternehmen die qualitativ besten Produkte produzieren und damit das Einkommen generieren kann, welches das Überleben des Unternehmens sichert. Der Ansatz des Unternehmens beruht auf „Fairness in den Geschäftsbeziehungen, Respekt füreinander und – vor allem – Vertrauen". Darüber hinaus hat Blue Skies zusammen mit zwei europäischen Einzelhändlern mehr als 420.000 € gesammelt und in Ghana und Südafrika mehr als zehn Projekte abgeschlossen, einschließlich des Baus von Schulen, Latrinen und Gemeindezentren. Überdies hat der JEE-Ansatz von Blue Skies sowohl 2008 als auch 2011 einen Preis der britischen Königin für Unternehmen aus der Kategorie nachhaltige Entwicklung erhalten.

Während der letzten Jahre ist Blue Skies mit einer Reihe von internationalen Herausforderungen konfrontiert worden: globale Rezession, steigende Strompreise, die Volatilität der Börsenkurse, Rohstoffknappheit usw. Das Unternehmen hat erkannt, dass es sich dabei um Herausforderungen handelt, auf die ein internationales und auf drei Kontinenten operierendes Unternehmen zu reagieren bereit und willens sein muss. Dementsprechend hat Blue Skies eine Reihe von Initiativen umgesetzt:

- Entwicklung von Produkten für lokale und auf US-Dollar basierende Märkte, um das Risiko von Wechselkursverlusten und Unterbrechungen der Lieferkette zu reduzieren,

- Ausbau der Angebotsbasis auf der ganzen Welt zur Sicherung der ganzjährigen Versorgung mit Früchten,

- Unterstützung der Lieferanten bei der Erzielung landwirtschaftlicher Standards, wie z.B. LEAF (Linking Environment and Farming), zur Sicherung einer nachhaltigen Versorgung,

- Ausbau der Blue Skies Foundation zur Stärkung der Beziehung zu Mitarbeitern, Landwirten und deren Gemeinden,

- Entwicklung von Plänen zur Erzeugung erneuerbarer Energie, um die Stromkosten und Treibhausgasemissionen zu reduzieren, und

- Eröffnung einer in Europa ansässigen Notfallfabrik zur Sicherung einer durchgehenden Lieferung während einer Unterbrechung der Lieferkette.

Quelle: Zusammengestellt von Edwina Goodwin, Leicester Business School, De Montfort University.

9.4 Internationale Strategien

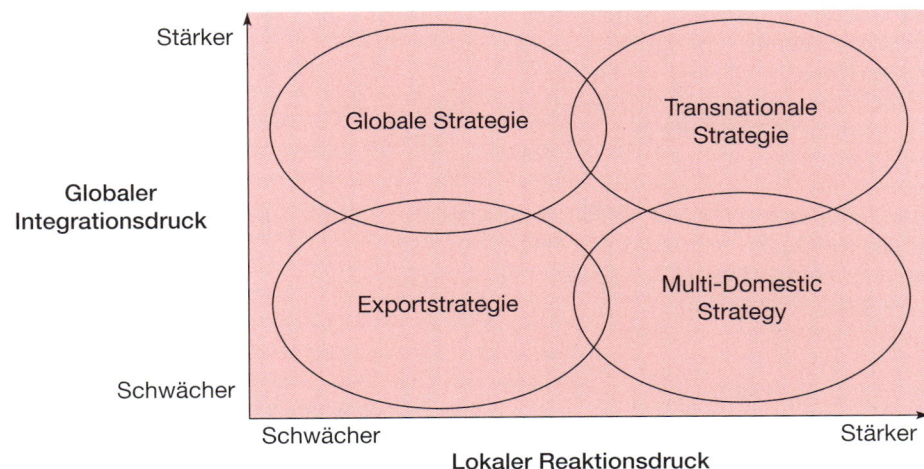

Abbildung 9.4: Vier internationale Strategien

Auch wenn Unternehmen ihre organisationsspezifischen Vorteile haben und die Fähigkeit besitzen, durch ihre geografischen Heimatmärkte oder ein neues internationales Wertsystem internationale Wettbewerbsvorteile zu nutzen, werden sie mit schwierigen Fragen konfrontiert, welche Art internationaler Strategie sie verfolgen sollen. Dabei besteht die grundlegende Aufgabe bei der Formulierung einer internationalen Strategie darin, den Druck zur *globalen Integration* mit dem Druck zur *lokalen Handlungsfähigkeit* ins Gleichgewicht zu bringen.[13]

Globale Integration

Der Druck hin zur globalen Integration ermutigt Organisationen, ihre Aktivitäten über verschiedene Länder zu koordinieren, um so für einen effizienten Betrieb zu sorgen.

Der Druck hin zur **globalen Integration** ermutigt Organisationen, ihre Aktivitäten über verschiedene Länder zu koordinieren, um so für einen effizienten Betrieb zu sorgen. Die oben angeführten Triebkräfte der Internationalisierung (siehe *Abschnitt 9.2*) zeigen Kräfte auf, die Organisationen aufbauen können, um niedrigere Kosten und eine höhere Qualität im Betrieb sowie bei Tätigkeiten weltweit zu erzielen. Allerdings gibt es widersprüchliche Zwänge, die Organisationen überdies dazu ermutigen, lokal reaktionsfähig zu werden und die spezifischen Bedürfnisse in jedem einzelnen Land zu erfüllen (siehe *Abschnitt 9.5.1*). Werte und Haltungen, Kulturen, Gesetze, Institutionen und die Wirtschaft unterscheiden sich von Land zu Land und führen zu Unterschieden in den Verbraucherpräferenzen, Produkt- und Dienstleistungsstandards, Vorschriften sowie bei den Arbeitskräften, die alle berücksichtigt werden müssen. Diese beiden gegensätzlichen Kräfte – globale Integration und lokale Reaktionsfähigkeit – haben widersprüchliche Anforderungen an die internationale Strategie der Organisation zur Folge. Ein hoher Druck hin zur globalen Integration impliziert eine erhöhte Notwendigkeit, zur globalen Konzentration und Koordination der Aktivitäten.

Lokale Reaktionsfähigkeit

Ein hoher Druck hin zur lokalen Reaktionsfähigkeit impliziert ein größeres Bedürfnis, die Herstellung aufzuteilen und an die lokale Nachfrage anzupassen.

Im Gegensatz dazu impliziert ein hoher Druck hin zur **lokalen Reaktionsfähigkeit** ein größeres Bedürfnis, die Herstellung aufzuteilen und an die lokale Nachfrage anzupassen.

Global-lokal-Dilemma

Global-lokales Dilemma bezeichnet das Ausmaß, in dem Produkte und Dienstleistungen über nationale Grenzen hinweg standardisiert werden können oder angepasst werden müssen, um die Anforderungen bestimmter nationaler Märkte zu erfüllen.

Dieses Schlüsselproblem wird mitunter als das **Global-lokal-Dilemma** bezeichnet: das Ausmaß, in dem Produkte und Dienstleistungen über nationale Grenzen hinweg standardisiert werden können oder angepasst werden müssen, um die Anforderungen spezifischer nationaler Märkte zu erfüllen. Für einige Produkte und Dienstleistungen, wie z.B. Fernsehgeräte, scheinen die Märkte auf der ganzen Welt ähnlich zu sein und es bieten sich enorme potenzielle Skaleneffekte, wenn Konstruktion, Produktion und Lieferung zentralisiert werden können. Allerdings scheint der Geschmack bei anderen Produkten, wie z.B. Fernsehprogrammen, hochgradig national spezifisch zu sein und das zwingt Unternehmen dazu, ihren Betrieb und die Kontrolle so nah wie möglich an den lokalen Markt zu bringen.

Dieses Dilemma zwischen globaler Integration und lokaler Reaktionsfähigkeit legt mehrere mögliche internationale Strategien nahe, die von der Betonung einer der Dimensionen bis hin zu komplexen Reaktionen reichen, die versuchen, beide zu kombinieren. Organisationen müssen bewerten, inwieweit potenzielle Kosten- und Qualitätsvorteile der globalen Integration bestehen, und diese Aspekte mit der Notwendigkeit der Anpassung von Produkten bzw. Dienstleistungen an die lokalen Bedingungen ins Gleichgewicht bringen. Im vorliegenden Abschnitt werden vier ver-

---

13 Der Integrations-Reaktionsfähigkeitsrahmen basiert auf den ursprünglichen Arbeiten von C. A. Bartlett, „Building and managing the transnational: the new organizational challenge", in M. E. Porter (Hrsg.), „Competition in Global Industries", *Harvard Business School Press*, S. 367–401, 1986 und C. K. Prahalad und Y. Doz, „The Multinational Mission: Balancing local demands and global vision", *Free Press* 1987.

schiedene Arten von internationalen Strategien vorgestellt, die auf den strategischen Wahlmöglichkeiten für dieses Gleichgewicht beruhen (siehe ▶ *Abbildung 9.4*). Bei den vier grundlegenden internationalen Strategien handelt es sich um die folgenden:[14]

- *Exportstrategie:* Diese Strategie nutzt die Fähigkeiten, Innovationen und Produkte des Heimatlands in anderen Ländern. Dabei ist es, wie in ▶ *Abbildung 9.4* dargestellt, vorteilhaft, wenn sowohl der Druck zur globalen Integration als auch die lokale Reaktionsfähigkeit gering sind. Unternehmen, die über charakteristische Fähigkeiten in Verbindung mit einem starken Ruf und starken Marken verfügen, verfolgen häufig erfolgreich diese Strategie. So siedelt Google beispielsweise seine F&E und die seinen Internetdiensten zugrunde liegende Kernarchitektur zentral am Firmensitz in Kalifornien in den USA an und nutzt diese, abgesehen von lokalen Sprachen und Schriftsystemen, mit geringfügigen Anpassungen auch international. Der Nachteil dieses Ansatzes liegt in den Grenzen einer zentral auf das Heimatland beschränkten Sichtweise des Geschäfts mit dem Risiko, dass qualifizierte lokale Wettbewerber Vorteile erzielen könnten. So ist Google beispielsweise mit Baidu in China und Naver in Korea auf starke lokale Wettbewerber getroffen, die über eine deutlich bessere Beherrschung der Sprache sowie ein besseres Verständnis des Verbraucherverhaltens verfügen.

- *Multi-Domestic-Strategie:* Hierbei handelt es sich um eine Strategie, mit der die lokale Reaktionsfähigkeit maximiert wird. Sie beruht auf verschiedenen Produkt- und Dienstleistungsangeboten und -aktivitäten in jedem Land in Abhängigkeit von den lokalen Marktbedingungen und Verbraucherpräferenzen. Jedes Land wird mit erheblicher Eigenständigkeit unterschiedlich behandelt, damit der Manager in jedem Land die Bedürfnisse der lokalen Märkte sowie Kunden in dem betreffenden Land so gut wie möglich erfüllen kann. Wie im Fall der Exportstrategie wird diese Strategie ähnlich lose international koordiniert. Aus der Organisation wird dadurch eine Ansammlung relativ unabhängiger Einheiten mit an die spezifischen lokalen Bedingungen angepassten Aktivitäten der Wertschöpfungskette. Dieser Multi-Domestic-Ansatz ist besonders dann angemessen, wenn die Anpassung an lokale Bedürfnisse starke Vorteile und eine Integration nur begrenzte Effizienzgewinne bietet. Diese Strategie ist besonders in der Lebensmittel- und Konsumgüterindustrie weit verbreitet, in denen lokale idiosynkratische Präferenzen wichtig sind. Häufig verfolgen marketinggetriebene Unternehmen diese Strategie. So passt beispielsweise Frito-Lay, ein US-amerikanisches Markenunternehmen für Snackprodukte, seine weltweiten Produkte an den lokalen Geschmack an und kreiert sogar ganz neue Snackprodukte für lokale Märkte.[15] Die Nachteile einer multidimensionalen Strategie umfassen Ineffizienzen in der Fertigung, eine Verbrei-

---

14 Die Typologie beruht auf dem grundlegenden Rahmen von C. A. Bartlett und S. Ghoshal, „Managing Across Borders: the Transnational Solution", *The Harvard Business School Press*, 1989 (2. aktualisierte Auflage, 1998), und S. Ghoshal und N. Nohria, „Horses for courses: organizational forms for multinational corporations", *Sloan Management Review*, Band 34 (1993), S. 23–35. Diese Typologie wurde später bestätigt in einer umfassenden empirischen Untersuchung durch A. W. Harzing in „An empirical analysis and extension of the Bartlett and Ghoshal typology of multinational companies", *Journal of International Business*, Band 32, Nr. 1 (2000), S. 101–120. Für eine ähnliche Typologie siehe Mr. Porter, „Changing patterns of international competition", *California Management Review*, Band 28, Nr. 2 (1987), S. 9–39. Für eine kritische Bewertung siehe T. M. Devinney, D. F. Midgley und S. Venaik, „The optimal performance of the global firm: formalizing, and extending the integration-responsiveness framework", *Organization Science*, Band 11, Nr. 6 (2000), S. 674–695.

tung von teuren Produkt- und Servicevarianten und Risiken im Hinblick auf Marke und Reputation, wenn die nationalen Praktiken sich zu stark unterscheiden.

■ *Globale Strategie:* Hierbei handelt es sich um eine Strategie, mit der die globale Integration maximiert wird. Bei dieser Strategie wird die Welt als ein Markt mit standardisierten Produkten und Dienstleistungen gesehen, die die Integration und Effizienz in der Herstellung vollständig ausnutzt. Der Fokus liegt auf der Erfassung von Skalenvorteilen sowie der Ausnutzung von Standortvorteilen weltweit, wobei die an unterschiedlichen geografischen Standorten angesiedelten Aktivitäten der Wertschöpfungskette zentral vom Firmensitz des Unternehmens aus koordiniert und gesteuert werden. In dieser Hinsicht ist diese Strategie genau entgegengesetzt zur Multi-Domestic-Strategie. Eine globale Strategie ist dann am nützlichsten, wenn durch die Standardisierung erhebliche Effizienzgewinne im Hinblick auf Kosten und Qualität bestehen und die Kundenbedürfnisse über die Länder hinweg relativ homogen sind. Diese Strategie ist bei Rohstoffen oder rohstoffähnlichen Produkten weit verbreitet. Mexican Cemex, einer der größten Zementhersteller der Welt, verfolgt mit zentralen und gemeinsam genutzten Diensten in den Bereichen IT, F & E, Personalwesen und Finanzen über Länder und Regionen hinweg eine solche Strategie.[16] Auch Unternehmen, die nicht im Rohstoffbereich tätig sind, wie zum Beispiel der schwedische Möbeleinzelhändler IKEA, können eine globale Strategie verfolgen. Auf der Grundlage einer starken Heimatbasis standardisieren diese Unternehmen Produkte und Marketing mit begrenzter lokaler Anpassung, um eine maximale globale Integrationseffizienz zu erreichen. Der Nachteil der globalen Strategie ist die reduzierte Flexibilität aufgrund der Standardisierung, die die Möglichkeiten der Anpassung der Tätigkeiten und Produkte an die lokalen Bedingungen beschränkt.[17] Dies hat beispielsweise dazu geführt, dass IKEA an einigen angebotenen Möbeln zur Anpassung an den lokalen Geschmack kleinere Änderungen vorgenommen hat.

■ *Transnationale Strategie:* Dies bildet die komplexeste Strategie, mit der sowohl die Reaktionsfähigkeit als auch die Integration maximiert werden sollen. Das Ziel besteht darin, die Schlüsselvorteile der Multi-Domestic-Strategie sowie der globalen Strategie zu vereinen, während ihre Nachteile minimiert werden sollen. Darüber hinaus werden das Lernen und der Wissensaustausch zwischen einzelnen Einheiten maximiert. Bei dieser Strategie werden Produkte, Dienstleistungen und Betriebstätigkeiten vorbehaltlich minimaler Effizienzstandards an die lokalen Bedingungen in jedem Land angepasst. Im Gegensatz zur Multi-Domestic-Strategie nutzt diese Strategie auch das Lernen und die Innovation über Einheiten in verschiedenen Ländern hinweg. Die Konfiguration der Wertschöpfungskette umfasst eine komplexe Kombination aus zentralisierter Fertigung zur Steigerung der Effizienz sowie die Montage an verschiedenen Standorten und lokale Anpassungen. Die Koordination ist weder zentralisiert im Heimatland noch verteilt in

---

15   Für eine Erörterung von Unternehmen, die auf dem Multi-Domestic-Ansatz aufbauen, siehe A. Rugman und R. Hodgetts, „The end of global strategy", *European Management Journal*, Band 19, Nr. 4 (2001), S. 333–343.

16   Für eine detaillierte Darstellung der Cemex-Strategie siehe P. Ghemawat, „Redefining Global Strategy", *Harvard Business School Press*, 2007.

17   Für eine Erörterung der Grenzen der globalen Strategie siehe A. Rugman und R. Hodgetts in Fußnote 11 oben.

verschiedenen Ländern, ermöglicht aber Wissensflüsse von jedem Ort, an dem Ideen und Innovationen entstehen. Der Hauptvorteil dieser Strategie liegt in ihrer Fähigkeit, Effizienz und Effektivität zu unterstützen und gleichzeitig lokale Bedürfnisse zu erfüllen und Lernen über die Einheiten hinweg zu fördern. General Electric ist für seine transnationale Strategie gefeiert worden, die das Suchen nach Ideen und deren Austausch betont, unabhängig davon, wo diese herkommen. Das Unternehmen tauscht Ideen zur Effizienz, Kundenorientierung und Innovation über verschiedene Teile der Wertschöpfungskette sowie verschiedene Länder weltweit aus.[18] Während allerdings argumentiert wird, dass transnationale Strategien zunehmend notwendig werden, fällt es vielen Unternehmen schwer, dies angesichts der Komplexität und des grundlegenden Trade-offs zwischen Integration und Reaktionsfähigkeit umzusetzen. ABB, der schweizerisch-schwedische Technologiekonzern, wurde einst als archetypisches transnationales Unternehmen bezeichnet, geriet allerdings später in ernsthafte Probleme.[19] Inzwischen versucht das Unternehmen, einen Mittelweg zu finden in Form einer eher regional ausgerichteten Strategie – ein Kompromiss, der weiter unten besprochen wird.

In der Praxis sind die Strategien, wie durch die sich überlappenden Bereiche in ▶ *Abbildung 9.4* dargestellt, allerdings nicht absolut eigenständig. Es handelt sich vielmehr um Beispiele, die alternative internationale Strategien darstellen. Die globale Integration und die lokale Reaktionsfähigkeit sind eher Abstufungen als eindeutige Unterscheidungen. Darüber hinaus werden Entscheidungen zwischen diesen durch bereits beschriebene Triebkräfte der Internationalisierung beeinflusst. Es kommt selten vor, dass Unternehmen eine reine Form einer internationalen Strategie wählen, stattdessen mischen sie häufig die Ansätze und befinden sich dann irgendwo zwischen den vier Strategien. Wie im Beispiel oben dargestellt, verfolgt IKEA eine globale Strategie, nimmt aber auch geringfügige lokale Anpassungen vor, die das Unternehmen eher in die Richtung einer transnationalen Strategie führen.

Oftmals spielen Regionen (z.B. Europa oder Nordamerika) eine größere Rolle in der internationalen Strategie als einzelne Länder oder die globale Expansion. Daher finden viele multinationale Unternehmen durch die Wahl *regionaler Strategien* einen Kompromiss zwischen dem lokalen und dem globalen Ansatz.[20] Das Ziel dieser Strategie besteht darin, einen Teil der wirtschaftlichen Effizienz und der Standortvorteile globaler Strategien zu erzielen, während gleichzeitig auch lokale Anpassungsvorteile genutzt werden. Dabei werden Regionen als relativ homogene Märkte behandelt, in denen Tätigkeiten der Wertschöpfungskette konzentriert werden. Umsatzdaten zeigen, dass viele multinationale Unternehmen diese Art von Strategie mit dem Fokus auf eine oder zwei Regionen, einschließlich der Triade Europäische Union, Nordame-

---

18 Für eine tiefgreifendere Erörterung des Versuchs von General Electric (GE), eine globale und eine Multi-Domestic-Strategie („Glocalisation") mit Innovationen auf Schwellenmärkten zu kombinieren, siehe J. R. I. Immelt, V. Govindarajan und C. Trimble, „How GE is disrupting itself", *Harvard Business Review*, (Oktober 2009), S. 57–65.

19 Für eine Analyse der transnationalen Strategie und ABB als Beispiel siehe C. A. Bartlett und S. Ghoshal, „Managing across Borders: the Transnational Solution", 2. Auflage, Harvard Business School Press, 1988, S. 259–272 und S. Ghoshal und C. Bartlett, „The Individualized Corporation", *Harper Business*, 1977.

20 Für eine Kritik des Rahmens von Integration und Reaktionsfähigkeit sowie dessen Mängel bei der Berücksichtigung von Regionen und eine detaillierte Erörterung der regionalen Strategie siehe A. M. Rugman, „The regional Multinational – MNEs and „global" strategic management", S. 48–53 und S. 201–212, *Cambridge University Press*, 2005. Eine weitere Analyse regionaler Strategien findet sich in P. Ghemawat, „Regional strategies for global leadership", *Harvard Business Review*, Dezember (2005), S. 98–108.

rikanisches Freihandelsabkommen bzw. Japan/Asien, verfolgen.[21] So werden beispielsweise mehr als 85 % aller Autos, die in der betreffenden Region gebaut werden, jeweils in Europa, Nordamerika und Japan verkauft. Dieser regionale Ansatz zur internationalen Strategie zeigt, dass Entfernungen und Unterschiede zwischen Nationen immer noch relativ groß sind (siehe *Abschnitt 9.5.1*), was die globale Integration erschwert.

Allerdings können diese Unterschiede auch durch Arbitrage zur Wertschöpfung ausgenutzt werden. *Arbitrage* impliziert dabei, dass multinationale Unternehmen Preisunterschiede zwischen zwei oder mehr Märkten ausnutzen, indem sie Waren auf einem Markt billig kaufen und sie zu einem höheren Preis auf einem anderen Markt verkaufen. So ist Walmart beispielsweise dafür bekannt, dass es einen Großteil seiner in den USA verkauften Waren in China beschafft. Allerdings können nicht nur Preisunterschiede, sondern auch Unterschiede im Hinblick auf Lohnkosten, Wissen, Kapital und Steuern durch die Tätigkeit in verschiedenen Ländern ausgenutzt werden. Das Arbitragepotenzial multinationaler Unternehmen ist erheblich. Daher ist dieser Aspekt die dritte wichtige Dimension der internationalen Strategie neben der Integration und der Reaktionsfähigkeit.[22] Schließlich erfordern unterschiedliche internationale Strategien verschiedene Organisationsmerkmale, um zum Erfolg zu führen. Dies wird in *Abschnitt 13.2.4* erörtert.

9.5   Marktselektion und Eintritt

Hat sich ein Management nun für eine internationale Strategie entschieden, die auf gesicherten Grundlagen eines Wettbewerbsvorteils basiert und von starken Antriebskräften der Internationalisierung gestützt wird, muss es auswählen, in welchen Ländern die Organisation aktiv werden soll. Es gibt erhebliche Unterschiede in Bezug auf Kundenbedürfnisse, sowie bei wirtschaftlichen, regulativen, politischen und kulturellen Institutionen, die jedes Land oder jeden Markt mehr oder weniger attraktiv machen. Bis zu einem gewissen Grad können Länder aber anfänglich mittels der standardisierten Umfeldanalysetechniken verglichen werden, etwa gemäß den Dimensionen der PESTEL-Analyse (siehe *Abschnitt 2.2*) oder der Five-Forces-Analyse (siehe *Abschnitt 2.3*). Es gibt jedoch einige zusätzliche Bestimmungsgrößen der Marktattraktivität, die bei der Wahl der Internationalisierungsstrategie berücksichtigt werden müssen. Diese können anhand zweier Kriterien analysiert werden: zum einen die spezifischen Eigenschaften des Markts, zum anderen die Art des herrschenden Wettbewerbs. Hier kommt es vor allem darauf an, wie die ursprüngliche Einschätzung eines Markts sich durch verschiedene Maßnahmen der *Distanz* und durch das Erkennen von *Lücken im Institutionsgefüge* verändern kann. Der Abschnitt schließt mit der Betrachtung verschiedener Eintrittsmöglichkeiten auf nationale Märkte.

---

21   Für eine tiefgreifende Untersuchung der regionalen Umsatzdaten siehe A. Rugman und A. Verbeke, „A perspective on regional and global strategies of multinational enterprises", *Journal of International Business*, Band 35 (2004), S. 3–18 und A. M. Rugman, „The End of Globalization", Random House, 2000; A. M. Rugman und S. Girod, „Retail multinationals and globalization: the evidence is regional", *European Management Journal*, Band 21, Nr. 1 (2003), S. 24–27 und A. M. Rugman, Fußnote 15 oben.

22   P. Ghemawat, „Reconceptualizing international strategy and organization", *Strategic Organization*, Band 6, Nr. 2 (2008), S. 195–206.

9.5.1 Merkmale des Markts

Mindestens vier Elemente der PESTEL-Analyse sind bei einem Ländervergleich besonders wichtig, wenn es um den Markteintritt geht:

- *Politisch.* Das politische Umfeld vieler Länder ist sehr verschieden und kann sich auch schnell verändern. So hat Russland seit dem Ende des Kommunismus häufige und schnelle Veränderungen erlebt, die Aktivitäten ausländischer Unternehmen begünstigen oder behindern. Daher ist es wichtig, das aktuelle *politische Risiko* eines Landes zu bestimmen, bevor man dort aktiv wird. Toyota etwa wurde ganz unerwartet Ziel eines Boykotts auf dem chinesischen Markt aufgrund politischer Spannungen wegen des Territorialstreits zwischen China und Japan. Auch besteht das Risiko, dass eine Regierung kurzerhand ein Unternehmen übernimmt. Im Jahr 2012 verstaatlichte die argentinische Regierung den 57-prozentigen Anteil des spanischen Ölkonzerns Repsol an Argentiniens größter Ölraffinerie. Natürlich können Regierungen auch großartige Möglichkeiten und Chancen für Unternehmen schaffen. So hat die britische Regierung traditionell immer die Finanzindustrie in London gefördert, indem ertragsstarken Finanzdienstleistern aus dem Ausland Steuervorteile geboten werden und nur geringe Regulierungszwänge herrschen.

- *Wirtschaftlich.* Wichtige Vergleichswerte bei der Entscheidung für oder gegen einen Markteintritt sind das Bruttoinlandsprodukt und das verfügbare Einkommen, die zur Einschätzung des potenziellen Marktvolumens dienen können. Schnell wachsende Volkswirtschaften bieten natürlich große Chancen und in Schwellenländern wie China entsteht durch das Marktwachstum eine immer größer werdende Mittelschicht an Konsumenten mit aktivem Kaufverhalten. Gleichzeitig eröffnen sich ganz neue Wachstumsmärkte in Afrika, etwa in Nigeria und Ghana.

- *Sozial.* Soziale Faktoren sind natürlich auch von großer Bedeutung, so etwa die Verfügbarkeit von gut ausgebildetem Personal oder die Größe der demografischen Marktsegmente – alt oder jung –, die für die Unternehmensstrategie relevant sind. Kulturelle Schwankungen, etwa Trends und Modeerscheinungen auf dem Markt, müssen ebenfalls berücksichtigt werden.

- *Rechtlich.* Die Rechtssysteme der verschiedenen Länder sind sehr unterschiedlich und sie bestimmen, inwieweit Unternehmen Verträge durchsetzen, geistiges Eigentum schützen oder Korruption vermeiden können. Auch für die Sicherheit am Arbeitsplatz sind rechtliche Bestimmungen wichtig. Dies ist ein Aspekt, der einige ausländische Unternehmen in der Vergangenheit vor einem Markteintritt in manche afrikanischen Länder zurückschrecken ließ.

Es ist üblich, die einzelnen nationalen Märkte gemäß solcher Kriterien gegeneinander abzugleichen und dann die Länder für einen Markteintritt auszuwählen, die relativ gesehen am besten abschneiden. Tarun Khanna und Krishna Palepu von der Harvard Business School haben jedoch gezeigt, dass dies nicht ausreicht, besonders wenn es um aufstrebende Märkte geht.[23] Oft sind diese ganz besonders attraktiv, weisen aber

---

23 Siehe T. Khanna und K Palepu, „Strategies that fit emerging markets", *Harvard Business Review*, Juni 2005, S. 63–76 und T. Khanna und K. Palepu, „Winning in Emerging Markets: a road map for strategy and execution", *Harvard Business Press*, 2013.

bei der institutionellen Infrastruktur starke Unterschiede auf. Eine besondere Herausforderung kann das Fehlen wichtiger Institutionen wie regulierender Systeme und Mechanismen zur Durchsetzung des geltenden Rechts sein. Aber auch die Abwesenheit „weicher" Infrastrukturen wie etwa Marktforschung oder Personalvermittlung spielt eine Rolle. Solche *institutionellen Lücken* müssen also neben der üblichen Länderklassifizierung unbedingt bedacht werden.[24] Pankaj Ghemawat von der IESE Business School in Spanien betont ebenfalls, dass es nicht nur auf die relative Attraktivität der Länder ankommt.[25] Er argumentiert, dass manche Länder für Unternehmen aus einem bestimmten Land „weiter entfernt", d.h. weniger kompatibel sind als andere. Unternehmen aus verschiedenen Ländern passen also nicht alle gleich gut zu den Ländern, die für sie an erster Stelle für einen Markteintritt stehen. So kann ein Markt in einem südamerikanischen Land ebenso attraktiv sein wie ein Markt in Ostafrika, doch eine spanische Firma würde sich wohl eher in Südamerika zuhause fühlen. Ein Unternehmen muss also nicht nur eine relative Reihenfolge gemäß der Attraktivität festlegen, sondern auch bestimmen, wie „nahe" ihm bestimmte Länder stehen.

Um seine Argumentation zu stützen, dass es auch auf die Distanz ankommt, hat Ghemawat den sogenannten CAGE-Bezugsrahmen zusammengestellt, bei dem jedes Element für eine Dimension der Distanz steht

CAGE-Rahmen

Der CAGE-Rahmen betont die Bedeutung kultureller, administrativer, geographischer und wirtschaftlicher Distanz.

Der **CAGE-Rahmen** betont also die Bedeutung kultureller, administrativer, geographischer und wirtschaftlicher Distanz.

■ *Kulturelle Distanz.* Hier bezieht sich die Distanz auf Sprache, Volkszugehörigkeit, Religion und soziale Normen. Bei der kulturellen Distanz geht es nicht nur um Ähnlichkeiten bei den Vorlieben der Konsumenten, sie erstreckt sich auch auf die wichtige Kompatibilität, was das Verhalten von Managern betrifft. Hier fühlen sich amerikanische Unternehmen vielleicht Kanada näher als Mexiko, das für spanische Firmen wiederum eher kompatibel erscheinen mag. ▶ *Abbildung 9.5* bezieht sich auf die GLOBE-Befragung von 17.000 Managern aus 62 verschiedenen gesellschaftlichen Kulturen auf der ganzen Welt, mit der insbesondere die Haltungen amerikanischer und chinesischer Manager zu einigen wesentlichen kulturellen Aspekten dargestellt werden. Dieser GLOBE-Befragung zufolge erscheinen amerikanische Manager typischerweise risikofreudiger, während chinesische Manager eigenverantwortlicher sind. Eine Möglichkeit der Verringerung der Distanz besteht in der Kooperation mit lokalen Partnern.

---

24 Siehe M. Johanna und I. Marti, „Entrepreneurship in and around institutional voids: a case study from Bangladesh", *Journal of Business Venturing*, Band 24, Nr. 5 (2009), S. 419–35.
25 Siehe P. Ghemawat, „Distance still matters", *Harvard Business Review*, September 2001, S. 137–47 und P. Ghemawat, „Redefining Global Strategy", *Harvard Business School Press*, 2007.

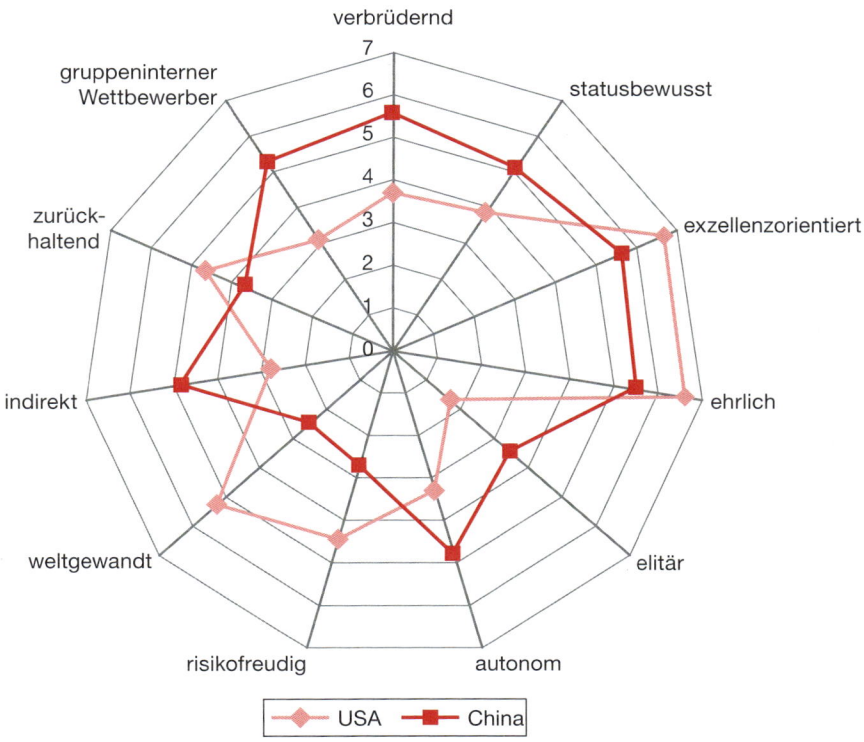

Anmerkung: Auf der Grundlage einer Befragung von Managern zu ausgewählten Standarddimensionen

Abbildung 9.5: Internationaler, interkultureller Vergleich
Quelle: M. Javidan, P. Dorman, M. de Luque und R. House, „In the eye of the beholder: cross-cultural lessons in leadership from Project GLOBE", Academy of Management Perspectives (Februar 2006), S. 67–90 (Abbildung 4: USA vs China, S. 82). (GLOBE steht für „Global Leadership and Organisational Behaviour Effectiveness" [Globale Führung und Effektivität des organisationalen Verhaltens].)

Beispiel 9.2	**Nordic Industrial Park: Überbrückung der Kluft zwischen internationalen Märkten**

Wenn ein Unternehmen mit beschränkten Ressourcen in einen weit entfernten Markt eintritt, ist die Nutzung eines in der Nähe gelegenen Eintrittspunkts hilfreich.

Die Anziehungskraft des chinesischen Markts hat dazu geführt, dass sich mehrere Unternehmen in eine Umgebung gewagt haben, die ihnen nicht vertraut und für sie verwirrend ist. Dies gilt insbesondere für kleine und mittlere Unternehmen (KMU), die nicht über die umfassenden Mittel wie große internationale Konzerne verfügen. Für KMU ist es hilfreich, eine „Brücke" in einen weit entfernten Markt zu haben. Eine Möglichkeit dazu bietet die Nutzung eines in ausländischem Besitz befindlichen Gewerbeparks (d.h. eines zur gewerblichen Nutzung ausgewiesenen Areals).

Im Folgenden wollen wir dazu den Fall des Nordic Industrial Park (NIP) betrachten, der Räumlichkeiten für Büros und Einrichtungen der Leichtindustrie sowie eine Reihe von Dienstleistungen für die Gründung eines Unternehmens in China bietet. Dazu gehören juristische Dienste (z.B. Registrierung des Unternehmens und Entwurf von Verträgen), Personalmanagement (z.B. Rekrutierung, Gehaltsabrechnung und Umzüge von ins Ausland entsandten Mitarbeitern), Buchhaltung (z.B. Finanzbuchhaltung) sowie Informations- und Kommunikationstechnologie (z.B. Internetzugang).

NIP wurde durch Ove Nodland mitgegründet. Nodland ist ein Norweger, der 1994 zum ersten Mal nach China ging, um ein staatseigenes Unternehmen zu leiten, das eine norwegische Investition erhalten hat. Als Nächstes unterstützte er für einen anderen norwegischen Konzern die Gründung eines Unternehmens für seltene Erden in Ningbo, einer Hafenstadt in der Provinz Shejian südlich von Shanghai (dem Geschäftszentrum von China), die für ihre unternehmerische Initiative bekannt ist. Nodland war bewusst, dass die Vorschriften, auch wenn sie in Peking (der nationalen Hauptstadt sowie dem politischen Zentrum) gemacht werden, durch lokale Beamte umgesetzt werden – und dass diese daher eine große Rolle spielen. Er investierte erhebliche Energien in den Aufbau enger Beziehungen zum Bürgermeister der Stadt sowie zu anderen Beamten und stellte sicher, dass das Unternehmen die lokalen Vorschriften einhält und sich an den Prioritäten der lokalen Regierung ausrichtet. Die lokalen „guanxi" (Netzwerkverbindungen) von Nodland entwickelten sich schnell.

Nachdem er mehrere Jahrzehnte lang unternehmerische Erfahrung in China gesammelt hatte, erkannte Nodland dass er in der Lage war, europäische KMU beim Markteintritt in China zu unterstützen. Daher entschied er sich dafür, sich auf das zu konzentrieren, was er am besten konnte: Unternehmen aus Skandinavien (Dänemark, Finnland, Island, Norwegen und Schweden) zu helfen, eine Niederlassung in Ningbo zu gründen. So wurde 2002 das Konzept von NIP geboren, das 2013 an Silver Rise Hong Kong Pte Ltd., einen Teil der chinesischen Yinmao Group, verkauft wurde. Nordland blieb seiner Firma als Berater treu. 2015 wählte die Regionalregierung von Zhajiang NIP als einen der ersten ausgewiesenen „internationalen Industrie-Kooperativparks" aus, was seine lokale Position weiter stärkte. Für die Zukunft hat NIP angekündigt, man wolle Projekte von nordischen Universitäten ins Boot holen und einen Produktionswert von 2 Mrd. RMB (280 Mio. €) erreichen.

Aus der Perspektive eines europäischen KMU als Nutzer des NIP betrachtet, gibt es mehrere Vorteile:

■ *Verfahren:* geringere Anschubkosten – NIP hilft mit seinen Kenntnissen der chinesischen Geschäftswelt den Kunden bei der Überwindung der in Verbindung mit der Gründung und dem Betrieb eines Unternehmens in China entstehenden Schwierigkeiten und ermöglicht es den Unternehmen somit, ihre Zeit und Energie auf die Aktivitäten in ihrem Kerngeschäft zu konzentrieren.

- *Physische Umgebung:* eine vertraute Umgebung – die Architektur und das Design von NIP ahmen skandinavische Merkmale nach. Daher unterscheidet es sich von chinesischen Standardgeschäftsgebäuden. Dies gibt den ausländischen Managern nicht nur ein vertrautes Gefühl, sondern bildet für die chinesischen Mitarbeiter auch eine symbolische Erinnerung daran, dass sie Teil eines westlichen Unternehmens sind.

- *Menschen:* eine Gemeinschaft Gleichgesinnter – als Teil der größten Gruppe skandinavischer Unternehmen in China erhalten die ausländischen Manager die Möglichkeit, Erfahrungen mit anderen zu teilen bzw. von anderen Managern mit ähnlichem kulturellen Hintergrund durch Unterhaltungen auf den Gebäudefluren bzw. in Gesprächen beim Mittagstisch „nützliche Kniffe" zu erlernen.

Natürlich ist die Wahl eines Standorts wie bei NIP auch mit Kosten verbunden, sie bietet allerdings Vorteile durch die „Reduzierung der Entfernung".

Quelle: Zusammengestellt von Shameen Prashantham, Nottingham University Business School China.

- *Administrative und politische Distanz.* Hier bezieht sich die Distanz auf inkompatible administrative, politische und rechtliche Traditionen. Verbindungen aus der Kolonialzeit können solche Unterschiede vermindern. So schafft das gemeinsame Erbe Frankreichs und seiner ehemaligen westafrikanischen Kolonien ein gewisses Verständnis füreinander, das über die sprachlichen Vorteile hinausgeht. Institutionelle Schwächen – etwa eine langsame oder korrupte Administration – können aber für Distanz zwischen Ländern sorgen. Bei politischen Unterschieden verhält es sich ebenso: Chinesische Unternehmen sind mehr und mehr in der Lage, in Teilen der Welt aktiv zu werden, die für amerikanische Firmen schwer zu erschließen sind, so etwa in Teilen des Mittleren Ostens und Afrikas.

- *Geografische Distanz.* Hier geht es nicht nur darum, wie viele Kilometer die Länder voneinander getrennt sind. Auch andere geografische Merkmale spielen eine Rolle wie etwa Größe, Zugang zum Meer und die Qualität der Kommunikationsinfrastruktur. Die Transportinfrastruktur kann physische Distanzen sowohl vermindern als auch verschärfen. So ist Frankreich großen Teilen des europäischen Kontinents viel näher als Großbritannien, denn der Ärmelkanal ebenso wie das relativ schlecht ausgebaute Straßen- und Schienennetz Großbritanniens bilden hier eine Barriere. Ein weiteres Beispiel ist das brasilianische Bergbauunternehmen Vale, das Megaschiffe für seine chinesischen Exporteure entwickelte, um die Auswirkungen der geografischen Distanz zu verringern.

- *Wirtschaftliche Distanz.* Das abschließende Element des CAGE-Systems bezieht sich insbesondere auf die durch Wohlstand verursachte Distanz. Es gibt natürlich international große Unterschiede im Hinblick auf den Wohlstand: Vier Milliarden Menschen leben mit weniger als 2 $ pro Tag unterhalb der Armutsgrenze.[26] Multinationalen Unternehmen aus reichen Ländern gelingt es üblicherweise nur schlecht,

---

26 C. K. Prahald und A. Hammond, „Serving the world's poor, profitably", *Harvard Business Review*, September (2002), S. 48–55; Economist Intelligence Unit, „From subsistence to sustainable: a bottom-up perspective on the role of business in poverty alleviation", 24. April 2009.

solche sehr armen Kunden zu bedienen. Dadurch verlieren diese multinationalen Unternehmen aus reichen Ländern allerdings große Märkte, wenn sie sich nur auf die reiche Elite im Ausland konzentrieren. C. K. Prahalad von der University of Michigan hat diesbezüglich darauf hingewiesen, dass der aggregierte Wohlstand der Menschen an der „Basis der Pyramide" im Hinblick auf die Einkommensverteilung durchaus erheblich ist: Mathematisch bedeutet dies einfach, dass die vier Milliarden Menschen unterhalb der Armutsgrenze einen Markt von mehr als 2.000 Mrd. $ pro Jahr darstellen. Wenn es multinationalen Unternehmen aus reichen Ländern gelingt, neue Fähigkeiten zu entwickeln, um diese numerisch riesigen Märkte zu bedienen, können sie die wirtschaftliche Distanz überbrücken und damit ihre Präsenz in aufstrebenden Volkswirtschaften, wie China und Indien, erheblich ausbauen und den armen Verbrauchern Zugang zu westlichen Gütern verschaffen.[27]

9.5.2 Merkmale des Wettbewerbs

Eine Einschätzung der relativen Attraktivität verschiedener Märkte mithilfe der PESTEL- und der CAGE-Analyse ist meist nur der erste Schritt. Ein zweites wichtiges Element bezieht sich auf den Wettbewerb. Hier kann natürlich die Five-Forces-Analyse von Porter helfen (siehe *Abschnitt 3.3*). So sind nationale Märkte mit vielen etablierten Konkurrenten, mächtigen Käufern (etwa große Einzelhandelsketten wie in Nordamerika und Nordeuropa) und niedrigen Eintrittsbarrieren für weitere internationale Konkurrenten meist eher unattraktiv. Ein weiterer Gesichtspunkt ist jedoch die Wahrscheinlichkeit eines Vergeltungsschlags anderer Konkurrenten.

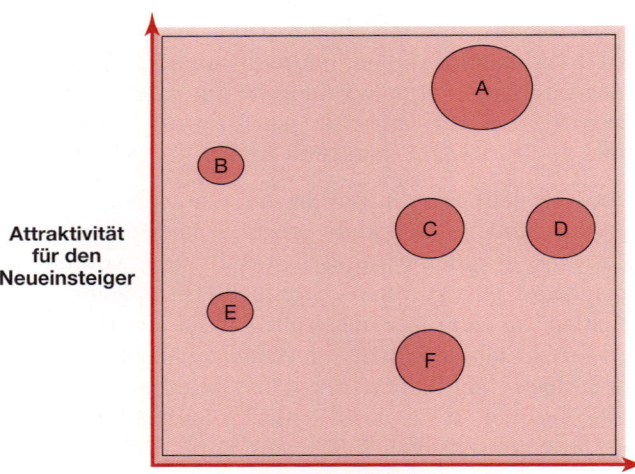

Abbildung 9.6: Vergeltungsschlag internationaler Konkurrenten
Anmerkung: Die Größe des Kreises gibt die relative Schlagkraft des Verteidigers an.
Quelle: Nachdruck mit Genehmigung der Harvard Business Review. Anlage angepasst aus „Global gamesmanship" von I. MacMillan, S. van Putter und R. McGrath, Mai 2003. Urheberrecht 2003, Harvard Business School Publishing Corporation. Alle Rechte vorbehalten.

---

27 Siehe auch E. Simanis und D. Duke, „Profits at the bottom of the pyramid", *Harvard Business Review*, Oktober 2014 und A. Karamchandani, M. Kubzansky und N. Lalwani, „Is the bottom of the pyramid really for you?", *Harvard Business Review*, März 2011.

Innerhalb des Systems der fünf Kräfte bezieht sich potenzielle Vergeltung auf die Rivalität, doch Manager können diesen Aspekt erweitern und dazu Erkenntnisse nutzen, die direkt aus der „Spieltheorie" stammen (siehe *Abschnitt 7.3.3*). Hier werden Wahrscheinlichkeit und Heftigkeit potenzieller Reaktionen der Konkurrenz zur einfachen Kalkulation der relativen Marktattraktivität addiert. Wie in ▶ *Abbildung 9.6* dargestellt, können die Ländermärkte anhand von drei Kriterien bewertet werden.[28]

- Die *Marktattraktivität* für den Neueinsteiger, ausgehend z.B. von der PESTEL-, CAGE- und der Five-Forces-Analyse. In der Abbildung sind also die Länder A und B für den Einsteiger am attraktivsten.

- Die *Reaktivität der etablierten Konkurrenz* wird wahrscheinlich von der Attraktivität des Markts für den Konkurrenten, aber auch davon beeinflusst, inwieweit dieser eine global integrierte anstelle einer multinationalen Strategie verfolgt. Ein etabliertes Unternehmen wird stärker reagieren, wenn die betroffenen Märkte für das Unternehmen wichtig sind und es über die Managementfähigkeiten verfügt, seine Reaktionen zu koordinieren. Hier ist die Reaktivität der etablierten Konkurrenz in den Ländern A und D besonders hoch.

- Die *Schlagkraft* (d.h. die Macht), die die etablierte Konkurrenz aufbringen kann, um zurückzuschlagen. Diese Schlagkraft ist meist eine Funktion des jeweiligen Marktanteils, kann aber durch Verbindungen zu anderen mächtigen lokalen Marktteilnehmern wie etwa Einzelhändlern oder der Regierung beeinflusst werden. In ▶ *Abbildung 9.6* ist die Schlagkraft durch die Größe der Blasen dargestellt. Also verfügt die etablierte Konkurrenz in den Ländern A, C, D und F über die größte Schlagkraft.

Die Wahl des Eintrittslands kann sich erheblich verändern, wenn man zu den Überlegungen bezüglich der Attraktivität auch noch die Reaktivität und die Schlagkraft hinzurechnet. Betrachtet man nur die Attraktivität, so wäre Land A das beste Eintrittsland in ▶ *Abbildung 9.6*. Leider ist dort die Reaktivität der etablierten Konkurrenz auch mit am höchsten und auch die Schlagkraft ist hier besonders groß. So wird Land B zur besseren Entscheidung für eine Internationalisierung. Land C wiederum eignet sich besser als Land D, denn trotz gleicher Attraktivität ist hier die Reaktivität der Konkurrenz geringer. Land E sorgt für eine Überraschung, wenn man Reaktivität und Schlagkraft in die Bewertung mit einbezieht. Obwohl es in Bezug auf Attraktivität auf dem letzten Rang liegt, schneidet es doch am zweitbesten ab, wenn man alle Kriterien berücksichtigt.

Diese Analyse ist besonders sinnvoll, wenn man die internationalen Aktivitäten zweier voneinander abhängiger Konkurrenten betrachtet wie etwa Unilever und Procter and Gamble oder British Airways und Singapore Airlines. In solchen Fällen ist diese Analyse für jeden aggressiven Strategieschritt relevant, etwa die Ausweitung bestehender Aktivitäten in einem Land, ebenso wie ein neuer Markteintritt. Besonders bei einem global integrierten Konkurrenten muss außerdem dessen gesamte Schlagkraft berücksichtigt werden. Denn er könnte sich entscheiden, in ganz anderen Märkten als dem ursprünglich betroffenen zurückzuschlagen und dort einen Gegenangriff starten, wo er genügend Schlagkraft besitzt, um dem Angreifer zu schaden.

---

28 Dieses System wird erklärt bei I. Macmillan, A. van Putten und R. McGrath, „Global gamesmanship", *Harvard Business Review*, Band 81, Nr. 5 (2003). S. 62–71.

Natürlich kann eine solche Analyse auch auf die Interaktionen zwischen diversifizierten und internationalen Konkurrenten angewendet werden: Jede Blase kann dann für verschiedene Produkte oder Dienstleistungen stehen.

9.5.3   Formen des Markteintritts

Hat sich ein Unternehmen dann für den Eintritt auf einem bestimmten Markt entschieden, muss es wählen, wie dieser Markteintritt ablaufen soll. Eintrittsformen variieren je nachdem, wie viele Ressourcen an einem bestimmten Standort eingesetzt werden und inwieweit die Organisation sich in die betrieblichen Abläufe dort einbringt. Die wichtigsten Formen des Markteintritts sind: *Export*, *vertragliche Vereinbarungen durch Lizenzen oder Franchising*, *Joint Ventures* mit lokalen Unternehmen, d.h. die Schaffung von Unternehmen in gemeinsamem Besitz, sowie *100-prozentige Tochtergesellschaften*, entweder durch die Übernahme etablierter Unternehmen oder durch Firmenansiedlungen auf der grünen Wiese.

Gestufte internationale Expansion

Bei der gestuften internationalen Expansion durchlaufen Unternehmen einen mehrstufigen Prozess, in dem sie ihr Engagement auf einem neuen Markt schrittweise erhöhen, während sie ihre Fähigkeiten und ihr Wissen immer weiter ausbauen.

Die Eintrittsform auf einen neuen Markt wird oft anhand der Phasen der organisationalen Entwicklung ausgewählt. Die Internationalisierung führt eine Organisation auf neues und oft unbekanntes Terrain, sodass die Manager ihre Arbeit oft neu lernen müssen.[29] Die Internationalisierung wird daher traditionell als mehrstufiger Prozess gesehen, wobei Unternehmen ihr Engagement für neue Märkte mehr und mehr steigern und gleichzeitig ihr Wissen und ihre Fähigkeiten ausbauen. Diese Strategie der **gestuften internationalen Expansion** bedeutet, dass Firmen anfangs Formen des Markteintritts wie Lizenzierung oder Export nutzen, die es ihnen erlauben, maximales Wissen zu erwerben, während ihre Vermögenswerte so wenig wie möglich beansprucht werden. Haben die Firmen dann ausreichend Vertrauen und Wissen angesammelt, können sie stufenweise immer mehr Ressourcen einsetzen und vielleicht zunächst ein Joint Venture arrangieren und später Auslandsdirektinvestitionen leisten. So ist beispielsweise Vestas, der führende dänische Hersteller von Windrädern, zunächst durch Exporte in den amerikanischen Markt eingetreten. Später errichtete Vestas Fertigungs- und F&E-Anlagen in Ostcolorado, um seine Wettbewerbsposition gegenüber den nationalen amerikanischen Akteuren zu stärken und liefert mittlerweile 90 % der für die Endmontage der Turbinen in den USA erforderlichen Bauteile.

Natürlich birgt jede Form des Markteintritts Vor- und Nachteile, die von einer Reihe von Faktoren beeinflusst werden: Ressourcen- und Investitionsbedarf, Kontrolle, Risiken, Transportkosten, Handelsbarrieren, Eintrittsgeschwindigkeit etc. spielen hier eine Rolle. ▶ *Tabelle 9.1* führt einige dieser grundlegenden Faktoren auf, die dem Management helfen können, die richtige Form des Markteintritts zu wählen:

---

29   Für detailliertere Diskussionen über die Rolle, die Erfahrung und Lernen bei einem Markteintritt spielen, siehe M. F. Guillén, „Experience, imitation, and the sequence of foreign entry: wholly owned and joint-venture manufacturing by South Korean firms and business groups in China, 1987–1995", *Journal of International Business Studies*, Band 83 (2003), S. 185–198 und M. K. Erramilli, „The experience factor in foreign market entry modes by service firms", *Journal of International Business Studies*, Band 22, Nr. 3 (1991), S. 479–501.

	Export	Lizenzen und Franchising	Joint Ventures	100-prozentige Tochter-gesellschaften
Ressourcenbedarf (finanziell, personell etc.)	Gering	Gering	Mittel	Hoch
Kontrolle: Technologie und Qualität	Hoch	Gering	Gering/ Mittel	Hoch
Kontrolle: Marketing und Verkauf	Gering	Gering	Mittel	Hoch
Risiko (finanziell, politisch etc.)	Gering	Gering	Mittel	Hoch
Eintrittsgeschwindigkeit	Hoch	Hoch	Mittel	Gering/Mittel

Tabelle 9.1: Vergleich verschiedener Markteintrittsformen

■ Der *Export* bildet die grundlegende Option und hat den Vorteil eines relativ geringen Bedarfs an Ressourcen. Auch Kosten und Risiken sind gering, das Eintrittstempo dagegen hoch. Bestehende Produktionsstätten können dabei voll genutzt werden. Potenzielle Nachteile sind natürlich die Transportkosten und die Möglichkeit, dass die gleichen Produkte lokal billiger gefertigt werden können. Fehlende Kontrolle über Marketing und Verkauf sowie mögliche Handelsbarrieren können weitere Probleme bereiten.

■ Beim *Franchising* oder der *Vergabe von Lizenzen* erhält ein lokales Unternehmen das vertraglich festgelegte Recht, eine Produkttechnologie oder ein Servicekonzept gegen eine Gebühr für einen festgelegten Zeitraum kommerziell zu nutzen. Getränkehersteller wie Coca Cola nutzen Lizenzverträge auf internationaler Ebene und auch Fast-Food-Restaurantketten wie McDonald's nutzen diese Form des Markteintritts. Der Ressourcenbedarf kann gering gehalten werden, denn die lokalen Partner tragen das primäre finanzielle und politische Risiko. Auch der Markteintritt erfolgt relativ schnell. Der Hauptnachteil dieser Strategie ist die fehlende Kontrolle über die Qualität der Produkte und Dienstleistungen vor Ort.

■ *Joint-Ventures* sind Unternehmen in gemeinsamem Eigentum, wobei der internationale Investor sich Vermögenswerte, Eigenkapital und auch Risiko mit dem Partner vor Ort teilt. Das bedeutet, dass der Einsatz an Ressourcen und Finanzmitteln geringer ist als bei alleinigem Eigentum. Auch die finanziellen und politischen Risiken werden reduziert. Ein weiterer Vorteil besteht darin, die Kenntnisse des lokalen Partners bezüglich Kundenbedürfnissen und lokale Institutionen nutzen zu können. In manchen Ländern, wie etwa in China, sind Joint Ventures vielleicht die einzige Option für ausländische Investoren. Ein Nachteil dieses Modells ist allerdings das Risiko, die Kontrolle über wichtige Technologien an den Partner zu verlieren, selbst wenn es entsprechende Vereinbarungen gibt, um dieses Risiko zu mindern. Eine weitere Gefahr sind Uneinigkeit und Konflikte zwischen den Partnern, wenn sich das Joint Venture im Laufe der Zeit vielleicht verändert. Unternehmen wägen diese Vor- und Nachteile in unterschiedlicher Weise gegeneinander ab. Der schwedische LKW-Hersteller Volvo zum Beispiel hat sich für den

Aufbau von Joint Ventures in China entschieden, während sein Konkurrent Scania, ebenfalls mit Hauptsitz in Schweden, sich ganz gegen einen Markteintritt in China entschieden hat, aus Angst, die Kontrolle über sein technologisches Fachwissen zu verlieren.

■ Ein *100-prozentiges Tochterunternehmen* bedeutet auch 100-prozentige Kontrolle, denn hier werden völlig neue Betriebe auf die grüne Wiese gesetzt oder aber lokale Unternehmen aufgekauft. Ein Vorteil ist also die vollständige Kontrolle über Technologien, Betriebsabläufe, Verkauf und Finanzergebnisse. Auch weltweite Produktions- und Koordinationskapazitäten können hier optimal genutzt werden. Negativ ist, dass diese Form des Markteintritts einen erheblichen Ressourceneinsatz erfordert und hohe Kosten mit sich bringt. Auch das Risiko ist groß, kann aber etwas reduziert werden, wenn ein lokales Unternehmen aufgekauft wird. Firmenübernahmen sind besonders in der Automobilindustrie eine bevorzugte Markteintrittsstrategie – in den letzten zehn Jahren gab es viele derartige Abschlüsse: der chinesische Automobilhersteller Geely übernahm Volvo Cars, die Marken Jaguar und Land Rover wurden vom indischen Großkonzern Tata Motors aufgekauft und Fiat kaufte Chrysler in einem Mega-Deal.

Andere fallspezifische Faktoren werden wahrscheinlich ebenfalls bei der Wahl der geeigneten Form des Markteintritts berücksichtigt. Wenn beispielsweise eine globale Koordination verschiedener Aktivitäten entlang der Wertkette über mehrere Länder hinweg wichtig ist, wäre die Gründung einer 100-prozentigen Tochtergesellschaft die richtige Form des Markteintritts. Diese Form fördert auch die Nutzung von Größenvorteilen bestehender Anlagen, wie dies auch beim Export der Fall ist.

Mittlerweile sollte klar geworden sein, dass jede Markteintrittsstrategie ganz eigene Vor- und Nachteile hat, und dass jeder Manager ganz genau seine spezifische Situation analysieren sollte, bevor er sich für eine Strategie entscheidet. Wer etwa einen völlig neuen und unbekannten Markt erobern möchte, sollte vielleicht ein Joint Venture wählen, da ein lokaler Partner wertvolles Marktwissen beisteuern kann.

Allerdings wird die gestufte internationale Expansion mittlerweile mit zwei Phänomenen konfrontiert:

■ „Born-Globals", mit anderen Worten kleine neue Unternehmen, die bereits in frühen Phasen ihrer Entwicklung schnell internationalisieren.[30] Neue Technologien helfen kleinen Unternehmen heute dabei, sich weltweit mit internationalen Quellen für Erfahrungen, Belieferung und Kunden zu verbinden. Für solche Unternehmen ist es keine Option zu warten, bis sie über ausreichend internationale Erfahrung verfügen: Die internationale Strategie ist eine Bedingung für ihre Existenz. So sind beispielsweise Unternehmen wie Twitter und Instagram als Start-ups schnell international aktiv geworden. Auch andere Arten von Unternehmen können schnell internationalisieren. So stellt das aus *Beispiel 9.1* bekannte und auf drei Kontinenten tätige Unternehmen Blue Skies einen solchen Fall eines kleinen Unternehmens dar, das bereits als „Mini-Multinational" begonnen hat.

---

30   G. Knights und T. Cavusil, „A taxonomy of born-global firms", *Management International Review*, Band 45, Nr. 3 (2005), S. 15–35.

■ *Multinationale Unternehmen aus Schwellenländern* nutzen oft auch verschiedene Facetten aller Markteintrittsformen. Bekannte Beispiele sind der chinesische Haushaltswarenhersteller Haier, das indische Pharmaunternehmen Rambaxy Laboratories und die oben erwähnte mexikanische Zementfirma Cemex.[31] Diese Unternehmen entwickeln meist *einzigartige Fähigkeiten* auf ihren heimischen Märkten, die von etablierten internationalen Firmen oft vernachlässigt werden. Dann machen sie sich daran, „Außenposten" in weiter entwickelten Ländern aufzubauen. Aufgrund der besonderen Bedürfnisse des chinesischen Markts erwarb Haier besonders fundierte Kenntnisse in der effizienten Fertigung einfacher Haushaltsgeräte. Dies verlieh der Firma einen Kostenvorteil, der sich auch auf Produktionsstätten außerhalb Chinas übertragen ließ. Heute hat Haier Werke in Italien und den USA sowie auf den Philippinen, in Malaysia, Indonesien, Ägypten, Nigeria und an anderen Orten der Welt. Die schnelle Internationalisierung chinesischer Unternehmen ist im Wesentlichen auf der Grundlage von Aufkäufen erfolgt.[32] Dabei handelt es sich oft um Firmenübernahmen, die im Zentrum des öffentlichen Interesses stehen. Das chinesische Konglomerat Wanda z.B. übernahm die zweitgrößte Filmtheaterkette in den USA, AMC (siehe das Fallbeispiel am Ende des Kapitels).

9.6 Die Rollen von Tochtergesellschaften in einem internationalen Portfolio

Ebenso wie bei der Produktdiversifikation ergeben sich auch aus einer internationalen Strategie verschiedene Beziehungen zwischen den Aktivitäten einer Tochtergesellschaft und der Zentrale. Die Komplexität der Strategien von Organisationen wie General Motors oder Unilever kann zu hochgradig differenzierten Netzwerken von Tochtergesellschaften führen, die alle unterschiedliche strategische Rollen einnehmen. Die Rollen der Tochtergesellschaften unterscheiden sich je nachdem, in welchem Maß ihnen lokale Ressourcen und Fähigkeiten zur Verfügung stehen und je nach der strategischen Bedeutung ihres lokalen Umfelds (siehe ▶ *Abbildung 9.7*):[33]

■ *Strategische Anführer* sind Tochtergesellschaften, die nicht nur wertvolle Ressourcen und Fähigkeiten besitzen, sondern sich auch in Ländern befinden, die für den Wettbewerbserfolg wichtig sind, z.B. aufgrund der Größe ihrer Märkte oder aufgrund des Zugangs zu wichtigen Technologien. Japanische und europäische Tochtergesellschaften in den USA sind oft in dieser Position. Immer häufiger nehmen Zweigstellen wichtige strategische Positionen mit unternehmerischem Poten-

---

31 Für eine Analyse von multinationalen Unternehmen aus Schwellenländern siehe T. Khanna und K. Palepu, „Emerging giants: building world-class companies in developing countries", *Harvard Business Review*, October (2006), S. 60–69 und J. Sinha, „Global champions from emerging markets", *McKinsey Quarterly*, Nr. 2 (2005), S. 26–35.

32 Siehe M. W. Peng, „The global stratey of emerging multinationals from China", *Global Strategy Journal*, Band 2, Nr. 2 (2012), S. 97–107.

33 C. A. Bartlett und S. Ghosal, „Managing Across Borders: The Transnational Solution", *The Harvard Business School Press*, 1989, S. 105–111; A. M. Rugman und A. Verbeke, „Extending the theory of the multinational enterprise: internalization and strategic management perspectives", *Journal of International Business Studies*, Band 34 (2003), S. 125–137.

zial ein, das sich auf den gesamten Konzern auswirkt.[34] Solchen Untereinheiten internationaler Firmen werden also entweder strategische Rollen zugewiesen oder sie ergreifen selbstständig strategische Initiative. Hewlett Packard etwa nutzt beide Ansätze.[35]

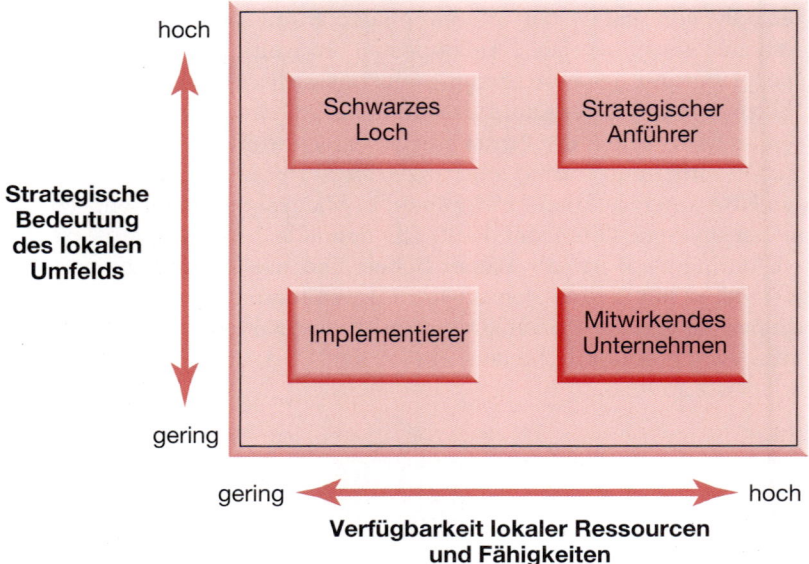

Abbildung 9.7: Die Rollen der Tochtergesellschaften internationaler Firmen
Quelle: Nachdruck mit Genehmigung der Harvard Business School Press. Aus „Managing across Borders: The Transnational Solution", C. A. Bartlett und S. Ghoshal. Boston, MA 1989, S. 105–11. Urheberrecht 1989, Harvard Business School Publishing Corporation. Alle Rechte vorbehalten.

- *Mitwirkende Unternehmen* sind Tochtergesellschaften internationaler Firmen, die sich in Ländern mit geringerer strategischer Relevanz befinden, aber dennoch einen wichtigen Beitrag zum Wettbewerbserfolg des internationalen Unternehmens leisten. Die australische Tochtergesellschaft der schwedischen Telekommunikationsfirma Ericsson befand sich in dieser Rolle, als sie spezielle Systeme für den Mobilfunkbereich des Unternehmens entwickelte.

- *Implementierer* tragen zwar nicht wesentlich zur Steigerung des Wettbewerbsvorteils einer Firma bei, sind aber dennoch sehr wichtig, da sie essenzielle finanzielle Ressourcen generieren. In diesem Sinn haben sie Ähnlichkeit mit den „Cash Cows" der BCG-Matrix. Die Gefahr besteht darin, dass sie sich zu Entsprechungen von „Dogs" entwickeln.

- *Schwarze Löcher* sind Tochtergesellschaften, die in Ländern angesiedelt sind, die für den Wettbewerbserfolg entscheidend sind, aber nur geringe Ressourcen oder Fähigkeiten bieten. In dieser Rolle befanden sich viele amerikanische und europä-

---

34   Siehe J. Biinshaw und A. J. Morrison, „Configurations of strategy and structure in multinational subsidiaries", *Journal of International Business Studies*, Band 26, Nr. 4 (1996), S. 729–94 und A. Rugman und A. Verbeke, „Subsidiary-specific advantages in multinational enterprises", *Strategic Management Journal*, Band 22, Nr. 3 (2001), S. 237–50.

35   S. J. Birkinshaw, *Entrepreneurschip and the Global Firm*, Sage 2000.

ische Unternehmen in Japan über einen langen Zeitraum. Sie weisen einige der Merkmale von Fragezeichen in der BCG-Matrix auf und erfordern hohe Investitionen (wie die schwarzen Löcher aus der Astrophysik, die Materie ansaugen). Möglichkeiten, um diese unattraktive Position zu überwinden, bieten sich durch die Entwicklung von Allianzen und die selektive und zielgerichtete Entwicklung wesentlicher Ressourcen und Fähigkeiten.

Diese Rollen und Positionen beziehen sich natürlich auch darauf, wie Management und Kontrolle der Tochtergesellschaften gestaltet sind. Dies wird in *Kapitel 14* weiter ausgeführt.

9.7 Internationalisierung und Erfolg

Ebenso wie bei der in *Abschnitt 8.4* besprochenen Produkt- und Dienstleistungsvielfalt wurde auch die Beziehung zwischen Internationalisierung und Unternehmenserfolg genauestens untersucht.[36] Einige der wichtigsten Ergebnisse dieser Untersuchungen sind folgende:

- *Eine nach unten offene U-Kurve.* Einerseits bringt eine Internationalisierung beträchtliche potenzielle Erfolgsvorteile, weil die betreffenden Unternehmen dadurch Größen- und Diversifikationsvorteile nutzen können und außerdem von den weltweit vorhandenen Standortvorteilen profitieren. Andererseits birgt die Kombination aus unterschiedlichsten Standorten und verschiedenen Geschäftsbereichen auch eine große organisatorische Komplexität. Ab einem gewissen Punkt könnten die Kosten, die diese Komplexität verursacht, die Vorteile der Internationalisierung übersteigen. Dementsprechend deuten Theorie und praktische Beweise auf eine nach unten offene U-Kurve hin, die die Beziehung zwischen Internationalisierung und Unternehmenserfolg beschreibt (ähnlich den Ergebnissen der Produkt-/Dienstleistungsdiversifikation in *Abbildung 8.4*). Eine gemäßigte Internationalisierung erzeugt also die größte Leistung. Allerdings legen die neuesten von Yip durchgeführten Forschungsarbeiten über große britische Unternehmen nahe, dass Manager immer besser mit der Internationalisierung ihrer Organisationen umgehen können. Hochgradig internationalisierte Firmen verzeichnen sogar eine Leistungsverbesserung, sobald die internationalen Umsätze bei über 40 % der Gesamtumsätze liegen.[37] Viel Erfahrung und großes Engagement für die Internationalisierung können bei hoch internationalisierten Unternehmen für gute Leistungen sorgen.

- *Nachteile auf dem Dienstleistungssektor.* Eine Reihe verschiedener Studien ergab, dass eine Internationalisierung für Unternehmen des Dienstleistungssektors – im Gegensatz zu Firmen, die Güter produzieren – nicht immer zu einer Leistungsverbesserung führt. Es gibt drei mögliche Gründe für einen solchen Effekt. Zunächst sind die Aktivitäten ausländischer Dienstleistungsunternehmen in manchen Bereichen (etwa bei der Wirtschaftsprüfung oder im Bankwesen) immer noch

---

36 Eine nützliche Übersicht der internationalen Dimension ist bei M. Hitt und R. E. Hoskisson, „International diversification: effects on innovation and firm performance in productdiversified firms", *Academy of Management Journal*, Band 40, Nr. 4 (1997), S. 767–798 zu finden.
37 Für detaillierte Ergebnisse über britische Unternehmen siehe G. Yip, A. Rugman und A. Kudina, „International success of British companies", *Long Range Planning*, Band 39, Nr. 1 (2006), S. 241–264.

streng reguliert und in manchen Ländern sogar eingeschränkt. Zweitens sind immaterielle Dienstleistungen oft stärker kulturellen Unterschieden unterworfen als gefertigte Waren und verursachen somit höhere Lernkosten. Zum Dritten schließlich erfordern Dienstleistungen meist eine hohe lokale Präsenz und eignen sich nicht zur Nutzung wesentlicher Größenvorteile, wie dies in der Produktion gefertigter Waren der Fall ist.[38]

■ *Internationalisierung und Produktvielfalt.* Ein wichtiger Aspekt ist hier auch die Wechselwirkung zwischen Internationalisierung und Produkt-/Dienstleistungsdiversifikation. Vergleiche mit Unternehmen mit nur einem Geschäftsbereich haben ergeben, dass produktdiversifizierte Unternehmen häufig stärker von einer internationalen Expansion profitieren, denn sie haben bereits die notwendigen Fähigkeiten und Strukturen für das Management ihrer internen Vielfalt entwickelt.[39] Am anderen Ende des Spektrums ist man sich weitgehend einig, dass Unternehmen, die bezüglich ihrer Produkte und ihrer Märkte hochgradig diversifiziert sind, meist hohe Kosten für Koordination und Kontrolle tragen müssen, sodass ihre Leistung darunter leidet. Da bei vielen Unternehmen, die eine Internationalisierung anstreben, bisher noch die negativen Auswirkungen die positiven Zugewinne überwiegen und auch aufgrund der aktuellen Skepsis bezüglich des Nutzens einer ausgeprägten Produktdiversifikation, entscheiden sich viele Firmen aktuell für eine Reduzierung ihrer Produktvielfalt, während sie aber ihre internationale Reichweite ausbauen. So kombiniert Unilever beispielsweise eine Strategie zunehmender Internationalisierung mit reduzierter Diversifikation.

---

38 Siehe N. Capar und M. Kotabe, „The relationship between international diversification and performance in service firms", *Journal of International Business Studies*, Band 34 (2003), S. 345–355; und F. J. Contractor, S. K. Kundu und C. Hsu, „A three-stage theory of international expansion: the link between multinationality and performance in the service sector", *Journal of International Business Studies*, Band 34 (2003), S. 5–18.

39 Siehe C. Chang und C.-F. Wang, „The effect of product diversification strategies on the relationship between international diversification and firm performance", *Journal of World Business*, Band 42, Nr. 1 (2007), S. 61–79 und C. H. Oh und F. J. Contractor, „The role of territorial coveragerelationship", *Global Strategy Journal*, Band 2 (2012), S. 122–36.

Quer-Denken

Eine institutionsbasierte Sichtweise der Strategie

Es gibt eine neue Perspektive auf Strategie, die sich eher auf Institutionen als auf Wettbewerb und Fähigkeiten beruft.

Der wichtigste Unterschied zwischen Strategien für den Heimatmarkt und Strategien für Auslandsmärkte ist das fehlende Wissen über die Bedürfnisse der Kunden vor Ort und über die Institutionen vor Ort. Traditionell konzentrierten sich Unternehmen immer eher auf die Kundenbedürfnisse. Aus *Abschnitt 9.5.1* ging allerdings hervor, dass lokale und regionale Institutionen, gleichgültig ob aus Wirtschaft, Recht, Politik oder Kultur, sich sehr von den Institutionen auf dem Heimatmarkt unterscheiden. Unterschiede beziehen sich dabei vor allem auf Marktregulierung oder lokale Praktiken, die zwar für eine Heimatfirma selbstverständlich sind, für ausländische Unternehmen aber zur Herausforderung werden können.

Viele Experten vertreten inzwischen die Meinung, dass aktuelle Strategie-Theorien häufig die Bedeutung von Institutionen vernachlässigen, obwohl Forschungsergebnisse darauf hinweisen, dass diese strategische Entscheidungen wesentlich mit beeinflussen. Also gibt es mehr und mehr Anregungen für eine neue dritte Sichtweise auf das Thema Strategie neben der Perspektive, die sich auf Branche und Wettbewerb konzentriert (siehe *Kapitel 3*) und der Perspektive, die vor allem Ressourcen und Fähigkeiten in den Vordergrund stellt (siehe *Kapitel 4*).[40] Die Argumentation dafür lautet, dass Manager bei ihren strategischen Entscheidungen auch die besonderen Merkmale der Institutionen der lokalen Märkte berücksichtigen sollten.

Manager müssen also verschiedene Wahlmöglichkeiten in Bezug auf diese Institutionen bedenken. Arbeiten die lokalen Institutionen etwa zugunsten ausländischer Firmen, können die betreffenden Manager versuchen, diese zu unterstützen und zu stabilisieren, indem sie mit Konkurrenten und Regulierungsbehörden vor Ort aktiv kooperieren. Werden ihnen aber von verschiedenen Institutionen Steine in den Weg gelegt, hat eine Organisation oft nur die Möglichkeit, sich entsprechend anzupassen. Manager in mächtigen Organisationen könnten sich vielleicht noch dafür entscheiden, sich den Institutionen zu widersetzen und sie so zu Veränderungen zu zwingen. Sie könnten beispielsweise versuchen, lokale Regulierungsbehörden auf ihre Seite zu ziehen und gewisse institutionelle Praktiken in Frage zu stellen.[41]

---

40 M. W. Peng, S. L. Sun, B. Pinkham und H. Chen, „The institution-based view as a third leg for a strategy tripod", *The Academy of Management Perspectives*, Band 23, Nr. 3 (2009), S. 63–81.

41 Siehe P. Regnér und J. Edman, „MNE institutional advantage: how subunits shape, transpose and evade host country institutions", *Journal of International Business Studies*, Band 45, Nr. 3 (2014), S. 275–302.

Z U S A M M E N F A S S U N G

- Das *Potenzial für Internationalisierung* auf einem beliebigen Markt wird durch Yips vier *Antriebskräfte* bestimmt: Markt, Kosten, Staat und Strategien der Konkurrenz.

- Grundlagen für Vorteile einer internationalen Strategie können sich aus globaler Beschaffung, durch das *internationale Wertnetzwerk* sowie durch nationale Grundlagen für Vorteile ergeben, wie im *Porter-Diamanten* dargestellt.

- Es gibt *vier Hauptarten der internationalen Strategie*, die je nach ihrer *Koordination* und ihrer *geografischen Gestaltung* variieren: Export, multinationale Strategie, globale Strategie und transnationale Strategie.

- Die Auswahl der Märkte für den internationalen Eintritt oder eine Expansion sollte auf *Attraktivität,* multidimensionalen Messwerten der *Distanz* und den Erwartungen bezüglich eines *Rückschlags* der Konkurrenz basieren.

- Eintrittsmöglichkeiten in neue Märkte sind *Export, Lizenzierung, Joint Ventures und Allianzen* und *Auslandsdirektinvestitionen*.

- Tochtergesellschaften können ebenso wie Geschäftsbereiche einer diversifizierten Firma mittels *Portfolio-Methoden* verwaltet werden.

- Es besteht eine unsichere Beziehung zwischen Internationalisierung und finanziellem Erfolg. Eine *nach unten offene U-Kurve* warnt vor einer übermäßigen Internationalisierung.

Z U S A M M E N F A S S U N G

Literaturempfehlungen

- Eine nützliche Sammlung akademischer Artikel über internationale Aktivitäten liefern A. Rugman und T. Brewer (Hrsg.), „The Oxford Handbook of International Business", *Oxford University Press*, 2003. Für eine Sammlung grundlegender Beiträge zur Forschung zu multinationalen Unternehmen siehe J. H. Dunning, „The theory of transnational corporations", Band 1, *Routledge*, 1993.

- Eine positive Perspektive internationaler Strategie liefern G. S. Yip und G. T. Hult, „Total Global Strategy", *Pearson*, 2012.

- Eine kritische Bewertung des Fokus auf die Globalisierung und die globale Integration verglichen mit einem regionalen Fokus wird in A. M. Rugman, „The Regional Multinational − MNEs and global strategic management", *Cambridge University Press*, 2005; A. M. Rugman, „The End of Globalisation", *Random House*, 2000 und P. Ghemawat, „Redefining Global Strategy", *Harvard Business School Press*, 2007 geboten.

- Eine aufschlussreiche Einführung in die detaillierten Funktionsweisen (und Mängel) der heutigen globalen Wirtschaft bietet P. Rivoli, „The Travels of a T-Shirt in the Global Economy: an Economist Examines the Markets, Power and Politics of World Trade", *Wiley*, 2006. Eine optimistischere Einschätzung gibt T. Friedman, „The World is Flat: the Globalised World in the Twenty First Century", *Penguin*, 2006.

Fallstudie
China kommt nach Hollywood: die Übernahme von AMC durch Wanda

Einführung

Während der letzten Jahre haben die chinesischen Übernahmen von US-amerikanischen Vermögenswerten und Unternehmen Rekordniveaus erreicht, so beliefen sich die direkten Investitionen im Jahr 2014 auf über 7,5 Mrd. € Trotz dieser Tatsache löste die Übernahme der zweitgrößten US-amerikanischen Kinokette AMC durch Wanda zu einem Preis von 2,6 Mrd. € im Jahr 2012 ebenso wie die spätere Übernahme einer der weltweit größten Filmproduktionsfirmen, Legendary Entertainment, 2016 in den USA und insbesondere in Hollywood einen Schock aus. Durch die Übernahme von AMC entstand das nach Erlösen größte Kinounternehmen der Welt und die Übernahme von Legendary Investment war der bisher größte Deal zwischen China und Hollywood.

Wanda wird ungefähr 10 % des weltweiten Kinomarkts kontrollieren. Die Transaktion bildete die größte chinesische Übernahme eines US-amerikanischen Unternehmens aller Zeiten und markierte den Beginn einer neuen Ära, in der chinesische Investitionen das Herz der amerikanischen Unterhaltungsbranche und Kultur erreichen. Obwohl sich chinesische Übernahmen in den USA bereits in der Vergangenheit als kontrovers erwiesen haben, kann sich diese unter Umständen als noch schwieriger erweisen. Deshalb wurde spekuliert, dass ein Happy End à la Hollywood alles andere als sicher sei. Einem Analysten zufolge stärkt diese Transaktion den weltweiten Status von Wanda als Kinobesitzer:

„Wanda war der größte Kinobesitzer auf dem zweitgrößten Filmmarkt der Welt. Durch diese Transaktion wird es auch zum Eigentümer der zweitgrößten Kinokette auf dem größten Filmmarkt."[1]

Ein weiterer Analyst kommentierte den Legendary Deal:

„Durch die Übernahme von Legendary Entertainment macht sich Wanda dazu bereit, ein globales Medienunternehmen und einer der weltweiten Hauptakteure im Bereich Filmproduktion zu werden."[2]

Abbildung 1: Gerry Lopez, CEO der AMC Entertainment Holding, links, und Wang Jianlin, Vorstandsvorsitzender und Präsident von Wanda
Quelle: ZUMA Press, Inc. / Alamy Stock Photo

Wanda Cinema Line Corp. ist nach Kinoleinwänden gemessen mit mehr als 730 Leinwänden der größte Kinobetreiber Chinas. Durch den Kinobetrieb erzielte das Unternehmen Erlöse von 282 Mio. $ aus dem Kartenverkauf in 86 Kinos in ganz China. Einen Monat vor der Transaktion hatte Wang Jianlin, der Vorstandsvorsitzende von Wanda, angekündigt, dass er bald eine Fusion bekanntgeben würde, die „die Welt überraschen würde". Als die Übernahme dann tatsächlich bekanntgegeben wurde, verglich er das Geschäft mit der „Enthüllung einer riesigen Werbung auf der internationalen Bühne". Wang Jianlin zufolge bildet die Übernahme von AMC einen wichtigen Schritt dazu, Wanda innerhalb von zehn Jahren zu einem multinationalen Unternehmen und zu einem wahrhaft internationalen Konzern zu machen, der ein „Jahrhundert" überdauern wird.

Legendary Entertainment ist eine führende Filmproduktionsfirma, die sich aus den Bereichen Film, Fernsehen, digitale Medien und Comics zusammensetzt. Die teuer produzierten Blockbuster, die vor allem auf Action und Special Effects setzen, kommen auch in China sehr gut an. Beispiele sind die Batman-Trilogie *The Dark Knight*, *Jurassic World*, *Pacific Rim* und *Godzilla*. Das Hollywood-Studio bringt Wanda vor allem Erfahrung und Fachwissen. Die Wanda Group baut zurzeit ein mehrere Milliarden Euro teures Filmstudio im Osten Chinas, das das größte weltweit werden soll. Zu chinesischen Kosten macht es damit den gigantischen Hollywood-Studios große Konkurrenz.

Obwohl die Übernahmen riesig waren, sind sie verglichen mit dem Rest des Dalian-Wanda-Immobilienkonglomerats klein. Die Dalian Wanda Group Corp. Ltd. umfasst Vermögenswerte von mehr als 86 Mrd. $, erzielt einen Jahresertrag von ungefähr 39 Mrd. $ (2014). Wanda, was „tausend Straßen führen dahin" bedeutet, umfasst Fünf-Sterne-Hotels, Ferienanlagen, Themenparks und Einkaufszentren. Die „Wanda Plaza"-Komplexe, die Einkaufszentren mit Wohnungen und Hotels kombinieren, sind in China ein großer Erfolg und in mehr als 60 chinesischen Städten errichtet worden.

Wang Jianlin, der Gründer, Vorstandsvorsitzende und Präsident von Dalian Wang, ist der sechstreichste Mann in China. Er ging als Jugendlicher zur Armee und diente 17 Jahre lang im Militär. 1988 gründete er Dalian Wanda und nutzte die Welle des phänomenalen Wachstums in China aus, indem er in Immobilien investierte. Sein militärischer Hintergrund und Kontakte zu lokalen Beamten haben ihm dabei geholfen, da große gewerbliche Landverkäufe über die Lokalregierungen abgewickelt werden. Da er bereit war, jede Immobilie zu übernehmen, die die Lokalregierung verkaufen wollte, war er bei den Beamten beliebt. Bald darauf wurde Wanda die erste Immobilienfirma, die in mehreren Städten operierte.

Bahnbrechende Geschäfte

AMC galt als Vorzeigeübernahme in der amerikanischen Unterhaltungsbranche und wurde von Analysten und Investoren als bahnbrechendes Geschäft beschrieben. Der Vorstandsvorsitzende und Präsident Wang Jianlin kündigte dies so an:

„Diese Übernahme wird dazu beitragen, Wanda mit Filmtheatern und Technologien, die das Kinoerlebnis für die Besucher auf den beiden größten Filmmärkten der Welt verbessern werden, zu einem wahrhaft globalen Kinobetreiber zu machen."[3]

Wang betrachtete das Geschäft als Sprungbrett für den Ausbau der weltweiten Kinopräsenz von Wanda mit einem Zielwert von 20 % des Weltfilmtheatermarkts bis zum Jahr 2020.

Bei der Bekanntgabe des Geschäfts erklärte der Vorstandsvorsitzende und Präsident von AMC Gerry Lopez:

„Im Zuge der andauernden Expansion der Film- und Unterhaltungsbranche war es genau der richtige Zeitpunkt, die enthusiastische Unterstützung unserer neuen Eigentümer anzunehmen. Wanda und AMC engagieren sich beide dafür, den Kunden ein erstklassiges Unterhaltungserlebnis und modernste Annehmlichkeiten zu bieten und haben jeweils eine Unternehmenskultur, die sich auf strategisches Wachstum und Innovation konzentriert. Mit Wanda als Partner wird AMC auch weiterhin nach neuen Möglichkeiten, zu expandieren und in das Kinoerlebnis zu investieren, suchen."[3]

Bei der weiteren Expansion auf seinem Heimatmarkt wird Wanda auch vom Know-how von AMC profitieren, das auf einem Markt operiert, auf dem der Kinokartenumsatz fünfmal so hoch ist wie in China. AMC hat ein weltweites Netz von Filmtheatern aufgebaut, durch das Wanda eine renommierte Marke erhält. Überdies gibt es in China auch einen Trend hin zu mehr ausländischen Filmen und durch diese Transaktion wird es Wanda unter Umständen möglich, sich mehr Hollywood-Filme für den Vertrieb in China zu sichern.

Die Übernahme von Legendary Entertainment wurde als weiterer kühner Schritt zur Verwirklichung von Wandas Ziel gewertet, ein globaler Unterhaltungskonzern zu werden. Neben Fachwissen und geistigem Eigentum bot der Deal zudem Synergien zwischen Filmproduktion und Filmvorführung innerhalb Chinas und auch zwischen China und den USA. Dadurch würde der Vertrieb von mehr Filmen im streng kontrollierten chinesischen Filmmarkt gefördert. Auch die Quote von 34 ausländischen Filmen pro Jahr könnte umgangen werden, wenn Legendary Filme in China produzieren würde. Für Wang zählten allerdings vor allem die Vorteile der Integration beider Unternehmen:

„Die Übernahme von Legendary wird aus der Wanda Film Holdings Company die Filmproduktionsfirma mit dem weltweit höchsten Umsatz machen. Dadurch erhöht sich Wandas Präsenz in China und auch in den USA, die beiden größten Märkte der Welt. Wanda deckt damit den gesamten Bereich der Filmproduktion, -vorführung und des Filmvertriebs ab – damit steigt unsere Wettbewerbsfähigkeit und wir können auf dem globalen Filmmarkt mitreden.“[4]

Thomas Tull, Vorstandsvorsitzender und CEO von Legendary fügt hinzu:

„Gemeinsam bilden Wanda und Legendary eine völlig neue internationale Unterhaltungsfirma. Die Nachfrage nach guten Unterhaltungsinhalten steigt weltweit – besonders in China; und wir kombinieren unsere jeweiligen Stärken, um dem Weltpublikum ein noch besseres Unterhaltungserlebnis zu präsentieren“[5]

Wandas Cultural Industry Group in den USA

Wandas Übernahmen waren Teil der allgemeinen Bestrebungen, Chinas eigene Kultur- und Unterhaltungsbranche zu beleben und weiterzuentwickeln. Das Kino wird als Freizeitaktivität in China immer beliebter und auch der Filmmarkt boomt – im Jahr 2015 stieg der Umsatz an den Kinokassen um erstaunliche 50 % auf 6,7 Mrd. $. Experten rechnen damit, dass China bis 2017 die USA als größten Filmmarkt überholen wird.

Wanda hat auch in der Vergangenheit in Kultur und Unterhaltung investiert. Dies steht im Einklang mit dem chinesischen Gesamtziel, in diesem Sektor zu investieren. Das Unternehmen beschrieb die Investition in Legendary Entertainment als „Chinas bisher größte internationale kulturelle Firmenübernahme“ und kommentierte die AMC-Übernahme wie folgt:

„Die Wanda-Gruppe begann im Jahr 2005 massiv in kulturelle Branchen zu investieren. Sie ist in fünf Branchen, einschließlich zentraler Kulturviertel, großer Bühnenshows, Filmproduktion und -vorführung, Unterhaltungsketten sowie der Sammlung chinesischer Kalligraphie und Gemälde, eingetreten. Wanda hat mehr als 1,6 Mrd. $ in die kulturellen Branchen investiert und ist damit zum größten, in die Kulturbranchen investierenden Unternehmen des Landes aufgestiegen.“[6]

Die Übernahmen durch Wanda waren die größten internationalen Investitionen im Kulturbereich, die ein chinesisches Privatunternehmen jemals getätigt hat, und führten in den USA zu Bedenken. In den USA ist AMC ein bekannter Name, der „einst das typisch amerikanische Kinoerlebnis verkörperte“. Damit bildet die Transaktion eine erhebliche Erweiterung des chinesischen Einflusses in der amerikanischen Filmbranche und es gab einige Sorgen im Hinblick auf die Wirkung, da in China viele amerikanische Filme zensiert oder sogar verboten werden.

Schließlich ist Wang Jianlin Mitglied der kommunistischen Partei und sitzt im obersten Beratungsgremium Chinas. Daher verstärkt die Übernahme von AMC durch Wanda die Sorgen, dass es auch in den USA zu einer wie in China üblichen Zensur politisch kontroverser Filme kommen könnte.

USA Today berichtete: „Peking investiert stark in den Ausbau seiner „weichen Macht“ bzw. seines kulturellen Einflusses …“[7]

Chinesische Investitionen in den USA haben bereits in der Vergangenheit zu Sorgen geführt. Daher hat die US-amerikanische Regierung in der Vergangenheit Investitionen in der Telekommunikations- und Energiebranche aufgrund von Bedenken bezüglich der nationalen Sicherheit abgelehnt. Allerdings ist das Kino wahrscheinlich keine strategische Branche für die USA.

Überdies hat Wang Jianlin versichert, dass Wanda „keine Pläne hat, chinesische Filme in den Vereinigten Staaten zu fördern" und dass der CEO von AMC Gerry Lopez „entscheiden wird, welche Filme in den AMC-Filmtheatern gezeigt werden."[8] Es wurde zudem klargestellt, dass AMC auch weiterhin von seinem Firmensitz in Kansas City aus betrieben werden würde. Wang Jianlin erklärte, dass Wanda das leitende Management von AMC behalten würde und sich nicht in den tagtäglichen Betrieb und die Programmgestaltungsentscheidungen einmischen würde, die auch weiterhin in den Händen des US-amerikanischen Managements liegen würden. Weiterhin führte er aus, dass der wichtigste Teil der Transaktion darin bestand, sicherzustellen, dass die mehr als 40 leitenden Manager von AMC auch nach der Übernahme bei dem Unternehmen bleiben, und erklärte weiter: „Der entscheidende Aspekt ist, den Enthusiasmus des aktuellen Managements und der Mitarbeiter aufrechtzuerhalten ... Der menschliche Aspekt ist der wichtigste. Das einzige, was sich verändert hat, ist der Chef."[9] Bezüglich des Deals von Legendary Entertainment zerstreute Wang Bedenken, es könne zu Zensur oder Veränderungen von Filminhalten kommen, indem er angab, er sei Geschäftsmann, der Firmen aufkaufe, ... „um Geld zu machen. Also denke ich nicht in erster Linie an Regierungsprioritäten."[10]

Kritiker merkten aber an, China habe bereits sein Ziel der „sanften Macht" (soft power) erreicht, denn der chinesische Bereich von Legendary Entertainment (Legendary East) hatte bereits mit der staatlichen chinesischen Film Group zusammengearbeitet und den Film *The Great Wall* koproduziert, in dem Weltstars wie Matt Damon und Willem Dafoe an der Seite von chinesischen Schauspielern wie Andy Lau, Jing Tian und Eddie Peng zu sehen sind. Dieser teure Hollywood-Blockbuster, in dem chinesische Schauspieler auftraten und chinesische Mythen dargestellt wurden, wurde komplett in China gedreht.

AMC und Legendary sollten keineswegs die letzten Investitionen der Wanda-Gruppe in der weltweiten Unterhaltungsbranche sein. 2015 kaufte der Konzern Hoyts, Australiens zweitgrößte Multiplex-Kette. Gerüchten zufolge ist man als nächstes auf der Suche nach einer europäischen Kette. Im Frühjahr 2016 gab der Konzern bekannt, an einer Übernahme von Carmike Cinemas interessiert zu sein. Käme dieses Geschäft zustande, so würde Wanda dadurch zur größten Kinokette in den USA. Zudem plante der Konzern, mit seinem Kinobetreiber-Unternehmen Wanda Cinema Line Corp. an die Börse zu gehen, um auf diese Weise frisches Geld für weitere internationale Expansionen zu generieren.

Wesentliche Quellen: Wanda-Group-Pressemitteilung, 12. Januar 2016; The Diplomat, 13. Januar 2016; Forbes, 12. Januar 2016; Financial Times, 22.–28. Mai 2012; LAtimes.com, 20. Mai 2012; New York Times, 20. Mai 2012; Reuters, 21. Mai 2012; The Washington Post, 21. Mai 2012; Wall Street Journal, 21. Mai 2012.

Quellen:

[1] *„Wanda's AMC deal a ticket to global rule", Beijing International.*

[2] *BBC News, 12. Januar 2016.*

[3] *„Wanda Group to acquire AMC Holdings Inc.", Dalian-Wanda-Pressemitteilung, 20. Mai 2012.*

[4] *„Wanda acquires Legendary for $ 3.5 bn in biggest Chinese overseas deal", ChinaDaily, 12. Januar 2016.*

[5] *„Wanda attends Shenzen cultural fair", Wanda-Group-Pressemitteilung, 18. Mai 2012.*

[6] *L. Hook, „AMC deal to boost Wanda's global exposure", Financial Times, 22. Mai 2016.*

[7] *C. MacLeod, „Chinese firm to buy AMC movie chain", USA Today, 21. Mai 2012.*

[8] *J. McDonald, „Chinese company to buy US movie theatre chain", Yahoo News, 21. Mai 2012.*

[9] *„Wanda's AMC deal a ticket to golden role", ChinaDaily, 22. Mai 2012.*

[10] *S. Zhang und M. Miller, „Wanda goes to Hollywood: China tycoon's firm buys film studio Legendary for $ 3.5 billion", Reuters, 12. Januar 2016.*

Fragen

1 Welche Antriebskräfte der Internationalisierung halten Sie unter Berücksichtigung des Globalisierungsrahmens von Yip (▶ *Abbildung 9.2*) für die wichtigsten bei Wandas Eintritt in den US-amerikanischen Markt durch die Übernahme von AMC und Legendary?

2 Welche nationalen Quellen eines Wettbewerbsvorteils können sich für Wanda aus dem Firmensitz in China ergeben? Welche Nachteile können daraus entstehen?

3 Mit welchen Herausforderungen könnte Wanda unter Berücksichtigung des CAGE-Bezugsrahmens beim Eintritt in den US-amerikanischen Markt konfrontiert werden?

 Als Dozent finden Sie ausführliche **Lösungshinweise** zu den Fallaufgaben auf der Webseite zum Buch.

Entrepreneurship und Innovation

10

ÜBERBLICK

Lernziele

Nach der Lektüre dieses Kapitels sollten Sie in der Lage sein,

- wichtige Probleme vorherzusehen, denen sich Unternehmensgründer bei der *Chancenerkennung*, bei der Entscheidungsfindung im *unternehmerischen Prozess* und in den verschiedenen *Wachstumsphasen* vom jungen Unternehmen bis hin zum Marktaustritt stellen müssen.

- Chancen und Wahlmöglichkeiten *sozialer Entrepreneure* zu bewerten, denen sich diese bei der Schaffung neuer Unternehmungen und der damit verbundenen sozialen Probleme gegenübersehen.

- wichtige *Innovationsdilemmata* zu erkennen und darauf zu reagieren, etwa welche relative Bedeutung Technologien oder Märkten, Prozess- oder Produktinnovationen oder der offenen versus der geschlossenen Innovation beigemessen werden soll.

- die *Diffusion* (oder Verbreitung) von Innovationen vorherzusehen und bis zu einem gewissen Grad zu beeinflussen.

- zu entscheiden, wann es sinnvoller ist, ein *First Mover* oder ein *Folger* zu sein, und wie ein etabliertes Unternehmen auf innovative Herausforderer reagieren sollte.

10.1 Einführung

Wie in *Kapitel 1* besprochen, befasst sich Strategie mit der langfristigen Ausrichtung eines Unternehmens und eine wichtige Dimension dieser Ausrichtung ist die Schaffung neuer Werte und Wettbewerbsvorteile für die Zukunft. Organisationen müssen nicht nur Vorteile gegenüber aktuellen Konkurrenten im In- und Ausland erwerben, sie müssen sich auch Wachstumschancen sichern. Dieses Kapitel beschäftigt sich dementsprechend mit der Identifikation neuer Chancen, der Schaffung neuer Produkte, Technologien und Dienstleistungen, neuer Ressourcen und Fähigkeiten. Apple beispielsweise muss seinen bestehenden Wettbewerbsvorteil (das iPhone auf dem Smartphone-Markt) unbedingt erhalten und weiterentwickeln, doch auch neue Chancen müssen gesucht und gefunden werden, wie etwa die Apple-Uhr.

Strategisches Entrepreneurship verbindet Strategie und Unternehmergeist und umfasst strategische Aktivitäten zur Ermittlung eines Vorteils ebenso wie unternehmerische Aktivitäten zur Ermittlung von Chancen, wobei beide Aktivitäten neue Werte schaffen.[1] Eine Strategie fördert dies durch die Schaffung von Wettbewerbsvorteilen, während der Unternehmergeist dafür sorgt, dass neue Chancen auf dem Markt oder im Umfeld entdeckt werden. Dieser Unternehmergeist kommt von innovativen Entrepreneuren, die neue Ideen und Erfindungen erkennen und ausprobieren, die dann zu Innovationen werden. Strategisches Unternehmertum und die Innovation als

Strategisches Entrepreneurship

Strategisches Entrepreneurship verbindet Strategie und Unternehmergeist und umfasst strategische Aktivitäten zur Ermittlung eines Vorteils ebenso wie unternehmerische Aktivitäten zur Ermittlung von Chancen, wobei beide Aktivitäten neue Werte schaffen.

---

1   M. A. Hitt, R. D. Ireland, D. G. Sirmon und C. A. Trahms, „Strategic entrepreneurship: creating value for individuals, organizations and society", *The Academy of Management Perspectives*, Band 25, Nr. 2 (2011), S. 57–75.

dessen Ergebnis sind sehr wichtig für das langfristige Überleben und den Erfolg aller Organisationen. Darauf liegt der Fokus dieses Kapitels.[2]

Unternehmergeist ist nicht nur von Bedeutung, wenn es um die Schaffung von Mehrwert für den Kunden und um Wachstum und Fortbestand des Unternehmens geht. Auch die Wirtschaft profitiert enorm von diesem Phänomen. Alle Unternehmen starten mit einem Akt von Entrepreneurship, doch auch große etablierte Firmen zeigen Unternehmergeist, um neue, innovative Produkte und Dienstleistungen zu finden. Auch „soziales Unternehmertum" wird von vielen Menschen betrieben, um das Allgemeinwohl zu fördern. Die Innovation ist ebenso ein zentraler Aspekt, der in *Kapitel 7* vorgestellten Strategie auf Geschäftsbereichsebene, die sich auf Qualität, Preis und Nachhaltigkeit auswirkt. Überdies ist die Innovation eine dynamische Fähigkeit, die die Ressourcen und Fähigkeiten einer Organisation erneuern kann (siehe *Kapitel 4*). Die Förderung von Innovation und Unternehmergeist bringt also nicht nur alle Firmen und Organisationen nach vorne, sondern wirkt sich auch positiv auf den öffentlichen Sektor aus. Sie ist aber auch mit schwierigen Entscheidungen verbunden. Wie können beispielsweise neue, sinnvolle Chancen identifiziert werden und welche Kriterien müssen dafür angesetzt werden? Sollte ein Unternehmen im Bereich neuer Technologien Pionierarbeit leisten oder lieber schnell folgen, wie dies Samsung in der Regel tut? Wie sollte eine Firma auf radikale Neuerungen reagieren, die ihre Existenz bedrohen. Kodak stand etwa vor dieser Frage, als Digitalkameras immer beliebter wurden.

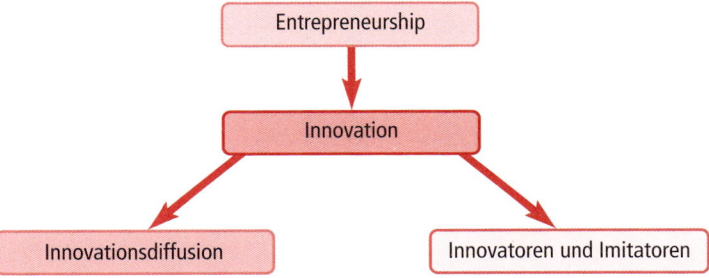

Abbildung 10.1: Unternehmertum und Innovation: vier wichtige Themen

▶ *Abbildung 10.1* zeigt vier wichtige Themen dieses Kapitels, wobei es zunächst um Entrepreneurship und Innovation gehen wird.

■ *Abschnitt 10.2* befasst sich mit Entrepreneurship. Zunächst werden die wichtigsten Schritte beschrieben, angefangen mit der *Chancenerkennung*, die die Bedingungen identifiziert, unter denen neue Produkte und Dienstleistungen die Bedürfnisse des Markts befriedigen. Weitere Schritte des *unternehmerischen Prozesses* folgen. Schließlich wird hier noch *soziales Unternehmertum* vorgestellt. Dabei

---

2   David J. Ketchen, R. Duane Ireland und Charles C. Snow, „Strategic entrepreneurship, collaborative innovation and wealth creation", *Strategic Entrepreneurship Journal*, Band 1, Nr. 3–4 (2007), S. 371–85; R. Duane Ireland, Michael A. Hitt und David G. Sirmon, „A model of strategic entrepreneurship: the construct and its dimensions", *Journal of Management*, Band 29, Nr. 6 (2003), S. 963–89; Donald F. Kuratko und David B. Audretsch, „Strategic entrepreneurship: exploring different perspectives of an emerging concept", *Entrepreneurship Theory and Practice*, Band 33, Nr. 1 (2009), S. 1–17; Micael A. Hitt et al. (Herausgeber), *Strategic Entrepreneurship: Creating a new mindset*, Wiley-Blackwell, 2002.

wird erklärt, wie auch Einzelpersonen und kleine Gruppen neue und innovative Initiativen anstoßen können, die größere öffentliche Organe nicht leisten können.

- *Abschnitt 10.3* beginnt mit drei grundlegenden *Innovationsdilemmata*, die Manager zu Entscheidungen zwingen. Sie müssen sich zwischen *Technology push* und *Market pull* sowie zwischen *Produktinnovation* und *Prozessinnovation* entscheiden, außerdem müssen sie zwischen *offener* und *geschlossener Innovation* wählen. Keines dieser Dilemmata ist eine absolute „Entweder-oder"-Entscheidung, doch Manager und Entrepreneure müssen sich entscheiden, worauf sie ihre begrenzten Ressourcen konzentrieren.

- *Abschnitt 10.4* befasst sich mit Aspekten der *Diffusion*, also der Verbreitung von Innovationen auf dem Markt. Managemententscheidungen können diese Diffusion entweder beschleunigen oder aber bremsen und zwar sowohl auf Seite des Angebots, z.B. durch das Produktdesign, als auch auf Seite der Nachfrage, z.B. durch Marketing-Diffusionsprozesse. Letztere bilden oft eine S-Kurve, woraus sich weitere typische notwendige Entscheidungen ergeben, z.B. bezüglich des Wendepunkts oder des negativen Wendepunkts.

- *Abschnitt 10.5* schließt das Thema Innovation mit der Betrachtung von Wahlmöglichkeiten in Bezug auf Timing ab. Dies umfasst Vor- und Nachteile des *First Movers*, die Chancen eines *„schnellen Zweiten"* auf dem Markt und die Frage, wie etablierte Unternehmen auf dem Markt auf innovative Herausforderer reagieren sollen.

10.2   Entrepreneurship

Für die langfristige strategische Ausrichtung einer Organisation ist es von entscheidender Bedeutung, eine eigene Wettbewerbsposition gegenüber der Konkurrenz festzulegen und zu entwickeln. Allerdings müssen alle Organisationen auch neue Chancen für ihre Zukunft auftun. Dies alles legt nahe, dass es mit einer Strategie allein nicht getan ist, sondern dass Unternehmen ebenso Unternehmergeist brauchen.

Entrepreneurship

Entrepreneurship ist ein Prozess, durch welchen Einzelpersonen, Teams oder ganze Organisationen Chancen für neue Produkte oder Dienstleistungen identifizieren und nutzen, die ein Bedürfnis auf dem Markt befriedigen.

Entrepreneurship ist ein Prozess, durch welchen Einzelpersonen, Teams oder ganze Organisationen Chancen für neue Produkte oder Dienstleistungen identifizieren und nutzen, die ein Bedürfnis auf dem Markt befriedigen.[3] Der Fokus liegt hier also auf völlig neuen Möglichkeiten für die Organisation und nicht auf der gegenwärtigen Wettbewerbsposition. Das Erkennen einer neuen Chance ist der allererste Schritt des unternehmerischen Prozesses. Dabei handelt es sich um mehr als eine einfache Geschäftsidee. Vielmehr geht es um eine Kombination verschiedener Elemente, die nach Meinung eines Unternehmers neuen Mehrwert schafft und Gewinn generieren kann. In diesem Abschnitt wird nicht nur der unternehmerische Prozess genauer beleuchtet, sondern auch eine Reihe von Herausforderungen aufgezeigt. Abschließend wird das Konzept des sozialen Unternehmertums vorgestellt.

---

3   Siehe S. A. Shane, *A general theory of entrepreneurship: the individual-opportunity nexus*, Edward Elgar Publishing, 2000.

10.2.1 Chancenerkennung

Der Begriff **Chancenerkennung** meint die Identifizierung einer Chance, also die Erkennung der Bedingungen, unter welchen neue Produkte und Dienstleistungen ein Bedürfnis auf dem Markt oder im Umfeld befriedigen können.

Die Erkennung einer neuen Chance ist für jede Form des Entrepreneurships entscheidend, gleichgültig ob es sich um kleine Start-up-Unternehmen, große Konzerne oder soziale Entrepreneure handelt.[4] Dabei erkennen Unternehmer oder Unternehmerteams Trends in ihrem Umfeld und kombinieren Ressourcen und Fähigkeiten, um neue Produkte oder Dienstleistungen zu kreieren. Die Chancenerkennung beinhaltet also drei wichtige Elemente, die alle miteinander zusammenhängen: der Entrepreneur oder das Entrepreneurteam, das Umfeld und die Ressourcen und Fähigkeiten (siehe ▶ *Abbildung 10.2*):

Chancenerkennung

Der Begriff Chancenerkennung meint die Identifizierung einer Chance, also die Erkennung der Bedingungen, unter welchen neue Produkte und Dienstleistungen ein Bedürfnis auf dem Markt oder im Umfeld befriedigen können.

Abbildung 10.2: Erkennung unternehmerischer Chancen

■ *Entrepreneur oder Entrepreneurteam.* Der Unternehmer oder das Team treibt die verschiedenen Schritte des unternehmerischen Prozesses voran. Das heißt, Trends im Unternehmensumfeld werden ausfindig gemacht (siehe *Abschnitt 2.2*), diese werden mit bestehenden Ressourcen und Fähigkeiten verbunden (siehe *Kapitel 4*) oder es werden geeignete Ressourcen und Fähigkeiten erworben und integriert. Die Eigenschaften von Entrepreneuren unterscheiden sich erheblich, weshalb sie auch in den verschiedensten Formen auftreten. Meist erkennen sie aber neue Chancen sehr schnell, können gut mit Unsicherheit umgehen, sind risikobereit, hoch motiviert, optimistisch und sehr überzeugend, denn sie koordinieren zahlreiche Ressourcen innerhalb ihres sozialen Netzwerks. Meist entsteht Unternehmergeist zudem innerhalb eines Teams oder auch durch die Zusammenarbeit mehrerer Unternehmen. Über das übliche Klischee des Entrepreneurs hinaus, der als Einzelkämpfer seine Geschäftsidee ganz allein nachts in einem Unilabor oder in der eigenen Garage verwirklicht, können also auch externe Beziehungen enorm wichtig sein.

---

4   Siehe Shane (Fußnote 3) und A. Ardichvili, R. Cardozo und S. Ray, „A theory of entrepreneurial opportunity identification and development", *Journal of Business Venturing*, Band 18, Nr. 1 (2003), S. 105–23.

- *Umfeldtrends und Marktlücken.* Besonders wichtig für die Identifikation neuer Chancen ist es, Makrotrends und mögliche Marktlücken zu erkennen. Dazu gehört die Beobachtung wirtschaftlicher, technologischer, sozialer und politischer Trends (wie bei der PESTEL-Analyse, siehe *Abschnitt 2.2*), aber auch die Verbindung solcher Trends mit spezifischen Kundenbedürfnissen, die gegenwärtig noch nicht befriedigt werden. Die GPS-basierte Fitness-Tracking-App Runkeeper beispielsweise, die 2008 auf den Markt kam, baut auf einer ganzen Reihe von Trends und Branchenbewegungen auf und zählt nun weltweit bereits 45 Mio. Nutzer. Relevante Trends waren in diesem Fall etwa das wachsende Gesundheitsbewusstsein, der Wunsch nach mehr Bewegung, die steigende Zahl der Smartphone-Nutzer und Apps, die Globalisierung der Märkte und die immer besseren Integrationsmöglichkeiten einer App über verschiedene soziale Medien wie etwa Facebook und Twitter hinweg. Die App bedient die Marktlücke von Freizeitläufern, die ihre Fortschritte aufzeichnen und mitverfolgen möchten.

- *Ressourcen und Fähigkeiten.* Ein weiterer wichtiger Teil der Chancenerkennung ist der Zugang zu Ressourcen und Fähigkeiten. Verschiedene Möglichkeiten, diese zu identifizieren und zu bewerten, wurden in *Kapitel 4* behandelt (VRIO, Wertkette, Wertsysteme etc.). Vorhandene Ressourcen und Fähigkeiten können zwar durchaus hilfreich sein, sich allerdings auch negativ auf die Erkennungsfähigkeit neuer Chancen auswirken, besonders bei großen, etablierten Unternehmen. Alteingesessene Firmen sind immer an ihre bestehenden Ressourcen und Fähigkeiten, an lange praktizierte Aktivitäten und etablierte Interessen gebunden, wodurch es sehr schwierig werden kann, frischen Unternehmergeist zu zeigen (siehe *Abschnitt 6.4*). Daher argumentieren viele Experten, der beste Weg ins Unternehmertum sei es, eine ganz neue Unternehmung zu starten. Exemplarisch für diesen Ansatz stehen unabhängige Unternehmer wie die Samwer-Brüder von Rocket Internet oder auch Larry Page und Sergey Brin von Google (siehe Fallstudien am Ende von *Kapitel 4* und *Kapitel 13*).

10.2.2 Die Schritte des unternehmerischen Prozesses

Auf den ersten Schritt, die Chancenerkennung, folgen in der Regel fünf weitere Schritte, wenn es um die Entwicklung einer neuen Unternehmung geht. ▶ *Abbildung 10.3* zeigt eine Übersicht dieser Schritt[5]e. Vor der Entwicklung eines *Geschäftsplans* (siehe *Abschnitt 13.2.2*) ist es meist sinnvoll, eine *Machbarkeitsanalyse* durchzuführen. Darin wird eine neue Geschäftsidee kritisch hinterfragt bezüglich der Lebensfähigkeit des Produkts oder der Dienstleistung. Auch Marktchancen und Finanzierbarkeit werden ausgeleuchtet. Als Nächstes werden häufig die *Branchenbedingungen* und die *Konkurrenzsituation* betrachtet. Dazu können die Analysen der Five Forces und der strategischen Gruppen herangezogen werden (siehe *Abschnitte 3.2* und *3.4*). Einer der wichtigsten Schritte des Entrepreneur-Prozesses ist die *Auswahl eines Geschäftsmodells und einer Strategie* (siehe *Kapitel 7*).[6] Ein Start-up muss also überlegen, wie sich Mehrwert für den Kunden kreieren lässt, wie Einnahmen und

---

5   Siehe B. R. Barringer und R. D. Ireland, *Entrepreneurship: successfully launching new ventures*, 4. Auflage, Pearson 2012.
6   Geschäftsmodelle werden im vorliegenden Buch in *Kapitel 7* behandelt und nicht mehr, wie in der letzten Auflage, in diesem Kapitel.

Kosten am besten zu verwalten sind, wie eine Gewinnmarge erwirtschaftet werden kann und ob ein neues Modell gewählt oder ein altes Geschäftsmodell ausgebaut werden soll. Zusätzlich müssen die genaue Wettbewerbsposition und eigene Wettbewerbsvorteile bestimmt werden. Unternehmer müssen sich also in der Regel zwischen den generischen Geschäftsstrategien der Differenzierung, der Kostenstrategie oder der Fokusstrategie oder aber einer möglichen Hybridstrategie entscheiden (siehe *Abschnitt 7.2.4*). Abschließend muss die finanzielle Position der neuen Unternehmung mit Finanzierung und Geldmittelbedarf genau geprüft werden (siehe *Kapitel 12*).

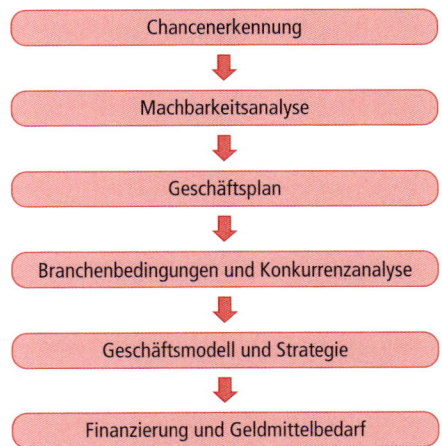

Abbildung 10.3: Die Schritte des unternehmerischen Prozesses
Quelle: Adaptiert von B. R. Barringer und R. D. Ireland, Entrepreneurship: Successfully launching new ventures, 4. Auflage, 2012, Pearson.

Zwar sind all diese Schritte im unternehmerischen Prozess von Bedeutung, doch muss darauf hingewiesen werden, dass sie nicht immer in der angegebenen Reihenfolge ablaufen. Vielmehr müssen einzelne Teile meist mehrmals wiederholt werden, vollziehen sich parallel oder müssen im Nachhinein neu definiert werden, sodass dieser Prozess meist nicht so simpel abläuft, wie in ▶ *Abbildung 10.3* dargestellt (siehe dazu auch „Quer-Denken" am Ende des Kapitels). Häufig kommt es zu Rückschlägen im Prozess, es wird viel experimentiert und die ursprüngliche Geschäftsidee verändert sich manchmal radika[7]l. So begann Starbucks beispielsweise im Jahr 1971 mit dem Verkauf von Espressomaschinen und Kaffeebohnen – fertig gebrühter Kaffee fehlte noch komplett im Sortiment. Erst 1983, nach einem Besuch in Italien, begann der heutige CEO und Vorstandsvorsitzende, Howard Schutz, in seiner ersten Filiale frische Kaffeegetränke zu verkaufen. Diese Filiale erinnerte allerdings an ein Kaffeehaus im europäischen Stil mit klassischer Musik und Obern – das mit den heutigen Starbucksläden ganz und gar nichts zu tun hatte. Die große Bedeutung, die das Experimentieren und Ausprobieren bei neuen Unternehmungen hat, weist aber auch darauf hin, dass viele Entrepreneure scheitern. Für jeden revolutionären Unternehmer, der eine neue Chance richtig erkannt, neue Märkte geschaffen und etablierte Konkurrenten ausgestochen hat, wie Howard Schultz mit Starbucks, gibt es zahllose verges-

---

7   Siehe S. Blank, „Why the lean start-up changes everything", *Harvard Business Review*, Band 91, Nr. 5 (2013), S. 63–72.

sene gescheiterte Projekte (siehe *Beispiel 10.1*). Doch gleichgültig, wie sich der unternehmerische Prozess vollzieht und welche Rückschläge und Experimente ihn begleiten – immer durchlaufen neue Unternehmungen verschiedene Wachstumsphasen, die im nächsten Abschnitt erläutert werden.

10.2.3 Phasen des unternehmerischen Wachstums

Lebenszyklus unternehmerischer Projekte

Der Lebenszyklus unternehmerischer Projekte durchläuft vier verschiedene Phasen: Beginn, Wachstum, Reife und Marktaustritt.

Oft wird der **Lebenszyklus unternehmerischer Projekte** in vier verschiedene Phasen unterteilt: Beginn, Wachstum, Reife und Marktaustritt (siehe ▶ *Abbildung 10.4*). Natürlich schaffen es die meisten neuen Projekte gar nicht, alle vier Phasen zu durchlaufen – die geschätzte Misserfolgsquote neuer Unternehmen im ersten Jahr liegt bei über einem Fünftel. Zwei Drittel aller jungen Unternehmen scheitern innerhalb von sechs Jahren. Aus jeder dieser vier Phasen ergeben sich jedoch wichtige Fragen für Unternehmer:

■ *Beginn.* In dieser Phase gibt es viele Herausforderungen, doch eine wichtige Frage, die sich sowohl auf das Überleben als auch auf das Wachstum des Unternehmens auswirkt, bezieht sich immer auf die Kapitalquellen. Kredite von Familienmitgliedern und Freunden sorgen für gewöhnlich für die erste Kapitalausstattung, doch sind diese meist begrenzt und führen angesichts der hohen Misserfolgsquote neuer Unternehmen zu großen Schwierigkeiten. Auch Bankkredite und Kreditkarten können Kapitalquellen sein, doch sind sie oft mit zu strengen Vorschriften bezüglich Zins- und Rückzahlung verbunden, sodass sie durch das anfangs unregelmäßige Einkommen eines jungen Unternehmens nicht getilgt werden können. *Risikofinanzierer* (venture capitalist) haben sich auf solche neuen Unternehmensprojekte spezialisiert. Sie bestehen meist auf einem Sitz im Board des neuen Unternehmens und bringen eventuell sogar von ihnen favorisierte Manager mit. Wird ein Projekt durch Risikofinanzierer unterstützt, so erhöht das Untersuchungen zufolge dessen Erfolgschancen erheblich, doch die Risikokapitalgeber akzeptieren in der Regel nur einen von 400 Vorschlägen, die ihnen gemacht werden.

■ *Wachstum.* Eine große Herausforderung für Wachstumsunternehmen in dieser Phase ist das Management. Die Entrepreneure müssen dazu bereit sein, sich vom Handeln aufs Managen zu verlegen. Dieser Übergang vollzieht sich meist, wenn die Mitarbeiterzahl die 20 allmählich überschreitet. Viele Entrepreneure sind aber leider schlechte Manager, denn hätten sie Manager sein wollen, hätten sie sich von vorneherein von einem großen Konzern anstellen lassen. Entrepreneure müssen sich also entscheiden, ob sie sich auf ihre eigenen Managementfähigkeiten verlassen oder professionelle Manager von außen einstellen sollen. 2001 stellten die jugendlichen Gründer von Google, Larry Page und Sergey Brin, von ihren Risikokapitalgebern unter Druck gesetzt, den 46-jährigen Eric Schmidt, früherer leitender Angestellter der großen Softwarefirma Novell, als Geschäftsführer ihres Unternehmens ein.

■ *Reife.* In dieser Phase besteht die Herausforderung für Entrepreneure darin, sich ihren Enthusiasmus und ihr Engagement zu erhalten, um neues Wachstum zu erzeugen. Entrepreneurship wendet sich nun nach *innen*, um neue Projekte aus dem Inneren der Organisation ins Leben zu rufen. Eine wichtige Option hierfür ist häufig die *Diversifizierung* in neue Geschäftsbereiche, ein Thema aus *Kapitel 8.*

Amazon.com beispielsweise hat sich in den USA vom reinen Buchverkäufer zur Verkaufsplattform für Autoteile, Lebensmittel und Kleidung entwickelt. Will man in dieser Phase neue Projekte starten, so kommt es vor allem darauf an, sich die Erfolgschancen genau zu überlegen. Untersuchungen zeigen, dass viele kleine High-Tech-Firmen den Übergang zu einer zweiten Generation ihrer Technologie nicht bewältigen und dass sie daher an diesem Punkt oft besser beraten sind, den Markt einfach zu verlassen.

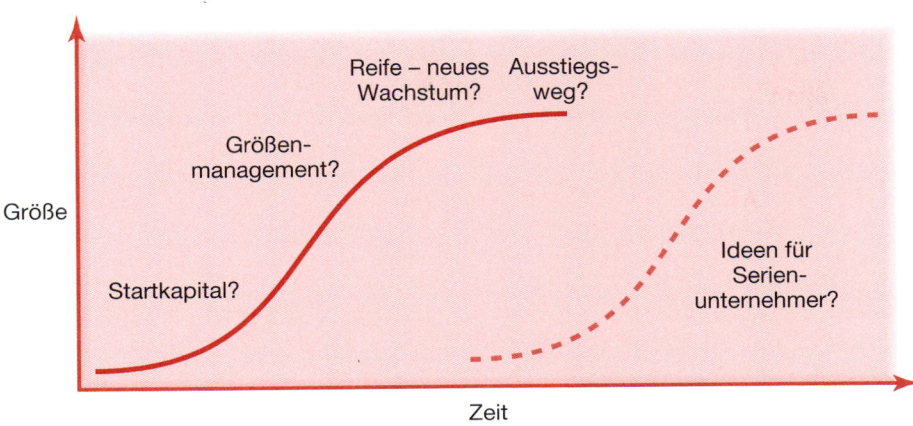

Abbildung 10.4: Phasen des unternehmerischen Wachstums und typische Herausforderungen

- *Marktaustritt.* Dieser bezieht sich auf die Beendigung des Unternehmens entweder durch die Gründer selbst, durch die ursprünglichen Investoren oder durch beide. Zum Austrittszeitpunkt werden die Unternehmer und die Risikokapitalgeber versuchen, Kapital als Belohnung für ihr Engagement und das übernommene Risiko abzuschöpfen. Für Entrepreneure gibt es drei mögliche Austrittswege. Ein einfacher *Verkauf* des Unternehmens an eine andere Firma ist ein weit verbreiteter Weg. Im Jahr 2014 etwa verkauften die Gründer der internetbasierten mobilen Nachrichten-App WhatsApp ihre Firma für 16 Mrd. $ an Facebook – nur vier Jahre nach der Firmengründung. Für sehr erfolgreiche Unternehmen gibt es als weitere Möglichkeit des Ausstiegs den *Gang an die Börse*, d.h. den Verkauf von Unternehmensanteilen an die Öffentlichkeit, z.B. an der amerikanischen Börse NASDAQ. Beim ersten Börsengang wird meist nur ein Teil der gesamten verfügbaren Aktien verkauft, sodass die ursprünglichen Unternehmensgründer auch im Geschäft bleiben können und nun Finanzmittel für weiteres Wachstum zur Verfügung haben. 2012 brachte der Börsengang von Facebook dem Gründer Mark Zuckerberg 16 Mrd. $ ein, wobei er noch 28 % der Firmenanteile für sich behielt. Oft wird gesagt, dass gute Entrepreneure ihren Ausstieg schon von Beginn an planen, und natürlich werden eventuelle Risikokapitalgeber darauf bestehen.

Entrepreneure, die ein Unternehmensprojekt erfolgreich abgeschlossen haben, werden oft zu Serienunternehmern. Sie gründen also eine ganze Reihe von Unternehmen und investieren dabei das aus dem Marktaustritt früherer Unternehmen gewonnene Kapital in neue, schnell wachsende Firmen. Für diese Serienunternehmer besteht die größte Herausforderung oft nicht mehr in der Geldmittelbeschaffung, sondern darin, neue gute Ideen zu haben.

Beispiel 10.1   Beinahe Milliardäre

Adam Goldberg und Wayne Ting hatten die gleiche Idee wie Mark Zuckerberg von Facebook – nur früher.

Im Jahr 2003 waren Goldberg und Ting Studenten der Ingenieurwissenschaften an der renommierten Columbia University in New York. Goldberg war Jahrgangssprecher und hörte viele Beschwerden über das mangelnde Gemeinschaftsgefühl. In den Sommerferien entwickelte er deshalb ein soziales Netzwerk für seine Kommilitonen aus den Ingenieurwissenschaften. Anders als bei den bestehenden sozialen Netzwerken, wie MySpace und Friendster, handelte es sich dabei um das erste Netzwerk, das eine virtuelle Gemeinschaft über eine bestehende legt. Und im darauffolgenden Jahr probierte Mark Zuckerberg die gleiche Idee in Harvard aus.

Drei Viertel der Studenten der Ingenieurwissenschaften an der Columbia registrierten sich im Laufe des Sommers für das Columbia-Netzwerk. Goldberg verbesserte das Netzwerk und brachte es im Januar 2004 als CU Community an den Start, die allen Studenten der Universität offenstand. Die meisten Studenten der Universität meldeten sich innerhalb eines Monats an. Die CU Community war für ihre Zeit hoch entwickelt. Als Facebook im Januar 2004 an den Start ging, konnten Mitglieder sich die Freundschaft „anbieten" oder „sich anstupsen". Darüber hinaus ermöglichte die CU Community allerdings auch Blogging, das Teilen von Inhalten sowie das Kommentieren über Profile hinweg. Goldberg machte sich keine Sorgen: „Es war ganz anders. Es betonte die Verzeichnisfunktion und weniger das Teilen von Inhalten. Ich ging nicht davon aus, dass es große Konkurrenz wäre. Wir waren die Columbia Community – und sie waren Harvard."

Dann wurde Facebook im März an anderen amerikanischen Eliteuniversitäten, wie Yale, Stanford und Columbia, eingeführt. Goldberg, der sich zu diesem Zeitpunkt mit Wayne Ting zusammengetan hatte, wandelte die CU Community in das Campus Network um und führte dieses ebenfalls an amerikanischen Eliteuniversitäten ein. Aber Facebook ließ das neue Campus Network bald hinter sich. Bis zum Sommer 2014 hatte Facebook das Netzwerk von Goldberg und Ting sogar an der Columbia überholt.

Goldberg und Ting stürzten sich jetzt auf Vollzeitbasis in den Wettbewerb. Sie unterbrachen ihr Studium und zogen nach Montreal, wo sie drei andere Softwareentwickler zur Unterstützung einstellten. Allerdings waren die Ressourcen knapp. Campus Network lehnte Gelder von Risikokapitalgebern ab und wies einige große Werbekunden, einschließlich MTV, ab. Die beiden Unternehmer schliefen auf Luftmatratzen im Büro und versteckten sie, wenn ihre drei Mitarbeiter zur Arbeit kamen, damit diese nicht mitbekamen, dass sie obdachlos waren.

Trotzdem entwickelte Campus Network ein anspruchsvolles Produkt mit vollständig individualisierbaren Seiten, mehreren Designs und Hintergründen. Facebook war einfacher. Das Design des Campus Network erinnerte, anders als die saubere Ästhetik des frühen Facebook, mehr an „Dungeons and Dragons". Ting erklärte die Logik hinter der frühen Entwicklung des Campus Networks: „Warum würde man auf eine Seite gehen, auf der es nur Anstupsen und ein Foto [wie damals bei Facebook] gibt, wenn man auf einem Blog Fotos teilen, Musik teilen und Gedanken austauschen kann?" Allerdings bemerkte er rückblickend: „Eine gute Webseite sollte Funktionalitäten haben, die 70 bis 80 % der User benutzen wollen. Wir hatten Funktionen, die nur 10 % der User wollten – niemand hat gebloggt, selbst heute bloggt niemand."

Im Jahr 2005 erreichte Campus Network 250.000 Benutzer – allerdings hatte Facebook zum gleichen Zeitpunkt bereits eine Million erreicht. Goldberg und Ting entschieden, das Netzwerk einzustellen, und kehrten im Herbst 2005 als Studenten an die Columbia University zurück. Das Projekt hatte sie persönlich zwischen 100.000 $ und 200.000 $ sowie mehr als ein Jahr ihres Lebens gekostet. 2012 reflektierte Ting als MBA-Student an der Harvard Business School darüber: „Natürlich gibt es immer noch Momente, in denen man ein Gefühl des tiefen Bedauerns hat... Hätten wir Erfolg haben können? Ich denke, dass ist eine wirklich schmerzhafte Frage... Es gibt schon solche flüchtigen Momente. Aber ich bin viel stolzer darauf, dass wir das Risiko eingegangen sind und dabei gelernt haben."

Quellen: Slate, 29. September 2010; BBC, 21. Dezember 2010.

10.2.4 Soziales Entrepreneurship

Unternehmertum ist nicht nur auf den privaten Sektor beschränkt. Auch auf dem öffentlichen Sektor werden Forderungen laut, die Erzeugung und Zurverfügungstellung von Dienstleistungen unternehmerischer zu gestalten. So wird auch der Begriff „soziales Unternehmertum" immer häufiger verwendet. **Soziales Entrepreneurship** bezieht sich auf Einzelpersonen und Gruppen, die unabhängige Organisationen schaffen, um Ideen und Ressourcen zu mobilisieren und um soziale Probleme zu lösen. Sie erzielen daraus zwar meist Einkünfte, arbeiten aber nicht gewinnorientiert. Die auf dem Markt erzielten Einkünfte und ihre Unabhängigkeit verleihen den sozialen Unternehmern die nötige Flexibilität und Dynamik, um soziale Probleme anzugehen, die rein staatliche Organisationen aufgrund ihrer starren Bürokratie oder politischer Beschränkungen nicht in Angriff nehmen können. So haben soziale Unternehmer zahlreiche Initiativen gestartet, etwa die Vergabe kleinster „Mikrokredite" an einheimische Bauern durch die Grameen Bank in Bangladesch, die Schaffung von Arbeitsplätzen durch die Mondragon-Kooperative im spanischen Baskenland und den fairen Handel durch Traidcraft in Großbritannien. Diese große Bandbreite an Initiativen stellt soziale Unternehmer vor mindestens drei wichtige Entscheidungen:

- *Soziale Mission.* Für soziale Unternehmer steht natürlich die soziale Mission im Vordergrund. Diese kann aus zwei Elementen bestehen: Endziele und operative Prozesse. So hat etwa die Grameen Bank das Endziel, die Armut der Bauern zu

Soziales Entrepreneurship

Soziales Entrepreneurship bezieht sich auf Einzelpersonen und Gruppen, die unabhängige Organisationen schaffen, um Ideen und Ressourcen zu mobilisieren und damit soziale Probleme zu lösen; sie erzielen daraus zwar meist Einkünfte, arbeiten aber nicht gewinnorientiert.

411

mindern, besonders was die Frauen angeht. Um dies zu erreichen, unterstützen sie die eigenen Unternehmensprojekte der Bauern und vergeben Kleinstkredite an Menschen, die von gewöhnlichen Banken ignoriert werden würden.

- *Organisationsform.* Viele soziale Unternehmen sind Kooperativen, die auf einer demokratischen Beteiligung ihrer Mitarbeiter und anderer Interessengruppen basieren, wodurch das Engagement für die Firma gefördert und Kanäle für neue Ideen geschaffen werden. Diese Organisationsform wirft allerdings die Fragen auf, welche Interessengruppen mit einbezogen werden sollen und welche nicht. In einer Kooperative können Entscheidungen also sehr lange dauern. Deswegen sind manche soziale Organisationen auch hierarchischer oder unternehmensähnlicher strukturiert. Die fairen Handel betreibende Getränkefirma Cafédirect ging sogar an die Börse und konnte ihren Aktionären 2006 die erste Dividende auszahlen.

- *Geschäftsmodell.* Häufig verlassen sich soziale Unternehmen zum Großteil auf selbsterzielte Einnahmen und nicht nur auf staatliche Förderungen oder Spenden. Wohngenossenschaften nehmen Mieten ein, Mikrokreditanstalten verlangen Zinsen und Unternehmen des fairen Handels verkaufen ihre Produkte. Soziale Unternehmen unterscheiden sich also keineswegs von anderen Unternehmen, denn auch sie müssen ein effizientes und effektives Geschäftsmodell entwickeln (siehe *Abschnitt 7.4*). Dieses Geschäftsmodell kann innovative Veränderungen innerhalb der Wertkette bedeuten. So verstärken viele Unternehmen, die fairen Handel betreiben, die Beziehungen zu ihren Zulieferern und beraten beispielsweise ihre Bauern bei der Arbeit und stellen Infrastruktur und Bildung für die Kommunen zur Verfügung.

Ebenso wie alle anderen Unternehmen müssen auch soziale Unternehmen häufig Beziehungen mit großen kommerziellen Unternehmen eingehen. Rosabeth Moss Kanter von der Harvard Business School weist darauf hin, dass die Vorteile, die Unternehmen aus der Zusammenarbeit mit sozialen Unternehmen ziehen können, weit über das Gefühl, etwas Gutes zu tun und über die positive Publicity hinausgehen. Sie zeigt auf, dass eine Zusammenarbeit mit sozialen Unternehmen zur Entwicklung neuer Technologien und Dienstleistungen führt, Zugang zu neuen potenziellen Arbeitnehmern ermöglicht und neue Beziehungen zur Regierung und anderen Behörden erleichtern kann, die vielleicht zu neuen Märkten werden können. Kanter schließt mit der Empfehlung, dass große Konzerne klare Strategien in Bezug auf soziales Unternehmertum entwickeln sollten und diesen Bereich nicht mit kurzfristigen wohltätigen Aktivitäten abtun sollten.

10.3 Innovationsdilemmata

Innovation

Innovation bezeichnet die Umwandlung von neuem Wissen in neue Produkte, Prozesse oder Dienstleistungen und die praktische Verwertung dieser Produkte, Prozesse oder Dienstleistungen entweder direkt auf dem Markt oder in anderen Prozessen.

Ein wichtiges Ergebnis von Entrepreneurship ist die Innovation. Sie ist für alle Firmen von Bedeutung, vom Start-up bis zum etablierten Großkonzern. Alle müssen beständig neue und innovative Produkte und Dienstleistungen entwickeln, um im Wettbewerb zu bleiben. Allerdings ergeben sich aus Innovationen auch grundlegende Dilemmata für Strategen. Eine Innovation ist weitaus mehr als einfach nur eine neue Erfindung. Eine neue Erfindung beinhaltet die Umwandlung von neuem Wissen in ein neues Produkt, einen neuen Prozess oder eine neue Dienstleistung. Bei der **Innovation** kommt noch die praktische Nutzung dieser Produkte, Prozesse oder Dienstleistungen hinzu, entweder direkt auf dem Markt, wie es meist auf dem privaten Sektor der Fall ist, oder durch Dienstleistungen, wie sie auf dem öffentlichen Sektor gewährt werden.[8] Die strategischen Dilemmata ergeben sich aus diesem komplizierteren und umfangreicheren Prozess. Strategen müssen also für sich drei wichtige Fragen beantworten: Bis zu welchem Punkt sollen wir neue technologische Chancen ausnutzen, ohne die Marktnachfrage in den Vordergrund zu stellen? Wie viel sollen wir in Produktinnovation oder in Prozessinnovation investieren? Sollen wir uns auch für innovative Ideen von außen öffnen?[9]

10.3.1 Technology push oder Market pull

Oft wird die Technologie als Hauptantriebskraft der Innovation gesehen. Gemäß dieser Ansicht des *Technology push* führen Techniker oder Wissenschaftler in ihren Laboren Forschungsarbeiten durch, um daraus neues Wissen zu gewinnen. Dieses neue Wissen ist die Basis für neue Produkte, Prozesse oder Dienstleistungen, die dann an die übrige Organisation zur Herstellung, Vermarktung und zum Verkauf „übergeben" werden. Der technologische Fortschritt bestimmt also, was auf den Markt kommt. Folgt man dieser Sichtweise, so sollten Manager hauptsächlich auf ihre Wissenschaftler und Forscher hören, ihnen völlige Freiheit in ihrer Arbeit lassen und sie mit ausreichenden Ressourcen unterstützen. Großzügige Budgets für F & E sind hier Voraussetzung für erfolgreiche Innovationen. Schätzungen zufolge liegen die Ausgaben für die Entwicklung eines neuen Medikaments bei bis zu 150 Mio. €.

Ein alternativer Innovationsansatz ist *Market pull*. Hier geht die Innovation über die reine Neuerfindung hinaus und ergibt sich eher aus dem praktischen Nutzen. In vielen Bereichen sind also die Nutzer – und nicht die Produzenten – die eigentlichen Urheber wichtiger Innovationen. Organisationen, die eine innovative Strategie verfolgen, sollten also zunächst auf die Nutzer ihrer Produkte und nicht so sehr auf ihre eigenen Forscher und Entwickler hören. Es gibt zwei bekannte, wenngleich gegensätzliche Herangehensweisen an den Market-pull-Ansatz:

■ *Führende Nutzer.* Der MIT-Professor Eric Von Hippel weist darauf hin, dass es auf vielen Märkten nicht die normalen Nutzer sind, die Innovationen hervorbringen, sondern *führende Nutzer*.[10] Im Bereich Chirurgie adaptieren führende Chirurgen oft verfügbare Operationsinstrumente, um damit neue Operationstechniken durchführen zu können. Bei Extremsportarten wie etwa Snowboarden oder Windsurfen sind es erfolgreiche Sportler, die die entscheidenden Verbesserungen durchführen oder einfordern, um bessere Leistungen erzielen zu können. Gemäß dieser Ansicht sind es also die Anforderungen der Nutzer auf dem Markt, die für Innovationen verantwortlich sind. Manager müssen demzufolge enge Beziehungen zu führenden Nutzern ihrer Produkte, also etwa zu erfolgreichen Sportlern oder Topchirurgen aufbauen. Solche führenden Nutzer werden zunächst durch

---

8   Diese Definition wurde adaptiert, um den öffentlichen Sektor mit einzuschließen. Aus P. Trott, *Innovation Management and „New Product Development"*, 3rd edition, FT/Prentice Hall, 2005.

9   Eine gute Abhandlung des akademischen Modells, das diese Dilemmata erklärt, findet sich bei R. Rothwell, „Successful industrial innovation: critical factors for the 1990s", *R&D Management*, Band 22, Nr. 3 (1992), S. 221–239.

10 E. von Hippel, „Democratizing Innovation", *MIT Press*, 2005; Y. M. Antorini, A. Muniz und T. Askildsen, „Collaborating with customer communities: lessons from the Lego Group", *MIT Sloan Management Review*, Band 53, Nr. 3 (2012), S. 73–79.

die Funktionen Marketing und Verkauf identifiziert, woraufhin dann Wissenschaftler und Techniker deren innovative Ideen in kommerzielle Produkte, Prozesse oder Dienstleistungen umwandeln, die für den gesamten Markt interessant sind. Der dänische Spielzeughersteller Lego etwa hat ein spezielles „Ambassador-Programm" gestartet, um enge Beziehungen zu etwa 150 spezialisierten Nutzergruppen rund um die Welt aufzubauen.

- *Frugale Innovation.* Am anderen Ende der Nutzerbandbreite stehen die Anforderungen, die von normalen Nutzern gestellt werden, besonders von der weniger wohlhabenden Bevölkerung auf den aufstrebenden Märkten.[11] Anstelle des teuren, forschungsintensiven Modells des traditionellen Technology-push-Ansatzes, ist hier die Genügsamkeit das Leitprinzip. Die genügsame Innovation hat vor allem die echten Bedürfnisse der ärmeren Bevölkerungsschichten im Blick. So reagiert man nicht nur auf die hier fehlenden Finanzmittel sondern auch auf die harten Bedingungen, die das Leben dieser Menschen bestimmen. Eine frugale Innovation betont meist geringe Kosten, Einfachheit, einfache Wartung und Langlebigkeit. Der Tata Nano ist ein berühmtes Beispiel, denn dieses Auto wurde speziell für den indischen Markt für nur 2.000 $ produziert.

Führende Nutzer und die frugale Innovation repräsentieren die beiden entgegengesetzten Enden des gesamten Innovationsspektrums, wobei das eine elitär, das andere einfach ist. Viele Organisationen wählen allerdings einen Mittelweg. Beide Ansätze liefern eine wesentliche Erkenntnis: Innovationen entstehen nicht nur durch wissenschaftliche Forschung, sondern können auch von den Nutzern des externen Markts angestoßen werden.

Beide Ansätze, sowohl Technology push als auch Market pull, haben ihren Nutzen. Unternehmen, die sich zu sehr auf angestammte Nutzer verlassen, können eine zu konservative Haltung annehmen und so durch zerstörende Technologien angreifbar werden und die Bedürfnisse aufdecken, die der Markt bisher nicht vorhersehen konnte (siehe *Abschnitt 10.5.2*). Andererseits gibt es in der Wirtschaftsgeschichte zahlreiche Beispiele für Unternehmen, die blind ihre technologischen Kompetenzen verfolgten, ohne auf die wirklichen Bedürfnisse des Markts zu achten. Technology push und Market pull sollten also am besten als zwei Extreme angesehen werden, die Managern dabei helfen können, ihre Aufmerksamkeit auf die grundlegende Frage zu richten: Wie sehr sollen wir uns relativ gesehen auf Wissenschaft und Technologie als Quellen der Innovation verlassen, anstatt auf das zu achten, was die Menschen auf dem Markt mit unseren Produkten tun? Entscheidend dabei ist, den richtigen Mittelweg zu finden. So kann es für eine stagnierende Organisation, die nach radikalen Innovationen sucht, durchaus sinnvoll sein, ihre Bemühungen und Aufwendungen neu auszurichten: eine Technology-push-Organisation könnte sich mehr Richtung Market pull bewegen oder eben umgekehrt.

---

11 D. Nocera, „Can we progress from solipsistic science to frugal innovation?", *Daedalus*, Band 143, Nr. 3 (2012), S. 45–52; M. Sarkar, „Moving forward by going in reverse: emerging trends in global innovation and knowledge strategies", *Global Strategy Journal*, Band 1 (2011), S. 237–42.

10.3.2 Produkt- oder Prozessinnovation

Manager müssen nicht nur einen Mittelweg zwischen Technology push und Market pull finden, sie müssen auch entscheiden, wie viel Wert auf Produkt- oder Prozessinnovation gelegt werden soll. *Produktinnovation* bezieht sich auf das Endprodukt (oder die finale Dienstleistung), das verkauft werden soll, wobei es vor allem auf dessen besondere Merkmale ankommt. *Prozessinnovation* meint die Art und Weise, wie dieses Produkt hergestellt und vertrieben wird, insbesondere bezüglich Verbesserungen bei Kosten und Zuverlässigkeit. Einige Firmen spezialisieren sich eher auf Produktinnovation, andere eher auf Prozessinnovation. So hat auf dem Computermarkt die Firma Apple immer eher eine Vorreiterrolle übernommen, wenn es um neue Produkteigenschaften ging (z.B. der iPad-Tablet), während Dell eher in Bezug auf seine effizienten Prozesse innovativ tätig war und beispielsweise Direktverkäufe, Modularität und maßgeschneiderte Produktion auf Bestellung einführte. Dells Prozessinnovation zeugt sogar von einem anderen Geschäftsmodell verglichen mit der Konkurrenz, denn Dell verkauft ein differenziertes, maßgeschneidertes Produkt mit Kundendienstbetreuung. Die Geschäftsmodellinnovation ist eine weitere Form der Innovation, die in *Kapitel 7* behandelt wurde. Viele erfolgreiche Innovationen basieren also nicht unbedingt auf neuen Technologien oder wissenschaftlichen Erkenntnissen, sondern entstehen durch die Neuorganisation der einzelnen Elemente eines Geschäftsmodells.[12]

Die relative Bedeutung von Produkt- und Prozessinnovation verändert sich im Laufe der Zeit, da sich auch die betroffenen Branchen selbst verändern.[13] Perioden verstärkter Produktinnovation aufgrund neuer Produktmerkmale werden oft abgelöst von Perioden vermehrter Prozessinnovation, in denen es vor allem um Effizienz bei Produktion und Lieferung geht. William Abernathy hat beispielsweise gezeigt, wie die frühe Geschichte der Automobilherstellung durch den Wettbewerb im Bereich Produktdesign geprägt war, da die Pioniere der Automobilherstellung entscheiden mussten, ob ihre Fahrzeuge durch Dampf, Elektrizität oder Benzin angetrieben werden sollten, ob der Motor besser vorne oder hinten eingebaut werden sollte und ob das Auto besser drei oder vier Räder haben sollte.[14] Sobald Henry Ford sein Modell T auf den Markt gebracht hatte, einigte sich die Branche auf ein *vorherrschendes Design*: Die Autos würden mit Benzin fahren, ihren Motor vorne haben und mit vier Rädern ausgestattet sein. Sobald sich dieses vorherrschende Design durchgesetzt hatte, fiel die Rate der Produktinnovationen in der Automobilbranche drastisch ab, denn hier verlagerte sich der Wettbewerb nun auf die Produktion dieses Grundtyps, die so effizient wie möglich sein sollte. Die Durchsetzung des vorherrschenden Designs sorgte also für eine Flut an Prozessinnovationen. Auch hier war Ford Vorreiter, denn er führte 1913 die bahnbrechende Prozessinnovation des automatischen Fließbands ein, das eine Massenproduktion ermöglichte. Und schließlich muss der Zyklus von vorne beginnen, wenn eine bedeutende Innovation das bestehende dominante Design in Frage stellt: In der Automobilbranche ist dies die Entwicklung der Elektromobilität

---

12 H. Chesbrough, „Business model innovation: it's not just about technology anymore", *Strategy &Leadership*, Band 35, Nr. 6 (2007), S. 12–17.

13 W. J. Abernathy und J. M. Utterback, „A dynamic model of process and product innovation", *Omega*, Band 3, Nr. 6 (1975), S. 142–160.

14 P. Anderson und M. L. Tushman, „Technological change, and dominant designs: a cyclical model of technological change", *Administrative Science Quarterly*, Band 35 (1990), S. 604–33.

mit den Vorreitern Toyota und Tesla. ▶ *Abbildung 10.5* zeigt ein allgemeines Modell der Beziehung zwischen Produkt- und Prozessinnovation. Dieses Modell hat mehrere strategische Auswirkungen:

■ *Neue junge Industrien* ziehen meist Produktinnovationen vor, denn der Wettbewerb dreht sich hier immer noch um die Definition der grundlegenden Merkmale eines Produkts oder einer Dienstleistung.

■ *Reifere Branchen* bevorzugen dagegen eher die Prozessinnovation, denn hier verlagert sich der Wettbewerb in Richtung der effizienten Produktion des vorherrschenden Designs von Produkt oder Dienstleistung.

■ *Kleine Neueinsteiger* haben häufig in den frühen Entwicklungsphasen einer Branche die größten Chancen, mit neuen Produktmerkmalen auf dem Markt erfolgreich zu konkurrieren. Vor dem Modell T gab es auf dem amerikanischen Automobilmarkt über 100 Konkurrenten. Die aktuelle Infragestellung des dominanten Benzinmodells bietet vielen Firmen neue Chancen wie etwa dem kalifornischen Unternehmen Tesla Motors, das 2015 etwa 50.000 Elektroautos weltweit verkauft hat (siehe *Beispiel 1.1*)

■ *Große etablierte Unternehmen* haben meist später einen Vorteil, wenn sich ein vorherrschendes Design durchgesetzt hat, denn dann kommt es darauf an, Größenvorteile zu nutzen und Prozessinnovationen einzuführen. Schon in den 1930ern gab es nur noch vier große Automobilhersteller in den USA: Ford, General Motors, Chrysler und American Motors, die alle sehr ähnliche Fahrzeuge herstellten.

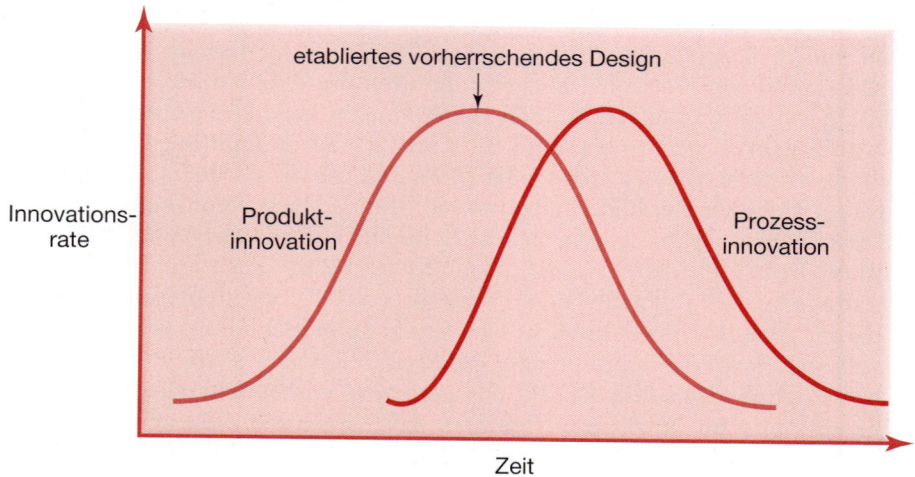

Abbildung 10.5: Produkt- und Prozessinnovation
Quelle: Angepasst aus J. Abernathy und W. Utterback, „A dynamic model of process and product innovation", Omega, vol. 3, no. 6 (1975), S. 142–160.

Die Abfolgen von Produkt- und Prozessinnovationen lassen sich nicht immer exakt trennen. In der Praxis werden beide Innovationsformen sogar häufig parallel betrieben.[15] So erfordert zum Beispiel jede neue Generation von Mikroprozessoren gleich-

---

15 J. Tang, „Competition and innovation behaviour", *Research Policy*, Band 35 (2006), S. 68–82

zeitig eine Prozessinnovation, um diese neuen Geräte mit noch größerer Präzision bauen zu können. Dennoch hilft das Modell Managern bei der Entscheidung, ob sie sich nun mehr auf Produktmerkmale oder auf Prozesseffizienz konzentrieren sollen. Das Modell gibt auch Hinweise darauf, ob eher kleine Neueinsteiger oder große etablierte Unternehmen Vorteile haben. Kleine Start-ups sollten ihren Markteinstieg dann planen, wenn das aktuell dominante Design ihrer Branche gerade herausgefordert und in Frage gestellt wird, und sie sollten sich eher auf Produkt- als auf Prozessinnovation konzentrieren.

10.3.3 Offene oder geschlossene Innovation

Traditionell gingen die Innovationen einer Organisation aus ihren eigenen internen Ressourcen hervor, d.h. aus ihren Labors und Marketingabteilungen. Solche Innovationen sind von Geheimhaltung geprägt, man ist sehr darauf bedacht, das eigene intellektuelle Eigentum zu schützen und Trittbrettfahrerei der Konkurrenz zu vermeiden. Dieses „geschlossene" Modell der Innovation steht im Gegensatz zum „offenen" Innovationsmodell.[16] Die **offene Innovation** beinhaltet den bewussten Import und Export von Wissen durch eine Organisation, um so die eigenen Innovationen zu beschleunigen und zu verbessern. Hinter diesem Konzept steht die Idee, dass ein offener Austausch von Ideen höchstwahrscheinlich schneller bessere Produkte hervorbringt als der interne, geschlossene Ansatz. Und man braucht schnelle, gute Produkte und keine zwanghafte Heimlichkeit, um der Konkurrenz einen Schritt voraus zu sein.[17]

Offene Innovation

Die offene Innovation beinhaltet den bewussten Import und Export von Wissen durch eine Organisation, um so die eigenen Innovationen zu beschleunigen und zu verbessern.

Immer mehr Organisationen übernehmen den Ansatz der offenen Innovation. So hat etwa der Technologieriese IBM ein Netzwerk aus zehn „Co-Labors" mit anderen Unternehmen und Universitäten aus so unterschiedlichen Ländern wie der Schweiz oder Saudi-Arabien eingerichtet. Der Musik-Streamingdienst Spotify lädt seine Nutzer regelmäßig zu sogenannten „Hacker-Tagen" ein. Dort gibt es Verpflegung und Getränke gratis und man arbeitet zusammen an der Entwicklung neuer Anwendungen. Auch *Crowdsourcing* wird als Form der offenen Innovation immer beliebter. Dabei übermittelt ein Unternehmen ein spezifisches Problem an eine Reihe von Einzelpersonen oder Teams, wobei dies oft in Form eines Wettbewerbs gestaltet wird, bei dem am Ende für die besten Lösungen Preise vergeben werden.[18] Großkonzerne wie Procter & Gamble, Eli Lilly und Dow Chemical nutzen die Netzwerkfirma InnoVentive, um solche „Problemwettbewerbe" im Internet öffentlich zu machen: Bis zum Jahr 2015 waren bereits über 1.300 Probleme von einer Gemeinschaft von rund 250.000 „Problemlösern" gelöst worden, die dafür Preise im Wert von bis zu einer Million Dollar gewonnen hatten. Auf einer ähnlichen, von Starbucks gegründeten Crowdsourcing-Plattform entstanden bis zu 200.000 Kundenideen, von denen über 300 auch umgesetzt wurden.

Die offene Innovation erfordert meist die Unterstützung vieler Beteiligter. So müssen insbesondere dominante Unternehmen ggf. eine *Plattformführung* ausüben. Dabei

---

16 H. Chesbrough und M. Appleyard, „Open Innovation and strategy", *California Management Review,* Band 50, Nr. 1 (2007), S. 57–73; O. Gasman, E. Enkel und H. Chesbourgh, „The future of open innovation", *R&D Management,* Band 38, Nr. 1 (2010), S. 1–9.

17 Siehe L. Dahlander und D. M. Gann, „How open is innovation?", *Research Policy,* Band 39 (2010), S. 699–709.

18 L. B. Jeppesen und K. Lakhani, „Marginality and problem solving: effectiveness in broadcast search", *Organization Science,* Band 21, Nr. 5 (2010), S. 1016–33.

fördern große Unternehmen bewusst unabhängige kleinere Firmen durch eine Reihe immer neuer Innovationen rund um ihre technologische „Grundplattform".[19] Intel, dessen Mikroprozessoren von einer ganzen Reihe von Computer-, Tablet-, und Smartphone-Herstellern genutzt werden, veröffentlicht regelmäßig sogenannte „Roadmaps", die für einige Jahre im Voraus darstellen, welche neuen Produkte das Unternehmen auf den Markt bringen möchte. Dadurch können die Kunden ihre eigenen Prozesse zur Produktentwicklung besser planen (siehe *Beispiel 10.2*). Technologieunternehmen, die solche Plattformen betreiben, fördern oft die Entstehung eines *Ökosystems* kleinerer Unternehmen rund um ihre Plattform. Damit ist eine Gemeinschaft miteinander verbundener Zulieferer, Agenten, Franchisenehmer, Hersteller von Komplementärprodukten oder Technologieentwickler gemeint, die sich um die zentrale Plattform gruppieren. So hat etwa Apple ein solches Ökosystem an Apps rund um sein iPhone geschaffen, wobei auch die Autoren dieser Apps von einem großen und oft lukrativen Markt profitieren. Bis 2016 hat Apple bereits über 25 Mrd. $ an App-Autoren bezahlt, mehr als jeder andere Smartphone-Hersteller. Kleine Unternehmen, die gerne Teil eines solchen Ökosystems werden möchten, müssen taktisch kluge Beziehungen zu den mächtigen Technologieführern eingehen können.[20]

Die Neigung zu geschlossener oder offener Innovation hängt von drei Faktoren ab:

- *Wettbewerbsrivalität.* In Branchen, die von intensivem Wettbewerb geprägt sind, müssen sich Partner opportunistisch verhalten und Vorteile für sich selbst nutzen. In Fällen, wo mit solch rivalisierenden Verhaltensweisen zu rechnen ist, ist die geschlossene Innovation besser geeignet.

- *Einmalige Innovation.* Es kommt häufiger zu opportunistischem Verhalten, wenn eine Innovation eine grundlegende technologische Verbesserung beinhaltet, die den Gewinnern einen uneinholbaren Vorsprung verschafft und die Verlierer auf Dauer zurückwirft. Die offene Innovation funktioniert dort am besten, wo Innovation ein anhaltender Prozess ist, der im Laufe der Zeit zu gegenseitiger Unterstützung anregt.

- *Eng verknüpfte Innovation.* Sind Technologien sehr komplex und eng miteinander verknüpft, so kann die offene Innovation das Risiko bergen, unpassende Elemente einzubringen, die der Innovation eher schaden, als sie voranzubringen. Zudem könnte sich das auch auf die gesamte Produktpalette negativ auswirken. Das Unternehmen Apple, das ja über eine hochgradig integrierte Produktpalette verfügt, in der alle Elemente, vom Computer bis zum Handy, eng aufeinander abgestimmt sind, neigt aus diesem Grund eher zur geschlossenen Innovation, um die Qualität der Erfahrungen seiner Nutzer zu schützen.

---

19 A. Gawer und M. Cusumano, „Platform Leadership: How Intel, Microsoft and Cisco Drive Industry Innovation", *Harvard Business School Press* (2002).

20 Siehe T. Weiblen und H. W. Chesbrough, „Engaging with startups to enhance corporate innovation", *California Management Review*, Band 57, Nr. 2 (2015), S. 66–90 und R. Adner, *The Wide Lens*, Penguin, 2012.

Beispiel 10.2   **Die zerstörerische Cloud**

Der japanische Computerriese Fujitsu hat eine Roadmap für den Übergang zum Cloud Computing entwickelt.

Fujitsu ist nach IBM und Hewlett-Packard das drittgrößte IT-Unternehmen der Welt. Das Unternehmen bietet eine Palette von Produkten und Dienstleistungen in den Bereichen EDV, Telekommunikation und Mikroelektronik an. Im Jahr 2010 führte es einen neuen Cloud-Computing-Geschäftsbereich ein, um die Veränderung weg vom traditionellen Modell der firmeninternen EDV für sich zu nutzen. David Gently, Direktor Zukunft bei Fujitsu Cloud and Strategic Service Offerings, beschreibt den Übergang als „disruptive Innovation": „Es ist ein bisschen wie ein Lachs, der flussaufwärts schwimmt und dann springen muss, um in den nächsten Flusslauf zu gelangen."

Beim Cloud Computing wird das Internet für die Erbringung von Computerdienstleistungen von externen Lieferanten direkt für die Nutzer genutzt. Dropbox und die iCloud von Apple sind Consumer-Cloud-Dienste. Für den Bereich der Unternehmen wird die Cloud in drei Hauptformen angeboten: „Software as a Service" (SaaS), wie z.B. Microsoft Office über das Internet, „Infrastructure as a Service" (IaaS), wie z.B. der Amazon-EC2-Webservice, und „Plattform as a Service" (PaaS), bei dem, wie bei der App Engine von Google, eine Computerplattform mit Betriebssystem, Webserver und Datenbank zur Verfügung gestellt wird.

Fujitsu hat den Übergang vom traditionellen Modell zum Zeitalter des Cloud Computings in einer Technologie-Roadmap mit dem Titel „Der Cloud-Paradigmenwechsel" beschrieben: In dieser Roadmap wird das traditionelle Client-Server-Modell, bei dem firmeninterne Server Rechenleistung zur Verfügung stellen, als Modell beschrieben, bei dem sich die Effizienz der Technologie auf einer Kurve ständig verbessert. Dieses Modell kulminiert in der sogenannten „Private Cloud", bei der Cloud-Services vom Unternehmen intern selbst angeboten werden. Der Wechsel zur „Public Cloud" (unter vollständiger Nutzung der SaaS, IaaS und PaaS) bringt einen Quantensprung mit sich. Durch die Nutzung gemeinsamer Ressourcen externer Lieferanten erhalten Unternehmen Zugang zu enormen Skaleneffekten und den potenziellen Innovationen spezialisierter Lieferanten. Durch diese neue Kurve steigt der Nutzen durch die Verbesserung der Effizienz des Unternehmens.

Allerdings ist diese Verschiebung auf eine neue Kurve disruptiv. Die Einkäufer in den IT-Abteilungen werden keine so hohen Investitionen in physische Server und Personal mehr benötigen. Im Zuge des Rückgangs der traditionellen Serverprodukte und damit verbundenen Services baut Fujitsu sein Geschäft so um, dass die Bedürfnisse des neuen Markts erfüllt werden. David Gentle erklärt in diesem Zusammenhang die Funktion der Roadmap: „Diese Roadmap ist der erste Punkt in jedem Gespräch mit Kunden, Partner sowie intern mit Mitarbeitern. Sie zeigt uns die Zukunft und ist gleichzeitig in der Vergangenheit verankert. Sie hilft dabei, sicherzustellen, dass jeder sich auf dem gleichen Informationsstand befindet."

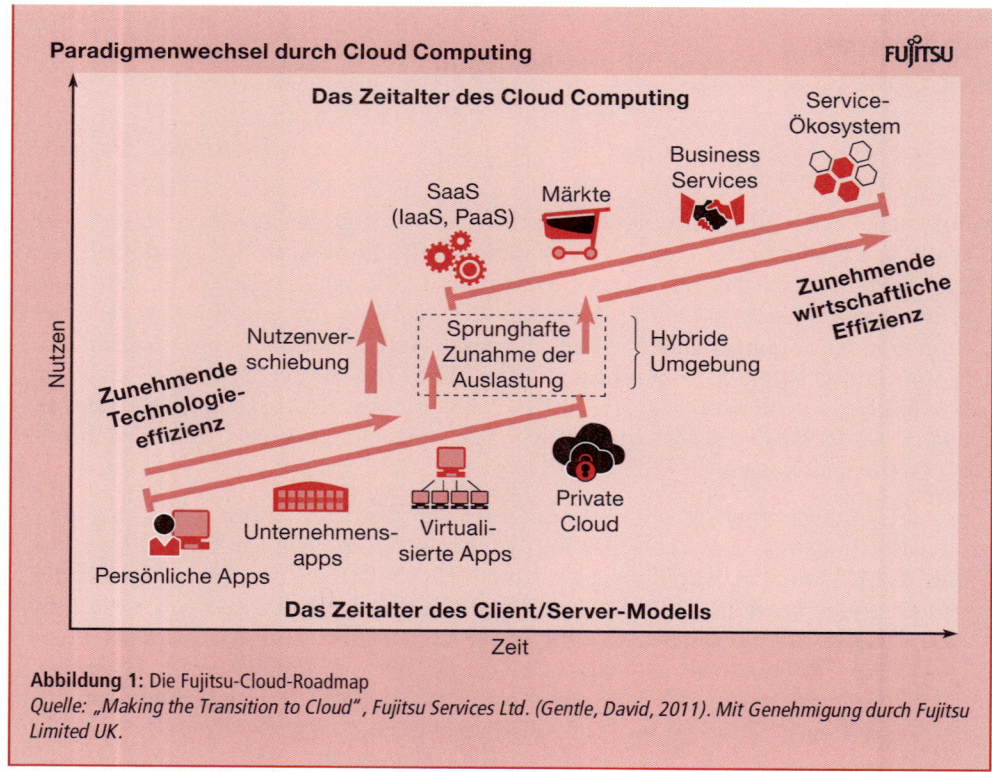

Abbildung 1: Die Fujitsu-Cloud-Roadmap
Quelle: „Making the Transition to Cloud", Fujitsu Services Ltd. (Gentle, David, 2011). Mit Genehmigung durch Fujitsu Limited UK.

10.4   Die Diffusion von Innovationen

Diffusion

Diffusion bezeichnet den Prozess, mittels dessen sich Innovationen mit unterschiedlicher Geschwindigkeit und in unterschiedlichem Ausmaß unter Nutzern ausbreiten.

Bisher befasste sich dieses Kapitel mit den Quellen und Arten der Innovation, so etwa Technology push oder Market pull. In diesem Abschnitt geht es um die **Diffusion** von Innovationen nach ihrer Einführung.[21] Da eine Innovation meist sehr teuer ist, können Ausmaß und Geschwindigkeit ihrer Verbreitung auf dem Markt durchaus von ihrer wirtschaftlichen Attraktivität beeinflusst werden. Doch auch Manager können die Diffusion einer Innovation sowohl von der Angebotsseite als auch von der Nachfrageseite her beeinflussen. Auch können sie diese mithilfe der S-Kurve bildlich darstellen.

10.4.1 Die Geschwindigkeit der Diffusion

Die Diffusionsgeschwindigkeit kann je nach Art des Produkts stark variieren. Bis ein Fernseher in 50 % der amerikanischen Haushalte vorhanden war, dauerte es ganze 28 Jahre, das Smartphone verbreitete sich in nur der Hälfte der Zeit. Die Geschwindigkeit der Diffusion wird von einer Kombination aus Angebots- und Nachfragefaktoren

---

21   Innovationsdiffusion wird erläutert in dem Klassiker von E. Rogers, „Diffusion of Innovations", Free Press, 1995; C. Kim und R. Maubourgne, „Knowing a winning idea when you see one", *Harvard Business Review*, Band 78, Nr. 5 (2000), S. 129–138 und J. Cummings und J. Doh, „Identifying who matters: mapping key players in multiple environments", *California Management Review*, Band 42, Nr. 2 (2000), S. 83–104 (siehe besonders S. 91–97).

beeinflusst, die Manager durchaus in gewissem Umfang kontrollieren können. Auf der *Angebotsseite* wird die Geschwindigkeit durch folgende Produktmerkmale beeinflusst:

■ *Verbesserungsgrad* der Leistung gegenüber bereits existierenden Produkten (aus Sicht der Verbraucher), der einen Anreiz zum Wechseln gibt. So boten 3G-Handys keine wesentliche Leistungsverbesserung, sodass es auf den meisten Märkten auch nicht zu einem raschen Wechsel kam. Manager müssen hier sicherstellen, dass der Nutzen der Innovation deren Kosten übersteigt.

■ *Kompatibilität* mit anderen Faktoren. So wird etwa HDTV zunehmend attraktiv, wenn viele Sendernetzwerke ihre Programme auf dieses Format umstellen. Manager müssen also dafür sorgen, dass geeignete Komplementärprodukte und -dienstleistungen vorhanden sind (siehe *Abschnitt 3.2.6*)

■ *Komplexität.* Diese kann entweder das Produkt selbst betreffen oder aber die verwendete Marketingmethode, um es zu bewerben. Übertrieben komplizierte Preisstrukturen, wie sie etwa bei vielen Produkten der Finanzdienstleistungsbranche zu finden sind (z.B. Pensionsfonds), schrecken Verbraucher ab.

■ *Ausprobieren.* Die Möglichkeit, Produkte vor der endgültigen Kaufentscheidung zu testen – entweder direkt oder durch verfügbare Informationen über die Erfahrungen anderer Nutzer. Gratis-Testphasen werden oft genutzt, um die Diffusion einer Innovation zu beschleunigen.

■ *Beziehungsmanagement,* d.h. wie leicht können potenzielle Kunden Informationen erhalten, Bestellungen aufgeben und Kundendienste anfordern. Hier müssen Manager also ein entsprechendes Dienstleistungssystem schaffen, um neue und bestehende Kunden zu unterstützen.

Auf der *Nachfrageseite* gibt es folgende wichtige Faktoren, die die Diffusionsgeschwindigkeit beeinflussen können:

■ *Marktbewusstsein.* Viele potenziell erfolgreiche Produkte sind am fehlenden Bewusstsein der Kunden gescheitert – besonders dann, wenn der Hersteller die Themen Werbung und Marketing an Zwischenhändler abgeschoben hat (z.B. an Vertriebsunternehmen).

■ *Netzwerkeffekte meinen die Geschwindigkeit, mit der die Nachfrage nach einigen Produkten wächst, je mehr Menschen dieses Produkt nutzen. Hat es sich einmal bis zu einem gewissen Grad unter den Nutzern ausgebreitet, steigt sein Nutzen stark an oder es wird sogar zwingend erforderlich, dass andere Nutzer es auch übernehmen. Mit 1,5 Mrd. Nutzern ist Facebook sozusagen das obligatorische soziale Netzwerk für die meisten Leser dieses Buchs (siehe Abschnitt 3.2.6)*

■ *Kundeninnovativität.* Die Streuung potenzieller Kunden, angefangen bei denjenigen, die ein Produkt früh annehmen, bis hin zu den Nachzüglern, denen Innovationen gleichgültig sind. Innovative Produkte wenden sich zunächst häufig an Kundengruppen, die innovationsfreudig sind (meist jung und wohlhabend), um dadurch die kritische Masse zu bilden, die auch andere Gruppen vom Kauf überzeugen kann (meist Ärmere und Ältere). In der Modebranche etwa nehmen häufig junge, wohlhabendere Kunden neue Trends auf, bevor sie sich später auch in den anderen Bevölkerungsgruppen ausbreiten.

10.4.2 Die S-Kurve der Diffusion

S-Kurve

S-Kurve bezeichnet eine Kurve, bei der der Verlauf dem Prozess einer zunächst langsamen Einführung einer Innovation mit einer anschließend schnell wachsenden Beschleunigung bis zu einem die Nachfragegrenze darstellenden Plateau entspricht.

Die Geschwindigkeit der Diffusion variiert meist stark. Die Verbreitung erfolgreicher Innovationen folgt häufig einer **S-Kurve**.[22] Der Verlauf der S-Kurve beschreibt einen Prozess der langsamen Annahme am Anfang, woraufhin sich die Diffusion rasch beschleunigt, um schließlich am Ende abzuflachen, wenn die Grenze der Nachfrage erreicht ist (▶ *Abbildung 10.6*). Die Höhe der S-Kurve zeigt das Ausmaß der Diffusion, ihre Form zeigt die Geschwindigkeit an.

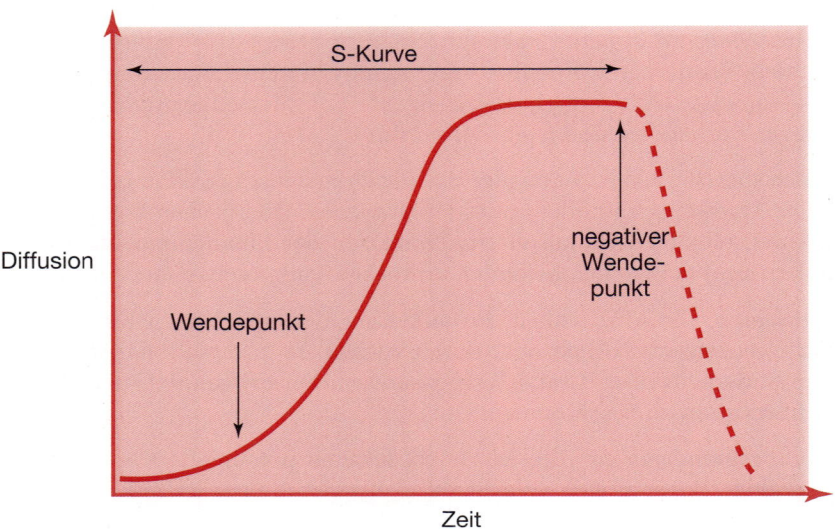

Abbildung 10.6: Die S-Kurve der Diffusion

Natürlich folgt die Diffusion nur sehr selten genau diesem Muster. Dennoch können Manager mithilfe der S-Kurve zukünftige Probleme besser abschätzen. Sie weist insbesondere auf vier wichtige Entscheidungspunkte hin:

- *Timing des „Wendepunkts".* Die Nachfrage nach einem neuen Produkt oder einer neuen Dienstleistung kann anfangs eher gering sein, dann aber einen *Wendepunkt* erreichen, ab dem sie rapide ansteigt und beständig weiterwächst.[23] Wendepunkte haben meist eine besonders explosive Wirkung, wenn es starke *Netzwerkeffekte* gibt, wenn also der Nutzen eines Produkts oder einer Dienstleistung immer mehr steigt, je mehr Menschen eines Netzwerks es nutzen. Wenn sich Manager darüber im Klaren sind, dass ein Wendepunkt unmittelbar bevorsteht, können sie dadurch ihre Investitionen in Kapazität und Vertrieb besser planen. Unternehmen können die Nachfrage leicht unterschätzen. Mitte der 1980er-Jahre sagten amerikanische

---

22 J. Nichols und S. Roslow, „The S-curve: an aid to strategic marketing", *Journal of Consumer Marketing*, Band 3, Nr. 2 (1986), S. 53–64 und F. Suarez und G. Lanzolla, „The half-truth of First Mover advantage", *Harvard Business Review*, Band 83 Nr. 4 (2005), S. 121–127. Diese S-Kurve bezieht sich auf die Innovationsdiffusion. Der S-Kurven-Effekt kann sich aber manchmal auch auf die sinkende Leistungssteigerung durch eine reife Technologie beziehen. A. Sood und G. Tellis, „Technological evolution and radical innovation", *Journal of Marketing*, Band 69, Nr. 3 (2005), S. 152–168.

23 M. Gladwell, „The Tipping Point", *Abacus*, 2000. Wendepunkte sind auch für die Entscheidung über politische Maßnahmen wichtig und können dabei helfen, zukünftige Probleme wie etwa Kriminalitätswellen oder Epidemien vorherzusehen.

Firmen voraus, dass es im Jahr 2000 900.000 Handys weltweit geben würde. Das besagte Jahr kam und es wurden 900.000 Handys alle 19 Stunden verkauft.

- *Timing des Plateaus.* Die S-Kurve macht Manager auch darauf aufmerksam, dass die Nachfrage höchstwahrscheinlich irgendwann nachlassen wird. Wieder ist es verlockend, aktuelle Wachstumsraten einfach für die Zukunft hochzurechnen, besonders wenn sie sehr zufriedenstellend sind. Wenn Unternehmen aber nochmals große Summen investieren, kurz bevor sich das Wachstum verlangsamt, entstehen oft Überkapazitäten und überflüssige Kosten, gerade in einer Phase der Marktbereinigung.

- *Ausmaß der Diffusion.* Die S-Kurve bedeutet nicht zwangsläufig eine hundertprozentige Diffusion bei allen potenziellen Nutzern. Den meisten Innovationen gelingt es nicht, Produkte oder Dienstleistungen einer früheren Generation völlig abzulösen. In der Musikbranche etwa ziehen viele DJs und Kenner des klassischen Plattentellers die LP immer noch den CDs und dem MP3-Player vor. Für Manager ist es also wichtig, den höchsten Grad der Diffusion zu erkennen und sich bewusst zu machen, dass das Wachstum nach dem Wendepunkt nicht zwangsläufig zur Übernahme des gesamten Markts führen wird.

- *Timing des „negativen Wendepunkts".* Der negative Wendepunkt ist das Gegenteil des Wendepunkts und bezeichnet den Zeitpunkt, zu dem die Nachfrage plötzlich zusammenbricht.[24] In der Regel geht die Nachfrage nach und nach zurück. Liegt allerdings auch hier ein Netzwerkeffekt vor, so kann das Ausbleiben einiger weniger Kunden einen regelrechten Erdrutsch auf dem Markt auslösen. Solche Erdrutsche lassen sich nur schwer wieder wettmachen. Genau dies passierte dem sozialen Netzwerk MySpace, als amerikanische und europäische Nutzer mehr und mehr zu Facebook wechselten. Facebook selbst hat dieses Risiko aber wohl einkalkuliert und deshalb rechtzeitig Instagram übernommen, sobald die Seite immer mehr Nutzer hatte. Das Konzept des negativen Wendepunkts sollte Managern jederzeit eine Warnung sein, dass bereits ein kleines Tief bei den Quartalsumsätzen Vorbote eines großen Einbruchs sein könnte.

Zusammenfassend kann man sagen, dass die S-Kurve ein sinnvolles Konzept ist, das Manager davor bewahrt, die Verkaufszahlen des nächsten Jahres einfach aus dem Ergebnis des aktuellen Jahres abzuleiten. Der negative Wendepunkt unterstreicht aber auch die Tatsache, dass Innovationen keinesfalls immer einem unvermeidbaren Kurs folgen. Ihre Diffusion kann im Gegenteil jederzeit unterbrochen oder umgekehrt werden. Netflix ist es beispielsweise gelungen, sich von einem negativen Wendepunkt auf dem Markt für Leih-DVDs hin zu einer neuen S-Kurve digitaler Streamingdienste zu entwickeln.[25] Die meisten Innovationen erreichen freilich erst gar keinen Wendepunkt, geschweige denn einen negativen Wendepunkt.[26]

---

24 S. Brown, „The tripping point", *Marketing Research*, Band 17, Nr. 1 (2005), S. 8–13.
25 Siehe P. Nunes und T. Breene, „Reinvent your business before it's too late", *Harvard Business Review*, Band 89, Nr. 1/2 (2011), S. 80–87.
26 Der Marketing Guru Geoffrey Moore hat darauf hingewiesen, dass es zwischen spezialisierten frühen Nutzern eines Produkts und dem breiten Massenmarkt oft eine tiefe „Kluft" zu überwinden gilt. *Crossing the Chasm: Marketing and selling high-tech products to mainstream customers*, 2. Ausgabe, Harper Pereninal, 2002.

10.5 Innovatoren und Imitatoren

Manager müssen auch die wichtige Entscheidung treffen, ob sie mit einer Innovation Anführer oder Nachfolger sein möchten. Das Konzept der S-Kurve scheint für eine Führerschaft zu sprechen. Solche First Mover können von den leicht erzielten Umsätzen der ersten schnellen Wachstumsphase profitieren und sich als dominanter Marktteilnehmer etablieren. Es gibt zahlreiche Beispiele von Firmen, die sich aufgrund ihrer Anführerrolle bei der Einführung von Innovationen eine dauerhaft gute Position auf dem Markt sichern konnten: Beeindruckende Beispiele hierfür sind Coca Cola bei Getränken und Hoover bei Staubsaugern. Doch andererseits scheitern auch viele First Mover. Sogar der mächtige Microsoft-Konzern erlitt mit der Einführung des ersten Tablet-Computers im Jahr 2001 eine Niederlage. Neun Jahre später eroberte Apple mit dem iPad den Tablet-Markt.

10.5.1 Vorteile und Nachteile des First Movers

First-Mover-Vorteil

Ein First-Mover-Vorteil besteht dann, wenn es einer Organisation deshalb besser geht als ihrer Konkurrenz, weil sie mit einem neuen Produkt, neuen Prozess oder einer neuen Dienstleistung als erste auf dem Markt war.

Ein **First-Mover-Vorteil** besteht dann, wenn es einer Organisation besser geht als ihrer Konkurrenz, weil sie mit einem neuen Produkt, neuen Prozessen oder einer neuen Dienstleistung als erste auf dem Markt war. Im Grunde genommen ist diese Organisation ein Monopolist, der theoretisch in der Lage ist, von seinen Kunden hohe Preise zu verlangen, ohne Angst haben zu müssen, sofort von der Konkurrenz unterboten zu werden. In der Praxis jedoch ziehen viele Innovatoren schnell wachsende Umsätze großen Gewinnmargen vor. Außerdem ist eine solche Monopolstellung meist nicht von Dauer. Es gibt allerdings fünf Vorteile für einen First Mover, die möglicherweise nachhaltiger sind[27]:

- *Vorteile durch die Erfahrungskurve* sammeln sich bei First Movers schneller an, denn durch das große Plus an Erfahrung im Umgang mit der Innovation können sie rasch eine größere Expertise erlangen als nachfolgende Unternehmen, die mit dem neuen Produkt oder Prozess oder der neuen Dienstleistung noch nicht so vertraut sind.

- First Mover profitieren typischerweise auch von *Größenvorteilen* am meisten, denn ihr Produktionsvolumen steigt schneller als das der Konkurrenten, sodass sie die Vorteile von Massenproduktion und Einkauf in großen Mengen früher nutzen können.

- *Vorrechte auf knappe Ressourcen* bieten eine große Chance für First Mover, denn nachfolgende Unternehmen haben meist nicht im gleichen Maß Zugang zu Rohstoffen, Fachkräften oder Einzelteilen und müssen diese meist sehr teuer bezahlen.

- Der Marktführer kann sich eine gute *Reputation* erwerben, denn er nimmt als dominantes, früh etabliertes Unternehmen in den Köpfen der Verbraucher viel Raum ein, sodass es neue Marken eher schwer haben.

---

27 C. Markides und P. Geroski, „Fast second: how smart companies bypass radical innovation to enter and dominate new markets", Josey-Bass, 2005; R. Kerin, P. Varadarajan und R. Peterson, „First Mover advantage: a synthesis, conceptual framework and research propositions", *Journal of Marketing*, Band 56, Nr. 4 (1992), S. 33–52 und P. F. Suarez und G. Lanzolla, „The half-truth of First Mover advantage", *Harvard Business Review*, Band 83, Nr. 4 (2005), S. 121–127.

■ First Mover können außerdem *Käufer-Umstellungskosten* nutzen, indem sie ihre Kunden mittels Vorzugsbehandlungen oder Sonderprivilegien an sich binden, die spätere Nachfolger nur schwer nachahmen können. Umstellungskosten können auch durch die Einführung eines *technologischen Standards* zusätzlich erhöht werden.

Vorteile der Erfahrungskurve, Größenvorteile und Vorrechte auf knappe Ressourcen bedeuten allesamt Kostenvorteile für Unternehmen, die den ersten Schritt tun. So können sie sich gegen Herausforderer mit einem Preiskrieg zur Wehr setzen. Ein guter Ruf und eine starke Kundenbindung bieten Marketingvorteile, sodass First Mover hohe Preise verlangen können, die dann reinvestiert werden können, um ihre Position gegenüber späteren Nachfolgern zu festigen.

Doch die Erfahrung, die Microsoft mit seinem ersten Tablet-Computer gemacht hat, zeigt, dass solche First-Mover-Vorteile nicht immer gegeben sind. Imitatoren haben ihrerseits zwei potenzielle Vorteile:[28]

■ *Trittbrettfahrer.* Imitatoren können technologische und andere Innovationen risikoloser nachahmen als die Pioniere. Forschungen ergaben, dass die Kosten einer Imitation meist nur 65 % der ursprünglichen Innovationskosten betragen.

■ *Lerneffekte.* Imitatoren können beobachten, was bei den Innovatoren gut oder weniger gut funktioniert hat. So können sie Fehler vermeiden und alles auf Anhieb richtig machen.

Angesichts der potenziellen Vorteile eines Folgers fällt die Entscheidung zwischen First Mover oder folgendem Unternehmen schwer. Costas Markides und Paul Geroski von der London Business School argumentierten, dass die geeignete Reaktion auf eine Innovation, besonders auf eine radikale Innovation, meist nicht die eines First Movers, sondern eines *schnellen Folgers* ist.[29] Verfolgt ein Unternehmen diese Strategie, so sollte sie als eines der Ersten den ursprünglichen Innovator imitieren. So ist ein schneller Folger nicht unbedingt das zweite Unternehmen auf dem Markt, doch er dominiert in jedem Fall die zweite Generation der Konkurrenten. So entdeckte das französische Unternehmen Bookeen Anfang der 2000er-Jahre als erstes den Markt für e-Books für sich. Doch schon bald, im Jahr 2007, folgte Amazon mit dem Kindle. Ebenso war die Comet des britischen Flugzeugbauers de Havilland das erste Düsenflugzeug – Boeing war hier ein sehr erfolgreicher schneller Folger.[30]

Es gibt drei kontextabhängige Faktoren, die Manager in ihre Entscheidung, innovativ zu sein oder zu folgen, mit einbeziehen sollten: Der Begriff *Gewinnkapazitäten* meint die Fähigkeit eines Unternehmens, die Gewinne, die durch eine Innovation generiert werden, für sich abschöpfen zu können. David Teece von der University of California in Berkley betont, dass dies zur Herausforderung werden kann, wenn die Innovation

---

28 F. Suarez und G. Lanzolla, „The half-truth of First Mover advantage", *Harvard Business Review*, Band 83, Nr. 4 (2005), S. 121–127. Siehe auch S. Min, U. Manohar und W. Robinson, „Market pioneer and early follower survival risks: a contingency analysis of really new versus incrementally new product-markets", *Journal of Marketing*, Band 70, Nr. 1 (2006), S. 15–33.

29 C. Markides und P. Geroski, „Fast Second: *How smart companies bypass radical innovation to enter and dominate new markets*", Jossey-Bass, 2005. Siehe auch B. Buisson und P. Silberzahn, „Blue Ocean or fast-second innovation?", *International Journal of Innovation Management*, Band 14, Nr. 3 (2010), S. 359–78.

30 J. Shanisie, C. Phelps und J. Kuperman, „Better late than never: a study of late entrants in houshold electrical equipment", *Strategic Management Journal*, Band 25, Nr. 1 (2004), S. 69–84.

selbst *leicht zu reproduzieren* ist, wenn also wenig implizites Wissen erforderlich ist oder wenn dieses Wissen bereits in dem frei verkäuflichen Produkt enthalten ist (anders als bei vielen Prozesstechnologien). So ist dieses Wissen leicht zurückzuverfolgen. Ebenso wird eine Nachahmung leichter, wenn verwendetes *geistiges Eigentum* nur schwach geschützt ist, wenn also Patente schwer zu definieren oder nicht zu verteidigen sind.[31] Als Nächstes müssen *komplementäre Vermögenswerte* bedacht werden. Es ist oft von entscheidender Bedeutung, ob ein Unternehmen über die nötigen Vermögenswerte oder Ressourcen verfügt, um Produktion und Marketing einer Innovation realisieren zu können.[32] Organisationen, die unabhängig bleiben und ihre Innovationen für sich selbst nutzen möchten, sind nicht gut beraten, wenn sie viel investieren, um den ersten Schritt machen zu können, wenn sie nicht gleichzeitig über die notwendigen komplementären Vermögenswerte verfügen. Und schließlich hängt die Wahl zwischen Innovation und Imitation auch davon ab, *wie schnell und stark sich das Umfeld einer Organisation verändert.* Wo sich Märkte und Technologien schnell wandeln und dynamisch reagieren, können First Mover nur schwer einen nachhaltigen Wettbewerbsvorteil erlangen.

10.5.2 Die Reaktion des etablierten Unternehmens

Definitionen des Begriffs Entrepreneurship betonen oft die große Bedeutung des innovativen Handelns und der Nutzung neuer Chancen – die Einschränkungen durch eventuell nicht vorhandene Ressourcen sind hier meist nicht so wichtig. Etablierte Unternehmen allerdings unterliegen oft starken Beschränkungen, da ihre aktuell verfügbaren Ressourcen, Aktivitäten und Interessen bereits gebunden sind. Für solche Unternehmen sind Innovationen also oft eher eine Bedrohung als eine Chance. Kodaks dominante Position auf dem Markt für Filme für Fotokameras wurde nahezu wertlos durch den rasanten Aufstieg der digitalen Fotografie.

Wie Clay Christensen von der Harvard Business School aufzeigte, sind etablierte Unternehmen meist mit zweierlei Problemen konfrontiert.[33] Zum einen sind Manager häufig zu stark mit bestehenden Vermögenswerten und Fähigkeiten verhaftet – schließlich haben sie darauf eine erfolgreiche Karriere aufgebaut. Und zweitens sind die Beziehungen zwischen einem etablierten Unternehmen und seinen Kunden oft zu eng. Meist bevorzugen Kunden schrittweise Verbesserungen bestehender Technologien und können sich völlig neue Technologien gar nicht vorstellen. Selbst frühe Nutzer versuchen meist, die Produkte, die sie bereits besitzen, der neuen Technologie anzupassen. Etablierte Unternehmen gewöhnen sich also an, kleine, inkrementelle Innovationen einzuführen, die die Erwartungen der Kunden erfüllen oder sogar leicht übertreffen. Wie ▶ *Abbildung 10.7* zeigt, können etablierte Unternehmen bestehende Technologien für gewöhnlich einer gleichmäßig ansteigenden Linie entlang verbessern, hier als Technologie 1 bezeichnet. Innovationen, die auf dieser Linie liegen, werden „nachhaltige Innovationen" genannt, denn sie halten die bestehende, zugrunde liegende Technologie auf dem neuesten Stand.

---

31 Eine exzellente Übersicht über geistiges Eigentumsrecht ist zu finden im *The Economist Magazine*, „Survey: Patents and Technology", 25. Oktober (2005).
32 D. Teece, „Managing Intellectual Capital", *Oxford University Press*, 2000.
33 Siehe J. Bower und C. Christensen, „Disruptive technologies: catching the wave", *Harvard Business Review*, Band 73, Nr. 1 (1995), S. 43–53.

Für etablierte Unternehmen besteht die große Herausforderung allerdings darin, von der Folge nachhaltiger Innovationen, der Technologie-1-Linie also, auf die mit Technologie 2 bezeichnete Linie der **disruptiven Innovationen** umzusteigen. Eine solche zerstörende Innovation erzeugt starkes Wachstum, indem neue Leistungswege beschritten werden, die, obwohl sie ursprünglich schlechtere Ergebnisse bringen als bestehende Technologien, doch das Potenzial haben, ausgesprochen herausragende Leistung zu bringen. Solche herausragenden Leistungen können für ein spektakuläres Wachstum sorgen, entweder durch die Erschließung neuer Kundengruppen oder durch das Unterbieten der Kostenbasis konkurrierender Geschäftsmodelle. Etablierte Unternehmen können auf zerstörende Innovationen nur schwer reagieren, denn aufgrund der anfangs schlechten Ergebnisse können Kundenbeziehungen zerstört werden. Außerdem müssten diese Unternehmen meist ihr gesamtes Geschäftsmodell ändern (siehe *Kapitel 7*). So begnügten sich in der Musikindustrie die großen Plattenfirmen lange Zeit damit, weiterhin traditionelle CDs über Einzelhändler zu verkaufen und diese durch Promotion-Aktionen zu vermarkten und über das Radio bekannt zu machen. Auf online angebotene MP3-Musik reagierten sie nur, indem sie Anbieter wie Napster wegen Verletzung des Urheberrechts vor Gericht brachten. Heute haben Musik-Downloads und Streamingdienste wie Spotify oder Apples iTunes die Umsätze von CD-Verkäufen längst hinter sich gelassen.

Disruptive Innovationen

Die disruptive Innovation realisiert erhebliches Wachstum, indem sie neue Leistungswege beschreitet; selbst wenn sie gegenüber bestehenden Technologien anfänglich unterlegen ist, hat sie doch das Potenzial, deutlich überlegen zu werden.

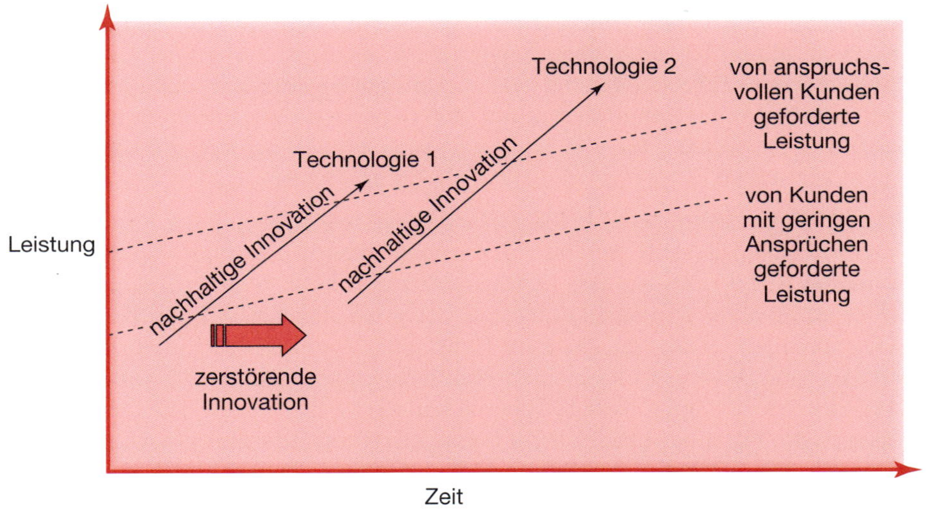

Abbildung 10.7: Zerstörende Innovation
Quelle: Nachdruck mit Genehmigung der Harvard Business School Press. Aus „The Innovator' s Solution", C. Christensen und M. E. Raynor, Boston, MA (2003). Urheberrecht 2003, Harvard Business School Publishing Corporation. Alle Rechte vorbehalten.

Manchmal allerdings reagieren etablierte Unternehmen sehr wohl. IBM baute weiterhin Großrechner, gründete aber zudem einen neuen Geschäftsbereich für den Bau von PC – zu diesem Zeitpunkt eine zerstörende Innovation. Ebenso erschütterte das Mobiltelefon die Festnetz-Telefonie, Ericsson aber gelang es, seine Führungsposition auch auf dem neuen Markt zu behaupten. Etablierte Unternehmen können drei Strategien verfolgen, um auf potenzielle zerstörende Innovationen reagieren zu können:

■ *Entwicklung eines Portfolios realer Optionen.* Firmen, für die zerstörende Innovationen die größte Herausforderung darstellen, bauen meist auf einem einzigen Geschäftsmodell auf und haben nur ein Produkt oder eine Dienstleistung anzubieten. Rita McGrath und Ian MacMillan empfehlen diesen Organisationen, ein Portfolio *realer Optionen* zu entwickeln, um dynamisch zu bleiben.[34] Reale Optionen sind begrenzte Investitionen, die dem Unternehmen bestimmte Chancen für die Zukunft erhalten (für eine technisch geprägte Erläuterung siehe *Abschnitt 12.3.2*). Die Einsetzung eines F&E-Teams für eine spekulative neue Technologie oder der Kauf eines kleinen jungen Unternehmens auf einem gerade neu entstehenden Markt sind beides Beispiele für reale Optionen, denn beide bieten potenziell rasches Wachstum, sollte sich die neue Chance als nachhaltig erweisen. McGarths und MacMillans Portfolio kennt drei Arten von Optionen (▶ *Abbildung 10.8*): Optionen, deren Markt im Großen und Ganzen bekannt, deren Technologien im Einzelnen aber immer noch unsicher sind, nennen sich *Positionierungsoptionen*: für ein Unternehmen ist es erstrebenswert, mehrere solcher Optionen zu haben, um sich mittels der einen oder anderen Technologie eine Position auf einem wichtigen Markt zu sichern. Andererseits kann es vorkommen, dass ein Unternehmen in einer bestimmten Technologie stark ist, sich aber unsicher über die dafür geeigneten Märkte ist. In diesem Fall kann das Unternehmen auf mehrere *Kundschafteroptionen* setzen, um herauszufinden, welche Märkte die besten sind. Und schließlich sind für ein Unternehmen auch einige *Sprungbrettoptionen* sinnvoll, die zwar allein für sich genommen meist nicht weiterhelfen, jedoch in der Zukunft großes Erfolgspotenzial bieten. Und auch wenn sich aus diesen Sprungbrettoptionen keine Gewinne ergeben, liefern sie doch wertvolle Lernerfahrungen. Ein wichtiges Prinzip für alle Optionen ist: „Schnell scheitern, billig scheitern, erneut versuchen".

■ *Corporate Venturing.* Neue Projekte, besonders wenn sie aus der Perspektive realer Optionen in Angriff genommen werden, müssen eventuell vor den üblichen Systemen und Prozessen des Kerngeschäfts geschützt werden. Es wäre sinnlos, die Leistung eines Managers einer realen Option nur anhand von Umsätzen und Gewinnmargen zu messen, denn ihr Hauptziel besteht in der Vorbereitung und im Lernen. Aus diesem Grund richten etablierte Organisationen oft innovative Projekte als unabhängige Geschäftsbereiche ein, *Abteilungen für neue Projekte* genannt, um mit einer langfristigen Perspektive neue Ideen entwickeln oder junge Unternehmen aufkaufen zu können.[35] So hat beispielsweise BMW einen eigenen, völlig neuen Geschäftsbereich gegründet, um sein erstes Elektroauto für den Massenmarkt, das „Projekt i", entwickeln zu können. Man machte sich Sorgen, dass der aktuelle Fokus auf den Verbrennungsmotor ein Risiko für eine erfolgreiche Entwicklung des BMWi darstellen könnte.

■ *Intrapreneurship.* Dieser Ansatz stellt das Individuum in den Mittelpunkt ebenso wie die Fähigkeit, innerhalb einer Organisation unternehmerisch zu handeln.[36] Unternehmen können ihre Mitarbeiter ermutigen, innerhalb ihres eigenen Aufgabenbereichs kreativ zu sein und eigene unternehmerische Ideen zu entwickeln.

---

34 R. G. McGrath und I. MacMillan, „The Entrepreneurial Mindset", *Harvard Business School Press*, 2000.
35 C. Christensen und M. E. Raynor, „The Innovator's Solution", *Harvard Business School Press*, 2003.
36 Das ursprüngliche Buch über Intrapreneurship stammte von G. Pinchot, *Intrapreneurship*, London, Macmillan, 1985.

Potenzielle Entrepreneure gibt es auf jeder Ebene einer Organisation, vom Top-Management bis hin zu den Produktionsstätten oder Servicemitarbeitern. Google etwa hat spezielle Intrapreneurship-Programme, die darauf abzielen, eine Start-up-Kultur innerhalb dieses großen Konzerns zu schaffen. Ingenieure dürfen hier 20 % ihrer Arbeitszeit für Projekte ihrer Wahl und ihres Interesses aufwenden. Auch IBM hat mehrere Initiativen geschaffen, die Intrapreneurship und Innovation fördern sollen, z.B. die „IBM Jam Sessions" oder „Intrapreneurship@IBM". Solche Initiativen können sich aber auch verselbständigen und mit dem Konzernmanagement in Konflikt geraten. In diesem Fall werden neue Ideen in der Regel natürlich nicht mehr gefördert. Stattdessen kann es ein langer, harter Kampf werden, bis das Management solche Innovationen akzeptiert. So begann Ericssons Siegeszug auf dem Markt für Mobiltelefonie ursprünglich mit einer Gruppe interner Ideengeber, die mit dem Konzernmanagement auf Konfrontation gingen.

Auch etablierte Unternehmen müssen also in der Lage sein, den Geist des Unternehmertums am Leben zu halten – gleichgültig ob dies durch die Entwicklung realer Optionen, durch interne neue Projekte oder durch andere Maßnahmen geschieht.[37]

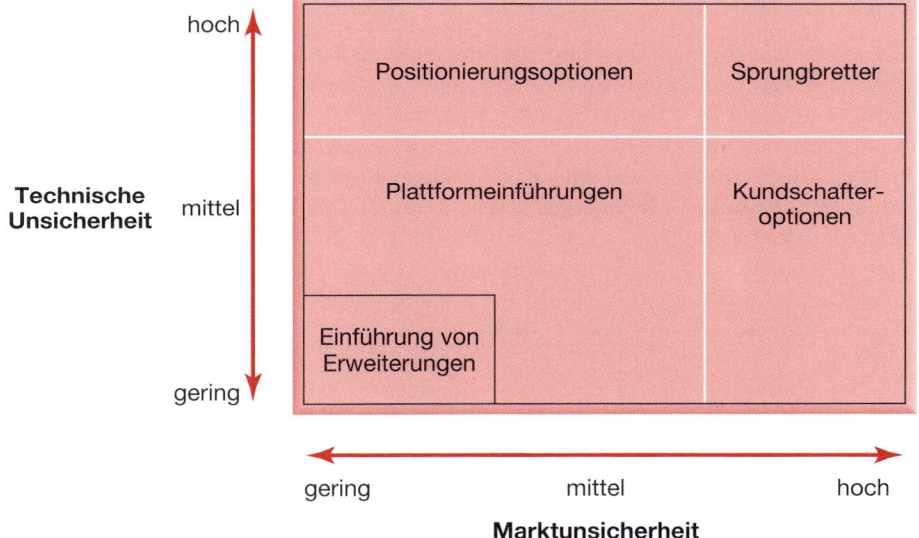

Abbildung 10.8: Portfolio innovativer Optionen
Quelle: Nachdruck mit Genehmigung der Harvard Business School Press. Aus „The Entrepreneurial Mindset", I. MacMillan und R. G. McGrath, Boston, MA (2000), S. 176. Urheberrecht 2000, Harvard Business School Publishing Corporation. Alle Rechte vorbehalten.

---

37 Siehe P. H. Phan et.al., „Corporate entrepreneurship: current research and future directions", *Journal of Business Venturing*, Band 24, Nr. 3 (2009), S. 197–205; R. C. Wolcott und M. J. Kippitz, „For four models of corporate entrepreneurship", *MIT Sloan Management Review*, Band 49, Nr. 1 (2007), S.73–9 und D. A. Garvin und L. C. Levesque, „Meeting the challenge of corporate entrepreneurship", *Harvard Business Review*, Band 84, Nr. 10 (2006), S. 102–12.

Quer-Denken

Entrepreneurship: Entdeckung oder Erschaffung?

Eine alternative Sichtweise geht davon aus, dass neue Chancen nicht entdeckt, sondern geschaffen werden.

In diesem Kapitel wurde immer wieder die Erkennung neuer Chancen als eine Phase des unternehmerischen Prozesses genannt. Dies baut auf der weit verbreiteten Theorie der Entdeckung von Chancen auf. Allerdings gibt es auch eine Alternative, die *Erschaffungstheorie*.[38]

Die dominante *Entdeckungstheorie* geht davon aus, dass Chancen und Entrepreneure unabhängig voneinander existieren und dass Chancen durch externe Einwirkung ausgelöst werden. Solche neuen Chancen können aufgrund von technologischen, regulativen oder gesellschaftlichen Veränderungen entstehen und dann entdeckt werden. Diese Theorie geht also davon aus, dass neue Chancen bereits im Keim in den verschiedenen Branchen und auf den Märkten vorhanden sind und nur darauf warten, von Unternehmern entdeckt zu werden.

Die Erschaffungstheorie dagegen geht davon aus, dass neue Chancen eng mit Entrepreneuren, mit ihrem Handeln, ihrem Verständnis und ihrem Engagement für potenzielle neue Produkte verknüpft sind. Folgt man dieser Sichtweise, so müssen Unternehmer nicht auf externe Einwirkung warten, stattdessen können sie durch die intensive und wiederholte Beschäftigung mit möglichen neuen Produkten und Kundenbedürfnissen selbst neue Chancen erschaffen. Um dies zu erreichen, sollten Manager aktiv neue Produktideen ausprobieren und mögliche Chancen rund um jede neue Idee ausloten. Hier werden also keine im Keim vorhandenen Chancen entdeckt, die Entrepreneure selbst erkunden also durch ihre Aktivitäten, was sich wo neu entwickeln kann und setzen so selbst neue Chancenkeime.

Diese beiden Sichtweisen haben unterschiedliche Auswirkungen auf den Umgang mit Entrepreneurship. Die Entdeckungstheorie setzt auf traditionelle Methoden der strategischen Planung und Entscheidung (siehe *Abschnitt 13.2*). Entrepreneure sammeln und analysieren Informationen und treffen umsichtige Entscheidungen bezüglich des Marktpotenzials für neue Produkte. Die Erschaffungstheorie verlangt nach einem komplexeren Prozess. Hier müssen Entrepreneure nicht unbedingt Informationen sammeln, um die richtigen Antworten zu finden. Vielmehr versuchen sie, die richtigen Fragen zu stellen. Und sie experimentieren mit potenziellen neuen Produkten.

---

38 A. Sharon und J. B Barney, „Discovery and creation: alternative theories of entrepreneurial action, *Strategic Entrepreneurship Journal*, Band 1, Nr. 1–2 (2007), S. 11–26.

Z U S A M M E N F A S S U N G

■ *Chancenerkennung* beinhaltet drei wichtige und miteinander verbundene Elemente: das *Umfeld*, den *Entrepreneur* oder das *Entrepreneurteam* sowie *Ressourcen und Fähigkeiten*.

■ Neben der Chancenerkennung besteht der unternehmerische Prozess in der Regel aus der Entwicklung eines *Geschäftsplans*, der Erstellung einer *Machbarkeitsstudie*, der Einbeziehung der *Branchenbedingungen* und der *Konkurrenz* sowie der Auswahl eines *Geschäftsmodells* und einer *Strategie*. Schließlich folgt die Bestimmung der *Finanzierung* des neuen Projekts.

■ *Soziales Entrepreneurship* bietet eine flexible Möglichkeit, soziale Probleme in Angriff zu nehmen. Doch daraus ergeben sich Dilemmata bezüglich der geeigneten Mission, der Organisationsform und des Geschäftsmodells.

■ Strategen sehen sich beim Thema Innovation drei wesentlichen Dilemmata gegenüber: Wie viel Wert soll auf *Technology push* oder auf *Market pull* gelegt werden, soll der Fokus auf *Produkt-* oder auf *Prozessinnovation* liegen und schließlich: Wie stark soll man auf „*offene Innovation*" setzen?

■ Die Verbreitung von Innovationen auf dem Markt folgt oft einer *S-Kurve*. Einem langsamen Start folgt ein sich beschleunigendes Wachstum (der „*Wendepunkt*") und schließlich eine Abflachung der Nachfrage. Manager müssen dabei auf „negative Wendepunkte" achten.

■ Manager können entscheiden, ob sie als *First Mover* auf den Markt kommen oder später einsteigen wollen. Innovative Unternehmen können sich *First-Mover-Vorteile* sichern. Doch eine Strategie des *schnellen Zweiten* kann oft attraktiver sein.

■ Etablierte Unternehmen sollten sich vor *disruptiven Innovationen* in Acht nehmen, die völlig neue Marktbedürfnisse aufdecken. Die etablierten Firmen können sich vor einer zu konservativen Einstellung schützen, indem sie Portfolios *realer Optionen* entwickeln und unabhängige Bereiche für *neue Unternehmensprojekte* einrichten oder *Intrapreneurship* fördern.

Z U S A M M E N F A S S U N G

Literaturempfehlungen

- B. R. Barringer und R. D. Ireland, „Entrepreneurship – Successfully launching new ventures", 4. Auflage, Pearson, 2012, bietet Details zu allen Schritten des unternehmerischen Prozesses an.

- P. Trott, „Innovation Management and New Product Development", 5. Auflage, FT/Prentice Hall, 2011, liefert einen umfassenden Überblick über Aspekte der Innovationsstrategie; P. A. Wickham, „Strategic Entrepreneurship", 5. Auflage, Prentice Hall, 2013, ist ein europäisches Standardwerk in Bezug auf Unternehmensstrategie.

- Soziales Unternehmertum wird sinnvoll diskutiert in P. Ridley-Duff und M. Bull, „Understanding Social Entreprise: Theory and Practice", Sage 2011.

Fallstudie
Rovio Entertainment – zurück zu den unternehmerischen Wurzeln.

Eine Fallstudie von Daryl Chapman (Metropolia Business School), überarbeitet von Sandra Lusmägi (Metropolia Business School)

Einführung

Rovio Entertainment ist besonders für sein Smartphone-Spiel Angry Birds berühmt, bei dem bunte Vögel auf eierstehlende Schweine katapultiert werden. Das Unternehmen ist in Finnland ansässig und sein Managementteam besteht aus dem ehemaligen CEO und jetzigen Vorstandsvorsitzenden Mikael Hed, dem Leiter Forschung und Entwicklung Niklas Hed sowie, dem Leiter Marketing und selbst ernannten „Mighty Eagle" Peter Vesterbacka. Er ist das öffentliche Gesicht des Unternehmens weltweit. Angry Birds wurde 2010 im Apple App Store zur bestverkauften App und bildet den Ausgangspunkt für eine Reihe von Unternehmungen, einschließlich audiovisueller Medien, Merchandising, Verlagswesen, Einzelhandelsgeschäfte und Spielplätze. Peter Vesterbacka erklärte dem *Wire Magazine*, dass Rovio tatsächlich dem weltgrößten Unterhaltungsunternehmen folgen und „Disney 2.0" sein wolle.[1] Nach mehreren von schnellem Wachstum geprägten Jahren allerdings muss sich Rovio mit schwierigen Herausforderungen auseinandersetzen.

Das Team

Rovio wurde 2003 von Niklas Hed und zwei Kommilitonen an der Technischen Universität Helsinki gegründet, nachdem sie einen von Nokia und Hewlett-Packard gesponserten Spieleentwicklungswettbewerb gewonnen hatten. Zu Beginn war das Unternehmen mit Auftragsarbeiten erfolgreich, z.B. der Entwicklung von Spielen für Electronic Arts, Nokia und Real Networks. Bald schloss sich ihnen Niklas' Cousin Mikael Hed an. Er hatte an der Tulane University in den Vereinigten Staaten einen MBA-Abschluss gemacht. Mikaels Vater Kaj Hed war erfolgreicher Softwareunternehmer, der ein früheres Unternehmen für 150 Mio. $ (110 Mio. €) verkauft hatte. Kaj Hed investierte eine Million Euro und wurde Vorstandsvor-

sitzender: Er besitzt immer noch 70 % des Eigenkapitals. Peter Vesterbecka stieß erst 2010, als die Angry Birds ihren Siegeszug antraten, in Vollzeit zum Unternehmen. Allerdings hatte er als Business Developer bei Hewlett-Packard, der bereits seit vielen Jahren in der finnischen Startup-Szene aktiv gewesen war, Rovio schon seit 2003 ermutigt und im Hintergrund unterstützt.

Obwohl Rovio erfolgreich Spiele entwickelte und an etablierte Drittunternehmen verkaufte, verfolgte das Unternehmen das Ziel, einen großen, eigenen Spieleerfolg zu schaffen. Niklas Hed dachte, man würde ungefähr 15 Versuche brauchen, um einen Welthit zu schaffen – allerdings waren die Angry Birds bereits der 52. Versuch von Rovio. In der Zwischenzeit kam es zu Konflikten über die Strategie. 2005 verließt Mikael Hed das Unternehmen nach einem Streit mit seinem Vater Kaj, dem er einen Kontrollzwang unterstellte. Im Jahr 2008 musste Rovio sein Personal von 50 auf nur noch zwölf reduzieren. 2009 kam Mikael allerdings zurück, schloss Frieden mit seinem Vater und erkannte in dem neuen Apple iPhone und dem AppStore eine Chance. Und so entstand schließlich aus der Kombination der plakativen Angry Birds mit dem Erfolg des Apple iPhone die Formel für den Erfolg.

Rovio setzte den gut vernetzten britischen Spieleverlag Chillingo ein, um ein Geschäft mit Apple auszuhandeln und die Angry Birds auf die Weltmärkte zu bringen. Im Februar 2010 überzeugte Chillingo Apple, Angry Birds als Spiel der Woche auf der Titelseite des Apple AppStore anzubieten: Angry Birds schoss im Vereinigten Königreich auf Platz 1 und fünf Monate später stand es auch in den US-Charts auf dem ersten Platz. Chillingo wurde 2010 von Electronic Arts aufgekauft und Rovio erklärte, dass es keine Spieleverlage mehr einsetzen würde. Im Oktober 2010 brachte Rovio das kostenlose Android Angry Birds heraus und verzeichnete innerhalb von drei Tagen zwei Millionen Downloads.

Bis 2011 hatten Angry Birds und dessen verschiedene Ablegerprodukte 50 Mio. € erzielt – und das als Ergebnis eines Spiels, dessen Entwicklung nur 100.000 € gekostet hatte. Im März 2011 war Mikael vorsichtig optimistisch und erklärte dem *Wired Magazine*: „Ich weiß, wie anfällig die Spielebranche ist, ich bin da ziemlich paranoid. Aber momentan habe ich das Gefühl, dass es läuft. Und es sollte noch schneller laufen."[1]

Das neue Disney?

Wie Disney mit Mickey Mouse sah Rovio das Potenzial für die Übertragung seiner starken Marke auf andere Produkte. Durch die Zusammenarbeit mit dem amerikanischen Spielzeughersteller Commonwealth Toy & Novelty konnte Rovio bereits 2010 Angry-Birds-Plüschtiere und T-Shirts in US-amerikanischen Geschäften platzieren. Bald hatte Rovio mehr als 400 Partner, einschließlich Coca Cola, Intel und Kraft. Die Anzahl der Angry-Birds-Produkte belief sich auf 20.000, einschließlich Brettspiele, Kühlschrankmagnete und Schlüsselanhänger. Rovio erhält Lizenzgebühren zwischen 5 und 20 % auf seine lizenzierten Produkte. Nach Angaben des Unternehmens machen diese Handelsprodukte 45 % der Gesamteinnahmen aus, die sich 2012 auf 152 Mio. € beliefen.[2] Die im Handel erhältlichen Produkte sind eng mit den Spielen verknüpft. Wenn die Spiele an Beliebtheit verlieren, gilt das automatisch auch für die Spielzeuge, Getränke und all die anderen Produkte, die mit der Marke Angry Birds verbunden sind.

Zwischenzeitlich hat Rovio in Finnland seinen ersten Angry-Birds-Spielplatz eröffnet. In gewisser Hinsicht ahmt die Spielplatzstrategie die Disney-Themenparks nach – allerdings sind die Spielplätze viel kleiner. Rovio will ein stärker „zugängliches" Mittel zur physischen Interaktion mit Familien und Kindern schaffen, als den gelegentlichen Besuch in Disneyland: Die Angry-Birds-Spielplätze sind vor Ort und können jeden Tag besucht werden. Dem ersten Spielplatz in Finnland im Jahr 2012 folgte 2013 ein Themenpark in China. Und Rovio plante, viele weitere solcher Parks auf der ganzen Welt zu eröffnen, um sich über das Angry-Birds-Spiel hinaus zum Unterhaltungskonzern zu entwickeln, der physische und digitale Medien kombiniert.

Rovio schloss auch eine Partnerschaft mit Samsung für ein bewegungsgesteuertes Angry-Birds-Spiel auf seinen Smart-Fernsehern. Im November 2012 startete das Unternehmen den Rovio-Kanal, mit dem Nutzer der Samsung-Fernsehgeräte Spiele sowie die neue Angry-Birds-Trickfilmserie und eine Comicbuch-Serie herunterladen können. Der Rovio-Kanal beruht auf dem Erfolg des Angry-Birds-YouTube-Kanals, der bis Ende 2015 mehr als zwei Milliarden Mal angeschaut worden war. Zudem brachte Rovio ab 2011 eine ganze Reihe erfolgreicher Bücher heraus, die mittlerweile in über 50 Ländern verkauft werden.

Stagnierendes Wachstum

Zwischen 2010 und 2012 stieg die Zahl der Mitarbeiter von 40 auf über 800 an. Und mit Themenparks, Spielzeugen, Büchern und sogar der Ankündigung eines Kinofilms wurden die Parallelen zum Disney-Konzern immer deutlicher. Im Jahr 2011 lehnte Rovio ein Übernahmeangebot von Zynga, dem für Farmville berühmten amerikanischen Spieleunternehmen, in Höhe von 2,25 Mrd. $ ab.[3] Den Höhepunkt seines Erfolgs erreichte Rovio im Jahr 2013 – nach drei Jahren des Wachstums. 2010 lagen die Einnahmen noch bei lediglich 6,5 Mio. €, 2012 bereits bei 125 Mio €. 2013 gab Rovio einen operativen Gewinn von 36,5 Mio. € an, der im nächsten Jahr allerdings um 73 % auf 10 Mio. € zusammenschrumpfte.[4] Daraufhin musste Rovio 110 Mitarbeiter entlassen und es folgte ein weiterer drastischer Personalabbau im Jahr 2015 – 260 Mitarbeiter wurden entlassen, also ein Drittel der gesamten Belegschaft.[5] Das Unternehmen wurde harsch dafür kritisiert, dass es nicht in der Lage war, neue Figuren einzuführen, und die Experten der Branche fragten sich schon, ob die Angry Birds wirklich so beliebt sein könnten wie Donald Duck und Mickey Mouse. Bisher hat Rovio 15 Spiele rund um die Angry Birds entwickelt und veröffentlicht, darunter zwei Star Wars Crossovers sowie ein Spiel, bei dem eine weibliche Figur die Hauptrolle spielt, *Angry Birds Stella*.

Bis 2013 kamen die Angry-Birds-Umsätze hauptsächlich von Downloadgebühren. Im Dezember 2013 dann erschien das Kart-Rennspiel *Angry Birds Go!,* das als erstes Spiel von vornherein als sogenanntes „Freemium"-Spiel geplant war. Die meisten beliebten und erfolgreichen Spiele können heute umsonst heruntergeladen werden – die Einnahmen kommen von Käufen, die während des Spiels gemacht werden können. Angry Birds 2 kam im Sommer 2015 auf den Markt und wurde in nur einem Monat über 50 Mio. Mal heruntergeladen. Allerdings brachte es keine Steigerung der Einnahmen und verschwand so relativ schnell wieder aus den Charts der finanziell erfolgreichsten Apps. Allerdings waren die Angry-Birds-Spiele nicht von vornherein als Freemium-Modelle ausgelegt. Viele Fans beschwerten sich so auch über zu kurze Spielzeiten und aufdringliche Kaufangebote, die den Spielfluss störten. Zu viele Kaufangebote während des Spiels und auch eine kompliziertere Spielumgebung schreckten viele Gelegenheitsspieler und jüngere Nutzer ab. Das Herzstück des Originalspiels war bei den neuen Freemium-Versionen verlorengegangen. Durch den Versuch, mit den neuen mobilen Spieletrends mitzuhalten, stürzte Angry Birds in eine Identitätskrise.

Im Oktober 2015 folgte Rovio einem neuen Trend und brachte das neue Spiel *Love Rocks* heraus, das wie so viele Spiele von einer prominenten Person – hier Shakira – unterstützt wurde. Doch auch dieses Spiel brachte kaum höhere Einnahmen. Nach Angaben des Analyseunternehmens App Annie, war die beste Platzierung des Spiels Rang 21 in den Charts der finanziell erfolgreichsten Apps. Diesen Platz erreichte das Spiel einen Monat nach seinem Erscheinen und fiel dann einen Monat später schnell auf Platz 304 zurück.

Umstrukturierung

Während der extremen Wachstumsphase des Unternehmens wurden neue geschäftsunterstützende Funktionen eingeführt, wie etwa eine Personal- und eine Lizenzabteilung. Damit ging allerdings die flache Struktur sowie auch die schnelle Entscheidungsfähigkeit eines Start-ups verloren – und so verschwand auch die ursprüngliche Unter-

nehmenskultur.[6] Das hatte zur Folge, dass viele Rovio-Mitarbeiter ihrer Firma den Rücken kehrten, um eigene Projekte zu verwirklichen und neue Start-ups zu gründen. Und dieser „Braindrain" setzte sich fort, als das Firmenwachstum stagnierte und viele Mitarbeiter, die Rovio mit aufgebaut hatten, gehen mussten. Einige ehemalige Manager sprachen anonym mit dem finnischen Finanzfachblatt *Talouseämä* und gaben an, dass es innerhalb des Unternehmens, das immer noch im Familienbesitz war, keine gemeinsame strategische Vision gab. Im Gegenteil, jedes Familienmitglied habe scheinbar eine ganz eigene Vorstellung davon, wie die Firma aussehen solle.

2014 trat Mitbegründer Mikael Hed als CEO zurück, blieb aber Mitglied des Vorstands und übernahm die Leitung der Rovio Animations Studios. Der neu ernannte CEO Pekka Rantala trat nach nur 16 Monaten wieder zurück nach einem sehr schwierigen Jahr mit weiteren Jobkürzungen und dem enttäuschenden Abschneiden von *Angry Birds 2*. Kati Levoranta, ehemalige Leiterin der Rechtsabteilung, ist nun der neue CEO. Sie sagt, der Angry-Birds-Kinofilm soll 2016 einen neuen Durchbruch bringen.

Der Vorstandsvorsitzende Kaj Hed erklärte, Rovio wolle nach den zahlreichen Entlassungen nun „schlanker und agiler" werden. Dazu wolle man umstrukturieren und zu den eigenen Wurzeln zurückkehren.[4] Als Teil dieses Plans kündigte Rovio Anfang 2016 an, seinen Geschäftsbereich Bildung abstoßen zu wollen. Dazu zählen ein Vorschulprogramm sowie digitale Lernprogramme und Lizenzprodukte der Angry-Birds-Themenparks. Auch von den Büchern trennte sich das Unternehmen.

Zukunftspläne

Doch man hatte auch Zukunftspläne bei Rovio. Nach einer Entstehungsphase von drei Jahren ist für 2016 ein Angry-Birds-3D-Kinofilm geplant. Rovio finanziert die gesamte Filmproduktion selbst, die die teuerste finnische Produktion bisher ist. Man holte Sony Pictures Imageworks für die Animation an Bord. Und Hollywood-Größen wie Jason Sudeikis, Josh Gad und Peter Dinklage leihen den Figuren ihre Stimmen.

Das Gesamtbudget von 175 Mio. € setzt sich aus 75 Mio. € für die Produktion und 100 Mio € für das Marketing zusammen.[7] Rovio hofft sehr, dass der Kinofilm dem Lizenzgeschäft der Firma neuen Schwung geben wird. Lego und Spin Master sind schon als Spielzeug-Partner mit an Bord und planen entsprechende Produktlinien. Andere neue Lizenzpartner sind z.B. die Technikfirma Painting Lulu und *www.swimOutlet.com* mit einer exklusiven Angry-Birds-Linie. Rovio selbst behält die kreative Kontrolle und hofft, das Fachwissen von Sony Pictures Entertainment im Bereich globales Marketing und Vertrieb nutzen zu können, um einen Kinohit zu landen.

Rovio gab zu, sein Ziel aus den Augen verloren und zu viele Dinge auf einmal getan zu haben. Die Firma treibt ihre Filmproduktion voran, möchte aber gleichzeitig als Unterhaltungskonzern ganz vorne dabei sein. CEO Kati Levoranta sagte 2015 dazu, mobile Spiele seien weiterhin das Herzstück des Unternehmens. Nach der Umstrukturierung stehen Spiele, Medien und Konsumprodukte im Fokus. Haupteigentümer Kaj Hed kündigte an, Rovio interessiere sich für eine mögliche Fusion oder Firmenübernahme, ein Börsengang stehe aber im Moment nicht an. 2014 wies Rovio operative Gewinne von 10 Mio. € aus, bei Einnahmen von 158 Mio. € Dies bedeutet einen Rückgang von 36,6 Mio. € (Gewinn) und 173,5 Mio. € (Einnahmen) im Jahr 2013. Auch für 2015 sagte Hed einen Ergebnisrückgang gegenüber 2014 voraus. Als Grund führte er die hohen Kosten der Umstrukturierung an. Allerdings ist man bei Rovio zuversichtlich, im Jahr 2016 durch den neuen Kinofilm, neue Spiele und neue Lizenzpartner wieder Zuwächse ausweisen zu können:

„Vor einigen Jahren waren wir in einer einzigartigen Situation. Mit unserer heutigen Situation bin ich zufrieden, denn es gibt keine falschen Visionen mehr."[4]

So Hed kurz vor der Premiere des 3D-Kinofilms in Hollywood im Mai 2016.

Wesentliche Quellen: The Guardian, Media Network, 15. November 2012; Fast Company, 26. November 2011; The Next Web, 21. Dezember 2012.

Quellen:

[1] *T. Cheshire, In depth: how Rovio made Angry Birds a winner (and what´ s next), Wired Magazine, 7. März 2011.*

[2] *Lundgren, Angry birds maker Rovio says 2012 sales up 101 % to $ 195 m with merchandisin, IP 45 % of that; net profit $ 71 m, TechCrunch, 3. April 2013.*

[3] *M. Lynley, Angry birds turned down a $2.25 bn takeover offer from Zynga, Business Insider, 28. November 2011.*

[4] *J. Rosendahl, Angry Birds´ maker Rovio limbers up for M&A, Reuters, 9. Dezember 2015.*

[5] *R. Dillett, Rovio to cut 260 jobs as the Angry Birds franchise becomes irrelevant, TechCrunch, 26. August 2015.*

[6] *E. Lappalainen, Rovio´ s ex-managers reveal: serious problems with strategy and management, Talouselama, 27. August 2015.*

[7] *J. R. Jensen, Angry Birds are expensive ones, too: € 75 m for the 3D animated movie, Cineuropa, 13. April 2015.*

Fragen

1 Welche Vor- und Nachteile hat das aktuelle Rovio-Geschäftsmodell?

2 Stimmen Sie dem Vorstandsvorsitzenden Kaj Hed zu, wenn er sagt, er sei zufrieden mit Rovios aktueller Situation?

 Als Dozent finden Sie ausführliche **Lösungshinweise** zu den Fallaufgaben auf der Webseite zum Buch.

Fusionen, Übernahmen und Kooperationen

11

ÜBERBLICK

Lernziele

Nach der Lektüre dieses Kapitels sollten Sie in der Lage sein,

- die wichtigsten strategischen Motive für *Fusionen*, *Übernahmen* und *Unternehmenskooperationen* zu identifizieren.

- die wichtigsten Themen des erfolgreichen Managements von *Fusionen*, *Übernahmen* und *Kooperationen* zu unterscheiden.

- zu verstehen, wie man sich am besten zwischen *Fusionen*, *Übernahmen* und *Kooperationen* entscheidet.

- wichtige *Erfolgsfaktoren* verschiedener Wachstumsoptionen zu identifizieren.

11.1 Einführung

Fusionen, Übernahmen und Allianzen sind drei übliche Methoden zur Umsetzung von Wachstumsstrategien. Häufig liest man darüber auch in den Medien. 2014 beispielsweise kündigte das weltgrößte Rundfunk- und Kabelfernsehunternehmen Comcast eine einvernehmliche 100%ige Fusion mit Time Warner an, dem drittgrößten Fernsehnetzwerk weltweit. Das neu entstandene Unternehmen kontrollierte nach diesem Deal, der 31,9 Mrd. € schwer war, etwa ein Drittel des US-amerikanischen Kabel- und Satelliten Markts sowie die Hälfte des gebündelten Video- und Internetmarkts. Im selben Jahr unterzeichneten Apple und IBM ein exklusives Abkommen, das Apple den Zugang zum riesigen Geschäftskundenstamm von IBM ermöglichte. Diese wollte man dazu bringen, zur iOS-Plattform von Apple zu wechseln, denn das Unternehmen plante, als Teil des Abkommens eine völlig neue Reihe von über 100 Firmenlösungen auf den Markt zu bringen. Für IBM bestand der Vorteil darin, durch die iOS-Technologie seine Führungsposition im Bereich Analyse, Cloud, Software und Service auszubauen. Beide Beispiele zeigen, dass bei Übernahmen und Allianzen viel auf dem Spiel steht und sich große Unternehmen strategisch gesehen sehr verändern und weiterentwickeln können.

Dieses Kapitel betrachtet Fusionen, Übernahmen und Allianzen daher als wichtige Methoden zur Verfolgung strategischer Optionen. Ihnen gegenüber wird als Alternative das „organische" Wachstum eines Unternehmens gestellt, bei dem sich die Strategie auf die eigenen Ressourcen des Unternehmens verlässt. ▶ *Abbildung 11.1* zeigt, wie die wichtigsten strategischen Optionen, die in den vorangegangenen drei Kapiteln behandelt wurden – Diversifizierung, Internationalisierung und Innovation – durch Fusionen, Übernahmen, Allianzen und durch organisches Wachstum erreicht werden können. Natürlich können diese drei Methoden auch für viele andere Strategien eingesetzt werden, so etwa für die Konsolidierung von Märkten oder für den Ausbau von Größenvorteilen.

Zu Beginn wird die organische Entwicklung genauer betrachtet. Dies ist die natürlichste aller Optionen, denn jede Organisation greift zunächst auf ihre internen Ressourcen zurück. Danach werden Fusionen und Übernahmen besprochen, anschließend geht es um Unternehmenskooperationen. Der letzte Abschnitt vergleicht diese externen Optionen mit der internen Option des organischen Wachstums. Fusionen, Übernahmen und Allianzen gehen oft schief, weshalb man sich genau überlegen sollte, wann ein Unternehmen übernommen werden sollte, wann eine Kooperation angebracht ist und wann man etwas einfach selbst erledigt. Im letzten Abschnitt werden zudem wichtige Erfolgsfaktoren dieser externen Strategien aufgezeigt. Und am Ende des Kapitels wird ein neuer Einblick bezüglich der Vorteile von Fusionen und Übernahmen gewährt.

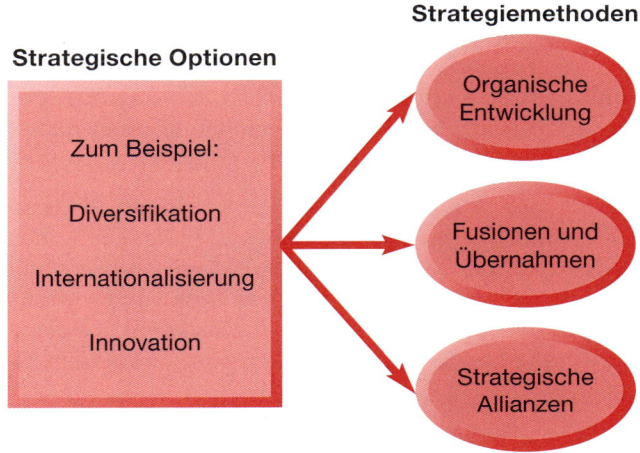

Abbildung 11.1: Drei Strategiemethoden

11.2 Organisches Wachstum[1]

Die natürlichste Methode, eine Strategie zu verfolgen, ist, sie einfach selbst umzusetzen, d.h. interne Fähigkeiten dafür einzusetzen.

Organische Entwicklung (oder internes Wachstum) liegt also vor, wenn eine Organisation ihre Strategien auf ihren eigenen Fähigkeiten aufbaut und diese weiterentwickelt. So ist etwa die Gründung der neuen Tochtergesellschaft easyFoodstore durch den Konzern easyGroup ein Beispiel für organisches Wachstum. Die easyGroup setzte dabei auf ihre internen Fähigkeiten, die sie bereits mit dem äußerst erfolgreichen Start-up easyJet entwickeln konnte, dem kostengünstigen Konkurrenten der reifen Flugbranche. Nach dem gleichen Muster wollte easyFoodstore die Preise etablierter Supermärkte unterbieten und jedes Lebensmittel für 25 Pence (0,30 €) anbieten. Der Konzern wählte diese Diversifikationsmethode Marke Eigenbau, da die etablierten Supermarktketten höchstwahrscheinlich nicht an einer Kooperation interessiert sind, die ihre Marken und ihre Rentabilität verwässern würde. Zudem würden sie dadurch einem neuen Konkurrenten auf einem ohnehin schon sehr wettbewerbsintensiven Markt noch Hilfestellung geben.

Auf organisches Wachstum zu setzen, hat fünf grundlegende Vorteile:

Organische Entwicklung

Organische Entwicklung oder Wachstum liegt vor, wenn eine Organisation ihre Strategien auf ihren eigenen Fähigkeiten aufbaut und diese weiterentwickelt.

---

1   Siehe J. F. Mognetti, „Organic Growth: Cost-Effective Business Expansion from Within", *Wiley*, 2002.

- *Wissen und Lernen. Die bestehenden Fähigkeiten einer Organisation für eine neue Strategie zu nutzen, kann Wissen und Lernfähigkeit des Unternehmens vermehren. Ist man ganz unmittelbar in einem neuen Markt präsent oder mit der Entwicklung einer neuen Technologie beschäftigt, erwirbt man automatisch ein umfangreicheres Wissen als durch den passiven Ansatz einer Allianz.*

- *Die Streuung der Investitionen über einen längeren Zeitraum. Die letztendlichen Kosten für internes Wachstum könnten höher liegen als die Kosten für die Übernahme anderer Firmen. Verteilt man die Kosten aber über einen längeren Zeitraum, kann dies eine noch bessere Option sein, als zu einem einzigen Zeitpunkt eine große Investition zu tätigen, wie dies bei einer Übernahme der Fall wäre. Dies ist ein starkes Motiv für ein organisches Wachstum bei kleinen Firmen oder vielen Organisationen der öffentlichen Hand, die vielleicht nicht über die nötigen Ressourcen für eine einmalige, große Investition verfügen.*

- *Keine Einschränkungen durch mangelnde Verfügbarkeit. Die organische Entwicklung hat den Vorteil, nicht von der Verfügbarkeit geeigneter Übernahmeziele oder potenzieller Allianzpartner abhängig zu sein. Beispielsweise gibt es für internationale Unternehmen, die auf dem japanischen Markt aktiv werden möchten, nur sehr wenige Übernahmemöglichkeiten. Auch muss man bei der organischen Entwicklung nicht warten, bis der perfekte Allianzpartner auf dem Markt auftaucht.*

- *Strategische Unabhängigkeit. Diese Unabhängigkeit bedeutet, dass eine Organisation nicht dieselben Kompromisse machen muss, die vielleicht nötig wären, um einen geeigneten Allianzpartner für sich zu gewinnen. Bei einer internationalen Zusammenarbeit etwa könnten sich Einschränkungen in Bezug auf Marketingaktivitäten auf externen Märkten ergeben.*

- *Kulturmanagement. Durch organische Entwicklung können neue Aktivitäten im bestehenden kulturellen Umfeld geschaffen werden, die das Risiko kultureller Konflikte reduzieren.*

Allerdings kann es zäh, teuer und auch riskant sein, sich nur auf organisches Wachstum, basierend auf internen Fähigkeiten, zu verlassen. Zudem ist es nicht einfach, bereits vorhandene Fähigkeiten als Grundlage für große innovative oder internationale Entwicklungen zu nutzen. Trotzdem kann eine organische Entwicklung sehr erfolgreich sein, wie das Beispiel des easyFoodstore zeigt. Dieses Wachstum ist zudem radikal und einschneidend genug, um von „Corporate Entrepreneurship" sprechen zu können.

Corporate Entrepreneurship

Corporate Entrepreneurship bezeichnet eine radikale Veränderung einer Unternehmung, die im Wesentlichen auf den eigenen Fähigkeiten der Organisation basiert.

Corporate Entrepreneurship bezeichnet eine radikale Veränderung einer Unternehmung, die im Wesentlichen auf den eigenen Fähigkeiten der Organisation basiert.[2] Dieser Begriff weist vor allem auf das Potenzial signifikanter Veränderungen oder Neuerungen hin, das sich nicht nur durch externes Entrepreneurship, sondern auch durch die Nutzung interner Fähigkeiten ergibt. So war die Gründung von easyFoodstore für die easyGroup ein radikaler unternehmerischer Schritt, der dem Konzern eine neue Branche eröffnete. Man hoffte, durch das bewährte Niedrigkosten-Modell

---

2   P. Sharma und J. Christman, „Towards a reconciliation of the definitional issues in the field of corporate entrepreneurship", *Entrepreneurial Theory and Practice*, Frühjahr 1998), S. 11–27; D. Garvin und L. Levesque, „Meeting the challenge of corporate entrepreneurship", *Harvard Business Review*, Oktober 2006, S. 102–12.

die Wettbewerbssituation zu verändern und sogar für Marktwachstum zu sorgen, denn so hatte das ja auch bei den früheren Start-ups des Konzerns funktioniert.

Das Konzept des Corporate Entrepreneurships ist deshalb so wertvoll, weil es die Kreativität innerhalb einer Organisation fördert – wie etwa die Gründung der Billig-Airline Ryanair aus dem Flugzeug-Leasing-Unternehmen Guinness Peat heraus. Häufig müssen Organisationen allerdings mehr als ihre eigenen internen Fähigkeiten einsetzen und außerhalb nach Wegen suchen, um ihre Strategien umzusetzen. Zwei dieser Wege, Fusionen und Übernahmen sowie Allianzen werden im Folgenden behandelt.

11.3 Fusionen und Übernahmen

Fusionen und Übernahmen[3] (Mergers & Akquisitions; M&A) machen oft Schlagzeilen, da sie hohe Geldbeträge und sehr öffentlichkeitswirksame Wettbewerbe um die Unterstützung der Aktionäre beinhalten. Sie können auch eine schnelle Möglichkeit bilden, wichtige strategische Ziele zu erreichen. Allerdings können sie auch zu spektakulären Fehlschlägen führen. So waren die Aktionäre im November 2012 regelrecht geschockt, als Meg Whitman, CEO von Hewlett-Packard, verkündete, man müsse eine Wertberichtigung in Höhe von 8,8 Mrd. $ vornehmen als Folge der 11,1 Mrd. $ teuren Übernahme von Autonomy. Als Grund wurden angebliche buchhalterische Ungereimtheiten beim Übernahmeziel angegeben. Infolgedessen fiel der Aktienkurs von Hewlett-Packard von 33 $ auf 11,71 $. Zudem musste das Unternehmen 2015 seinen Investoren 100 Mio. $ als Wiedergutmachung zahlen.

11.3.1 Arten von Fusionen und Übernahmen

Bei Fusionen und Übernahmen geht es normalerweise um die Kombination von zwei oder mehr Organisationen. Bei einer **Übernahme** erwirbt eine Organisation durch den Kauf von Anteilen die Kontrolle über ein anderes Unternehmen. Damit wird eine Übernahme durch den Erwerb der Mehrheit der Anteile eines Zielunternehmens erreicht. Die meisten Übernahmen sind *freundlich*, d.h. das Management des Zielunternehmens empfiehlt den Aktionären die Annahme des Angebots des übernehmenden Unternehmens. Dies ist für das übernehmende Unternehmen positiv, da das Management des Zielunternehmens mit größerer Wahrscheinlichkeit beim Abschluss der Transaktion und bei der Integration der beiden Unternehmen mit ihnen zusammenarbeitet. Manchmal sind Übernahmen feindlich. Dabei wendet sich der Erwerber direkt zum Erwerb der Anteile an die Aktionäre des Zielunternehmens. Diese Transaktionen können sehr erbittert ablaufen, wenn das Management des Zielunternehmens die Bemühungen zur Einholung von wesentlichen Informationen behindert bzw. nach der Transaktion die Integration der beiden Unternehmen nicht unterstützt.

Übernahme

Bei einer Übernahme erwirbt eine Organisation die Mehrheit der Anteile eines Zielunternehmens

---

[3] Es gibt zahlreiche Veröffentlichungen über Fusionen und Übernahmen, siehe P. Gaughan, „Mergers, Acquisitions and Corporate Restructurings", 4. Auflage, *Wiley*, 2007. Eine praktische Anleitung für Manager bieten T. Galpin und M. Herndon, „The Complete Guide to Mergers and Acquisitions", *Jossey-Bass*, 2000; ebenso D. M. DePamphilis, „Mergers, acquisitions, and other restructuring activities: An integrated approach to process, tools, cases, and solutions", Elsevier, 2005. Für eine kürzere Abhandlung siehe R. Schoenberg, „Mergers and acquisitions: motives, value creation and implementation", „The Oxford Handbook of Corporate Strategy", *Oxford University Press*, 2003, Kapitel 21.

Die Erwerber sind im Allgemeinen größer als die Zielunternehmen, auch wenn es mitunter durchaus auch „umgekehrte" Übernahmen geben kann, bei denen die Erwerber kleiner als die Zielunternehmen sind.

Fusion

Eine Fusion bezeichnet den Zusammenschluss oder die Verschmelzung zweier oder mehrerer Unternehmen zu einem neuen Unternehmen.

Eine **Fusion** unterscheidet sich im Wesen von einer Übernahme, denn dabei handelt es sich um den Zusammenschluss zweier zuvor separater Organisationen zur Bildung eines neuen Unternehmens. So gaben beispielsweise 2012 Random House und Penguin, zwei große Verlagshäuser, eine Fusion bekannt, durch die zur Kostensenkung und Stärkung der Verhandlungsmacht gegenüber Vertriebspartnern wie Amazon das Unternehmen Penguin Random House gegründet werden sollte. Die Partner bei einer Fusion haben, anders als bei einer Übernahme, bei der das übernehmende Unternehmen im Allgemeinen dominiert, oft eine ähnliche Größe und erwarten einen im Wesentlichen gleichen Status. In der Praxis werden die Begriffe „Fusion (Merger)" und „Übernahme (Acquisition)" allerdings oft synonym verwendet, daher auch die gängige Abkürzung „M&A".

Fusionen und Übernahmen finden auch in öffentlichen und gemeinnützigen Bereichen statt: So gründete die finnische Regierung im Jahr 2010 durch die Fusion der Helsinki School of Economics, der Helsinki University of Art and Design sowie der Helsinki University of Technology die neue Aalto University. Im Besitz der öffentlichen Hand befindliche Institutionen bauen häufig eine ganz eigene Kultur oder ganz eigene Systeme auf, so als wären sie tatsächlich unabhängige Institutionen. Wenn große kulturelle oder Systemunterschiede zwischen Organisationen bestehen, sind der Umfang und das Ausmaß der Managementaspekte ähnlich denen, die auch bei einem Eigentümerwechsel auftreten würden. Daher wird in derartigen Fällen häufig der Begriff „Fusion" verwendet, da dies das Ausmaß der involvierten Aufgabe besser widerspiegelt als der Begriff „Reorganisation".

11.3.2 Zeitplanung von Fusionen und Übernahmen

Seit dem Beginn der Aufzeichnungen im späten neunzehnten Jahrhundert zeigt die Entwicklung von Fusionen und Übernahmen einen zyklischen Verlauf mit starken Ausschlägen nach oben und unten. 2015 war ein Rekordjahr für globale Fusionen und Übernahmen mit Transaktionen im Wert von circa 5,03 Billionen € – ein Anstieg von 37 % im Vergleich zum Vorjahr, und mehr als doppelt so hoch wie im Jahr der globalen Rezession 2009, als dieser Wert bei 2,26 Billionen $ lag[4]. Diese Zyklen hängen meist von Änderungen der globalen Wirtschaft ab, werden aber auch durch neue gesetzliche Vorschriften, die Verfügbarkeit von Finanzmitteln, die Situation an der Börse, technische Störungen und das Angebot verfügbarer Zielfirmen beeinflusst. Sie können während eines Aufschwungs auch durch übermäßigen Optimismus der Manager, Aktionäre und Banker sowie durch einen übermäßigen Vertrauensverlust während eines Abschwungs beeinflusst werden. Dieses zyklische Muster bedeutet, dass manche Zeitpunkte sich besser für eine Übernahme eignen als andere. Während des Konjunkturhöhepunkts sind mögliche Zielunternehmen wahrscheinlich sehr teuer. Dies kann die Erfolgschancen eines Erwerbers reduzieren. Nach der 5 Mrd. £ teuren Fusion zwischen den Bauunternehmen Taylor Woodrow und George Wimpey

---

4   Financial Times, 29. Februar 2012. Bemerkenswert ist, dass die Anzahl der Abschlüsse nur unwesentlich auf 41.000 sank, woraus man schließen kann, dass M&A eine konstant wichtige Strategie ist, die Unternehmen nutzen, um sich neuen Umfeldbedingungen anzupassen.

im Jahr 2007 fiel der Aktienkurs im folgenden Jahr mit dem Beginn der Rezession um beinahe 90 %. Aus diesen Zyklen sollten Manager ableiten können, dass M&As unter Umständen auch eine Modeerscheinung sein können. Insbesondere während eines Aufschwungs sollten sich Manager sorgfältig überlegen, ob Übernahmen tatsächlich gerechtfertigt sind, da die Preise unter Umständen hoch sind.

Die weltweiten Fusions-Aktivitäten werden traditionell von Nordamerika und Westeuropa dominiert. In anderen Volkswirtschaften wie beispielsweise in Japan sind Fusionen und Übernahmen dagegen weitaus weniger häufig. In vielen nationalen Governance-Systemen werden Barrieren für Übernahmen, insbesondere für feindliche Übernahmen (siehe *Abschnitt 5.3.2*), errichtet. Allerdings sind zwischenzeitlich Unternehmen aus den sich schnell entwickelnden Volkswirtschaften, wie China und Indien, sehr aktiv im Bereich großer Übernahmen geworden, um Zugang zu westlichen Märkten oder Technologien zu erhalten oder sich die für das Wachstum notwendigen Materialressourcen zu sichern. So übernahm etwa im Jahr 2014 die Anbang Insurance Company Group Ltd. das Waldorf Astoria Hotel in New York von der Hilton Worldwide Holdings. 2016 gab der Konzern weitere Übernahmeangebote für andere US-amerikanische Hotelketten ab.

11.3.3 Motive für Übernahmen und Fusionen

Die Motive für M&A können strategisch, finanziell und managementbasiert[5] sein (siehe *Beispiel 11.1*).

Strategische Motive für M&A

Zu den strategischen Motiven für M&A gehört die Verbesserung des Wettbewerbsvorteils der Organisation. Diese Motive ähneln häufig den Gründen für die Diversifizierung im Allgemeinen (siehe *Abschnitt 8.3*). Strategische Motive können in drei verschiedene Kategorien eingeordnet werden:[6]

- *Erweiterung.* M&A können eingesetzt werden, um die Reichweite eines Unternehmens geografisch bzw. im Hinblick auf Produkte oder Märkte zu erweitern. Übernahmen können eine schnelle Möglichkeit zum Ausbau der internationalen Reichweite bilden. So zeigt etwa die Übernahme der Mitteilungsplattform WhatsApp durch Facebook zu einem Preis von 22 Mrd. $ eindrucksvoll, wie viel es Unternehmen wert sein kann, für sich neue Märkte und Produkte zu erschließen (siehe *Kapitel 8*).

- *Konsolidierung.* M&A können eingesetzt werden, um die Wettbewerber in einer Branche zu konsolidieren. Das Zusammenbringen von mindestens zwei Wettbewerbern kann wenigstens drei vorteilhafte Effekte haben. In erster Linie erhöht sich hier die Marktmacht durch die Reduzierung des Wettbewerbs: Dadurch könnte das neu konsolidierte Unternehmen möglicherweise die Preise für die

---

5   D. N. Angwin, „Motive archetypes in mergers and acquisitions (M&A): the implications of a configurational approach to performance", *Advances in Mergers and Acquisitions*, Band 6 (2007), S. 77–105. Ein nützliches konzeptuelles Modell von Motiven und beeinflussenden Variablen bietet J. Haleblian, C. E. Devers, G. McNamara, M. A. Carpenter und R. B. Davison, „Taking stock of what we know about mergers and acquisitions: a review and research agenda", *Journal of Management*, Band 35 (2009), S. 469–502.

6   Dies bildet eine Anpassung zu J. Bower, „Not all M&As are alike – and that matters", *Harvard Business Review*, März (2001), S. 93–101.

Kunden erhöhen. Zweitens erhöht sich durch die Verbindung der beiden Wettbewerber die Effizienz durch eine Reduzierung von Überschusskapazitäten oder das Teilen von Ressourcen. Und schließlich kann durch das höhere Produktionsvolumen des kombinierten Betriebs die Produktionseffizienz gesteigert oder die Verhandlungsmacht gegenüber Lieferanten erhöht werden, was diese dazu zwingt, die Preise zu senken. All diese Gründe bewirkten die Fusion zwischen den großen Zementkonzernen Lafarge (Frankreich) und Holcim (Schweiz) im Jahr 2015.

■ *Ressourcen und Fähigkeiten.* Das dritte große strategische Motiv für M&A liegt in der Stärkung der Ressourcen und Kernkompetenzen eines Unternehmens. High-Tech-Unternehmen wie Cisco und Microsoft betrachten Übernahmen von jungen Technologieunternehmen als Bestandteil ihrer F&E-Aktivitäten. Anstatt eine neue Technologie von Grund auf zu erforschen, lässt man ein Start-up-Unternehmen eine neue Geschäftsidee auf dem Markt ausprobieren und übernimmt dann dieses Unternehmen, um dessen technische Ressourcen und Kernkompetenzen ins eigene Portfolio aufzunehmen. Solche Übernahmen sind oft nützlich, wenn sich Branchen stark verändern (siehe *Abschnitt 3.3.2*). So hat etwa Alphabet, vormals Google, mehrere Übernahmen vorgenommen, um auf dem neuen Wachstumsmarkt für mobile Werbung Fuß zu fassen. Präsenz auf diesem neuen Markt zu steigern, der sich aus einer Vermischung von Mobiltelefonie und Werbung neu eröffnet.

Finanzielle Motive für M&A

Finanzielle Motive zielen auf die optimale Nutzung finanzieller Ressourcen und damit weniger auf eine direkte Verbesserung des eigentlichen Geschäfts ab. Es bestehen drei wesentliche finanzielle Motive:

■ *Finanzielle Effizienz.* Es kann unter Umständen effizient sein, ein Unternehmen mit starker Bilanz (z.B. mit viel Bargeld) mit einem Unternehmen mit schwacher Bilanz (d.h. mit hoher Verschuldung) zusammenzubringen. Das Unternehmen mit der schwachen Bilanz kann das Vermögen des stärkeren Unternehmens zur Rückzahlung seiner Schulden nutzen und überdies auch Anlagemittel von dem stärkeren Unternehmen erhalten, zu denen es andernfalls keinen Zugang hätte. Doch auch das Unternehmen mit der starken Bilanz kann durch den Erwerb des schwächeren Unternehmens ein gutes Geschäft machen. Des Weiteren kann ein Unternehmen mit einem steigenden Aktienkurs andere Unternehmen sehr effizient kaufen, indem es den Aktionären des Zielunternehmens anbietet, den Preis mit eigenen Aktien (Eigenkapital) anstatt einer direkten Barzahlung zu bezahlen.

■ *Steuereffizienz.* Mitunter ergeben sich aus dem Zusammenschluss verschiedener Unternehmen steuerliche Vorteile. So können beispielsweise Gewinne oder steuerliche Verluste innerhalb der Organisation übertragen werden, um von verschiedenen Steuersystemen zwischen Branchen oder Ländern zu profitieren. Im November 2015 verkündete der US-amerikanische Großkonzern Pfizer das bisher größte Geschäft zur „Steuerneutralisierung" im Wert von 120 Mrd. € Pfizer übernahm die irische Firma Allergan und wurde damit zum weltgrößten Pharmakonzern. Pfizer möchte nun seinen Hauptsitz nach Irland verlegen, wo das Unternehmen einem Steuersatz von nur 17 % (verglichen mit 25 % in den USA) unterliegen würde. Doch natürlich gibt es für solche Strategien rechtliche Einschränkungen und einige Regierungen reagieren auch mit steuerlichen Anpassungen.

- *Asset Stripping/Unbundling.* Einigen Unternehmen gelingt es gut, andere Unternehmen zu erkennen, deren zugrunde liegende Vermögenswerte einen höheren Wert haben als der Übernahmepreis für das Unternehmen insgesamt. Dies eröffnet die Möglichkeit, solche Unternehmen zu kaufen, um anschließenden schnell einzelne Geschäftsbereiche an unterschiedliche Käufer wieder zu verkaufen („Unbundling"). Der gesamte Verkaufspreis liegt damit erheblich höher, als der ursprünglich für das Ganze bezahlte Preis. Auch wenn dies oft als bloße opportunistische Geschäftemacherei („Asset Stripping") abgetan wird, kann es die wirtschaftliche Effektivität durchaus steigern, wenn die Geschäftsbereiche durch diesen Unbundling-Prozess bessere Muttergesellschaften finden.

Managementmotive für M&A

Wie im Fall der Diversifikation (siehe *Abschnitt 8.3*) können auch Übernahmen mitunter eher den Interessen der Manager als denen der Aktionäre dienen. Diese „Managementmotive" sind also eher eigennützig als effizienzgetrieben. M&A können aus zwei Arten von Gründen auch dem Eigeninteresse von Managern dienen:

- *Persönlicher Ehrgeiz.* Übernahmen können, unabhängig von dem geschaffenen realen Wert, den persönlichen Ehrgeiz leitender Manager auf drei verschiedene Arten befriedigen. Erstens können die persönlichen finanziellen Anreize leitender Manager an kurzfristige Wachstumsziele oder Aktienkursziele geknüpft sein, die durch große und spektakuläre Übernahmen leichter zu erreichen sind, als durch die allmählichere und weniger sensationelle Alternative organischen Wachstums. Zweitens ziehen große Übernahmen die Aufmerksamkeit der Medien auf sich und bieten damit die Möglichkeit, den persönlichen Ruf durch schmeichelhafte Medieninterviews und -auftritte zu stärken. Hier zeigt sich der sogenannte „Manager-Hybris-Effekt" (Eitelkeitseffekt): Manager, die bei früheren Übernahmen erfolgreich gewesen sind, werden übermäßig selbstsicher und beginnen mehr und mehr Übernahmen, von denen jede einzelne riskanter und teurer ist als ihr Vorgänger.[7] Und drittens bieten Übernahmen auch Möglichkeiten, Freunden und Kollegen mehr Verantwortung zu übertragen und untermauern so persönliche Loyalitäten durch die Unterstützung der Karrieren Einzelner.

- *Mitläufereffekte.* Wie bereits erklärt, sind Übernahmen äußerst zyklisch. Während eines Aufschwungs sind leitende Manager im Hinblick auf den Mitläufereffekt in dreierlei Hinsicht starkem Druck ausgesetzt. Erstens könnten Finanzanalysten und Wirtschaftsmedien vorsichtigere Manager für ihre scheinbar unangemessene Zögerlichkeit kritisieren, wenn viele andere Unternehmen Übernahmen durchführen. Zweitens fürchten die Aktionäre unter Umständen, dass ihr eigenes Unternehmen zurückbleibt, wenn Chancen für ihr Geschäft von anderen genutzt werden. Und schließlich machen sich Manager vielleicht Sorgen darüber, dass ihr Unternehmen, wenn es keine Übernahmen tätigt, eventuell selbst Ziel einer feindlichen Übernahme werden könnte. Für Manager, die während eines „Fusionsbooms" einfach ein ruhiges Leben wollen, liegt die einfachste Strategie möglicherweise einfach darin mitzumachen. Allerdings besteht dabei die Gefahr, eine

7   M. Hayward und D. Hambrick, „Explain the premiums paid for large acquisitions: evidence of CEO hubris", *Administrative Science Quarterly*, Band 42 (1997), S. 103–27; J.-Y. Kim, J. Haleblian und S. Finkelstein, „When firms are desperate to grow via acquisition: the effect of growth patterns and acquisition experience on acquisition premiums", *Administrative Science Quarterly*, Band 56, Nr. (2011), S. 26–60.

Übernahme zu tätigen, die das Unternehmen nicht wirklich braucht. Überdies kann dieser Effekt auch dazu führen, dass ein zu hoher Preis bezahlt wird.

Insgesamt gibt es für Übernahmen und Fusionen gute und schlechte Gründe. Die durchschnittlichen Ergebnisse von Übernahmen sind allerdings nicht beeindruckend, und Belege deuten darauf hin, dass die Hälfte aller Übernahmen fehlschlägt.[8] Allerdings zeigen auch alternative Wachstumsmethoden ähnliche Ergebnisse. Trotzdem lohnt es sich, die M&A-Strategie skeptisch zu betrachten. Natürlich kann aber auch das Gegenteil zutreffen: Es kann auch schlechte Gründe für Widerstand gegen eine feindliche Übernahme geben. Leitende Manager können Widerstand gegen eine Übernahme leisten, weil sie befürchten, dass sie ihre Arbeitsplätze verlieren, selbst wenn der angebotene Preis für die Aktionäre ein gutes Geschäft wäre.

Beispiel 11.1   **Ein hart umkämpftes Übernahmeziel**

US-amerikanische Hotelgruppe und chinesischer Versicherungskonzern kämpfen um Starwood

Im März 2016 geriet der schwächelnde US-amerikanische Hotelkonzern Starwood Hotels and Resorts, zu dem unter anderem die Weston- und Sheraton-Kette gehören, unversehens ins Zentrum eines Übernahmekampfs. Im Vorjahr hatte der Konzern ein Übernahmeangebot der US-Hotelgruppe Marriott International für 10,8 Mrd. $ angenommen. Während der Detailverhandlungen des Geschäfts, das im März 2016 abgewickelt werden sollte, kam von der chinesischen Anbang Insurance Group, einem Versicherungskonzern mit Sitz in Peking, ein zweites, nicht angefordertes Angebot in Höhe von 12,9 Mrd. $ Marriott reagierte mit einer Steigerung des Übernahmepreises auf 13,6 Mrd. $, worauf die Starwood-Investoren schon begierig auf ein noch höheres Angebot von der Gegenseite warteten.

Behielte Marriott die Oberhand, so entstünde dadurch der weltgrößte Hotelkonzern mit 5.500 Hotels mit 1,1 Mio. Hotelzimmern und 30 Marken. Marriott sah sich als attraktiven Bieter, denn man hatte starke Markennamen zu bieten, ebenso wie viele Jahre als Branchenführer mit beträchtlichem Wachstum. Zudem lag der Aktienkurs des Konzerns dauerhaft über dem der Konkurrent und die Aktionäre profitierten von konstanten Kapitalerträgen. Nach fünf Monaten intensiver Verhandlungen und gemeinsamer integrativer Planung mit Starwood, die auch eine sorgfältige Analyse des Markenaufbaus umfasste, war Marriott überzeugt davon, jährlich Kosten in Höhe von 250 Mio. $ einsparen zu können. Zudem war man sicher, den langfristigen Unternehmenswert durch eine größere globale Präsenz steigern und den Kunden eine größere Auswahl an Markenhotels bieten zu können.

---

8   C. M. Christensen, R. Alton, C. Rising und A. Waldeck, „The big idea: the M&A playbook", *Harvard Business Review*, Band 89, Nr. 3 (2011). Siehe auch S. B. Moeller, F. P. Schlingemann und R. M. Stultz, „Wealth destruction on a massive scale: a study of acquiring firm returns in the recent merger wave", *Journal of Finance*, Band LX, Nr. 2 (2005), S. 757–82.

Die Anbang Insurance Group, ein Versicherungskonzern, der außerhalb Chinas vor 2013 nur wenig bekannt war, hatte als kleine Autoversicherung begonnen. Als die chinesische Regierung es Versicherungen dann ermöglichte, auch in andere Branchen zu investieren, konnte Anbang neben Investmentprodukten auch andere Dienstleistungen verkaufen und wurde so zu einem bedeutenden Akteur auf dem Immobilienmarkt. Als die chinesische Wirtschaft an Fahrt verlor und auch die Währung schwächer wurde, suchten viele Unternehmen nach Investitionen im Ausland. Und auch Anbang verfolgte aggressiv diese Strategie, die das Unternehmen hauptsächlich durch den Verkauf rentabler Investmentprodukte zuhause finanzierte. Zunächst gab Anbang 2 Mrd. $ für den Erwerb belgischer und südkoreanischer Versicherungsunternehmen aus und kaufte dann auch viele Firmen in den USA, darunter das Waldorf Astoria für 1,95 Mrd. $, den amerikanischen Versicherer Fidelity &Guaranty Life Insurance für 1,6 Mrd. $ und die bisher größte Übernahme amerikanischer Vermögenswerte durch einen Käufer aus China, Strategic Hotel and Resorts (6,5 Mrd. $). Zu diesem Konzern gehörten unter anderem die Vier-Jahreszeiten-Hotels, die Fairmont- und Intercontinental-Hotels sowie das JW Marriott Essex House Hotel. Als später Bieter hatte Anbang nur wenig Zeit für umfangreiche Analysen und Untersuchungen von Starwood gehabt, gab aber sein Angebot als Konsortium ab, dem unter anderem auch die amerikanische private Equitygesellschaft J. C. Flowers & Company angehörte. Aufgrund seiner engen persönlichen Verbindungen zur chinesischen Regierung bescheinigten Beobachter Anbang die Chance, die Bargeldreserven von Starwood ganz erheblich steigern zu können.

Am 28. März erhöhte Anbang sein Angebot auf 14 Mrd. $, und die Analysten fragten sich, ob Marriott wiederum sein Angebot weiter erhöhen würde, da eine Steigerung des Bargeldanteils Marriotts Einstufung seiner Anlagebonität verschlechtern würde. Zudem würden mehr Aktien die Aktienrendite verwässern. Marriott reagierte mit der Aussage, bei seinem Angebot ginge es nicht nur um den Preis. Außerdem stellte Marriott in Frage, ob Anbang über ausreichende Geldmittel verfügte, um das Geschäft abzuschließen. Zudem frage man sich bei Marriott, ob das Committee on Foreign Investment (Cfius), eine Behörde, die alle Geschäfte mit Beteiligung amerikanischer Unternehmen überprüft, bei denen die nationale Sicherheit betroffen ist, nicht Einspruch einlegen würde. Dies war nämlich beim Verkauf des Waldorf der Fall gewesen, der allerdings letztendlich genehmigt worden war. Die Immobilien der Starwood-Gruppe könnten als zu nahe an Regierungsbehörden und Militärbasen eingestuft werden, was den Abschluss verzögern und Anbang abschrecken könnte. Beobachter bezweifelten auch, ob man bei Anbang über die richtigen Managementfähigkeiten verfügte, um Starwood zu übernehmen, denn nach der Übernahme einer belgischen Firma durch Anbang hatte das ursprüngliche Managementteam dort rasch das Unternehmen verlassen und sich bitter über Anbangs Managementstil beklagt.

Quellen: Telegraph, 14. März 2016; nytimes.com, 23. März 2016; New York Times, 14. März 2016, 28. März 2016.

11.3.4 M&A-Prozess

Übernahmen brauchen Zeit. Als Erstes muss ein möglichst passendes Übernahmeziel gefunden werden. Dieser Prozess kann Jahre dauern, unter bestimmten Umständen allerdings auch sehr schnell abgeschlossen werden. Dann folgt der Verhandlungsprozess für die Transaktion: Es müssen Bedingungen und Konditionen sowie der richtige Preis ausgehandelt werden. Schließlich müssen die Manager entscheiden, inwieweit die neuen und alten Unternehmensbereiche integriert werden müssen – und all dies hat erhebliche Auswirkungen auf den Zeitraum, der für die Wertschöpfung erforderlich ist. Mit anderen Worten ausgedrückt sollte der Übernahmeprozess als Ablauf betrachtet werden, der eine gewisse Zeit erfordert. Jeder Schritt in diesem Prozess birgt unterschiedliche Aufgaben für das Management. In diesem Abschnitt werden drei wesentliche Schritte betrachtet: Zielauswahl, Verhandlung und Integration.

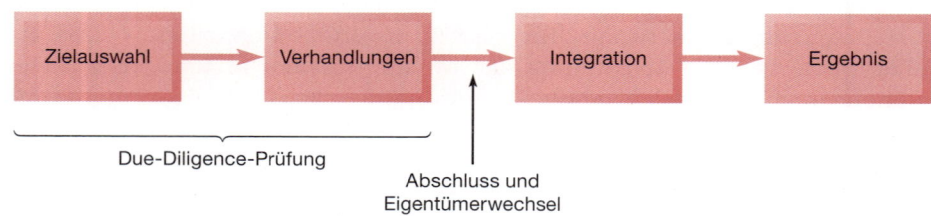

Abbildung 11.2: Der Übernahmeprozess

Zielauswahl bei M&A

Hier sind zwei wesentliche Kriterien – die strategische und die organisatorische Fit – anzuwenden:[9]

Strategische Fit

Die strategische Passung/ Fit bezieht sich auf das Ausmaß, in dem das Zielunternehmen die Strategie des erwerbenden Unternehmens stärkt oder ergänzt.

- **Strategische Fit.** Diese bezieht sich auf das Ausmaß, in dem das Zielunternehmen die Strategie des erwerbenden Unternehmens stärkt oder ergänzt. Die strategische Passung oder Fit wird durch die ursprünglichen strategischen Motive für die Übernahme bestimmt: Erweiterung, Konsolidierung und Ressourcen. Manager müssen die strategische Passung sehr sorgfältig bewerten. Die Gefahr liegt darin, dass potenzielle Synergien (siehe *Abschnitt 8.3*) in M&A häufig übertrieben werden, um hohe Übernahmepreise zu rechtfertigen. Überdies werden negative Synergien („Ansteckung") zwischen den beteiligten Unternehmen leicht vernachlässigt.[10] Diese entstehen, wenn die Vermischung der einzelnen Geschäftsbereiche beider Unternehmen oder auch die Veränderung des Geschäftsmodells zu einer Wertverminderung führen.

Organisatorische Fit

Die organisatorische Fit bezieht sich auf die Passung der Managementverfahren, der kulturellen Praktiken und des Personals zwischen dem Zielunternehmen und dem erwerbenden Unternehmen.

- **Organisatorische Fit.** Dies bezieht sich auf die Passung der Managementverfahren, der kulturellen Praktiken und des Personals zwischen dem Zielunternehmen und dem erwerbenden Unternehmen. Große Diskrepanzen zwischen den beiden verursachen wahrscheinlich erhebliche Integrationsprobleme. Internationale Übernahmen können durch Sprach- und Kulturunterschiede besonders häufig solchen organisatorischen Diskrepanzen unterliegen,[11] obwohl ein tatsächlich vorliegender Kulturkonflikt auch dadurch abgemildert werden kann, dass sich alle

---

9 Dies basiert auf D. Jemison und S. Sitkin, „Corporate acquisitions: a process perspective", *Academy of Management Review*, Band 11, Nr. 1 (1986), S. 145–163.

10 J. M. Shaver, „A paradox of synergy: contagion and capacity effects in mergers and acquisitions", *Academy of Management Review*, Band 31, Nr. 4 (2006), S. 962–978.

Beteiligten ernsthaft um Integration bemühen. Ein Vergleich der Kulturnetze der beiden Unternehmen (*Kapitel 6*) kann dazu beitragen, potenzielle Unterschiede und Konfliktherde frühzeitig zu erkennen.

Gemeinsam bestimmen der strategische und organisatorische Fit das Potenzial des Erwerbers für zusätzliche Wertschöpfung (hierzu siehe auch die in *Abschnitt 7.6* dargestellte Frage nach der Rolle der Muttergesellschaft). Passen zwei Unternehmen organisatorisch gesehen nicht gut zueinander, so schlagen alle Versuche der übernehmenden Firma, das Ziel zu integrieren, fehl und sorgen eher für eine Wertzerstörung – selbst wenn eine optimale strategische Passung gegeben ist. So führte beispielsweise die Fusion zwischen den französischen und amerikanischen Telekommunikationsgeräteherstellern Alcatel und Lucent mehrere Jahre lang nach Abschluss der Transaktion zu erheblichen Kulturkonflikten mit Verlusten in Höhe von Milliarden Dollar und dem Ausscheiden zweier Topmanager.

Die beiden Kriterien der strategischen und organisatorischen Passung sind wichtige Bestandteile einer „Due-Diligence-Analyse" – einer strukturierten Untersuchung von Zielunternehmen, die im Allgemeinen stattfindet, bevor eine Transaktion erfolgt. Fehlt diese „Due Diligence", also die sorgfältige Prüfung, kann es nach einer Übernahme zu gravierenden Problemen kommen. Die strategische und organisatorische Passung kann zur Schaffung eines Rasters benutzt werden, nach dem potenzielle Übernahmeziele akzeptiert oder ausgeschlossen werden können. Hierbei ist zu beachten, dass die Gruppe von Unternehmen, die die Kriterien erfüllen *und* tatsächlich zum Kauf zur Verfügung stehen, wahrscheinlich klein ist. Für Manager ist es daher sehr verführerisch, die Kriterien so weit zu lockern, dass ein ausreichend großer Bestand von möglichen Übernahmezielen übrig bleibt. Strenge Kriterien im Hinblick auf die strategische und organisatorische Passung werden nach dem Fehlschlag eines ersten Übernahmeangebots besonders schnell vergessen. Nachdem sie sich öffentlich auf eine Übernahmestrategie festgelegt haben, neigen Topmanager zu unüberlegten Geboten für andere Ziele, um die erste Enttäuschung vergessen zu machen.

Verhandlungen bei M&A

Der Verhandlungsprozess bei M&A ist für das Ergebnis freundlicher Transaktionen von entscheidender Bedeutung. Wenn sich die Führungsmannschaften nicht einigen können, weil der Preis nicht stimmt, kommt das Geschäft nicht zustande. Wenn dem Zielunternehmen im Hinblick auf den Preis zu wenig geboten wird und das Angebot deshalb keinen Erfolg hat, verlieren die leitenden Angestellten Glaubwürdigkeit und in diesem Fall hat das Unternehmen, das die Übernahme anstrebt, viel Managementzeit verschwendet. Wenn allerdings auf der anderen Seite zu viel bezahlt wird, erwirtschaftet die Übernahme wahrscheinlich niemals einen Gewinn, der den ursprünglichen Kaufpreis übersteigt.

Der Erwerber nutzt zur Ermittlung des Preises verschiedene Bewertungsmethoden, wie etwa Finanzanalysen, wie die Rückzahlfrist, den diskontierten Cashflow, die Anlagenbewertung und die Shareholder-Value-Analyse (siehe *Kapitel 12*).[12] Bei der Übernahme von börsennotierten Unternehmen bietet der Marktwert der Anteile des

---

11 Siehe J. Child, D. Faulkner und R. Pitkethly, „The Management of International Acquisitions", *Oxford University Press*, 2001.

Zielunternehmens weitere Orientierung. Allerdings bezahlen Erwerber typischerweise nicht einfach den aktuellen Marktwert des Ziels, sondern müssen zusätzlich eine sogenannte *Kontrollprämie* bezahlen. Diese Prämie bildet den zusätzlichen Betrag, den der Erwerber für die Erlangung der Kontrolle ausgeben muss, verglichen mit der normalen Bewertung der Anteile des Zielunternehmens als unabhängiges Unternehmen. Je nach Lage der Finanzmärkte kann diese Prämie im Fall einer freundlichen Übernahme etwa 30 % über dem regulären Marktwert liegen. Insbesondere in den Fällen, in denen Ziele Widerstand gegen das erste Angebot leisten oder in denen andere potenzielle Erwerber sich mit eigenen Angeboten anschließen, können die Angebotspreise sehr schnell nach oben gehen und den tatsächlichen wirtschaftlichen Wert des Ziels übersteigen.

Es ist daher sehr wichtig, dass der Erwerber im Hinblick auf den Preis, den er zu zahlen bereit ist, Disziplin bewahrt. Übernahmen unterliegen nämlich dem *Fluch des Gewinners* – damit das Angebot angenommen wird, muss der Erwerber so viel bezahlen, dass die ursprünglichen Kosten niemals gedeckt werden können.[13] Ein berühmtes Beispiel für diesen „Fluch" spielte sich ab, als das Konsortium der Royal Bank of Scotland mit der Barclays Bank 2007 im Wettbewerb um die Übernahme der niederländischen Bank ABN AMRO stand: Die Royal Bank of Scotland gewann, aber durch den überhöhten Preis von 70 Mrd. € geriet der Sieger bald in finanzielle Schieflage und wurde verstaatlicht. Die negativen Auswirkungen solcher überhöhten Zahlungen können sich noch verschlimmern, wenn der Erwerber versucht, den Preis zu rechtfertigen, indem notwendige Investitionen gekürzt werden, um die unmittelbaren Gewinne zu verbessern. In einem sogenannten *Teufelskreis der Überbewertung* können überzahlende Unternehmen leicht die ursprüngliche Begründung der Übernahme durch Einsparungen an genau den Vermögenswerten (z.B. Vermarktung von Marken, Produktforschung & -entwicklung oder Schlüsselpersonal) untergraben, die ursprünglich den strategischen Wert des Zielunternehmens ausmachten.

Integration in M&A

Die Fähigkeit, aus einer Übernahme Wert zu schöpfen, hängt in entscheidendem Maße von der Integration des neuen Unternehmens in das alte ab. Die Integration ist häufig eine Herausforderung, da mangelnde organisatorische Passung zu Problemen führen kann. So können beispielsweise zwischen den beiden Unternehmen starke kulturelle Unterschiede bestehen (siehe *Abschnitt 6.3*) oder sie verfügen eventuell über inkompatible Finanz- oder Informationstechnologiesysteme (siehe *Abschnitt 14.3*). An einer mangelhaften Integration kann eine Übernahme durchaus scheitern. Der richtige Ansatz für die Integration fusionierter oder übernommener Unternehmen ist also von entscheidender Bedeutung.

Philippe Haspeslagh und David Jemison von INSEAD[14] argumentieren, dass der geeignetste Ansatz zur Integration von zwei wesentlichen Kriterien abhängt:

---

12   Eine hilfreiche Diskussion der Bewertungsmethoden bei Übernahmen ist enthalten in Kapitel 9 von D. Sadlter, D. Smith und A. Campbell, „Smarter Acquisitions", *Prentice Hall*, 2008.

13   N. Varaiya und K. Ferris, „Overpaying in corporate takeovers: the winner's curse", *Financial Analysts Journal*, Band 43, Nr. 3 (1987), S. 64–70.

14   P. Haspeslagh und D. Jemison, „Managing Acquisitions Creating Value through Corporate Renewal", *Free Press*, 1991; P. Puranam, H. Singh und S. Chaudhuri, „Integrating acquired capabilities: when structural integration is (un)necessary", *Organization Science*, Band 20, Nr. 2 (2009), S. 313–328.

- *Ausmaß der strategischen Interdependenzen.* Dies umfasst die Notwendigkeit der Übertragung oder des Teilens von Fertigkeiten (z.B. Technologie) und Ressourcen (z.B. Produktionsanlagen). Dabei geht man davon aus, dass eine Übernahme nur dann Mehrwert generiert, wenn Wissen, Fähigkeiten und Ressourcen durch eine funktionierende Integration effektiv geteilt werden können. Natürlich schöpfen einige Übernahmen allein durch den Besitz von Vermögenswerten Wert ab – hier besteht also eine geringere Notwendigkeit der Integration. Bei solchen nicht verbundenen oder Konglomeratdiversifikationen (siehe *Abschnitt 8.2.4*) kommt es vielleicht nur auf die Integration beider Finanzsysteme an.

- *Notwendigkeit organisatorischer Autonomie.* Sofern ein übernommenes Unternehmen eine sehr ausgeprägte Kultur hat, sich geografisch gesehen weit entfernt vom Übernahmeunternehmen befindet oder von divenhaften Experten oder Stars dominiert wird, kann eine Integration sehr problematisch sein. Aus diesem Grund erfordern einige Übernahmen ein hohes Maß organisatorischer Autonomie. Allerdings ist es unter einigen Umständen gerade die Unverwechselbarkeit der übernommenen Organisation, die für den Erwerber wertvoll ist.[15] In diesem Fall ist es am besten, die einzigartige Kultur allmählich kennenzulernen, anstatt das Risiko einzugehen, sie durch eine übereilte oder zu strikte Integration zu vernichten.

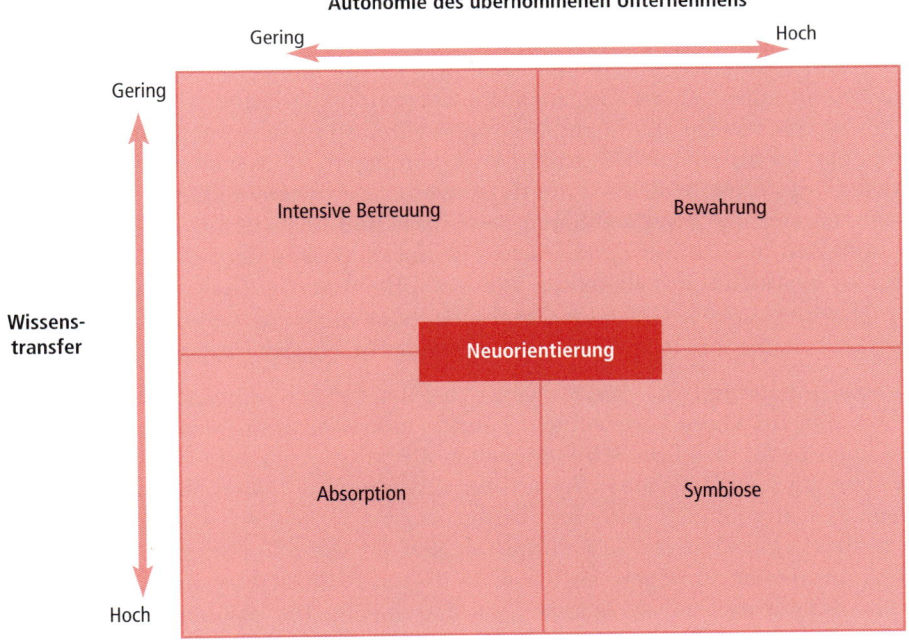

Abbildung 11.3: Integrationsmatrix nach Übernahme
Quelle: D. N. Angwin und M. Meadows, New integration strategies for post acquisition management, Long Range Planning, Band 48, Nr. 4 (2015), S. 235–51, mit Genehmigung von Elsevier.

---

15 G. Stahl und A. Voigt, „Do cultural differences matter in mergers and acquisitions? A tentative model and examination", *Organization Science*, Band 19, Nr. 1 (2008), S. 160–178.

Wie in ▶ *Abbildung 11.3* dargestellt, bilden diese beiden Kriterien die Grundlage für fünf Integrationsansätze,[16] die wichtige Auswirkungen auf die Länge des Integrationszeitraums und die Auswahl des leitenden Managements für das erworbene Unternehmen haben:

- Die *Absorption* wird bevorzugt, wenn ein hohes Maß an strategischer Interdependenz notwendig ist und nur eine geringe Notwendigkeit für organisatorische Autonomie besteht. Die Absorption erfordert eine schnelle Anpassung der alten Strategien und Strukturen des erworbenen Unternehmens an die Bedürfnisse des neuen Eigentümers sowie entsprechende Änderungen der Kultur und des Systems des erworbenen Unternehmens. Bei dieser Art Übernahme wird normalerweise ein neuer Topmanager ernannt, der das Unternehmen anders führen soll.[17]

- Die *Bewahrung* ist angemessen, wenn das erworbene Unternehmen gut geführt wird, allerdings nicht sehr kompatibel mit dem Erwerber ist. Solch ein hoher Bedarf an Autonomie bei gleichzeitigem geringen Integrationsbedarf kann bei Konglomeratgeschäften auftreten. Die Bewahrung des Stils hängt davon ab, dass alte Strategien, Kulturen und Systeme im erworbenen Unternehmen genau wie in der Vergangenheit beibehalten werden dürfen. Änderungen durch den Erwerber werden im Allgemeinen auf ein Mindestmaß, wie die Anpassung von Rechnungslegungsverfahren zur Kontrolle, beschränkt. In dieser Situation ist es empfehlenswert, den derzeitigen Topmanager in seiner Position zu belassen.

- Die *Symbiose* wird dort empfohlen, wo es für strategische Interdependenzen unbedingt nötig ist, wo aber auch die Notwendigkeit hoher Autonomie besteht – wie beispielsweise in einem professionellen Dienstleistungsunternehmen, das von der Kreativität seiner Mitarbeiter abhängig ist. Symbiose impliziert, dass sowohl das erworbene als auch das erwerbende Unternehmen die besten Eigenschaften von der jeweils anderen Seite lernt und übernimmt. Dieser Lernprozess nimmt Zeit in Anspruch. Daher ist es häufig so, dass in der Frühphase der derzeitige Geschäftsführer beibehalten werden sollte, um die Übernahme zu stabilisieren, bevor ein neuer Geschäftsführer eingesetzt wird, um weitreichende Änderungen umzusetzen. Dies ist der komplexeste der Integrationsansätze.

- *Intensive Betreuung* ist eine Kategorie, bei der durch die Integration nur wenig zu gewinnen ist. Diese Übernahmen können auftreten, wenn das erworbene Unternehmen in finanziellen Schwierigkeiten steckt und schnelle Abhilfemaßnahmen notwendig sind.[18] Dabei integriert der Erwerber das Unternehmen nicht in sein eigenes Unternehmen, um eine Ansteckung zu vermeiden, sondern legt stattdessen strikte kurzfristige Ziele und Strategien für das übernommene Unternehmen fest, um dessen Probleme zu lösen. In diesen Fällen ist es normal, das aktuelle Management im Amt zu belassen, da dieses schneller agieren kann als ein neu ernanntes Management. Solche Unternehmen stehen oft zum Verkauf.

---

16 Siehe für einen Überblick D. N. Angwin, „Typologies in M&A research", in D. Faulkner, S. Teerikangas und R. Joseph (Hrsg.), „Oxford Handbook of Mergers and Acquisitions", *Oxford University Press*, 2012, S. 40–70.
17 D. N. Angwin und M. Meadows, „The choice of insider or outsider top executives in acquired companies", *Long Range Planning*, Band 37 (2009), S. 239–257.
18 D. N. Angwin und M. Meadows, „Acquiring poorly performing companies during recession", *Journal of General Management*, Band 38, Nr. 1 (2012), S. 1–22.

■ *Reorientierungsübernahmen* erfolgen, wenn das Übernahmeziel finanziell und organisatorisch gut aufgestellt ist, aber zentrale Verwaltungsbereiche integriert und Marketing- und Verkaufsfunktionen angeglichen werden müssen. Dabei bleiben besondere Ressourcen des Übernahmeziels unberührt und unverändert, und auch die internen Abläufe werden nur geringfügig angepasst. Um diese Veränderungen schnell umzusetzen, wird für gewöhnlich ein neuer externer Manager eingesetzt.

Insbesondere bei der Absorption, der Symbiose und der Reorientierung hängt der ultimative Erfolg der Übernahme davon ab, wie gut der Integrationsprozess geführt wird. Hier sind die in *Kapitel 15* erklärten Methoden des Umgangs mit strategischen Änderungen relevant. Da allerdings Übernahmen häufig mit Arbeitsplatzverlusten, plötzlichen Karrierewechseln, Standortwechsel des Managements sowie dem Abbruch von Projekten einhergehen, sind viele Experten überzeugt, dass auch organisatorische Gerechtigkeit besonders wichtig für eine erfolgreiche Integration ist.[19]

Organisatorische Gerechtigkeit bezeichnet die wahrgenommene Gerechtigkeit der Managementhandlungen und -entscheidungen im Hinblick auf Verteilung, Prozesse und Informationen. Daher gilt:

■ *Verteilungsgerechtigkeit* bezeichnet die Verteilung von Belohnungen und Posten: So wird es beispielsweise bei einer Fusion unter Gleichen als ungerecht wahrgenommen, wenn die große Mehrheit der Top-Positionen nur an einen der Partner geht.

■ *Verfahrensgerechtigkeit* bezeichnet den Ablauf von Entscheidungsprozessen: So werden beispielsweise solche Entscheidungsabläufe als gerecht wahrgenommen, die durch angemessene Ausschüsse oder Arbeitsgruppen mit Vertretern beider Seiten getroffen werden.

■ Bei der *Informationsgerechtigkeit* geht es darum, wie Informationen zur Integration verwendet und kommuniziert werden: Werden Entscheidungen allen Beteiligten genau erklärt, werden sie mit größerer Wahrscheinlichkeit positiv angenommen.

Kraft hat die Prinzipien der Verfahrens- sowie der Informationsgerechtigkeit verletzt, als es Investoren und Mitarbeitern vor der Übernahme von Cadbury im Jahr 2010 versicherte, dass es die Schokoladenfabrik Somerdale in der Nähe von Bristol mit ihren 400 Angestellten nicht schließen werde. Innerhalb eines Monats nach dem Abschluss der Übernahme gab Kraft bekannt, dass die Produktion nach Polen verlegt werden würde, und sorgte damit für eine politische Kontroverse und einen Vertrauensverlust der übernommenen Mitarbeiter.

11.3.5 M&A-Strategie im Zeitverlauf

M&A-Strategien entwickeln sich im Laufe der Zeit weiter, da solche Transaktionen für ein Unternehmen nur selten einmalige Ereignisse sind. *Mehrfacherwerber* sind Unternehmen, die mehrere Übernahmen – häufig auch parallel – ausführen. Die Arbeit an simultanen Übernahmen ist sehr anspruchsvoll und verlangt den betroffenen Managern viel Zeit und Einsatz ab. Allerdings bietet die Wiederholung des

---

19 K. Ellis, T. Reus und B. Lamont, „The effects of procedural and informational justice in the integration of related acquisitions", *Strategic Management Journal*, Band 30 (2009), S. 137–161.

Erwerbsprozesses eine Möglichkeit, Erfahrungen durch die Übernahme von Unternehmen im Hinblick darauf zu sammeln, wie M&A besser ausgeführt werden können.[20] Cisco Systems ist als erfolgreicher Mehrfacherwerber bekannt. Bis Mitte 2015 hat das Unternehmen seit seinem ersten Geschäft 1993 ganze 176 Übernahmen getätigt, und diese machen mindestens 50 % der Gesamteinnahmen aus. Der für die Auswahl und Bewertung von Zielen erforderliche Arbeitsumfang ist erheblich. Um nur fünfzig Übernahmen durchzuführen, musste IBM ungefähr 500 verschiedene potenzielle Übernahmeziele bewerten und sich in der großen Mehrheit der Fälle gegen die Weiterverfolgung entscheiden.[21]

- *Entflechtung (oder Desinvestition)* ist der Prozess des Verkaufs eines Geschäfts, das nicht mehr zur Firmenstrategie passt.[22] Dies bildet einen zentralen Bestandteil der „Asset-Stripping"-Strategie (siehe *Abschnitt 11.3.3*), sollte aber von jedem diversifizierten Unternehmen berücksichtigt werden. Der ausschlaggebende Faktor für oder gegen eine Desinvestition ist die Antwort auf die Frage, ob das Mutterunternehmen einen „Parenting Advantage" hat: Kann das Mutterunternehmen, anders ausgedrückt, mehr Wert für die Geschäftseinheit generieren als andere potenzielle Eigentümer des Geschäfts (siehe *Abschnitt 8.6*)? Ein Mutterunternehmen, das nicht über einen solchen Parenting Advantage verfügt, sollte das Geschäft zum besten erzielbaren Preis veräußern. Mutterunternehmen desinvestieren allerdings meist nur ungern, da sie dies als Eingeständnis von Fehlern sehen. Eine dynamischere Sichtweise von Fusionen und Übernahmen könnte dagegen betroffenen Managern helfen, Desinvestitionen positiv zu sehen. Finanzmittel aus dem Verkauf eines schlecht passenden Geschäfts können eingesetzt werden, um in die verbleibenden Geschäfte zu investieren oder aber um andere Unternehmen zu kaufen, die besser zur Firmenstrategie passen. Wird für die verkaufte Einheit zudem ein guter Preis erzielt, so können dadurch Verluste ausgeglichen werden, die dem verkauften Unternehmensteil vielleicht ursprünglich entstanden sind. Ein weniger positiver Grund für die Desinvestition kann aber auch der Druck von Wettbewerbsbehörden sein, die unter Umständen den Verkauf von Unternehmenseinheiten erzwingen, um die Marktmacht von Unternehmen zu reduzieren. So beabsichtigte etwa British Telecom im Jahr 2015, den Mobilfunkbetreiber EE für 15 Mrd. € zu kaufen. Die Konkurrenten Talk Talk und Vodafone traten daraufhin an die britischen Wettbewerbsbehörden heran, um BT so zu zwingen, seinen Geschäftsbereich Openreach abzustoßen und so eine dominante Marktstellung zu verhindern.

- Übernahmen sind also ein wichtiges strategisches Instrument. Allerdings sind sie nicht einfach durchzuführen und werden manchmal aus den falschen Gründen umgesetzt. Es ist wichtig, Alternativen, wie z.B. Unternehmenskooperationen in Betracht zu ziehen.

---

20   A. Nadolska und Harry G. Barkema, „Good learners: how top management teams affect the success and frequency of acquisitions", *Strategic Management Journal*, Band 35, Nr. 10 (2014), S. 1483–507.

21   R. Uhlaner und A. West, „Running a winning M&A shop", *McKinsey Quarterly*, März (2008), S. 106–112.

22   L. Dranikoff, T. Koller und A. Schneider, „Divesture: strategy's missing link", *Harvard Business Review*, Mai (2022), S. 75–83 und M. Brauer, „What have we acquired and what should we acquire in divesture research? A review and research agenda", *Journal of Management*, Band 32, Nr. 6 (2006), S. 751–785; H. Berry, „Where do firms divest foreign operations?", *Organization Science*, Band 24, Nr. 1 (2013), S. 246–261; J. Xia und S. Li, „The divestiture of acquired subunits: a resource dependence approach", *Strategic Management Journal*, Band 34, Nr. 2 (2013), S. 131–148.

11.4 Unternehmenskooperationen

Bei einer Fusion oder Übernahme ändern sich bei der Zusammenführung der Unternehmen die Eigentumsverhältnisse von Grund auf. Viele Firmen arbeiten aber auch in Unternehmenskooperationen zusammen, die nichts oder nur sehr wenig an den Eigentumsverhältnissen ändern. In einer **Kooperation oder Allianz** setzen zwei oder mehr Organisationen ihre Ressourcen und Aktivitäten ein, um eine gemeinsame Strategie zu verfolgen. Diese Methode wird von Unternehmen gern zur Umsetzung ihrer Strategie genutzt. Das Consulting Unternehmen Accenture schätzt, dass jeder große Konzern im Durchschnitt etwa 30 Allianzen gleichzeitig betreibt,[23] die insgesamt bis zu 26 % der Gesamteinnahmen ausmachen können.[24]

Solche Allianz-Strategien stellen den traditionellen Strategieansatz, der die Organisation selbst in den Mittelpunkt stellt, in mindestens zweierlei Hinsicht in Frage. Wer erstens eine Allianz umsetzen will, muss den gemeinsamen Erfolg des Netzwerks und nicht nur die eigenen Interessen seines Unternehmens als strategisches Ziel sehen.[25]

Bei einer **kollektiven Strategie** geht es darum, wie ein ganzes Netzwerk aus Allianzen, an dem eine Organisation beteiligt ist, sich im Wettbewerb gegen andere Allianz-Netzwerke durchsetzen kann. So beruht der Wettbewerbserfolg der Xbox-Spielekonsole von Microsoft zu einem großen Teil auch auf der kollektiven Stärke seines Netzwerks unabhängiger Spieleentwickler wie etwa Bungie Studios (Erfinder von Halo), Crystal Dynamics (Tomb Raider), Rockstar North (Grand Theft Auto V), Crytek studios (Crysis 3) und The Coalition (Gears of War). Also muss Microsoft seine Strategie auch darauf ausrichten, ein tragfähigeres Ökosystem an Spieleentwicklern aufzubauen als seine Rivalen wie etwa Sony und Nintendo. Eine kollektive Strategie stellt auch den individualistischen Ansatz der Strategie in Frage, denn hier wird eine effektive Zusammenarbeit groß geschrieben. Erfolg bedeutet also sowohl gute Zusammenarbeit als auch effektiven Wettbewerb.

Einen **kooperativen Vorteil** zu erlangen bedeutet also, Allianzen besser führen und verwalten zu können als die Konkurrenz.[26] Will Microsoft den Wert seiner Xbox maximieren, muss es nicht nur über ein stärkeres Netzwerk als seine Konkurrenten Sony und Nintendo verfügen, auch die Arbeit innerhalb seines Netzwerks muss effektiver sein als bei der Konkurrenz. Denn nur so ist sichergestellt, dass alle Mitglieder weiterhin die besten Spiele entwickeln und produzieren. Je besser die Zusammenarbeit, desto größer der Erfolg eines Netzwerks. *Beispiel 11.2* beschreibt, wie Apple für sein iPad eine kollektive Strategie betreibt.

Unternehmenskooperation

In einer Unternehmenskooperation setzen zwei oder mehr Organisationen gemeinsam Ressourcen und Aktivitäten ein, um eine Strategie zu verfolgen.

Kollektive Strategie

Bei einer kollektiven Strategie geht es darum, wie ein ganzes Netzwerk aus Allianzen, an dem eine Organisation beteiligt ist, sich im Wettbewerb gegen andere Allianz-Netzwerke durchsetzen kann.

Kooperativer Vorteil

Einen kooperativen Vorteil zu erlangen bedeutet, Allianzen besser führen und verwalten zu können als die Konkurrenz.

---

23 Andersen Consulting, *Dispelling the Myths of Strategic Alliances*, 1999.

24 Über 80 Prozent der CEOs der Fortune-1.000-Unternehmen sind der Meinung, dass Allianzen etwa 26 Prozent ihrer Einnahmen in den Jahren 2007 und 2008 ausmachten, P. Kale, H. Singh und J. Bell, „Relating well: building capabilities for sustaining alliance networks", in P. Kleindorfer und Y. Wind (eds.), *The Network Challenge*, London, Pearson, 2009.

25 R. Bresser, Matching collective and competitive strategies, *Strategic Management Journal*, Band 9, Nr. 4, S. 375–85.

26 J. Dyer, *Collaborative Advantage*, Oxford University Press, 2000.

Beispiel 11.2 Der iPad-Vorteil von Apple

Wettbewerbsvorteil durch Zusammenarbeit?

Die neue Version des iPad von Apple wurde am 16. März 2012 mit großem Getöse auf dem Markt eingeführt. Apple hatte mit seinem iPad den Markt für Tablet-Computer bereits zwei Jahre lang dominiert. Der leichte Touchscreen und das neue iOS-Betriebssystem des iPads, das von Grund auf für die mobile Nutzung konzipiert worden ist, hatten viele Anhänger gefunden. Allerdings gehörten zu den ersten Kunden am 16. März auch solche Käufer, die ganz gespannt darauf waren, das Gerät auseinanderzunehmen.

Die Demontageanalyse des Marktforschungsunternehmens iSuppli ergab, dass das 4G 64-GB-Modell, das zu einem Preis von 808 $ verkauft wurde, in der Herstellung $ 409 und damit nur 49 % des Einzelhandelspreises kostete. iSuppli identifizierte Broadcom und Qualcomm als Lieferanten von Bluetooth und Wi-Fi-Chips, STMicroelectronics als Zulieferer des Gyroskops, Cyrrus Logic als Zulieferer des Audiochips, drei taiwanesische Unternehmen als Lieferanten der Touchscreen-Bauteile und Sony als Zulieferer des CMOS-Kamerasensors. Samsung, ein direkter Konkurrent mit eigenem Tablet, lieferte zudem ganz wesentliche Teile des iPads: das teure Display, den Akku und den Prozessorchip.

Damit bildete Apple das Herzstück eines Netzwerks. Allerdings hatte es sein geistiges Eigentum immer geschützt: Es wurde keine Hardware lizenziert, um die Kontrolle über die Produktion und die Aufrechterhaltung der Spitzenpreispolitik sicherzustellen. Somit war es für jegliches unabhängige Unternehmen unmöglich, billige iPads zu produzieren, so wie beispielsweise taiwanesische Hersteller in den 1980er-Jahren billige mit IBM/Microsoft-kompatible Personal Computer produziert hatten.

Der Erfolg des iPad machte den Zubehörmarkt für eine ganze Reihe von Unternehmen attraktiv. So lieferten beispielsweise das US-amerikanische Unternehmen Griffin und Logitech aus der Schweiz attraktive Add-Ons, einschließlich hauchdünner Tastaturen, Hüllen und Eingabestifte. Apple gewährte ihnen Lizenzen für die dazu notwendige Technologie und profitierte so von attraktiven Komplementärprodukten und Lizenzgebühren. Allerdings waren die Beziehungen zwischen den Unternehmen distanziert – Vorabinformationen über neue Produkte wurden nicht ausgetauscht.

Apple, das ursprünglich den Zugriff auf iOS streng kontrollierte, öffnete den Zugang zum iPad, gestattete die Entwicklung von Apps durch Dritte und förderte die neue Branche der App Stores. Die Attraktivität von iOS und die starke Kundennachfrage brachten Softwareentwickler dazu, als Erste für Apple zu produzieren.

Den Kunden gefiel der Bedienkomfort und die große Bandbreite des Apple iPads, aber auch die Herausforderungen wuchsen. Der kostengünstige Kindle von Amazon bot eine große Sammlung von Filmen, verfügte allerdings nicht über die Ästhetik von Apple und hatte nur wenige Apps. Googles preiswerter Nexus 10 setzte eher auf die Nutzung von Unternehmensdiensten als auf attraktive Hardware. Die verbesserte Bildschirmauflösung und das Android-Betriebssystem bildeten eine Herausforderung für die iPad-Technologie. Überdies teilte es viele Eigenschaften anderer Umgebungen mit Streaming-Apps und konnte so eine einheitliche Nutzererfahrung bieten. Samsungs eigenes Tablet, das Galaxy Tab, bot ähnliche Vorteile in Verbindung mit einem attraktiven Design und der Offenheit für andere – nicht Apple-kompatible – Standards. Microsoft wollte von seiner Surface-Hardware profitieren, war allerdings nicht besonders innovativ. Überdies fehlte ein vergleichbares Softwareökosystem und die Verknüpfung mit Windows stellte ein Hindernis dar.

Das iPad ist ein phänomenaler kommerzieller Erfolg mit Absatzzahlen von bisher über 170 Mio. Stück. Im Laufe der Jahre wurde es immer dünner und kleiner, wobei der nächste Entwicklungsschritt ein größeres Gerät sein könnte, das sich an Geschäftskunden wendet. Und trotzdem ist Apple weiterhin in mehrere Gerichtsverfahren gegen Samsung wegen dessen Design des Galaxy Tablets verwickelt. Samsung hat eine Gegenklage eingereicht. Dies zeigt, wie wettbewerbsintensiv diese Branche ist, denn selbst innerhalb der eigenen Netzwerke werden Kämpfe ausgefochten, die bis vor Gericht gehen. Der Kunde kauft also nicht nur das Produkt an sich, sondern das gesamte Ökosystem.

Quellen: G. Linden, K. Kraemer und J. Dedrick, „Who captures value in a global innovation network?", Communications of the ACM, Band 52, Nr. 3 (2009), S. 140–145; „Tablet wars", Telegraph, 6. November 2012; F. MacMahon, „Tablet wars", 4. Dezember 2012, BroadcastEngineering.com; A. Hesseldahl, „Apple's new ipad costs at least $ 316 to build, HIS iSuppli teardown shows", 16. März 2012, http://allthingsd.com.

11.4.1 Formen strategischer Unternehmenskooperationen

Was die Eigentumsverhältnisse betrifft, so gibt es zwei wesentliche Formen einer strategischen Allianz:

- *Kapitalbasierte Kooperationen* beinhalten die Schaffung einer neuen Geschäftseinheit, dessen Eigentümer die Allianzpartner sind. Die häufigste Form einer solchen Allianz ist das *Joint Venture*. Hier bleiben die beteiligten Organisationen jeweils unabhängig, gründen aber gemeinsam eine neue Organisation, die allen Beteiligten gehört. So hat sich etwa Ethihad Airways, die 2004 gegründete Fluggesellschaft der Vereinigten Arabischen Emirate, vor allem deshalb so schnell zur fünftgrößten Airline weltweit entwickelt, weil sie so viele kapitalbasierte Allianzen gegründet hat – etwa mit Alitalia, Air Berlin, Air Serbia, Air Seychelles, Darwin Airlines und der indischen Jet Airways. Ein *Konsortium* wiederum kann von zwei oder mehr Organisationen gebildet werden. So sind IBM, Hewlett-Packard, Toshiba und Samsung Partner im Sematech Forschungskonsortium und arbeiten gemeinsam an den größten Halbleitertechnologien.

- *Nicht kapitalbasierte Kooperationen* sind meist weniger enge Verbindungen, denn hier fehlt die Verpflichtung des Eigentums. Solche Allianzen sind oft vertraglich geregelt. Eine häufige Form ist das Franchising – hier gewährt eine Organisation (der Franchise-Geber) einer anderen Organisation (dem Franchise-Nehmer) das Recht, ihre Produkte oder Dienstleistungen in einer bestimmten Umgebung zu verkaufen und erhält dafür eine Gebühr. Die bekanntesten Beispiele für dieses System sind wohl Coca Cola und McDonald's. Die Vergabe von Lizenzen ist ein ähnliches Modell, allerdings beziehen sich hier die Nutzungsrechte auf geistiges Eigentum wie etwa Patente oder Markennamen. Auch hier wird als Gegenleistung eine Gebühr bezahlt. Auch langfristige Unterverträge sind eine Form dieser lockeren Allianzen, die vor allem bei Zulieferern für Autoteile verbreitet ist. So hat etwa der kanadische Subunternehmer Magna langfristige Verträge über die Montage von Karosserien von Ford, Honda und Mercedes.

Auch auf dem öffentlichen Sektor und bei gemeinnützigen Organisationen sind Kooperationen in jeglicher Form weit verbreitet. Immer häufiger werden Bau und Erhaltung von öffentlichen Einrichtungen wie Krankenhäuser oder Schulen mit Genehmigung der Regierungsbehörden mittels langfristiger Verträge an Dritte fremdvergeben. Einzelne öffentliche Organisationen schließen sich oft zu Kauf-Konsortien zusammen. Ein gutes Beispiel hierfür sind Universitätsbibliotheken, die gemeinsam ein gutes Kaufangebot für Bücher und Fachzeitschriften mit den betreffenden Verlagen aushandeln. Und auch gemeinnützige Organisationen werfen ihre Ressourcen oft in einen Topf. So müssen etwa Hilfsorganisationen immer eng zusammenarbeiten, wenn es um die Versorgung von Menschen in Katastrophengebieten geht. Obwohl man meinen könnte, dass öffentliche und gemeinnützige Organisationen besser und leichter zusammenarbeiten müssten als Unternehmen der privaten Wirtschaft, betreffen viele der nun folgenden Fragestellungen und Probleme durchaus Organisationen aller drei Bereiche.

11.4.2 Motive für Kooperationen

Durch eine geschickte Allianz kann eine Organisation ihren strategischen Vorteil rasch ausbauen und festigen, wobei dafür in der Regel geringere Verpflichtungen eingegangen werden müssen als bei anderen Expansionsformen. Ein häufiger Grund für eine Kooperation liegt in der Erlangung von Ressourcen, die eine Organisation benötigt, aber selbst nicht besitzt. Es gibt jedoch noch eine ganze Reihe weniger offensichtlicher Gründe. ▶ *Abbildung 11.4* fasst die vier grundlegenden Motivationen für Allianzen zusammen.

- *Größenallianzen.* Hier schließen sich Organisationen zusammen, um gemeinsam eine benötigte Größe zu erlangen. Die Fähigkeiten aller Partner können hier sehr ähnlich sein (wie die Ähnlichkeit der Organisationen A und B in ▶ *Abbildung 11.4* verdeutlicht), doch nur gemeinsam können sie gewisse Vorteile erreichen. So können zum Beispiel durch Größenvorteile Produktionskosten oder auch Beschaffungskosten eingespart werden. Und auch Risiken können durch einen Zusammenschluss geteilt werden, denn kein einzelnes Unternehmen muss beim Einsatz von Ressourcen über seine Grenzen gehen und so seine Existenz gefährden.

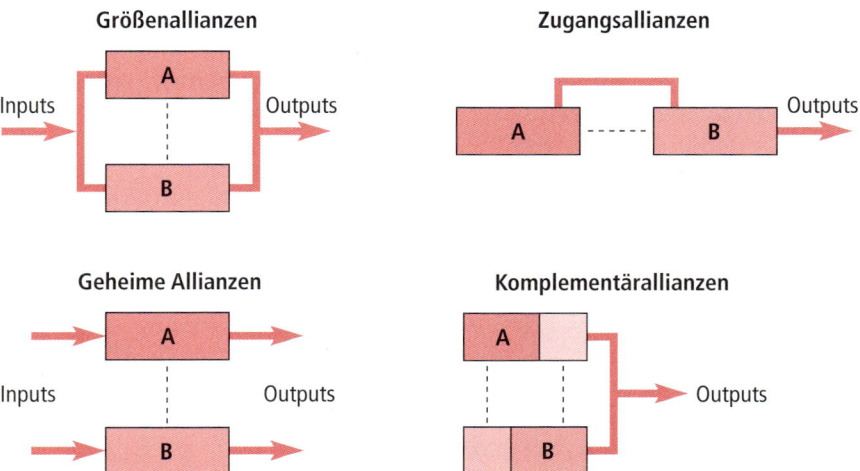

Abbildung 11.4: Motive für strategische Allianzen

■ *Zugangsallianzen*. Oft schließen sich Organisationen zusammen, um so Zugang zu den Fähigkeiten einer anderen Organisation zu bekommen, die benötigt werden, um die eigenen Produkte oder Dienstleistungen anzubieten. In Ländern wie Indien oder China beispielsweise könnte eine Firma aus dem Westen (Organisation A in ▶ *Abbildung 11.4*) eine Partnerorganisation vor Ort brauchen (Organisation B), um ihre Produkte und Dienstleistungen effektiv auf dem Markt platzieren zu können. Organisation B ist hier also für den Verkaufserfolg von Organisation A unerlässlich. Solche Zugangsallianzen können aber auch umgekehrt funktionieren. Organisation B könnte einen Lizenzvertrag mit Organisation A anstreben, um Zugang zu deren Inputs zu erlangen, etwa zu Technologien oder Markennamen. In diesem Fall ist wiederum Organisation A unerlässlich für den Produktionserfolg von Organisation B. Bei einer Zugangsallianz kann es sowohl um materielle Ressourcen, etwa Vertriebskanäle oder Produkte, als auch um immaterielle Ressourcen gehen, etwa Fachwissen oder soziale/politische Verbindungen.

■ *Komplementärallianzen*. Sie können als eine Unterform der Zugangsallianzen verstanden werden, betreffen aber immer Organisationen, die sich auf ähnlichen Positionen innerhalb des Wertnetzwerks befinden. Diese kombinieren ihre jeweiligen besonderen Ressourcen und Fähigkeiten, um so mögliche Lücken und Schwächen aller Partner auszugleichen. ▶ *Abbildung 11.4* zeigt eine Allianz, bei der die Stärken von Organisation A (dunkler gekennzeichnet) die Schwächen von Organisation B (heller gekennzeichnet) ausgleichen. Und umgekehrt gleichen die Stärken von Organisation B wiederum die Schwächen von Organisation A aus. Durch ihre Partnerschaft können beide Organisationen also ihre Stärken kombinieren und gleichzeitig ihre jeweiligen Schwächen ausgleichen. Ein Beispiel hierfür ist die NUMMI-Allianz zwischen General Motors und Toyota. General Motors kann dadurch auf das Fachwissen zugreifen, das in Toyotas Automontageprozess steckt, während Toyota von GMs Fachwissen über lokales Marketing profitiert.

■ *Kollussive Allianzen.* Manchmal schmieden Organisationen auch geheime Allianzen, um so ihre Marktmacht zu steigern. Wenn sie sich zu Kartellen zusammenschließen, gibt es weniger Konkurrenz auf dem Markt und die Preise für die Kunden können gesteigert bzw. die Kosten für Zuliefererinputs gesenkt werden. Solche kollussiven Zusammenschlüsse sind in der freien Wirtschaft allerdings in der Regel gesetzlich verboten, weshalb es sich dabei auch nie um offizielle Allianzen handelt. Und natürlich achten entsprechende Aufsichtsbehörden darauf, dass es nicht zu solchen Absprachen kommt. In Thailand etwa boten im Jahr 2012 die drei größten Mobilfunkbetreiber 41,63 Mrd. Baht (1,0 Mrd. €) für eine 3G-Lizenz. Da dieses Angebot nur 2,8 % über dem Mindestpreis lag, wurde rasch der Verdacht einer geheimen Absprache geäußert. In strategisch wichtigen Branchen wie etwa dem Verteidigungssektor oder der Raumfahrt kann es durchaus sein, dass geheime Absprachen politisch geduldet werden, da hier wichtige nationale Interessen im Spiel sind und die Entwicklungskosten neuer Projekte die Möglichkeiten eines einzelnen Unternehmens bei weitem übersteigen.

Es ist wohl klar geworden, dass Unternehmenskooperationen ebenso wie Fusionen und Übernahmen aus ganz verschiedenen Gründen geschlossen und durchgeführt werden. Zusammenarbeit ist meist eine gute Sache, doch muss man immer auf mögliche betrügerische Motive achten. Denn diese wirken sich oft negativ auf die Interessen von Kunden, Konkurrenten und Zulieferern aus.

11.4.3 Kooperationsprozesse

Genau wie Übernahmen und Fusionen müssen auch Unternehmenskooperationen als Prozesse verstanden werden, die über einen gewissen Zeitraum hinweg ablaufen. Dabei sind viele Allianzen relativ kurzlebig, auch wenn es Beispiele gibt, in denen sie über sehr lange Zeiträume bestanden. So sind beispielsweise General Electric (USA) und SNECMA (Frankreich) bereits seit 1974 in einer kontinuierlichen Allianz zur Entwicklung und Produktion von kleinen Flugzeugmotoren verbunden – und dieses Arrangement wurde kürzlich bis zum Jahr 2040 verlängert. Dabei verändern sich die Bedürfnisse und Fähigkeiten der Partner in einer langfristigen Allianz wie dieser zwangsläufig im Laufe der Zeit. Da jedoch kein gemeinsames Eigentum gegeben ist, können aufkommende Differenzen nicht einfach durch die Entscheidungsbefugnis einzelner Manager gelöst werden – Lösungen müssen in diesem Fall zwischen den unabhängigen Partnern ausgehandelt werden. In Folge dieser mangelnden Kontrolle jeder Seite werden die Managementprozesse bei Allianzen besonders anspruchsvoll. Überdies verändern sich im Laufe der Zeit die Anforderungen an das Management.

Die Tatsache, dass keiner der Partner innerhalb einer Allianz die vollständige Kontrolle hat, unterstreicht die Bedeutung von zwei Themen in den verschiedenen Phasen des Allianzprozesses:

■ *Koevolution:* Unternehmenskooperationen sollten nicht als starre Vereinbarungen, sondern vielmehr als koevolutionäre Prozesse gesehen werden.[27]

---

27 A. Inkpen und S. Curral, „The coevolution of trust, control and learning in joint ventures", *Organization of Science*, Band 15, Nr. 5 (2004), S. 586–599; R. ul-Huq, „Alliances and Co-evolution in the Banking Sector", *Palgrave*, 2005.

■ Das Konzept der **Koevolution** beschreibt, wie Partner, Strategien und Fähigkeiten sich beständig und aufeinander abgestimmt verändern müssen, um das sich ständig wandelnde Umfeld widerzuspiegeln. Daher betont eine koevolutionäre Sichtweise von Allianzen Flexibilität und Wandel. Endet eine Allianz, so entspricht sie höchstwahrscheinlich nicht mehr dem Bild, das sich ihre Gründer zu Beginn von ihr gemacht haben.

Koevolution

Koevolution beschreibt, wie Partner, Strategie und Fähigkeiten sich beständig und aufeinander abgestimmt verändern müssen, um das sich ständig wandelnde Umfeld widerzuspiegeln.

■ *Vertrauen:* Angesichts des wahrscheinlich koevolutionären Charakters von Allianzen und der mangelnden Kontrolle des einen Partners über den anderen kommt im Laufe der Zeit dem Vertrauen eine äußerst große Bedeutung für den Erfolg von Allianzen zu.[28] Dieses Vertrauen umfasst zwei Bereiche: zum einen muss strukturelles Vertrauen herrschen (d.h. die Erwartung, dass keiner der Partner opportunistisch handeln wird); zum anderen muss dem Verhalten der Partner vertraut werden (d.h. alle Partner müssen von der Zuverlässigkeit und Integrität der anderen überzeugt sein). In der anfänglichen Kooperationsvereinbarung können nicht alle zukünftigen Möglichkeiten erfasst werden. Jeder Partner hat Investitionen getätigt, die durch selbstsüchtiges Verhalten des jeweils anderen angreifbar sind. Daher müssen sich die Partner während des gesamten Zeitraums, in dem die Allianz besteht, vertrauenswürdig verhalten. Vertrauen in einer Beziehung muss kontinuierlich verdient werden. Dabei ist Vertrauen insbesondere bei Allianzen zwischen dem öffentlichen und dem privaten Sektor besonders empfindlich und brüchig. Denn hier besteht auf der einen Seite immer der Verdacht des Gewinnstrebens, während die andere Seite plötzliche Verschiebungen der politischen Agenda befürchtet.

Die Themen Vertrauen und Koevolution tauchen in unterschiedlichen Phasen einer Allianz in verschiedenen Formen auf. In ▶ *Abbildung 11.5* wird ein einfaches Phasenmodell der Allianzentwicklung dargestellt. Die Menge der gebundenen Ressourcen verändert sich in jeder Phase, allerdings zeigen sich Fragen des Vertrauens und der Koevolution durchgehend:

■ *Umwerben:* Am Anfang steht die Phase des Umwerbens möglicher Partner, bei der als Ressource hauptsächlich die Zeit der Manager eingesetzt wird. Dieser Prozess des Umwerbens sollte nicht übereilt werden, da beide Partner zur Einigung bereit sein müssen. In dieser Phase gelten für Allianzen ähnliche Kriterien wie für Übernahmen. Jeder Partner muss gemäß der in *Abschnitt 11.3.2* beschriebenen Kriterien die strategische Passung bestätigen können. Und auch die organisatorische Passung muss gegeben sein. Da bei einer Allianz allerdings nicht so viel Kontrolle ausgeübt werden kann wie bei einer Übernahme, muss hier das gegenseitige Vertrauen zwischen den Partnern von Anfang an besonders stark sein.

---

28 A. Arino und J. de la Torre, „Relational quality: managing trust in corporate alliances", *California Management Review*, Band 44, Nr. 1 (2011), S. 109–131.

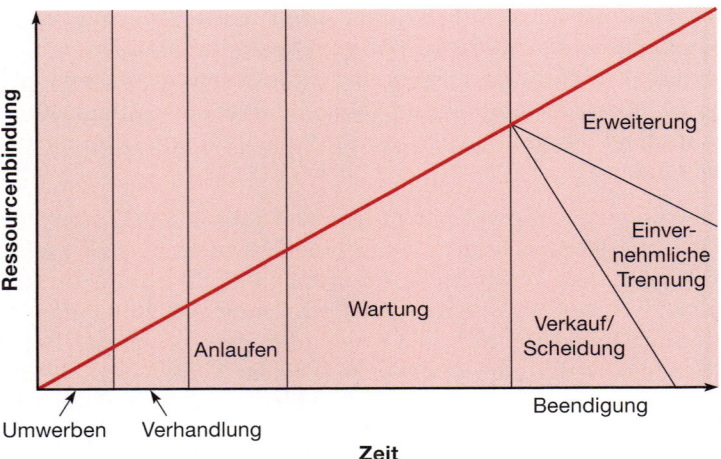

Abbildung 11.5: Entwicklung einer Allianz

■ *Verhandlung:* Die Partner müssen natürlich ihre gegenseitigen Rollen und Aufgaben zu Beginn sorgfältig verhandeln. Bei kapitalbasierten Allianzen müssen die Partner außerdem den Eigentumsanteil aushandeln, den jeder am endgültigen Joint-Venture hält. Verhandlungsgegenstand sind hier zudem der Gewinnanteil sowie die jeweilige unternehmerische Verantwortung. Diese Phase ist für die betroffenen Manager sehr zeitintensiv, da es wichtig ist, die Verträge von Anfang an klar und korrekt zu gestalten und es sich lohnt, Zeit aufzuwenden, um Lösungsmöglichkeiten für eventuell im Laufe des Bestehens der Allianz auftauchende Konflikte auszuarbeiten. Obwohl die Verhandlung der Eigentumsanteile in einem Joint Venture dem Bewertungsprozess bei Akquisitionen ähnelt, beinhalten Verträge über Kooperationen im Allgemeinen viel mehr. Von jedem Partner erwartete Schlüsselverhaltensweisen müssen direkt festgelegt werden. Allerdings kann hierbei ein rücksichtsloser Verhandlungsstil das Vertrauen für die Zukunft schädigen. Überdies impliziert die Koevolution auch, dass Veränderungen antizipiert werden müssen. Bei aufgekauften Einheiten können Anpassungen einfach kraft der Weisungsbefugnis des Managements vorgenommen werden. Auch bei Allianzen können anfängliche Verträge als verbindlich angesehen werden, selbst wenn sich die Ausgangsbedingungen verändert haben. Daher ist es angemessen, bereits zu Beginn eine Option zur Neuverhandlung der anfänglichen Bedingungen bei veränderten Ausgangsbedingungen aufzunehmen.

■ *Anlauf-Phase:* Jetzt werden erhebliche Investitionen in Material und Humanressourcen benötigt, wobei auch hier Vertrauen sehr wichtig ist. Diese erste aktive operative Phase der Allianz kann auch als Testphase der ursprünglichen Allianzvereinbarungen gesehen werden. Dabei werden wahrscheinlich informelle Anpassungen an die Realitäten der tagtäglichen Arbeit notwendig. Außerdem müssen nun Personen, die nicht zum ursprünglichen Verhandlungsteam gehört haben, täglich zusammenarbeiten. Diese sehen die Allianz aber vielleicht mit ganz anderen Augen als diejenigen, die sie initiiert und ausgehandelt haben. Ohne das gegenseitige Vertrauen, das nachträgliche Anpassungen und auch die Auflösung von Missverständnissen ermöglicht, zerbricht eine Allianz oft schnell wieder. Und so weist diese Frühphase einer Allianz auch die höchste Ausfallrate auf.

■ *Erhaltung:* Dies bezieht sich auf den Fortbestand und die Aktivitäten innerhalb der Allianz, wobei wahrscheinlich zunehmende Ressourcen aufgewendet werden. Das herrschende Prinzip der Koevolution lehrt uns, dass die Erhaltung einer Allianz nicht einfach eine Sache der Stabilität ist. Da sich die äußeren Umstände beständig ändern, müssen Allianzen aktiv geführt und immer wieder angepasst werden. Überdies entwickelt sich sicherlich auch die interne Dynamik der Partnerschaft weiter und die Partner sammeln Erfahrungen. Auch hier ist Vertrauen wieder von größter Bedeutung. Gary Hamel hat in diesem Zusammenhang davor gewarnt, dass innerhalb von Allianzen häufig „Konkurrenz um Kompetenz" entsteht.[29] Da die Partner eng miteinander zusammenarbeiten, beginnen sie unter Umständen, die besonderen Kompetenzen der jeweils anderen Partei zu erlernen. Dieses Lernen kann sich in einen Wettbewerb um Kompetenzen verwandeln, bei dem der am schnellsten lernende Partner mächtiger wird. Der mächtigere Partner könnte demzufolge in der Lage sein, die Bedingungen zu seinen Gunsten neu zu verhandeln oder sogar die Allianz aufzugeben und allein weiterzumachen. Wenn die Partner allerdings ihre Allianz aufrechterhalten wollen, ist vertrauenswürdiges Verhalten, das die Kompetenz der anderen Partei nicht bedroht, von essenzieller Bedeutung, um die kooperativen Beziehungen zu erhalten, die für ein erfolgreiches Fortbestehen der Allianz unerlässlich sind.

■ *Auflösung der Allianz:* Eine Allianz hat oftmals von Anfang an eine vereinbarte Zeitdauer oder einen vereinbarten Zweck, sodass ihre Auflösung ein vertraglich vereinbarter Abschluss und kein Fehlschlag ist. In diesem Fall erfolgt eine einvernehmliche Trennung. Mitunter ist eine Allianz so erfolgreich, dass die Partner diese durch die Vereinbarung einer neuen Allianz sowie den Einsatz von noch mehr Ressourcen fortsetzen wollen. Manchmal ist allerdings die Allianz für eine Partei erfolgreicher als für die andere, sodass ein Partner den Anteil des anderen übernehmen und sich somit alleine voll engagieren möchte, während der andere Partner sich zum Verkauf entschließt. Der Verkauf des Anteils einer Partei muss dabei kein Zeichen für einen Ausfall sein, da sich seit der Schaffung der Allianz unter Umständen die strategische Agenda gewandelt hat. Allerdings kann dies manchmal auch in einer bitteren „Scheidung" enden. Daher muss mit der Auflösung einer Allianz sorgfältig umgegangen werden. Koevolution impliziert dabei, dass beiderseitiges Vertrauen wahrscheinlich auch nach der Auflösung einer bestimmten Partnerschaft noch wertvoll ist. So können die Partner unter Umständen gleichzeitig an mehreren verschiedenen Projekten beteiligt sein. Cisco und IBM sind beispielsweise Partner verschiedener gleichzeitig laufender Projekte im Bereich der drahtlosen Kommunikation, IT-Sicherheit und Datenspeicherung. Die verschiedenen Partner müssen manchmal bei zukünftigen neuen Projekten wieder zusammenarbeiten. Nokia, Ericsson und Siemens etwa arbeiten seit Mitte der 1990er-Jahre an mehreren gemeinsamen Projekten im Bereich Mobiltelefonie. Die Aufrechterhaltung des beiderseitigen Vertrauens während der Auflösungsphase ist von entscheidender Bedeutung, wenn die Partner sich gemeinsam durch Generationen vielfältiger Projekte weiterentwickeln sollen.

---

29 G. Hamel, „Alliance Advantage: the Art of Creating Value through Partnering", *Harvard Business School Press*, 1998.

Wie Fusionen und Übernahmen, so weisen auch Allianzen eine hohe Ausfallquote von bis zu 70 % auf. In all diesen Fällen gelingt es also nicht, die Ziele der einzelnen Partnerfirmen zu erreichen.[30] Studien haben erwiesen, dass Vorerfahrungen mit Joint Ventures zum besseren Gelingen einer Allianz beitragen können.[31] Es kann Jahre dauern, die Managementprozesse einer Allianz nach und nach umzusetzen und zu etablieren. Soll eine Allianz erfolgreich sein, so bedarf es dazu aber eben der beständigen Unterstützung des Top-Managements.

11.5 Vergleich von Akquisitionen, Kooperationen und organischer Entwicklung

Bisher ist deutlich geworden, dass die drei Methoden M&A, Kooperationen und organische Entwicklung ihre eigenen Vor- und Nachteile haben. Es gibt auch einige Ähnlichkeiten. Im vorliegenden Abschnitt werden zunächst Kriterien für die Auswahl zwischen den drei Methoden betrachtet und dann einige Schlüsselfaktoren für den Erfolg von Fusionen und Übernahmen sowie für Allianzen dargestellt.

11.5.1 Kauf, Kooperation oder Selbermachen?

Ein Großteil aller M&A und Kooperationen, vielleicht sogar bis zu 50 %, schlagen fehl. Firmenübernahmen können aufgrund übersteigerter anfänglicher Bewertungen, übertriebener Erwartungen im Hinblick auf die strategische Passung, unterschätzte Probleme der organisationalen Passung sowie aller anderen in diesem Kapitel erwähnten Probleme fehlschlagen. Kooperationen weisen jedoch ebenso hohe Ausfallraten auf. Es kann zu Fehleinschätzungen im Hinblick auf die strategische und organisationale Passung kommen, aber aufgrund der fehlenden Kontrolle auf jeder Seite bestehen auch besondere Probleme bezüglich des Vertrauens und der Koevolution. Angesichts dieser hohen Ausfallsraten müssen Akquisitionen und Kooperationen neben der Standardoption der organischen Entwicklung (Selbermachen) sorgfältig und kritisch betrachtet werden.

Der jeweils beste Ansatz hängt ganz entscheidend von den jeweiligen Umständen ab. In ▶ *Abbildung 11.6* ist eine Matrix „Kaufen, Kooperation oder Selbermachen" dargestellt, in der vier Schlüsselfaktoren zusammengefasst werden, die bei der Auswahl zwischen Akquisitionen, Kooperationen und organischer Entwicklung Unterstützung bieten:[32]

- *Dringlichkeit:* Übernahmen eignen sich gut, um eine angestrebte Strategie schnell umzusetzen. Auch Allianzen können durch den Zugang zu zusätzlichen Ressourcen oder Fähigkeiten die Umsetzung einer Strategie beschleunigen. Allerdings erfolgt dies gewöhnlich weniger schnell als ein einfacher Kauf. Normalerweise

---

30 R. Lunnan und S. Haugland, „Predicting and measuring alliance performance: a multidimensional analysis", *Strategic Management Journal*, Band 29, Nr. 5 (2008), S. 638–58.

31 P. Kale und H. Singh, „Managing strategic alliance: what do we know now and where do we go from here?", *Academy of Management Perspectives*, Band 23, Nr. 3 (2009), S. 25–62.

32 Dies beruht auf J. Dyer, P. Kale und H. Singh, „When to ally and when to acquire?", *Harvard Business Review*, Band 82, Nr. 7/8 (2004), S. 108–115 und X. Yin und M. Shanley, „Industry determinants of the merger versus alliance decision", *Academy of Management Review*, Band 31, Nr. 2 (2008), S. 473–491.

verläuft die organische Entwicklung (Selbermachen) am langsamsten: Alles muss von Grund auf selbst entwickelt werden.

	Kauf	Kooperation	Selbermachen
Hohe Dringlichkeit	Schnell	Schnell	Langsam
Hohe Unsicherheit	Fehlschläge potenziell veräußerbar	Teilen der Verluste und Aufrechterhaltung der Kaufoption	Fehlschläge wahrscheinlich nicht veräußerbar
Immaterielle Ressourcen wichtig	Kulturelle und Bewertungsprobleme	Kulturelle und Kontrollprobleme	Kulturelle Konsistenz
Hochgradig modulare Ressourcen	Kauf des ganzen Unternehmens vermeiden	Allianz nur mit der relevanten Partnereinheit	Entwicklung einer neuen Projekteinheit

Abbildung 11.6: Kauf, Allianz oder Selbermachen

- *Unsicherheit:* Es ist häufig besser, die Kooperationslösung anzustreben, wenn die betroffenen Märkte oder Technologien von großer Unsicherheit geprägt sind. Das Gute daran ist: wenn sich die Märkte oder Technologien als Erfolg erweisen, kann die Allianz in eine vollständige Übernahme umgewandelt werden – insbesondere dann, wenn die ursprüngliche Allianzvereinbarung eine Kaufoption enthält. Übernommene Firmen können aber auch weiterverkauft werden, wenn sich die ursprüngliche Übernahme als Fehlschlag erweist, allerdings häufig zu einem viel niedrigeren Preis als der ursprüngliche Kaufpreis. Andererseits muss eine fehlgeschlagene organische Entwicklung unter Umständen ohne Verkaufswert vollständig abgeschrieben werden, da der betroffene Geschäftsbereich nie auf den Markt gelangt ist.

- *Art der Ressourcen:* Akquisitionen funktionieren dann am besten, wenn die gewünschten Fähigkeiten (Ressourcen oder Kompetenzen) „materiell" sind, wie beispielsweise eine Investition in Produktionsanlagen. Materiellen Ressourcen wie Fabriken kann in Ausschreibungsverfahren einfacher ein Wert zugeordnet werden als „immateriellen" Ressourcen, wie Menschen oder Marken. Überdies sind materielle Ressourcen nach einer Akquisition typischerweise einfacher zu kontrollieren als Menschen und Fähigkeiten. Ginge es in Anbangs Angebot für die Übernahme von Starwood ausschließlich um die Übernahme von Hotelanlagen (siehe *Beispiel 11.1*), würden kulturelle Unterschiede überhaupt keine Rolle spielen. Müssen jedoch auch „soft skills" integriert werden, besteht das Risiko kultureller Konflikte. Mitunter kann das Image des erwerbenden Unternehmens auch das Markenimage des Zielunternehmens schädigen. Der Erwerb immaterieller Ressourcen und Kompetenzen sollte mit großer Vorsicht angegangen werden. Tatsächlich ist und bleibt die Methode der eigenständigen organischen Entwicklung meist der effektivste Ansatz, wenn es um sensible immaterielle Ressourcen wie etwa Mitarbeiter geht. Denn hier sind interne Projekte zumindest kulturell konsistent. Selbst Allianzen können Kulturkonflikte zwischen Mitarbeitern beider Seiten auslösen, wobei es zudem schwieriger ist, einen Allianzpartner als einen erworbenen Geschäftsbereich zu kontrollieren.

■ *Modularität der Ressourcen:* Wenn die gesuchten Ressourcen hochgradig modular sind, d.h. in deutlich unterschiedlichen Bereichen oder Abteilungen der vorgesehenen Partner verteilt sind, ist in der Regel eine Allianz sinnvoll. Es könnte etwa ein Joint-Venture gegründet werden, bei dem nur die relevanten Bereiche jedes Partners verbunden werden, während der Rest der geschäftlichen Aktivitäten unabhängig weiterbetrieben wird. Hier besteht keine Notwendigkeit, die andere Organisation insgesamt zu kaufen. Ein Erwerb kann problematisch sein, denn dabei wird ja das gesamte Unternehmen gekauft und nicht nur die Module, für die sich der Erwerber interessiert. Und auch die Methode der eigenen organischen Entwicklung kann im Fall einer Modularität ebenfalls effektiv sein, da der neue Bereich im Rahmen einer abgegrenzten „neuen Projektabteilung" (siehe *Abschnitt 10.5.2*) entwickelt werden kann, anstatt die ganze Organisation zu betreffen.

Natürlich ist die Wahl zwischen den drei Optionen Kaufen, Allianz und organische Entwicklung auch gewissen Beschränkungen ausgesetzt. Häufig stehen keine geeigneten Übernahmeziele oder Allianzpartner zur Verfügung. Bei gemeinnützigen Organisationen und Hilfsorganisationen besteht ein Problem darin, dass bei M&A vorkommende Änderungen der Eigentumsverhältnisse viel schwerer zu erreichen sind als im privaten Sektor, sodass ihre Optionen wahrscheinlich in jedem Fall auf Allianzen oder die organische Entwicklung beschränkt sind. Die Schlüsselbotschaft aus ▶ *Abbildung 11.6* bleibt trotz allem bestehen: Alle verfügbaren Optionen müssen sorgfältig geprüft und gegeneinander abgewogen werden. Keine Methode sollte einer anderen von vornherein vorgezogen werden, ohne dass eine genaue Analyse vorausgeht.

11.5.2 Schlüsselfaktoren für den Erfolg

In ▶ *Abbildung 11.6* wird dargestellt, dass Fusionen, Übernahmen und Allianzen trotz der hohen Ausfallraten unter bestimmten Umständen trotzdem die beste Option darstellen können. Die Frage besteht dann darin, wie M&A und Allianzen so effektiv wie möglich geführt werden können.

Sowohl bei M&A als auch bei Kooperationen hat die *strategische Passung* eine entscheidende Bedeutung. Das Übernahmeziel bzw. der Partner sollten zur gewünschten Strategie passen. Wie in *Abschnitt 11.3.4* dargestellt, können bei Allianzen sowie M&A-Strategien Synergien sehr leicht überschätzt und negative Synergien vernachlässigt werden. Allerdings kommt in beiden Fällen auch der *organisationalen Passung* eine entscheidende Bedeutung zu. So sind insbesondere kulturelle Unterschiede schwer zu bewältigen – besonders dann, wenn Humanressourcen wichtig sind. Aufgrund der mangelnden Kontrolle sind Aspekte der organisationalen Passfähigkeit bei Allianzen noch schwerer zu bewältigen als bei M&A, bei denen aus den Eigentumsrechten des Käufers zumindest gewisse Weisungsbefugnisse des Managements erwachsen. Desgleichen ist die *Bewertung* sowohl bei M&A als auch bei Kapitalallianzen ein entscheidendes Thema. Übernahmen werden häufig, insbesondere nach Gebotsgefechten zwischen Wettbewerbern, zu einem „Fluch für den Gewinner", denn am Ende des Gefechts bleibt eine völlig überhöhte Bewertung übrig. Aber auch Allianzpartner müssen ihre relativen Beiträge genau bewerten, um sicherzustellen, dass sie bei zu geringen Erträgen und zu geringer Kontrolle nicht zu hohe Ressourcen binden.

Sowohl bei M&A als auch bei Kooperationen müssen einige klar definierte Fragen beantwortet werden. Am Beginn des Prozesses steht bei einer Allianz das gegenseitige Umwerben interessierter Partner, was allerdings bei M&A nicht genauso der Fall sein muss. Natürlich erfordern auch Fusionen eine beiderseitige Bereitschaft. Wenn allerdings die Verhandlungen schlecht verlaufen, besteht häufig noch die Option eines *feindlichen Übernahmeangebots*. Bei einem solchen feindlichen Übernahmeangebot geht es im Wesentlichen darum, nicht die Manager, sondern die Aktionäre des Zielunternehmens zu überzeugen, mit dem Kaufinteressenten zu verhandeln. Bei M&A ist der richtige Ansatz zur *Integration* ein entscheidendes Thema: Absorption, Erhaltung, Symbiose, intensive Pflege und Reorientierung. Bei strategischen Allianzen existiert die Option der vollständigen Integration der beiden Partner in einer Einheit nicht. Hier liegt die Aufgabe vielmehr in der andauernden Aufrechterhaltung einer Partnerschaft zwischen unabhängigen Einheiten, die eine *Koevolution* durchlaufen muss. Schließlich unterscheiden sich auch die *Veräußerung* erworbener Einheiten und die *Auflösung* von Allianzen. So sind Veräußerungen normalerweise einmalige Transaktionen mit Käufern und begrenzten Folgen für zukünftige Beziehungen. Andererseits kann die Art und Weise, in der eine Allianz endet, Auswirkungen auf wichtige zukünftige Beziehungen haben, da neue bzw. gleichzeitige Projekte häufig die gleichen Partner betreffen. Insgesamt wird daher deutlich, dass durch die Notwendigkeit des Umwerbens, der Koevolution sowie der feinfühligen Beendigung der Prozess der strategischen Allianz häufig sehr viel komplexer ist als ein einfacher Kauf.

Quer-Denken

Von der Übernahme von Kernkompetenzen zur Akquisitionsfähigkeit als Kernkompetenz

Wie sich durch Firmenübernahmen Mehrwert generieren lässt

Im Allgemeinen geht man davon aus, dass bei einer Firmenübernahme vor allem mehr und neue Ressourcen und Fähigkeiten erlangt werden müssen, um Mehrwert zu generieren und den zukünftigen Wettbewerbsvorteil des Erwerbers zu sichern. Trotzdem lässt sich immer wieder beobachten, dass bei den allermeisten Übernahmen kein oder nur geringer Mehrwert entsteht.[33] Von einem Unternehmen, das bereits viele Übernahmen getätigt hat, wird erwartet, dass es aufgrund seiner großen Erfahrung in diesem Bereich bessere Ergebnisse erzielt als andere, doch selbst dafür gibt es keine schlüssigen Beweise.[34] Wie also lässt sich diese Situation verbessern? Forschungen zum Thema Unternehmenskooperationen zeigen, dass Unternehmen, die eine „Allianz-Fähigkeit" besitzen,[35] hier erfolgreicher sind. Daher wird nun auch im Bereich von M&A geforscht, ob die Entwicklung einer „M&A-Kernkompetenz", also einer M&A-Funktion, positive Auswirkungen auf das Ergebnis von Fusionen und Übernahmen haben könnte.

Die Aufgaben eines auf M&A spezialisierten Unternehmensbereichs wären Datensammlung und Analyse, anschließende strategische Entscheidungen sowie fachliche Vorbereitung, wobei auch die Due-Dilligence-Prüfung eine Rolle spielt. Zudem sind Verhandlungsgeschick und gute Integrationsplanung vor der Umsetzung des Geschäfts wichtig. Um all diese Aufgaben zu erfüllen, werden im M&A-Bereich alle relevanten Daten gesammelt, ein standardisierter M&A-Prozess wird definiert, Checklisten und Pläne werden entwickelt, M&A-Komitees und Diskussionsrunden werden etabliert, um relevante Informationen zu sammeln und auch zu verbreiten. Schließlich wird ein zentrales, firmenweites Steuerungskomitee gegründet, das all das gesammelte Wissen auf anstehende Transaktionen anwendet und diese abwickelt. Und natürlich wäre diese M&A-Funktion auch an allen Integrationsaktivitäten beteiligt, die auf eine Übernahme folgen. Ein Unternehmen, das über eine solche Funktion verfügt, ist in der Lage, relevantes Wissen und Erfahrung zu sammeln und gezielt einzusetzen.

---

33 Siehe *Abschnitt 11.3.3* und N. Aktas, E. de Bodt und R. Roll, „Learning, hubris and corporate serial acquisitions", *Journal of Corporate Finance*, Band 15, Nr. 5 (2009), S. 543–61; D. R. King D. R. Dalton, C. M. Daily und J. G. Covin, „Meta-analysis of post-acquisition performance: indications of unidentified moderators", *Strategic Management Journal*, Band 25, Nr. 2 (2004), S. 187–200.

34 S. B. Moeller, F. P. Schlingemann und R. M. Stultz, „Wealth destruction on a massive scale: a study of acquiring firm returns in the recent merger wave", *Journal of Finance*, Band LX, Nr.2 (2005), S. 757–82.

35 P. Kale und H. Singh, „Building firm capabilities through learning: the role of the alliance learning process in alliance capability and firm level success", *Strategic Management Journal*, Band 28, Nr. 10 (2007), S. 981–1000.

Durch Kommunikation, Austausch, Kodifizierung und internes Lernen werden spezielle M&A-Kompetenzen entwickelt. Dadurch kann ein Unternehmen proaktiv – und nicht reaktiv – an das Thema Akquisition herangehen und alle potenziellen Übernahmeziele effektiv prüfen. Hier können auch ganz neue Akquisitionsideen entstehen und Fachwissen für Transaktionsabläufe entwickelt werden. Neueste Forschungsergebnisse unterstützen die Ansicht, dass die Entwicklung einer „Übernahme-Kompetenz" eine positive Wirkung hat, denn sie zeigen eine klare Verbesserung der M&A-Ergebnisse, wenn eine M&A-Funktion vorliegt.[36]

Z U S A M M E N F A S S U N G

- Es gibt drei grundlegende *Methoden*, um eine Wachstumsstrategie zu verfolgen: *Fusionen und Übernahmen (M&A)*, *Unternehmenskooperationen* und *organische Entwicklung*.

- Die *organische Entwicklung* kann entweder stetig oder radikal verlaufen. Eine radikale organische Entwicklung wird als *Corporate Entrepreneurship* bezeichnet.

- Übernahmen können *freundlich* oder *feindlich* sein. Motive für M&A sind *strategischer* oder *finanzieller* Natur oder sie erwachsen aus dem *Management*.

- Der Übernahmeprozess setzt sich zusammen aus der *Auswahl des Übernahmeziels, der Bewertung und der Integration*.

- Die Integration nach der Übernahme hängt von der strategischen und der organisationalen Passfähigkeit ab.

- Unternehmenskooperationen können *kapitalbasiert* oder *nicht kapitalbasiert* sein. Wichtige Motive für Kooperationen sind *Größe, Zugang, Ergänzung und Kollusion*.

- Das Gelingen einer strategischen Kooperation beruht auf *Koevolution* und *Vertrauen*.

- Die Auswahl zwischen Übernahme, Kooperation oder organischer Entwicklung wird von vier Hauptfaktoren beeinflusst: *Dringlichkeit, Unsicherheit, Art der Fähigkeiten und Modularität der Fähigkeiten*.

Z U S A M M E N F A S S U N G

---

36 A. Trichterborn, D. zu Knyphausen-Aufsess und L. Schweizer, „How to improve acquisition performance. The role of a dedicated M&A function, M&A learning process and M&A capability", *Strategic Management Journal*, Band 37, Nr. 4 (2010), S. 463–73.

Literaturempfehlungen

- Ein ausführliches Buch über Fusionen und Übernahmen stammt von S. Sudarasanam, *Creating Value from M&A, the challenges*, 2nd edn, FT Prentice Hall 2010, Alternative Perspektiven liefert die Sammlung von D. N. Angwin, (ed.) *M&A*, Backwell 2007.

- Ein nützliches Buch über strategische Allianzen ist J. Child, D. Faulkner und S. Tallman, *Cooperative strategy: Managing Alliances, Networks and Joint Ventures*, 2nd edn, Oxford University Press, 2005.

- Ein Buch, das die Vorteile verschiedener Expansionsmethoden vergleicht, ist L. Capron und W. Mitchell, *Build, Buy or Borrow: Solving the growth dilemma*, Harvard Business Review Press, 2012.

Fallstudie
Ein zukunftssicheres Geschäft? Sainsbury übernimmt Argos.

Eine Fallstudie von Duncan Angwin

Marktanalysten waren fassungslos, als die britische Supermarktkette Sainsbury bekanntgab, das Einzelhandelsunternehmen Argos, ebenfalls aus Großbritannien, für 1,9 Mrd. € übernehmen zu wollen. Warum sollte die zweitgrößte Supermarktkette des Landes Interesse daran haben, eine Firma zu kaufen, die vor allem für ihr „laminiertes Buch der Träume"[1] bekannt war, einen in Plastik gebundenen Produktkatalog? Manche Analysten ließen verlauten, das Ganze mache strategisch gesehen überhaupt keinen Sinn.

Sainsbury

Sainsbury war die zweitgrößte der größten vier Supermarktketten in Großbritannien mit 1.304 Läden, 161.000 Mitarbeitern und einem Jahresumsatz von 31,2 Mrd. € im Jahr 2015. Sainsburys Marktanteil lag bei 16,8 %; die Anteile der Konkurrenten lagen bei 29 % (Tesco), 11 % (Morrison) und 17 % (Asda). Im Weihnachtsgeschäft 2015 konnte nur Sainsbury mit seinem relativ wohlhabenden Kundenstamm einen stabilen Umsatzanstieg verbuchen. Traditionell gesehen gab es in der Lebensmittelbranche kaum Wachstum. Die großen Vier dominierten zwar nach wie vor den Markt, doch die Discounter Aldi und Lidl gewannen schnell viele neue Kunden. Beide hielten nun einen gemeinsamen Marktanteil von 10 %, ihre Umsätze waren um 18,9 % (Aldi) und um 15,1 % (Lidl) angestiegen. Zudem wandten sich wohlhabendere Käufer mehr und mehr Marks & Spencers und Waitrose (5,2 %) zu. Bis März 2016 waren die Umsätze der Supermarktbranche im Jahresvergleich um insgesamt 2 % gesunken, denn die Kunden gaben pro Einkauf im Durchschnitt weniger Geld aus.

Dieser Umsatzrückgang wirkte sich auf die großen Vier ganz unterschiedlich aus. Tesco hatte schon früher einen massiven Umsatzrückgang von 55 % bis Oktober 2015 verbuchen müssen, hatte es aber geschafft, sich neu aufzustellen. Denn mit neuen Tiefpreisaktionen, verbessertem Kundenservice und einer besseren Produktverfügbarkeit konnte ein prognostizierter weiterer Umsatzrückgang von 1,8 % auf lediglich 0,8 % beschränkt werden. Zudem hatte Tesco 50 seiner Geschäfte geschlossen. Und auch Morrison musste einen drastischen Rückgang seiner Umsätze und Gewinne verkraften. Asda musste sogar die schwächsten Umsatzzahlen seit 20 Jahren ausweisen. Schuld daran war der erbitterte Preiskrieg gegen die neuen Discounter sowie der neue Erfolg von Tesco. Trotz allem konnte Asda allerdings sein operatives Ergebnis verbessern. Sainsbury konnte seinen Umsatz leicht steigern und dennoch die preisliche Lücke zu den Discountern verkleinern. Außerdem hatte das Unternehmen 1.100 seiner Produktlinien ausgedünnt. All das trug dazu bei, dass Sainsbury weiterhin ein gutes Ergebnis berichten konnte, ohne auf zu viele Rabattaktionen zurückzugreifen, die in dieser Branche an der Tagesordnung waren. Obwohl der Betriebsgewinn Ende 2015 um 18 % gesunken war, hielt sich der Aktienkurs bis Februar 2016 gut, ganz im Gegensatz zu den anderen drei Konkurrenten, die herbe Kursverluste hinnehmen mussten. Der britische Lebensmittelmarkt blieb schwierig, denn Anfang 2016 gingen die Gesamtumsätze erneut um 1,6 % zurück. Der Druck auf die Supermärkte wuchs, sodass manche Analysten bereits prognostizierten, aus den großen Vier würden bald die großen Drei werden.

Um Kosten zu sparen und Kunden zu gewinnen, hatten Supermärkte begonnen, Online-Shopping anzubieten – mit gemischtem Erfolg. Morrisons Online-Geschäft war schnell gewachsen, doch in ganz Großbritannien lag der Online-Marktanteil bei nur 5 % der gesamten Umsätze. Niemand wollte Liefergebühren zahlen, die Lieferzeiten waren ungünstig, und die gelieferte Ware war nicht immer frisch. Für die meisten Supermärkte lohnte sich das Online-Geschäft nicht, denn ihnen entstanden nur zusätzliche Kosten durch das Zusammenstellen, Verpacken und Ausliefern der Bestellungen. Die Lebensmittel mussten bei unterschiedlichen Temperaturen gelagert werden, manche waren sehr empfindlich oder sehr sperrig, wodurch der ganze Ablauf schwierig und teuer wurde.

Zudem war es sehr kostspielig und aufwändig gewesen, das Online-Geschäft technologisch gesehen an den Start zu bringen. Die Firma Ocado etwa, die Lebensmittel nur online verkaufte, brauchte ganze 15 Jahre, bis ihr Geschäft erste Gewinne abwarf.

Sainsburys CEO Mike Coupe überlegte, wie sein Unternehmen weiterhin wettbewerbsfähig bleiben könne: „Wir eröffnen in den nächsten drei Jahren ein bis zwei neue Läden pro Woche."[2] Er war auch der Meinung, Supermärkte seien mittlerweile „zu steril. Jeder Anbieter muss sein Sortiment genau auf seinen Kundenstamm ausrichten. Wir hier bei Sainsbury müssen unsere Arbeit einfach hervorragend machen."[2] Bei Sainsbury gab es seit je her tief verwurzelte Werte und Ziele, die dessen brillanter ehemaliger CEO Justin King etablierte. Sie definierten die Ausrichtung des Unternehmens sowie einen Verhaltenskodex für alle Mitarbeiter. In diesem paternalistischen Unternehmen gab es ein exzellentes Ausbildungssystem, das schon häufig ausgezeichnet worden war, sowie einen Qualitätsethos, der sich auf alle Firmenbereiche erstreckte: Man konzentrierte sich darauf, mit den besten Mitarbeitern der Branche den Kunden frische Produkte und perfekten Service zu bieten. Zudem arbeitete Sainsbury daran, es seinen Kunden zu ermöglichen, ihre Waren per Handy einzuscannen und bargeldlos zu bezahlen. Es entstanden elektronische Einkaufslisten, die den Kunden helfen sollten, günstiger einzukaufen, auf Allergene zu achten und ihre Gesamtausgaben besser zu überwachen. Sainsbury werde laut Mike Coupe allerdings nicht „Technologie nur um der Technologie Willen einsetzen. Sie muss die Kundenerfahrung verbessern."[2]

Eine neue Bedrohung

Während die Supermärkte weiterhin in einem endlosen Preiskrieg gefangen waren, um Gewinnmargen kämpften und ihre Rentabilität mit immer neuen Sparprogrammen verteidigen wollten, tauchte am Horizont eine neue Bedrohung auf. Amazon hatte gerade Pantry auf den Markt gebracht – einen Lieferservice, der bestellte Ware innerhalb von einem Tag lieferte und keine zusätzlichen Liefergebühren pro Einkauf berechnete. Amazon Prime Kunden konnten Pantry für eine jährliche Gebühr von 79 £ buchen und nutzen. Zwar waren bisher nur Haushaltsprodukte des täglichen Gebrauchs im Sortiment, doch man ging davon aus, dass Pantry sich rasch zu einem umfassenden Lebensmittelanbieter entwickeln würde – in Teilen der USA gab es diesen Service bereits. Einen Schritt in diese Richtung machte Amazon im Februar 2016, als man mit Morrison eine Vereinbarung traf, die es Amazon-Kunden ermöglichte, hunderte frischer und TK-Produkte online zu bestellen. Diese Entwicklung konnte zu einer großen Gefahr für die anderen Supermärkte werden, denn Amazon bot schließlich auch noch eine riesige Palette anderer Produkte an. Solche Allianzen waren allerdings in der Lebensmittelbranche eher selten und zudem problematisch. So zerbrach etwa die Allianz zwischen Waitrose und dem Online-Anbieter Ocado, als sich beide letztendlich zu direkten Konkurrenten entwickelten, denn Ocado gab an, dass lediglich etwa 30 % seines Umsatzes von Waitrose-Produkten stammte, während Produkte anderer Anbieter immerhin 25 % des Umsatzes ausmachten. Ocados spätere Vereinbarung mit Morrison wurde nach dessen Zusammenschluss mit Amazon neu verhandelt.

Argos

Argos ist vor allem für seinen laminierten Katalog berühmt, der etwa die Größe eines Telefonbuchs hat und über 60.000 Produkte enthält. Das Unternehmen ist Großbritanniens größtes Einzelhandelsunternehmen. Mit 840 Filialen in Großbritannien und Irland und 30.000 Angestellten war Argos 2016 der marktführende Multichannel-Einzelhändler, denn die angebotenen Produkte konnten im Laden, im Internet oder auch per Telefon aus dem Katalog bestellt und gekauft werden. Argos verfolgte eine Just-in-time-Logistikstrategie und konnte so in seinen Läden eine große Bandbreite an Produkten anbieten, ohne hohe Lagerkosten zu haben. In Frankreich und Polen betrieb das Unternehmen zudem eine Reihe von Discountläden und hatte auch in Großbritannien vor kurzem 50 „Pep & Co"-Läden eröffnet mit dem Slogan: „wenig ausgeben, viel mitnehmen".

Etwa die Hälfte aller Mietverträge für Argos's Läden standen innerhalb der kommenden vier Jahre zur Erneuerung oder Verlängerung an.

Nachdem Argos nach dem Weihnachtsgeschäft 2015 einen 2,2%igen Umsatzrückgang melden musste, wurde das Unternehmen ein begehrtes Übernahmeziel. Besonders in der hart umkämpften Elektronikbranche sanken Argos Umsätze, etwa bei Spielkonsolen, Tablet-Computern, aber auch bei Haushaltsgeräten wie Waschmaschinen. Argos musste infolgedessen eine Gewinnwarnung ausgeben, worauf einige Beobachter äußerten, das Unternehmen befände sich langfristig und strukturell gesehen auf Talfahrt.

Die Home Retail Group, Eigentümer von Argos, hatte ihre Tochtergesellschaft komplett umgewandelt und daraus einen Online-Anbieter gemacht mit guten Angeboten, nahtlosen Transaktionen und zuverlässigem Service. Wenn ein Kunde etwas vor 18 Uhr bestellte, erfolgte die Lieferung bis spätestens 22 Uhr am selben Tag, sieben Tage die Woche für eine Liefergebühr von 3,95 £. Bis März 2016 waren lediglich 20 % aller Argos-Läden so umgerüstet worden, dass die Kunden für die Auswahl ihrer Produkte auch ihr iPad anstelle des Katalogs nutzen konnten. Allerdings waren Homebase, einer Tochtergesellschaft der Home Retail Group, bereits 95 digitale Konzessionen erteilt worden – und Sainsbury hatte zehn erhalten. All dies trug dazu bei, den Gesamtumsatz von Argos zu steigern, der um jeweils 5 % und 3,1 % wuchs, und damit schneller als in allen anderen Argos-Läden. Durch den schnellen Lieferservice steigerte sich auch der Umsatz durch Bestellungen von zuhause um ganze 80 %. Kurz vor Weihnachten 2015 dann überstiegen die Onlineumsätze die Ladenumsätze, denn sie machten nun 62 % der Gesamteinnahmen von Argos aus. Bei den meisten Ladenketten entfielen nur etwa 35 % auf den Onlineverkauf.

Das Geschäft

Als Sainsbury die Home Retail Group endlich kaufen konnte, nachdem es ein Konkurrenzangebot einer Firma aus Südafrika erfolgreich abgewehrt hatte, lag der endgültige Kaufpreis bei 1,4 Mrd. £ – ein Aufschlag von 73 %. Homebase wurde unver-

züglich abgestoßen, sodass neben Argos auch jede Menge Bargeld auf der Bilanz der Home Retail Group stehen blieb. Zudem gab es einige Kredite, die in die Bücher von Sainsbury integriert werden mussten.

Sainsbury hatte sich erheblich vergrößert und bot nun 100.000 Produkte in 2.000 Läden an. Die Umsätze lagen bei 28 Mrd. £ und 25 Mio. Kunden kauften wöchentlich bei Sainsbury ein. Im Bereich allgemeine Handelswaren und Bekleidung übertrafen die Umsätze von Argos (4 Mrd. £) und Sainsbury (2 Mrd. £) gemeinsam die Konkurrenten John Lewis, Marks & Spencer und selbst Amazon UK (5,3 Mrd. £ Umsatz im Jahr 2015). Mike Coupe äußerte dazu: „Wir können gemeinsam mehr erreichen und auch mehr für unsere Kunden tun, als als getrennte Unternehmen." Und außerdem: „Unsere Kunden wollen mehr Auswahl, die sich schneller erneuert – eine Entwicklung, die durch die zunehmende Nutzung von Handys und digitaler Technologie vorangetrieben wird."[3]

Es würde in den ersten drei Jahren nach der Übernahme weitere 140 Mio. £ kosten, die Einsparungen und Vorteile dieses Geschäfts zu realisieren. Dabei kam es vor allem auf die Integration der IT-Systeme an. Bei Argos gab es keine geeigneten IT- und Lieferketten-Systeme für die verschiedenen Lebensmittelsorten, aber konnte Sainsbury auf der anderen Seite das System von Argos für die anderen Handelswaren übernehmen? Bliebe es allerdings bei zwei unterschiedlichen Systemen, so könnte die bewährte Sainsbury-Kundenkarte Nectar beispielsweise nicht für Produkte von Argos benutzt werden. Trotz allem war Sainsbury zuversichtlich, bis 2019 jährlich Kosten von 140 Mio. £ einsparen zu können.

Verläuft nicht alles reibungslos?

Bei einem Zusammenschluss dieser Größe könnte die zuständige Wettbewerbskommission noch Einspruch einlegen, da das neue Unternehmen auf den Märkten für Spielzeug und Elektrogeräte zu dominant sein könnte. Käme es zu einer Untersuchung der Kommission, könnte das den Geschäftsabschluss verzögern und eventuell die Umsätze beeinträchtigen.

Zudem könnte es erforderlich werden, Geschäftsbereiche abzustoßen, um die Dominanz von Sainsbury zu verringern.

Einige Analysten standen dem Zusammenschluss skeptisch gegenüber, denn Argos zielte in ihren Augen eher auf das untere Marktsegment, die Läden waren nicht gut ausgestattet und das Personal schlecht ausgebildet. Zudem hatte Argos eine Gewinnwarnung ausgegeben und musste Umsatzrückgänge hinnehmen. Man machte sich Sorgen, dass das Management-Team von Sainsbury gerade jetzt, da der Lebensmittelmarkt so unter Druck stand, zu viel Energie für die Integration aufwenden musste. In Analystenkreisen erinnerte man sich auch an die Übernahme von Safeway durch Morrison, die erhebliche Integrationsprobleme mit sich gebracht hatte, vor allem in den Bereichen IT und Markenimage. Morrison musste nach der Übernahme zwei IT-Systeme parallel betreiben, was das Finanzergebnis erheblich beeinträchtigte und Morrison sogar seinen ersten Verlust in der Firmengeschichte einbrachte. Obwohl die Systeme von Safeway leistungsfähiger waren, wurden schließlich die Systeme von Morrison für das gesamte Unternehmen übernommen. Diese waren aber nicht auf das größere Produktvolumen ausgerichtet und verursachten dem Management noch jahrelang Probleme.

Ein Analyst von Shore Capital gab an, er sei bezüglich dieser Übernahme hin- und hergerissen. „Die Kaufsynergien sind ebenso wie die möglichen Einsparungen bei den Zentralkosten eher gering, sodass der Erfolg des Deals hauptsächlich von Umsatzsynergien abhängt – und das macht uns nervös."[4] Mike Coupe wies diese Bedenken zurück: „Aus unternehmerischer Sicht ist das Risiko gering, denn hier geht es zum Großteil um Sachanlagen – eine Kernkompetenz von Sainsbury."[5]

Der unabhängige Einzelhandelsveteran Richard Hyman blieb jedoch skeptisch: „Für Sainsbury und seine Rivalen wäre es besser, sich auf ihr Kerngeschäft zu besinnen: Lebensmittel. So langweilig und altmodisch es auch scheinen mag – es kommt auf die Produkte an. Das Liefersystem ist nur zur Unterstützung da, es ist nichts Einzigartiges. Kein Kunde will ein Liefersystem kaufen. Es kommt darauf an, was geliefert wird. Die Anbieter

müssen vor allem sicherstellen, dass Qualität und Preis stimmen."[1] Er fügte hinzu: „Vielleicht hat dieses Geschäft in der verrückten Welt des Aktienmarkts seine Wirkung, das sollte jedoch eigentlich nicht so sein. Vor dieser Übernahme war ich von Sainsbury's Leistung beeindruckt."[6] Vielleicht ist die Übernahme von Argos doch keine Zukunftssicherung für Sainsbury?

Wesentliche Quellen: https://www.about.sainsburys.co.uk/about-us/our-vision; A. Armstrong, Sainsbury' s Argos takeover is as cheap as a Fisher Price toy set; The Telegraph, 2. Februar 2016; J. Bourke und M. Bow, Sainsbury' s Argos deal dashed as billionaire makes GBP 1,4 Mrd. Rival bid, The Independent, 20. Februar 2016; G. Hiscott, Sainsbury' s takeover of Argos likely after drop in sales at high street chain, The Mirror, 14. Januar 2016; M. Lewis, Opinion: How could Sainsbury' s best integrate Argos' technology?, Retail Week 12. Februar 2016; B. Marlow, How merchandise could further detail GBP 1,3 Mrd. „Argosbury" deal, The Telegraph, 20: Februar 2016; S. Reid, Which store is top of the supermarket performance league?, The News, 9. März 2016.

Quellen:

[1] K. Hope, Why does Sainsbury' s want to buy Argos?, BBC News, 1. Februar 2016.

[2] C. Blackhurst, Sainsbury' s Mike Coupe: „I' m not especially anxious when things don' t go well", Management Today, 30. Juni 2015.

[3] C. Johnston, Sainsbury' s to „future-proof" with GBP 1,3 Mrd. Argos deal, BBC News, 2. Februar 2016.

[4] A. Armstrong, Argos sales fall as Homebase enjoys a Christmas surge, Telegraph, 14. Januar 2016.

[5] J. Davey und K. Holton, Sainsbury' s bets on Argos takeover for digital age, Business, 2. Februar 2016.

[6] M. Vandevelde, Sainsbury' s chief under pressure to deliver, FT.com, 21. Februar 2016.

Kontrollfragen

1 Warum hat Sainsbury ein Übernahmeangebot für Argos abgegeben?

2 Überlegen Sie anhand der Integrationsmatrix nach Übernahme (▶ *Abbildung 11.3*), wie Sainsbury Argos am besten integrieren kann.

3 Überlegen Sie anhand der Matrix aus ▶ *Abbildung 11.6* (Kauf, Allianz oder Selbermachen), ob die Übernahme von Argos Sainsbury's beste Strategie ist.

 Als Dozent finden Sie ausführliche **Lösungshinweise** zu den Fallaufgaben auf der Webseite zum Buch.

Kommentar zu Teil II: Strategische Wahlmöglichkeiten

In *Teil II* des Buchs waren die strategischen Wahlmöglichkeiten des Unternehmens das Hauptthema, darunter organisches Wachstum der Geschäftsstrategie, Diversifikation, Internationalisierung, neue Unternehmensprojekte und Innovation, Übernahmen und Kooperationen. Zwar boten die einzelnen Kapitel verschiedene Ansätze und Gründe für diese oder jene strategische Entscheidung, es ist und bleibt aber klar ersichtlich, dass die Entscheidungen, die getroffen werden, nicht immer völlig objektiv und rational ausfallen. Die vier „strategischen Perspektiven" (eingeführt in *Kapitel 1.6.2*) zeigen jede für sich völlig verschiedene Erwartungen an die jeweiligen strategischen Entscheidungen auf. Dieser Kommentar wendet dieselben vier Perspektiven auf die Thematiken von *Teil II* an, der sich auf strategische Wahlmöglichkeiten konzentriert. Die vier Blickwinkel stellen Fragen darüber, wie man Optionen für strategische Wahlmöglichkeiten festlegen kann, wie man Annahmen über andere Organisationen treffen kann und worauf es ankommt, damit die einzelnen Optionen erfolgreich sind.

In diesem Kommentar werden also einige der Themen aus *Teil II* durch die vier strategischen Perspektiven betrachtet. Wichtig ist dabei:

- Keine der Perspektiven soll hier als einer anderen überlegen dargestellt werden. In der Regel ist es nützlich, strategische Optionen aus mehreren Perspektiven zu betrachten, um mehr als nur eine Ansicht und Einschätzung zu erhalten.

- Für ein besseres Verständnis dieses Kommentars, kann eine erneute Lektüre des Kommentars zu *Teil I* (nach *Kapitel 6*) sinnvoll sein, der die vier Perspektiven im Detail erklärt und zudem ein anschauliches Fallbeispiel enthält.

Gestaltungsperspektive

Die Gestaltungsperspektive legt viel Wert auf umfassende Informationssammlung und -analyse, um daraus strategische Optionen abzuleiten. Logische und optimale Entscheidungen sind hier wichtig. Die Gestaltungsperspektive empfiehlt daher:

- Alle Optionen zu beachten: Man sollte aus einer ursprünglich großen Bandbreite an Optionen auswählen und dazu Instrumente wie etwa die Ansoff-Wachstumsmatrix verwenden (*Abschnitt 8.2*).

- Sicherzustellen, dass Entscheidung und Absicht zusammenpassen: Es sollte genau geprüft werden, ob bevorzugte Optionen mit den Interessen und Zielen der Stakeholder übereinstimmen. (*Kapitel 5*).

- Erträge zu maximieren: Die optimale Wahl maximiert Rückfluß aus Investionen, gleichgültig, ob es sich um investiertes Kapital oder Anstrengungen handelt.

Erfahrungsperspektive

Gemäß dieser Perspektive entwickelt sich eine Strategie nach und nach basierend auf der Geschichte und Kultur der Organisation und ihrer Mitglieder. Die Auswahl an strategischen Optionen ist also höchst wahrscheinlich nicht sehr umfangreich. Zudem können kulturelle Faktoren dazu führen, dass sich Menschen anders verhalten, als man dies aus rationaler Sicht erwarten würde. Deshalb sollte man:

- *Standardisierte Antworten in Frage stellen:* Nur weil etwa eine spezielle Diversifikationsoption (*Kapitel 8*) oder eine internationale Marktzugangsstrategie (*Kapitel 9*) bisher immer funktioniert hat, heißt das nicht, dass man diese Strategie nochmals wählen sollte.

- *Kulturelle Unterschiede respektieren:* Unternehmen, die Übernahmen durchführen oder mit Allianzpartnern arbeiten wollen (*Kapitel 11*) oder international tätig werden möchten (*Kapitel 9*), legt die Erfahrungsperspektive nahe, neben den objektiven Faktoren auch immer die Geschichte und Kultur ihrer Organisation in die Entscheidung mit einzubeziehen.

- *Wettbewerberanalyse anpassen:* Wenn Erfahrung die Strategie formt, kann es nötig sein, einfache Analysen von Wettbewerberinteraktionen, wie etwa in der Spieltheorie (*Kapitel 7*), anzupassen, um Übertreibungen bezüglich der Schnelligkeit des gegenseitigen Handelns oder auch der Rationalität ihrer Reaktionen zu vermeiden.

Vielfaltperspektive

Hier liegt der Schwerpunkt auf Vielfalt und Spontaneität der strategischen Optionen und ihrer möglichen Ursprünge rund um die Organisation. Die Vielfaltperspektive ist auf Innovation ausgerichtet. Dadurch ermutigt sie dazu:

- *Über den Tellerrand des Top-Managements zu schauen:* Aus der Vielfaltperspektive betrachtet müssen die Strategien, die das Top-Management entwirft, beschränkt sein. Deshalb sollte man in einem größeren Umfeld nach neuen Ideen für strategische Optionen suchen, z.B. mithilfe „offenen Innovation" oder des Market-pull-Konzepts (*Kapitel 10*).

- *Durch Übernahmen und von Partnern zu lernen:* Wenn die eigene Führungsetage kein Monopol auf Allwissenheit hat, könnten sich neue strategische Optionen auch aus einer genaueren Betrachtung eines übernommenen Unternehmens oder eines Allianzpartners ergeben (*Kapitel 11*), was dann weit über das ursprüngliche Ziel der Übernahme oder Allianz hinausgehen würde.

- *Sich auf Überraschungen gefasst zu machen:* In einem Umfeld, das durch spontane Innovationen geprägt ist, sollte man immer auf plötzliche „disruptive" Innovationen vorbereitet sein und daher ein tragfähiges Portfolio „realer Optionen" zur Verfügung haben (*Kapitel 10*).

Die Diskursperspektive

Folgt man dieser Perspektive, so werden die strategischen Optionen, die sich auftun, in der Regel durch den legitimen Diskurs innerhalb der Organisation und den zugrundeliegenden Eigeninteressen der verschiedenen Manager geformt. Die Diskursperspektive erkennt die Macht der Sprache. Also ist es ratsam:

- *Auf seine Sprache zu achten:* Strategische Optionen sollten schlüssig formuliert sein, wobei auch auf die emotionale Resonanz von Etikettierungen wie „Star" oder „Dog" bei der Portfolio-Analyse geachtet werden sollte (*Kapitel 8*). Auch die unterschiedlichen Interpretierungen solcher Begriffe in verschiedenen Kulturen sind zu beachten (*Kapitel 9*).

- *Der Sprache anderer nicht zu vertrauen:* Strategische Optionen, die zum Großteil auf offenbar legitimen oder modernen Diskursen aufbauen, wie etwa Synergie (*Kapitel 8*), Innovation und Entrepreneurship (*Kapitel 10*) oder Partnerschaft und Ökosystem (*Kapitel 11*), sollten besonders kritisch auf fragwürdige Logik oder Eigeninteresse als Motiv geprüft werden.

- *Auf die Interessen der Manager zu achten:* Der Diskurs, der strategische Optionen formt, könnte Eigeninteressen der Manager kaschieren, besonders in Bezug auf Strategien der unverbundenen Diversifikation (*Kapitel 8*) oder aggressiver Übernahmen (*Kapitel 11*). Diese wirken sich oft negativ für die Aktionäre aus.

TEIL III

Strategie in Aktion

Dieser Teil erklärt:

- Kriterien und Techniken zur Bewertung der Leistung einer Organisation und ihrer strategischen Optionen.

- wie Strategien sich in Organisationen entwickeln und dabei insbesondere die Prozesse, die beabsichtigte oder sich neu entwickelnde Strategien begünstigen können.

- warum organisationale Strukturen und Kontrollsysteme wichtig für die Gewährleistung des strategischen Erfolgs sind.

- Führung und Management des strategischen Wandels.

- wer Strategen sind und was sie in der Praxis tun.

Einführung in Teil III

Die ersten beiden Teile dieses Buchs befassten sich damit, wie ein Stratege die strategische Position einer Organisation und deren strategische Optionen durchdenken kann. Der nun vorliegende Teil wendet sich dagegen der Strategie in Aktion zu. Es wird aufgezeigt, wie sich eine Strategie tatsächlich in einer Organisation umsetzen lässt und was Strategen tun.

Das folgende Kapitel erklärt, wie Manager die Wirksamkeit der in *Teil II* vorgestellten strategischen Optionen bewerten und mit Alternativen abgleichen können. Dabei werden sowohl wirtschaftliche als auch nicht-wirtschaftliche Maßstäbe berücksichtigt. Zudem werden drei weitere Kriterien eingeführt, die für nachfolgende Entscheidungen herangezogen werden. Die *Eignung* fragt nach, ob eine Strategie sich mit den wirklich wichtigen Themen befasst, die die Chancen und Einschränkungen einer Organisation bestimmen. Die *Akzeptabilität* fragt nach, ob eine Strategie die Erwartungen der Stakeholder erfüllt. Und die *Machbarkeit* regt die Überlegung an, ob eine Strategie in der Praxis tatsächlich funktionieren würde. Für jedes Kriterium werden Instrumente und Techniken zur Bewertung vorgestellt, erklärt und veranschaulicht.

Kapitel 13 führt zwei grundlegend unterschiedliche Erklärungen dazu ein, *wie sich Strategien tatsächlich in Organisationen entwickeln*. Entsteht eine Strategie innerhalb einer Organisation aufgrund einer Abfolge von Handlungen von der ersten Analyse bis zur Implementierung? Entwickelt sie sich, anders ausgedrückt, weil dies so beabsichtigt war? Oder sind Strategien eher emergent und entwickeln sich beispielsweise aufgrund der Erfahrungen der Mitarbeiter oder als Reaktion auf Handlungen der Konkurrenz? Und welche Auswirkungen haben diese verschiedenen Erklärungsansätze auf das Strategie-Management?

Kapitel 14 betrachtet die Beziehung zwischen Strategie und der Funktionsweise einer Organisation in Bezug auf die Zusammenarbeit der Mitarbeiter innerhalb verschiedener *Strukturen* und *Systeme*. Diese Strukturen und Systeme können offiziell durch das Management eingeführt und etabliert worden sein oder es kann sich um eher informelle Beziehungen handeln. In jedem Fall beeinflussen sie jedoch die Fähigkeit der Organisation, ihre Strategie erfolgreich umzusetzen. Das Kapitel befasst sich auch damit, inwieweit eine erfolgreich funktionierende Organisation darauf angewiesen ist, dass diese verschiedenen Elemente reibungslos zusammenarbeiten und so *Konfigurationen* für Systeme und Strukturen schaffen, die sich gegenseitig stützen und stärken – und zudem zur Organisationsstrategie passen.

Die Entwicklung einer neuen Strategie kann auch einen umfassenden Wandel einer Organisation mit sich bringen oder erfordern, was Thema von *Kapitel 15* ist. Das *Management des strategischen Wandels* wird untersucht. Dabei wird zunächst festgestellt, dass dieser Prozess nicht in allen Organisationen gleich abläuft, denn es kommt immer auf den Zusammenhang an. Dann werden verschiedene Ansätze für das Management des Wandels vorgestellt, wobei es vor allem um unterschiedliche Managementstile geht und um die Vielfalt an Instrumenten, die hier zum Einsatz kommen können.

Zum Schluss wird nochmals auf die Bedeutung des Hintergrunds und Kontexts hingewiesen, was wiederum zum Einsatz unterschiedlicher Methoden und Instrumente führen kann.

Dieser Teil des Buches schließt mit der Diskussion, *was Strategen tatsächlich tun und leisten*. Dabei werden drei Praxisthemen erläutert. Zunächst geht es darum, wer an den Aktivitäten der Strategiefestlegung beteiligt wird. Dies könnten Manager jeder Ebene sein, aber auch Berater und Planer. Dann wird aufgezeigt, was Strategen konkret tun, von strategischer Überzeugungsarbeit bis hin zur Kommunikation von Strategien. Und abschließend wird besprochen, welche Vorgehensweisen und Instrumente Strategen nutzen, etwa Workshops, Projekte, Hypothesetests und Businesspläne.

Die Bewertung einer Strategie

12

ÜBERBLICK

Lernziele

Nach der Lektüre dieses Kapitels sollten Sie in der Lage sein,

- die Leistungsergebnisse verschiedener Strategien im Hinblick auf direkte *wirtschaftliche* Ergebnisse und die gesamte organisationale *Effektivität* zu bewerten.

- den Erfolg von und die Notwendigkeit für neue Strategien mithilfe der *Lückenanalyse* zu bewerten.

- drei *Erfolgskriterien* zur Bewertung strategischer Optionen anzuwenden: *Tauglichkeit*, *Akzeptabilität* und *Machbarkeit*.

- eine Reihe verschiedener *Methoden zur Bewertung strategischer* – sowohl finanzieller als auch nichtfinanzieller – *Optionen* für jedes dieser Erfolgskriterien zu verwenden.

12.1 Einführung

Im Juni 2015 übernahm Cees 't Hart die Leitung des dänischen Brauereikonzerns Carlsberg. Er löste Jorgen Buhl Rasmussen ab, unter dessen Führung die Jahresgewinne vor Steuern kontinuierlich gesunken waren, der Aktienkurs um 25 % nachgegeben hatte und das Unternehmen dauerhaft hinter seinen Konkurrenten zurückgeblieben war. Vor seinem Abgang stellte Rasmussen jedoch fest, dass Carlsberg im Jahr 2014 ein organisches Wachstum seiner Nettoeinnahmen um 2 % auf 8,67 Mrd. € erreicht hatte. Vor allem die Regionen Westeuropa und Asien waren mit guten Leistungen dafür verantwortlich gewesen. Für die Zukunft wurden zudem noch höhere Wachstumsraten erwartet. Hart musste klären, warum es zu dem dauerhaften Rückgang kam, welche Optionen er zur Verfügung hatte, die auch von den Aktionären akzeptiert werden würden und welche davon sich am besten in die Tat umsetzen lassen würden. Eine der von Hart zu bewertenden Optionen sah eine drastische Kostensenkung vor, um das Unternehmen vor strengerer Regulierung und Rezession in einem seiner wichtigsten Märkte, Russland, zu schützen. Zudem sollte sich Carlsberg dadurch gegen den immer härter werdenden Wettbewerb dort wappnen. Eine alternative Strategie bestand dagegen darin, die schwache geografische Präsenz des Unternehmens zu stärken, vor allem durch Unternehmensübernahmen in Märkten mit starkem Wachstumspotenzial. Für Hart stellten sich also zwei grundlegende Fragen: Welches Leistungsniveau musste er mit seinem Unternehmen erreichen und anhand welcher Kriterien sollte er die ihm verfügbaren Optionen bewerten?

Im vorliegenden Kapitel geht es um die Bewertung der organisationalen Leistung sowie der verschiedenen strategischen Optionen. Der Fokus von *Teil II* zu verschiedenen strategischen Optionen, wie Differenzierung, Diversifizierung, Internationalisierung, Innovation und Übernahmen, wird weiterverfolgt. An dieser Stelle soll nun betrachtet werden, wie diese Strategien bewertet werden können. Manager müssen beurteilen, wie gut ihre bestehenden Strategien funktionieren, und Alternativen bewerten. Das vorliegende Kapitel legt den Fokus auf systematische Kriterien und Techniken aus der rationalen „Gestaltungsperspektive" gemäß den Strategieperspektiven, die im Kommentar zu *Teil I* vorgestellt wurden. In *Kapitel 13* werden die Positionen dieser systematischen Kriterien und Techniken innerhalb des komplexen Prozesses der Strategieentwicklung insgesamt betrachtet.

Das Kapitel beginnt mit dem Thema der organisationalen Leistung. Hier werden eine Reihe organisationaler Leistungsmaßstäbe – sowohl *ökonomische* Maßstäbe als auch umfassendere Maßstäbe der organisationalen *Effektivität* – betrachtet. Wir behandeln die Frage der *Vergleichsmaßstäbe* für die Leistung: Mit anderen Worten formuliert wird die Frage betrachtet, mit was die Leistung einer Organisation verglichen werden soll. Überdies wird auch die *Lückenanalyse* als Instrument zur Bewertung von Abweichungen von den gewünschten Leistungsniveaus vorgestellt. Die Lückenanalyse kann auch zur Bestimmung des Umfangs der strategischen Initiativen eingesetzt werden, die unter Umständen notwendig sind, um die Lücke zwischen dem tatsächlichen und dem gewünschten Leistungsniveau zu schließen. Im vorliegenden Kapitel werden weiterhin drei Kriterien zur Bewertung möglicher strategischer Initiativen vorgestellt, die mit der Abkürzung **SAF**e zusammengefasst werden: *Eignung* (**S**uitability), *Akzeptabilität* (**A**cceptability) und *Machbarkeit* (**F**easibility), wobei das kleine „e" der Abkürzung für das englische Wort „evaluation", Bewertung, steht.

▶ *Abbildung 12.1* fasst die Schlüsselaspekte dieses Kapitels in einem logischen Ablauf zusammen. Hier bewerten die Manager als Erstes die Leistung. Als Nächstes wird bestimmt, wie groß die Lücke ist zwischen der gewünschten und der tatsächlichen oder prognostizierten Leistung. Schließlich bewerten sie die strategischen Optionen für die Überwindung einer solchen Lücke. Die implementierten Optionen fließen schließlich zukünftig wieder in die Leistung ein.

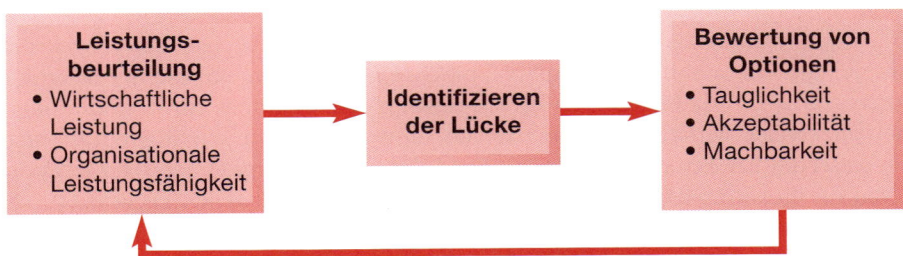

Abbildung 12.1: Bewertung von Strategien

12.2 Organisationale Leistung

Es gibt viele Methoden, mit denen die organisationale Leistung gemessen werden kann, wobei keine dieser Methoden eindeutig überlegen ist. Im vorliegenden Abschnitt werden eine Reihe von Kriterien sowohl in Form direkter wirtschaftlicher Maßnahmen als auch umfassender Maßnahmen zur Effektivitätssteigerung vorgestellt. Des Weiteren werden verschiedene Vergleiche erörtert, mit denen die Leistung bewertet werden kann. Schließlich wird die Lückenanalyse vorgestellt.

12.2.1 Leistungsmessung

Man kann unterscheiden zwischen den beiden grundlegenden Ansätzen zur Leistung, der direkten wirtschaftlichen Leistung und der organisationalen Gesamteffektivität.[1]

■ Die *wirtschaftliche* Leistung bezieht sich auf direkte Maßstäbe des Erfolgs im Hinblick auf wirtschaftliche Ergebnisse. Diese wirtschaftlichen Ergebnisse haben drei Hauptdimensionen. Als Erstes umfasst dies die Leistung auf *Produktmärkten*: beispielsweise im Hinblick auf Umsatzwachstum oder Marktanteil. Zweitens gibt es die finanzwirtschaftlichen Maßstäbe der *Rentabilität*, wie beispielsweise die Gewinnspanne oder die Rendite auf das eingesetzte Kapital (siehe *Abschnitt 12.3.2*). Schließlich kann sich die wirtschaftliche Leistung auch in Maßstäben des *Kapitalmarkts*, wie Veränderungen des Aktienkurses, niederschlagen. Dabei mögen diese wirtschaftlichen Maßstäbe objektiv erscheinen, aber sie können durchaus widersprüchlich sein und müssen sorgfältig interpretiert werden. So kann beispielsweise ein Umsatzwachstum auch durch die Senkung der Preise erzielt werden, was wiederum die Gewinnmarge schmälert. Um noch einmal zum einführenden Beispiel von Carlsberg zurückzukehren – das Unternehmen erzielte zwar im Hinblick auf Gewinn und Aktienkurs schlechte Ergebnisse, doch das organische Wachstum seiner Nettoeinnahmen sprach eine positivere Sprache. Diese Möglichkeit, dass wirtschaftliche Leistungsmaßstäbe in verschiedene Richtungen zeigen, deutet darauf hin, dass die wirtschaftliche Leistung am besten durch mehr als einen Maßstab bewertet werden sollte. Dies ist auch der Grund, aus dem mittlerweile so viele Organisationen ebenfalls umfassendere Maßstäbe der Effektivität in Betracht ziehen.

■ Die *Effektivität* bezieht sich auf eine umfassendere Reihe von Leistungskriterien als nur die wirtschaftlichen, wie beispielsweise Maßnahmen, die die interne operative Effizienz widerspiegeln oder relevante Maßnahmen für Stakeholder, wie beispielsweise Mitarbeiter und externe Gemeinden. Ein wichtiger umfassender Maßstab der Effektivität ist die *Balanced Scorecard*, die gleichzeitig vier Perspektiven der Leistung berücksichtigt.[2] So betrachtet die Balanced Scorecard die Kundenperspektive mithilfe von Maßstäben wie der Kundenzufriedenheit oder der Produktqualität, die interne Unternehmensperspektive, beispielsweise mit Produktivitätskennziffern oder Projektmanagementkennziffern, die Innovations- oder Lernperspektive über die Erfassung neuer Produkteinführungen oder von Mitarbeiterfähigkeiten, sowie letztlich die finanzielle Perspektive, die sich typischerweise auf die Rentabilität oder die Entwicklung des Aktienkurses konzentriert. Ein weiterer ähnlich umfassender Maßstab der Leistung ist die *Tripple Bottom Line*, die ausdrücklich auch die soziale Unternehmensverantwortung und die Umwelt berücksichtigt. Daher hat die Tripple Bottom Line drei Dimensionen: wirtschaftliche Leistungskennziffern, wie Umsatz, Gewinne und Aktienpreise, soziale Maßstäbe, wie Mitarbeiterausbildung, Gesundheit und Sicherheit sowie

---

1   Diese Unterscheidung zwischen wirtschaftlichen und Effektivitätsmaßen folgt der Unterscheidung zwischen Leistung und Effektivität in P. Richard, T. Devinney, G. Yip und G. Johnson, „Measuring organizational performance: towards methodological best practice", *Journal of Management*, Band 35 (2009), S. 719–747.

2   R. Kaplan und D. Norton, „Using the Balanced Scorecard as a strategic management system", *Harvard Business Review*, Januar–Februar (1996), S. 75–85.

Beiträge zur lokalen Gemeinde, und schließlich Umweltaspekte, wie Verschmutzung, Recycling und Abfallvorgaben. Die holländische Brauerei Heineken etwa veröffentlicht jedes Jahr einen Nachhaltigkeitsbericht, der angibt, wo das Unternehmen im Dow-Jones-Nachhaltigkeits-Index steht. Außerdem werden genaue soziale Messwerte aufgelistet, die die Mitarbeiter betreffen (Ausbildung, Freiwilligendienste, Unfallstatistik etc.).[3] Sowohl die Balanced Scorecard als auch die Tripple Bottom Line teilen die Ansicht, dass die Gesamteffektivität nicht nur von der wirtschaftlichen Leistung sondern von einer Reihe von Faktoren abhängt, die den langfristigen Wohlstand der Organisation unterstützen.

12.2.2 Leistungsvergleiche

Bei der Betrachtung der Leistung ist es wichtig, ein klares Verständnis davon zu haben, *womit* man etwas vergleicht: Mit anderen Worten ausgedrückt, mit was wird die Leistung verglichen? Hierbei gilt es, drei wesentliche Vergleiche zu berücksichtigen:

- *Organisationale Ziele:* Die eigenen Ziele des Managements, die entweder in der Gesamtvision und im Leitbild des Unternehmens oder in spezifischeren Zielen, wie beispielsweise wirtschaftlichen Ergebnissen, wie dem Umsatzwachstum oder der Profitabilität, reflektiert sein können, bilden einen wichtigen Katalog von Leistungskriterien. Die Investoren sind besonders im Hinblick auf die Leistung zu finanziellen Kriterien, wie Ertragszielen, empfindlich. Die Nichterfüllung der durch diese Ziele gesetzten Erwartungen führt häufig zur Entlassung des Vorstandsvorsitzenden oder Finanzvorstands einer Organisation.[4] Wenn wir zum Beispiel an den Anfang dieses Kapitels zurückkehren, zeigt sich, dass es vor allem der anhaltend schlechten finanziellen Leistung von Carlsberg geschuldet war, dass Rasmussen an der Unternehmensspitze abgelöst wurde. Desgleichen verlor der CEO von Aviva aufgrund nicht erfüllter Ziele seine Stelle. Die Leistung im Vergleich zu organisationalen Zielen kann, wie in *Abschnitt* 12.2.3 unten dargestellt, über die Lückenanalyse analysiert werden.

- *Tendenzen im Lauf der Zeit:* Investoren und andere Stakeholder sorgen sich natürlich darum, ob sich die Leistung im Laufe der Zeit verbessert oder verschlechtert. Eine Verbesserung kann auf eine gute Strategie und zunehmende Dynamik in der Zukunft hindeuten, während ein Rückgang ein Hinweis auf eine schlechte Strategie und notwendigen Wandel sein kann. Allerdings ist es wichtig, für den Vergleich von Tendenzen einen relevanten Zeitraum zu wählen: Außer auf sich sehr schnell verändernden Märkten ist es normalerweise sehr hilfreich, Trends über mehrere Jahre zu beobachten, um beispielsweise kurzfristige zyklische Effekte zu glätten. Hierbei ist zu beachten, dass Leistungstendenzen nur selten aufrechterhalten werden. Es ist nachgewiesen worden, dass nur ungefähr 5 % der Unternehmen in der Lage sind, eine hervorragende Leistung zehn Jahre lang aufrechtzuerhalten.[5] Aus dieser Perspektive betrachtet, kann eine länger anhaltende Phase guter Leistung in den Vorjahren auch als Anzeichen für zukünftige Rückgänge gesehen werden.

---

3   *www.sustainabilityreport.Heineken.com*

4   R. Mergenthaler, S. Rajgopal und S. Srinivasan, „CEO and CFO career penalties to missing quarterly analysts forecasts", *Harvard Business School Working Paper*, Nr. 14 (2009).

5   R. Wiggins und T. Ruelli, „Temporal dynamics and the incidence and persistence of superior economic performance", *Organization Science*, Band 13, Nr. 1 (2002), S. 82–105.

■ *Vergleichbare Organisationen:* Den ultimativen Vergleich bildet die Leistung gegenüber anderen vergleichbaren Organisation, wie beim Benchmarking (siehe *Abschnitt 4.4.4*). Vergleichsunternehmen sind dabei normalerweise Wettbewerber. Wenn es aber keine Wettbewerber gibt oder wenn die Durchführung neuer Ansätze hilfreich ist, können Vergleichsunternehmen andere Unternehmen mit gleichartigen Aktivitäten sein (z.B. kann ein Versorgungsunternehmen seine Effizienz bei der Abrechnung und im Kundendienst mit einer Versicherungsgesellschaft vergleichen). Bei etablierten Unternehmen können Leistungsvergleiche mit Wettbewerbern häufig mithilfe von bilanziellen Maßstäben, wie Rentabilität oder Umsatzwachstum, durchgeführt werden. Auch hier ist die Tendenz über einen längeren Zeitraum hinweg im Allgemeinen hilfreich. Desgleichen können börsennotierte Unternehmen die Entwicklung ihres Aktienkurses mit der bestimmter Wettbewerber oder einem Index von Wettbewerbern in der gleichen Branche bzw. mit dem Gesamtindex für den Aktienmarkt, auf dem sie notiert sind (d.h. auf dem Aktienmarkt, auf dem sie im Wettbewerb um die Unterstützung der Anleger stehen), vergleichen. Ein anhaltender Rückgang des relativen Aktienkurses impliziert typischerweise sinkendes Vertrauen in die zukünftige Leistung. Hierbei ist allerdings zu beachten, dass ein Vergleich mit einzelnen herausragenden Unternehmen oft irreführend sein kann. Da finanzielle Renditen häufig mit Risiko verbunden sind, müssen Topleister mitunter riskante Strategien umsetzen, deren Nachahmung unklug sein könnte.[6] Schließlich stehen die Ergebnisse von Unternehmen, die ähnliche Strategien umgesetzt haben, aber letztlich in die Insolvenz gegangen oder übernommen worden sind, nicht zum Vergleich zur Verfügung.

12.2.3 Lückenanalyse

Lückenanalyse

Lückenanalyse bezeichnet den Vergleich der tatsächlichen bzw. prognostizierten Leistung mit der angestrebten Leistung.

Bei der **Lückenanalyse** wird die erzielte oder prognostizierte Leistung mit der gewünschten Leistung verglichen.[7] Sie ist besonders hilfreich für die Identifizierung von Leistungsrückständen („Lücken") und kann im Zusammenhang mit Prognosen dabei helfen, zukünftige Probleme zu antizipieren. Der Umfang einer solchen Lücke bietet Orientierung im Hinblick darauf, inwieweit die Strategie verändert werden muss. In ▶ *Abbildung 12.2* wird eine Lückenanalyse dargestellt, bei der die Leistung (z.B. Umsatzwachstum oder Rentabilität) auf der vertikalen und die Zeit sowohl bis „heute" als auch in der Zukunft auf der horizontalen Achse angegeben ist. Dabei beschreibt die obere Kurve die gewünschte Leistung einer Organisation, wie z.B. eine Reihe von Zielen oder den von Wettbewerberorganisationen gesetzten Standard. Die untere Kurve stellt sowohl die bis heute erzielte Leistung als auch die auf der Grundlage einer Fortführung der bestehenden Strategie in die Zukunft prognostizierte Leistung (und damit zwangsläufig eine Schätzung) dar. In ▶ *Abbildung 12.2* besteht bereits eine Lücke zwischen der erzielten und der gewünschten Leistung: Die Leistung ist eindeutig nicht zufriedenstellend.

Allerdings wird in ▶ *Abbildung 12.2* prognostiziert, dass die Lücke auf der Grundlage der bestehenden Strategie noch größer werden wird. Unter der Annahme, dass das

---

6   J. Denrell, „Selection bias and the perils of benchmarking", *Harvard Business Review*, Band 83, Nr. 4 (2005), S. 114–119.

7   K. Cohen und R. Cyert, „Strategy: formulation, implementation and monitoring", *Journal of Business*, Band 46, Nr. 3 (1973), S. 241–258.

gewünschte Leistungsniveau auch weiterhin angestrebt wird, muss die Organisation eindeutig ihre bestehende Strategie anpassen, um die Lücke zu schließen. An späterer Stelle dieses Kapitels sollen dazu eine Reihe von Möglichkeiten zur Bewertung strategischer Optionen unter diesen und ähnlichen Umständen vorgestellt werden.

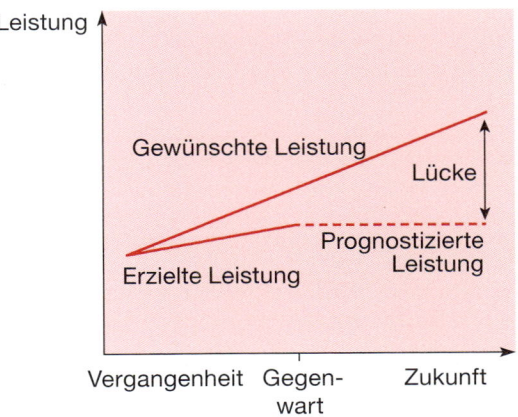

Abbildung 12.2: Lückenanalyse

12.2.4 Komplexitäten der Leistungsanalyse

Vor der Erörterung der Strategiebewertung sollte zunächst der komplexe Charakter der Leistungsanalyse betont werden. Diesbezüglich ist bereits aufgezeigt worden, dass einige Maßnahmen zumindest kurzfristig widersprüchlich sein könnten: So kann beispielsweise ein Umsatzwachstum durch eine Reduzierung der Gewinnmargen erreicht werden. Besonders multidimensionale Maße der Effektivität, wie die Balanced Scorecard oder die Tripple Bottom Line, unterliegen erheblichen Trade-offs: So ist leicht zu erkennen, dass eine Reduzierung teurer Umweltschutzrichtlinien unter Umständen die kurzfristigen Gewinne verbessern kann.

Allerdings gibt es darüber hinaus noch drei weitere Quellen möglicher Komplexität. Erstens neigen Organisationen dazu, Ergebnisse so zu manipulieren, dass sie die Leistungskennzahlen erfüllen.[8] Zum Beispiel können Organisationen nicht dringende Ausgaben aufschieben oder Verkaufsaufträge frühzeitig buchen, um die kurzfristigen Ertragsziele zu erreichen. Zweitens können Organisationen auch legitim Leistungswahrnehmungen und -erwartungen steuern. So kommunizieren beispielsweise CEOs häufig mit Schlüsselinvestoren, Finanzanalysten und den Medien, um eine positive Interpretation von Strategien und Ergebnissen sicherzustellen.[9] Und schließlich werden im Laufe der Zeit auch immer neue und andere Dinge wichtig für die Leistung eines Unternehmens. Beispielsweise sind Maße der sozialen Unternehmensverantwortung, wie die Tripple Bottom Line, in der letzten Zeit wichtiger geworden, und seit dem Beginn der Finanzkrise müssen sich die Banken mehr um die Sicherung ausreichender Eigenmittel kümmern, um nachzuweisen, dass sie vor Forderungsausfällen geschützt sind.

---

8   X. Zhang, K. Bartol und K. Smith, „CEOs on the edge: earnings manipulation and stock-based incentive misalignment", *Academy of Management Journal*, Band 51, Nr. 2 (2008), S. 241–258.
9   B. Lev, „How to win investors over", *Harvard Business Review*, November (2011), S. 53–62.

12.3 Eignung

Im vorangegangenen Abschnitt wurde die Lückenanalyse als Methode definiert, mit der das Ausmaß neuer Initiativen bestimmt werden kann, die zur Erfüllung gewünschter Leistungsziele erforderlich sind. Im Rest dieses Kapitels werden Methoden zur Bewertung möglicher neuer Initiativen mithilfe der SAFe-Bewertungskriterien der Eignung, Akzeptabilität sowie Machbarkeit erörtert, siehe dazu ▶ *Tabelle 12.1*. Der vorliegende Abschnitt beschäftigt sich mit der Tauglichkeit.

Eignung	■ Befasst sich eine vorgeschlagene Strategie mit den wesentlichen *Chancen und Bedrohungen*, mit denen eine Organisation konfrontiert wird?
Akzeptabilität	■ Erfüllt eine vorgeschlagene Strategie die *Erwartungen der Stakeholder*? ■ Ist die Risikostufe akzeptabel? ■ Ist die wahrscheinliche Rendite akzeptabel? ■ Werden die Stakeholder positiv darauf reagieren?
Machbarkeit	■ Würde eine vorgeschlagene Strategie *in der Praxis* funktionieren? ■ Lässt sich die Strategie finanzieren? ■ Sind Personal und entsprechende Fähigkeiten vorhanden oder können diese beschafft werden? ■ Können die erforderlichen Ressourcen beschafft und integriert werden?

Tabelle 12.1: Die SAFe-Kriterien und Bewertungsmethoden

Eignung

Der Begriff der Eignung meint die Einschätzung, welche vorgeschlagenen Strategien sich mit den wichtigen Chancen und Gefahren für eine Organisation befassen.

Der Begriff der **Eignung** meint die Einschätzung, welche vorgeschlagenen Strategien sich mit den wichtigen Chancen und Gefahren für eine Organisation befassen. Dabei geht es um das Verständnis der strategischen Position der Organisation, also um die *zugrunde liegende Logik* einer Strategie. Daher werden bei einer Tauglichkeitsanalyse wahrscheinlich die in den *Teilen I* und *II* dieses Buchs eingeführten Konzepte umfassend eingesetzt. Auf der grundlegendsten Ebene beinhaltet eine Tauglichkeitsanalyse allerdings die Beantwortung der Fragen, inwieweit eine vorgeschlagene Strategie:

■ die *Chancen* des Umfelds ausnutzt und *Bedrohungen* vermeidet;

■ die *Stärken* der Organisation anwendet und deren *Schwächen* vermeidet oder behebt.

Die bereits in den *Kapiteln 2* bis *6* erörterten Konzepte und Rahmen können für das Verständnis der Eignung besonders hilfreich sein. Einige Beispiele werden in ▶ *Tabelle 12.2* dargestellt: Aber es könnten auch andere Instrumente und Methoden aus *Teil I* gleichwertig eingesetzt werden. Allerdings werden die verschiedenen Methoden viele Fragen aufwerfen. Daher ist es wichtig, dass die tatsächlichen strategischen Schlüsselfragen unter all diesen identifiziert werden. Eine wichtige Fähigkeit des Strategen besteht darin, herauszufinden, was wirklich wichtig ist. Bei der Strategie geht es um Prioritäten – daher sollten lange Listen vermieden werden.

Konzept	Kapitel/ Abschnitt	Unterstützt Verständnis von	Geeignete Strategien für (Beispiele)
PESTEL	*Abschnitt 2.2*	■ Wesentliche Umweltfaktoren ■ Veränderungen in der Branchenstruktur	■ Branchenzyklen ■ Branchenkonvergenz ■ Erhebliche Umweltveränderungen
Szenarien	*Abschnitt 2.4*	■ Ausmaß der Unsicherheit/des Risikos ■ Ausmaß, in dem strategische Optionen sich gegenseitig ausschließen	■ Notwendigkeit für Ausweichpläne oder „low-cost probes"
Five-Forces	*Abschnitt 3.2*	■ Attraktivität der Branche ■ Wettbewerbskräfte	■ Reduzierung der Wettbewerbsintensität ■ Entwicklung von Barrieren für neu in den Markt eintretende Unternehmen
Strategische Gruppen	*Abschnitt 3.4*	■ Attraktivität von Gruppen ■ Mobilitätsgrenzen ■ Strategische Räume	■ Notwendigkeit der Neupositionierung in einer attraktiveren Gruppe oder in einem verfügbaren strategischen Raum
Strategische Fähigkeiten und Ressourcen	*Abschnitt 4.2*	■ Branchenmindeststandards ■ Grundlagen für Wettbewerbsvorteile	■ Eliminierung von Schwächen ■ Nutzen von Stärken
Wertschöpfungskette	*Abschnitt 4.4*	■ Chancen für vertikale Integration oder Outsourcing	■ Ausmaß vertikaler Integration oder mögliches Outsourcing
Kulturelles Netz	*Abschnitt 6.3*	■ Verbindungen zwischen organisationaler Kultur und aktueller Strategie	■ Passfähigkeit von strategischen Optionen und vorherrschender Kultur

Tabelle 12.2: Tauglichkeit strategischer Optionen im Hinblick auf die strategische Position

Die Erörterung möglicher strategischer Entscheidungen in *Teil II* betraf nicht nur die Frage, über welche Wahlmöglichkeiten eine Organisation verfügen könnte, sondern auch die Angabe von Gründen, warum jede einzelne dieser Möglichkeiten in Betracht gezogen werden könnte. Damit verdeutlichen die Beispiele in diesem Kapitel auch die Frage, warum Strategien als *geeignet* betrachtet werden können. In ▶ *Tabelle 12.3* werden diese Aspekte aus früheren Abschnitten (insbesondere *Kapitel 8* und *11*) zusammengefasst und Beispiele für Gründe gegeben, aus denen Strategien unter Umständen als tauglich angesehen werden. Allerdings gibt es auch eine Reihe von Screening-Verfahren, mit denen die Eignung vorgesehener Strategien durch die Überprüfung ihrer relativen Vorteile gegenüber Schlüsselchancen und -beschränkungen bewertet werden kann.

Strategische Option	Gründe, warum diese Option geeignet ist in Bezug auf:	
	Makro-, Branchen- und Sektorenumfeld	Ressourcen und Fähigkeiten
Ausrichtungen		
Konsolidierung	■ Rückzug aus schwachen Märkten ■ Halten des Marktanteils	■ Stärkenaufbau durch ständige Investition und Innovation
Marktdurchdringung	■ Erlangung von Marktanteilen zum eigenen Vorteil	■ Nutzung bester Ressourcen und Kompetenzen
Neue Produkte und Dienstleistungen	■ Nutzung des Wissens über Kundenbedürfnisse	■ Nutzung von F&E
Marktentwicklung	■ Aktuelle Märkte gesättigt ■ Neue Chancen für: – Geografische Ausdehnung, Eintritt in neue Segmente oder Nutzungsmöglichkeiten	■ Nutzung aktueller Produkte und Fähigkeiten
Diversifikation	■ Aktuelle Märkte gesättigt oder schwach; neue Chancen für die Ausweitung über das Kerngeschäft hinaus	■ Nutzung strategischer Kompetenzen in neuen Bereichen
Methoden		
Organische Diversifizierung	■ Partner oder Übernahmeziele nicht vorhanden oder ungeeignet	■ Aufbau auf eigenen Fähigkeiten ■ Lernen und Kompetenzentwicklung
Fusion/Übernahme	■ Geschwindigkeit ■ Angebot/Nachfrage	■ Übernahme von Kompetenzen ■ Größen- und Verbundvorteile
Allianz	■ Geschwindigkeit ■ Branchennorm ■ Erforderlich für Markteintritt	■ Komplementäre Kompetenzen ■ Lernen von den Partnern

Tabelle 12.3: Einige Beispiele für Eignung

Beispiel 12.1 Die „Auffrischung" von Heineken

Die Auswahl der geeignetsten strategischen Option durch ein Ranking

Der holländische Brauerei-Gigant Heineken, die drittgrößte Brauerei weltweit, musste sich im Jahr 2016 zahlreichen Herausforderungen stellen. Der Biermarkt stagnierte weltweit, denn es kamen immer neue alternative Getränke auf den Markt. Außerdem waren die rechtlichen Auflagen verschärft worden und die Konjunktur weltweit war schwach. Auch wurden Craft-Biere immer beliebter. Dennoch boten sich in den Entwicklungsländern nach wie vor große Wachstumschancen – in diesen Regionen war Heineken bereits stark vertreten. Auch das Übernahmeangebot für SABMiller durch AB InBev stellte für Heineken eine Gefahr dar, denn durch diese Übernahme würde der weltgrößte Brauereikonzern entstehen (dreimal so groß wie Heineken und mit weitaus höheren Gewinnmargen). Die Familie Heineken, Hauptaktionär des Unternehmens, wollte das Firmenerbe um jeden Preis erhalten und war überzeugt davon, den anderen Aktionären weiterhin Wachstum und Mehrwert bieten zu können. Wie aber konnte Heineken trotzdem seine Strategie „auffrischen"?

Zum einen könnte das Unternehmen organisch wachsen, seine Marketingaktivitäten bei großen Sportevents verstärken, um so seine Werbeaktionen rund um die großen internationalen Tennisturniere US Open und Wimbledon zu ergänzen. Eine zweite Option könnte darin bestehen, die Produktion von Cidre und Weißbieren auszuweiten und diese weltweit zu vertreiben, um neue Vorlieben der Kunden zu bedienen. Allerdings wäre es möglich, dass keine dieser Optionen genug einbringt, um gegen einen neuen großen Konkurrenten der Branche zu bestehen. Option drei wäre eine Fusion mit Carlsberg, der viertgrößten Brauerei der Welt, die sich immer noch in Familienbesitz befindet. Nach dieser Fusion würde das neu entstandene Unternehmen 40 % des europäischen Markts kontrollieren, die kombinierte Präsenz in Asien wäre wesentlich größer und auch Synergien im Bereich Rohstoffbeschaffung und betriebliche Abläufe ließen sich realisieren. Carlsberg wäre als Übernahmeziel sicher relativ preisgünstig aufgrund der aktuell schlechten finanziellen Ergebnisse, doch eine solche Fusion täte nichts, um mit dem Trend der neuen alternativen Getränke zu Bier mitzuhalten. Zudem könnte die Familie Carlsberg ein Übernahmeangebot ablehnen. Option vier, eine Fusion mit Diageo, würde Heineken Zugriff auf eine große Palette alkoholischer Getränke, darunter auch Hochprozentiges wie Whisky, geben. Dies wäre eine gute Ergänzung zur eigenen Bierproduktion und würde neue Chancen im Bereich der neuen alkoholischen Mixgetränke eröffnen. Allerdings könnten sich die Eigentumsverhältnisse schwierig gestalten, denn Diageo ist doppelt so groß wie Heineken. Das wäre bei der fünften Option ein eher geringes Problem, einer Fusion mit Moulson Coors. Dieser Zusammenschluss würde Heinekens Expertise im Bier-Bereich stärken und dessen US-Präsenz festigen. Zudem ergäben sich Synergien bei Einkauf, Logistik und Vertrieb. Die Stagnation des Markts allerdings oder dem Aufstieg der Craft-Biere könnte man dadurch nichts entgegensetzen. Daher wäre eine sechste Option eine Investition in kleinere Handwerksbrauereien.

Hier könnte Heineken Kapital, Vertriebsmöglichkeiten und auch Fachwissen beisteuern. Das Unternehmen bliebe nahe am Kunden und an neuen Trends und könnte möglicherweise neue Produkte anbieten. All das könnte allerdings Zeit kosten und zudem könnte die Verbindung zum Giganten Heineken jede Handwerksbrauerei sofort ihren Status als solche kosten. Und auch Heinekens Bemühungen um Nachhaltigkeit, mit denen es in seiner Branche führend war, könnten unter diesem Schritt leiden.

Die Tabelle unten setzt jede der oben genannten strategischen Optionen in Bezug zu wichtigen strategischen Faktoren der SWOT-Analyse (siehe *Abschnitt 4.4.5*) Ein Häkchen bedeutet eine positive Bewertung einer Option, ein Kreuz bedeutet eine negative Einschätzung, ein Fragezeigen dagegen heißt „unsicher". In der letzten Spalte ganz rechts werden die Häkchen addiert und die Kreuze abgezogen, wodurch sich eine neue Rangordnung der Optionen ergibt. Nun kann eine weitere Bewertung der Optionen anhand der SWOT-Kriterien folgen, und schließlich kann man seine Aufmerksamkeit auf die besten Optionen in Bezug auf Akzeptabilität und Machbarkeit richten.

Strategische Optionen	Verlangsamung des globalen Markt-	Hohe Wachstumsraten in Entwicklungs-	Entstehung des Giganten AB InBev	Verbraucher steigen in ausgereiften Märkten auf Craft-Biere um.	Passfähigkeit mit	Passfähigkeit mit Sektorenfachwissen	Verstärkt die Reputation der Nachhaltig-	Ranking
1. Heineken Premiumbierproduktion ausweiten	?	√	×	×	√	√	√	4–2 (B)
2. Weißbiere und Cidre einführen	√	?	?	√	√	?	?	3–0 (A)
3. Fusion mit Carlsberg	√	√	√	×	√	√	?	5–1 (A)
4. Fusion mit Diageo	√	√	√	√	×	?	?	4–1 (A)
5. Übernahme von Moulson Coors	×	√	√	×	√	√	?	4–2 (B)
6. Investition in lokale Handwerksbrauereien	?	?	×	√	?	?	×	1–2 (C)

√ = günstig, × = ungünstig, ? = unsicher oder irrelevant
A = am besten geeignet, B = möglich, C = nicht geeignet

12.3.1 Rangfolgen

Hier werden mögliche Strategien im Hinblick auf Schlüsselfaktoren für die strategische Position der Organisation bewertet und es wird für jede Option ein Punktwert (oder eine Einstufung in einer Rangordnung) festgelegt. Dies wird in *Beispiel 12.1* dargestellt. Einer der Vorteile dieses Ansatzes besteht darin, dass er eine Debatte über die Auswirkungen und Folgen spezifischer Schlüsselfaktoren auf bestimmte strategische Vorschläge erzwingt. Daher hilft die Erstellung einer Rangordnung dabei, die unbewusste Voreingenommenheit jedes einzelnen Managers zu überwinden.

Weiter entwickelte Ansätze zur Rangeinteilung können Faktoren unterschiedlich gewichten, wobei berücksichtigt wird, dass einige dieser Faktoren in der Bewertung wichtiger sind als andere. Allerdings ist dabei zu beachten, dass die Zuordnung von Zahlen allein keine Grundlage der Bewertung bildet: Jeder Punktwert bzw. jede Gewichtung spiegelt nur die Qualität der Analyse sowie der Debatte über die Bewertung wider.

Ein ähnlicher Ansatz kann auch zur Bewertung möglicher Strategien in Bezug auf die Reaktionen von Wettbewerbern eingesetzt werden. In *Abschnitt 7.3.3* zur Spieltheorie wurde betont, dass die Realisierbarkeit einer Strategie auch mögliche Reaktionen von Wettbewerbern auf eine bestimmte Strategie berücksichtigen sollte. Zu diesem Zweck kann etwa die Ranking-Methode eingesetzt werden. Dabei wird jede mögliche Strategie in Bezug gesetzt zu den möglichen Reaktionen der Konkurrenz. Diese möglichen Reaktionen der Schlüsselwettbewerber sind also die wesentlichen Faktoren. Die Tauglichkeit wird im Hinblick darauf bewertet, welche vorgeschlagene Strategie nachteilige Wettbewerberreaktionen am wahrscheinlichsten minimiert oder abschwächt.

12.3.2 Screening durch Szenarien

Hier werden strategischen Optionen im Vergleich mit einer Reihe zukünftiger Szenarien (siehe *Abschnitt 2.4*) bewertet. Dies ist besonders dann hilfreich, wenn ein hohes Maß an Unsicherheit besteht. Dabei sind die Optionen tauglich, die im Hinblick auf die verschiedenen Szenarien Sinn ergeben. Das Ergebnis einer solchen Analyse kann es notwendig machen, sich verschiedene strategische Optionen, vielleicht in Form von Alternativplänen, offen zu halten. Oder es kann sich zeigen, dass eine in Betracht gezogene Option unter Umständen in verschiedenen Szenarien geeignet ist. Und tatsächlich lautet ein Kriterium der Strategiebewertung des Energieunternehmens Shell, dass eine ausgewählte Strategie im Hinblick auf eine Reihe verschiedener Rohölpreise tauglich sein muss.

Einer der weiteren Vorteile der Prüfung über Szenarien liegt darin, dass Manager, wenn sie die möglichen Strategien im Hinblick auf unterschiedliche Szenarien prüfen, erkennen können, welche Strategien sich in unterschiedlichen Kontexten am besten eignen. Dies sensibilisiert sie für möglicherweise nötige Veränderungen ihrer Strategien oder ihrer strategischen Ausrichtung angesichts eines sich wandelnden Umfelds.

12.3.3 Überprüfung auf der Grundlage eines Wettbewerbsvorteils

Eines der Schlüsselthemen bei der Bewertung einer Strategie ist die Frage, ob sie die Grundlagen des Wettbewerbsvorteils der Organisation nutzt. Es ist durchaus möglich, dass die diesbezüglichen Faktoren bereits in die oben erklärten Rangfolgenuntersuchungen eingeflossen sind. Ist dies allerdings nicht der Fall ist, kann es vernünftig sein, diese Frage gesondert zu betrachten.

Wie in *Kapitel 4* dargestellt, liegen die wahrscheinlichen Grundlagen des Wettbewerbsvorteils in den strategischen Fähigkeiten und Ressourcen einer Organisation. Damit erfordert die Prüfung der Grundlagen des Wettbewerbsvorteils eine Analyse der Frage, ob die vorgeschlagene Strategie durch strategische Fähigkeiten unterstützt wird, die die VRIO-Kriterien erfüllen:

- *Wert:* Generiert die Strategie einen Nutzen für die Kunden? Diese Frage kann im Hinblick darauf untersucht werden, ob die Strategie auf dem Markt einen Premiumpreis erzielen würde. Alternativ dazu sollten die strategischen Fähigkeiten einen Kostenvorteil unterstützen.

- *Einzigartigkeit:* Nutzt die Strategie Vermögenswerte, die hinreichend selten sind, um ein schnelles Kopieren durch Wettbewerber zu verhindern?

- *Nichtnachahmbarkeit:* Wenn die erforderlichen Vermögenswerte nicht einzigartig sind, gilt dann, dass die Strategie hinreichend komplex oder nichttransparent ist, um sicherzustellen, dass sie für Wettbewerber schwer zu imitieren (oder zu ersetzen) ist?

- *Organisationale Unterstützung:* Wenn die Strategie schwer zu imitieren ist, sind bei der Organisation auch die organisationalen Mittel zur Umsetzung der Strategie vorhanden (siehe auch die Erörterung der Machbarkeit in *Abschnitt 12.5*)?

Die verschiedenen strategischen Optionen können in einer einfachen Matrix systematisch mit diesen vier VRIO-Kriterien verglichen werden, wobei die Optionen in den Zeilen (horizontal) und die einzelnen VRIO-Kriterien als Spalten (vertikal) abgetragen werden.

12.3.4 Entscheidungsbäume

Entscheidungsbäume können auch zur Bewertung strategischer Optionen anhand einer Liste von Schlüsselfaktoren genutzt werden. Hier werden Optionen „eliminiert" und bevorzugte Optionen werden durch die progressive Hinzunahme von zu erfüllenden Anforderungen (wie z.B. Wachstum, Investition oder Diversität) bestimmt. *Beispiel 12.2* verdeutlicht dies. Den Endpunkt des Entscheidungsbaums bilden eine Reihe separater Entwicklungschancen. Der Eliminierungsprozess wird durch die Bestimmung einiger weniger Schlüsselelemente oder -kriterien erzielt, die mögliche Strategien erfüllen müssen. In *Beispiel 12.2* sind das Wachstum, Investitionen und Diversifizierung. Wie das Beispiel verdeutlicht, werden durch die Auswahl des Wachstums als wichtige Anforderung an eine zukünftige Strategie die Optionen 1–4 höher bewertet als 5–8. Im zweiten Schritt würden durch die Notwendigkeit einer Strategie mit niedrigen Investitionen die Optionen 3 und 4 höher als 1 und 2 bewertet werden und so weiter. Die Gefahr hierbei liegt darin, dass die Wahl auf jedem Ast des Baums zu stark vereinfacht sein kann. Denn wie das Beispiel zeigt, gestattet die Beantwortung der Frage nach Diversifikation einfach nur mit „ja" oder „nein" nicht die Berücksichtigung der großen Vielfalt an Optionen, die innerhalb dieser Strategie bestehen kann.

Beispiel 12.2 **Ein strategischer Entscheidungsbaum für eine Anwaltskanzlei**

Entscheidungsbäume bewerten zukünftige Optionen durch die zunehmende Eliminierung anderer Optionen im Zuge der Einführung immer weiterer Bewertungskriterien.

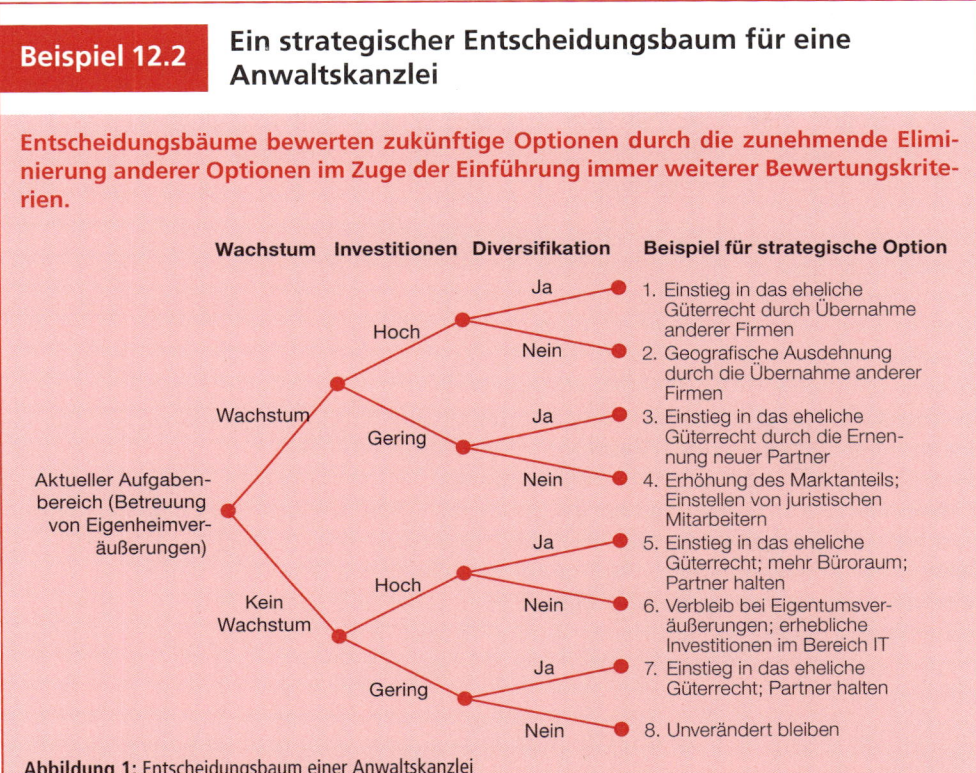

Abbildung 1: Entscheidungsbaum einer Anwaltskanzlei

Bei einer Anwaltskanzlei konzentriert sich der Großteil der Arbeit auf die Eigentumsübertragung von Immobilien (d.h. die juristischen Aspekte des Immobilienhandels), wobei die Gewinne erheblich zurückgegangen sind. Daher will das Unternehmen eine Reihe neuer Strategien für die Zukunft in Betracht ziehen. Mithilfe eines strategischen Entscheidungsbaums konnten bestimmte Optionen durch die Identifizierung einiger Schlüsselkriterien, die zukünftige Entwicklungen beinhalten sollten, z.B. Wachstum, Investitionen (z.B. in Räumlichkeiten, IT-Systeme oder Übernahmen) und Diversifizierung (z.B. in den Bereich des Familienrechts, das wiederum auch zu Eigentumsübertragung im Zuge der „Umstrukturierung" von Familien führt), eliminiert werden.

Die Analyse dieses Entscheidungsbaums zeigt, dass, wenn die Partner des Unternehmens das Wachstum als wichtigen Aspekt der Zukunftsstrategien sehen, die Optionen 1–4 höher bewertet werden als die Optionen 5–8. Im zweiten Schritt würden durch die Notwendigkeit von Strategien mit niedrigen Investitionen die Optionen 3 und 4 höher bewertet werden als 1 und 2 und so weiter.

Den Partnern war bewusst, dass diese Methode dahingehend eingeschränkt war, dass die Wahl auf jedem Ast des Baums zu stark vereinfacht sein kann. Durch die Antwort „Ja" oder „Nein" auf die Frage nach der Diversifizierung wird eine große Vielzahl von Alternativen nicht zugelassen, die zwischen diesen beiden Extremen bestehen kann, wie beispielsweise die Anpassung des „Stils" des Service für die Eigentumsübertragung (dies könnte eine wichtige Variante der Optionen 6 oder 8 bilden). Trotzdem bietet der Entscheidungsbaum einen nützlichen Rahmen als Ausgangspunkt für die Bewertung.

12.3.5 Lebenszyklusanalyse

In einer Lebenszyklusanalyse wird bewertet, ob eine Strategie unter Berücksichtigung des Branchenlebenszyklus (*Abschnitt 3.3.2*) wahrscheinlich angemessen ist. Die Matrix in ▶ *Tabelle 12.4* zeigt zwei Dimensionen. Die Branchensituation wird in fünf Phasen von der Entwicklung bis zum Niedergang beschrieben. Die Wettbewerbsposition hat drei Kategorien von schwach bis hin zu stark. Der Zweck der Matrix besteht darin, die Angemessenheit bestimmter Strategien im Hinblick auf diese beiden Dimensionen zu bestimmen. Das Beratungsunternehmen Arthur D. Little schlägt eine Reihe von Kriterien vor, mit denen bestimmt wird, wo eine Organisation in der Matrix positioniert ist und welche Arten von Strategien am besten geeignet sind:

- *Starke Wettbewerbsposition:* Im Allgemeinen sollten starke Wettbewerber während des gesamten Lebenszyklus aggressive Strategien in Betracht ziehen. In einer frühen Phase impliziert dies ein schnelles Wachstum, durch das beispielsweise Kostenvorteile aufgrund von Erfahrungskurveneffekten oder Vorteile durch die Erweiterung der Angebotspalette verstärkt werden. Zu einem späteren Zeitpunkt können starke Wettbewerber ihre relative Stärke dazu nutzen, schwächere Wettbewerber durch eine aggressive Preisgestaltung oder durch Innovation sowie, falls angemessen, durch Übernahmen zu verdrängen. Während der Reifephase wird die Abstoßung schwächerer Bereiche im Portfolio – durch Schließung oder eventuell Verkauf wichtig. In der letzten Phase können starke Wettbewerber unter Umständen darauf abzielen, der letzte verbleibende Akteur zu werden. Damit bleibt ihnen die Chance, ihre Marktmacht durch höhere Preise zu nutzen.

Wettbewerbsposition	Phasen des Branchenlebenszyklus				
	Entwicklung	Wachstum	Marktbereinigung	Reife	Niedergang
Stark	▪ Schnelles Wachstum	▪ Kostenführerschaft übernehmen ▪ Differenzieren ▪ Umfang erweitern	▪ Kosten- und Differenzierungsvorteile verstärken ▪ Schwächere Wettbewerber durch Innovationen oder Preiskriege verdrängen ▪ Schwächere Wettbewerber übernehmen	▪ Branche durch Übernahmen konsolidieren ▪ Schwächere Tätigkeiten abstoßen ▪ Unnötige Kosten senken (z.B. Differenzierung oder Innovation)	▪ Verbleibende Wettbewerber verdrängen ▪ Marktmacht nutzen ▪ Unnötige Kosten senken
Mittlere	▪ Schnelles Wachstum ▪ Fokus differenzieren	▪ Aufholen ▪ Fokus differenzieren ▪ Nische finden	▪ Schwächere Tätigkeiten abstoßen ▪ Allianzen oder Fusionen anstreben	▪ Einschränken ▪ Wende ▪ Allianzen oder Fusionen anstreben ▪ Austritt durch Verkauf	▪ Allianzen oder Fusionen anstreben ▪ Austritt durch Verkauf oder Schließung
Schwach	▪ Nische finden ▪ Aufholen	▪ Wandel ▪ Einschränken ▪ Allianzen, Fusionen oder Käufer suchen	▪ Allianzen, Fusionen oder Käufer suchen ▪ Austritt	▪ Allianzen, Fusionen oder Käufer suchen	▪ Allianzen, Fusionen oder Käufer suchen ▪ Austritt

Tabelle 12.4: Die Matrix aus Branchenlebenszyklus und Portfolio
Quelle: Angepasst von Arthur D. Little.

▪ *Mittlere Wettbewerbsposition:* In einer frühen Phase des Lebenszyklus sollten mittlere Wettbewerber im Allgemeinen dringende Schritte in Betracht ziehen, um entweder ihre Gesamtpositionen (entweder durch Fusionen oder durch Allianzen) zu stärken oder eine relativ geschützte Nische zu finden. Später sollten Wettbewerber, die noch immer eine mittlere Position haben, die Option des Verkaufs des Geschäfts an einen stärkeren Wettbewerber in Erwägung ziehen, beispielsweise mit einem „Parenting-Vorteil" (siehe *Kapitel 8*).

■ *Schwache Wettbewerbsposition:* Wettbewerber mit einer schwachen Marktposition müssen sich noch dringender mit den Optionen mittlerer Wettbewerber auseinandersetzen. Wenn schwache Wettbewerber ihre Position nicht schnell transformieren oder eine geschützte Nische finden können, sollten sie umgehend eine Schließung oder den Verkauf an einen stärkeren Konkurrenten in Erwägung ziehen.

Obwohl diese Matrix als allgemeine Orientierung bei der Bewertung möglicher Strategien über den Lebenszyklus hinweg hilfreich ist, bietet sie selbst keine direktiven Antworten. Jede Organisation muss nach ihren eigenen Kräften gemäß den genauen individuellen Umständen ihre Entscheidungen fällen. Überdies sollten Organisationen auch darauf achten, dass die Lebenszyklusphasen nicht irreversibel sind. Branchen können durchaus die Phase der Reife auch wieder verlassen, sodass Investitionen in Innovation und Differenzierung beispielsweise wieder höchst wichtig werden können.

12.4 Akzeptabilität

Akzeptabilität

Akzeptabilität befasst sich mit den erwarteten Erfolgswirkungen einer Strategie und damit, inwieweit diese den Erwartungen der Interessengruppen entsprechen.

Akzeptabilität befasst sich damit, ob die erwarteten Leistungsergebnisse einer Strategie die Erwartungen der Interessengruppen erfüllen. Diese können dreierlei Formen, die „3 R", annehmen: Rentabilität, Risiko und Reaktionen der Interessengruppen. Es ist sicher ratsam, mehr als einen Ansatz zur Bewertung der Akzeptabilität einer Strategie zu nutzen.

12.4.1 Risiko

Das erste der „3 R" ist das *Risiko*, das eine Organisation mit der Umsetzung einer Strategie eingeht.

Risiko

Risiko bezeichnet das Ausmaß der Unsicherheit und nicht Vorhersagbarkeit strategischer Ergebnisse, besonders im Hinblick auf mögliche negative Ergebnisse.

Risiko bezeichnet dabei das Ausmaß der Unsicherheit und nicht Vorhersagbarkeit strategischer Ergebnisse, besonders im Hinblick auf mögliche negative Ergebnisse. Das Risiko hängt also immer zusammen mit dem Ergebnis, der Rendite, sodass ein höheres Risiko gleichzeitig die Chance auf eine höhere Rendite bedeutet und umgekehrt. Das Risiko kann besonders hoch sein für Organisationen, die große langfristige Innovationsprogramme betreiben, welche viele Unsicherheiten bezüglich wichtiger Faktoren des Umfelds bergen. Außerdem sind Organisationen besonders betroffen, wenn sich die Öffentlichkeit sehr für deren neue Entwicklungen interessiert – wie etwa bei genetisch verändertem Saatgut.[10] Ein wesentlicher Aspekt ist dabei die Bestimmung des akzeptablen Risikoniveaus für die Organisation. Ist die Organisation bereit, alles auf eine einzige strategische Initiative zu setzen, die völlige Vernichtung zu riskieren, oder bevorzugt sie einen vorsichtigeren Ansatz, bei dem mehrere weniger vorhersehbare und weniger riskante Initiativen aufrechterhalten werden? Formale *Risikobewertungen* sind oft in Geschäftsplänen oder auch in Investitionsbewertungen für große Projekte enthalten. Die ausgewählten Strategien sollten innerhalb der Grenzen des für das Unternehmen akzeptablen Risikos liegen. So haben beispielsweise junge Unternehmen unter Umständen eine höhere Risikotoleranz als etablierte Fami-

---

10 Mr. Frigo und R. Anderson, „Strategic risk management"; *Journal of Corporate Accounting and Finance*, Band 22, Nr. 3 (2011), S. 81–88.

lienunternehmen. Hierbei ist vor allem wichtig, dass auch Risiken berücksichtigt werden, die keine unmittelbare finanzielle Auswirkung haben, so etwa Risiken für das Image des Unternehmens und den Markennamen. Die Entwicklung eines fundierten Verständnisses für die strategische Position eines Unternehmens (*Teil I* dieses Buchs) ist das Herzstück einer jeden guten Risikobewertung. Einige der unten aufgeführten Konzepte können jedoch zusätzlich für eine detaillierte Risikoanalyse genutzt werden.

Die Sensitivitätsanalyse[11]

Sie wird manchmal auch die „Was-wäre-wenn"-Analyse genannt und baut darauf auf, dass jede wichtige Annahme, die einer bestimmten Strategie zugrunde liegt, hinterfragt werden kann und muss. Es wird also getestet, wie empfindlich die vorhergesagte Leistung oder das erwartete Ergebnis (etwa der Gewinn) auf jede dieser Annahmen reagiert. So könnte die wichtigste Annahme bezüglich einer Strategie z.B. sein, dass die Marktnachfrage um 5 % pro Jahr steigen wird oder dass es in der Organisation keine Streiks geben wird oder dass bestimmte teure Maschinen mit einer Auslastung von 90 % arbeiten werden. Die Sensitivitätsanalyse fragt nach, wie sich Abweichungen von diesen Annahmen auf die Leistung (z.B. die Rentabilität) auswirken würden. Wenn die Nachfrage beispielsweise nur um 1 % oder um ganze 10 % jährlich steigen würde, würde dann eines dieser beiden Extreme die Entscheidung für eine bestimmte Strategie verändern? Es kann sich dadurch ein klareres Bild bezüglich der Risiken ergeben, die eine bestimmte strategische Entscheidung mit sich bringt. So können Manager ihr Vertrauen in bestimmte Entscheidungen stärken.

Finanzielles Risiko[12]

Das finanzielle Risiko beschreibt die Möglichkeit, dass die Organisation unter Umständen nicht in der Lage ist, die für den Fortbestand des Unternehmens notwendigen finanziellen Verpflichtungen zu erfüllen. Manager müssen sicherstellen, dass Strategien keine zu großen finanziellen Risiken bergen. Hierbei sind zwei wesentliche Maßstäbe wichtig.

Der erste ist der *Verschuldungsgrad*, die Höhe der Schulden des Unternehmens im Vergleich zu dessen Eigenkapital. Strategien, mit denen der Verschuldungsgrad eines Unternehmens steigt, erhöhen auch das finanzielle Risiko. Dies ist darauf zurückzuführen, dass Zinszahlungen auf Schulden bindend und unflexibel sind: Wenn die Leistung abfällt und die Zinsen nicht bezahlt werden können, riskiert das Unternehmen die Insolvenz.

Ein zweites Maß des finanziellen Risikos bezieht sich auf die *Liquidität* einer Organisation. Liquidität bezeichnet den Betrag liquider Vermögenswerte (normalerweise Bargeld), die zur sofortigen Bezahlung von Rechnungen verfügbar sind. Viele Unternehmen scheitern nicht, weil sie grundsätzlich unrentabel arbeiten, sondern aufgrund eines Mangels an liquiden Vermögenswerten, die entweder eigene Vermögenswerte des Unternehmens sein oder durch kurzfristige Darlehen beschafft werden können. So kann beispielsweise ein kleiner Produzent mit einer schnellen Wachs-

---

11 An den Details der Sensitivitätsanalyse interessierte Leser finden Informationen in A. Satelli, K. Chan und M. Scott (Hrsg.), „Sensitivity Analysis", *Wiley*, 2000.
12 Siehe C. Walsh, „Master the Management Metrics That Drive and Control Your Business", 4. Auflage, *Financial Times Prentice Hall*, 2005.

tumsstrategie in die Versuchung geraten, viele Aufträge anzunehmen. Dann stellt er aber fest, dass er die Lieferanten für die Rohstoffe bezahlen muss, bevor die Bezahlung für die produzierten Waren erfolgt. Auch hier gilt, dass ein Unternehmen, das seine Rechnungen nicht bezahlen kann, die Insolvenz riskiert.

Break-Even-Analyse

Die Break-Even-Analyse[13] ist ein einfacher und weit verbreiteter Ansatz, bei dem unterschiedliche Annahmen über Schlüsselvariablen in einer Strategie untersucht werden können. Sie zeigt auf, ab wann das Unternehmen mit seinen Erlösen seine fixen und variablen Kosten decken kann und damit kostendeckend arbeitet. Damit kann diese Analyse zur Bewertung der Risiken eingesetzt werden, die mit verschiedenen Preis- und Kostenstrukturen verbundenen sind.

12.4.2 Rentabilität

Rentabilität

Die Rentabilität ist ein Maß der finanziellen Leistungsfähigkeit einer Strategie.

Das zweite R steht für „returns" – **Rentabilität**. Rentabilität ist ein Maß der finanziellen Leistungsfähigkeit einer Strategie. Im privaten Sektor erwarten Aktionäre eine finanzielle Rentabilität ihrer Investition. Im öffentlichen Sektor messen Geldgeber (typischerweise Regierungsstellen) die Rentabilität eher anhand des Preis-Leistungs-Verhältnisses der erbrachten Dienstleistungen. Oft richtet sich die Aufmerksamkeit auf finanzielle Zahlen und Maße der Effizienz, doch die Bewertung der Rentabilität gemeinnütziger Organisationen ist bekanntermaßen schwierig, denn hier herrscht eine große Vielfalt an unterschiedlichen – auch konträren – Interessen der Stakeholder. Dennoch können drei Arten der Leistungsmessung eingesetzt werden: erfolgreiches Mobilisieren von Ressourcen, Effektivität des Personals und Fortschritte bei der Missionserfüllung. Allerdings variieren die genauen Spezifikationen dieser Maßstäbe je nach Ausrichtung der gemeinnützigen Organisation.[14]

Maße der Rentabilität werden häufig verwendet, um mögliche neue Unternehmungen oder Großprojekte innerhalb von Unternehmen zu bewerten. Eine Bewertung der finanziellen Effektivität jeder spezifischen Strategie sollte ein Schlüsselkriterium der Akzeptabilität bilden.

---

13 Die Rentabilitätsanalyse wird in den meisten Standardlehrbüchern zum Rechnungswesen behandelt. Siehe beispielsweise G. Arnold, „Corporate Financial Management", 4. Auflage, *Financial Times Prentice Hall*, 2009.

14 J. Sawhill und D. Williamson, „Measuring what matters in nonprofits", *The McKinsey Quarterly*, Band 2 (2001), S. 98–107; M. Epstein und R. Bukovac, „Performance Measurement of Non-For-Profit Organizations", *Management Accounting Guidelines*, CMA AICPA, 2009.

Finanzanalyse[15]

Es gibt drei häufig verwendete Ansätze der Finanzanalyse:

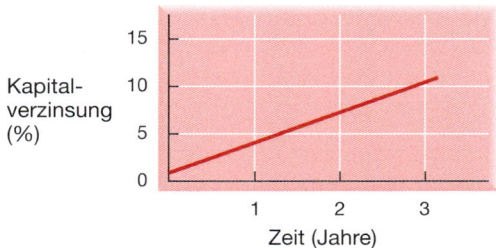

(a) Verzinsung des eingesetzten Kapitals

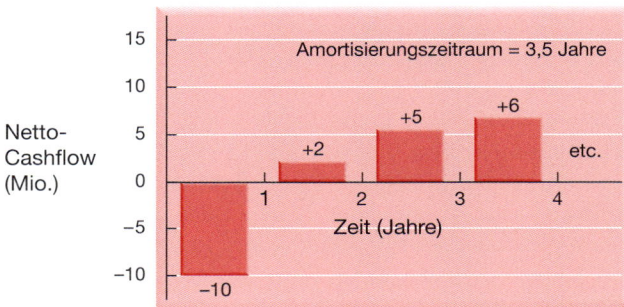

(b) Amortisierungszeitraum

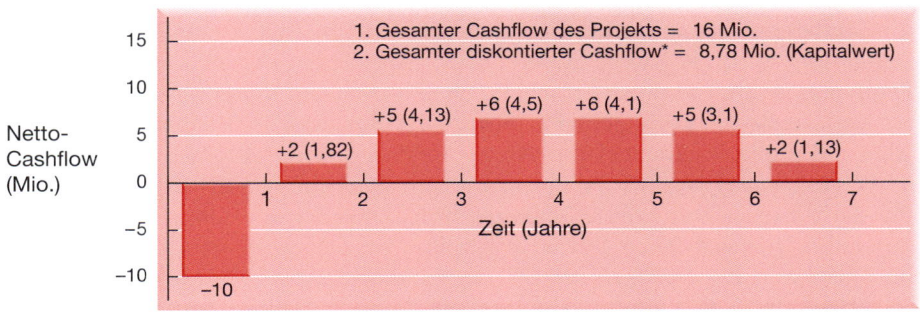

(c) Diskontierte Cashflows (DCF)

Abbildung 12.3: Die Bewertung der Rentabilität

■ Die Vorhersage der *Gesamtkapitalrentabilität (Return on capital employed ROCE)* für einen bestimmten Zeitraum, nachdem eine neue Strategie umgesetzt wurde.

---

15 Die meisten Standardwerke über Finanzen und Buchhaltung erklären die hier zusammengefassten Finanzanalysen im Detail. Siehe zum Beispiel G. Arnold, „Corporate Financial Management", 3. Auflage, *FT/Prentice Hall*, 2005, Kapitel 4.

Ein Beispiel ist eine Verzinsung von 10 % bis zum dritten Jahr nach Einführung. Dies ist in ▶ *Abbildung 12.3 (a)* dargestellt. Die Gesamtkapitalrentabilität ist eine Maßeinheit der Ertragskraft der zur Umsetzung einer bestimmten strategischen Option eingesetzten Kapitalressourcen. Ihre Schwäche liegt darin, dass sie sich nicht auf den Cashflow oder die Zeitplanung der Cashflows konzentriert (siehe dazu die Erklärung zum DCF unten). Natürlich gibt es noch weitere Maßzahlen des Ertrags.[16]

■ Einschätzung des *Amortisierungszeitraums*. Damit ist der Zeitraum gemeint, der vergeht, bis die kumulativen Cashflows einer strategischen Option positiv werden. Im Beispiel in ▶ *Abbildung 12.3 (b)* beträgt der Amortisierungszeitraum 3,5 Jahre. Die Amortisierung hat den Vorteil, dass sie einfach ist. Daher wird sie am häufigsten dann eingesetzt, wenn die Schwierigkeit der Prognose – und damit das Risiko – hoch ist. Unter solchen Umständen kann dieser Parameter eingesetzt werden, um Projekte oder Strategien auszuwählen, mit denen die schnellste Amortisierung erzielt wird. Somit variieren Amortisierungszeiträume stark je nach Branche. Ein Risikokapitalgeber, der in ein Start-up-Unternehmen in der High-Tech-Branche investiert, kann schnell eine Rendite erwarten, während Projekte der öffentlichen Infrastruktur wie etwa der Bau neuer Straßen mit einem Amortisierungszeitraum von 50 Jahren und mehr bewertet werden. Ein Problem bei der einfachen Methode des Amortisierungszeitraums liegt darin, dass angenommen wird, dass prognostizierte Cashflows, unabhängig vom Risiko oder vom betroffenen Zeitraum, in der Zukunft den gleichen Wert haben werden: Einem in drei Jahren prognostizierten Betrag von 100 € wird der gleiche Wert zugeordnet, wie 100 € im nächsten Jahr. Daher verwenden Organisationen oft „Diskontierungsmethoden", um die größere Unsicherheit in der ferneren Zukunft zu berücksichtigen.

■ Der *diskontierte Cashflow (DCF)* ist eine weit verbreitete Methode der Investitionsbewertung mithilfe üblicher Methoden zur Prognose der Cashflows, bei denen die Einnahmen umso stärker abgezinst werden (ihnen ein umso geringerer Wert zugeordnet wird), je weiter in der Zukunft sie liegen. Der sich daraus ergebende Parameter ist der Nettobarwert (NBW) des Projekts und damit eines der am weitesten verbreiteten Kriterien zur Bewertung der finanziellen Machbarkeit eines Projekts. Prinzipiell sollte bei begrenzten Ressourcen das Projekt mit dem besten NBW ausgewählt werden. Allerdings ist ein DCF nur so weit gültig, wie dies für die darin berücksichtigten Annahmen gilt. Daher ist es wichtig, die Sensitivität gegenüber verschiedenen Bewertungen und Szenarien zu überprüfen. Dazu soll im Folgenden das Beispiel des DCF in ▶ *Abbildung 12.3 (c)* betrachtet werden. Nachdem die Geldzu- und -abflüsse für jedes Jahr einer strategischen Option bewertet worden sind, werden sie um angemessene Kapitalkosten diskontiert. Diese Kapitalkosten entsprechen der „Hürde", die das Projekt überspringen muss. Der Diskontsatz spiegelt wiederum die Tatsache wider, dass früher generierte Geldflüsse wertvoller sind als später erzeugte. Des Weiteren wird der Diskontsatz

---

16   Andere Maßzahlen des Ertrags sind ROE, ROI, ROA und ROIC. ROE (return on equity, die Eigenkapitalrendite) misst die Effizienz des Unternehmens bezüglich der Gewinngenerierung pro Aktie. ROI (return on investment, Kapitalrendite) zeigt, wie rentabel die Vermögenswerte eines Unternehmens in Bezug auf die Einnahmengenerierung sind. ROIC (return on investment capital) misst die Rendite aus Kapitalinvestitionen. Ein ROIC-Wert, der über dem Branchendurchschnitt liegt, diente Strategen wie etwa Michael Porter als Indikator für den Erfolg einer Unternehmensstrategie. M. Porter, „The five forces that shape strategy", *Harvard Business Review*, Band 86, Nr. 1 (2008), S. 58–77.

in einer Höhe festgelegt, die das Risiko der betrachteten Strategie widerspiegelt (d.h., es besteht ein höherer Satz für ein höheres Risiko). Im Beispiel zeigen die Kapitalkosten oder der Diskontierungssatz von 10 % (nach Steuern) die Ertragsrate, die von denjenigen gefordert wird, die die Finanzmittel für das Projekt zur Verfügung stellen, also Aktionäre und/oder Kreditgeber. Die Kapitalkosten von 10 % *berücksichtigen* eine Inflation in Höhe von 3 bis 4 %. Dies wird als die „nominalen Kapitalkosten" bezeichnet. Im Gegensatz dazu betragen die „realen" Kapitalkosten 6 bis 7 % nach oder *exklusive* Inflation. Der geplante Cashflow nach Steuern von 2 Mio. £ zu Beginn des Jahres 2 entspricht dem heutigen Erhalt von 1,82 Mio. £ (2 Mio. £ multipliziert mit 0,91 oder 1/10). Der Betrag von 1,82 Mio. £ wird als *Barwert* der 2 Mio. £ bezeichnet, den man zu Beginn des Jahres 2 zu Kapitalkosten von 10 % erhält. Auch der Cashflow von 5 Mio. £ nach Steuern zu Beginn des Jahres 3 hat einen Barwert von 4,13 Mio. £ (5 Mio. £ multipliziert mit 1/1,10 im Quadrat). Der gesamte Nettobarwert des Projekts wird berechnet, indem man alle jährlichen Barwerte über die gesamte voraussichtliche Lebensdauer des Projekts hinweg addiert. Im vorliegenden Beispiel sind das sieben Jahre. Der Kapitalwert beträgt also 8,78 Mio. £ Berücksichtigt man den Zeitwert des Gelds, so entspricht die Summe von 8,78 Mio. £ dem zusätzlichen Cashflow, der durch eine strategische Initiative während deren gesamter Lebensdauer erzeugt wird. Es wäre allerdings sinnvoll, eine Sensitivitätsanalyse beispielsweise unter der Annahme verschiedener Niveaus der Umsatzsteigerung oder unterschiedlicher Kapitalkosten durchzuführen und so zu bestimmen, welche NBW-Maßnahmen sich daraus ergeben würden und an welchem Punkt der NBW unter null sinkt. Beispielsweise würden in ▶ *Abbildung 12.3 (c)* Kapitalkosten oder ein Diskontsatz von etwa 32 % einen Nettobarwert von null ergeben. Somit bildet eine solche Sensitivitätsprüfung eine Möglichkeit, wie der DCF zur Risikobestimmung herangezogen werden kann. Im letzten Beispiel am Ende des Kapitels wird erörtert, dass die Verwendung des DCF in verschiedenen Ländern sehr unterschiedlich gesehen wird.

Angesichts dieser drei Ansätze zur Bewertung von Rentabilität ist es wichtig zu bedenken, dass es keineswegs Standardwerte für gute oder schlechte Renditen gibt. Dies variiert je nach Branche, Land und jeweiliger Interessengruppe. Zunächst muss also unbedingt festgelegt werden, welche Rendite für welche Interessengruppe akzeptabel ist. Und natürlich gibt es auch Meinungsunterschiede darüber, welche Bewertungsmaßnahme für die Rendite die beste ist, wie unten weiter ausgeführt wird. Drei weitere Probleme bezüglich der Finanzanalyse sind folgende:

■ *Problem der Unsicherheit:* Insbesondere durch die scheinbare Gründlichkeit der verschiedenen Ansätze zur Finanzanalyse darf man sich nicht irreführen lassen. Die meisten von ihnen wurden zur Auswertung von Investitionen entwickelt. Daher konzentrieren sie sich auf abgrenzbare Projekte, für die sich zusätzliche Kapitalab- und -zuflüsse relativ leicht vorhersagen lassen. So hat beispielsweise ein Einzelhändler, der einen neuen Laden eröffnet, aufgrund vorheriger Erfahrungen mit ähnlichen Geschäften in ähnlichen Gebieten eine gute Vorstellung von dem wahrscheinlich zu erzielendem Umsatz. Solche Annahmen gelten nicht unbedingt für viele strategische Rahmenbedingungen, da die Ergebnisse viel unsicherer sind. Die genauen Ergebnisse werden meist klarer, je weiter die Umsetzung der Strategie (mit den damit verbundenen Folgen für die Cashflows) fortschreitet.

- *Problem der Spezifität:* Finanzielle Bewertungen konzentrieren sich tendenziell auf direkte *materielle* Kosten und Nutzen und nicht auf die Strategie im weiteren Sinne. Allerdings ist es häufig nicht einfach, solche Kosten und Nutzen sowie die für eine vorgeschlagene Strategie spezifischen Cashflows zu identifizieren, da diese sich unter Umständen nicht von anderen laufenden Geschäftsaktivitäten trennen lassen. Außerdem haben solche Kosten und Vorteile unter Umständen auch Überlaufeffekte. So kann beispielsweise ein neues Projekt als Einzelprojekt betrachtet unrentabel aussehen, aber es kann dennoch strategisch sinnvoll sein, da es die Marktakzeptabilität anderer Produkte aus dem Portfolio des Unternehmens verbessert.

- *Annahmen:* Eine Finanzanalyse kann nur so gut sein, wie die darin berücksichtigten Annahmen. Sind die Annahmen zu Umsatzhöhe und Kosten unangemessen, sinkt beispielsweise auch der Wert der Analyse oder sie wird sogar irreführend. Dies ist einer der Gründe, aus denen die Sensitivitätsprüfung auf der Grundlage variierender Annahmen wichtig ist.

Die Analyse des Shareholder Value

Die Analyse des Shareholder Value[17] ist eine Form der Finanzanalyse, die sehr direkte Fragen stellt: Durch welche der vorgeschlagenen Strategien würde sich der Shareholder Value am meisten erhöhen? Es gibt verschiedene Maße des Shareholder Value, von denen zwei am häufigsten verwendet werden:

- Der *Total Shareholder Return (TSR)* verwendet als Maß den Aktienkurs und die Dividenden. In jedem beliebigen Bilanzjahr entspricht er dem Anstieg des Aktienkurses zuzüglich der Dividenden pro Aktie, die in diesem Jahr ausgeschüttet wurden. Dieser Wert wird dann durch den Aktienkurs zu Beginn des Bilanzjahres geteilt. Ein einfaches Beispiel ist in ▶ *Abbildung 12.4* dargestellt. Der TSR ist ein interessantes Maß, weil es beide Aspekte des Shareholder Value erfasst: Kapitalgewinne (oder -verluste) des Aktienkurses sowie Erträge in Form von Dividenden. Allerdings ist dieses Maß durch die Nutzung eines Aktienkurses nicht für in Privatbesitz befindliche Unternehmen geeignet und kann nur ungefähr auf einzelne Geschäftsbereiche innerhalb eines börsennotierten Unternehmens angewandt werden. Überdies ist es potenziell auf ein Maß des strategischen Erfolgs begrenzt, da die Aktienkurse aus vielen Gründen, die außerhalb der Verantwortung des Managements liegen, steigen oder fallen können.

- Der *ökonomische Gewinn* oder *Economic Value Added (EVA)* stützt sich auf Buchhaltungsdaten. Jedoch anders als der buchhalterische Gewinn, also der Unterschied zwischen expliziten Kosten und Einnahmen, beinhaltet der ökonomische Gewinn auch implizite Kosten wie etwa Opportunitätskosten des Unternehmenskapitals. Insbesondere der EVA wird also auf Basis der „Kapitalkosten" berechnet, welche sich zusammensetzen aus (i) den Eigenkapitalkosten (der geforderten Dividende und dem Kapitalzuwachs) und aus (ii) den Fremdkapitalkosten (dem Zinssatz):

EVA = Nettobetriebsergebnis nach Steuern – Kapitalkosten

---

17 Der wichtigste Verfechter dieser Analyse ist A. Rappaport, „Creating Shareholder Value: The new standard for business performance", 2. Auflage, Free Press, 1998. Siehe auch R. Mill's, „Understanding and using shareholder value analysis"; Kapitel 15 in V. Ambrosini mit G. Johnson und K. Scholes (Hrsg.), „Exploring Techniques of Analysis and Evaluation in Strategic Management", *Prentice Hall*, 1998.

■ Ist das Betriebsergebnis (nach Steuern) höher als die dafür erforderlichen Kapitalkosten, ergibt sich ein positiver Wert. Dies ist meist eine zwingende Voraussetzung, um sich weitere finanzielle Unterstützung zu sichern (siehe ▶ *Abbildung 12.4*). Eine wichtige Eigenschaft des EVA liegt darin, dass die Kapitalkosten das Risiko berücksichtigen: Je höher das Risiko ist, desto höher sind die Kapitalkosten. Daher ist es insbesondere bei riskanten Strategien möglich, dass diese rentabel erscheinen, obwohl sie die Kapitalkosten tatsächlich nicht decken. Da sich der EVA nicht auf Aktienkurse stützt, kann er auch auf einzelne Geschäftsbereiche und Projekte innerhalb eines Unternehmens angewandt werden, wobei die Kapitalkosten nach dem Risikoprofil jedes einzelnen Projekts angepasst werden.

Obwohl die Analyse des Shareholder Value dazu beigetragen hat, die Unzulänglichkeiten der traditionellen Finanzanalysen zu überwinden, ist sie kritisiert worden wegen einer Überbewertung kurzfristiger Erträge sowie der Vernachlässigung anderer Stakeholder – Kunden, Mitarbeiter und Gemeinden –, die für das langfristige Bestehen von Organisationen wichtig sind.[18] Trotzdem verhilft die Idee der Bewertung einer Strategie den meist allzu vagen strategischen Vorteilen zu mehr Realismus und Klarheit. Allerdings wird den sie verwendenden Unternehmen empfohlen, dies unter Berücksichtigung sowohl der langen Frist als auch des Werts des Unternehmens insgesamt zu tun.[19]

(a) Gesamtertrag des Aktionärs	(b) Ökonomischer Gewinn oder Geschäftswertbeitrag
Annahmen: · Anfangskurs £1 pro Aktie · Endkurs £1,20 pro Aktie · Erhaltene Dividende während des Geschäftsjahres 5p pro Aktie Dann gilt: · Anstieg des Aktienkurses (20p) plus erhaltene Dividende (5p) = 25p Der Gesamtertrag des Aktionärs beträgt: · 25p geteilt durch Anfangskurs £1; als Prozentsatz = 25%	Annahmen: · Betriebsgewinn nach Steuern £10 Mio. · Eingesetztes Kapital £100 Mio. · Kapitalkosten 8% Dann gilt: · Das Kapital, das zur Produktion des Betriebsgewinns nach Steuern erforderlich ist, ist das eingesetzte Kapital von £100 x Kapitalkosten 8% = (£8 Mio.) Der ökonomische Gewinn beträgt: · Betriebsgewinn (nach Steuern) £10 Mio. abzüglich der Kapitalkosten £8 Mio. = £2 Mio.

Abbildung 12.4: Maße des Shareholder-Value

---

18 M. E. Raynor, „End shareholder value tyranny: put the corporation first", *Strategy & Leadership*, Band 37, Nr. 1 (2009), S. 4–11.
19 Dieser Punkt wird in einer Forschungsstudie deutlich, über die P. Haspeslagh, T. Noda und F. Boulos berichten: „Its not just about the numbers", *Harvard Business Review*, Juli–August (2001), S. 65–73.

Kosten und Nutzen[20]

In vielen Fällen stellt der Gewinn allein eine zu eng gefasste Interpretation der Rentabilität dar. Dies gilt besonders dann, wenn es vor allem auf immaterielle Vorteile ankommt. Dies ist für gewöhnlich bei großen Projekten für die öffentliche Infrastruktur wie etwa der Standortwahl für einen Flughafen oder eine Kläranlage der Fall. Das *Kosten-Nutzen*-Konzept geht davon aus, dass alle Kosten und Nutzen einer Strategie mit einem Geldwert belegt werden können, darunter auch die materiellen und immateriellen Erträge für Menschen und Organisationen, die dieses Projekt oder die Strategie nicht direkt sponsern.

Obwohl eine monetäre Bewertung in der Praxis oft schwierig ist, ist sie doch möglich. Trotz aller Schwierigkeiten ist eine solche Kosten-Nutzen-Analyse immer sinnvoll, wenn man sich ihrer Grenzen bewusst ist. Ihr wichtigster Vorteil liegt darin, dass Manager gezwungen werden, alle Faktoren, die ihre strategischen Entscheidungen beeinflussen, klar zu benennen. Selbst wenn man sich also nicht einig ist, welcher genaue Wert einem bestimmten Kosten- oder Nutzenfaktor zugerechnet werden soll, kann man doch auf einer gemeinsamen Basis diskutieren und die Vorzüge verschiedener Argumente genau vergleichen.

Reale Optionen[21]

Die vorangegangenen Ansätze gehen davon aus, dass die Ergebnisse einer strategischen Option relativ klar ersichtlich sind. Es gibt aber auch Situationen, in denen sich der genaue Nutzen und die tatsächlichen Kosten einer Strategie erst allmählich mit ihrer Umsetzung ergeben. So kann sich eine Diversifizierungsstrategie unter Umständen in mehreren Schritten entwickeln: Es kann viele Jahre dauern, bis sich der Erfolg des ersten Diversifizierungsschritts zeigt und sich mögliche Nachfolgechancen auftun. In diesen Fällen erfolgt durch die traditionelle, oben beschriebene Methode der Cashflow-Diskontierung eher eine Unterbewertung des Projekts, denn der Wert eventueller Optionen, die sich zusätzlich daraus ergeben können, wird außer Acht gelassen.[22] So führen beispielsweise bei Pharmaunternehmen viele Forschungsprojekte nicht zu neuen Medikamenten mit dem gewünschten Nutzen. Allerdings könnte ein fehlgeschlagenes Projekt andere Werte zum Ergebnis haben: Die Forschung könnte wertvolles neues Wissen hervorbringen oder eine „Plattform" bieten, aus der sich andere Produkte oder Prozessverbesserungen ergeben können. Somit sollte eine Strategie als eine *Reihe* „realer" Optionen angesehen werden, als Wahlmöglichkeiten bezüglich der Ausrichtung also, die sich zu bestimmten Zeitpunkten im Laufe der Umsetzung der Strategie auftun. 12.3 verdeutlicht dies. Der Bewertungs-

---

20 Eine klassische Erklärung der Kosten-Nutzen-Analyse liefert J. L. King, „Cost-benefit analysis for decision-making", *Journal of Systems Management*, Band 31, Nr. 5 (1980), S. 24–39. Ein genaues Beispiel aus der Wasserwirtschaft ist zu finden bei N. Poew, „Water companies' service performance and environmental trade-off", *Journal of Environmental Planning and Management*, Band 45, Nr. 3 (2002), S. 363–379.

21 Die Beurteilung realer Optionen kann angesichts allzu mathematischer Ansätze verloren gehen, deshalb können Leser, die mehr über die Analyse realer Optionen erfahren möchten, eine der folgenden Veröffentlichungen nutzen: T. Copeland, „The real options approach to capital allocation", *Strategic Finance*, Band 83, Nr. 4 (2001), S. 33–37 und P. Boer, „The Real Options Solution: Finding total value in a high risk world", *Wiley*, 2002. Siehe auch M. M. Kayali. „Real options as a tool for making strategic investment decisions", *Journal of the American Academy of Business*, Band 8, Nr. 1 (2006), S. 282–287; C. Krychowski und B. V. Quelin, „Real Options and strategic investment decisions: can they be of use to scholars?", *Academy of Management Perspectives*, Band 24, Nr. 2 (2010). S. 65–78.

22 T. Luehrman, „Strategy as a portfolio of real options", *Harvard Business Review*, Band 76, Nr. 5 (1998), S. 89–99.

ansatz realer Optionen erhöht also typischerweise den Erwartungswert eines Projekts, da der Erwartungswert möglicher zukünftiger Optionen, die sich im Laufe der Umsetzung dieses Projekts ergeben, hinzugefügt wird. Dieser Ansatz hat vier wichtige Vorteile:

- *Strategische und finanzielle Einschätzungen rücken näher zusammen.* Dieser Ansatz ermöglicht ein klareres Verständnis sowohl des strategischen als auch des finanziellen Ertrags und Risikos einer Strategie, denn jeder Schritt (jede Option) wird separat betrachtet.

- *Bewertung sich ergebender Strategien.* Ein solcher Ansatz macht es auch möglich, solchen Optionen einen Wert zuzuweisen, die sich neu durch eine ursprünglich getroffene, strategische Entscheidung ergeben haben. Der Wert des ersten Schritts wird durch die Chancen gesteigert, die dieser eröffnet.

- *Besserer Umgang mit Unsicherheit.* Befürworter des Ansatzes der realen Optionen führen das Argument an, dieser biete zumindest eine Alternative zu Rentabilitätsanalysen, denn bei diesen Analysen muss das Management Annahmen über zukünftige Bedingungen festlegen, die eventuell unrealistisch sein könnten. Der Ansatz der realen Optionen kann also als zusätzliches Hilfsmittel in Verbindung mit z.B. der Szenarienanalyse herangezogen werden, um eine unsichere Zukunft zu analysieren (siehe *Abschnitt 2.4*). Durch die Anwendung des Ansatzes realer Optionen wird das Management dazu ermutigt, irreversible Entscheidungen soweit als möglich aufzuschieben, da sich die erwarteten Renditen im Laufe der Zeit klären werden – wobei dies sogar so weit geht, dass selbst scheinbar ungünstige Strategien sich zu einem späteren Zeitpunkt als machbar erweisen.

- *Konservativismus ausgleichen.* Ein Problem bei Finanzanalysen wie dem DCF besteht darin, dass hohe Hürden oder Diskontsätze, die das Risiko und die Unsicherheit widerspiegeln sollen, bedeuten, dass ehrgeizige, aber unsichere Projekte (und Strategien) tendenziell keine Unterstützung erhalten. Beim Ansatz realer Optionen werden allerdings tendenziell die ehrgeizigeren Strategien höher bewertet. Daher hat es Forderungen danach gegeben, reale Optionen zusammen mit traditionelleren finanziellen Bewertungen, wie dem DCF, einzusetzen. Tatsächlich bietet der DCF die vorsichtige Sichtweise, während die realen Optionen den optimistischeren Blickwinkel eröffnen.

Hierbei ist zu beachten, dass der Ansatz der realen Optionen dann hilfreicher ist, wenn eine Strategie in Form von Optionen strukturiert werden kann – beispielsweise wenn es Phasen gibt wie bei der Entwicklung pharmazeutischer Produkte – sodass in jeder Phase die Möglichkeit besteht, das Projekt aufzugeben oder die Fortführung aufzuschieben. Bei einem Projekt, das bereits zu Beginn ein hohes Investitionsvolumen erfordert, gibt es solche Flexibilitätsvorteile natürlich nicht.

Beispiel 12.3	Bewertung der realen Optionen für die Entwicklung von Bieren der Spitzenklasse in Indien

Der Ansatz der realen Optionen kann eingesetzt werden, um mögliche Projekte mit mehreren Optionen zu bewerten.

Eine Brauerei für Biere der Spitzenklasse exportierte seit vielen Jahren ihre Produkte nach Indien. Sie zog eine Investition in Brauereikapazität in Indien in Erwägung. Obwohl vorgesehen war, dass dies zunächst durch das Brauen von Standardprodukten vor Ort und den Vertrieb durch bestehende Händler erfolgen sollte, wurden auch andere Konzepte erörtert, wobei diese alle auf dem Aufbau der Brauerei beruhten. Wie in der nachfolgenden *Abbildung 1* dargestellt, verfolgte das Management den Ansatz realer Optionen zur Bewertung des Projekts.

Die Bewertung des Vorschlags für den Bau der Brauerei umfasste drei Optionen: heute investieren, später investieren oder gar nicht investieren. Allerdings eröffneten sich durch den Bau der Brauerei auch andere Optionen. Eine davon umfasste die Einstellung des Vertriebs über bestehende externe Händler und den Aufbau eines eigenen Vertriebsnetzes. Auch hier gab es wieder Alternativen. Sollte diese Investition sofort nach dem Bau der Brauerei, später oder gar nicht erfolgen bzw. sollte stattdessen weiter mit den bestehenden Händlern zusammengearbeitet werden? Auch die Investition in die Brauerei eröffnete andere Optionen – insbesondere wenn auch bessere Vertriebssysteme entwickelt werden sollten. Aktuell wurde beispielsweise diskutiert, ob eine Marktchance für die Entwicklung und Produktion neuer Biersorten bestand, die besser auf den indischen Markt abgestimmten waren. Auch hier ergab sich die Frage, ob diese Investition bald nach dem Bau der Brauerei, später oder gar nicht erfolgen sollte. Es wurde überdies erkannt, dass sich andere Optionen ergeben könnten, wenn das Projekt umgesetzt würde.

Der Verwaltungsrat verwendete den Ansatz der realen Optionen nicht zuletzt deshalb, weil der potenzielle Mehrwert der sich durch die Brauerei ergebenden Optionen berücksichtigt werden musste.

Der Verwaltungsrat wollte zur Bewertung des Brauereiprojekts den DCF einsetzen. Allerdings sollten auch die anderen Optionen unter der Annahme des Baus der Brauerei bewertet werden. Bei jedem dieser Bewertungsverfahren sollte auch der DCF unter Anpassung der Kapitalkosten an das wahrgenommene Risiko der Optionen eingesetzt werden. Damit erhält der Verwaltungsrat eine Vorstellung vom NBW für jede dieser Optionen. Die möglichen positiven NBW der späteren Optionen könnten dann bei der Bewertung der Attraktivität des anfänglichen Brauereiprojekts berücksichtigt werden.

Der Verwaltungsrat erkannte überdies auch, dass sich im Fall der Investition in die Brauerei zur weiteren Entwicklung der Präsenz in Indien größere Klarheit sowohl zu Kosten als auch Marktchancen im Zuge des Fortschritts des Projekts ergeben würde. Damit würde es sinnvoll erscheinen, in späteren Phasen, wenn derartige Informationen verfügbar würden, noch einmal zur Bewertung der anderen Optionen zurückzukehren.

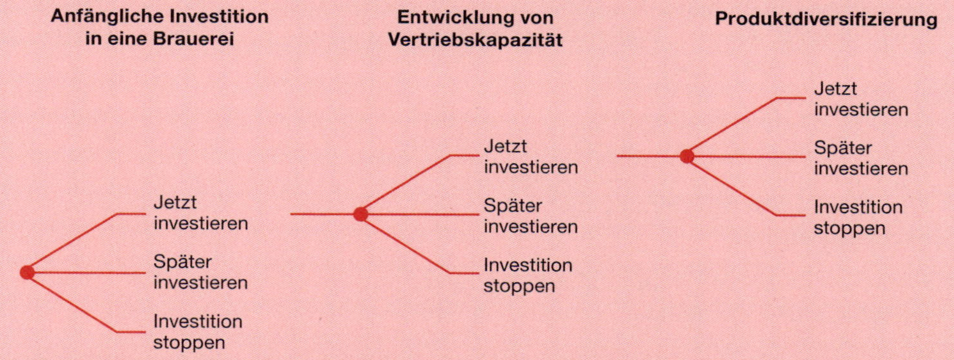

Abbildung 1: Bewertung eines Brauereiprojekts

12.4.3 Reaktion der Interessengruppen

Das dritte R steht für die wahrscheinliche Reaktion der Interessengruppen auf eine mögliche Strategie. Die Betrachtung der *Kategorisierung von Interessengruppen* in *Abschnitt 5.2.2* zeigte, wie diese zum Verständnis des politischen Kontexts und zur Betrachtung der politischen Agenda einer Organisation eingesetzt werden können. Eine solche Kategorisierung kann aber auch dabei helfen, die wahrscheinlichen Reaktionen der Interessengruppen auf neue Strategien einzuschätzen, mit diesen Reaktionen umzugehen und daher auch die Akzeptabilität der Strategie einzuschätzen. Es gibt viele Situationen, in denen es ganz besonders auf die Reaktionen der Interessengruppen ankommt. Dazu werden im Folgenden einige Beispiele dargestellt:

- Die finanziellen Erwartungen der *Eigentümer* (z.B. Aktionäre, auch Investmentfonds oder Risikokapitalgeber, Eigentümerfamilie, Staat) müssen berücksichtigt werden und die Frage, inwieweit diese erfüllt werden, beeinflusst die Akzeptabilität einer Strategie. Eine vorgeschlagene Strategie kann auch die finanzielle Umstrukturierung eines Unternehmens, beispielsweise die Ausgabe neuer Aktien, beinhalten, die für eine mächtige Aktionärsgruppe inakzeptabel sein könnte, da dadurch die Stimmrechte verwässert werden.

- *Banken* und andere Anbieter verzinster Darlehen sind wegen des mit ihren Darlehen verbundenen Risikos und wegen der Kompetenz besorgt, mit der dieses gesteuert wird. Es ist wahrscheinlich, dass sie dieses Risiko durch die Annahme von entsprechenden Sicherheiten steuern. Außerdem könnte auch eine gute Bilanz im Umgang mit diesem Risiko (an sich) schon als Grund dafür angesehen werden, dass Banker weiter in bestimmte Unternehmen, nicht aber in andere investieren. Auch die Frage, inwieweit eine vorgeschlagene Strategie die Kapitalstruktur des Unternehmens beeinflussen könnte, kann wichtig sein. Würde sie beispielsweise den Verschuldungsgrad (Verhältnis von Fremdkapital zu Eigenkapital) erhöhen, der bestimmt, wie sensibel sich die Zahlungsfähigkeit des Unternehmens auf eine Änderung der Gewinnsituation hin verändert? Der Zinsdeckungsgrad ist ein ähnliches Maß, das sich auf Zinszahlungen im Vergleich zum Gewinn bezieht. Auch hier geht es um die *Liquidität* des Unternehmens, da eine Verschlechterung der Liquiditätsposition eine Korrektur durch zusätzliche Darlehen sowie ein höheres Risikoprofil erforderlich machen kann. Daher muss die Frage gestellt werden: Welche Auswirkungen wird die vorgeschlagene Strategie auf die Liquidität haben?

■ *Aufsichtsbehörden* sind wichtige Stakeholder in Branchen wie der Telekommunikation, Finanzdienstleistungen, Medikamente und Energiewirtschaft. Sie können sogar über eine gewisse Entscheidungsbefugnis verfügen, wenn es um bestimmte Aspekte der Strategie einer Organisation geht, wie etwa den Preis oder die geografische Expansion.

■ *Regierungsbehörden* können direkt und auch indirekt Einfluss auf die Strategien einer Organisation nehmen, je nachdem wie der nationale Kontext ausgestaltet ist.

■ *Mitarbeiter und Gewerkschaften* können Widerstand leisten im Hinblick auf bestimmte strategische Entscheidungen, wie einen Standortwechsel, Outsourcing oder Veräußerungen, wenn sie der Ansicht sind, dass diese wahrscheinlich zum Verlust von Arbeitsplätzen führen.

■ *Die Gemeinde vor Ort* sorgt sich sicherlich um die Erhaltung von Arbeitsplätzen, aber auch um die *sozialen Kosten* der Strategien einer Organisation, beispielsweise in Form von Umweltverschmutzung oder Reputationsschäden – die zunehmend von Bedeutung sind. Fragen der Geschäftsethik und der sozialen Verantwortung wurden bereits in *Abschnitt 5.4* erörtert.

■ Auch die *Kunden* können Widerstand gegen eine Strategie leisten. Ihre Strafe bestünde dann darin, dass sie nicht mehr bei dem Unternehmen kaufen und eventuell zu einem Wettbewerber wechseln. So könnte beispielsweise ein neues Geschäftsmodell, wie die Online-Vermarktung, das Risiko einer Gegenreaktion aus den bestehenden Einzelhandelskanälen beinhalten, durch die der Erfolg der Strategie gefährdet werden könnte.

Insgesamt muss man sich über die Einflussmöglichkeiten und Reaktionen der verschiedenen Interessengruppen auf die in Betracht gezogenen strategischen Optionen im Klaren sein. Manager müssen auch verstehen, wie die Fähigkeit zur Erfüllung der verschiedenen Erwartungen von Stakeholdern den Erfolg einiger Strategien unterstützen kann, während sie die Fähigkeit des Unternehmens einschränkt, mit anderen Strategien erfolgreich zu sein.

12.5 Machbarkeit

Machbarkeit bezieht sich darauf, ob eine Strategie in der Praxis funktionieren könnte: Mit anderen Worten ausgedrückt geht es darum, ob eine Organisation die Fähigkeiten zur Umsetzung einer Strategie besitzt. Eine Bewertung der Machbarkeit beinhaltet wahrscheinlich zwei wesentliche Fragen: (i) Sind aktuell die Ressourcen und Kompetenzen zur effektiven Umsetzung einer Strategie vorhanden? Und (ii) wenn dies nicht der Fall ist, wie können sie beschafft werden? Diese Fragen können auf jeden Ressourcenbereich angewandt werden, der Auswirkungen auf die Machbarkeit einer vorgeschlagenen Strategie hat. Hier liegt allerdings der Fokus auf drei Bereichen: Finanzen, Mitarbeiter (und ihre Fähigkeiten) sowie die Bedeutung der Integration von Ressourcen.

Machbarkeit

Machbarkeit bezieht sich darauf, ob eine Strategie in der Praxis funktionieren könnte.

Finanzielle Machbarkeit

Eine zentrale Frage bei der Betrachtung einer möglichen Strategie ist die nach der dafür erforderlichen Finanzierung. Daher ist es wichtig, die Auswirkungen einer Strategie auf den *Cashflow*[23] zu bestimmen. Die für eine Strategie erforderlichen Geldmittel, die durch die Umsetzung der Strategie generierten Barmittel sowie die Zeitplanung jeglichen neuen Finanzierungsbedarfs müssen bestimmt werden. Daraus ergibt sich dann die Betrachtung der wahrscheinlichen Finanzierungsquellen.

Manager müssen mit verschiedenen Finanzierungsquellen sowie mit deren Vor- und Nachteilen vertraut sein. Dies wird in Standardlehrbüchern zum Finanzwesen gut erklärt.[24] Dabei geht es nicht nur um die Machbarkeit einer Strategie, sondern auch um deren Akzeptabilität für verschiedene Interessengruppen – nicht zuletzt derer, die die Finanzmittel zur Verfügung stellen. Daher ist die Erörterung aus *Abschnitt 12.4.3* hier ebenfalls relevant. Entscheidungen bezüglich der zu nutzenden Finanzierungsquellen werden auch durch die aktuelle Finanzlage der Organisation, wie etwa der Eigentümerstruktur (z.B. ob das Unternehmen sich in Privatbesitz befindet oder börsennotiert ist), sowie durch die Firmenziele und strategischen Prioritäten der Organisation insgesamt beeinflusst. So gibt es beispielsweise unterschiedliche finanzielle Bedürfnisse, wenn ein Unternehmen schnelles Wachstum durch Übernahmen anstrebt, gegenüber einer Situation, in der ein Unternehmen die Konsolidierung der vergangenen Wertentwicklung zum Ziel hat.

Die Finanzierung kann auch im Hinblick darauf betrachtet werden, welche finanziellen Strategien für die verschiedenen „Phasen" des Lebenszyklus eines Unternehmens (im Gegensatz zum Branchenlebenszyklus) notwendig sein können (siehe dazu ▶ *Tabelle 12.5*). Dies wirft wiederum die Frage auf, ob solche Finanzquellen verfügbar sind und, wenn dies nicht der Fall ist, ob die vorgeschlagene Strategie sowohl machbar als auch akzeptabel ist.

- *Start-up-Unternehmen*[25] sind Unternehmen mit hohem Risiko. Sie befinden sich am Anfang ihres Lebenszyklus und sind noch nicht auf ihren Märkten etabliert. Überdies brauchen sie wahrscheinlich erhebliche Investitionen. Ein Einzelunter-

23 Siehe G. Arnold zur Cashflow-Analyse (Fußnote 12 oben), Kapitel 3, S. 108.
24 Siehe P. Atrill, *Financial Management for Decision Makers*, 4. Auflage, Financial Times Prentice Hall, 2006, Kapitel 6 und 7, G. Arnold (Fußnote 12 oben), Teil IV.
25 J. Notsinger und W. Wang, „Determinants of start-up firm external financing worldwide", *Journal of Banking and Finance*, Band 35, Nr. 9 (2011), S. 2282–2294.

nehmen kann beispielsweise in dieser Situation versuchen, sein Wachstum durch Investment-Experten wie etwa Risikokapitalgeber zu finanzieren. Diese Risikokapitalgeber selbst wiederum versuchen, ihr eigenes Risiko durch ein Portfolio solcher Investitionen auszugleichen. Auch Konzepte und Programme für Privatinvestoren (sogenannte „Business Angels") haben an Beliebtheit gewonnen. Derartige Kapitalgeber sind allerdings aufgrund des hohen Unternehmensrisikos wahrscheinlich anspruchsvoll. Daher verlangen Risikokapitalgeber oder Business Angels meist einen hohen Anteil am Eigenkapital des Unternehmens, selbst dann, wenn ihr Kapitalzuschuss eher gering ist.

Phase des Lebens- zyklus	Finanzie- rungsbedarf	Kapital- kosten	Geschäfts- risiko	Wahrscheinliche Finanzierungsquelle(n)	Dividen- den
Start-up	Hoch	Hoch	Hoch	Persönliche Schulden Eigenkapital (Business Angel und Risikokapital)	Null
Wachstum	Hoch	Mittel	Hoch	Schuldverschreibungen und Eigenkapital (Wachstumsinvestoren)	Nominal
Reife	Niedrig/mittel	Niedrig	Niedrig	Schulden, Eigenkapital und Gewinnrücklagen	Hoch
Marktaustritt/ Niedergang	Niedrig	Mittel/hoch	Mittel	Schulden, Gewinnrücklagen	Hoch

Tabelle 12.5: Finanzielle Strategie und der Lebenszyklus von Unternehmen

- *Wachstumsunternehmen* können weiterhin eine volatile und hart umkämpfte Marktposition haben. Daher kann das Ausmaß des Geschäftsrisikos weiterhin hoch bleiben. Dies gilt unter diesen Umständen auch für die Kapitalkosten. Wenn allerdings ein Unternehmen in dieser Phase begonnen hat, sich auf seinen Märkten zu etablieren, beispielsweise als Marktführer auf einem wachsenden Markt, können die Kapitalkosten sinken. In beiden Fällen ist die Generierung von Eigenkapital, eventuell durch einen Börsengang, hier angemessen, da mögliche Investoren hauptsächlich durch das Produkt oder Geschäftskonzept und die Aussicht auf zukünftige Einnahmen angelockt werden.

- *Reife Unternehmen* operieren auf reifen Märkten und es besteht die Wahrscheinlichkeit, dass ihr Finanzierungsbedarf sinken wird. Wenn ein solches Unternehmen eine starke Wettbewerbsposition mit einem hohen Marktanteil erreicht hat, sollte es regelmäßige und erhebliche Überschüsse erwirtschaften. In diesem Fall ist das Geschäftsrisiko geringer und die Chance auf Gewinnrückstellungen hoch. Unter diesen Umständen kann es, wenn eine Finanzierung erforderlich ist, sinnvoll sein, diese durch Fremdkapital sowie Eigenkapital zu sichern, da zuverlässige Erträge zur Bedienung der Schulden eingesetzt werden können. Sofern höhere Schulden nicht zu einem inakzeptablen Risikoniveau führen, erhöhen sich durch diese billigere Fremdfinanzierung tatsächlich die von einem Unternehmen unter diesen Umständen erzielten restlichen Gewinne.

■ *Schrumpfenden Unternehmen* fällt es wahrscheinlich schwer, zusätzliche Eigenmittelfinanzierung zu erreichen. Allerdings kann eine Darlehensaufnahme möglich sein, wenn sie durch verbleibende Vermögenswerte des Unternehmens besichert wird. In dieser Phase ist es wahrscheinlich, dass die Betonung im Unternehmen auf Kostenkürzungen liegt, und die Cashflows solcher Unternehmen können durchaus sehr stark sein. Das Risiko liegt im mittleren Bereich, insbesondere wenn der Rückgang langsam verläuft. Allerdings besteht trotzdem die Möglichkeit einer plötzlichen Erschütterung die dann schnell mit einem Kampf um das Überleben des Unternehmens verbundenen sein kann.

Dieses Konzept des Lebenszyklus gilt allerdings nicht in jedem Fall. So könnte beispielsweise ein Unternehmen, das regelmäßig *neue und innovative Geschäfte* entwickelt, als eigener Risikokapitalgeber fungieren und dabei auf der Ebene der einzelnen Geschäftsbereiche ein hohes Risiko akzeptieren und versuchen, diese Risiken durch „Cash Cows" im Portfolio auszugleichen (siehe *Abschnitt 8.7*). Alternativ müssen einige Unternehmen unter Umständen Geschäftsbereiche veräußern, wenn diese die Phase der Reife erreichen, um Kapital für weitere Investitionen in neue Projekte zu beschaffen. Auch Manager aus dem öffentlichen Sektor sind mit der Notwendigkeit des Ausgleichs finanzieller Risiken von Dienstleistungen vertraut. Sie brauchen einen stabilen Kern ihrer Dienste, bei dem die Budgets zuverlässig eingehalten werden, um das finanzielle Risiko der eher spekulativen Aspekte ihrer Dienstleistungen zu reduzieren.

12.5.1 Mitarbeiter und Fähigkeiten

In *Kapitel 4* wurde aufgezeigt, wie es Organisationen mit einem nachhaltigen Wettbewerbsvorteil gelingen kann, diesen Vorteil auf der Grundlage von Kompetenzen zu erreichen, die in den Fähigkeiten, Kenntnissen und Erfahrungen der Mitarbeiter innerhalb dieser Organisation begründet liegen. Tatsächlich hängt der Erfolg einer Strategie letztlich davon ob, wie diese durch die Mitarbeiter in der Organisation umgesetzt wird. Das können die Manager, aber auch andere, weniger hochrangige Mitarbeiter in der Organisation sein, die trotzdem von genauso entscheidender Bedeutung für die Strategie sind, beispielsweise als direkte Kontaktpersonen für die Kunden. Daraus ergeben sich drei Fragen: Verfügen die Mitarbeiter der Organisation aktuell über die Kompetenzen zur Umsetzung einer vorgeschlagenen Strategie? Eignen sich die vorhandenen Systeme zur Unterstützung dieser Mitarbeiter für die Strategie? Wenn das nicht der Fall ist, können die nötigen Kompetenzen erworben oder entwickelt werden?

Der erste Schritt ist hierbei der gleiche wie der in *Abschnitt 12.3.2* für die Prüfung auf einen Wettbewerbsvorteil vorgeschlagene. Hierzu müssen die wesentlichen strategischen Fähigkeiten bestimmt werden, die eine mögliche Strategie – allerdings insbesondere im Hinblick auf die notwendigen Mitarbeiter und Fähigkeiten – unterstützen. Der zweite Schritt besteht darin, zu bestimmen, ob diese in der Organisation vorhanden sind. Natürlich ist es möglich, dass die vorgeschlagene Strategie auf dem Argument aufbaut, dass dies der Fall ist. Wenn dem so ist, wie realistisch ist das? Oder wäre es möglich, dass die Annahme besteht, dass diese erworben oder entwickelt werden können? Auch hier stellt sich wieder die Frage, ob das realistisch ist.

Viele Fragen der Machbarkeit in Bezug auf die Strukturen und Systeme zur Unterstützung einer solchen Entwicklung von Kompetenzen und Mitarbeitern werden in *Kapitel 14* (Organisieren) und *Kapitel 15* (Strategischer Wandel) behandelt. Und auch die folgenden kritischen Fragen müssen berücksichtigt werden:[26]

- *Arbeitsorganisation:* Verändert sich durch Änderungen des Arbeitsinhalts sowie die Festlegung von Prioritäten die Ausrichtung der Tätigkeiten von Mitarbeitern erheblich? Müssen Manager anders über die auszuführenden Aufgaben nachdenken? Welche entscheidenden Kriterien sind für die Effektivität notwendig? Unterscheiden sich diese von den aktuellen Anforderungen?

- *Belohnungen:* Welche Anreize müssen für die Mitarbeiter geschaffen werden? Wird dies die Karriereziele der Mitarbeiter beeinflussen? Wie müssen jegliche signifikanten Verschiebungen von Macht, Einfluss und Glaubwürdigkeit belohnt und anerkannt werden?

- *Beziehungen:* Müssen sich die Interaktionen zwischen entscheidenden Mitarbeitern verändern? Welche Konsequenzen ergeben sich im Hinblick auf das Vertrauen, die Aufgabenkompetenz sowie die Übereinstimmung der Werte? Könnte es zu Konflikten und politischer Rivalität kommen?

- *Personalentwicklung:* Sind die bestehenden Personalentwicklungssysteme angemessen? Es kann unter Umständen notwendig werden, einen Ausgleich zu schaffen, zwischen der Notwendigkeit, die kurzfristige erfolgreiche Umsetzung einer Strategie sicherzustellen, und der erforderlichen zukünftigen und langfristigen Entwicklung der Fähigkeiten der Mitarbeiter.

- *Einstellung und Beförderung:* Müssen angesichts dieser Aspekte neue Mitarbeiter in der Organisation eingestellt oder können vorhandene Talente gefördert und unterstützt werden?

12.5.2 Die Integration von Ressourcen

Der Erfolg einer Strategie hängt wahrscheinlich vom Erfolg vieler Ressourcenbereiche ab. Dies betrifft nicht nur Mitarbeiter und Finanzen, sondern auch materielle Ressourcen wie Gebäude, Informationen, Technologie sowie die durch Lieferanten und Partner zur Verfügung gestellten Ressourcen. Dabei ist es möglich, allerdings nicht sehr wahrscheinlich, dass eine vorgesehene Strategie nur auf bestehenden Ressourcen aufbaut. Es ist viel wahrscheinlicher, dass zusätzliche Ressourcen erforderlich sein werden. Die Machbarkeit einer Strategie muss daher im Hinblick auf die Fähigkeit zur Beschaffung und Integration solcher Ressourcen – sowohl innerhalb der Organisation als auch im umfassenden Wertenetzwerk – betrachtet werden. Aus einer unzureichenden Berücksichtigung des Ressourcenbedarfs über den eigenen Geschäftsbereich hinaus können sich schwerwiegende Probleme ergeben. So sah sich etwa die Firma Moonpig, Anbieter von Online-Grußkarten und Geschenkartikeln, im März 2016 mit einer Welle an Kundenreklamationen konfrontiert. Moonpig konnte die zum amerikanischen Muttertag eingegangenen Bestellungen nicht rechtzeitig lie-

---

26   Diese Aspekte beruhen auf den von C. Marsh, P. Sparrow, M. Hird, S. Balain und A. Hesketh, „Integrated organization design: the new strategic priority for HR directors", in P. R. Sparrow, A. Hesketh, C. Cooper und M. Hird (Hrsg.), „Leading HR", *Palgrave Macmillan*, 2009, identifizierten.

fern – viele Blumenarrangements kamen beschädigt oder verspätet an. Zahllose Kunden beschwerten sich daraufhin mit Fotos ihrer beschädigten Waren in den sozialen Netzwerken. Zwar entschuldigte sich Moonpig daraufhin wortreich bei seinen Kunden und gab an, man habe Probleme mit einem Zulieferer gehabt, doch der Ruf des Unternehmens war schwer geschädigt – hier war es nicht gelungen, alle Ressourcen aus dem breiteren Wertenetzwerk optimal zu integrieren.

12.6 Bewertungskriterien: vier Eignungen

Die Analyse der Bewertungskriterien im vorliegenden Kapitel muss abschließend vier Eignungskriterien unterzogen werden:

- *Widersprüchliche Schlüsse und Beurteilungen des Managements.* Widersprüchliche Schlüsse können sich aus der Anwendung der Kriterien Tauglichkeit, Akzeptabilität und Machbarkeit ergeben. Eine geplante Strategie kann zwar einen besonders geeigneten Eindruck machen, für wichtige Interessengruppen aber nicht angemessen sein. Daher muss man immer bedenken, dass die besprochenen Kriterien zum Durchdenken der strategischen Optionen hilfreich sein können, aber keinen Ersatz für die Beurteilung des Managements darstellen. Manager, die über eine Strategie entscheiden müssen, die sie als tauglich einschätzen, die wichtige Interessengruppen aber ablehnen, müssen sich bei der Auswahl der besten Vorgehensweise auf ihr eigenes Urteilsvermögen verlassen. Durch die Analyse und die Beurteilung, die sie durchgeführt haben, verfügen sie jedoch immerhin über mehr Informationen.

- Es muss *Konsistenz zwischen den verschiedenen Elementen einer Strategie* herrschen. Aus den Kapiteln in *Teil II* sollte deutlich hervorgegangen sein, dass eine Strategie aus verschiedenen Elementen besteht. Eine wichtige Frage lautet also, ob die einzelnen Bestandteile auch als „Gesamtpaket" funktionieren. Also müssen *Wettbewerbsstrategie* (Niedrigpreis oder Differenzierung), strategische *Ausrichtung* (Produktentwicklung oder Diversifikation) und strategische *Methode* (intern, Übernahme oder Allianz) miteinander in Einklang stehen. Sie müssen als Ganzes betrachtet werden und auch als Ganzes sinnvoll funktionieren. Ist dies nicht der Fall, ergeben sich Risiken. Angenommen, ein Unternehmen möchte beispielsweise eine Strategie der Diversifizierung entwickeln, die auf seinen internen, über Jahre hinweg entwickelten Kompetenzen basiert. Die Organisation könnte davon ausgehen, dass sie dies mithilfe dieser Kompetenzen erreichen kann, indem sie neue Produkte oder Dienstleistungen für einen Markt entwickelt, den sie gut kennt. Ist dies der Fall, könnte es riskant sein, diese neuen Produkte durch die Übernahme anderer Unternehmen zu entwickeln, deren Kompetenzen und Fähigkeiten eventuell mit den Stärken des ursprünglichen Unternehmens inkompatibel sind.

- *Die Umsetzung und Entwicklung von Strategien* könnten Fragen aufwerfen, die eine Organisation dazu veranlassen können, neu zu überdenken, ob bestimmte strategische Optionen tatsächlich machbar sind. Außerdem können sich neue Faktoren ergeben, die die Tauglichkeit oder Akzeptabilität einer Strategie völlig anders erscheinen lassen. Dies kann dazu führen, dass strategische Optionen neu gestaltet oder sogar verworfen werden. Daher muss man erkennen, dass die Beurteilung einer Strategie in der Praxis oft erst im Zuge ihrer Umsetzung oder zumindest einer teilweisen Umsetzung stattfindet. Dies ist ein weiterer Grund, warum Experimente und kostengünstige Tests sinnvoll sind.

■ *Strategieentwicklung in der Praxis:* Allgemeiner formuliert, sollte man nicht davon ausgehen, dass die sorgfältige und systematische Bewertung einer Strategie in Organisationen zwangsläufig die Norm ist. Strategien können sich auch anders entwickeln. Diese Themen werden im folgenden *Kapitel 13* behandelt. Das abschließende *Kapitel 16* erklärt überdies, was Manager beim Umgang mit strategischen Fragen tatsächlich tun.

Quer-Denken

Fehldarstellung strategischer Projekte

Zahlen und Finanzanalysen spielen bei der Bewertung von Strategien eine wichtige Rolle (*Abschnitt 12.4.2*) und sie vermitteln oft den Eindruck, als gäben sie den genauen Wert einer Organisation wieder. Können wir uns aber auf diese Zahlen verlassen? Untersuchungen von strategischen Großprojekten, wie etwa der neuen MAGLEV-Zugverbindung zwischen Berlin und Hamburg, dem Flughafenbau in Hongkong oder dem Quinling-Tunnel in China, zeigen, dass Leistungsprognosen oft nicht eingehalten werden können, die geplanten Kosten weit überschritten werden und auch weniger eingenommen wird als eigentlich geschätzt wurde.[27]

So überstiegen die Baukosten für den Kanaltunnel zwischen Frankreich und England mit 5,6 Mrd. € die budgetierten Kosten um ganze 80 %, die Finanzierungskosten stiegen um 140 %, während die tatsächlichen Einnahmen um über 50 % geringer ausfielen als budgetiert. Schulden in Millionenhöhe mussten abgeschrieben werden, um das Projekt am Leben zu erhalten. Großbritannien wäre finanziell sicher besser dran gewesen, wenn dieses Projekt nie verwirklicht worden wäre. Rückblickend kritisieren Beobachter die Planungszahlen für strategische Projekte häufig als „verzerrt", „schlecht kalkuliert" und durch Lügen und Betrug verfälscht.

Zwar werden oft externe Faktoren, wie etwa unerwartete Ereignisse, das Handeln von Interessengruppen oder rechtliche Einschränkungen für die Fehlplanung verantwortlich gemacht, doch sie könnte auch auf eine *Fehldarstellung der Strategie* zurückzuführen sein, wodurch der Prozess der Ressourcenallokation verfälscht wird. Es kommt immer wieder zu solchen Fehldarstellungen, obwohl ständige Kostenüberschreitungen und die Überschätzung von Einnahmen aus strategischen Projekten eigentlich durch verbesserte Budgetierungsprozesse der Vergangenheit angehören müssten. Auch sind weder übermäßiger Optimismus noch individuelle Selbsttäuschung dafür verantwortlich zu machen, denn diese Fehldarstellungen werden bewusst entworfen, um andere zu täuschen.

---

27 Diese Aussagen basieren auf G. Winch, *Managing Construction Projects*, Oxford, Blackwell Wiley, 2010 und I. Dichev, J. Graham, C.R. Harvey und S. Rajgopal, „The misrepresentation of earnings", *Financial Analysts Journal*, Band 72, Nr. 1 (2016).

Die *strategische Fehldarstellung* wirbt für eine perfekte Zukunft, die zwar sehr unwahrscheinlich ist, deren prognostizierte Gewinne aber genutzt werden, um Investoren zu begeistern. In *Abschnitt 12.2.4* wird erklärt, dass Manager kommunizieren, um eine positive Interpretation ihrer strategischen Initiativen zu unterstützen. Bei der strategischen Fehldarstellung dagegen wird ein unrealistisches Zukunftsszenario entworfen, um darauf basierend Zahlen zu verfälschen. Dadurch sollen Investoren getäuscht und zur Investition verführt werden. Hat dieser Betrug einmal geklappt und es fließen große Geldsummen, explodieren die Budgets und die Investoren sitzen in der Falle. Denn sie haben nur eine Chance auf Renditen, wenn das Projekt fertiggestellt wird.

Zahlen und Finanzanalysen sollte man also immer mit großer Vorsicht betrachten und bedenken, dass sie auch zur Täuschung möglicher Investoren eingesetzt werden können. Wer Geld investieren möchte, muss genau hinschauen und auch die grundlegende strategische Attraktivität eines Projekts prüfen, um nicht zu scheitern.

Z U S A M M E N F A S S U N G

- Die Leistung kann sowohl im Hinblick auf die *wirtschaftliche* Leistung als auch im Hinblick auf die organisationale *Leistungsfähigkeit* insgesamt bewertet werden.

- Die *Lückenanalyse* zeigt auf, inwieweit die erzielte oder prognostizierte Leistung von der gewünschten Leistung abweicht und welchen Umfang die strategischen Initiativen zum Schließen der Lücke haben müssen.

- Strategien können nach den drei SAFe-Kriterien, der *Eignung* im Hinblick auf organisationale Chancen und Risiken, der *Akzeptabilität* für wichtige Interessengruppen und der *Machbarkeit* im Hinblick auf die Kapazität für die Umsetzung, bewertet werden.

Z U S A M M E N F A S S U N G

Literaturempfehlungen

- Zur weiteren Vertiefung bieten sich eines oder mehrere Standardlehrwerke zur Finanzwissenschaft an, zum Beispiel: G. Arnold, „Corporate Financial Management", 5. Auflage, *Financial Times Prentice Hall*, 2012; P. Atrill, „Financial Management for Decision Makers", 7. Auflage, *Pearson,* 2014.

- Ein klassisches Werk, in dem die Beziehung zwischen finanziellen Ansätzen zur Bewertung und „strategischen" Ansätzen betrachtet wird, bietet P. Barwise, P. Marsh und R. Wensley, „Must finance and strategy clash?", *Harvard Business Review*, September–Oktober (1989).

- R. S. Kaplan und D. P. Norton haben eine Reihe einflussreicher Bücher mit Techniken zur Strategiebewertung veröffentlicht. Einer ihrer Artikel untersucht die Verbindung zwischen Leistungsmessung und strategischem Management: Part I, *Accounting Horizons*, Band 15, Nr. 1 (2001), S. 87–104.

Fallstudie
ITV: Selber machen, Kaufen oder Allianzen schmieden?

Eine Fallstudie von Duncan Angwin

Im Jahr 2016 war ITV das größte kommerzielle Netzwerk von Fernsehsendern in Großbritannien. Nur die BBC, eine öffentlich-rechtliche Organisation, war noch größer. ITV produzierte kreative Inhalte und hatte unterschiedliche Sender für verschiedene Zielgruppen. Die Kapitalisierung des Netzwerks lag bei 9,6 Mrd. £, wobei die Einnahmen im Wesentlichen von Werbekunden kamen, die Werbezeiten auf den verschiedenen Kanälen kauften. Im Laufe der vergangenen fünf Jahre waren die Einnahmen kontinuierlich angestiegen und lagen 2015 bei 2,972 Mrd. £, ein Anstieg von 15 % im Jahresvergleich. Der Gewinn vor Steuern war auf 810 Mio. £ gewachsen. Mittlerweile allerdings musste sich ITV einigen Herausforderungen stellen. Der Markt für Fernsehwerbung war gesättigt und die neuen Online-Medien wurden für die Werbekunden immer attraktiver, da sich die Medienkonsumgewohnheiten der jüngeren Generation veränderten. Zudem standen Veränderungen der britischen Gesetzgebung im Raum. ITV musste also eine Strategie entwickeln, um diese Probleme zu bewältigen.

ITVs Marktposition

Vor 2016 hatte ITV seine Position als größtes kommerzielles Sendernetzwerk in Großbritannien durch eine einzigartige Mischung aus Inhalten, Sendereichweite und Werbemacht erreicht (siehe ▶ *Abbildung 1*). Als integrierter Produzent und Rundfunkveranstalter kreierte ITV-Mehrwert durch die erstklassigen Inhalte, die das Netzwerk entwickelte, besaß und weltweit vertrieb. Reichweite und Größe seiner kostenfreien und kostenpflichtigen Plattformen sowie die jährlichen Investitionen in sein Programmbudget in Höhe von 1 Mrd. £ waren besonders für gewerbliche Nutzer interessant, was wiederum die Werbeeinnahmen in die Höhe trieb. ITV konnte seine Führungsposition gegenüber der Konkurrenz immer

weiter ausbauen, denn man verfügte im Jahr 2015 über mehr als doppelt so hohe Werbeeinnahmen wie öffentlich-rechtliche Sendeanstalten (650 Mio. £) oder Channel 4/S4C (450 Mio. £) – und das obwohl nur 24 % aller Werbeausgaben für TV-Spots aufgewendet wurden und dieser Prozentsatz um nur 3 % jährlich stieg. Über 50 % der Werbeausgaben dagegen wurden für digitale Medien ausgegeben und hier lag die Wachstumsrate bei 9,5 %.

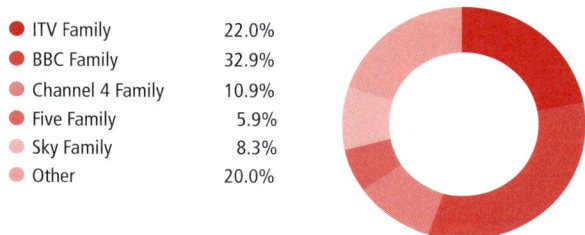

● ITV Family	22.0%
● BBC Family	32.9%
● Channel 4 Family	10.9%
● Five Family	5.9%
● Sky Family	8.3%
● Other	20.0%

Abbildung 1: Zuschaueranteile in Großbritannien 2014

Seinen Erfolg führte ITV darauf zurück, dass das Netzwerk gute Inhalte bot, die für viele Zuschauer interessant waren, was wiederum zahlreiche Werbekunden anzog, die ihre Spots auf ITVs Sendern platzieren wollten. Einige der von ITV produzierten Serien und Reality Shows waren bereits jetzt beliebter als ähnliche Formate der BBC, so hatte etwa *Downton Abbey* eine bessere Quote als *Sherlock* oder *Doctor Who*.

ITV gab zudem große Summen für den Erwerb von Rechten an geistigem Eigentum aus und finanzierte sowohl eigene als auch fremde Produktionen, um so internationale Vertriebsrechte zu erlangen. Da die Sender von ITV Teil der größten britischen Marketingplattform waren, konnte man auch eigene Inhalte effektiv bewerben, die dann international verkauft wurden. Die Nachfrage nach guten, bewährten Inhalten wuchs stetig und ITV hatte erfolgreich diversifiziert und neue Einnahmequellen aufgetan.

2007 hatte ITV seine eigene Online-Plattform fertiggestellt und nannte sie ITV-Player. Zwar hatte sie durchaus ihre Fans, rangierte aber landesweit im Jahr 2015 nur auf Platz 8, weit abgeschlagen hinter YouTube, das den digitalen Markt dominierte, und der starken Nummer zwei der Branche, BBC iPlayer.

Neben seiner Online-Präsenz widmete sich ITV auch der Entwicklung, Produktion und dem internationalen Vertrieb von Inhalten. Durch Investitionen in kreative Bereiche und gezielte Firmenübernahmen auf wichtigen kreativen Märkten konnte sich das Unternehmen international vergrößern und weltweit bewährte Formate für sich nutzen. Ein Beispiel hierfür ist die Übernahme von Talpa

Media B.V. für 796 Mio. £. Die Firma ist Produzent von *The Voice, I Love My Country* und *Dating in the Dark*.

ITVs Ressourcen und Fähigkeiten

ITVs strategische Vermögenswerte umfassten qualitativ hochwertige Inhalte (ITV-Studios), einen guten Markennamen sowie hervorragende Mitarbeiter in den Bereichen Kreativität, Verwaltung und kaufmännische Aufgaben. Die Einnahmen der ITV-Studios waren zwischen 2009 und 2014 um 384 % gestiegen – allein zwischen 2013 und 2014 betrug der Zuwachs ganze 109 % (siehe ▶ *Abbildung 2*).

Einnahmen der ITV Studios 2013 bis 2014

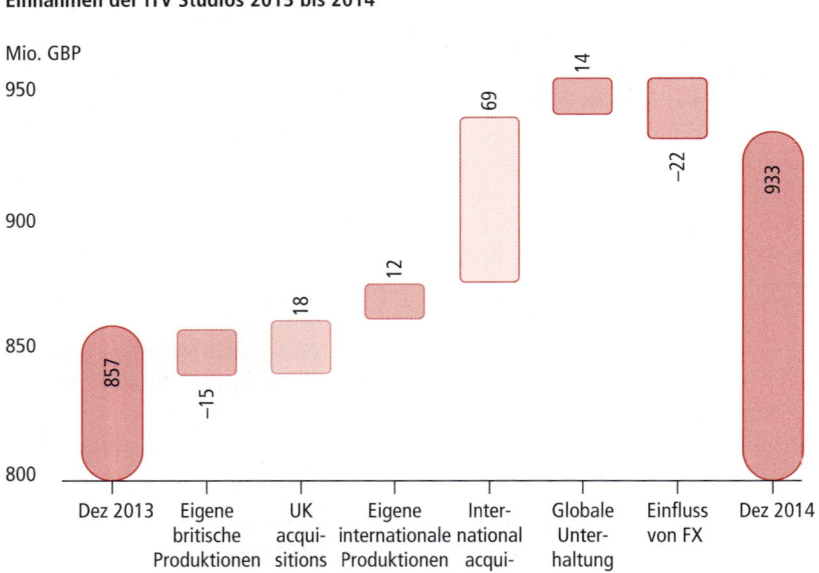

Abbildung 2: Einnahmen der ITV-Studios 2013 bis 2014

Diese Einnahmen kamen vor allem aus gekauften internationalen Produktionen, aber auch aus Eigenproduktionen. Der globale Vertrieb und das Bezahlfernsehen wuchsen weiter, doch die Haupteinnahmequelle blieben 2015 die Fernsehsendungen und die Online-Dienste (siehe ▶ *Tabelle 1*). All dies sorgte für eine sehr stabile Bilanz mit

einem freien Cashflow in Höhe von 0,5 Mrd. £ (2015).

Was weitere Ressourcen anbetraf, verfügte ITV über eine umfangreiche Bibliothek an Fernsehinhalten, die 40.000 Stunden umfasste und betrieb acht Fernsehkanäle, mehr als jedes andere kommerzielle Netzwerk in Großbritannien.

Die starken finanziellen Ressourcen und die hohen Einschaltquoten brachten dem Netzwerk auch viele Lizenzen für die Live-Übertragung von wichtigen Veranstaltungen und großen Sport-Events ein. Kontinuierliche Investitionen in das Portfolio aus Fernsehkanälen und die digitalen Vermögenswerte, um so alle demografischen Gruppen zu erreichen, stärkten die Marke ITV noch zusätzlich. Die Mitarbeiter wurden durch Schulungen und persönliche Weiterentwicklungsmöglichkeiten unterstützt.

ITV verfügte über erstklassige Produktionsfähigkeiten und besaß mehrere Produktionsfirmen und Studios. Das Netzwerk verbesserte seine Produktionen immer weiter und lieferte 60 % der insgesamt auf allen Kanälen ausgestrahlten Produktionen selbst. Doch auch von externen Studios wurden Produktionen gekauft. Die Qualität der gesendeten Inhalte sowie die Werbung standen bei ITV im Mittelpunkt, wodurch das Netzwerk gegenüber dem Hauptkonkurrenten BBC entscheidende Vorteile hatte, denn BBC verfügte zwar über starke Inhalte und auch eine gewisse Sendervielfalt, doch Werbung spielte überhaupt keine Rolle. Und auch Netflix mit weitaus weniger Inhalten und nur einem Vertriebsweg war kein wirklicher Konkurrent für ITV.

Die Online-Bedrohung

Verschiedene Unterhaltungsplattformen wie Internet-TV hatten in Großbritannien rasch an Bedeutung gewonnen. Die traditionelle Fernsehindustrie wuchs zwar immer noch um etwa 3 % pro Jahr, doch der Markt war zunehmend gesättigt und stagnierte allmählich. Gleichzeitig wuchsen die Zuschauerzahlen des Internet-TV um 38 % an, wofür auch die neuen Online-Video-on-Demand-(VOD)-Videotheken mitverantwortlich waren. Der größte dieser Anbieter ist Netflix mit 42 Mio. Abonnenten und einer Kapitalisierung von 33 Mrd. $. Danach folgen Amazon Prime und Hulu.

Der drittgrößte VOD-Anbieter, Hulu, ein Joint-Venture mit neun Millionen Abonnenten und einem Marktwert von etwa 10 Mrd. $, wurde von Netflix als echte Bedrohung eingestuft. Zwar war es für Hulu nicht einfach, gute Inhalte für den Vertrieb zu bekommen, doch die beteiligten Konzerne Disney, Fox Broadcasting und NBC Universal waren hier eine große Hilfe. Im Jahr 2010 hatte Hulu versucht, mit ITV eine Vertriebsvereinbarung für Großbritannien zu treffen, was jedoch nicht funktioniert hatte. 2016 allerdings wollte Time Warner einen 25 %igen Anteil von Hulu aufkaufen, um sich gegen dessen Streaming-Dienste zu wappnen. Dazu wollte Time Warner seinen TV-Bereich ausschlachten, auch wenn die Renditen eher mäßig sein würden. Diese Akquisition wäre für alle Investoren von Hulu, die ihre Beteiligung zu Geld machen wollten, zudem eine willkommene Geldquelle.

	Quelle	2015 (in Mio. £)	2014 (in Mio. £)
Übertragungen und Online-Angebote (verschiedene Plattformen)	Werbung	1.719	1.629
	Nicht-Werbung	429	294
ITV-Studios (internationale Inhalte)	Werbung	1.045	789
	Nicht-Werbung	192	144
Gesamt		3.383	2.956

Tabelle 1: Zusammensetzung der Einnahmen
Hinweis: Einnahmen aus Nicht-Werbung umfassen den Verkauf von Shows und Online-Abonnements.
Quelle: ITV-Jahresbericht 2015

Im Jahr 2015 hatte das Internet (mit einem Marktanteil von 43,9 %) bereits das Fernsehen (Marktanteil 27,9 %) als größte Werbeplattform Großbritanniens überholt. Im Bereich Online-Angebote war ITV ins Hintertreffen geraten. Es gab viele Beschwerden und auch schlechte Kritiken für die ITV-Online-Plattform, und immer mehr Kunden wandten sich anderen, konkurrierenden Dienstleistern zu, wie etwa dem BBC iPlayer. Dies wurde zum einen technischen Problemen bei ITV zugeschrieben, zum anderen aber auch den Werbespots, die während des Streamingvorgangs gezeigt wurden. BBCs Angebot auf diesem Gebiet war besser, und so brachte ITV sein Online-Angebot neu auf den Markt als ITV-Hub mit neuen Möglichkeiten: sowohl Catch-up-TV als auch Live-Fernsehsendungen konnten auf allen ITV-Kanälen übertragen werden, sodass man alle Sendungen bis zu 30 Tage nach der Übertragung streamen konnte. Doch auch Netflix, Amazon Prime und HBO Go verbesserten ihre Plattformen, sodass die Konkurrenz weiter groß war. Daher überlegte man bei ITV, Inhalte ohne Werbung anzubieten – dies gegen eine monatliche Abonnement-Gebühr auf einer völlig neuen Plattform, deren Einrichtung etwa 20 Mio. £ kosten würde. Dies würde all die Kunden zurückbringen, die sich wegen der gezeigten Werbung zuvor von ITV abgewandt hatten. Dieses Angebot wäre nur gegen ein Abonnement erhältlich und könnte innerhalb von fünf Jahren Einnahmen in Höhe von bis zu 100 Mio. £ bringen.

Genauso wie ITV-Hub würde sich auch die neue Plattform ausschließlich an Kunden aus Großbritannien richten. Man verfügte über keine direkte internationale Erfahrung und Information bezüglich VOD-Nutzung, denn bisher verkaufte ITV seine Inhalte international nur an Sendernetzwerke oder VOD-Firmen und bot sie nicht direkt dem Publikum an. Amazon Prime und Netflix dagegen arbeiteten bereits international und es war anzunehmen, dass der internationale VOD-Markt in Zukunft große Wachstumschancen bieten würde. Die meisten VOD-Betreiber hatten damit zu kämpfen, gute Inhalte in großem Umfang anbieten zu können, und alle unterschrieben Verträge für ganz bestimmte Shows und Serien. Hulu etwa sicherte sich die Übertragungsrechte für *Seinfeld*

für 160 Mio. £. Allianzen und Joint Ventures waren in der Branche üblich, denn sie waren für die Beteiligten mit relativ geringen Kosten verbunden, nachdem es hier nicht um Milliarden, sondern „nur" um Millionen ging. Allerdings waren die damit verbundenen Verhandlungen oft zäh und kompliziert, und das Risiko eines vorzeitigen Ausstiegs eines Partners war ständig gegeben.

Neue Vorschriften

Ein Faktor, der sich immer positiv auf die Branche auswirkte, war das günstige politische Umfeld in Großbritannien. Zudem gab es eine lebhafte öffentliche Debatte darüber, ob die Gesetzgebung bezüglich der Rundfunkgebühren für BBC geändert werden sollte. Diese waren die einzige Finanzierungsquelle der BBC. Sollte die Regierung entscheiden, diese Rundfunkgebühren abzuschaffen, wäre BBC plötzlich gezwungen, mit den privaten Sendernetzwerken wie etwa ITV oder Channel 5 zu konkurrieren. Dies würde sich wahrscheinlich sehr viel schwerwiegender auf Channel 5 als auf ITV auswirken, auch wenn sich der Wettbewerb um Werbeeinnahmen damit natürlich für beide verschärfen würde. Da die BBC eine so starke und dominante Marktposition innehielt, konnten diese Veränderungen sich auf die gesamte Branche auswirken und ITV könnte seine Position als größtes kommerzielles Sendernetzwerk in Großbritannien verlieren.

Zudem zog die Regierung eine Privatisierung von Channel 4 in Betracht, entweder durch einen Börsengang oder eine Veräußerung an ein anderes Unternehmen. Analysten schätzten, dass dieser Schritt der Regierung etwa 2 Mrd. £ einbringen würde, was wiederum zur Reduzierung der Staatsverschuldung beitragen könnte. Channel 4 hatte einen guten Ruf, denn die gezeigten Inhalte waren qualitativ gut, und der Sender verfügte über eine eigene Bibliothek an Inhalten, eigene Aufnahmestudios und Sendemöglichkeiten. Somit wäre Channel 4 durchaus attraktiv für andere Medienunternehmen. Zwar finanzierte sich Channel 4 durch Werbeeinnahmen, doch eine Privatisierung hätte sicherlich nachhaltige Veränderungen zur Folge. Es hieß, dass die Geschäftsführer von Channel 4 sich besorgt zeigten, dass eine Privatisierung sich negativ auf die Fähigkeit des Senders auswirken könnte, kreative Risiken einzugehen.

Sendungen für unrentable, kleine Publikumsgruppen, die die kulturelle Vielfalt des Landes widerspiegelten, könnten dann nicht länger produziert werden. Denn als kommerzielles Ziel stünde für den Sender dann der Gewinn im Vordergrund.

Zukünftige Strategie

Der Vorstand hatte eine SWOT-Analyse anfertigen lassen, die die Hauptprobleme und -themen zusammenfasste, mit denen sich ITV 2016 befassen musste (siehe ▶ *Tabelle 2*).

Stärken	Schwächen
■ Starke Marke ■ Starke Bilanz ■ Inhalte mit Qualität ■ Kombination aus Inhalt, Werbung und Vertrieb	■ Schwaches Online-Angebot ■ ITV-Hub nur für Großbritannien ■ Vorstandsvorsitzender wird bald wechseln
Chancen	**Gefahren**
■ Wachstum des Internet-Vertriebs und des Online-Angebots ■ Diversifizierung der Inhalte ■ HD- und 3D-Premium-Angebote ■ Lokale TV-Sender über digitale terrestrische Plattformen (TV) ■ Fusionsmöglichkeiten zwischen traditionellen Partnern und Partnern der Wertkette ■ Kunden sind bereit, für qualitativ hochwertige Inhalte zu bezahlen ■ Privatisierung von Channel 4	■ Internet als Alternative zum Fernsehen ■ Stagnierender TV-Markt in Großbritannien ■ Werbekunden wenden sich verstärkt Internetplattformen zu ■ Jüngere Generationen bevorzugen andere Medien ■ Preise werden von den Werbekunden bestimmt ■ VOD-Plattformen wie Netflix und Amazon Prime werden immer mächtiger ■ Mögliche Veränderungen bei BBC ■ Illegale Downloads ■ Neue Inhalte von außerhalb der Studios

Tabelle 2: ITV-SWOT-Analyse

Angesichts all dieser strategischen Fragestellungen, musste der ITV-Vorstand darüber entscheiden, ob man organisches Wachstum betreiben sollte, etwa durch die interne Weiterentwicklung ihrer Produktionen und der Vertriebsaktivitäten ihrer Online-Inhalte. Alternativen wären die Expansion durch Übernahmen, Joint Ventures und Lizenzvereinbarungen oder aber eine Umstrukturierung des Unternehmens und damit die Spezialisierung auf eine einzige Aktivität. Möglich war auch ein Verkauf der Firma. Welche konkreten strategischen Optionen galt es zu bedenken und welche davon sollten in Zukunft weiterverfolgt werden?

Quellen: ITV plc Jahresbericht 2015; Ofcom, The Communications Market, 2015; C. Williams, Changes show ITV is focusing on the bigger picture, The Telegraph, 18. Januar 2016; C. Williams, It will be a grand prize for its buyer – but where is the formula to put a value on Channel 4?, The Telegraph, 26. Dezember 215. Dank an Ana Jesus, Yun-Chin Lee, Caitlin Ormiston, Prateek Singh, MBA-Studenten der Lancaster University, Management School für ihre Beiträge zu dieser Fallstudie.

Fragen

1 Identifizieren Sie die wichtigsten strategischen Themen für ITV.

2 Zählen Sie eine Reihe strategischer Optionen auf, die ITV verfolgen könnte.

3 Erstellen Sie Tabellen, um die SAFe Ihrer strategischen Optionen zu bewerten (siehe dazu ▶ *Tabelle 12.1*)

4 Legen Sie eine Rangfolge Ihrer strategischen Optionen fest und empfehlen Sie eine Strategie, die ITV verfolgen sollte.

 Als Dozent finden Sie ausführliche **Lösungshinweise** zu den Fallaufgaben auf der Webseite zum Buch.

Strategieentwicklungsprozesse

13

ÜBERBLICK

Lernziele

Nach der Lektüre dieses Kapitels sollten Sie in der Lage sein,

- zu erklären, was unter *intendierter* und *emergenter* Strategieentwicklung zu verstehen ist.

- intendierte Prozesse der Strategieentwicklung in Organisationen zu identifizieren. Dazu gehören die Rolle der *strategischen Führung, strategische Planungssysteme* und *von außen aufgezwungene Strategien.*

- emergente Prozesse der Strategieentwicklung zu identifizieren, etwa *logischen Inkrementalismus, politische Prozesse* sowie *organisationale Strukturen und Systeme.*

- die Auswirkungen und einige der Herausforderungen des *Managements strategischer Entwicklung* in Organisationen zu bedenken.

13.1 Einführung

Es gibt viele bekannte Beispiele für erfolgreiche Strategien: Googles dominante Position im Bereich Internetsuchmaschinen; der Aufstieg von Ryanair zu einer der erfolgreichsten Fluglinien weltweit; das iPhone und iPad von Apple; Zaras internationale Eroberung des Modemarkts. Doch auch gescheiterte Strategien sind bekannt: Kodak und die Fotografie; die Royal Bank of Scotland im Bankenwesen; Saabs Versuch, als Autoverkäufer international aktiv zu werden. Ein Großteil der *Teile I* und *II* dieses Buchs liefert Erklärungen für diese Beispiele. So wird erklärt, wie strategische Akteure die strategische Position ihrer Organisation verstehen und welche strategischen Wahlmöglichkeiten zur Verfügung stehen. Dieses Kapitel behandelt nun die Frage, *wie sich Strategien entwickeln,* oder genauer, welche allgemeinen Prozesse zu organisationalen Strategien führen (in *Kapitel 16* wird detailliert erläutert, welche Mitarbeiter in diese Prozesse involviert sind, was sie bei der Entwicklung von Strategien tun und welche Methoden angewandt werden).

Eine Quelle besagt, dass Steve Jobs' Strategie vor dem Eintritt von Apple ins Musik- und Smartphone-Geschäft mit iPod, iTunes und später iPhone und iPad darin bestand, „auf die nächste große Sache zu warten."[1] Es war also weder brillante visionäre Planung noch ein klarer strategischer Plan im Spiel. Jobs entwickelte seine Strategie vielmehr schrittweise im Laufe der Zeit, wobei einige Schritte beabsichtigt waren, während sich andere einfach ergaben.

▶ *Abbildung 13.1* fasst die Struktur dieses Kapitels auf einen Blick zusammen. Sie orientiert sich an den beiden wichtigsten Erklärungen der Strategieentwicklung.[2] Die erste hängt mit der Idee der *intendierten Strategie* zusammen: Strategien sind das Ergebnis sorgfältiger Überlegungen, die normalerweise mit Entscheidungen des Topmanagements verknüpft sind. Dies ist auch mit der Vorstellung verbunden, dass Stra-

---

1   Siehe R. Rumelt, *Good Strategy/Bad Strategy: The difference and why it matters*, Profile Books, 2011.
2   Siehe H. Mintzberg und J. A. Waters, „Of strategies, deliberate and emergent", *Strategic Management Journal*, Band 6, Nr. 3 (1985), S. 257–72.

tegien mithilfe der in diesem Buch erläuterten Konzepte und Werkzeuge entwickelt werden. Diese Erklärung wird manchmal auch als *rationale/analytische Sicht* der Strategieentwicklung bezeichnet oder, wie in den Kommentaren dieses Buchs, als *Gestaltungsperspektive* der Strategieentwicklung. Die zweite Erklärung ist die der *emergenten Strategie*: Strategien entwickeln sich nicht auf der Grundlage eines umfassenden Plans, sondern kommen im Laufe der Zeit in Organisationen auf. Die in den Kommentaren dargestellte Diskussion über die Erfahrungen, Ideen und Diskursperspektiven beziehen sich auf diese Erklärung. Dieses Kapitel wird allerdings zeigen, dass sich diese beiden Erklärungen der Strategieentwicklung keineswegs gegenseitig ausschließen. ▶ *Abbildung 13.1* zeigt deutlich, dass beide die Strategie, die dann tatsächlich umgesetzt wird, – also die *realisierte Strategie* – beeinflussen können.

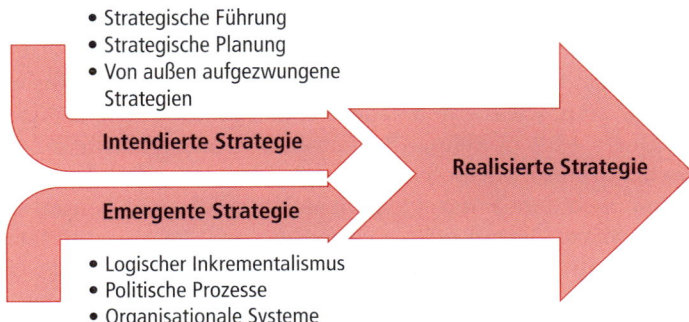

Abbildung 13.1: Die Entwicklung intendierter und emergenter Strategien
Quelle: Adaptiert von H. Mintzberg und J. A. Waters, Of strategies, deliberate and emergent, Strategic Management Journal, Band 6, Nr. 3 (1985), S. 258, mit Erlaubnis von John Wiley &Sons Ltd.

Der zweite *Abschnitt 13.2* befasst sich mit intendierter Strategie. Zuerst wird erklärt, wie Strategien das Resultat der *Vision, Führung oder „Anweisung"* von Einzelpersonen sein können. Dann wird erörtert, wie formelle *Planungssysteme* in Organisationen aussehen können und welche Rolle sie spielen. Der Abschnitt endet mit der Darstellung, wie Strategien von außen *aufgezwungen* werden können. Im dritten *Abschnitt 13.3* geht es darum, wie (emergente) Strategien sich in Organisationen ergeben können. Den unterschiedlichen Erklärungen ist gemeinsam, dass sie Strategieentwicklung nicht als eine besondere und abgetrennte organisationale Aktivität sehen, sondern dass sich Strategien aus alltäglichen und routinemäßigen Abläufen der Organisation entwickeln. Der Abschnitt beginnt mit der Erläuterung des *logischen Inkrementalismus*. Dann wird erklärt, wie Strategien das Ergebnis von *Ressourcenallokationsprozessen* sein könnten. Auch der Einfluss *kultureller Prozesse* in Organisationen und ihre *politischen Prozesse* werden erläutert. Im letzten *Abschnitt 13.4* werden *Implikationen für das Management der Strategieentwicklung* aufgezeigt, zu denen die folgenden gehören:

- Wie unterschiedliche Herangehensweisen an die Strategieentwicklung mehr oder weniger gut für unterschiedliche Umgebungen geeignet sind.

- Einige der Herausforderungen, die sich aus dem Management der Prozesse intendierter und emergenter Strategien ergeben.

13.2 Intendierte Strategieentwicklung

Intendierte Strategie

Eine intendierte Strategie wird bewusst formuliert und geplant.

Eine **intendierte Strategie** wird bewusst formuliert und geplant. Sie könnte von einer strategischen Führungskraft, einem CEO etwa oder einem Firmengründer, *beabsichtigt* sein. Sie könnte sich auch aus einem *strategischen Planungsprozess* ergeben, an dem viele Manager beteiligt sind. Oder sie könnte als *von außen aufgezwungene Strategie* außerhalb der Organisation entstanden sein.

13.2.1 Die Rolle einer strategischen Führungskraft

Strategieentwicklung kann eng mit einer strategischen Führungskraft verknüpft sein, also einer Einzelperson (oder einer kleinen Personengruppe), von denen die Strategie abzuhängen scheint. Es handelt sich dabei um Personen, deren Persönlichkeit, Position oder Reputation dazu führen, dass andere sich ihnen bereitwillig unterordnen und ihnen die Strategieentwicklung überlassen. Sie werden daher persönlich mit der Strategie der Organisation identifiziert und sind zentral für sie. Eine solche Einzelperson kann zentral sein, weil es sich dabei um den Inhaber oder Gründer der Organisation handelt. Dies ist oft in kleinen Unternehmen oder Familienunternehmen der Fall, auch dann noch, wenn sie groß und erfolgreich werden.[3] Es kann auch sein, dass eine Person selbst nach dem Börsengang eines Unternehmens zentral bleibt. Dies ist bei Richard Branson von Virgin oder auch bei Ratan Tata von der Tata Corporation der Fall. Oder ein Firmenchef hat die Strategieausrichtung eines Unternehmens geprägt, wie etwa Mark Zuckerberg für Facebook oder Michael O'Leary für Ryanair. Forschungen zeigen, dass CEOs, die gleichzeitig Firmengründer sind und später eingestellte CEOs meist auf unterschiedliche Weise zum strategischen Erfolg ihres Unternehmens beitragen, zumindest was die Marktexpansion angeht. Gründer schaffen es erfolgreicher, in aufstrebenden, aktiven Märkten schnell zu wachsen, denn sie greifen in der Regel auf ihre bisherigen Erfahrungen zurück. Später eingestellte CEOs brauchen mehr Zeit, um Wissen anzusammeln und Netzwerke zu knüpfen, sind aber meist unter komplexeren Marktbedingungen erfolgreicher.[4]

Strategie könnte in diesem Fall also als strategische Intention einer Führungsperson gesehen werden – oder auch nicht. Die Entstehung einer solchen Intention kann wie folgt erklärt werden:

- *Strategische Führung als Anweisung.* Die Strategie einer Organisation kann auch durch einen Einzelnen bestimmt werden. Dies ist vielleicht in inhabergeführten kleinen Unternehmen am offenkundigsten, wo dieser Einzelne alle Aspekte des Unternehmens direkt steuert und kontrolliert. Die kanadischen Wissenschaftler Danny Miller und Isabel Le-Breton weisen darauf hin, dass dies Vor- und Nachteile mit sich bringt. Als positiv kann gesehen werden, dass strategische Anpassungen schnell vorgenommen werden können. Auch können „präzise, innovative, unorthodoxe Strategien durchgesetzt werden, die sich von anderen nur schwer imitieren lassen". Zu den Kehrseiten gehören dagegen „Überheblichkeit, exzessive Risikobereitschaft und schrullige, irrelevante Strategien".[5]

---

3   T. Nelson, „The persistence of founder influence: management, ownership, and performance effects at initial public offering", *Strategic Management Journal*, Band 24 (2003), S. 707–24.

4   D. Souder, Z. Simsek und S.G. Johnson, „The differing effects of agent and founder CEOs on the firm's market expansion", *Strategic Management Journal*, Band 33, Nr. 1 (2012), S. 23–42.

- *Strategische Führung als Vision.* Es kann sein, dass ein strategischer Führer eine allgemeine Vision, Mission oder strategische Intention (siehe *Abschnitt 1.2*) festlegt oder damit assoziiert wird, die andere motiviert, von allen geteilte Überzeugungen schafft, die eine effektive Zusammenarbeit ermöglichen, und die detaillierte Ausgestaltung der Strategie durch andere in der Organisation prägt. James Collins und Jerry Porras? Studie US-amerikanischer Unternehmen, die über einen langen Zeitraum gute Leistungen erbrachten, ergab, dass diese Aufgabe einer strategischen Führungsperson von zentraler Bedeutung ist. Ein gutes Beispiel hierfür ist die Vision des IKEA-Gründers Ingvar Kamprad, „das alltägliche Leben für Jedermann zu verbessern." Sie hat die nachfolgenden Manager und Mitarbeiter des schwedischen Konzerns nachhaltig motiviert und geprägt.[6]

- *Strategische Führung als Entscheidungsfindung.* Gleichgültig welche verschiedenen Strategieentwicklungsprozesse es innerhalb eines Unternehmens gibt, es könnten ganz unterschiedliche Ansichten innerhalb dieser Organisation darüber herrschen, wie die zukünftige Strategie konkret aussehen soll. Und auch Beweise für die eine oder andere Ansicht könnten nur unvollständig oder gar nicht vorliegen. Hier ist es eine der wichtigsten Aufgaben einer Führungsperson, all diese verschiedenen Ansichten gegeneinander abwägen zu können, Daten zu interpretieren und das Selbstvertrauen zu haben, zügige Entscheidungen darüber zu treffen, wo und wie wichtige Ressourcen und/oder Märkte eingesetzt werden sollen. Auch ist es wichtig, die nötige Autorität zu besitzen, um andere von den eigenen Entscheidungen zu überzeugen.

- *Strategische Führung als Verkörperung der Strategie.* Ein Unternehmensgründer oder CEO einer Organisation könnte seine eigene Strategie verkörpern. Dies kann unbeabsichtigt geschehen, aber auch mit voller Absicht herbeigeführt werden. Richard Branson fungiert nicht länger als aktiver Manager von Virgin, steht aber immer noch mit seiner Person und seinem Namen für die Strategie seines Unternehmens (siehe Fallbeispiel am Ende von *Kapitel 8*) und ist immer noch das öffentliche Gesicht von Virgin.

13.2.2 Strategische Planungssysteme

Eine weitere Möglichkeit, wie sich intendierte Strategien entwickeln können, ist durch formalisierte **strategische Planung**: systematische Analysen und Untersuchungen zur Entwicklung einer Organisationsstrategie. Größere Organisationen und Konzerne haben häufig recht aufwendige strategische Planungssysteme. In einer Studie über derartige Systeme in großen Ölkonzernen definierte Rob Grant[7] von der Bocconi Universität folgende Phasen im Planungszyklus:

Strategische Planung

Strategische Planung bedeutet systematische Analysen und Untersuchungen zur Entwicklung einer Organisationsstrategie

- *Anfängliche Leitlinien.* Den Startpunkt eines Zyklus bilden normalerweise eine Reihe von Leitlinien oder Annahmen über die externe Umwelt (z.B. Preisniveaus und Angebots- und Nachfragebedingungen) und die allgemeinen Prioritäten, Leitlinien und Erwartungen der Konzernzentrale.

---

5   Die Rolle des Kommandostils in kleinen Unternehmen wird in „Management insights from great and struggling family businesses" von D. Miller und I. Le Breton-Miller, „Long Range Planning", Band 38 (2005), S. 517–530, diskutiert. Die Zitate hier stammen von S. 519.

6   J. Collins und J. Porras, „Built to Last: Successful Habits of Visionary Companies", *Harper Business*, 2002.

7   „Strategic planning in a turbulent environment: evidence from the oil majors" ist eine von Rob Grant durchgeführte Studie. Siehe das *Strategic Management Journal*, Band 24 (2003), S. 491–517.

- *Planung auf Geschäftsbereichsebene.* Daraufhin entwerfen Geschäftsbereiche oder Abteilungen Strategiepläne, die der Konzernzentrale unterbreitet werden. Die Geschäftsleitung der Konzernzentrale diskutiert dann die Pläne mit den Geschäftsführern, üblicherweise in persönlichen Gesprächen. Auf der Grundlage dieser Diskussionen überarbeiten die Geschäftsbereiche ihre Pläne.

- *Planung auf Gesamtunternehmensebene.* Der Unternehmensplan resultiert aus der Aggregation der Geschäftsbereichspläne. Die Abstimmung der Teilpläne kann durch eine Planungsabteilung des Konzerns erfolgen, die eine Koordinierungs-rolle übernimmt. Der Vorstand muss dem Unternehmensplan dann zustimmen.

- Daraufhin werden *finanzielle und strategische Ziele* ausgewählt, um eine Grund-lage für die Überwachung der Ergebnisse der Geschäftsbereiche und wichtiger strategischer Prioritäten zu schaffen.

Grant fand heraus, dass einige Organisationen, die er untersucht hatte, sehr viel for-meller und systematischer planten als andere. Beispiele hierfür wären Elf Aquitaine aus Frankreich und ENI aus Italien. Diese Konzerne nutzten schriftliche Berichte und formelle Präsentationen, hatten genau festgelegte Planungszyklen mit sehr detaillier-ten Zielsetzungen, die wenig Raum für Flexibilität ließen. Unternehmen, die mehr Wert auf Flexibilität legten, z.B. BP, Texaco und Exxon, wählten allgemeinere finanzi-elle Ziele. Und auch die zentralen Planungsabteilungen in den Konzernen übernah-men unterschiedliche Aufgaben. In manchen Organisationen fungierten sie lediglich als Koordinatoren von Geschäftsplänen. Anderswo arbeiteten sie als interne Berater, die die Geschäftsbereichsleiter aktiv darin unterstützten, ihre Pläne zu formulieren.

Während große Unternehmen häufig über umfangreiche strategische Planungssys-teme verfügen, nutzen auch kleinere Firmen die strategische Planung. Eine Anforde-rung an neue Start-ups, die sich Finanzierungsquellen sichern möchten, besteht oft darin, einen detaillierten strategischen Geschäftsplan vorzulegen. Planungshorizonte und die damit verbundenen Ziele und Analysezahlen unterscheiden sich dabei oft je nach Branche und Umfeldbedingungen. In einem komplexen Umfeld, das von neuen Technologien, starker staatlicher Regulierung, wechselnden Kundenpräferenzen und sich verschiebenden Marktgrenzen geprägt ist, kann ein Start-up-Unternehmen viel-leicht nur ein Jahr in die Zukunft planen. Ein Unternehmen, das absatzstarke Kon-sumgüter anbietet, benötigt dagegen einen Plan für drei bis fünf Jahre. Und Unterneh-men, die große Investitionen langfristig planen müssen, wie etwa große Ölkonzerne, haben oft Planungshorizonte von 15 Jahren oder länger. *Beispiel 13.1* zeigt schema-tisch, wie sich strategische Planung bei Siemens vollzieht, einem multinationalen Konzern aus dem Bereich Industrie- und Produktionstechnik. Strategische Planung kann viele Einsatz- und Anwendungsmöglichkeiten haben, wobei die folgenden vier die bedeutendsten sind:

- *Formulierung.* Die konkrete Formulierung einer Strategie ermöglicht es dem Management, strategische Themen und Probleme zu verstehen, wie etwa die Wett-bewerbsposition (siehe *Kapitel 3*) oder die einzigartigen Fähigkeiten (siehe *Kapitel 4*) ihrer Organisation. Auch die Festlegung allgemeiner Zielsetzungen (siehe *Kapi-tel 5*) wird durch die konkrete Formulierung erleichtert. Der Einsatz strategischer Analyseinstrumente und eine langfristigere Sichtweise der Strategie werden begünstigt.

■ *Lernen.* Manager können vom Prozess der Planung profitieren, wenn sie diesen als Chance begreifen, Neues dazuzulernen, und nicht nur einen Weg darin sehen, „die richtigen Antworten" zu finden. Rita McGratz und Ian MacMillan betonen die Bedeutung der „entdeckenden Planung", die sich darauf konzentriert, etabliertes Wissen in Frage zu stellen.[8]

■ *Integration.* Einige strategische Planungssysteme haben den ausdrücklichen Zweck, Geschäftsbereichsstrategien innerhalb einer Gesamtstrategie für die Organisation zu koordinieren. Paula Jarzabkowski und Julia Balogun[9] zeigen aber auch, dass solche Systeme ein wertvolles Forum bilden können, in dem Auseinandersetzungen stattfinden und Kompromisse entstehen, wodurch unterschiedliche Ansichten über zukünftige Strategien zusammengeführt werden.

■ *Kommunikation.* Wird eine intendierte Strategie innerhalb einer Organisation kommuniziert, so schafft das Klarheit bezüglich des Zwecks und der Ziele dieser Strategie oder einzelner strategischer Meilensteine, an denen sich die tatsächliche Leistung messen lassen kann. Zudem ist die Kommunikation einer Strategie der erste Schritt ihrer Implementierung.

| Beispiel 13.1 | Strategische Planung bei Siemens |

Ein Planungskalender gibt vor, wie die Strategie zwischen der Unternehmenszentrale und den einzelnen Geschäftseinheiten koordiniert wird.

Siemens ist ein multinationaler Konzern mit dem Fokus auf Technologien zur Elektrifizierung, Automatisierung und Digitalisierung. Sein Hauptfirmensitz ist in Deutschland und die einzelnen Geschäftseinheiten sind u.a. in den Bereichen Energiegewinnung, Energieverteilung und Anwendung elektrischer Energie aktiv. Siemens verfügt über zehn Geschäftsbereiche und 40 Geschäftseinheiten in 190 Ländern weltweit.

Die zentrale Unternehmensstrategie von Siemens bildet die Grundlage eines detaillierteren strategischen Plans, der vorgibt, wie die gewählte Strategie innerhalb der einzelnen Bereiche und Einheiten umgesetzt werden soll. Zudem werden die prognostizierten finanziellen Ergebnisse dieser Umsetzung angegeben. Die zentrale Unternehmensstrategie definiert Branchen und Märkte, in denen Siemens aktiv sein sollte, und setzt Zielkorridore und Wachstumsziele für einen Zeitraum von fünf Jahren. Diese strategischen Vorgaben werden vom Vorstand des Unternehmens erarbeitet, der von der Abteilung für Unternehmensstrategie unterstützt wird. Detailliertere Planungsprozesse finden direkt in den Geschäftseinheiten statt, wobei die Abteilung für Unternehmensstrategie bei der Koordination hilft.

---

8 Rita Gunther McGrath und Ian C. MacMillan, *Discovery Driven Planning*, Wharton School, Snider Entrepreneurial Center, 1995 und Rita Gunther McGrath und Ian C. MacMillan, „Discovery driven planning", *Harvard Business Review*, Band 24, Nr. 3 (1995), S. 44–54.
9 Siehe P. Jarzabkowski und J. Balogun, „The practice and process of delivering integration through strategic planning", *Journal of Management Studies*, Band 46, Nr. 8 (2009), S. 1255–88. P. Spee und P. Jarzabkowski, „Strategic planning as communicative process", Band 32, Nr. 9 (2011), S. 1217–45.

Dieser Planungsprozess ist in der Abbildung unten zusammenfassend dargestellt und besteht aus folgenden Schritten:

1 Strategen auf Gesamtunternehmensebene untersuchen zusammen mit den Bereichsmitarbeitern und externen Experten, z.B. auch Marktforschungsunternehmen, Entwicklungen auf den globalen Märkten, um so neue Marktchancen für Siemens für die nächsten fünf Jahre zu finden und zu bewerten. Für jeden Markt werden eigene Fünf-Jahres-Ziele festgelegt.

2 Mögliche Wachstumschancen werden dann zusammen mit entsprechenden Richtlinien an die einzelnen Geschäftsbereiche weitergegeben. Diese Richtlinien legen genau fest, was innerhalb des Bereichs geschehen muss, um einen strategischen Plan für Siemens zu entwickeln. Dazu gehören die Formulierung von Vorschlägen bezüglich wichtiger strategischer Probleme, die gelöst werden müssen, wie etwa Leistungssteigerung, Wachstumsförderung, Entdeckung neuer Markttrends, Realisierung möglicher Synergien. Abschließend wird eine SWOT-Analyse durchgeführt.

3 Anschließend werden kombinierte Strategie- und Finanzpläne auf Bereichsebene entwickelt. Dabei helfen Strategen aus den einzelnen Geschäftsbereichen, die auch dafür zuständig sind, alle strategischen Pläne auf dieser Ebene zu koordinieren.

4 Gegen Ende von Phase 3 hält die zentrale Abteilung für Unternehmensstrategie ein Interimsmeeting zur Abstimmung der Strategiepläne der einzelnen Bereiche der wichtigsten Länder jeweils vor Ort ab.

5 Die fertigen Strategiepläne und Budgets werden dem Unternehmensvorstand von den Leitern der einzelnen Bereiche und Einheiten zur Überprüfung präsentiert.

6 Die letzte Phase ist die Zustimmung des Siemens-Vorstands. Dabei muss ein jährliches Budget verabschiedet werden. Die Zustimmung des Aufsichtsrats ist nur nötig, wenn umfangreiche Veränderungen bezüglich der Strategie oder des Portfolios des Unternehmens geplant sind.

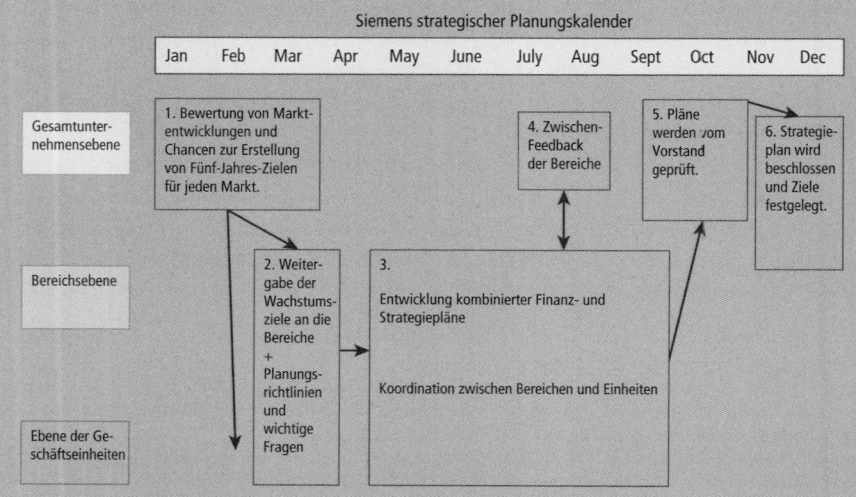

Siemens strategischer Planungskalender

Jan	Feb	Mar	Apr	May	June	July	Aug	Sept	Oct	Nov	Dec

Gesamtunternehmensebene

1. Bewertung von Marktentwicklungen und Chancen zur Erstellung von Fünf-Jahres-Zielen für jeden Markt.

4. Zwischen-Feedback der Bereiche

5. Pläne werden vom Vorstand geprüft.

6. Strategieplan wird beschlossen und Ziele festgelegt.

Bereichsebene

2. Weitergabe der Wachstumsziele an die Bereiche + Planungsrichtlinien und wichtige Fragen

3. Entwicklung kombinierter Finanz- und Strategiepläne

Koordination zwischen Bereichen und Einheiten

Ebene der Geschäftseinheiten

Es sollte jedoch auch erwähnt werden, dass strategische Planung und Planungssysteme durchaus auch andere Bedeutungen haben können. Werden die Mitarbeiter einer Organisation dazu ermutigt, sich am Planungsprozess zu beteiligen, kann das zu einer *Verinnerlichung* der Strategie führen und so bereits zu ihrer Umsetzung beitragen.[10] Saku Mantere[11] von der McGill University hat aufgezeigt, dass strategische Planung für Manager der mittleren Ebene ein Mittel sein kann, strategische Belange zu beeinflussen, die über ihren eigentlichen operativen Verantwortungsbereich hinaus gehen (er nennt sie „Strategiechampions"). Strategische Planung kann darüber hinaus ein Gefühl der Sicherheit und Logik bringen, nicht zuletzt für die Vertreter des höheren Managements, deren Aufgabe es ist, die zukünftige Strategie ihrer Organisation festzulegen und damit über ihr Schicksal zu bestimmen.

Henry Mintzberg jedoch hat das Ausmaß infrage gestellt, in dem Planung solche Vorteile mit sich bringt.[12] Es gibt vier Risiken beim Einsatz formaler Systeme strategischer Planung:

- *Verwechseln der Strategie mit dem Plan.* Führungskräfte sehen sich selbst bereits als Manager einer Strategie, während sie sich noch im Planungsprozess befinden. Strategie ist nicht das Gleiche wie „der Plan", denn unter Strategie versteht man die langfristige Ausrichtung der Organisation – in ▶ *Abbildung 13.1* die realisierte Strategie – und nicht nur ein schriftliches Dokument. Verbunden damit könnte es zu einer Verwechslung zwischen den *Budgetprozessen* und den strategischen Planungsprozessen kommen, die beide als das Gleiche angesehen werden könnten. Das Resultat ist, dass Planung auf die Erstellung finanzieller Vorhersagen reduziert wird, anstatt die in diesem Buch diskutierten Themen zu überdenken. Natürlich ist es wichtig, die Ergebnisse der strategischen Planung in den Budgetprozess zu überführen, aber es handelt sich dabei nicht um dasselbe.

- *Abtrennung von der Realität.* Die für die Umsetzung der Strategien zuständigen Manager sind so mit den alltäglichen Abläufen beschäftigt, dass sie die Verantwortung für strategische Themen an Spezialisten oder Berater abgeben. Diese haben jedoch meist nicht die Befugnis, in der Organisation etwas zu bewegen. Dies kann dazu führen, dass strategische Planung zu einer intellektuellen Übung wird, die von der Realität des Betriebs abgekoppelt ist. Sollen formale Planungssysteme sinnvoll und nützlich sein, müssen die Verantwortlichen ihre eigenen Erfahrungen mit einbeziehen und Mitarbeiter auf jeder Organisationsebene mit einbeziehen. Ist das nicht der Fall, besteht die Gefahr, dass es keinen Rückhalt innerhalb der Organisation gibt.

- *Paralysiert durch Analyse.* Ann Langley[13] von der HEC Montreal zeigte, dass effektive Planung durch den endlosen Austausch von Analyseberichten zwischen verschiedenen Parteien, die keine Einigkeit erzielen können, gehemmt werden kann. Strategische Planung kann auch zu sehr ins Detail gehen und sich auf

10 Siehe M. Ketokivi und X. Castaner, „Strategic planning as an integrative device", *Administrative Science Quarterly*, Band 49 (2004), S. 337–65.
11 Saku Mantere, „Strategic practices as enablers and disablers of championing activity", *Strategic Organization*, Band 3, Nr. 2 (2005), S. 157–84.
12 Viele dieser Gefahren sind dem Buch von H. Mintzberg, „The Rise and Fall of Strategic Planning", *Prentice Hall*, 1994, entnommen.
13 Ann Langley, „Between Paralysis by Analysis and Extinction by Instinct", *Sloan Management Review*, Frühjahr (1995), S. 63–76.

umfangreiche Analysen konzentrieren, die, obwohl sie technisch fundiert sind, die wichtigen strategischen Probleme übersehen, denen die Organisation gegenübersteht. So ist es zum Beispiel nicht ungewöhnlich, dass Firmen über umfangreiche Informationen über ihren Markt verfügen, aber nur wenig Klarheit über die strategische Bedeutung dieser Informationen herrscht. Das Ergebnis kann eine Informationsüberflutung ohne klares Ergebnis sein.

■ *Zu komplexe Planungssysteme.* Es besteht auch die Gefahr, dass der Prozess der Strategieplanung so bürokratisch und kompliziert ist, dass Einzelne oder Gruppen nur zu Teilen des Gesamtplans beitragen und den Plan als Ganzes gar nicht verstehen. Das kann dazu führen, dass die realisierte Strategie auf Geschäftsbereichsebene nicht mit der intendierten Unternehmensstrategie übereinstimmt. Dies kann besonders in sehr großen multinationalen Unternehmen zum Problem werden.

■ *Dämpfung von Innovationen.* Stark formalisierte und starre Planungssysteme, insbesondere wenn diese mit sehr engen und detaillierten Kontrollmechanismen verbunden sind, können zu einer unflexiblen, hierarchischen Organisation führen, wodurch Ideen erstickt und die innovative Leistungsfähigkeit gedämpft werden. Aus diesem Grund richten große Firmen heute häufig neue Bereiche ein, die sich nicht an die formalisierten Planungssysteme halten müssen (siehe *Abschnitt 10.5.2*)

In einer von der Consulting-Firma Bain[14] durchgeführten Langzeitstudie wird das Instrument der strategischen Planung seit langem auf Platz eins oder zwei der Liste der wichtigsten Management-Instrumente geführt. Empirische Belege darüber, inwieweit ein solch systematisches Vorgehen dazu führt, dass Organisationen bessere Leistungen erbringen als andere, sind zweifelhaft,[15] nicht zuletzt deshalb, weil es schwierig ist, formale Planung als dominanten oder entscheidenden Einfluss auf die Ergebnisse zu isolieren. Es gibt jedoch Hinweise, dass Planung sich auszahlt, wenn sie als emergenter und koordinierter Prozess von unten nach oben innerhalb einer Organisation abläuft.[16]

Strategische Planung wird nach wie vor häufig eingesetzt, doch es gab einen Rückgang, was den Einsatz formaler Planungsabteilungen in Unternehmen[17] betrifft, sowie

---

14 Siehe auch Belege aus anderen Umfragen wie z.B. G. P. Hodgkinson, R. Whittington, G. Johnson und M. Schwarz, „The role of strategy workshops in strategy development processes: formality, communication, co-ordination and inclusion", *Long Range Planning*, Band 39 (2006), S. 479–96; auch R. Whittington und Cailluet, „The crafts of strategy", *Long Range Planning*, Band 41 (2008), S. 241–7.

15 Studien über die Beziehung zwischen formaler Planung und finanzieller Leistung sind größtenteils nicht beweiskräftig. Siehe zum Beispiel P. McKiernan und C. Morris, „Strategic planning and financial performance in the UK SMEs: does formality matter?", *Journal of Management*, Band 5 (1994), S. 31–42. Einige Studien zeigen einen Nutzen in bestimmten Zusammenhängen. So wird zum Beispiel argumentiert, dass es Vorteile für Unternehmer gibt, die neue Unternehmen gründen. Siehe F. Delmar und S. Shane, „Does business planning facilitate the development of new ventures?", *Strategic Management Journal*, Band 24 (2003), S. 1165–1185. Andere Studien zeigen eher den Nutzen strategischer Analyse und strategischen Denkens als die Vorteile formaler Planungssysteme, siehe C. C. Miller und L. B. Cardinal, „Strategic planning and firm performance: a synthesis of more than two decades of research", *Academy of Management Journal*, Band 37, Nr. 6 (1994), S. 1649–1665.

16 P. J. Brews und M. R. Hunt, „Learning to plan and planning to learn: resolving the planning school/learning school debate, Strategic Management Journal, Band 20 1997), S. 889–913. Andere legten nahe, dass Planung vor allem in einer dynamischen Umwelt vorteilhaft sein kann, wo dezentralisierte Entscheidungsbefugnisse über strategische Entscheidungen erforderlich sind, zugleich aber die Notwendigkeit besteht, die dezentral entstandenen Strategien zu koordinieren. T. J. Andersen, „Integrating decentralized strategy making and strategic planning processes in dynamic environments", *Journal of Management Studies*, Band 41, Nr. 8 (2004), S. 1271–1299.

17 Siehe Fußnote 5.

eine Verlagerung der Verantwortung für Strategieentwicklung und -planung auf die Führungskräfte in der Linie (siehe *Kapitel 16*). Strategische Planung vollzieht sich also mehr und mehr projektbasiert und flexibel.[18] Insofern ist die Strategieplanung nicht länger ein Vehikel für die Entwicklung einer intendierten Strategie von oben nach unten, sondern ein Vehikel für die Koordinierung emergenter Strategien. Das bringt mehr Offenheit und Transparenz mit sich, Kooperation und strategischer Dialog sind wichtige Aspekte. Verschiedene Instrumente der Sozialstrategie kommen hier immer mehr zum Einsatz, wie etwa die *Crowdsourcing*-Strategie (siehe *Abschnitt 10.2.3*).[19] Das indische Unternehmen HCL Technologies beispielsweise, das IT-Dienstleistungen anbietet und Software entwickelt, hat seinen Strategieentwicklungsprozess grundlegend verändert. Heute sind nicht mehr nur ein paar hundert Führungskräfte daran beteiligt, sondern eine Online-Plattform ermöglicht es Tausenden von Menschen, gemeinsam zu planen. Diese Entwicklung spricht dafür, dass die Praktiken der strategischen Planung immer mehr die emergente Strategieentwicklung in den Fokus rückt (siehe *Abschnitt 13.3*). In dieselbe Richtung geht auch das neue Konzept der „offenen Strategie", das in *Abschnitt 16.2.5* erklärt wird.

13.2.3 Von außen aufgezwungene Strategie

Es gibt Situationen, in denen Manager der Ansicht sind, dass ihnen eine Strategie von mächtigen externen Interessengruppen aufgezwungen würde. Die Regierung kann beispielsweise im öffentlichen Sektor oder in Industrien, über welche sie weitgehende Regulierungsbefugnisse hat, eine bestimmte strategische Richtung vorgeben. Oder sie entscheidet, eine Industrie oder eine Organisation zu deregulieren oder zu privatisieren, die bisher zum öffentlichen Sektor gehörte. So kommt es im öffentlichen Sektor in Großbritannien häufig zu Interventionen durch die Regierung. Schulen und Krankenhäusern, die als leistungsschwach gelten, werden sogenannte „Spezialmaßnahmen" auferlegt und Manager werden eingesetzt, um die maroden Organisationen zu transformieren und ihnen eine neue strategische Richtung aufzuzwingen.

Auch Unternehmen des privaten Sektors können einer solchen aufgezwungenen Strategierichtung oder signifikanten Einschränkungen ihrer strategischen Wahlmöglichkeiten ausgesetzt sein. Ein multinationales Unternehmen kann in einigen Ländern der Welt behördlichen Auflagen ausgesetzt und gezwungen sein, seine Geschäfte dort nur durch Joint Ventures oder lokale Allianzen abzuwickeln. Ebenso kann ein operativer Geschäftsbereich eines multidivisionalen Unternehmens die Unternehmensstrategie der Muttergesellschaft als aufgezwungene Strategie ansehen. Bei börsennotierten Unternehmen üben auch die Finanzmärkte einen gewissen Einfluss auf die Strategie aus, nicht zuletzt über sogenannte „Aktivisten", die einen Firmenanteil erwerben und daraufhin das Management öffentlich unter Druck setzen. Der engagierte Investor Nelson Peltz etwa kaufte Anteile des amerikanischen Lebensmittelkonzerns Kraft und brachte dessen CEO dazu, das britische Süßwarenunternehmen Cadbury Schweppes zu übernehmen und dann den neu entstandenen Konzern wieder aufzusplitten. Auch Risikokapitalgeber und Privatkapitalgesellschaften können

---

18 Siehe M. Mankins, „Stop making plans, start making decisions", *Harvard Business Review*, January (2006), S. 77–84.

19 Daniel Stieger u.a., „Democratizing strategy: how crowdsourcing can be used for strategy dialogues", California Management Review, Band 54, Nr. 4 (2012) S. 44–68.

den Unternehmen, die sie übernehmen, Strategien von außen aufzwingen.[20] Als Michael Dell die Firma Dell zusammen mit der Privatkapitalgesellschaft Silver Lake Management übernahm und das Unternehmen von der Börse NASDAQ nahm, war einer der Hauptgründe dafür sein Ziel, die Strategieentwicklung voll und ganz selbst kontrollieren zu können und den Druck der Finanzmärkte zu entfernen.

13.3 Emergente Strategieentwicklung

Emergente Strategie

Strategien entstehen auf der Grundlage einer Reihe von Entscheidungen, welche ein Muster bilden, das im Laufe der Zeit Gestalt annimmt.

Auch wenn Strategieentwicklung normalerweise mit Intentionalität assoziiert wird, ist dies nicht immer der Fall. Ein alternativer Ansatz zur Strategieentwicklung ist die **emergente Strategie**: Strategien entstehen auf der Grundlage einer Reihe von Entscheidungen, welche ein Muster bilden, das im Laufe der Zeit Gestalt annimmt. Dabei wird also die Strategie einer Organisation nicht als „großer Plan" verstanden, sondern als Entwicklung eines Musters über eine Reihe von Entscheidungen hinweg, wobei das Top-Management aufkommende strategische Themen und Probleme sammelt und aufgreift, die sich aus den verschiedenen Entscheidungen und Ausrichtungen ergeben. Strategische Vorgaben werden also nicht im Voraus an der Spitze des Unternehmens formuliert. Das entstehende Muster kann zu einem späteren Zeitpunkt durchaus formal festgehalten werden, z.B. in Jahresberichten und Strategieplänen, und so zur intendierten Strategie des Unternehmens werden. Allerdings basiert hier die Strategie eben nicht auf dem Plan, sondern die entstandene Strategie ist Grundlage für den Plan. Eine emergente Strategie kann also als Grundlage für einen Lernprozess angesehen werden, um herauszufinden, was für eine Organisation funktioniert, um daraus ein sinnvolles und tragfähiges Muster oder eine sinnvolle Strategie abzuleiten.

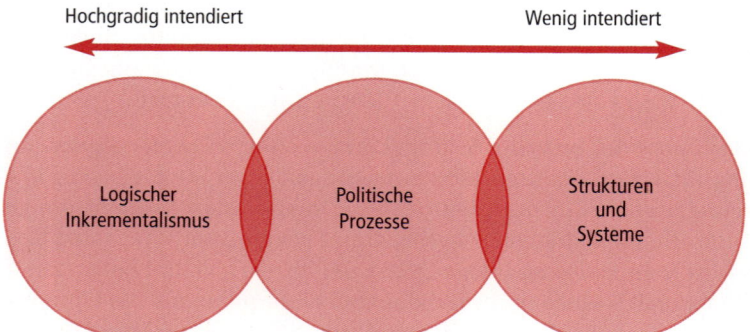

Abbildung 13.2: Ein Kontinuum des Prozesses der emergenten Strategieentwicklung

Es gibt verschiedene Ansichten zu emergenten Strategien,[21] die wichtigsten werden im folgenden Abschnitt zusammengefasst: logischer Inkrementalismus, Strategie als Ergebnis politischer Prozesse und Strategie als Ergebnis organisationaler Systeme und Abläufe. Immer wird hier betont, dass Strategieentwicklung nicht nur im Top-Management stattfindet, sondern sich innerhalb der gesamten Organisation vollzieht.

---

20 Siehe B. King, „Strategizing at leading venture capital firms: of planning, opportunism and deliberate emergence", *Long Range Planning*, Band 41 (2008), S. 345–66.
21 Siehe S. Elbanna, „Strategic decision making: process perspectives", *International Journal of Management Reviews*, Band 8, Nr. 1 (2006), S. 1–20, eine weitere Untersuchung zu diesem Thema identifizierte vier Arten der Strategieentwicklung; siehe P. Olk (eds.), *Strategy Process*, Edward Elgar, 2010.

▶ *Abbildung 13.2* zeigt, wie sich die verschiedenen Ansichten hinsichtlich eines intendierten Prozesses klassifizieren lassen.

13.3.1 Logischer Inkrementalismus

Der erste Erklärungsansatz, wie Strategien entstehen können, ist der **logische Inkrementalismus**. Hier wird eine Brücke geschlagen zwischen intendierten und emergenten Prozessen, denn das Management kultiviert in diesem Fall bewusst eine experimentelle Basis innerhalb seines Unternehmens, von der aus sich Strategien entwickeln sollen. Der Begriff wurde geprägt von James Quinn,[22] der eine Studie zur Strategieentwicklung in großen, multinationalen Unternehmen durchführte. Logischer Inkrementalismus ist die Entwicklung einer Strategie durch Experimentieren und Lernen „auf Basis begrenzter Veränderungen statt durch die globale Formulierung ganzer Strategien".[23] Hierfür gibt es mehrere Gründe:

- *Umweltunsicherheit.* Manager erkennen, dass sie die Unsicherheit ihrer Umwelt nicht aus der Welt schaffen können, indem sie sich auf die Analyse historischer Daten oder Vorhersagen von Veränderungen verlassen. Stattdessen versuchen sie, sensibel für Umweltsignale zu sein, indem sie die gesamte Organisation dazu anregen, die Umwelt permanent zu beobachten.

- *Allgemeine Ziele.* Manager haben eher eine allgemeine als eine spezifische Vorstellung davon, was ihre Organisation in Zukunft erreichen soll, und versuchen, sich dieser Position schrittweise anzunähern. Sie sind auch zurückhaltend, präzise Zielvorstellungen zu früh zu spezifizieren, da dies sowohl Ideen unterdrücken als auch Innovation und Experimentieren verhindern könnte. Zielvorstellungen können daher sehr allgemein gehalten sein.

- *Experimentieren.*[24] Viele Manager versuchen, ein starkes, sicheres, aber dennoch flexibles Kerngeschäft zu entwickeln. Die in diesem Geschäft gemachten Erfahrungen begründen dann sowohl ihre Entscheidungen über die weitere Entwicklung dieses Geschäfts als auch über das Experimentieren mit „Nebenprojekten". In den frühen Phasen einer Strategieentwicklung werden sie sich daher nur versuchsweise auf andere strategische Optionen festlegen. Solche Experimente liegen nicht nur im Verantwortungsbereich des Top-Managements. Sie entwickeln sich auch aus dem, was Quinn als „Subsysteme" einer Organisation beschreibt. Damit meint er Gruppen von Mitarbeitern, die zum Beispiel mit der Produktentwicklung, der Positionierung eines Produkts, der Diversifikation, den externen Beziehungen etc. befasst sind. Jeder Mitarbeiter kann also die strategische Initiative ergreifen und ein unternehmerisches Projekt beginnen, das sich sehr wohl auf die strategische Entwicklung seiner Organisation auswirken kann.[25] Organisationen können diese Form des Experimentierens zudem auf verschiedene Art und Weise begünstigen und fördern (siehe *Abschnitt 10.5.2*).

Logischer Inkrementalismus

Logischer Inkrementalismus ist die bewusste Entwicklung einer Strategie durch Experimentieren und Lernen

---

22 J. B. Quinns Recherchen involvierten die Untersuchung strategischer Änderungen in Unternehmen und wurden in „Strategies for Change", *Irwin*, 1980, veröffentlicht. Siehe auch J. B. Quinn, „Strategic change: logical incrementalism", in J. B. Quinn und H. Mintzberg, „The Strategy Process", 4. Auflage, *Prentice Hall*, 2003.
23 Siehe J. B. Quinn, „Strategies for Change", Fußnote 14, S. 58.
24 Siehe hierzu O. Sorenson, „Strategy as quasi-experimentation", *Strategic Organization*, Band 1 (2003), S. 337.

Quinn argumentiert, dass logischer Inkrementalismus trotz seiner emergenten Natur eine „bewusste, zielgerichtete, pro-aktive Praktik von Führungskräften" ist, die dazu dient, die Informationsgrundlage für Entscheidungen zu verbessern und eine psychologische Identifikation der Mitarbeiter mit der Strategieentwicklung zu schaffen. In gewisser Hinsicht umfasst logischer Inkrementalismus also Prozesse, die einerseits wohlüberlegt und intendiert sind, andererseits aber auf organisationalen Subsystemen basieren, die das Umfeld beobachten und Ideen ausprobieren und experimentieren.

Die Entwicklung von Strategien auf diese Art hat deutliche Vorteile. Fortwährendes Austesten und eine sukzessive Umsetzung der Strategie bedeuten bessere Informationen für die Entscheidungsfindung und ermöglichen eine bessere Planung der Abfolge wichtiger Entscheidungen. Da Veränderungen nach und nach stattfinden, wird die Möglichkeit erhöht, Engagement für Veränderungen in der Organisation zu schaffen und zu entwickeln. Da die unterschiedlichen Teile oder „Subsysteme" der Organisation in einem fortwährenden Zusammenspiel interagieren, können Manager voneinander etwas über die Machbarkeit bestimmter Vorgehensweisen lernen. Solche Prozesse berücksichtigen auch die politische Natur des organisationalen Lebens, da kleinere Veränderungen auf weniger Widerstand stoßen als ein großer Wandel. Zudem bedeutet diese Art der Formulierung von Strategien, dass die Auswirkungen der Strategie fortwährend getestet werden. Diese fortwährende Neuanpassung ist sinnvoll, wenn die Umwelt einen sich fortwährend ändernden Einfluss auf die Organisation ausübt.

Der Ansatz des logischen Inkrementalismus mit seiner Betonung auf dem Lernen entspricht in diesem Punkt dem Konzept der „lernenden Organisation".

Lernende Organisation

Eine Lernende Organisation ist in der Lage, sich beständig zu erneuern, indem sie auf die gesamte Bandbreite des Wissens, der Erfahrungen und Fähigkeiten der Organisationsmitglieder zurückgreift und auf eine Kultur, die das Hinterfragen und Infragestellen fördert.

Eine **lernende Organisation** ist in der Lage, sich beständig zu erneuern, indem sie auf die gesamte Bandbreite des Wissens, der Erfahrungen und Fähigkeiten der Organisationsmitglieder zurückgreift und auf eine Kultur, die das Hinterfragen und Infragestellen fördert. Sie betont die potenzielle Kompetenz und Fähigkeit einer Organisation, sich von innen heraus zu erneuern, sodass sich dynamische Strategien auf natürliche Weise herausbilden. Verfechter der lernenden Organisation[26] weisen darauf hin, dass das kollektive Wissen aller Individuen einer Organisation das Wissen „der Organisation" und deren Handlungsvermögen üblicherweise übertrifft, da die formellen Strukturen von Organisationen organisationales Wissen und Kreativität unterdrücken. Sie argumentieren, dass es das Ziel des Managements sein sollte, Prozesse zu unterstützen, die das Wissen Einzelner freisetzen und den Austausch von Informationen und Wissen fördern, sodass jeder Mitarbeiter sensibel für stattfindende Veränderungen wird und dazu beiträgt, Opportunitäten und erforderliche Veränderungen zu identifizieren. Dies betont die Wichtigkeit, Organisationen als soziale Netzwerke[27] zu sehen, wo der

---

25   Zu strategischen Initiativen siehe R.A. Burgelman, „Intraorganizational ecology of strategy making and organizational adaptation: theory and field research", *Organization Science*, Band 2, Nr. 3 (1991), S. 239–62, und B. Lovas und S. Ghoshal, „Strategy as guided evolution", *Strategic Management Journal*, Band 21 (2000), S. 875–96.

26   Das Konzept der lernenden Organisation wird von P. Senge in „The Fifth Discipline: The art and practice of the learning organisation", Doubleday/Century, 1990, erklärt. Ebenso M. Crossan, H. W. Lane und R. E. White, „An organizational learning framework; from intuition to institution", *Academy of Management Review*, Band 24, Nr. 3 (1999), S. 522–537.

27   Das Konzept einer Organisation als ein Set sozialer Netzwerke wird z.B. von M. S. Granovetter in „The strength of weak ties", *American Journal of Sociology*, Band 78, Nr. 6 (1973), S. 1360–1380 und G. R. Carroll und A. C. Teo, „On the social networks of managers", *Academy of Management Journal*, Band 39, Nr. 2 (1996), S. 421–440, diskutiert.

Schwerpunkt nicht so sehr auf den Hierarchien, sondern auf unterschiedlichen Interessengruppen liegt, die miteinander kooperieren müssen und potenziell voneinander lernen können. So wird das Risiko reduziert, dass aufkommende Ideen aus Mangel an Interesse im Sande verlaufen. In vielerlei Hinsicht ähnelt dieses Konzept dem Ansatz der Vielfaltsperspektive, die in den Kommentaren behandelt wird.

13.3.2 Strategie als Ergebnis politischer Prozesse

Eine zweite Erklärung, wie Strategien entstehen können, besagt, dass sie das Ergebnis von Verhandlungen und Machtspielen sein können, die zwischen Führungskräften oder zwischen verschiedenen Koalitionen innerhalb einer Organisation stattfinden. Manager können durchaus unterschiedliche Ansichten zu anstehenden Problemen und deren Lösungen vertreten. Und natürlich wollen sie dafür sorgen, dass sich ihre Ansichten gegenüber anderen durchsetzen. Und sie verfolgen manche Strategien, um vorhandene Ressourcen so zu kontrollieren, dass die eigene politische Stellung gestärkt wird. Die **politische Perspektive**[28] der Strategieentwicklung besagt also, dass sich Strategien aus Verhandlungsprozessen zwischen mächtigen internen und externen Interessengruppen entwickeln. Dies ist die Welt der Kämpfe in Vorstandsetagen, wie sie oft in Filmen porträtiert werden.

> **Politische Perspektive**
>
> Die Politische Perspektive der Strategieentwicklung besagt, dass sich Strategien aus Verhandlungsprozessen zwischen mächtigen internen und externen Interessengruppen entwickeln.

Politische Aktivität wird oft als ein negativer, aber unvermeidlicher Einflussfaktor auf die Strategieentwicklung angesehen, der einer gründlichen Analyse und rationalem Denken im Weg steht. Eine politische Perspektive auf strategisches Management weist darauf hin, dass die rationalen und analytischen Prozesse, die oft mit der Entwicklung einer Strategie in Verbindung gebracht werden (siehe *Abschnitt 13.2.2*), nicht so objektiv und leidenschaftslos sind, wie es den Anschein hat. Zielvorgaben können etwa die Ambitionen mächtiger Individuen widerspiegeln. In strategischen Debatten verwendete Informationen sind nicht immer politisch neutral. Vielmehr können Daten und Informationen, die hervorgehoben oder heruntergespielt werden, eine Quelle der Macht für diejenigen sein, die kontrollieren, was als wichtig angesehen wird. In der Tat können Manager oder Koalitionen Einfluss aufeinander ausüben, weil sie wichtige Informationsquellen kontrollieren. Mächtige Personen oder Gruppen können auch die Identifikation von Schlüsselthemen beeinflussen sowie die letztlich gewählten Strategien oder die Art, wie diese ausgewählt werden. Unter solchen Umständen kommen Strategien weniger durch sorgfältige Planung als vielmehr durch geschicktes Verhandeln zustande. Und sogar die Planungsprozesse selbst können ein Schauplatz für Koalitionsbildungen und Einflussnahme sein.

Nichts von alledem dürfte überraschen. In der Art und Weise, wie Organisationsmitglieder strategische Fragen angehen, werden sie durch die folgenden Faktoren in unterschiedlicher Weise beeinflusst:

- *persönliche Erfahrungen,* die mit ihren Rollen innerhalb der Organisation verbunden sind.

- *Konkurrenz um Ressourcen und Einfluss* zwischen den verschiedenen Subsystemen der Organisation und mächtigen Mitarbeitern, die daran interessiert sind, die Macht ihrer Positionen zu bewahren oder zu erhöhen.[29]

---

28 Siehe V. K. Natayanan und L. Fahey, „The micro-politics of strategy formulation", *The Academy of Management Review*, Band 7, Nr. 1 (1982), S. 109–40.

29 Für ein Beispiel über den Einfluss verschiedener politischer Koalitionen siehe S. Maitlis und T. Lawrence, „Orchestral manoeuvres in the dark: understanding failure in organizational strategizing", *Journal of Management Studies*, Band 40, Nr. 1 (2003), S. 109–140.

■ *relativer Einfluss von Interessengruppen* auf verschiedene Teile der Organisation; so kann eine Finanzabteilung zum Beispiel besonders sensibel auf den Einfluss von Finanzinstitutionen reagieren, während Vertrieb oder Marketing stark durch Kunden beeinflusst werden.

■ *unterschiedlicher Zugang zu Informationen* oder die Wichtigkeit dieser Informationen für eine bestimmte Rolle und Funktion.

Unter solchen Umständen gibt es zwei Gründe dafür, warum sich Strategien langsam und allmählich entwickeln können. Zum einen ist ein Kompromiss unvermeidlich, wenn unterschiedliche Meinungen in der Organisation aufeinandertreffen und verschiedene Parteien ihre politischen Muskeln spielen lassen. Zum anderen ist es gut möglich, dass diejenigen, die Macht ausüben, diese durch die bestehende Strategie gewonnen haben. In der Tat könnte es ihre Macht gefährden, wenn bedeutende Änderungen der Strategie vorgenommen würden. Unter solchen Umständen ist es wahrscheinlich, dass die Suche nach einer Kompromisslösung, die unterschiedlichen Machtansprüchen Rechnung trägt, zu einer Strategie führt, die eine Anpassung der bislang verfolgten beinhaltet.

Es gibt jedoch auch alternative – positive – Perspektiven, unter denen der Einfluss politischer Prozesse betrachtet werden kann. So könnten die Konflikte und Spannungen, die den unterschiedlichen Erwartungen und Interessen entspringen und sich in politischer Aktivität manifestieren, eine Quelle neuer Ideen sein oder alte Herangehensweisen infrage stellen (siehe die Diskussionen über die „Ideenperspektive" in den Kommentaren).[30] Neue Ideen können von verschiedenen „Champions", die um die beste Idee oder den besten Zukunftsweg kämpfen, unterstützt oder abgelehnt werden. Ohne solche Konflikte und Spannungen gäbe es auch keine Innovation. Zudem kann die Ausübung von Macht beim Management eines strategischen Wandels wichtig sein, wie *Abschnitt 15.5.5* zeigen wird.

13.3.3 Strategie als Produkt von Strukturen und Systemen

Eine weitere Sichtweise auf die Entstehung von Strategien basiert auf den Strukturen und Systemen einer Organisation. Hier wird die Strategieentwicklung nicht als Prognose und Vorschau gesehen, die an der Spitze einer Organisation formuliert wird. Stattdessen entstehen Strategien oft auch auf den unteren Managementebenen, wo Manager versuchen, mit den Problemen und Herausforderungen umzugehen, die sich daraus ergeben, altbewährte Methoden und Systeme anzuwenden. Auch hier klingt der logische Inkrementalismus wieder an, doch das bewusste Experimentieren steht nicht so sehr im Fokus. Betont werden vielmehr der Einfluss der Strukturen, Systeme und Abläufe, die den Managern vertraut sind und ihre Entscheidungen lenken und einschränken. Auch hier müssen wieder verschiedene Herangehensweisen betrachtet werden: Zunächst kann eine Strategie dadurch gelenkt werden, wie vorhandene Ressourcen verwendet werden; zum Zweiten können Strukturen und Systeme, die für eine Strategie etabliert wurden, auch spätere Strategien leiten; und zum Dritten kön-

---

30 Hierbei handelt es sich um das von J. M. Bartunek, D. Kolb und R. Lewicki vorgebrachte Argument in „Bringing conflict out from behind the scenes: private informal, and nonrational dimensions of conflict in organizations", in D. Kolb und J. Bartunek (Hrsg.), „Hidden Conflict in Organizations: Uncovering Behind the Scenes Disputes", *Sage*, 1992.

nen auch kulturelle Aspekte die Strategie beeinflussen. Jeder dieser Ansätze wird im Folgenden erläutert.

Die Art und Weise, wie Ressourcen eingeteilt und verwendet werden, kann die Strategieentwicklung beeinflussen, wobei dies auf zwei Arten geschehen kann: Zunächst gibt es die Ansicht des Ressourcenallokationsprozesses (RAP) als Einfluss auf die Strategieentwicklung.[31] Außerdem existiert noch die Aufmerksamkeitsbasierte Perspektive der Strategieentwicklung (ABV).[32] Beide stützen das von den Harvard-Professoren Joe Bower und Clark Gilbert propagierte Argument, dass „der kumulierte Einfluss der Ressourcenallokation durch die Manager auf jeder Unternehmensebene sich stärker auf die realen Strategien auswirkt als alle Pläne, die in der Unternehmenszentrale entwickelt wurden."[33] In einer Studie über Intels Entwicklung zu einem großen Hersteller von Mikroprozessoren in den 1980er-Jahren zeigte Robert Burgelman von der Stanford University, wie der Ressourcenallokationsprozess die Strategie beeinflussen kann.[34] Es gibt zwei wichtige Erkenntnisse, die sich aus dieser Sichtweise auf die Strategieentwicklung ergeben und in ▶ *Abbildung 13.3* grafisch dargestellt sind.

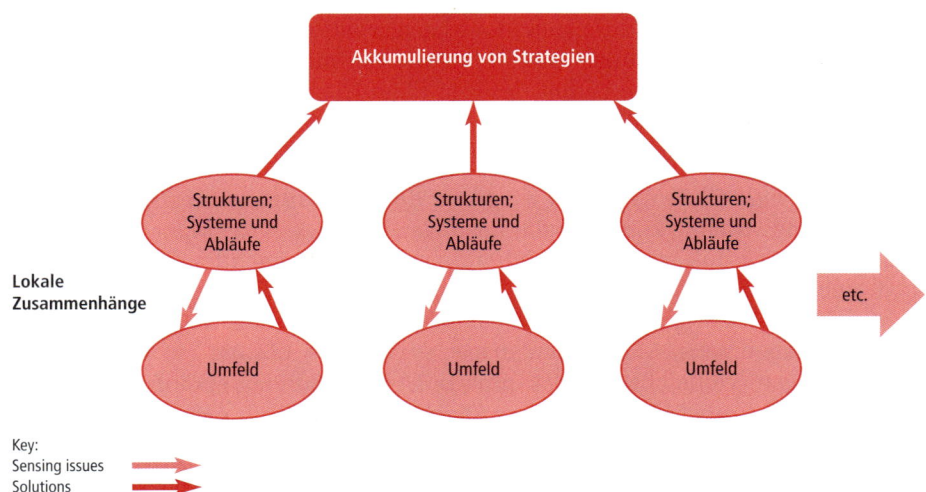

Abbildung 13.3: Strategieentwicklung als Produkt von Strukturen, Systemen und Abläufen

---

31 Die RAP-Perspektive geht zurück auf zwei amerikanische Professoren, Joe Bower und Robert Burgelman. Deren ursprüngliche Studien stammen von J. L. Bower, „Managing the Resource Allocation Process: a Study of Corporate Planning and Investment", Irwin, 1972 und R. A. Burgelman, „A model of the interaction of strategic behaviour, corporate context and the concept of strategy", *Academy of Management Review*, Band 81, Nr. 1 (1983), S. 61–70 und „A process model of internal corporate venturing in the diversified major firm", *Administrative Science Quarterly*, Band 28 (1983), S. 223–244. Siehe auch J. L. Bower und C. G. Gilbert, „A revised model of the resource allocation process", in J. L. Bower und C. G. Gilbert (Hrsg.), „From Resource Allocation to Strategy", *Oxford University Press*, 2005, S. 439–455.

32 W. Ocasio, „Towards an attention-based view of the firm", *Strategic Management Journal*, Band 18 (Sommer-Sonderausgabe 1997), S. 187–206.

33 J. L. Bower und C. G. Gilbert, „How managers everyday decisions create or destroy your company's strategy", *Harvard Business Review*, Februar 2007, S. 2.

34 Siehe *Strategy as Destiny: How Strategy Making Shapes a Company's Future*, Free Press, 2002. Siehe auch R. Burgelman, „Fading memories: a process theory of strategic business exit in dynamic environments", *Administrative Strategic Management Journal*, Band 33, Nr. 5 (2012), S. 478–96.

- *Organisationale Systeme als Basis für die Erfassung von Problemen.* Manager erklären Probleme und Themen, mit denen sie konfrontiert werden, häufig anhand der Systeme und Abläufe, die ihnen vertraut sind und die sie direkt betreffen. So befasst sich ein Finanzleiter einer Organisation natürlich hauptsächlich mit den Finanzsystemen, ebenso wie ein Vertriebsleiter sich am Vertriebssystem orientiert. Die Manager eines bestimmten Geschäftsbereichs kümmern sich zuerst um alle Systeme, die genau diesen Bereich betreffen. Manager auf der obersten Ebene orientieren sich auch an den Abläufen, die sie betreffen.

  Vertikale Berichtsbeziehungen innerhalb von Hierarchien ziehen die Aufmerksamkeit der Manager auf Themen innerhalb ihres Organisationsbereichs – um Kooperation mit anderen Bereichen und um übergeordnete Themen anzugehen, geht es also weniger. Manager einer Geschäftseinheit, die nahe am jeweiligen Zielmarkt ist, orientieren sich an Abläufen und Systemen, die sich um Kunden und Konkurrenten drehen, während Manager höherer Ebenen sich um ausgewogene Ressourcenallokation über alle Geschäftsbereiche hinweg sorgen. Finanzmärkte und staatliche Regulierung spielen hierbei eine Rolle.

  Ansätze der intendierten Strategieentwicklung, die sich von oben nach unten vollzieht, gehen davon aus, dass sich alle Manager automatisch auf klar abgegrenzte „strategische Themen" konzentrieren, die die gesamte Organisation betreffen. Die hier erläuterte Sichtweise betont dagegen, dass (i) sich die Aufmerksamkeit eher auf die lokalen Systeme und die damit verbundenen Probleme richtet und dass (ii) diese Probleme auch lokal definiert werden.

- *Organisationale Systeme liefern die Basis für die Lösung strategischer Probleme.* Systeme und Abläufe können auch Lösungen bieten, auf die Manager zurückgreifen. Die Lösungsansätze können sich unterscheiden, je nachdem in welchem Kontext sich die betroffenen Manager bewegen. Ein Beispiel sind etwa die unterschiedlichen Lösungsansätze als Reaktion auf einen Leistungsabfall innerhalb eines Unternehmens. Marketingmanager suchen die Lösung auf dem Zielmarkt und schlagen vielleicht Werbekampagnen oder Sonderverkäufe vor, um die Umsätze anzukurbeln. Manager aus dem Bereich Forschung und Entwicklung sehen die Lösung eher in neuen Innovationen und Buchhalter wiederum greifen auf Kostenkürzungen und strengere Kostenkontrolle zurück. Jeder Manager orientiert sich also an seinem eigenen Umfeld und sucht Lösungen anhand der ihm vertrauten Systeme und Abläufe.

Eine weitere Erklärung dafür, wie Strategien auf Basis von Strukturen und Systemen entstehen können, konzentriert sich darauf, dass solche Systeme für eine bestimmte Strategie entwickelt wurden, aber auch für spätere Strategien richtungsweisend bleiben können. Diese späteren Strategien entstehen dann vielleicht aufgrund früherer strategischer Entscheidungen und dadurch festgelegter Abläufe, die jede weitere strategische Entwicklung beeinflussen. Diese Form der Strategieentwicklung ist häufig zu beobachten, wenn eine bestimmte Strategie erfolgreich war, denn jeder Manager strebt danach, strategische Kontinuität zu erreichen über eine Reihe strategischer Schritte hinweg, wobei jeder nächste Schritt logisch auf den vorhergegangenen Schritten aufbaut. ▶ *Abbildung 13.4* verdeutlicht dies. Ein Unternehmen kann beispielsweise eine neue Produktidee entwickeln und der anfängliche Erfolg des neuen Produkts kann dann zu weiteren Investitionen auf dem Markt und zu weiteren Produkterweiterungen führen. Dann folgen weitere Investitionen in Ressourcen und Systeme, um diesen wachsenden Geschäftsbereich zu fördern. Im Laufe der Zeit bringt das Unternehmen dann die neuen Produkte vielleicht auch auf neuen Märkten heraus und strebt eine verbundene Diversifikation an. Jeder dieser strategischen Schritte basiert auf der Logik der vorangegangenen Schritte, sodass sich die ursprünglich gewählte Strategie mit der Zeit immer mehr etabliert. Manchmal kann dies allerdings zu einer suboptimalen Pfadabhängigkeit führen, wenn die früheren Entscheidungen „politische Pfade" festlegen, die sich nachhaltig auf alle folgenden Entscheidungen auswirken, wie in *Abschnitt 6.2* erläutert. Selbst wenn der erste Schritt einer neuen Strategie (in diesem Fall die Produkteinführung) also nicht besonders erfolgreich ist, wird das betroffene Unternehmen vielleicht dennoch diese strategische Richtung beibehalten, was weitere suboptimale strategische Entscheidungen mit sich bringen kann.

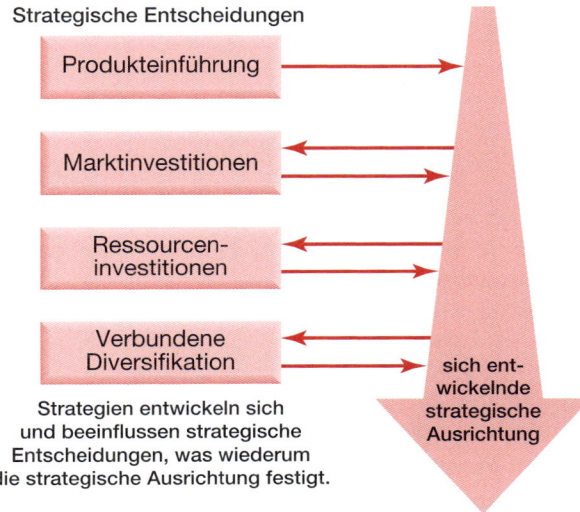

Abbildung 13.4: Strategische Richtung vorgegeben durch frühere strategische Entscheidungen

Neben dem Einfluss der Ressourcenallokation und früherer strategischer Entscheidungen kann die Strategieentwicklung auch durch die Organisationskultur geformt werden. Strategien können sich aus der Organisationskultur ergeben und diese fortführen. Damit sind die Annahmen und Prämissen gemeint, die alle Mitarbeiter als selbstverständlich akzeptieren, ebenso wie übliche Abläufe und Verhaltensweisen innerhalb eines Unternehmens, auch wenn diese vielleicht nicht optimal sind. Die Organisationskultur definiert mit, wie die Mitarbeiter ihr Unternehmen und dessen Umfeld sehen. Und dadurch wird auch ganz klar festgelegt, welches Verhalten angemessen ist und welches nicht. Also ist es auch sehr wahrscheinlich, dass Entscheidungen über zukünftige Strategien auch von der Unternehmenskultur geprägt werden. Beispiele hierfür finden sich in *Kapitel 6*, wobei auch die möglichen Probleme aufgezeigt werden, die sich daraus ergeben können. Ein nicht unerhebliches Problem dabei ist etwa, dass eine solche kulturell gesteuerte Strategieentwicklung zur strategischen Drift führen kann (siehe *Abschnitt 6.4*).

Der Einfluss organisationaler Strukturen, Systeme und früherer Entscheidungen auf die Strategieentwicklung schließt aber keineswegs die anderen Ansichten und Erklärungsansätze zur Strategieentwicklung aus. So lässt sich beispielsweise daraus leicht ableiten, warum Strategieentwicklung auch ein politischer Prozess sein kann (*Abschnitt 13.3.2*), denn es wird klar, dass es immer unterschiedliche Wahrnehmungen strategischer Probleme und unterschiedliche Ansichten zu Lösungsansätzen geben wird. Die Betonung von Strukturen und Systemen lässt allerdings die strategische Planung von oben nach unten eindeutig in den Hintergrund treten und legt stattdessen nahe, dass die Strategieentwicklung eine Anhäufung lokaler Entscheidungen ist, die stark vom jeweiligen lokalen Kontext geprägt sind. Es kann jedoch sein, dass diese lokalen Entscheidungen später zu einer kohärenten Strategie in Form eines strategischen Plans formuliert werden. Es gibt auch Beweise dafür, dass Förderer innovativer lokaler Initiativen meist auf rationale Begründungen und Rechtfertigungen formeller Autoritäten zurückgreifen, um ihre Initiativen zu stützen.[35]

13.4 Auswirkungen für das Management der Strategieentwicklung

Aus den verschiedenen Sichtweisen und Erklärungsansätzen der Strategieentwicklung sollte eindeutig hervorgegangen sein, dass sie sich alle nicht gegenseitig ausschließen und auch nie nur ein einziger Ansatz für sich genommen zum Tragen kommt: Vielmehr vollziehen sich meist mehrere Entwicklungsprozesse gleichzeitig.[36] So gibt es zum Beispiel in den meisten großen Unternehmen Planungssysteme, doch hier vollziehen sich zweifellos auch politische Prozesse. Das Planungssystem selbst kann sogar als Verhandlungsargument eingesetzt werden. Auch etablierte Strukturen, Systeme und Abläufe sind wohl in jedem Unternehmen vorhanden, die zukünftige Strategien immer mit beeinflussen. Wie also zu Beginn des Kapitels erklärt wurde, entwickeln sich Strategien sowohl intendiert als auch emergent. *Beispiel 13.2* beschreibt einen mittlerweile klassischen Fall der Strategieentwicklung: wie Honda den US-amerikanischen Motorradmarkt erobern konnte.[37]

Es ist zudem sehr wahrscheinlich, dass verschiedene Menschen auch unterschiedliche Ansichten zu Strategieentwicklungsprozessen haben. Vertreter der höheren Managementebenen beispielsweise sehen solche Prozesse meist eher als intendierte, rationale und analytische Planungssysteme, während Manager der mittleren Ebene Strategieentwicklung eher als Ergebnis politischer und kultureller Prozesse wahrnehmen. Für Manager öffentlicher Organisationen wirken Strategien oft als von außen aufgezwungen, vor allem weil diese Organisationen unter direkter Kontrolle der Regierungsbehörden stehen.[38] Mitarbeiter von Familienunternehmen spüren eine größere Einflussnahme durch mächtige Einzelpersonen, z.B. die Eigentümer des Unternehmens.

---

35 C. Lechner und S. W. Floyd, „Group influence activities and the performance of strategic initiatives", *Strategic Management Journal*, Band 33, Nr. 5 (2012), S. 478–96.

36 Einblicke in die Bedeutung multipler Strategieentwicklungsprozesse finden sich bei S. L. Hart, „An integrative framework for strategy-making processes", *Academy of Management Review*, Band 17, Nr. 2 (1992), S. 327–51. Eine Übersicht zu Forschungsarbeiten zu diesem Thema bietet T. Hutzschenreuter und I. Kleindienst, „Strategy-process research: what have we learned and what is still to be explored", *Journal of Management*, Band 32, Nr. 5 (2006), S. 673–720.

37 Siehe R. T. Pascale, „Perspectives on strategy: the real story behind Honda's success", *California Management Review*, Band 26, Nr. 3 (1984), S. 47–72 und H. Mintzberg, R. T. Pascale, M. Goold und R. Pl Rumelt, „The Honda effect revisited", *California Management Review*, Band 38, Nr. 4 (1996), S. 78–116.

38 Unterschiede zwischen Strategieentwicklungen in öffentlichen und privaten Organisationen werden behandelt bei N. Collier, F. Fishwick und G. Johnson, „The processes of strategy development in the public sector", in G. Johnson und K. Scholes (eds.), *Exploring Public Sector Strategy*, Pearson Education 2001.

Beispiel 13.2   Ein klassischer Fall: Honda erobert den US-amerikanischen Motorradmarkt

Es gibt unterschiedliche Erklärungen dafür, wie erfolgreiche Strategien entstehen.

1984 veröffentliche Richard Pascale einen Artikel, der den Erfolg von Honda bei der Einführung seiner Motorräder auf dem amerikanischen Markt in den 1960er-Jahren beschrieb. Es ist ein Artikel, der seither für Diskussionen über Strategieentwicklungsprozesse gesorgt hat. Zuerst zitierte er Erklärungen, welche von der Boston Consulting Group (BCG) angeboten wurden:

>*„Der Erfolg der japanischen Hersteller gründete in dem Wachstum ihres heimischen Marktes in den 50er-Jahren. Dies führte zu einer äußerst wettbewerbsfähigen Kostenposition, die die Japaner zu Beginn der 60er-Jahre als Sprungbrett für das Eindringen in die Weltmärkte mit kleinen Motorrädern nutzten... Die grundlegende Philosophie der japanischen Hersteller lautet: Ein hohes Produktionsvolumen pro Modell bietet das Potenzial hoher Produktivität, weil kapitalintensive und hoch automatisierte Arbeitstechniken genutzt werden können. Ihre Marktstrategien sind daher auf die Entwicklung hoher Umsätze pro Modell ausgerichtet, was erklärt, warum sie so großen Wert auf Wachstum und Marktanteil legen, wie wir es beobachtet haben.“*

Die Darstellung der BCG bietet eine rationale Erklärung, die auf dem bewussten Aufbau von Kostenvorteilen gründet, die sich aus Volumina ergeben.

Pascales zweite Version der Geschehnisse basierte auf Interviews mit den japanischen Führungskräften, die die Motorräder auf dem amerikanischen Markt eingeführt hatten:

>*„Unsere Strategie bestand in Wahrheit nur darin, dass wir herausfinden wollten, ob wir in den Vereinigten Staaten etwas verkaufen könnten. Es war eine neue Grenze, eine neue Herausforderung, die zu der von Herrn Honda kultivierten Unternehmenskultur „Erfolg entgegen aller Wahrscheinlichkeit“ passte. Wir diskutierten weder Gewinne noch Zeitspannen für Gewinnschwellen ... Wir wussten, dass unsere Produkte ... gut, aber nicht weit überlegen waren. Herr Honda war vor allem von den 250cc- und 305cc-Maschinen überzeugt. Die Lenker dieser größeren Maschinen hatten die Form von Buddhas Augenbraue, was seiner Meinung nach ein starkes Verkaufsargument war... Unser Anfangsbestand setzte sich zusammen aus je 25 % der vier Produkte – der 50cc-Supercub, der 125cc-, 250cc- und der 305cc-Maschinen. Wertmäßig war der Bestand daher eher zugunsten der größeren Maschinen gewichtet... Im ersten Jahr tappten wir völlig im Dunkeln. Herrn Hondas und unseren Instinkten folgend hatten wir nicht versucht, die 50cc-Supercubs umzuschlagen ... Sie schienen für den US-Markt, auf dem alles größer und luxuriöser war, völlig unpassend ... Wir nutzten die 50cc selbst, wenn wir für Botengänge durch Los Angeles fuhren. Sie erregte viel Auf-*

> *merksamkeit. Aber wir zögerten immer noch, die 50cc in den Markt zu drücken, da wir Angst hatten, unser Image in einem Macho-Markt zu gefä0hrden. Aber als für die größeren Motorräder der Durchbruch kam, hatten wir keine Wahl mehr. Zu unserer Überraschung handelte es sich bei den Händlern, die sie verkaufen wollten, nicht um Motorradhändler, sondern um Sportartikelgeschäfte."*
>
> *Quellen: Basiert auf R. T. Pascale, Perspectives on strategy: the real story behind Honda's success, California Management Review, Band 26, Nr. 3 (1984), S. 47–72; H. Mintzberg, R. T. Pascale, M. Goold und R. P. Rumelt, The Honda effect revisited, California Management Review, Band 38, Nr. 4 (1996), S. 78–116.*

13.4.1 Strategieentwicklung in unterschiedlichen Kontexten

Natürlich gibt es nicht den einzig wahren und richtigen Weg der Strategieentwicklung, weshalb es besonders wichtig ist, dass Manager die möglichen Vor- und Nachteile der verschiedenen Entwicklungsprozesse kennen. Organisationen unterscheiden sich erheblich in Bezug auf ihre Größe, Form und Komplexität. Auch die Umfelder, in denen sie agieren, sind höchst verschieden. Und so machen auch verschiedene Strategiemanagementprozesse unter unterschiedlichen Bedingungen mehr oder weniger Sinn (siehe „Quer-Denken" am Ende des Kapitels). ▶ *Abbildung 13.5* zeigt, wie Organisationen versuchen können, mit Bedingungen zurechtzukommen, die mehr oder weniger stabil oder dynamisch und einfach oder komplex sind.[39]

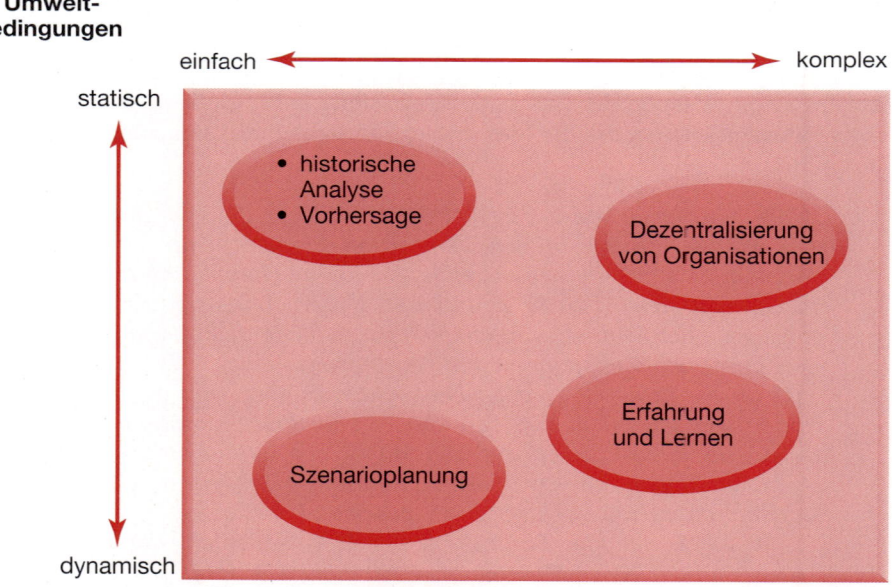

Abbildung 13.5: Strategieentwicklung in unterschiedlichen Umweltkontexten

---

39   R. Duncans Untersuchungen, auf denen diese Klassifikation basiert, finden sich in „Characteristics of organisational environments and perceived environmental uncertainty", *Administrative Science Quarterly*, Band 17, Nr. 3 (1972), S. 313–327.

■ Unter *einfachen/statischen Bedingungen* ist die Umwelt relativ leicht zu verstehen und keinen großen Veränderungen unterworfen. Beispiele dafür waren, zumindest in der Vergangenheit, Rohstofflieferanten und einige Unternehmen mit Massenproduktion. Die technischen Prozesse sind hier relativ einfach und Wettbewerb und Märkte bleiben im Zeitverlauf gleich. Tritt unter solchen Umständen eine Veränderung der Umwelt ein, könnte diese prognostizierbar sein. Es könnte daher Sinn ergeben, die historische Entwicklung der Umwelt extensiv zu analysieren, um auf dieser Basis zu versuchen, wahrscheinliche künftige Bedingungen vorherzusagen. In Situationen von relativ geringer Komplexität kann es auch möglich sein, einige Vorhersagefaktoren für umweltbedingte Einflüsse zu identifizieren. So können zum Beispiel im Bereich öffentlicher Dienstleistungen demografische Daten wie die Geburtenraten als Vorhersagefaktoren genutzt werden, um den Bedarf an Schulausbildung, Gesundheitsvorsorge oder Sozialleistungen zu bestimmen. Unter einfachen/statischen Bedingungen kann es daher sinnvoll sein, Strategieentwicklung in Form formeller Planungssysteme zu betreiben. Es kann auch sehr verlockend sein, sich auf Erfahrungen und vorangegangene Entscheidungen zu stützen, da sich nur wenig verändert. Es gibt hierbei jedoch zwei Probleme. Erstens könnten Konkurrenten in gleichartigen Umwelten den gleichen Strategien folgen; dies könnte ein Rezept für hohen Wettbewerbsdruck und niedrige Gewinne sein. Zweitens können sich die Umweltbedingungen ändern. Viele Organisationen sehen sich zunehmend dynamischen und/oder komplexen Bedingungen gegenüber. Wenn dies eintritt, könnte es sein, dass die Organisationen Schwierigkeiten haben, sich den geänderten Bedingungen anzupassen, weil ihre Strategieentwicklungsprozesse nicht für diese geeignet sind.

■ Unter *dynamischen Bedingungen* sollten Manager die zukünftige und nicht nur die vergangene Umwelt bedenken. Das Ausmaß der Unsicherheit nimmt daher zu. Sie können in strukturierter Weise versuchen, sich ein Bild der Zukunft zu machen, beispielsweise mittels der in *Kapitel 2* (siehe *Abschnitt 2.4*) diskutierten *Szenarienplanung*. Oder Manager können die organisationalen Bedingungen schaffen und fördern, die notwendig sind, damit einzelne Personen und Gruppen vorausschauend überlegen, intuitiv über mögliche Zukunftsszenarien nachdenken und diese infrage stellen, was dem oben erwähnten *organisationalen Lernen* entspricht.

■ Unter *komplexen Bedingungen* sind Manager einer Umwelt ausgesetzt, die schwer zu verstehen ist. Dies kann an der Komplexität des Wissens in einer Branche oder an der organisationalen Komplexität liegen. Die Unternehmenszentrale eines großen multinationalen Unternehmens mit mehreren Geschäftsbereichen oder ein großer öffentlicher Dienstleister wie eine örtliche Behörde, die viele Leistungen anbietet, können aufgrund ihrer Vielfalt beispielsweise eine solche Komplexität aufweisen. Solche Organisationen stehen ebenfalls dynamischen Bedingungen gegenüber und sehen sich daher einer Kombination aus Komplexität und Unsicherheit ausgesetzt. Die Elektronikindustrie befindet sich in dieser Situation. Unter solchen Bedingungen muss das Top-Management erkennen, dass die Möglichkeit der Planung detaillierter Strategien von oben begrenzt ist und sogar gefährlich sein kann, da Spezialisten in den unteren Hierarchieebenen der Organisation mehr über die Umwelt wissen, in der die Organisation operiert, als sie. Das Top-Management sollte daher eher die allgemeine Strategierichtung festlegen und die von unten emergenten Strategien koordinieren und formen. Erkenntnisse der Ideenperspektive (siehe Kommentare) und des organisationalen Lernens können auch hier hilfreich sein.

Bedenkt man, auf welch unterschiedliche Art und Weise Strategien unter verschiedenen Bedingungen entwickelt werden können und müssen, so hat das wiederum eine Reihe von Auswirkungen:

- *Die Rolle des Top-Managements bei der Strategieentwicklung.* Sehen sich Top-Manager als detaillierte Planer einer Strategie für das gesamte Unternehmen, als diejenigen, die die strategische Richtung vorgeben und eine Managementkultur schaffen, die weiter unten im Unternehmen genauere Strategieansätze hervorbringt? Oder sehen sie sich als diejenigen, die eigene Fähigkeiten entwickeln, um auf strategischen Ideen und Ansätzen aufzubauen, die überall innerhalb ihrer Organisation entstehen?

- *Die Funktionen strategischer Planung.* Strategische Planung muss unterschiedliche Aufgaben übernehmen. Je einfacher die Umfeldbedingungen für ein Unternehmen, desto eher ist es möglich, durch vorherige Planung die Strategie zu bestimmen. Mit zunehmender Komplexität des Strategieentwicklungsprozesses kommt aber auch mehr und mehr das Problem auf, eine Gesamtstrategie für ein Unternehmen koordinieren zu müssen. Auch unter komplexeren Umfeldbedingungen ist strategische Planung wichtig, doch sie dient eben eher der Koordination und Kommunikation. Dies ist besonders sinnvoll, weil es für alle Stakeholder der Organisation eine offizielle Formulierung der gewählten Strategie geben muss. Allerdings besteht dabei wiederum die Gefahr, dass Strategieplanung hier lediglich das bereits vorhandene Wissen zusammenfasst und bereits gefallene Entscheidungen nachträgliche begründet und rechtfertigt. Wenn strategische Planung sinnvoll und nützlich sein soll, muss sie aber gerade das vorhandene Wissen und etablierte Strukturen und Abläufe in Frage stellen.

- *Unterschiedliche Funktionen der Strategieentwicklung auf unterschiedlichen Organisationsebenen.* Eine Studie über die Beziehung der Unternehmenszentrale zu ihren einzelnen Einheiten oder Tochtergesellschaften ergab, dass es eindeutige Unterschiede gab, was die Herangehensweise an und die Funktion der Strategieentwicklung betrifft.[40] Die Geschäftseinheiten/Tochtergesellschaften übernahmen dabei die Funktion des Experimentierens. Die Manager verließen sich stark auf informelle Kontakte zu ihren Märkten und trafen Entscheidungen meist aufgrund ihrer Erfahrungen. Den Führungskräften an der Spitze der Organisation ging es dagegen eher darum, ihre einzelnen Einheiten sinnvoll zu koordinieren. Hier standen also Planung, Ressourcenallokation und Überprüfung bestehender Strategien im Vordergrund. Die Studie kommt zu dem Schluss, dass Manager auf verschiedenen Unternehmensebenen auch verschiedene Aufgaben übernehmen. Wichtig ist also ein produktiver Dialog zwischen den verschiedenen Managementebenen.

- *Strategische Wendepunkte.* Robert Burgelman und Andy Grove[41] gehen davon aus, dass alle Organisationen sogenannte „strategische Wendepunkte" erleben, an

---

40 Siehe P. Regnér, Fußnote 30.
41 R. A. Burgelman und A. S. Grove, Let chaos reign. Then rein in chaos – repeatedly: managing strategic dynamics for corporate longevity, *Strategic Management Journal*, Band 28 (2007), S. 965–79.

denen sich die jeweilige Branchendynamik grundlegend verschiebt, sodass das Management auf diese Veränderungen reagieren muss. In solchen Situationen kann es durchaus passieren, dass die Symptome zunächst von den Managern erkannt werden, die den Veränderungen am nächsten sind. Diese setzten sich dann für entsprechende Anpassungen in der Firmenstrategie ein. Das Problem dabei könnte sein, dass andere Manager weiter oben in der Unternehmenshierarchie vielleicht zu sehr an der bestehenden Strategie hängen, da diese optimal auf Gewinnmaximierung und Nutzung des Wettbewerbsvorteils ausgerichtet ist. Daraus könnte sich eine zunehmende „Dissonanz" innerhalb der Organisation ergeben. Burgelman und Grove argumentieren, dass Top-Manager lernen müssen, wann sie solche Dissonanzen ernst nehmen sollten. Dies erinnert auch an die Herausforderung der organisationalen Ambidexterity , auf die in *Abschnitt 15.4.4* näher eingegangen wird.

13.4.2 Das Management intendierter und emergenter Strategien

Bisher wurde in diesem Kapitel zwischen intendierter und emergenter Strategie unterschieden. Es wurde auch darauf hingewiesen, dass sich die unterschiedlichen Prozesse der Strategieentwicklung nicht gegenseitig ausschließen; es laufen vielmehr mehrere Prozesse in Organisationen ab. Aus dieser Erkenntnis lassen sich wiederum weitere Themen und Fragestellungen ableiten:

■ *Nicht realisierte Strategien.* Es gibt höchst wahrscheinlich immer einzelne Aspekte einer intendierten Strategie, die nicht in die Tat umgesetzt werden. Dafür gibt es mehrere Gründe: Das Umfeld verändert sich und das Management entscheidet, dass die zuvor geplante Strategie so nicht umgesetzt werden soll; die Pläne erweisen sich als undurchführbar oder in der Praxis inakzeptabel; oder eine emergente Strategie setzt sich durch. Allerdings gibt es auch hier Gefahren. Manager könnten eine intendierte Strategie, die vielleicht aufgrund eines detaillierten Planungsprozesses entstanden ist, unterstützen, während ihre Organisation in der Realität aber eine ganz andere Strategie verfolgt. Als Kunden erleben wir dies bei Unternehmen, die sich eine ganz andere Strategie auf die Fahnen schreiben, als die, welche wir erleben. Regierungsbehörden beispielsweise haben angeblich den alleinigen Zweck, Dienstleister für die Bürger zu sein, bauen aber andererseits eine bürokratische Hürde nach der anderen auf. Firmen, die angeblich großartigen Kundendienst anbieten, betreiben in Wahrheit Call-Center, die keine Problemlösungen anbieten, sondern nur die Kunden frustrieren. Man darf allerdings nicht davon ausgehen, dass Top-Manager immer nahe genug am Kunden sind, um zu erkennen, wenn intendierte und realisierte Strategie so stark voneinander abweichen. Vielmehr müssen Manager aller Ebenen darauf achten, dass die geplante Strategie auch tatsächlich in die Tat umgesetzt wird.

■ *Das Management einer intendierten Strategie.* Überall dort, wo Strategien bewusst geplant und für die Zukunft festgeschrieben werden, muss es ein sinnvolles Feedback geben – nicht zuletzt deswegen, weil sich dadurch die intendierte Strategie nochmals verändern könnte. Ein solches Feedback kann auf unterschiedliche Art und Weise erfolgen. Der erste Schritt bei der Umsetzung einer Strategie – die Kommunikation der Strategie an das gesamte Unternehmen – kann bereits Anlass für direktes Feedback von verschiedenen Interessengruppen sein, die sich für eine

Anpassung der Strategie einsetzen. Und auch organisationale Strukturen, Systeme und Abläufe, die zur Umsetzung der Strategie beitragen müssen, können Feedback geben (siehe *Kapitel 14*). Kontrollsysteme etwa, die den Erfolg einer implementierten Strategie überprüfen sollen, könnten signalisieren, dass wichtige Ziele nicht erreicht werden. Ebenso können wichtige Indikatoren oder eine Balanced Scorecard anzeigen, dass eine intendierte Strategie verändert werden muss (siehe *Kapitel 12*). Und natürlich spielt auch die Organisationskultur eine wichtige Rolle bei der Implementierung einer Strategie (siehe *Kapitel 16*). Wenn sich nämlich zeigt, dass eine intendierte Strategie allzu radikale kulturelle Veränderungen in einem Unternehmen erfordert, muss diese angepasst werden.

■ *Steuerung einer emergenten Strategie.* Die Prozesse der Strategieentwicklung, die zu emergenten Strategien führen, können zwar tief in den organisationalen Routinen und der Kultur verwurzelt sein, aber sie entziehen sich nicht der Steuerung. Ebenso wie bei der strategischen Planung geht es auch hier um das Management der Strategie. Politische Prozesse können analysiert und gesteuert werden (siehe *Abschnitt 5.2.2* über die Analyse der Interessengruppen), organisationale Strukturen und Ressourcenallokation können verändert werden. Nicht zuletzt geht es hier um die Aufgabe des Managements, eine klare Vision der künftigen Strategie zu entwickeln, und auch dabei können strategische Planungssysteme helfen.

■ *Die Herausforderung einer strategischen Drift.* Eine der großen strategischen Herausforderungen, denen Manager gegenüberstehen, wurde in *Kapitel 6* als das Risiko einer strategischen Drift identifiziert: Viele Strategien entwickeln sich, können dabei aber nicht mit einem sich rasch verändernden Umfeld Schritt halten. In *Abschnitt 13.3* wird gezeigt, dass inkrementelle Strategieentwicklungsprozesse, die in der Herausbildung einer Strategie resultieren, ein natürliches Ergebnis der Einflüsse organisationaler Kultur, individueller und kollektiver Erfahrungen, politischer Prozesse und früherer Entscheidungen sind. Dies stellt heraus, dass Strategieentwicklungsprozesse in Organisationen die Mitarbeiter ermuntern sollten, die Fähigkeit und Bereitschaft zu entwickeln, ihre Kernannahmen und Handlungsweisen zu hinterfragen und zu ändern.

Quer-Denken

Verschiedene Stile der Strategieentwicklung

Eine neue Sichtweise propagiert nicht zwei, sondern vier verschiedene Strategieentwicklungsstile

Es ist bereits klar geworden, dass unterschiedliche Strategieprozesse, wie etwa intendierte oder emergente Strategieentwicklung, unter unterschiedlichen Bedingungen sinnvoll sind (siehe *Abschnitt 13.4.1*). Eine neue Sichtweise unterscheidet nun zwischen vier verschiedenen Prozessen oder „Stilen" der Strategieentwicklung.[42] Dieser Ansatz geht davon aus, dass Strategiestile von zwei wichtigen Dimensionen bestimmt werden: wie vorhersagbar das Umfeld einer Branche ist und wie leicht eine Organisation dieses Umfeld beeinflussen kann. Basierend auf diesen beiden Dimensionen, werden vier verschiedene Stile definiert: *klassisch, adaptiv, gestaltend und visionär*. Nachfolgend werden sie jeweils beschrieben (dabei sei darauf hingewiesen, dass der klassische und der adaptive Stil große Ähnlichkeiten mit der intendierten und der emergenten Strategieentwicklung aufweisen).

Manche Branchen sind recht gut vorhersehbar, jedoch schwierig zu verändern oder zu beeinflussen, wie etwa die Ölindustrie. In diesem Fall eignet sich der *klassische* Stil, bei dem ein Unternehmen, z.B. Shell, sorgfältig analysiert, plant und dann seine Strategie umsetzt. Andere Branchen sind sowohl schlecht vorhersehbar als auch schwer zu beeinflussen, wie etwa die schnelllebige Modebranche. Hier ist der *adaptive* Stil am besten geeignet. Ein Unternehmen wie etwa H&M beobachtet sein Umfeld genau und reagiert auf Veränderungen schnell, wobei es mit mehreren alternativen Strategien experimentiert.

Es gibt zwei weitere Umfeldtypen und entsprechende Stile. Manche Umfelder, wie etwa bei Sozialen Netzwerken, sind kaum vorhersehbar, können aber dennoch von den Unternehmen beeinflusst werden. Hier funktioniert der *gestaltende* Stil am besten. Facebook wendet diesen Stil an, indem es mit anderen Organisationen kooperiert und diese beeinflusst, um dadurch die Entwicklung seiner Branche und seines Markts mitzugestalten. Und schließlich gibt es Branchen, die leicht vorhersehbar und auch leicht zu verändern sind, wie etwa der Einzelhandel per Internet. Dies erfordert den *visionären* Stil, wie ihn etwa Amazon anwendet. Das Unternehmen erkennt neue, langfristige Chancen schnell, entwirft Visionen, um diese zu nutzen, und ist dabei sehr nachhaltig.

---

42 M. Reeves, C. Love und P. Tillmanns, Your strategy needs a strategy, *Harvard Business Review*, Band 90, Nr. 9 (2012), S. 76–83.

Z U S A M M E N F A S S U N G

Dieses Kapitel hat sich mit unterschiedlichen Arten der Strategieentwicklung in Organisationen beschäftigt. Die wichtigsten Lektionen des Kapitels sind die folgenden:

■ Es ist wichtig, zwischen *intendierter Strategie*, einer von Managern bewusst geplanten und gewünschten Strategierichtung, und *emergenter Strategie*, die sich in weniger vorsätzlicher Weise aus den Verhaltensweisen und Aktivitäten einer Organisation entwickelt, zu unterscheiden.

■ Meist wird der Strategieentwicklungsprozess als intendierte Strategie beschrieben, die sich als Ergebnis von *Planungssystemen* ergibt, welche objektiv und leidenschaftslos durchgeführt werden. Formale strategische Planungssysteme haben Vor- und Nachteile.

■ Intendierte Strategie kann auch auf Grundlage einer zentralen *Anweisung* oder der *Vision strategischer Führer* und der *Aufzwingung von Strategien* durch externe Interessengruppen zustande kommen.

■ Strategien können sich auch in Organisationen allmählich herausbilden (Emergenz). Dafür gibt es folgende Erklärungen:

  – Organisationen versuchen, proaktiv durch Prozesse des *logischen Inkrementalismus* und des *organisationalen Lernens* ihre Probleme zu lösen.

  – *Politische Verhandlungsprozesse* resultieren in einer ausgehandelten Strategie.

  – Strategien entwickeln sich durch *organisationale Strukturen und Systeme*, die manche strategischen Projekte gegenüber anderen begünstigen. Auch die Organisationskultur ist Basis für die Strategieentwicklung.

■ Beim Management von Strategieentwicklungsprozessen müssen sich Manager unterschiedlichen Herausforderungen stellen:

  – Sie müssen erkennen, dass unter *verschiedenen Bedingungen* auch unterschiedliche Prozesse der Strategieentwicklung angewandt werden müssen.

  – Sie müssen Prozesse steuern, die sowohl *emergente* als auch *intendierte Strategien* zulassen.

Z U S A M M E N F A S S U N G

Literaturempfehlungen

- Eine vielzitierte Arbeit, die die verschiedenen Muster der Strategieentwicklung beschreibt, stammt von H. Mintzberg und J. A. Waters, „Of strategies, deliberate and emergent", *Strategic Management Journal*, Band 6, Nr. 3 (1985), S. 257–272.

- Einen Überblick über unterschiedliche Arten der Strategieentwicklung und eine Sammlung von Artikeln über Strategieprozesse bietet O. Olk (ed.), *Strategy Process*, Edward Elgar, 2010.

- Die sich ändernde Rolle der strategischen Planung in der Ölindustrie wird von Rob Grant erklärt; „Strategic planning in a turbulent environment: evidence from the oil majors", *Strategic Management Journal*, Band 24 (2003), S. 491–517.

- Zwei Übersichten verschiedener Perspektiven der Strategieentwicklung bieten T. Hutzschenreuter und I. Kleindienst, „Strategy-process research: what have we learned and what is still to be explored", *Journal of Management*, Band 32, Nr. 5 (2006), S. 673–720 und S. Elbanna, „Strategic decision making: process perspectives", *International Journal of Management Review*, Band 8, Nr 1 (2006), S. 1–20.

Fallstudie
Alphabet: Wer und was „treibt" die Strategie?

Eine Fallstudie von Phyl Johnson und Patrick Regnér

Von Google bis Alphabet – die überraschenden Wendungen der Strategieentwicklung bei Google

Google ist eines der wenigen Unternehmen, dessen Produktname so sehr zu einem Synonym für sein Angebot geworden ist, dass es zu einem häufig verwendeten Verb geworden ist. Google, das sich im Oktober 2015 in Alphabet umbenannte, hatte im Jahr 2016 eine Marktkapitalisierung von 544 Mrd. €. Mit einem Netzwerk mit mehr als 1 Mio. Computer weltweit war es das dominante Unternehmen im Bereich der Internetsuche. 85 % der Suchanfragen liefen über Google, deutlich vor dem früheren Riesen Yahoo (6 %), Bing von Microsoft und dem chinesischen Unternehmen Baidu (beide 3 %). Die große Mehrheit des Erlöses von Alphabet, nämlich 86 %, stammt aus mit der Suche verbundener Werbung. Allerdings sah man sich bei der Expansion mit großen Herausforderungen konfrontiert. Viele Menschen stiegen auf Smarthphones um, wo Werbeanzeigen billiger sind, wodurch sich das Wachstum des Giganten verlangsamte. Und entgegen aller Erwartungen schaffte es auch der YouTube-Videodienst nicht, Gewinne einzufahren. Und schließlich verabschiedete man sich langsam, aber sicher von Google+, Googles Version eines sozialen Netzwerkdienstes. Auch die Umstrukturierung und Umbenennung in Alphabet warfen zusätzliche Fragen auf.[1] Der neue Alphabet-Konzern war als Holdinggesellschaft gedacht, die neben der Google-Suchmaschine ein differenziertes Portfolio an Unternehmen enthalten sollte.

Google

Google wurde basierend auf einer Idee von Larry Page und Sergey Brin gegründet, als sie Studenten an der Stanford University in den USA waren. Als Page und Brin ihre eigene Suchmaschine auf den Markt brachten, fanden sie schnell Anhänger und Benutzer, bekamen finanzielle Unterstützung und das versetzte sie in die Lage, 2004 mit einem erstaunlich hohen Erlös von 1,67 Mrd. $ an die US-amerikanische Börse zu gehen.

Von Anfang an war Google anders. Anstatt die Investmentbanker als Diktatoren zu sehen, die den Basiskurs für den Börsengang vorgeben, startete das Unternehmen eine Art Auktion für den Börsengang, bei dem die Käufer den angemessenen Preis der Aktie bestimmten. Page schickte dazu einen offenen Brief an die Aktionäre, in dem er erklärte, dass Google kein konventionelles Unternehmen sei und auch keines werden wolle. Man wollte den Rahmen des Gewohnten sprengen. Dies setzte sich fort, als Google einen zweistufigen Verwaltungsrat einführte, ein Modell, das, auch wenn es in einigen europäischen Ländern (z.B. den Niederlanden) weit verbreitet ist, in den USA selten vorkommt. Der Vorteil für Page und Brin lag in der zusätzlichen Distanz, die sich daraus zwischen *ihnen* und ihren Aktionären ergab und der höheren Managementfreiheit, die dieses System ihnen bei der Führung ihres Unternehmens nach ihren Wünschen gab.

Page und Brin gelang es zudem, Eric Schmidt, CEO von Novel Inc., für ihr Unternehmen zu gewinnen, und sie teilten sich an der Spitze die Macht zu dritt. Schmidt beschäftigte sich mit der Verwaltung und den Investoren von Google und hatte überdies die am stärksten traditionelle CEO-Rolle. Page konzentrierte sich auf die zentralen Strukturen bei Google, während Brin im Bereich Ethik die Führung übernahm.

Die Vergangenheit

Es könnte schwierig sein, herauszuarbeiten, wer für das verantwortlich war, was im Googleplex (dem Hauptsitz von Google) in Mountain View, Kalifornien geschah. Es herrschte der berühmt unstrukturierte Betriebsstil. Im Jahr 2009 behauptete Eric Schmidt, dass diese Strategie auf Versuch und Irrtum beruhte:

„Google ist ungewöhnlich, weil es tatsächlich von unten nach oben organisiert ist. ... Bei Google hat man oft das Gefühl, dass die Mitarbeiter im Wesentlichen tun, was sie für das Beste halten und tolerieren, dass wir da sind. ... Wir haben keinen Fünfjahresplan. ... Wir konzentrieren uns auf das, was neu und aufregend ist und wie man die Öffentlichkeit schnell mit einer neuen Idee gewinnen kann.“[2]

Im Hinblick auf die Produktentwicklung bestand ihr Ansatz darin, ein teilweise fertiggestelltes (Beta-) Produkt ins Netz zu stellen und Google-Fans zu fragen, wie sie das Produkt finden, sie damit experimentieren zu lassen und sie das Produkt auf Fehler prüfen und diese entfernen zu lassen – eine kreative Nutzung von Endbenutzern, aber auch ein erheblicher Verzicht auf Kontrolle. Die Kontrolle des Arbeitsflusses, der Qualität und in hohem Maß des Charakters der Projekte, die zu einem gegebenen Zeitpunkt durchgeführt werden, lag bei den Mitarbeitern und nicht beim Management. Google war berühmt als Organisation mit zurückgenommenem Management. Das Verhältnis von Managern zu Mitarbeitern lag bei 1:20 – und damit gab es hier halb so viele Manager, wie in durchschnittlichen amerikanischen Organisationen (1:10) und noch erheblich weniger als in einigen europäischen Organisationen (Frankreich 1:7,5).

Die Ingenieure arbeiteten in kleinen autonomen Teams und die von ihnen produzierten Arbeitsergebnisse wurden über die Begutachtung durch Kollegen anstelle der klassischen Supervision oder klarer strategischer Richtlinien qualitätsgesichert. Daher bestand das Potenzial für diese kleinen Teams, mit ihrer Freiheit für selbst initiierte Projekte eine Situation zu schaffen, in der sich immer mehr Projekte entwickeln konnten. Überdies durften die Ingenieure bei Google 20 % ihrer Arbeitszeit für persönliche Projekte aufwenden, die sie interessierten, um Innovationen und die Schaffung neuen Wissens sowie potenzieller neuer Produkte anzuregen. Allerdings vertraten einige Kommentatoren die Ansicht, dass viele Ingenieure eher 30 % der Zeit für solche Projekte aufwenden.

Google war stolz auf seinen Laissez-Faire-Ansatz zum Management und zur Produktentwicklung:

„Google wird von seiner Kultur und nicht von mir geführt ... Es ist viel einfacher, einen Mitarbeiterstamm zu haben, bei dem jeder jeden Tag genau das tut, was er will. Die Mitarbeiter sind viel leichter zu führen, da sie niemals irgendwelche Probleme haben. Sie sind immer motiviert, weil sie immer an etwas arbeiten, für das sie sich interessieren ... Aber das unterscheidet sich deutlich von dem traditionellen, hierarchischen Modell, bei dem es die Erklärung des CEO gibt, bei dem es heißt, dass dies die Strategie ist und dass das gemacht wird. Das ist sehr, sehr begrenzt. Wir finden uns mit einem gewissen Maß an Chaos, das sich daraus ergibt, ab.“
Eric Schmidt (CEO)[2]

Es gab allerdings einige Bereiche im System, wo es streng zuging. Ein solcher Bereich war die Rekrutierung. Bei einer solch hoch bewerteten Arbeitgebermarke konnte Google es sich leisten, wählerisch zu sein. Auf jede Stelle bewarben sich knapp 100 talentierte Kandidaten. Die Bezahlung war wettbewerbsfähig, aber nicht deutlich besser als bei der Konkurrenz. Allerdings zogen zusätzliche Leistungen, wie kostenloses Essen, ein Swimmingpool und Massagen, neue Mitarbeiter an. Dies galt auch für die 20 % Freizeit, die Ingenieure für ihre eigenen Interessen aufwenden konnten. Im Gegenzug dafür hatte Google strenge Einstellungskriterien und -prozesse. Die Ingenieure mussten entweder einen Master-Abschluss oder einen Doktorgrad von einer renommierten Universität haben und eine Reihe von Bewerbungstests und -gesprächen bestehen. Die Kriterien dafür wurden hochwissenschaftlich hergeleitet. Praktisch rekrutierte Google seine Mitarbeiter auf der Grundlage eines psychometrischen Profils und der Passung mit „googleness“ und konnte daher einen sehr gut vorhersagbaren Mitarbeiterstamm einstellen und hoffentlich halten: Dieser war viel leichter zu handhaben.

Das neue Alphabet

Im Oktober 2015 wurde Google umstrukturiert und in Alphabet umbenannt, eine Holdinggesellschaft, zu der die Google-Suchmaschine ebenso gehörte wie eine Reihe weitere Unternehmensbereiche. Das Unternehmen hatte seit dem Börsengang im Jahr 2004 über 150 Firmen zu einem Gesamtpreis von etwa 23 Mrd. $ gekauft. Zu diesen Firmen zählten YouTube, Android, Doubleclick und Nest. Neben all den erworbenen Unternehmen schloss Alphabet auch die halb geheime F&E-Einrichtung Google X mit ein, wo man sich auf Robotik und künstliche Intelligenz konzentrierte und z.B. am fahrerlosen Auto arbeitete. Larry Page wurde CEO von Alphabet und Google-X-Mitbegründer Sergey Brin der Präsident. Der ehemalige Vizepräsident Sundar Picai wurde neuer CEO von Google. In seinem Blog Post warb Larry Page für die Gründung von Alphabet:

„Dieses neue Google ist etwas schlanker geworden, und es sind viele Unternehmen dazugekommen, die von unserem Hauptbereich, dem Internet, ziemlich weit entfernt sind. Was bedeutet „weit entfernt"? Gute Beispiele sind unsere Unternehmen aus dem Bereich Gesundheit: Life Sciences (hier arbeitet man an einer Glukose-sensiblen Kontaktlinse) und Calico (hier liegt der Fokus auf Langlebigkeit). Im Grunde sind wir davon überzeugt, dass wir damit unseren Managementstil in eine neue Dimension bringen können. Denn wir führen Unternehmensbereiche, die nichts miteinander zu tun haben, auch unabhängig voneinander. Bei Alphabet geht es darum, dass Unternehmen durch starke Führung und Unabhängigkeit vorankommen können."[3]

Beobachter und Analysten standen der Umstrukturierung von Google allerdings eher skeptisch gegenüber.[1,4] Würden sich dadurch die aktuellen Probleme des Unternehmens lösen lassen? Da sich immer mehr Nutzer verstärkt dem Smartphone zuwandten, auf dem Werbeanzeigen kleiner und damit schwerer zu lesen waren, wollten auch die Werbekunden immer weniger bezahlen. Außerdem wurden Smartphones auch weniger für Internetsuchen genutzt als „traditionelle" Computer, bei denen man über bequemere Tastaturen und

größere Bildschirme verfügen konnte. Nicht Internetsuchen, sondern Apps waren die großen Gewinner bei den Smartphone-Nutzern.

Für Google kam noch das Problem hinzu, dass Werbekunden ihr Werbebudget nicht im erwarteten Tempo vom Fernsehen hin zum Internet und zu YouTube verlagert hatten. YouTube brachte 2014 etwa 6 % der Gesamteinnahmen von Google ein und hatte ca. 1 Mrd. Nutzer, aber keinerlei Gewinne. Zusätzlich waren Facebook und Twitter, die YouTube regelmäßig Nutzer zubrachten, dabei, eigene Videodienste aufzubauen. Und auch Amazon und Netflix stiegen ins Online-Video-Geschäft ein.

Der kometenhafte Aufstieg von Facebook, das auch Werbeflächen anbot, stellte eine dritte Herausforderung dar. Googles Antwort darauf war Google+, das der ehemalige CEO Eric Schmidt als eines der ehrgeizigsten Projekte der Firmengeschichte beschrieben hatte. 2015 allerdings begann man, Google+ langsam, aber sicher aufzulösen, denn die Kunden nahmen den Plan des Unternehmens nicht an, eine Plattform anzubieten, die alle unterschiedlichen Produkte vereinte.

Es schien, dass die Bildung von Alphabet eine Möglichkeit war, jedem Geschäftsbereich mehr Eigenständigkeit zu verleihen. Dadurch konnte sich das Unternehmen leichter auf das Geschäft mit Internetsuchen und Werbeeinnahmen konzentrieren, ohne von allen anderen Geschäftsbereichen abgelenkt zu werden – und umgekehrt. Durch die Umstellung wurde auch die Firmenstruktur für Investoren klarer, denn nun wurden die Zahlen des Kerngeschäfts von Google separat ausgewiesen und veröffentlicht. Auch die Talente des Unternehmens ließen sich jetzt leichter führen und lenken, denn die einzelnen Bereiche waren klarer gegeneinander abgegrenzt, was für die bestehenden Mitarbeiter und auch potenzielle neu eingestellte Mitarbeiter attraktiver sein könnte. Und schließlich könnte die Umstrukturierung auch weitere Unternehmer dazu bringen, ihre Firmen an Alphabet zu verkaufen, denn in der neuen Holding könnten sie ihre eigenen Geschäftsideen unabhängiger von der Suchmaschine Google weiterverfolgen.

Es bleibt abzuwarten, ob die Bildung von Alphabet den gewünschten Erfolg bringen und welche Strategie das sehr diversifizierte Portfolio zusammenhalten wird. Ein Beobachter merkte an:

„Die Planung einer lockeren Unternehmensstruktur wirft doch die Frage auf, warum Alphabets Ansammlung von Firmen überhaupt zusammengehört. Wenn das Einzige, das sie gemeinsam haben, die umfangreichen Geldreserven und die Ambitionen der Unternehmensleitung sind, kann das dann reichen, um sie zusammenzuhalten"

All das führte dazu, dass sich die Umwandlung von Google zu Alphabet eher wie Teil eines Entwicklungsprozesses anfühlt, und nicht wie eine durchdachte Unternehmensstrategie.

Doch der CEO von Google erinnert seine Aktionäre immer wieder daran: „Google ist kein konventionelles Unternehmen. Und wir haben auch nicht die Absicht, eines zu werden."[1]

Quellen:

[1] Richard Waters, Google's Alphabet puzzle is all about perceptions. Financial Times, 1. Oktober 2015, http://www.ft.com/cmss/O/4fad4fa6-6854-11e5-a57f-21b88f7d973f.html

[2] Interview von Nicholas Carlson mit Eric Schmidt, dem CEO von Google: „We Don't Really Have A Five-Year Plan", Washington Post Leadership series, 20. Mai 2009.

[3] Robert Hof, The real reason Google will become Alphabet, Forbes, 8. Oktober 2015, http://conforb.es/1MZ7T2Q

[4] Siehe auch https://youtube.com/watch?v=blAOPCNCszM

Fragen

1 Erklären Sie, wie die Strategie von Google über die Jahre entwickelt worden ist.

2 Welche Stärken und Schwächen hat dieser Ansatz?

3 Auf welche Art und Weise sollte sich der Ansatz von Google zur Strategieentwicklung zukünftig ändern?

 Als Dozent finden Sie ausführliche **Lösungshinweise** zu den Fallaufgaben auf der Webseite zum Buch.

Organisation und Strategie

14

ÜBERBLICK

Lernziele

Nach der Lektüre dieses Kapitels sollten Sie in der Lage sein,

■ die wichtigsten strukturellen Formen von Organisationen in Bezug auf ihre Stärken und Schwächen zu analysieren.

■ Wichtige Aspekte zum Entwurf von Kontrollsystemen zu identifizieren (z.B. Systeme zur Zielfestlegung und Leistungsüberprüfung).

■ zu erkennen, wie die drei Stränge Strategie, Struktur und Systeme sich in der organisationalen Konfiguration gegenseitig stärken sollten.

14.1 Einführung

Strategien können nur umgesetzt werden, weil Menschen tun, was ihnen aufgetragen wird. Will der amerikanische Großkonzern Walmart seine strategischen Ziele erreichen, muss er 2,2 Mio. Mitarbeiter, die an 11.000 verschiedenen Orten arbeiten, dazu bringen, an einem Strang zu ziehen. Ebenso muss eine Sportmannschaft Teamgeist zeigen und gemeinsam ihr Ziel verfolgen. Die Umsetzung einer Strategie muss also organisiert werden und dazu sind sowohl Strukturen als auch Systeme notwendig. Wenn Strukturen und Systeme einer Organisation nicht zu ihrer gewählten Strategie passen, wird selbst der cleverste strategische Plan fehlschlagen, denn seine Umsetzung gestaltet sich sehr schwierig.

Dieses Kapitel untersucht, wie eine erfolgreiche Strategieumsetzung organisiert werden kann. Dabei werden vor allem zwei wichtige Elemente des Organisierens betrachtet: die Strukturen und Systeme einer Organisation.

Strukturen

Strukturen geben Menschen formal definierte Rollen, Verantwortungsbereiche und Berichtslinien.

Strukturen geben Menschen formal definierte Rollen, Verantwortungsbereiche und Berichtslinien. Solche Strukturen kann man als das Skelett einer Organisation bezeichnen, das den Rahmen vorgibt, auf dem alles andere aufbaut.

Systeme

Systeme unterstützten und kontrollieren die Menschen in der Ausübung ihrer strukturell definierten Rollen und Verantwortlichkeiten.

Systeme unterstützten und kontrollieren die Menschen in der Ausübung ihrer strukturell definierten Rollen und Verantwortlichkeiten. Systeme kann man als Muskeln einer Organisation bezeichnen, die ihr Bewegung und Zusammenhalt geben.

▶ *Abbildung 14.1* zeigt die gegenseitige Abhängigkeit von Strategie, Strukturen und Systemen. Ein Grundprinzip jeder organisationalen Gestaltung sollte die Tatsache sein, dass diese drei Elemente sich in einem zirkulären Prozess gegenseitig stützen und verstärken. In diesem Kapitel wird herausgearbeitet, wie wichtig diese gegenseitige Verstärkung ist. Dazu wird in *Abschnitt 14.4* das Konzept der *Konfiguration* eingeführt. Allerdings können sich durch die verstärkende Wirkung der Konfiguration nicht immer nur positive Effekte ergeben. Es kann auch zu Kontrollproblemen kommen und die Anpassungsfähigkeit fehlt in manchen Fällen. In Bezug auf die Kontrolle ist es zwar eigentlich logisch, dass strategische Prioritäten Systeme und Strukturen bestimmen sollten. Die kreisförmige Darstellung in ▶ *Abbildung 14.1* zeigt aber schon, dass es auch umgekehrt sein kann. Wie in *Abschnitt 14.2.5* erklärt, sind Strukturen und Systeme nicht immer die logische Konsequenz einer gewählten Strategie, sondern können diese auch formen – bewusst oder unbewusst. Und eine zu eng verflochtene Konfiguration aus Strategie, Struktur und System kann eben auch bezüglich der Anpassungsfähigkeit der Organisation zum Problem werden. *Abschnitt 14.4* zeigt, wie Konfigurationen durch mehr *Agilität* und *Resilienz* anpassungsfähiger gestaltet werden können.

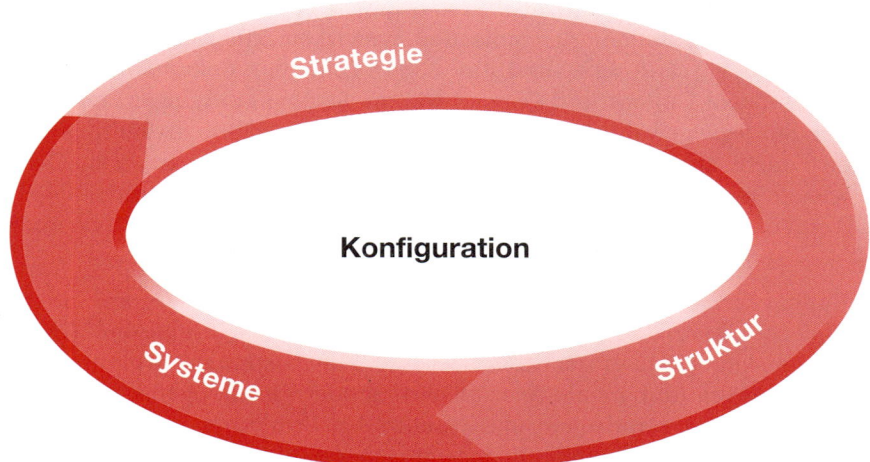

Abbildung 14.1: Organisationale Konfiguration: Strategie, Struktur und Systeme

Dieses Kapitel wendet sich also folgenden Themen zu:

- *Strukturen* definieren die formalen Rollen, Verantwortungsbereiche und Berichtslinien in Organisationen. Es werden die wichtigsten Formen der Organisationsstruktur behandelt, darunter die funktionale, die divisionale, die Matrix-, die projektbasierte und die transnationale Struktur. Die Übereinstimmung zwischen Strategie und Struktur ist ein weiteres wichtiges Thema.

- *Systeme* unterstützen und kontrollieren die Mitarbeiter innerhalb und außerhalb einer Organisation. Solche Systeme umfassen direkt wirkende Mechanismen, wie etwa wirtschaftliche Ziele und Planungen, oder eher indirekt wirkende, wie etwa kulturelle oder Marktsysteme.

- *Konfigurationen* sind die sich gegenseitig verstärkenden Elemente, die die Gestaltung einer Organisation prägen. Neben Strategie, Struktur und Systemen gehören dazu auch die Mitarbeiter, besondere Fähigkeiten, der Managementstil und übergeordnete Ziele, wie im *McKinsey 7-S System* beschrieben.

Am Ende des Kapitels in der Rubrik „Quer-Denken" werden schließlich neue *nichthierarchische* Strukturen und Systeme vorgestellt.

14.2   Unternehmensstrukturen

Manager beschreiben ihre Organisation häufig, indem sie deren formale Strukturen in Form eines Diagramms darstellen. Diese strukturellen Diagramme definieren die Ebenen und Rollen innerhalb einer Organisation. Diese sind für Manager wichtig, denn sie legen fest, wer wofür verantwortlich ist. Struktur kann sich also stark auf die Prioritäten und Interaktionen einer Organisation auswirken. Einer der Mitbegründer der Strategie als wissenschaftliche Disziplin, Alfred Chandler, dokumentiert, wie große Konzerne wie etwa DuPont und General Motors fast bankrottgingen, nicht weil sie die falsche Strategie gewählt hatten, sondern weil die gewählte diversifizierte Strategie einfach nicht zur zentralisierten Struktur des Unternehmens passte. Er betont immer wieder, wie wichtig es ist, dass Struktur und Strategie aufeinander abgestimmt sind: „Wenn die Struktur nicht der Strategie folgt, kommt es unweigerlich zur Ineffizienz."[1]

Dieses Kapitel betrachtet zunächst fünf verschiedene Grundstrukturen: funktionale, multidivisionale, Matrix-, transnationale und projektbasierte Strukturen.[2] Grob gesagt betonen die ersten beiden dieser Strukturen eher eine bestimmte strukturelle Dimension – entweder die funktionale Spezialisierung oder die Geschäftseinheit. Die drei folgenden Strukturen vermischen die strukturellen Strukturen eher und versuchen beispielsweise, Produkteinheiten und geografischen Einheiten gleich viel Gewicht zu geben. Keine dieser Strukturen ist jedoch eine allgemeingültige Lösung für die Herausforderungen des Organisierens. Vielmehr wird die richtige Struktur von den jeweiligen Herausforderungen bestimmt, denen sich jede einzelne Organisation stellen muss. Wissenschaftler weisen hier auf eine große Bandbreite wichtiger Herausforderungen hin (die häufig auch als „Kontingenzen" bezeichnet werden), die die organisationale Struktur prägen, darunter die Größe der Organisation, der Grad der Diversifikation und die Art der verwendeten Technologie.[3] Dies legt nahe, dass der erste Schritt der organisationalen Gestaltung darin besteht, die wichtigsten Herausforderungen der betreffenden Organisation zu definieren. *Abschnitt 14.2.5* konzentriert sich dabei besonders darauf, wie die fünf Strukturformen mit den strategischen Herausforderungen der Diversifikation (*Kapitel 8*), der Internationalisierung (*Kapitel 9*) und der Innovation (*Kapitel 10*) umgehen.

---

1   A. D. Chandler, *Strategy and Structure*, MIT Press, 1962.
2   Siehe J. R. Galbraith, „The future of organization design", *Journal of Organization Design*, Band 1, Nr. 1 (2012), S. 3–6 und N. Argyres und T. Zenger, „Dynamics in organization structure", in A. Grandori (ed.), *Handbook of Economic Organization*, Edward Elgar, 2013.
3   Die Ansicht, dass Organisationen ihre Strukturen an ihre wichtigsten Herausforderungen („Eventualitäten") anpassen sollten, wird in Zusammenhang gebracht mit der langen Tradition der Eventualitätstheorie; siehe L. Donaldson, „The Contingency Theory of Organizations", *Sage*, 2001, oder R. Whittington, „Organisational structure", in „The Oxford Handbook of Strategy", Band II, *Oxford University Press*, 2003, Kapitel 28, für eine Zusammenfassung.

Beispiel 14.1	Struktureller Fehler: der schnelle Untergang von Qwikster

Die Einführung der neuen Qwikster-Struktur durch Netflix erwies sich als Fehlschlag in Milliardenhöhe.

Im Jahr 2011 sah sich Netflix, das größte US-amerikanische Unternehmen im Bereich DVD-Onlineverleih und Internet-Streaming, mit einem Dilemma konfrontiert. Das Streaming von Filmen im Internet erwies sich eindeutig als Wachstumsbranche, in die Wettbewerber wie Amazon eintraten. Andererseits würde der DVD-Verleih per Post langfristig sinken. Im September 2011 reagierte Reed Hastings, CEO und Mitbegründer des Unternehmens, mit einer strukturellen Lösung auf dieses Dilemma. Er schlug die Aufteilung des Unternehmens in zwei separate Teile vor: Zukünftig sollte das Streaming ausschließlich unter der Marke Netflix angeboten werden, während der DVD-Verleih ausschließlich im Rahmen einer neuen organisatorischen Einheit mit dem Namen Qwikster angeboten werden sollte. In einem Blogbeitrag erklärte Hastings die Gründe dafür: „In den vergangenen fünf Jahren war meine größte Sorge bei Netflix, dass uns der Sprung vom Erfolg bei DVDs zum Erfolg beim Streaming nicht gelingen würde. Den meisten Unternehmen, die in einem Bereich großartig sind – wie AOL Dial-Up oder die Buchläden der Borders-Gruppe, gelingt es nicht, auch in neuen Bereichen (wie in unserem Fall dem Streaming) erfolgreich zu werden, weil sie Angst haben, ihr bestehendes Geschäft zu beeinträchtigen. Letztlich erkennen diese Unternehmen dann ihren Fehler, der darin besteht, dass sie sich nicht ausreichend auf den neuen Bereich konzentrieren. Dann aber kämpfen diese Unternehmen verzweifelt und hoffnungslos um die Rettung. Allerdings gehen letztlich Unternehmen nur selten unter, weil sie zu schnell gehandelt haben – sie gehen oft unter, weil sie zu langsam gehandelt haben."

Es gab allerdings auch andere Gründe für die vorgeschlagene Aufteilung. Das DVD-Geschäft benötigt große Lagerräumlichkeiten und einen umfangreichen Logistikbetrieb, während das Streaming erhebliche Internetressourcen erfordert. Bei DVDs konkurrieren die Wettbewerber Blockbuster und Redbox, während zu den Wettbewerbern beim Streaming Amazon, iTunes und Kabelfernsehgesellschaften gehörten. Als eigenständige Einheit konnten die Manager im Bereich Streaming ihr alternatives Geschäftsmodell fördern, ohne sich um das DVD-Geschäft Sorgen zu machen, das insgesamt noch immer den größeren Anteil an den Netflix-Gewinnen ausmachte.

Für die Kunden war die Aufteilung allerdings weniger attraktiv: Zukünftig würden die Kunden zwei Webseiten besuchen müssen, um das zu bekommen, was sie bis dato über eine Webseite erhalten hatten. Die DVD-Webseite bot viel mehr sowie neuere Filme an. Filmempfehlungen für eine Seite leiteten nicht auf die andere Seite weiter. Die Kunden, die DVDs ausleihen, würden die charakteristischen Netflix-DVD-Umschläge, die für eine starke Markenbindung sorgten, nicht mehr erhalten.

Die Reaktion der Kunden war ablehnend. Im Monat nach der Einführung von Qwikster verlor Netflix Hunderttausende Abonnenten. Der Netflix-Aktienkurs sank um mehr als 60 % und reduzierte den Wert um mehr als 3 Mrd. $. In einer Facebook-Nachricht scherzte der CEO Reed Hastings, dass er Angst hatte, dass einige seiner Investoren ihn vergiften würden: „Ich glaube, ich brauche einen Vorkoster. Ich kann es ihnen kaum vorwerfen."

Am 10. Oktober 2011, drei Wochen nach der ersten Bekanntgabe von Qwikster, schrieb Hastings in einem Blog, dass die neue Einheit letzten Endes doch nicht eingeführt werden würde und dass das gesamte Geschäft unter der Marke Netflix fortgeführt werden würde. Hastings erklärte dazu: „Es besteht ein Unterschied zwischen schnellem Handeln – was Netflix seit Jahren schon sehr gut gemacht hat – und übereiltem Handeln, was wir in diesem Fall getan haben." Trotz der Umkehr der strukturellen Veränderung waren die Auswirkungen noch ein Jahr später zu spüren: Der Marktanteil von Netflix im Bereich des DVD-Verleihs war 2012 von 35 % auf 27 % gesunken und sein Wettbewerber Redbox hatte die Marktführerschaft übernommen.

Quellen: Wall Street Journal, 11. Oktober 2011, Strategy + Business, 2. April 2012; PC Magazine, 17. September 2012.

14.2.1 Die funktionale Struktur

Funktionale Struktur

Die funktionale Struktur gliedert die formale Aufbaustruktur einer Organisation nach Verrichtungen wie beispielsweise Produktion, Finanz- und Rechnungswesen, Marketing, Personal oder Forschung und Entwicklung.

Selbst das kleinste Unternehmen muss sich, sobald es mehr als eine Person beschäftigt, damit auseinandersetzen, wie die zu erledigenden Aufgaben unter den Mitarbeitern aufgeteilt werden sollen. Eine grundlegende Strukturform ist hier die **funktionale Struktur**, die die Verantwortlichkeiten gemäß den Primäraktivitäten wie Produktion, Forschung oder Verkauf aufteilt. ▶ *Abbildung 14.2* zeigt ein typisches Organisationsdiagramm eines solchen Unternehmens. Diese Struktur findet man meist in kleineren Firmen oder in Organisationen, die eine begrenzte, kaum diversifizierte Produktpalette anbieten. Auch innerhalb einer multidivisionalen Struktur (siehe weiter hinten) können die einzelnen Unternehmensbereiche in funktionale Abteilungen unterteilt sein (wie in ▶ *Abbildung 14.3* unten dargestellt).

▶ *Abbildung 14.2* fasst auch die potenziellen Vor- und Nachteile einer funktionalen Struktur zusammen. Zu den Vorteilen zählt, dass das führende Management direkt an den Betriebsabläufen beteiligt ist und so eine genauere operative Kontrolle von oben möglich wird. Die funktionale Struktur gibt eine klare Definition der Rollen und Aufgaben vor, wodurch sich die Rechenschaftspflicht der Mitarbeiter erhöht. In funktionalen Abteilungen liegt auch Fachwissen in hoch konzentrierter Form vor, sodass die Entwicklung zusätzlichen Wissens auf den jeweiligen Fachgebieten gefördert wird.

Eine solche Struktur hat aber auch Nachteile, besonders wenn die betreffende Organisation noch größer oder diversifizierter wird. Das größte Problem in dieser sich schnell verändernden Welt liegt allerdings wohl darin, dass sich die Führungsebene nur auf ihre funktionalen Verantwortlichkeiten konzentriert und sich zu sehr mit Routineabläufen und eng definierten funktionalen Interessen beschäftigt. Folglich fällt es den Managern schwer, die gesamte Organisation aus einer strategischen Perspektive zu betrachten oder auch schnell koordiniert zu reagieren. Eine funktionale Organisation kann also sehr unflexibel sein. Die einzelnen funktionalen Abteilungen neigen außerdem dazu, sich nach innen zu orientieren – und zu sogenannten „funktionalen Silos" zu werden –, sodass das Wissen verschiedener funktionaler Spezialisten nur schwer integriert werden kann.[4] Funktionale Strukturen, die sich jeweils an bestimmten Funktionen ausrichten, sind außerdem sehr ungeeignet für Unternehmen mit hoher geografischer oder produktbezogener Diversität. So kann eine zentral organisierte Marketingabteilung etwa versuchen, einen einheitlichen Marketingstil durchzusetzen, ohne auf die speziellen Anforderungen der einzelnen Geschäftseinheiten der Organisation auf der ganzen Welt zu achten.

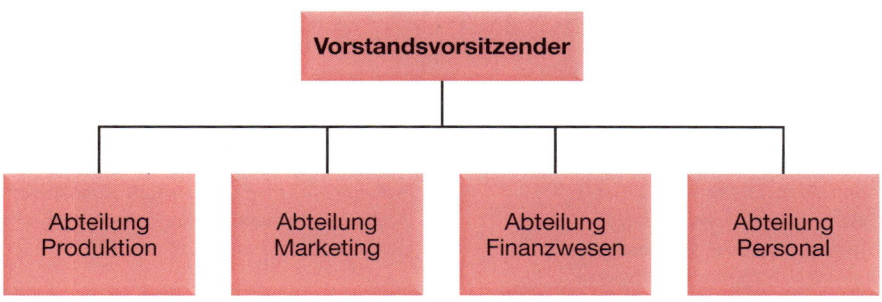

Vorteile:

- Vorstandsvorsitzender ist an allen operativen Abläufen beteiligt
- Kontrollmechanismen werden reduziert/vereinfacht
- Verantwortlichkeiten sind klar definiert
- Spezialisten auf der oberen und mittleren Führungsebene

Nachteile:

- Führungsebene ist zu sehr mit Routineabläufen beschäftigt
- Strategische Aspekte werden vernachlässigt
- Schwieriger Umgang mit Diversität
- Koordination zwischen den Funktionen ist schwierig
- Anpassung ist schwerfällig

Abbildung 14.2: Die funktionale Struktur

14.2.2 Die divisionale Struktur

Die **divisionale Struktur** besteht aus einzelnen Divisionen, die nach Produkten, Kundengruppen oder geografischen Regionen gegliedert sind (siehe ▶ *Abbildung 14.3*). Die Divisionalisierung ergibt sich oft aus dem Versuch, die Probleme der funktionalen Struktur bezüglich größerer Diversität (siehe oben) zu überwinde[5]n. Jede Division kann auf die spezifischen Anforderungen ihrer Produkt-/Marktstrategie reagieren und verfügt über eigene funktionale Abteilungen. Eine ähnliche Struktur herrscht vielfach in Organisationen der öffentlichen Hand, die sich rund um Servicebereiche wie Freizeitangebote, Sozialdienste und Bildung strukturieren.

Divisionale Struktur

Divisionsstruktur besteht aus separaten, auf Produkten, Dienstleistungen oder geografischen Gebieten beruhenden Bereichen.

---

4   G. Tett, *The Silo Effect*, Little and Brown, 2015 veranschaulicht die Gefahren einer Organisation mit vielen „Silos".

5   Diese Perspektive der Divisionalisierung als Reaktion auf Diversität wurde ursprünglich vertreten von A. D. Chandler, „Strategy and Structure", *MIT Press*, 1962. Siehe R. Whittington und M. Mayer, „The European Corporation: Strategy, Structure and Social Science", *Oxford University Press*, 2000, für eine Zusammenfassung der Argumentation von Chandler und den Erfolg der divisionalen Organisation im heutigen Europa.

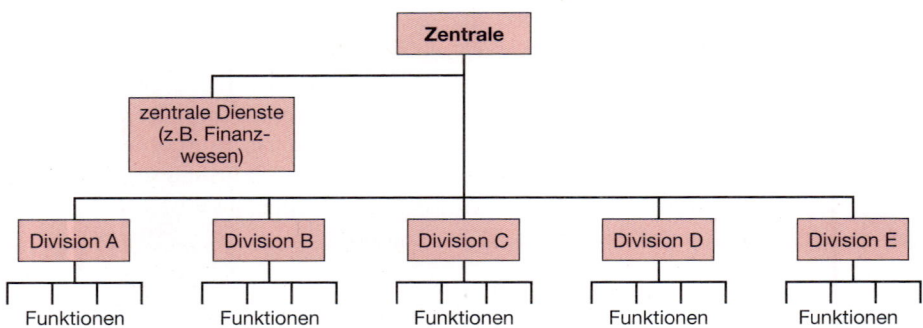

Vorteile:

- Flexibel (Divisionen können leicht hinzugefügt oder abgestoßen werden)
- Kontrolle durch Leistung
- Eigenverantwortliche Strategie
- Spezialisierung der Kompetenzen
- Training strategischer Perspektiven

Nachteile:

- Duplikation zentraler und divisionaler Funktionen
- Fragmentierung und fehlende Kooperation
- Gefahr des zentralen Kontrollverlusts

Abbildung 14.3: Eine multidivisionale Struktur

Divisionale Strukturen haben einige potenzielle Vorteile. Da jede Einheit eigenständig ist, kann sie auch aus der Ferne geführt werden – als Kontrolle dient die Leistung jeder Einheit. Das zentrale Management muss nur eingreifen, wenn gesteckte Ziele nicht erreicht werden (siehe *Beispiel 14.2* über Google und *Abschnitt 14.3.3*). Die divisionale Struktur ist zudem flexibel, denn Organisationen können Divisionen leicht hinzufügen, schließen oder verschmelzen, wenn sich die Umstände ändern. Die unabhängigen Geschäftseinheiten können aus der Entfernung durch eine Leistungsüberwachung kontrolliert werden. So sind die Manager der einzelnen Divisionen in größerem Umfang für ihre eigenen Strategien verantwortlich und verinnerlichen diese dadurch mehr. Geografische Divisionen (etwa eine europäische oder eine nordamerikanische Division) bieten auch die Möglichkeit eines internationalen Managements. Auch die Spezialisierung innerhalb einer Division kann von Vorteil sein, denn hier können sich die jeweils vorliegenden Kompetenzen in Richtung einer klar definierten Produkt- oder Kundengruppe oder einer Technologie entwickeln. Die Verantwortung des Managers für eine gesamte Division stellt ein gutes Training strategischer Perspektiven dar, falls ein Manager einen weiteren Karriereaufstieg anstrebt.

Divisionale Strukturen können jedoch auch von Nachteil sein und zwar im Wesentlichen auf dreierlei Weise: Zunächst können einzelne Divisionen so selbstständig werden, dass sie *de facto* unabhängige Unternehmen sind, die jedoch die Funktionen und Kosten der Unternehmenszentrale duplizieren. In diesem Fall kann es also sinnvoller sein, das Unternehmen in unabhängige Firmen aufzuspalten, was auch häufig praktiziert wurde und wird. Zum Zweiten trägt eine Divisionalisierung meist nicht zur besseren Kooperation und zum besseren Wissensaustausch zwischen Geschäftseinheiten bei: die Divisionen sind nun einmal getrennte Einheiten. So wird auch das Fachwissen fragmentiert und die Erfolgsziele der einzelnen Divisionen bieten überdies nur wenig Anreiz zur Zusammenarbeit mit anderen Divisionen. Und zum Dritten werden manche Divisionen allmählich zu autonom, besonders dort, wo Joint Ventures und Partnerschaften die Eigentumsverhältnisse verwässern. In solchen Fällen zerfallen multidivisionale Unternehmen in *Holdings*, wobei hier die Unternehmenszentrale die einzelnen Geschäftsbereiche nur noch im finanziellen Sinne „hält", wenig Kontrolle ausübt und auch wenig Mehrwert generiert. ▶ *Abbildung 14.3* fasst diese potenziellen Vor- und Nachteile einer multidivisionalen Struktur nochmals zusammen.

Große und komplexe divisionale Unternehmen verfügen oft noch über eine zweite Ebene an *Subdivisionen* innerhalb ihrer Hauptdivisionen. Indem kleinere Geschäftsbereiche als Subdivisionen innerhalb einer Hauptdivision eingestuft werden, wird die Gesamtzahl der Geschäftseinheiten, mit denen sich die Zentrale direkt auseinandersetzen muss, reduziert. Subdivisionen können auch dazu beitragen, dass komplexe Organisationen auf widersprüchliche Anforderungen von außen besser reagieren können. So könnte eine Organisation geografische Subdivisionen innerhalb einer Reihe von globalen Produktdivisionen einrichten (siehe *Abschnitt 14.2.3*).

14.2.3 Die Matrixstruktur

Eine **Matrixstruktur** kombiniert simultan verschiedene strukturelle Dimensionen wie etwa Produktdivisionen und geografische Gebiete oder Produktdivisionen und funktionale Spezialisierungen.[6] In dieser Strukturform berichten alle Mitarbeiter meist an zwei Manager. ▶ *Abbildung 14.4* gibt Beispiele für eine solche Struktur.

Matrixstruktur

Die Matrixstruktur kombiniert zwei unterschiedliche Gliederungs-formen, Produkt-abteilungen und geografische Abteilungen oder funktionale und divisionale Strukturen, die gleichberechtigt nebeneinander bestehen.

Auch Matrixstrukturen haben mehrere Vorteile. Sie ermöglichen ein effektives Wissensmanagement, denn durch sie können separate Wissensbereiche über organisationale Grenzen hinweg integriert werden. Besonders in Organisationen, die professionelle Dienstleistungen anbieten, kann eine Matrixstruktur dazu beitragen, ein bestimmtes Fachwissen auf verschiedene Markt- oder geografische Segmente anzuwenden. Um beispielsweise einem bestimmten Kunden behilflich zu sein, könnte eine Unternehmensberatung Mitarbeiter aus verschiedenen Gruppen mit unterschiedlichen Wissensfachgebieten (z.B. Strategie oder organisationale Gestaltung) oder aus anderen nach Märkten gruppierten Bereichen (Branchen oder geografische Regionen) mit einbeziehen. ▶ *Abbildung 14.4* zeigt, wie eine Schule das separate Wissen verschiedener fachlicher Spezialisten kombinieren könnte, um Studienprogramme zusammenzustellen, die genau auf die unterschiedlichen Altersgruppen abgestimmt sind. Matrixorganisationen sind *flexibel*, denn sie ermöglichen die Kombination verschiedener organisationaler Dimensionen. Sie sind besonders für Organisationen attraktiv, die global agieren, denn durch sie können lokale und internationale Dimensionen kombiniert werden. So könnte eine global agierende Firma eher geografisch definierte Divisionen als Betriebseinheiten für lokales Marketing vorziehen (denn hier liegt Spezialwissen über lokale Kunden vor). Gleichzeitig kann diese Firma aber auch globale Produktdivisionen einrichten wollen, die für die weltweite Koordination von Produktentwicklung und -fertigung zuständig sind, denn daraus ergeben sich Größenvorteile und Vorteile durch Spezialisierung. Eine Matrixstruktur ersetzt allerdings eindimensionale Berichtslinien durch mehrdimensionale Beziehungen, die sich quer durch die Matrix ziehen, was auch zu Problemen führen kann. So kann es beispielsweise *länger dauern, Entscheidungen zu treffen*, da die Manager

---

6 Für eine Übersicht aktueller Erfahrungen mit Matrixstrukturen siehe S. Thomas und L. D'Annunzio, „Challenges and strategies of matrix organisations: top-level and midlevel managers' perspectives", *Human Resource Planning*, Band 28, Nr. 1 (2005), S. 39–48.

verschiedener Divisionen sich erst einigen müssen. Es können auch *Konflikte* auftreten, wenn manche Mitarbeiter an Manager aus verschiedenen Organisationseinheiten berichten müssen. Matrixstrukturen sind kurz gesagt schwer zu kontrollieren.

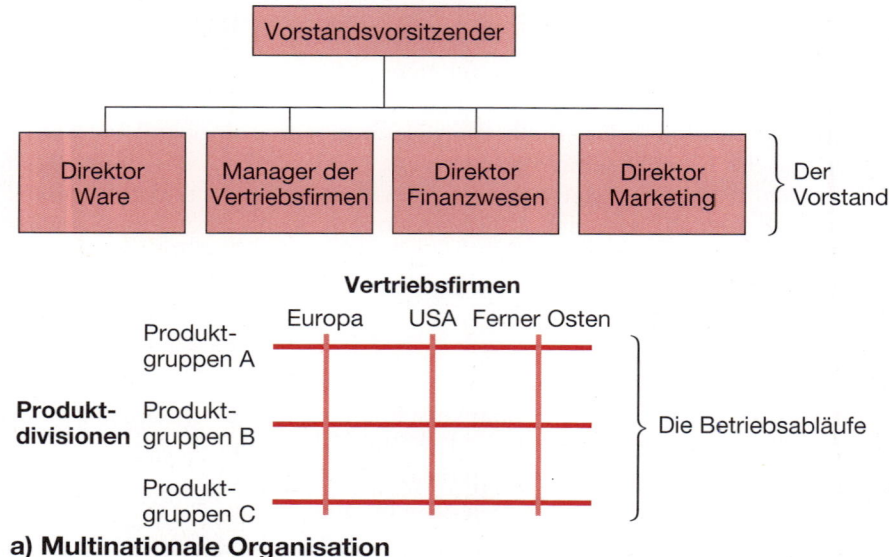

a) **Multinationale Organisation**

b) **Schule**

Vorteile:
- Wissen wird integriert
- Flexibel
- Duale Dimensionen möglich

Nachteile:
- Entscheidungen brauchen viel Zeit
- Unklare Verantwortung bezüglich Aufgabe und Zuständigkeiten
- Unklare Verantwortung bezüglich Kosten und Gewinn
- Hohes Konfliktpotenzial

Abbildung 14.4: Zwei Beispiele einer Matrixstruktur

Wie bei jeder Struktur, so ist auch bei der Matrixstruktur die wirklich entscheidende Frage, ob und wie sie (also ihre Prozesse und Beziehungen) in der Praxis funktioniert.

Die wichtigsten Voraussetzungen für eine erfolgreiche Matrixstruktur sind Führungs-kräfte, die kollaborative Beziehungen (innerhalb der gesamten Matrix) knüpfen und pflegen und auch mit der Unordnung und Zweideutigkeit gut umgehen können, die diese Struktur mit sich bringt. Aus diesem Grund beschreiben Christopher Bartlett und Sumantra Ghoshal die Matrix nicht nur als formale Struktur, sondern auch als „Geistesverfassung".[7]

14.2.4 Die multinationale/transnationale Struktur

Operiert ein Unternehmen international, so macht das die strukturellen Herausforde-rungen nur noch größer. Wie in ▶ *Abbildung 14.5* dargestellt, gibt es im Grunde vier verfügbare strukturelle Entwürfe für multinationale Konzerne. Drei von ihnen sind einfache Erweiterungen der Prinzipien einer divisionalen Struktur und werden des-halb hier nur kurz erklärt. Der vierte Entwurf, die transnationale Struktur, ist komple-xer und wird genauer beschrieben.

Die drei einfacheren multinationalen Strukturen sind folgende:

- *Internationale Divisionen.* Eine internationale Division ist eine unabhängige Ein-heit, die der vorhandenen Struktur im Heimatland des Unternehmens angeglie-dert wird. Diese Möglichkeit wird oft von Konzernen mit einem großen Heimat-markt gewählt (wie etwa die USA oder China), wo der Markteinstieg im Ausland relativ klein ausfällt und keine strukturellen Veränderungen des großen Heimat-konzerns erfordert. So könnte etwa ein chinesischer Automobil- und LKW-Her-steller für jedes seiner Produkte auf dem Heimatmarkt in China eine eigene Divi-sion betreiben, in seiner „internationalen Division" aber alle Produkte zusammenfassen. Eine solche internationale Division wird meist von der Zentrale aus geleitet, bleibt aber unabhängig vom Heimatgeschäft.

- *Lokale Tochtergesellschaften* verfügen meist über nahezu alle Funktionen, um auf ihrem jeweiligen lokalen Markt selbstständig agieren zu können (z.B. Design, Pro-duktion und Marketing). Sie sind also eine Form der geografischen, divisionalen Struktur. Sie sind lokal sehr reaktionsschnell und lose koordiniert. Eine solche Struktur wird häufig von Dienstleistungsunternehmen gewählt wie etwa Anwalts-kanzleien oder Werbeagenturen, wo es kaum Größenvorteile zu nutzen gibt und eine flexible Reaktionsfähigkeit auf lokale Gesetzgebung, Beziehungen und Markt-vorlieben sehr wichtig ist. Diese Struktur passt zur Multi-Domestic-Strategie aus *Kapitel 9.*

- *Globale Produktdivisionen.* Diese Strukturform wird oft genutzt, wenn es sehr stark auf die Nutzung von Größenvorteilen ankommt. Werden Design, Produktion und Marketing als globale Divisionen und nicht als lokale Tochtergesellschaften organisiert, so maximiert das die Kosteneffizienz. Auch zentrale Ressourcen las-sen sich so besser auf gezielte Märkte verteilen und die finanzielle Unterstützung unrentabler geografischer Märkte wird erleichtert. Im Beispiel des chinesischen Auto- und LKW-Herstellers gäbe es in diesem Fall nur zwei Divisionen, die jeweils für ihren eigenen Produktbereich verantwortlich sind – das aber weltweit

---

7   Matrixstrukturen werden diskutiert von C. Bartlett und S. Ghoshal, „Matrix management: not a structure, more a frame of mind", *Harvard Business Review*, Band 68, Nr. 4 (1990), S. 138–145.

(China eingeschlossen). Dies bietet allerdings nur wenig Spielraum für eine Anpassung an lokale Vorlieben oder Gesetzesvorgaben auf einzelnen Märkten. Hier ist also die lokale Reaktionsfähigkeit eher gering. Diese Struktur passt zu der in *Kapitel 9* eingeführten globalen Strategie und entspricht auch Googles grundlegendem strukturellen Ansatz (siehe *Beispiel 14.2* und Fallstudie am Ende von *Kapitel 13*).

Beispiel 14.2   **Google bekommt einen neuen Namen und eine neue Struktur**

Im August 2015 wurde aus Google eine Tochtergesellschaft von Alphabet Inc.

Google wurde 1998 von zwei Doktoranden der Stanford University, Larry Page und Sergey Brin, als Internet-Suchmaschine gegründet. Finanziert wurde das Unternehmen durch Werbung (Anzeigen). In den folgenden Jahren kam es zu einer umfangreichen Diversifizierung, denn das Unternehmen wurde im Bereich Online-Karten (Google Maps), Online-Videos (YouTube) und mobile Betriebssysteme (Android) aktiv. Außerdem hatte man für sogenannte „Mondflug"-Initiativen Google X eingerichtet. Ein Beispiel für ein solches Projekt war Google Glass, dabei werden Informationen über eine virtuelle Brille vermittelt. Google Ventures investierte in neue Unternehmen wie etwa Uber. Und es wurden auch Firmen aufgekauft, z.B. Nest, das sich mit der Automatisierung des Eigenheims befasste. Ein weiteres Großprojekt war Calico, ein Unternehmen aus dem Gesundheitswesen, das sich der Lebensverlängerung durch besseren Einsatz von Informationen verschrieben hatte.

Im August 2015 verkündete Googles CEO Larry Page eine groß angelegte Strukturveränderung. Man werde eine neue Muttergesellschaft, Alphabet Inc., gründen, und Google würde eine ihrer Tochtergesellschaften werden, die für eine Reihe von Geschäftsbereichen zuständig sein werde (Werbung, Karten, Suchanfragen, etc.). Google würde nicht länger an Page direkt berichten. Die Tochtergesellschaften Google X, Ventures, Nest und Calico dagegen würden weiterhin direkt Page unterstehen. Jede der Tochtergesellschaften sollte ihren eigenen CEO bekommen (Pichai, Teller, Marris, Fadell und Levinson) und eigene Finanzberichte veröffentlichen. Es gäbe somit also nicht mehr nur einen konsolidierten Jahresbericht. Brin erklärte dazu: „Im Grunde erhoffen wir uns von diesem Schritt mehr Freiheit und Eigenständigkeit des Managements, denn Bereiche, die nichts miteinander zu tun haben, können jetzt auch unabhängig voneinander geführt werden … . Unser Modell sieht einen starken CEO für jeden Geschäftsbereich vor, wobei Sergey und ich allen nach Bedarf behilflich sein werden." Die Nachricht der geplanten Umstrukturierung ließ den Aktienkurs von Google/Alphabet um 7 % ansteigen, was eine Steigerung des Marktwerts von 21,6 Mrd. € bedeutete.

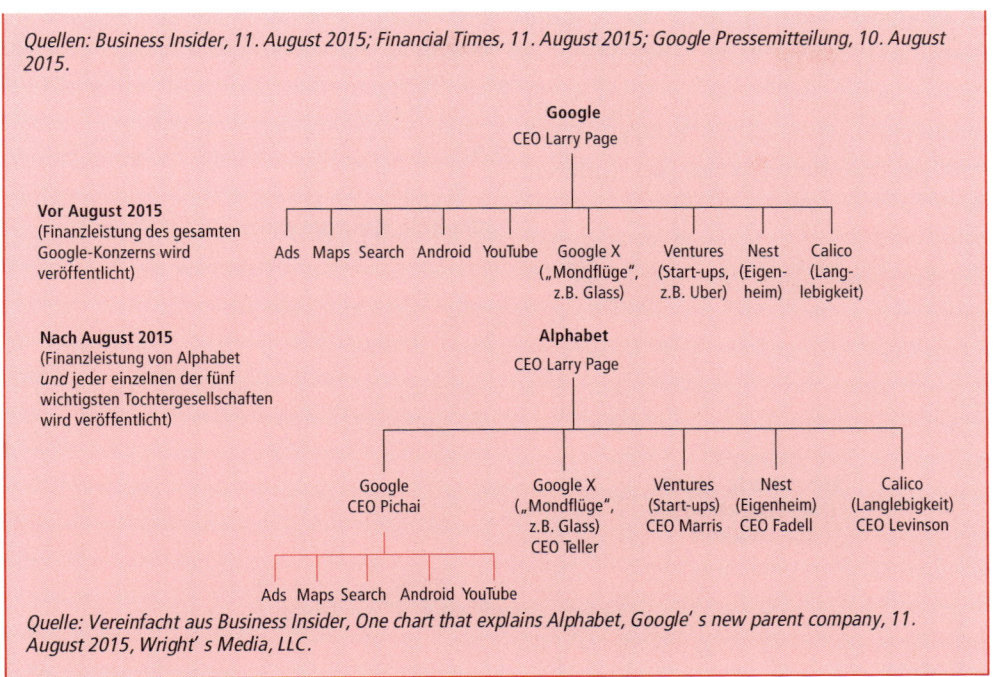

Quellen: Business Insider, 11. August 2015; Financial Times, 11. August 2015; Google Pressemitteilung, 10. August 2015.

Google
CEO Larry Page

Vor August 2015
(Finanzleistung des gesamten Google-Konzerns wird veröffentlicht)

Ads   Maps   Search   Android   YouTube   Google X („Mondflüge", z.B. Glass)   Ventures (Start-ups, z.B. Uber)   Nest (Eigenheim)   Calico (Langlebigkeit)

Nach August 2015
(Finanzleistung von Alphabet *und* jeder einzelnen der fünf wichtigsten Tochtergesellschaften wird veröffentlicht)

Alphabet
CEO Larry Page

Google CEO Pichai   Google X („Mondflüge", z.B. Glass) CEO Teller   Ventures (Start-ups) CEO Marris   Nest (Eigenheim) CEO Fadell   Calico (Langlebigkeit) CEO Levinson

Ads   Maps   Search   Android   YouTube

Quelle: Vereinfacht aus Business Insider, One chart that explains Alphabet, Google' s new parent company, 11. August 2015, Wright' s Media, LLC.

Alle drei der oben beschriebenen Strukturen haben ihre ganz eigenen Vorzüge, sei es die Unabhängigkeit, die Maximierung lokaler Reaktionsfähigkeit oder die Realisierung von Größenvorteilen. Die vierte Struktur versucht allerdings, die Vorteile der lokalen Tochtergesellschaften mit denjenigen der globalen Produktdivisionen zu vereinen.

In Bezug auf ▶ *Abbildung 14.5* kombiniert die **transnationale Struktur** lokale Reaktionsfähigkeit mit hochgradiger globaler Koordination.[8] Gemäß der Beschreibung von Bartlett und Ghoshal entspricht die transnationale Struktur der Matrixstruktur, zeichnet sich aber durch ihren Fokus auf den Wissensaustausch, die Spezialisierung und das Netzwerk-Management aus:

- *Wissensaustausch.* Jede nationale Einheit operiert unabhängig, ist aber eine *Quelle für Ideen und Fähigkeiten* für das gesamte Unternehmen. Eine gute Idee, die lokal entwickelt wurde, kann also leicht durch anderen nationale oder regionale Einheiten angewendet werden.

- *Spezialisierung.* Nationale (oder regionale) Einheiten erreichen mehr Größenvorteile aufgrund von *Spezialisierung*, denn sie operieren für die gesamte Firma oder zumindest für große Bereiche. So hat eine nationale Unternehmenseinheit vielleicht besondere Fähigkeiten bei der Herstellung eines bestimmten Produkts und erhält aufgrund dessen die Verantwortung, dieses Produkt auch für andere Einheiten weltweit herzustellen.

Transnationale Struktur

Die *transnationale Struktur* kombiniert lokale Reaktionsfähigkeit mit hochgradiger globaler Koordination.

8   C. Bartlett und S. Ghoshal, *Managing Across Borders*, 2. Auflage, Harvard Business School Press, 2008.

■ *Netzwerk-Management.* Die *Unternehmenszentrale* verwaltet dieses globale Netzwerk, indem zunächst die Rolle jeder einzelnen Geschäftseinheit festgelegt wird. Weiter wird das System mit seinen Beziehungen und seiner Kultur gepflegt, damit es effektiv funktionieren kann. Unilever hat ein „Forensystem" eingerichtet, das internationale Manager zusammenbringt, um Erfahrungen auszutauschen und ihre Anforderungen zu koordinieren.

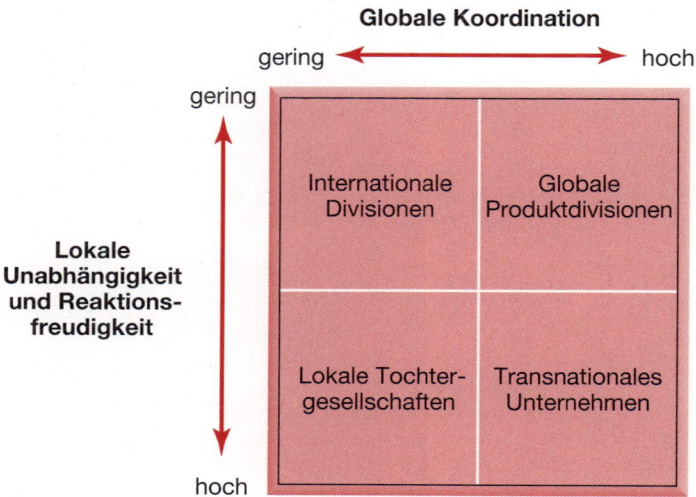

Abbildung 14.5: Multinationale Strukturen
Quelle: Nachdruck mit Genehmigung durch Harvard Business School Press. Aus „Managing Across Borders: The Transnational Corporation", 2. Auflage von C. A. Bartlett und S. Ghoshal, Boston, MA, 1998. Urheberrecht 1998, Harvard Business School Publishing Corporation. Alle Rechte vorbehalten.

Der Erfolg eines transnationalen Konzerns hängt von seiner Fähigkeit ab, *gleichzeitig* globale Kompetenz, lokale Reaktionsfreudigkeit und unternehmensinterne Innovation und Lerneffekte zu erreichen. Theoretisch vereint also ein solcher Konzern die Vorteile der lokalen Dezentralisierung mit den Vorteilen einer globalen Zentralisierung. Das kann aber für die zuständigen Manager große Herausforderungen mit sich bringen, denn sie müssen sich nicht nur für ihre nationale Geschäftseinheit einsetzen, sondern Verantwortung für das gesamte transnationale Unternehmen zeigen. Diffuse Verantwortungsbereiche und Zuständigkeiten bringen überdies dieselben Schwierigkeiten mit sich, wie sie bei einer Matrix-Organisation auftreten können.[9]

---

9   Siehe J.-N. Garbe und N. Richter, Causal analysis of the internationalization and performance relationship based on neutral networks, *Journal of International Management*, Band 15, Nr. 4 (2009), S. 413–31.

14.2.5 Projektbasierte Strukturen[10]

Viele Organisationen setzen vermehrt auf Projektteams mit begrenzter Lebensdauer. Bei der **projektbasierten Struktur** werden Teams gebildet, die an einem bestimmten Projekt arbeiten (gebunden etwa durch interne oder externe Verträge) und danach wieder aufgelöst werden.[11] Diese Struktur kann besonders geeignet sein für Organisationen, die große, teure Produkte oder Dienstleistungen anbieten (öffentliche Bauprojekte, Informationssysteme, Filme) oder wenn es um zeitlich begrenzte Veranstaltungen geht (Konferenzen, Sportereignisse oder Beratungsaufträge). Hier besteht die Organisationsstruktur aus einer sich ständig verändernden Reihe von Projektteams, die von einer kleinen Unternehmenszentrale zusammengefügt und lose gesteuert werden. Überdies verwenden viele Organisationen solche Teams auch spontan als Ergänzung ihrer Hauptstruktur. So werden etwa *Taskforces* gebildet, um eine neue Strategie voranzutreiben oder um neue Energie zu liefern, wo die Hauptstruktur der Organisation nicht effektiv genug ist.

Solche projektbasierten Strukturen können sehr flexibel sein, Projekte können je nach Bedarf definiert oder aufgelöst werden. Da ein Projektteam immer eine klare Aufgabe und einen genauen Zeitrahmen braucht, funktionieren Verantwortlichkeit und Kontrolle gut. Außerdem kommen die Mitglieder eines Teams häufig aus verschiedenen Abteilungen innerhalb einer Firma, sodass im Rahmen solcher Projekte auch Wissen ausgetauscht wird. Auch internationale Mitarbeiter können in den Teams vertreten sein; und da die Lebensdauer solcher Projekte meist eher kurz ist, sind die Teams auch häufig bereit, vorübergehend im Ausland zu arbeiten. Es gibt jedoch auch Nachteile. Ohne ein starkes Management, das über die gesamtunternehmerische strategische Kontrolle verfügt, neigt eine Organisation dazu, zahllose Projekte zu beginnen, die schlecht koordiniert sind. Die Tatsache, dass die Projektteams nach relativ kurzer Zeit wieder aufgelöst werden, kann auch verhindern, dass Wissen auf konstante Weise und vorbehaltlos aufgebaut wird.

Insgesamt gesehen gewinnen projektbasierte Strukturen an Bedeutung, denn sie sind von Natur aus flexibel. Und eine solche Flexibilität kann in unserer schnelllebigen Zeit eine grundlegende Voraussetzung für den Erfolg sein, denn individuelle Fachkenntnisse und Kompetenzen müssen heute schnell und immer wieder neu umgesetzt und integriert werden.

14.2.6 Die Auswahl der richtigen Struktur

Aus der bisherigen Diskussion sollte klar hervorgegangen sein, dass jede Strukturform, die funktionale, die multidivisionale, die Matrix, die transnationale und auch die projektbasierte Struktur ihre ganz eigenen Vor- und Nachteile hat. Die Gestalter einer Organisation müssen also die geeignete Struktur anhand der jeweiligen speziel-

Projektbasierte Struktur

Bei der projektbasierten Struktur werden Teams gebildet, die an einem bestimmten Projekt arbeiten und danach wieder aufgelöst werden.

---

10 Dieser klassische Artikel über projektbasierte Organisationen stammt von R. DeFillippi und M. Arthur, „Paradox in project-based enterprise: the case of film-making", *California Management Review*, Band 40, Nr. 2 (1998), S. 125–145. Zu einigen Schwierigkeiten siehe M. Bresnen, A. Goussevskaia und J. Swann, „Organizational routines, situated learning and processes of change in project-based organisations", *Project Management Journal*, Band 36, Nr. 3 (2005), S. 27–42.

11 Für eine Abhandlung über dauerhafte Teamstrukturen siehe T. Mullern, „Integrating the team-based structure in the business process: the case of Saab Training Systems", in A. Pettigrew und E. Fenton (Hrsg.), „The Innovating Organisation", *Sage*, 2000.

len strategischen Herausforderungen (oder „Eventualitäten") ihrer Organisation wählen. Wie Chandler es ausdrückte, die Strukturen müssen zur Strategie passen.[12] Dieser Abschnitt fasst die Effektivität der fünf beschriebenen Strukturen in Bezug auf drei wichtige Strategien zusammen, um im Folgenden auf spezifische Tests zum organisationalen Design einzugehen.

▶ *Tabelle 14.1* zeigt auf, wie die fünf Grundformen der Organisationsstruktur mit den Strategien Diversifikation, Internationalisierung und Innovation vereinbar sind. (Natürlich sind alle Organisationen und auch Strategien verschieden, auch Strukturen können angepasst werden, weshalb Ergebnisse in manchen Fällen abweichen können.)

Strategie/Struktur	Funktional	Multidivisional	Matrix	Transnational	Projekt
Diversifikation	*	***	**	**	**
Internationalisierung	*	**	***	***	*
Innovation	**	*	**	**	***

*Sterne weisen auf typische Kapazitäten im Umgang mit jeder Herausforderung hin, wobei drei Sterne eine hohe, zwei Sterne eine mittlere und ein Stern eine geringe Bewertung bedeuten.

Tabelle 14.1: Strukturenvergleich

■ Die *Diversifikation* bringt die strategische Herausforderung der Kontrolle und Verantwortlichkeit mit sich, die sich über sehr unterschiedliche Geschäftsbereiche hinweg erstrecken. Durch eine Divisionalisierung sollte sich die Verantwortung aber so weit dezentralisieren lassen, dass jeder Manager über seine eigene Strategie entscheiden kann. Die Unternehmenszentrale übernimmt die Kontrollfunktion und überwacht die Leistung der Divisionen. Die funktionale Struktur ist hier zu zentralisiert, um eine effektive Diversifikation zuzulassen. In der Matrix verschwimmen die Zuständigkeitsbereiche zu sehr, da es hier auch horizontale Berichtslinien gibt.

■ Aus der *Internationalisierung* ergeben sich Dilemmata in Bezug auf das globale Ausmaß, die horizontale Koordination und die lokale Adaption. In diesem Fall eignen sich die Matrix und die transnationale Struktur besonders gut. Denn eine Dimension könnte sich z.B. um die Vergrößerung und die Verbreitung kümmern, während die andere für Koordination und Wissensaustausch zuständig ist. Die divisionale Struktur geht an diese Problematik meist zu einseitig heran und lässt entweder zentrale Produktdivisionen in großem Ausmaß oder eben lokale Tochtergesellschaften mit hoher lokaler Anpassungsfähigkeit zu. Koordination und Wissensmanagement bleiben dabei meist auf der Strecke.

■ *Innovative* Strategien erfordern die Schaffung von neuem Wissen und den Wissensaustausch. Die Matrixstruktur eignet sich gut für den horizontalen Austausch von Wissen. Projektbasierte Organisationen können Teams mit den richtigen Experten zusammenstellen, die sich intensiv mit innovativen Projekten befassen

---

12 A. D. Chandler, *Strategy and Structure*, MIT Press 1962.

können. Und auch die funktionale Struktur kann hier effektiv sein, denn durch die Zentralisierung können auch Ressourcen konzentriert eingesetzt werden, z.B. für Forschung und Entwicklung.

Während ▶ *Tabelle 14.1* die Eignung von Struktur und Strategie beleuchtet, geben Michael Goold und Andrew Campbell neun Gestaltungstests vor, die zur Überprüfung der Eignung speziell angepasster Strukturlösungen herangezogen werden können.[13] Die ersten vier Tests konzentrieren sich dabei auf die Übereinstimmung der Struktur mit den Hauptzielen und den wichtigsten Beschränkungen der Organisation:

- *Der Marktvorteilstest.* Dieser Test bewertet die Übereinstimmung mit der Marktstrategie und ist von grundlegender Bedeutung, wenn man von Alfred Chandlers Grundprinzip ausgeht, dass „die Struktur von der Strategie bestimmt wird."[14] Ist beispielsweise die Koordination zweier Schritte in einem Produktionsprozess für den Marktvorteil besonders wichtig, so sollten diese Schritte am besten in die gleiche strukturelle Einheit eingegliedert werden.

- *Der Konzernvorteilstest.* Die strukturelle Gestaltung sollte mit der Managementrolle übereinstimmen, die die Unternehmenszentrale für sich gewählt hat (siehe *Abschnitt 8.6*). Möchte die Zentrale beispielsweise als Synergiemanager zur Wertsteigerung beitragen, so sollte eine Struktur gewählt werden, die integrative Spezialisierung, z.B. Marketing oder Forschung, in den Mittelpunkt stellt.

- *Der Mitarbeitertest.* Die strukturelle Gestaltung muss auch zu den vorhandenen Mitarbeitern passen. Es ist gefährlich, von einer funktionalen Struktur plötzlich auf eine multidivisionale Struktur umzuschalten, wenn der Organisation Manager fehlen, die auch dezentralisierte Geschäftseinheiten kompetent leiten können.

- *Der Machbarkeitstest.* Dies ist eine organisationsübergreifende Kategorie, die beurteilt, ob die Struktur zu den Einschränkungen passt, die Gesetz, Interessengruppen, Gewerkschaften oder Ähnliches der Organisation verursachen. Nach Skandalen wegen voreingenommener Forschungsarbeit schreiben Regulierungsbehörden den Investmentbanken nun vor, ihre Forschungs- und Analystenabteilungen von den Abteilungen zu trennen, in denen finanzielle Abschlüsse perfekt gemacht werden.

Goold und Campbell schlagen dann die folgenden fünf weiteren Tests vor, die auf guten allgemeinen Gestaltungsprinzipien basieren:

- *Der Test spezialisierter Kulturen.* Dieser Test sagt aus, ob es wertsteigernd ist, verschiedene Spezialisten zusammenzubringen, sodass diese ihr Fachwissen in enger Zusammenarbeit miteinander weiter steigern können. Eine Struktur ist gescheitert, wenn durch sie wichtige spezialisierte Kulturen zerstört werden.

- *Der Test schwieriger Verbindungen.* Dieser Test fragt nach, ob eine vorgeschlagene Struktur Verbindungen zwischen Teilen der Organisation schafft, die zwar wichtig

---

13 M. Goold und A. Campbell, „Designing Effective Organisations", Jossey-Bass, 2002. Siehe auch M. Goold und A. Campbell, „Do you have a well-designed organisation?", *Harvard Business Review*, Band 80, Nr. 3 (2002), S. 117–224.

14 A. D. Chandler, „Strategy and Structure: Chapters in the History of American Enterprise", *MIT Press*, 1962.

sind, aber dadurch häufig auch in ihrer Arbeit eingeschränkt werden. So werden wahrscheinlich durch eine extreme Dezentralisierung von Geschäftseinheiten, die bezüglich ihres Gewinns rechenschaftspflichtig sind, die Beziehungen zu einer zentral organisierten F&E-Abteilung sehr belasten. Werden keine entsprechenden Kompensationsmechanismen eingerichtet, so ist diese Struktur wohl zum Scheitern verurteilt.

- *Der Test redundanter Hierarchien.* Bei jeder strukturellen Gestaltung sollte überprüft werden, ob sie eventuell zu viele Managementschichten aufweist und so Blockaden oder übermäßige Ausgaben verursacht. Der Abbau von Managementebenen aufgrund redundanter Hierarchien ist in den letzten Jahren ein wichtiger struktureller Trend.

- *Der Rechenschaftstest.* Dieser Test betont die Bedeutung klarer Rechenschaftspflichten, sodass Kontrolle und Engagement aller Manager der gesamten Struktur sichergestellt ist. Da es in einer Matrixstruktur duale Berichtszuständigkeiten gibt, steht sie oft in der Kritik, keine klaren Rechenschaftspflichten zu definieren.

- *Der Flexibilitätstest.* In einer sich schnell verändernden Welt bewertet ein wichtiger Test, inwieweit die Gestaltung einer Organisation einen zukünftigen Wandel berücksichtigen wird. Divisionale Einheiten beispielsweise sollten breit genug angelegt sein, damit divisionale Manager auch sich neu ergebende Chancen und Möglichkeiten verfolgen können. Kathleen Eisenhardt sagt in diesem Zusammenhang, dass Strukturen ausreichend „Modularität" (d.h. Standardisierung) brauchen, damit die einzelnen Teile einer Organisation leicht miteinander verbunden oder gegeneinander ausgetauscht werden können, wenn sich die Märkte entsprechend verändern.[15]

Goolds und Campbells neun Tests ermöglichen eine strenge Bewertung effektiver Strukturen. Allerdings muss man bedenken, dass Manager in der Praxis ihre Organisationsstruktur frei wählen können. So können bestehende Strukturen auch die Wahl der Strategie beeinflussen. Ein Unternehmen mit lange bestehender multidivisionaler Struktur etwa könnte weiterhin Übernahmen durchführen und Firmen verkaufen, einfach weil die bestehende Struktur es einfach macht, immer neue Divisionen hinzuzufügen oder abzustoßen. Ein funktional strukturiertes Unternehmen dagegen könnte zögern, eine andere Firma aufzukaufen, weil diese nur schwer in die bestehende Struktur integriert werden könnte. Die Unternehmensstruktur verstärkt also häufig die aktuelle Strategie, gleichgültig ob sie gut und passend ist oder nicht.[16] Doch auch wenn Strategie und Struktur logisch übereinstimmen, müssen diese zusätzlich auf die anderen Stränge der organisationalen Konfiguration abgestimmt werden. Denn, wie ▶ *Abbildung 14.1* zeigt, müssen auch die organisationalen Systeme so gestaltet werden, dass sie Strategie und Struktur stärken.

---

15 Diese Praxis, verschiedene Unternehmensteile je nach Marktlage miteinander zu verbinden, wird beschrieben bei K. Eisenhardt und S. Brown, „Patching: restitching business portfolios in dynamic markets", *Harvard Business Review*, Band 25, Nr. 3 (1999), S. 72–80.
16 Siehe T. L. Amburgey und T. Dacin, „As the left foot follows the right? The dynamics of strategic and structural change", *Academy of Management Journal*, Band 37, Nr. 6 (1994), S. 1427–52.

14.3 Systeme

Die Struktur ist eine Grundvoraussetzung für erfolgreiches Organisieren. Doch es sind die formalen und informellen organisationalen Systeme innerhalb dieser Struktur, sozusagen die „Muskeln" der Organisation, die bestimmen, ob eine Organisation funktioniert oder nicht. Kleinere Unternehmen können dabei die *direkte Überwachung* nutzen, d.h. ein einzelner Manager oder Unternehmer überwacht alle Aktivitäten persönlich. Größere Organisationen dagegen brauchen in der Regel komplexere Strukturen und Systeme, wenn sie langfristig effektiv arbeiten möchten (obwohl die Rubrik „Quer-Denken" am Ende des Kapitels dazu anregt, über Systeme ganz ohne Hierarchien nachzudenken). Dieser Abschnitt befasst sich mit vier verschiedenen Systemen: Planung, leistungsorientierte Zielsetzung, Kultur und interne Märkte.

Steuerungssysteme können in zweierlei Hinsicht unterschieden werden. Zunächst konzentrieren sie sich entweder auf die Kontrolle von Inputs oder die Kontrolle von Outputs. Input-Steuerungsprozesse befassen sich mit *Ressourcen*, die für die Strategieumsetzung gebraucht werden, insbesondere finanzielle Ressourcen und das Engagement der Mitarbeiter. Output-Steuerungssysteme konzentrieren sich darauf, zufriedenstellende *Ergebnisse* zu ermöglichen, etwa das Erreichen zuvor festgelegter Ziele oder das Erlangen einer Wettbewerbsfähigkeit auf dem Markt. Die zweite Unterscheidung lässt sich zwischen direkter und indirekter Steuerung treffen. Direkte Steuerung meint *unmittelbare Überwachung*. Indirekte Steuerung ist *weiter entfernt* und legt nur die Bedingungen fest, durch welche erwünschtes Verhalten quasi halb-automatisch erreicht wird. In welcher Weise die vier Systeme, die hier behandelt werden, eher Input- oder Output-Steuerung, direkte oder indirekte Steuerung in den Mittelpunkt stellen, wird in ▶ *Tabelle 14.2* zusammengefasst.

	Input	Output
Direkt	Planungssysteme	Leistungsziele
Indirekt	Kulturelle Systeme	Interne Märkte

Tabelle 14.2: Formen von Steuerungssystemen

Organisationen setzen normalerweise eine Mischung verschiedener Steuerungssysteme ein, wobei je nach den jeweiligen strategischen Herausforderungen manche stärker vertreten sind als andere. Wie wir sehen werden, erfordern es Maßnahmen zur direkten Kontrolle meist, dass die Kontrolleure über ein großes Wissen darüber verfügen, was die Aufgabe derer ist, die kontrolliert werden sollen. In vielen wissensintensiven Organisationen, besonders dort, wo Wandel und Innovation entsteht, fehlt diesen Kontrolleuren allerdings das Verständnis dafür, was ihre Experten genau tun, was dazu führt, dass man sich hier eher auf die indirekte Kontrolle verlässt. Denn so kann man zumindest überwachen, ob und wann eine Einheit ihre Ziele bezüglich Einnahmen und Rentabilität erreicht. Die direkte Steuerung beruht zum Großteil auf der physischen Präsenz des Managements, obwohl diese heutzutage auch durch Computerüberwachung ersetzt werden kann. Aus diesem Grund wenden viele internationale Organisationen eher die indirekte Steuerung an, denn ihre Tochtergesellschaften liegen oft weit voneinander entfernt. Für kleine Organisationen mit nur einer Geschäftsstelle andererseits können direkte Steuerungssysteme sehr effektiv sein.

14.3.1 Planungssysteme

Planungssysteme

Planungssysteme planen und kontrollieren die Allokation von Ressourcen und überwachen ihre Verwendung.

Planungssysteme planen und kontrollieren die Allokation von Ressourcen und überwachen ihre Verwendung. Der Fokus liegt hier auf der direkten Kontrolle der Inputs einer Organisation. Damit können einfach die finanziellen Inputs gemeint sein (Budgetierung), aber auch Mitarbeiter (z.B. Planung für die Nachfolge im Management) oder langfristige Investitionen (z.B. bei der strategischen Planung).

Die von Goold und Campbell[17] definierte Typologie der drei Unternehmensstrategiestile hilft, die Vor- und Nachteile von Planungssystemen im Vergleich zu anderen Kontrollsystemen aufzuzeigen. Die drei Strategiestile unterscheiden sich grundlegend in Bezug auf zwei Dimensionen: Eine dieser Dimensionen ist *der wichtigste Einflussfaktor der Planung*, entweder wird von oben nach unten (von der Zentrale zu den Einheiten) oder aber von unten nach oben (von den Einheiten zur Zentrale) geplant. Die zweite Dimension ist das *Ausmaß der Rechenschaftspflicht* der einzelnen Geschäftsbereiche, das entweder hoch oder eben eher gering sein kann. Wie in ▶ *Abbildung 14.6* dargestellt, siedeln sich die drei Strategiestile entlang dieser beiden Dimensionen an.

- Der *Stil strategischer Planung* ist der Archetyp eines Planungssystems. Im Sinne von Goold und Campbell kombiniert dieser Stil zum einen starken Planungseinfluss auf die strategische Ausrichtung, der von der Unternehmenszentrale ausgeht, mit einer relativ entspannten Rechenschaftspflicht der Geschäfteinheiten. Dahinter steckt folgende Logik: Wenn es die Unternehmenszentrale ist, die die strategische Richtung festlegt, sollten die Manager der einzelnen Einheiten nicht allzu strikt zur Verantwortung gezogen werden, falls ihre Ergebnisse enttäuschend ausfallen. Schließlich könnte das daran liegen, dass der Plan der Zentrale von vornherein ungeeignet war. Die Unternehmenszentrale konzentriert sich bei der strategischen Planung auf die Inputs, d.h. auf die Zuteilung von Ressourcen, um die von ihnen gesteckten Ziele zu erreichen. Zudem wird starke direkte Kontrolle darüber ausgeübt, wie der Plan von den Einheiten umgesetzt wird.

- Der *Stil der finanziellen Kontrolle* beinhaltet nur wenig zentrale Planung. Jede Geschäftseinheit fasst einen eigenen strategischen Plan, unter Umständen nach Verhandlungen mit der Zentrale. Für die dann erzielten Ergebnisse sind die jeweiligen Manager vollständig selbst verantwortlich. Der Unterschied zum Stil strategischer Planung ist hier die Kontrolle der finanziellen Outputs. Da hier die einzelnen Einheiten die Pläne festlegen, sollten sie auch für deren Erfolg oder Misserfolg voll zur Rechenschaft gezogen werden. Die Manager der Einheiten haben entsprechend viel Autonomie und erhalten meist hohe Bonuszahlungen im Erfolgsfall. Misserfolge dagegen können schnell Entlassungen nach sich ziehen.

- Der *Stil strategischer Kontrolle* ist zwischen den beiden anderen Stilen angesiedelt, denn hier wird ein strategischer Plan von der Zentrale und den Einheiten gemeinsam entwickelt. Auch die Rechenschaftspflicht ist entsprechend moderat.

---

17 M. Goold und A. Campbell, *Strategies and Styles*, Blackwell, 1987.

Hier fungiert die Zentrale in der Regel als Berater und Coach ihrer Manager der Geschäftseinheiten, die ihnen hilft, Chancen zu erkennen und zu nutzen. Dieser Stil wird oft von starken kulturellen Strukturen getragen, die gegenseitiges Vertrauen und Verständnis ermöglichen.

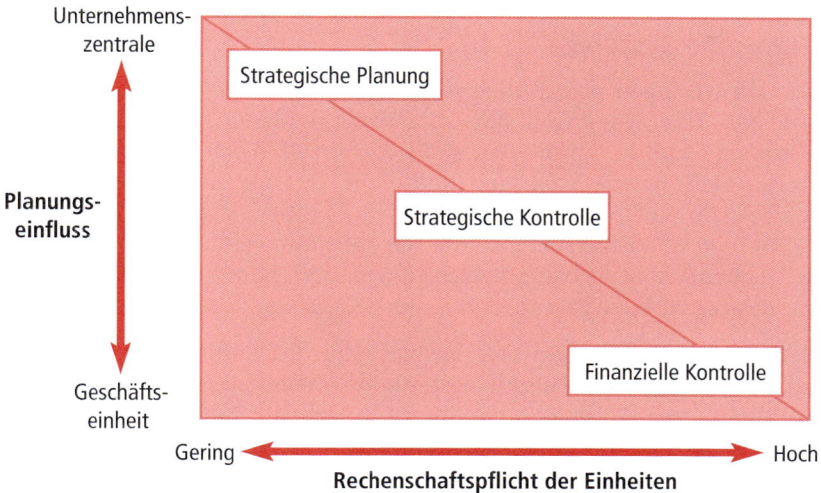

Abbildung 14.6: Strategiestile

Die drei Strategiestile unterscheiden sich also in Bezug auf ihre Nutzung von Planungssystemen. Die direkte Kontrolle der Inputs, die den Stil der strategischen Planung auszeichnet, eignet sich nur unter ganz bestimmten Umständen. Er macht besonders dann Sinn, wenn es um große, risikoreiche und langfristige Investitionen geht, die richtig zugeteilt und kontrolliert werden müssen. So muss etwa eine Ölfirma meist in der Zentrale entscheiden, ob in die zehnjährige Entwicklung eines neuen Ölfelds investiert werden soll. Dieses Risiko kann nicht an die einzelnen Geschäftseinheiten delegiert werden, denn deren Ressourcen und Zeithorizont sind beschränkt. Der Stil der finanziellen Kontrolle andererseits ist dort geeignet, wo es um kleine, relativ häufig zu tätigende Investitionen geht wie etwa in einem gereiften Unternehmen, das nicht sehr kapitalintensiv ist. Der Stil der strategischen Kontrolle eignet sich dort am besten, wo sich über die Grenzen von Geschäftseinheiten hinweg Chancen zur Zusammenarbeit bieten.

Der Stil der strategischen Planung (nicht die Praxis der strategischen Planung an sich) ist im privaten Sektor in den letzten Jahren seltener geworden. Er wird als zu streng und starr angesehen, um sich den immer neuen Umfeldbedingungen anzupassen. Zudem funktioniert er nur von oben nach unten und reflektiert damit nicht, wie es an der Basis eines Unternehmens aussieht. Dennoch muss man erkennen, dass jeder der drei beschriebenen Stile, auch der Stil der strategischen Planung, in sich stimmig ist. Denn jeder gewährleistet eine logische Kombination aus Verantwortung und strategischem Einfluss. Probleme tauchen dann auf, wenn Organisationen Planungssysteme entwickeln, die stark von der diagonalen Linie in ▶ *Abbildung 14.6* abweichen. Ein Unternehmen, das zu weit unterhalb der Linie liegt, weist eine zu entspannte Kombination aus schwacher Richtungsvorgabe und geringer Rechenschaftspflicht der Bereichsleiter auf. Ein Unternehmen, das zu weit oberhalb der Linie zu finden ist, impliziert dagegen eine zu strenge Kombination aus starker Richtungsvorgabe von der Zentrale und hoher Rechenschaftspflicht der Bereichsleiter. Hier werden die einzelnen Manager sogar für Fehler zur Verantwortung gezogen, die ihren Ursprung in den strategischen Plänen der Zentrale haben.

14.3.2 Kulturelle Systeme

Organisationen verfügen meist über ihre ganz eigene Kultur, die grundlegende Annahmen und Überzeugungen der Mitarbeiter widerspiegelt und definiert, wie Dinge zu tun sind und funktionieren (siehe *Kapitel 6*). Auch wenn solche Unternehmenskulturen nicht bewusst definiert und eingeführt werden können, sondern sich fast unbewusst entwickeln, sind sie ein starkes Mittel der Managementkontrolle. Manager könnten also versuchen, die Organisationskultur durch verschiedene bewusste Mechanismen zu beeinflussen, um das Verhalten ihrer Mitarbeiter so zu verändern, dass es zu ihrer gewünschten Strategie passt.[18]

Kulturelle Systeme

Kulturelle Systeme streben die Standardisierung der Verhaltensnormen innerhalb einer Organisation im Einklang mit bestimmten Zielen an.

Kulturelle Systeme streben die Standardisierung der Verhaltensnormen innerhalb einer Organisation im Einklang mit bestimmten Zielen an. Kontrolle findet hier in *indirekter*, integrierter Weise statt, wenn die Mitarbeiter Teil der Kultur werden. Es werden die Inputs der Mitarbeiter kontrolliert, denn die Kultur definiert angemessene Normen für Motivation und Initiative.

Drei Systeme sind für die Formung einer angemessenen Kultur besonders wichtig:

- *Die Personalbeschaffung*, also die Auswahl geeigneter Mitarbeiter, um dadurch Konformität am Arbeitsplatz zu erreichen. Arbeitnehmer suchen immer Mitarbeiter aus, die in die Firma passen. Manche stellen vielleicht gerne Menschen ein, die sich bereits im Sport oder bei anderen Aktivitäten als Teamplayer erwiesen haben.

- *Die Sozialisierung*, d.h. die Integration neuer Mitarbeiter durch Training, Einführung und Mentorenprogramme; hier sind aber auch informelle Einflüsse wie etwa bestimmte Vorbilder, Kleidungsvorschriften im Büro oder Fremdsprachen gemeint.

- *Die Belohnung*, d.h. die Anerkennung angemessenen Verhaltens durch finanzielle Entlohnung, Beförderung oder symbolische Systeme (wie öffentliches Lob). Der Wunsch, ähnliche Belohnungen zu erhalten, wie andere erfolgreiche Mitarbeiter, motiviert meist zu entsprechendem Verhalten.

Mitarbeiter begegnen diesen kulturellen Systemen häufig mit subtiler Ablehnung, etwa mit Zynismus oder mechanischer Anpassung. Sind sie aber einmal Teil der Kultur, ändern sie sich nur noch mühsam und lassen sich schwer einer sich wandelnden Strategie anpassen. In Organisationen gibt es also viele kulturelle Systeme, die keiner formalen Kontrolle durch das Management unterliegen wie etwa der Druck anderer Mitarbeiter, sich einer Strategie zu widersetzen.

Dennoch sind kulturelle Systeme für Organisationen besonders wichtig, die in einem komplexen, dynamischen Umfeld agieren. Oft vollziehen sich diese positiven kultu-

---

18 E. C. Wenger und W. M. Snyder, „Communities of practice: the organized frontier", *Harvard Business Review*, Band 78, Nr. 1 (2000), S. 139–46.

rellen Systeme ohne intendiertes Eingreifen des Managements. Kollaborative Kulturen können zur Bildung von „Praxisgemeinschaften" führen, in denen Experten innerhalb oder auch außerhalb der Organisation ihr Wissen zur Verfügung stellen, um aus eigenem Antrieb innovative Lösungen für Probleme zu finden.[19] Diese informellen Initiativgemeinschaften existieren in den verschiedensten Unternehmen, so etwa bei Xerox, dem Hersteller von Kopiergeräten, wo Ingenieure sich zum Frühstück trafen, um über Probleme und deren Lösungen zu diskutieren. Auch Programmierer bilden Netzwerke, die die Entwicklung von Linux „Freeware" im Internet auf internationaler Ebene unterstützten.

14.3.3 Leistungsorientierte Systeme

Leistungsziele beziehen sich auf die Leistungsergebnisse, die eine Organisation (oder ein Teil einer Organisation) erzielt wie Produktqualität, Umsätze oder Gewinn. Diese Ziele werden häufig als Schlüsselindikatoren für Leistung bezeichnet. Die Leistung einer Organisation wird – intern oder extern – anhand ihrer Fähigkeit beurteilt, diese Ziele zu erreichen. Innerhalb gewisser Grenzen aber kann die Organisation frei entscheiden, auf welche Weise diese Ziele erreicht werden sollen. In bestimmten Situationen ist dieser Ansatz besonders gut geeignet:

Leistungsziele

Leistungsziele beziehen sich auf die Leistungsergebnisse, die eine Organisation (oder ein Teil einer Organisation) erzielt, wie Produktqualität, Umsatz oder Gewinn.

- Unternehmenszentralen *großer Konzerne* entscheiden sich oft für Leistungsziele zur Kontrolle ihrer Unternehmenseinheiten, denn so müssen sie sich nicht darum kümmern, wie diese im Detail erreicht werden können. Solche Ziele werden häufig in der Organisation von oben nach unten weitergegeben, wobei für Untereinheiten, Funktionen und sogar für Einzelpersonen spezifische Ziele festgelegt werden.

- Auf *regulierten Märkten* wie etwa bei privatisierten Versorgungsunternehmen in Großbritannien oder auch in anderen Ländern kontrollieren von der Regierung eingesetzte Kontrolleure immer häufiger die Leistung der Unternehmen anhand vorher vereinbarter *Leistungsindikatoren*, z.B. Dienstleistungs- oder Qualitätsniveaus, um eine „wettbewerbsfähige" Leistung sicherzustellen.[20]

- Im *öffentlichen Sektor*, wo historisch gesehen immer die Kontrolle der Ressourceninputs am wichtigsten war, bemühen sich viele Regierungen nun, ihre Kontrollsysteme in Richtung der Outputs (wie etwa der Servicequalität) und noch wichtiger in Richtung konkreter Ergebnisse zu verlagern.

Vielen Managern fällt es schwer, sinnvolle Leistungsziele festzulegen. Hier gibt es mindestens drei potenzielle Probleme.[21]

---

19 A. Maté, J. Trujillo und J. Mylopoulos, „Conceptualizing and specifying key performance indicators in business strategy models", *Proceedings of the 2012 Conference of the Center for Advanced Studies on Collaborative Research*, IBM Corp. 5–7 November, S. 102–15.

20 D. Helm und T. Jenkinson, „Competition in Regulated Industries", *Clarendon Press*, 1999, bietet eine Reihe von ausführlichen Fallstudien über die Auswirkungen der Deregulierung auf den Wettbewerb. Siehe auch A. Lomi und E. Larsen, „Learning without experience: strategic implications of deregulation and competition in the international electricity industry", *European Management Journal*, Band 17, Nr. 2 (1999), S. 151–164.

21 Siehe R. Kaplan und D. Norton, „Having trouble with your strategy? Then map it", *Harvard Business Review*, Band 78, Nr. 5 (2000), S. 167–76; und R. Kaplan und D. Norton, *Alignment: How to Apply the Balanced Scorecard to Strategy*, Harvard Business School Press, 2006.

- *Ungeeignete Kennzahlen* sind ein sehr häufiges Problem. Manager bevorzugen z.B. oft Indikatoren, die leicht zu messen sind, oder suchen Kennzahlen aus, ohne richtig zu verstehen, worauf es in der Organisation ankommt. So konzentriert man sich auf die vorgegebenen Kennzahlen und vernachlässigt vielleicht wichtige Faktoren, die für den langfristigen Erfolg eines Unternehmens entscheidend wären. In der Privatwirtschaft liegt der Fokus häufig auf kurzfristiger Gewinnmaximierung – Investitionen in die Nachhaltigkeit eines Unternehmens bleiben dabei auf der Strecke.

- *Unangemessene Zielwerte* sind leider auch nicht selten ein Problem. Es ist sehr verlockend für Manager, ihren Vorgesetzten pessimistische Prognosen zu liefern, damit die Zielvorgaben nicht zu anspruchsvoll ausfallen und leicht erfüllt werden können. Allerdings kann es wiederum vorkommen, dass Vorgesetzte den Pessimismus ihrer Manager überkompensieren und eher zu anspruchsvolle Ziele stecken. Unrealistische und überzogen anspruchsvolle Ziele können entweder demotivierend auf die betroffenen Mitarbeiter wirken, die von vornherein jede Hoffnung aufgeben, diese Ziele zu erreichen. Oder es kommt zu riskantem oder unehrlichem Verhalten, um das Unmögliche möglich zu machen.

- *Übermäßiger interner Wettbewerb* kann sich ergeben, wenn einzelnen Mitarbeitern oder einzelnen Einheiten bestimmte Zielvorgaben gegeben werden. Obwohl eine Organisation per Definition eigentlich mehr sein sollte als die Summe ihrer Teile, ist der Anreiz zur Kooperation für jeden Einzelnen gering, der nur für seine persönliche Leistung belohnt wird. Wer vor allem darum kämpft, seine eigenen Ziele zu erreichen, tauscht keine Informationen mehr aus und teilt keine Ressourcen.

All diese bekannten Probleme rund um bestimmte Zielvorgaben haben dazu geführt, dass sich zwei Techniken entwickelt haben, die einen umfassenderen Ansatz zum Thema Zielvorgabe anstreben. Am bekanntesten und wichtigsten ist wohl der Ansatz der sogenannten *Balanced Scorecard.*

Balanced Scorecards

Balanced Scorecards kombinieren qualitative und quantitative Kennzahlen, berücksichtigen die Erwartungen verschiedener Interessengruppen und verbinden die gewählte Strategie mit dem Unternehmenserfolg

Sie vergrößert die Reichweite der Leistungsindikatoren.[22] **Balanced Scorecards** kombinieren qualitative und quantitative Kennzahlen, berücksichtigen die Erwartungen verschiedener Interessengruppen und verbinden die gewählte Strategie mit dem Unternehmenserfolg. Dabei ist es wichtig, dass die Leistung nicht nur anhand kurzfristiger Outputs gemessen wird, sondern dass das Management der Systeme berücksichtigt wird. Beispiele sind die Innovations- und Lernsysteme, die für langfristigen Erfolg entscheidend sind.

Ein zweiter ausgewogenerer Ansatz zum Thema Zielsetzung ist die Entwicklung einer Strategy Map, die die Idee der Balanced Scorecard noch weiterführt. *Strategy Maps* verbinden verschiedene Leistungsziele zu einem sich gegenseitig verstärkenden und unterstützenden kausalen Netzwerk strategischer Ziele. ▶ *Abbildung 14.7* zeigt einen Ausschnitt aus einer Strategy Map einer Zulieferer-Firma basierend auf den vier Perspektiven Finanzen, Kunden, interne Prozesse sowie Innovation und Lernen. Die Darstellung zeigt, dass eine Investition in gut ausgebildete und motivierte

---

22 Siehe R. Kaplan und D. Norton, „The balanced scorecard: measures that drive performance", *Harvard Business Review*, Band 70, Nr. 1 (1992), S. 71–79; für Informationen über neue Entwicklungen siehe R. Kaplan und D. Norton, „Having trouble with your strategy? Then map it", *Harvard Business Review*, Band 78, Nr. 5 (2000), S. 167–176; sowie R. Kaplan und D. Norton, „Alignment: How to Apply the Balanced Scorecard to Strategy", *Harvard Business School Press*, 2006.

Fahrer unter der Überschrift „Innovation und Lernen" zu rechtzeitigen Lieferungen führt (Überschrift „interne Prozesse"). Dies wiederum stellt die Kunden zufrieden und sorgt für gewinnbringendes Wachstum. Die kausale Vernetzung der einzelnen Ziele zeigt deutlich, wie wichtig es ist, die Balance zwischen ihnen zu finden: Kein Ziel kann für sich allein erreicht werden, alle sind voneinander abhängig. Solche Strategy Maps können also dabei helfen, die oben genannten Probleme der ungeeigneten Maßstäbe zu lösen. Die Probleme unangemessener Zielsetzungen und des internen Wettbewerbs dagegen lassen sich nicht so leicht aus der Welt schaffen.

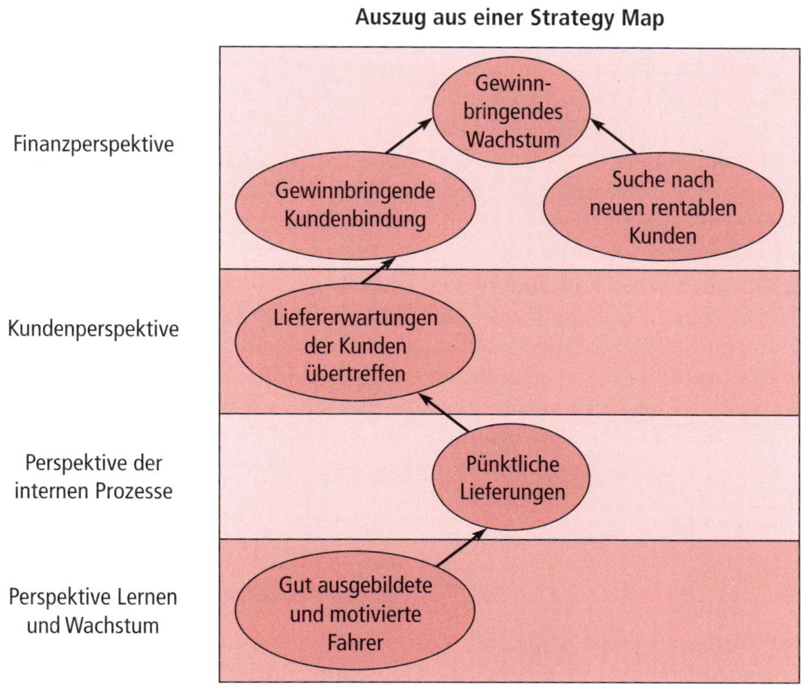

Auszug aus einer Strategy Map

Abbildung 14.7: Auszug aus einer Strategy Map

14.3.4 Marktsysteme

Marktsysteme (oder interne Märkte) können in die Organisation integriert werden, um Aktivitäten intern zu kontrollieren.[23] Hier beinhalten Marktsysteme meist ein formalisiertes „Vertrags"-System, das die Zurverfügungstellung von Ressourcen oder Inputs aus anderen Teilen einer Organisation oder die Lieferung von Outputs an bestimmte Organisationsteile regelt. Kontrollen konzentrieren sich hier auf Outputs, etwa auf Einkünfte aus dem erfolgreich geführten Wettbewerb und interne Verträge. Die Kontrolle ist indirekt: Geschäftsbereiche müssen keine extern definierten detaillierten Leistungsziele akzeptieren, sondern lediglich ihre Position auf den kompetitiven internen Märkten behaupten.

Marktsysteme

Marktsysteme beinhalten normalerweise ein formalisiertes System der „Auftragsvergabe" für Ressourcen oder Inputs aus anderen Teilen einer Organisation sowie zur Lieferung von Outputs an andere Teile einer Organisation.

---

23 Unternehmen wie Royal Dutch Shell experimentieren mit dem Konzept interner Märkte, um Innovationen zu fördern. Siehe G. Hamel, „Bringing Silicon Valley inside", *Harvard Business Review*, Band 77, Nr. 5 (1999), S. 70–84. Für eine Diskussion über die Herausforderungen interner Märkte siehe A. Vining, „Internal market failure", *Journal of Management Studies*, Band 40, Nr. 2 (2003), S. 431–457.

Interne Märkte können auf vielfältige Weise genutzt werden. So kann es ein *kompetitives Bietersystem* geben, etwa durch die Schaffung einer internen Investmentbank in der Unternehmenszentrale, die neue Initiativen fördert. Auch kann sich zwischen einer zentralen Serviceabteilung, etwa Training oder IT, und den Geschäftseinheiten ein Verhältnis Kunde-Zulieferer bilden. Meist sind solche internen Märkte sehr stark reguliert. So kann die Zentrale etwa Regeln für *interne Verrechnungspreise* zwischen den internen Geschäftseinheiten aufstellen, um ruinösen Preispraktiken vorzubeugen. Die Zentrale könnte auch auf dem Abschluss von *Serviceverträgen* bestehen, um sicherzustellen, dass ein wichtiger interner Zulieferer, etwa die IT-Abteilung, mehreren Bereichen gute Dienstleistungen liefert, die davon abhängig sind.

Interne Märkte funktionieren dann gut, wenn die direkte Kontrolle oder die Input-Kontrolle aufgrund hoher Komplexität und raschen Wandels nicht praktikabel ist. Doch auch hier können Probleme entstehen. So können sie Verhandlungen zwischen den Geschäftsbereichen fördern, sodass wichtige Managementzeit geopfert werden muss. Außerdem kann durch die Überwachung aller internen Ressourcentransfers eine neue Bürokratie entstehen. Zum dritten kann ein übermäßiger Einsatz von Marktmechanismen zu dysfunktionalem Wettbewerb und einer vertraglichen Überregulierung führen, sodass eine Kultur der Zusammenarbeit und informelle Beziehungen zerstört werden. All diese Punkte wurden als Beschwerden gegen interne Märkte und semi-autonome Stiftungskrankenhäuser in Großbritannien vorgebracht, die vom britischen Gesundheitsdienst eingeführt wurden. Befürworter interner Märkte geben jedoch an, dass solche Marktsysteme das traditionell überzentralisierte Gesundheitswesen freier machen, sodass es innovativer sein und leichter auf lokale Bedürfnisse eingehen kann, denn die allgemeine Kontrolle ist durch die Marktsituation gewährleistet.

14.4   Konfigurationen und Adaptabilität

Konfigurationen

Konfigurationen bezeichnet eine Reihe organisationaler Gestaltungselemente, die zur Unterstützung der beabsichtigten Strategie miteinander verbunden sind.

In der Einführung zu diesem Kapitel wurde das Konzept der Konfigurationen eingeführt. **Konfigurationen** sind Gruppen von organisatorischen Designelementen, die zur Unterstützung der vorgesehenen Strategie miteinander verknüpft sind. Die einführende ▶ *Abbildung 14.1* konzentrierte sich auf die sich gegenseitig unterstützenden Elemente der Strategie, Struktur und Systeme. Der vorliegende Abschnitt beginnt mit der Erweiterung dieser drei Elemente um den McKinsey-7-S-Rahmen. Wenn all diese verschiedenen Elemente zusammenpassen, kann sich daraus ein sich selbst stützendes und stärkendes System ergeben, das für eine gute Unternehmensleistung sorgt. Allerdings kann es auch zu Spannungen und Dilemmata zwischen den Elementen kommen, die abschließend betrachtet werden.

14.4.1 Der McKinsey-7-S-Rahmen

Die Beratungsgesellschaft McKinsey & Co. hat einen Rahmen entwickelt, um zu bewerten, inwieweit die verschiedenen Elemente der Gestaltung der Organisation so zusammenpassen, dass sie sich gegenseitig unterstützen. Der McKinsey-7-S-Rahmen unterstreicht die Bedeutung der Übereinstimmung von Strategie, Struktur, Systemen, Personal (staff), Stil, Fertigkeiten (skills) und übergeordneten Zielen (superordinate goals).[24] Zusammen können diese sieben Elemente als Checkliste für jegliche organisatorische Konzeption dienen (siehe ▶ *Abbildung 14.8*). In diesem Kapitel wurden bereits Strategie, Struktur und Systeme angesprochen. Im vorliegenden Unterkapitel geht es wie folgt um die verbleibenden vier Elemente des 7-S-Rahmens:

■ Dabei bezeichnet *Stil* den Führungsstil von Topmanagern in einer Organisation. Der Führungsstil kann beispielsweise kollaborativ, partizipatorisch, anweisend oder autoritär sein. Der Verhaltensstil kann die Kultur der gesamten Organisation beeinflussen. Der Stil sollte zu anderen Aspekten des 7-S-Rahmens passen: So passt beispielsweise ein stark anweisender oder autoritärer Führungsstil wahrscheinlich nicht zu einer Matrixorganisationsstruktur.

■ Beim *Personal (staff)* geht es um die Typen von Menschen in der Organisation sowie um deren Entwicklung. Dies bezieht sich auch auf die Systeme zur Rekrutierung, Einführung und Vergütung. Ein Schlüsselkriterium für die Machbarkeit jeder Strategie lautet: Verfügt die Organisation über die passenden Mitarbeiter? Eine gemeinsame Beschränkung zum strukturellen Wandel liegt in der Verfügbarkeit der richtigen Menschen für die Leitung neuer Abteilungen und Bereiche.

■ *Fertigkeiten (skills)* bezieht sich auf das Personal, aber im 7-S-Rahmen bezeichnet es umfassender Fähigkeiten im Allgemeinen (siehe *Kapitel 4*). Das Konzept der Fähigkeiten beschreibt hier nicht nur die Fähigkeiten des Personals, sondern wirft auch Fragen im Hinblick darauf auf, wie diese Fähigkeiten in der Organisation insgesamt verankert und erfasst werden. Wie transformieren beispielsweise die Ausbildungssysteme, Informationstechnologien und das Anreizsystem die Talente von Einzelpersonen in die für die Strategie erforderlichen organisatorischen Fähigkeiten?

■ *Übergeordnete Ziele (superordinate goals)* bezeichnen die übergeordneten Ziele oder den Zweck der Organisation insgesamt, mit anderen Worten die Mission, die Vision und die Ziele, die das Organisationsziel bilden (siehe *Kapitel 1*). Die übergeordneten Ziele befinden sich im Zentrum des 7-S-Rahmens: Alle anderen Elemente sollten diese unterstützen.

Der McKinsey-7-S-Rahmen unterstreicht mindestens drei Aspekte der Organisation. Erstens umfasst die Organisation viel mehr als nur die richtige organisationale Struktur: Es gibt dabei noch viele andere Elemente zu berücksichtigen. Zweitens betont der 7-S-Rahmen die Übereinstimmung zwischen all diesen Elementen: Alles von der Struktur bis zu den Fähigkeiten muss miteinander verbunden werden. Drittens legt das Konzept der Anpassung nahe, dass die Manager, wenn sie ein Element des 7-S-Rahmens ändern, wahrscheinlich auch alle anderen Elemente verändern müssen, um sie angemessen aufeinander auszurichten. Durch die isolierte Veränderung eines Elements verschlimmern sich die Dinge wahrscheinlich, bis die Gesamtanpassung wiederhergestellt wird.[25]

24 R. A. Burgelman, „Managing the new venture division: implications for strategic management", *Strategic Management Journal*, Band 6, Nr. 1 (1985), S. 39–54.

25 R. Whittington, A. Pettigrew, S. Peck, E. Fenton und M. Conyon, „Change and complementarities in the new competitive landscape: a European panel study, 1992–1996", *Organization Science*, Band 10, Nr. 5 (1999), S. 583–600.

Obwohl das Konzept der Konfigurationen und des 7-S-Rahmens die Bedeutung der wechselseitigen Anpassung zwischen Elementen betont, ist dies in der Praxis oft schwer zu erzielen. Wenn alles passgenau zusammengefügt ist, wird es schwierig, sich an spezifische Anforderungen anzupassen. Passt man sich genau den Anforderungen eines speziellen Markts an, werden fast zwangsläufig einige Anforderungen anderer Märkte vernachlässigt. Eine Lösung hierfür ist die Aufteilung der Organisation in mehrere strategische Geschäftseinheiten. So kann jede Einheit genau auf einen bestimmten Markt zugeschnitten werden. So entwickelte IBM seinen damals revolutionären PC in einer separaten Geschäftseinheit, die sich speziell mit neuen Projekten befasste. Denn die Hierarchien und Effizienzrichtlinien der traditionellen Einheiten waren nicht auf innovatives Denken und neue Projekte ausgerichtet.[26] Zudem ergeben sich aus zu strikten Konfigurationen Probleme im Fall eines Wandels: denn eine Anpassung an neue Bedingungen kann sehr kostspielig werden. Wenn man nur einige wenige Elemente verändert, kann sich dadurch schon die Leistung verschlechtern – es sei denn, die gesamte Konfiguration wird entsprechend mit verändert. Die Konzepte der Agilität und Resilienz sollen betonen, wie wichtig Anpassungsfähigkeit angesichts eines Wandels ist.

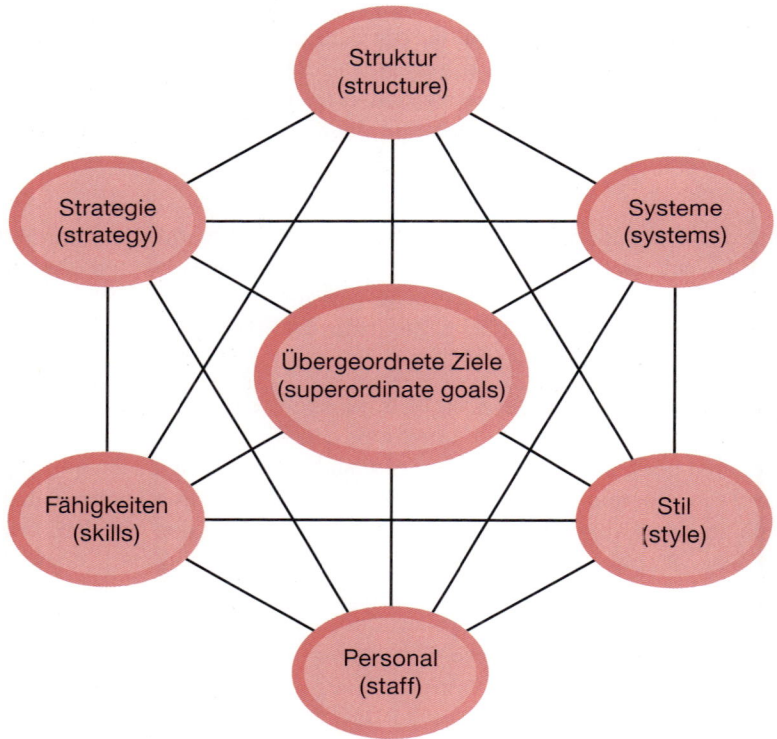

Abbildung 14.8: Der McKinsey-7-S-Rahmen
Quelle: R. Waterman, T. Peters und J. Phillips, „Structure is not organisation", Business Horizons, Juni 1980, S. 14–26: S. 18.

---

26   J. Galbraith, „Organising to deliver solutions", *Organizational Dynamics*, Band 31, Nr. 2 (2002), S. 194–207.

14.4.2 Agilität und Resilienz

Zwei Konzepte können helfen, eine Organisation so zu gestalten, dass sie anpassungsfähiger wird, wobei das erste Konzept eher proaktiv ist, während das zweite reaktiv wirkt.

- Die *Agilität* einer Organisation bezeichnet ihre Fähigkeit, Chancen und Gefahren schnell zu erkennen und entsprechend zu reagieren.[27] Flexible Organisationen nehmen Umweltveränderungen vorweg und können so schnell darauf reagieren. Agilität wird immer wichtiger, denn oft verändert sich das Umfeld einer Organisation immer schneller, zum Beispiel durch schnellen technologischen Wandel.

- Die *Resilienz* einer Organisation meint ihre Fähigkeit, sich schnell von Erschütterungen, die in ihrem Umfeld geschehen, zu erholen.[28] Resiliente Organisationen kommen nach einem Schock schnell wieder auf die Beine. Resilienz ist wichtig, weil es immer wieder zu unvorhergesehenen Ereignissen kommt: der Zusammenbruch wichtiger Kunden oder Zulieferer, extreme Naturereignisse (Tsunamis oder Erdbeben) oder plötzliche Verschiebungen der politischen Landschaft.

Agilität und auch Resilienz einer Organisation werden erleichtert und gestärkt durch *Puffer*. Diese bedeuten wichtige extra Ressourcen, die es den Mitarbeitern ermöglichen, über das übliche Tagesgeschäft hinauszublicken und mit möglichen Chancen für die Zukunft zu experimentieren oder eben zukünftigen Gefahren entgegenzuwirken. Beispiele für solche „Puffer-Ressourcen" sind etwa Abteilungen für „Blue Sky"- also Grundlagenforschung oder einfach freie Finanzmittel, die für neue Firmenübernahmen ausgegeben werden können. Und auch die Resilienz kann durch Puffer gestärkt werden, denn auch hier können extra Ressourcen verwendet werden, um rasch und unkompliziert Abteilungen zu helfen, die besonders unter einem Schockereignis gelitten haben. Beispiele sind hier zusätzliche Lagerbestände für Notfälle, zusätzliche Produktionskapazitäten oder aber nicht voll ausgelastete Manager. Eine perfekt konfigurierte Organisation, bei der ganz engmaschig alles ineinandergreift, hat sicher kaum organisationale Puffer. Daher ist es wichtig, beim Gestalten einer Organisation mit all ihren Strukturen und Systemen auch darauf zu achten, dass es genügend Puffer gibt, um die Organisation anpassungsfähig zu machen – sei es durch Agilität oder durch Resilienz.

---

27 Y. L. Doz und M. Kosonen, „Embedding strategic agility: a leadership agenda for accelerating business model renewal", *Long Range Planning*, Band 43, Nr. 2 (2010), S. 370–82; P. P. Tallon und A. Pinsonneault, „Competing perspectives on the link between strategic information technology alignment and organizational agility: insights from a meditation model", *MIS Quarterly*, Band 35, Nr. 2 (2011), S. 463–86.

28 G. Hamel und L. Valkangas, „The quest for resilience", *Harvard Business Review*, Band 81, Nr 9 (2003), S. 52–65; L. Valikangas und A.G.L. Romme, „Cometing perspecitves on the link between strategic information technology alignment and organizational agility: insights from a meditation model", *MIS Quarterly*, Band 35, Nr. 2 (2011), S. 463–86; P. Tallon und A. Pinsonneault, „Capabilities at Big Brown Box Inc.", Strategy & Leadership, Band 4, Nr. 4 (2012), S. 43–5.

Quer-Denken

Keine Hierarchien?

Es gibt Alternativen zu Vorgesetzen und Kontrollen

Dieses Kapitel beschäftigte sich vor allem mit hierarchischen Strukturen und Systemen, die zur Kontrolle von oben nach unten eingesetzt werden. Es gibt aber auch Alternativen – fast ohne jegliche Hierarchie – die ebenfalls gut funktionieren können.

Eine solche Struktur ist der sogenannte „Dreisatz."[29] Dieser besagt in diesem Fall, dass jedes Projekt innerhalb einer Organisation gestartet werden kann, sobald drei Organisationsmitglieder der Durchführung zustimmen. Der „Projekt Champion" muss also zwei weitere Organisationsmitglieder überzeugen, dass sein Projekt vielversprechend ist und dass sich die Investition ihrer Arbeitszeit auszahlen wird. Kann der Champion diejenigen mit ins Boot holen, die über die richtigen Fähigkeiten verfügen, um sein Vorhaben voranzubringen, gilt das Projekt als genehmigt und wird gefördert. Dazu bedarf es nicht der Zustimmung eines Managers. Entscheidend ist hier das Urteil der Mitarbeiter. Wird das Projekt dann durchgeführt und gewinnt vielleicht noch mehr Mitwirkende, wird niemand zum formalen Projektleiter bestimmt, stattdessen werden durch informelle Übereinkünfte Projekt-„Richtlinien" festgelegt, die sich verändern können, wenn sich das Projekt weiterentwickelt. Differenzen werden meist durch Diskussionen beigelegt. Das Projekt wird auf den Markt gebracht, wenn drei Mitarbeiter der Meinung sind, dass es bereit dafür ist.

Dieser Dreisatz wird z.B. vom Spieleentwickler Valve praktiziert. Das Unternehmen beschäftigt 400 Mitarbeiter und betreibt unter anderem das Spieleportal Stream mit Spielen wie *Half-Life* und *Counter Strike*. Das Unternehmen funktioniert zwar ohne Hierarchien, doch sein Gründer und Eigentümer Gade Newell kontrolliert sehr streng, wenn es um Neueinstellungen und Entlassungen von Mitarbeitern geht. Valve bezahlt überdurchschnittlich hohe Gehälter und gewährt überdies großzügige Boni. Auch über die Gewährung eines Bonus entscheiden vor allem die Mitarbeiter und Kollegen. Es kann also durchaus sehr vorteilhaft für einen Mitarbeiter sein, sich an einem Projekt zu beteiligen, aus dem ein erfolgreiches neues Spiel entsteht. Andererseits entstehen ihm große persönliche Nachteile, wenn ein Projekt fehlschlägt. Wird ein Projekt nicht mehr von drei Mitarbeitern unterstützt, endet es automatisch. Der Marktwert des Unternehmens Valve wird auf etwa 1,5 Mrd. € geschätzt.

---

29 P. Puranam und D. Hakonsson, „Valve's Way", *Journal of Organizational Design*, Band 4, Nr. 2 (2015), S. 2–4; T. Felin, „Valve Corporation: Strategy tipping points and thresholds", *Journal of Organizational Design*, Band 4, Nr. 2 (2015), S. 10–11.

Z U S A M M E N F A S S U N G

- Erfolgreiches Organisieren bedeutet, auf die wichtigsten Herausforderungen der Organisation reagieren zu können. In diesem Kapitel wurden *Kontrolle*, *Wandel*, *Wissen* und *Internationalisierung* betont.

- Es gibt viele *Strukturformen* (z.B. funktional, divisional oder Matrix). Jede Strukturform hat ganz eigene Stärken und Schwächen und geht unterschiedlich auf die Herausforderungen Kontrolle, Wandel, Wissen und Internationalisierung ein.

- Es gibt eine Reihe verschiedener organisationaler *Systeme*, die die Strategieumsetzung erleichtern. Diese Systeme können sich entweder auf *Inputs* oder auf *Outputs* konzentrieren und *direkt* oder *indirekt* sein.

- Die separaten organisationalen Elemente, zusammengefasst im 7-S-Modell von McKinsey, sollten gemeinsam eine kohärente, *sich selbst stärkende Konfiguration* bilden. Doch aus diesen sich selbst stärkenden Zyklen entstehen auch Probleme bezüglich der *Agilität* und *Resilienz* einer Organisation, denen durch die Schaffung von Puffern entgegengewirkt werden kann.

Z U S A M M E N F A S S U N G

Literaturempfehlungen

- Die beste Veröffentlichung, die alle Themen dieses Kapitels behandelt, ist R. Daft, „Organisation Theory and Design", 12. Auflage, *Cengage*, 2016. G. Tett, The silo Effect, *Little and Brown*, 2015 bietet eine lesenswerte und anregende Perspektive darüber, was in einer Organisation schief gehen kann und welche aktuellen Lösungen es dazu gibt.

- Für eine Sammlung relevanter Artikel siehe die Sonderausgabe „Learning to design organizations", Hrsg. R. Dunbar und W. Starbuck, *Organization Science*, Band 17 (2006), Nr. 2.

- M. Goold und A. Campbell, „Designing Effective Organizations", *Jossey-Bass*, 2002, liefert eine praktische Anleitung für Themen der organisationalen Gestaltung.

Fallstudie
One Sony?

Kazuro Hirais Ernennung zum Vorstandsvorsitzenden der Sony Corporation im April 2012 hätte sein jüngeres Ich wahrscheinlich selbst überrascht. Schließlich hatte er seine Karriere als japanischer Übersetzer für die amerikanische Hip-Hop-Band Beastie Boys begonnen. Danach wurde er Videospielentwickler und leitete später das PlayStation-Geschäft von Sony in den USA. Allerdings befand sich Sony zu dem Zeitpunkt, als er im Alter von 51 Jahren CEO wurde, in einer tiefen Krise. Einer der ersten Schritte von Hirai bestand darin, die Organisationsstruktur von Sony zu verändern. Das Ziel war, ein stärker integriertes Unternehmen – „One Sony" – zu schaffen. Trotz einiger Anpassungen im Laufe der Zeit behielt Sony diese Struktur bisher bei.

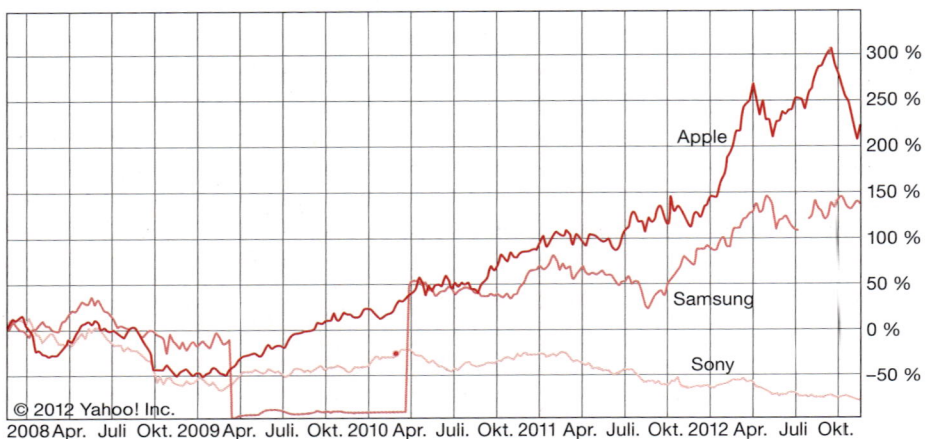

Abbildung 1: Entwicklung des Sony-Aktienkurses von 2008 bis 2012 im Vergleich zu Apple und Samsung
Quelle: Yahoo Finance – zum Vergleich von Preisänderungen wurden alle Preise für 2008 auf null vereinheitlicht.

Geschäftlicher Hintergrund

Die Geschäftsbereiche von Sony reichten zusammen mit „Inhaltsbereichen" wie Filmen und Musik, von professioneller Elektronik, wie Halbleitern und medizinischen Geräten, über Unterhaltungselektronik, von Fernsehern bis hin zu Mobiltelefonen, bis hin zu Computern und der PlayStation. Somit trat Sony gegen Unternehmen wie das amerikanische Erfolgsunternehmen Apple und den koreanischen Spitzentechnologieriesen Samsung an. Trotz der stolzen, mit Marken wie dem Sony Walkman oder Sony-Trinitron-Fernsehern verbundenen Geschichte blieb Sony weit zurück. Im Jahr 2012 war der Sony-Aktienkurs nur noch halb so hoch wie fünf Jahre zuvor, während der Kurs von Apple und Samsung zwei oder drei Mal so hoch war (siehe ▶ *Abbildung 1*).

Der relative Rückgang bei Sony war allerdings nicht auf fehlende Bemühungen zurückzuführen. Im Jahr 2003 erlitt das Unternehmen den sogenannten „Sony-Schock", als nach einer schwachen Reaktion auf billigere asiatische Elektronikunternehmen sowohl die Erträge als auch der Aktienkurs gleichzeitig eingebrochen waren. Das Unternehmen senkte durch eine Reduzierung der Mitarbeiterzahl um beinahe 20 % die Kosten. Im Jahr 2005 hatte Sony den damals revolutionären Schritt gemacht, den ersten Ausländer, Howard Stringer, einen walisisch-amerikanischen Manager mit einem Hintergrund im Bereich des Musik- und Filmgeschäfts, zum Vorstandsvorsitzenden zu ernennen.

Stringer hatte angekündigt, dass er das vertikale Managementsystem des Unternehmens, das er als eine Reihe von getrennten „Bunkern" mit geringer Kohärenz bezeichnete, aufbrechen wollte. Er wollte das in Japan ansässige Hardwaregeschäft des Unternehmens mit den verschiedenen Inhaltsbereichen integrieren, die durch Musik und Filme in den USA angeführt wurden. Der Slogan von Stringer war „Sony United". Allerdings war Stringer weder Ingenieur noch sprach er Japanisch. Es wurde berichtet, dass viele seiner Anordnungen gegenüber dem japanischen Hardwaregeschäft weitgehend ignoriert wurden.

Das Finanzergebnis 2011/2012 bestätigte den Misserfolg von Stringer. Ohne ein durchschlagendes neues, mit dem Walkman oder Trinitron vergleichbares Produkt, das sich stark auf eine teure japanische Produktionsbasis stützt, ging der Umsatz von Sony um beinahe 10 % zurück und das Ergebnis war negativ. Der 69-jährige Stringer wurde Präsident des Unternehmens. Und Hirai, der jüngste Sony-Vorstandsvorsitzende aller Zeiten und der zweite Nichtingenieur in Folge, machte sich an die Arbeit.

Abbildung 2: Organisationsstruktur von Sony im Jahr 2011.
Quelle: Angepasst von www.sony.net.

Neue Strategie und neue Struktur

Hirai bestand darauf, dass das neue Sony sich vorwiegend auf fünf strategische Schlüsselinitiativen konzentrieren sollte. Zuallererst umfasste dies eine Stärkung des Kerngeschäfts. Damit bezog er sich auf digitale Bildgebung, Spiele und mobile Geräte, einschließlich Telefone, Tablet-Computer und Laptops. Zweitens verpflichtete sich Hirai dazu, nach acht Jahren durchgehender Verluste das Fernsehgeschäft wieder in die Gewinnzone zurückzubringen. Drittens sollte sich Sony auf den Schwellenmärkten, wie Indien und Südamerika, schneller entwickeln. Die vierte Initiative bestand in der Beschleunigung von Innovation, insbesondere in der Integration von Produktbereichen. Schließlich bereitete Sony die Neuausrichtung seines Geschäftsportfolios vor. Dazu wurden Veräußerungen im Nichtkernbereich (z.B. dem bestehenden Chemiegeschäft) erwartet.

Hirai unterstützte diese strategischen Initiativen mit einer neuen organisatorischen Struktur, die das Konzept „One Sony" unterstützen sollte. Die alte Struktur beruhte auf zwei großen, auf Japan und vorwiegend auf Hardware konzentrierten Gruppen: die Professional, Device and Solutions Group, die ungefähr die Hälfte des Umsatzes ausmachte, sowie die Consumer Products and Services Group, die ein weiteres Fünftel des Umsatzes ausmacht. Neben diesen beiden großen Gruppen gab es mehrere, meist im Ausland ansässige eigenständige Gesellschaften, einschließlich Music, Pictures (Filme) und das Sony-Ericsson-Joint-Venture im Bereich Mobiltelefone (siehe ▶ Abbildung 2).

Im Rahmen der neuen Struktur wurden die großen Gruppen aufgeteilt und insgesamt zwölf einzelne Bereiche geschaffen (siehe ▶ Abbildung 3). Durch die Beendigung des Sony-Ericsson-Joint-Ventures Ende des Jahres 2011 wurde es möglich, das Mobiltelefongeschäft näher an das VAIO- und Mobile-Computing-Geschäft heranzubringen. Die medizinischen Geschäftsbereiche von Sony, die in der Vergangenheit über mehrere Einheiten verteilt waren, nunmehr aber schnelles Wachstum generieren sollten, wurden in ein spezielles Medizingeschäft umgeordnet, das von einer Führungskraft auf Konzernebene geleitet wurde. Die Geräte- und Halbleitergeschäfte, einschließlich Bildsensoren, wurden in einer Gruppe – Device Solutions – zusammengelegt. Sony Network Entertainment wurde gestärkt, wobei dies nunmehr das gesamte Online-Angebot von Sony enthält.

Abbildung 3: Die Organisationsstruktur von Sony im Jahr 2012.
Quelle: Angepasst von www.sony.net.

Hirai schloss die strukturellen Veränderungen mit der Stärkung der Ressourcen des Hauptquartiers sowie der Aufsicht ab. Dazu wurden mehrere neue leitende Manager ernannt. Das Ziel bestand darin, das breite Portfolio des Unternehmens durch die Schaffung exklusiver Inhalte für die eigenen Geräte von Sony wirksam einzusetzen. Einer Führungskraft auf Konzernebene wurde die Verantwortung für die Bereiche User Experience („UX"), Produktstrategie und die kreative Plattform übertragen. Überdies wurde sie beauftragt, die horizontale Integration zu stärken und die Erfahrung entlang der gesamten Produkt- und Netzwerkserviceangebote von Sony zu verbessern. Die gleiche Führungskraft sollte auch die mobilen Geschäftsbereiche, einschließlich Smartphones, Tablets und PCs (wie durch das Kästchen um die beiden entsprechenden Geschäftsbereiche angegeben), beaufsichtigen. Auch die Bereiche Digital Imaging und Professional Solutions wurden der Aufsicht einer Führungskraft auf Konzernebene unterstellt.

Hirai selbst sollte die direkte Verantwortung für den Geschäftsbereich Home Entertainment, einschließlich des in Schieflage geratenen Fernsehgeschäfts, übernehmen und versprach, in den folgenden Monaten den Großteil seiner Zeit dafür aufzuwenden.

Bei einer Investorenveranstaltung im April 2012 ging Hirai über strategische und kulturelle Änderungen hinaus:

„Die andere Sache ist ... das One Sony/One Management-Konzept. Das ist wirklich wichtig, weil ich dafür gesorgt habe, dass im Zuge des Aufbaus des neuen Managementteams jedes Teammitglied einhundertprozentig engagiert sowie darauf fokussiert ist, was getan werden muss und wie wir dies schaffen werden. Daher gibt es intern innerhalb des Managementteams viele Diskussionen. Nachdem wir die Entscheidung getroffen haben, geht jeder in die gleiche Richtung und wir setzen die Entscheidung schnell um. Ich denke, dies ist ein weiterer Bereich, der sich deutlich von einigen der Umstrukturierungen in der Vergangenheit unterscheidet."

Allerdings zeigten sich Ergebnisse nicht schnell. Im November 2012 bemerkte das *Wall Street Journal* zum neuen Organigramm von Sony: „Das Organigramm bietet alles andere als einen klar umrissenen Zweck – die Investoren werden sich wahrscheinlich die Haare ausraufen. Während der neue Vorstandsvorsitzende Kazuo Hirai die Liegestühle an Deck des früheren Elektronikgiganten umordnet, stürzt der Aktienkurs von Sony ins Bodenlose."

Wesentlich Quellen:
Wall Street Journal, 2. Februar 2012; Nikkei Report, 2. März 2012; Pressemitteilung Sony Corporation, Tokio, 27. März 2012; CQ FD Disclosure, Sony Corporate Strategy Meeting Conference Call for Overseas Investors – Final, 12. April 2012; Wall Street Journal, 15. November 2012.

Fragen

1 Bewerten Sie die Vor- und Nachteile der von Hirai umgesetzten strukturellen Veränderungen.

2 Welche anderen, Initiativen jenseits struktureller Änderungen könnten zur Schaffung von „One Sony" noch notwendig sein?

 Als Dozent finden Sie ausführliche **Lösungshinweise** zu den Fallaufgaben auf der Webseite zum Buch.

Führung und strategischer Wandel

15

ÜBERBLICK

Lernziele

Nach der Lektüre dieses Kapitels sollten Sie in der Lage sein,

- Verschiedene *Führungsstile* im Zusammenhang mit strategischem Wandel zu identifizieren und zu bewerten.

- das *Kaleidoskop des Wandels* zu nutzen und eine *Kraftfeldanalyse* durchzuführen, um zu untersuchen, wie der *organisationale Kontext* den strategischen Wandel beeinflussen kann.

- verschiedene *Arten* des strategischen Wandels zu identifizieren, abhängig von Geschwindigkeit und Reichweite.

- den Wert verschiedener *Hebel* des strategischen Wandels zu beurteilen.

- die Ansätze, Fallen und Probleme wichtiger Arten des strategischen Wandels zu identifizieren.

15.1 Einführung

Amazon, der Interneteinzelhändler, wird seit mehr als zwei Jahrzehnten vom Firmengründer Jeff Bezos geleitet. Für die 230.000 Mitarbeiter seiner Firma gibt Bezos „Fünfzehn Führungsprinzipien" aus. Nach diesen Prinzipien sollten die „Amazonians" „in großem Stil denken", „tief tauchen" und „Rückgrat haben". Es scheinen unter anderem diese Prinzipien gewesen zu sein, die Bezos geholfen haben, Amazon sicher durch einen Prozess des strategischen Wandels zu steuern – von einem Online-Buchhändler hin zu einem diversifizierten Technologie-Riesen.

Das Thema des strategischen Wandels wird in diesem Buch immer wieder angesprochen. *Teil I* befasste sich mit Veränderungen, die sich aus dem Umfeld einer Organisation oder aus ihrer internen Position ergeben. *Teil II* betrachtete strategische Optionen, die ein Wandel mit sich bringen könnte, wie etwa Diversifikation, Internationalisierung oder Innovation. Ganz entscheidend für einen erfolgreichen strategischen Wandel ist aber auch die richtige Führungsaufgabe, die dafür sorgt, dass alle Mitarbeiter an einem Strang ziehen und die neuen strategischen Optionen umsetzen. Und dabei geht es nicht nur um die oberste Führungsebene einer Firma, auch auf den unteren Ebenen ist richtige Führung wichtig. Bei Amazon etwa sollen die fünfzehn Führungsprinzipien von allen Mitarbeitern beherzigt werden.

Abbildung 15.1: Wichtige Elemente der Führung eines strategischen Wandels

▶ *Abbildung 15.1* zeigt die Struktur dieses Kapitels. Zunächst werden die verschiedenen Rollen von Führungskräften und unterschiedliche Führungsstile erläutert (*Abschnitt 15.2*). Dabei ist eine wichtige Aufgabe der strategische Wandel. Führungskräfte müssen sich im Zusammenhang mit diesem Thema mit zwei Punkten auseinandersetzen. Zunächst müssen sie ihren organisationalen Kontext unter die Lupe nehmen und prüfen, inwieweit dieser auf einen Wandel positiv oder negativ reagieren würde: *Abschnitt 15.3* befasst sich mit den Kräften, die einen Wandel blockieren oder begünstigen können. Zum zweiten müssen die Führungskräfte feststellen, welche Art des strategischen Wandels erforderlich ist: *Abschnitt 15.4* differenziert verschiedene Arten bezüglich Geschwindigkeit und Ausmaß. Danach sollten Führungspersönlichkeiten in der Lage sein, die richtigen Stellhebel für einen Wandel zu definieren: *Abschnitt 15.5* erläutert diese vom symbolischen Management bis hin zum politischen Handeln. *Abschnitt 15.6* schließlich fasst zusammen und beleuchtet mögliche Gründe für ein Scheitern von Wandelungsprozessen. Auch der informelle Wandel ist hier ein Thema.

15.2 Führung und strategischer Wandel

Führung bezeichnet den Prozess der Beeinflussung einer Organisation (oder einer Gruppe innerhalb einer Organisation) in ihren Bemühungen, ein Ziel zu erreichen.[1] Ohne gute Führung besteht in einer Organisation die Gefahr, dass die Mitarbeiter das genaue Ziel der Organisation nicht kennen und daher nicht genügend motiviert sind. Besonders in Zeiten eines strategischen Wandels ist Führung wichtig. John Kotter von der Universität Harvard argumentiert z.B., dass es bei „gutem Management"

Führung

Führung bezeichnet den Prozess der Beeinflussung einer Organisation (oder einer Gruppe innerhalb einer Organisation) in ihren Bemühungen, ein Ziel zu erreichen.

---

1 Diese Definition des Begriffs Führung basiert auf der von R. M. Stodgill angebotenen Definition, „Leadership, membership and organization", *Psychological Bulletin*, Band 47 (1950), S. 1–14. Für eine neuere und umfassendere Diskussion zum Thema Führung siehe G. A. Yukl, „ Effective Leadership Behaviour: What we know and what questions need more attention", *Academy of Management Perspectives*, Band 26, Nr. 4 (2012), S. 66–85; und Jessica E. Dinh, Robert G. Lord, William L. Gardner, Jeremy D. Meuser, Robert C. Liden und Jinyu Hu, „Leadership theory and research in the new millenium: current theoretical trends and changing perspectives", *Leadership Quarterly*, Band 25, Nr. 1 (2014), S. 36–62.

darum geht, die operativen Aspekte innerhalb einer Organisation (wie etwa Produkt-qualität oder Rentabilität der Produkte) geordnet und beständig zu gestalten. „Füh-rung" andererseits bedeute einen guten Umgang mit Veränderungen.[2] Der strategische Wandel ist also ein zentraler Gesichtspunkt, wenn es um Führung geht.

15.2.1 Strategische Führungsrollen

Zwar wird die Führung eines strategischen Wandels häufig mit dem Topmanagement und besonders dem CEO in Verbindung gebracht, in der Praxis sind daran allerdings meist die Manager aller Führungsebenen beteiligt.

Top-Manager

Es gibt drei zentrale Rollen, die für Top-Manager als besonders bedeutsam gelten, wenn es um die Führung eines strategischen Wandlungsprozesses geht:

- *Vision der zukünftigen Strategie.*[3] Effektive strategische Führungskräfte an der Spitze einer Organisation müssen dafür sorgen, dass es eine klare und überzeu-gende Vision der Zukunft gibt. Zudem müssen sie deutlich allen internen und externen Interessengruppen kommunizieren, mit welcher Strategie diese Vision Wirklichkeit werden soll. Fehlt diese Vision und Kommunikation, kommt es häu-fig vor, dass Führungskräfte anderswo in der Organisation, etwa auf der mittleren Ebene, versuchen, selbst eine Vision zu schaffen, was zwar gut gemeint ist, aber schnell zu Verwirrung führen kann.

- *Ausrichtung der Organisation*, um die gewählte Strategie umzusetzen. Manager müssen sicherstellen, dass alle ihre Mitarbeiter hinter der Strategie stehen und motiviert sowie auch dazu berechtigt sind, die nötigen Veränderungen durchzu-führen. Um dies zu erreichen, müssen Führungskräfte Vertrauen und Respekt innerhalb der gesamten Organisation etablieren. Manchmal kann es aber auch nötig sein, die Führungsriege einer Organisation auszutauschen, um die nötige Unterstützung von allen zu bekommen.

- *Verkörperung des Wandels.* Eine strategische Führungsperson hat eine Vorbild-funktion, innerhalb und außerhalb ihres Unternehmens. Sie ist für einen nötigen Wandlungsprozess sehr wichtig und muss voll und ganz zu den nötigen Verände-rungen stehen.

Manager der mittleren Führungsebene

Der Ansatz des Managements von Strategie und strategischem Wandel ist von oben nach unten gerichtet und sieht in den Managern der mittleren Führungsebene die Umsetzer der Strategie. Als solche müssen sie sicherstellen, dass Ressourcen richtig verteilt werden und die erzielten Leistungen überwachen. In Wahrheit haben Mana-ger der mittleren Ebene aber viele verschiedene Rollen inne, wenn es um das Management eines Wandels geht.[4] In diesem Kontext übernehmen sie sogar vier ver-schiedene Rollen:

---

2   J. Kotter, „What leaders really do", *Harvard Business Review*, Dezember 2001, S. 85–96.
3   D. Ulrich, N. Smallwood und K. Sweetman, *Leadership Code: the five things great leaders do*, Harvard Business School Press 1999.

■ *Berater* der oberen Führungsebene, was die eventuellen Blockaden und Anforderungen des Wandels betrifft. Auf der mittleren Ebene bemerken sie oft Anzeichen für Marktveränderungen oder einen technologischen Wandel am schnellsten und bringen häufig auch einiges an Berufserfahrung und praktischen Einblicken mit, was die Entwicklung einer neuen Strategie beleben kann.[5]

■ Der Strategie *einen „Sinn" geben.* Die Manager der obersten Führungsebene geben zwar die strategische Richtung vor, doch wie kann diese sinnvoll im jeweiligen konkreten Kontext umgesetzt werden (etwa in einer bestimmten Region bei einem internationalen Unternehmen oder einer funktionalen Abteilung)? Dies umzusetzen, wird, absichtlich oder auch nicht, meist den Managern der mittleren Ebene überlassen. Soll eine Fehlinterpretation der angestrebten Strategie vermieden werden, so ist es besonders wichtig, dass gerade die Manager der mittleren Führungsebene diese voll und ganz verstehen und vertreten. Sie haben also eine *Brückenfunktion* zwischen dem Top-Management und den Mitarbeitern der unteren Ebenen.[6]

■ *Neuinterpretation und Anpassung* der strategischen Reaktion, wenn sich die Dinge weiterentwickeln (etwa im Zusammenhang mit Beziehungen zu Kunden, Zulieferern, Mitarbeitern etc.). Dies ist eine entscheidende Rolle, für die besonders die mittleren Manager außergewöhnlich gut qualifiziert sind, denn sie haben täglich mit den oben genannten Aspekten der Organisation und ihrem Umfeld zu tun.

■ *Lokale Führung durch den Wandel.* Manager der mittleren Ebene müssen, ebenso wie Top-Manager, den Wandel verkörpern, nur eben auf der lokalen Ebene. Besonders in dezentral organisierten Unternehmen kann dies wichtig sein, z.B. in Einzelhandelsketten oder multinationalen Konzernen.

Wenn man erkennt, welche Rolle die Manager der mittleren Führungsebene bei der Führung eines Wandlungsprozesses spielen, relativiert dies, das oft heroische, individualistische Bild, das man oft von Führungskräften hat. Manager der mittleren Ebene haben meist nicht die Befugnisse für Alleingänge wie z.B. ein Top-Manager sie hat und müssen so zwangsläufig einen kollektiveren Ansatz wählen.[7] Viele Anführer müssen sich die Unterstützung ihrer Teamkollegen sichern und auch viele Top-Manager bevorzugen inzwischen diesen kollaborativen Weg. Führungskräfte sind also nicht immer Individualisten. Es gibt, im Gegenteil, verschiedene Führungsstile.

4   Siehe S. Floyd und W. Wooldridge, „The Strategic Middle Manager: How to create and sustain competitive advantage", *Jossey-Bass*, 1996.
5   Siehe E. Mollick, „People and process, suits and innovators: the role of individuals in firm performance", *Strategic Management Journal*, Band 33, Nr. 9 (2012), S. 1001–15.
6   Siehe zum Beispiel J. Balogun und G. Johnson, „Organizational restructuring and middle manager sensemaking", *Academy of Management Journal*, Band 47, Nr. 4 (2004), S. 523–549; J. Balogun, „Managing change: steering a course between intended strategies and unanticipated outcomes", *Long Range Planning*, Band 39 (2006), S. 29–49; J. Sillence und F. Mueller, „Switching strategic perspective: the reframing of accounts of responsibility", *Organization Studies*, Band 28, Nr. 2 (2007), S. 155–176.
7   J. A. Raelin, „Imagine there are no leaders: reframing leadership as collaborative agency", *Leadership* (2014) DOI 1742715014558076.

15.2.2 Führungsstile

Führungskräfte nehmen oft „charakteristische" Führungsstile (in Verhalten und Intervention) an. Diese werden häufig in zwei Gruppen eingeteilt:

- *Auf Transformation fokussierte (charismatische) Führungskräfte*, denen es vor allem darum geht, für ihre Organisation eine Vision aufzubauen und ihre Mitarbeiter zu motivieren, diese zu erreichen. Forschungsergebnisse legen nahe, dass diese Art der Führung sich besonders positiv auf die Leistung auswirkt[8], wenn die Mitarbeiter ihre Organisation mit großen Unsicherheiten konfrontiert sehen.[9]

- *Auf Transaktion fokussierte Führungskräfte*, die sich mehr auf die Gestaltung von Systemen und die Steuerung der Aktivitäten der Organisation konzentrieren. Ihr Schwerpunkt liegt mehr auf konkreter Zielsetzung, finanziellen Initiativen, genauer Projektplanung und Überwachung der Leistung von Organisation und jedem einzelnen Mitarbeiter.

In der Praxis sind diese beiden Führungsstile die beiden Extreme eines Spektrums, das viele Kombinationen dazwischen zulässt. Meist werden Elemente beider Stile kombiniert. Der Begriff der *situationsbezogenen Führung* ermutigt Führungskräfte sogar dazu, ihren Stil der jeweils aktuellen Problematik anzupassen.[10] Es gibt also keinen einzig wahren und richtigen Führungsstil. Dieser verändert sich je nach aktueller Situation und den damit verbundenen Anforderungen. In den nächsten beiden Abschnitten werden zwei Aspekte behandelt, die die jeweilige Situation bestimmen können: der Kontext des Wandels und Arten des Wandels.

15.3 Diagnose des Kontexts des Wandels

Die Effektivität verschiedener Führungsstile wird vom *organisationalen Kontext* bestimmt, in dem sich der Wandel vollzieht.[11] Die Führung des Wandels in einem kleinen, durch einen Unternehmer geführten Unternehmen, bei dem ein motiviertes Team den Wandel vorantreibt, unterscheidet sich von dem Versuch der Umsetzung des Wandels in einem Großunternehmen oder einer seit vielen Jahren bestehenden Organisation des öffentlichen Sektors, mit langjährigen Routinen und Systemen sowie eventuell einem hohen Maß an Widerstand gegen Wandel. Das „Kaleidoskop des Wandels" und die Kraftfeldanalyse sind zwei Möglichkeiten, um festzustellen,

---

8 Siehe T. A. Judge und R. F. Piccolo, „Transformational and transactional leadership: a meta analytic test of their relative validity", *Journal of Applied Psychology*, Band 89 (2004), S. 755–68.
9 Für Beweise dieser These siehe D. A. Waldman, G. G. Ramirez, R. J. House und P. Puranam, „Does leadership matter? CEO leadership attributes and profitability under conditions of perceived environmental uncertainty", *Academy of Management Journal*, Band 44, Nr. 1 (2001), S. 134–143.
10 Diese Diskussion über verschiedene Ansätze strategischer Anführer und über Nachweise bezüglich der Effektivität der Anwendung verschiedener Ansätze findet sich bei D. Goleman, „Leadership that gets results", *Harvard Business Review*, Band 78, Nr. 2 (März–April 2000), S. 78–90; und C. M. Farkas und S. Wetlaufer, „The ways chief executive officers lead", *Harvard Business Review*, Band 74, Nr. 3 (Mai–Juni 1996), S. 110–112.
11 Ein interessantes Beispiel dafür, wie verschiedene Kontexte die Empfänglichkeit für den Wandel beeinflussen, siehe J. Newton, J. Graham, K. McLoughlin und A. Moore, „Receptivity to change in a general medical practice", *British Journal of Management*, Band 14, Nr. 2 (2003), S. 143–153. Für eine Erörterung der Probleme des Imports von Veränderungsprogrammen aus dem privaten in den öffentlichen Sektor, siehe F. Ostroff, „Change Management in Government", *Harvard Business Review*, Band 84, Nr. 5 (Mai 2006), S. 141–147.

wie aufgeschlossen eine Organisation für einen Wandel ist. Und dies hilft wiederum dabei zu definieren, welche Art des Wandels nötig ist.

15.3.1 Das Kaleidoskop des Wandels

Das in ▶ *Abbildung 15.2* zusammengefasste Kaleidoskop des Wandels von Julia Balogun (University of Liverpool) und Veronica Hope-Hailey (University of Bath) bietet einen Rahmen zur Identifizierung von Kontexteigenschaften, die bei der Gestaltung von Veränderungsprogrammen zu berücksichtigen sind. Im Folgenden werden einige Beispiele der in der Abbildung gezeigten Kontexteigenschaften dargestellt und verschiedene Ansätze zur Führung des Wandels, die für diese unter Umständen notwendig sind, aufgezeigt.

- Die für den Wandel verfügbare *Zeit* kann sich dramatisch unterscheiden. Ein Unternehmen kann bei schnellen Veränderungen auf seinen Märkten mit einem sofortigen Rückgang des Umsatzes oder der Gewinne konfrontiert werden. Dieser Kontext für den Wandel unterscheidet sich deutlich von dem Rahmen bei einem Unternehmen, in dem das Management die Notwendigkeit für Veränderungen erst Jahre in der Zukunft sieht und die notwendige Zeit hat, diese sorgfältig zu planen. Überzeugungskraft und Zusammenarbeit sind unter Umständen dann am angemessensten, wenn inkrementeller Wandel möglich ist. Wenn allerdings der Wandel schnell umgesetzt werden muss, erfordert die *Zeitplanung* eventuell einen stärker direktiven Stil.

- Der *Umfang* des Wandels kann sich im Hinblick auf die *Breite* des Wandels über eine Organisation oder die *Tiefe* des erforderlichen kulturellen Wandels unterscheiden. So erfordert beispielsweise der bei einem Unternehmen mit mehreren Marken sowie eventuell einem weit zurückreichenden kulturellen Erbe notwendige Umfang des Wandels wahrscheinlich einen Beitrag von Mitarbeitern aus der gesamten Organisation zum Veränderungsprogramm. Bei einem erfolgreichen Kleinunternehmen, bei dem der Wandel weit weniger breit und tief geht, kann unter Umständen ein direktiverer Stil möglich sein.

- Unter Umständen müssen einige Aspekte einer Organisation *bewahrt* werden: Dazu gehören insbesondere Ressourcen, auf denen Veränderungen beruhen müssen. So sei beispielsweise angenommen, dass ein Computersoftwareunternehmen aufgrund seines erfolgreichen Wachstums eine stärker formelle Organisation braucht. Dies könnte allerdings die Technikexperten verärgern, die ein hohes Maß an Unabhängigkeit sowie leichten Zugang zum leitenden Management gewohnt sind. Daher könnte die Aufrechterhaltung ihres Expertenwissens und ihrer Motivation von grundlegender Bedeutung sein, sodass ihre Beteiligung durch Zusammenarbeit oder Teilnahme durchaus von Bedeutung sein kann.

- Eine *Vielfalt* von Erfahrungen, Ansichten und Meinungen innerhalb einer Organisation kann den Veränderungsprozess unterstützen, erfordert aber die Beteiligung von Menschen an dem Prozess. Wenn allerdings ein Unternehmen schon seit vielen Jahrzehnten eine Strategie verfolgt, kann diese Kontinuität zu einer homogenen Sichtweise der Welt führen, die wiederum Veränderungen behindert. Daher sind Mittel notwendig, um für selbstverständlich erachtete Annahmen und Routinen in Frage zu stellen.

■ Auch die *Fähigkeit* zum Wandel im Hinblick auf verfügbare Ressourcen ist erheblich: Wandel kann teuer sein – allerdings nicht nur finanziell, sondern auch im Hinblick auf Managementzeit. Dabei liegt die Bereitstellung solcher Ressourcen wahrscheinlich in der Verantwortung des obersten Managements (bzw. der Eigentümer).

■ Wer hat die *Macht*, Veränderungen zu bewirken? Es wird oft angenommen, dass der Geschäftsführer über derartige Macht verfügt, allerdings kann dies bei Widerstand von unten oder eventuell bei Widerstand von externen Stakeholdern unter Umständen nicht der Fall sein. Überdies besteht auch die Möglichkeit, dass der Geschäftsführer annimmt, dass andere Mitglieder der Organisation über die Macht verfügen, Wandel zu bewirken – selbst wenn dies nicht der Fall ist oder diese Personen nicht davon ausgehen, dass sie über derartige Macht verfügen. In Organisationen mit *hierarchischen Machtstrukturen* kann ein direktiver Stil weit verbreitet sein. Daher ist es eventuell schwierig, dies aufzubrechen – nicht zuletzt aufgrund der Tatsache, dass die Mitarbeiter dies erwarten. Andererseits besteht bei „flacheren" Machtstrukturen, einer an anderer Stelle dieses Lehrbuchs (siehe *Abschnitt 14.2.3*) beschriebenen, stärker vernetzten oder lernenden Organisation die Wahrscheinlichkeit, dass Zusammenarbeit und Beteiligung weiter verbreitet und tatsächlich wünschenswert sind.

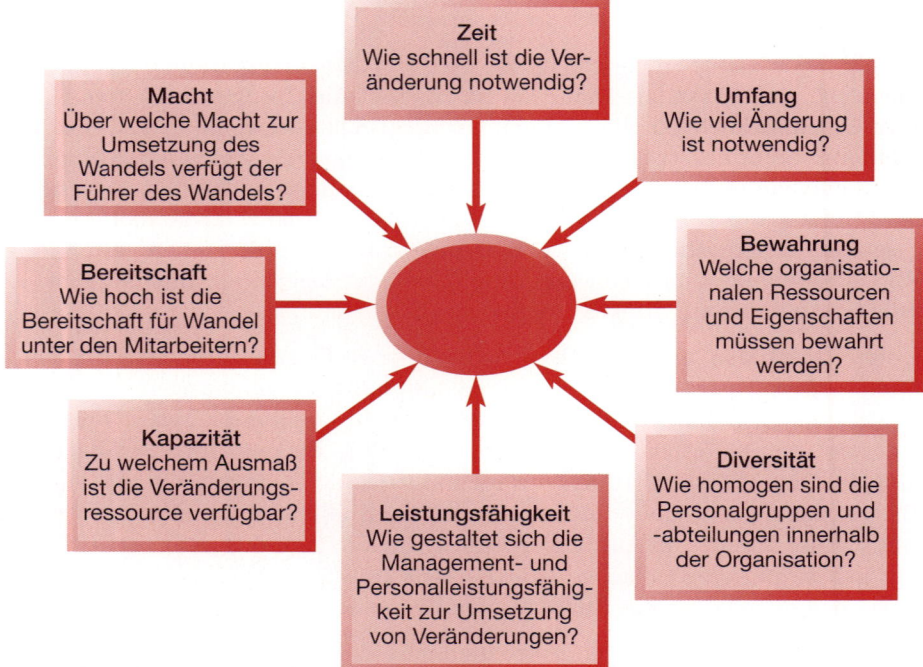

Abbildung 15.2: Das Kaleidoskop des Wandels

■ Besteht eine *Fähigkeit* zum Veränderungsmanagement in der Organisation? Es kann unter Umständen Manager geben, die bereits in der Vergangenheit Veränderungen umgesetzt haben, oder die Belegschaft hat in der Vergangenheit die Vorteile von Veränderungen erlebt, während die Mitarbeiter einer anderen Organisation eventuell nur wenig Erfahrungen mit Veränderungen haben.

■ Wie ist die *Bereitschaft* zum Wandel? Besteht eine empfundene Notwendigkeit für Veränderungen in der Organisation, verbreiteter Widerstand bzw. Nischen oder Ebenen des Widerstands in einigen Bereichen der Organisationen, aber Bereitschaft in anderen? Auch hier können unter diesen verschiedenen Umständen wiederum unterschiedliche Stile des Veränderungsmanagements notwendig sein.

Wie dies beim Verweis auf die situationsbezogene Führung schon angeklungen ist, variiert der geeignete Führungsstil in Abhängigkeit der Kontextfaktoren, die im Kaleidoskop des Wandels dargestellt sind. Dringender Handlungsbedarf, fehlende Vielfalt und eine geringe Bereitschaft für Neues – all diese Faktoren können beispielsweise zu einem auf Transaktion fokussierten Führungsstil führen. Balogun und Hope-Hailey weisen aber besonders darauf hin, wie verschieden sich Führungskräfte einem anstehenden Wandel nähern müssen. Dies hängt vor allem ab von (i) der Fähigkeit und (ii) der Bereitschaft der Mitarbeiter für einen Wandel. Vor dem Hintergrund dieser beiden Kontextfaktoren legt ▶ *Abbildung 15.3* Folgendes nahe: Dort, wo unter den Mitarbeitern eine hohe Bereitschaft herrscht, die nötigen Fähigkeiten für einen Wandel aber kaum vorhanden sind, könnte *Überzeugung* ein geeigneter Ansatz sein. Dazu gehören Ausbildung, Training und Coaching. Sind sowohl Bereitschaft als auch Fähigkeiten ausreichend vorhanden, kann *Kollaboration* effektiv sein. Dabei geht es um Zusammenarbeit, Abstimmung und Teamwork zur Definition des Wandels. Gibt es die richtigen Fähigkeiten, aber nur geringe Bereitschaft, kann kontrollierte *Beteiligung* am Management des Wandlungsprozesses helfen, die Mitarbeiter zu überzeugen. Und sind sowohl kaum Fähigkeiten als auch kaum Bereitschaft vorhanden, ist der geeignete Stil der einer Anweisung von oben nach unten, besonders wenn ein Wandel dringend notwendig ist.

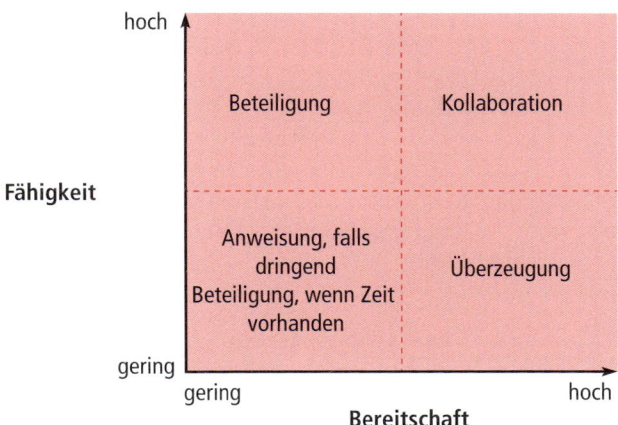

Abbildung 15.3: Führungsstile für einen Wandel abhängig von Fähigkeit und Bereitschaft einer Organisation

15.3.2 Die Kraftfeldanalyse

Kraftfeldanalyse

Eine Kraftfeldanalyse analysiert die Kräfte, die einen Wandel unterstützen oder behindern.

Eine **Kraftfeldanalyse** analysiert die Kräfte, die einen Wandel unterstützen oder behindern, und identifiziert damit Themen des Wandels, die bei dessen Gestaltung in Angriff genommen werden müssen. So können also Verbündete und Gegner eines Wandels identifiziert werden. Die Aufgabe besteht nun darin, diejenigen, die einem Wandel neutral oder sogar ablehnend gegenüberstehen, zu überzeugen und mit ins Boot zu holen. Das relative Gewicht der Kräfte, die schließlich in beide Richtungen wirken, hilft auch dabei, abzuschätzen, wie viel Mühe und Arbeit in das Management des Wandels fließen muss. Je mehr Kräfte gegen einen Wandel wirken, desto mehr Arbeit muss investiert werden.

Mit Hilfe der Kraftfeldanalyse können einige zentrale Fragen gestellt werden:

- Welche Aspekte der aktuellen Situation würden einen Wandel behindern und wie können sie überwunden werden?

- Welche Aspekte der aktuellen Situation können einen Wandel in die angestrebte Richtung unterstützen und wie können sie gestärkt werden?

- Welche Faktoren müssen entwickelt oder eingeführt werden, um einen Wandel zu erleichtern?

Beispiel 15.1 zeigt eine Kraftfeldanalyse zur Überprüfung einer Dezentralisierungsstrategie eines japanischen produzierenden Unternehmens.

Eine Kraftfeldanalyse kann auf Basis des Kaleidoskops des Wandels durchgeführt werden, doch auch andere Konzepte, die in diesem Buch bereits vorgestellt wurden, können die dazu nötigen Informationen liefern:

- *Stakeholder Mapping (Abschnitt 5.2.2)* kann Einblicke geben in die Machtposition verschiedener Interessengruppen, die damit einen Wandel fördern oder blockieren können.

- Das *kulturelle Netzwerk (Abschnitt 6.3.5)*. Ein strategischer Wandel geht oft Hand in Hand mit einer notwendigen Veränderung der Organisationskultur. Mit Hilfe des kulturellen Netzwerks kann die Kultur einer Organisation analysiert werden, sodass alle symbolischen, strukturellen und systemischen Faktoren identifiziert werden, die als gegeben hingenommen werden und einen Wandel also automatisch behindern oder begünstigen können. Mit Hilfe dieser Analyse kann man auch eine genaue Vorstellung entwickeln, wie die Kultur einer Organisation zukünftig aussehen sollte.

- Das *7-S System (Abschnitt 14.4.1)* kann Aspekte der organisationalen Infrastruktur hervorheben, die sich auf einen Wandel positiv oder negativ auswirken können.

Beispiel 15.1   **Eine Kraftfeldanalyse zur Übertragung der Strategie**

Eine Kraftfeldanalyse kann eingesetzt werden, um organisationale Aspekte zur Unterstützung des Wandels zu identifizieren und Hindernisse für einen Wandel aufzudecken.

Ein internationaler japanischer Produzent ist in der Vergangenheit im Hinblick auf die strategische Ausrichtung sowie insbesondere die neue Produktentwicklung immer zentralisiert gewesen. Das Unternehmen ist in Japan extrem erfolgreich gewesen und hat, im Wesentlichen durch Übernahmen lokaler Produzenten, die mit seinem Kerngeschäft verbunden sind, ein weltweites Profil entwickelt. Diese übernommenen Unternehmen haben im Wesentlichen unabhängig voneinander als Produktionseinheiten, die der Zentrale in Japan unterstanden, operiert. Regional ansässige Vertriebsniederlassungen waren für den Verkauf der Produktpalette der Unternehmen und die Bestimmung der Kundenbedürfnisse verantwortlich und berichteten ebenfalls bis nach Japan.

Im Jahr 2012 traf die Konzernleitung in Japan die Entscheidung, strategische Entscheidungen an die geografischen Regionalabteilungen zu übertragen. Diese Entscheidung beruhte auf dem Wunsch, angesichts der sich verändernden Wettbewerbsumgebung, insbesondere der zunehmenden Macht der europäischen Kunden auf dem Weltmarkt sowie der Notwendigkeit, die lokalen Märkte besser zu verstehen und besser auf diese einzugehen, die nicht japanischen Märkte auszubauen. Die Wettbewerbsstrategie und Innovationen sollen dabei aus der Nähe der regionalen Kunden und nicht zentral aus Japan kommen und auch dort entwickelt werden. Die Manager in Europa wurden beauftragt, einen Plan zur Umsetzung dieser Übertragung der Strategie zu entwickeln. Sie kennen die Kraftfeldanalyse, deren Zusammenfassung hier dargestellt ist, zur Bestimmung der zu adressierenden Schlüsselaspekte.

Der Wandel wurde im Wesentlichen durch die Marktkräfte und eine Entscheidung der Hauptverwaltung getrieben. Allerdings erkannten die lokalen Manager auch, dass ihre Karrierechancen sich verbessern könnten. Dabei waren die „Widerstandskräfte" nicht nur eine Funktion der bestehenden Organisationsstruktur, sondern auch des Fehlens jeglicher paneuropäischen Infrastruktur sowie europäischer Manager mit strategischer (im Gegensatz zu operativer) Erfahrung. In der Kraftfeldanalyse wurden die Bedeutung des Aufbaus einer solchen Infrastruktur sowie die Notwendigkeit von IT-Systemen zum Teilen von Informationen und Ideen unterstrichen. Überdies wurde auch die strategische Bedeutung der Managemententwicklung auf strategischer Ebene herausgestellt.

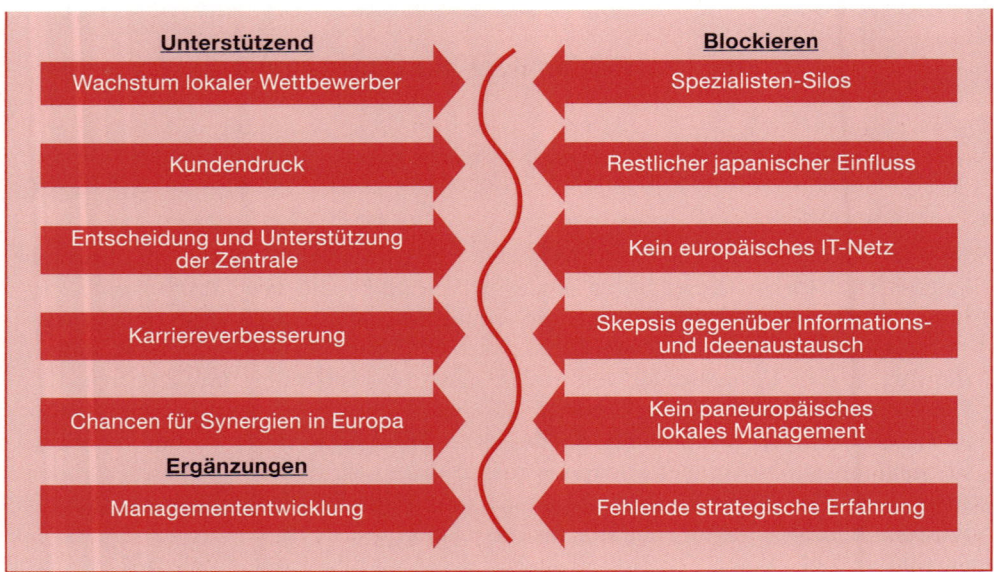

Unterstützend	Blockieren
Wachstum lokaler Wettbewerber	Spezialisten-Silos
Kundendruck	Restlicher japanischer Einfluss
Entscheidung und Unterstützung der Zentrale	Kein europäisches IT-Netz
Karriereverbesserung	Skepsis gegenüber Informations- und Ideenaustausch
Chancen für Synergien in Europa	Kein paneuropäisches lokales Management

Ergänzungen

Managemententwicklung	Fehlende strategische Erfahrung

15.4 Arten des strategischen Wandels

Julia Balogun und Veronica Hope Hailey[12] identifizieren vier Arten des strategischen Wandels. Die beiden Achsen in ▶ *Abbildung 15.4* bezeichnen (i) das *Ausmaß* des Wandels, d.h. das gewünschte Endergebnis und (ii) die *Art* des Wandlungsprozesses, und dabei besonders die Geschwindigkeit.

	Endergebnis (Ausmaß)	
	Transformation	Neuausrichtung
Inkrementell	**Evolution**	**Anpassung**
Urknall	**Revolution**	**Rekonstruktion (oder Turnaround)**

Art des Wandels (Geschwindigkeit)

Abbildung 15.4: Arten des Wandels

---

12 „Exploring Strategic Change" von J. Balogun und V. Hope Hailey, 3. Auflage, *Prentice Hall*, 2007, ist ein Schwestertext zu diesem Buch; dieser Teil des Kapitels entspricht dem Kapitel 3 über das Umfeld des strategischen Wandels.

Die Frage bezüglich des Ausmaßes des Wandels lautet, ob sich der Wandel innerhalb der gegenwärtigen Unternehmenskultur als *Neuausrichtung* einer bestehenden Strategie vollziehen kann oder ob sich die Kultur verändern muss. In diesem Fall handelt es sich eher um einen *transformativen* Wandel. Viele der Analysemittel aus *Teil I* des Buchs können dabei helfen, das notwendige Ausmaß des Wandels zu bestimmen. Muss beispielsweise die gesamte Wertkette neu konfiguriert werden (*Abschnitt 4.4.2*), müssen die strategischen Fähigkeiten neu ausgerichtet werden (*Abschnitt 4.4.3*) oder ist ein kultureller Wandel erforderlich (*Abschnitt 6.3.5*)? Genau muss man jedoch beachten, ob ein Wandel auch eine Veränderung oder Neuausrichtung der Unternehmensstrategie bedeutet. So könnte ein Unternehmen z.B. neue Produkte auf den Markt bringen, ohne dass sich Geschäftsmodell oder Kultur stark verändern müssten. Konzentriert sich andererseits ein Unternehmen von nun an weniger auf die Produktion und mehr auf die Kundenzufriedenheit, kann dies eine massive Neuausrichtung der Strategie und auch der Unternehmenskultur bedeuten.

Die andere Achse in ▶ *Abbildung 15.4* zeigt die Art des Wandels und konzentriert sich dabei vor allem auf die Geschwindigkeit, in der sich der Wandel vollzieht. Natürlich wirkt es sich oft positiv auf eine Organisation aus, wenn sich dort ein Wandel *inkrementell* vollzieht, da ein solcher Wandel immer auf den Fähigkeiten, Routinen und Überzeugungen der Mitarbeiter der Organisation aufbauen sollte. Dadurch wird der Wandel leichter zu verstehen und erhält mehr Unterstützung. Manchmal ist es jedoch notwendig, eine *drastische Umkehr* zu vollziehen, die einem *Urknall* gleichkommt, wenn sich eine Organisation beispielsweise in einer Krise befindet oder sich schnell verändern muss.

Kombiniert man diese beiden Dimensionen, so ergeben sich vier Arten des strategischen Wandels.

15.4.1 Anpassung

Wie in *Abschnitt 6.4* und *Abschnitt 13.3* erklärt, verläuft die Strategieentwicklung häufig *inkrementell*. Sie baut auf der früheren Strategie eher auf, als dass sie diese verändert. Die Änderung verläuft allmählich und baut auf dem auf, was die Organisation in der Vergangenheit getan hat und was im Einklang mit dem aktuellen Geschäftsmodell und der aktuellen Organisationskultur liegt, oder ergänzt dieses. Dies kann Änderungen der Produktgestaltung oder Produktionsmethoden, Einführungen neuer Produkte oder der damit verbundenen Diversifikation beinhalten. Dies ist die häufigste Form von Organisationsänderungen. Obwohl dies weniger häufig ist, wird ein Management des Wandels häufig mit den eher grundlegenden, in ▶ *Abbildung 15.4* beschriebenen Arten der Veränderung assoziiert.

15.4.2 Rekonstruktion

Rekonstruktion bedeutet schnelle Veränderung, die viel Wirbel in einer Organisation mit sich bringt, aber dennoch die Kultur oder das Geschäftsmodell nicht grundlegend verändert. Beispiele sind etwa Veränderungen der Organisationsstruktur oder ein drastisches Sparprogramm. Bei einem diversifizierten Unternehmen könnte dies auch die Übernahme oder den Verkauf eines Unternehmens bedeuten. Dabei sind zwar hohe Vermögenswerte im Spiel, doch die Systeme der Organisation bleiben unangetastet.

**„Turnaround"-
Strategie
(Umkehrstrategie)**

Bei der „Turnaround"-
Strategie (Umkehrstrate-
gie) liegt die Betonung
auf schnellem Wandel
und einer schnellen Sen-
kung der Kosten und/
oder Umsatzsteigerung.

Es gibt Umstände, die eine besonders schnelle Rekonstruktion erfordern, denn ohne sie könnte es zu einer Schließung des betroffenen Unternehmens kommen, es könnte immer tiefer in die roten Zahlen rutschen oder Ziel einer Übernahme werden. Hier spricht man gemeinhin von einer **„Turnaround"-Strategie (Umkehrstrategie)**, wobei die Betonung auf schnellem Wandel und einer schnellen Senkung der Kosten und/oder Umsatzsteigerung liegt. Dabei müssen die Manager diejenigen Dinge bevorzugt behandeln, die schnelle und umfassende Verbesserungen bringen. In solchen Situationen bedarf es meist klarer Anweisungen für den Wandel. Einige der wesentlichen Elemente der Turnaround-Strategie sind folgende:[13]

■ *Stabilisierung in der Krise.* Hier geht es zunächst darum, die Kontrolle über die sich verschlechternde Situation wiederzuerlangen. Dazu muss man sich kurzfristig auf Kostensenkungen und/oder Einnahmensteigerungen konzentrieren, was meist einige der in ▶ *Abbildung 15.5* erwähnten Schritte beinhaltet; viele dieser Schritte entsprechen ohnehin allgemeinen Managementpraktiken. Der Unterschied besteht lediglich darin, dass diese Schritte hier schneller vollzogen werden und ganz im Fokus der Aufmerksamkeit des Managements stehen. Die erfolgreichsten Turnaround-Strategien konzentrieren sich auch auf eine Senkung der direkten operativen Kosten sowie auf Produktivitätssteigerung und zielen nicht nur auf eine Reduktion von Overhead-Kosten ab.

Steigerung des Umsatzes	Senkung der Kosten
• Wahl des geeigneten Marketing-Mix für die wichtigen Marktsegmente	• Senkung der Arbeitskosten und der Kosten für die oberen Führungsebenen
• Überprüfung der Preisbildungsstrategie zur Maximierung der Einnahmen	• Konzentration auf Produktivitätsverbesserungen
• Konzentration der Unternehmensaktivitäten auf die Anforderungen der Kunden der Zielmärkte	• Strengere finanzielle Überwachung
• Nutzung zusätzlicher Möglichkeiten zur Generierung von Einkommen in Verbindung mit Zielmärkten	• Strengere Überwachung der Verwendung von Barvermögen
• Investition der durch Kostensenkung gewonnenen Finanzmittel in Wachstumsbereiche	• Einführung eines Zuliefererwettbewerbs; Rückzahlungen an Gläubiger hinauszögern; Rückzahlung von Schuldnern beschleunigen
	• Reduzierung der Lagerbestände
	• Abschaffung unrentabler Produkte/Dienstleistungen
	• Reduzierung der Marketingkosten, die nicht auf den Zielmarkt ausgerichtet sind

Abbildung 15.5: Turnaround: Schritte zur Umsatzsteigerung und zur Kostensenkung

■ *Veränderungen des Managements.* Solche Veränderungen können besonders an der Spitze eines Unternehmens erforderlich sein. Dabei werden meist sowohl ein neuer Firmenchef oder Vorstandsvorsitzender berufen als auch die Besetzung des Vorstands verändert, was besonders die Funktionen Marketing, Vertrieb und Finanzwesen betrifft. Dafür gibt es drei Gründe. Zunächst ist es höchstwahr-

---

13 Die Turnaround-Strategie wird ausführlicher erklärt bei D. Lovett und S. Slatter, „Corporate Turnaround", *Penguin Books*, 1999; sowie P. Grinyer, D. Mayes und P. McKiernan, „The Sharpbenders: achieving a sustained improvement in performance", *Long Range Planning*, Band 23, Nr. 1 (1990), S. 116–125. Siehe auch V. L. Barker und I. M. Duhaime, „Strategic change in the turnaround process: theory and empirical evidence", *Strategic Management Journal*, Band 18, Nr. 1 (1997), S. 13–38.

scheinlich gerade die alte Managementriege, die für das Unternehmen zu der Zeit verantwortlich war, als sich die aktuellen Probleme entwickelten, und die folglich von wichtigen Interessengruppen als Verursacher dieser Probleme angesehen werden. Zum Zweiten kann es notwendig sein, neue Manager ins Boot zu holen, die mit dem Management solcher Turnaround-Strategien bereits Erfahrung haben. Und zum Dritten bringen Manager von außerhalb der Organisation neue Perspektiven auf die bisherige Arbeitsweise des Unternehmens mit.

■ *Sicherung der Unterstützung wichtiger Interessengruppen.* Vielleicht wurden wichtige Interessengruppen bisher nur mit schlechten oder unzureichenden Informationen versorgt. In einer Turnaround-Situation ist es aber von zentraler Bedeutung, dass entscheidende Interessengruppen wie etwa Banken oder wichtige Aktionäre, aber auch die Mitarbeiter immer alle Informationen über die aktuelle Situation sowie über Verbesserungen erhalten, sobald sie erzielt werden. Auch ist es wahrscheinlich, dass eine klare Einschätzung der Macht verschiedener Interessengruppen (siehe *Abschnitt 5.2.2*) beim Management einer Turnaround-Strategie von zentraler Bedeutung ist.

■ *Klare Einordnung von Zielmärkten und Kernprodukten.* Für den Erfolg einer Turnaround-Strategie ist es besonders wichtig, dass ganz klar ist, welcher Zielmarkt oder welche Marktsegmente am ehesten Einnahmen generieren oder Gewinne abwerfen werden. Im Rahmen einer erfolgreichen Turnaround-Strategie rückt ein Unternehmen näher an seine Kunden heran und verbessert den Informationsfluss im Bereich Marketing, insbesondere für die Manager der oberen Führungsebenen, damit die Aktivitäten, die Einkommen generieren, auf die wichtigsten Marktsegmente konzentriert werden. Ein Grund für die schlechten Ergebnisse der Organisation könnte sein, dass es seine richtigen Zielmärkte nicht kennt. Klarheit bezüglich der Zielmärkte hat auch den Vorteil, dass Produkte oder Dienstleistungen, die zu diesen Märkten nicht passen, beendet oder fremdvergeben werden können, so werden wertvolle Managementzeit und auch finanzielle Ressourcen frei.

■ *Finanzielle Umstrukturierung.* Auch die finanzielle Struktur der Organisation bedarf vielleicht einer Veränderung. Dies bedeutet meist auch, dass man die bestehende Kapitalstruktur ändern, zusätzliche Finanzmittel aufbringen oder bestehende Abkommen mit Gläubigern, besonders mit Banken, neu verhandeln muss. Weniger Schulden machen ein Unternehmen widerstandsfähiger gegen mögliche zukünftige Krisensituationen.

15.4.3 Revolution

Revolution bedeutet schnelle Veränderung, die massiven strategischen und kulturellen Wandel mit sich bringt. Vielleicht ist die Strategie eines Unternehmens aufgrund der lange vorherrschenden Kultur dort so festgefahren, dass das Unternehmen einfach nicht reagieren kann, selbst wenn Wettbewerbsdruck von außen dies dringend erfordert. Diese Situation kann sich über viele Jahre hinziehen (siehe das Phänomen der strategischen Drift in *Abschnitt 6.4*) und zu einer extremen Drucksituation führen – wenn z.B. eine mögliche Fremdübernahme die Existenz eines Unternehmens bedroht.

Ein revolutionärer Wandel unterscheidet sich von einer Rekonstruktion also in zweierlei Hinsicht: Erstens bedarf es nicht nur eines raschen, sondern auch eines kulturellen Wandels. Zweitens kann es für die Mitarbeiter der betroffenen Organisation keineswegs offensichtlich sein, dass ein Wandel notwendig ist, wie dies in einer Turnaround-Situation der Fall ist. Sie könnten sogar einige Gründe sehen, die bestätigen, dass ein Wandel ganz und gar nicht nötig ist. Eine solche Situation kann sich im Laufe vieler Jahre entwickeln, in denen es auf dem Markt (relativ gesehen) in kleinen Schritten immer weiter bergab ging, wobei die Organisation zu lange von angestammten Produkten oder Dienstleistungen überzeugt war, die von den Kunden nicht länger geschätzt wurden – das Problem der strategischen Drift. Es kann natürlich auch sein, dass die Mitarbeiter einer Organisation ihre Probleme sehen und verstehen, aber dennoch keinen Ausweg erkennen. Beim Management eines solchen Wandels sind folgende Punkte wichtig:

- *Eine klare strategische Ausrichtung.* Unter solchen Umständen ist die Artikulation einer klaren strategischen Ausrichtung und entschiedenes Handeln im Einklang mit dieser Ausrichtung sehr wichtig. Bei dieser Art Wandel fällt einem einzelnen Vorstandsvorsitzenden häufig eine zentrale Rolle zu, denn er gibt die Richtung vor und ihm wird auch häufig der Erfolg eines Wandels zugerechnet. Er kann auch – sowohl unternehmensintern als auch extern – zum Symbol für diesen Wandel werden.

- *Neues Management.* Sehr häufig werden in einer solchen Situation neue Manager von außerhalb der Organisation ins Boot geholt, denn die alte Managementriege ist unter Umständen zu tief in der Unternehmenskultur mit ihren Netzwerken an Kollegen, Kunden und Zulieferern verwurzelt, um einen Wandel zu ermöglichen.[14] Zudem kann die Bestimmung neuer Manager an der Spitze eines Unternehmens nicht nur innerlich, sondern auch äußerlich hohe Symbolwirkung haben. Auch Berater werden oft hinzugezogen, um eine neutrale Analyse bezüglich eines notwendigen Wandels zu erstellen oder den Wandlungsprozess zu unterstützen.

- *Arbeit mit der bestehenden Kultur.* Es kann möglich sein, mit Elementen der bestehenden Kultur zu arbeiten, sodass nicht die gesamte Kultur verändert werden muss. Dazu müssen diejenigen Aspekte der Kultur identifiziert werden, auf die man aufbauen kann, und solche, die verändert werden müssen – was also einer Kraftfeldanalyse gleichkommt.

- *Überwachung des Wandels.* Ein revolutionärer Wandel erfordert die Festlegung und Überwachung eindeutiger Ziele, die von den Mitarbeitern erreicht werden müssen. Oft sind diese mit finanziellen Zielen und somit auch mit besseren Erträgen für die Aktionäre verbunden. Obwohl ein revolutionärer Wandel sehr dringend ist, kann es sein, dass die Umsetzung mancher Aspekte einer solchen Veränderung – z.B. was die Unternehmenskultur betrifft – länger dauert als andere.

---

14   Siehe J. Battilana und T. Casciaro, „Change agents, networks and institutions: a contingency theory of organizational change", *Academy of Management Journal*, Band 35, Nr. 2 (2012), S. 381–98.

15.4.4 Evolution

Evolution beschreibt die Änderung der Strategie, die zu einer – allerdings schrittweisen – Transformation führt. Dies ist wohl der herausforderndste Typ des strategischen Wandels, da er den Aufbau und die Ausnutzung bestehender strategischer Fähigkeiten umfasst, während auch neue strategische Fähigkeiten aufgebaut werden. Wie in *Kapitel 6* erklärt, wird häufig in erfolgreichen Situationen keine dringende Notwendigkeit für Veränderungen gesehen und es besteht die Tendenz, sich an den historischen Grundlagen des Erfolgs festzuhalten, so dass die Erforschung neuer Vorgehensweisen begrenzt ist. Sowohl Manager als auch Forscher haben versucht, Möglichkeiten zu finden, wie es zur effektiven Evolution einer Strategie kommen kann: wie eine Organisation ihr Geschäftsmodell und ihre Kultur *inkrementell* ändern und mit einer sich verändernden Umwelt Schritt halten und somit die strategische Drift vermeiden kann. In diesem Abschnitt werden zwei Varianten erörtert, wie man dies erreichen kann.

Beim Menschen bezeichnet Ambidexterität die Fähigkeit, beide Hände gleich geschickt einzusetzen.

Organisatorische Ambidexterität bezeichnet die Fähigkeit, sowohl bestehende Fähigkeiten auszunutzen als auch nach neuen Fähigkeiten zu suchen. Natürlich ist es angemessen und notwendig, dass eine Organisation versuchen sollte, die Fähigkeiten *auszunutzen*, die sie im Laufe der Zeit aufgebaut hat, um einen Wettbewerbsvorteil zu erzielen und aufrechtzuerhalten. Dabei geht die Tendenz allerdings zu *inkrementellem* Wandel, da die Strategie auf der Art und Weise, Dinge zu tun, aufgebaut wird. Wenn allerdings ein *transformativer* Wandel erreicht werden soll, muss die *Erforschung* neuer Fähigkeiten und Innovation erfolgen. Dies steht im Einklang mit der Erkenntnis aus *Abschnitt 4.5*, dass Organisationen über die Fähigkeit verfügen müssen, ihre Fähigkeiten zu erneuern und neu zu erstellen: Sie müssen dynamische Fähigkeiten entwickeln.

> **Organisatorische Ambidexterität**
>
> Organisatorische Ambidexterität bezeichnet die Fähigkeit, gleichzeitig bestehende Fähigkeiten auszunutzen und nach neuen Fähigkeiten zu suchen.

Allerdings kann die organisatorische Ambidexterität auch Probleme mit sich bringen, da die verschiedenen, mit der Ausnutzung und Erforschung verbundenen Prozesse Widersprüche darstellen. So sollen sie sowohl fokussiert als auch flexibel sein, effizient und doch innovativ, voraus- und zurückzuschauen gleichzeitig.[15] Allerdings gibt es vier Ansätze, die diese Widersprüchlichkeit erleichtern können:

- *Strukturelle Ambidexterität*. Organisationen können den Hauptkern des Geschäfts aufrechterhalten, der der Ausnutzung mit engerer Kontrolle und sorgfältiger Planung gewidmet ist. Zusätzlich können separate Einheiten oder zeitweilige, eventuell projektbasierte Teams für die Erforschung neuer Fähigkeiten geschaffen werden (siehe *Abschnitt 14.2.5*). Diese „forschenden" Einheiten sind kleiner, weniger streng gesteuert, wobei Lernen und Prozesse zur Unterstützung neuer Ideen stärker betont werden. *Beispiel 14.2* zeigt, dass Alphabet im Jahr 2015 umstrukturiert wurde, wobei der große und ausgereifte Geschäftsbereich der Internetsuche und Internetwerbung bei der Tochtergesellschaft Google verblieb, und die innovativeren, experimentierfreudigeren Bereiche in separaten Einheiten organisiert wurden.

---

15 Siehe W. K. Smith und M. Tushman, „Senior teams and managing contradictions: on the team dynamics of managing exploitation and exploration", *Organisation Science*, Band 16, Nr. 5 (2005), S. 522–536.

- *Diversität anstelle Konformität.* Widersprüchliche Ansichten innerhalb einer Organisation können Ambidexterität fördern und sich positiv auswirken, so dass sich im Einklang mit dem Konzept des *organisationalen Lernens* (siehe *Abschnitt 13.3.1*) Vorteile ergeben können. Derartige Diversität kann darauf beruhen, dass Manager über unterschiedliche Erfahrungen oder verschiedene Ansichten zur zukünftigen Strategie verfügen, was zu einer nützlichen Debatte führen kann. Eine derartige Diskussion der Strategie kann auf höheren Ebenen einer Organisation „normal" werden.[16] Robert Burgelman[17] von der Stanford University argumentiert auch, dass es nahe am Markt und daher auf den unteren Ebenen einer Organisation ebenfalls sehr unterschiedliche Ansichten geben kann. Führungskräfte der oberen Ebenen sollten diese „Dissonanz" in eine „scharfe, intellektuelle Debatte" kanalisieren, bis sich ein klares strategisches Muster zeigt.

- *Die Rolle der Führung.* Dies hat Auswirkungen auf die Führungsrollen in Organisationen. Die Führungskräfte müssen verschiedene Ansichten und potenziell widersprüchliche Verhaltensweisen ermutigen und wertschätzen, anstatt Gleichförmigkeit zu fordern.[18] Dies kann die Erprobung neuer Ideen und Experimente umfassen, um zu bestimmen, was Sinn ergibt und was nicht. Allerdings müssen sie auch über die Befugnis, Legitimität und Anerkennung verfügen, solche Experimente zu unterbrechen, wenn klar wird, dass deren Weiterverfolgung sich nicht lohnt, sowie Entscheidungen über die zu verfolgende Richtung zu fällen, die alle in der Organisation zu verfolgen haben – auch jene, die zuvor anderer Meinung waren.

- *Enge und lockere Systeme.* All dies legt nahe, dass ein Gleichgewicht zwischen „engen" Systemen der Strategieentwicklung, die bestehende Fähigkeiten ausnutzen können – eventuell unter Einsatz einer strategischen Planung – und „lockeren" Systemen notwendig ist, die neue Ideen und Experimente unterstützen. Dies kann wiederum mit dem Konzept verbunden sein, dass es einen gemeinsamen „Klebstoff" geben muss – vielleicht in Form einer klaren strategischen Absicht im Hinblick auf Ziele und Werte, so dass verschiedene Einheiten in den Organisationen ausdrücken können, wie eine solche Mission auf verschiedene Art und Weise erreicht werden kann.

Hat man die Art des anstehenden Wandels richtig identifiziert, kann man auch leichter die geeigneten Stellhebel auswählen, die im folgenden Abschnitt vorgestellt werden. Im Hinblick auf das Konzept der situationsbezogenen Führung sollte aber angemerkt werden, dass der geeignete Führungsstil wahrscheinlich je nach Art des Wandels variiert. Dringender und begrenzter Wandel – besonders eine durch Turnaround erforderliche Rekonstruktion – machen meist einen Ansatz der Transaktion erforderlich, der auf kurzfristige Ziele und strenge Leistungsüberwachung ausgerichtet ist. Ein transformativer Führungsstil ist meist dort von Vorteil, wo es um breit

---

16　Siehe Hensmans, Johnson und Yip (siehe auch Verweis 19 oben).

17　Robert Burgelman und Andrew Grove, „Strategic dissonance", *California Management Review*, Band 38, Nr. 2 /(1996), S. 8–28.

18　R. A. Burgelman und A. S. Grove, „Let chaos reign, then reign in chaos – repeatedly: managing strategic dynamics for corporate longevity", *Strategic Management Journal*, Band 28 (2007), S. 965–979, auch C. A. O'Reilly und M. L. Tushman, „Organizational ambidexterity in action. How managers explore and exploit", *California Management Review*, Band 53, Nr. 4 (2011), S. 5–22.

angelegte und langfristige Veränderungsprogramme geht, wie etwa bei einem evolutionären Wandel.

Eine Herausforderung für Führungskräfte besteht allerdings darin, dass häufig eine Art des Wandels zu einer anderen Art des Wandels führt, die dann einen völlig anderen Führungsstil erfordert. Diese Verschiebung kann oft in mehreren Phasen bewältigt werden. So kann ein kurzfristiger Turnaround den Weg ebnen für einen grundlegenden evolutionären Wandel. Die beteiligten Führungskräfte müssen dementsprechend von einem auf Transaktion fokussierten Führungsstil umsteigen auf mehr Transformation. Manchmal können auch kleine Veränderungen eine Organisation bereits destabilisieren, was wiederum zu weiteren Veränderungen führen kann – auch wenn diese ursprünglich nicht geplant waren. Daher bezeichnen Balogun und Hope-Hailey Veränderungen auch als „Pfade", deren Art sich immer wieder verändern kann.[19]

15.5 Stellhebel des strategischen Wandels

Hat ein Manager festgelegt, welche Art des Wandels notwendig ist, und ob sein organisationaler Kontext einen solchen Wandel positiv oder negativ aufnimmt, muss er nun zwischen den verschiedenen Stellhebeln (oder Hilfsmitteln) des Wandels wählen. Die meisten erfolgreichen Initiativen für einen Wandel greifen dabei auf mehrere Stellhebel zurück.[20]

Manchmal werden diese Stellhebel in einer Art Abfolge dargestellt, etwa in Form der Acht Schritte des Wandels (▶ *Abbildung 15.6*) von John Kotter, Professor an der Harvard Business School.[21] Hier wird der Wandlungsprozess als Abfolge verschiedener Schritte beschrieben, wobei zunächst die Dringlichkeit festgestellt wird und abschließend der Wandel institutionalisiert wird. Diese Schritte geben Führungskräften eine klare Richtung für das Management eines Wandlungsprozesses vor. In der Praxis werden aber viele dieser Stellhebel häufig simultan verwendet und reihen sich nicht logisch in die in ▶ *Abbildung 15.6* dargestellte Abfolge ein. Zudem gibt es noch weitere Stellhebel, auf die ein Manager zurückgreifen kann. Manche davon wurden bereits an anderer Stelle in diesem Buch erwähnt. Die Bedeutung einer strategischen Vision war Thema von *Abschnitt 6.2*, ebenso wie die Bedeutung von Zielen. Und eine Institutionalisierung des Wandels erfordert Anpassungen der Organisationsstruktur und -systeme, wie sie in *Kapitel 14* behandelt wurden. Im nächsten Abschnitt geht es um sieben weitere Stellhebel des Wandels.

---

19 *Exploring Strategic Change* von J. Balogun und V. Hope-Hailey, 3. Auflage, Prentice Hall, 2008. Siehe auch S. Girod und R. Whittington, Change escalation processes and complex adaptive systems: from incremental reconfigurations to discontinuous restructuring, *Organization Science*, Band 26, Nr. 5 (2015), S. 1520–35.

20 Siehe D. Buchanan, L. Fitzgerald, D. Ketley, R. Gallop, J. L. Jones, S. S. Lamont, A. Neath und E. Whitby, „No going back: a review of the literature on sustaining organizational change", *International Journal of Management Review*, Band 7, Nr. 3 (2005), S. 189–205.

21 J. Kotter, „Leading change: why transformation efforts fail", *Harvard Business Review*, März–April 1995, S. 59–66.

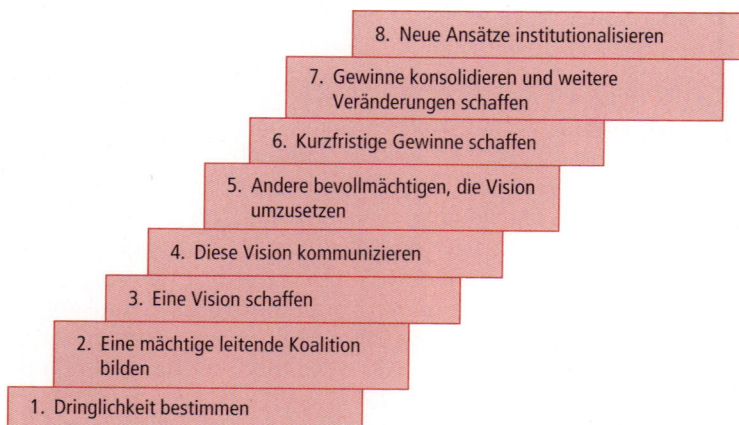

Abbildung 15.6: Kotters Acht Schritte des Wandels

15.5.1 Ein zwingendes Argument für den Wandel

Zunächst muss überzeugend dargelegt werden, dass ein Wandel unumgänglich ist. Dies ist gleichzusetzen mit Kotters Bestimmung der Dringlichkeit. Die Unternehmensberater von McKinsey&Co[22] warnen allerdings davor, dass dabei nur die Perspektive des Top-Managements berücksichtigt wird, d.h. es geht z.B. vorrangig um zufriedene Aktionäre oder das Ausstechen der Konkurrenz. Befragt man aber die Manager auf den anderen Ebenen oder auch die Mitarbeiter, hört man sehr viele andere Faktoren, die diese motivieren: die Auswirkungen auf die Gesellschaft oder die Kunden etwa, das persönliche Wohlergehen jedes Mitarbeiters oder des lokalen Teams. Besonders Führungskräfte, die auf Transformation fokussiert sind, müssen all diese Motivationsgrundlagen berücksichtigen, wenn sie einen Wandel effektiv umsetzen möchten. Natürlich kann es im Gegenzug dann für das Top-Management schwierig werden, all diese verschiedenen Bedürfnisse nachzuvollziehen. In diesem Fall kann es sinnvoll sein, die Mitarbeiter selbst für sich sprechen zu lassen, denn so können zwingend notwendige Maßnahmen des Wandels in überzeugende Botschaften umgewandelt werden, die auch die betroffenen Kollegen verstehen. Wichtig ist auch, dass man sich nicht darauf beschränkt zu vermitteln, dass ein Wandel notwendig ist, sondern auch kommuniziert, was getan werden muss, um diesen Wandel zu erreichen.

15.5.2 Das Infragestellen des Selbstverständlichen

Eine der größten Herausforderungen bei der Umsetzung eines strategischen Wandels ist die Notwendigkeit, oft jahrelang gepflegte Überzeugungen und selbstverständliche Annahmen – Paradigmen also – verändern zu müssen (siehe *Kapitel 6*). Es gibt verschiedene Ansätze, um dies zu erreichen.

Ein Ansatz besagt, dass genügend Beweise, vielleicht in Form einer sorgfältigen strategischen Analyse, ausreichen, um das Paradigma infrage zu stellen und so zu verändern. Überall, wo angestammte Überzeugungen über einen langen Zeitraum hinweg

---

22 Siehe C. Aiken und S. Keller, „The irrational side of change management", *McKinsey Quarterly*, Nr. 2 (2009), S. 101–9.

vertreten wurden, besteht auch großer Widerstand gegen einen Wandel. Mitarbeiter finden Mittel und Wege, um eine Analyse wiederum zu hinterfragen, neu auszulegen und so zu interpretieren, dass sie dem bestehenden Paradigma entspricht. Um solche Überzeugungen zu überwinden, ist viel Stehvermögen notwendig. Andere argumentieren, dass solche Selbstverständlichkeiten ins Wanken gebracht werden können, indem sie analytisch offengelegt und die Mitarbeiter dazu angeregt werden, die eigenen Überzeugungen und die Überzeugungen der Kollegen infrage zu stellen.[23] Es geht darum, dass eine Sichtbarmachung solcher Annahmen dazu führt, dass diese eher hinterfragt werden. Auch die Planung von Szenarien (siehe *Abschnitt 2.4*) wird als Möglichkeit angesehen, individuelle Voreingenommenheit und angestammte Annahmen zu überwinden, indem man die Mitarbeiter dazu bringt, mögliche andere zukünftige Entwicklungen und die sich daraus ergebenen Implikationen für ihr Unternehmen zu sehen.[24]

15.5.3 Veränderung von operativen Prozessen und Routinen

Strategien werden letztendlich durch die täglichen operativen Prozesse und Routinen einer Organisation umgesetzt. Diese können formalisiert und kodifiziert sein oder einfach formlos gelten, weil „wir das hier immer schon so gemacht haben". Die Art und Weise, wie Kollegen miteinander kommunizieren, mit Kunden umgehen oder auf Fehler reagieren, kann einen Wandel schwer beeinträchtigen. Die Beziehung zwischen strategischem Wandel und den täglichen Prozessen und Routinen ist daher in vielerlei Hinsicht wichtig:

- *Planung eines operativen Wandels.* Die Planung der Umsetzung einer angestrebten Strategie erfordert die Identifikation wichtiger Veränderungen der Routineabläufe der Organisation. Ein strategischer Wandel muss immer im Zusammenhang mit einer Umstrukturierung organisationaler Prozesse gesehen werden.

- *Infragestellen operativer Annahmen.* Verändert man organisationale Prozesse und Routinen, so führt das vielleicht auch dazu, dass die ihnen zugrunde liegenden, selbstverständlichen Annahmen ebenfalls hinterfragt werden. Dies kann sehr wichtig sein, da es Mitarbeiter dazu bringt, tief verwurzelte Überzeugungen und Annahmen innerhalb der Organisation zu hinterfragen. Richard Pascal argumentiert: „Es ist leichter, zu handeln, um dadurch sein Denken positiv zu verändern, als nachzudenken, um dadurch positiver handeln zu können."[25] Anders ausgedrückt ist es seiner Meinung nach leichter, sein Verhalten zu ändern und so gleichzeitig auch selbstverständliche Annahmen mit zu verändern, als zu versuchen, diese Annahmen zu ändern, um dadurch auch das Verhalten zu verändern. Stimmt diese Aussage, muss man sie auch bei der Wahl des Managementstils für den Wandel berücksichtigen (siehe *Abschnitt 15.2.2*): Sie sagt aus, dass Überzeu-

23 Beispiele zu diesem Ansatz liefern J. M. Mezias, P. Grinyer und W. D. Guth, „Changing collective cognition: a process model for strategic change", *Long Range Planning*, Band 34, Nr. 1 (2001), S. 71–95. Für einen systematischen Ansatz zur Strategiefindung und zum Wandel basierend auf dieser Offenlegung siehe F. Ackermann und C. Eden with I. Brown, „The Practice of Making Strategy", *Sage*, 2005.
24 Für eine Diskussion über den psychologischen Kontext, Denkfallen und die Auswirkungen, die diese auf Manager haben, die die Zukunft planen, siehe K. van der Heijden, R. Bradfield, G. Burt, G. Cairns und G. Wright, „The Sixth Sense: Accelerating organisational learning with scenarios", *Wiley*, 2002, Kapitel 2.
25 Dieses Zitat findet sich auf Seite 135 bei R. Pascale, M. Millemann und L. Gioja, „Changing the way we change", *Harvard Business Review*, Band 75, Nr. 6 (November–Dezember 1997), S. 126–139.

gung und Kommunikation, um die Mitarbeiter dazu zu bringen, einen Wandel zu unterstützten, weniger wirkungsvoll sind als eine direkte Beteiligung der Mitarbeiter an Aktivitäten des Wandels.

■ *Veränderungen von Routinen von unten nach oben.* Selbst dort, wo Veränderungen von Routineabläufen nicht von oben geplant werden, werden sie häufig von Mitarbeitern verändert, was wiederum zu einem breiter angelegten strategischen Wandel führen kann. Dies kann durch Ausprobieren geschehen, wenn die Mitarbeiter mit verschiedenen Variationen ihrer täglichen Arbeitsabläufe experimentieren.[26] Oder aber sie lernen durch die Anpassung ihrer Routinen an diejenigen anderer Organisationen.[27] In einer anderen, proaktiveren Variante missachten Manager konsequent und dauerhaft die Spielregeln ihrer Organisation so lange, bis sie von verschiedenen Interessengruppen genügend Unterstützung für die neuen Routinen und Abläufe gesammelt haben, damit die Verschiebung der Strategie akzeptiert wird.[28]

Insgesamt lässt sich ableiten, dass Veränderungen von Routineabläufen zwar zunächst ganz profan erscheinen, aber dennoch erhebliche Auswirkungen haben können.

15.5.4 Symbolisches Management[29]

Instrumente des Wandels sind nicht immer offensichtlich oder formal definiert, sondern können durchaus auch symbolischer Natur sein. Symbole können alltägliche Dinge sein, die dennoch im Zusammenhang mit einer besonderen Situation oder Organisation von großer Bedeutung sind. Die Veränderung von Routinen kann auch zu einer Neuprägung von Überzeugungen und Erwartungen führen, denn ihre Bedeutung zeigt sich in den täglichen Erfahrungen, die Mitarbeiter in ihren Organisationen machen, etwa mit den Symbolen, die sie umgeben (z.B. Gestaltung der Büros), mit der Art der Sprache, der eingesetzten Technologie und den organisationalen Ritualen. Nachfolgend einige Beispiele:

■ *Viele Rituale*[30] von Organisationen befassen sich mit der Umsetzung und Konsolidierung von Veränderungen. ▶ *Tabelle 15.1* zeigt solche Rituale, gibt Beispiele und sagt aus, welche Rolle diese innerhalb von Veränderungsprozessen spielen könnten. Um einen Wandel anzuzeigen oder zu unterstützen, können neue Rituale eingeführt oder alte Rituale abgeschafft werden.

---

26 Siehe C. Rerup und M. S. Feldman, „Routines as a source of change in organizational schemata: the role of trial and error learning", *Academy of Management Journal*, Band 54, Nr. 3 (2011), S. 577–610.

27 Siehe H. Bresman, „Changing routines a process model of vicarious group learning, in pharmaceuticals R&D", *Academy of Management Journal*, Band 56, Nr. 1 (2013), S. 35–61.

28 Siehe G. Johnson, S. Smith und B. Codling, „Institutional change and strategic agency: an empirical analysis of managers' experimentation with routines in strategic decision-making", in D. Goldsorkhi, L. Rouleau, D. Seidl und E. Vaara (eds.), *The Cambridge Handbook of Strategy as Practice*, Cambridge University Press, 2010.

29 Für eine umfassendere Diskussion zu diesem Thema siehe G. Johnson, „Managing strategic change: the role of symbolic action", *British Journal of Management*, Band 1, Nr. 4 (1990), S. 183–200. Siehe auch J. M. Higgins und C. McCallaster, „If you want strategic change don't forget your cultural artefacts", *Journal of Change Management*, Band 4, Nr. 1 (2004), S. 63–73.

30 Für eine Diskussion über die Rolle von Ritualen bei Veränderungen siehe D. Sims, S. Fineman und Y. Gabriel, „Organizing and Organizations: An introduction", *Sage*, 1993.

- *Veränderungen physischer Aspekte* des Arbeitsumfelds sind starke Symbole eines Wandels. Typisch ist hier etwa die Verlegung des Standorts der Zentrale, Transfer von Personal, Veränderungen der Kleidung oder Uniform und Veränderungen in Büros oder der Bürogröße.

- Das *Verhalten von Managern*, vor allem von strategischen Anführern, ist das vielleicht stärkste Symbol in Bezug auf einen Wandel. Hat man also einmal angekündigt, dass ein Wandel vonnöten ist, so ist es ganz entscheidend, dass das sichtbare Verhalten der Change Agents auch diesem Wandel entspricht.

- Die von Anführern des Wandels verwendete *Sprache* ist ebenso von großer Bedeutung[31]. Ein Manager des Wandels kann – bewusst oder unbewusst – eine Sprache oder Metaphern verwenden, die einen Wandel fördern können. Aber natürlich besteht auch hier das Risiko, dass ein Manager dies nicht erkennt und sich zwar für einen Wandel einsetzt, gleichzeitig aber mit seiner Sprache signalisiert, dass man am Status quo festhalten sollte oder dass er persönlich dem Wandel nicht zustimmt.

▶ *Tabelle 15.1* gibt einige konkrete Beispiele solcher symbolischen Hinweise auf einen Wandel. Die Vorstellung, dass die Manipulation von Symbolen auch ein nützliches Instrument für das Management des Wandels sein kann, ist allerdings zu relativieren. Die Bedeutung von Symbolen hängt davon ab, wie sie interpretiert werden. Ein symbolischer Wandel ist zwar wichtig, doch es ist nicht so leicht, seine Auswirkungen vorherzusagen.

Art des Rituals	Rolle	Beispiele
Übergangsrituale	Zeigen eine Veränderung von Status oder Rolle an	Einführungsprogramme Trainingsprogramme
Bestätigungsrituale	Erkennen Bemühungen an, von denen die Organisation profitiert	Belohnungszeremonien Beförderungen
Erneuerungsrituale	Stellen sicher, dass etwas getan wird Fokussieren die Aufmerksamkeit auf Sachthemen	Berufung von Beratern Projektteams
Integrationsrituale	Ermuntern zu gemeinsamem Engagement Stärken die Gültigkeit von Normen	Weihnachtsfeiern
Rituale zum Konfliktabbau	Reduzieren Konflikte und Aggression	Verhandlungsausschüsse
Rituale der Herausforderung	Das Werfen des „Fehdehandschuhs"	Andere Verhaltensweisen des neuen Firmenchefs

Tabelle 15.1: Organisationale Rituale und Veränderungen der Kultur

---

31 Siehe C. Hardy, I. Palmer und N. Philips, „Discourse as a strategic resource", *Human Relations*, Band 53, Nr. 9 (2000), S. 1231.

15.5.5 Macht und politische Systeme

Kapitel 5 befasste sich damit, wie wichtig das Verständnis des politischen Umfelds in und rund um eine Organisation ist. Das Management des strategischen Wandels muss nun auch innerhalb dieses Umfelds betrachtet werden. *Beispiel 15.2* verdeutlicht dies. Zur Durchsetzung des Wandels kann vielleicht die uneingeschränkte Unterstützung von einzelnen Mitarbeitern oder Gruppen erforderlich sein. Das Management des Wandels kann aber auch eine Neukonfiguration von *Machtstrukturen* erfordern, besonders wenn es eines transformativen Wandels bedarf. Dies ist gleichbedeutend mit dem zweiten Schritt in dem von Kotter definierten Veränderungsprozess (siehe ▶ *Abbildung 15.6*). ▶ *Tabelle 15.2* zeigt einige der Mechanismen in Verbindung mit dem Management des Wandels aus einer politischen Perspektive:[32]

- Die *Übernahme von Ressourcen* oder die Kontrolle des Zugangs zu wichtigen Ressourcenbereichen oder Fachwissen. Solche Ressourcen können z.B. Geldmittel, Informationen, wichtige Organisationsprozesse oder Mitarbeiter sein. Insbesondere die Fähigkeit, solche Ressourcen zu entziehen oder zuzuteilen, kann ein wirkungsvolles Instrument sein, um Widerstände zu überwinden, andere von einem Wandel zu überzeugen oder ihre Bereitschaft dazu zu steigern.

- Die *Verbindung zu mächtigen Interessengruppen (Eliten)* oder deren Unterstützern kann zum Aufbau einer Machtgrundlage beitragen. Es kann auch sein, dass es einem mit Widerstand konfrontierten Manager gelingt, zu einem angesehenen Mitglied der Gruppe, die Widerstand leistet, Kontakt aufzunehmen und dieses für seine Sache zu gewinnen. Natürlich kann es auch sein, *dass Einzelpersonen oder Gruppen, die kontinuierlich Widerstand leisten, entfernt werden müssen.* Wen dies betrifft, ist sehr variabel – es können mächtige Einzelpersonen in hohen Positionen oder auch ganze Unternehmensebenen sein, die sich dem Wandel widersetzen, weil sie beispielsweise ihre Funktion oder ihre Dienstleistung bedroht sehen.

- Zur Überwindung von Widerständen mächtiger Gruppen kann es notwendig sein, *Allianzen und Netzwerke* aus Kontakten und Sympathisanten zu bilden. Es ist schwierig, eine gesamte Organisation dazu bringen zu wollen, einen Wandel zu akzeptieren, doch es gibt vielleicht einzelne Unternehmensteile oder Personen, die dem Wandel positiver gegenüberstehen als andere, und diese könnte der Manager zu seiner Unterstützung heranziehen. Er könnte auch versuchen, die Gruppen, die Widerstand leisten, eher an den Rand zu drängen. Die Gefahr dabei besteht jedoch darin, dass mächtige Gruppen innerhalb der Organisation diese Teambildung und Abdrängung als Bedrohung ihrer eigenen Machtposition auslegen könnten, was ihren Widerstand noch verstärken wird. Eine Analyse vorhandener Macht und Interessen mittels des Stakeholder Mapping (siehe *Abschnitt 5.2.2*) kann daher sehr hilfreich sein, um Grundlagen für Allianzen und mögliche Widerstände zu identifizieren.

---

32 H. Mintzberg, *Power in and around Organizations*, Prentice Hall, 1983; und J. Pfeffer, *Power in Organizations*, Pitman, 1981.

Aktivitäts-bereiche	Mechanismen			Probleme
	Ressourcen	Eliten	Bildung von Allianzen	
Aufbau der Machtgrund-lage	Kontrolle von Res-sourcen Übernahme von/Iden-tifikation mit Fach-wissen Übernahme zusätzli-cher Ressourcen	Unterstützung durch eine Elite Verbindung mit einer Elite	Identifizierung von Unterstüt-zern des Wan-dels Bildung von Allianzen Bildung von Teams	Großer Zeitaufwand Empfundene Zweideu-tigkeit von Idealen Empfundene Bedro-hung bestehender Eliten
Überwindung von Wider-ständen	Entzug von Ressourcen Einsatz von „Gegen-Intelligenz"	Aufbrechen von Eliten Verbindung mit Anführern des Wandels Verbindung mit respektierten Außen-stehenden	Antrieb für den Wandel Unterstützung / Belohnung für Anführer des Wandels	Macht kann nicht aus-reichend sein Potenziell destruktiv: schneller Wiederaufbau nötig
Unterstützung erlangen	Gewährung von Res-sourcen	Entfernung resisten-ter Eliten Sichtbarer „Held des Wandels" nötig	Teilweise Imple-mentierung und Kollaboration Implantation von „Anhän-gern" Unterstützung für „Umstürzler"	Umwandlung des „Unterbaus" der Orga-nisation Rückschritte

Tabelle 15.2: Politische Mechanismen in Organisationen

Beispiel 15.2 — Stellhebel des Wandels in Aktion

Emotionaler Wandel

Karen Addington, die 2015 den Ehrentitel UK Charity Leader of the Year verlie-hen bekam, erinnerte sich an ihre dritte Vorstandssitzung als CEO einer großen gemeinnützigen Organisation, die sich der Erforschung von Diabetes bei Kindern widmete: "Ich ging voll motiviert in dieses Meeting und wollte den Vorstand mit allen Mitteln davon überzeugen, sehr viel Geld in die Organisation von Spenden-aktionen und andere Formen der Geldbeschaffung zu investieren. Doch ich merkte schnell, dass ich nicht nur den Geschäftssinn der Mitglieder ansprechen, sondern auch ihre emotionalen Reaktionen berücksichtigen musste, denn zu die-sem Zeitpunkt waren alle Vorstandsmitglieder Eltern von Kindern, die an Diabe-tes erkrankt waren.... Ich bat sie darum, Gelder von der aktuellen Forschungsar-beit abzuziehen, um unsere langfristige Mission voranzutreiben.

Objektiv gesehen machte das durchaus Sinn, doch natürlich hoffen unsere Spender, dass der nächste Cent, den sie geben, dazu beiträgt, endlich ein Heilverfahren für ihre Kinder zu finden. Ich erkannte, dass mein Ansinnen großes Vertrauen seitens der Vorstandsmitglieder bedeutete und lernte, dass ich immer bedenken musste, welche Auswirkungen mein wirtschaftliches Streben auf unsere Nutznießer – die Kinder – haben würde.[1]

Emotionaler Wandel Wir dürfen keine Zeit verlieren Als Mary Barra Anfang 2014 zum CEO von General Motors ernannt wurde, wurde sie unmittelbar mit einem Skandal wegen fehlerhafter Schalter konfrontiert, die im Laufe der letzten zwölf Jahre 13 Menschen das Leben gekostet hatten. Über diesen langen Zeitraum hinweg hatte es das Unternehmen vermieden, die Verantwortung für diese Vorfälle zu übernehmen, was symptomatisch war für die ausweichende Unternehmenskultur. Barra erklärte: „Ich möchte das (den Skandal) nicht beiseiteschieben und „wegdiskutieren", denn ... es offenbarte Umstände in unserem Unternehmen, die wir unbedingt angehen müssen ..." Sie fuhr fort: „Wir mussten uns nicht allzu sehr anstrengen, um Argumente für einen Wandel zu finden, denn die Geschehnisse waren zutiefst beunruhigend. Wenn man einen Wandel vorantreiben will, braucht man einen Katalysator ... und dies (der Skandal) war unser Katalysator. Und ich sage ihnen auch, ich bin dadurch noch ungeduldiger geworden."[2]

Wandel mit Macht Im November 2015 wurde Ash Carter zum neuen US-Verteidigungsminister ernannt und seine wichtigste Aufgabe bestand darin, das Personalsystem des Pentagons zu reformieren, um daraus eine „zukunftsorientierte Streitkraft für das 21. Jahrhundert" zu machen. Allerdings wandte er sich zunächst nicht dem umstrittenen Thema des Beförderungssystems beim US-Militär zu, sondern erklärte, oberste Priorität hätten für ihn die „tief hängenden Früchte", also alles, was schnell Veränderung bringt. Er unterzeichnete sofort zwanzig der insgesamt achtzig Anträge, die sich auf seinem Schreibtisch befanden, und ließ sie umgehend ausführen. Seine Pläne für den Wandel beschrieb er so: Wir müssen zu jeder Zeit dieses Prozesses bedenken, dass das Militär ein Beruf an der Waffe ist, es ist kein Geschäft. Wenn wir erfolgreich sein wollen, müssen wir also sowohl Veränderung als auch Tradition wirksam einsetzen."[3]

Mein Weg oder kein Weg Seit 2013 versucht Tony Hsieh, CEO des Onlinehändlers Zappo, Management und Verwaltung zu reduzieren und die Selbstorganisation innerhalb seiner Firma zu stärken. Frustriert von den geringen Fortschritten erklärte er 2015, es sei Zeit „das Pflaster abzureißen." In einem internen Memo stellte er seine Mitarbeiter vor die Wahl, entweder die nötigen Veränderungen mitzutragen oder aber die Firma zu verlassen. „....Selbstorganisation und Selbstmanagement ist nicht für jeden das Richtige... Deshalb gibt es firmenweit ein spezielles Angebot: Jeder Mitarbeiter, der das Gefühl hat, Selbstorganisation und Selbstmanagement sind für ihn oder sie nicht geeignet, erhält eine finanzielle Abfindung in Höhe von drei Monatsgehältern."[4]

Chefdesigner Im Jahr 2015 initialisierte Zhang Ruimin, CEO des Elektrokonzerns Haier, ein radikales Dezentralisierungsprogramm in seinem Unternehmen. Da Haier nun aus unzähligen „Mikro-Unternehmen" bestand, bedeutete das auch weniger Einfluss für Zhang. Sein Kommentar dazu: „Wenn es eines Tages keine Firmen mehr gibt, dann gibt es auch keine CEOs mehr. Ich glaube aber daran, dass es immer Organisationen in irgendeiner Form geben wird, und vielleicht gibt es dann auch eine Aufgabe für eine Person, die entwirft, wie diese Organisationen arbeiten oder wachsen können. Vielleicht sollte ich meinen Titel ändern in „Organisations-Designer."[5]

Quellen: (1) Third Sector, 25. Juni 2015; (2) Fortune, 18. September 2014; (3) J. Garamone, Carter details force of the future initiatives, US Department of Defense, 18. November 2015; (4) Quartz, 26. März 2015; (5) financial Times, 25. November 2015.

Cynthia Hardy von der Universität Melbourne[33] weist darauf hin, dass Anführer des Wandels Macht auch dadurch gewinnen können, dass sie „für die Macht stehen", d.h. sie können Symbole, Rituale und Sprache nutzen, um einen Wandel zu legitimieren, ihn wünschenswert erscheinen oder unvermeidlich zu lassen, oder um eine optimistische Grundstimmung bezüglich des Wandels zu schaffen.

Die politischen Aspekte des Managements eines Wandels sind jedoch potenziell sehr gefährlich. ▶ *Tabelle 15.2* fasst einige der Probleme zusammen. Das Hauptproblem bei der Überwindung eines Widerstands gegen den Wandel kann einfach darin bestehen, dass die nötige Macht fehlt, um dies zu erreichen. Der Versuch, den Status quo zu verändern, kann irgendwann regelrecht zerstörerisch wirken und so viel Zeit kosten, dass sich die Organisation nicht wieder davon erholt. Muss sich ein solcher Prozess aber unbedingt vollziehen, so ist die Einführung neuer Überzeugungen und einer neuen Strategie zwingend erforderlich und muss schnell geschehen. Außerdem reicht es nicht, nur die wenigen Manager der obersten Führungsebene von der Notwendigkeit des Wandels zu überzeugen – auch der gesamte „Unterbau" der Organisation muss dazu gebracht werden, sehr signifikante Veränderungen zu akzeptieren.

15.5.6 Die zeitliche Koordination

Die Frage, wie viel Zeit für einen strategischen Wandel zur Verfügung steht, wurde bereits als Teil des Kaleidoskops des Wandels behandelt (siehe *Abschnitt 15.3.1*). Die Entscheidung, wann genau der richtige Zeitpunkt für die Einleitung eines solchen Wandels ist, ist jedoch eine weitere wichtige Variable, die allerdings häufig vernachlässigt wird. Die taktisch koordinierte Wahl des richtigen Zeitpunkts ist aber ganz entscheidend, um einen Wandel erfolgreich umzusetzen. Zum Beispiel:

- Die *Nutzung einer tatsächlichen oder empfundenen Krisensituation* ist umso sinnvoller, je umfangreicher der nötige Wandel ist. Wird das Risiko einer Beibehaltung des Status quo als riskanter empfunden als seine Veränderung, wird ein Wandel wahrscheinlicher. Es wird sogar behauptet, dass manche Führungskräfte vorhandene Probleme überzeichnen, um eine Krisenstimmung zu erzeugen, die

---

33 C. Hardy, „Understanding power; bringing about strategic change", *British Journal of Management*, Band 7, Sonderausgabe (1996), S. 3–16.

dann den Wandel beschleunigt. So kann eine angedrohte Übernahme als Katalysator für einen strategischen Wandel eingesetzt werden.

- *Wandlungsprozesse bieten auch Chancen.* Die Ankunft eines neuen Firmenchefs, die Einführung eines neuen, sehr erfolgreichen Produkts oder das Auftauchen einer Wettbewerbsbedrohung können auch die Chance bieten, größere Wandlungsprozesse in Gang zu bringen, als dies unter normalen Umständen möglich wäre. Da man einem Wandel aber immer mit großer Nervosität begegnet, kann es auch wichtig sein, den Zeitpunkt zur Umsetzung dieses Wandels mit Bedacht zu wählen, um unnötige Angst und Unsicherheit zu vermeiden. Müssen beispielsweise Führungskräfte entlassen werden, so sollte dies am besten vor dem Beginn des Wandlungsprogramms geschehen. So wird dieses Programm als potenzielle Verbesserung für die Zukunft wahrgenommen und nicht als Ursache für solche Verluste.

- *Ein symbolisches Zeichen für den zeitlichen Rahmen* kann auch wichtig sein. Anführer des Wandels sollten unklare Informationen bezüglich der zeitlichen Koordination des Wandels vermeiden. Ist beispielsweise ein schneller Wandel vonnöten, so sollten Abläufe und Signale vermieden werden, die auf lange Zeithorizonte hinweisen wie etwa die Beibehaltung seit langem etablierter Kontroll- oder Belohnungsprozesse oder Routinen.

15.5.7 Sichtbare kurzfristige Erfolge

Ein strategisches Wandlungsprogramm erfordert viele detaillierte Aktionen und Aufgaben. Dabei ist es wichtig, dass einige dieser Aktionen schnelle Erfolge bringen. In Kotters Modell (▶ *Abbildung 15.6*) ist der sechste Schritt die Realisierung kurzfristiger Erfolge. So könnte eine Einzelhandelskette beispielsweise ein neues Konzept für ihre Geschäfte entwickeln, dessen Erfolg sich schnell auf dem Markt bemerkbar macht; der effektive Abbau alter Routinen und der deutliche Erfolg neuer Arbeitsabläufe; die Beschleunigung von Entscheidungsprozessen durch die Abschaffung von Ausschüssen und die Einführung klar definierter Arbeitsprofile etc. Diese Punkte sind alleine für sich genommen vielleicht keine wichtigen Aspekte einer neuen Strategie, sie sind jedoch sichtbare Indikatoren eines neuen Ansatzes. Die Demonstration solcher Erfolge sorgt mit Sicherheit für ein höheres Engagement für die neue Strategie.

Ein immer wieder genannter Grund für die Unfähigkeit, sich zu verändern, ist das Fehlen der dafür nötigen Ressourcen. Dieses Problem könnte überwunden werden, wenn es möglich wird, „Hot Spots" zu identifizieren, in die dann verstärkt Ressourcen und auch Arbeitskraft investiert werden. William Bratton beispielsweise, der die inzwischen berühmte *Zero Tolerance*-Politik der New Yorker Polizei einführte, begann damit, vorhandene Ressourcen und Bemühungen auf die Bekämpfung von Verbrechen zu konzentrieren, die mit Drogenmissbrauch zu tun hatten. Obwohl sie 50 bis 70 % aller registrierten Verbrechen ausmachten, waren für ihre Bekämpfung ursprünglich nur 5 % aller Ressourcen des NYPD vorgesehen. Als er in diesem Bereich erfolgreich war, konnte er sein Programm auf andere Bereiche ausweiten und dafür auch entsprechende Ressourcen erlangen.

Zusammenfassend lässt sich sagen, dass es ganz verschiedene Stellhebel des Wandels gibt. Welches Instrument wann am sinnvollsten ist, hängt davon ab, welche Art des Wandels angestrebt wird und in welchem Kontext dieser Wandel stattfindet. Auch der Führungsstil muss konsequent und passend gewählt werden. Politische Ansätze werden meist mit einem eher auf Transaktion fokussierten Führungsstil assoziiert und funktionieren gut in einem eher negativ geprägten Kontext und dann, wenn ein begrenzter Wandel notwendig ist. Symbolisches Management und ein auf Transformation fokussierter Führungsstil andererseits sind besonders dort sinnvoll, wo in einem positiv geprägten Kontext ein evolutionärer oder revolutionärer Wandel angestrebt wird.

15.6 Probleme formaler Change-Programme

Ein strategischer Wandel wird häufig in einer Initiative von oben nach unten beschlossen und eingeleitet, unterstützt von formalen Methoden und Programmen. Kotters Acht Schritte des Wandels (▶ *Abbildung 15.6*) bieten sich für einen solchen formalen Ansatz an. Allerdings gibt es zwei Arten potenzieller Probleme, die dieser formale Ansatz mit sich bringen kann. Zunächst können sich aus dem Prozess selbst Probleme ergeben. Und zum zweiten könnten Manager die relative Bedeutung von formellem und informellem Wandel falsch einschätzen.

15.6.1 Probleme im Prozess

Wer ein Programm für einen Wandel entwirft, sollte schon im Voraus mögliche Gründe für ein Scheitern bedenken. Forscher definieren sieben Faktoren, die dabei zu Problemen führen können:[34]

- *Tod durch Planung.* Der Fokus liegt auf der Planung des Change-Programms und nicht auf seiner Umsetzung. Es gibt eine Flut von Anträgen und Berichten, die alle von den betroffenen Managern gelesen und abgesegnet werden müssen. Ausschüsse, Projektteams und Arbeitsgruppen werden gebildet, um Probleme zu identifizieren und für die Veränderungen zu werben. Das kann zu einer „Analyse-Paralyse" führen. Über den Wandel wird nur diskutiert, aber es geschieht nichts. Dies kann besonders häufig dann der Fall sein, wenn der Wandel ein sehr politisches Thema innerhalb der Organisation ist. Meetings werden dann zu politischen Foren, in denen debattiert wird und Machtspiele gespielt werden.

- *Man verliert das Ziel aus den Augen.* Ein Wandel ist keine einmalige Initiative, sondern erfordert häufig eine ganze Reihe von Schritten und Programmen, die sich manchmal über Jahre hinziehen. Dabei besteht das Risiko, dass für die Mitarbeiter diese Initiativen irgendwann zu „Change-Ritualen" werden, die keine große Bedeutung mehr haben. Zudem kann es sein, dass dabei die ursprüngliche Absicht, die hinter all den Programmen stand, verloren geht oder in den Hintergrund rückt.

---

34 L. C. Harris und E. Ogbonna, „The unintended consequences of culture interventions: a study of unexpected outcomes", *British Journal of Management*, Band 13, Nr. 1 (2002), S. 31–49; und D. J. Ford, L. W. Ford und A. D. Amelio, „Resistance to change: the rest of the story", *Academy of Management Review*, Band 23 (2008), S. 362–77.

■ *Neuinterpretation.* Der angestrebte Wandel wird gemäß der alten, bestehenden Kultur neu interpretiert. So beabsichtigte etwa ein Maschinenbaubetrieb, zukünftig mehr zu differenzieren, indem man darauf aufbaute, was die Kunden wirklich schätzten. Die angestellten Ingenieure aber legten diese neue Strategie so aus, dass sie noch ausgereiftere technische Spezifikationen entwickeln sollten – die sie selbst und nicht die Kunden festlegten.

■ *Fehlender Bezug.* Den Mitarbeitern, die vom Wandel betroffen sind, könnte der entsprechende Bezug des Change-Programms zu ihrer Realität fehlen. Managern der oberen Führungsebene, den Befürwortern des Wandels, könnte es an Glaubwürdigkeit mangeln, schließlich fehlt ihnen das Verständnis für die Realitäten des Wandels in den unteren Ebenen der Organisation. Es kann auch sein, dass neu eingeführte Systeme und Initiativen als mit den Intentionen des Wandels unvereinbar angesehen werden.

■ *Befolgung der Regeln des Wandels.* Es besteht die Gefahr, dass die Mitarbeiter scheinbar die Regeln des Wandels befolgen, die ihnen das Change-Programm vorgibt, ohne jedoch wirklich davon überzeugt zu sein. Das kann dazu führen, dass ein Manager einen Wandel zu beobachten glaubt, obwohl tatsächlich nur oberflächliche Regelbefolgung stattfindet.

■ *Fehlinterpretation von Prüfung und Widerstand.* Anführer eines Wandels müssen in der Regel mit Widerstand oder kritischer Prüfung rechnen. Oft sehen sie solches Verhalten aber zu negativ oder gar zerstörerisch. Man könnte eine solch kritische Prüfung und sogar den Widerstand aber auch als die Art und Weise interpretieren, in der sich die betroffenen Mitarbeiter mit dem anstehenden Wandel auseinandersetzen. Auch der Widerstand hält den Wandel präsent in den Köpfen der Betroffenen. Wird der Widerstand zudem ausdrücklich formuliert, kann man leichter darauf eingehen als bei passiver Verweigerung. Manager sollten also eine ablehnende und kritische Prüfung als potenziell positiv sehen und nicht als nur negativ. Denn sie kann durchaus die Basis sein für ein späteres Engagement für den Wandel.

■ *Vertrauensverlust.* In diesem Kapitel wurde immer wieder betont, wie wichtig es ist, klar zu kommunizieren, dass ein Wandel nötig ist und wie er erreicht werden kann. Versäumt es das Management allerdings, die Situation ehrlich einzuschätzen und zu vermitteln oder macht den Mitarbeitern Versprechungen, die es letztendlich nicht einhalten kann, verliert es das Vertrauen und den Respekt der Mitarbeiter und steigert damit höchstwahrscheinlich den Widerstand gegen einen Wandel.

15.6.2 Was formale Programme vergessen

Formale Change-Programme können nicht nur fehlschlagen, häufig vergessen sie auch, was sonst noch in einer Organisation vorgeht. Hari Tsoukas von der Universität Warwick und Robert Chia von der Universität Glasgow argumentieren, dass sich viele Veränderungen ganz abseits aller formalen Programme vollziehen.[35] Sie sind der Meinung, dass Wandlungsfähigkeit jeder Organisation innewohnt, denn die Mitarbeiter lernen ständig hinzu und passen sich neuen Bedingungen ihrer Arbeitswelt an. Viele Manager erkennen allerdings diesen inhärenten Wandel nicht, Hierarchien und übermäßige Kontrolle behindern diesen sogar in manchen Fällen. Spontane, emergente Veränderungsprozesse werden also oft unterschätzt und formale Change-Programme zu wichtig genommen.

Die Auswirkungen eines von oben nach unten geplanten Change-Programms kann sogar lokale Anpassungen der Mitarbeiter behindern, die alle Mitarbeiter ständig vollziehen und die auch meist sehr effektiv sind, da diese Mitarbeiter sich ja direkt am Markt befinden. Man muss also immer bedenken, dass sich ein strategischer Wandel auch spontan von unten nach oben vollziehen kann. So gesehen ist es Aufgabe des Managements, lokale Adaptionen zu bestärken und zu unterstützen, und nicht nur Change-Programme von oben zu erlassen.

---

35 H. Tsoukas und R. Chia, „On organizational becoming: rethinking organizational change", *Organisation Science*, Band 13, Nr. 5 (2002), S. 567–82.

Quer-Denken

Frauen als Führungskräfte

Führen Frauen anders – und besser – als Männer?

Traditionell ist die Rolle des Anführers immer männlich besetzt – man denke nur an Winston Churchill oder Nelson Mandela. Und die Dominanz der Männer in Führungspositionen von Politik bis hin zur Wirtschaft ist auch heute noch groß. 2015 besetzten Frauen immer noch weniger als 5 % aller CEO-Posten der großen US-amerikanischen Fortune-500-Unternehmen. Daraus könnte man schließen, dass Frauen, die eine Führungsposition anstreben, sich einfach mehr wie Männer benehmen sollten.

Doch immer mehr Frauen übernehmen den Posten des CEO in großen Konzernen aus vielerlei Branchen: Mary Barra bei General Motors, Indra Nooyi bei PepsiCo, Ginni Rometty bei IBM und Cheryl Sandberg bei Facebook. Diese weiblichen Führungskräfte verhalten sich ganz und gar nicht wie Männer. Und ihre Unternehmen sind oft erfolgreicher als die Firmen, die von Männern geleitet werden: Im Zeitraum zwischen 2002 und 2014 übertrafen amerikanische Unternehmen unter weiblicher Führung Firmen mit männlichen CEOs um über 200 %.[36]

Die Forschung legt ganz klar nahe, dass weibliche Führungskräfte anders führen als männliche. Frauen assoziiert man mit einem auf Transformation fokussierten Führungsstil, sie legen Wert auf gemeinsam erzielte Erfolge und motivierte Mitarbeiter. Der auf Transaktion fokussierte Führungsstil dagegen setzt mehr auf Strukturen, Systeme und Anreize (siehe *Abschnitt 15.2.2*).[37] Es wird immer wieder argumentiert, dass die heutige Geschäftswelt, in der es vor allem um Kooperation zwischen gut ausgebildeten Fachkräften geht, eher einen auf Transformation fokussierten Führungsstil erfordert. Auf Transaktion fokussierte Manager passen nicht zu Organisationen, in denen Vertrauen und Kreativität wichtig ist. Doch die Forschung zeigt auch weitgehende Überschneidungen zwischen dem männlichen und dem weiblichen Führungsstil. Viele männliche Manager zeigen die gleichen Führungseigenschaften wie weibliche Führungskräfte.

---

36   F*ortune Magazine*, „Women-led companies perform three times better than the S&P 500", 3. März 2015.
37   A. Eagly, „Female leadership advantage and disadvantage: resolving the contradictions", *Psychology of Women Quarterly*, Band 31 (2007), S. 1–12; I. Cuadrado, C. Garcia-Ael und F. Molero, Gender-typing of leadership: evaluations of real and ideal managers, *Scandinavian Journal of Psychology*, Band 56, Nr. 2 (2015), S. 236–44.

ZUSAMMENFASSUNG

Ein immer wiederkehrendes Thema dieses Kapitels ist die Tatsache, dass die Ansätze, Stile und Mittel des Wandels dem Umfeld des Wandels angepasst werden müssen. Vor dem Hintergrund dieses zentralen Aspekts wurden einige wichtige Punkte angesprochen:

- Es gibt zwei grundlegende *Führungsstile*, den auf *Transaktion* und den auf *Transformation* fokussierten Stil.

- Der *situationsbezogene Führungsstil* geht davon aus, dass Führungskräfte ihren Managementstil je nach dem herrschenden Kontext des Wandels anpassen müssen.

- Die *Arten des strategischen Wandels* können je nach dem erforderlichen *Ausmaß* des Wandels und je nach seiner *Dringlichkeit* klassifiziert werden – ein Wandel kann also entweder inkrementell geschehen oder erfordert unmittelbares Handeln („Urknall"-Ansatz).

- Der Kontext des Wandels kann anhand des *Kaleidoskops des Wandels* und der *Kraftfeldanalyse* analysiert werden.

- *Stellhebel* für das Management des strategischen Wandels sind unter anderem eine überzeugende Argumentation für den Wandel, das Hinterfragen des Selbstverständlichen, die Anpassung operativer Prozesse, Routinen und Symbole, politische Prozesse, die Wahl des richtigen Zeitpunkts und schnelle Erfolge.

ZUSAMMENFASSUNG

Literaturempfehlungen

- Für eine kurze Zusammenfassung der Forschung zu effektiver Führung, einschließlich des Change Management, siehe G. Yukl, „Effective leadership behaviour: what we know and what questions need more attention", *Academy of Management Perspectives*, Band 26, Nr. 4 (2012), S. 66–85.

- J. Balogun und V. Hope Hailey, „Exploring Strategic Change", 3. Auflage, *Prentice Hall*, 4. Auflage, 2016, baut auf den in diesem Kapitel erwähnten Ideen auf und führt sie weiter. Es wird besonders betont, wie wichtig es ist, Wandlungsprogramme dem jeweiligen Unternehmensumfeld anzupassen; außerdem werden viele der hier beschriebenen Instrumente des Wandels genauer beschrieben.

- Für ein besseres Verständnis der verschiedenen Ansätze des Managements eines Wandels: M. Beer und N. Nohria, „Cracking the code of change", *Harvard Business Review*, Band 78, Nr. 3 (Mai–Juni 2000), S. 133–141; sowie G. Johnson, G. Yip und M. Hensmans, „Achieving successful strategic transformation", *MIT Sloan Management Review*, Band 53, Nr. 3 (2012), S. 25–32.

Fallstudie
Sergio Marchionne: Motor des Wandels

Abbildung 1: Sergio Marchionne, CEO von Fiat Chrysler
Quelle: Dgtmedia - Simone at Italian Wikipedia. (https://commons.wikimedia.org/wiki/File:Fiat_Sergio_Marchionne_(cropped).jpg), „Fiat Sergio Marchionne (cropped)", https://creativecommons.org/licenses/by/3.0/legalcode

Im Jahr 2009 waren zwei der drei größten Automobilkonzerne der USA, General Motors und Chrysler, bankrott. General Motors wurde von einem Rettungsschirm der US-Regierung aufgefangen, mit Krediten und einer groß angelegten Kapitalbeteiligung. Chryslers Rettung war ein italienischer Autobauer mit eher durchwachsener Reputation – Fiat. An der Spitze von Fiat stand Sergio Marchionne, ein italienisch-kanadischer Buchhalter mit nur vier Jahren Berufserfahrung in der Autoindustrie. Marchionne unterzog Chrysler einem radikalen Wandel und bot das Unternehmen schließlich sechs Jahre später General Motors zum Kauf an – ohne Erfolg.

Dennoch hatte Marchionne Chrysler durch seinen energiegeladenen Führungsstil grundlegend verändert. Er ist notorischer Kettenraucher, trinkt ständig Espresso und trägt lieber Hemd und Pullover als Anzug und Krawatte. Aber Marchionne ist auch ein Workaholic: Nicht weniger als 42 Führungskräfte berichten direkt an ihn, er besitzt sechs Handys und arbeitet 14 bis 18 Stunden täglich an sieben Tagen in der Woche. Was seinen Führungsstil betrifft, so erklärte er der Harvard

Business Review: „Meine Aufgabe als CEO ist nicht, Entscheidungen über die Firma zu treffen. Ich muss anspruchsvolle Ziele setzen und meinen Managern dabei helfen, herauszufinden wie sie diese erreichen können."[1]

Die Trendwende bei Fiat

Als Marchionne im Jahr 2004 die Funktion des CEO bei Fiat übernahm, war er bereits der fünfte Manager in dieser Funktion seit 2001. Das Unternehmen war nicht rentabel, die Produkte hatten den Ruf schlechter Qualität, der letzte auf den Markt gebrachte Neuwagen war nicht erfolgreich und die Beziehungen zu den Gewerkschaften waren schlecht.

Während seiner ersten 50 Tage im Amt bereiste er das Unternehmen, hörte den Menschen zu und analysierte die Situation. Er stellte fest, dass die leitenden Führungskräfte nicht daran gewöhnt waren, Verantwortung für Entscheidungen zu übernehmen – alles wurde nach oben an den CEO verwiesen. Überdies kommunizierten die Manager häufig über ihre Sekretärinnen miteinander und verbrachten ihre Zeit damit, akute Probleme zu bekämpfen oder Probleme zu vermeiden. Das Unternehmen wurde von Ingenieuren dominiert und der traditionelle Karriereverlauf bis zu den hochrangigen Managementpositionen im Unternehmen verlief über die technische Schiene. Auch die Entwicklung neuer Modelle lag in ihren Händen. Danach wurde das neue Modell dann, komplett mit Umsatzzielen und Preisen, an den Verkauf und das Marketing gegeben. Dies war nicht nur ineffizient, sondern führte, was wenig überraschte, auch zu Spannungen zwischen den Abteilungen.

Nach ersten Maßnahmen zur Reduzierung der Verschuldung von Fiat wandte Marchionne seine Aufmerksamkeit der Führung des Geschäfts zu. Es wurden viele Führungskräfte entlassen. Darüber hinaus gingen 2.000 andere Manager und Mitarbeiter vorzeitig in den Ruhestand.

Andererseits hatte er im Zuge seiner Besichtigung des Unternehmens junge und talentierte Manager kennengelernt – oft in Bereichen, wie dem Marketing, die keine traditionellen Wege bis ganz nach oben bildeten, oder in geografischen Regionen wie Lateinamerika, die weniger von der Unternehmenszentrale beeinflusst waren und in denen die Manager sich tendenziell unabhängiger verhielten und persönliche Initiative ergriffen. Im Ergebnis dieser „Talentsuche" wurden 20 Ernennungen für Führungspositionen sowie andere Beförderungen vorgenommen.

Marchionne wies einem persönlichen Interesse an einem potenziell großen Talent eine hohe Priorität zu und sah seine persönliche Bindung an diese Personen als wertvoller an als eine formellere Bewertung. Überdies war er auch der Ansicht, dass ein solches persönliches Engagement zur Entwicklung eines Spitzenteams mit dezidierten gemeinsamen Werten beiträgt. Seine Erwartung an diese neuen Spitzenkader unter den Managern ging dahin, dass sie die Verantwortung für die Erreichung der Trendwende erhalten sollten. Er erkannte, dass dies anspruchsvoll war:

„Wenn ich den Menschen mehr Verantwortung gebe, dann müssen sie die Verantwortung auch übernehmen. Wenn ein Manager ein Ziel nicht erreicht, sollte dies gewisse Konsequenzen haben. Aber ich glaube nicht, dass die Nichterreichung eines Ziels das Ende der Welt ist ... Wenn man (allerdings) Führungskräfte entwickeln möchte, dann dürfen Erklärungen und Ausreden nicht zum Alltag werden. Das ist eine Eigenschaft des alten Fiat, die wir weit hinter uns gelassen haben."[3]

Um mehr Integration zu erreichen und die Geschäftsabläufe zu beschleunigen, eliminierte Marchionne einige Managementebenen und ersetzte verschiedene Komitees durch einen sogenannten Group Executive Council, der Führungskräfte unterschiedlicher Geschäftsbereiche (z.B. Traktoren und LKWs) an einen Tisch brachte. Für den Betrieb von Fiat Auto baute er überdies mit dem Ziel, alle Unternehmensteile dazu zu bringen, miteinander zu reden, auch ein Team mit 24 Mitgliedern auf. Um das Teilen von Ideen weiter zu unterstützen, begann er, Führungskräfte von einem Teil des Unternehmens in andere zu versetzen, und forderte, dass seine Spitzenmanager Verantwortung für mehrere Teile des Unternehmens übernehmen.

Marchionne sah eine seiner wichtigen Aufgaben darin, Annahmen in Frage zu stellen. Ein Beispiel hierzu war die Frage, warum es vier Jahre gedauert hat, bis Fiat ein neues Modell entwickelt hat. Diese und andere Fragen trugen dazu bei, Prozesse zu identifizieren, die entfernt werden konnten. Dies bedeutete, dass der Cinquecento in nur 18 Monaten entwickelt und 2006 auf den Markt gebracht wurde. „Man beginnt so, einige Engpässe zu entfernen und die Mitarbeiter haben das sehr bald verstanden und beginnen, ihre eigenen Prozesse auseinander zu nehmen."[3] Dieses Infragestellen von Annahmen und Prozessen wurde auch durch die Einstellung von Managern von außerhalb der Automobilbranche und durch Benchmarking nicht nur mit anderen Automobilherstellern, sondern auch mit Unternehmen wie Apple unterstützt. Gleichzeitig führte Marchionne den aus Japan stammenden Ansatz des „World Class Manufacturing" ein, der auf eine verschlankte Produktion setzt.

2004 hatte Marchionnes neues Team einen Geschäftsplan mit dem ehrgeizigen Ziel von 2,6 Mrd. € Gewinn im Jahr 2007 aufgestellt. Viele hielten dieses Ziel für unrealistisch, doch Marchionne war überzeugt davon, dass gerade dieses Ziel seine Manager dazu zwang, umzudenken und alte Prozesse zu hinterfragen. 2006 schrieb Fiat wieder schwarze Zahlen und 2007 erzielte das Unternehmen einen Gewinn von über 3 Mrd. € Und bald würde Chrysler von Marchionnes Führungsstil profitieren können.

Die Trendwende bei Chrysler

Im Jahr 2009 befand sich Chrysler am Rande der Insolvenz. Das Unternehmen hatte keinen Marktwert, Investitionen waren drastisch gekürzt worden und es standen bis zu 300.000 Arbeitsplätze auf dem Spiel. Mit der Unterstützung der US-amerikanischen und kanadischen Regierung sowie der Gewerkschaften ging die Fiat-Gruppe mit einem Anteil von 20 % eine strategische Allianz mit Chrysler ein. Marchionne wurde zum CEO ernannt. Seine Vision bestand darin, dass Fiat und Chrysler unter Berücksichtigung der potenziellen Synergieeffekte im Hinblick auf Kaufkraft, Vertriebskapazitäten und Produktportfolios – mit den Jeeps, Minivans und Leicht-LKW von Chrysler sowie den Kleinwagen und kraftstoffsparenden Motoren von Fiat – gemeinsam einen führenden Global Player im Automobilsegment bilden sollten.

Als Marchionne 2009 bei Chrysler übernahm, „erbte" er nicht nur ein hoch verzinstes Darlehen der öffentlichen Hand über 6 Mrd. $, er fand auch verängstigte Mitarbeiter und, wie bei den meisten Automobilherstellern in Detroit, ein von Bürokratie geplagtes Unternehmen vor. Eine seiner ersten Maßnahmen bestand darin, in einem Memo an die Mitarbeiter von Chrysler auf die Parallelen mit Fiat hinzuweisen: „Vor fünf Jahren habe ich bei Fiat eine sehr ähnliche Situation vorgefunden. Das Unternehmen wurde von vielen als scheiternder, lethargischer Automobilhersteller wahrgenommen, der Autos geringer Qualität produzierte und durch endlose Bürokratie behindert wurde."[4] Wie Fiat war auch Chrysler äußerst hierarchisch und die Manager trafen nur widerwillig Entscheidungen: „Diese Firma wurde vom Büro des Vorstandsvorsitzenden geführt ... der obersten Etage (die als „Turm" bekannt ist). Jetzt ist es da leer ... Dort passiert nichts. Ich bin auf der Etage hier mit den ganzen Ingenieuren."[5]

Auch hier tauschte Marchionne das Management aus. Er bestimmte 26 junge Manager, die zwei oder drei Ebenen unter der obersten Unternehmensführung angesiedelt waren und bisher durch die Hierarchie behindert worden waren. Diese Manager berichteten in einer flacheren Hierarchie nun direkt an ihn. Eine Aufgabe der neuen Managementriege bestand darin, schlankere Produktionsprozesse nach japanischem Vorbild einzuführen, die Fiat bereits in seinen italienischen Werken einsetzte. Und Marchionne setzte auf Kostenkontrolle: So wurden beispielsweise im Plan für 2009 Einsparungen von 2,9 Mrd. $ bis 2014 durch die gemeinsame Nutzung von Teilen und Motoren mit Fiat identifiziert. Allerdings wurde auch die Produktentwicklung betont. Um sich auf Verbesserungen der Produktpalette zu konzentrieren, nutzte er hier die Erfahrung seines neuen Managementteams, wie von Ralph Gilles, der für das Produktdesign verantwortlich ist:

„Jeder wusste, wo das Problem bei den Fahrzeugen lag. Man kann jeden Mitarbeiter des Unternehmens fragen und würde eine Liste von zehn Dingen bekommen, die sie verbessern würden. Und wenn man die Chance bekommt, diese Dinge auch tatsächlich zu verbessern, erhält man schließlich ein Produkt, das die Summe seiner Einzelteile übersteigt."[5]

Eine weitere Schlüsselkomponente bei der wirtschaftlichen Wiederbelebung war die Behandlung des Problems mit der Produktqualität. Chrysler war so aufgestellt, dass jede Marke ihre eigene Qualitätsabteilung hatte. Diese separaten Abteilungen wurden zusammengelegt und es wurden neue Möglichkeiten zur Qualitätsmessung eingeführt, die eine bessere Überwachung aller Marken ermöglichen. Diese Aufmerksamkeit für die Produkt- und Qualitätsverbesserung ging Hand in Hand mit der Modernisierung der Werke. Das Ergebnis war eine Aktualisierung von 16 Modellen in 18 Monaten.

Ein Beispiel für Marchionnes forsche Herangehensweise war der Ram Pickup Truck. 2009 dümpelte dieser Bereich als Teil der Dodge Automobildivision dahin, der Ram hatte einen Marktanteil von nur 11 % auf dem US-Pickup-Markt. Viele Beobachter rechneten damit, dass Marchionne Marken zusammenfassen würde, um so Kosten zu sparen, doch er machte aus dem Ram eine eigene Division. Ein Konferenzraum im Keller des Chrysler-Hauptgebäudes wurde zur „Ram-Zentrale". Marchionne traf sich einmal im Monat mit den Leitern der Division, um sich ausführlich über deren Fortschritte berichten zu lassen.

Der Bereich Ram konnte nun als LKW-Hersteller – nicht mehr als Teil eines Autoherstellers – auf dem Markt punkten. Man führte Innovationen ein wie sparsamere Motoren, luxuriöse Innenausstattung und hochwertige Getriebesysteme, die bisher immer abgelehnt worden waren. Durch die neuen Fertigungsmethoden erhielt die zuvor demotivierte Belegschaft ein Mitspracherecht bei operativen Entscheidungen. Schon 2014 war der Marktanteil des Ram auf 33 % gestiegen.[6]

Die Erfolgsgeschichte des Ram wiederholte sich auch anderswo. Bereits 2011 war Chrysler in der Lage, einen operativen Gewinn von 2 Mrd. $ auszuweisen (im Vergleich zu 652 Mio. $ Verlust im Jahr zuvor). Auch alle staatlichen Kredite konnten zurückbezahlt werden. Fiat erhöhte seinen Aktienanteil an Chrysler auf 53,5 % und im September 2011 wurde Marchionne zum Vorstandsvorsitzenden und CEO des Unternehmens. Chryslers Anteil am amerikanischen Automobilmarkt stieg von 8,8 % im Jahr 2009 auf 12,2 % in 2014. Im selben Jahr kam es zur Fusion zwischen Chrysler und Fiat und es entstand der neue Konzern FCA mit Hauptsitz in London und Marchionne an der Spitze.

Der letzte Schritt?

Nach der Gründung der FCA wurde im Mai 2014 ein neuer Fünf-Jahres-Plan ausgegeben. Die Absatzzahlen sollten von 4,4 Mio. im Jahr 2013 auf 6,3 Mio. im Jahr 2018 steigen. Besonderes Augenmerk lag dabei auf der internationalen Produktion und Vermarktung der berühmten Jeep-Reihe. Der stagnierende Markt in Europa machte FCA allerdings schwer zu schaffen – Fiat machte Verluste und häufte Schulen in Höhe von insgesamt 10 Mrd. an. Und auch in den USA waren die Gewinnmargen des Konzerns gering – mit 4 % nur halb so groß wie die der Konkurrenten Ford und General Motors. 2015 führte die einflussreiche Qualitätsstudie von J. D. Powers die drei FCA-Marken – Chrysler, Jeep und Fiat – als drei der fünf schlechtesten Automarken im Bereich Zuverlässigkeit auf.

Qualität erfordert Investitionen und Investitionen erfordern Größe. Die Financial Times wies darauf hin, dass das neue Unternehmen FCA selbst nach der Fusion nur halb so groß war wie die weltweit größten Autokonzerne Volkswagen und Toyota.[7] Und auch die amerikanischen Rivalen Ford und General Motors waren jeweils um etwa 50 % größer als FCA. Volkswagen gab fünfmal so viel Geld für Forschung und Entwicklung aus und doppelt so viel für Kapitalinvestitionen. Gleichzeitig fielen die Automobilpreise immer weiter und neue, gefährliche Konkurrenten wie Google und Tesla drängten auf den Markt. 2015 bot Marchionne General Motors eine Fusion an – und wurde abgewiesen. Doch es gab Gerüchte, dass ein Autobauer aus Fernost FCA übernehmen könnte.

Quellen:

[1] Servio Marchionne, Fiat' s extreme makeover, Harvard Business Review, Dezember 2008, S. 46.

[2] Harvard Business Review, Dezember 2008, S. 46.

[3] Harvard Business Review, Dezember 2008, S. 47.

[4] Peter Gumbe, Chrysler' s Sergio Marchionne: the turnaround artista, Time Maganzine, 18. Juni 2009.

[5] Resurrecting Chrysler, 60 Minutes, CBS, interview mit Steve Kroft, 25. März 2012, http://www.youtube.com/watch?v=heppoyWNN7s

[6] New York Times, 18. September 2014.

[7] Financial Times, 26. Mai 2015.

Fragen

1 Welche Art Wandel wurde in Bezug auf *Abschnitt 15.3* bei Fiat und Chrysler verfolgt? War dies im Hinblick auf den Wandlungskontext angemessen?

2 Wie würden Sie den Führungsstil von Sergio Marchionne beschreiben? War dies für den Wandlungskontext angemessen?

3 Welche Instrumente des Wandels setzte Sergio Marchionne ein? Welche anderen Instrumente hätte er einsetzen können und warum?

4 Bewerten Sie die Effektivität der Wandlungsprogramme bei Fiat und Chrysler.

 Als Dozent finden Sie ausführliche **Lösungshinweise** zu den Fallaufgaben auf der Webseite zum Buch.

Strategisches Management in der Praxis

16

ÜBERBLICK

Lernziele

Nach der Lektüre dieses Kapitels sollten Sie in der Lage sein,

- die wichtigsten Menschen zu identifizieren, die an der Entwicklung einer Strategie beteiligt sind, darunter das *Topmanagement, Strategieberater, strategische Planer* und *Manager der mittleren Führungsebene.*

- verschiedene Ansätze strategischer Aktivitäten zu beurteilen, darunter *Analyse, Platzierung strategischer Themen, Entscheidungsfindung* und *Kommunikation.*

- zentrale Elemente der verschiedenen, häufig zur Strategieentwicklung eingesetzten Methoden zu erkennen wie etwa *Strategie-Workshops, Projekte, Hypothesentests* und das Verfassen von *Business Cases* und *Strategieplänen.*

16.1 Einführung

Angesichts stagnierender Nutzerzahlen aufgrund der Konkurrenz Instagram und WhatsApp, des geringen Marktanteils und einem Aktienkurs, der unterhalb des Einstiegskurses des Unternehmens an der Börse lag, verließ der CEO von Twitter, Dick Costolo, 2015 das Unternehmen. Und obwohl Jack Dorsey, Mitbegründer und Vorstandsvorsitzender von Twitter, kurzfristig als Übergangs-CEO einsprang, verlangten die Investoren einen neuen CEO. Costolo blieb Mitglied des Vorstands ebenso wie zwei weitere ehemalige CEOs des Unternehmens – das machte es schwierig, einen neuen CEO zu ernennen. Zudem hatte die Leitung der Produktabteilung innerhalb von nur einem Jahr ganze fünf Mal gewechselt. Welche Strategie könnte Twitter also für sich entwerfen, angesichts immer höherem Wettbewerbsdruck, einer drohenden Übernahme durch Google und unglücklichen Investoren?

Was könnte ein neuer CEO von Twitter, ein strategischer Planer oder ein Strategieberater konkret *tun*, um eine Strategie zu entwickeln und umzusetzen? Wie sollte man mit dem steigenden Wettbewerbsdruck und dem schnelllebigen technologischen Umfeld umgehen und gleichzeitig die verstimmten Investoren bei Laune halten? Natürlich ist auch hier eine formale Strategieanalyse wertvoll und nützlich, doch das Endergebnis wird sicher auch von den verschiedenen dynamischen Prozessen oder auch durch pure Zufälle beeinflusst. Dieses letzte Kapitel erkennt an, dass Strategiearbeit mühsam, chaotisch und kompliziert sein kann. Es befasst sich mit der Praxis der Strategieentwicklung und -umsetzung. Während in *Kapitel 13* der gesamte organisationale Prozess der Strategieentwicklung behandelt wurde, geht dieses Kapitel mehr ins Detail: Jetzt geht es darum, was *innerhalb* dieses Prozesses geschieht. Ziel ist es, zu untersuchen, wie und was die einzelnen Beteiligten tatsächlich zur konkreten, praktischen Strategieentwicklung und -umsetzung beitragen, seien dies nun Topmanager, Spezialisten für strategische Planung, Strategieberater oder Manager weiter unten in der Organisation.

Das Kapitel teilt sich in drei Kernbereiche:

- *Die Strategen.* Zunächst werden die verschiedenen Rollen vorgestellt, die alle an der Entwicklung und Umsetzung einer Strategie beteiligt sind. Denn dies sind keineswegs nur die Topmanager. Wie in *Kapitel 13* bereits erwähnt, ist eine Strategie häufig emergent, wobei Menschen aus allen Bereichen der Organisation und sogar von außerhalb der Organisation beteiligt sind. „Im Fokus" am Ende des Kapitels befasst sich mit dem kontroversen Thema der Rolle externer Strategieberater. Der Leser kann für sich feststellen, wie und wo er bereits Teil dieser strategischen Rollen ist oder welche Rolle er in der Zukunft ausfüllen möchte.

- *Aktivitäten der Strategieentwicklung und -umsetzung.* Zudem werden die Aktivitäten und Arbeitsschritte betrachtet, die Strategen ausführen. Dies beinhaltet nicht nur die strategische Analyse, die ein zentrales Thema dieses Buchs ist, sondern auch das Management strategischer Themen und Probleme im Laufe der Zeit, die Realitäten strategischer Entscheidungsfindung und die wichtige Aufgabe, getroffene strategische Entscheidungen der gesamten Organisation zu kommunizieren.

- *Methoden der Strategieentwicklung und -umsetzung.* Der letzte Abschnitt befasst sich mit einigen praktischen Methoden, die Managern bei der Umsetzung ihrer strategischen Entscheidungen zur Verfügung stehen. Darunter finden sich Strategie-Workshops zur Formulierung oder Kommunikation einer Strategie, Strategieprojekte und strategische Beraterteams, Hypothesentests, die der strategischen Arbeit eine Richtung geben können, sowie das Verfassen strategischer Pläne und Fallstudien.

▶ *Abbildung 16.1* integriert diese drei Bereiche innerhalb der *Pyramide der Praxis.*[1] Die Pyramide konzentriert sich auf drei Fragen, die sich durch das gesamte Kapitel ziehen: *Wer* soll an der Entwicklung und Umsetzung einer Strategie beteiligt werden? *Wie* sollen strategische Aktivitäten konkret ausgeführt werden? *Welche* Methoden sollten zur Organisation dieses strategischen Prozesses zum Einsatz kommen? Die Pyramide platziert die Strategen an der Spitze dieses Prozesses. Dies betont den Einfluss und die Fähigkeiten der Strategen in Bezug auf die Strategieentwicklung und -umsetzung. Sie sind es, die die Aktivitäten und Methoden auswählen und umsetzen, die die Basis der Pyramide bilden. Die Entscheidungen und die Fähigkeiten der Strategen können also das Endergebnis maßgeblich beeinflussen. Das restliche Kapitel möchte Strategen, die mit der Praxis der Strategie zu tun haben, eine Hilfestellung geben für die wichtigsten Entscheidungen, die sie bei ihrer Arbeit treffen müssen.

---

1   Eine theoretische Basis für diese Pyramide findet sich bei R. Whittington, „Completing the practice turn in strategy research", *Organization Studies*, Band 27, Nr. 5 (2006), S. 613–634; und P. Jarzabkowski, J. Balogun und D. Seidl, „Strategizing: the challenges of a practice perspective", *Human Relations*, Band 60, Nr. 1 (2007), S. 5–27.

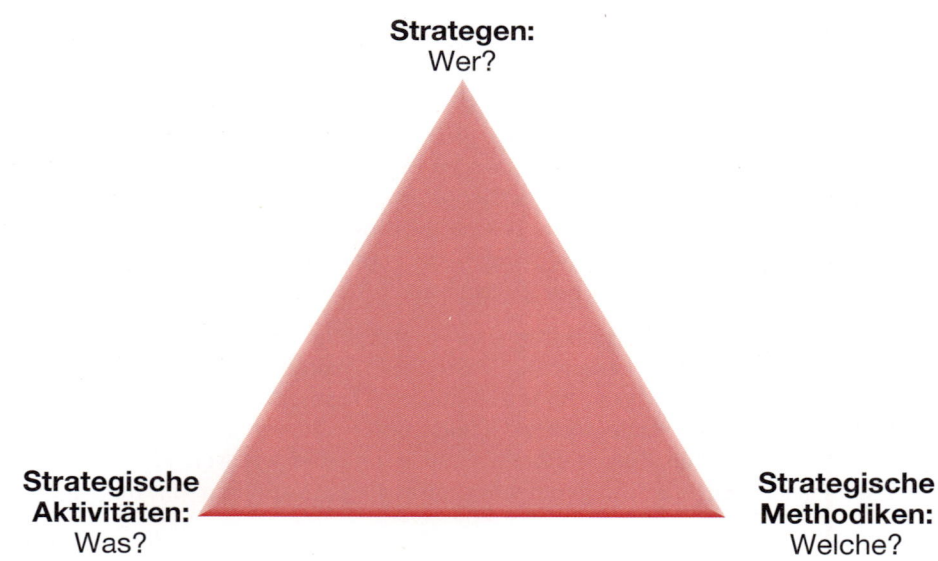

Abbildung 16.1: Die Pyramide strategischer Praxis

16.2 Die Strategen

Dieser Abschnitt stellt die verschiedenen Menschen vor, die an einem strategischen Prozess beteiligt sind. Den Anfang macht das Topmanagement, doch es wird insgesamt eine viel größere Bandbreite an potenziellen Beteiligten berücksichtigt, von Strategieplanern und Beratern bis hin zu Managern der mittleren Ebenen. Ein zentraler Aspekt ist dabei, *wer* überhaupt Einfluss auf die Strategieentwicklung nehmen sollte.

16.2.1 Topmanager und Geschäftsbereichsleiter

Die konventionelle Sichtweise geht davon aus, dass die Strategieentwicklung Sache des Topmanagements ist. Dafür ist es unbedingt notwendig, dass die Funktionen des Topmanagements klar von den operativen Verantwortlichkeiten getrennt sind, sodass die Manager sich auf die Gesamtunternehmensstrategie konzentrieren können.[2] Sind Topmanager direkt an den operativen Belangen eines Unternehmens beteiligt, wie etwa an den Bereichen Marketing oder Bereitstellung der Produkte oder Dienstleistungen, laufen sie Gefahr, aufgrund ihrer Verantwortung für das Tagesgeschäft die langfristigen strategisch wichtigen Themen aus den Augen zu verlieren und nur noch die Interessen ihrer jeweiligen Abteilungen oder Geschäftseinheiten zu vertreten. Die Interessen des Unternehmens als Ganzes bleiben dabei auf der Strecke. Zumindest im privaten Sektor unterstreichen die Titel und Berufsbezeichnungen der Topmanager ihre Verantwortung im Bereich Strategie: Geschäftsbereichsleiter steuern und leiten, Manager managen.

---

2 Die klassische Aussage hierzu liefert A. Chandler, „Strategy and Structure: Chapters in the History of American Enterprise", *MIT Press*, 1962.

In der Realität umfasst der Aufgabenbereich eines Topmanagers natürlich viel mehr als nur anzuleiten und Anweisungen zu geben. Zudem übernehmen verschiedene Mitglieder der obersten Führungsriege eines Unternehmens auch unterschiedliche Rollen, je nachdem, ob es sich um den Vorstandsvorsitzenden, um das Topmanagementteam oder um Aufsichtsratsmitglieder handelt:

- Der *Vorstandsvorsitzende (CEO)* eines Unternehmens wird häufig als „Chefstratege" gesehen, der letztendlich die Verantwortung für alle strategischen Entscheidungen trägt. Die Vorstandsvorsitzenden großer Firmen verbringen meist etwa ein Viertel ihrer Arbeitszeit mit dem Thema Strategie.[3] Michael Porter betont, wie wichtig es für ein Unternehmen ist, einen klaren strategischen Führer zu haben, der disziplinierte Entscheidungen darüber trifft, was zur Unternehmensstrategie passt und was nicht.[4] So gesehen steht der Vorstandsvorsitzende (oder der Geschäftsführer) als Person für die Strategie und ist auch verantwortlich für deren Erfolg. Die klare Zuweisung dieser individuellen Verantwortung sorgt ohne Zweifel für eine eindeutige Fokussierung auf dieses Thema. Doch dies birgt auch Risiken. Zunächst kann eine so ausschließliche Zuweisung dieser Verantwortung auf den Firmenchef allein zu einer übermäßigen Konzentration auf seine Person führen. In einer solchen Organisation reagiert man auf Rückschläge einfach, indem man die Position des Firmenchefs neu besetzt, anstatt die internen Ursachen des Misserfolgs zu ergründen. Zudem können erfolgreiche Firmenchefs ein übergroßes Selbstvertrauen entwickeln, sich als die Retter und Helden ihrer Organisation betrachten und so immer ehrgeizigere strategische Initiativen auf den Weg bringen wollen. Die Selbstüberschätzung solch heroischer Anführer führt nicht selten zu spektakulären Fehlschlägen. Jim Collins` Nachforschungen über „große" amerikanische Unternehmen, die ihre Konkurrenz langfristig ausstechen konnten, ergab, dass deren Vorstandvorsitzende zumeist bescheidene und bodenständige Persönlichkeiten waren, die ihre Position schon sehr lange innehatten.[5]

- Das *Topmanagementteam*, häufig die Vorstandsmitglieder eines Unternehmens, trägt auch Verantwortung für die Strategie. Natürlich bringen sie ihre persönlichen Erfahrungen und Ansichten mit. In der Theorie sollten sie in der Lage sein, den Vorstandsvorsitzenden herauszufordern, um so die Strategiedebatte zu bereichern. In der Praxis jedoch sehen sich die Vorstandsmitglieder diesbezüglich mindestens drei verschiedenen Einschränkungen gegenüber. Erstens tragen sie in den allermeisten Firmen, mit Ausnahme der großen multinationalen Konzerne, operative Verantwortung, die sie entweder von der Gesamtstrategie ablenkt oder ihr Denken beeinflusst. So befasst sich der Marketingleiter natürlich hauptsächlich mit Themen des Marketings, für den Produktionsleiter steht die Produktion im Vordergrund etc. Zum zweiten wird das Topmanagementteam meist durch den Vorstandvorsitzenden bestimmt, was natürlich dazu führt, dass dem Team die nötige Unabhängigkeit fehlt, um wirklich unbequeme Fragen zu stellen. Und schließlich kommt es in vielen Topmanagementteams, besonders dort, wo die Mitglieder einen ähnlichen Hintergrund haben oder von einem dominanten Anführer geleitet werden, häufig zu einer „Gruppendenkweise", wobei man innerhalb der Gruppe

3   S. Kaplan und E. Beinhocker, „The real value of strategic planning", *MIT Sloan Management Review*, Winter (2003), S. 71–76.
4   M. E. Porter, „What is strategy?", *Harvard Business Review*, November–Dezember (1996), S. 61–78.
5   J. Collins, „Good to Great", *Random House*, 2001.

auf Einigkeit Wert legt und große Konflikte eher meidet.[6] Topmanagementteams können dieses Phänomen vermeiden, indem sie möglichst verschiedene Mitglieder in ihr Team holen (etwa Manager unterschiedlichen Alters, Geschlechts oder mit unterschiedlicher Laufbahn) und indem sie Meinungen, die von außen – zum Beispiel von Aufsichtsratsmitgliedern – kommen, immer offen begegnen.[7]

■ *Aufsichtsratsmitglieder* tragen keine exekutive Managementverantwortung innerhalb der Organisation und sollten daher theoretisch in der Lage sein, eine externe und objektive Perspektive der angestrebten Strategie beizusteuern. Meist besteht der Aufsichtsrat eines börsennotierten Unternehmens zu einem gewissen Teil aus unternehmensexternen Mitgliedern, obwohl die Corporate-Governance-Systeme je nach Land stark variieren (siehe *Kapitel 5*). Oft arbeiten gerade diese externen Mitglieder eng mit dem Aufsichtsratsvorsitzenden zusammen, wenn es um die Strategieentwicklung geht, denn sie stellen ein wichtiges Bindeglied zu den Investoren des Unternehmens dar. Dennoch kann ihre Möglichkeit, einen echten Beitrag zur Strategieentwicklung zu leisten, ebenfalls begrenzt sein. Denn Aufsichtsratsmitglieder üben ihr Amt nur in Teilzeit aus. Daher haben sie hauptsächlich eine beratende Funktion und hinterfragen Strategieansätze des Topmanagements. Eine ihrer Hauptfunktionen besteht auch darin, sicherzustellen, dass es in ihrer Organisation ein klares System zur Entwicklung, Umsetzung und Neudefinition von Strategie gibt. Aufsichtsratsmitglieder verfügen meist über viel Autorität und Erfahrung, sind wirklich unabhängig vom Topmanagementteam und werden vor jeder Aufsichtsratssitzung umfassend informiert.

16.2.2 Strategische Planer

Strategische Planer

Strategische Planer sind Manager, welche die formale Verantwortung haben, einen Beitrag zu Strategieprozessen zu leisten.

Strategische Planer, manchmal auch als Manager für Unternehmensentwicklung oder Ähnliches bezeichnet, sind Manager, welche die formale Verantwortung haben, einen Beitrag zu Strategieprozessen zu leisten (siehe *Kapitel 13*). Während kleine Unternehmen nur sehr selten einen strategischen Planer in Vollzeit beschäftigen, sind diese in großen Firmen häufig anzutreffen und werden auch auf dem öffentlichen Sektor und in Non-profit-Organisationen immer beliebter. Wie in *Beispiel 16.1* gezeigt, schreiben solche Organisationen oft Stellen für strategische Planer aus. Die Spezifikationen dieser Positionen in einer strategischen Einheit der britischen Regierung geben ein klares Bild der Fähigkeiten, die von einem strategischen Planer erwartet werden. Ein solcher Stratege entwickelt nicht nur die Strategie, sondern unterstützt auch andere Abteilungen dabei, eigene Fähigkeiten im Strategiebereich zu entwickeln. Strategisches Denken und analytische Fähigkeiten sind hier ganz klar von zentraler Bedeutung, doch auch die Fähigkeit, klar zu kommunizieren und gut im Team zu arbeiten, ist sehr wichti[8]g. Die Rolle des Strategen beschränkt sich nicht nur auf theoretische Analysen im Back-Office.

---

6   I. Janis, „Victims of Groupthink: A Psychological Study of Foreign-Policy Decisions and Fiascoes", *Houghton Mifflin*, 1972; R.S. Baron, „So right it's wrong: groupthink and the ubiquitous nature of polarized group decision making", in Mark P. Zanna (Hrsg.), „Advances in experimental social psychology", Band 37, S. 219–253, *Elsevier Academic Press*, 2005.
7   C. Boone, W. Von Olffen, A. Van Witteloostuijn und B. De Brabander, „The genesis of top management team diversity: selective turnover among top management teams in Dutch newspaper publishing", *Academy of Management Journal*, Band 47, Nr. 5 (2004), S. 633–656.

Auch wenn die in *Beispiel 16.1* beschriebene Arbeitsstelle extern ausgeschrieben ist, so werden strategische Planer doch zumeist intern aus der Organisation rekrutiert. Denn interne strategische Planer verfügen höchstwahrscheinlich über einen Vorteil in den wichtigen Aufgabenbereichen, die mit reiner Analyse nichts zu tun haben. Sie bringen ein intuitives Verständnis für das Unternehmen, bestehende Netzwerke mit wichtigen Personen der Organisation und Glaubwürdigkeit gegenüber ihren Kollegen mit. Außerdem kann eine interne Besetzung einer strategischen Planungsposition für den betroffenen Manager eine wichtige Entwicklungs- und Karrierestufe auf dem Weg in die oberste Führungsebene sein. Eine Teilnahme an strategischen Diskussionen ermöglicht ambitionierten Managern den Zugang zu wichtigen Führungskräften und verschafft ihnen einen Überblick über die Organisation als Ganzes.

Strategische Planer treffen selbst keine strategischen Entscheidungen. Sie haben aber zumeist drei wichtige Aufgaben:[9]

Beispiel 16.1 — Gesucht: Teammitglied für Strategieeinheit

Die folgende Stellenausschreibung ist eine adaptierte Version verschiedener Stellenanzeigen, die in letzter Zeit in der *Financial Times* (*exec-appointments.com*) veröffentlicht worden sind. Sie gewährt einen Einblick in die Aufgabenbereiche strategischer Planer und die erforderlichen Fähigkeiten sowie den geforderten beruflichen Hintergrund.

Strategieanalyst für eine Funktion mit hoher Geschwindigkeit in einem multinationalen Medienunternehmen gesucht

Der Strategieanalyst, der an den Strategiechef berichtet, ist an der Führung der Wachstumsstrategie des Unternehmens insgesamt über das gesamte Geschäft in Europa hinweg beteiligt. Es wird erwartet, dass der/die erfolgreiche Kandidat/in tiefgreifende Analysen aktueller und potenzieller Geschäftsstrategien, der Leistung von Geschäftsbereichen, der Kundenmärkte und -segmente sowie potenzieller Übernahmeziele oder Joint-Venture-Partner in verschiedenen Gebieten ausführt. Der/die Kandidat/in sollte im Bereich Betriebswirtschaft, Wirtschaftsprüfung oder dergleichen qualifiziert sein.

---

8   T. Powell und D.N. Angwin, „One size does not fit all: four archetypes oft he Chief Strategy Officer", *MIT Sloan Management Review*, Band 54, Nr. 1 (2012), S. 15–16; D.N. Angwin, S. Paroutis und S. Mitson, „Connecting up strategy; are senior strategy directors a missing link?", *California Management Review*, Band 51, Nr. 3 (2009), S. 74–94; M. Menz und C. Scheef, „Chief strategy officers: contingency analysis of their presence in top management teams", *Strategic Management Journal*, Band 35; Nr. 3 (2013), S. 461–71; R. Whittington, B. Yakis-Douglas und K. Ahn, „Strategic planners in more turbulent times: the changing job characteristics of strategy professionals, 1960–2003", *Long Range Planning*,

9   E. Beinhocker und S. Kaplan, „Tired of strategic planning?", *McKinsey Quarterly*, special edition on Risk and Resilience (2002), S. 49–57; S. Kaplan and E. Beinhocker, „The real value of strategic planning", *MIT Sloan Management Review*, Winter (2003), S. 71–76.

Wesentliche Verantwortlichkeiten

- Sammlung von Geschäfts- und Wettbewerberinformationen
- Bewertung der tatsächlichen und potenziellen Leistung von Geschäftsbereichen
- Bewertung neuer Marktchancen und -initiativen
- Bewertung möglicher Übernahmeziele und Joint-Venture-Partner
- Beitrag zur strategischen Planung auf Unternehmensebene
- Unterstützung der Geschäftsbereiche bei der Vorbereitung ihrer eigenen strategischen Pläne

Wesentliche Kompetenzen

- Gute Teamfähigkeit mit der Fähigkeit zur Arbeit in multikulturellen Umgebungen
- Selbstvertrauen im Umgang mit dem leitenden Management
- Fähigkeit zum Umgang mit komplexen, mehrdeutigen Daten und Situationen
- Gute Fähigkeiten im Bereich Projektmanagement und Priorisierung von Arbeiten
- Exzellente strategische und Marktanalysefähigkeiten
- Fähigkeiten zur Bildung finanzieller Modelle, einschließlich DCF
- Exzellente Kenntnisse im Umgang mit Excel und PowerPoint
- Gute Präsentations-, Kommunikations- und Einflussfähigkeiten
- Bereitschaft zu häufigen Reisen

Wünschenswerte Erfahrungen Der/die erfolgreiche Kandidat/in ist mit der Tätigkeit in multinationalen Unternehmen vertraut und arbeitet gern in unterschiedlichen Länderkontexten. Akademische Spitzenqualifikationen und relevante berufliche Qualifikationen sind ebenfalls äußerst wünschenswert.

Team Der/die erfolgreiche Kandidat/in wird in einem bestehenden Team aus vier Nachwuchs- und erfahrenen Strategieanalysten in der Unternehmenszentrale im Zentrum Londons arbeiten. Frühere Inhaber dieser Position haben innerhalb von zwei bis drei Jahren nach ihrer Ernennung anspruchsvolle Positionen an anderer Stelle des Unternehmens übernommen.

- *Information und Analyse.* Strategische Planer verfügen über die Zeit, die Fähigkeiten und die Ressourcen, um den Entscheidungsverantwortlichen alle nötigen Informationen und Analysen zur Verfügung zu stellen. Dies kann sich aufgrund irgendeines „auslösenden Moments" ergeben – wie etwa einer möglichen Fusion –, kann aber auch Teil eines regelmäßigen Planungszyklus sein. Verfügt eine Organisation über fundierte Informationen und Analysen, kann sie schneller und selbstsicherer auf unvorhergesehene Ereignisse reagieren. Strategische Planer können diese Informationen und Analysen auch in Formate verpacken, die eine klare Kommunikation strategischer Entscheidungen sicherstellen.

■ *Manager des strategischen Prozesses.* Strategische Planer können sowohl in der Unternehmenszentrale als auch in einzelnen Geschäftseinheiten Manager durch strategische Planungszyklen begleiten. Strategische Planer können Instrumente, analytische Techniken und strategisches Training anbieten, um die Manager eines Geschäftsbereichs bei der Entwicklung ihrer Strategien zu unterstützen. Sie können auch Vorstandsvorsitzenden helfen, Strategien zu entwerfen, die auf ihre jeweiligen Probleme und Erfordernisse eingehen. In jedem Fall übernehmen die Manager eine Brückenfunktion zwischen den verschiedenen Unternehmensebenen und tragen zur Klärung von Erwartungen und Richtlinien auf beiden Seiten bei. Forscher[10] weisen darauf hin, dass eine derartige Abstimmung zwischen den Ebenen und deren Strategien häufig fehlt; viele Organisationen stellen keine Verbindung her zwischen ihren strategischen Prioritäten und den dafür verfügbaren finanziellen Budgets; zwischen der Leistung der Mitarbeiter und der erfolgreichen Umsetzung ihrer Strategie.

■ *Sonderprojekte.* Strategische Planer können das Topmanagement auch bei Sonderprojekten recht effektiv unterstützen, etwa wenn es um Übernahmen oder organisationalen Wandel geht. In diesem Fall arbeiten strategische Planer meist in Projektteams mit Managern der mittleren Ebene und häufig auch mit externen Beratern zusammen. Erfahrung im Bereich Projektmanagement ist hier sehr wichtig (siehe *Abschnitt 16.4.4*).

16.2.3 Manager der mittleren Führungsebene

Wie bereits in *Abschnitt 16.2.1* erwähnt, schließt ein Großteil der konventionellen Managementtheorie die Manager der mittleren Führungsebene von der Entwicklung und Umsetzung von Strategien aus. Ihnen fehlt nach allgemein vorherrschender Meinung ein geeignetes Ziel ebenso wie die nötige langfristige Perspektive, denn sie sind zu sehr mit dem Tagesgeschäft befasst. Dieser Sichtweise folgend setzen die Manager der mittleren Führungsebene eine Strategie lediglich in die Praxis um. Und dies ist natürlich eine wichtige Aufgabe.

Eine Beteiligung dieser Manager am strategischen Entwicklungsprozess selbst kann jedoch in mindestens dreierlei Hinsicht von Vorteil sein. Erstens gestalten viele Organisationen ihre Strukturen immer dezentraler, um in einem immer schnelllebigeren und wettbewerbsintensiven Umfeld schneller reagieren zu können. Folglich wird auch strategische Verantwortung weiter unten in der Hierarchie der Organisation angesiedelt. Zum Zweiten sind Manager der mittleren Ebene durch umfangreichere betriebswirtschaftliche Ausbildungsprogramme heute besser qualifiziert und trauen sich auch strategische Entscheidungen eher zu als in der Vergangenheit. Solche hochqualifizierten Manager der mittleren Ebene sind heute besser in der Lage und auch willens, sich am Strategieprozess zu beteiligen. Zum Dritten bedeutet die Verlagerung des wirtschaftlichen Schwerpunkts von der traditionellen Fertigung hin zu professionellen Dienstleistungen (wie etwa Gestaltung, Beratung, Finanzdienste), dass die wichtigen Quellen eines Wettbewerbsvorteils nicht länger Ressourcen wie etwa Kapital sind, das von der Zentrale zugeteilt wird, sondern vielmehr das Wissen der Mitarbeiter, die die tatsächliche operative Arbeit leisten. Manager der mittleren operativen

---

10   R. S. Kaplan und D. P. Norton, „The office of strategy management", *Harvard Business Review*, Oktober (2005), S. 72–80.

Führungsebene verstehen diese auf Fachwissen basierenden Quellen des Wettbewerbsvorteils viel effektiver als die weiter entfernten Topmanager. Aus diesen drei Gründen werden mittlere Manager heute verstärkt in den Prozess der Strategieformulierung eingebunden.

Vor diesem Hintergrund betrachtet, gibt es mindestens vier strategische Rollen, die Manager der mittleren Ebene übernehmen können:[11]

- *Informationsquelle:* Wissen und Erfahrung von mittleren Managern bezüglich der Realitäten der Organisation und ihrer Märkte sind meist größer als bei Topmanagern. Sie sind also immer eine potenzielle Informationsquelle, auch wenn es um Veränderungen der strategischen Position einer Organisation geht.

- *Strategien einen Sinn geben.* Topmanager legen zwar die Strategie fest, doch oft sind es die mittleren Manager, die diese Strategie den betroffenen Mitarbeitern vermitteln müssen.[12] Auch hier übernehmen sie eine Brückenfunktion zwischen der oberen und den unteren Organisationsebenen, denn sie übersetzen die Strategie in eine Botschaft, die jeweils für die betroffenen Mitarbeiter Sinn ergibt. Sollen Fehlinterpretationen der beabsichtigten Strategie vermieden werden, ist es also von entscheidender Bedeutung, dass gerade die Manager der mittleren Ebene diese verstehen und auch unterstützen.

- *Neuinterpretation und Anpassung* der Strategie während des Umsetzungsprozesses. Eine Strategie wird zu einem bestimmten Zeitpunkt festgelegt, doch im Laufe der Zeit können sich die Umstände und Bedingungen in einzelnen Bereichen der Organisation verändern. Da gerade die mittleren Manager hier die alltägliche Führungsverantwortung innehaben, sind sie es, die die Strategien entsprechend anpassen und neu umsetzen müssen.

- *Ideenchampions.* Da die mittleren Manager so nahe am Markt und am operativen Geschehen sind, können sie nicht nur Informationen liefern, sondern entwickeln häufig auch ganz neue Ideen, die die Grundlage für neue Strategien sein können.

Manager der mittleren Ebene können ihren Einfluss auf die Strategieentwicklung zusätzlich steigern, wenn sie über folgende Faktoren verfügen:

- *Zentrale organisationale Positionen.* Mittlere Manager, die Verantwortung für strategisch wichtige Bereiche der Organisation tragen, können informell großen Einfluss ausüben, denn sie verfügen höchstwahrscheinlich über wichtiges Fachwissen, kontrollieren umfangreiche Budgets und sind für viele Mitarbeiter verantwortlich. Ebenso haben Manager von Unternehmensbereichen, die sich nach außen orientieren (wie etwa der Bereich Marketing) meist mehr Einfluss als Manager von Unternehmensbereichen, die nach innen gerichtet sind (wie etwa Qualitätsmanagement oder Betriebsabläufe).[13]

---

11 S. Floyd und W. Wooldridge, *The Strategic Middle Manager: How to create and sustain competitive advantage*, Jossey-Bass, 1996.
12 Siehe z.B. J. Balogun und G. Johnson, „Organizational Restructuring and middle manager sensemaking", *Academy of Management Journal*, Band 47, Nr. 4 (2004), S. 523–49.
13 A. Watson und B. Wooldridge, „Business unit manager influence on corporate-level strategy formulation", *Journal of Managerial Issues*, Band 18, Nr. 2 (2005), S. 147–161; S. Floyd und B. Wooldridge, „Middle management's strategic influence and organizational performance", *Journal of Management Studies*, Band 34, Nr. 3 (1997), S. 465–485.

■ *Zugang zu Netzwerken der Organisation.* Manager der mittleren Führungsebene verfügen vielleicht nicht über hierarchische Macht, können aber ihre Einflussmöglichkeiten dennoch steigern, indem sie ihre internen organisationalen Netzwerke nutzen. Können sie Informationen von verschiedenen Mitgliedern dieser Netzwerke sammeln, so erhalten sie dadurch wahrscheinlich einen umfassenden, integrativen Einblick in die Geschehnisse ihrer Organisation. Ein solcher Einblick ist für andere, die eine spezialisierte Position innerhalb der Organisation innehaben, eher schwer zu erlangen. Können Netzwerke mobilisiert werden, um Probleme aufzudecken oder anzusprechen und bestimmte Vorschläge zu unterstützen, so wird dadurch mehr Einfluss ausgeübt, als dies ein einzelner Manager der mittleren Ebene alleine vermögen würde. Strategisch einflussreiche mittlere Manager sind daher meist auch gut im Umgang mit Netzwerken.

■ *Zugang zur „strategischen Konversation" der Organisation.* Strategien werden nicht in isolierten, formalen Abläufen entworfen und umgesetzt, sondern entwickeln sich als Teil einer fortlaufenden strategischen Konversation zwischen respektierten Managern. Mittlere Manager, die sich an dieser strategischen Konversation beteiligen möchten, sollten möglichst viele Gelegenheiten nutzen, auf formeller oder informeller Ebene mit Topmanagern zusammenzutreffen; sich mit der in ihrer Organisation verwendeten strategischen Sprache vertraut machen; sich über die strategischen Themen und Probleme ihrer Organisation informieren; und ihre eigenen persönlichen Beiträge zu diesen Themen vorbereiten.

Im öffentlichen Sektor entsprechen die Ebenen des Topmanagements und des mittleren Managements der Unterscheidung zwischen den Politikern und den Ministerialbeamten. Ebenso wie der Firmenchef formal die strategische Richtung vorgibt, so sind auch die gewählten Politiker traditionell für die Festlegung politischer Maßnahmen zuständig. Die Ministerialbeamten dagegen haben die Aufgabe, diese umzusetzen. Doch auch diese Rollenaufteilung wird heute von drei neuen Trends infrage gestellt. Erstens hat sich durch die immer größere Bedeutung *spezialisierten Fachwissens* der strategische Einfluss mehr in Richtung der Beamten verlagert, die zumeist aus einer bestimmten Fachrichtung kommen, während Politiker typischerweise Generalisten sind. Zum Zweiten hat die Reform des öffentlichen Sektors in vielen Ländern zu einer *verstärkten Auslagerung* verschiedener Funktionen zu quasi-unabhängigen „Agenturen" oder QUANGOs (quasi-autonome Nicht-Regierungsorganisationen) geführt, die trotz einiger Einschränkungen viele Entscheidungen unabhängig treffen können. Und zum Dritten haben die gleichen Reformprozesse auch die *internen Strukturen* innerhalb der öffentlichen Organisationen verändert, wobei Einheiten dezentralisiert wurden und einzelnen Beamten mehr Verantwortung übertragen wurde. All dies wird durch die Diskussion über das „neue öffentliche Management" noch gefördert, das Beamte dazu anregt, mehr Eigenverantwortung und Initiative zu zeigen. Kurz gesagt übernehmen auch die Ministerialbeamten einen immer größeren Teil der strategischen Arbeit.[14]

---

14 Siehe L. S. Oakes, B. Townley und D. J. Cooper, „Business planning as pedagogy: language and control in a changing institutional field", *Administrative Science Quarterly*, Band 43, Nr. 2 (1997), S. 257–292.

16.2.4 Strategieberater

Organisationen beauftragen auch häufig externe Berater mit der Entwicklung von Strategien. Führende Beratungsfirmen mit dem Schwerpunkt Strategie sind zum Beispiel Bain, die Boston Consulting Group, Monitor und McKinsey & Co. Die meisten der großen allgemeinen Unternehmensberatungen bieten außerdem Dienstleistungen auf dem Gebiet der Strategieentwicklung und -analyse an. Es gibt aber auch kleinere Beratungsfirmen und einzelne Berater, die sich auf das Thema Strategie spezialisiert haben.

Berater können bei der Strategieentwicklung einer Organisation verschiedene Rollen übernehmen:[15]

- *Analyse, Prioritätenbestimmung und Generierung von Optionen.* Vielleicht haben die Topmanager bereits vorliegende strategische Probleme identifiziert, diese sind aber so zahlreich oder es herrscht so viel Uneinigkeit, dass die Organisation nicht mehr klar sieht, wie es weitergehen soll. Hier können Berater diese Probleme mit einem neutralen Blick von außen nochmals analysieren, Prioritäten setzen oder dem Management Optionen zur Lösung aufzeigen. Dazu kann es natürlich nötig sein, vorgefasste Meinungen des Managements über strategische Themen infrage zu stellen.

- *Übertragung von Wissen.* Berater tragen ihr Wissen von einem Kunden zum nächsten. Strategische Ideen, die für einen bestimmten Kunden entwickelt wurden, können unter Umständen auch anderen Kunden angeboten werden.

- *Förderung strategischer Entscheidungen.* Durch ihre Arbeit können die Berater die Entscheidungen, die die Organisation schließlich trifft, wesentlich mit beeinflussen – auch wenn sie selbst sie nicht treffen. Eine Reihe großer Beratungsfirmen wurden und werden immer wieder dafür kritisiert, zu viel Einfluss auf die Entscheidungen ihrer Kunden auszuüben, was für diese zu großen Problemen führt. So war die führende Beratungsfirma McKinsey & Co. in hohem Maß an der Entwicklung des sehr kontroversen Geschäftsmodells „asset-lite" der Firma Enron beteiligt und hatte auch die fehlgeschlagene „Hunter"-Strategie der Swissair bezüglich strategischer Allianzen befürwortet.[16]

- *Umsetzung eines strategischen Wandels.* Berater spielen eine zentrale Rolle, wenn es um die Bereiche Projektplanung, Unterstützung und Training bezüglich eines strategischen Wandels geht. Dies ist ein Fachbereich, der immer mehr Bedeutung erlangt, nicht zuletzt deshalb, weil auch hier Kritik an den Beratern laut wurde, ihre Kunden mit neuen Strategieempfehlungen allein zu lassen, ohne die Verantwortung für deren Umsetzung zu übernehmen.

15 Für theoretische Diskussionen über Strategieberatung siehe L. Arendt, R. Priem und H. Ndofor, „A CEO-adviser model of strategic decision-making", *Journal of Management*, Band 31, Nr. 5 (2005), S. 680–699; eine empirische Studie liefert M. Schwarz, „Knowing in practice: how consultants work with clients to create, share and apply knowledge", *Academy of Management Best Papers Proceedings*, 2004.
16 C. D. McKenna, „The World's Newest Profession", *Cambridge University Press*, 2006; R. Whittington, P. Jarzabkowski, M. Mayer, E. Mounoud, J. Nahapiet und L. Rouleau, „Taking strategy seriously: responsibility and reform for an important social practice", *Journal of Management Inquiry*, Band 12, Nr. 4 (2003), S. 396–409.

Der tatsächliche Wert und Nutzen der Arbeit von Strategieberatern wird sehr kontrovers diskutiert. Die Berater werden aber auch häufig für Fehlschläge und Probleme verantwortlich gemacht, die in Wahrheit auf den schlechten Umgang des Kunden mit dem Beratungsprozess zurückzuführen sind. Viele Unternehmen wählen ihre Berater unsystematisch aus; sie stellen ihnen zu Beginn ihrer Arbeit keine Projektbeschreibungen zur Verfügung und setzen auch die Empfehlungen der Berater nicht um. Es gibt drei wichtige Maßnahmen, die Kundenorganisationen zur besseren Nutzung strategischer Beratung ergreifen können:[17]

- *Professioneller Einkauf von Beratungsdiensten*, etwa durch darauf spezialisierte Mitarbeiter der Einkaufsabteilung. Berater sollten nicht aufgrund persönlicher Beziehungen zu Topmanagern beauftragt werden, wie dies zu häufig der Fall ist. Stattdessen sollte die Einbeziehung von Beratern wie jede andere Einkaufsentscheidung behandelt und entsprechend standardisierter Einkaufskriterien gehandhabt werden. Ein professioneller Einkauf sorgt für klare Projektbeschreibungen, eine ausgedehnte Suche nach geeigneten Beratern, angemessene Preisbildung und eine gute Abstimmung zwischen den verschiedenen Beratungsprojekten und umsetzbaren Schlussempfehlungen. Der deutsche Technikkonzern Siemens zum Beispiel betreibt einen professionellen Einkauf von Beratungsdienstleistungen und erstellt routinemäßig eine Liste der zehn am besten geeigneten Beratungsfirmen.

- Die *Entwicklung von Überwachungsfähigkeiten*, um ein Portfolio aus Beratungsprojekten verfolgen zu können. Die Deutsche Bahn verfügt ebenso wie der Automobilgroßkonzern Daimler über eine zentrale Verwaltungsstelle, die alle Beratungsprojekte innerhalb des gesamten Unternehmens überwacht und koordiniert. Diese zentrale Verwaltungsstelle ist bereits an der anfänglichen Kaufentscheidung der Beratungsdienstleistung beteiligt und kann laufenden Projekten systematische Governance-Strukturen auferlegen, die klare Verantwortlichkeiten und Berichtsprozesse enthalten sowie am Projektende eine Prüfung und eine Beurteilung vorsehen.

- *Effektive Partnerschaften* mit Beratern können die Durchführung eines Projekts und auch den Wissenstransfer an dessen Ende effektiver machen. Projektteams sollten wenn möglich aus einer Mischung an Beratern und internen Managern des Kunden zusammengesetzt werden. Die Manager verfügen über internes Wissen, kennen die ungeschriebenen Unternehmensregeln und sorgen auch häufig für mehr Glaubwürdigkeit und Respekt gegenüber dem Projekt. Die Teammitglieder, die vom Kunden kommen, verfügen auch nach dem Weggang der Berater über das erworbene Wissen und die zusätzliche Erfahrung und können so die Umsetzung der Empfehlungen unterstützen. Sie sollten daher bereit sein, sich dem anspruchsvollen Arbeitspensum der Beratungsfirmen anzupassen.

---

17 S. Appelbaum, „Critical success factors in the clientconsulting relationship", *Journal of the American Academy of Business*, March (2004), S. 184–191; M. Mohe, „Generic strategies for managing consultants: insights from client companies in Germany", *Journal of Change Management*, Band 5, Nr. 3 (2005), S. 357–365.

16.2.5 Wer soll an der Strategieentwicklung beteiligt sein?

Abgesehen von der Vielzahl an Fachleuten, die in diesem Kapitel bisher vorgestellt wurden, gibt es einen aktuellen Trend, noch mehr Menschen an der Strategieentwicklung zu beteiligen, sich also in Richtung einer „offenen Strategie" zu bewegen.[18]

Diese Offenheit vollzieht sich in zwei Dimensionen: Zum einen werden natürlich mehr Menschen innerhalb und außerhalb der Organisation mit einbezogen (z.B. Manager der mittleren Ebenen und andere interne Mitarbeiter, aber auch wichtige Zulieferer und externe Partner). Zum anderen wird der gesamte Strategieprozess transparenter gestaltet – mehr Informationen werden an interne und auch externe Beteiligte (Mitarbeiter, Investoren, Aufsichtsbehörden, etc.) weitergegeben. Diese Offenheit ist natürlich auch mit Vor- und Nachteilen verbunden. Einerseits kann dadurch die Strategie an sich maßgeblich verbessert werden – einfach weil mehr Ideen und Meinungen einfließen können. Und auch die Umsetzung kann erleichtert werden, wenn wichtige Betroffene umfassender informiert und dadurch von der Strategie überzeugt sind. Andererseits kann sich der Strategieentwicklungsprozess auch stark verlangsamen, wenn zu viele Menschen daran beteiligt sind. Auch das Risiko, strategisch wichtige Informationen versehentlich nach außen zu tragen und so möglichen Konkurrenten zugänglich zu machen, steigt.

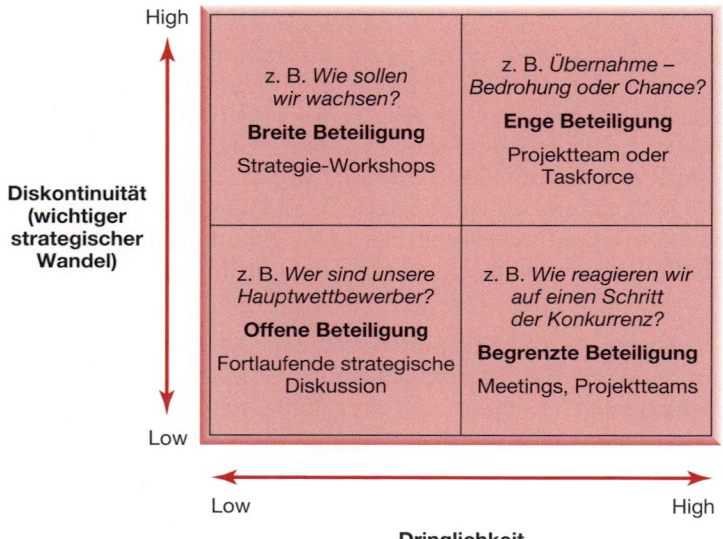

Abbildung 16.2: Wer soll an der Strategieentwicklung beteiligt sein?

Allerdings gibt es keine Patentlösung für das Problem der Beteiligung am strategischen Prozess. Forschungsprojekte der Firma McKinsey & Co. legen nahe, dass es von der Art des strategischen Problems abhängen sollte, wer an der Lösung beteiligt wird (siehe ▶ *Abbildung 16.2*). Hochgradig dringende Probleme und Probleme, die eine

---

18 R. Whittington, B. Basak-Yakis und L. Cailluet, „Opening strategy: evolution of a precarious profession", *British Journal of Management*, Band 22, Nr. 3 (2011), S. 531–44; D. Stieger, K. Mathler, S. Chatterje und F. Ladstaetter-Fussenegger, Democratising Strategy, California Management Review, Band 54, Nr. 2 (2012), S. 44–68.

große strategische Veränderung bedeuten (wie etwa die Möglichkeit einer Übernahme), sollten von kleinen Projektteams übernommen werden, die aus den einflussreichsten Managern und vielleicht Planern und Beratern bestehen. Themen, die auch mit Veränderungen verbunden sind, aber einen längeren Zeitrahmen haben (wie etwa Wachstumsoptionen), können von der Beteiligung einer größeren Gruppe aus Managern, vielleicht auch von einem strategischen Workshop profitieren. Probleme, die eher zur Routine gehören, aber schnell angegangen werden müssen (wie die Preisstrategie eines Konkurrenten), erfordern zur Lösung eher kleinere Gruppen, die z.B. nur aus dem betroffenen Marketing und operativen Managern bestehen können. Die offenste Beteiligungsform sollte bei der fortlaufenden „strategischen Konversation" aller Manager der Organisation angewandt werden. Diese thematisiert beispielsweise die wichtigsten Konkurrenten oder die langfristige Marktentwicklung.

Die Fallstudie am Ende dieses Kapitels über die finnische Stadt Vaasa ist ein Beispiel zu diesem Thema aus dem öffentlichen Sektor.

16.3 Der Strategieprozess

Im vorangegangenen Abschnitt wurden die wichtigsten strategischen Rollen vorgestellt; dieser Abschnitt konzentriert sich nun darauf, was die beteiligten Personen im Rahmen des Strategieprozesses zu tun haben. Die wichtigsten Aktivitäten werden dabei in logischer Folge behandelt, angefangen mit der ersten strategischen Analyse, gefolgt von der richtigen Platzierung der strategischen Themen, der Entscheidungsfindung und schließlich der Kommunikation der gewählten Strategie. In der Praxis laufen diese Schritte allerdings eher selten in dieser logischen Reihenfolge ab. Oft werden Entscheidungen ohne große Analysen getroffen; häufig werden sie auch in der Kommunikationsphase völlig neu interpretiert. Es müssen jedoch einige wichtige Entscheidungen getroffen werden bezüglich der Art und Weise des Strategieprozesses, besonders in Bezug auf das Vertrauen der Manager in eine formale, analytische Rationalität.

16.3.1 Strategische Analyse

Die strategische Analyse kann ein wichtiger Bestandteil der Strategieentwicklung sein, obwohl Manager in der Praxis oft nur sehr wenige analytische Instrumente benutzen. Die SWOT-Analyse (Strenghts, Weaknesses, Opportunities und Threats) ist dabei das am häufigsten verwendete Analyseinstrument der Strategie[19], doch auch die praktische Anwendung dieser relativ einfachen Analysetechnik entspricht meist keineswegs dem theoretischen Ideal. Eine Studie zeigte häufige Abweichungen von den Empfehlungen der Lehrbücher, die sowohl Manager als auch Berater verursachten. So ergeben sich aus einer SWOT-Analyse in der Praxis oft lange Listen verschiedener Faktoren (Stärken, Schwächen, Chancen und Risiken), die unmöglich zu managen sind; häufig sind es 50 und mehr. All diese Faktoren werden folglich nur sehr selten genauer definiert oder ausgearbeitet; es wird also eine wenig tiefer gehende Analyse betrieben, um sie auszu-

---

19 G. Hodgkinson, R. Whittington, G. Johnson und M. Schwarz, „The role of strategy workshops in strategy development processes: formality, communication, coordination and inclusion", *Long Range Planning*, Band 30 (2006), S. Whittington, S. 479–496.

werten; und auch in nachfolgenden strategischen Diskussionen werden sie meist nicht oder kaum berücksichtigt. Eine SWOT-Analyse sollte laut theoretischer Definition zielgerichteter sein, zu einer tiefgehenden Untersuchung der Umstände und daraufhin zu konkreten Handlungen bezüglich Faktoren mit Priorität führen. Wenn man die praktischen Erfahrungen mit der SWOT-Analyse als typisch bezeichnen kann, so könnten Manager oft eine Nutzensteigerung erreichen, indem sie solche Instrumente zur Strategieanalyse konsequenter und korrekter einsetzen.

Oft ist aber eine derartige Kritik an falscher Analyse verfehlt. Denn schließlich müssen dabei sowohl *Kosten* als auch *Zweck* bedacht werden. Eine solche Analyse kostet viel Zeit und auch viele Ressourcen. Zunächst müssen relevante Informationen gesammelt werden, was besonders dann kostspielig ist, wenn daran externe Berater beteiligt sind. Was den Zeitfaktor betrifft, besteht außerdem immer das Risiko einer *„Paralyse durch Analyse"*; in einem solchen Fall verwenden Manager zu viel Zeit darauf, ihre Analysen perfekt auszugestalten, und zu wenig Zeit für die eigentlichen Entscheidungen und Handlungen. Manager müssen entscheiden, wie viel Analyse sie wirklich brauchen; vielleicht ist in manchen Fällen eine schnelle, intuitive Entscheidung ausreichend oder besser. Was den Zweck angeht, so geht es bei einer Analyse nicht immer einfach um die Bereitstellung benötigter Informationen für fundierte strategische Entscheidungen.[20] Oft liegt ihr Zweck ganz woanders. Wird ein Projekt gestartet, um ein bestimmtes Thema zu analysieren, so kann dies in manchen Fällen sogar eine absichtliche *Verschleppung* zum Ziel haben, sodass eine anstehende Entscheidung hinausgeschoben wird. Eine Analyse kann aber auch rein *symbolisch* sein, um eine bereits getroffene Entscheidung rational zu begründen. Manager können um die Analyse eines Themas gebeten werden, um sich dadurch ihre *Unterstützung* für Entscheidungen zu sichern, die sie andernfalls vielleicht ablehnen würden. Analysen können aber auch *politisch* sein und dafür sorgen, dass die Probleme eines Managers oder eines Teils der Organisation Priorität erhalten.

Die verschiedenen Zwecke einer Strategieanalyse wirken sich auf die betroffenen Manager in zweierlei Hinsicht aus:

- *Die Gestaltung und Art der Analyse muss ihrem wahren Zweck folgen.* Von diesem wahren Zweck – Information, Politik oder Symbol – hängt ab, wie viele und welche Menschen an der Analyse beteiligt werden, wie viel Zeit und Geld darauf verwendet wird und wie die anschließende Kommunikation der Ergebnisse aussieht. Angesehene Beratungsunternehmen sind oft sehr sinnvoll, wenn es um politische oder symbolische Analysen geht. Muss die Unterstützung vieler Mitarbeiter eingeholt werden, so ist es sinnvoll, viele Manager der mittleren Führungsebene an der Analyse zu beteiligen.

- *Es müssen angemessene Investitionen in die technische Qualität der Analyse erfolgen.* Bei vielen Projekten können die sich daraus ergebenden strategischen Entscheidungen entscheidend verbessert werden, wenn man auch die technische Qualität der angewandten Analyse verbessert. In manchen Fällen kann es aber auch kontraproduktiv wirken, wenn man auf absoluter technischer Perfektion besteht. So kann eine SWOT-Analyse, die viele kritische Themen und Probleme aufwirft, den Mana-

---

20 A. Langley, „In search of rationality: the purposes behind the use of formal analysis in organisations", *Administrative Science Quarterly*, Band 34 (1989), S. 598–631.

gern dazu dienen, ihrer eigenen Frustration Luft zu machen, bevor sie sich an die tatsächliche strategische Arbeit machen. Manchmal macht es mehr Sinn, kontroverse Themen einfach offen zu lassen, anstatt sie zu hinterfragen, zu beleuchten oder gar zu vertagen, was die betroffenen Manager verärgern würde und sich negativ auf ihre Beiträge zu den folgenden Schritten auswirken würde.

16.3.2 Strategische Themen verkaufen

Eine Organisation sieht sich immer vielen strategischen Problemen gleichzeitig gegenüber. In komplexen Organisationen kann es aber sein, dass die Manager diesen Themen und Problemen nicht immer die gleiche Bedeutung beimessen und manche von ihnen sie gar nicht wahrnehmen. Einige Probleme werden einfach durch die Unternehmenshierarchie herausgefiltert; andere werden von dringenderen Aspekten an den Rand gedrängt. Außerdem fehlen den obersten Führungskräften in der Regel Zeit und Ressourcen, um auf alle Probleme, die ihnen vorgelegt werden, tatsächlich eingehen zu können. Die strategischen Probleme konkurrieren um die Aufmerksamkeit der Manager. Das Problem, das die Aufmerksamkeit des Managers bekommt, ist also nicht immer das wichtigste.[21]

Manager müssen demnach ihre jeweiligen strategischen Anliegen den Mitgliedern der obersten Führungsebene und auch anderen wichtigen Interessengruppen „verkaufen". Sie können nicht davon ausgehen, dass ihre Themen automatisch deren Aufmerksamkeit oder gar deren Unterstützung erhalten, wie wichtig sie den Managern auch immer erscheinen mögen. Bei der **Platzierung strategischer Themen** müssen Manager mindestens vier Aspekte beachten, wollen sie für ihre Themen Aufmerksamkeit und Unterstützung erlangen:

Platzierung strategischer Themen

Unter der Platzierung strategischer Themen versteht man den Prozess, durch den die Aufmerksamkeit und Unterstützung des Topmanagements und anderer wichtiger Interessengruppen für strategische Themen gewonnen wird.

■ *Verpackung der Themen.* Viel Sorgfalt sollte darauf verwendet werden, wie die Themen verpackt oder wie sie präsentiert werden. Natürlich muss ihre strategische Bedeutung unterstrichen werden, indem sie mit *kritischen strategischen Zielen* oder *Leistungskennzahlen* in Verbindung gebracht werden. Die Präsentation sollte den kulturellen Normen der Organisation entsprechen, wobei allgemein gesprochen Klarheit und kurze präzise Formulierungen immer erfolgreicher sind als Komplexität und Länge. Oft ist es hilfreich, wenn gleichzeitig mit dem strategischen Problem bereits *potenzielle Lösungen* vorgestellt werden. Fehlen diese, so wirkt ein Problem häufig zu schwierig, um überhaupt in Angriff genommen zu werden.

■ *Formale und informelle Wege.* Manager müssen sowohl formale als auch informelle Wege berücksichtigen, denn beide können sehr einflussreich sein. ▶ *Abbildung 16.3* zeigt einige *formale Wege* zur Platzierung strategischer Themen in multidivisionalen Organisationen (basierend auf General Electric). Hier teilen sich die formalen Wege in gesamtunternehmerische, die verschiedenen Managementebenen betreffende und das Personal betreffende Wege auf. Auf gesamtunternehmerischer Ebene sind diese die jährliche Geschäftsbesprechung, die der Vorstandsvorsitzende mit jedem Divisionsleiter abhält, sowie die jährlichen Strategieklausuren (oder Workshops) der obersten Führungsebene. Wege der verschiedenen Manage-

---

21 Dies bezieht sich auf die auf Aufmerksamkeit basierende Perspektive eines Unternehmens: siehe W. Ocasio und J. Joseph, „An attention-based theory of strategy formulation: linking micro and macro perspectives in strategy processes", *Advances in Strategic Management*, Band 22 (2005), S. 39–62.

mentebenen sind die regelmäßige Interaktion der operativen Manager und der Divisionsleiter untereinander und mit dem Vorstandsvorsitzenden und anderen Vorstandsmitgliedern. Und schließlich existieren zahlreiche Berichtssysteme an Stabsfunktionen, etwa im Bereich Finanzwesen, HR und strategische Planung. Solche formalen Wege funktionieren natürlich in beide Richtungen. So werden strategische Pläne oft mehrfach zwischen Division und Zentrale ausgetauscht, bis eine allgemein befriedigende Lösung gefunden ist. Formale Wege werden jedoch zur Platzierung strategischer Themen eher selten genutzt. Viel effektiver können die *informellen Wege* sein, die sich oft entscheidend auf die Kultur der Organisation auswirken. Beispiele sind spontane Gespräche mit einflussreichen Managern auf dem Korridor, auf Geschäftsreisen oder beim Mittagessen.

■ *Allein oder im Team.* Manager sollten auch überlegen, ob sie ihre Themen alleine verkaufen oder eine Koalition aus Förderern zusammenstellen wollen, die bevorzugt aus einflussreichen Mitgliedern bestehen sollte. Eine solche Koalition sorgt für Glaubwürdigkeit und verleiht dem jeweiligen Thema mehr Gewicht. Die Fähigkeit, eine solche Koalition zu bilden, kann ein guter Test sein, ob das jeweilige Thema wirklich von Bedeutung ist; lassen sich andere Manager nicht davon überzeugen, so gilt dasselbe bestimmt auch für den Vorstandsvorsitzenden. Möchte man aber Unterstützer gewinnen, so kann das auch Kompromisse oder aber die Zusicherung der eigenen Unterstützung für ein anderes Thema mit sich bringen, wodurch die Klarheit des anstehenden Problems verwischt werden kann.

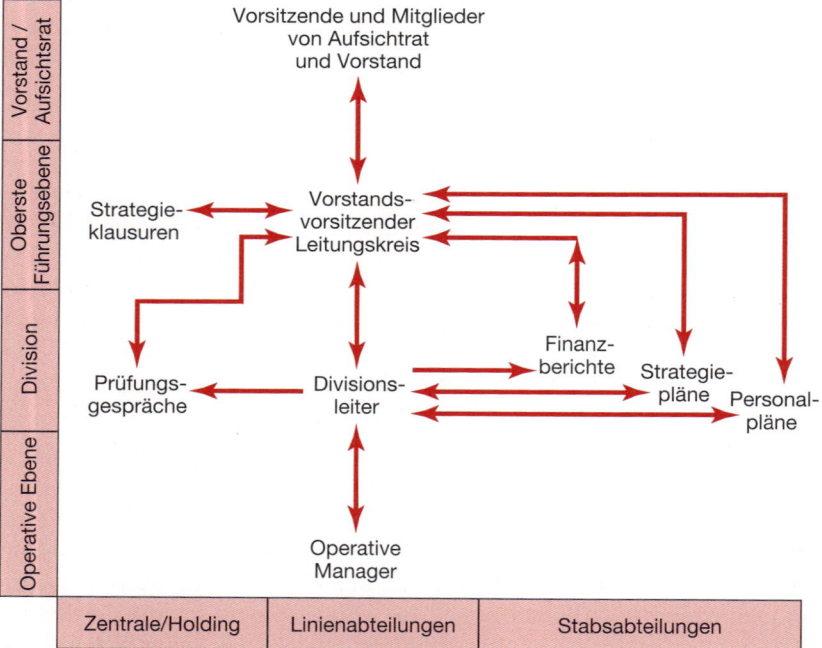

Abbildung 16.3: Formale Kanäle zur Platzierung strategischer Themen
Quelle: Anpassung aus W. Ocasio und J. Joseph, „An attention-based theory of strategy formulation: linking micro and macro perspectives in strategy processes", *Advances in Strategic Management*, Band 22 (2005), S. 39–62.

■ *Zeitliche Koordination.* Auch sie ist für die richtige Platzierung eines Themas entscheidend. Ein kurzfristiger Leistungseinbruch oder die Übergangsphase von einem Topmanagementteam zum nächsten sind keine guten Zeitpunkte für die Platzierung wichtiger strategischer Themen.

16.3.3 Strategische Entscheidungsfindung

Eine strategische Entscheidung wird nicht immer rational getroffen. Der Nobelpreisträger Daniel Kahneman hat mit seinen Kollegen den Ansatz der sogenannten „Verhaltensökonomie" entwickelt, wodurch der Entscheidungsprozess durch die Berücksichtigung menschlicher Verhaltensweisen verbessert werden soll.[22] Kahneman weist darauf hin, dass selbst Manager der oberen Führungsebenen eine „kognitive Voreingenommenheit" in ihre Entscheidungen einfließen lassen, d.h., sie könnten in ihrem Denkprozess bestimmte Dinge vernachlässigen, verzerren oder übertreiben. Das Problem dabei ist, dass diese kognitive Voreingenommenheit per definitionem schwer zu erkennen sind. Kahneman ist aber der Meinung, dass ein gut gestalteter Entscheidungsprozess dabei helfen kann, dieses Problem zu beheben. Er nennt fünf Arten der Voreingenommenheit bei strategischen Entscheidungen und bietet auch Lösungsansätze an.

■ *Bestätigung.* Diese Form der Voreingenommenheit bezeichnet die Tendenz, Daten herauszufiltern, die eine bevorzugte Handlungsweise bestätigen, und im Gegenzug Informationen zu vernachlässigen, die dagegen sprechen. Eine Möglichkeit, diese Voreingenommenheit zu umgehen ist, darauf zu bestehen, dass bei einem Entscheidungsprozess in jedem Fall alternative Optionen berücksichtigt werden müssen. Denn in diesem Fall verlagert sich die Diskussion weg von einer eventuell bevorzugten Handlungsweise hin zum Vergleich gleichberechtigter alternativer Optionen.

■ *Verankerung.* Diese Form der Voreingenommenheit bezeichnet den häufigen Fehler, sich beim Entscheidungsprozess zu sehr auf eine einzige Information zu beziehen. Solche „Anker" sind oft Tatsachen, die vielleicht in der Vergangenheit Gültigkeit hatten, für die Zukunft aber in Frage stehen. So können Manager z.B. auf Verkaufstrends aus der Vergangenheit setzen und dabei übersehen, dass sich diese Trends bereits verändern. Oder aber ein ursprünglich festgelegter Schätzwert für Kosten oder Einnahmen wird mit der Zeit so fest im Entscheidungsgefüge verankert, dass man vergisst, dass dieser Wert keine Tatsache, sondern eben nur eine Schätzung war. Ein Weg, dem entgegenzuwirken, ist der Einsatz verschiedener analytischer Instrumente, denn dadurch werden andere Informationen wichtiger oder bisher unhinterfragte Annahmen werden in Frage gestellt.

■ *Prägnanz.* Diese Form der Voreingenommenheit bezeichnet eine Situation, in der eine bestimmte Analogie übermäßig einflussreich (prägnant) wird. Manager könnten z.B. glauben, ein aktuelles Projekt verliefe so gut wie ein bereits abgeschlossenes Projekt aus der Vergangenheit, und bei diesem Vergleich mögliche Unter-

---

22 D. Kahneman, D. Lovallo und O. Siboney, Before you make that big decision, *Harvard Business Review*, Juni 2011, S. 41–60; D. Kahneman, *Thinking, Fast and Slow*, Allen & Unwin, 2012. Eine gute Auswahl an Arbeiten über „Verhaltensstrategie" bietet die Sonderausgabe des *Strategic Management Journal*: The Psychological Foundations of Strategic Management, Band 32, Nr. 13 (2011), Hsgb. T. C. Powel, D. Lovallo und C. Fox.

schiede zwischen beiden Projekten vernachlässigen. Sie rechnen einfach damit, dass sich der bereits erzielte Erfolg wiederholt. Hier ist es wichtig, nach anderen Analogien zu suchen und sich eben genau auf die Unterschiede beider Projekte zu konzentrieren. Eine Form dieser Voreingenommenheit ist der sogenannte „Halo-Effekt": Dabei geht man davon aus, dass ein Manager, der auf einem bestimmten Gebiet bereits Erfolge erzielt hat, automatisch auch anderswo für gute Leistung sorgen wird. Der Manager wird sozusagen wie ein „Heiliger" behandelt (mit einem Heiligenschein (engl. Halo)), der in den Augen seines Unternehmens nichts falsch machen kann. Auch hier muss man unbedingt nach Unterschieden suchen. Nur weil ein Manager erfolgreich einige Firmenübernahmen betreut hat, heißt das nicht automatisch, dass er sich auch für die Leitung eines Joint Ventures am besten eignet.

■ *Affekt.* Zu dieser Form der Voreingenommenheit kommt es, wenn Manager eine zu enge, emotionale Bindung zu einer bestimmten Option aufbauen. Dadurch besteht die Gefahr, dass mögliche Vorteile dieser Option stark übertrieben dargestellt werden. Wird die Entscheidung im Team getroffen, kann es sinnvoll sein, jedes Teammitglied einzeln zu befragen und nach Anzeichen von Unbehagen zu suchen – so entsteht ein objektiveres Bild. Denn wenn nur der Teamleiter die favorisierte Option als seinen Champion vorträgt, werden mögliche negative Aspekte vielleicht vernachlässigt.

■ *Risiko.* Bei dieser Form der Voreingenommenheit haben Manager verzerrte Ansichten bezüglich bestehender Risiken. Sie sind übermäßig optimistisch, was die Erfolgsaussichten möglicher Optionen betrifft. Hier empfiehlt Kahneman, sich nicht nur auf die eigene Einschätzung der Organisation zu verlassen, was ihre Fähigkeiten betrifft, sondern auch die Erfolgsgeschichten anderer Organisationen zu beachten, die ähnliche Projekte verwirklicht haben. Es ist immer einfacher, Misserfolge anderer Organisationen anzunehmen, als die eigenen, internen Fähigkeiten allzu kritisch zu betrachten. Andererseits können Manager auch übermäßig pessimistisch und dadurch voreingenommen sein. Hier ist ihre Angst vor Misserfolgen größer als ihr Hunger nach Erfolg. Hier kann es helfen, wenn bessere Anreize geschaffen werden, z.B. monetäre Belohnungen im Erfolgsfall.

Kahnemans Ansatz der Verhaltensanalyse liefert also konkrete Methodiken, um Voreingenommenheiten im Entscheidungsprozess zu vermeiden. Allgemein betrachtet, will er allzu gehetzte Manager dazu bringen, „langsamer zu denken", d.h. sich Zeit zu nehmen, um zusätzliche Analysen durchzuführen, Informationen und Daten einzuholen. Trotzdem sollten sich Manager immer der Gefahr der Paralyse durch Analyse bewusst sein. Ist das Umfeld einer Organisation sehr schnelllebig, sind erfahrene Manager, die sich auf ihre Intuition verlassen, unter Umständen erfolgreicher als Manager, die gründlich und zeitaufwendig analysieren.[23] Allerdings ist Kahneman überzeugt, dass die Kosten eines möglichen Fehlers immer die Kosten einer verpassten Chance übersteigen. Und es ist wichtig, die Bedeutung des Entscheidungsprozesses bei der Strategieentwicklung nicht überzubewerten. Wie in den vorangegangenen Kapiteln erklärt, entwickeln sich viele Strategien ohnehin emergent und nicht bewusst durch Entscheidungen.

---

23 K. M. Eisenhardt, J. Kahwajy und L.J. Bourgeois, „Conflict and strategic choice: how top teams disagree", *California Management Review*, Band 39, Nr. 2 (1997), S. 42–62.

Diese Einblicke aus der Verhaltensanalyse zeigen, dass auch *Konflikte* einen Entscheidungsprozess durchaus bereichern,[24] denn sie können einen Champion's Bias offen legen und eine allzu optimistische Selbsteinschätzung eines Managers infrage stellen. Konflikte treten am häufigsten in bunt zusammengestellten Managementteams auf, deren Mitglieder auch gerne einmal der Advocatus Diaboli sind und Annahmen oder einen schnellen Konsens hinterfragen. Doch produktive Konflikte brauchen ein sorgfältiges Management. Die Teammitglieder müssen finale Entscheidungen akzeptieren und sich gegenseitig Respekt zollen. ▶ *Tabelle 16.1* nutzt die Idee der „Spielregeln", um zusammenzufassen, wie dies gelingen kann.

Regelwerk	■ Festlegung klarer Verhaltensgrenzen ■ Unterstützung von Gegenstimmen ■ Professionelle anstatt emotionaler Diskussion
Sachverständiger	■ Sicherstellen, dass der Leiter (a) gegenüber anderen Sichtweisen offen ist und (b) die Regeln umsetzt
Chancengleichheit	■ Sicherstellen, dass jede Seite der Debatte eine Chance hat zu gewinnen ■ Klarheit auf der Grundlage eines Beschlusses (z.B. Beschluss von oben oder Konsens) schaffen
Nutzbare Nische	■ Vertritt jede Gruppe ein spezielles Ziel?
Beziehungen	■ Sicherstellen, dass Einzelpersonen (a) ihre Pflichten erfüllen und sich (b) integer verhalten ■ Sicherstellen, dass Führungskräfte in der gesamten Organisation Perspektiven in der Organisation nach unten und nach oben weiter prüfen
Energieniveau	■ Ausreichend Spannung zur Unterstützung einer erfolgreichen Debatte sicherstellen, aber dies überwachen ■ Verstehen die Führungskräfte, was für die Menschen wirklich wichtig ist?
Ergebnisse	■ Sicherstellen, dass Führungskräfte schlechte Nachrichten übermitteln, ohne Beziehungen zu beschädigen ■ Sicherstellen, dass auch die Würde des Verlierers gewahrt bleibt und Risikobereitschaft belohnt wird

Tabelle 16.1: Umgang mit Konflikten
Quelle: Nachgedruckt mit Genehmigung der *Harvard Business Review.* Anlage zu „How to pick a good fight" von S. A. Joni und D. Beyer, Dezember 2009, S. 48–57. Urheberrecht © 2009 Harvard Business School Publishing Corporation. Alle Rechte vorbehalten.

16.3.4 Die Kommunikation der Strategie

Über eine Strategie zu entscheiden, ist nur der erste Schritt, denn die Entscheidungen müssen auch kommuniziert werden. Durch den immer offeneren Umgang mit Strategieentwicklung kommt dem Thema Transparenz eine wichtige Bedeutung zu (siehe *Abschnitt 16.2.5*). Manager müssen bedenken, welche Interessengruppen informiert werden (*Kapitel 5*) und wie sie diese Information jeder einzelnen Gruppe präsentie-

---

24 K. M. Eisenhardt, J. Kahwajy und L. J. Bourgeois, „Conflict and strategic choice: how top teams disagree", *California Management Review*, Band 39, Nr. 2 (1997), S. 42–62.

ren sollen. Aktionäre, wichtige Kunden und Mitarbeiter sind in den meisten Fällen von zentraler Bedeutung und haben alle unterschiedliche Bedürfnisse und Anforderungen. Also muss es zu jeder neuen Strategie auch eine passende Kommunikationsstrategie geben. Zu bedenken ist zudem, dass Kommunikation immer in zweifacher Hinsicht funktionieren muss. Michael Beer und Russel A. Eisenst[25]at von der Universität Harvard argumentieren, dass eine effektive Kommunikation sowohl die Argumente der oberen Führungsebene für eine bestimmte Strategie vermitteln sollte als auch den Bedenken wichtiger interner und externer Interessengruppen Raum geben muss. Fehlt der erste Punkt, gibt es keine Klarheit bezüglich der angestrebten Strategie. Fehlt der zweite Punkt, kommen bestehende Bedenken an anderer Stelle an die Oberfläche und können dann eventuell die neue Strategie aktiv oder passiv beschädigen.

Eine effektive Kommunikation mit den Mitarbeitern ist die Mindestvoraussetzung, dass eine neue Strategie von allen richtig verstanden wird. Forschungsarbeiten über die Kommunikation von Strategien während Fusionen und Übernahmen zeigen, dass die Kommunikationspraktiken das Ergebnis durchaus beeinflussen.[26] Schlechte oder fehlende Kommunikation hat folgende zwei Konsequenzen:

- *Die strategische Absicht wird neu interpretiert.* Es ist unvermeidbar, dass die Menschen innerhalb einer Organisation eine angestrebte Strategie vor dem Hintergrund ihres jeweiligen lokalen Kontexts und ihrer operativen Verantwortung interpretieren. Je weiter die Neuinterpretationen gehen, desto unwahrscheinlicher wird es, dass die Strategie wie ursprünglich beabsichtigt umgesetzt wird.

- *Etablierte Routinen bleiben bestehen.* Alte Gewohnheiten lassen sich nur sehr schwer verändern, daher könnte das Topmanagement unterschätzen, wie wichtig es ist, ganz klar zu kommunizieren, welche Verhaltensweisen von den Mitarbeitern erwartet werden, um eine Strategie umzusetzen. Natürlich ist die effektive Kommunikation nur eine Möglichkeit von vielen, einen Wandel erfolgreich zu vollziehen; es müssen auch immer die anderen Methoden und Instrumente berücksichtigt werden (siehe *Kapitel 15*).

Wer eine effektive Kommunikationsstrategie für seine Mitarbeiter gestalten will, muss besonders vier Elemente berücksichtigen:[27]

- *Fokus.* Die Kommunikation sollte sich auf die wichtigsten Komponenten der Strategie konzentrieren und unnötige Details oder allzu komplexe Sprache vermeiden. Die berühmte Aussage von Jack Welch, Vorstandsvorsitzender von General Electric, dass sein Unternehmen „auf allen seinen Märkten entweder die Nummer

25 M. Beer und R.A. Eisenstat, „How to have an honest conversation", *Harvard Business Review*, Band 82, Nr. 2 (2004), S. 82–9; siehe auch R. Wittington, B. Yakis-Douglas und K. Ahn, „Chap talk? Strategy presentations as a form of chief executive officer impression management", *Strategic Management Journal*, erscheint in Kürze.

26 D. N. Angwin, K. Mellahi, E. Gimes und E. Peters, „How communication approaches impact mergers and acquisitions outcomes", *International Journal of Human Resource Management* (2014), S. 1–28; B. Yakis-Douglas, D.N. Angwin, K. Ahn und M. Meadows, „Opening M&A strategy to investors: predictors and outcomes of transparency during organizational transition", *Long Range Planning*, erscheint in Kürze.

27 M. Thatcher, „Breathing life into business strategy", *Strategic Communication Management*, Band 10, Nr. 2 (2006), S. 14–18; und R.H. Lengel und R.L. Daft, „The selection of communication media as an executive skill", *Academy of Management Executive*, Band 2, Nr. 3 (1988), S. 225–32. Siehe auch P. Spee und P. Jarzablowski, „Stragegic planning as communicative process", *Organization Studies*, Band 32, Nr. 9 (2011), S. 1217–45.

Eins oder die Nummer Zwei" sein sollte, ist deshalb so berühmt, weil sie sich klar auf die Bedeutung der Marktdominanz des Unternehmens konzentriert.

■ *Medien.* Die Wahl der geeigneten Medien zur Verbreitung der neuen Strategie ist ein wichtiger Punkt. Massenmedien wie etwa E-Mail, Sprachnachrichten, Veröffentlichungen der Firma, Videos, Intranet oder Blogs der führenden Manager können dafür sorgen, dass alle Mitarbeiter sehr schnell die gleichen Informationen erhalten, sodass schädliche Unsicherheiten oder Gerüchte vermieden werden. Jedoch sind persönliche Gespräche ebenfalls sehr wichtig, denn sie zeigen das persönliche Engagement der Manager und ermöglichen eine direkte Interaktion mit den betroffenen Mitarbeitern. Also könnten oberste Führungskräfte *Roadshows* organisieren, in denen sie ihre Botschaft den jeweiligen Mitarbeitern in Konferenzen oder Workshops an verschiedenen Standorten direkt überbringen. Außerdem könnten sie sogenannte *Kaskaden* starten, wobei jede Managementebene den Auftrag erhält, die neue strategische Botschaft an die ihnen direkt unterstellten Mitarbeiter weiterzugeben, die wiederum denselben Auftrag erhalten, usw.

■ *Einbindung der Mitarbeiter.* Oft ist es hilfreich, einige Mitarbeiter direkt in die Strategie mit einzubinden, sodass sie sehen können, was diese für sie persönlich bedeutet und wie sich ihre Rolle verändern wird. Hier kann ein Austausch im Rahmen einer Roadshow oder einer Kaskade helfen, doch manche Organisationen sind auch noch einfallsreicher, wenn es um das aktive Engagement der Mitarbeiter geht. Eine Organisation des öffentlichen Sektors in Großbritannien lud beispielsweise die gesamte Belegschaft zu einer Tageskonferenz ein, auf der die neu gewählte Strategie vorgestellt werden sollte. Während dieser Konferenz konnten die Mitarbeiter ein Foto von sich selbst an eine „Zusage-Wand" heften, zusammen mit einem handschriftlich verfassten Versprechen, mindestens einen Aspekt ihrer Arbeit zu verändern, um der neuen Strategie zu entsprechen.[28]

■ *Einfluss.* Die Kommunikation sollte mit starken Worten und Bildern die Mitarbeiter beeinflussen und beeindrucken. So trägt die neue Strategie des britischen Sozialdienstes den eingängigen Titel „Our health, our care, our say" (etwa „Unsere Gesundheit, unsere Aufgabe, unser Wort"), um zu verdeutlichen, dass diese neue Strategie für alle Bürger von Bedeutung ist.[29] Ein „roter Faden" kann dabei helfen, alle Schritte, die noch vor den Mitarbeitern liegen, logisch zu erklären und die Zukunft für die Organisation und deren Kunden darzustellen. Ein angeschlagenes medizinisches Zentrum in New Mexico kommunizierte seine neue Strategie und inspirierte gleichzeitig seine Mitarbeiter mittels folgender Beschreibung der Organisation „Raiders of the Lost Art" (etwa „die Räuber der verlorenen Kunst"), die gleichzeitig Mut in einer Zeit des Elends und eine Rückbesinnung auf alte Werte ausdrückte.[30]

---

28 R. Whittington, E. Molloy, M. Mayer und A. Smith, „Practices of strategizing/organizing: broadening strategy work and skills", *Long Range Planning*, Band 39 (2006), S. 615–629.
29 Siehe *http://www.cabinetoffice.gov.uk/strategy/work_areas/index.asp*.
30 G. Adamson, J. Pine, T. van Steenhoven und J. Kroupa, „How story-telling can drive strategic change", *Strategy and Leadership*, Band 34, Nr. 1 (2006), S. 36–41.

Manager der oberen Führungsebenen verbringen sehr viel Zeit mit persönlichen Gesprächen beim Mittagessen, in Kaffeepausen oder einfach auf dem Büroflur, in denen sie strategische Themen diskutieren und kommunizieren. Wie in den *Abschnitten 13.3.2* und *13.3.4* erklärt, können unter solchen Bedingungen auch politische Belange innerhalb der Organisation oder einfach zufällige Entwicklungen Probleme aufwerfen, aber auch Lösungen bringen. Strategiemanager brauchen also auch politischen Spürsinn, um aus oft nur bruchstückhaften Gesprächen und Diskussionen strategisch wichtige Themen herauszufiltern.

16.4 Strategiemethoden

Strategen verwenden eine ganze Reihe mehr oder weniger standardisierter Methoden zur Organisation und Anleitung ihrer strategischen Aktivitäten. Die Methoden, die hier vorgestellt werden, sind keine analytischen Konzepte oder Techniken, wie in den vorangegangenen Kapiteln dieses Buchs erwähnt, sondern praktische Ansätze für das Management des Strategieprozesses. Dieser Abschnitt spricht zunächst die Methoden an, die zur Ausübung strategischer Aktivitäten angewendet werden könnten. Am Anfang steht häufig ein Strategie-Workshop. Darauf können eine Reihe strategischer Projekte folgen. Solche Projekte werden oft von Techniken wie dem Hypothesentest bestimmt. Das Ergebnis des Strategieprozesses muss schließlich meist im Format einem Geschäftsplan oder einem strategischen Plan entsprechen. Dieser Abschnitt stellt wichtige Aspekte all dieser Methoden vor. Es werden zwar Richtlinien angeboten, jedoch sollte klar sein, dass keine dieser Methoden ein Patentrezept für den Erfolg darstellt.

16.4.1 Strategie-Workshops

Strategie-Workshops

In Strategie-Workshops arbeiten Führungskräfte in Gruppen ein oder zwei Tage lang intensiv an der Strategie ihrer Organisation, wobei sie sich dabei meist nicht an ihrem Arbeitsplatz befinden.

Strategie-Workshops (manchmal auch Klausurtage, Strategietage etc. genannt) sind eine häufig angewandte Methode des Strategieprozesses.[31] Hier arbeiten Führungskräfte in Gruppen ein oder zwei Tage lang intensiv an der Strategie ihrer Organisation, wobei sie sich dabei meist nicht an ihrem Arbeitsplatz befinden. Diese Führungskräfte stehen meist an der Spitze ihrer Organisation, doch auch für größere Managergruppen können solche Workshops sehr nützlich sein. In einem Workshop werden Strategien in der Regel formuliert oder neu überdacht, doch auch ihre Umsetzung ist hier ein Thema ebenso wie die Kommunikation der Strategien an ein breiteres Publikum. Workshops können entweder spontan organisiert werden oder aber sie sind Teil des regelmäßigen strategischen Planungsprozesses. Ebenso können sie einzeln oder in Serie abgehalten werden. Workshops erleichtern aber nicht nur den Strategieprozess, sie fördern auch die Teambindung und die persönliche Entwicklung einzelner Mitarbeiter. *Beispiel 16.2* zeigt, welche Zwecke ein strategischer Workshop erfüllen kann, aber auch was dabei schiefgehen kann.

Strategie-Workshops können ein wertvoller Bestandteil der Strategieentwicklung in einer Organisation sein. Doch auch hier kommt es auf die genaue Gestaltung des

---

31 Für eine neue Umfrage zu Strategie-Workshops in der Praxis siehe G. Hodgkinson, R. Whittington, G. Johnson und M. Schwarz, „The role of strategy workshops in strategy development processes: formality, communication, coordination and inclusion", *Long Range Planning*, Band 30 (2006), S. 479–496.

Workshops an. Zuallererst ist eine klare Vermittlung des Zwecks und Ziels des Workshops wichtig, denn damit hängt sein Erfolg zusammen. Wenn nun der Zweck eines Workshops darin besteht, *eine bestehende Strategie in Frage zu stellen* oder *eine neue Strategie zu entwickeln*, sind für erfolgreiche Workshops folgende Punkte wichtig:

- *Strategiekonzepte und Instrumente*, die das Hinterfragen aktueller Strategien fördern.

- Einen *spezialisierten Vermittler/Moderator*, der die Teilnehmer an die Nutzung dieser Konzepte und Instrumente heranführt. So können sich die Manager ganz auf die anstehenden Diskussionen konzentrieren und es wird sichergestellt, dass alle Teilnehmer sich gleichermaßen an der Diskussion beteiligen können.

- *Sichtbare Unterstützung des Workshop-Sponsors.* Dies kann der CEO sein, der das Hinterfragen unterstützen muss. Fehlt dieser Beistand, ist der Workshop mit Sicherheit kein Erfolg.

- *Die Auflösung alltäglicher funktionaler und hierarchischer Rollen.* Dazu kann die Wahl eines bestimmten Orts beitragen, der sich bewusst außerhalb des Firmengeländes befindet. So wird signalisiert, wie sehr sich der Workshop von der täglichen Arbeitsroutine unterscheidet, die Teilnehmer können ihre täglichen Aufgaben leichter hinter sich lassen und die Firmenhierarchien sind ebenso weniger präsent. Einleitende spielerische Übungen können die Kreativität fördern und die Bereitschaft steigern, längst etablierte Gewohnheiten in Frage zu stellen.[32]

Workshops, die darauf abzielen, den *Fortschritt einer aktuell gültigen Strategie zu überprüfen*, sind eher dann erfolgreich, wenn sie nach einer operativ gestalteten Agenda ablaufen und die Teilnehmer in ihren funktionalen und hierarchischen Rollen verbleiben.

Obwohl strategische Workshops also durchaus einen wertvollen Beitrag zur Strategieentwicklung und -umsetzung einer Organisation leisten können, könnten sich durch sie auch mindestens zwei Probleme ergeben. Zunächst kann es sein, dass in solchen Workshops lediglich die bereits bestehenden Ansichten und Meinungen der Manager bestätigt werden. Dies gilt besonders, wenn die Workshops zur Routine geworden sind und wenn immer die gleichen Teilnehmer dabei sind. So können keine neuen Ideen entstehen, die den Status quo radikal infrage stellen. Zudem können Workshops den Kontakt zu anschließenden Aktionen verlieren. Weil sie eben losgelöst von den üblichen Abläufen der Organisation stattfinden, ist es schwierig, die in den Workshops erarbeiteten Ideen und die dort entstandene Begeisterung in die normalen Arbeitsabläufe zu integrieren.

Manager, die Workshops gestalten wollen, die sich verstärkt an den nachfolgenden Handlungen orientieren, sollten folgende Punkte beachten:

- *Formulierung einer Aktionsliste, der alle Teilnehmer zustimmen.* Am Ende des Workshops sollte viel Zeit für die Überprüfung der erzielten Ergebnisse und die Vereinbarung nötiger nachfolgender Handlungsschritte reserviert werden. Trotzdem wird dies allein noch keine tragfähige Brücke zu den operativen Realitäten sein können.

---

32 L. Heracleous und C. Jacobs, „The serious business of play", *MIT Quarterly*, Herbst 2005, S. 19–20.

■ *Zusammenstellung von Projektgruppen.* Workshops können auf der Kohäsion bestimmter Themengruppen aufbauen, indem mehrere Manager beauftragt werden, gemeinsam daran zu arbeiten und über ihre Arbeit entweder in einem Meeting mit der obersten Führungsebene oder in nachfolgenden Workshops zu berichten.

■ *Verankerung der Workshops.* Besonders dann, wenn ein Workshop seine Teilnehmer dazu bringen soll, etablierte Strategien zu hinterfragen und radikal neue Ideen zu entwickeln, kann es sinnvoll sein, eine ganze Reihe von Workshops abzuhalten, sodass sich die Inhalte immer mehr in den operativen Alltag integrieren lassen.

■ *Sichtbares Engagement des Topmanagements.* Der Vorstandsvorsitzende oder andere Mitglieder der obersten Führungsriege müssen während des Workshops und auch danach durch Worte und Taten signalisieren, dass sie voll und ganz hinter diesen Prozessen stehen. Mitglieder der obersten Führungsebene müssen immer anwesend sein und dürfen sich nicht von Belangen außerhalb des Workshops ablenken lassen. Sie müssen alle Teilnehmer unterstützen und bei den beschlossenen Aktionen eine klare Führungsposition übernehmen.

Beispiel 16.2   **Eine Geschichte aus zwei Workshops**

Die Gestaltung von Strategie-Workshops hat entscheidenden Einfluss auf ihren Erfolg.

Angesichts der Expansion des Geschäfts haben die Direktoren von Hotelco* entschieden, zwei zweitägige Workshops durchzuführen, um die für die zukünftige strategische Ausrichtung des Unternehmens erforderliche Organisationsstruktur neu zu überdenken. Beide Workshops wurden durch einen externen Berater unterstützt.

Workshop 1 Der erste Workshop fand in einem Luxushotel auf dem Land im Süden Englands, weit weg von den bescheidenen Büroräumen von Hotelco, statt. Dabei ging es nicht nur darum, „aus dem Büro rauszukommen", sondern auch darum, „den Geist freizumachen … Es war ein wunderbares Erlebnis."

Zusammen mit einem der Direktoren hatte der Berater die Agenda aufgestellt. Der „Befehlsstil" des CEO wurde durch einen vom Berater inszenierten partizipatorischen Ansatz ersetzt: „Er sorgte für mehr Chancengleichheit." Er hatte Mitarbeiter zu den zentralen Werten des Geschäfts interviewt und den Direktoren als Grundlage für die Erörterung einen Bericht zur Verfügung gestellt: „Weiß jeder, wofür Hotelco steht?"

Die Direktoren beteiligten sich ernsthaft an der Diskussion: „Es fokussiert unsere Denke. Dadurch verstanden wir all die Dinge, die wir gut konnten, und ... die Dinge, die wir nicht gut konnten, und die Dinge, die wir tun mussten." Sie sahen den Workshop als Erfolg und schlussfolgerten, dass der Wechsel von einem autoritären, befehlenden Managementstil zu einem stärker strukturierten und dezentralisierten Ansatz zum Management notwendig war, bei dem der mittleren Ebene Verantwortung übertragen wird und somit das Spitzenteam freie Kapazitäten hat, um sich stärker auf die Strategie zu konzentrieren.

Allerdings wurde das Ergebnis nicht fortgeführt. Bei ihrer Rückkehr ins Büro kamen die Direktoren zu der Schlussfolgerung, dass das während des Workshops Vereinbarte nicht realistisch war, dass „sie sich von dem Prozess hatten mitreißen lassen". Das Ergebnis war eine erhebliche Verwässerung – allerdings ohne einen eindeutigen Konsens zu einer überarbeiteten Struktur für das Unternehmen.

Workshop 2 Der zweite zweitägige Workshop zwei Monate später war für das Spitzenteam und die sieben ihnen direkt unterstellten Mitarbeiter konzipiert. Dabei wurde der gleiche Moderator eingesetzt. Dieser Workshop fand in einem der eigenen Hotels der Gruppe statt. Auch hier begann der Workshop mit einer Erörterung der Interviews zu den Werten von Hotelco. Danach hielt einer der Direktoren eine Präsentation, in der das Konzept eines operativen Vorstands vorgestellt wurde. Allerdings zeigt sich in der Diskussion, dass nicht alle Direktoren – und insbesondere der CEO – sich diesem Konzept im gleichen Maß verpflichtet fühlten. Schließlich, so erklärt der Berater, „brachte ich die vier Direktoren in einen anderen Raum und sagte zu ihnen: Bis ihr das geklärt habt, verursacht ihr nur Probleme. ... Die vier Direktoren gerieten in eine heftige Auseinandersetzung und vergaßen die anderen sieben ganz und gar."

Allerdings sahen die Direktoren die Sache nicht so. Ihrer Ansicht nach versuchte der Moderator, ihnen eine Lösung aufzuzwingen, anstatt die Diskussion zu unterstützen.

Während die Direktoren sich in einem Raum und ihre direkten unterstellten Mitarbeiter sich in einem anderen Raum befanden, wurden die Anmerkungen jeder Gruppe durch den Moderator zwischen den beiden Räumen übertragen. Es war eine Situation, die niemanden zufriedenstellte. Am Nachmittag griff der CEO ein und ersetzte das Konzept des „operativen Vorstands" mit sieben Mitgliedern durch eine Zwischenebene mit drei „Abteilungsleitern".

Mit diesem Workshop war niemand zufrieden. Einer der sieben, der kein Abteilungsleiter werden sollte, kommentiert dazu: „Ich wusste gar nicht mehr, wo ich saß. Ich hatte das Gefühl, dass meine Position abgewertet worden war." Ein Direktor erkannte weiterhin: „Wir haben dafür gesorgt, dass sich diese Mitarbeiter wirklich ernüchtert fühlten."

* Hotelco ist ein Pseudonym für eine kleine britische Hotelkette.

16.4.2 Strategieprojekte

Strategieprojekte

In Strategieprojekten werden Mitarbeiterteams angewiesen, über einen bestimmten Zeitraum hinweg an den besonderen Aspekten einer Strategie zu arbeiten.

Sowohl die Entwicklung als auch die Umsetzung einer Strategie findet oft in Form eines Projekts oder einer Task Force statt.[33] In **Strategieprojekten** werden Mitarbeiterteams angewiesen, über einen bestimmten Zeitraum hinweg an den besonderen Aspekten einer Strategie zu arbeiten. Solche Projekte können zur Aufdeckung von Problemen oder Chancen als Teil des strategischen Prozesses definiert werden. So können sie zum Beispiel die Aufgabe haben, neue Chancen auf internationalen Märkten zu erkunden. Sie können aber auch der Umsetzung einzelner beschlossener Elemente einer Strategie dienen, etwa der organisationalen Umstrukturierung oder der Verhandlung eines Joint Venture. Die Umsetzung eines Strategieplans oder eines Workshops in eine Reihe konkreter Projekte ist eine gute Möglichkeit, um sicherzugehen, dass Intentionen tatsächlich in die Tat umgesetzt werden. Solche Projekte können auch von einer größeren Managergruppe bearbeitet werden.

Das Management von Strategieprojekten sollte sich nicht vom Management anderer Projekte unterscheiden. Das bedeutet insbesondere:

- *Ein klarer Auftrag.* Alle Beteiligten sollten sich über die Ziele des Projekts einig sein, die ein sorgfältiges Management brauchen. Diese Ziele sind der Maßstab für den Erfolg des Projekts. In vielen Fällen besteht das Risiko, dass im Projektverlauf immer wieder neue Ziele hinzugefügt werden (schleichende Änderung des Projektziels).

- *Engagement des Topmanagements.* Das Engagement des Topmanagements muss langanhaltend und gleichbleibend hoch sein. Da sich die Zeit- und Aufgabenpläne des Topmanagements häufig ändern, sollte eine regelmäßige Kommunikation erfolgen.

- *Meilensteine und Überprüfungen.* Von Anfang an sollten für das Projekt klare Meilensteine feststehen, die einem abgestimmten Zeitplan folgend als Zwischenziele erreicht werden. Dadurch wird es möglich, den Verlauf des Projekts zu überprüfen und falls nötig, Änderungen vorzunehmen. Auch der Erfolg des Projekts wird anhand dieser Zwischenziele ersichtlich.

- *Geeignete Ressourcen.* Die wichtigste Ressource sind in der Regel die Mitarbeiter. Es muss die richtige Mischung an Fähigkeiten vorhanden sein, darunter auch Fähigkeiten des Projektmanagements. Außerdem sollte von Anfang an darauf geachtet werden, dass die Projektbeteiligten zu einem Team zusammenwachsen. Solche Strategieprojekte sind für die beteiligten Manager oft nur Teilzeitaufgaben; sie müssen auch weiterhin ihre täglichen Aufgaben erledigen. Es ist also wichtig, dass diese Manager die richtige Balance finden für beide Aufgabenbereiche. Denn ihre tägliche Arbeit kann häufig die Überhand gewinnen, sodass ihnen nicht mehr genug Zeit für die Projektarbeit bleibt.

Es ist wichtig, dass für existierende Projekte klare Führungs-, Berichts- und Überprüfungssysteme bestehen, denn sonst können einzelne Projekte leicht miteinander in Konkurrenz geraten. Programmmanager müssen besonders auf Themenüberlappun-

---

33 P. Morris und A. Jamieson, „Moving from corporate strategy to project strategy", *Project Management Journal*, Band 36, Nr. 4 (2005), S. 5–18. J. Kenny, Effective project management for strategic innovation and change in an organizational context, *Project Management Journal*, Band 34, Nr. 1 (2003), S. 43–53.

gen und Redundanzen achten und dementsprechend Projekte zusammenführen oder beenden, falls es nötig ist. Dadurch kann eine „Initiativenmüdigkeit" vermieden werden, die sich oft einstellt, wenn zu viele Projekte gestartet werden.

16.4.3 Hypothesentests

Strategieprojektteams stehen gewöhnlich unter dem Druck, in kurzer Zeit Lösungen für sehr komplexe Probleme liefern zu müssen. Der **Hypothesentest** ist eine effektive Methode, um die Ausrichtung eines Projekts zu bestimmen, Prioritäten zu setzen und Themen und Optionen zu definieren. Er wird von Strategieberatungsfirmen und Mitgliedern von Strategieprojektteams häufig angewendet.

Der Hypothesentest auf dem Gebiet der Strategie ist dem Hypothesentest im wissenschaftlichen Bereich nachempfunden.[34] Man beginnt mit der Festlegung und Beschreibung des Ist-Zustands (die *deskriptive Hypothese*) und versucht dann, diesen Ist-Zustand mithilfe realer Daten zu überprüfen. So könnte eine deskriptive Hypothese aus dem Bereich der Strategie lauten, dass ein großes Produktionsvolumen in einer bestimmten Branche eine zentrale Voraussetzung für Rentabilität ist. Um diese Hypothese zu testen, könnte ein Projektteam zunächst Daten über die Größe der Organisation sammeln und diese dann mit der Rentabilität der Organisation in Korrelation setzen. Eine Bestätigung dieser ursprünglichen beschreibenden Hypothese (dass kleine Organisationen relativ unrentabel arbeiten) würde dann zur Formulierung mehrerer *präskriptiver Hypothesen* führen, die Aussagen darüber treffen, wie eine bestimmte Organisation vorgehen sollte. Für ein kleines Unternehmen der Branche würden sich diese Hypothesen hauptsächlich darauf beziehen, ihr Produktionsvolumen zu steigern. Eine solche Hypothese könnte beispielsweise besagen, dass sich ein größeres Produktionsvolumen gut durch Übernahmen erreichen ließe; eine weitere Hypothese könnte sein, dass dies durch Allianzen erreicht werden kann. Diese präskriptiven Hypothesen könnten dann durch weitere konkrete Daten überprüft werden.

Bei dieser Form des Hypothesentests geht es letztendlich darum, praktische Prioritäten für die strategische Arbeit zu setzen. Sie unterscheiden sich also durchaus von der strikt wissenschaftlichen Durchführung eines Hypothesentests. Ziel ist es, die Aufmerksamkeit des Managements auf eine sehr begrenzte Auswahl vielversprechender Hypothesen zu konzentrieren, um nicht die Gesamtheit aller Möglichkeiten berücksichtigen zu müssen. Daten werden gesammelt, um bevorzugte Hypothesen zu stützen, während in der Wissenschaft das Ziel formal darin besteht, zu versuchen, eine Hypothese zu widerlegen. Führt ein Unternehmen einen Hypothesentest durch, so möchte es im Rahmen begrenzter Zeit und Ressourcen eine tragfähige und zufriedenstellende Lösung für ein Problem finden und nicht den wissenschaftlichen Beweis für eine Tatsache erbringen. Die Auswahl der richtigen Hypothesen kann durch das sogenannte Quick-and-Dirty-Testing (QDT) erleichtert und beschleunigt werden. Diese Tests bauen auf der vorhandenen Erfahrung der Teammitglieder sowie auf leicht zugänglichen Daten auf, um aussichtslose Hypothesen schnell ablehnen zu können, ohne dass zu viel Zeit darauf verschwendet werden muss.

Hypothesentest

Der Hypothesentest ist eine Methodik bei Strategieprojekten, die insbesondere zur Bestimmung von Prioritäten bei der Untersuchung strategischer Themen und Optionen angewendet wird.

---

34 Dieser Abschnitt basiert auf E. Rasiel und P. N. Friga, „The McKinsey Mind", *McGraw-Hill*, 2001; H. Courtney, „20/20 Foresight: Crafting Strategy in an Uncertain World", *Harvard Business School Press*, 2001; sowie auf unveröffentlichtem Material von J. Liedtka, University of Virginia.

16.4.4 Business Case und strategische Pläne

Business Case

Ein Business Case enthält Daten und Argumente, die einen bestimmten Strategievorschlag unterstützen, z.B. die Investition in neue Ausrüstung.

Strategischer Plan

Ein strategischer Plan liefert die Daten und Argumente für eine bestimmte, für einen längeren Zeitraum formulierte Strategie für die gesamte Organisation.

Handlungsschritte zur Strategiebestimmung wie Workshops oder Projekte sind meist darauf ausgerichtet, als Ergebnis einen *Business Case* oder einen *strategischen Plan* zu liefern. Behält man dieses finale Ziel vor Augen, so ergibt sich automatisch eine Struktur für die strategische Arbeit: Das gewünschte Endergebnis bestimmt die vorzunehmenden Handlungen. Ein **Business Case** bezieht sich meist auf einen bestimmten Vorschlag, z.B. eine Investition in neue Maschinen. Ein **strategischer Plan** dagegen ist umfassender und berücksichtigt die strategische Ausrichtung der gesamten Organisation über einen längeren Zeitraum hinweg, z.B. drei Jahre oder mehr. Viele Organisationen verfügen über Standardvorlagen für Geschäftspläne oder strategische Pläne, die im konkreten Fall auch immer verwendet werden sollten. Existieren solche Vorlagen nicht, lohnt es sich, erfolgreiche Geschäftspläne oder strategische Pläne aus der jüngsten Vergangenheit der Organisation genau zu betrachten und daraus Anleihen zu nehmen. Es ist wichtig, dass der Geschäftsplan oder der strategische Plan in Bezug auf Stil, Form und Inhalt der Organisationskultur entspricht.

Ein Projektteam, das einen Business Case ausarbeiten möchte, muss folgende Kriterien erfüllen:[35]

- *Konzentration auf strategische Anforderungen.* Das Team sollte die Gesamtstrategie der Organisation identifizieren und seinen Geschäftsplan genau darauf abstimmen. Dabei dürfen nicht nur die Belange einer bestimmten Abteilung berücksichtigt werden. Ein Geschäftsplan darf nicht den Eindruck vermitteln, lediglich ein Projekt der Personal- oder IT-Abteilung zu sein. Er sollte sich auf einige wenige zentrale Punkte beschränken, wobei die Prioritäten meist klar bei den Themen liegen, die sowohl strategisch wichtig als auch relativ leicht anzugehen sind.

- *Gestützt von wichtigen Daten.* Das Team muss geeignete Daten sammeln, wobei Finanzzahlen, die den gewünschten Ertrag einer Investition belegen, in der Regel am wichtigsten sind. Doch auch qualitative Daten dürfen nicht vernachlässigt werden – so etwa treffende Zitate aus Interviews mit Mitarbeitern oder wichtigen Kunden oder neuere Beispiele für Erfolge oder Misserfolge der Organisation oder der Konkurrenz. Einige strategische Vorteile lassen sich allerdings einfach nicht quantifizieren, sind aber dennoch von zentraler Bedeutung: Informationen über Handlungsschritte der Konkurrenz können hier sehr wichtig sein. Das Team sollte immer auch Hintergrundinformationen liefern, die den Einsatz und das Ausmaß der Nachforschungen belegen, um die vorliegenden Daten zu sammeln.

- *Klare Logik.* Analyse und Daten reichen nicht aus – es muss auch ganz klar sein, *warum* bestimmte Vorschläge gemacht werden. Die Gründe für bestimmte Empfehlungen müssen also detailliert und schlüssig sein. Viele spezifische Bewertungsmethoden, die für einen Geschäftsplan nützlich sein können, werden in *Kapitel 12* erläutert.

- *Praktische Lösungen und Handlungsvorschläge.* Wie oben bereits erwähnt, erhalten Themen, die sich mit der Lösung von Problemen befassen, häufig die meiste Aufmerksamkeit. Das Team sollte ausführlich darauf eingehen, wie Vorschläge

---

35 J. Walker, „Is your business case compelling?", *Human Resource Planning*, Band 25, Nr. 1 (2002), S. 12–15; M. Pratt, „Seven steps to a business case", *Computer World*, 10. Oktober (2005), S. 35–36.

umgesetzt werden können und wer für die Umsetzung verantwortlich ist. Mögliche Barrieren sollten klar aufgezeigt werden. Auch sollten alternative Szenarien erkannt werden, besonders eventuelle Risiken bei Misserfolgen. Die Machbarkeit ist hier ein zentraler Punkt.

■ *Vorgabe klarer Maßstäbe für den Fortschritt.* Möchte man eine umfangreiche Investition über einen längeren Zeitraum hinweg vornehmen, so wirkt es immer beruhigend, wenn klare Maßstäbe zur Überwachung eines regelmäßigen Fortschritts angeboten werden. Auch Überprüfungsmechanismen erhöhen die Glaubwürdigkeit eines Geschäftsplans.

Was Ausrichtung, Daten, Handlungsschritte und auch Maßstäbe für den Fortschritt angeht, so haben auch strategische Pläne ähnliche Eigenschaften. Sie sind allerdings umfangreicher und können für Start-ups, für Geschäftseinheiten innerhalb einer großen Organisation sowie für gesamte Organisationen eingesetzt werden. Auch hier kann das Format variieren und die gewählte Variante muss unbedingt der Organisationskultur entsprechen. Ein typischer strategischer Plan hat jedoch in den meisten Fällen folgende Bestandteile, die den Arbeitsplan des Strategieteams bestimmen sollten:[36]

■ *Aussagen über Leitbild, Mission und Ziele.* Dies sind die bestimmenden Faktoren der Strategie und wichtige Ausgangspunkte des gesamten Prozesses. Obwohl dies die theoretischen Ausgangspunkte sind, wird ein Strategieteam im Laufe seines Arbeitsprozesses häufig darauf zurückkommen, wenn es um andere Aspekte des strategischen Plans geht. Es lohnt sich außerdem, frühere Aussagen der Organisation zu diesen Themen zu vergleichen, um Übereinstimmung sicherzustellen, siehe besonders *Abschnitt 1.2.2.*

■ *Analyse des Umfelds.* Diese sollte das gesamte Umfeld abdecken und sowohl Makrotrends als auch spezifischere Themen bezüglich Kunden, Zulieferern oder Konkurrenten mit einschließen. Außerdem sollte es das Team nicht mit der Analyse allein bewenden lassen, sondern klare strategische Implikationen daraus ableiten, siehe *Kapitel 2.*

■ *Analyse der Fähigkeiten.* Diese sollte die Stärken und Schwächen der Organisation behandeln und auch deren Produkte im Vergleich zur Konkurrenz betrachten. Außerdem sollte eine klare Aussage zum Thema Wettbewerbsvorteil enthalten sein, siehe *Kapitel 4.*

■ *Vorgeschlagene Strategie.* Diese sollte sich klar auf die oben genannten Analysen von Umfeld und Organisation beziehen und auch das Leitbild, die Vision und die Ziele stützen. Das Team sollte einen klaren und realistischen Zeitplan für die Umsetzung vorlegen. Besonders hilfreich sind hier *Kapitel 7 bis 12.*

■ *Ressourcen.* Das Team muss eine detaillierte Analyse der erforderlichen Ressourcen erstellen, die auch die Option zum Erwerb dieser Ressourcen enthält. Finanzielle Ressourcen sind hier besonders wichtig, weshalb der Plan Gewinn- und Verlustrechnungen, Kapitalflussrechnungen und Bilanzen des gesamten Planungszeitraums enthalten muss. Andere wichtige Ressourcen sind Mitarbeiter,

---

36 C. Barrow, P. Barrow und R. Brown, *The Business Plan Workbook*, Kogan Page 2008; und A. R. DeThomas und S.A. Derammelaan, *Writing a Convincing Business Plan*, Barron's Business Library, 2008.

vor allem Manager oder Mitarbeiter mit speziellen Fachkenntnissen. Zudem ist ein klarer und realistischer Zeitplan von entscheidender Bedeutung.

- *Wichtige Veränderungen.* Welche wichtigen Veränderungen sieht der Plan vor? Wie müssen Strukturen, Systeme und Kultur angepasst werden – und wie soll all dies umgesetzt werden? Hier sind vor allem *Kapitel 14* und *15* relevant.

Quer-Denken

Die Rolle der Strategen neu definiert

Nicht alle Strategen sind gleich – und das ist wichtig

Frühere Forschungsarbeiten haben gezeigt, dass die Bedeutung des Chief Strategy Officer (CSO) in US-amerikanischen Unternehmen immer größer wird. Dies trifft besonders auf Organisationen zu, die sich in einem unsicheren und schwer vorhersagbaren Umfeld besonders agil und flexibel zeigen müssen. Eine wertvolle Aufgabe des CSO ist es, Verbindungen zu schaffen zwischen den wirtschaftlichen Gegebenheiten auf dem Markt, den Vorstellungen bezüglich des Kerngeschäfts seiner Organisation und der Umsetzung dieser Ideen in die Tat. Dadurch können sich Unternehmen schneller auf neue Gegebenheiten einstellen und erreichen so einen nachhaltigen strategischen Vorteil.[37]

Neueste Forschungsergebnisse legen allerdings nahe, dass nicht alle Strategen gleich sind. Die Vielfalt an Herausforderungen, denen sie sich stellen müssen, weist auf erhebliche Unterschiede hin. Eine von der Unternehmensberatung McKinsey durchgeführte Umfrage, die 13 Facetten der Strategenrolle berücksichtigt, führte zur Definition fünf verschiedener Typen:[38]

- Architekten (40 % der Befragten) konzentrieren sich auf faktenbasierte Analyse, um daraus den Wettbewerbsvorteil ihres Unternehmens abzuleiten.

- Mobilisierer (20 %) halten viele Meetings ab und kommunizieren intensiv, um Fähigkeiten auszubauen und spezielle Projekte umzusetzen.

- Visionäre (14 %) prognostizieren zukünftige Trends aufgrund umfangreicher Datensammlungen, um Zukunftschancen zu entdecken.

- Überwacher (14 %) sind möglichen negativen Ereignissen auf der Spur und verfügen über ein engmaschiges Netzwerk mit Lobbyisten und Regierungsbehörden.

- Vermögensverwalter (12 %) optimieren die Leistung des Firmenportfolios und achten besonders auf finanzielle Risiken und Renditen.

---

37   T. R. S. Breene, P. F. Funes und W. E. Shill, „The chief Strategy Officer", *Harvard Business Review*, Band 85, Nr. 10 (2007), S. 84–93; D. N. Angwin, S. Paroutis und S. Mitson, „Connecting up strategy; are senior strategy directors a missing link?", *California Management Review*, Band 51, Nr. 3 (2009), S. 74–94:

38   T. Powell und D. N. Angwin, „One size does not fit all: four archetypes of the Chief Strategy Officer", *MIT Sloan Management Review*, Band 54, Nr. 1 (2012), S. 15–16; M. Birshan, E. Gibbs und K. Strovnik, „Rethinking the role of strategists", *McKinsey Quarterly*, November 2014.

Daraus ergibt sich, dass verschiedene Strategietypen unterschiedliche Fähigkeiten besitzen müssen, um ihre jeweiligen Rollen optimal ausfüllen zu können. Dazu müssen die betreffenden Manager unter Umständen sogar verschiedene Ausbildungsgänge durchlaufen oder Lebenserfahrungen gesammelt haben, um effektiv arbeiten zu können. All dies wirft auch die Frage auf, welcher Typ von Stratege denn der richtige ist für eine bestimmte Aufgabe innerhalb einer Organisation. Welcher Stratege sollte wann eingesetzt werden? Und gibt es Unterschiede zwischen Strategen in verschiedenen Ländern?

Z U S A M M E N F A S S U N G

- Die Praxis der Strategie beinhaltet wichtige Entscheidungen der Fragen, *wer* an der Strategie *beteiligt* werden soll, *welche Aktivitäten* gewählt werden und *welche Methoden* angewandt werden sollen, um diese Aktivitäten zu steuern.

- Vorstandsvorsitzende, leitende Führungskräfte, Aufsichtsräte, strategische Planer, Strategieberater und Manager der mittleren Führungsebene sind häufig am Strategieprozess beteiligt, doch das Ausmaß angemessener Beteiligung sollte jeweils von der Art des Problems abhängen.

- Der Strategieprozess beinhaltet *Analysen, Platzierung strategischer Themen, Entscheidungsfindung* und *Kommunikation.* Manager dürfen nicht davon ausgehen, dass all diese Aktivitäten völlig rational oder logisch ablaufen, und können daher auch ganz bewusst auf die nichtrationalen Eigenschaften ihrer Mitarbeiter eingehen.

- Praktische Methoden, die den Weg für den Strategieprozess weisen, sind unter anderem *Strategie-Workshops, Strategieprojekte, Hypothesentests* und die Formulierung von *Business Cases* und *strategischen Plänen.*

Z U S A M M E N F A S S U N G

Literaturempfehlungen

- Für eine Übersicht zu praktischen Aspekten der Strategie siehe S. Paroutis, L. Heracleous und D. Angwin, „Practicing Strategy: Text and cases", 2. Auflage, London, *Sage*, 2016.

- Für eine Übersicht zur Forschung zur Praxis der Strategie siehe E. Vaara und R. Whittington, „Strategy as practice: taking practices seriously"; *Academy of Management Annals*, Band 6 (2012), S. 285–336.

- Eine praktische Anleitung zu Strategiemethoden bieten E. Rasiel und P. N. Friga, „The McKinsey Mind", *McGraw-Hill*, 2001.

Fallstudie
Partizipatorischer Strategieprozess in der finnischen Stadt Vaasa.

Eine Fallstudie von Marko Kohtamäki und Suvi Einola

„Warum sollten sich Studenten, Arbeiter und Unternehmen für *unsere* Stadt entscheiden?" Ebenso wie Universitäten und Unternehmen ringen auch viele Städte mit dem Problem – oder der Chance –, ihre Attraktivität zu steigern und zu erhalten. Mit genau diesem Problem sahen sich die gewählten Vertreter und Unternehmer der scheinbar bisher erfolgreichen Stadt Vaasa im Westen Finnlands konfrontiert, als die ersten Auswirkungen der globalen Rezession spürbar wurden.

Um wirtschaftlich dauerhaft erfolgreich zu sein, möchten viele Städte neue Unternehmen und gut ausgebildete Fachkräfte anwerben. Stadtverwaltungen versuchen ihre strategischen Entscheidungsprozesse zu optimieren, um effektiver, agiler und reaktionsschneller als die Konkurrenz zu werden, wenn es darum geht, die Erwartungen von Unternehmen zu erfüllen, die sich in der Region ansiedeln könnten, oder von Arbeitnehmern, die in die Stadt ziehen könnten. Allerdings stellt ein schneller, agiler Entscheidungsprozess gepaart mit den allgemeinen Eigenschaften von Demokratie und Gleichberechtigung eine ganz besondere Herausforderung für die Stadtverwaltungen dar. Die finnische Stadt Vaasa stellte sich 2012 dieser Herausforderung.

Die Stadt Vaasa

Vaasa ist eine kleine, aber internationale Universitätsstadt mit 67.000 Einwohnern mit über 100 Nationalitäten. Die Stadt beschäftigt über 6.000 Menschen in vier verschiedenen Bereichen (Soziales und Gesundheitswesen, Bildung und Freizeit, Technik und Verwaltung). Die Führungsriege der Stadt wurde zwischen 2010 und 2012 fast komplett neu besetzt, denn es wurden ein neuer Bürgermeister gewählt, neue Bereichsleiter, Entwicklungsleiter und Personalleiter bestimmt. Diese Neubesetzungen sowie auch die einsetzende wirtschaftliche Rezession in Finnland führten dazu, dass die Stadt ihre Strategie und Strategieprozesse von Grund auf reformierte, um mehr strategische Agilität zu erreichen.

Berühmt war die Stadt vor allem für ihre Energietechnologie und ihre Unternehmen aus dem Bereich Produktionstechnik wie z.B. ABB und Wärtsilä. Ein starkes Cluster an Technologiefirmen hatte für niedrige Arbeitslosenzahlen gesorgt – wirtschaftlich gesehen stand die Stadt also bisher durchaus gut da. Nachteilig daran war, dass dieser langwährende Erfolg dazu geführt hatte, dass die Stadtpolitiker mit dem aktuellen Stand der Dinge recht zufrieden waren – es bestand das Risiko einer *strategischen Drift*, das in diesem Zusammenhang in der Fachliteratur auch als *Lernfalle* bezeichnet wird.[1,2] Allerdings bot die Rezession in Finnland eine Chance für ein neues Managementteam, das sich der Erneuerung der Strategie widmete. Die Stadt brachte ein Strategieentwicklungsprogramm auf den Weg, das nicht nur die Planung und Umsetzung von Strategien vorsah, sondern auch deren beständige Überprüfung und Neuausrichtung.

Strategie-Workshops und Instrumente

Zu Beginn dieses Reformprozesses setzte sich das Führungsteam der Stadt Ziele für seine strategische Arbeit: Man wollte die Stadt agiler machen, sodass sie sich noch erfolgreicher dem Wettbewerb um Unternehmen und Arbeitnehmer stellen konnte. Um langfristig mehr Agilität zu schaffen, wollte die Stadt ihre Strategiearbeit partizipatorisch gestalten – es sollten also Mitarbeiter aus allen Bereichen der Stadtverwaltung beteiligt werden. Denn man ging davon aus, dass eine Beteiligung von möglichst vielen Menschen dafür sorgen würde, dass die neue strategische Ausrichtung von allen Interessengruppen wirklich verstanden und unterstützt werden würde. Für die geplanten gemeinsamen Strategiediskussionen brauchte man allerdings Hilfsmittel und Instrumente, die die Interaktion vereinfachen sollten, wie der Bürger-

„Früher kamen alle Initiativen von der obersten Führungsriege und wir stellten genaue Fünf-Jahres-Pläne auf, die alles genau festlegten: Wenn wir dies tun, werden wir jenes Ergebnis bekommen. Heutzutage aber, da es so viele externe Faktoren zu beachten gibt, die die Entwicklung der Stadt so schnell verändern können, müssen wir viel eher ein grundsätzliches Rahmenwerk schaffen, das Raum lässt für die Entwicklung neuer Möglichkeiten."
(Bürgermeister im Januar 2013)

Um die Herausforderung der strategischen Agilität anzugehen und mehr Menschen in die strategische Arbeit zu integrieren, erarbeitete die Führungsriege zusammen mit einem Forscherteam ein Konzept, das auf verschiedenen Ebenen der Stadtverwaltung eingesetzt werden konnte. Teil dieses Konzepts waren unter anderem drei Instrumente des strategischen Managements: ein Rahmenwerk *strategischer Fähigkeiten*,[3] eine *Wertkurve*[4] und eine *Strategy Map*.[5] Mit Hilfe dieser Analyseinstrumente ermöglichten die Forscher und das Führungsteam fast 100 Strategie-Workshops zwischen 2013 und 2015.

Der Strategieentwicklungsprozess war jedoch alles andere als einfach. Zu Beginn belasteten Spannungen zwischen den politischen Parteien die Strategiearbeit, auch die Sorgen über die wirtschaftliche Rezession machten allen zu schaffen. Manche Diskussionsteilnehmer bezweifelten sogar, dass die Stadt wirklich eine neue Strategie brauchte und ob diese tatsächlich für eine längere Zeit festgeschrieben werden sollte. Letztendlich kam Vaasas Führungsriege zu dem Ergebnis, dass die Stadt unbedingt eine schnelle Erneuerung brauchte und dass eine neue Strategie in einem partizipatorischen Prozess entwickelt und jährlich angepasst werden sollte. Zudem wollte man, dass Strategieplanung ein fester Bestandteil der städtischen Verwaltungsarbeit werden sollte, die damit auch Investitionsentscheidungen mit beeinflussen würde.

Im Laufe des Strategieprozesses ergaben sich viele Spannungen, wie etwa das Dilemma zwischen politischer Arbeit und effektiven strategischen Entscheidungen, das Dilemma zwischen Beteiligung und entschlossener Umsetzung und das Dilemma zwischen Wertschöpfung und Einsparungen im Bereich Dienstleistungen. Umfangreiche Beteiligung (100 Strategie-Workshops auf unterschiedlichen organisatorischen Ebenen) leistete einen wichtigen Beitrag dazu, diese Spannungen abzubauen oder zumindest zu mindern. Die Workshops waren eine Plattform, um ein gemeinsames strategisches Verständnis zu entwickeln. Bereichsleiter und Manager der mittleren Ebene konnten auf Basis der ausgewählten Strategieinstrumente eine gemeinsame Sprache entwickeln. Über den gesamten Entwicklungsprozess sahen sich alle Beteiligten also als Strategen.[6] In den Workshops agierten die Forscher und Berater als Moderatoren, machten Notizen und interpretierten die Diskussionen. Dadurch konnten sich alle anderen Teilnehmer ganz auf die wichtigsten Themen und Probleme konzentrieren, denn die Diskussionen wurden immer dokumentiert und (als PowerPoint-Präsentationen) allen gegenwärtig gemacht.[7,8]

Auf strategischen Fähigkeiten aufbauen

Man hatte sich entschlossen, den ressourcenbasierten Ansatz zu wählen, und so nutzte man das Konzept der strategischen Fähigkeiten, um zu analysieren, über welche Kernressourcen und -prozesse die Stadt verfügte. So wollte man verstehen, auf welche Kernkompetenzen die Stadt bauen konnte und was in naher Zukunft noch gebraucht würde. Anhand dieses Ansatzes wurden die wertvollen, seltenen, nicht imitierbaren und nicht ersetzbaren (VRIN)[9] Ressourcen und Prozesse der Stadt Vaasa analysiert. In einem Workshop Anfang 2013 stellten die Planer, Berater und Stadtvertreter dann all diese strategischen Fähigkeiten anhand einer Strategy Map bildlich dar. Die dadurch entstandenen Ideen wurden in fünf Rubriken eingeteilt (siehe ▶ *Abbildung 1*). So entstand der erste Entwurf der Kernkompetenzen der Stadt insgesamt. Später fanden ähnliche Prozesse auf der Ebene der Bereiche, Unternehmensfachgebiete und Geschäftseinheiten statt.

Als man den Prozess auf die unteren Ebenen der Stadtverwaltung ausdehnte, wurden die Workshop-Teilnehmer ermutigt, zu überlegen, wie ihre Einheit insbesondere die Strategie der Stadt insgesamt voranbringen und gleichzeitig die eigenen strategischen Fähigkeiten weiterentwickeln könnte. Die Funktion der mittleren Manager war auch hier von entscheidender Bedeutung, denn sie bereicherten nicht nur die Diskussion durch ihr aktuelles Fachwissen und ihre praktischen Erfahrungen, sondern übersetzten auch die strategischen Intentionen in die praktische Arbeit ihrer jeweiligen Bereiche und Abteilungen.

WIR BAUEN AUF

Soziale Sicherheit
Soziale Sicherheit wird gewährleistet durch lokal generierte, hochwertige Dienstleistungen für jeden Lebensabschnitt.

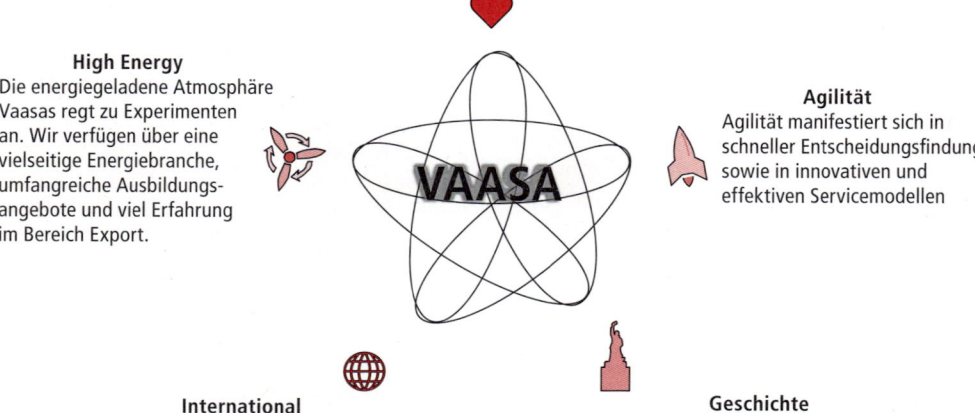

High Energy
Die energiegeladene Atmosphäre Vaasas regt zu Experimenten an. Wir verfügen über eine vielseitige Energiebranche, umfangreiche Ausbildungsangebote und viel Erfahrung im Bereich Export.

Agilität
Agilität manifestiert sich in schneller Entscheidungsfindung sowie in innovativen und effektiven Servicemodellen

International
Die Internationalität bringt eine lebendige Stadtkultur, Vielsprachigkeit und gute infrastrukturelle Verbindungen in die ganze Welt mit sich.

Geschichte
Vaasas Geschichte baut auf einzigartiger und wunderschöner Architektur auf, bei der die unterschiedlichen sozialen Milieus, das Meer und die Inselgruppe immer schon eine wichtige Rolle spielten.

Abbildung 1: Die strategischen Fähigkeiten der Stadt Vaasa

Der Kundennutzen als Teil der Strategie

Das zweite Analyseinstrument der Strategie baute auf der Blue-Ocean-Strategie auf, konzentrierte sich also auf den Ansatz des Kundennutzens. Hier wurde die Nutzenkurve genutzt, um ein gemeinsames Verständnis dafür zu entwickeln, welche Bestandteile das Nutzenversprechen der Stadt Vaasa enthalten sollte – zunächst auf oberster Verwaltungsebene. Die Führungsriege der Stadt setzte dieses Instrument gemeinsam mit ihren Beratern ein, um Vaasas zukünftiges Nutzenversprechen mit dem aktuellen Stand der Dinge zu vergleichen – der Vergleich beschränkte sich also nicht nur darauf, wie die Konkurrenz ihr Werteversprechen auslegte. Zudem konzentrierte man sich auf die aktuellen Kunden und Abläufe der Stadtverwaltung, anstatt nach „Blue Oceans", also neuen Kunden, zu suchen.[10] Nachdem man generische zentrale Kundensegmente identifiziert hatte (Unternehmen, Bürger, ortsansässige Gemeinschaften), wurde eine Nutzenkurve entworfen, die die Nutzenversprechen für jedes Kundensegment enthielt (siehe ▶ *Abbildung 2*). Und wieder war es die Interaktion innerhalb der Workshops, die dazu beitrug, dass ein gemeinsames Verständnis dazu entstand, wer die wichtigsten Kunden waren, welche Versprechen gegeben werden sollten und wie der aktuelle Stand der Dinge war.

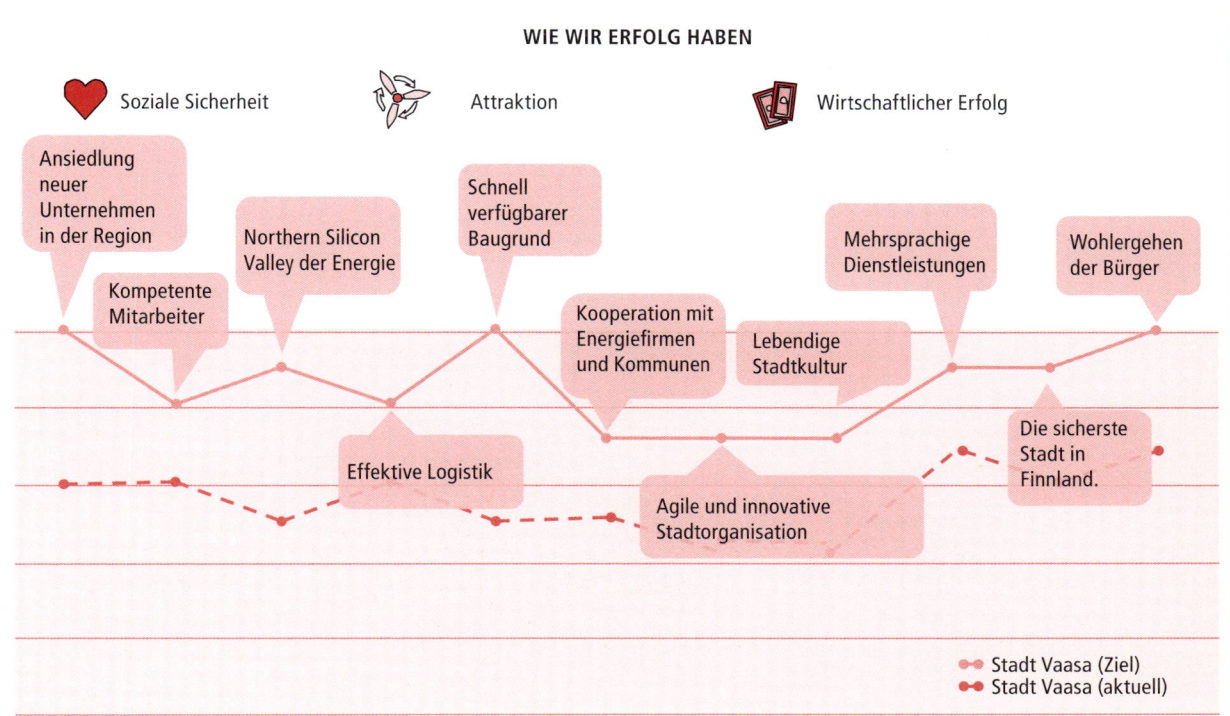

WIE WIR ERFOLG HABEN

Soziale Sicherheit   Attraktion   Wirtschaftlicher Erfolg

Ansiedlung neuer Unternehmen in der Region

Kompetente Mitarbeiter

Northern Silicon Valley der Energie

Schnell verfügbarer Baugrund

Kooperation mit Energiefirmen und Kommunen

Lebendige Stadtkultur

Mehrsprachige Dienstleistungen

Wohlergehen der Bürger

Effektive Logistik

Agile und innovative Stadtorganisation

Die sicherste Stadt in Finnland.

Stadt Vaasa (Ziel)
Stadt Vaasa (aktuell)

Abbildung 2: Die Wertkurve der Stadt Vaasa

Konfiguration der Strategy Map

Die Strategy Map erklärt die strategische Logik der Stadt basierend auf vier Elementen der Balanced Scorecard: (1) die finanzielle Perspektive, (2) die Kundenperspektive (also die Bestandteile der Nutzenkurve/des Nutzenversprechens), (3) die Prozessperspektive und (4) Ressourcen und Kompetenzen.[11] Die letzte Dimension, die im Kaplan-&-Norton-Modell ursprünglich mit „Lernen und Wachstum" bezeichnet wurde, wurde in Vaasas Strategy Map als *Ressourcen und Kompetenzen* umdefiniert, um die Komponenten der anderen Strategieinstrumente integrieren zu können. Die Strategy Map baut also auf den Ergebnissen der beiden anderen Strategieanalysen auf, die zu einem früheren Zeitpunkt des Prozesses durchgeführt wurden – das Rahmenwerk der strategischen Fähigkeiten und die Wertkurve. So wurde die Strategy Map zum zentralen Werkzeug des Strategieentwicklungsprozesses, denn mit ihrer Hilfe konnten die Manager die gesamte strategische Logik ihrer Stadtorganisation anhand einer einzigen bildlichen Darstellung beschreiben und erklären. Außerdem konnte die Strategy Map, richtig eingesetzt, die Strategie der Stadt vereinfachen und zusammenfassen, um sie so der gesamten Organisation verständlich zu machen und näher zu bringen. Die Map erlaubte es dem Management zudem, die Strategie fest in der Stadtorganisation zu verankern und so sicherzustellen, dass sie die Realität in der Stadtverwaltung sowie deren Fähigkeiten realistisch wiedergab. Strategie wurde also zur aktiven Wirklichkeit, die nicht mehr nur von oben nach unten geplant und vorgegeben wurde. Die Vaasa Strategy Map (▶ *Abbildung 3*) stellte eine effektive Grundlage für Diskussionen über die strategische Logik der Stadt dar, die die Strategie in die Tat umsetzte.

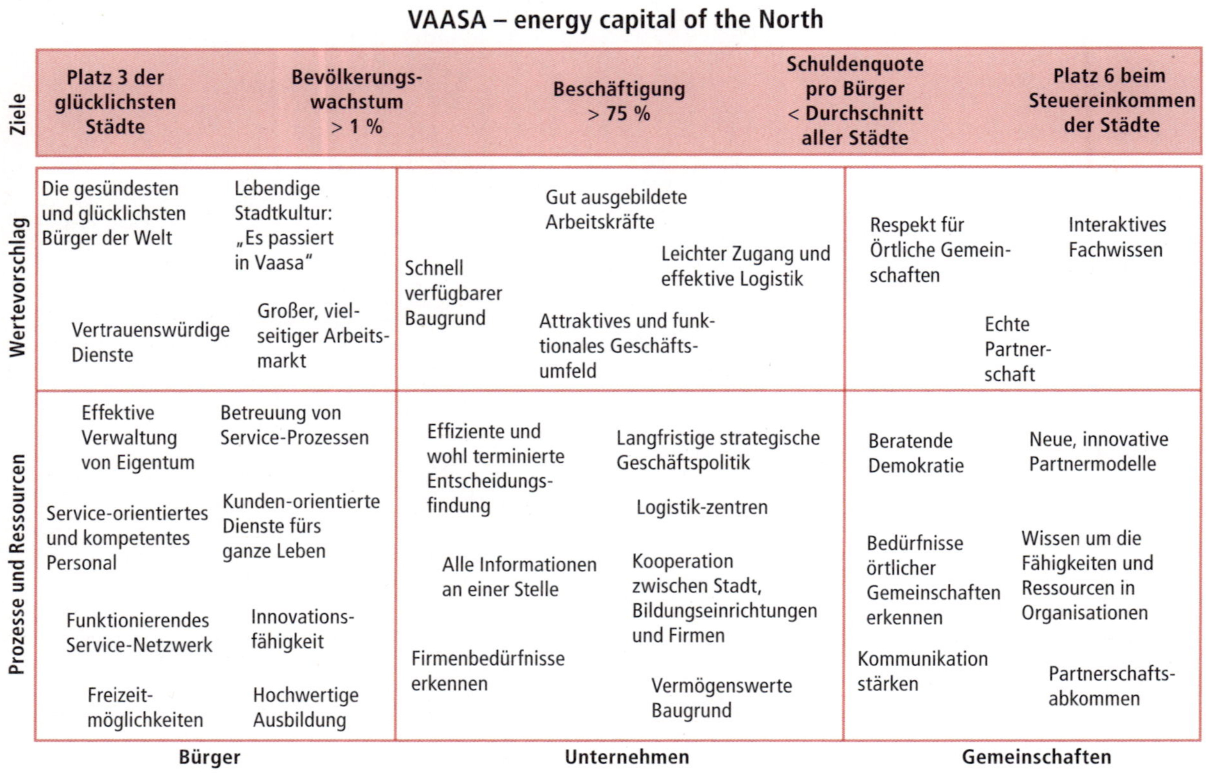

VAASA – energy capital of the North

Ziele

| Platz 3 der glücklichsten Städte | Bevölkerungswachstum > 1 % | Beschäftigung > 75 % | Schuldenquote pro Bürger < Durchschnitt aller Städte | Platz 6 beim Steuereinkommen der Städte |

Wertevorschlag

- Die gesündesten und glücklichsten Bürger der Welt
- Lebendige Stadtkultur: „Es passiert in Vaasa"
- Vertrauenswürdige Dienste
- Großer, vielseitiger Arbeitsmarkt
- Schnell verfügbarer Baugrund
- Gut ausgebildete Arbeitskräfte
- Leichter Zugang und effektive Logistik
- Attraktives und funktionales Geschäftsumfeld
- Respekt für Örtliche Gemeinschaften
- Interaktives Fachwissen
- Echte Partnerschaft

Prozesse und Ressourcen

- Effektive Verwaltung von Eigentum
- Betreuung von Service-Prozessen
- Service-orientiertes und kompetentes Personal
- Kunden-orientierte Dienste fürs ganze Leben
- Funktionierendes Service-Netzwerk
- Innovationsfähigkeit
- Freizeitmöglichkeiten
- Hochwertige Ausbildung
- Effiziente und wohl terminierte Entscheidungsfindung
- Langfristige strategische Geschäftspolitik
- Logistik-zentren
- Alle Informationen an einer Stelle
- Kooperation zwischen Stadt, Bildungseinrichtungen und Firmen
- Firmenbedürfnisse erkennen
- Vermögenswerte Baugrund
- Beratende Demokratie
- Neue, innovative Partnermodelle
- Bedürfnisse örtlicher Gemeinschaften erkennen
- Wissen um die Fähigkeiten und Ressourcen in Organisationen
- Kommunikation stärken
- Partnerschaftsabkommen

Bürger · Unternehmen · Gemeinschaften

Abbildung 3: Strategy Map der Stadt Vaasa

Umsetzung der Stadtstrategie

Auf der Grundlage ihrer Strategy Map entwickelte die Stadt Vaasa schließlich eine umfassende Tabelle, um Ziele, Maßnahmen und strategische Initiativen zusammenzufassen, die so auf nur einer Seite dargestellt werden konnten (*Tabelle 1*). Die Stadt wollte zudem klar definieren, wie die strategischen Ziele und die Investitionspläne zusammenhingen; die Strategie sollte also Budget und Investitionsentscheidungen bestimmen. Die Verwaltung war überzeugt davon, dass Managementsystem so zu planen, dass dadurch die Umsetzung ebenso wie die nachträgliche Anpassung der Strategie erleichtert werden könnten. Der Einsatz der Excel-Tabelle zur Kommunikation innerhalb der gesamten Organisation hatte den weiteren Vorteil, dass das Management dadurch gezwungen wurde, die übermäßig große Anzahl der wichtigen Leistungszahlen und Messwerte zu reduzieren, denn auf einer Seite hatten nur die wichtigsten Kennzahlen Platz. So entschied sich das Stadtmanagement, die ursprünglich 70 Kennzahlen auf nur 25 wichtige Messwerte zu reduzieren, wobei die fünf Leistungszahlen, die zuoberst der Tabelle aufgeführt sind, die wichtigsten Messwerte darstellen. Diese ausgewählten wichtigsten Leistungsindikatoren wurden also zum Herzstück der Strategie der Stadt. Vergleichen könnte man diese damit sehr gut mit den einfachen Richtlinien, die von Eisenhardt und Sull[12] definiert worden waren.

Ziele	Maßnahmen	Strategische Initiativen
Attraktion		
Attraktivität der Region	Bevölkerungswachstum im Jahresvergleich	Sichtbare Energiekompetenz in Aktivitäten und Investitionen
	Neue frei Stellen in Unternehmen/alle neuen freien Stellen	Entwicklung internationaler Innovations-Cluster und F&E-Plattformen in der Region Vaasa
	Steuereinnahmen	Stärkung der internationalen Erreichbarkeit durch gezielte Investitionen per Luft, Schiff, Zug und Straße
	Zahl der nationalen Events	Zwei internationale Bildungseinrichtungen und Lernumfelder: Sicherung einer adäquaten Basis an lokalen Aktionären
		Die Entwicklung des Stadtzentrums, die Wiederbelebung von Inseln und Stränden
		Förderungen einer vielfältigen Stadtkultur: z.B. durch internationale Kongresse und Veranstaltungen
Wettbewerbsfähige städtische Struktur	Anzahl der verfügbaren Baugrundstücke	Die verfügbaren Grundstücke decken den Bedarf: Einhaltung des Programms zur Schaffung von Wohnraum
	Reduzierung der Kohlendioxid-Emissionen	Prüfung der Servicenetzwerke, die einen Lebenszyklus-Ansatz verfolgen
Beschäftigungsrate > 75 %	Anteil der Beschäftigten an der Gesamtbevölkerung (18-64-Jährige)	Ausbildung von kompetenten Fachkräften
Soziale Sicherheit		
Soziale Sicherheit für die Bevölkerung	Dauerhafte Zufriedenheit	Konzentration des Service-Netzwerks auf die wichtigsten Funktionen: größeres Bücherei-Netzwerk, bessere frühkindliche Förderung und Schulbildung
	Index der Erkrankungsrate	Spezielle Gesundheitsvorsorge als separates Thema
	Bei Grundversorgung und Altenpflege werden Fristen und Normen eingehalten	Garantierte Integration von spezieller und grundlegender Gesundheitsvorsorge und Sozialfürsorge: Priorität liegt auf Präventivmaßnahmen
	Anzahl der Besucher bei Sportveranstaltungen und kulturellen Einrichtungen	Neues Gesundheitszentrum in der Stadt: Zentralisierung der medizinischen Dienste und anderer Dienstleistungen im Zusammenhang mit Gesundheitsvorsorge
	Kosten für Altenpflege	Steigerung der Beteiligung und Eigenverantwortung der Kunden: deliberative Demokratie, elektronische Dienste; Einsatz erfahrener Spezialisten bei der Planung und Entwicklung von Dienstleistungen

Tabelle 1: Ziele, Maßnahmen und strategische Initiativen

Ziele	Maßnahmen	Strategische Initiativen
Stärkung der Demokratie	Vertrauen in Entscheidungsprozesse	Erneuerung der repräsentativen Organisation
		Lokale regionale Leitung: Klärung der Verantwortlichkeiten von Regional- und Stadträten
		Konsolidierung deliberativer demokratischer Praktiken für die Entwicklung von Diensten
Wirtschaftlicher Erfolg		
Effektive Verwaltung der Vermögenswerte	Entwicklung von Baugrund	Abwicklung von Grundstücksverkäufen
	Kosten für Baugrund/freier Markt	Analyse der Grundstücksnutzung zur Nutzungssteigerung; systematischer rascher Verkauf von ungenutzten Flächen
		Keine Nutzung extern angemieteter Flächen
Gleichgewicht zwischen Investitionen und Krediten, Anpassung der Aktivitäten	Brutto-Kapitalausgaben auf gleichem Niveau wie Abschreibungen	Entwicklung von Managementsystemen
		Stärkung staatlicher Beteiligungen in Stadtverbänden für Entscheidungsprozesse
	Das Niveau interner Finanzierung von Investitionen	Zentralisierung der Dienstleistungen, Festlegung von Qualitätsstandards für Leistungen, kosteneffektive Produktionsmethoden
		Outsourcing und Einkauf von Diensten: Buchhaltung und Preisfestlegung
	Steigerung der jährlichen Margen	Entwicklung von IT-Diensten
Steigerung des Einkommens	Einkommen im Jahresvergleich, Verkauf von Eigentum, Zahlungen	Leasing und Verkauf von Flächen und Anteilen von Wohneinheiten
		Entwicklung von kostenpflichtigen Diensten, Erhöhung von Gebühren
Optimierung der Personalstruktur	Anzahl der Mitarbeiter/der geleisteten Dienste	Vorausschauende Personalplanung
	Anzahl der langjährigen Mitarbeiter	Reformierung von Organisationen; effektivere Gestaltung administrativer Prozesse

Tabelle 1: Ziele, Maßnahmen und strategische Initiativen (Fortsetzung)

City Management in Echtzeit

Die Verantwortlichen begannen ihre Strategiearbeit zur Steigerung der Agilität mit dem Ziel, einfache Praktiken und Richtlinien festzulegen, die verschiedenen Bereichen helfen würden, sich in die gleiche – richtige – Richtung hin zu entwickeln. Und diese Richtung ergab sich aus der neuen Vision der Stadt, „die Energie-Hauptstadt des Nordens" zu werden. Diese Vision entwickelte sich während der Sitzungen des Management-Teams, tauchte in Diskussionen auf unterschiedlichen Organisationsebenen auf und wurde schließlich als Definition der optimalen Zukunft für Vaasa festgeschrieben.

Es gab also keinerlei separates analytisches Hilfsmittel oder einen separaten Workshop für die Entwicklung einer Vision: Sie ergab sich aus der laufenden Strategiearbeit, wurde diskutiert und ausgearbeitet und schließlich vom Stadtparlament offiziell verabschiedet. Diese Entwicklung verdeutlicht die Idee, die hinter diesem strategischen Arbeitsprozess steht – Strategien sollen sich aus Diskussionen heraus und auf Basis eines gemeinsamen Verständnisses der Organisation, ihrer Fähigkeiten und ihrer Kunden entwickeln. Damit erschließt sich die strategische Logik also Schritt für Schritt im Laufe des strategischen Entwicklungsprozesses.

Als letzten Schritt entwarf die Stadt eine „Jahresuhr für das Management" (▶ *Abbildung 4*), die regelmäßige Updates und Anpassungen der Strategie in den jährlichen Arbeitsplan des Managements integrierte. Zusätzlich wurde ein Prozess eingeführt, der die wichtigen Leistungskennzahlen und Zielvorgaben in die Jahresplanung und -bewertung integrieren sollte. Und es wurden weitere Schritte unternommen, um ein Managementsystem zu entwickeln, das ein Management der Stadtbelange in Echtzeit ermöglichen würde. Dabei wurde schnell klar, dass weitere Anpassungen der wichtigsten Kennzahlen notwendig waren, damit sich die Leiter der verschiedenen Bereiche genau auf die Messwerte konzentrieren konnten, die für sie relevant waren. Allerdings hatte die Beteiligung dieser verschiedenen Bereiche und Ebenen – und auch die Anwendung der Strategy Map als wichtigstes Werkzeug – die Entwicklung eines gemeinsamen Verständnisses der strategischen Vision und des Strategieprozesses über die gesamte Organisation hinweg ermöglicht und erleichtert.

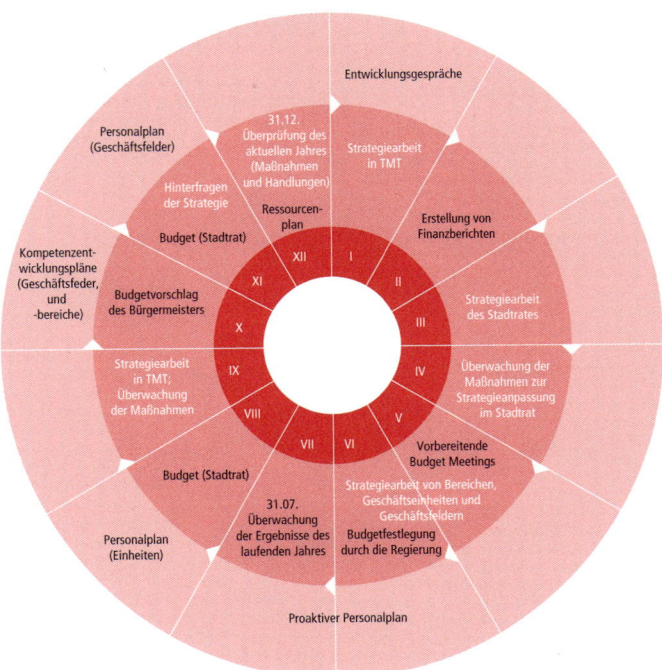

Abbildung 4: Management-Jahresuhr

Quellen:

[1] *K. H. Heimeriks, Confident or competent? How to avoid superstitious learning in alliance portfolios, Long Range Planning, Band 43, Nr. 2 (2010), S. 57–84.*

[2] *C. Siré n, M. Kohtamäki und A. Kuckertz, Exploration and exploitation strategies, profit performance and the mediating role of strategic learning: escaping the exploitation trap, Strategic Enterpreneurship Journal, Band 6, Nr. 1 (2012), S. 18–41.*

[3] *C. Long and M. Vickers-Koch, Using core capabilities to create competitive advantage, Organisational Dynamics, Band 24, Nr. 1 (1995), S. 7–22.*

[4] *C. Kom und R. Mauborgne, How strategy shapes structure, Harvard Business Review, 87 (September 2009), S. 73-80.*

[5] *R. S. Kaplan und D. P. Norton, Having trouble with your strategy? Then map it, Harvard Business Review, Band 78, Nr. 5 (2000), S. 167–76.*

[6] *R. Whittington, Strategy practice and strategy process: family differences and the sociological eye, Organisation Studies, Band 28, Nr. 10 (2007), S. 1575–586.*

[7] *S. Kaplan, Strategy and PowerPoint: an inquiry into the epistemic culture and machinery of strategy making, Organisation Science, Band 22, Nr. 2 (2011), S. 320–46.*

[8] *S. Paroutis, A. Franco und T. Papadopoulous, Visual interactions with strategy toos: producing strategic knowledge in workshops, British Journal of Management, Band 26, Nr. 51 (2015), S. S48–S66.*

[9] *J. B. Barney, Firm resources and sustained competitive advantage, Journal of Management, Band 17, Nr. 1 (1991), S. 99–120.*

[10] *C. W. Kim und R. Mauborgne, Blue ocean strategy: from theory to practice, California Management Review, Band 47, Nr. 3 (2005), S. 105–21.*

[11] *R. S. Kaplan und D. P. Norton, Having trouble with your strategy? Then map it, Harvard Business Review, Band 78, Nr. 5 (2000), S. 167–176.*

[12] *K. M. Eisenhardt and D. N. Sull, Strategy as simple rules, Harvard Business Review, Band 79, Nr. 1 (2001), S. 106–16.*

Fragen

1   Beschreiben Sie den Strategieentwicklungsprozess in der Stadt Vaasa anhand der Pyramide strategischer Praxis (▶ *Abbildung 16.1*).

2   Kommentieren Sie den Strategieprozess, den Vaasa gewählt hat. Inwieweit unterscheidet sich dieser von der bisherigen strategischen Arbeit in der Stadt?

3   Welche Vor- und Nachteile haben die hier angewendeten Analyseinstrumente?

4   Bedenken Sie den öffentlichen Sektor als Kontext dieser Fallstudie – inwieweit können sich Ähnlichkeiten oder auch Unterschiede zur Strategiearbeit in gewinnorientierten Unternehmen ergeben?

 Als Dozent finden Sie ausführliche **Lösungshinweise** zu den Fallaufgaben auf der Webseite zum Buch.

Kommentar zu Teil III: Strategie in Aktion

Teil III dieses Buchs befasste sich mit Strategie in Aktion. Obwohl dies der letzte Teil ist, heißt das nicht zwangsläufig, dass strategisches Handeln immer die logische Folge der Analyse strategischer Positionen und Wahlmöglichkeiten ist. In *Kapitel 1* wurde der Gesamtentwurf des Buchs vorgestellt. Dort wird darauf hingewiesen, dass strategisches Management nicht immer als linearer Prozess angesehen werden sollte. Tatsächlich besteht eine Abhängigkeit und Interaktion zwischen den in verschiedenen Teilen des Buchs beschriebenen Aktivitäten und Herausforderungen. Deshalb überschneiden sich auch die Kreise in *Abbildung 1.3*. Doch natürlich müssen die einzelnen Themen dieses Buchs in linearer Form präsentiert werden und auch bei strategischem Management geht es oft um strategische Formulierungen gefolgt von der Implementierung der Strategie.

In diesem Kommentar werden die strategischen Perspektiven dazu herangezogen, dieses wichtige Thema näher zu beleuchten. Ist es sinnvoll, strategisches Management als einen Prozess zu betrachten, der zunächst die Formulierung der Strategie und danach die Implementierung der Strategie vorsieht?

Auf folgende Punkte sei hingewiesen:

■ Es soll hier nicht nahegelegt werden, dass eine dieser Perspektiven den anderen überlegen ist. Sie gewähren jedoch unterschiedliche Einblicke in die Probleme, denen sich Manager stellen müssen, und in die Art und Weise, wie mit diesen Herausforderungen umgegangen wird.

■ Leser, die bisher den nach *Kapitel 1* folgenden Kommentar mit der Erklärung der vier Perspektiven *noch nicht* gelesen haben, sollten dies jetzt tun. Auch die Kommentare im Anschluss an *Teil I* und *Teil II* sind hier relevant.

Gestaltungsperspektive

Bezieht man sich auf die Aussage, dass das Denken dem organisationalen Handeln vorausgeht, so betrachtet man das Management der Strategie als linearen Prozess. Aus diesem Blickwinkel sind rationale Analyse und aktive Gestaltung wirkungsvolle Motivatoren strategischen Handelns. Für Manager heißt das:

■ *Einen Business Case erstellen:* Der wichtigste Faktor für die Überzeugung von Kollegen und anderen internen und externen Interessengruppen sind logische Analyse und Beweise, wie etwa strikte Bewertungskriterien (*Kapitel 12*) und Geschäftspläne (*Kapitel 16*).

■ *Striktes Management des Wandels:* Strategien lassen sich am besten umsetzen durch den systematischen Einsatz von Stellhebeln des Wandels (*Kapitel 15*) und striktem Projektmanagement (*Kapitel 16*) mit möglichst wenig Spielraum für Improvisationen.

■ *Stärkung kohärenten Handelns:* Strategien lassen sich am besten umsetzen, wenn Organisationsstrukturen und -systeme so konfiguriert sind, dass sie sich gegenseitig stützen (*Kapitel 14*).

Erfahrungsperspektive

Die Erfahrungsperspektive sieht die Rolle der Vernunft und rationalen Überlegung bei der Umsetzung von Strategien eher skeptisch. Voreingenommenheiten der Manager und Konservativismus innerhalb von Organisationen bringen es mit sich, dass Strategien stark von der Vergangenheit beeinflusst werden. Daher ist Folgendes wichtig:

- *Voreingenommenheiten müssen hinterfragt werden.* Die Bewertung und Planung der Strategie (*Kapitel 12* und *13*) werden meist von den Erfahrungen derer geprägt, die sie durchführen; also ist es wichtig, alles, was als selbstverständlich gilt, zu hinterfragen.

- *Sorgfältige Auswahl von Teams.* Werden Strategien von denjenigen geprägt, die sie festlegen, dann ist es umso wichtiger, welche Personen in den Projetteams sind (*Kapitel 16*).

- *Die Herausforderungen des Wandels erkennen.* Da die Vergangenheit so schwer wiegt, sind die Problematiken von Veränderungen (*Kapitel 15*) bestimmt mit am schwersten zu meistern.

Vielfaltsperspektive

Gemäß dieser Ansicht können Strategien aus dem Umfeld entstehen und werden dann oft nur unbewusst innerhalb der Organisationsprozesse ausgewählt und umgesetzt. Auch Innovationen kommen nicht nur vom Management und auf dessen Anweisung hin. Daher ist hier Folgendes wichtig:

- *Inklusivität fördern.* Innovative Strategien kommen eher zustande – und werden auch eher umgesetzt –, wenn man so viele Menschen wie möglich von innerhalb und außerhalb der Organisationsführung am Strategieprozess beteiligt (*Kapitel 13* und *Abschnitt 16.2*).

- *Überprüfung der Regeln.* Die Vielfaltsperspektive richtet ihr Augenmerk auf die Macht eingefahrener Strukturen und Abläufe; also ist es auch sehr sinnvoll, altgediente Kriterien zur Strategiebewertung und Organisationssysteme kritisch auf versteckte Voreingenommenheiten zu prüfen (*Abschnitt 12.3* und *Abschnitt 14.3*).

- *Bereit sein für Planabweichungen.* Hier sind Überraschungen und Spontaneität wichtig, also muss eine Organisation immer flexibel bleiben und, falls nötig, auch einmal Aspekte eines bereits festgelegten Strategieplans aufgeben (*Kapitel 13*).

Diskursperspektive

Aus diesem Blickwinkel betrachtet, kommt es bei der Interpretation und Umsetzung von Strategien vor allem auf die Sprache an. Diskussionen können eine Strategie und ihre Umsetzung sowohl fördern als auch behindern. Wichtig ist hier:

- *Es kommt auf die Wortwahl an.* Die symbolische Macht der Sprache kann einer Strategie zum Erfolg verhelfen, sie aber auch scheitern lassen, z.B. im Fall eines transformativen Wandels (*Abschnitt 15.4*) oder bei der Begründung von Leistung (*Abschnitt 12.2*).

- *Organisationen sind politisch.* Diskurse können eingesetzt werden, um bestimmte Interessen zu fördern; also ist es wichtig, die Sprache wichtiger Themen genau zu beobachten und auch zu hinterfragen (*Abschnitt 16.3*). Auch für die Bildung von Allianzen und Netzwerken ist Sprache entscheidend (*Abschnitt 13.3*).

- *Sprache als Eintrittskarte.* Manager und Berater, die in den Strategiediskurs einer Organisation einsteigen möchten (*Abschnitt 16.2*), müssen unbedingt die Strategiesprache dieser Organisation flüssig beherrschen und selbstbewusst einsetzen.

Glossar

Akzeptabilität befasst sich mit den erwarteten Erfolgswirkungen einer Strategie und damit, inwieweit diese den Erwartungen der Interessengruppen entsprechen.

Eine *Anweisung* bezeichnet den Einsatz persönlicher Autorität eines Managers bei der Festlegung einer Strategie oder eines Veränderungsprozesses.

Balanced Scorecards kombinieren qualitative und quantitative Kennzahlen, berücksichtigen die Erwartungen verschiedener Interessengruppen und verbinden die gewählte Strategie mit dem Unternehmenserfolg.

Basiswerte sind die zugrunde liegenden Prinzipien, die die Strategie einer Organisation leiten.

Bei der *BCG-Matrix* sind Marktwachstum und Marktanteil die entscheidenden Variablen zur Bestimmung von Attraktivität und Ausgewogenheit eines Portfolios.

Blue Oceans sind neue Markträume, in denen Konkurrenz minimiert wird.

Eine *Branche* wird durch eine Gruppe von Unternehmen gebildet, die dasselbe Kernprodukt oder dieselbe Kerndienstleistung anbieten.

Ein *Business Case* enthält Daten und Argumente, die einen bestimmten Strategievorschlag unterstützen, z.B. die Investition in neue Ausrüstung.

Der *CAGE-Rahmen* betont die Bedeutung kultureller, administrativer, geografischer und wirtschaftlicher Distanz.

Eine *Cash Cow* ist eine Geschäftseinheit auf einem reifen Markt, die einen hohen Marktanteil aufweist.

Der Begriff *Chancenerkennung* meint die Identifizierung einer Chance, also die Erkennung der Bedingungen, unter welchen neue Produkte und Dienstleistungen ein Bedürfnis auf dem Markt oder im Umfeld befriedigen können.

Ein *Change Agent* ist eine Einzelperson oder Gruppe, die einen strategischen Wandel in einer Organisation durchführt.

Corporate Entrepreneurship bezeichnet eine radikale Veränderung einer Unternehmung, die im Wesentlichen auf den eigenen Fähigkeiten der Organisation basiert.

Corporate Governance befasst sich mit den Kontrollstrukturen und -systemen, mittels derer Manager an diejenigen berichten müssen, die einen legitimen Einfluss auf die Organisation haben.

Data mining ist der Prozess, durch welchen Trends, Muster und Verbindungen von Daten identifiziert werden, die genutzt werden können, um die Wettbewerbsfähigkeit zu verbessern.

Delegation bezeichnet das Ausmaß, in dem die Unternehmenszentrale Entscheidungsrechte an Geschäftseinheiten und Manager niedrigerer Führungsebenen abtritt.

Die *Differenzierungsstrategie* möchte Produkte und Dienstleistungen anbieten, die sich von denen anderer Produkte und Dienstleistungen durch einen spezifischen Nutzen unterscheiden und daher von Käufern hoch geschätzt werden.

Diffusion bezeichnet den Prozess, mittels dessen sich Innovationen mit unterschiedlicher Geschwindigkeit und in unterschiedlichem Ausmaß unter Nutzern ausbreiten.

Direkte Steuerung umfasst die unmittelbare, persönliche Steuerung und Überwachung strategischer Entscheidungen durch eine oder mehrere Einzelpersonen.

Die *disruptive Innovation* realisiert erhebliches Wachstum, indem sie neue Leistungswege beschreitet; selbst wenn sie gegenüber bestehenden Technologien anfänglich unterlegen ist, hat sie doch das Potenzial, deutlich überlegen zu werden.

Diversifikation bezeichnet eine Strategie, welche die Marktabdeckung und das Produktprogramm einer Organisation ausweitet.

Die *divisionale Struktur* besteht aus einzelnen Divisionen, die nach Produkten, Kundengruppen oder geografischen Regionen gegliedert sind.

Dogs sind Geschäftseinheiten mit einem geringen Marktanteil auf stagnierenden oder rückläufigen Märkten.

Eine *dominante Strategie* ist eine Strategie, die bessere Ergebnisse als andere Strategien liefert, was auch immer die Konkurrenz tut.

Dynamische Fähigkeiten bezeichnen die Fähigkeiten einer Organisation, ihre strategischen Fähigkeiten so zu erneuern und neu zu definieren, dass sie den Anforderungen eines sich verändernden Umfelds gerecht werden.

Eignung bezieht sich darauf, ob ein Unternehmen die Fähigkeiten besitzt, eine Strategie umzusetzen.

Eintrittsbarrieren sind Faktoren, die von Unternehmen, die neu auf einen Markt eintreten, überwunden werden müssen, damit sie dort wettbewerbsfähig sein können.

Einzigartige Ressourcen sind diejenigen Ressourcen, welche die entscheidende Basis für einen Wettbewerbsvorteil bilden und von anderen Unternehmen weder einfach erlangt noch imitiert werden können.

Emergente, gewachsene Strategien entwickeln sich aus alltäglichen Routineabläufen, Aktivitäten und Prozessen in Organisationen, die zu Entscheidungen führen, welche die langfristige Ausrichtung einer Organisation bestimmen.

Entrepreneurship ist ein Prozess, durch welchen Einzelpersonen, Teams oder ganze Organisationen Chancen für neue Produkte oder Dienstleistungen identifizieren und nutzen können, die ein Bedürfnis auf dem Markt befriedigen.

Die *Erfahrungsperspektive* sieht strategische Entwicklung als Ergebnis individueller und kollektiver Erfahrungen einzelner und der Annahmen an, die sie als unhinterfragt gegeben hinnehmen.

Das *Exploring Strategy Framework* umfasst das Verständnis der strategischen Position einer Organisation; die Beurteilung ihrer strategischen Wahlmöglichkeiten für die Zukunft und das Management der Strategie in Aktion.

Beim Management der *finanziellen Kontrolle* beschränkt sich die Unternehmenszentrale darauf, finanzielle Ziele zu setzen, Ressourcen zuzuteilen und Leistung zu bewerten, und greift operativ nur ein, um schlechte Leistungen zu verhindern oder zu korrigieren.

Ein *First-Mover-Vorteil* besteht dann, wenn es einer Organisation deshalb besser geht als ihrer Konkurrenz, weil sie mit einem neuen Produkt, neuen Prozess oder einer neuen Dienstleistung als Erste auf dem Markt war.

Das *Five-Forces-Modell* evaluiert die Attraktivität einer Branche oder eines Industriesektors in Bezug auf Basis von Wettbewerbskräften.

Die *fokussierte Differenzierung* ist dadurch charakterisiert, dass eine Organisation – meist in einem ausgewählten Marktsegment (Nische) – ein als besonders leistungsstark wahrgenommenes Produkt oder eine Dienstleistung anbietet, das/die einen erheblichen Preisaufschlag rechtfertigt.

Eine *Fokusstrategie* zielt auf ein enges Segment oder einen engen Bereich von Aktivitäten ab und stimmt ihre Produkte oder Dienstleistungen auf die Bedürfnisse des speziellen Segments ab, schließt dabei andere aber aus.

Ein *Fragezeichen* (oder Problemkind) bezeichnet eine Geschäftseinheit in einem wachsenden Markt, die keinen hohen Marktanteil besitzt.

Führung bezeichnet den Prozess der Beeinflussung einer Organisation (oder einer Gruppe innerhalb einer Organisation) in ihren Bemühungen, ein Ziel zu erreichen.

Die *funktionale Struktur* gliedert die formale Aufbaustruktur einer Organisation nach Verrichtungen wie beispielsweise Produktion, Finanz- und Rechnungswesen, Marketing, Personal sowie Forschung und Entwicklung.

Funktionsbereichsstrategien beziehen sich darauf, wie die Funktionseinheiten einer Organisation ihre Ressourcen, Prozesse und Mitarbeiter einsetzen, um die Unternehmens- und Geschäftsstrategien effektiv umzusetzen.

Eine *Fusion* bezeichnet den Zusammenschluss oder die Verschmelzung zweier oder mehrerer Unternehmen zu einem einzigen Unternehmen.

Die *Geschäftsbereichsstrategie* definiert, wie ein Geschäftsbereich auf seinen Märkten im Wettbewerb erfolgreich sein kann.

Ein *Geschäftsmodell* beschreibt die Struktur des Produkt-, Dienstleistungs- und Informationsflusses und der Rollen der beteiligten Parteien.

Ein *Geschäftsplan* liefert Daten und Argumente für eine bestimmte strategische Initiative, etwa die Investition in neue Ausrüstung.

Die *Gestaltungsperspektive* sieht die Entwicklung von Strategien als einen logischen Prozess an, in dem die Kräfte und Beschränkungen, die auf eine Organisation wirken, analysiert und bewertet werden, um eine klare strategische Richtung festzulegen und die Grundlage für die Umsetzung der geplanten Strategie zu schaffen.

Bei der *gestuften internationalen Expansion* nutzen Firmen Formen des Markteintritts, die es ihnen erlauben, den Wissenserwerb zu maximieren und die Vermögenswerte einem möglichst geringen Risiko auszusetzen.

Gewinnreservoire bezeichnen die unterschiedlichen Gewinnpotenziale, die an verschiedenen Stellen der Wertschöpfungskette erzielbar sind.

Globale Beschaffung bezeichnet den Einkauf von Dienstleistungen und Komponenten bei den geeignetsten Zulieferern auf der ganzen Welt, gleichgültig, wo sie sich befinden.

Die *globale Strategie* zeichnet sich durch eine stark ausgeprägte Koordination extensiver Aktivitäten aus, die auf viele verschiedene Länder rund um die Welt verteilt sind.

Der Druck hin zur *globalen Integration* ermutigt Organisationen, ihre Aktivitäten über verschiedene Länder zu koordinieren, um so für einen effizienten Betrieb zu sorgen.

Ein *Global-lokal-Dilemma* bezieht sich darauf, inwieweit Produkte und Dienstleistungen über nationale Grenzen hinweg standardisiert werden dürfen oder an die Anforderungen spezifischer Landesmärkte angepasst werden müssen.

Die *Hauptantriebskräfte des Wandels* sind die Umfeldfaktoren, welche Branchen und Sektoren sowie auch die dort angewendeten Strategien wahrscheinlich am meisten beeinflussen.

Die *horizontale Integration* weitet die Aktivitäten eines Unternehmens um solche aus, die komplementär zu aktuellen Aktivitäten sind.

Die *Hybridstrategie* möchte zugleich Differenzierungs- und Preisvorteile gegenüber der Konkurrenz erreichen.

Zu einem *Hyperwettbewerb* kommt es, wenn sich Häufigkeit, Kühnheit und Aggressivität dynamischer Aktionen der Konkurrenten immer weiter steigern, sodass die Marktbedingungen sich dauernd im Ungleichgewicht und Wandel befinden.

Der *Hypothesentest* ist eine Methodik bei Strategieprojekten, die insbesondere zur Bestimmung von Prioritäten bei der Untersuchung strategischer Themen und Optionen angewendet wird.

Die *Identität einer Organisation* bezieht sich darauf, wie sie sich selbst als Organisation sieht und versteht.

Die *Ideenperspektive* betrachtet Strategie als Ergebnis des Aufkommens von Ideen, die aus der Vielfalt und Unterschiedlichkeit innerhalb und außerhalb einer Organisation gespeist werden.

Immaterielle/intangible Ressourcen bezeichnen physisch nicht fassbare Ressourcen wie Information, Reputation und Wissen.

Implementierer sind Tochtergesellschaften internationaler Unternehmen, die Strategien ausführen, die an anderer Stelle entwickelt wurden und möglicherweise finanzielle Überschüsse erwirtschaften, die Initiativen in anderen Gesellschaften finanzieren.

Innovation bezeichnet die Umwandlung neuen Wissens in neue Produkte, Prozesse oder Dienstleistungen und die praktische Verwertung dieser Produkte, Prozesse oder Dienstleistungen entweder direkt auf dem Markt oder in anderen Prozessen.

Die *intendierte Strategie* bezeichnet die von Managern gewünschte Strategie, die bewusst formuliert und geplant wurde.

Interessengruppen sind diejenigen Einzelpersonen oder Gruppen, die von der Organisation abhängig sind, um ihre eigenen Ziele zu erreichen, und von denen wiederum auch die Organisation abhängig ist.

Die *internationale Strategie* bezeichnet eine Reihe von Optionen für Aktionen außerhalb des Ursprungslands einer Organisation.

Interne Märkte sind durch ein formalisiertes System der „vertraglichen" Übertragung von Ressourcen innerhalb einer Organisation gekennzeichnet.

Intervention bezeichnet die Koordination von und die Autorität über Wandlungsprozesse, die von einem Change Agent ausgeübt werden, der einzelne Aufgaben des Wandlungsprozesses delegiert.

Käufer sind die unmittelbaren Kunden einer Organisation (die nicht notwendigerweise die Endkunden sein müssen).

Kernkompetenzen sind die Fertigkeiten und Fähigkeiten, mittels derer Ressourcen durch die Aktivitäten und Prozesse einer Organisation eingesetzt werden, sodass ein Wettbewerbsvorteil entsteht, den andere nicht imitieren oder erlangen können.

Koevolution beschreibt, wie Partner, Strategien und Fähigkeiten sich beständig und aufeinander abgestimmt verändern müssen, um das sich ständig wandelnde Umfeld widerzuspiegeln.

Bei einer *kollektiven Strategie* geht es darum, wie ein ganzes Netzwerk aus Allianzen, an dem eine Organisation beteiligt ist, sich im Wettbewerb gegen andere Allianznetzwerke durchsetzen kann.

Kompetenzen sind die Fertigkeiten und Fähigkeiten, mittels derer Ressourcen durch die Aktivitäten und Prozesse einer Organisation effektiv eingesetzt werden.

Komplementärprodukte oder -leistungen sind Produkte oder Dienstleistungen, für die Kunden bereit sind, mehr zu bezahlen, wenn sie gemeinsam und nicht getrennt verkauft werden.

Komplementoren sind Unternehmen, von denen Kunden komplementäre Produkte erwerben, die zusammen mehr wert sind als einzeln.

Die *Konfiguration* einer Organisation besteht aus den Strukturen, Prozessen und Beziehungen, mit denen eine Organisation arbeitet.

Man spricht von *Konsolidierung*, wenn sich eine Organisation in defensiver Weise auf ihre bestehenden Märkte und Produkte konzentriert.

Konvergenz bedeutet, dass vormals voneinander getrennte Branchen beginnen, sich in Bezug auf ihre Aktivitäten, Technologien, Produkte und Kunden allmählich zu überlappen.

Einen *kooperativen Vorteil* zu erlangen, bedeutet, Allianzen besser führen und verwalten zu können als die Konkurrenz.

Kostenführerstrategie bezeichnet eine Strategie, bei der das Unternehmen die Organisation mit den niedrigsten Kosten in einem Tätigkeitsbereich ist.

Eine **Kraftfeldanalyse** analysiert die Kräfte, die einen Wandel unterstützen oder behindern, und identifiziert damit Themen des Wandels, die bei dessen Gestaltung in Angriff genommen werden müssen.

Kritische Erfolgsfaktoren (KEFn) sind Produkteigenschaften, die von einer Kundengruppe als besonders wichtig eingeschätzt werden, weshalb eine Organisation diesbezüglich besonders gute Leistungen erbringen muss, um die Konkurrenz zu übertreffen.

Die **kulturelle Erklärung der Entwicklung einer Strategie** lautet, dass sich die Strategie aus den in Organisationen als unhinterfragt als gegeben angenommenen Annahmen und Verhaltensweisen ergibt.

Das **kulturelle Netz einer Organisation** bezeichnet die physischen, symbolischen und Verhaltensmanifestationen einer Kultur, die durch unhinterfragt als gegeben angenommene Annahmen oder Denkmuster geprägt werden und diese prägen.

Kulturelle Systeme streben die Standardisierung der Verhaltensnormen innerhalb einer Organisation im Einklang mit bestimmten Zielen an.

Der **Lebenszyklus** unternehmerischer Projekte wird in vier verschiedene Phasen unterteilt: Beginn, Wachstum, Reife und Marktaustritt.

Legitimität bezieht sich darauf, inwieweit die innerhalb eines organisationalen Wirkungsfelds bestehenden Erwartungen in Bezug auf Grundannahmen, Verhaltensweisen und Strategien erfüllt werden.

Leistungsziele beziehen sich auf die Leistungsergebnisse, die eine Organisation (oder ein Teil einer Organisation) erzielt, wie Produktqualität, Preis oder Gewinn.

Eine **lernende Organisation** ist in der Lage, sich beständig zu erneuern, indem sie auf die Bandbreite des Wissens, der Erfahrung und Fähigkeiten der Organisationsmitglieder zurückgreift, und auf eine Kultur, die auf Basis eines gemeinsamen Zwecks oder einer Vision gegenseitiges Fragen und Infrage stellen fördert.

Logischer Inkrementalismus ist die bewusste Entwicklung einer Strategie durch Experimentieren und Lernen auf Basis begrenzter Veränderungen.

Ein hoher Druck hin zur **lokalen Reaktionsfähigkeit** impliziert ein größeres Bedürfnis, den Betrieb aufzuteilen und an die lokale Nachfrage anzupassen.

Bei der **Lückenanalyse** wird die erzielte oder prognostizierte Leistung mit der gewünschten Leistung verglichen.

Machbarkeit bezieht sich darauf, ob eine Organisation die Fähigkeiten besitzt, eine Strategie umzusetzen.

Macht ist die Fähigkeit eines Einzelnen oder einer Gruppe, andere zu überzeugen, zu veranlassen oder zu zwingen, bestimmten Handlungsweisen zu folgen.

Das **Makroumfeld** setzt sich aus den umfassenden Umweltfaktoren zusammen, die viele Organisationen, Branchen und Sektoren mehr oder weniger stark beeinflussen.

Ein **Markt** ist eine Gruppe von Käufern bestimmter gleicher Kernprodukte oder Kerndienstleistungen (z.B. ein bestimmter geografischer Markt).

Marktdurchdringung findet statt, wenn eine Organisation ihren Marktanteil ausweitet.

Marktentwicklung findet statt, wenn bereits existierende Produkte auf neuen Märkten angeboten werden.

Ein **Marktsegment** wird durch eine Kundengruppe mit ähnlichen Bedürfnissen gebildet, die sich von den Bedürfnissen der Kunden in anderen Teilen des Markts unterscheiden.

Marktsysteme beinhalten meist ein formalisiertes „Vertrags"-System, das die Zurverfügungstellung von Ressourcen oder Inputs aus anderen Teilen einer Organisation oder die Lieferung von Outputs an bestimmte Organisationsteile regelt.

Materielle/tangible Ressourcen sind die physisch fassbaren Ressourcen einer Organisation wie etwa Fabriken, Personal und Finanzen.

Die *Matrixstruktur* kombiniert zwei unterschiedliche Gliederungsformen, Produktabteilungen und geografische Abteilungen oder funktionale und divisionale Strukturen, die gleichberechtigt nebeneinander bestehen.

Der *Meilenstein-Phasen-Prozess* ist ein strukturierter Steuerungs- und Kontrollprozess der Produktentwicklung, der während der Entwicklungsphase überwacht, inwieweit ein Produkt gewünschte Leistungskriterien erfüllt, und sicherstellt, dass diese Kriterien mit den Marktanforderungen übereinstimmen.

Die *Misserfolgsstrategie* liefert den Kunden nicht den für den Preis erwarteten Wert aufgrund der Produkteigenschaften, des Preises oder beidem.

Eine *Mission/Unternehmensleitbild* zielt darauf ab, Mitarbeitern und Interessengruppen Klarheit darüber zu vermitteln, was die Zwecksetzung der Organisation ist und worin ihre Daseinsberechtigung besteht.

Mitwirkende Unternehmen sind Tochtergesellschaften internationaler Firmen mit wertvollen internen Ressourcen, die sich in Ländern mit geringer strategischer Relevanz befinden, aber dennoch einen wichtigen Beitrag zum Wettbewerbserfolg des internationalen Unternehmens leisten.

Die *multidivisionale Struktur* besteht aus einzelnen Divisionen, die nach Produkten, Kundengruppen oder geografischen Regionen gegliedert sind.

In einer Branche kommt es zu *Netzwerkeffekten*, wenn ein Kunde eines Produkts oder einer Dienstleistung für andere Kunden eine positive Wirkung auf den Wert dieses Produkts hat.

Nichtimitierbare Ressourcen und Kompetenzen können Konkurrenten nur schwer oder zu hohen Kosten nachahmen, erlangen oder substituieren.

Die *Niedrig-Preis-Strategie* beinhaltet das Angebot eines geringeren Preises als die Konkurrenz bei als ähnlich wahrgenommenen Produkt- oder Leistungseigenschaften.

Die *„No frills"-Strategie (Ohne-Schnickschnack-Strategie)* kombiniert ein Niedrigpreisangebot eines Produkts oder einer Dienstleistung, welche/s vom Kunden als wenig leistungsstark wahrgenommen werden, mit einer Konzentration auf ein preisempfindliches Marktsegment.

In der *normativen Entscheidungsmatrix* (Marktattraktivitäts-/Geschäftsfeldstärken-Matrix) werden strategische Geschäftseinheiten danach positioniert, (i) wie attraktiv der jeweilige Markt ist, auf dem sie aktiv sind, und (ii) welche Wettbewerbsstärken sie auf diesem Markt besitzen.

Die *offene Innovation* beinhaltet den bewussten Import und Export von Wissen durch eine Organisation, um so die eigenen Innovationen zu beschleunigen und zu verbessern.

Organisationales Wissen ist die kollektive Erfahrung, die durch Systeme, Routinen und den Austausch innerhalb der Organisation angesammelt wird.

Ein *Organisationsfeld* wird durch eine Gemeinschaft von Organisationen gebildet, die häufiger miteinander als mit anderen Unternehmen außerhalb des Felds interagieren und die ein gemeinsames Sinnsystem entwickelt haben.

Organisationskultur bezeichnet die grundlegenden *Annahmen und Werte*, die alle Mitarbeiter einer Organisation teilen. Sie wirken im Unterbewusstsein und definieren ganz grundlegend und unhinterfragt, wie eine Organisation sich selbst und ihr Umfeld sieht.

Organisatorische Ambidexterität bezeichnet die Fähigkeit, sowohl bestehende Fähigkeiten auszunutzen als auch nach neuen Fähigkeiten zu suchen.

Organisatorische Passung (organisational fit) bezieht sich auf die Passung der Managementverfahren, der kulturellen Praktiken und des Personals zwischen dem Zielunternehmen und dem erwerbenden Unternehmen.

Organische Entwicklung liegt vor, wenn eine Organisation ihre Strategien auf ihren eigenen Fähigkeiten aufbaut und diese weiterentwickelt.

Outsourcing ist der Prozess, durch den zuvor intern ausgeführte Tätigkeiten an externe Lieferanten fremdvergeben werden.

Ein *Paradigma* beschreibt eine Gruppe von Annahmen, welche von den meisten Mitgliedern einer Organisation geteilt werden und die sie unhinterfragt als gegeben hinnehmen.

Partizipation in einem Wandelprozess bezeichnet die Beteiligung derer, die von einem strategischen Wandel betroffen sein werden, an der Gestaltung des Wandels.

Die *PESTEL-Analyse* differenziert sechs Gruppen von Einflussfaktoren des Makroumfelds: politische, wirtschaftliche, soziale, technologische, die ökologische Umwelt betreffende und rechtliche Faktoren.

Pfadabhängigkeit bedeutet, dass durch frühe Ereignisse und Entscheidungen bestimmte Entwicklungspfade geprägt werden, welche einen bleibenden Einfluss auf nachfolgende Ereignisse und Entscheidungen besitzen.

Planungsprozesse planen und kontrollieren die Allokation von Ressourcen und überwachen ihren Einsatz.

Unter der *Platzierung strategischer Themen* versteht man den Prozess, durch den die Aufmerksamkeit und Unterstützung des Topmanagements und anderer wichtiger Interessengruppen für strategische Themen gewonnen wird.

Die *politische Perspektive* der Strategieentwicklung besagt, dass sich Strategien aus Verhandlungsprozessen zwischen mächtigen internen und externen Interessengruppen entwickeln.

Der *Porter-Diamant* behauptet, dass es besondere Gründe gibt, warum manche Staaten wettbewerbsfähiger sind als andere und warum einige Branchen innerhalb eines Staates wettbewerbsfähiger sind als andere.

Als *Portfolio-Manager* handelt eine Unternehmenszentrale, wenn sie wie ein Agent des Kapitalmarkts und der Aktionäre agiert.

Bei der *projektbasierten Struktur* werden Teams gebildet, die an einem bestimmten Projekt arbeiten (gebunden etwa durch interne oder externe Verträge) und danach wieder aufgelöst werden.

Primäraktivitäten sind direkt mit der Erzeugung oder Lieferung eines Produkts oder einer Dienstleistung befasst.

Produktentwicklung liegt vor, wenn Organisationen modifizierte oder neue Produkte auf bestehenden Märkten anbieten.

Die *Profilierung von Interessengruppen* identifiziert die Interessen und Macht der Interessengruppen und hilft, politische Prioritäten zu setzen.

Bei der *projektbasierten Struktur* werden Teams gebildet, die an einem bestimmten Projekt arbeiten und danach wieder aufgelöst werden.

Eine *realisierte Strategie* ist diejenige Strategie, die von einer Organisation tatsächlich praktisch verfolgt wird.

Rentabilität bezeichnet die Ergebnisse, welche die Interessengruppen von einer Strategie erwarten.

Die *Ressourcen und Kompetenzen* einer Organisation tragen dazu bei, dass sie langfristig überlebt und sich einen möglichen Wettbewerbsvorteil sichern kann.

Nach dem *Ressourcenallokationsprozess*-Ansatz entwickelt sich die realisierte Strategie als Ergebnis der Art und Weise, in der Ressourcen innerhalb einer Organisation alloziert werden.

Ressourcenbezogene Strategien beziehen sich auf die Beziehung zwischen Gesamtunternehmensstrategien und den Strategien hinsichtlich einzelner Ressourcen wie etwa die Bereitstellung von Personal, Finanzen, Informationen und Technologie.

Der **ressourcenorientierte Ansatz** der Strategie erklärt die Wettbewerbsvorteile und die überlegene Leistung einer Organisation durch besondere Fähigkeiten.

Ein **Rezept** besteht aus einer Gruppe von auf Organisationszwecke bezogenen Annahmen, Normen und Routinen, die alle Organisationen innerhalb eines organisationalen Felds teilen, sowie aus gemeinsamen Überzeugungen, wie Organisationen geführt werden sollten.

Risiko bezieht sich auf die Wahrscheinlichkeit und die Folgen des Scheiterns einer Strategie.

Rituale sind Aktivitäten oder Ereignisse, die das betonen, hervorheben oder verstärken, was in einer Kultur besonders wichtig ist.

Routinen bezeichnen die eingespielten, alltäglichen Arbeitsabläufe.

Bei der **Rückwärtsintegration** erweitert eine Organisation ihr Produkt- und Leistungsprogramm um Inputs zu ihrer bisherigen Geschäftstätigkeit.

Schwarze Löcher sind Tochtergesellschaften, die in für den Wettbewerbserfolg entscheidenden Ländern angesiedelt sind, aber nur geringe Ressourcen oder Fähigkeiten besitzen.

Schwellenfähigkeiten bezeichnen diejenigen Fähigkeiten, die eine Organisation mindestens besitzen muss, um die notwendigen Voraussetzungen für die Aufnahme des Wettbewerbs in einem Markt zu erfüllen.

Seltene Ressourcen und Kompetenzen sind solche, über die nur eine oder sehr wenige Organisationen verfügen.

S-Kurve bezeichnet eine Kurve, bei der der Verlauf dem Prozess einer zunächst langsamen Einführung einer Innovation gefolgt von einer schnell wachsenden Beschleunigung, die zu einem die Nachfragegrenze darstellenden Plateau führt, entspricht.

Die **soziale Verantwortung eines Unternehmens** (corporate social responsibility) bezieht sich auf die Art und Weise, in welcher eine Organisation über ihre rechtlich festgelegten Mindestverpflichtungen gegenüber ihren Interessengruppen hinausgeht.

Soziales Entrepreneurship bezieht sich auf Einzelpersonen und Gruppen, die unabhängige Organisationen schaffen, um Ideen und Ressourcen zu mobilisieren und um damit soziale Probleme zu lösen; sie erzielen daraus zwar meist Einkünfte, arbeiten aber nicht gewinnorientiert.

Die **Spieltheorie** befasst sich mit den wechselseitigen Abhängigkeiten unter den Wettbewerbshandlungen einer Gruppe von Wettbewerbern.

Stakeholder-Mapping identifiziert die Interessen und die Macht der Interessengruppen und hilft, politische Prioritäten zu verstehen.

Ein **Star** ist eine Geschäftseinheit mit hohem Marktanteil in einem wachsenden Markt.

Statements über Unternehmenswerte kommunizieren die grundlegenden und dauerhaften wichtigsten Prinzipien, die die Strategie eines Unternehmens bestimmen und festlegen, wie es arbeitet und funktioniert.

Der **Stil der strategischen Steuerung und Kontrolle** betrifft die Steuerung von *Handlungen* in Geschäftseinheiten und der Gestaltung der *Rahmenbedingungen*, unter denen die Manager agieren.

Die „*Strategie als Diskurs*"-*Perspektive* betrachtet strategische Entwicklung als Ergebnis der Art und Weise, in der Manager Sprache als Ressource nutzen, mittels derer sie Strategien kommunizieren, erklären und stützen und durch die Manager Einfluss und Macht gewinnen sowie ihre Legitimität und Identität als Strategen festigen.

Strategie beschreibt die *langfristige Ausrichtung und Aufgabenbereiche* einer Organisation, die in einem sich verändernden *Umfeld Wettbewerbsvorteile* durch ihren Einsatz von *Ressourcen und Kompetenzen* erlangt, mit dem Ziel, die Erwartungen der *Interessengruppen* zu erfüllen.

Ein **Strategie-Canvas** vergleicht die Leistung verschiedener Konkurrenten anhand wichtiger Erfolgsfaktoren, um so das Ausmaß der Differenzierung zu bestimmen.

Bei der **Strategieimplementierung** geht es darum, sicherzustellen, dass Strategien auch tatsächlich in die Tat umgesetzt werden.

In **Strategieprojekten** werden Mitarbeiterteams angewiesen, über einen bestimmten Zeitraum hinweg an den besonderen Aspekten einer Strategie zu arbeiten.

Strategie-Statements sollten drei Hauptthemen haben: die grundlegenden Ziele (Leitbild, Vision oder Zielsetzungen), die eine Organisation verfolgt; die Reichweite der Organisationsaktivitäten und die besonderen Vorteile oder Fähigkeiten, über die die Organisation verfügt, um all dies zu erreichen.

In **Strategie-Workshops** (manchmal auch Klausurtage, Strategietage etc. genannt) arbeiten Führungskräfte in Gruppen ein oder zwei Tage lang intensiv an der Strategie ihrer Organisation, wobei sie sich dabei meist nicht an ihrem Arbeitsplatz befinden.

Strategische Drift beschreibt die Tendenz einer Strategie, sich inkrementell auf der Basis historischer und kultureller Einflüsse fortzuentwickeln, ohne jedoch mit dem sich verändernden Umfeld Schritt halten zu können.

Als **strategische Fähigkeiten** werden diejenigen Ressourcen und Kompetenzen einer Organisation bezeichnet, die sie benötigt, um zu überleben und erfolgreich zu sein.

Als **strategische Führer** (im Kontext internationaler Strategien) werden Tochtergesellschaften bezeichnet, die nicht nur wertvolle Ressourcen und Fähigkeiten besitzen, sondern sich auch in Ländern befinden, die für den Wettbewerbserfolg wichtig sind.

Strategische Gruppen sind Organisationen innerhalb einer Branche oder eines Sektors, die ähnliche Eigenschaften aufweisen, ähnliche Strategien verfolgen oder in ähnlicher Weise miteinander konkurrieren.

Der **strategische Kunde** ist die Person/ sind die Personen, an die sich die Strategie hauptsächlich richtet, da sie den größten Einfluss darauf haben, welche Güter oder Dienstleistungen gekauft werden.

Eine **strategische Lücke** ist eine Chance im Wettbewerbsumfeld, die von der Konkurrenz noch nicht voll genutzt wird.

Strategische Methoden bezeichnen die Mittel, mit denen eine Strategie verfolgt werden kann.

Strategische Passung (strategic fit) bezieht sich auf das Ausmaß, in dem das Zielunternehmen die Strategie des erwerbenden Unternehmens stärkt oder ergänzt.

Strategische Planer, manchmal auch als Manager für Unternehmensentwicklung oder Ähnliches bezeichnet, sind Manager, welche die formale Verantwortung haben, einen Beitrag zu Strategieprozessen zu leisten.

Strategische Planung kann in Form eines systematisierten, stufenweisen, chronologischen Verfahrensprozesses ablaufen, welcher die Strategie einer Organisation entwickelt oder koordiniert.

Die **strategische Position** berücksichtigt den Einfluss des äußeren Umfelds auf die Strategie, der strategischen Fähigkeiten einer Organisation (Ressourcen und Kompetenzen) sowie der Erwartungen und Einflüsse der Interessengruppen.

Strategische Wahlmöglichkeiten implizieren ein Verständnis für die Grundlagen einer zukünftigen Strategie sowohl auf geschäfts- als auch auf gesamtunternehmerischer Ebene sowie Optionen für die Entwicklung einer Strategie in Hinblick auf Inhalte und Methoden.

Beim **strategischen „Lock-in"** erlangt eine Organisation eine Sonderposition innerhalb ihrer Branche; ihre Produkte oder Dienstleistungen werden zum Branchenstandard.

In einer **strategischen Allianz** setzen zwei oder mehr Organisationen gemeinsam Ressourcen und Aktivitäten ein, um eine Strategie zu verfolgen.

Die **strategischen Perspektiven** bieten vier verschiedene Sichtweisen auf Themen der Strategieentwicklung in Organisationen.

Beim Steuerungsstil der **strategischen Planung** weist die Zentrale einer Organisation als übergeordnete Elterneinheit und *Hauptplaner* den untergeordneten Abteilungen und Geschäftseinheiten detaillierte Rollen und Aufgaben zu.

Ein **strategischer Geschäftsbereich** (SGB) liefert Güter oder Dienstleistungen für ein bestimmtes Tätigkeitsfeld.

Ein **strategischer Plan** liefert die Daten und Argumente für eine bestimmte, für einen längeren Zeitraum fomulierte Strategie für die gesamte Organisation.

Strategisches Management beinhaltet das Verständnis der *strategischen Position* einer Organisation, *strategischer Wahlmöglichkeiten* für die Zukunft sowie der *Strategieimplementierung.*

Die **Stufen der Corporate Governance** beleuchten die Rollen und Beziehungen verschiedener Gruppen, die alle an der Führung einer Organisation beteiligt sind.

Strategisches Entrepreneurship verbindet Strategie und Unternehmergeist und umfasst strategische Aktivitäten zur Ermittlung eines Vorteils ebenso wie unternehmerische Aktivitäten zur Ermittlung von Chancen, wobei beide Aktivitäten neue Werte schaffen.

Strukturen geben Menschen formal definierte Rollen, Verantwortungsbereiche und Berichtslinien.

Substitute können die Nachfrage nach einer bestimmten Produktart senken, wenn Konsumenten zu den Alternativprodukten wechseln.

Eine **SWOT-Analyse** (Stärken-Schwächen- und Chancen-Risiken-Analyse) fasst die wichtigsten Aspekte aus dem Unternehmensumfeld und der strategischen Fähigkeit einer Organisation zusammen, die den wahrscheinlich größten Einfluss auf die Strategieentwicklung haben.

Symbole sind Objekte, Ereignisse, Handlungen oder Menschen, die über ihren funktionalen Zweck hinaus eine besondere Bedeutung vermitteln, pflegen oder erzeugen.

Im **Synergiemanagement** strebt die Unternehmenszentrale danach, den Wert ihrer Geschäftseinheiten durch die Realisierung von Synergien innerhalb der Organisation zu steigern.

Synergien bezeichnen die Vorteile, die erzielt werden können, wenn Aktivitäten oder Vermögenswerte sich so ergänzen, dass die Vorteile aus ihrer gemeinsamen Nutzung größer sind als die Summe der Einzelvorteile.

Systeme unterstützen und kontrollieren die Menschen in der Ausübung ihrer strukturell definierten Rollen und Verantwortlichkeiten.

Szenarien sind detaillierte und plausible Modelle darüber, wie sich das Unternehmensumfeld einer Organisation in Zukunft verändern könnte; sie thematisieren die Hauptantriebskräfte für Veränderungen, über welche große Unsicherheit herrscht.

Torwächter sind Einzelpersonen oder Gruppen, die durch ihre Kontrolle von Informationen Macht erlangen.

Die **transnationale Struktur** kombiniert die lokale Anpassungsfähigkeit einer nationalen Tochtergesellschaft mit den Koordinationsvorteilen, welche durch internationale Produktdivisionen realisiert werden können.

Bei der **„Turnaround"-Strategie (Umkehrstrategie)** liegt die Betonung auf schnellem Wandel und einer schnellen Senkung der Kosten und/oder Umsatzsteigerung.

Bei einer **Übernahme** erwirbt eine Organisation das Eigentum einer anderen Organisation.

Überzeugung ist ein Managementstil in Wandelprozessen, der darauf setzt, die Gründe für den strategischen Wandel und die eingesetzten Mittel zu erklären.

Die **Unternehmensgesamtstrategie** befasst sich mit dem Produkt- und Leistungsprogramm und den Zielen einer Organisation sowie damit, wie der Unternehmenswert für die verschiedenen Teile (Geschäftseinheiten) der Organisation erhöht werden kann.

In einer **Unternehmenskooperation** setzen zwei oder mehr Organisationen ihre Ressourcen und Aktivitäten ein, um eine gemeinsame Strategie zu verfolgen.

Ein **Unternehmensleitbild** soll Mitarbeitern und Stakeholdern ein klares Bild über den grundlegenden Zweck einer Organisation verschaffen.

Die **Unternehmenszentrale (corporate parent)** ist die Managementebene über den Geschäftseinheiten, die nicht direkt mit Käufern und Konkurrenten interagiert.

Unterstützende Aktivitäten tragen zur Verbesserung der Effektivität oder Effizienz von Primäraktivitäten bei.

Bei **unverbundener Diversifikation** weitet eine Organisation ihr Produkt- und Leistungsprogramm in neue Bereiche aus, die mit dem bestehenden Produkt- und Leistungsprogramm wenig gemeinsam haben.

Bei **verbundener Diversifikation** weitet eine Organisation ihr Produkt- oder Leistungsprogramm über bestehende Produkte und Märkte hinaus aus, kann sich dabei jedoch weiterhin auf dieselben Fähigkeiten oder Wertschöpfungsaktivitäten stützen.

Verbundvorteile (economies of scope) können genutzt werden, wenn die bestehenden Ressourcen und Kompetenzen einer Organisation auf neue Märkte, Produkte oder Dienstleistung übertragen werden.

Die **vertikale Integration** bezeichnet die Vorwärts- oder Rückwärtsintegration in angrenzende Aktivitäten der Wertschöpfungskette.

Virtuelle Organisationen werden nicht durch formale Strukturen und die örtliche Nähe der Mitarbeiter zusammengehalten, sondern durch Partnerschaft, Zusammenarbeit und Netzwerke.

Die **Vision** drückt aus, was eine Organisation zu sein anstrebt.

Ein **Vision Statement** befasst sich mit der Zukunft, die ein Unternehmen gestalten möchte.

Bei der **Vorwärtsintegration** weitet ein Unternehmen seine bislang nachgelagerten Aktivitäten auf der eigenen Wertschöpfungskette aus.

Die Abkürzung **VRIN** steht für vier Kriterien zur Bewertung strategischer Fähigkeiten als Basis eines Wettbewerbsvorteils: Value (Wert), Rarity (Seltenheit), Inimitability (unvollständige Imitierbarkeit) und Non-substitutability (Nicht-Substituierbarkeit).

Eine **VRIO-Analyse** hilft dabei, zu bewerten, ob, wie und in welchem Umfang eine Organisation oder ein Unternehmen über Ressourcen und Kompetenzen verfügt, die (i) wertvoll, (ii) selten, (iii) nicht imitierbar und (iv) von der Organisation gefördert sind.

Die Produkt-/Markt-**Wachstumsmatrix** nach Ansoff ist eine einfache Methode, die vier grundlegenden Ausrichtungen der strategischen Entwicklung darzustellen.

Der **Wendepunkt** ist der Punkt, in dem die Nachfrage nach einem neuen Produkt oder einer Dienstleistung plötzlich abhebt und explosionsartig anwächst.

Eine **Wertkette** beschreibt die Kategorien von Aktivitäten innerhalb und um eine Organisation herum, die zusammen Produkte oder Dienstleistungen erschaffen.

Ein **Wertnetz** ist eine Darstellung von Organisationen in einem Geschäftsumfeld, das Chancen für eine wertschöpfende Kooperation sowie den Wettbewerb beschreibt.

Ein **Wertnetzwerk** bezeichnet die interorganisatorischen Verbindungen und Beziehungen, die zur Erstellung von Produkten oder Dienstleistungen nötig sind.

Wertorientiertes Management befasst sich mit der Maximierung der Fähigkeit einer Organisation, langfristig Barvermögen zu erzeugen.

Wertvolle Ressourcen und Kompetenzen schaffen Produkte oder Dienstleistungen, die für Kunden von Nutzen sind und es der Organisation ermöglichen, auf Chancen und Gefahren aus dem Umfeld zu reagieren.

Wettbewerber sind Organisationen mit ähnlichen Produkten oder Dienstleistungen, welche die gleiche Kundengruppe ansprechen.

Die **Wettbewerbsstrategie** befasst sich mit der Art und Weise, in der eine Geschäftseinheit Wettbewerbsvorteile in ihrem Markt realisieren kann.

Beim **Wettbewerbsvorteil** geht es darum, wie eine strategische Geschäfteinheit für ihre Kunden Nutzen schafft, der einerseits größer als die Kosten der Herstellung ist und andererseits auch den Nutzen von Wettbewerbern übersteigt.

Die **wichtigsten Antriebskräfte des Wandels** sind Faktoren aus dem Umfeld, die sich in hohem Maße auf den Erfolg oder Misserfolg einer Strategie auswirken können.

Zentrale Wert- und Kostentreiber sind die Faktoren, die den größten Einfluss auf die Fähigkeit einer Organisation haben, Barvermögen zu generieren.

Als **zentraler Geschäftsentwickler** (parental developer) strebt die Unternehmenszentrale danach, ihre eigenen Kompetenzen als Dachorganisation so einzusetzen, dass sie den Wert der Geschäftseinheiten steigern und selbst organisatorische Fähigkeiten entwickeln kann, die für das Geschäftseinheitenportfolio angemessen sind.

Ziele sind genau formulierte Ergebnisse, die erreicht werden sollen.

Zielsetzungen sind Aussagen über bestimmte Ergebnisse, die erreicht werden sollen.

Zulieferer versorgen die Organisation mit dem, was sie zur Herstellung ihrer Produkte oder Dienstleistungen benötigt, unter anderem Arbeitskräfte oder finanzielle Ressourcen.

Im Falle von **Zwang** wird ein Wandel auferlegt oder durch Verordnung angewiesen.

Stichwortverzeichnis